国家重大出版工程项目

犬猫营养需要

NUTRIENT REQUIREMENTS OF DOGS AND CATS

Ad Hoc Committee on Dog and Cat Nutrition
Committee on Animal Nutrition
Board on Agriculture and Natural Resources
Division on Earth and Life Studies
National Research Council

NATIONAL RESEARCH COUNCIL
OF THE NATIONAL ACADEMIES
国家学术委员会下属的国家研究委员会

丁丽敏　夏兆飞　主译
计　成　审校

U0951220

中国农业大学出版社
·北京·

图书在版编目(CIP)数据

犬猫营养需要/[美]国家学术委员会下属的国家研究委员会主编;丁丽敏,夏兆飞主译.—北京:中国农业大学出版社,2010.8(2024.9重印)

书名原文:Nutrient Requirements of Dogs and Cats

ISBN 978-7-5655-0002-2

Ⅰ.①犬… Ⅱ.①国… ②丁… ③夏… Ⅲ.①犬-动物营养 ②猫-动物营养 Ⅳ.①S829.25 ②S829.35

中国版本图书馆 CIP 数据核字(2010)第087912号

书　　名　犬猫营养需要

作　　者　国家学术委员会下属的国家研究委员会　主编　　丁丽敏　夏兆飞　主译

策划编辑　宋俊果　梁爱荣　　**责任编辑**　宋俊果　胡晓蕾　刘耀华

封面设计　郑　川　　**责任校对**　陈　莹　王晓凤

出版发行　中国农业大学出版社

社　　址　北京市海淀区圆明园西路2号　　**邮政编码**　100193

电　　话　发行部 010-62731190,2620　　读者服务部 010-62732336

编辑部 010-62732617,2618　　出　版　部 010-62733440

网　　址　http://www.cau.edu.cn/caup　　**E-mail** cbsszs @ cau.edu.cn

经　　销　新华书店

印　　刷　涿州市星河印刷有限公司

版　　次　2010年8月第1版　　2024年9月第5次印刷

规　　格　889×1 194　　16开本　　28.75印张　　880千字

定　　价　142.00元

著作权合同登记图字:01-2007-4323

美国国家学术出版社 · 500 Fifth Street, N. W. · Washington, DC 20001

注意：本书经过美国国家研究委员会的管理委员会批准。该管理委员会的成员来自美国国家科学院、美国国家工程院和美国医学院。依据个人专长和各院人员之间的适当平衡，选定了负责本书的委员会成员。

美国国立卫生研究院和美国食品药品监督管理局（FDA）分别依据协议 No. IR24RR142238-01 和 No. FD-R001887-01 支持本项研究，美国宠物食品协会也支持本项研究。本书中的任何想法、发现、结论或推荐仅代表作者（们）的观点，并不代表支持本项目的组织或机构的观点。

Library of Congress Cataloging-in-Publication Data

National Research Council (U.S.). Ad Hoc Committee on Dog and Cat Nutrition.
Nutrient requirements of dogs and cats / Ad Hoc Committee on Dog and Cat Nutrition, Committee on Animal Nutrition, Board on Agriculture and Natural Resources, Division on Earth and Life Studies, National Research Council.—[Rev. ed.].
p. cm.
Includes bibliographical references and index.
ISBN 0-309-08628-0 (hardcover)—ISBN 0-309-50733-2 (pdf) 1. Dogs—Nutrition. 2. Cats—Nutrition. 3. Dogs—Food. 4. Cats—Food. I. Title.
SF427.4N38 2006
636.7'0852—dc22

2005037411

Additional copies of this report are available from the National Academies Press, 500 Fifth Street, N.W., Lockbox 285, Washington, DC 20055; (800) 624-6242 or (202) 334-3313 (in the Washington metropolitan area); Internet, http://www.nap.edu.

Printed in the United States of America

译校人员

Translators

主　　译: 丁丽敏　夏兆飞

副 主 译: 付京杰　王雪岭　姬真真　陈江楠

译校人员: 鲁　琳　程　栋　张　艳　夏兆刚　刘　强　潘丹丹　陈江楠
姬真真　符人源　王雪岭　付京杰　夏兆飞　丁丽敏

审　　校: 计　成

主译简介

丁丽敏　动物营养学博士,中国农业大学动物科技学院副教授。长期在中国农业大学动物科技学院从事动物营养的教学、科研工作,特别是在宠物营养和宠物食品加工方面进行了大量的研究。参与多项科研课题,发表学术论文20多篇,主编和参编的教科书与专著有10多部。2009年到美国合作研究一年,多次参加国际学术会议,了解宠物营养与食品研究的最新进展。主讲的课程有动物营养学、宠物营养与饲养、饲料卫生学。

夏兆飞　兽医学博士,中国农业大学动物医学院副教授。长期在中国农业大学动物医学院从事兽医教学、科研和临床工作。现任中国农业大学动物医学院兽医内科与诊断教研室主任,曾任中国农业大学动物医学院临床兽医系主任、教学动物医院院长,北京小动物诊疗行业协会(BJSAVA)理事长等职务。主持或参加国际与国家研究课题10余项,发表学术论文数十篇,主编(主译)和参编(参译)临床兽医书籍20余部。主讲的课程有小动物临床营养学、兽医临床病理学、兽医临床诊断学和兽医临床治疗学。

美 国 国 家 科 学 院

国家科学、工程学和医学的指导者

美国国家科学院是一个民间的、非盈利的、自治性组织，其杰出的学者主要致力于确定科学与技术的发展方向以及利用它们来提供常规的福利。1863年国会通过的章程确立了其权威性，这就要求国家科学院对联邦政府的科学和技术事务进行指导。Dr. Ralph J. Cicerone 任国家科学院的主席。

美国国家工程院成立于1964年，她遵从国家科学院的章程，是一个由著名工程师组成的与国家科学院并行的组织。它进行自治管理和自主组织成员，并和国家科学院一起共同承担向联邦政府提供建议的责任。国家工程院也制定一些满足国家需要的工程学计划、鼓励教育和研究以及认证工程师的优异成就。Dr. Wm. Wulf 任国家工程院的主席。

医学院是由美国国家科学院于1970年成立的，其职责主要是为那些杰出人员提供服务性工作，这些杰出人员都具有相当的专业知识来核查与公众健康有关的政策。医学院依据国会赋予国家科学院的章程履行其职责，包括给政府提供建议，同时从自身特点出发对医疗保健、医学研究和教育问题进行确定。Dr. Harvey V. Fineberg 任医学院主席。

美国国家研究委员会是由美国国家科学院于1916年成立的，主要任务是联合大量科学和技术团体，来帮助科学院实现推动学术发展并为联邦政府提供建议。国家研究委员会依据科学院制定的大政方针履行职责。它已经成为国家科学院和国家工程院给政府、公众以及科学和工程性团体提供服务的主要代理机构。委员会由科学院和医学院共同管理。Dr. Ralph J. Cicerone 和 Dr. Wm. Wulf 分别担任国家研究委员会主席和副主席。

www.national-academies.org

犬猫营养特别委员会

AD HOC COMMITTEE ON DOG AND CAT NUTRITION

DONALD C. BEITZ, *Chair,* Iowa State University, Ames
JOHN E. BAUER, Texas A & M University, College Station
KEITH C. BEHNKE, Kansas State University, Manhattan
DAVID A. DZANIS, Dzanis Consulting & Collaborations, Santa Clarita, California
GEORGE C. FAHEY, University of Illinois, Urbana-Champaign
RICHARD C. HILL, University of Florida, Gainesville
FRANCIS A. KALLFELZ, Cornell University, Ithaca, New York
ELLEN KIENZLE, Ludwig Maximilians University, Munich, Germany
JAMES G. MORRIS, University of California, Davis
QUINTON R. ROGERS, University of California, Davis

美国国家研究委员会成员

National Research Council Staff

JAMIE S. JONKER，研究执行主任

动物营养委员会

COMMITTEE ON ANIMAL NUTRITION

GARY L. CROMWELL, *Chair,* University of Kentucky, Lexington
C. ROSELINA ANGEL, University of Maryland, College Park
JESSE P. GOFF, U.S. Department of Agriculture, Agricultural Research Service, Ames, Iowa
RONALD W. HARDY, University of Idaho, Hagerman
KRISTEN A. JOHNSON, Washington State University, Pullman
BRIAN W. MCBRIDE, University of Guelph, Ontario, Canada
KEITH E. RINEHART, Perdue Farms, Inc., Salisbury, Maryland
L. LEE SOUTHERN, Louisiana State University, Baton Rouge
DONALD R. TOPLIFF, West Texas A&M University, Canyon

美国国家研究委员会成员

National Research Council Staff

CHARLOTTE KIRK BAER，主任
JAMIE S. JONKER，行政人员
STEPHANIE PADGHAM，项目助理
JOE ESPARZA，项目助理
MAINA PEUNOVA-CONNOR，项目助理

目　　录

Contents

表　和　图

Tables and Figures

表 Tables

图 Figures

译者的话

Translator's Words

在世界各地，随着经济的发展和人们对宠物的喜好，宠物的数量和种类也在不断增多，其中数量最多的宠物仍然是犬和猫。大部分的宠物主人把犬猫当做家庭成员，关注它们的健康和长寿。营养和食品是保证宠物健康的关键因素。

在中国，随着饲养宠物数量的增多，对宠物食品和宠物健康产品的需求量也越来越大，但对宠物营养的研究却非常少，能够科学地阐述宠物营养及食品知识的书籍和资料也非常有限。不论是国家政府部门、宠物食品工业、大专院校、科研机构还是宠物主人，都迫切地需要了解宠物营养与食品方面的知识，以及宠物营养与食品方面的最新研究进展，基于这样的需求和现状，我们翻译了美国国家学术委员会下属的国家研究委员会最新出版的 NRC 犬猫营养需要(2006)。

2000 年，美国动物营养国家研究委员会召集犬猫营养特别委员会，分别对 1985 年版的《犬营养需要》和 1986 年版的《猫营养需要》进行修订，将两者并合，于 2006 年出版了《犬猫营养需要》。它提供犬和猫对所有营养物质需要量的研究，包括对营养物质代谢、中毒、缺乏以及犬猫与营养有关的疾病的讨论。同时，还包括生理状态、温度、品种、年龄和环境因素对营养需要的影响，并阐述影响营养物质消化和利用的特殊生物学特性。书中还介绍有关饲料成分、饲料配方、饲料加工和制造的一般性知识，同时也涉及宠物和实验动物的饲养原则。

本书共分为 15 章，每章讨论犬和猫营养的一个方面或者提供需要量和日粮组成的概括性表格，是一本非常全面介绍犬猫营养与食品方面的最新书籍，它适用于不同的读者群。可以指导产业专业人员和学者进行日粮配制以及确认新的研究课题，政府工作人员可以使用本书指导宠物食品的管理，大学教师和学生可以将其作为犬和猫营养的教科书。同时，宠物主人可以参考本书对其宠物的日粮进行评估。因此本书的翻译出版，将会对中国的宠物营养与食品方面的管理、研究、教学和普及知识起到促进的作用。

本书翻译人员大部分毕业于中国农业大学动物科技学院和动物医学院，也有来源于宠物食品的研发人员，均具有博士或硕士研究生学历，并从事宠物营养、兽医临床及宠物食品的研发工作。在翻译工作中，我们力争将原文的意思表达得清楚准确。如果读者发现译文中的瑕疵，恳请反馈给译者或出版社，以便改进。

丁丽敏　夏兆飞

2010 年 5 月于北京

序　言

Preface

2000 年，动物营养国家研究委员会召集犬猫营养特别委员会，分别对 1985 年版的《犬营养需要》和 1986 年版的《猫营养需要》进行修订。委员会的主要任务如下：

> 犬猫营养特别委员会将修订 1985 年版的《犬营养需要》和 1986 年版的《猫营养需要》。这 2 个最初分开出版的出版物将被修订，并合并在一起出版。新的版本将提供犬和猫对所有营养物质需要量的最新研究资料，并且包括犬猫的营养物质代谢、中毒、缺乏以及与营养有关疾病的讨论。同时，还包括生理状态、温度、品种、年龄和环境因素对营养需要的影响。修订的报告将阐述影响营养物质消化和利用的特殊生物学特性，并且介绍有关饲料成分、饲料配方、饲料加工和配制的一般性知识，同时还将介绍宠物和实验动物的饲养原则。

为了完成任务，在工作的整个过程中，委员会参考了各种来源的大量资料，举行了公共和专业会议，并邀请专家一起探讨。在这 3 年中，委员会举行了 4 次公共会议和 6 次专业会议，并从各种公共和私人组织中获得数据和信息。结合全面的文献检索并通过对科学数据以及专业经历的关键分析，委员会形成了完全符合科学规范的建议及营养需要推荐量。

报告（译者注：本书是以“报告”的形式产生的）分为 15 章，每章讨论犬和猫营养的某个方面或者提供需要量和日粮组成的概括性表格。每章检索了从上一版《犬营养需要》（1985 年版）及《猫营养需要》（1986 年版）开始发表的文献。随着委员会工作的深入，为了规范和明确此报告中探讨的每个主题的知识框架，委员会需要对以前的研究进行核查。在某些情况下，新增加的章节（如消化生理学和生理活性）需要对几十年内的文献进行彻底的回顾。

委员会认为本报告适用于各类不同的读者，可以用于指导产业专业人员和学者进行日粮配制以及确认新的研究课题，政府工作人员可以使用本报告指导宠物标签的管理，大学教师和学生可以用本报告作为犬和猫营养的教科书。同时，宠物主人可以用本报告对他们宠物的日粮进行评估。由于有大量不同的读者，委员会采取稳妥的做法，并且引用了大量的文献来告诉读者怎样使用这些建议。

读者应注意到这次正式出版的版本做了许多改变，更正和更新了未经校正和正式出版前的版本。本报告根据新的资料信息，校正或删除了一些数值，同时校正了一些计算上的错误，尤其体现在第 15 章中。这些校正由 4 位独立的评审专家完成，并且得到授权委员会和机构的认可。

我们的工作非常具有挑战性。我们很愿意提供一些我们认为很全面的文献，这不仅能提高对犬猫营养的理解，而且可为犬猫的饲养提供一些实际可用的知识。

DONALD C. BEITZ，
犬猫营养特别委员会主席

致　谢

Acknowledgments

这本新书凝聚了许多人的努力。委员会感谢参与到这次研究中的每位成员。感谢为我们公共会议提供机会以及参与我们公共会议的所有人。向给我们提供资金支持的美国国家健康研究所、美国食品药品监督管理局以及美国宠物食品协会表示衷心感谢。

在本报告的审议期间，委员会得到了许多人的帮助，他们花费了大量的时间给我们提供有用的建议和信息。尤其要感谢 Gail Czarnecki-Maulden 在研究的启动阶段提供的巨大帮助。

按照国家研究委员会报告审核委员会制定的程序，挑选了具有不同观点和技术专长的专家对本报告的草稿样本进行审核。这种单独审核的目的是为了提供公正和批评性的关键意见，进而帮助协会将正式出版的报告尽量规范化和可行化，并且保证报告符合制度上要求的客观和有据的标准，同时审核科研经费的使用情况。审核的意见和草稿原稿被秘密保存以保护协商过程的诚实性。我们非常感谢下面这些审核此报告的人：Leonard S. Bull，北卡罗莱纳州立大学（North Carolina State University）；Wouter Hendriks，梅西大学（Massey University）；Kenneth W. Hinchcliff，美国俄亥俄州立大学（Ohio State University）；Bruce J. Holub，加拿大圭尔夫大学（University of Guelph）；Daniel T. Hopkins，Purina Mills 公司（退休）；Randall A. Johnson，动物营养协会；Neal Merchen，伊利诺伊大学—香槟分校（University of Illinois，Urbana-Champaign）；William Rumpler，美国农业部；L. Lee，南路易斯安那州立大学（Southern，Louisiana State University）；C. Edward Stevens，北卡罗来纳州立大学（North Carolina State University）；Mark Subramanyam，先灵葆雅动物保健公司（Schering-Plough Animal Health Corp.）；Duane E. Ullrey，密歇根州立大学（Michigan State University）；Thomas R. Zeigler，Zeigler 兄弟有限公司；Jürgen Zentec，维也纳兽医大学（Veterinary University of Vienna）。以上提到的审核人中有 4 位对出版前的草稿样本的修改提出了各自的建议。尽管上面提到的这些审核人给我们提供了许多建设性的建议和意见，但是并不要求他们认可这些结论或推荐量，并且报告发表前他们也未看到最后的样稿。这个报告的审核是由美国国立卫生研究院的 Joe Knapka（退休）监督完成的，是由地球与生命研究部任命的。他个人负责确保对报告的单独审核是在规定的程序下进行的，并确保所有的审核评论都得到认真的考虑。这个报告的最终内容由委员会和研究院负全部责任。

最后，委员会要特别感谢来自动物营养委员会的项目总监 Charlotte Kirk Baer 和项目官员 Jamie Jonker，感谢他们对这个报告的顺利完成所做的鼓励和指导。他们出色的组织能力对委员会的成功提供了巨大的帮助。还要感谢研究项目的助理 Stephanie Padgham、Joe Esparza 和 Marina Peunova-Connor，谢谢他们经常性的交流以及帮助提供的补充材料。同时还要感谢行政助理 Karen Imhof 将报告合并剪辑成最后的版本，以及感谢 Robin Schoen 促使委员会通过了最终审议。

0 总　论

Overview

NRC 已经颁布了许多版本的《犬营养需要》和《猫营养需要》，其中最新的版本分别是 1985 年和 1986 年颁布的。本版本重新修订了《犬营养需要》(1985 年版)和《猫营养需要》(1986 年版)，并合并为一个版本。

新版的《犬猫营养需要》概括了最新的科学文献，提供了健康犬猫在不同生长阶段和不同生理状态下对各种营养物质的需要量，并阐述了确定这些需要量的科学基础。以前的版本对于维持正常生长发育所需要的特定营养物质以及每日需要量已经进行了阐述，本版本包含了最新的关于营养需要量的数据，它不仅来源于纯合日粮的研究结果，还来源于商业犬猫日粮中常用原料营养物质可利用情况的研究结果。由于犬猫饲料成分数据的重复，以及为方便读者的阅读和更有效地了解营养需要的科学基础，动物营养委员会合并了以前的《犬营养需要》(NRC，1985)和《猫营养需要》(NRC，1986)，颁布了这本合编本。

本报告中营养需要量数据仍然来源于以往的同类文献，并增加了从上版犬和猫营养需要颁布以来的最新数据。但是对于某些特定营养物质的需要情况，还存在一些空白，这些空白在文章中进行了注明，在营养需要表格中以空白来体现。本书还提供了饲料成分表格，它可帮助读者利用最基本的原料生产日粮，此日粮可保证犬和猫最充足的采食量，使摄入的食物能提供充足的营养物质，使犬和猫达到最佳的生长、维持、妊娠和哺乳状态。

这份报告共分 15 章，每章阐述了犬和猫营养的某一方面，或者提供营养需要和饲料成分的概要表格。每章不仅采用了以往已得到公认的文献，并且采用了自上一版《犬营养需要》(1985 年版)和《猫营养需要》(1986 年版)颁布以后发表的最新文献。随着委员会工作的深入，为了规范和明确此报告中所探讨的每个主题的知识框架，委员会需要对以前的研究进行核查。在某些情况下，新增加的章节(如消化生理学和生理活性)需要对几十年内的文献进行彻底的回顾。

委员会认为本报告适用于各类不同的读者。本报告可以用于指导产业专业人员和学者进行日粮配制以及确认新的研究课题，政府工作人员可以使用本报告指导宠物标签的管理，大学教师和学生可以用本报告作为犬和猫营养的教科书。最后，宠物的主人可以用本报告对他们宠物的日粮进行评估。由于有大量不同的读者，委员会采取稳妥的做法，并且引用了大量的文献来告诉读者怎样使用这些建议。

0.1　最低需要量、适宜采食量、推荐供给量和安全上限

犬和猫的每日营养需要量在本报告的最后以表格的形式给出。首先，本报告介绍了最低需要量，即用来维持特定的生理状态的可利用营养物质的最低浓度或最小量。其次，介绍了适宜采食量，即当没有给出最低的需要量时，动物所需要的营养物质在假定它能够维持某特定的生理阶段时在日粮中的浓度或数量。每种营养物质的推荐供给量是配制日粮中能够维持特定的生理阶段的某一营养物质的浓度或数量。推荐供给量是以最低需要量为基础的，同时在应用时要考虑营养物质的生物利用率。如果最低需要量是不适用的，那么推荐供给量是建立在充足的采食量基础上的。最后给出的是安全上限数据，或者称为某一营养物质不会对动物造成不良影响的最高浓度或最大量。

关于营养需要表格的脚注，以下的假设是为了使表格的数据更加标准化。设定犬和猫日粮的能量浓度为每千克(kg)饲料含 4 000 kcal[千卡，1 kcal＝4.184 kJ(千焦)]代谢能(ME)。处于生长中的幼犬的营养需要是基于体重为 5.5 kg 的幼犬每天可消耗 1 000 kcal

ME；处于维持需要的成年犬，是以体重为 15 kg 的成年犬为例，其每天可消耗 1 000 kcal ME；对于妊娠和哺乳期的犬，是以体重 22 kg 并哺育 8 个犬崽为例，达到最大泌乳量时每天可消耗 5 000 kcal ME；处于生长中的幼猫，是以体重为 800 g 的幼猫为例，每天可消耗 180 kcal ME；处于维持状态的成年猫，是以体重为 4 kg 的成年猫为例，每天可消耗 250 kcal ME；怀孕和哺乳期间的母猫，是以体重为 4 kg 并哺育 4 个猫崽为例，达最大泌乳量时每天可消耗 540 kcal ME。

对于前面提到的每一种日营养需要量的数值，表示的方法依次为：①日粮每千克干物质（DM）所含的营养物质的量，假定含有 4 000 kcal 的代谢能（ME）；②每 1 000 kcal ME 所含营养物质的量；③每千克代谢体重所需营养物质的量，犬的代谢体重为体重的 0.75 次幂（$BW^{0.75}$），猫的为体重的 0.67 次幂（$BW^{0.67}$）。当配制一种日粮时，表示成相对于 DM 和 ME 的营养物质需要量是最方便的；但在为某只犬或猫配制日粮时，表示成相对于单位代谢体重的需要量更方便。但是，表示为相对于 DM 的需要量会随着日粮中能量的变化而变化，而且在一些情况下，表示为相对于 ME 的需要量也可能会随着体重（BW）的变化而变化。这些变化在第 15 章介绍营养需要表时已做介绍。

对于处于维持状态的犬和妊娠的母犬而言，能量的需要量表示为每天每千克代谢体重（$BW^{0.75}$）的 ME 需要量（kcal）。对于处于泌乳期的母犬，能量的需要量与单位代谢体重（$BW^{0.75}$）、体重（BW）和哺乳的犬崽数都有关系。处于生长期的犬每天能量的需要量是在维持需要的基础上乘以一个系数，此系数与实际体重（BW）与预期的成熟体重的比值有关。对于犬而言，这个能量需要量的等式是基于成熟体重为 4～60 kg 的犬得到的数据，但处于繁殖期的母犬除外，其数据大部分来源于 5～25 kg 体重的犬。对于猫而言，这个能量需要量的等式是基于家养的体重为 2.5～7 kg 并已达到体成熟的猫得到的数据；对于处于维持状态并且体态得分等于 5 或小于 5（9 级评分系统）的猫，每天的能量需要量用每千克代谢体重（$BW^{0.67}$）的代谢能（ME）来表示（kcal）；而对于得分超过 5 的猫用每千克代谢体重（$BW^{0.4}$）的代谢能（ME）来表示（kcal）。对于妊娠期间的母猫，能量需要量以 $BW^{0.67}$ 来表示；对于处于泌乳期的母猫，能量的需要量与单位代谢体重（$BW^{0.75}$）、体重（BW）和哺乳的猫崽数都有关系；处于生长期的猫每天能量的需要量是在维持需要量的基础上乘以一个系数，该系数与实际体重（BW）与预期成熟体重的比值有关。

0.2 本书的重点

第 1 章阐述了犬和猫的消化生理，以往的系列并没有对此进行阐述。此章包括 3 部分内容：①消化器官的组成和功能；②与消化有关的激素；③消化率的测定及其影响因素。这些内容为理解犬和猫的消化功能和营养需要奠定了基础。

第 2 章阐述了犬和猫的采食行为。作为新的一章，本章主要研究采食量及影响采食和饮水的因素，包括采食行为以及食物摄取 2 个方面，且犬和猫在这 2 方面是不同的。本章讨论的内容包括：每日的规律性、社会行为、日粮缺乏和后天形成的挑食是如何参与形成饲喂行为的，而采食行为包括进食食物的数量、适口性和日粮的选择性。

第 3 章对特定营养物质的讨论是以能量作为开端的。本章研究了预测食物能量含量的方法。在充分和彻底地探究了犬和猫的基础代谢率、体增热和静止代谢率的基础上，得出了维持、生长、妊娠、哺乳各个不同生理阶段的能量需要量的建议值。同时本章也讨论了能量缺乏和过剩的影响，包括了对体态得分的评估。

在讨论了能量需要量之后，我们详细讨论了犬和猫的碳水化合物和纤维营养（第 4 章）。本章内容主要围绕 4 种形式的碳水化合物：①可吸收的；②可消化的；③可发酵的；④不可发酵的。研究了每一种形式的碳水化合物的消化、吸收、利用及营养价值。在本章的结尾列出了犬猫日粮配制中对碳水化合物的利用。

第 5 章探讨了脂肪和脂肪酸营养，重点为各种不同类型脂肪酸的代谢。本章的内容得到了更新和扩展，增加了脂肪的命名、日粮中脂肪的类型和来源、脂肪的分析过程、脂肪的消化和吸收以及消化率。同时也探讨了脂肪酸必需性的生物化学基础，描述了脂肪酸去饱和以及延长链长的途径，并且探讨了日粮中脂质的结构和功能。除此之外，概述了犬猫与其他哺乳动物在脂肪营养方面的特别之处。基于这些信息，我们有足够的可利用数据阐明 n-3 和 n-6 脂肪酸的基本属性。本章通过对犬和猫不同生长阶段的脂肪需要量、建议量和供给量的讨论研究而达到了一个新的高度。

第 6 章阐述了蛋白质和氨基酸的营养，重点为犬猫在蛋白质营养上的差异，包括蛋白质消化率、主要限制性氨基酸的生物学利用率以及蛋白质和氨基酸代谢的调控，该调控与蛋白质和氨基酸的需要量以及日粮的选择有关。本章增加了新的内容，主要是介绍利用血浆氨基酸来估测动物体内的必需氨基酸状况。大量的数据表明，4～14 周龄的幼犬对蛋白质和氨基酸的需要量要高于 14 周龄以上的幼犬，因此分别给出了这些不同年龄阶段的营养需要量。关于牛磺酸的章节已经更新，加入了由于牛磺酸缺乏而导致犬的扩大性心肌症的资料，以及导致此问题的日粮类型。最后探讨了犬和猫在氨基酸过量和不平衡问题上的差异。

第 7 章讨论矿物质营养，包括 12 种机体必需的常量和微量矿物质元素。探讨了犬猫矿物质代谢的酸碱平衡问题。对每一种矿物质元素都详细介绍了其吸收、生物效价、缺乏、过量及推荐量。除此之外，还探讨了其他 7 种矿物质元素（砷、硼、铬、钼、硅、镍、钒），虽然现有的数据不能明确说明这些元素是必需的，我们还是探讨了其潜在的必要性。

第 8 章主要讨论了 14 种脂溶性和水溶性维生素的生理功能。该探讨包括每一种维生素的缺乏和毒性问题。同时还讨论了像肌糖这样的维生素类似物，虽然没有数据证实其对于犬和猫是必需的。最后讨论了维生素在犬和猫食品制作和储存过程中的损失。

第 9 章主要讨论水的生理和生化重要性。探讨了犬和猫饮水的调控、水的缺乏和过量问题。讨论了水对猫泌尿生殖道健康的重要性。

第 10 章讨论了将犬和猫作为实验动物时，其营养和饲养过程中的特殊要求。

第 11 章是全新的一章，探讨活动和环境因素对犬和猫营养需要量的影响。在本章的开始讨论了当犬作为竞技性动物（如雪橇用犬或赛跑用犬）时，急跑和耐力性运动对营养需要量的影响。阐述了温度（高温和低温）及高海拔（含氧量较低）对能量需求的影响。探讨了当剧烈运动和环境温度改变时，其对水、蛋白质、脂肪、碳水化合物、矿物质元素、维生素的营养需要量。

委员会在第 12 章给出了配制日粮的原则。虽然犬猫在营养需要上存在着许多差异，但用于生产它们食物的技术却存在着很多相似之处。因此，本章统一阐述了宠物食品生产过程，而对于某些品种的日粮配制过程，进行了适当的单独讨论。

与以往的版本相比，第 13 章提供了大量关于食物组成、食物的生产过程和其他食物组分的信息。表 13-1 到表 13-8 数据来源于商业食品原料的供应者、已发表的文献和大学研究者提供的未发表数据。这些表格包括平均值，以及在可利用情况下用于获得这些统计数据的标准差和样品数（N）。在实际应用时，当用平均值作为估测某一特定的食物组分的营养含量时，使用者要检验标准差和 N 值。很显然，来源于大量样本的平均数可以更好地反映整个分布情况，但标准差大的平均数可反映整个分布却不能很好地反映某一特定样品。

第 14 章总结了可能用于犬猫配合日粮的其他食品组分。在日粮中的这些物质也许会影响到机体的结构和功能，但它们的缺乏并没有被纳入到传统的营养物质的缺乏模式中。有些物质对动物机体的正常代谢起着十分重要的作用，但它并没有被看成是机体的必需组分，因为机体能够利用食物的其他组分来合成这些物质。而其他的必须从外界获得的物质也许对机体的功能性代谢起着重要的作用，但是还没有证实其是机体的必需组分。本章同时也总结了以技术为目的的其他食品组分，如防腐剂。

第 15 章以表格的形式（表 15-2 至表 15-14）给出了犬和猫在生长、维持、妊娠、哺乳各个不同的生理阶段的营养需要，包括能量、蛋白质、氨基酸、脂肪酸、常量矿物质元素、微量矿物质元素、维生素的营养需要量。

参考文献

National Research Council (NRC). 1985. Nutrient Requirements of Dogs. Washington, D.C.: National Academy Press.

National Research Council (NRC). 1986. Nutrient Requirements of Cats. Washington, D.C.: National Academy Press.

读者应注意到这次出版的报告中进行了许多修改，来更正和更新未经校正和正式出版前的版本。本报告根据新资料的有效性或为了校正一些计算上的错误，校正或删除了一些数值，尤其是在第 15 章中。这些校正由 4 位独立的评审专家完成，并且得到授权委员会和机构的认可。因此，该报告的最终版本中含有的数据要优于正式出版前的版本。

1 犬和猫的比较消化生理学

Comparative Digestive Physiology of Dogs and Cats

本章简要介绍了犬和猫的消化生理，分 3 个部分：①消化器官的组成和功能；②激素对消化的影响；③消化率的测定及其影响因素。已有很多教科书深入地介绍了犬猫消化道的特征，因此，在本章的第一部分就不再引用关于这方面的原文。Johnson 和 Maskell（1993）编写的《威豪伴侣动物营养》（*Waltham Book of Companion Animal Nutrition*）中有一章名为“消化和吸收”的阐述，以及 Stevens 和 Hume（1995）编写的《脊椎动物消化系统比较生理学》（*Comparative Physiology of the Vertebrate Digestive System*）这本教材，经常被作为介绍犬猫消化器官和功能的经典文献。增加的数据来源于 Smeets-Peeters 等（1998）和 Awati（2000）所作的综述，其阐述了犬猫对不同类型日粮的消化生理反应。从原始的文献中总结了酶活性数据、电解液浓度、胃的排空和肠中的运输过程、pH、胆汁的分泌特性和组成、犬和猫胃肠道不同部位的吸收率等方面的数据。他们的综述主要来源于健康的体重为 10～20 kg 的成年犬和成年猫的研究，而数据主要是关于口腔、胃和小肠方面的。本章第一部分引用的大部分资料来源于这些综述，并且在一些适当的地方还引用了原始的文献。

接下来的部分对犬猫胃肠道激素特性的原始文献进行了总结，并以独立的表格形式列出。表格中所列的项目分别为：激素、产生激素的细胞类型、作用部位、主要作用和激素分泌的因素，同时还包括一些有关犬猫特定激素的数据和参考资料。概括地说，表格中囊括了到目前为止的最新资料。

最后一部分阐述了犬猫营养物质消化率的测定和影响因素，这是如何最合理利用宠物日粮营养物质的关键。

1.1 引言

犬（图 1-1）和猫（图 1-2）的消化道除了长度不一样外，其他方面是相似的。体长为 0.75 m 的犬，肠道平均长度为 4.5 m（小肠＝3.9 m，大肠＝0.6 m）。体长为 0.5 m 的猫，肠道的平均长度大概为 2.1 m（小肠＝1.7 m，大肠＝0.4 m）。肠道的长度是影响营养物质在消化道里停留时间的一个因素，因而也影响消化时间（Maskell 和 Johnson，1993）。

犬猫的消化道因为有肠绒毛的存在而有很大的吸收面积，因而加快了营养物质的消化速度。犬和猫每厘米肠道所对应的肠道面积是相似的（空肠的分别为 54 和 50 cm^2，回肠的分别为 38 和 36 cm^2）（Maskell 和 Johnson，1993）。

犬和猫胃肠道最大的不同，就是犬的胃前部黏膜比较薄，有明显的胃腺，胃尾部黏膜较厚，但胃腺不明显。犬猫的胃黏膜可以分为贲门有腺黏膜狭窄部以及幽门有腺黏膜宽大部（Stevens 和 Hume，1995）。贲门和幽门有腺区能分泌黏液和重碳酸盐。某些胃腺区分泌盐酸和胃蛋白酶原。猫科动物与犬科动物相比，其胃黏膜是统一均匀的（Maskell 和 Johnson，1993）。犬的盲肠是位于回盲瓣末梢的弯曲附属物，但猫的盲肠不是弯曲的（Stevens 和 Hume，1995）。

Maskell 和 Johnson（1993）提出：

消化过程是物理性消化、化学性消化和微生物消化的综合结果，这 3 种消化方式使日粮被连续地降解和消化。咀嚼及与消化有关的肌肉收缩属于物理性消化，可降低摄食进来的食物粒度。富含酶的消化液分泌到胃和小肠的食糜中，促进了化学性消化。定居于消化道末端的微生物也分泌某些酶来进行化学性消化，以此消化那些没有被前段消化道消化的食物成分。消化道活动分为自主和非自主控制。摄食、咀嚼和吞咽都是由个体有意识进行自主控制。吞咽后，从口腔后部开始的消化功能都是反射活动（即不是有意识的控制）。当食物通过咽喉从食道进入胃部，括约肌舒张和收缩受脑神经的无意识控制。当食物进入胃部后，

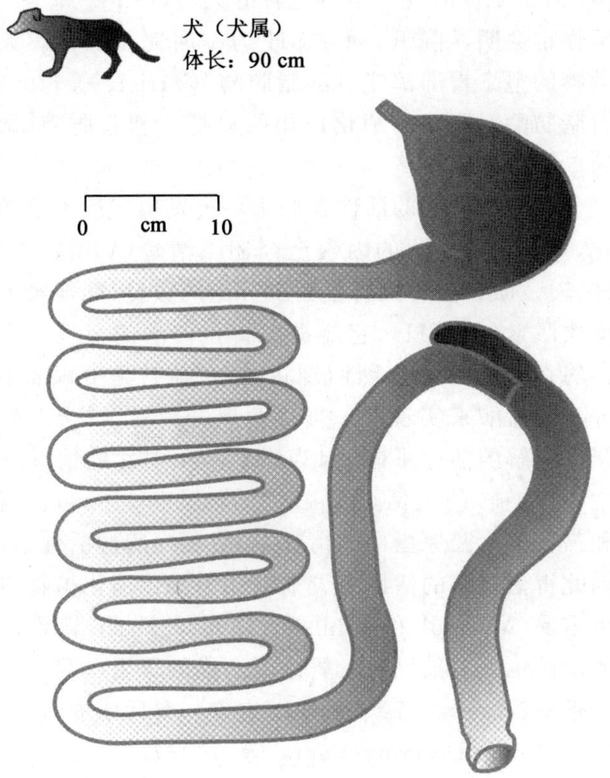

图 1-1 犬的胃肠道（Stevens 和 Hume，1995）

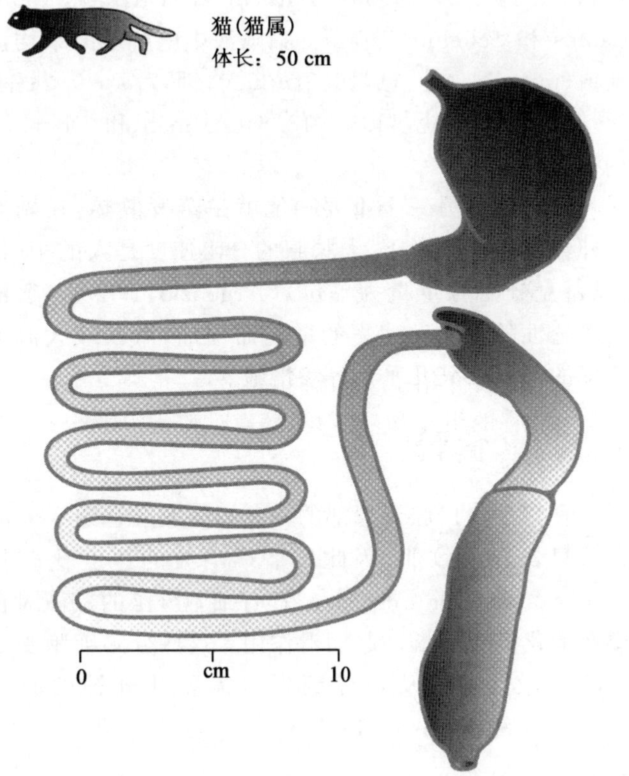

图 1-2 猫的胃肠道（Stevens 和 Hume，1995）

胃部肌肉产生松弛性反射，以抵消胃内压的升高。胃肠道中所有消化液的分泌和消化道的运动都是由神经和激素双重调控的。消化道的运动以蠕动波的形式把食糜推向肠道的末端。

对犬和猫消化的比较研究表明，犬和猫在肠道特性、天然的野生食物和营养需求方面都存在密切的关系（Buddington，1996）。猫起源于完全肉食性的动物家族（猫科），而犬则是杂食性的。

1.2 消化道及其功能

1.2.1 口腔

消化过程由口腔开始。唾液是在咀嚼食物时由 4 对唾液腺分泌的，其中腮腺位于耳前方，颚腺（或颌下腺）位于每侧下颌的底侧，舌下腺位于舌底，眶腺位于眼睛下方的上颌。猫的腺体分布也是如此（Maskell 和 Johnson，1993）。看到和闻到食物可增加唾液的分泌，摄入的食物类型和含水量会影响唾液的分泌量和组成。Chauncey 等（1963）测定了犬腮腺（0.14～1.40 mL/min，平均值 = 0.55 mL/min）和颌下腺（0.20～3.84 mL/min，平均值 = 1.31 mL/min）的唾液分泌量。不同腺体分泌的唾液的组成和流动速度不同（Stevens 和 Hume，1995）。颌下腺和舌下腺分泌大量黏液，而腮腺分泌浆液。唾液中主要的无机离子是钠、钾和氯，它们来自血浆，而重碳酸盐是由腺体细胞分泌的。在唾液流动速度较高的情况下，犬和猫分泌到口腔的唾液渗透压相同，其中的钠钾比和血浆里钠钾比相似，但重碳酸盐和氯离子比值及 pH 比血浆中的高。但是，在唾液流动速率较低的情况下，管状细胞的吸收性降低了渗透压、钠钾比率、氯离子和重碳酸盐的浓度和到达口腔的唾液 pH。犬唾液的 pH 为 7.34～7.80（Altman 和 Dittmer，1968），而猫唾液的 pH 平均值是 7.5（Awati，2000）。跟很多物种一样，犬和猫唾液中缺乏可以消化淀粉的淀粉酶。

犬唾液中电解质的平均浓度（mmol/L）如下：钙，在混合唾液中是 1.85，在腮腺中为 4.3；氯化物，在腮腺中为 81.9；钾，在混合唾液中为 20.2，腮腺中为 11.4；钠，在混合唾液中为 74.1，在腮腺中为 108；重碳酸盐，在腮腺中为 55（Altman 和 Dittmer，1968；Lamas 和 Scheinin，1971）。猫唾液中电解质的平均浓度值(mmol/L)是：氯，16.8～36.0；钾，7.7～9.2；钠，24～46；重碳酸盐，11.6～13.6（Altman 和 Dittmer，1968）。

犬唾液的另一个重要功能就是蒸发散热，在副交感神经的强烈刺激下，犬腮腺的分泌速度是人的 10 倍(以每克分泌腺重量为单位)(Argenzio，1989)。唾液的渗透性随着流动速率的增加而增加，而在最大流动速率的情况下其几乎是等渗溶液。

1.2.2 食管

食管是从口腔到胃部的一条短的肌质管道。犬的食管只含有横纹肌，因此传播蠕动波的速度比较快(Stevens 和 Hume，1995)。食管细胞分泌的黏液对食糜在消化道中的蠕动起润滑作用。这些分泌细胞受食糜的刺激。食物从口腔到胃只需要几分钟的时间(Maskell 和 Johnson，1993)。

1.2.3 胃

从功能上来说，胃由头区和尾区 2 部分组成。在暂时性储存食物期间，胃头区会膨大，这种特性更适合于不连续的分餐摄入而不是少量多餐。由于犬是按餐进食，而猫是少量多餐，因此这对于犬科动物来说更加重要(Maskell 和 Johnson，1993)。

胃能暂时对食物进行储存，并能控制食糜进入小肠的速率。胃通过分泌胃酸和胃蛋白酶原对食糜进行开始阶段的消化。胃头区 1/2 区域的环肌通过连续的收缩来混合和浸软胃中的食糜。胃中心的起搏点产生的收缩波通过胃的尾区，这些收缩的蠕动波推动食糜通过胃，并最终进入十二指肠(Stevens 和 Hume，1995)。

犬胃液的电解质浓度(mmol/L)如下：重碳酸盐，5～33；钾，7～28；钠，22～155；氯化物，123～173；钙，0.5～4；磷酸盐，0.026～12；镁，0.021。而猫胃液的电解质浓度(mmol/L)是：钾，12～14；钠，12～56；氯化物，156～166；钙，1～2.5；磷，0.06～0.19；氮，7.1～29.3(Altman 和 Dittmer，1968)。

犬胃腔内最主要的酶是胃蛋白酶和脂肪酶。在 pH 为 4 时，胃脂肪酶消化长链三酰基甘油的活性是短链甘油三酯的 13 倍(Carriere 等，1991)。脂肪酶在 pH 低于 1.5 时发生不可逆转的失活，在 pH 高于 6 时活性也会明显降低，而在 pH 为 7 时完全失活。犬科动物的整个胃部都能分泌脂肪酶(Carriere 等，1992)。胃脂肪酶对脂肪的消化作用明显低于胰脂肪酶(参见第 5 章)。

犬胃蛋白酶的活性在假饲后会发生多达 4 倍的变化，导致这种变化的因素至今还不清楚(Villareal 等，1955)。激素能影响胃蛋白酶分泌的数量，如促肾上腺皮质激素(ACTH)，它能提高胃蛋白酶的活性。胃蛋白酶在 pH 为 2 时活性最高，pH 的维持是由胃部不断分泌的盐酸来实现的。当食糜离开胃后，胃蛋白酶对蛋白降解的活性下降，因为它在 pH 中性的情况下发生不可逆转的失活(Smeets-Peeters 等，1998)。当犬和猫在摄食胶原蛋白的情况下，胃蛋白酶的活性最高，因此胃蛋白酶的活性对犬猫消化肉类比消化植物蛋白更重要(Maskell 和 Johnson，1993)。因此，胃蛋白酶的活性也许对猫比对犬更重要。猫的胃蛋白酶基础分泌率是(2.7±0.07) μg/min，进食一餐后增加为(16±4) μg/min (Descroix-Vagne 等，1993)。

胃的分泌受一餐中蛋白质数量和食物体积的影响(Carpentier 等，1977)，也受某些激素的影响，这些激素能间接影响胃中食糜的酸度[如 ACTH 增加盐酸的分泌(Villareal 等，1955)，促胰液素通过抑制胃泌素的释放降低盐酸的产量(Jin 等，1994)]。神经系统在盐酸的分泌中也起到一定的作用 (Lawson 等，1994)。在禁食的状况下，犬胃部的 pH 变化波动小，而在进食后 pH 波动比较大 (Youngberg 等，1985)。胃部的 pH 随饲料种类和饲料的缓冲能力的变化而变化。在采食完全的液态试验日粮后，pH 在 10～20 min 内降到了 4 以下(Youngberg 等，1985)；而在喂食以肉类为主的日粮的情况下，pH 在 60 min 后只降到 6.0 以下(Banta 等，1979；Carriere 等，1993)。

猫胃的平均 pH 为 2.5±0.07(Brosey 等，2000)。酸分泌的调控机制发生在消化过程中的 3 个连续的时间段 (口腔阶段、胃阶段和肠阶段)，Argenzio(1989)也详细地描述了这一过程。

目前，已从单胃动物的胃内容物中分离出了细菌群落(Kearns 等，1998)，其数量是变化的(大约为 10^3 个/mL)，而且受食物和环境的影响。这些微生物大部分都是暂住菌群而不是在一开始就定殖在某个位置上的本土菌群，它们来自于食糜或最接近胃的部位。最常见的微生物类型是革兰氏阳性和需氧型的(注：原文为需氧型,实际上应为厌氧型),大多是乳酸菌属(双歧杆菌、乳酸杆菌和链球菌)的成员。当给猫饲喂以玉米—家禽副产物或豆粕为基础日粮时,猫的胃内容物中总短链脂肪酸(SCFAs)的量大约为 20 mmol/L(Brosey 等,2000)。

1.2.4 胃的排空

Smeets-Pecters 等(1998)总结了影响胃排空速度的因素,包括:胃的体积,胃内容物的能量含量(Liddle 等,1988)、黏度、密度和粒子大小,温度,体重,十二指肠中酸的量,水的摄取量,摄食一餐的体积以及食物种类(Goggin 等,1998)。用十二指肠插管的犬来评估不易消化的固体密度对胃排空的影响(Meyer 等,1985),结果表明高密度粒子有降低胃排空速度的趋势。密度对胃排空速度的调控规律与进入十二指肠中食糜的浓度有关,同时与单糖(通过渗透压起作用)或脂肪酸酯化(影响十二指肠受体)作用有关。相同能量浓度的碳水化合物和甘油三酯具有相似的胃排空模式(Hunt 和 Stubbs,1975)。

使可消化固体物降解为更小的颗粒会加速胃排空的速度。未消化的固体会一直保留在胃中,直到其他食物成分被消化。这些粒子直到在禁食状态时,产生强烈的推进式胃收缩波前,一直会保留在胃部(Hinder 和 Kelly,1977)。犬的胃是调节标记食物微粒通过胃肠道的主要部位(Banta 等,1979)。

文献记载,犬胃排空 1/2 的时间平均为 72~240 min(Burrows 等,1985;经 Smeets-Peeters 等检验修订,1998)。有许多因素会影响测定结果,包括:测量方法(插管、定期取样、闪烁扫描法和 X 线法)、日粮类型(干磨成粗粒的食物、罐装食物、新鲜食物、液体食物)、食物的性质(酸度、渗透压摩尔浓度、脂肪含量、色氨酸含量)、动物的个体差异、动物的饮水方式、所用的指示剂、采食体积和处于饲喂或绝食状态等。对于猫来说,胃排空 1/2 的时间从 22~25 min(绝食状态)到 449 min(饲喂罐装日粮的猫)(Chandler 等,1997)。处于上述范围中间的数值分别由 Arnbjerg(1992)、Sparkes 等(1997)、Goggin 等(1998)和 Chandler 等(1999)进行了报道。

1.2.5 小肠、胰腺和肝脏

对食物进行酶的消化,大部分发生在小肠中。当食物中的成分被消化成简单的粒子后,其连同水、维生素和矿物质一起被吸收。一只体重 20 kg 的犬每天大约吸收 3 L 的液体,其中的 50%由空肠吸收、40%由回肠吸收、10%由大肠吸收(Maskell 和 Johnson,1993)。

食糜从胃中进入十二指肠后被迅速中性化。饲喂以谷物和肉为基础日粮的犬,十二指肠头区中 pH 的平均值大约为 6.2(Banta 等,1979)。犬摄取大量的水会导致胃酸的分泌(因刺激了胃泌素的释放),并且使十二指肠头区肠腔中的 pH 降低至 1.5。对于猫来说,十二指肠的平均 pH 是(5.7±0.5),而空肠和回肠的 pH 分别为(6.4±0.5)和(6.6±0.8)(Brosey 等,2000)。

从胃中进入小肠的酸性食糜刺激胰液分泌进入十二指肠中,胰液和胆汁中含有的大量的重碳酸盐使进入十二指肠食糜的 pH 升高(Banta 等,1979)。

在十二指肠中,食糜与消化酶混合到一起。一部分消化酶由十二指肠的黏膜分泌,其他的酶由胰腺分泌,胰腺有 2 个独立的功能:①外分泌,分泌酶和重碳酸盐进入小肠,重碳酸盐能使肠道的 pH 维持在一个最佳的状态,以利于小肠酶和胰酶发挥作用;②内分泌,分泌激素进入到血液中。胰酶包括无活性的蛋白酶、脂肪酶和淀粉酶。位于肠腔刷状缘内的肠消化酶和肠壁吸收细胞的内容物催化了消化的最后阶段(Maskell 和 Johnson,1993)。

肠黏膜细胞产生的促胰液素—胆囊收缩素调控了胰液的分泌量。小肠内容物的酸度引起促胰液素—胆囊收缩素的释放,而促胰液素—胆囊收缩素能刺激胰脏增加重碳酸盐分泌。重碳酸盐的浓度和胰液的 pH 依赖于食物的流速。小肠中被部分消化的食物,尤其是小肠中的脂肪和含有苯基丙氨酸的多肽,会导致胆囊收缩素的分泌,同时还会刺激含有大量酶的液体分泌(Maskell 和 Johnson,1993)。犬胰液的主要特征是:pH 为 7.1~8.2、分泌率为 0.2~1.1 mL/min、含水量为 98%、灰分为 8.4~9.7 g/L、总固体物为 14~64 g/L、重碳酸盐为 93~143 mmol/L、总氮为71.4~671.4 mmol/L(Altman 和 Dittmer,1968)。而猫的可用资料较有限,包括:钙为 2.3~2.55 mmol/L(Altman 和 Dittmer,1968)、氯化物为67~93 mmol/L(Altman 和 Dittmer,1968)、淀粉酶为每 120 min(34.1±6.4)U(Layer 等,1985)。

犬的胰液有抗菌能力(Rubenstein 等,1985)。活性成分是平均分子质量大约为 4 000 的蛋白质，适合于碱性 pH，它在胰液被稀释到 10 倍之前都具有活性。它能抵制胰蛋白酶的消化，并具有杀灭埃希氏大肠杆菌、志贺氏菌、沙门氏菌和克雷伯氏菌的能力；它对阳性凝固酶和阴性的埃希氏菌属以及假单胞菌具有抑制作用，它也可以阻止白色假丝酵母菌属的生长。但它是否会对有益的微生物群落（如乳酸杆菌、双歧杆菌和真细菌）产生影响还不清楚。

胆汁储存在胆囊中并被浓缩。当十二指肠中出现脂质或脂质的消化终产物时，胆汁被释放到小肠内。胆囊中的胆汁与由肝脏直接分泌出的胆汁浓度不一样（如 pH 分别为 5.18～6.97 和 7.1～8.5；干物质分别为 114～246 和 23～45 g/L；盐分别为 79～150 和 5～24 g/L；胆固醇分别为 0.8～1.4 和 0.04～0.15 g/L）（Smeets-Peeters 等，1998）。犬和猫中 99%以上的胆酸与牛磺酸共轭形成牛磺胆酸、牛磺去氧胆酸和牛磺鹅去氧胆酸。随着食物的摄入，胆囊收缩，并且它的压力和排空速率都会增加，排空速率的高峰出现在进食后的 30 min，而摄食 2 h 后排空速度降低（Madrid 等，1983；Traynor 等，1984）。食物是诱导胆囊昼夜节律变化的一个因素。这些收缩—舒张的周期与稀释—浓缩的周期是同步的（Camello 等，1991）。胆囊中的胆汁在进食后只有部分排出（5%～65%）。有研究表明，排空 1/2 的时间大约是 47 min。周期性的摄食和十二指肠的活动对于胆囊中胆汁组成的昼夜节律变化起到非常重要的作用（Smeets-Peeter 等，1998）。

Washizu 等（1990）将犬和猫的胆汁酸的组成进行了比较。猫的值（mg/mL）为：牛磺胆酸，97±38；去氧胆磺酸，22±7；牛熊脱氧胆酸，0.03±0.04；牛磺鹅脱氧胆酸，3.3±1.2；牛磺脱氧胆酸，4.4±2.5；牛磺石胆酸，0.04±0.01；甘氨脱氧胆酸，0.33±0.38；鹅脱氧胆碱甘氨酸，0.12±0.11；甘氨胆酸，1.5±0.8；胆汁酸，0.09±0.14。猫只有牛磺脱氧胆酸的浓度[（4.4±2.5）mg/mL]与犬的有所不同[（10.3±1.5）mg/mL]。猫的胆汁酸必须与牛磺酸共轭连接。因此，当牛磺酸缺乏时，胆汁中就会出现高浓度的未结合的胆酸（Rentschler 等，1986；Hickman 等，1992）。

1.2.5.1 小肠微生物学

犬小肠中的微生物种群相对比较简单（Kearns 等，1998）。肠道中微生物的数量，除回肠末端大约为 10^6/mL 外，很少超过 10^4/mL。在十二指肠和空肠中占优势的微生物为链球菌属和乳酸杆菌属。在回肠中，优势微生物是大肠杆菌和厌氧菌。犬微生物数量相对较低的原因，主要是受胃的酸度和胆汁的影响，同时也受肠运动的影响，肠的运动导致无黏着力的微生物不能在肠道中定殖。小肠的微生物区系的一个重要功能是抑制致病微生物的定殖，这个功能是通过对可利用的营养物质的竞争、控制氧的浓度和产生抗菌物质来完成的。

Johnston 等（1993）发现猫十二指肠液中的细菌总数为 2.2×10^5～1.6×10^8 CFU/mL（CFU，Colony-Forming Unit，菌落形成单位），而厌氧菌数量为 7.5×10^4～1.1×10^8。最常分离到的厌氧菌是拟杆菌属、真杆菌和梭菌属。最常见的需氧菌是巴斯德（氏）菌属。与犬相比，临床上健康的猫在饲喂商业罐装日粮时，在其未稀释的小肠头区液中，微生物数量相对要高一些。事实上，这些猫的细菌数量完全符合犬小肠内细菌过度生长时的标准。动物的品种特性会对肠内菌群产生影响，这些特性包括胃或胰腺的分泌物、小肠的运动、局部免疫和胆汁的组成。这些机制已经被 Gruffydd-Jones 等（1998）的研究证实。Brosey（2000）等的研究表明，饲喂玉米—家禽副产物或以大豆粕为基础日粮的猫，其十二指肠、空肠和回肠的总 SCFAs 含量分别为 30、29 和 41 mmol/L。

当使用与 Brosey 等（2000）类似的日粮时，Stricking 等（2000）的研究表明，犬回肠中每克干物质的总 SCFA 的含量为 598 μmol（每克食糜中的含量为 79 μmol）。他们关于回肠微生物的研究表明，微生物的含量（每克干物质的 log CFU）如下：产气荚膜梭菌为 4.8、双歧杆菌为 10.4、乳酸杆菌素为 9.4、微嗜氧菌为 10.5、大肠杆菌为 6.3 和大肠菌为 6.7。这些值比 Kearns 等（1998）报道的值要高一些。

小肠微生物对犬和猫营养需要的影响，以及不同日粮能否通过改变小肠内菌群进而改变对营养物质的需要量，还有待于进一步的研究。牛磺酸就是这样的情况，受商业日粮热处理（120℃，83 min）过程的影响，牛磺酸到达肠后段的数量增加。热处理可能通过刺激小肠微生物的过度生长而影响猫牛磺酸的营养状态。如果热处理降低了日粮某部分的消化率并且增加了被微生物利用的基质时，细菌会发生增殖(Hickman 等，1990)。

1.2.5.2 小肠的转运时间

食糜通过小肠的运动受日粮物理和营养特性的影响(Clemens 和 Stevens，1980)。食物成分、激素和神经系统因素会影响小肠的运动。食物通过消化道的情况可以采用标记的方法进行测定，但标记物必须是肠道不分泌也不被肠道消化、吸收和吸附的物质，可测定食物的运动速率及液体食糜或颗粒通过胃肠道的速率。转运时间就是指从采食某种食物或食物标记物开始到在粪中出现该物质的这段时间。平均存留时间是指在一次大剂量采食后，颗粒或液体标记物排出的平均时间(Stevens 和 Hume，1995)。测定食糜通过肠道的数值会给人一种误解，因为一个简单的数值不能表明大多数的物质是如何通过消化道的，同时也没考虑到消化道的结构、体积和长度。因此，已发表的小肠转运时间的实验数值范围很宽，如 Miyabayashi 等(1986)用 5 条犬，采用口服浓度为 60%(w/v)的硫酸钡溶液进行实验，测定的通过时间是(73.0±16.4) min (范围是 30～120 min)；小肠排空时间是(214±25.1)min (范围为 180～300 min)。他们的研究表明小肠通过和排空的时间与胃排空的时间呈相关关系。

在未饲喂的犬中，放射性标记的盐到达盲肠的时间仅 37 min (Quigley 和 Thompson，1993)。然而，额外的常量营养物质会降低小肠内容物的运动速度(Schemann 和 Ehrlein，1986)。Johnson 等 (1997)的研究表明，空肠食糜运动的平均速率为 5 cm/min，回肠的为 13 cm/min。如按 Quigley 和 Thompson (1993)的阐述，体重为 19 kg 的犬的小肠长度为 360 cm，则食物通过小肠的时间大约为 1 h，这与 Hill 等(2000)的研究结果相同。Hill 等 (2000)的研究表明，每天饲喂一次罐装日粮的犬，食糜初次到达回肠、结肠结合处的平均时间为 1 h，并且有 15%、50%和 95%的食糜在 2.5、5.5 和 12 h 后到达回肠末端。用肠中段带有套管的犬进行测定，在饲喂一餐小牛排后，测得聚乙烯二醇、0.5 和 2 mm 的肝颗粒从十二指肠到达肠中段的时间分别为 49、62 和 78 min(Williams 等，1984)。用其他方法测定犬采食后食物从口腔到盲肠的平均时间更长或处于中间值：呼吸氢测试时间为 105～135 min、磺胺水杨嗪和磺胺嘧啶测定的时间为 180 min、用放射性标记的磺胺胶体测定时间为 150 min (Papasouliotis 等，1993，1995；Roussel 等，1996)。这些时间与 Hill 等(2000)收集到相当于总食糜的 15%的时间相对应。这表明，在呼吸氢或标记物被检测到之前，已有一定量即相当于总食糜量的 15%的食糜进入到结肠中。

Chandler 等(1999)的研究表明，猫小肠转运时间为 135～183 min。

1.2.6 大肠

犬猫大肠的主要作用是吸收电解质和水，并作为微生物发酵养分的主要场所，这些养分逃脱小肠的消化和吸收而进入大肠中。犬和猫的大肠都比较短 (犬的为 0.6 m，猫的为 0.4 m) (Maskell 和 Johnson，1993)。大肠分为盲肠、结肠和直肠。结肠是大肠的主要部分，它由 3 部分组成：升结肠、横结肠和降结肠。大肠没有肠茸毛，其表面是平的。直的、管状的肠腺从浆膜表面延伸到黏膜。在其最深的部位含有黏液细胞，并且在趋向表面的部位同时含有黏液细胞和上皮细胞。黏液是碱性的(含重碳酸盐)，它的作用是保护大肠黏膜免受机械和化学性损伤。黏液起到润滑的作用，有利于粪便的排泄，重碳酸盐中的离子可中和微生物发酵产生的酸(Maskell 和 Johnson，1993)。

未消化的食物在犬和猫大肠中存留的时间大约为 12 h (Maskell 和 Johnson，1993)。Burrows 和 Merritt (1983) 研究了犬日粮中添加 α-纤维素对犬结肠近端的肌电活性的影响。选择结肠近端是因为大部分的水都是在这个部位吸收的，在这个部位纤维促进食糜混合和推进的作用也是最大的。这项研究的主要发现是，增加 α-纤维素的摄入(达到罐装商品日粮重量的 9%)，通过影响移动峰值的爆发而降低了结肠近端的肌电峰值活性。许多外在的神经和激素因子会影响结肠的运动，并且肠腔大小也会对其造成额外的影响。由于日粮纤维会导致粪的体积和重量的增加，随肠腔大小的增加，犬结肠近端可能会更有效地收缩。

Krevsky 等(1988)利用结肠转运闪烁扫描法研究发现，猫盲肠和升结肠排空较快，其排空 1/2 的时间为(1.68±0.56) h。这说明猫的盲肠和升结肠可能不是猫储藏食糜的一个重要区域，而盲肠和升结肠的长度相对较短可能是导致快速排空的主要原因。与盲肠和升结肠不同，横结肠是储存食糜的主要部位，这说明猫的横结肠是混合、储藏和脱水的重要部位，而且这个部位还具有排泄之前最后储存的功能。这些研究结果与多年前观察到横结肠的逆蠕动收缩是一致的。

犬对食物消化的8%是发生在大肠（Drochner 和 Meyer，1991），虽然这个数值随日粮的变化而变化。Meyer 和 Schunemann（1989）利用25种日粮饲喂安有回肠瘘管的犬，研究表明，饲喂高消化的日粮时，结肠消化率占总消化率的1%～4%，当饲喂含豆类和天然类型淀粉（如木薯粉）的日粮时，结肠消化率占总消化率的12%～24%。当犬饲喂含有生的马铃薯淀粉和乳糖的日粮时，结肠消化率最高。

大肠含有复杂的微生物系统，它由许多属和几百种细菌组成。健康肠道中的大部分细菌是厌氧的。健康的犬猫中，主要的细菌种类是链球菌、乳酸菌、类细菌和梭菌（Maskell 和 Johnson，1993）。日粮组成会影响大肠的细菌组成。

结肠细菌能发酵未被小肠消化和吸收的营养物质，这些物质来自日粮和内源分泌物，如抗性淀粉、非淀粉多糖、未吸收的糖、低聚糖、日粮蛋白质、内源酶和黏液。人的结肠近端部位通常富含碳水化合物的代谢物，而蛋白质发酵主要发生在结肠末端（Macfarlane 等，1992）。犬和猫的情况可能与此类似。细菌发酵和代谢的主要终产物是SCFAs（醋酸盐、丙酸盐、丁酸盐）、乳酸盐、二氧化碳和氢气。Brosey 等（2000）研究表明，猫饲喂玉米与家禽副产品或大豆日粮时，结肠近端和末端的总SCFA的含量分别为109和131 mmol/L。虽然SCFA的浓度相对较高，但我们不要忘了犬和猫大肠的体积是很小的。其他的发酵终产物有硫化氢、甲烷、氨、支链脂肪酸、胺、石炭酸和吲哚。这些化合物的组成受多种因素的影响，如结肠微生物组成、细菌之间的代谢互作、可供发酵的营养物质、肠的转运时间和多种宿主因素，包括年龄、免疫状态和遗传特性等（Cummings 和 Macfarlane，1991）。结肠内容物的pH和产生的粪便无疑也受这些因素的影响，适宜的pH范围可能为5.5～7.5，这和其他品种的报道一样（Younes 等，1995）。

短链脂肪酸可以为大肠细胞提供能量。Roediger（1980）发现丁酸盐不仅可被人的肠道利用，也是结肠细胞首选的能量来源。Drackley 等（1998）在犬上的研究也证实了这一结果，他的研究表明，单个的犬结肠细胞氧化丁酸盐的速度是氧化葡萄糖的4.5倍。这些研究表明，丁酸盐是肠上皮细胞的主要能量来源。氨的吸收对保证内源氮在肠道的分泌起到积极的作用，内源氮是消化酶和尿素的组成成分（见 Stevens 和 Hume 的图8.5，1995）。

常住菌群也会影响黏膜的结构和功能（Buddington 等，2000）。营养物质和内源分泌物发酵的产物SCFAs会刺激水和电解质的吸收，因此也是肠调节渗透压的物质。SCFAs的吸收也会增加钠吸收的速率，而SCFAs和钠在大肠中的联合吸收导致大量水的吸收（Stevens 和 Hume，1995）。

此外，SCFAs还会刺激肠上皮细胞和结肠上皮细胞的增殖。SCFAs的出现引起胰高血糖素样肽-Ⅱ的分泌，胰高血糖素样肽-Ⅱ会刺激黏膜的生长和回肠中输送营养物质的载体基因的表达，进而提高消化功能。同时，SCFAs刺激黏膜生长进而提高屏障功能和减少细菌移位。丁酸盐被认为是与黏膜关系最重要的SCFA，而丙酸盐是最不重要的。因此，肠内细菌发酵的效果主要与产生的SCFAs的不同比例有关。

附着菌和黏膜之间似乎存在着共栖的关系（Buddington 等，2000）。附着菌影响黏膜（细胞）内吞作用和黏膜细胞内水解的能力，这对存在于肠腔中的潜在抗原的降解起到重要的作用。这对于肠内免疫系统的调节是非常重要的，因为它能降低肠内出现的大量高分子物质的抗原性。因而，出现发炎的可能性很小，发炎对正常的肠功能起到相反的作用。附着菌也会使免疫球蛋白A的分泌量增加。

1.3 激素对消化的影响

除了消化功能外，肠道及其相关器官在体内扮演着最大的内分泌器官的角色，几种内分泌细胞的类型已经在犬（Tange，1983）和猫（Kitamura 等，1982）的肠道中被鉴定。在其他物种中，来源于胃肠道的激素对调控消化过程和全身代谢发挥着关键性的作用（Buddington，1996）。胃肠道激素对哺乳动物新陈代谢的重要作用见表1-1，同时表中还列出了与犬猫消化生理相关的一些资料。更多的资料，Stevens 和 Hume（1995）做了进一步的叙述。目前为止，关于营养对犬猫肠道免疫和内分泌功能的影响知之甚少。

表 1-1 犬猫胃肠道激素的特征

激 素	产生激素的细胞类型	作用部位	主要作用	刺激分泌的因素	与犬猫相关的资料	参考资料
蛙皮素/蛙皮素样肽[胃泌素释放肽(GRP)、GRP-10、神经介素(NMB)]		胃底 胃窦 十二指肠 回肠 空肠	刺激作用: • 通过调节胃泌素的释放刺激胃酸分泌(通过 Ca^{2+} 依赖机制激活 G 细胞) • 胆囊收缩素(CCK)的释放和胰酶的分泌 • 胆囊排空(由于蛙皮素或 CCK) 抑制作用:胃排空		犬:蛙皮素刺激犬神经降压素的分泌 猫:蛙皮素增加食道下端部分(LES)压力,由 P 物质介导 猫:蛙皮素降低采食量 猫:蛙皮素样肽通过胃泌素释放肽(GRP)使终端回肠收缩 猫:GRP-10 和 NMB 诱发食管、胃底、十二指肠的收缩	Barber 等,1986 Reynolds 等,1986 Bado 等,1989 Kortezova 等,1994 Milusheva 等,1998
胃泌素	G 型	胃底 十二指肠	刺激作用: • 胃酸、胃蛋白酶和胰高血糖素的分泌 • 肠黏膜增殖 • 胰脏产生 HCO_3^- 和胰液流(弱) • 胰酶的分泌(强) • LES 压力 抑制作用:胃排空	胃中的肽类和氨基酸(AAs);胃的膨胀	犬和猫:犬猫中胃泌素在胃底、十二指肠、空肠黏膜有相同的浓度和分子形式 犬:胃泌素刺激 LES 压力 犬:胃泌素对饭后胰液的分泌有重要的刺激作用 犬:营养物质引起胃膨胀时,其对胃酸分泌起着重要作用 猫:胃泌素刺激胃酸的分泌 猫:CCK 和胃泌素对食后胰液的分泌有影响	Rehfield 和 Uvnas-Wallensten,1978 Iwai 等,1985 Johnson 等,1987 Kovacs 等,1989 Fernstrom 等,1986,1987 Konturek 等,1991

续表 1-1

激　　素	产生激素的细胞类型	作用部位	主要作用	刺激分泌的因素	与犬猫相关的资料	参考资料
胆囊收缩素—之前认为是胆囊收缩素促胰酶素(CCK-PZ)	Ⅰ型	十二指肠 空肠	刺激作用： • 胰酶的分泌 • 胆囊收缩 抑制作用： • 胃排空和分泌(可能由氧化亚氮调节) • 肝胰壶腹括约肌的松弛	十二指肠中的肽类、氨基酸(AAs)和脂肪酸(FAs)	犬：抑制胃酸的分泌，通过介导 CCK 和生长抑素	Konturek 等，1992
					犬：壁细胞 CCK_B 受体在人类的 CCK_B/胃泌素受体的部位有单个的氨基酸替代物	Beinborn 等，1993
					犬：CCK 诱导小肠的兴奋(由于乙酰胆碱)和抑制作用(由于氧化亚氮)、胃窦的兴奋作用	Vergara 等，1996
					犬：CCK 是有效的胰液血管舒张剂，对胰脏循环的小肠阶段的调节有重要作用	Nakajima 等，2001
					猫：导致牛磺酸缺乏的日粮有较低的蛋白质消化率，相比于维持机体牛磺酸状态的日粮相比，能产生更高含量的 CCK	Backus 等，1995a
					猫：尽管猫是严格的肉食动物，但它们对完整蛋白质和游离氨基酸反应分泌 CCK 与人类相似	Backus 等，1995b
					猫：完整蛋白质比游离氨基酸刺激产生更多的 CKK	Backus 等，1997
促胰液素	S型	十二指肠 空肠	刺激作用： • 胰脏的 HCO_3^- 合成和分泌 • 胆汁释放 抑制作用： • 胃的蠕动和分泌 • LES 压力 • 胆囊水的净吸收	空肠和十二指肠中酸性食糜和脂肪酸	犬：促胰液素促进了生长激素抑制素释放，促胰液素通过调节组按释放减少胃酸分泌	Gerber 和 Payne，1996
					猫：促胰液素增加胆汁和胰腺素分泌	Jansson 等，1978a

续表 1-1

激　　素	产生激素的细胞类型	作用部位	主要作用	刺激分泌的因素	与犬猫相关的资料	参考资料
肠抑胃肽(GIP)	K 型	十二指肠,空肠和回肠(主要是空肠)	刺激作用: 胰岛素分泌和合成——主要的“肠降血糖素”因子 抑制作用: • 胃酸分泌 • 胃和小肠的蠕动	小肠中的葡萄糖、氨基酸和脂肪酸,其中主要是脂肪酸; 生长抑素调节释放作用	犬:电解质浓度变化不大时 GIP 刺激空肠和回肠的分泌作用 犬:GIP 抑制胃动素对十二指肠的刺激作用。但对 CCK-辛肽化合物产生的隐性作用无效 犬:空肠有 69%的肠道 K 细胞 猫:减少 LES 压力	Barbezat 和 Grossman,1971 Castresana 等,1978 Damholt 等,1999 Sinar 等,1978
胰高血糖素样肽-Ⅰ(GLP-Ⅰ)——早期试验中检测的部分肠高血糖素	L 型	十二指肠、空肠和回肠(主要是空肠)	刺激作用: • 胰岛素分泌——“肠降血糖素”因子 • “回肠制动”的一部分 抑制作用: • 胃酸分泌和胃的蠕动 • 胰酶分泌 • 食欲和采食量	十二指肠中的 FAs;CCK 诱导释放;GIP 刺激释放;生长抑素调节释放	犬:CCK 不是一种犬的肠降血糖素,但 GLP-Ⅰ是血糖正常时主要的肠降血糖素,GIP 和 GLP-Ⅰ都是高血糖症时的肠促胰岛素 犬:GLP-Ⅰ可能参与了“回肠制动”的发生 犬:CCK 部分提高了 GLP-Ⅰ的诱导作用 犬:空肠有 51%的肠道 L 细胞,其中 30%接近 K 细胞,显示出们之间的交互作用	Van der Burg 等,1995 Wen 等, 1995 Fung 等,1998 Damholt 等,1999
胰高血糖素样肽-Ⅱ(GLP-Ⅱ)——早期实验中检测的部分肠高血糖素	L 型	小肠 结肠	刺激作用: • 肠黏膜的增殖 • 可能是“回肠制动”的一部分 抑制作用: • 胃酸分泌和胃的蠕动 • 采食量	摄入的食物,特别是碳水化合物和脂肪;短链脂肪酸刺激释放; 生长抑素调节释放;GIP 和 GRP 可能诱导释放		

续表 1-1

激　　素	产生激素的细胞类型	作用部位	主要作用	刺激分泌的因素	与犬猫相关的资料	参考资料
血管活性肠多肽(VIP)	D_1 型神经细胞和纤维	胃 小肠 结肠黏膜	刺激作用： • 血液流过肠道 • 胰腺 HCO_3^-、电解质和水的分泌 抑制作用： • 胃酸、胃蛋白酶和内因子的分泌 • LES 压力 • 胃泵功能 • 胆囊的水净吸收 • 经氮氧化物增强的 VIP 迟缓作用	乙酰胆碱刺激释放	犬：VIP 通过 CCK 和神经降压素的刺激抑制胆囊收缩 犬：乙酰胆碱促使回肠中含有 VIP 的神经元释放 VIP 猫：VIP 促使胆囊舒张，诱使液体净分泌液进入肠腔 猫：VIP 在胃的平滑肌对有刺激性的神经肽(蛙皮素、P 物质和 CCK)进行回应 猫：VIP 抑制基部 LES 的健康状况	Milenov 等，1993 Kimura 等，1994 Jansson 等，1978b Merlo 和 Cohen，1989 Parkman 和 Reynolds，1990
促胃动素	EC_2 型	十二指肠 空肠	刺激作用： • 通过释放血清素，麻醉剂和乙酰胆碱提高肠的运动性 • LES 压力 • 调节消化间期移行性复合运动活性		犬：犬科动物的胃动素与猪科动物相比在 5 个位置的氨基酸有差别 犬：胃动素减少肠舒血管抑胃肽产生 犬：胃动素刺激麻醉剂的释放，结果导致肠舒血管抑胃肽释放的抑制 犬：乙酰胆碱是主要的胃动素调整物质 犬：外源的胃动素刺激胰岛素释放 犬：胃动素受体存在于犬的小肠和结肠 猫：猫和人类胃动素有 81.8%同源性序列 猫：胃体、胃窦、十二指肠、空肠和回肠有胃动素受体	Poitras 等，1983 Manaka 等，1989 Fox-Threkeld 等，1991 Poitras 等，1993 Suzuki 等，1998 Chiba 等，2000 Depoortere 等，1993a Depoortere 等，1993b

续表 1-1

激　　素	产生激素的细胞类型	作用部位	主要作用	刺激分泌的因素	与犬猫相关的资料	参考资料
生长抑素	D 型 神经细胞和纤维	胃 小肠 胰腺	抑制作用：其他肠内肽的分泌	脂肪和蛋白质	犬：生长抑素抑制了 CCK 和神经降压素的刺激下的胆囊收缩	Milenov 等，1993
					犬：生长抑素抑制胃窦产生胃泌素和组胺分泌素	Zaki 等，1996
					犬：生长抑素抑制了抑肽酶多肽和 YY 肽的释放	Gomez 等，1997
					猫：生长抑素选择性地抑制蛙皮素的产生，但不抑制 P 物质和 LES 收缩	Parkman 和 Reynolds，1990
胰多肽（PP）	PP 型	胰腺	抑制作用：胰肽酶蛋白质和 HCO_3^- 分泌	蛋白质；蛙皮素、CCK 和神经降压素刺激分泌	犬：CCK 刺激 PP 释放，也可提高其他来源的 PP 释放	Jansen 等，1990
P 物质	EC 型 神经细胞和纤维	在肠道黏膜和神经广泛分布	刺激作用： • 烟胺吡啉（清热解痛药）的活性 • 胃蛋白酶原释放 • LES 收缩 • 回盲括约肌收缩 • 可能造成血清素释放 • 胰肽酶分泌调节 • 肠道蠕动调节	血清高渗透压性和酸	犬：犬的主细胞具有 P 物质受体，刺激胃蛋白酶原释放	Vigna 等，1989
					猫：P 物质在肠内平衡分布，不同于人、鼠、猪等，具有显著的区域性差别	Holzer 等，1982
					猫：迷走神经的刺激可使十二指肠和空肠释放 P 物质但对回肠无效。P 物质无法在猫科动物的胚胎性癌细胞中监测到	Grønstad 等，1985
					猫：P 物质和血清素的独立释放机制显示他们不同的肠道来源，作者指出 P 物质在神经元的释放多于胚胎性癌细胞	Grønstad 等，1987

续表 1-1

激　　素	产生激素的细胞类型	作用部位	主要作用	刺激分泌的因素	与犬猫相关的资料	参考资料
神经降压素	N 型	中枢神经系统、小肠和大肠(主要是远端回肠)	刺激作用： • 血管舒张和血液流动 • 肠黏膜的增殖 • 胆囊的压力和收缩 • 胰肽酶分泌 • 在小肠末端结合胆汁酸重吸收 抑制作用： • 胃的分泌和排空 • LES 压力 • 根据物种，器官，剂量的不同可能产生抑制和兴奋活动	多种食物成分，尤其是 FAs	犬：相比于早期的发现，神经降压素对于胃中蛋白质的反馈是刺激胃酸分泌 猫：神经降压素在回肠末端括约肌和结肠近端，产生一种收缩反馈，但也在上述部分产生抑制作用	Eysselein 等，1990 Rothstein 和 Ouyang，1989
5-羟色胺(5-HT)	EC 型和神经细胞	小肠 大肠	刺激作用： • 神经性活动 • 肠道蠕动 • 收缩	酸性 pH 高浓度营养液 神经刺激(迷走神经)	犬：胃动素的收缩作用是 5-羟色胺诱导的结果 猫：5-羟色胺在剂量上的差异引起其对空肠和回盲括约肌有促进和抑制作用 猫：迷走神经兴奋提高十二指肠和空肠 5-羟色胺的释放，但不能对远端回肠起作用	Kellum 等，1986 Ouyang 和 Cohen，1983 Grønstad 等，1985
脑啡肽	L 型	胃 十二指肠 膀胱	抑制作用： • 神经细胞体的电子活性 • 酸刺激的胰液和促胰液素的释放(显示由生长抑素调节)		犬：蛋氨酸脑啡肽(MEK)抑制了胰腺外分泌 犬：MEK 减少了 VIP 产生	Chey 等，1980 Manaka 等，1989

续表 1-1

激　素	产生激素的细胞类型	作用部位	主要作用	刺激分泌的因素	与犬猫相关的资料	参考资料
多肽 YY(PYY)		回肠 结肠	刺激作用： • 肠道黏膜的增殖 • 小肠吸收 • “回肠制动”的一部分 抑制作用： • 胃排空和快速蠕动 • 胃液、胆汁和胰液的分泌	十二指肠中的脂肪； 胃酸分泌； 由 CCK 调节的分泌	犬：多肽 YY 激素介导胰酶分泌减少，部分是由 CCK 导致的 犬：多肽 YY 激素部分参与了回肠制动 犬：多肽 YY 激素的释放和 mRNA 受到胃酸正向调控和循环胃泌素的负向调控 犬：对脂肪感应的回肠制动由多肽 YY 激素决定 犬：十二指肠中脂肪的出现 CCKA 受体活动可以提高多肽 YY 激素的含量 犬：多肽 YY 激素拮抗物不会改变胃酸分泌或者胃排空，这就是它的作用的疑问所在	Lluis 等，1988 Wen 等，1995 Gomez 等，1996 Lin 等，1996 Fung 等，1998 Zhao 等，1999

1.4 消化率的测定和影响因子

营养物质的消化率提供了日粮中的营养物质可用于动物生产的相对数量，也可以作为评价犬猫日粮成分全面质量的一个指标(Shields，1993)。美国饲料管理协会(AAFCO)出版的测定犬猫日粮代谢能含量的草案已经成为测定营养物质消化率的标准，这是由于粪的收集和蛋白质消化率的测定是以上 2 个指标测定的必需步骤(AAFCO，2003)。干物质和蛋白质的消化率值被用来确保营养保证体系中的原料质量，营养保证体系分别由美国和加拿大的宠物食品制造商开发，是通过动物试验来保证宠物食品的营养品质(Shields，1993)。

计算营养物质消化率时，需要精确测定被动物采食的营养物质的数量以及粪中的营养物质排泄量。这两个值的差值除以采食量为消化率。但这个值是一个表观值，这是由于一些营养物质从消化道吸收以后又会分泌到肠道中，并且粪中还含有一些非日粮来源的营养物质(如失活的酶、胰腺和胆囊分泌物、脱落的肠黏膜细胞和微生物)。因此，这 2 个值的差值是一个"表观"消化值而不是"真"消化值。为了测定小肠消化率，包括外科回肠瘘管在内的很多方法已经在犬猫身上使用过。回肠内容物可以在被大肠微生物作用之前被收集。由于回肠食糜中含有一些内源分泌物，因此，回肠消化率应该作为表观消化值而不是真消化值。已尝试用不同的方法来测定动物的内源分泌量，如可以让动物禁食一段时间，或饲喂无氮(或低含量的高消化蛋白，如 5%酪蛋白)日粮(用于真蛋白和氨基酸消化率的测定)，或饲喂某一营养物质含量不同的日粮，用外推法确定零摄入时的量(Young 等，1991)。

AAFCO(2003)测定犬猫消化率的方法，推荐一个 5 d 的饲料适应阶段，然后是一个 5 d 的粪便收集阶段，以此来保证消化率的精确测定。Nott 等(1994)研究表明，一个 3 d 的饲料适应阶段和一个 4 d 的粪便收集阶段就足够测定犬的表观消化率了。然而，对于猫来说，这么短的收集期用于精确测定消化率是不够的。猫的采食量和排泄规律的变化比犬要大得多。在猫的消化率试验中，几天的采食下降或天天排便都是正常的。这对消化率的测定会产生很大的影响(Shields，1993)。

Shields(1993)列出了一些影响营养物质消化率的因子。

第一，虽然已经知道日粮成分的来源和营养物质的绝对含量会影响消化率的测定，但日粮的加工过程对消化率的影响往往被忽视。降低日粮原料的粒度可以提高消化率，进而提高饲料的利用率，但却会导致饲料加工过程中生产力的降低、饲料成本的增加以及流动性的降低。预处理室的处理条件、颗粒粉碎、挤压蒸汽制粒过程或干燥器都能影响饲料的营养价值。另外，饲养管理也会影响消化率，如以前饲喂的日粮类型和数量等。

第二，在测定消化率时还必须考虑动物因素，包括品种、年龄、性别、活动水平和生理状态。为了研究不同品种的影响，Meyer 等(1999)用 10 种体重为 4.2～52.5 kg(每个品种 4～9 条犬)的不同犬科动物进行消化试验。试验犬用罐装或干性商业日粮饲喂，采食干物质量为 13 g/(kg BW·d)，而爱尔兰猎狼犬则采食罐装日粮，采食的干物质为 10 g/(kg BW·d)。体重较大的品种粪便的含水量较大，粪便质量较差并且排便的次数较多。在实验中，最大的品种爱尔兰猎狼犬的粪便，其含水量比拉布拉多猎犬少，这说明体重并不是唯一要被考虑的因素。品种之间的表观消化率差异较小。James 和 McCay(1950)及 Kendall 等(1983) 发现，中型犬(萨路基猎犬、德国牧羊犬和巴吉度猎犬)和小型犬(腊肠犬、凯恩 和比格犬)具有相似的消化率。在两个实验中，实验品种之间的体重太接近以至于消化能力之间的差异很小。这一点成了自 Kirkwood(1985)和 Meyer 等(1993)发现随体重增加，肠道重量相对减轻的规律的一个临界点。小型犬空的肠道重量占体重的 6%～7%，而大型犬则下降到3%～4%。Weber 等(2003)研究了年龄和体型大小对于膨化日粮的表观消化率的影响。实验犬的品种为迷你贵宾犬、中型雪纳瑞犬、巨型雪纳瑞犬和大丹犬。分别在 11、21、35 和 60 周龄时进行消化率实验。在所有年龄段的实验中，大型犬的营养物质消化率明显较高，尽管这些大型犬的粪便评分较低，并且粪便水分含量较高。

年龄也是一个影响消化率的因素。在上面引用的

Weber 等(2003)的研究中,实验中所用的 4 个品种的犬的常量营养元素的消化率,随着年龄(11～60 周龄)的增加而有显著的提高。Shields(1993)对法国布列塔尼幼犬的研究表明,11 周龄犬的干物质、蛋白质和能量的消化率分别比 2～4 岁的成年犬低 1、5 和 3 个百分点。但在 6 月龄和 2 周岁的犬之间却没有发现差异。如今仍未弄清导致幼犬消化率降低的原因是仅由饲粮消耗量的增加(相对体重或肠的长度),还是因为这个年龄组的消化效率的降低而引起的。

Buffington 等(1989)比较了 2～17 岁的比格犬的消化率。结果表明,在 10 岁以前,没有发现消化率下降的现象。在 15～17 岁,仅观察到消化率的微小下降。Harper 和 Turner(2000)对断奶幼猫进行 24 周的试验,研究年龄对其表观消化率的影响,生长期幼猫分别饲喂 2 种日粮(一湿一干),2 种日粮都可以维持幼猫生长。19 周以下的幼猫的干物质、有机物、蛋白质和碳水化合物的平均表观消化率较低,这说明越小的猫其对固体饲料的消化率越低。在日粮和年龄之间没有明显的互作效应。并且尽管这 2 种日粮的碳水化合物和脂肪的含量不同,但是幼猫的生长率并没有显著的差异。在年龄增长到 24 周龄以前,脂肪是唯一一个平均表观消化率随年龄增加而增加的营养物质。胆盐促脂肪酶是猫奶中的一种成分,有研究表明它在哺乳幼猫的脂肪消化过程中起着重要的作用。目前还没关于猫合成胰脂肪酶的报告,但猫奶中含有胆盐促脂肪酶和断奶猫的低脂肪消化率表明,猫脂肪酶的合成可能比较慢。相反,猫胰脂肪酶合成类型也许和猪类似。这种不同的合成模式表明,不同类型酶在哺乳和断奶后不同生命阶段的重要性(Jensen 等,1997)。其他受年龄影响的酶还包括乳糖酶和淀粉酶。乳糖酶在幼犬(5 日龄)的肠道内活性最高,然后在 29～61 日龄时降到与成年犬相同的水平(Welsh 和 Walker,1965)。Kienzle(1988)研究发现幼犬胰腺组织中的淀粉酶活性在年龄为 4、8、12～16 周龄以及 8～10 月龄分别为 (7.1±4.3)、(251.5±108.2)、(2 098.0±1 073)和(1 623.0±1 431)U/g 湿重;这比 2 岁以上[(4 665.0±781) U/g 湿重]的犬要低。这说明犬消化淀粉的能力与年龄有关。

关于性别对消化率影响的研究比较少。可用的有限的资料表明,犬和猫中雄性的采食量和排粪量比雌性的高,而营养物质消化率比雌性低,并且猫的性别之间的差异影响比犬的大(Shields,1993)。

第三,居住条件和环境因素似乎会对消化率产生影响,但对饲养在代谢笼或可活动犬舍中犬的研究表明,无论居住的条件如何,其消化率都相差不多(Shields,1993)。有效环境因素,包括空气温度、湿度、空气流速、铺设的地面材料、墙壁和屋顶的绝缘性和温度适应性以及它们之间的互作效应,都可能对营养物质的消化率产生影响。温度发挥作用是通过补偿性代谢来维持体温或绝对的食物采食量这 2 种方式。其他环境因子,像管理者与试验动物之间的关系和光周期,都可能会对营养物质的消化率产生影响,但这些影响很难被量化(Shields,1993)。

参考文献

Altman, P. L., and D. S. Dittmer. 1968. Digestion and absorption. Pp. 237-306 in Metabolism. Bethesda, Md.: Federation of American Societies for Experimental Biology.

Argenzio, R. A. 1989. Secretory functions of the gastrointestinal tract. Pp. 290-300 in Dukes' Physiology of Domestic Animals (10th edition), M. J. Swenson, ed. Ithaca, N.Y.: Cornell University Press.

Arnbjerg, J. 1992. Gastric emptying time in the dog and cat. J. Am. Anim. Hosp. Assoc. 28:77-81.

Association of American Feed Control Officials (AAFCO). 2003. Official Publication. Oxford, Ind.

Awati, A. 2000. A review of the physiology of the feline digestive tract related to the development of in vitro systems. Pp. 10-15 in TNO Report No. V3441. Zeist, the Netherlands: TNO Nutrition and Food Research Institute.

Backus, R. C., Q. R. Rogers, G. L. Rosenquist, J. Calam, and J. G. Morris. 1995a. Diets causing taurine depletion in cats substantially elevate postprandial plasma cholecystokinin concentration. J. Nutr. 125:2650-2657.

Backus, R. C., G. L. Rosenquist, Q. R. Rogers, J. Calam, and J. G. Morris. 1995b. Elevation of plasma cholecystokinin (CCK) immunoreactivity by fat, protein, and amino acids in the cat, a carnivore. Reg. Peptides 57:123-131.

Backus, R. C., K. A. Howard, and Q. R. Rogers. 1997. The potency of dietary amino acids in elevating plasma cholecystokinin immunoreactivity in cats is related to amino acid hydrophobicity. Reg. Peptides 72:31-40.

Bado, A., M. J. M. Lewin, and M. Dubrazquet. 1989. Effects of bombesin on food intake and gastric acid secretion in cats. Am. J. Physiol. 256:R181-R186.

Banta, C. A., E. T. Clemens, M. M. Krinsky, and B. E. Sheffy. 1979. Sites of organic acid production and patterns of digesta movement in the gastrointestinal tract of dogs. J. Nutr. 109:1592-1600.

Barber, D. L., A. M. J. Buchan, J. H. Walsh, and A. H. Soll. 1986. Isolated canine ileal mucosal cells in short-term culture: A model for study of neurotensin release. Am. J. Physiol. 250:G374-G384.

Barbezat, G. O., and M. I. Grossman. 1971. Intestinal secretion: Stimulation by peptides. Science 174:422-424.

Beinborn, M., Y. M. Lee, E. E. McBride, S. S. Quinn, and A. S. Kopin. 1993. A single amino acid of the cholecystokinin-B/gastrin receptor determines specificity for non-peptide antagonists. Nature (London) 362:348-350.

Brosey, B. P., R. C. Hill, and K. C. Scott. 2000. Gastrointestinal volatile fatty acid concentrations and pH in cats. Am. J. Vet. Res. 61:359-361.

Buddington, R. K. 1996. Structure and functions of the dog and cat intestine. Pp. 61-77 in Recent Advances in Canine and Feline Nutritional Research: Proceedings of the 1996 Iams International Nutrition Symposium, D. P. Carey, S. A. Norton, and S. M. Bolser, eds. Wilmington, Ohio: Orange Frazer Press.

Buddington, R. K., K. K. Buddington, and G. D. Sunvold. 2000. The use of fermentable fibers to manage the gastrointestinal tract. Pp. 169-179 in Recent Advances in Canine and Feline Nutrition. Vol. III. Iams Nutrition Symposium Proceedings, G. A. Reinhart and D. P. Carey, eds. Wilmington, Ohio: Orange Frazer Press.

Buffington, C. A., J. E. Branam, and G. C. Dunn. 1989. Lack of effect of age on digestibility of protein, fat and dry matter in beagle dogs. P. 397 in Nutrition of the Dog and Cat, H. Burger and J. P. W. Rivers, eds. New York: Cambridge University Press (abstr.).

Burrows, C. F., and A. M. Merritt. 1983. Influence of alpha-cellulose on myoelectric activity of proximal canine colon. Am. J. Physiol. 245:G301-G306.

Burrows, C. F., R. M. Bright, and C. P. Spencer. 1985. Influence of dietary composition on gastric emptying and motility in dogs: Potential involvement in acute gastric dilatation. Am. J. Vet. Res. 46:2609-2612.

Camello, P. J., M. J. Pozo, and J. A. Madrid. 1991. Ultradian rhythms in canine gallbaldder bile composition. J. Interdiscipl. Cycle Res. 22:281-291.

Carpentier, Y., M. C. Woussen-Colle, and J. de Graef. 1977. Gastric secretion from denervated pouches and serum gastrin levels after meals of different sizes and meat concentrations in dogs. Gastroenterol. Clin. Biol. 1:29-37.

Carriere, F., H. Moreau, V. Raphel, R. Laugier, C. Benicourt, J. Junien, and R. Verger. 1991. Purification and biochemical characterization of dog gastric lipase. Eur. J. Biochem. 202:75-83.

Carriere, F., V. Raphel, H. Moreau, A. Bernadac, M. Devaux, R. Grimaud, J. A. Barrowman, C. Benicourt, J. Junien, R. Laugier, and R. Verger. 1992. Dog gastric lipase: Stimulation of its secretion in vivo and cytolocalization in mucous pit cells. Gastroenterol. 102:1535-1545.

Carriere, F., R. Laugier, J. A. Barrowman, N. Priymenko, and R. Verger. 1993. Gastric and pancreatic lipase levels during a test meal in dogs. Scand. J. Gastroenterol. 28:443-454.

Castresana, M., K. L. Lee, W. Y. Chey, and H. Yajima. 1978. Effects of motilin and octapeptide of cholecystokinin on antral and duodenal myoelectric activity in the interdigestive state and during inhibition by secretin and gastric inhibitory polypeptide. Digestion 17:300-308.

Chandler, M. L., G. Guilford, and C. R. O. Lawoko. 1997. Radiopaque markers to evaluate gastric emptying and small intestinal transit time in healthy cats. J. Vet. Int. Med. 11:361-364.

Chandler, M. L., W. G. Guilford, C. R. O. Lawoko, and T. Whittem. 1999. Gastric emptying and intestinal transit times of radiopaque markers in cats fed a high fiber diet with and without low-dose intravenous diazepam. Vet. Radio. Ultrasound 40:3-8.

Chauncey, H. H., B. L. Henriques, and J. M. Tanzer. 1963. Comparative enzyme activity of saliva from the sheep, hog, dog, rabbit, rat and human. Arch. Oral Biol. 8:615-627.

Chey, W. Y., D. H. Coy, S. J. Konturek, A. V. Schally, and J. Tasler. 1980. Enkephalin inhibits the release and action of secretin on pancreatic secretion in the dog. J. Physiol. (London) 298:429-436.

Chiba, T., G. M. Thomforde, L. J. Kost, R. G. Allen, and S. F. Phillips. 2000. Motilides accelerate regional gastrointestinal transit in the dog. Aliment. Pharmacol. Ther. 14:955-960.

Clemens, E. T., and C. E. Stevens. 1980. A comparison of gastrointestinal transit time in ten species of mammals. J. Agric. Sci. 94:735-737.

Cummings, J. H., and G. T. Macfarlane. 1991. The control and consequences of bacterial fermentation in the human colon: A review. J. Appl. Bacteriol. 70:443-459.

Damholt, A. B., H. Kofod, and A. M. J. Buchan. 1999. Immunocytochemical evidence for a paracrine interaction between GIP and GLP-1-producing cells in canine small intestine. Cell Tissue Res. 298:287-293.

Depoortere, I., T. L. Peeters, A. Vandermeers, M. C. Vandermeers-Piret, J. Christophe, and G. Vantrappen. 1993a. Purification and amino acid sequence of motilin from cat small intestine. Reg. Peptides 19:25-32.

Depoortere, I., T. L. Peeters, and G. Vantrappen. 1993b. Distribution and characterization of motilin receptors in the cat. Peptides 14:1153-1157.

Descroix-Vagne, M., J. P. Perret, M. Daoud-el-Baba, I. Gros, and H. Rakotomalala. 1993. Interaction between pepsin and acid secretion during fundic perfusion in cat and rabbit. Comp. Biochem. Physiol. Comp. Physiol. 104:283-286.

Drackley, J. K., A. D. Beaulieu, and G. D. Sunvold. 1998. Energetic substrates for intestinal cells. Pp. 463-472 in Recent Advances in Canine and Feline Nutrition. Vol. II. Iams Nutrition Symposium Proceedings, G. A. Reinhart and D. P. Carey, eds. Wilmington, Ohio: Orange Frazer Press.

Drochner, W., and H. Meyer. 1991. Digestion of organic matter in the large intestine of ruminants, horses, pigs and dogs. J. Anim. Physiol. Anim. Nutr. 65:18-40.

Eysselein, V. E., W. H. Hesse, G. A. Eberlein, C. Koelbel, W. Niebel, and H. Goebell. 1990. Action of neurotensin on meal-stimulated gastric acid secretion in the dog. Scand. J. Gastroenterol. 25:29-39.

Fernstrom, M., S. Emas, T. J. McDonald, and V. Mutt. 1986. Gastric acid response to pentagastrin and gastrin-releasing peptide in conscious cats. Digestion 35:115-119.

Fernstrom, M., K. Uvnas-Moberg, and S. Emas. 1987. Gastric acid, plasma gastrin, and somatostatin responses to feeding and exogenous gastrin alone and in combination in conscious cats. Dig. Dis. Sci. 32:177-183.

Fox-Threkeld, J. E. T., H. Manaka, Y. Manaka, S. Cipris, Z. Woskowska, and E. E. Daniel. 1991. Mechanism of noncholinergic excitation of canine ileal circular muscle by motilin. Peptides 12:1047-1050.

Fung, L. C., C. Chisholm, and G. R. Greenberg. 1998. Glucagon-like peptide-1-(7-36) amide and peptide YY mediate intraduodenal fat-induced inhibition of acid secretion in dogs. Endocrinology 139:189-194.

Gerber, J. G., and N. A. Payne. 1996. Secretin inhibits canine gastric acid secretion in response to pentagastrin by modulating gastric histamine release. J. Pharmacol. Exp. Ther. 279:718-723.

Goggin, J. M., J. J. Hoskinson, M. D. Butine, L. A. Foster, and N. C. Myers. 1998. Scintigraphic assessment of gastric emptying of canned and dry diets in healthy cats. Am. J. Vet. Res. 159:388-392.

Gomez, G., L. Padilla, V. Udupi, N. Tarasova, F. Sundler, C. M. Townsend, Jr., J. C. Thompson, and G. H. Greeley, Jr. 1996. Regulation of peptide YY homeostasis by gastric acid and gastrin. Endocrinology 137:1365-1369.

Gomez, G., V. Udupi, and G. H. Greeley, Jr. 1997. Comparison of somatostatin and pancreastatin on secretion of gastrin, pancreatic polypeptide, and peptide YY. Proc. Soc. Exp. Biol. Med. 215:165-167.

Grønstad, K., L. DeMagistris, A. Dahlström, O. Nilsson, B. Price, M. J. Zinner, B. M. Jaffe, and H. Ahlman. 1985. The effects of vagal nerve stimulation on endoluminal release of serotonin and substance P into the feline small intestine. Scand. J. Gastroenterol. 20:163-169.

Grønstad, K., A. Dahlström, L. Florence, M. J. Zinner, J. Ahlman, and B. M. Jaffe. 1987. Regulatory mechanisms in endoluminal release of serotonin and substance P from feline jejunum. Dig. Dis. Sci. 32:393-400.

Gruffydd-Jones, T. J., K. Papasouliotis, and A. H. Sparkes. 1998. Characterization of the intestinal flora of the cat and its potential for modification. Pp. 473-482 in Recent Advances in Canine and Feline Nutrition. Vol. II. Iams Nutrition Symposium Proceedings, G. A. Reinhart and D. P. Carey, eds. Wilmington, Ohio: Orange Frazer Press.

Harper, E. J., and C. L. Turner. 2000. Age-related changes in apparent digestibility in growing kittens. Reprod. Nutr. Dev. 40:249-260.

Hickman, M. A., Q. R. Rogers, and J. E. Morris. 1990. Effect of processing on fate of dietary carbon-14 taurine in cats. J. Nutr. 120:995-1000.

Hickman, M. A., M. L. Bruss, J. G. Morris, and Q. R. Rogers. 1992. Dietary protein source (soybean vs. casein) and taurine status affect kinetics of enterohepatic circulation of taurocholic acid in cats. J. Nutr. 122:1019-1028.

Hill, R. C., C. F. Burrows, G. W. Ellison, and J. E. Bauer. 2000. The effect of texturized vegetable protein containing soy carbohydrate on oroileal transit of chromic oxide in cannulated dogs. J. Anim. Sci. 78:2633-2638.

Hinder, R. A., and K. A. Kelly. 1977. Canine gastric emptying of solids and liquids. Am. J. Physiol. 233:E335-E340.

Holzer, P., A. Bucsics, A. Saria, and F. Lembeck. 1982. A study of the concentrations of substance P and neurotensin in the gastrointestinal tract of various mammals. Neuroscience 7:2919-2924.

Hunt, J. N., and D. F. Stubbs. 1975. The volume and energy content of meals as determinants of gastric emptying. J. Physiol. 245:209-225.

Iwai, N., H. Kaneda, T. Tsuto, J. Yanagihara, and T. Takahashi. 1985. The effect of gastrin, secretin, and prostaglandin F2 alpha on the lower esophageal sphincter of dogs after Nissen fundoplication. Gastroenterol. Jpn. 20:425-430.

James, W. T., and C. M. McCay. 1950. A study of food intake, activity, and digestive efficiency in different type dogs. Am. J. Vet. Res. 11:412-413.

Jansen, J. B. M. J., A. J. L. DeLong, M. V. Singer, W. Niebel, L. C. Rovati, and C. B. H. W. Lamers. 1990. Role of cholecystokinin in bombesin- and meal-stimulated pancreatic polypeptide secretion in dogs. Dig. Dis. Sci. 35:1073-1077.

Jansson, R., G. Steen, and J. Svanvik. 1978a. A comparison of glucagon, gastric inhibitory peptide, and secretin on gallbladder function, formation of bile, and pancreatic secretion in the cat. Scand. J. Gastroenterol. 13:919-925.

Jansson, R., G. Steen, and J. Svanvik. 1978b. Effects of intravenous vasoactive intestinal peptide (VIP) on gallbladder function in the cat. Gastroenterol. 75:47-50.

Jensen, M. S., S. K. Jensen, and K. Jakobsen. 1997. Development of digestive enzymes in pigs with emphasis on lipolytic activity in the stomach and pancreas. J. Anim. Sci. 75:437-445.

Jin, H. O., K. Y. Lee, T. M. Chang, W. Y. Chey, and A. Dubois. 1994. Physiological role of cholecystokinin on gastric emptying and acid output in dogs. Digest. Dis. Sci. 39:2306-2314.

Johnson, C. D., M. J. Treffot, M. A. Devaux, and H. Sarles. 1987. Pancreatic responses to endogenous and exogenous gastrin in the dog. Pancreas 2:312-319.

Johnson, C. P., S. K. Sarna, R. Baytiyeh, Y.-R. Zhu, V. E. Cowles, G. L. Telford, A. M. Roza, and M. A. Adams. 1997. Postprandial motor activity and its relationship to transit in the canine ileum. Surgery 121:182-189.

Johnston, K., A. Lamport, and R. M. Batt. 1993. An unexpected bacterial flora in the proximal small intestine of normal cats. Vet. Rec. 132:362-363.

Kearns, R. J., M. G. Hayek, and G. D. Sunvold. 1998. Microbial changes in aged dogs. Pp. 337-351 in Recent Advances in Canine and Feline Nutritional Research. Vol. II. Iams Nutrition Symposium Proceedings, G. A. Reinhart and D. P. Carey, eds. Wilmington, Ohio: Orange Frazer Press.

Kellum, J. M., R. J. Maxwell, J. Potter, and J. F. Kummerle. 1986. Motilin's induction of phasic contractility in canine jejunum is mediated by the luminal release of serotonin. Surgery 100:445-453.

Kendall, P. T., S. E. Blaza, and P. M. Smith. 1983. Influence of level of intake and dog size on apparent digestibility of dog foods. Br. Vet. J. 139:361-362.

Kienzle, E. 1988. Enzymeaktivitaet in pancreas, darmwand und chymus des hundes in abhangigkeit von alter und futterart. J. Anim. Physiol. Anim. Nutr. 60:276-288.

Kimura, H., S. Ito, T. Ohta, T. Asano, and Y. Nakazato. 1994. Vasoactive intestinal peptide released by acetylcholine in the dog ileum. J. Auton. Nerv. Syst. 48:167-174.

Kirkwood, J. K. 1985. The influence of size on the biology of the dog. J. Small Anim. Pract. 26:97-110.

Kitamura, N., J. Yamada, T. Yamashita, and N. Yanaihara. 1982. Endocrine cells in the gastrointestinal tract of the cat. Biomed. Res. 3:612-622.

Konturek, S. J., J. Bilski, M. Hladij, E. Krzyzek, R. Z. Cai, and A. V. Schally. 1991. Role of cholecystokinin, gastrin, and gastrin-releasing peptide in the regulation of pancreatic secretion in cats. Digestion 49:97-105.

Konturek, S. J., J. Bilski, J. Tasler, and M. Cieszkowski. 1992. Role of cholecystokinin in the inhibition of gastric acid secretion in dogs. J. Physiol. 451:477-489.

Kortezova, N., Z. Mizhorkova, E. Milusheva, D. H. Coy, E. S. Vizi, and G. Varga. 1994. GRP-preferring bombesin receptor subtype mediates contractile activity in cat terminal ileum. Peptides 15:1331-1333.

Kovacs, T. O., J. H. Walsh, V. Maxwell, H. C. Wong, T. Azuma, and E. Katt. 1989. Gastrin is a major mediator of the gastric phase of acid secretion in dogs: Proof by monoclonal antibody neutralization. Gastroenterol. 97:1406-1413.

Krevsky, B., M. B. Somers, A. H. Maurer, L. S. Malmud, L. C. Knight, and R. S. Fisher. 1988. Quantitative measurement of feline colonic transit. Am. J. Physiol. 255:G529-G534.

Lamas, M., and A. Scheinin. 1971. Studies on dog saliva. I. Some physicochemical characteristics. Acta Odontology Scandinavia 29:205-214.

Lawson, D., C. R. Manthyn, and T. N. Pappas. 1994. Effect of CGRP antagonist, alpha-CGRP 8-37, on acid secretion in the dog. Dig. Dis. Sci. 39:1405-1408.

Layer, P., J. Hotz, V. E. Eysselein, J. B. M. J. Jansen, C. B. H. W. Lamers, H. P. Schmitz-Moormann, and H. Goebell. 1985. Effects of acute hypercalcemia on exocrine pancreatic secretion in the cat. Gastroenterol. 88:1168-1174.

Liddle, R. A., R. J. Rushakoff, E. T. Morita, L. Beccaria, J. D. Carter, and I. D. Goldfine. 1988. Physiological role of cholecystokinin in reducing postprandial hyperglycemia in humans. J. Clin. Investig. 81:1675-1681.

Lin, H. C., X.-T. Zhao, L. Wang, and H. Wong. 1996. Fat-induced ileal brake in the dog depends on peptide YY. Gastroenterol. 110:1491-1495.

Lluis, F., G. Gomez, M. Fujimara, G. H. Greeley, Jr., and J. C. Thompson. 1988. Peptide YY inhibits pancreatic secretion by inhibiting cholecystokinin release in the dog. Gastroenterol. 94:137-144.

Macfarlane, G. T., G. R. Gibson, and J. H. Cummings. 1992. Comparison of fermentation reactions in different regions of the human colon. J. Appl. Bacteriol. 72:57-64.

Madrid, J. A., G. M. Salido, M. Manas, E. Martinez-Victoria, and F. J. Mataix. 1983. Use of a bidirectional cannula to study biliary secretion in conscious dogs. Lab. Anim. 17:307-310.

Manaka, H., Y. Manaka, F. Kostolanska, J. E. T. Fox, and E. E. Daniel. 1989. Release of VIP and substance P from isolated perfused canine ileum. Am. J. Physiol. 257:G182-G190.

Maskell, I. E., and J. V. Johnson. 1993. Digestion and absorption. Pp. 25-44 in The Waltham Book of Companion Animal Nutrition, I. Burger, ed. Oxford, UK: Pergamon Press.

Merlo, A., and S. Cohen. 1989. Vasoactive intestinal peptide: An inhibitor of feline gastric smooth muscle in vitro. Dig. Dis. Sci. 34:1365-1368.

Meyer, H., and C. Schunemann. 1989. Rationsgestaltung und praecaecale bzw. postileale Verdaulichkeit der organischen Substanz. Pp. 14-23 in Beitrage zur Verdauungsphysiologie des Hundes, H. Meyer, ed. Hamburg and Berlin: Verlag Paul Parey.

Meyer, H., E. Kienzle, and J. Zentek. 1993. Body size and relative weights of gastrointestinal tract and liver in dogs. J. Vet. Nutr. 2:31-35.

Meyer, H., J. Zentek, H. Habernoll, and I. Maskell. 1999. Digestibility and compatibility of mixed diets and faecal consistency in different breeds of dog. J. Vet. Med. 46:155-165.

Meyer, J. H., J. Dressman, A. Fink, and G. Amidon. 1985. Effect of size and density on canine gastric emptying of nondigestible solids. Gastroenterol. 89:805-813.

Milenov, K., M. Vassileva, D. Marinova, and R. Kalfin. 1993. Effect of neurotensin on the canine gallbladder motility: In vivo and in vitro experiments. Neuropeptides 25:233-239.

Milusheva, E. A., N. I. Kortezova, Z. N. Mizhorkova, M. Papasova, D. H. Coy, A. Balint, E. S. Vizi, and G. Varga. 1998. Role of different bombesin receptor subtypes mediating contractile activity in cat upper gastrointestinal tract. Peptides 19:549-556.

Miyabayashi, T., J. P. Morgan, M. A. O. Atitola, and L. Muhumuza. 1986. Small intestinal emptying time in normal beagle dogs. A contrast radiographic study. Vet. Radiol. 27:164-168.

Nakajima, M., S. Naruse, M. Kitagawa, H. Ishiguro, C. Jin, O. Ito, and T. Hayakawa. 2001. Role of cholecystokinin in the intestinal phase of pancreatic circulation in dogs. Am. J. Physiol. 280:G614-G620.

Nott, H. M. R., S. I. Rigby, J. V. Johnson, S. J. Bailey, and I. H. Burger. 1994. Design of digestibility trials for dogs and cats. J. Nutr. 124:2582S-2583S.

Ouyang, A., and S. Cohen. 1983. Multiple 5-hydroxytryptamine receptors on feline ileum and ileocecal sphincter. Am. J. Physiol. 244:G426-G434.

Papasouliotis, K., T. J. Gruffydd-Jones, P. J. Cripps, and A. C. Blaxter. 1993. The effect of short-term dietary fibre administration on oro-cecal transit time. Diabetologia 36:207-211.

Papasouliotis, K., T. J. Gruffydd-Jones, A. H. Sparkes, and P. J. Cripps. 1995. A comparison of orocaecal transit times assessed by the breath hydrogen test and the sulphasalazine/sulphapyridine method in healthy beagle dogs. Res. Vet. Sci. 58:263-267.

Parkman, H. P., and J. C. Reynolds. 1990. Somatostatin selectively inhibits excitatory contractile pathways of the feline lower esophageal sphincter. Reg. Peptides 27:325-334.

Poitras, P., J. R. Reeve, Jr., M. W. Hunkapiller, L. E. Hood, and J. H. Walsh. 1983. Purification and characterization of canine intestinal motilin. Reg. Peptides 5:197-208.

Poitras, P., A. Dumont, J. C. Cuber, and L. Trudel. 1993. Cholinergic regulation of motilin release from isolated canine intestinal cells. Peptides 14:207-213.

Quigley, E. M. M., and J. S. Thompson. 1993. The motor response to intestinal resection: Motor activity in the canine small intestine following distal resection. Gastroenterol. 105:791-798.

Rehfield, J. F., and K. Uvnas-Wallensten. 1978. Gastrins in cat and dog: Evidence for a biosynthetic relationship between the large molecular forms of gastrin and heptadecapeptide gastrin. J. Physiol. 283:379-396.

Rentschler, L. A., L. L. Hirschberger, and M. H. Stipanuk. 1986. Response of the kitten to dietary taurine depletion: Effects on renal reabsorption, bile acid conjugation and activities of enzymes involved in taurine synthesis. Comp. Biochem. Physiol. 84B:319-325.

Reynolds, J. C., M. R. Dukehart, A. Ouyang, and S. Cohen. 1986. Interactions of bombesin and substance P at the feline lower esophageal sphincter. J. Clin. Invest. 77:436-440.

Roediger, W. E. W. 1980. Role of anaerobic bacteria in the metabolic welfare of the colonic mucosa in man. Gut 21:793-798.

Rothstein, R. D., and A. Ouyang. 1989. Mechanism of action on neurotensin at the ileocecal sphincter region. Life Sci. 45:1475-1482.

Roussel, A. J., S. Keele, M. D. Willard, and D. P. Laflamme. 1996. Type and amount of fiber affects gastric emptying and small intestinal transit time in dogs. Dig. Dis. Sci. 41:1882 (Abstr.).

Rubenstein, E., Z. Mark, J. Haspel, G. Ben-Ari, Z. Dreznik, D. Mirelman, and A. Tadmor. 1985. Antibacterial activity of the pancreatic fluid. Gastroenterol. 88:927-932.

Schemann, M., and H.-J. Ehrlein. 1986. Postprandial patterns of canine jejunal motility and transit of luminal content. Gastroenterol. 90:991-1000.

Shields, R. G. 1993. Digestibility and metabolizable energy measurement in dogs and cats. Pp. 21-35 in Proc. Petfood Forum '93. Mt. Morris, Ill.: Watt Publishing Co.

Sinar, D. R., T. M. O'Dorisio, E. L. Mazzaferri, H. S. Mekhjian, J. H. Caldwell, and F. B. Thomas. 1978. Effect of gastrin inhibitory polypeptide on lower esophageal sphincter pressure in cats. Gastroenterol. 75:263-267.

Smeets-Peeters, M., T. Watson, M. Minekus, and R. Havenaar. 1998. A review of the physiology of the canine digestive tract related to the development of in vitro systems. Nutr. Res. Rev. 11:45-69.

Sparkes, A. H., K. Papasouliotis, F. J. Barr, and T. J. Gruffydd-Jones. 1997. Reference ranges for gastrointestinal transit of barium-impregnated polyethylene spheres in healthy cats. J. Sm. Anim. Prac. 38:340-343.

Stevens, C. E., and I. D. Hume. 1995. Comparative Physiology of the Vertebrate Digestive System. 2nd edition. New York: Cambridge University Press.

Strickling, J. A., D. L. Harmon, K. A. Dawson, and K. L. Gross. 2000. Evaluation of oligosaccharide addition to dog diets: Influences on nutrient digestion and microbial populations. Anim. Feed Sci. Technol. 86:205-219.

Suzuki, H., E. Mochiki, N. Haga, M. Satoh, A. Mizumoto, and Z. Itoh. 1998. Motilin controls cyclic release of insulin through vagal cholinergic muscarinic pathways in fasted dogs. Am. J. Physiol. 274:G87-G95.

Tange, A. 1983. Distribution of peptide containing endocrine cells and neurons in the gastrointestinal tract of the dog: Immunohistochemical studies using antisera to somatostatin, substance P vasoactive intestinal polypeptide, methionine enkephalin, and neurotensin. Biomed. Res. 4:9-24.

Traynor, O. J., R. R. Dozois, and E. P. DiMagno. 1984. Canine interdigestive and postprandial gallbladder motility and emptying. Am. J. Physiol. 246:G426-G432.

van der Burg, M. P. M., O. R. Guicherit, M. Frölich, and H. G. Gooszen. 1995. Insulinotropic effects of cholecystokinin, gastric inhibitory polypeptide, and glucagon-like peptide-1 during perfusion of short-term cultured canine isolated islets. Reg. Peptides 60:61-67.

Vergara, P., Z. Woskowska, S. Cipris, J. E. T. Fox-Threlkeld, and E. E. Daniel. 1996. Mechanisms of action of cholecystokinin in the canine gastrointestinal tract: Role of vasoactive intestinal peptide and nitric oxide. J. Pharmacol. Exp. Ther. 279:306-316.

Vigna, S. R., C. R. Mantyh, A. H. Soll, J. E. Maggio, and P. W. Mantyh. 1989. Substance P receptors on canine chief cells: Localization, characterization, and function. J. Neuroscience 9:2878-2886.

Villareal, R., W. F. Ganong, and S. J. Gray. 1955. Effect of adrenocorticotrophic hormone upon the gastric secretion of hydrochloric acid, pepsin and electrolytes in dogs. Am. J. Physiol. 183:485-494.

Washizu, T., H. Ikenaga, M. Washizu, T. Ishida, I. Tomoda, and J. J. Kaneko. 1990. Bile acid composition of dog and cat gall-bladder bile. Jpn. J. Vet. Sci. 52:423-425.

Weber, M., L. Martin, V. Biourge, P. Nguyen, and H. Dumon. 2003. Influence of age and body size on the digestibility of a dry expanded diet in dogs. J. Anim. Physiol. Anim. Nutr. 87:21-31.

Welsh, J. D., and A. Walker. 1965. Intestinal disaccharidase and alkaline phosphatase activity in the dog. Proc. Soc. Exp. Biol. Med. 120:525-527.

Wen, J., S. F. Phillips, M. G. Sarr, L. J. Kost, and J. J. Holst. 1995. PYY and GLP-1 contribute to feedback inhibition from the canine ileum and colon. Am. J. Physiol. 269:G945-G952.

Williams, N. S., J. H. Meyer, D. Jehn, J. Miller, and A. S. Fink. 1984. Canine intestinal transit and digestion of radiolabelled liver particles. Gastroenterol. 86:1451-1459.

Younes, H., C. Demigne, S. Behr, and C. Remesy. 1995. Resistant starch exerts a lowering effect on plasma urea by enhancing urea N transfer into the large intestine. Nutr. Res. 15:1199-1210.

Young, L. G., A. G. Low, and W. H. Close. 1991. Digestion and metabolism techniques in pigs. Pp. 623-630 in Swine Nutrition, E. R. Miller, D. E. Ullrey, and A. J. Lewis, eds. Boston, Mass.: Butterworth-Heineman.

Youngberg, C. A., J. Wlodyga, S. Schmaltz, and J. B. Dressman. 1985. Radiotelemetric determination of gastrointestinal pH in four healthy beagles. Am. J. Vet. Res. 46:1516-1521.

Zaki, M., L. Harrington, R. McCuen, D. H. Coy, A. Arimura, and M. L. Schubert. 1996. Somatostatin receptor subtype 2 mediates inhibition of gastrin and histamine secretion from human, dog, and rat antrum. Gastroenterol. 111:919-924.

Zhao, X.-T., J. H. Walsh, H. Wong, L. Wang, and H. C. Lin. 1999. Intestinal fat-induced inhibition of meal-stimulated gastric acid secretion depends on CCK but not peptide YY. Am. J. Physiol. 276:G550-G555.

2

犬和猫的采食行为

Feeding Behavior of Dogs and Cats

2.1 野生犬和猫对食物的摄取

就现阶段犬猫的驯养来说，很难确切地、全面地描述这两种动物的正常采食行为。它们都不同程度地依靠人类来为其提供食物。通过观察野生犬猫或其他犬科和猫科动物可以获得一些相关信息。然而，大部分信息都是来自实验室。在野外研究中，犬和猫的采食行为存在明显的差异。犬科动物如犬，一般是集体捕食猎物，但有着很广的摄食范围，包括浆果、其他水果、植物的不同部位以及大小不一的动物。相反，包括家猫在内的猫科动物(除了狮子)一般都是单独捕食，并且不管是野生猫还是家养猫，外出时都没有表现出杂食的行为，因此，猫科动物被认为是完全的肉食动物(Ewer，1973)。在外出捕猎时，家养猫会捕食体积小的猎物如老鼠、鸟、蜥蜴和昆虫(蚱蜢)(McMurry 和 Sperry，1941；Eberhard，1954；Coman 和 Brunner，1972；Fitzgerald，1988；Robertson，1998)，它会有意限制猎物的大小，但偶尔也会捕食成年野兔。有趣的是，当家猫食物中的肉类很少或者没有时，它们会更加频繁地外出寻找野生猎物(Robertson，1998)。相反，野犬更倾向于群体捕杀一些中型到大型的动物，如鹿、北美驯鹿甚至人(Avis，1999)。

由于一只老鼠或一只小鸟只能提供 30 kcal 的代谢能(ME)，因此，一只猫必须在 24 h 内捕捉 8～12 只这样的小动物才能满足其能量需要。另外，任何一个犬的主人都知道，犬在几分钟内就能通过一餐摄入它 24 h 所需的能量。据报道，一只雄性拉布拉多猎犬曾经吃下了相当于其体重 10%的罐装犬粮(Mugford，1977)，而一条 7 d 没有进食的狼吃下了相当于其体重 17%的肉(Young，1944)。

2.2 日间节律以及采食和饮水模式

在实验室里，犬和猫采取自由采食模式，可以不间断地获得食物。研究结果表明，犬一般比猫的进食次数少，但数量较大，并且比猫每餐进食的数量变异要大(Mugford，1977；Mugford 和 Thorne，1980)。通常情况下，不管是白天还是晚上，猫都会每隔一段时间进食一次，1 d 采食 12～20 餐(Mugford 和 Thorne，1980；Kane 等，1981b)；而犬，根据品种不同，会吃 4～8 餐或更多(Mugford 和 Thorne，1980)，并且一般都是在白天进食，但也有一些品种是在夜里。根据 Kane 等(1981b)的报道，成年猫对每种食物经过 1 周或 1 周以上的适应之后，无论进食的是商品干粮还是罐装日粮或实验室提供的氨基酸、蛋白质纯合日粮，其摄入食物的数量(代谢能的千卡数)和进餐的次数都是相同的。在他们的实验中，猫每天要进食 12～20 餐(平均为 15.7～17.4 餐)，平均每餐进食的能量是 15～30 kcal ME。

人们经常推荐给犬猫提供新鲜饮水，但是犬和猫对水的需求量因日粮类型和环境条件的不同而有很大差异。犬每千克体重的饮水量比猫多(Anderson，1981)，这与猫已经进化成为耐旱动物有关(Chew，1965)。猫比犬或人更能浓缩尿液，同时能够淡化饮用的海水(Wolf，1959)。与犬相比，猫开始饮水的时间慢，或用于饮用足够水的时间长。当犬脱水时，将会在 1 h 内补充相当于其体重 6%的水，而猫饮用相同的水却需要 24 h(Adolph，1947)。猫对饮水没有很强烈的渴望，这导致猫每采食 1 g 干粮仅饮用大约 2 mL 的水，这与进食富含水分的食物，如含水量 78%～82%

的罐装食物相比，不可避免地增加了猫患尿结石的危险。当犬和猫饲喂含水67%～73%的肉或鱼时，在不饮水的情况下，仍然能维持体内水分的平衡(Caldwell,1931;Danowski 等,1944;Prentiss 等,1959)。但是，当肉类食物的水分含量下降到61%时，猫也无法维持身体的水分平衡(Prentiss 等,1959)，这可能与排泄尿素需要一定的尿液量有关。猫摄取1 g干物质需要2 mL水的这个比例与猎物的比例相似。有趣的是，在实验室中用罐装食品饲喂猫来测定猫的饮用水量时(Kane 等,1981b)，猫在2 d内将停止饮水；事实上，可以认为猫通过进食罐装食物，摄入的水导致了猫的多尿。其他动物的多尿也可能是因为饲料中钠的增加引起的，当日粮中氯化钠含量达到2%～4%时，会导致猫的饮水量增加(Anderson,1982)。由于高钠摄入可能会带来不利影响，因此，增加食物含水量(即在食物中加水)是增加水分摄入的最常用方法(Anderson,1982)，这种做法甚至还可以防止尿结石的产生(Hamar,1976)。犬一般只会在白天饮水，除非它们处于脱水的状态，而猫饮水不分昼夜(Kane 等,1981b)。除非犬和猫都是按餐进食(每天1或2餐)，否则它们在进食和饮水模式方面没有相关性(Kanarek,1975;Kane 等,1981b)，尽管它们的饮水次数与进食的次数相近。

所有动物的日循环都是由于地球每天一次的自转引起的。其中最普遍的日循环是睡眠—清醒循环，它对各种生物周期都有影响。昼夜节律是24 h的自由运转节律，它与白天黑夜的明暗循环是同步的，但是即使是连续的光照或连续的黑暗，大多数哺乳动物的视丘脑下部的视交叉上核(SCN)中仍然会出现一个天生的昼夜节律振荡器。因此，大部分的哺乳动物的睡眠—清醒循环是一个昼夜节律。但很早就有报道称，猫没有明确的昼夜节律(Szymanski,1919;Randall 等,1985)。如大多数哺乳动物体内温度变化规律都是正常的昼夜节律，但猫却不是这样的(Sterman 等,1965)。犬和猫都没有明确定义的昼夜节律(Hawking 等,1971)，它们昼夜的节律不是很规律。这对猫行为的影响是很明显的，如与鸡和老鼠相比，猫是昼夜活动，即晚上抓老鼠，白天捕捉鸟，昼夜随时就能睡觉，随意在白天或夜晚出入房间。Randall 等(1985)曾进行过一项意义非常深远的关于猫的采食行为的综合研究。其研究结果表明，暗淡光线(星光)和人的存在会影响猫夜间食物的摄入(摄入增加)。他们对个体的活动和采食模式进行了大范围的观察，发现在连续的光照情况下猫并没有明显的昼夜节律；但在连续黑暗的情况下他们观察到了猫自由运动的昼夜节律。对农场中的猫的研究(Macdonald 和 Apps,1978)表明，有一些猫是在夜间活动的，白天在大仓库里休息，但是夜间的活动范围却很大。一些很小的扰动，像人们日常活动的噪声，就能很容易地导致现有节律的改变。Kane 等(1981b,1987)在一个完全没有外界干扰的实验室对猫的采食模式进行了研究，试验中用电子秤称量，并且1 d中只在光照期间对猫有1次干扰。他们的研究结果表明，不论是在明亮还是黑暗的循环中，猫的昼夜采食都是随意进行的，并且在光照期间的采食量比黑暗期间的有稍微增高的趋势，这显然是由于猫在光照期间被打扰的同时得到了新鲜的食物。尽管使用的各种饲粮之间的口味存在明显的不同(商业罐装日粮、商业干性日粮、纯化氨基酸日粮、纯化蛋白质日粮、高脂肪日粮和低脂肪日粮)，但猫经过几天对各种饲粮的适应之后，每天进食12～20餐，每餐含30 kcal的代谢能。Mugford 和 Thorne(1980)通过对各种商业宠物日粮进行研究后发现，不管是在白天还是黑夜，猫都有吃很多餐的现象。尽管这不是一个完全普遍的现象，但也是对每天只给猫一餐的饲喂行为的一种质疑。不同的是，大多数犬却可以在每天饲喂一次的情况下很好地生长。

2.3 早期采食经历和社会因素对采食行为的影响

当饲喂犬猫时，我们一定要记住的是，无论是以前的还是最近的采食经历都会影响它们对日粮的选择。包括犬猫在内的很多物种，早期日粮的特殊风味和质地会对以后日粮的选择产生影响。Kuo(1967)的经典研究表明，当连续6个月给幼犬饲喂单一风味的日粮(如大豆日粮)时，它们就不会采食其他的新日粮了。如果给幼犬饲喂的是混合日粮，它们就会采食任何新的日粮。如果长时间地给猫饲喂某种风味的日粮，猫就会对这种风味的日粮“情有独钟”，从而给人留下挑食的不好印象。但是如果猫的日粮经常变换的话，它们似乎就不会出现对某种类型或风味的日粮产生挑食的现象。而 Mugford(1977)的研究表明，适应性比较好的健康成年犬猫，会选择新的口味而不是选择它们幼时吃的那种日粮(普通商品粮)。有研究表明，经常给犬猫调整日粮的话，它们就会"喜新厌旧"，也就是说在喂给同种口味的日粮一段时间后，它们会选择新的口味。这种对熟悉口味的排斥现象，通常被认为是由于饲粮的"单调"或风味"疲劳"引起的，这对于那些非常社会化并生活在舒适环境下的任何品种的动物来说，都是很普遍的现象。但是如果把同样的犬猫放在陌生的环境里或用某种手段让它们感到紧张，它们对新鲜事物就会变得不喜欢，它们拒绝任何新口味的日粮而选择它们熟悉口味的日粮(Bradshaw 和 Thorne，1992)。但是这种反应并不稳定和持久，会受日粮适口性的影响。因此，任何特定食物的适口性和新鲜度以及犬猫的饥饿和紧张程度，对它们在特定时间里对某种日粮的接受和选择都是非常重要的。给幼猫更换新的日粮时，其一般会选择胶体(湿的)日粮而不是干性日粮，但也有一些动物会选择它们熟悉的商品干粮而不是不熟悉的罐装日粮。相对于冷的或热的日粮来说，猫偏好温度适中的食物(Bradshaw 和 Thorne，1992)。因此，把放在冰箱里的食物拿出来加热一下再喂给猫吃是非常重要的。当要改变日粮时，最好逐渐将新的日粮加到以前的日粮中混合饲喂，这样饲喂几次之后再完全更换成新的日粮。

2.4 日粮选择性、适口性、后天形成的对口味的厌恶和偏好

根据韦氏字典，适口性是指味道和因此而感到的美味和愉悦，这是有机体对食物产生的一种愉悦反应。这是一个非常广义的定义，它并不能以科学的方式充分分析后天形成的对口味的厌恶或特定感觉的过饱情况下，在吸收前后对食物的行为反应。通过观察动物发现，当让动物在两种日粮之间进行选择时，它们会表现出选择、拒绝或不表现出喜好的情况。尽管犬和猫会表现出一定的喜悦或高兴，但是要想对这种反应进行评估的确不容易。经过营养生物化学家、生理心理学家和感官生理学家广泛地讨论之后(Appetite，1990)，适口性这一概念的意思变得更加混乱。如当一种特定风味(气味、口味、质地和温度)的日粮被喂给没有经验的幼犬或幼猫时，可获得非常高的接受性，但后天已形成对这种风味厌恶的动物可能会完全拒食。因此，尽管适口性这一术语被广泛地用来描述犬和猫对摄取不同食物的渴望程度，尤其在宠物食品工业中，但它并不是非常地有用，另外，在科学文献中应避免使用。适口性的另一种定义是指"日粮的物理和化学特性能促进或抑制吸收前后的采食行为，这是一种非条件反射，发生在某种代谢和随后发生的任何条件反射影响采食行为之前"(McArthur 等，1993)。尽管这个适口性的定义对于试验来说，是很精确有效的，但需要在特定的条件下使用没有经验的动物，这在通常情况下是不可行的，但本章还是使用适口性的这个定义。

在研究营养缺乏或过剩对日粮选择的影响时，小鼠是一个"同等完美"的实验动物。因此，我们采用小鼠作为参照来描述犬和猫对饲粮的选择。如苏氨酸或赖氨酸缺乏时，小鼠将拒绝采食 100 g 日粮中含量相差仅 0.01 g 的低含量日粮。也就是说，小鼠会选择每 100 g 饲粮中苏氨酸含量为 0.200 g 的饲粮而不是含量为 0.191 g 的饲粮(Hrupka 等，1997)。同时，在选择赖氨酸含量不同的两种饲粮时，小鼠还是不选赖氨酸含量低的日粮，尽管两种不同赖氨酸水平的日粮并没有对体增重产生明显的影响(Hrupka 等，1999)。像上述的饲粮选择实验还没有在犬和猫中进行。但很显然，犬的饲粮选择跟猫比起来更接近于小鼠。当供给不同蛋白质水平的饲粮时，犬(Romsos 和 Ferguson，1983；Torres 等，2003)和鼠(Muster 等，1974；Lcung 和 Rogers，1981；Peters 和 Harper，1984)一样，会根据蛋白质的种类、每种饲粮中糖的数量以及先前饲粮的蛋白质含量，来选择 25%～30%能量由蛋白质提供的日粮。而猫在选择低蛋白质或适宜蛋白质饲粮的同时，它也不会拒绝无蛋白质的饲粮(Cook 等，1985，1996)。因此，与营养的适宜性相比，影响适口性的正面因素，像氨基酸、肽和饲粮的质地，对猫的影响比犬的更大。30 多年前，Rozin 和 Kalat(1971)对现在被称为"后天形成的口味厌恶"的自然学习过程进行了描述，以区别于认知学习过程。很显然，早期选择营养充足而不是缺乏的日粮是由后天形成的口味厌恶所引

起的。因此,大多数动物都是学习哪些不能吃(通过后天形成的口味厌恶)而不是哪些能吃(后天形成的口味偏爱)。早期的大多数研究和现有的研究是用不偏食的人或草食动物来进行的。不偏食的人或草食动物避免了各种营养缺乏症的发生,包括蛋白质缺乏(Musten 等,1974;Leung 等,1981)、必需氨基酸(如苏氨酸)的缺乏(Leung 和 Rogers,1987)、许多但不是全部的B族维生素(如硫胺素、核黄素)的缺乏(Scott 和 Verney,1947;Rozin,1965)、许多常量元素(如钙、磷、钠、钾)的缺乏(Scott 等,1950;Nachman,1962;Holcombe 等,1976;Taher 等,1984)和至少一种微量元素(如锌)的缺乏(Chris tensen 等,1974)。犬和猫都会表现出后天形成的口味厌恶(Mugford,1977);然而,犬或猫的采食行为和营养缺乏的研究却进行得很少,因此,它们的采食行为和对营养缺乏的反应很难概括出来。

精氨酸缺乏会导致包括犬和猫在内的绝大多数物种的血氨过多,从而导致后天形成的口味厌恶(Morris 和 Rogers,1978;Burns 等,1981;Rogers,1994)。但是如前所述,猫对无蛋白质或低蛋白质饲粮并不表现出明显的后天形成的口味厌恶(Cook 等,1985,1996),并且即使它已经出现钠缺乏时,也不会挑选含钠高的日粮(Yu 等,1997)。尽管犬在"解剖学"上属于肉食动物,但它具备很多杂食动物的特征,如能把胡萝卜素转化为维生素 A、色氨酸转为烟酸、半胱氨酸转为牛磺酸和亚麻酸酯转为花生四烯酸酯。其他代谢上的差异导致了犬和猫的营养需要在数量和质量上的不同。鼠和猫在对日粮选择上存在许多的不同,这是由于猫在食物选择的进化过程中缺乏代谢的压力,因为猫是严格的肉食动物,并且如果采食的是动物组织,就永远不需要进行维持自我平衡的这种选择。但犬却表现出一些杂食和严格肉食动物的代谢特性。如前所述,犬能明确地选择不同蛋白含量的饲粮而猫却不选择。没有研究表明犬或猫会对不同的维生素和矿质缺乏表现出后天形成的口味厌恶。上述研究表明,在饲粮的选择上,犬比猫更接近鼠。因此,从代谢和营养选择方面来说,犬应被认为是杂食动物。有趣的是,猫对造成代谢酸中毒的饲粮会形成后天的口味厌恶,即使这种酸中毒是由蛋白质成分引起的(Cook 等,1996)。因此,猫会拒绝低钠日粮以避免代谢酸中毒,但是当未发生代谢酸中毒时,猫却不会预防钠缺乏(Yu 等,1997)。

如前所述,当在一段时间内只喂给猫同一种食物时,猫会喜欢只采食这一种日粮(Kuo,1967;Mugford,1977;Mugford 和 Thorne,1980;Kane,1989)。这和后天形成的口味厌恶的表面现象是一样的,但是没有研究表明,这种现象是由于任何一种营养物质缺乏引起的。事实上,如果在其生命周期中经常饲喂不同类型以及不同口味的饲粮,猫通常是喜新厌旧的(选择新的饲粮或新的饲粮风味)(Mugford 和 Thorne,1980)。众所周知,幼猫比成年猫更容易进食适口性差的食物(如纯化饲粮)。食物的质地和含水量对犬和猫都很有影响,但是对猫的影响要大一些(Kane,1989)。一般来说,猫会选择含水量高的食物(肉和罐装日粮),而不是颗粒饲粮和膨化饲粮。但是当一些猫采食一段时间干性商业日粮后,它们也会选择干的膨化日粮。而与犬相比,猫不会吃粉状的饲粮(粉碎的膨化商业日粮或纯化的粉状日粮),但会食用被颗粒化、形成糊状或胶状的相同日粮。通常,猫最爱吃胶状的日粮。风味剂能够增加犬和猫对某种日粮的接受程度,这些风味剂包括动物脂肪(Kane,1981a)、肽和某些氨基酸(White 和 Boudreau,1975;Beauchamp 等,1977)。糖类能加强犬对日粮的接受程度(Torres 等,2003),但对猫却不起作用(Beauchamp 等,1977)。中链脂肪酸本身或甘油三酯中的中链脂肪酸,会降低猫日粮的适口性(MacDonald 等,1985)。与以氢化牛脂作为脂肪来源的饲粮相比,猫在第一次就会直接拒绝仅含 5% 中链脂肪酸的甘油三酯或 0.1% 辛酸的饲粮。当氢化椰子油的含量达 25% 时,猫采食的日粮还不足以维持它的体重(MacDonald 等,1985)。另外,犬却乐意采食肉类和其他有点腐臭的食物。猫比其他动物对苦味更敏感(Carpenter,1956)。如第一次就能引起猫拒食的奎宁溶液的浓度为 5 μmol/L,而兔和仓鼠的却为 2 000 μmol/L。犬处于中间,能引起强烈拒绝的奎宁浓度大约为 300 μmol/L(Grace 和 Russek,1969)。犬和猫都拒食含有 0.1% 糖精(电生理学的研究表明它有苦味)的食物。然而,尽管犬会采食有 10% 蔗糖的溶液,而猫却会拒食任何浓度的蔗糖溶液(Carpenter,1956;Grace 和 Russek,1969;Kitchell,1978;Castonguay 等,1987)。

犬和猫喜欢肉类、肽(蛋白水解物或酶降解物)和游离氨基酸的风味，游离氨基酸包括丙氨酸、脯氨酸、赖氨酸、组氨酸和亮氨酸（White 和 Boudreau，1975；Beauchamp 等，1977；Hargrove 等，1994）。犬对鲜味也比较喜欢（谷氨酸钠外加 5′-核苷酸；Kumazawa 和 Kurihara，1990）。

2.5 采食量的控制

许多研究表明，当日粮含有粉状纤维或高岭土而使营养物质浓度降低时（Kanarek，1975；Hirsch 等，1978），或在饮用水中添加能量时（Castonguay 等，1987），猫也不会通过增加采食量来调节体重，这可能与食物适口性以及尿中的能量损失有关（Goggin 等，1993）。大多数猫能够从罐装日粮转换到干性日粮和纯合日粮，而没有导致能量采食量或体重的明显改变（Kane 等，1981b）。而很早以前人们就认识到，犬会根据日粮能量浓度的高低来调整能量的摄入（Janowitz 和 Grossman，1949）。然而，要使犬摄入的能量不降低的话，对日粮含有的纤维素量也是有一定限制的（＜10％）（Jewell 和 Toll，1996）。如前所述，在一段时间内，如果限制犬和猫的活动（如关在小空间里）并且饲喂适口性好、能量含量高的饲粮，与人类一样，会导致犬猫的肥胖。猫的一个有趣的现象是，当猫正在采食适口性好的食物时，若发现了老鼠会先抓老鼠，然后它会接着采食食物而不是先吃老鼠（Adamec，1976），猫的这种行为可能与它是严格的食肉动物有关。

2.6 饲喂建议

应该保证犬猫随时都能饮用干净、新鲜的水。还要饲喂能够满足它们营养需要的全面和均衡的日粮，关于营养需要在第 15 章中有详细的叙述。犬和猫的饲喂制度还是比较灵活的，很多犬和猫在自由采食的情况下仍能维持其正常的体重。如果整天让犬和猫随意采食，有 30％～40％的犬和猫会过食，导致过重甚至引起肥胖。尽管生长期的幼犬应当自由采食或每天 2～3 餐，但是成年犬每天只饲喂 1 餐也能达到最佳的健康状况。而猫，一般来说 1 d 要吃很多餐，让它们每天只吃 1 餐是不正常的，并且大多数的猫对这种饲喂制度也不能适应。如果犬或猫的体重过重，就应该减少饲喂量。对任何动物都有多种方法能起到这种效果。最明显的方法就是使用相同的饲喂制度但是减少饲喂量。因此，犬应当每天喂 1 餐或是将 1 d 的饲喂量分早晚 2 次饲喂。而猫可以将规定的饲喂量装在碗里，让猫随意采食。其他的方法有降低饲粮的能量浓度、降低饲粮的适口性、减少饲喂时间或采用别的饲喂制度等。这些饲喂制度只是针对部分动物而不是所有的动物都可用。通常，更大的问题是要阻止它们吃邻居的宠物食物和防止家里的成员随意饲喂一些零食和餐桌食物。另外，当犬或猫因采食量太少（如果不是生病，这种情况很少发生）而不能维持正常体重时，可以把犬或猫的日粮加热和给它们一些肉汤来增加采食量。

参考文献

Adamec, R. E. 1976. The interaction of hunger and preying in the domestic cat (*Felis catus*): An adaptive hierarchy? Behav. Biol. 18:263-272.

Adolph, E. S. 1947. Tolerance to heat and dehydration in several species of mammals. Am. J. Physiol. 151:564-575.

Anderson, R. S. 1981. Water content in the diet of the dog. Vet. Ann. 21:171-178.

Anderson, R. S. 1982. Water balance in the dog and cat. J. Sm. Anim. Pract. 23:588-598.

Appetite. 1990. Palatability. 14:159-180.

Avis, S. P. 1999. Dog pack attack: Hunting humans. Am. J. Forensic Med Pathol. 20:243-246.

Beauchamp, G. K., O. Maller, and J. G. Rogers, Jr. 1977. Flavor preferences in cats (*Felis catus* and *Panthera* sp.). J. Comp. Physiol. Psychol. 91:1118-1127.

Bradshaw, J., and C. Thorne. 1992. Feeding behaviour. Pp. 115-129 in The Waltham Book of Dog and Cat Behaviour, C. Thorne, ed. New York: Pergamon Press.

Burns, R. A., J. A. Milner, and J. E. Corbin. 1981. Arginine: An indispensable amino acid for mature dogs. J. Nutr. 111:1020-1024.

Caldwell, G. T. 1931. Studies in water metabolism of the cat. Physiol. Zool. 4:324-355.

Carpenter, J. A. 1956. Species differences in taste preferences. J. Comp. Physiol. Psychol. 49:139-144.

Castonguay, T. W., T. C. Giles, J. E. Harrison, and Q. R. Rogers. 1987. Variations in sucrose concentration and its effect on food intake in the domestic cat. Society for Neuroscience Abstracts 13:464.

Chew, R. M. 1965. Water metabolism of mammals. Pp. 43-178 in Physiological Mammalogy, Vol. 2, W. V. Mayer and R. G. VanGelder, eds. New York: Academic Press.

Christensen, C. M., D. F. Caldwell, and D. Oberleas. 1974. Establishment of a learned preference for a zinc-containing solution by zinc-deficient rats. J. Comp. Physiol. Psychol. 87:415-421.

Coman, B., and H. Brunner. 1972. Food habits of the feral house cat in Victoria. J. Wildl. Mgmt. 36:848-852.

Cook, N. E., E. Kane, Q. R. Rogers, and J. G. Morris. 1985. Self-selection of dietary casein and soy-protein by the cat. Physiol. Behav. 34:583-594.

Cook, N. E., Q. R. Rogers, and J. G. Morris. 1996. Acid-base balance affects dietary choice in cats. Appetite 26:175-192.

Danowski, T. S., J. R. Elkinton, and A. W. Winkler. 1944. The deleterious effect in dogs of a dry protein ration. J. Clin. Invest. 23:816-823.

Eberhard, T. 1954. Food habits of Pennsylvania house cats. J. Wildl. Mgt. 18:2284-2286.

Ewer, R. F. 1973. Food and Food Finding. Pp. 139-229 in The Carnivores. Ithaca, N.Y.: Cornell University Press.

Fitzgerald, B. M. 1988. Diet of dommonosodium glutamate and 5′-nucleotiulations. Pp. 123-146 in Thesponses. Am. J. Physiol. 259:R420-R426Behaviour, D. C. Turner and P. Bateson, eds. Cambridge: Cambridge University Press.

Goggin, J. M., H. F. Schryver, and H. F. Hintz. 1993. The effects of ad libitum feeding and caloric dilution on the domestic cat's ability to maintain energy balance. Feline Pract. 21:7-11.

Grace, J., and M. Russek. 1969. The influence of previous experience on taste behavior of dogs toward sucrose and saccharin. Physiol. Behav. 4:553-558.

Hamar, D., F. H. C. Chow, M. I. Dysart, and L. J. Rich. 1976. Effect of sodium chloride in prevention of experimentally produced phosphate uroliths in male cats. J. Am. Anim. Hosp. Assoc. 12:514-517.

Hargrove, D. M., J. G. Morris, and Q. R. Rogers. 1994. Kittens choose a high leucine diet even when isoleucine and valine are the limiting amino acids. J. Nutr. 124:689-693

Hawking, F., M. C. Lobban, K. Gamage, and M. J. Worms. 1971. Circadian rhythms (activity, temperature, urine and microfilariae) in dog, cat, hen, duck, *Thamnomys* and *Gerbillus*. J. Interdiscipl. Cycle Res. 2:455-473.

Hirsch, E., C. Dubose, and H. J. Jacobs. 1978. Dietary control of food intake in cats. Physiol Behav. 20:287-295.

Holcombe, D. J., D. A. Roland, Sr., and R. H. Harms. 1976. The ability of hens to regulate phosphorus intake when offered diets containing different levels of phosphorus. Poult. Sci. 55:308-317.

Hrupka, B. J., Y. M. Lin, D. E. Gietzen, and Q. R. Rogers. 1997. Small changes in essential amino acid concentrations alter diet selection in amino acid-deficient rats. J. Nutr. 127:777-784.

Hrupka, B. J., Y. M. Lin, D. E. Gietzen, and Q. R. Rogers. 1999. Lysine deficiency alters diet selection without depressing food intake in rats. J. Nutr. 129:424-230.

Janowitz, H. D., and M. I. Grossman. 1949. Effect of variations in nutritive density on intake of food of dogs and rats. Am. J. Physiol. 158:184-193.

Jewell, D. E., and P. W. Toll. 1996. Effects of fiber on food intake in dogs. Vet. Clin. Nutr. 3:115-118.

Kanarek, R. B. 1975. Availability and caloric density of the diet as determinants of meal patterns in cats. Physiol. Behav. 15:611-618.

Kane, E. 1989. Feeding behavior of the cat. Pp. 147-158 in Waltham Symposium 7 Nutrition of the Dog and Cat, I. H. Burger, and J. P. W. Rivers. eds. Cambridge: Cambridge University Press.

Kane, E., J. G. Morris, and Q. R. Rogers. 1981a. Acceptability and digestibility by adult cats of diets made with various sources and levels of fat. J. Ani. Sci. 53:1516-1523.

Kane, E., Q. R. Rogers, J. G. Morris, and P. M. B. Leung. 1981b. Feeding behavior of the cat fed laboratory and commercial diets. Nutr. Res. 1:499-507.

Kane, E., P. M. B. Leung, Q. R. Rogers, and J. G. Morris. 1987. Diurnal feeding and drinking patterns of adults cats as affected by changes in the level of fat in the diet. Appetite 9:89-98.

Kitchell, R. L. 1978. Taste perception and discrimination by the dog. Adv. Vet. Sci Comp. Med. 22:287-314.

Kumazawa, T., and K. Kurihara. 1990. Large synergism between monosodium glutamate and 5′-nucleotides in canine taste nerve responses. Am. J. Physiol. 259:R420-R426.

Kuo, Z. Y. 1967. The Dynamics of Behaviour Development: An Epigenetic View. New York: Random House.

Leung, P. M. B., and Q. R. Rogers. 1987. The effect of amino acids and protein on dietary choice. Pp. 565-609 in Umami: A Basi Taste, Y. Kawamura and M. R. Kare, eds. New York: Marcel Dekker.

Leung, P. M. B., M. A. Gamble, and Q. R. Rogers. 1981. Effect of prior protein ingestions on dietary choice of protein and energy in the rats. Nutr. Rep. Internatl. 24:257-266.

Macdonald, E., and P. Apps. 1978. The social behaviour of a group of semi-dependent farm cats, *Felis catus:* A progress report. Carnivore Genetics Newsletter 3:256-268.

MacDonald, M. L., Q. R. Rogers, and J. G. Morris. 1985. Aversion of the cat to dietary medium-chain triglycerides and caprylic acid. Physiol. Behav. 35:371-375.

McArthur, L. H., W. F. Kelly, D. W. Gietzen, and Q. R. Rogers. 1993. The role of palatability in the food intake response of rats fed high-protein diets. Appetite 20:181-196

McMurry, F. B., and C. C. Sperry. 1941. Food of feral house cats in Oklahoma, a progress report. J. Mammal. 22:185-190.

Morris, J. G., and Q. R. Rogers. 1978. Arginine: An essential amino acid for the cat. J. Nutr. 108:1944-1953.

Mugford, R. A. 1977. External influences on feeding of carnivores. Pp. 25-50 in The Chemical Senses and Nutrition. M. R. Kare, and O. Maller. eds. New York: Academic Press.

Mugford, R. A., and C. Thorne. 1980. Comparative studies of meal patterns in pet and laboratory housed dogs and cats. Pp. 3-14 in Nutrition of the Dog and Cat. R. S. Anderson, ed. Oxford: Pergamon Press.

Musten, B., D. Peace, and G. H. Anderson. 1974. Food intake regulation in the weanling rat: Self-selection of protein and energy. J. Nutr. 104:563-572.

Nachman, M. 1962. Taste preferences for sodium salts by adrenalectomized rats. J. Comp. Physiol. Psychol. 55:1124-1129.

Peters, J. C., and A. E. Harper. 1984. Influence of dietary protein level on protein self-selection and plasma and brain amino acid concentrations. Physiol. Behav. 33:783-790.

Prentiss, P. G., A. V. Wolf, and H. E. Eddy. 1959. Hydropenia in cat and dog. Ability of the cat to meet its water requirements solely from a diet of fish or meat. Am. J. Physiol. 196:625-632.

Randall, W., R. F. Johnson, S. Randall, and J. T. Cunningham. 1985. Circadian rhythms in food intake and activity in domestic cats. Behav. Neursci. 99:1162-1175.

Robertson, I. D. 1998. Survey of predation by domestic cats. Aust. Vet. J. 76:551-554.

Rogers, Q. R. 1994. Species variation in arginine requirements. Pp. 9-21 in Proceeding Symp. Honoring Willard J. Visek: From Ammonia to Cancer and Gene Expression. Special Publication 86, Agr. Exp. Station. Urbana: University of Illinois

Romsos, D. R., and D. Ferguson. 1983. Regulation of protein intake in adult dogs. J. Am. Vet. Med. Assoc. 182:41-43.

Rozin, P. 1965. Specific hunger for thiamine: Recovery from deficiency and thiamine preference. J. Comp. Physiol. Psychol. 59:98-101.

Rozin, P., and J. W. Kalat. 1971. Specific hungers and poison avoidance as adaptive specializations of learning. Psychol. Rev. 78:459-486.

Scott, E. M., and E. L. Verney. 1947. Self selection of diet. VI. The nature of appetites for B vitamins. J. Nutr. 34:471-480.

Scott, E. M., E. L. Verney and P. D. Morissey. 1950. Self selection of diet. XI. Appetites for calcium, magnesium and potassium. J. Nutr. 41:187-201.

Sterman, M. B., T. Knauss, D. Lehmann, and C. D. Clemente. 1965. Circadian sleep and waking patterns in the laboratory cat. Electroencephalogr. Clin. Neurophysiol. 19:509-517.

Szymanski, J. 1919. Aktivitat und Ruhe bei Tieren un menschen. Zeitshrift fur Allgemeine Physiologie 18:105-162.

Taher, A. I., E. W. Gleaves, and M. Beck. 1984. Special calcium appetite in laying hens. Poult. Sci. 63:2261-2267.

Torres, C. L., S. J. Hickenbottom and Q. R. Rogers. 2003. Palatability affects the percentage of metabolizable energy as protein selected by adult beagles. J. Nutr. 133:3516-3522.

White, T. D., and J. C. Boudreau. 1975. Taste preferences of the cat for neurophysiologically active compounds. Physiol. Psychol. 3:405-410.

Wolf, A. V. 1959. Potability of sea water with special reference to the cat. Am. J. Physiol. 196:633-641.

Young, S. P. 1944. The wolves of North America. Part I. Washington, D.C.: American Wildlife Institute.

Yu, S., Q. R. Rogers, and J. G. Morris. 1997. Absence of a salt (NaCl) preference or appetite in sodium-replete or depleted kittens. Appetite 29:1-10.

3

能　　量

Energy

3.1 引言

解决能量评定和需要量的 2 种方法。

能量本身并不是一种营养物质，而是由 3 种营养物质——脂肪（脂类）、碳水化合物和蛋白质赋予日粮的一种特性。能量的单位有 2 种：千卡（kcal）和千焦（kJ），1 kcal＝4.184 kJ。在本报告中，能量单位使用千卡，这是美国常用的单位。犬和猫都需要能量来满足维持、生长、繁殖、泌乳和机体运动的代谢需求。当能量缺乏时，动物的生产性能下降，而且将会消耗机体的能量和营养储备。

食物中的总能（GE）被定义为食物在氧弹式测热器中被完全燃烧后所释放的总化学能。食物的燃烧热可以通过食物中化学成分的能量值来预测。对于有机物中的脂肪，燃烧热为 8.7～9.5 kcal/g，而宠物食品的适宜脂肪燃烧热为 9.4 kcal/g。燃烧热随着脂肪链长度的增加而增加，随着不饱和度的增加而降低。由于宠物食品中的脂肪链的长度相对较长，并且是部分不饱和的，因此，其总能应处于这个燃烧热范围的较高部分（Kienzle 等，2002）。对于粗蛋白质，文献报道其燃烧热为 5.3～5.8 kcal/g（Kienzle 等，1999），在宠物食品中，适宜的燃烧热为 5.7 kcal/g 有机物。碳水化合物（包括非淀粉多糖 NSPs）的燃烧热范围一般在 3.3～4.3 kcal/g 有机物，而木质素的总能通常是在 4.1～7.0 kcal/g 有机物。木质素并不是宠物食物中纤维的主要成分，因此，NFE（无氮浸出物，包括淀粉、糖和非淀粉多糖，在弱酸和弱碱溶液中蒸煮时变为可溶）和粗纤维可以共用一个总能值，即 4.1 kcal/g 有机物。

总能转化为维持、生长、繁殖或运动的净能需要通过以下 3 个步骤（图 3-1）。第一步，能量的消化；第二步，消化能（DE）的代谢，消化能（DE）减去尿能和发酵气体损失的能量就是代谢能（ME）；第三步，计算代谢能（ME）转化为净能（NE）时的热量损失。ME 转化为 NE 的百分数被定义为能量利用效率。

能量的利用效率有 2 种不同的计算方法：通过评估食物的能量或者计算动物的能量需求。在评估食物的能量中，对于每一种食物在能量转化中的每一个步骤都需要单独考虑，然而在计算能量需求时，能量转化的每一步都用一个平均的参数（如 ME 转化为奶产品的利用效率），该参数适用于所有一般食物。食物的能量评估方法考虑每一种食物转化的每一步，因此是比较准确的。然而，要建立一个净能体系需要更多的知识和实验数据。目前，在犬和猫中，只有 DE 和 ME 的评估体系。

3.2 能量评估

3.2.1 日粮能量的评估方法

3.2.1.1 测定能量含量

DE 或者 ME 只能通过动物实验测定。要测定 DE，收集粪便就够了；要测定 ME，理论上需要使用测定热量的方法。然而，犬和猫的发酵气体损失通常可以忽略（Kleiber，1961；Zentek，1993），因此，收集粪便和尿计算所得的结果非常接近 ME。一种简便的方法是结合动物实验和预测方程，通过预测尿中能量损失来估计 ME。

尿能损失可以用可消化蛋白质的量来预测。每克可消化蛋白质中，对于犬需减去1.25 kcal，对于猫需减去 0.9 kcal。当可消化蛋白质被完全代谢时，猫使用校正因子为每克可消化蛋白质 0.9 kcal 表示通过肾脏排出尿素所损失的能量。猫的这个校正因子在一定程

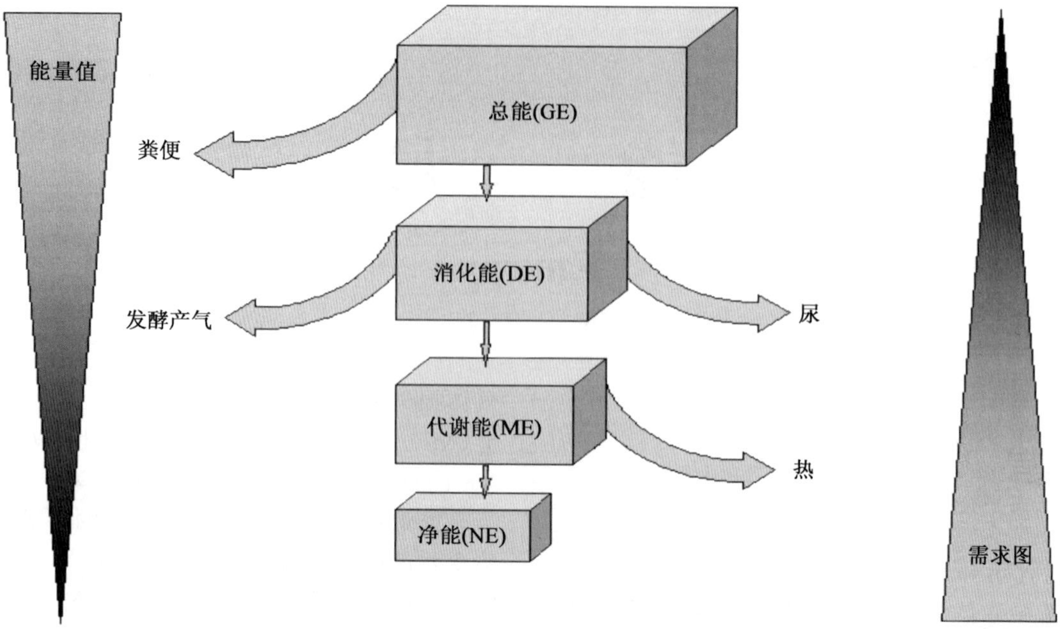

图 3-1 动物体内能量的生物学利用原理

度上已经被试验证实了(National Research Council, 1986);然而,Hashimoto 等(1995)的研究表明,猫中这个因子可能应该更低。犬的校正因子为每克可消化粗蛋白质1.25 kcal,这有很长的研究历史,可以追溯至Rubner(1901)和 Atwater(1902)做的关于能量评估的研究。Ohshima 等(1993)研究了尿能损失,但是结果模棱两可。目前,并不能证实改变蛋白校正因子是正确的。从定量的角度分析,蛋白校正因子并不是非常重要。然而,应当进一步研究该因子在犬和猫之间是否存在品种差异。

3.2.2 能量含量的预测

3.2.2.1 来自表格的数据

对于包含常规成分的食物,可以使用表格中的营养物质消化率或者 ME 数据(Meyer 和 Zentek, 2001)。可消化营养成分的能量含量(即养分的燃烧热乘以消化率)可以由前面提到的方法计算,减去可消化蛋白的能量校正因子可计算出 ME;另外,每一种饲料原料的 ME 可以直接从表格中查到,然后计算,把各种原料的 ME 相加就得到食物的 ME。犬的数据通常也可以用于猫,这可能导致能量消化率偏高(Kendall 等,1982a;Figge,1989)。这种方法并没有考虑营养物质之间的相互作用和加工处理的影响,但这些数据能很好地应用于家制和半纯合的试验日粮(Kienzle, 1995)。不推荐将这种方法应用于配制好的宠物食品,这主要有几个原因,如饲料配方只有生产商知道,而且加工过程对消化率的影响并不能被考虑进去。

3.2.2.2 预测方程

预测 ME 的方程中,营养成分的系数因子通常能反映燃烧热、消化率以及尿中蛋白质与尿能损失的相关性。当待测食物的消化率接近于得出这些方程的食物的消化率时,这些方程就能很准确地预测代谢能。第一个预测公式是 Rubner 在 1901 年用肉和动物下脚料作为犬的食物得出的。后来 Atwater(1902)修订了系数,其确定的 Atwater 系数[4 kcal/g 蛋白质、9 kcal/g 脂肪和 4 kcal/g 碳水化合物(无氮浸出物, NFE)]能够很好地用于家制犬粮,如肉、动物下脚料(除去骨和骨粉)、家禽、鱼、高度纯化的淀粉产品、奶制品甚至巧克力。在这些食物中,NFE 大部分为糖或淀粉。Atwater 系数也可用于高消化率的产品,如奶替代品和有利于肠营养的液体物。

根据已知的 GE 值(4.1 kcal/g 碳水化合物、9.4 kcal/g 脂肪、5.7 kcal/g 蛋白质)和尿能损失计算系数(1.25 kcal/g 可消化蛋白质),由 Atwater 系数得出的碳水化合物消化率为 98%,脂肪消化率为 96%和蛋白质消化率为 90%。因此,当公式用于非淀粉多糖含量较高的食物,如豆类、色拉、水果或高纤维谷类产品时，就会产生差异。对于犬，如果没有其他的数据可以使用，那么仍可将 Atwater 因子用于表中的食物、奶替代品和有利于肠内营养的液体物(表 3-1)。Atwater 系数不能很好地用于猫粮，因为猫对脂肪的消化率通常稍微低于犬(Kendall 等，1982a；Figge，1989)。如果供给煮熟的淀粉食物，碳水化合物系数(4 kcal/g)和蛋白质系数(4 kcal/g)用于猫是恰当的，但是推荐使用脂肪系数为 8.5 kcal/g 来预测表中食物的脂肪 ME (表 3-2)。

当 Atwater 系数应用于加工过的标准犬粮时，其高估了代谢能含量(Kendall 等，1982b)。因此，这些系数应当根据食物的消化率而进行相应调整。调整过的犬和猫 Atwater 系数*(3.5 kcal/g 蛋白质、8.5 kcal/g 脂肪和 3.5 kcal/g 碳水化合物)主要来源于 20 世纪 70 年代和 80 年代早期市场上的典型标准犬粮，但是它们高估或低估了目前市场上的许多产品中的能量含量(Laflamme，2001；图 3-2)。这种情况也存在于 1985 年提出的用于预测干性和半湿性食物的能量公式(Laflamme，2001)。

目前，市场上配制好的宠物食品的能量消化率差异很大，从小于 70%到大于 90%，因此不能仅用同一个公式、同一套系数来计算常量营养物质的能量。另外，不同类型的产品(干的、湿的、半湿的)消化率也存在很大的变异性，因此，即使针对每一种产品类型采用不同的公式也不能解决问题。一般而言，预测公式利用总能量或者纤维含量(粗纤维、总膳食纤维或总纤维)来预测能量消化率(Kendall 等，1985；Kuhlman 等，1993；Kienzle 等，1998a；Schoenmeier，2003)。使用粗纤维含量来预测能量消化率(表 3-1 和表 3-2)适用于大部分已配制好的犬粮和猫粮(图 3-3)。然而，犬粮中如果粗纤维含量(DM 基础)大于 8%并且粗纤维中可发酵的 NSPs 含量高时，能量消化率通常会被低估。

可发酵的 NSPs 在通过胃肠道时将会部分地或完全地消失。即使它们不能被动物体内的酶消化，它们的表观消化率也是相对较高的。因此，当推断公式是基于含可发酵 NSPs 很少的粗纤维时，使用该公式来预测能量消化率将会低于粗纤维中含可发酵 NSPs 高的食物的能量消化率。可发酵纤维一般包含在日粮总纤维中的可溶纤维部分，很少出现在不可溶纤维部分或者被分析为粗纤维或酸性洗涤纤维(参见第 4 章)。然而，也有很多例外。目前，不可能通过化学的纤维分析方法来预测纤维的可发酵性。但是，体外发酵法可能会有帮助。

对于粗纤维的高表观消化率，另一种较简单的解释是：可能是结缔组织中的特定蛋白质被认为是粗纤维。一般来说，这些蛋白质比其他被认为是粗纤维的化合物有更高的表观消化率。

此外，结缔组织蛋白质对其他营养成分消化率的影响程度低于非淀粉多糖或木质素的影响程度。为判断这些结缔组织蛋白质是否为粗纤维，可以通过分析它们在酸和碱中煮沸后其氮的残留来证实。为提高利用纤维预测 ME 的精确性，需要更深入地研究体外消化和发酵方法的可行性和可接受性，以及被分析为纤维的蛋白质的潜在作用。但是，这些仅与纤维含量(DM 基础)高于 8%的食物有关。因而，特定的分析或者体外测定被限定在一些特殊类型的食物。对于所有其他的食物，基于纤维含量预测 ME 一般都很准确。目前，一些残留误差的来源，如上面提到的纤维表观消化率的不同，或者食物加工过程中产生的巨大变化，不可能通过基于化学分析的任何一个公式来完全消除。

与犬粮相比，猫粮中的纤维含量变化较小，而且纤维发酵的营养作用也较小。另外，上面提到的结缔组织蛋白质的含量在猫粮中也比犬粮小，这就可以解释为何根据粗纤维预测代谢能的精确性，猫粮要高于犬粮，即使公式来源于较少的观察资料。另外，纤维对脂肪消化率的影响小于对 NFE 消化率的影响。Kienzle 等(2001)的研究表明，可采用不同的公式，用纤维来预测 NFE 含量不同的犬粮的能量消化率。相同百分含量的纤维，用猫粮的预测公式算出的消化率比犬粮的预测公式得出的数值要低，这可能不是因为品种因素导致的差异。它可能反映了猫粮中 NFE 含量比犬粮中含量更小。

---

* 根据美国饲料控制协会的要求，生产商可以自己选择是否在商业犬粮或猫粮的标签里标明代谢能含量，但如果标签里含有与能量有关的声明，如"低卡路里"或"能量较低"时，则必须标明代谢能含量(AAFCO，2003)。能量含量的预测公式需要使用到蛋白质、脂肪和 NFE 的"调整过的 Awater 值"，其代谢能分别为 3.5、8.5 和 3.5 kcal/g。计算犬粮和猫粮的代谢能含量，都使用了这一公式，而不考虑相对纤维含量或消化率。因此，可能会低估高消化率食品的能量含量，而高估了低消化率食品的能量含量。由于不同产品的使用目的及生产商的营销计划不同，这个预测公式无法适用于所有产品。因此，生产商可根据饲喂试验来决定产品的能量含量(见第 2 章)。

表 3-1 犬粮代谢能的预测公式

应用	公式
未加工的或者人类的食物，如肉、动物下脚料、奶产品、煮熟的淀粉食物；高消化的特殊产品，如奶替代品或者用于肠内营养的食物[a]	ME(kcal)＝4×蛋白质质量＋9×脂肪质量＋4×NFE 质量
配制好的犬粮[b]	第一步：用氧弹式测热器测定总能或用下面公式计算总能 GE (kcal)＝(5.7×蛋白质质量)＋(9.4×脂肪质量)＋[4.1×(NFE＋纤维质量)] 第二步[c]： 能量消化率(%)＝91.2－(1.43×干物质中粗纤维百分含量) 第三步： DE(kcal)＝(GE×能量消化率/100) 第四步： ME(kcal)＝DE－(1.04×蛋白质质量) 示例： 食物组成为 80%水分、7%蛋白质、4%脂肪、3%灰分、1%粗纤维和 5%NFE 第一步： GE(kcal/g)＝5.7×0.07＋9.4×0.04＋4.1×(0.01＋0.05)＝1.02 第二步[c]： 能量消化率(%)＝91.2－(1.43×1/20×100)＝84.05% 第三步： DE(kcal/g)＝1.02×84.05/100＝0.86 第四步： ME(kcal/g)＝0.86－1.04×0.07＝0.79

[a] 这个公式仅适用于能量消化率大于 90%的食物。这仅用于消化率很高的已制作好的犬粮，如奶替代品或者用于肠内营养的液体物，这些物质的消化率足够高。

[b] 不包括奶替代品或者用于肠内营养的液体物。如果粗纤维含量大于 8%(干物质基础)，可能不准确。

[c] 使用日粮总纤维时，可以选用下面的公式(美国分析化学学会)：能量消化率(%)＝96.6－(0.95×干物质中日粮总纤维的百分含量)。

表 3-2 猫粮代谢能的预测公式

应用	公式
未加工的或者人类的食物，如肉、动物下脚料、奶产品、煮熟的淀粉食物，高消化率的特殊产品，如奶替代品或者用于肠内营养的食物[a]	ME(kcal)＝(4×蛋白质质量)＋(9×脂肪质量)＋(4×NFE 质量)
配制好的猫粮[b]	第一步： 用氧弹式测热器测定总能或用下面公式计算总能 GE(kcal)＝ (5.7×蛋白质质量)＋(9.4×脂肪质量)＋4.1×(NFE＋纤维质量) 第二步[c]： 能量消化率(%)＝87.9－(0.88×干物质中粗纤维百分含量) 第三步： DE(kcal)＝(GE×能量消化率百分数/100) 第四步： ME(kcal)＝DE－(0.77×蛋白质质量) 示例： 食物组成为 80%水分、7%蛋白质、4%脂肪、3%灰分、1%粗纤维和 5%NFE 第一步： GE(kcal/g)＝5.7×0.07＋9.4×0.04＋4.1×(0.01＋0.05)＝1.02 第二步： 能量消化率(%)＝87.9－(0.88×1/20×100)＝83.5% 第三步： DE(kcal/g)＝1.02×83.5/100＝0.85 第四步： ME(kcal/g)＝0.85－0.07×0.77＝0.80

[a] 这个公式仅对于能量消化率大于 90%的食物有效。这仅用于消化率很高的配制好的猫粮，如奶替代品或者用于肠内营养的液体物，这些物质的消化率足够高。

[b] 不包括奶替代品或者用于肠内营养的液体物。

[c] 使用日粮总纤维时，可以选用下面公式(美国分析化学学会)：能量消化率(%)＝95.6－(0.89×干物质中日粮总纤维百分含量)。

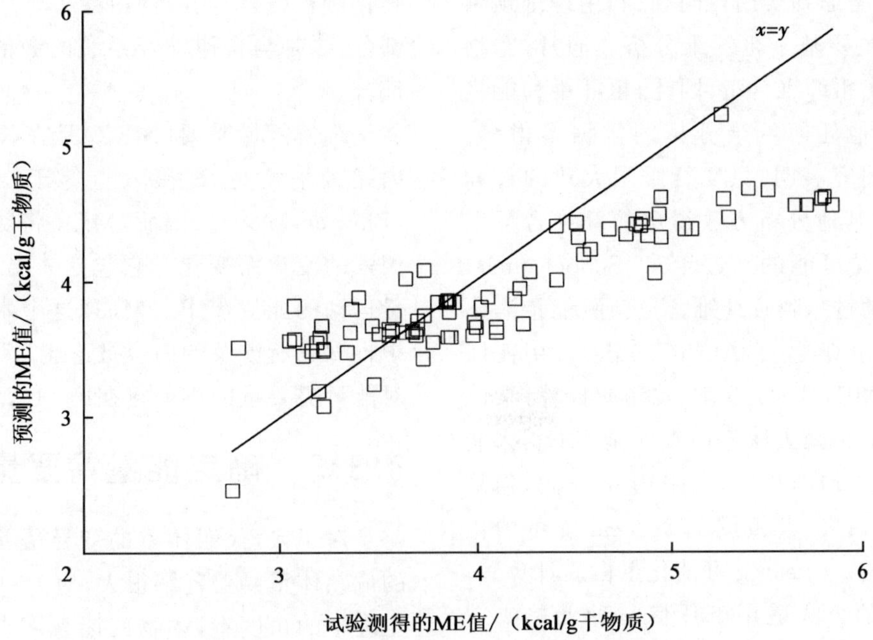

图 3-2 预制猫粮中试验测得的 ME 值与预测值的比较

y 轴为根据修订的 Atwater 系数预测的 ME：3.5 kcal/g 蛋白质、8.5 kcal/g 脂肪和 3.5 kcal/g 碳水化合物；*x* 轴为消化试验测定的 ME，ME＝DE－0.9 kcal/g 可消化蛋白质（数据来自 Kienzle，2002）。理想状态下，所有的点都应该在 $x=y$ 这条线上

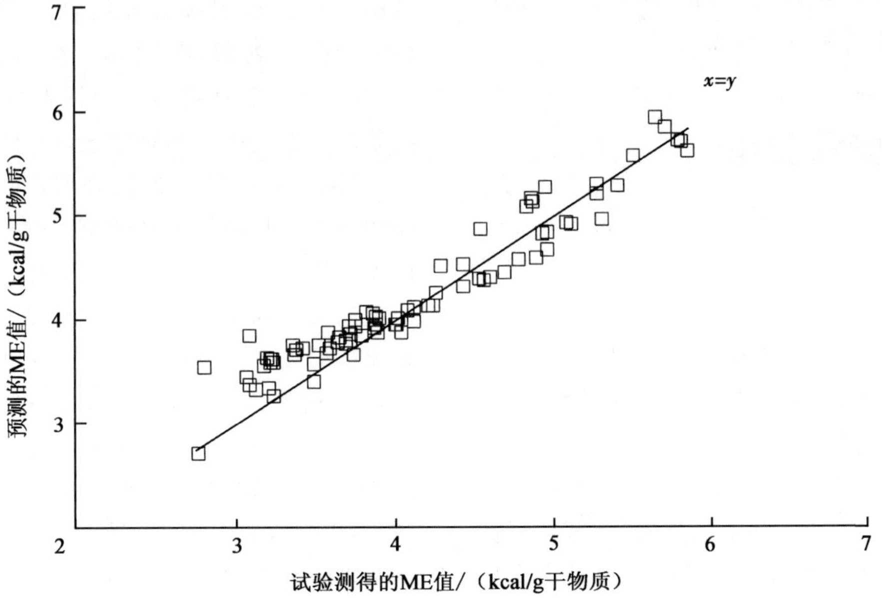

图 3-3 预制猫粮中试验测得的 ME 值与预测值的比较

y 轴为根据基于 GE 和粗纤维公式预测的 ME：由氧弹式测热器测定 GE，能量消化率（%）＝87.9－（0.88×干物质中粗纤维百分含量）；ME（kcal）＝（GE×能量消化率/100）－（0.77×蛋白质质量）；*x* 轴为消化试验测定的 ME，ME＝DE－0.9 kcal/g 可消化蛋白质（数据来自 Kienzle，2002）。理想地，所有的点都应该在 $x=y$ 这条线上

迄今为止，由于考虑到实用性问题，利用纤维预测能量消化率的公式主要基于粗纤维分析。通常，宠物食品标签上都会标出粗纤维含量；因此，粗纤维和能量消化率的数据比其他任何纤维分析的数据多得多。Kienzle 等(1998b)研究表明，只要纤维素大致的百分含量能被确定，通过其他分析方法得出的纤维含量来预测能量消化率也是可能的。近年来，Schoen-meier(2003)研究出一个通过总膳食纤维含量预测能量消化率的公式(美国分析化学学会，AOAC 方法)。用任何一个回归公式预测 ME，需要用 GE(实测或计算)乘以消化率得出 DE，然后再减去尿能损失就是 ME。尿能的测定中，蛋白质的平均消化率，犬采用 83.5%，猫采用 86%。平均尿能损失，犬粮按 1.25 kcal/g 可消化蛋白质计算；猫粮按 0.9 kcal/g 可消化蛋白质计算。

没有一种万能的公式适用于任何一种犬粮或猫粮。因此，在使用任何公式之前，首先要考虑的是它是否适用于这种食物。一般来说，使用未经校正的 Atwater 系数预测市场上产品的 ME 时，会高估其值。然而，对于有适当消化率的以酪蛋白为基础的奶替代品，用未经校正的 Atwater 系数是比较正确的选择，而校正过的 Atwater 系数将会低估其能量，并导致用纤维含量预测的能量消化率出现误差。

3.3 犬的能量需要量

3.3.1 定义

能量的最小需要量——基础代谢率，是每天维持体重的能量需要量，其不包括增加能量消耗的因素，如运动、食物消耗或者低温环境等消耗的能量。

基础代谢率(BMR)被定义为动物在吸收后的状态时(理想的状态是在前一天晚上饥饿之后)维持机体平衡的能量需求，要求动物静卧、清醒、环境温度保持在适宜温度区(Blaxter，1989)。作为一个可替代的指标，静止代谢率(RFMR)是指动物不处于吸收后的状态，但其他条件都满足基础代谢的要求。一般来说，进食食物后产热量增加。RFMR 和 BMR 之间的区别主要在于食物热增耗或者食物的热效应。日粮的生热作用主要包括 2 部分：一是与食物的摄取、消化、吸收和转化过程(热增耗或食物特殊动力作用)相联系的必需部分；二是与自律神经系统的激活相联系的偶发活动部分。

维持能量需要(MER)是在长时间内能够维持体内能量平衡(ME 摄入量等于产热量)的能量需求(Blaxter，1989)。因而，MER 将随着影响产热的任何因素的变化而变化。它包括体温调节、自主行为和适量运动的能量需求。MER 这个术语将在下面的讨论中根据它所涉及的内容被论述。环境温度和激烈运动对能量需要量的影响将在第 11 章进行详细的论述。

3.3.2 确定能量需要量的基础

对于犬，代谢体重的变异是首要考虑的问题。犬的成熟体重涵盖范围很大，为 1～90 kg，甚至更大。从生理学的角度看，动物的能量需求并不直接与体重相关，而与代谢体重[W^b，W 是指动物的体重(kg)，b 是由实验得出的指数]关系紧密。Brody 等(1934)研究表明，体型大小涵盖从老鼠到大象的成熟的热血动物的基础产热量都可以用回归公式($Y=70.5\times W^{0.73}$)来表示，Y 表示每 24 h 产生的热量(kcal)，W 表示体重(kg)。在计算器和计算机被广泛使用以前，Kleiber(1961)论证表明，在这样一个体重范围内使用 $Y=70\times W^{0.75}$ 这个公式得到的结果与 Brody 公式得到的结果之间不会产生显著差异，而且前者会比较简单。

Heusner(1982)论证表明，在 Kleiber 公式中，种间的体重指数是从统计学角度得出的一个指数。他建议理论指数为 0.67，以此来预测种内的相关关系。这个理论指数描述了几何学上相似的动物体的重量和体表面积的关系。然而，不同品种和大小不同的犬不存在几何相似性(Kirkwood，1985)。如随着体尺的增加，犬的肩高相对增加而臀部相对变窄。随着成熟体重的增加，大脑和几个内脏器官，包括肝脏和胃肠道，都相对变小(Meyer 等，1993)。即使变化速度不同，各品种之间都有这种趋势(Kirkwood，1985)。血液量和心脏重量甚至心率随着犬体尺的变化而变化，这种变化速率与其他品种相似(Kirkwood，1985)。所有这些研究表明，Kleiber 公式中的种间指数 0.75 比 Heusner(1982)建议的种内质量指数更适合于表述犬体重和能量的关系。

品种间能量需求的变化在体重与能量的关系上分

几个层次。相同体尺和体重的不同品种对能量需要差别很大。据 Blaza(1981)研究报道，用代谢体重（指数为 0.75)来表示的大丹犬的能量需求高于其他犬。纽芬兰犬也有较高的能量需求。但是，Kienzle 和 Rainbird(1991)的研究表明，在大型犬中，纽芬兰犬的能量需求低于平均水平 20%，而大丹犬的能量需求却高于平均水平 60%。

其他影响能量需求的因素，如年龄，也许不会在不同重量的群体中均匀分布，因而对推断最佳体重指数有统计学上的影响。Rainbird 和 Kienzle(1990)的试验只采用不同品种的中年犬，在不了解其能量需要特性的情况下，饲养在相似的圈舍条件下，来计算体重指数，得出的值与 Brody 公式中的种间指数相接近。因此，改变体重指数并不能提高对犬能量需求预测的准确性。重要的是要明确影响个体能量需求的因素，如品种、年龄、饲养条件及它们之间的相互关系。

非常重要的一点是机体的瘦肉率不能通过体重来体现，而受到饲养、品种、年龄和活力的影响。脂肪组织的代谢活性比瘦肉组织低。因此，瘦肉组织百分数稍小的犬（如肥胖犬）按体重(BW)计算的能量需求会低于平均水平。正常体重的比格犬（含 25%的脂肪）用双标水法测得的能量需求大约为(130±6) kcal/kg $BW^{0.75}$。相同的犬过量饲喂一段时间使体内脂肪含量达到 38%时，其能量需求降低为(107±7) kcal/kg $BW^{0.75}$。每单位瘦肉组织的能量需求(157 kcal/kg $BW^{0.75}$)不会随着身体状况的变化而显著变化(Pouteau 等，2002)。这个公式也适用于其他导致瘦肉组织下降的情况，如长期缺乏运动或者年老的犬。目前，单只犬的能量需求仅仅是基于一定科学依据的预测，其结果很可能偏离真实值 50%。

3.3.3 基础代谢率

许多学者都尝试用被麻醉且神志清醒的犬，采用间接测热器来测定犬的 BMR（表 3-3)。Kunde 和 Steinhaus(1926)的研究表明，Rubner、Boothby 和 Sandiford 得出的较高的 BMR 并不是真正意义上的 BMR，但是，其他人(Kitchen，1924；DeBeer 和 Hjoort，1938)得出的 BMR 也很高。Udall 等(1953)报道，麻醉犬的体重和 BMR 之间呈抛物线关系，当转化为指数关系时，BMR 数值也很高(91 kcal/kg $BW^{0.75}$)。这些学者并没有报道单个的数据。从几个学者报道的数据中（表 3-3)可以得出基础代谢率为(76±23) kcal/kg $BW^{0.75}$。这个数值接近于 Kleiber 的种间估计数值 70 kcal/kg $BW^{0.75}$，但是单个的数据的分布范围却是 48～114 kcal/kg $BW^{0.75}$。Okarma 和 Koteja(1987)研究表明，灰狼（据称是家犬的祖先）的平均 BMR(68 kcal/kg $BW^{0.75}$)与犬的很接近。

表 3-3 犬每日的基础代谢率　　kcal ME/kg $BW^{0.75}$

动　物	性别[a]	体重/kg	重复数 *n*	Mean±2SD	范围	资料来源
犬	M	5～26	8	89±24	78～114	Rubner[b]
犬	MF	10～15	7	71±9	63～78	Kunde[b]
犬	MF	12～17	4	85±27	76～105	Boothby 和 Sandiford[b]
犬	F	9～16	11	71±12	60～82	Lusk 和 Dubois[b]
犬	M	9～27	6	67±14	59～77	Steinhaus[b]
犬	MF	10～18	13	85±22	72～106	Kitchen，1924
斗牛	MF	20～27	11	81±4	78～83	DeBeer 和 Hjoort，1938
犬	M	3～28	31	70±22	48～88	Galvao，1947
犬	F	8～10	3	70±20	58～77	Hammel 等，1958
杂种犬	NA	18±3	5	54±9		Leblanc 和 Diamond，1986

注：Mean＝平均值，SD＝标准偏差。

[a] M＝雄，F＝雌，NA＝未统计。

[b] 引自 Kunde 和 Steinhaus(1926)。

3.3.4 食物生热效应和静息代谢率

食物的摄取、消化、吸收和同化都需要能量，而且会增加产热。因而，RFMR 会稍高于 BMR，它们之间的差异被定义为“食物的生热作用”、“食物的特殊动力作用”或“食后产热”。食物的生热作用，通常被认为除了在周围环境温度较低时用于维持体温外，在其他情况下是没有用的。因而，除去生热作用而保留下来的 ME 占总 ME 的比例，表示了 ME 的利用效率（Blaxter，1989）。

当给动物饲喂 2 种 ME 含量的食物时，通过产热量的变化除以 ME 摄入的变化来确定热增耗（Blaxter，1989）。热增耗通常被表示为 ME 的百分数，并随消耗食物的数量和组成成分的改变而改变。如葡萄糖在摄入之后立刻被利用，它的生热作用将会较小；但是如果葡萄糖转变为糖原或者脂肪储存，利用率就会降低。Blaxter（1989）在单胃动物中的研究表明，在低于维持水平时，蛋白质、脂肪和碳水化合物的热增耗分别为 23%、2%和 6%；在高于维持水平时，蛋白质、脂肪和碳水化合物的热增耗分别为 36%、15%和 22%。当犬采食一般的日粮时，Blaxter（1989）估计在低于维持水平时，热增耗为 15%；在高于维持水平时，热增耗为 30%。这表明，在正常的成年犬中，RFMR 比 BMR 高 15%，在生长发育、妊娠和泌乳动物中更大。然而，热增耗的测定趋向于高估了食物的生热作用，因为随动物摄食数量的增加其自主活动也增加，但在实验测定的长时期内不可能限制动物的活动（Blaxter，1989）。

对人而言，食物的特殊动力作用通常是通过测定一顿饭后在一定时间内产热的总量（Blaxter，1989）。相似的方法也被用来测定其他单胃动物的日粮生热作用。如 Okarma 和 Koteja（1987）曾报道灰狼采食一餐高蛋白食物后，代谢率增加 47%，但没有提及产生这种效果的持续时间。Diamond 等（1985）报道，杂种犬餐后食物的生热作用分为 2 个阶段：首先是立即产生反应的头阶段，此时儿茶酚胺被释放进入循环，食物的味道和气味使代谢率增加（Diamond 和 Leblanc，1987），这个阶段持续 40～50 min，甚至会出现在假饲时（Diamond 等，1985；Leblanc 和 Diamond，1986）；在头阶段后，有一个吸收后阶段，这个阶段持续到餐后 6 h，但循环中儿茶酚胺并没有增加（Diamond 等，1985；Leblanc 和 Diamond，1986）。

在食入 1 餐成分不明的混合日粮后，在头阶段的 50 min 内代谢率升到峰值，这个峰值高于绝食代谢率 75%并与 1 餐的食物数量无关（Leblanc 和 Diamond，1986）。这个头阶段在日饲喂 4 餐的犬中会出现 4 次，但在日饲喂 1 餐相同数量的食物时仅出现 1 次。食物的生热作用在日饲喂 4 餐的犬中要高于日饲喂 1 餐的犬（Leblanc 和 Diamond，1986）。餐后阶段变化幅度很小，但是持续时间较长，并随每一餐量的不同而变化。在 11 h 内，2 个阶段都考虑进去时，犬饲喂 1 餐 85 kcal/kg $BW^{0.75}$ 的食物后，代谢率平均增加了 13%，但是如果这些食物分成 4 餐饲喂给犬，代谢率将平均增加 25%（Leblanc 和 Diamond，1986）。在 1 d 内，当犬每天采食比能维持体重稍多一点的食物时，代谢率将分别增加 6%和 11%。然而通过这种方法测定的食物生热作用通常会低估食物的热效应，因为它没有考虑在给定食物摄入量的情况下，维持代谢机制所需的能量消耗。对于犬，这表明食物的生热作用又增加了大约 10%每日能量消耗，而 RFMR 比 BMR 约高 10%。这种差别对于每天饲喂 1 餐的犬要稍低于每天饲喂多次的犬。

如果日粮的蛋白含量高，它的生热作用将稍高，但是这种作用可能非常小。蛋白质仅会影响必需成分，基本不会影响因饮食而导致的生热作用。焦虑、运动和冷导致的产热作用，都对热增耗有很大的影响。老鼠摄食过量的食物会导致儿茶酚胺释放进入循环，这引起热增耗的额外增加。这种食后增热作用对体重有一个调节作用，因为它在过量饮食时使得体重增加最小化。然而，犬过量采食并没有相似的食后生热作用（Crist 和 Romsos，1987）。

3.3.5 成年动物的维持需要

NRC（1974）从一些相对较少的数据（Cowgill，1928；Abrams，1962）出发，建议按公式 132 kcal × kg $BW^{0.75}$ 来计算犬的维持能量需求。这些相对较少的数据中的一部分，来源于 Arnold 和 Elvehjem（1939）的研究，他们利用 Brody 等（1934）的预测方程计算得到了这些数据。这个方程，在上面提到的 Blaza（1981）得出大丹犬的观测值之后，就受到了质疑，因为通过直接或间接的测热得出的能量需求量数值相对较低(Burger 和 Johnson,1991;Maenner,1991;Walters 等,1993)。但是,大量较新的数据(Rainbird 和 Kienzle,1990;Kienzle 和 Rainbird,1991;Finke,1991,1994;Ballevre 等,1994;表 3-4)表明,公式 132 kcal×kg $BW^{0.75}$用于犬舍内活泼的年龄较小的实验犬是非常有效的。但是应强调的一点是,即使实验犬放在相同的条件下也会产生个体差异,95%的个体值都在平均值加减 2 倍标准差的范围内。表 15-4(第 15 章营养需要量表格)中的推荐量是探讨这个问题的开始。

表 3-4 已报道的与品种、年龄、居所和活动相关的犬维持能量(代谢能)需要 kcal/kg $BW^{0.75}$

品种、年龄(年)、居所、活动	Mean±2SD[a]	重复数(*n*)	资料来源
大型宠物犬	94±50		Patil 和 Bisby,2001
宠物犬	95±40	28	Wichert 等,1999
不活动的边境柯利牧羊犬	97±82	9	Burger,1994
年老的实验拉布拉多猎犬(9)	103±22	6	Finke,1991
年老的实验拉布拉多猎犬(>7)	104±32	14	Rainbird 和 Kienzle,1990
宠物犬	105(范围 60～200)	48	Connor 等,2000
中年的实验纽芬兰犬(3～7)	106±26	26	Rainbird 和 Kienzle,1990
年老的各品种实验犬(>8)	107±14	11	Taylor 等,1995
年老的实验比格犬(>10)	110±26	5	Finke,1994
中年的实验比格犬(3～10)	114±16	8	Finke,1994
中年的实验比格犬(4)	117±18	6	Finke,1991
中年的实验犬(3～7)	124±42	86	Rainbird 和 Kienzle,1990
中度运动的边境柯利牧羊犬	124±88	28	Burger,1994
年轻的各品种实验犬(<6)	129±10	12	Taylor 等,1995
年轻到中年实验爱斯基摩犬(1～7)	132±20	5	Finke,1991
实验比格犬	132±40		Patil 和 Bisby,2001
生活在各种家庭中的中型宠物犬	133±52		Patil 和 Bisby,2001
实验拉布拉多猎犬	138±32		Patil 和 Bisby,2001
年轻的实验犬(1～2)	139±42	69	Rainbird 和 Kienzle,1990
年轻的实验比格犬(1～2)	144±28	6	Finke,1994
高度运动的宠物边境柯利牧羊犬	175±170	10	Burger,1994
实验	183±48		Patil 和 Bisby,2001
大丹犬,室外犬舍、夏季	大约 200	7	Zentek 和 Meyer,1992
大丹犬,室外犬舍、冬季	大约 250	7	Zentek 和 Meyer,1992

[a] 表示 95%分布在此范围内。

在犬舍中喂养的纽芬兰犬、大丹犬和　,被看成是能量需求偏离预测范围的种类(表 3-4)。年轻成年犬的能量需求高于平均水平,老年犬的能量需求会降低。它们各自的能量需求的变化好像在一定程度上取决于品种(Kienzle 和 Rainbird,1991;Finke,1994)。大型犬在年龄稍早些就会出现能量需求下降的现象。年龄影响的部分原因是因为活动量的不同而导致的结果(Donoghue 等,1991)。这和宠物犬的能量需求结果高度一致(Burger,1994;Wichert 等,1999;Connor 等,2002;Patil 和 Bisby,2001)。没有机会运动的宠物犬的能量需求,比实验犬低 10%～20%。Patil 和 Bisby(2001)强烈建议,建立活动量与宠物犬能量需要之间的关系。宠物犬的最低能量需求,相当接近于 Walters 等(1993)采用顾客的犬在适应间接测热法后测得的

RFMR(约 90 kcal/kg $BW^{0.75}$)。

品种、年龄和环境对能量需求的影响可能并不是完全可叠加在一起的。这些影响的绝大部分是由于活动水平的不同及机体瘦肉组织的差异而导致的。由此假定在相同的环境温度、应激水平和瘦肉组织的情况下,犬舍中不活动的犬与家养的不活动的犬,在能量需求上并没有多大的不同。然而,瘦肉组织在那些长期不运动的宠物犬与那些暂时被限制运动的犬舍犬之间会存在不同。其他影响能量需求的因素,如品种间消化能力的差异(Zentek 和 Meyer,1993),似乎是可叠加的。当临床实际上用"边际估测"来确定能量需要时,线性方程或许是有用的。从上面数据得出的方程:能量需要量=358+39×BW,对 8~20 kg 的犬可得出相近的结果。年龄、品种和其他影响能量需求的因素也应该被考虑,根据情况适当增加或减少一定的百分数来校正需要量值。如对于年老的犬,要将能量需要值减少 20%。性别对犬能量需求没有明确的影响。绝育或去势的影响可能是间接的,因为绝育或去势可能会导致瘦肉组织含量相对下降。疾病和损伤会极大地影响能量需求量。严重疾病或损伤可能使能量需求增加 1 倍(Donoghue,1991)。然而,大多数数据是由病人的数据转化过来的。可能会存在种的差异。最近的研究表明,与对照组相比,患有乳腺癌的雌性犬的机体脂肪含量较高(Lawler 和 Ballam,2001),这会带来一些启示。

3.3.6 妊娠

母犬妊娠期间 20%~25%的增重主要发生在怀孕 28 d 之后(Siedler 和 Schweigert,1954;Romsos 等,1981)。一窝犬崽的总体重平均占分娩后母犬体重的 13.5%(Meyer 等,1985a)。通常品种越小产的崽也越小,但幼犬的相对出生体重却较高;因此,按体尺算出的体重间的差异很小。总之,母犬增加的体重的 2/3,主要来源于仔犬的重量、胎盘(约占仔犬重量的 22%)和子宫内的液体。其余的是水和除子宫外增加的体重。一个很显著的特点是,犬崽总窝重和妊娠期间母体体重的增加,与体重具有直接的关系。犬崽在子宫内的生长并不与时间呈线性相关(Evans,1974)。

胎儿大部分的增重发生在妊娠 40 d 后,胎儿组织生成所需的额外的能量也主要在这一时期获得。然而,母犬通常在妊娠的最后几天内吃得较少。此外,在妊娠的第 40 天以前,母犬的子宫外组织已经开始增长。因此,建议从交配后 4 周开始应添加额外的能量。Meyer 等(1985a)估计妊娠后期(从交配后 4 周到产仔)的能量需求为 26 kcal/(kg BW · d),计算方程的因子包括:犬崽窝重和体组成、胎盘重量和组成以及母犬子宫外组织的估计值。以犬舍犬的平均能量需求(130 kcal/kg $BW^{0.75}$)为起点,体重 5 kg 母犬妊娠时的能量需求约为维持需要的 130%,而体重为 60 kg 母犬妊娠时的能量需求为维持需要的 160%(表 15-6)。影响维持能量需要的因素也会继续影响妊娠期的能量需要。Zentek 和 Meyer(1992)研究表明,当大丹犬在妊娠的后半个阶段被关在室内而活动量较少时,对能量的需要比前半个阶段处在室外而活动量较大时相对降低。然而,这些因素不会影响妊娠时生成胎儿和子宫外组织的能量需求。因此,建议计算单个母犬妊娠能量需要时,先按每千克 $BW^{0.75}$ 计算维持能量需要,再加上 26 kcal/kg BW,而不是按占维持需要的百分率来计算。

3.3.7 泌乳

通常母犬哺乳它们的幼犬至少 6 周。一般给幼犬补食最早在 2.5 周龄,最晚不超过 4 周。在 4 周龄时,乳汁的数量和营养含量已不能满足需要。在泌乳第 4 周时也可断奶,但一般不推荐这样做,因为这会对幼犬产生不利的影响,引发后续的行为问题(Feddersen-Petersen 和 Ohl,1995)。

产奶量和奶的能量含量是估计泌乳能量需要的重要因素。Ruesse(1961)研究了几种不同品种的母犬在一段时间内,以及一只德国牧羊犬母犬在泌乳期产奶量和奶的能量含量的差异。Oftedal(1984)测定了比格犬的产奶量和奶成分。Meyer 等(1985b)研究了体重在 4~24 kg 范围内几种不同品种的母犬在产奶量、奶成分以及采食量、体重变化上的差别。Zentek 和 Meyer(1992)阐述了大丹犬在泌乳期的采食量和体重的变化。Scantlebury 等(2000)研究了拉布拉多犬和迷你型雪纳瑞犬在泌乳期的能量代谢规律。

根据母犬乳的营养成分含量,估计奶的总能含量约为 1.45 kcal/g 湿重。除了初乳期,犬奶的能量含量几乎没有变化(Meyer 等,1985b)。产奶量经测定约占体重的 8%(Ruesse,1961;Oftedal,1984;Meyer 等,1985b;Scantlebury 等,2000)。这些研究一致认为产奶高峰出现在泌乳第 4 周。泌乳前 4 周内的泌乳曲线有大量的数据来源(Meyer 等,1985b);但是,4 周以后的数据却极少。这是因为当幼犬需要补充额外的食物时,产奶量的测定存在方法上的问题。Ruesse(1961)研究了一只德国牧羊犬的整个泌乳期。在给幼犬添加额外的食物后,母犬的产奶量迅速下降。但是,在泌乳第 4 周之后,母犬的哺乳行为表现了明显的差异。有些母犬可以承受幼犬长时间的吮吸,有些却不能。因此,在泌乳第 4 周以后,产奶量表现出相当大的个体差异。目前,产奶量合理地估计只能针对泌乳的前 4 周。在泌乳期的前 4 周,用占前 4 周日均产奶量的百分数来表示,结果是:第 1 周为 75%、第 2 周为 95%、第 3 周为 110%、第 4 周为 120%。

决定产奶量的一个重要因素是哺乳幼犬的数量(Meyer 等,1985b)。对于一窝产 1～4 只犬崽的母犬,日产奶量的增加几乎是线性的,每增加 1 只犬崽,增加的产奶量约占母犬体重的 1%。当一窝中的犬崽多于 4 只之后,这种增加不再是线性的。当一窝产 5～8 只犬崽时,每增加 1 只犬崽,日产奶量的增加量大约为母犬体重的 0.5%。当一窝的产仔数超过 8 只后,随产仔数的增加日产奶量不再显著增加。

泌乳的能量需求可以通过利用以下这些数据作为因子来计算出来。第一步,奶中能量可以根据产奶量和奶中的总能计算出来,即产奶量(g/kg BW)×1.45 kcal。这个结果代表的是泌乳所需要的净代谢能。根据 Scantlebury 等(2000)的研究和其他动物类似的数据,可假设产奶时的代谢能利用率为 60%。因此,泌乳所需的代谢能按以下公式计算:ME=产奶量(g/kg BW)×1.45 kcal/60×100=产奶量(g/kg BW)×2.42 kcal。日产奶量可以根据每窝的犬崽数量来估计。对于产 1～4 只犬崽的,平均每只犬崽的奶量为母犬体重的 1%(即对应每只幼犬的产奶 ME 需要量=10×2.42 kcal/kg BW 母犬体重=24 kcal/kg BW 母犬体重)。当一窝产5～8 只犬崽时,日产奶量仅占母犬体重的 0.5%,为每只幼犬产奶所需的 ME=5×2.42 kcal/kg BW 母犬体重=12 kcal/kg BW 母犬体重。为计算产奶的能量需要,将处于1～4 的幼犬数乘以 24 kcal/kg BW;将处于5～8 的幼犬数乘以 12 kcal/kg BW,并将结果相加。

维持能量需求必须单独考虑。1 只母犬抚养 1 窝犬崽时可以被认为是相当活跃的。Meyer 等(1985b)以母犬的产奶量为自变量,以能量摄入量(按体重进行校正)为因变量,得出一个线性回归关系,再外推到产奶量为零时的能量摄入量。回归方程的截距可被认为是维持需要量,为 145 kcal/kg $BW^{0.75}$。目前,还没有研究表明,泌乳期的维持能量需要是否会随品种、环境温度以及个体或环境的因素的不同而改变。对于产仔数很多的母犬,维持能量需要的变化不太重要,因为它们的维持能量需要只占总能量需要相对很小的比例。对于产仔数较少的母犬,维持能量需要的个体差异,将会很明显地影响泌乳期的总能量需求。泌乳期的维持能量需要为 145 kcal/kg $BW^{0.75}$,这可以被看做是一个恰当的起点(表 15-7)。这个公式也适用于计算机程序,并且与饲养试验的结果很一致(Meyer 等 1985b;Scantlebury 等,2000)。

对于产仔数较多的母犬,其采食容量会限制能量摄入量。特别是大型犬或巨型犬存在这个问题,因为随体型的增大,胃肠道的大小相对降低。小型或中型犬在泌乳期能够增加达体重 4.5%的干物质采食量,有些个体采食量甚至能增加到占体重的 9%。Meyer 和 Zentek(1992)研究表明,大丹犬即使哺乳很多幼犬,采食的干物质量也不会超过体重的 2.5%～3.2%。能量需求和采食量决定了食物的最低能量浓度。对于大丹犬和其他的一些巨型犬,即使给母犬饲喂高能量日粮,也有必要在早期给幼犬额外添加食物。

3.3.8 生长

刚出生的幼犬需要能量约 25 kcal/100 g BW(Kienzle 等,1985)。生长幼犬的能量需要按单位体重计算是同品种成年犬的 2 倍(Arnold 和 Elvehjem,1939)。刚断奶的幼犬很容易适应这种饲养水平,尤其是在多餐并且每餐之间具有合理间隔的情况下。然而,当幼犬达到成年体重的 50%时,能量需求降低到维持需要的 1.6 倍;当达到成年体重的 80%时,降低到维持需要的 1.2 倍。这个降低正好抵消了从断奶到成年能量需求的减少。尤其是大型犬和巨型犬,最佳的而不是最大的生长,对于合适的骨骼发育是很重要的因素。Hedhammar 等(1974)首先阐述过量饲喂会导致犬生长发育的紊乱；然而，在他的实验中，却饲喂了过量的能量和其他几种营养物质，如蛋白质、钙等。当能量过量而其他营养成分非常均衡时，也会导致先天具有这种倾向的品种（如大丹犬）生长发育紊乱（Meyer 和 Zentek，1992）。表 3-5 中列出了大型和巨型犬体重发育的推荐值。对于大型和巨型犬的幼犬个体，首先应根据表 3-5 的推荐值进行饲喂，而不是按照能量需要表中的数据进行饲喂。

表 3-5　大型犬和巨型犬的生长标准推荐量

月　龄	中型犬（成熟体重 20 kg）		大型犬（成熟体重 35 kg）		巨型犬（成熟体重 60 kg）	
	体重/kg	占成熟体重/%	体重/kg	占成熟体重/%	体重/kg	占成熟体重/%
1	1.8	9	2.5	7	3.6	6
2	4.4	22	7.0	20	8.4	14
3	7.4	37	12.3	35	15.6	26
4	10.4	52	16.8	48	22.8	38
6	14.0	70	22.8	65	36.0	60
12	19.0	95	30.8	88	48.0	80

根据处于不同生长阶段幼犬的生长和机体组成以及不同的成熟体重，可采用不同的系数计算其能量需要量（营养生理学会，1989）。Meyer 和 Zentek（1992）用大丹犬做了饲养实验，得出的大型犬数据比营养生理学会推荐的高一点。Meyer 和 Zentek（1998）发表了基于营养生理学会的系数得出的推荐量和他们自己试验得出的数据。Blanchard 等（1998）主要根据 NRC（1985）的推荐值，提出了一个预测断奶后幼犬生长发育能量需求的方程（表 15-2）。这个方程与 Meyer 和 Zentek（1998）提出的按照表 3-4 生长标准推荐值生长的幼犬的能量需要一致。这个公式（表 15-2）能很好地适用于计算机程序，并且有利于计算那些没按照标准推荐值生长的犬（这种情况在进行营养咨询时经常遇到）的能量需要。

问题是，品种差异和其他影响维持能量需求的因素，是否会影响生长期的能量需求。目前存在的数据并不能提供一个明确的答案。然而，犬的活动量对于生长发育的能量需要的影响与对维持需要的影响相近。Rainbird 和 Kienzle（1990）证明在生长期大丹犬比纽芬兰犬吃得多。因为大丹犬比纽芬兰犬生长迅速，所以很难区分是因为活动力水平（纽芬兰犬不太活跃）还是生长速度的影响。在试验期的最后几个月（8～12 月龄），生长速度的差异变小，而能量摄入量的差异比生长期开始时更大。Wichert 等（1999）表明，按照生长推荐值进行生长时，宠物犬（假设活动力比犬舍的犬低）的能量摄入量较低。实际能量摄入量比根据 Blanchard 等（1998）公式得出的值（按 132 kcal/kg $BW^{0.75}$ 计算维持能量需求）低 10%～20%。至少在生长发育期的后半阶段，应该考虑活动量的不同对维持能量需求造成的可能的影响，这样做是谨慎和合理的。

3.3.9　身体活动

身体活动对能量需要量的影响将在第 11 章进行讨论。

3.4　猫的能量需要

3.4.1　确定能量需要量的基础

家养猫的成熟体重范围从低于 2 kg 到高于 7 kg。家养猫代谢体重的指数为 0.4～1，由于猫的体重变化不是很大，因此后面的指数比较实用。体重与能量需求之间的线性关系高估了体重较大的猫的能量需求，但可忽略不计。然而，Earle 和 Smith（1991）研究表明，以体重为基础，根据指数 1 计算猫的能量需求时，体重越重，估计过高的程度越高；同时根据 62 个 DE 摄入量观测值，得出一个较低的体重指数 0.404。假设这不是由于猫的品种特异性而是仅因为重型猫较肥胖的原因。最近的研究证实了较低的体重指数是合理的（Nguyen 等，2001；Edtstadtler-Pietsch，2003）。

Nguyen 等(2001)比较了 ME 的摄入量、总的能量消耗、基础代谢率和无脂体重(监测气体交换与双重标记水的方法)的影响。

在仅考虑 ME 摄入量时,得到的体重指数为 0.4 (Nguyen 等,2001)。当利用双重标记水的方法测定总的能量消耗时,其与 $BW^{0.64}$ 相关(Nguyen 等,2001)。表述静止能量代谢(监测气体交换)与体重之间的关系的最佳指数为 0.65。瘦肉组织与总的能量消耗的异速生长系数可达 0.89。这些结果接近于 Brody 等(1934)提出的种间体重指数和 Heusner (1991)提出的种内体重指数。根据 Nguyen 等(2001)的结果和不同大小的猫相对均一的体形,猫这个品种理论上的种内异速生长系数为 0.67。

对于更大的猫科动物,如老虎和狮子,还不确定种内或者种间体重指数(0.67 或 0.75)是否可以应用。McNab(1989)研究报道,体重范围 4～138 kg 的 7 个非家养品种猫的日代谢率为 58 kcal/kg $BW^{0.79}$,但是种间存在很大的差异。虎猫(体重 3.6 kg)需要 32 kcal/kg BW,然而红猫(一种北美野猫,体重 7.9 kg)需要 54 kcal/kg BW。McNab(1989)把这些差异归因于食物和气候的差异。生活在温暖环境下的食肉动物,如家养猫,具有较低的代谢率。考虑到较大型有着相似体重的猫科动物的能量需求存在差异(Allen 等,1995),则计算代谢体重的最佳指数是一个学术问题而不是实践问题。

3.4.2 基础代谢率与日粮的生热效应

自 1899 年 Pflueger 的研究开始,一些研究者就试图通过用间接测热法测定家猫在室温下的代谢率(表 3-6),但是家猫的适宜温度区是 35～38℃(第 11 章)。冷诱导的生热作用是室温下代谢率的重要组成部分。这些试验条件的不标准化正好解释了试验中代谢率的差异。大多数试验仅仅用了体重范围很小的猫,这就不可能得出代谢率与体重或体表面积的关系。在高温下测定的代谢率也都不一致(表 11-4)。因此,目前家养猫的 BMR 以及它与体重或体表面积的关系还不清楚,但是最低的测定值可以提供一个相似的估计。

在猫上似乎还没有食物生热作用的研究。猫的食物生热作用大约相似于犬和人的食物生热作用(约占代谢能 10%)。但是,猫的食物生热作用可能会略微高一点,因为蛋白质占了食物的很大一部分,而且猫少食多餐,这两者都会增加犬的食物生热作用(参考前面的讨论)。

3.4.3 成年动物的维持需要

测定猫的能量需求的尝试可以追溯到 19 世纪中期。Siewert(2003)回顾了以前对猫进行的研究。最早的关于猫的能量需求的试验是在 1852 年由 Bidder 和 Schmidt 进行的,他们喂给猫牛肉,分析了牛肉蛋白质和脂肪的含量,因此牛肉的 ME 可以计算出来。一只体重 3 kg 的猫在维持体重不变时,每天的能量摄入量达 180 kcal ME。

文献中的数据大多数都是以体重为基础的,而不是以代谢体重为基础的。这些数据表明成年猫的维持代谢能范围为 31～100 kcal/kg BW(表 3-6)。或许有几个原因可以解释这巨大的差异,重要的一点是研究中所用的能量评价方法。对加工过的食物使用未经校正的 Atwater 因子会高估 ME 的摄入。动物福利意识的增加使实验猫的生活条件得到改善,这样显著地减少了应激。过去的 30 年里,人们对猫的营养物质需求已经逐步了解,因而实验猫就很少出现亚临床缺乏症。在过去的几十年里,猫粮的适口性也不断改进,因此实验猫出现肥胖的频率也就增加了。

然而,即使仅采用新数据进行对比及允许由于所采用的方法不同(如测定气体交换时把动物封闭起来)而产生的差异的存在,估计能量需求的变异仍然很高。造成这一结果的原因尚不清楚。犬活动量、品种或者年龄对能量需求的影响已经很清晰,然而这些因素对于猫的影响还不确定。但是,年轻的成年雄性猫和所有体重低于 4 kg 的猫的能量需求趋于较高。假设这些猫都是瘦的,但是至少一些看起来较重的猫可能是过重的。这表明,瘦肉组织起着很重要的作用。此外,以体重为基础计算能量需求量时,将强化肥胖对能量需求的影响。

绝育或去势对能量需求的影响也不确定。一些学者认为会降低能量需要,但有些学者认为不会(表 3-6)。绝育或去势或许会降低瘦肉部分的比例,而且,这种间接的影响可能会导致能量代谢的变化(Laeuger,2001)。Martin 等(2001)研究表明,绝育或去势猫每千克体重的能量消耗较低。然而，在绝育或去势和未绝育或去势的猫中，每千克瘦肉组织的能量消耗却没有差异。绝育或去势对瘦肉组织和能量需求会产生一些显著的间接影响，这可能取决于日粮、绝育或去势后的时间和身体运动。另外，Hoenig 和 Ferguson(2002)研究表明，绝育或去势后，猫为了维持体重，荷尔蒙浓度和能量需求都会发生变化。

表 3-6 已报道的猫的日维持能量需要 kcal/kg BW

动物类型	重复数 n	年龄/年	体重/kg	Mean±2SD[a]	资料来源
结果来自间接测热、代谢率外推					
实验动物、未绝育雌、去势雄、相对低蛋白质日粮	14	3～5	3.95	31±6	Radicke,1995
实验动物、大多数阉割	24	3～15	4.4	37	Stiefel,1999
实验动物、未绝育雌、去势雄	14	3～5	4.16	37±11	Radicke,1995
实验动物、未绝育雌、去势雄	14	3～5	3.92	38±13	Radicke,1995
实验动物、未绝育雌、去势雄	14	3～5	3.93	39±3	Radicke,1995
实验动物、未绝育雌和未去势雄	4	5～6	5.83	39±5	Hauschild,1993
实验动物、未绝育雌、去势雄	14	3～5	3.58	39±14	Radicke,1995
实验动物、去势雄	6	0.9	5.5	42	Laeuger,2001
实验动物	6	2～8	4.1	44±11	Tennant,1998
实验动物、未绝育雌和未去势雄	6	1.8～5	3.88	48±2	Hauschild,1993
实验动物、未去势雄	6	0.9	4.8	49	Laeuger,2001
实验动物、未绝育雌和未去势雄	27	1～2	3.77	50±4	Hauschild,1993
实验动物、未绝育雌和未去势雄	9	4.5～13	3.27	51±2	Hauschild,1993
实验动物、未绝育雌和未去势雄	4	3～6	3.95	51±4	Hauschild,1993
实验动物、未去势雄	6	0.8	5.1	54	Laeuger,2001
实验动物、未去势雄	6	0.8	5.2	54	Laeuger,2001
实验动物、未绝育雌和未去势雄	6	1～3	3.10	54±8	Hauschild,1993
实验动物、未绝育雌和未去势雄	13		2.5～4.9	55±11	Aub 等,1922
实验动物、未绝育雌和未去势雄	5	1.2～7	3.18	55±3	Hauschild,1993
实验动物、未绝育雌和未去势雄	5		2.8～4.2	56±13	Carpenter,1944
实验动物、未绝育雌和未去势雄	6	0.8～4	3.25	61±4	Hauschild,1993
实验动物	30		1.8～3.8	70	Benedict,1938
实验动物、未绝育雌和未去势雄	14			83±13	Caldwell,1931
结果来自饲养实验、恒定体重或恒定体重的推断[b]					
实验动物	48	1～14		22～97	Taylor 等,1995
实验动物	7		6～6.5	37	Earle 和 Smith,1991
实验动物、笼养、绝育雌	10		3.1	40	Flynn 等,1996
实验动物	26		5.5～6	42	Earle 和 Smith,1991
实验动物	14	12～14	5.1	43±10	Laflamme 和 Ballam,2001
实验动物	18	10～12	5.3	43±14	Laflamme 和 Ballam,2001
实验动物	53		5～5.5	46	Earle 和 Smith,1991

续表 3-6

动物类型	重复数 n	年龄/年	体重/kg	Mean±2SD[a]	资料来源
实验动物	48		4.5～5	48	Earle 和 Smith,1991
实验动物	12	8～10	5.0	48±20	Laflamme 和 Ballam,2001
实验动物	11	>14	3.8	51±14	Laflamme 和 Ballam,2001
实验动物	14	6～8	5.3	52±18	Laflamme 和 Ballam,2001
实验动物、去势雄	63	1～14	5.2	55±24	Edtstadtler-Pietsch,2003
实验动物、绝育雌	33	1～13	4.1	56±32	Edtstadtler-Pietsch,2003
实验动物	24		3.5～4	59	Earle 和 Smith,1991
实验动物	5～8	1		60	Miller 和 Allison,1958
实验动物、笼养、未阉割	5		2.9	60	Flynn 等,1996
实验动物、笼养	32		2～4	60～70	Skultety,1969
实验动物	36	4～6	3.9	61±22	Laflamme 和 Ballam,2001
实验动物				60	Krehl 等,1955
宠物	36	4	5.1	62±30	Parkman 等,2000
实验动物、未绝育雌	30	1～11	3.9	65±32	Edtstadtler-Pietsch,2003
实验动物、未绝育雌、去势雄	6		4	66±26	Kendall 等,1983
实验动物	22		2.5～3	66	Earle 和 Smith,1991
实验动物	36		3～3.5	67	Earle 和 Smith,1991
实验动物、未去势雄	4	3～10		67±28	Edtstadtler-Pietsch,2003
实验动物	8	2～4	3.6	69±2	Laflamme 和 Ballam,2001
实验动物、有运动奔跑机会				80～90	Miller 和 Allison,1958
实验动物、未去势雄	7	1		100±52	Edtstadtler-Pietsch,2003
标记水					
实验动物、去势雄	9	3.7		50	Nguyen 等,2000
实验动物、去势雌	6			53	Nguyen 等,2000
实验动物、去势雄	6	1.3		55	Nguyen 等,2000
实验动物	3	7±4	4.4	55±2	Ballevre 等,1994
实验动物	14		3.5～4.2	55	Burger 等,1984
实验动物、未绝育雌	6			57	Nguyen 等,2000
实验动物、未去势雄、瘦的	6	2～3		59	Nguyen 等,2000
实验动物、未绝育雌	12	2～3		57±4	Martin 等,2001
实验动物、绝育雌、肥胖[c]	9	2～3		57±4	Martin 等,2001
实验动物、未去势雄	11	2～3		57±4	Martin 等,2001
实验动物、去势雄、肥胖	10	2～3		50±4	Martin 等,2001

注:本表也适用于瘦的和过重的猫。

SD=标准差。

[a] 群体中的95%在这一范围内。数据可能来自图表,从每只猫每天的能量需求的差异得到SD。

[b] 通过预测或通过消化试验和氮校正得到食物的ME。

[c] 绝育过的母猫比未绝育的母猫重约300 g,绝育过的公猫比未绝育的公猫重约400 g。

Taylor 等(1995)研究表明,猫随着年龄的增加,维持能量需求并不会减少,并假设脂肪消化率的下降是其中的一个原因。在另外的一个研究中没有重复出这样的结果(Waldrou,2002)。相反,Laflamme 和 Ballam(2001)指出,随着年龄的增长,用于维持的能量需要逐渐减少。造成这种差异的原因可能是年龄对维持能量需要的影响在某种程度被肥胖的影响掩盖。老龄猫比中年猫的肥胖现象少(Scarlett 等,1994)。Edtstadtler-Pietsch (2003)用在实验室条件下饲养的 138 只猫进行研究,证明年龄对维持能量需要没有影响。当根据猫体重的大小将其划分为重和轻 2 组时,每组的维持能量需要都会出现随年龄增长而下降的现象。

对于体型较瘦的猫,维持能量的需要大约为 100 kcal ME/kg $BW^{0.67}$(表 15-11)。此数据可转换为 70 kcal/kg BW。而这个推荐值只适用于瘦型猫,即体况评分(BCS)为 1～9 级评分体系中 5 或是 5 以下的猫(表 3-7)。对于超重的猫(BCS>5),用指数 0.4 可以有效地估测实际的体重(需要量为 130 kcal/kg $BW^{0.4}$)。目前,猫的个体能量需要不过是一个有学术根据的估测值。

表 3-7 体况评分体系

分数	犬	猫
1	从远处看肋骨、腰脊椎、盆腔骨和所有的骨头突出物很明显。看不出机体脂肪。肌肉丧失很严重	看得见肋骨的短毛猫。没有明显的脂肪。严重的腹部收缩。腰脊椎和髂骨翼很明显并可触摸得到
2	很容易看见肋骨、腰脊椎、盆腔骨。没有触摸得到的脂肪。能看到一些骨头突出物。很少的肌肉丧失	介于分数 1 和 3 等级之间的特征
3	肋骨很容易触摸到,并很容易看见。没有触摸得到的脂肪。腰脊椎的顶端可见。盆腔骨变得突出。明显的腰部和腹部收缩	很容易摸到肋骨,上面有很少的脂肪覆盖。很明显的腰脊椎。肋骨后面明显的腰身。很少的腹部脂肪
4	理想的:很容易摸到肋骨,上面有很少的脂肪覆盖。从上面看,很容易看到腰身,腹部凹陷明显	介于分数 3 和 5 等级之间的特征
5	理想的:可触摸到肋骨并且没有过多的脂肪覆盖。从上面看,可看见肋骨后面的腰身。从侧面看,腹部缩拢	理想的:比例较好,肋骨后面腰深可见,肋骨可触摸到并有少量的脂肪覆盖,腹部脂肪垫最少
6	肋骨可触摸并有少许过量脂肪覆盖。从上面看,腰身看得见但是不明显。腹部凹陷明显	介于分数 5 和 7 等级之间的特征
7	触摸肋骨有难度,有厚脂肪覆盖。腰部和尾根部有明显的脂肪沉积。腰身基本上看不见。腹部也未见凹陷	肋骨不容易触摸到并有中度脂肪覆盖。腰身几乎看不见。腹部很明显的圆胖,腹部有中度脂肪垫
8	肋骨触摸不到,并有很厚的脂肪覆盖。腰部和尾根部有很厚的脂肪沉积。腰身不可见。腹部没有凹陷。明显的腹部膨胀	介于分数 7 和 9 等级之间的特征
9	胸部、脊椎和尾根部有大量的脂肪沉积。没有腰身和腹部凹陷。颈部和腿部有脂肪沉积。明显的腹部膨胀	肋骨触摸不到,并有很厚的脂肪覆盖。腰部、脸部和腿部有大量的脂肪沉积。腹部膨胀而且没有腰身。大量脂肪沉积在腹部

资料来源:Laflamme,1997a,b。

以代谢体重为基础(不考虑指数),某些品种猫(表 15-11)的能量需要也许会更高。即使是被圈养并不允许有高强度活动的前提下,不同品种猫科动物的能量需要也有很大的差异(Allen 等,1995)。野生动物保护协会最近未发表的研究确定了猫科动物能量的摄入量及其变化范围(个人交流)。

疾病和外伤会显著影响能量的需要。严重的疾病或是外伤甚至会加倍其对能量的需要(Donoghue,1991)。然而,这些信息最初是从患病的人身上获得的。Skultety 等(1969) 的研究表明,在下丘脑和中脑损伤后,相比于手术前,猫会摄食更多的食物,并且可以维持相同的体重,但能量的摄入增加了 50%～100%,这个结果与 Donoghue(1991)对严重脑外伤的研究结果一致。Watanabe 等(1998)指出在给幼猫注射致热质后,其耗氧量会增加 20%。

3.4.4 妊娠

在妊娠和哺乳期间，母犬和母猫体重的变化模式有很大的不同。母猫在哺乳期间体重会下降，并且与日粮无关（Scott，1968；Loveridge，1986；Loveridge 和 Rivers，1989；Zottmann，1997；Hendriks 和 Wamberg，2000）。为了满足繁殖需要，体重增加中重要的部分是为泌乳做准备的净体组织增长，而不仅仅是胚胎、胎盘和相关组织的增长。图 3-4 比较了妊娠和哺乳期母猫和母犬的体重差异。基于 Loveridge（1986）的研究数据，得到的推荐值是在妊娠期间体重增长为 40%～50%。妊娠期间能量摄入量的推荐量是基于 Atwater 系数，得到妊娠母猫代谢能的需要量范围大约为 140 kcal/kg $BW^{0.67}$（Scott，1968；Smith，1974；Loveridge，1986）。因 Atwater 系数高估了成品猫粮的 ME 含量（NRC，1986），因此，按上面提到的方法估测妊娠猫的能量推荐量应包括一个合理的安全范围。能量需要量在平均水平以下的母猫，它们会吃得更少但却可以满足为以后哺乳期的体重损失做准备的体重增长的需要。

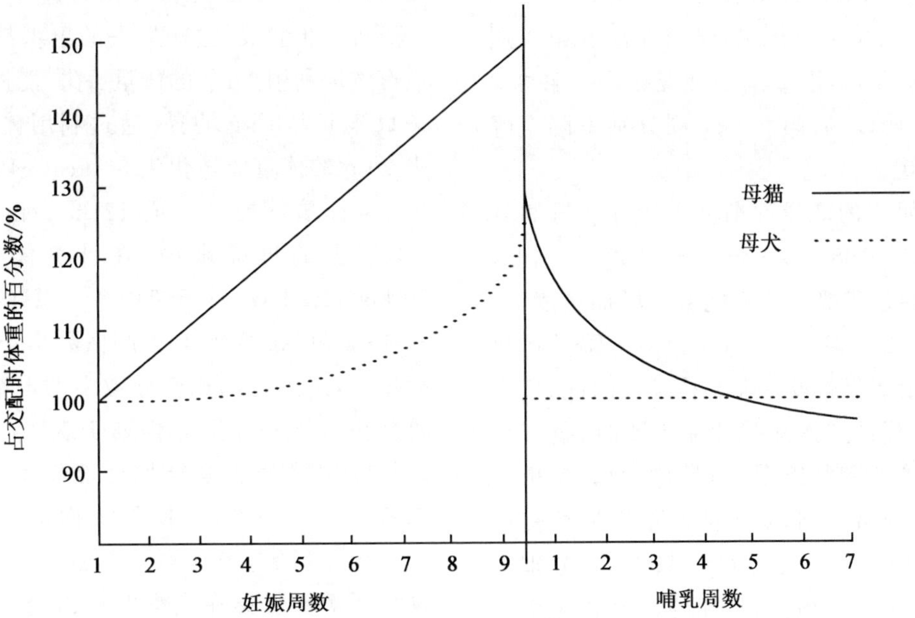

图 3-4 母猫和母犬在妊娠期和泌乳期间体重变化的比较图

（数据来源 Meyer 等，1985a，b；Loveridge，1986）

3.4.5 泌乳

母猫哺育幼猫通常需要 7～9 周，这取决于幼猫的大小。补饲猫粮最早可在幼猫出生后的 2.5 周，最晚应在哺乳的第 4 周。因为此时母乳的量和乳中营养成分含量已经不能满足幼猫的正常生长需要（Hendriks 和 Wamberg，2000）。

奶产量和奶中的能量含量是估测产奶阶段能量水平的重要因素。与犬相比，母猫产奶量的数据显得不足。母猫的产奶量很大程度上取决于猫崽的数量和它所处的哺乳阶段（Dobenecker 等，1998）。从分娩到哺乳期的第 3～4 周的时间，产奶量会一直上升，随后就会下降。Dobenecker 等（1998）用称量幼猫在喂奶前后体重的方法，来计算产奶量，但这一方法可能会低估产奶量。他们并不是每天都测量幼猫的喂奶量，而是在 2 次实验期间进行 1 次体重测定。当幼猫处于和母猫一直待在一起的阶段时，只为幼猫称重 1 次；而当幼猫处于与母猫分开的阶段时，分别在哺乳前和哺乳后进行称重。他们对 2 个阶段的幼猫体增重进行了比较。依据幼猫体重增长的差异，估计的误差范围在 20%左右。因此，应相应地校正母猫的产奶量，并测定出哺乳高峰期的产奶量大概是体重的 1.5%～8%。哺乳 1 或 2 只幼猫的母猫的产奶量，则一直低于体重的 2%；哺乳 3 或 4 只幼猫的母猫的产奶量，达到体重的5%～6%；而哺乳6只幼猫的母猫的产奶量，最大可达到体重的8%。Dobenecker等(1998)得到估计值与Hendriks和Wamberg（2000)用同位素稀释的方法得到的最新结果非常地吻合。5只分别哺乳3或4只幼猫的母猫，在哺乳的前四周的平均产奶量分别为体重的5.1%、5.5%、6.1%和6.0%。然而Dobenecker等(1998)测得的哺乳第1周的产奶量低于Hendriks和Wamberg(2000)用同位素稀释法测得的结果。产生这种差异的原因，可能是由于频繁在哺乳前后称重对幼猫造成的干扰，在第1周要大于以后的时间。2个实验的结果都认同泌乳的高峰期在产后的3～4周。从这2个实验可以推测，母猫在泌乳第1周的产奶量是峰值的85%，第2周大概是95%，第3、4周就到达了产奶高峰，之后第5、6、7周分别下降至峰值的85%、75%、60%。

在哺乳期，猫奶中的能量逐渐从1 kcal/g升高到1.3 kcal/g(Keen等，1982；Zottmann，1997)。因此，在哺乳的前4周，通过猫奶而流失能量的增加速度，高于产奶量的增加速度。但4周后，与快速下降的产奶量相比，奶中的能量下降就没有那么快了。因此，用含有系数的方程来计算产奶的净代谢能需要时，每周产奶量、奶中能量含量的变化以及一窝幼猫的数量也要考虑在内。在哺乳的每一周，奶中的能量损失按窝产仔数少(1～2只)、中(3～4只)、多(4只以上)分别进行计算。然后得出一个平均值，每周的数值和这个平均值进行比较。在计算哺乳猫能量需要的方程中，对结果影响最大的2个因子是产奶量和奶中能量浓度的变化。

猫产奶的能量需要通过奶中的能量含量并利用因子来计算时，需要用于产奶的代谢能的利用效率。但是，并没有关于猫这方面的数据。但基于其他动物的数据，假设利用率的大概范围为60%～70%。犬可以作为最好的模型，因为与其他家畜相比，犬和猫的日粮更相似。Scantlebury等(2000)的研究表明，犬用于产奶的能量利用效率更低。因此，猫用于产奶的能量需要是奶中的能量除以60再乘以100。

产奶生产的总需要还包括维持需要。哺育一窝幼猫可能使母猫变得更加活跃，并在哺乳期逐渐变瘦。所以，应选择瘦猫的维持需要公式(100 kcal/kg $BW^{0.67}$)来计算其维持需要。

将维持需要和产奶需要加在一起就得到了总能量需要，这样得出的数值要远高于饲养实验得出的值(Loveridge，1986；Zottmann，1997；Hendriks和Wamberg，2000)。如上所述，猫分娩后体重比交配时重，而一般在哺乳期体重会减轻。体重损失(如怀孕期间从生殖组织中得到的能量)能提供能量，在计算能量需要时也要计算在内。一般，哺乳期平均失重700～800 g(Loveridge和Rivers，1989；Zottmann，1997；Hendriks和Wamberg，2000)。考虑个体之间的差异，每天的重量丢失在窝产仔少的母猫被设定为5 g，窝产仔数中等或多的猫为20 g，可将其作为计算需要量的因子。我们更进一步假设，这些失去的组织都是脂肪，而脂肪能被有效地利用。1 g的体重丢失，能提供7～8 kcal ME。一只体重为3 kg的猫，通过利用体内储备的脂肪，损失20 g的体重能转化为50 kcal ME/(kg BW・d)(损失5 g体重就能转化成12 kcal/kg BW)。对于产仔4只以上的母猫来说，在计算能量需要时要减去50 kcal/kg BW；对于产仔3～4只的母猫来说，只需减去40 kcal/kg BW；对于产仔数小于3的母猫，就要减得更少，因为它们比产仔数多的母猫在哺乳期丢失的重量少。这些计算方程列于表15-13。在哺乳期间，组织损失的个体差异是可能发生的，但在计算时并未考虑到这一点，这使得上面的计算显得更加学术化。根据经验，哺育多于2只幼猫的泌乳母猫，其能量需要等于母猫在交配时的维持能量需要的2～2.5倍。应该喂给泌乳母猫高适口性的食物，其能量含量至少达到每克干物质4 kcal ME，并且应让母猫自由采食。

3.4.6 生长

研究者对很多学者关于处于生长期的猫的能量摄入量的有价值的文献进行了总结(Allison等，1956；Miller和Allison，1958；Waterhouse和Carver，1962；Greaves，1965；Loveridge，1987；Kienzle，1989；Munday等，1991；Iben和Sadila，1993；Zottmann，1997；Hendriks和Wamberg，2000)。另外，利用Stratmann(1988)的研究数据推导出一个计算生长需要的因子方程。对于新出生处于哺乳阶段的幼猫，其能量需要是每100 g体重20～25 kcal。为了计算断奶后的能量需要，把这些数据进行汇总后并推导出计算生长能量需要的方程，这个方程是根据实际体重和所期望的成熟体重进行计算的（表 15-9）。用来估测能量需求的数据中有许多是有错误的。例如，过去的出版物用的是 Atwater ME，结果导致过高估测摄入的 ME。当通过测定吃奶前后的体重来推断幼猫的乳摄入量，或者是日粮的适口性不好时，都可能低估了能量的摄入。对大量数据进行分析而导致过低或过高估测的系统偏差是不可能存在的。然而，用生长数据和能量的摄入分别检查方程的计算结果时（10～19 周；Edtstadtler-Pietsch，2003），两者具有令人满意的一致性。

3.5 犬猫的能量缺乏和过量

能量不足的症状通常是非特异性的，其诊断过程可能因同时伴随其他几种营养物质的缺乏受到影响。仅由能量缺乏引起的最明显和最可靠的症状是体重减轻。在部分或完全饥饿的情况下，大多数的器官会发生萎缩。能量缺乏的早期症状是各部位的脂肪丢失，如皮下的、肠系膜的、肾周围、子宫、睾丸和腹膜的脂肪丢失。长骨骨髓的脂肪含量下降是能量缺乏延续的很好的提示因子。大脑的容积受影响最小，但是生殖腺萎缩的很快。淋巴结会发育不全，脾和胸腺也发生萎缩。肾上腺通常会增大。年轻的骨组织对于能量的缺乏是很敏感的，生长可能减慢或完全停止。成年动物则可能发生骨质疏松。泌乳和完成工作的能力被削弱。由于肌肉蛋白质被分解用于供能，内源氮损失增加。在这种情况下，容易发生寄生虫病和细菌感染，并且将加剧其他临床症状。

过量的能量导致超重甚至肥胖。在体内储备的所有脂肪增加了动物的体积。肥胖从统计的角度与某些疾病有关，或者确实是导致一些疾病，如糖尿病（Lutz 和 Rand，1993）的原因。它还将加剧猫的其他一些疾病的严重性，如骨骼和心脏的疾病，或增加高血脂的威胁。过量的能量摄入可能诱导生长动物的生长速率过快。大型犬的幼犬经常出现这种情况，并且导致骨骼疾病的发作和加剧（Hedhammar 等，1974；Kealy 等，1992；Meyer 和 Zentek，1992）。近期一项关于犬的研究表明，从断奶到年老一直过度饲喂将降低其健康水平和寿命（Kealy 等，2002）。在这项研究中，过度饲喂的犬的一个特殊症状是骨关节炎（Kealy 等，1997，2000）。

3.5.1 身体状况

理想状况下，可以通过利用不同的间接方法测定体脂含量对体况进行评估。这种方法得到的结果与直接测量方法得到的结果有一定的差距，使用直接测量方法包括：Stadtfeld（1978）对犬的测量、Stratmann（1988）和 Hendriks 等（1997）对猫的测量。成年犬的平均体脂含量（乙醚提取物）为 23%（Stadtfeld，1978），水为 56%。而相对瘦一点的猫的脂肪含量要低一些（11%～12%），水含量要高一些（62%）（Hendriks 等，1997；Stratmann，1988）。一个简单和有实践意义的估测体况的方法，是用体况评分系统 BCS（表 3-7），其主要是通过触诊的方法来判断皮下脂肪的沉积。有 2 个评分系统：评分分别为从 1（瘦弱）到 5（肥胖）和从 1（瘦弱）到 9（肥胖）。其中第 2 个系统的优点是不需要有“半分”。使用 BCS 从 1～9 的评分系统时，犬的理想得分在 4～5 的范围内，猫的理想得分则为 5。

参考文献

Abrams, J. T. 1962. The feeding of dogs. Edinburgh: W. Green and Sons.

Allen, M. E., O. T. Oftedal, K. E. Earle, J. Seidensticker, and L. Vilarin. 1995. Do maintenance energy requirements of Felids reflect their feeding strategies? First Annual Conference of the Nutrition Advisory Group. Toronto, Canada

Allison, J. B., S. A. Miller, J. R. McCoy, and M. K. Brush. 1956. Studies on the nutrition of the cat. N. Am. Vet. 37:38.

Arnold, A., and C. A. Elvehjem. 1939. Nutritional requirements of dogs. J. Am. Vet. Med. Assoc. 95:187-194.

Association of American Feed Control Officials (AAFCO). 2003. Atlanta, Ga.: AAFCO Official Publication.

Atwater, W. O. 1902. Principles of nutrition and nutrive value of food. Farmer's Bulletin No. 142.

Aub, J. C., J. Foremann, and E. E. Bright. 1922. The effect of adrenalectomy upon the total metabolism of the cat. Am. J. Physiol. 61:326-348.

Ballevre, O., G. Anantharaman-Barr, P. Gicquello, C. Piguet-Welsch, A.-L. Thielin, and E. Fern. 1994. Use of the doubly-labeled water method to assess energy expenditure in free living cats and dogs. J. Nutr. 124:2594S-2600S.

Benedict, F. G. 1938. Vital Energetics. Publ. No. 513. Washington, D.C.: Carnegie Institution of Washington.

Bidder, F., and C. Schmidt. 1852. Die Verdauungssäfte und der Stoffwechsel (Digestive juices and metabolism). Mitau und Leipzig: Verlag Reyer.

Blanchard, G., D. Grandjean, and B.-M. Paragon. 1998. Calculation of a dietary plan for puppies. J. Anim. Physiol. Anim. Nutr. 80:54-59.

Blaxter, K. 1989. Energy Metabolism in Animals and Man. Cambridge, UK: Cambridge University Press.

Blaza, S. E. 1981. The nutrition of giant breeds of dogs. Pedigree Dig. 8(3):8-9

Brody, S., R. C. Proctor, and U. S. Ashworth. 1934. Growth and Development with Special Reference to Domestic Animals. XXXIV. Basal Metabolism, Endogenous Nitrogen. Creatinine and Neutral Sulphur Excretions as Functions of Body Weight. Agric. Exp. Stn. Res. Bull. No. 220. Columbia: University of Missouri.

Burger, I. H. 1994. Energy needs of companion animals: Matching food intakes to requirements throughout the life cycle. J. Nutr. 2584S-2593S.

Burger, I. H., and J. V. Johnson. 1991. Dogs large and small: The allometry of energy requirements within a single species. J. Nutr. 121:S18-S21.

Burger, I. H., S. E. Blaza, P. T. Kendall, and P. M. Smith. 1984. The protein requirement of adult cats for maintenance. Fel. Prac. 14(2):8-14.

Caldwell, G. T. 1931. Studies in water metabolism of the cat. Physiol. Zool. 4:324-355.

Carpenter, T. M. 1944. The effect of sugars on the respiratory exchange of cats. J. Nutr. 28:315-323.

Connor, M., M. A. Labato, and D. P. Laflamme. 2000. Variation in maintenance energy requirements of pet dogs. Purina Nutrition Forum Proceedings Supplement to Compendium on Continuing Education for the Practicing Veterinarian 23(9A):84.

Cowgill, G. R. 1928. The energy factor in the relation to food intake: Experiments on the dog. Am. J. Physiol. 85:45-64.

Crist, K. A., and D. R. Romsos. 1987. Evidence for cold-induced but not for diet-induced thermogenesis in adult dogs. J. Nutr. 117:1280-1286.

DeBeer, E. J., and A. M. Hjort. 1938. An analysis of the basal metabolism, body temperature, pulse rate and respiratory rate of a group of purebred dogs. Am. J. Physiol. 124:517-523.

Diamond, P., and J. Leblanc. 1987. Hormonal control of postprandial thermogenesis in dogs. Am. J. Physiol. 253:E521-E529.

Diamond, P., L. Brondel, and J. Leblanc. 1985. Palatability and postprandial thermogenesis in dogs. Am. J. Physiol. 248:E75-E79.

Dobenecker, B., B. Zottmann, E. Kienzle, P. Wolf, and J. Zentek. 1998. Milk yield and milk composition of lactating queens. J. Anim. Physiol. Anim. Nutr. 80:173-178.

Donoghue, S. 1991. A quantitative summary of nutrition support services in a veterinary teaching hospital. Cornell Vet. 8:109-128.

Donoghue, S., L. Khoo, T. Lawrence, L. T. Glickman, and D. S. Kronfeld. 1991. Body condition and diet of relatively healthy older dogs. J. Nutr. 121:S58-S59.

Earle, K. E., and P. M. Smith. 1991. Digestible Energy requirements of adult cats at maintenance. J. Nutr. 121:S45-S46.

Edtstadtler-Pietsch, G. 2003. Untersuchungen zum Energiebedarf von Katzen (Investigations on energy requirements of cats). Doctoral thesis. Veterinary Faculty, Ludwig-Maximilians-University, Munich.

Evans, H. E. 1974. Prenatal development of the dog. In Basic Guide to Canine Nutrition. White Plains, N.Y.: Gaines Dog Research Center.

Feddersen-Petersen, D., and F. Ohl. 1995. Ausdrucksverhalten beim Hund. (Expressive behaviour in dogs), Stuttgart:Gustav Fischer.

Figge, S. 1989. Untersuchungen ueber Akzeptanz, Vertraeglichkeit und Verdaulichkeit von Eiweißfuttermitteln bei Katzen (Investigations on palatability, tolerance and digestibility of high protein food in cats). Doctoral thesis, Tieraerztliche Hochschule, Hanover.

Finke, M. D. 1991. Evaluation of the energy requirements of adult kennel dogs. J. Nutr. 121:S22-S28.

Finke, M. D. 1994. Energy requirements of adult female beagles. J. Nutr. 124:2604S-2608S

Flynn M. F., E. M. Hardie, and P. J. Armstrong. 1996. Effect of ovariohysterectomy on maintenance energy requirement in cats. J. Am. Vet. Med. Ass. 209:1572-1577.

Galvao. P. E. 1947. Heat production in relation to body weight and body surface. Inapplicability of the surface law on dogs of the tropical zone. Am. J. Physiol. 148:478-489.

Greaves, J. P. 1965. Protein and calorie requirements of the feline. Pp. 33-45 in Canine and Feline Nutritional Requirements, O. Graham-Jones, ed. London: Pergamon Press.

Hammel, H. T., C. H. Wyndham, and J. D. Hardy. 1958. Heat production and heat loss in the dog at 8-36°C environmental temperature. Am. J. Physiol. 194(1):99-108.

Hashimoto, M., M. Funaba, S. Ohshima, and M. Abe. 1995. Characteristic relation between dietary metabolizable energy content and digestible energy content in laboratory cats. Exp. Anim. 44(3):23-28.

Hauschild, C. 1993. Energetische Untersuchungen zum Erhaltungsbedarf von adulten Katzen. (Investigations on maintenance energy requirements of cats). Doctor thesis, Freie Universitaet, Berlin.

Hedhammar, Å., F. M. Wu, L. Krook, H. F. Schryver, A. de Lahunta, J. P. Whalen, F. A. Kallfelz, E. A. Nunez, H. F. Hintz, B. E. Sheffy, and G. D. Ryan. 1974. Overnutrition and skeletal disease. Cornell Vet. 64(Suppl. 5):9-150.

Hendriks, W. H., and S. Wamberg. 2000. Milk intake of suckling kittens remains relatively constant from one to four weeks of age. J. Nutr. 130:77-82.

Hendriks, W. H., P. J. Moughan, and M. F. Tarttelin. 1997. Body composition of the adult domestic cat (*Felis catus*). J. Anim. Physiol. Animal Nutr. 77:16-23.

Heusner, A. A. 1982. Energy metabolism and body size. I. Is the mass exponent of Kleiber's equation a statistical artifact? Resp. Physiol. 48: 1-12.

Heusner, A. A. 1991. Body mass, maintenance and basal metabolism in dogs. J. Nutr. 121:S8-S17.

Hoenig, M., and C. Ferguson. 2002. Effects of neutering on hormonal concentrations and energy requirements in male and female cats. Am. J. Vet. Res. 63:634-639.

Iben, C., and E. Sadila. 1993. Mutterlose Aufzucht von Hunde- und Katzenwelpen (Artificial rearing of puppies and kittens). Wiener Tieraerztliche Monatsschrift 80:376-381.

Kealy, R. D., S. E. Olsson, K. L. Monti, D. F. Lawler, D. N. Biery, R. W. Helms, G. Lust, and G. K. Smith. 1992. Effects of limited food consumption on the incidence of hip dysplasia in growing dogs. J. Am. Vet. Med. Assoc. 201:857-863.

Kealy, R. D., D. F. Lawler, J. M. Ballam, G. Lust, G. K. Smith, D. N. Biery, and S. E. Olsson. 1997. Five-year longitudinal study on limited food consumption and development of osteoarthritis in coxofemoral joints of dogs. J. Am. Vet. Med. Assoc. 210:222-225.

Kealy, R. D., D. F. Lawler, J. M. Ballam, G. Lust, D. N. Biery, G. K. Smith, and S. L. Mantz. 2000. Evaluation of the effect of limited food consumption on radiographic evidence of osteoarthritis in dogs. J. Am. Vet. Med. Assoc. 217:1678-1680.

Kealy, R. D., D. F. Lawler, J. M. Ballam, S. L. Mantz, D. N. Biery, E. H. Greeley, G. Lust, M. Segre, G. K. Smith, and H. D. Stove. 2002. Effects of diet restriction on life span and age-related changes in dogs. J. Am. Vet. Med. Assoc. 220:1315-1320.

Keen, C. L., B. Lönnerdal, M. S. Clegg, L. S. Hurley, J. G. Morris, Q. R. Rogers, and R. B. Rucker. 1982. Developmental changes in composition of cats' milk: Trace elements, minerals, protein, carbohydrate and fat. J. Nutr. 112:1763-1769.

Kendall, P. T., D. W. Holme, and P. M. Smith. 1982a. Comparative evaluation of net digestive and absorptive efficiency in dogs and cats fed a variety of contrasting diet types. J. Small Anim. Pract. 23:577-587.

Kendall, P. T., D. W. Holme, and P. M. Smith. 1982b. Methods of prediction of the digestible energy content of dog foods from gross energy value proximate analysis and digestive nutrient content. J. Sci. Food Agric. 33(9):823-831.

Kendall, P. T., S. E. Blaza, and P. M. Smith. 1983. Comparative digestible energy requirements of adult beagles and domestic cats for body weight maintenance. J. Nutr. 113:1946-1955.

Kendall, P. T., I. H. Burger, and P. M. Smith. 1985. Methods of estimation of the metabolizable energy content of cat foods. Feline-Practice 15(2): 38-44.

Kienzle, E. 1989. Untersuchungen zum Intestinal- und Intermediaerstoffwechsel von Kohlenhydraten (Staerke verschiedener Herkunft und Aufbereitung, Mono- und Disaccharide) bei der Hauskatze (*Felis catus*) (Investigations on intestinal and intermediary metabolism of carbohydrates (starch from different sources and of different processing, mono- and disaccharides) in the domestic cat (*Felis catus*). Habilitation thesis, Tieraerztliche Hochschule, Hanover.

Kienzle, E. 1995. Home made diets in clinical nutrition. Proceedings World Veterinary Congress 1995, Yokohama, Japan. WSAVA Scientific Programme: 97-101.

Kienzle, E. 1998. Factorial calculation of nutrient requirements in lactating queens. J. Nutr. Suppl. 12S:2609S-2614S.

Kienzle, E. 2002. Further developments in the prediction of metabolizable energy (ME) in petfood. J. Nutr. 132:1796S-1798S.

Kienzle, E., and A. Rainbird. 1991. The maintenance energy requirement of dogs—What is the correct figure for the calculation of the metabolic body weight in dogs? J. Nutr. 121:39-40.

Kienzle, E., H. Meyer, C. Dammers, and H. Lohrie. 1985. Milchaufnahme, Gewichtsentwicklung, Futterverdaulichkeit sowie Energie- and Nährstoffretention bei Saugwelpen (Milk intake, weight development, feed digestibility as well as energy and nutrient retention in suckling puppies). Pp. 26-50 in Untersuchungen zum Energie- und Nährstoffbedarf von Zuchthündinnen und Saugwelpen (Investigations on Nutrient Requirements in Breeding Bitches and Suckling Pups), H. Meyer, ed. Volume 16 in Advances in Animal Physiology and Animal Nutrition. Hamburg, Germany: Paul Parey.

Kienzle, E., B. Opitz, K. E. Earle, P. M. Smith, I. E. Maskell, and C. Iben. 1998a. The development of an improved method of predicting the energy content in prepared dog and cat food. J. Anim. Physiol. Anim. Nutr. 79:69-79.

Kienzle, E., B. Opitz, K. E. Earle, P. M. Smith, and I. E. Maskell. 1998b. The influence of dietary fibre components on the apparent digestibility of organic matter and energy in prepared dog and cat foods. J. Anim. Physiol. Anim. Nutr. 79:46-56.

Kienzle, E., B. Opitz, and I. Schrag. 1999. Energiebewertung von Futtermitteln fuer Hunde und Katzen (Energy evaluation of dog and cat food). Uebersichten zur Tierernaehrung 27:191-220.

Kienzle, E., B. Dobenecker, and S. Eber. 2001. Effect of cellulose on the digestibility of high starch versus high fat diets in dogs. J. Anim. Physiol. Anim. Nutr. 85:51-72.

Kienzle, E., I. Schrag, R. Butterwick, and B. Opitz. 2002. Calculation of gross energy in pet foods: Do we have the right values for heat of combustion. J. Nutr. 132:1799S-1800S.

Kirkwood, J. K. 1985. The influence of size on the biology of the dog. J. Small Anim. Pract. 26:97-110.

Kitchen, H. D. 1924. Determination of the heat production in dogs by the gasometer method. Am. J. Physiol. 67:487-497.

Kleiber, M. 1961. The Fire of Life. New York: John Wiley & Sons.

Krehl, W. A., G. R. Cowgill, and D. Whedon. 1955. Non-deleterious effects of polyoxyethylene esters in the nutrition of rats and cats. J. Nutr. 55:35-61.

Kuhlman, G., D. P. Laflamme, and J. M. Ballam. 1993. A simple method for estimating the metabolizable energy content of dry cat foods. Fel. Prac. 21:16-20.

Kunde, M. M., and A. H. Steinhaus. 1926. Studies on metabolism IV. The basal metabolic rate of normal dogs. Am. J. Physiol. 78:127-135.

Laeuger, S. 2001. Der Energieumsatz von Katern vor und nach der Kastration (The energy expenditure of male cats before and after neutering). Doctoral thesis, University of Zurich.

Laflamme, D. P. 1997a. Development and validation of a body condition score system for dogs. Can. Prac. 22(4):10-15.

Laflamme, D. P. 1997b. Development and validation of a body condition score system for cats: A clinical tool. Fel. Prac. 25(5-6):13-18.

Laflamme, D. P. 2001. Determining metabolizable energy content in commercial petfoods. J. Anim. Physiol. Anim. Nutr. 85:222-230.

Laflamme, D. P., and J. M. Ballam. 2001. Effect of age on maintenance energy requirements of adult cats. The Purina Nutrition Forum, St. Louis, Mo.

Lawler, F., and J. M. Ballam. 2001. Evaluation of body composition in female dogs with mammary tumors. The Purina Nutrition Forum, St. Louis, Mo.

Leblanc, J., and P. Diamond. 1986. Effect of meal size and frequency on postprandial thermogenesis in dogs. Am. J. Physiol. 250:E144-E147.

Loveridge, G. G. 1986. Body weight changes and energy intakes of cats during gestation and lactation. Animal Technology 37:7-15.

Loveridge, G. G. 1987. Some factors affecting kitten growth. Anim. Technol. 38:9-18.

Loveridge, G. G., and J. P. W. Rivers. 1989. Body weight changes and energy intakes of cats during pregnancy and lactation. In Nutrition of the Dog and Cat, I. H. Burger, and J. P. W. Rivers, eds. Cambridge, UK: Cambridge University Press.

Lutz, T. A., and J. S. Rand. 1993. A review of new developments in type 2 diabetes mellitus in human beings and cats. Brit. Vet. J. 149:527-536.

Maenner, K. 1991. Energy requirement for maintenance of adult dogs. J. Nutr. 121:S37-S38.

Martin, L., B. Siliart, H. Dumon, R. Backus, V. Biourge, and P. Nguyen. 2001. Leptin, body fat content and energy expenditure in intact and gonadectomized adult cats: A preliminary study. J. Anim. Physiol. Anim. Nutr. 85:195-199

McNab, B. K. 1989. Basal rate of metabolism, body size and food habits in the order Carnivora. Pp.335-354 in Carnivore Behavior, Ecology and Evolution, J. L. Gittleman, ed. Ithaca, N.Y.: Cornell University Press.

Meyer, H., and J. Zentek. 1992. Ueber den Einfluß einer unterschiedlichen Energieversorgung wachsender Doggen auf Wachstumsintensitaet und Skelettentwicklung. 1. Mitteilung: Koerpermasseentwicklung und Energiebedarf (Influence of various levels of energy intake in growing Great Danes on growth intensity and skeletal development. 1. Communication: Body weight development and energy requirements). J. Vet. Med. A 39:130-141.

Meyer, H., and J. Zentek. 1998, 2001. Ernaehrung des Hundes. (Nutrition of the dog). 3rd and 4th editions. Stuttgart: Verlag Eugen Ulmer.

Meyer, H., C. Dammers, and E. Kienzle. 1985a. Koerperzusammensetzung, neugeborener Welpen und Naehrstoffbedarf tragender Huendinnen (Body composition of newborn puppies and nutrient requirements of pregnant bitches). Advances in Animal Physiology and Animal Nutrition 16:7-25.

Meyer, H., E. Kienzle, and C. Dammers. 1985b. Milchmenge und Milchzusammensetzung bei der Huendin sowie Futteraufnahme und Gewichtsentwicklung ante und post partum (Milk yield, milk composition, feed intake and weight development in bitches before and after birth). Advances in Animal Physiology and Animal Nutrition 16:51-72.

Meyer, H., E. Kienzle, and J. Zentek. 1993. Body size and relative weights of gastrointestinal tract and liver in dogs. J. Vet. Nutr. 2:31-35.

Miller, S. A., and J. B. Allison. 1958. The dietary nitrogen requirements of the cat. J. Nutr. 64:493-501.

Munday, H. S., K. E. Earle, and P. Anderson. 1991. Changes in the body composition of the domestic shorthaired cat during growth and development. J. Nutr. 124:2622S-2623S.

National Research Council (NRC). 1974. Nutrient Requirements of Dogs. Washington D.C.: National Academy Press.

National Research Council (NRC). 1985. Nutrient Requirements of Dogs. Washington D.C.: National Academy Press.

National Research Council (NRC). 1986. Nutrient Requirements of Cats. Washington D.C.: National Academy Press.

Nguyen, P., S. Mariot, L. Martin, H. Dumon, V. Biourge, D. Darmaun, R. Robins, and N. Naulet. 2000. Assessment of energy expenditure with doubly labeled water in adult cats. Supplement to Compendium on Continuing Education for the Practicing Veterinarian 22(9a):96.

Nguyen, P., H. Dumon, R. Frenais, B. Siliart, L. Martin, P. Blewis, and T. Frégier. 2001. Energy expenditure and requirement assessed using three different methods in adult cats. Supplement to Compendium on Continuing Education for the Practicing Veterinarian 23(9A):86.

Oftedal, O. T. 1984. Lactation in the dog: Milk composition and intake by puppies. J. Nutr. 114:803-812.

Ohshima, S., Y. Fukuma, T. Suziki, and M. Abe. 1993. Estimation of nitrogen-corrected ME-value of laboratory canine diets. Exp. Anim. 43(4):571-577.

Okarma, H., and P. Koteja. 1987. Basal metabolic rate in the gray wolf in Poland. J. Wildlife Management 51:800-801.

Parkman, A. L., K. E. Michel, K. E. Erswell, K. Saker, and D. P. Laflamme. 2000. How many calories do pet cats really need? Purina Nutrition Forum Proceedings 23(9A):85.

Patil, A. R., and T. M. Bisby. 2001. Comparison of maintenance energy requirement of client-owned dogs and kennel dogs. Purina Nutrition Forum, St. Louis, Mo.

Pflueger, E. 1899. Ueber den Einfluss, welchen Mengen und Art der Nahrung auf die Grœsse des Stoffwechsels und der Leistungsfaehigkeit ausueben. (On the effect of amount and composition of food on the power of metabolism and the ability to perform). Pflueger's Arch. Ges. Physiol. 77:425-482.

Pouteau, E., S. Mariot, L. Martin, H. Dumon, R. Robins, D. Darmaun, N. Naulet, and P. Nguyen. 2000. Effect of weight variations on energy expenditure in dogs. J. Vet. Int. Med. 14:390, abstract 252.

Radicke, B. 1995. Der Einfluß unterschiedlicher Naehrstoffgehalte in Alleinfuttermitteln fuer Katzen auf den energetischen Erhaltungsbedarf, auf die Teilwirkungsgrade fuer den energetischen Ansatz und auf den Rohproteinbedarf von adulten Katzen (Effect of nutrient composition of complete diets on maintenance energy requirements, energy accretion and energy utilization for accretion and crude protein requirements of adult cats). Doctoral thesis, Freie Universitaet, Berlin.

Rainbird, A., and E. Kienzle. 1990. Untersuchungen zum Energiebedarf des Hundes in Abhaengigkeit von Rassezugehoerigkeit und Alter (Investigations on energy requirements of dogs in relation to breed and age). Kleintierpraxis 35:145-158.

Romsos, D. R., H. J. Palmer, K. L. Muiruri, and M. R. Bennink. 1981. Influence of a low carbohydrate diet on performance of pregnant and lactating dogs. J. Nutr. 111:678.

Rubner, M. 1901. Der Energiewert der Kost des Menschen (The energy value of human food). Z. Biol. 42:261-308.

Ruesse, I. 1961. Die Laktation der Huendin (The lactation of the bitch). Zentralblatt fuer Veterinaermedizin 7(3):251-281.

Scantlebury, M., R. Butterwick, and J. R. Speakman. 2000. Energetics of lactation in domestic dog (*Canis familiaris*) breeds of two sizes. Comparative Biochemistry and Physiology Part A:197-210.

Scarlett, J. M., S. Donoghue, J. Saidla, and J. Wills. 1994. Overweight cats: Prevalence and risk factors. Int. J. Obesity 18(Suppl. 1):S22-S28.

Schoenmeier, A. 2003. Ein Beitrag zur Entwicklung von Schätzgleichungen für die umsetzbare Energie in Hunde- und katzenalleinfuttern (A contribution to the development of predictive equations for metabolizable energy in complete dog and cat food). Doctoral thesis. Veterinary Faculty, Ludwig-Maximilians-University, Munich.

Scott, P. P. 1968. The special features of nutrition of cats, with observations on wild Felidae nutrition in the London Zoo. Pp. 21-39 in Comparative Nutrition of Wild Animals, M. A. Crawford, ed. New York: Academic Press.

Siedler, A. J., and B. S. Schweigert. 1954. Effect of the level of animal fat in the diet on the maintenance, reproduction and lactation performance of dogs. J. Nutr. 53:187-194.

Siewert, F. 2003. Entwicklung der Ernaehrungsforschung bei der Katze (Development of nutrition research in the cat). Doctoral thesis, Tieraerztliche Hochschule, Hanover.

Skultety, F. M. 1969. Alterations of caloric intake in cats following lesions of the hypothalamus and mid brain. Ann. N.Y. Acad. Sci. 157:867-874.

Smith, B. A. 1974. Effects of early under-nutrition in the kitten: Behavior, electroencephalography and brain composition. Ph. D. thesis. Fort Collins: Colorado State University.

Society of Nutrition Physiology, Committee on Requirement Figures (Ausschuss fuer Bedarfsnormen der Gesellschaft fuer Ernaehrungsphysiologie). 1989. Energie- und Naehrstoffbedarf (Energy and nutrient requirements). Nr. 5 Hunde (No. 5 Dogs). Frankfurt: DLG.

Stadtfeld, G. 1978. Untersuchungen ueber die Koerperzusammensetzung des Hundes (Investigations on body composition of dogs). Doctoral thesis, Tieraerztliche Hochschule, Hanover.

Stiefel, M. 1999. Einfluss dreier unterschiedlicher Diaeten auf den Energie- und Proteinstoffwechsel adulter Katzen unter spezieller Beruecksichtigung der physischen Aktivitaet (Effect of three different diets on energy and protein metabolism of adult cats with special consideration of physical activity). Doctoral thesis, University of Zurich.

Stratmann, B. 1988. Untersuchungen zur Koerperzusammensetzung von Katzen (Investigations on body composition of cats). Doctoral thesis, Tieraerztliche Hochschule, Hanover.

Taylor, E. J., C. Adams, and R. Neville. 1995. Some nutritional aspects of ageing in dogs and cats. Proc. Nutr. Soc. 54:645-656.

Tennant, B. 1998. Assessment of energy expenditure in cats using indirect calorimetry. J. Anim. Physiol. Anim. Nutr. 80:60-62.

Udall, R. H., A. D. Rankin, and L. C. Moss. 1953. Energy requirements of dogs. Veterinary Medicine 48:111-114.

Walters, L. M., G. K. Ogilvie, M. D. Salman, L. Joy, M. J. Fettman, M. S. Hand, and S. L. Wheeler. 1993. Repeatability of energy expenditure measurements in clinically normal dogs by use of indirect calorimetry. Am. J. Vet. Res. 54:1881-1885.

Watanabe, T., P. Kumar, and M. A. Hanson. 1998. Elevation of metabolic rate by pyrogen administration does not affect the gain of respiratory peripheral chemoreflexes in unanesthetized kittens. Ped. Res. 44:357-362.

Waterhouse, N. H., and D. S. Carver. 1962. Growth rate, food and calorie consumption of laboratory cats. Proc. Anim. Care Panel 12:271.

Wichert, B., B. Opitz, U. Wehr, and E. Kienzle. 1999. Energy requirements of pet dogs. P. 80 in Proceedings, 26th World Veterinary Association (WVA), 24th World Small Animal Veterinary Association (WSAVA), 3rd Conference of the European Society of Veterinary and Comparative Nutrition (ESVCN), Lyon.

Zentek, J. 1993. Untersuchungen zum Einfluß der Fuetterung auf den mikrobiellen Stoffwechsel im Intestinaltrakt des Hundes (Studies on the effect of feeding on the microbial metabolism in the intestinal tract of dogs). Habilitation thesis, Tieraerztliche Hochschule, Hanover.

Zentek, J., and H. Meyer. 1992. Energieaufnahme adulter Deutscher Doggen (Energy intake of adult Great Danes). Berliner und Muenchener Tieraerztliche Wochenschrift 105(10):325-327.

Zentek, J., and H. Meyer. 1993. Verdaulichkeit und faekale Wasserausscheidung—ein Vergleich zwischen Doggen und Beagles (Digestibility and faecal excretion of water—a comparison between Great Danes and Beagles). Kleintierpraxis 38:311-318.

Zottmann, B. 1997. Untersuchungen zur Milchleistung und Milchzusammensetzung der Katze (*Felis catus*) (Investigations on milk yield and milk composition of the domestic cat (*Felis catus*)). Doctoral thesis. Veterinary Faculty, Ludwig-Maximilians-University, Munich.

4

碳水化合物和纤维

Carbohydrates and Fiber

4.1 定义、分类和测定

日粮中的碳水化合物包括低分子量和高分子量的糖类、淀粉、多种细胞壁成分和储藏性的非淀粉多糖(NSPs)或膳食纤维(DFs)(Bach-Knudsen,1997),这些都是由植物光合作用产生的(Hassid,1970)。碳水化合物[$C_n(H_2O)_n$]含有羟基基团,是一类极度亲水的物质(Lichtenthaler,1998)。它们是杂食性动物的重要能量来源(Guilbot 和 Mercier,1985)。根据聚合度(DP)和消化率的不同,碳水化合物可以被分成很多种类(Nantel,1999)。从功能方面可划分为 4 组:可吸收的碳水化合物(单糖)、可消化的碳水化合物(双糖、寡糖和非结构多糖)、可发酵的碳水化合物(乳糖、部分寡糖、膳食纤维和抗性淀粉)和不可发酵的碳水化合物(部分膳食纤维)。碳水化合物也可以根据动物品种和年龄、日粮的加工特征或摄食量的不同,分成 2 组或 2 组以上。

4.1.1 可吸收的碳水化合物

可吸收的碳水化合物包含单糖(葡萄糖、果糖和半乳糖;Hassid,1970)和糖醇(山梨醇、甘露醇和木糖醇;BeMiller 和 Whistler,1996)。单糖不需胃中酶的水解作用,可直接被吸收。

单糖和糖醇的测定:日粮样品用浓度为 80%的乙醇提取单糖,再定量测定浮在上层物质中的低分子量的糖。测定的方法有:气液色谱法(GLC)、高效液相色谱法(HPLC)、脉冲电流检测法(PAD)、脉冲电化探查法(PED)和毛细管电泳法(CE)。一个样品的总单糖量测定是对低聚糖、淀粉和非淀粉多糖测定的补充,它们一起反映出碳水化合物的总量(Harris 等,1988;Piccaglia 和 Galletti,1988)。

4.1.2 可消化的碳水化合物

双糖是由 2 分子单糖残基组成的糖类,包括乳糖、蔗糖、麦芽糖和海藻糖。这些低分子量的糖很容易被胃肠道中的酶降解。但是需要指出的是,在某些情况下,乳糖在小肠中的吸收会减少,不被吸收的乳糖易于在结肠中发酵。淀粉是植物存储的非结构性多糖(α-葡聚糖)(Englyst,1989),是谷物中的主要碳水化合物(Bach-Knudsen,1997)。淀粉分直链淀粉(由 α-1,4 糖苷键连接的线性葡萄糖链)和支链淀粉(由 α-1,4-和 α-1,6 糖苷键连接的带分支的葡萄糖多聚物)。

最重要的测定淀粉的方法((McCleary 等,1994)是酶法和比色总淀粉测定法。其他的关于淀粉的分类和测定的方法在许多文献中得到了阐述(Thivend 等,1972; Aman 和 Hesselman,1984;Karkalas,1985;Holm 等,1986;Englyst 等,1992a,b)。

4.1.3 可发酵的碳水化合物

低聚糖是含有 3~10 个单糖残基并通过糖苷键聚合而成的碳水化合物(Pazur,1970)。Lee 和 Prosky(1994,1995,1999)把不被内源消化酶消化的低聚糖称为抗性低聚糖。一些不能被消化的低聚糖包括:菊糖类型的果寡糖、低聚半乳糖、乳果糖、低聚异麦芽糖、低聚木糖、果寡糖、蜜三糖和水苏糖。某些低聚糖可被归为益生元。益生元是一类不能被消化的日粮成分,但对宿主会产生有益的作用,可刺激一种或有限几种存在于结肠中的细菌的生长和活性(Gibson 和 Roberfroid,1995;Grizard 和 Barthomeuf,1999),并被定义为功能食品(Van Loo 等,1999)。可通过几种方法进行寡糖的提取和定量,如 GLC、HPLC-PAD 或 HPLC-PED (Quigley 和 Englyst,1992;Englyst 等,1994;

Campbell 等,1997)和计算机辅助光谱多糖分析(CASPER)(Stenutz 等,1998)。

成年犬猫小肠中的乳糖分解酶活性低于青年犬猫;蔗糖酶的活性在犬猫整个一生中都比较低并受日粮成分的影响(Welsh 和 Walker,1965;Kienzle,1993d)。因此,乳糖和蔗糖可能避开内源酶的消化作用而到达大肠中并被发酵。这些被认为是抗性双糖,同时也被称为可发酵的碳水化合物(Kienzle,1989)。

避开小肠消化和吸收作用的淀粉和淀粉降解后的物质被定义为抗性淀粉(RS)(Englyst,1989;Muir 和 O'Dea,1993),后肠细菌可对其进行不同程度的发酵(Gee 等,1992;Murray 等,1998,2001)。抗性淀粉(RS)可分成 4 类:物理上难于接近的淀粉(physically inaccessible)、有抵抗力的淀粉颗粒(resistant starch granules)、倒退回来的淀粉(retrograded starch)和化学改性淀粉(chemically modified starch)(Lineback,1999;Bird 等,2000)。如果 RS 包含在所测定的 NSP 中,则存在于经过热加工的含淀粉日粮中的 NSP-葡萄糖部分会变得膨胀(Englyst,1989),因为经过加工的含淀粉日粮能导致 RS 的产生(Englyst 和 Cummings,1987)。测定 RS 的方法不是完全没有问题的(Bjorck 等,1986;Champ,1992;Englyst 等,1992a;Muir 和 O'Dea,1993;Faisant 等,1995;Champ 等,1999a,b)。RS 定义的主要依据是淀粉的溶解性,因此从分析的角度看 RS 缺乏一个明确的定义(Lineback,1999)。这个问题被 McCleary 等(2002)解决了,37 个实验室利用双盲法测定了 8 对淀粉或植物样品中的 RS 含量。样品测定的检验适应性范围在 2%~64% RS。美国分析化学学会(AOAC)批准了这个测定方法和结果。

膳食纤维(DF)的定义一直备受争议。Trowell(1972)定义 DF 是植物细胞抵抗人类肠道消化酶的消化作用而残留下的骨架成分,后又被重新定义为(Trowell 等,1976)能抵抗人肠道消化酶水解作用的可食性植物的细胞壁多糖、木质素和一些相关物质的残余物。

膳食纤维包括细胞壁多糖、非纤维素多糖和结构性非多糖物质(如木质素)[Englyst,1989;Report of the British Nutrition Foundation Task Force(英国营养基金会特别委员会的报告),1990;Eastwood,1992;Theander 等,1994]。这些结构性的多糖包括纤维素、半纤维素和一些胶质成分,非纤维素多糖包括胶质、树脂、黏液。在化学本质上,细胞壁多糖的结构单元是戊糖(树胶醛糖、木糖)、己糖(葡萄糖,半乳糖,甘露糖)、6-脱氧己糖(鼠李糖、海藻糖)、糖醛酸(乌龙酸和半乳糖醛酸)(Bach-Knudsen,1997)。多数植物细胞壁的多糖包括阿拉伯木聚糖、混合连接 $\beta(1\rightarrow3:1\rightarrow4)$-*D*-葡聚糖($\beta$-葡聚糖)、木糖葡萄糖、木聚糖、鼠李聚糖半乳糖醛酸和阿拉伯半乳聚糖(Stephan,1983;Selvendran,1984;Theander 等,1989)。

动物饲料和宠物食品中的纤维可用以下方法测定:粗纤维法(Henneberg 和 Strohman,1859)、总纤维法(Englyst 和 Cummings,1988)、中性洗涤纤维法(NDF)(Roberston 和 Van Soest,1981;Van Soest,1963;Van Soest 等,1991)、总膳食纤维法(TDF)(Prosky 等,1984)、非结构性多糖法(Englyst 等,1992b)和其他一些方法(Asp 等,1983;Englyst 和 Hudson,1987;James 和 Theander,1981;Prosky 等,1984;Roberston 和 Van Soest,1981;Southgate,1981;Theander 和 Esterlund,1986;Prosky,1991)。这些方法可分为重量分析法和化学分析法(Marlett,1989)。重量分析法不能提供纤维和 NSP 的性质和组成,并易于忽略某些 DF 成分的分析。如 TDF 法(Prosky 等,1984)不能测定低分子量的糖(如果寡糖)(Gordon,1999)。粗纤维法只能分析总纤维的 5%~20%,正因如此,粗纤维法低估了真膳食纤维(DF)的含量(Bartges 和 Anderson,1997)。相反的是,化学分析方法可通过高效液相色谱(HPLC)、气液色谱法(GLC)、毛细管电泳(CE)和比色分析(法)来确定糖的成分。化学分析法把 NSP 水解释放的甘露寡糖的总量估计为 DF 量,这会高估 DF 的含量(Englyst 和 Cummings,1984;Englyst 等,1982,1987;Englyst 和 Hudson,1987;Englyst,1989;Marlett,1989)。NSP 中的糖醛酸可通过 HPLC-CAD 方法确定(Quigley 和 Englyst,1994)。研究者更提倡使用高效阴离子交换层析(HPAEC)与 PAD 或 PED 的组合方法来分析日粮 DF 和复合碳水化合物(Piccaglia 和 Galletti,1988;Henshall,1999),但这种方法比重量分析法的成本更高且更费时。

新的分析方法使得对纤维性的碳水化合物成分和木质素成分的分析更加准确。这使进一步研究成为可能,促使我们对宠物食品的营养、生理、健康和免疫意义更加了解。因此,宠物食品的粗纤维分析法应该使用那些与生理功能相关性更强的方法,如 TDF 或

HPAEC 法，其能准确地区分和定量膳食纤维，并且能够分离可溶纤维和不可溶纤维。

4.1.4 不可发酵的碳水化合物

某些膳食纤维，如纤维素和麦麸，不能在犬猫的胃肠中发酵。虽然木质素是一种多酚化合物，但通常将其划分为不可发酵 DF 的碳水化合物成分。这些化合物促使粪便的形成，并减少肠道转运时间。

木质素可用酸性洗涤法或 Klason 木质素方法来测定(Van Soest，1963；Van Soest 和 Wine，1967；Theander 和 Westerlund，1986)。纤维素的含量可通过计算酸性洗涤纤维(ADF)(纤维素和木质素)与其残渣含量的差值间接确定(Van Soest，1963)，或者直接利用 Crampton 和 Maynard (1938)的方法测定。

4.2 可吸收的碳水化合物(单糖和糖醇)

4.2.1 饲料中的分布情况

葡萄糖和果糖是犬粮和猫粮中主要的单糖。谷类、豆科植物及其副产品和其他植物成分是宠物饲料中单糖的主要来源。第 13 章中的表 13-1 列出了犬猫日粮常用原料中的碳水化合物的含量。

糖醇(多元醇)也存在于自然界中，但大部分是通过氢化单糖而来(Lichtenthaler，1998)。山梨醇来自葡萄糖，甘露醇来自甘露糖，木糖醇来自木糖 (BeMiller 和 Whistler，1996)。

4.2.2 消化、吸收和利用

游离单糖和糖醇可以不经消化酶的作用而直接被吸收。但作为多糖组成成分的单糖，则需要在水解酶的作用下，才能被小肠吸收。

犬和猫(与其他品种类似)主要通过 Na^+ 依赖转运机制(Washabau 等，1986；Wolfram 等，1989)在小肠刷状缘膜吸收葡萄糖和半乳糖，另外，还通过不依赖 Na^+ 的简单扩散方式进行吸收。果糖是一个例外，其在人和伴侣动物中是通过不依赖 Na^+ 的葡萄糖转换系统(GLUFS)吸收(Levin，1994)。

Washabuau 等(1986)通过对犬做氢呼吸实验，发现日粮中的葡萄糖被完全吸收。Levinson 和 Englert (1970)测定了 *D*-葡萄糖、*D*-半乳糖和 *D*-木糖在猫空肠中的运输，实验得到：随着糖浓度的增加(1～40 mmol/L)，发现糖的转运速度也加快，每克组织湿重中，*D*-葡萄糖从(3.2±1.6)～(37.0±8.6) μmol/(L・h)，*D*-半乳糖从(3.0±0.6)～(40.0±10.5) μmol/(L・h)和 *D*-木糖从(1.1±0.6)～(19.5±4.8) μmol/(L・h)。Kienzle(1994)和 Morris 等(1977)报道，猫粮中的葡萄糖和半乳糖的吸收率将近 100%。在日粮中添加 39%的半乳糖后，猫的尿液中即可发现半乳糖醇(Kienzle，1989)。

对人来说，葡萄糖是碳水化合物消化的主要产物，并是参与中间代谢的主要碳水化合物(Jequier，1994)。葡萄糖在许多组织中可被直接氧化或利用(Flatt，1988)，如肝脏和肌肉利用葡萄糖合成肝糖原和肌糖原(Ebiner 等，1979)，葡萄糖还参与了脂质合成作用(Flatt 等，1985)。葡萄糖还能提供能量，也为犬提供合成其他化合物所需的碳骨架(Hilton，1990)。和人一样，犬的大脑对葡萄糖也有强制需求。在不进食时，犬将通过葡萄糖异生作用将氨基酸和甘油合成葡萄糖(Belo 等，1976；Romsos 等，1976)。

猫持续地进行葡萄糖异生过程来维持其代谢需要，这也说明葡萄糖对猫科动物的正常代谢作用很重要(Kienzle，1993b，c)。但是，猫无法像犬那样快速利用碳水化合物。猫有相对较长的血糖排除时间(Mansfield 等，1986；Kienzle，1994)。不仅如此，Kienzle(1994)发现，给健康成年猫饲喂含有 39%半乳糖的日粮(DM 基础)后，猫会产生半乳糖血和半乳糖尿。

糖醇通过被动扩散在人体小肠中被吸收(Finley 和 Leveille，1996)。因此，其吸收程度比其他单糖低。甘露醇和木糖醇的吸收率约为 25%，而山梨醇为 50%(Finley 和 Leveille，1996)。给犬饲喂含有 20%的山梨醇或者木糖醇的日粮后，其生长情况与饲喂了含有 20%蔗糖的日粮的犬相似(Keller，1980)。但是，给犬饲喂含有 20%的山梨糖的日粮，会使体重降低(Keller，1980)。未吸收的糖醇被结肠的微生物发酵。但并没有准确数据说明伴侣动物对糖醇的具体利用情况。

4.2.3 影响消化、吸收和利用的因素

单糖的消化率或吸收率受到如下因素的影响：碳水化合物的来源和组成（Bach-Knudsen 和 Hansen，1991）、加工状况（Marsman 等，1997）、单糖与其他成分的互作以及动物的生理状况。

伴侣动物日粮中的单糖含量也影响其消化率或吸收率。Levison 和 Englert（1970）认为，增加灌注于猫小肠中的单糖浓度，可以提高其吸收率。但是 Buddington 等（1991）指出，猫日粮中碳水化合物含量的变化，无法提高葡萄糖和果糖的转运活性。据推测，高剂量的单糖可能会超过小肠的吸收能力。特别是木糖会出现这种情况。木糖是通过被动扩散被吸收的，犬对其吸收很少（Washabau 等，1986）。这些不可吸收的单糖可在大肠中进行发酵。因为结肠的发酵作用，犬的单糖总消化率接近 100%。但是，在犬中，即使 0.5 g/kg BW 的葡萄糖剂量也只能使犬产生微量的呼吸氢（Washabau 等，1986），这表明了葡萄糖被有效地吸收了。

葡萄糖的利用受到日粮的常量营养物质成分的影响。Belo 等（1976）发现，给犬饲喂含 62%碳水化合物、25%蛋白质的日粮时，其葡萄糖利用率[131 g/(d・只)]高于饲喂了含 46%蛋白质、27%碳水化合物的日粮的犬的葡萄糖利用率(84 g/(d・只))。这符合犬利用碳水化合物的情况，前组为 137 g/(d・只)，后组为 56 g/(d・只)。饲喂无碳水化合物饲料的犬，其葡萄糖利用率最低，为 60～80 g/(d・只)。这表明，犬能够根据日粮中的营养成分的可利用情况调整它们的代谢能量来源。但是不管日粮组成如何，犬对葡萄糖都有一定的最低需求量。由于猫的葡糖激酶和肝转换酶活性（在其他动物中随血糖浓度的变化而变化）较低，所以猫对葡萄糖利用率也较低（Ballard，1965）。Drochner 和 Muller-Schlosser（1980）及 Kienzle（1989）报道，当猫日粮中含有 25%的葡萄糖时，猫会出现糖尿现象。因此，即使猫可很好地吸收碳水化合物，其葡萄糖利用率依然较低。

4.2.4 营养价值

犬日粮中单糖的营养价值由消化率、吸收率和存在的数量所决定。日粮中的单糖通过氧化作用给组织提供能量。葡萄糖的总能是 3.75 kcal/g（15.7 kJ/g）（Jequier，1994）。1 mol 葡萄糖通过糖酵解途径产生 2 mol ATP。但是，人体内 1 mol 葡萄糖完全氧化可以产生 38 mol ATP。既然犬和猫的葡萄糖代谢途径与人的相似，那么也可能有相近的能量值。糖醇的能值比单糖的低很多。山梨醇的代谢能为 1.80～3.30 kcal/g（7.53～13.81 kJ/g），而甘露醇的大约为 1.60 kcal/g（6.70 kJ/g），木糖醇的大约为 2.40 kcal/g（10.05 kJ/g）（Finley 和 Leveille，1996）。

4.2.5 理化效应

表 4-1 总结了 4 种碳水化合物的理化和生理效应，以及其被犬猫利用时与健康相关的特征。在随后的部分会对每项进行简要的介绍。

表 4-1 犬猫营养中 4 种碳水化合物的理化特性、生理特性和与健康相关的作用

项目	可吸收的碳水化合物	可消化的碳水化合物	可发酵的碳水化合物	不可发酵的碳水化合物
物理化学影响				
渗透性	P	P	P	N
水溶性	N	N	P	P
黏滞度	N	P	P	P
体积	N	N	P	P
生理学的影响				
采食量	N	P	P	P
转运时间	N	N	P	P
排粪	P	N	P	P

续表 4-1

项　目	可吸收的碳水化合物	可消化的碳水化合物	可发酵的碳水化合物	不可发酵的碳水化合物
营养力	N	P	P	P
生长表现	N	P	N	P
再生表现	P	P	P	N
体重检测	N	P	P	P
老龄动物营养	N	N	N	N
对健康的影响				
胃肠健康	N	P	P	N
甘油	P	P	P	N
免疫	N	N	P	N

注:P 表示有可利用的、已经公布的信息,N 表示未知。

渗透效应:单糖增加渗透压的能力比双糖(如乳糖)高,其浓度过高时会引起新生动物腹泻(Debraekeleer,1998)。未被吸收的单糖通过流体渗透压进入小肠腔,同时未被吸收的单糖在结肠中快速发酵,两者共同作用,导致了转运时间减少(Washabau 等,1986)。虽然单糖对渗透压有更强的影响,但在实际情况中双糖的渗透效应更容易被观察到,这是由于双糖有逃避小肠消化和吸收作用的能力所致。当饲喂含有乳糖和蔗糖的日粮时,小肠和大肠中食糜含水量更高,粪便的情况也相似(Kienzle,1989;Meyer 等,1989)。此外,Meyer 等(1989)提出此时回盲肠中的水流速度较快。

4.2.6 生理效应

4.2.6.1 对采食量、转运时间和粪便排泄的影响

用于评价可吸收碳水化合物对采食量影响的数据很少。Kienzle 等(1993c)报道,犬猫对以肉为基础并添加 38.7%葡萄糖的日粮的接受程度,与不含碳水化合物的对照日粮的相似。但是,对含有 38.7%半乳糖日粮的采食量只有含葡萄糖日粮的 1/3。与此相同,Morris 等(1977)报道,对以肉为基础的猫粮,在添加葡萄糖(7∶1,w/w)后与基础日粮的消耗量相近。

在猫中,Kienzle(1993c)发现日粮中的双糖可以改变粪便的 pH,但是粪便的 pH 不受日粮葡萄糖(7.15)、半乳糖(6.96)或无碳水化合物日粮(7.22)的影响,而且日粮中的糖可以改变粪便中短链脂肪酸(SCFAs)的浓度[含有 38.7%半乳糖的日粮,$n=11$,浓度为(124±35) mmol/kg 湿粪重;含有 38.7%葡萄糖的日粮,$n=9$,浓度为(95±27) mmol/kg 湿粪重;含有 21.8% 鱼油的无碳水化合物日粮,$n=20$,浓度为(307±139) mmol/kg 湿粪重]。此外,猫采食含葡萄糖和半乳糖的日粮后,猫粪便干物质的比例会升高(饲喂含葡萄糖日粮、含半乳糖日粮和无碳水化合物日粮后,粪便的干物质比例分别为 61.4%、60.7%和 52.5%)。

4.2.6.2 对繁殖性能的影响

妊娠和泌乳母犬对碳水化合物的需要量取决于饲料中的蛋白质浓度。Romsos 等(1981)报道,给比格犬饲喂无碳水化合物的日粮,其产仔量比饲喂含玉米淀粉的日粮的少很多。在不含碳水化合物的日粮中,26%的热量来源于蛋白质,74% 来源于脂肪。Kienzle 等(1985)给妊娠和泌乳母犬喂不含碳水化合物且蛋白质含量不同的日粮。实验结果表明,饲喂不含碳水化合物但高蛋白质的日粮(蛋白质提供 42%的能量),母犬的产仔数、初生重、存活率,与对照组(饲喂了含碳水化合物日粮)相比,是相似的。但是,不含碳水化合物且低蛋白质的日粮(蛋白质提供 20%的能量)会减轻初生重(减少 30%~40%)和升高围产期死亡率(升高 75%),这比 Romsos 等(1981)的研究结果要严重得多。这些数据表明,尽管妊娠和泌乳母犬并不需要来源于日粮的碳水化合物,但饲喂无碳水化合物日粮会增加其对蛋白质的需求。

4.2.6.3 对老年犬猫营养的影响

虽然“衰老的”、“年长的”、“老年的”这些概念常常被交替使用,但是它们却有各自明确的定义。“年长的”这一概念是指动物的功能性。当动物的活动量下降、增重增加且出现其他与年龄变化相关的身体和行为变化时,就可认为其是年长的动物(Markham 和 Hodgkins,1989)。但是,“老年”是指动物的年龄。一般而言,大型和巨型动物在 5 岁时就被认为是老年动物,而中型或小型犬和所有猫在 7 岁或更大时,才被认为是老年动物(Markham 和 Hodgkins,1989)。

老龄犬猫的营养目标是延长寿命和提高其生活质量,以推迟老龄动物出现机能障碍和疾病(Burkholder,1999)。随着年龄的增加,胃肠的转运速度减慢,基础代谢也减少(Barrette,1990)。胃肠机能障碍的其他表现,包括器官机能衰退、酶活动发生改变、循环系统遭到破坏和营养成分的消化吸收及排泄速度减慢。因为肠的血流速度减慢,胃的排空时间延长(Mosier,1989)。与年轻的成年动物相比,年老的犬猫因体力活动和代谢的下降(Mosier,1989),其对维持能量的需要减少 20%(Harper,1998),同时其对葡萄糖的耐受量也降低(Sheffy 和 Williams,1981;Mosier,1989)。与年龄相关的葡萄糖耐受力的下降,是由组织对胰岛素的无应答反应所致(Strasser 等,1993)。不论日粮类型如何,老年犬比青年犬需要更长的时间来使血糖含量到达基础值(Mosier,1989;Sheffy 等,1985)。

成年犬的维持日粮每 100 kcal ME 来自 10～13.4 g 碳水化合物(每天碳水化合物提供 37%～53%的能量)。然而年长犬(senior)的每 100 kcal ME 来自 11.8～17.6 g 碳水化合物,或者碳水化合物提供 29%～62%的能量(Burkholder,1999)。相反的是,猫的成年维持日粮中每 100 kcal ME 来自 4.5～10.9 g 碳水化合物(碳水化合物提供 16%～37%的能量),而年长猫(senior)的日粮中每 100 kcal ME 来自 6.4～11.3 g 碳水化合物,或者碳水化合物提供 22%～40%的总能量(Burkholder,1999)。

衰老对于伴侣动物葡萄糖耐受量的影响尚缺乏科学统一的认识。Strasser 等(1993)报道,与青年犬的血浆葡萄糖浓度[(91.13±2.39) mg/dL]相比,老年犬的有所增加[(97.00±2.32) mg/dL]。与年龄小的犬的葡萄糖清除速度[(−2.94±0.36) mg/(L・min)]相比,老年动物的有所下降[(−1.92±0.54) mg/(L・min)],这表明老年动物的葡萄糖耐受能力下降。相反的是,Fukuda 等(1989)发现比格犬的血浆葡萄糖浓度与年龄没有关系。Lowseth 等(1990)报道,除了 12 岁比格犬的血糖浓度显著降低外,其他在 3～14 岁的比格犬的血浆中葡萄糖的浓度没有显著的变化。Sheffy 等(1985)得出结论,10～12 岁的犬利用营养物质的能力与年轻的成年犬没有区别。

4.2.7 与健康相关的特性

4.2.7.1 血糖反应

可吸收碳水化合物导致的生理反应取决于葡萄糖进入中间代谢的比例,这也是日粮的血糖生成指数的核心(Jenkins 等,1981)。如果葡萄糖进入血液的速度超过它排出的速度,那么餐后血浆中葡萄糖浓度会升高。犬和猫的血浆葡萄糖浓度的标准范围是 70～120 mg/dL(Swenson,1989)。

日粮中葡萄糖将会导致血糖水平的大幅度增长(血糖生成指数=140),然而不需要胰岛素进行代谢的果糖只会导致人体小幅度的血糖水平的增长(血糖生成指数=30)(Jenkins 等,1981)。Zentek 等(1998)发现犬能够耐受完全肠道外营养(TPN)配方,其中,葡萄糖提供了 62.3%总能量。然而,他们推荐了犬在葡萄糖内稳态紊乱的情况下的葡萄糖耐受剂量。

4.3 可消化的碳水化合物(双糖、某些低聚糖和非结构性多糖)

4.3.1 饲料中的分布情况

表 13-1 列出了常用于犬猫日粮的植物原料中碳水化合物的浓度。乳糖、蔗糖和麦芽糖是目前普遍用于犬猫日粮中的双糖。犬猫日粮中低聚糖的主要自然来源是谷物、豆类和其他的植物成分。

用于配制犬猫日粮的谷物、豆类、其他植物及植物副产品含有不同的淀粉含量(表 4-2)。低淀粉含量的日粮(如谷物麸质饲料,190 g/kg DM)一般富含较多的纤维或者非淀粉多糖，然而富含淀粉的日粮（玉米淀粉，630 g/kg DM）一般含有较少的纤维。

表 4-2 一些用于犬猫食品中富含淀粉的食物原料和副产品的淀粉含量（DM 基础） g/kg

产品	淀粉含量
大麦	500～516
燕麦	400
颗粒谷物（颗粒高粱）	620～741
谷物	630～728
黑麦	520
小麦	580～621
豌豆	410
蚕豆	350
珍珠麦产品（2%的粗纤维）	530
珍珠麦产品（7.5%的粗纤维）	350
珍珠麦产品（10.5%的粗纤维）	300
玉米粉渣	370
玉米糠	260
米糠（<3%的稻壳）	270
米糠（3%～10%的稻壳）	230
大米	810
小麦粉	500
小麦次粉	220
麦麸	140
小麦胚芽粉	280
干的马铃薯	650
干马铃薯渣	280
玉米蛋白饲料	190

资料来源：Borggreve 等，1975；Murray 等，2001。

4.3.2 消化、吸收和利用

二糖在吸收前降解为单糖（如乳糖降解为葡萄糖和半乳糖，蔗糖降解为葡萄糖和果糖，麦芽糖降解为 2 个葡萄糖单位）。空肠是双糖消化的主要部位。Hore 和 Messer（1968）发现，在犬猫小肠中的麦芽糖酶、蔗糖酶、乳糖酶都存在活性，尽管犬中这些酶的活性分别仅为猫的 21%、31%和 37%。幼犬的小肠黏膜中蔗糖酶的具体活性为 16 U/g 蛋白质，与成年犬饲喂不含碳水化合物的日粮时的活性（30 U/g 蛋白质）相近。然而，成年犬的蔗糖酶活性在饲喂富含大豆（38 U/g 蛋白质）、乳糖（59 U/g 蛋白质）和蔗糖（66 U/g 蛋白质）的日粮时更高（Kienzle，1988）。在猫中，即使其日粮中含有碳水化合物，幼猫和成年猫的蔗糖酶活性也没有很大区别（分别为 15 U/g 蛋白质和 17 U/g 蛋白质）（Kienzle，1993d）。不同品种和年龄的犬猫，其麦芽糖酶的活性遵循统一的模式，但其总体的活性比蔗糖酶高（Kienzle，1988，1993d）。在断奶的幼犬和幼猫中，乳糖酶的活性最高，然后随着年龄的增长而降低（Kienzle，1988，1993d）。这种活性的降低发生得很快。乳糖酶的活性在幼犬（5 日龄）的肠中最高，在 29～61 d 的时候降低到成年动物的水平（Welsh 和 Walker，1965）。

Kienzle（1993d）报道，在猫的肠黏膜中存在 2 种类型的乳糖酶，其中一种的最适 pH 为 4 或者 4 以下。这种形式的乳糖酶有可能是一种不参与乳糖消化的溶酶体酶（Kienzle，1993）。Welsh 和 Walker（1965）发现犬的乳糖酶活性的最适 pH 是 5.0，而蔗糖酶和麦芽糖酶的最适 pH 是 6.0。

Kienzle（1993d）发现在猫的胰腺组织中没有蔗糖酶和乳糖酶。然而，在肠黏膜中，由十二指肠到空肠和回肠的过程中，麦芽糖酶、异麦芽糖酶、蔗糖酶的平均活性趋向于增加[麦芽糖酶的活性分别为（73±45）、（111±58）和（120±58）U/g 蛋白质；异麦芽糖酶的活性分别为（31±30）、（33±27）和（40±26）U/g 蛋白质；蔗糖酶的活性分别为（12±12）、（18±20）和（12±12）U/g 蛋白质]，而乳糖酶在空肠中的活性最大[乳糖酶的活性分别为（4.9±3.5）、（11.4±11.2）和（4.3±3.9）U/g 蛋白质]。这些发现与 Hietanen（1973）的研究结果一致，通过与大鼠、小鼠、豚鼠、猪和兔子进行比较，他发现猫的小肠黏膜中麦芽糖酶和海藻糖酶的活性非常低。

α-直链淀粉酶是降解含 α-1，4 键的直链淀粉、支链淀粉和淀粉糊精的主要酶（Colonna 等，1992）。在十二指肠腔中，淀粉被胰腺分泌的 α-直链淀粉酶分解为双糖（麦芽糖）、三糖（麦芽三糖）和支链 α-糊精（Gray，1992）。犬的直链淀粉酶的活性比猫的要高，而且犬直链淀粉酶的活性对淀粉日粮水平更敏感（Kienzle，1988，1993a）。葡萄糖、麦芽糖和低聚糖是淀粉消化后主要的可溶解物（Sreenath，1992）。非抗性淀粉在小肠中完全被水解，其消化率受原料的影响（van der Meulen 等，1997）。

尽管由于来源不同而存在差异性，当把压制面粉（大麦、玉米、马铃薯、大米、高粱和小麦）饲喂给有回肠瘘管的犬时，淀粉在空肠和总肠道的消化率高于 99%

(Murray 等,1999)。生淀粉的消化率变异更大。生大米淀粉和生玉米淀粉饲喂给有回肠瘘管的犬后,其回肠和总肠道消化率高于 90%,但生木薯淀粉和生马铃薯淀粉的消化率分别只有 65%和 0%(Schünemann 等,1989)。

Murray 等(2001)用体外模式评估犬的小肠细菌对天然和压制谷物、马铃薯淀粉和面粉的发酵能力。压制谷物、马铃薯淀粉和未压制面粉的有机物质平均消失的速度,要比天然的高,小麦粉是例外。这些结果证明,在体外通过空肠细菌进行的淀粉微生物发酵会因淀粉来源、组分和处理形式不同而有所不同。这些结果也被 Bednar 等(2001)所支持,他也认为发酵能力与加工处理有关,加工处理过程降低了日粮纤维和抗性淀粉的含量并增加了淀粉的消化率。

猫对碳水化合物的消化程度备受争议。众多的研究者报告,猫消化大分子量碳水化合物的能力有限(Hore 和 Messer,1968;Kienzle,1993a,b,c,d),但 Morris 等(1997)测量了猫对碳水化合物的表观消化率,结果很高,其中糊精为 97.6%、淀粉为 94.2%。这些数值与采食压制型谷物的犬的表观(总肠道)淀粉消化率相近(Murray 等,1999)。猫的肠黏膜酶活性在空肠中最高[(26.4±29.4) U/g 蛋白质],在回肠和结肠中酶的活性降低[分别为(16.2±14.0) 和(13.0±12.2) U/g 蛋白质],在直肠达到最低[(8.7±6.8) U/g 蛋白质](Kienzle,1993a)。

4.3.3 影响消化、吸收和利用的因素

Kienzle(1998)发现,在幼犬肠黏膜中双糖酶、麦芽糖酶、异麦芽糖酶和蔗糖酶的活性,与用不含碳水化合物的日粮喂养的成年犬的相近。喂奶的 4 周龄幼犬、喂含丰富碳水化合物日粮的 8~16 周龄幼犬以及喂含低碳水化合物日粮的 12~14 周龄幼犬,其小肠麦芽糖酶的活性分别为(164±40)、(407±95) 和(162±8) U/g 蛋白质。如果幼犬采食相同日粮并具有与以上提到的犬相同的年龄,那么其小肠异麦芽糖酶的活性分别是(50±24)、(159±77) 和(32±2) U/g 蛋白质,而蔗糖酶活性分别为(16±9)、(61±20) 和(13±1) U/g 蛋白质。

Kienzle(1988)也得到相似的结果,在成年犬中酶活性的增长遵循如下规律:蔗糖酶 >异麦芽糖酶>麦芽糖酶。犬在采食富含蔗糖的日粮后,空肠酶的活性较高,分别为:麦芽糖酶(363±23) U/g 蛋白质;异麦芽糖酶(119±11) U/g 蛋白质;蔗糖酶(66±8) U/g 蛋白质。然而采食不含碳水化合物日粮的酶活性较低,分别为:麦芽糖酶(226±120) U/g 蛋白质;异麦芽糖酶(80±35) U/g 蛋白质和蔗糖酶(30±13) U/g 蛋白质。

小肠中淀粉酶的水解,取决于日粮中淀粉的数量及与其他日粮成分的互作,以及从口腔到回肠的转运时间(Englyst 等,1992a)。压制(宠物食品制造的主要方式)促使淀粉的聚合作用、降低分子量并改善消化酶的水解能力(Colonna 等,1992)。

食品加工提高了猫对日粮中淀粉的消化率。研磨增进了猫对大麦淀粉(从 92%升到 97%)和玉米淀粉(从 79%升到 94%)的消化率(Morris 等,1997)。烹饪提高了玉米淀粉的消化率,由 79%升到 88%(Morris 等,1997)。熟制的玉米淀粉的消化率[(72.3±16.7)%,$n=3$]高于生的玉米淀粉[(46.4±36.3)%,$n=4$],这证明了烹饪对猫利用淀粉有利(Kienzle,1993b)。Murray 等(2001)发现,对总淀粉含量高(大于 80%)的谷物(玉米、马铃薯、大米和高粱)进行高温挤压增加了可被快速消化的淀粉含量,降低了抗性淀粉的含量。

淀粉的消化率,不仅受处理过程的影响,而且受植物种类的影响。对比于熟制的马铃薯淀粉和玉米淀粉(消化率均为 84%),生的马铃薯和玉米淀粉难以被消化(消化率分别为 19% 和 47%)(Hilton,1990)。Kienzle(1993b)也发现,生马铃薯淀粉有非常低的消化率[(0.5±38.5)%,$n=4$],因为马铃薯的淀粉颗粒结构不允许酶轻易地到达底物。

在植物中,淀粉被储存在晶体细胞体内或者淀粉小颗粒内(Englyst 等,1992a)。这些小颗粒的形状以及其晶体的结构可能有 3 种,这 3 种结构取决于淀粉分子的支链淀粉螺旋曲面的密度与方向,这 3 种结构分别为:A 型(在一个正交模式中的高密度填充)、B 型(在一个六角形模式中的低密度填充)和 C 型(包含 2 种模式)。谷物淀粉颗粒主要是 A 型,其容易在胃肠道中被 α-酶降解和水解。B 型块茎淀粉和 C 型豆科淀粉对于酶的水解有更大的抗性作用(Englyst 等,1992a)。

淀粉颗粒对于 α-酶水解的灵敏度,取决于在日粮

加工过程中淀粉的来源和淀粉大分子的改变程度(Theander 和 Westerlund,1987)。酶活性抑制剂(蛋白质和糖蛋白)降低了酶的反应(Wilcox 和 Whitaker,1984),影响了淀粉的消化。Van der Meulen(1997)用猪做试验,发现玉米淀粉(1 759 mmol/12 h)比豆类淀粉(1 265 mmol/12 h)具有更高的净葡萄糖颗粒流入量。从而得出结论,玉米淀粉比豆类淀粉有更高的消化率。

固体的表面积与体积的比例在研磨与压碎的过程中增大,这种作用会清除壁多糖(Wuersch 等,1986)并改善酶接近淀粉颗粒的能力。因此,谷物和高粱的加工过程增加了可消化淀粉的比例。同样,在过量水中及在低湿高温(100～150℃)的情况下加热淀粉(>50℃),会使其颗粒结构不可逆地凝胶化,而且提高了它的溶解能力(Colonna 等,1989)。胶凝淀粉分子冷却后重新结晶或者逆化,而逆化直链淀粉很难被消化(Berry,1986)。逆化度、颗粒结构以及日粮中淀粉的难接近性抑制了回肠的消化率,使其小于 100% (Annison 和 Topping,1994)。

Kienzle(1988)发现,幼犬的胰淀粉酶活性在 4、8、12～16 周龄和 8～10 月龄分别是(7.1±4.3)、(251.5±108.2)、(2 098.0±1 073)、(1 623.0±1 431) U/g 湿重,这低于超过 2 岁犬的胰淀粉酶活性[(4 665.0±781) U/g 湿重)]。这表明犬消化淀粉的能力与年龄有关。此外,Kienzle(1998)发现,成年犬的十二指肠食糜中的淀粉酶活性取决于日粮类型(表 4-3)。

表 4-3 日粮类型对成年犬食糜中淀粉酶活性的影响 U/g 湿重

部 位	MM+Su 或 MM+La (n=4)	SBM+TaS (n=4)	SBM 或 SBM+Fat (n=4)	生肉或生肺 (n=4)	干犬粮 (n=4)
十二指肠	15.8±13.1	38.1±31.3	93.8±75.9	17.3±12.1	146.8±4.2
空肠	52.6±38.4	70.9±27.1	178.8±70.0	96.0±36.5	671.9±2.8
回肠	97.0±26.4	39.7±13.3	43.1±20.2	340.4±278.4	613.5±50.4
前端大肠	70.9±34.4	28.6±27.8	31.0±10.0	152.4±14.4	514.0±60.8
尾端大肠	46.6±35.3	30.6±25.0	31.3±20.9	129.3±195.5	332.0±23.3

注:MM+Su=肉粉+蔗糖,MM+La=肉粉+乳糖,SBM+TaS=大豆粕+木薯淀粉,SBM+Fat=大豆粕+脂肪。
资料来源:Kienzle,1988。

因为犬对日粮中熟制的或生的大米、燕麦和玉米的淀粉消化率系数都大于 90%,Kendall 和 Holme(1982)得出结论,认为犬能够有效地消化谷物和低纤维谷物副产品。Washabau 等(1986)报道,犬能够最有效地消化大米淀粉,而对小麦和玉米淀粉则有吸收障碍。未被消化的淀粉和抗性淀粉进入结肠并被后肠细菌发酵(Dreher 等,1984;Washabau 等,1986)。

Kienzle(1993a)用含不同淀粉来源(以干物质为基础的淀粉含量为 29%～37%的生玉米淀粉、生土豆淀粉或熟制玉米淀粉)和无碳水化合物的日粮(高蛋白和高脂肪日粮)饲喂 25 只成年猫,测得它们的胰组织的平均淀粉酶活性为(74.6±42.4) U/g 湿重。她发现成年猫的小肠食糜的淀粉酶活性,取决于日粮类型和适应时间。数值的变动范围则从生马铃薯淀粉的(11.5±5.5) U/g 湿重到熟制玉米淀粉日粮的(53.4±47.3) U/g 湿重。

Meyer 和 Kienzle(1991)发现,猫在每天采食了 7 g/kg 体重的蔗糖后会发生腹泻,这与猫肠黏膜中较低的肠蔗糖酶活性相符[(17±23) U/g 蛋白质],这表明其消化双糖的能力有限。Legrand-Defretin(1994)得出结论,猫不能处理高浓度的碳水化合物。它也不含有果糖激酶(Kienzle,1994),有可能处于持续的糖异生状态(Legrand-Defretin,1994)。

Morris 等(1977)发现,幼猫的肠β-半乳糖苷酶的活性会随着年龄(71～109 d)而降低,但在全肉日粮中添加蔗糖和乳糖不会影响其活性。Kienzle(1993d)也发现,小肠黏膜麦芽糖酶的活性与年龄有关,其活性在(66±77) U/g 蛋白质(小于 1 周龄幼猫的活性)到(102±58) U/g 蛋白质(成年猫的活性)之间变化,并且乳糖酶活性与年龄呈负相关,在(96±66) U/g 蛋白质(小于 1 周龄幼猫的活性)到 7 U/g 蛋白质之间变化(成年猫的活性)(表 4-4)。

表 4-4 猫小肠黏膜双糖酶的平均活性与年龄的关系 U/g 蛋白质

年龄/周	麦芽糖酶	异麦芽糖酶	蔗糖酶	乳糖酶	重复数(n)
<1	66±77	30±20	15±8	96±66[a]	10
3～5	108±45	28±17	26±15	69±63[a]	13
6～12	105±53	23±15	12±4	13±9[b]	9
成年	102±58	35±28	17±23	7±8[b]	78[c]

同列中标记 a、b 表明统计上差异显著($P< 0.05$)。

c 表示 26 只猫，小肠的 3 个部分(十二指肠、空肠和回肠)以及所有日粮。

引自：Kienzle，1993d.

4.3.4 营养价值

淀粉的营养价值取决于淀粉大分子、直链淀粉和支链淀粉降解到葡萄糖(将其吸收和代谢用来提供能量)的程度(Colonna 等，1992)。因此影响淀粉消化的因素也影响其营养价值。淀粉的燃烧热为 4.18 kcal/g (17.5 kJ/g)，1 g 淀粉可产生 1.11 g 葡萄糖(Jequier，1994)。尽管不同淀粉的燃烧热有可能相近，但淀粉分为可消化淀粉和抗性淀粉，这也表明不同的淀粉对应不同的代谢能。尽管在伴侣动物日粮中淀粉的净能值还未确定，但 Borggreve 等(1975)报道，在生长猪饲粮中淀粉的净能值为 0.34 kcal/g(1.42 kJ/g)。

4.3.5 理化效应

4.3.5.1 渗透效应

未被吸收的双糖促使流体分泌物通过渗透作用进入到小肠腔内。该作用伴随着不可吸收糖的结肠快速发酵，使转运时间相应减少(Washabau 等，1986)。Kienzle(1993c)报道，双糖可改变粪便的 pH，并且增加了粪便中水的含量。给犬饲喂富含乳糖的日粮，也会有相似的结果(Meyer 等，1989)。

4.3.5.2 黏性

淀粉颗粒不溶于水，但在水悬浮液中很容易被水解，且体积膨胀 10%。当加热颗粒的水悬浮液，会发生额外的膨胀(凝胶化)并形成黏性悬浮液。悬浮液在冷冻后形成凝胶(Lineback，1999)。

4.3.6 生理效应

4.3.6.1 对采食量、转运时间和粪便排泄的影响

Houpt 等(1979)报道，犬更喜欢含有蔗糖的日粮(含量为 1%～20%)。此外，与雄性犬相比，雌性犬对含 1%蔗糖的日粮，偏爱程度更大($P<0.05$)。蔗糖浓度很高时，性别对偏好没有影响。这些结果被 Ferrell (1984)所证实，他发现幼犬(2～4 月龄)也能接受含乳糖、果糖和蔗糖的日粮。

在关于妊娠比格母犬的实验中，Romsos 等(1981)给母犬饲喂 2 种日粮：一种为代谢能的 44%来自碳水化合物(玉米淀粉)的日粮，另一种日粮的代谢能不来自碳水化合物，其主要能量来源为脂肪。这些研究者发现，尽管低碳水化合物日粮的总能与高碳水化合物相近，但与饲喂高碳水化合物日粮的母犬相比，饲喂低碳水化合物日粮的母犬要消耗更少的代谢能(前者为 154 kcal/kg $BW^{0.75}$，后者为 171 kcal/kg $BW^{0.75}$。

4.3.6.2 对其他营养物质利用率的影响

双糖或淀粉并不能被内源酶完全消化，这可能影响犬猫其他养分的表观消化率(Muehlum，1987)。早在 1914 年，Ristert 报道，在猫粮中添加乳糖，钙的吸收率会增加。Beynen 等 (2001)也报道，犬采食含乳糖的日粮，钙和镁的表观吸收率增高。但是，Kienzle (1994)发现，猫在采食含淀粉(37%生土豆粉、35%生玉米淀粉或 29%熟玉米淀粉)、36%蔗糖和 28%乳糖的日粮后，与无碳水化合物日粮(高脂肪)相比，钙的表观消化率并没有显著的差异。猫采食含 36%蔗糖的日粮，与无碳水化合物日粮相比，镁和磷的表观消化率更高。两者镁的表观消化率分别为(52.6±21.2)%和(17.8±7.1)%，两者磷的表观消化率分别为(61.2±23.2)%和(23.1±9.2)%。在相同的研究中，猫采食生玉米淀粉有更低的蛋白质消化率(77.1±3.2)%，而采食无糖日粮的蛋白质消化率为(86.9±1.9)%。

Schultz 和 Grande (1968)发现，在低脂肪商品犬粮中加入淀粉或乳糖，对血清总胆固醇、磷脂或甘油三酯的量没有影响。作者认为，对食物变化所带来的反

应不明显,与所用犬粮含有低脂肪和低胆固醇有关。

4.3.6.3 对生长性能的影响

伴侣动物日粮中含有的淀粉会影响其生长性能。尽管 2 月龄雌性比格犬采食含 58%玉米淀粉的日粮 8 个月后,与饲喂无碳水化合物日粮(含 26%猪油)的犬相比,体增重显著下降(Romsos 等,1976),但处于生长期的雄性犬采食含大米(779 g/kg)或木薯粉(700 g/kg)的日粮时(Kamalu,1991),其体增重并没有显著变化(40.3 g/d 对 43.1 g/d)。

4.3.6.4 对繁殖性能的影响

尽管乳糖是母犬乳中的主要糖类,但它提供相对较少的能量。饲喂高碳水化合物日粮的母犬,乳中能量只有 15%来自乳糖,而饲喂无碳水化合物日粮的母犬,乳中能量只有 9%来自乳糖(Romsos 等,1981)。

母猫乳中的乳糖含量为 3%～4%(Adkins 等,1997;Dobenecker 等,1998)。Keen 等(1982)发现,猫乳中的碳水化合物含量在 43 d 的泌乳期中维持在一个稳定的水平,约为 4%。Adkins 等(1997)发现初乳和常乳的乳糖含量不同,前者为 29.9 g/L,后者为 39～42 g/L。Kienzle 等(1985)也报道了相似的结果。

幼猫能利用乳糖,但其降解乳糖的能力在断奶后下降。新生幼猫有高的乳糖酶活性(96 U/g 蛋白质),这使得其能更有效地消化乳糖(Kienzle,1993d)。目前没有关于双糖对猫妊娠和泌乳期繁殖性能影响的数据。

Romsos 等(1981)给怀孕比格母犬饲喂不同的日粮,分别为:ME 中有 0%或 44%来自碳水化合物的日粮、30%或 74%来自脂肪的日粮和 26%来自蛋白质的日粮。他们发现在产崽前 1 周,各组间的血糖浓度很相似,当饲喂无碳水化合物日粮时,母犬血糖浓度低至 15～20 mg/dL。而采食含碳水化合物日粮的母犬的血糖浓度均没有显著的下降。采食无碳水化合物日粮与高碳水化合物日粮相比,犬血液中的乳糖含量要低 40%,尽管这 2 组在统计上并不显著。

Romsos 等(1981)发现,饲喂不含碳水化合物日粮的母犬与饲喂含碳水化合物日粮的母犬相比,幼犬在出生时能存活下来的数量较少,只有 63%,而后者为 96%。采食无碳水化合物日粮的母犬产下的幼犬,只有 35%在第 3 天仍存活,而采食含碳水化合物日粮的母犬所生的幼犬,该值为 93%。Romsos 等(1981)得出结论,怀孕母犬需要碳水化合物来达到最佳的繁殖性能和存活率。此外,尽管在这个实验中,母犬的蛋白质摄入量(10～12 g/kg $BW^{0.75}$)超过推荐量(5.7 g/kg $BW^{0.75}$),但作者认为,更高含量的蛋白质可能对母犬(通过添加生糖前体来使日粮的碳水化合物水平降低)有益。

Romsos 等(1981)推断,怀孕母犬需要日粮碳水化合物来维持适宜的繁殖性能和幼犬的生存能力。另外,此实验中的怀孕母犬的蛋白摄入量(每千克代谢体重 10～12 g 蛋白质)超过了推荐量(每千克代谢体重 5.7 g 蛋白质),作者得出结论认为,连续的高蛋白摄入量,通过提供合成肝糖原的额外前体物,可能对饲喂低碳水化合物日粮的母犬带来益处。

来源于 Romsos 等(1981)的其他数据表明,怀孕母犬需要葡萄糖。采食无碳水化合物日粮的母犬表现出酮病(Romsos 等,1981),这与低血糖有关(Felig 和 Lynch,1970)。虽然犬有抗拒生酮病的能力,但酮病确实发生了(Romsos 等,1981)。采食无碳水化合物日粮的母犬与采食含碳水化合物日粮的母犬相比,其葡萄糖的周转率要低 20%～30%(Romsos 等,1981)。此外,Romsos 等(1981)发现采食无碳水化合物日粮的母犬与采食含碳水化合物日粮的母犬相比,体重降低 20%。

4.3.6.5 对肥胖动物体重控制和营养的影响

Romsos 等(1976)给雌性比格犬饲喂如下几种日粮 8 个月,分别为日粮中来自碳水化合物(玉米淀粉)的能量范围为 0%～62%,和日粮中来自蛋白质的能量比例固定约 23%(分离大豆蛋白,瘦牛肉)。采食高碳水化合物日粮(占能量的 62%)的犬,其体脂肪含量[(21.0±2.1)%]低于采食无碳水化合物日粮的犬[(27.1±1.8)%]。相反的是,Romsos 等(1978)发现尽管 2 组犬的能量摄入量差异并不显著,采食高脂肪日粮(51%、20%和 29%的能量分别来自脂肪、蛋白质和碳水化合物)的犬,与采食高碳水化合物日粮(23%、18%和 59%能量分别来自脂肪、蛋白质和碳水化合物)的犬相比,体重增加了。这些结果对肥胖动物的管理具有重要意义。

4.3.6.6 对老年动物的影响

犬猫随着年龄的增大,其调节血糖浓度的能力日益下降(Sheffy 等,1985;Mosier,1989),这有时会中断碳水化合物的代谢，并最终导致糖尿病。老年一般不会降低犬对碳水化合物的消化率。Zimmer(1983)得出结论，降低老年犬日粮中的纤维含量并没有什么好处。

4.3.7　与健康相关的特性

4.3.7.1　胃肠道健康

一些双糖的不完全消化，如乳糖不耐症，会导致简单碳水化合物的吸收障碍，也可能导致腹泻、腹痛和痛性痉挛。Holtug 等(1992)把这些在人类中的症状归因于碳水化合物在后肠积累过多，为微生物发酵提供过多的碳水化合物从而导致渗透性腹泻。Zentek(1995)发现，在体外给犬回肠食糜加入葡萄糖和半乳糖进行发酵，会使 pH 分别降低至 5.18 和 5.15。相比较而言，添加乳糖或淀粉(玉米淀粉或土豆淀粉)，pH 降低的幅度要小一些(pH 分别为 5.85、6.48 和 7.13)。

4.3.7.2　血糖反应

淀粉被消化和吸收的速率和程度，及由此而形成的葡萄糖和胰岛素反应，随淀粉来源和食物的加工程度而变化(Englyst 等，1999)。已观察到犬在采食不同食物后，餐后葡萄糖浓度和胰岛素分泌反应存在很大变异(Nguyen 等，1994)。如 Bennett 和 Coon(1966)报道，成年犬采食含 59%碳水化合物(乳糖来源)的日粮与采食含葡萄糖的日粮相比，表现出更平稳的葡萄糖曲线。他们推测，可能犬对乳糖的吸收能力较差，也可能食物导致的低血糖反应对肥胖动物和患糖尿病动物有利。Nguyen 等(1998)得出结论，采食进去的淀粉数量是成年健康犬血糖反应的决定因素。一旦各因素间的变异得到解释，实验日粮中存在的可被快速利用的葡萄糖含量的差异，就可解释血糖反应所存在的 70%变异(Englyst 等，1999)。

餐后高血糖和胰岛素分泌，取决于直链淀粉和支链淀粉的比例(Nguyen 等，1998)。Nguyen 等(1998)发现，食物淀粉含量与餐后血糖、胰岛素反应曲线呈正性线相关，证明了不同全价日粮的淀粉含量也是成年健康犬血糖反应的一个主要决定因素。

Sunvold 和 Bouchard(1998)给成年犬饲喂干压制日粮，其中含 30%的淀粉(来自以下任意一种：玉米、小麦、大麦、大米或高粱)。犬采食含大米日粮表现出最高的平均血糖水平($P<0.05$)，餐后葡萄糖曲线下的面积最大($P<0.05$)，同时表现出血液中胰岛素浓度最高($P<0.05$)和胰岛素曲线下的面积最大($P<0.05$)。含高粱的日粮会导致血糖浓度和血糖曲线下的面积最低($P<0.05$)，而含大麦的日粮会导致血液胰岛素浓度和胰岛素曲线下的面积最低($P<0.05$)。含玉米或小麦的日粮导致血糖和胰岛素水平处于中间值，同样使 2 种曲线下的面积处于中间值。这些数据表明，淀粉来源影响成年犬的餐后葡萄糖含量和胰岛素反应。

4.4　可发酵的碳水化合物[乳糖、某些寡糖、膳食纤维(DF)和抗性淀粉(RS)]

4.4.1　饲料中的分布情况

可发酵的碳水化合物包括某些寡糖、发酵纤维、RS 和乳糖(在某些条件下)。这些碳水化合物能抵抗小肠的消化水解作用，但可被犬猫后肠道中的固有微生物发酵。

犬猫食物中可发酵的碳水化合物的主要来源是谷物、豆科植物和其他植物成分。表 13-1 列出了用于犬猫粮中的谷物、豆科植物和植物副产品中的 NSP 浓度。除了能在自然界中找到寡糖外，也可人工合成(Crittenden 和 Playne，1996)。小麦、大麦和其他植物来源的食物成分是果寡糖和木质素的重要来源(Monsan 和 Paul，1995；Campbell 等，1997)。大豆是棉籽糖、水苏糖和毛蕊糖的主要来源。表 4-5 列出了可能存在于犬猫食物中不可消化的寡糖。

半纤维素是一种能被非反刍动物很好发酵的 DF(Keys 和 DeBarthe，1974；Stanogias 和 Pearce，1985)。半纤维素(量化为阿拉伯木聚糖)一般能在小麦和黑麦(4%～8%)中找到，而β-葡聚糖在燕麦和大麦中含量较高(2%～9%。Prosky 和 DeVries，1992；Cho 等，1997)。富含胶质的食物有苹果渣、柑橘皮和甜菜浆(Prosky 和 DeVries，1992)。

抗性淀粉(RS)在所有含淀粉的食品中是一种可变成分，在大粒度食物、欠熟成分、已烹饪及冷冻食物和化学改造淀粉中，其含量较高(Brown 等，2001)。RS 的来源一般包括含高直链淀粉的玉米淀粉、生土豆淀粉、很多豆科植物和商业上可用的化学改造淀粉。

除了自然出现在食物中的膳食纤维外，纯的纤维来源也能添加到宠物食品中。角叉胶和其他树胶（添加量<5%干物质）作为凝胶剂，用于罐装犬粮和猫粮（Brown，1989），因此，它也是可发酵的碳水化合物的来源之一。

4.4.2 消化、吸收和利用

DF、RS和多数寡糖能抵抗内源酶的水解。它们通过小肠时未被消化，并且在结肠中被微生物发酵而生成气体（二氧化碳、氢和甲烷）、SCFAs（主要是乙酸、丙酸和丁酸）和乳酸（Roediger，1980；Roberfroid，1993）。短链脂肪酸主要以被动扩散的形式被肠壁吸收（Argenzio，1989；Fleming 等，1991）。Herschel 等（1981）认为，在犬结肠黏膜上，SCFAs 和 Na^+ 以相同速度被快速吸收，并且 SCFAs 是促成结肠中渗透效应的主要阴离子。

SCFAs 在肝中的浓度高于动脉中的浓度，说明多数 SCFAs 在肝脏中被清除（Rerat 等，1987）。但是，一些乙酸盐在系统血液循环中被找到（Buckley 和 Williamson，1997），并且能被肌肉组织氧化从而产生能量（Pouteau 等，1998a，b；Remesy 等，1992）。丙酸经肝门被肝脏吸收并转变成琥珀酰辅酶。另外，丁酸盐可被肠黏膜氧化，并且作为结肠细胞的优先能量底物（Roediger，1980；Firmansyah 等，1989；Drackley 和 Beaulieu，1998）。乳酸是糖原异生的前体（Delzenne 和 Roberfroid，1994）。

猫因其肉食性、相对较小的结肠（<20%总胃肠道长度）和功能性盲肠的缺乏，因此不能像其他单胃动物那样彻底利用 DF（Kienzle，1993d；Maskell 和 Johnson，1993）。但是，Kienzle（1993b）注意到，猫采食生玉米淀粉后，其大肠养分和粪便的 pH 降低。这个效应可通过口服抗生素来加以改善。这无疑是淀粉被后肠微生物发酵增强的结果。

Sunvold 等（1995b）给短毛家猫饲喂含 TDF 0%或 9.5%的饲粮，此 TDF 分别来自甜菜浆（适度发酵）、纤维素（相对不发酵）、纤维素：阿拉伯胶（3：1）和 2 种不同纤维的混合物（35%柑橘果胶+30%豆角胶+20%卡罗布胶+15%瓜尔胶或者 60%甜菜浆+22%米糠+10%柑橘果胶+8%卡罗布胶）。猫采食含 0%纤维的饲粮组（对照组的 TDF 为 1.7%），其干物质和有机物的表观消化率最高（$P<0.05$）；相比于对照组（TDF 消化率为 5.3%），采食甜菜浆组（38.2%）或 2 种纤维的混合物的 TDF 消化率增加（$P<0.05$），分别为 50.6%和 41.1%。纤维素组的总膳食纤维消化率为 8.9%，纤维素和阿拉伯胶组的总膳食纤维消化率为 5.7%，且 2 组与对照组的消化率相近。

表 4-5 犬猫食品中具有益菌保护效应的寡糖的分子结构和化学键

名　称	分子结构	单体中的键
乳蔗糖	Ga-Gu-Fr	β
棉籽糖	Ga-Gu-Fr	α-1,6
半乳寡糖	$(Ga)_n$-Gu	β-1,4,β-1,6
果寡糖	$(Fr)_n$-Gu	β-1,2
大豆寡糖	$(Ga)_n$-Gu-Fr	α-1,6
异麦芽糖	$(Gu)_n$	α-1,6
木寡糖	$(Xy)_n$	β-1,4
帕拉金糖寡聚糖	$(Gu\text{-}Fr)_n$	α-1,6
甘乳糖	$(Gu)_n$-Fr	α-1,4
麦芽寡糖	$(Gu)_n$	α-1,4
环糊精	$(Gu)_n$	α-1,4 环状结构
龙胆寡聚糖	$(Gu)_n$	β-1,6

注：Fr = 果糖、Ga = 半乳糖、Gu = 葡萄糖、Xy = 木糖。

资料来源：Sako 等，1999。

Sunvold 等（1995b，c）表示，相比于纯纤维素，犬猫粪便内容物、瓜尔胶、柑橘果胶在体外高度发酵，而燕麦、黄胞胶、梧桐胶、阿拉伯胶、卡罗豆胶、米糠和甜菜浆的发酵程度处于两者中间。并且，与接种的犬、猪、牛、马和人类的粪便相比，接种猫粪便的纤维素、甜菜浆、瓜尔胶和柑橘木质素，在体外发酵能产生更高含量的 SCFAs（$P<0.05$）和更高比例的乙酸（$P<0.05$）（Sunvold 等，1995d）。这些数据推翻了猫不能进行显著的纤维发酵的假设。

犬能够利用可发酵碳水化合物的植物来源部分。据报道，木质纤维素、半纤维素和纤维素的消化率分别为 33%、47%和 18%（Visek 和 Robertson，1973）。Kendall 和 Holme（1982）测量了犬对 21 种植物原料的消化率。他们报道，细玉米、大麦粉、玉米片和小麦胚芽粉都能被很好地消化（表观能量消化率为 72%～96%）。小麦粉、发酵副产品、胡桃粉、杏仁粉、糖蜜甜菜浆和洋槐豆粉的消化率较低，可能是由于它们的纤维含量很高（39%～59%的表观能量消化率）。

Swanson 等（2001）用体外发酵技术来估测伴侣动物对日粮纤维的利用程度。以干物质为基础，底物含有 TDF 55%～86%，并且有各种比例不同的可溶和不溶纤维。对应的发酵特征也变化较大。苹果酱、胡萝卜和亚麻籽有极高的发酵率，而葡萄浆、胡萝卜渣和水果混合物（桃、杏仁、油桃和梅子）的发酵程度较低。豌豆壳、土豆渣的发酵率处于中间水平。

Silvio 等（2000）给犬饲喂含 10% DF（100%纤维素、100%果胶、或 66%纤维素加 33%果胶、33%纤维素加 66%果胶）的日粮。他们报道，犬对下列物质的总肠道消化率随着果胶浓度的增加而增加：干物质为 81.3%～88.3%，ADF 为 48.8%～94.1%，TDF 为 37.7%～69.0%。他们把这归因于果胶能被快速彻底地发酵。

乳糖是唯一不被成年动物快速消化的双糖。它的消化率取决于动物酶的活性（Muehlum 等，1989）。未被消化的乳糖在结肠微生物区系进行稳定的发酵（Cummings 等，1997；Rerat，1978）。Bennett 和 Coon（1966）给成年犬饲喂含 59%碳水化合物（分别来自蔗糖和乳糖）的日粮，采食含乳糖的日粮后，他们发现犬表现出腹泻和扁平的血糖曲线。他们由此推测，犬只能消化较少的乳糖。

4.4.3 影响消化、吸收和利用的因素

分子结构和单体亚单位间的连接，会影响可发酵的碳水化合物对水解消化作用的抗性（Roberfroid，1993）。此外，小肠细菌的存在使某些不易被消化的碳水化合物在结肠前部发酵（Willard 等，1994；Sparkes 等，1998a）。在结肠中被消耗的碳水化合物的种类和数量可能影响上述发酵过程。

可发酵的碳水化合物的来源和可溶性是决定其可发酵性的最重要因素。可溶性纤维作为胃肠微生物的底物比非可溶性纤维更好（根据发酵增长的速度和程度）。Zentek（1996）比较了纤维素（非可溶性纤维）、果胶和瓜尔胶（可溶性纤维），各自在饲粮中的含量为 10%的条件下，对犬的表观消化率的影响。他的结果表明，纤维素饲粮的干物质表观消化率[(80.3±2)%]要低于含果胶[(89.6±1.7)%]($P \leq 0.05$)和瓜尔胶[(88.1±1.3)%]的饲粮。相似地，含有纤维素饲粮的 ADF 的消化率[(20.2±11.8)%]低于含有瓜尔胶[(47.1±6.3)%]($P \leq 0.05$)或果胶[(75.0±5.9)%]的饲粮($P<0.05$)。这些结果被 Muir 等（1996）的研究证明，他给犬饲喂含有不同比例的果胶（可溶性纤维，SF）和纤维素[不可溶性纤维，2.5%纤维素和 5%的果胶（低纤维素混合物，LCM）、5%纤维素和 2.5%果胶（高纤维素混合物，HCM）或者 7.5%纤维素（CEL）]的饲粮。随着饲粮中纤维素浓度的增加，TDF 的消化率（LCM，47.8%；HCM，5.0%；CF，－12.5%）呈线性下降($P<0.05$)。

据 Fahey 等（1990a）报道，饲喂犬以肉为基础的、含有 12.5%来自完全不溶性纤维（甜菜浆、番茄渣、花生壳、麦麸、碱化处理的小麦秸秆）的 TDF 的日粮，犬会消化 29%～37%的 TDF。在后来的研究中，Fahey 和他的同事们（1992）认为，含有 7.5%甜菜浆的犬粮的 TDF 消化率，高于含有 7.5%的燕麦纤维的犬粮($P<0.05$)（分别为 61.1%、39.7%）。

饲粮中可发酵的碳水化合物的浓度也会影响它们的利用。Fahey 等（1990b）测得，随着以肉为基础的犬粮中甜菜浆浓度的增加（0、2.5%、5%、7.5%、10%和 12.5%），干物质与有机物质消化率呈直线下降。总的日粮纤维消化率表现出立方反应($P<0.05$)，含有 2.5% 甜菜浆的饲粮有最高的 TDF 消化率（63%），含有 10%甜菜浆的饲粮有最低的 TDF 消化率（49%）。相反，Allen 等（1981）发现给成年犬饲喂以玉米为主并含有 0%、4%、6%和 8%的可溶性谷物蒸馏浓缩物（DDGS）的饲粮时，对其干物质或者淀粉消化率没有影响。然而，与含有 0%和 8.9%DDGS 的饲粮（DM 表观消化率分别为 84.8%和 83.6%）相比，含有较高浓度的 DDGS（15.7%）的饲粮降低了犬的 DM 表观消化率（79.9%）。

一般的挤压条件会降低天然淀粉的平均分子量，并且可能促进不可溶性纤维转化为可溶性纤维。Camire 等（1990）报道，挤压降低了支链淀粉的分子量，这是由于挤压机产生的剪切力所造成的。Bednar 等（2001）通过犬的体外模拟试验发现，谷物被加工成面粉的过程，会极大地降低 RS 和 TDF 的浓度、提高底物的可溶性以及使 SCFA 的产量降低（因为在体外消化过程中，更多的物质在回肠消失，使潜在的能被发酵的基质数量减少）。根据类型的不同，RS 可被部分至彻底发酵（Murray 等，1998；Brown 等，2001）。与含来源于脂肪碳水化合物复合物的 RS（76.1%）的日粮相比，含有来源于高直链淀粉玉米的 RS（42.6%）的日粮，表观碳水化合物的消化率更低($P<0.05$)（Murray 等，1998）。

4.4.4 营养价值

非淀粉多糖(NSP)被后肠道微生物发酵成SCFAs,这些SCFAs可作为犬的一种能量来源(Banta等,1979)。Von Engelhardt等(1989)报道,哺乳动物在后肠产生的SCFAs中有95%～99%被吸收。Stevens等(1980)指出,按每千克体重计算的被吸收的SCFAs数量因物种而异,其在犬的大肠中为7.5 mmol/d。

由于发酵过程中的能量损失(产气和产热)以及SCFAs被氧化产生了ATP,来源于NSPs的消化能并不能完全被宿主动物用于代谢(Wisker等,1997)。因此,其利用率低于葡萄糖氧化的能量利用率。由于发酵程度不同,NSPs的能值为0～2.4 kcal/g(0～10.08 kJ/g)(Schneeman,1994;Molis等,1996)。Roberfroid等(1993)估计了一个来自果寡糖的果糖单位的热量,在1～1.5 kcal/g(4.18～6.28 kJ/g)之间,这个值大约为可消化果糖分子的能量的30%～40%。RS的能值已被估测为2 kcal/g(8.37 kJ/g)(Brown等,2001)。因缺乏关于伴侣动物的可发酵碳水化合物的任何文献,因此,可假设上述数值也适合于犬猫。犬和猫很可能从NSPs中获得相近数量的消化能,因为在用犬和猫的粪便作为接种源进行体外纤维发酵试验时,获得了相近数量的SCFAs(Sunvold等,1995a)。

没有任何关于犬猫的微生物对NSP发酵所带来的消化能和能量的数据。因不同物种的NSP能量利用率存在显著差异(Wisker等,1997),因此得出犬猫粮的NSP净能量值显得非常重要。Herschel等(1981)得出结论,尽管犬的结肠吸收的SCFAs提供的总能量可能相对较少(大约7%),但是相比于一般的结肠吸收过程,它们的吸收也是很有意义的。

用于犬日粮中的21种植物原料的消化能系数为72%～96%,这些原料包括整粒磨碎的小麦、大麦粉、薄片玉米、精制面粉、全麦麸、饲用燕麦粉和小麦胚芽粉(Kendall和Holme,1982)。然而,其他以植物为基础的饲料原料(小麦饲料、胡桃粉、杏仁粉、柑橘糖、甜菜浆、洋槐豆粉和2种蒸馏副产品)的表观消化能系数明显偏低,只为34%～62%。这些植物原料消化能值的巨大差异,是由其高纤维含量及纤维中可消化的成分较少造成的。

4.4.5 理化效应

4.4.5.1 渗透效应

因SCFAs是弱阴离子,因此可以增加结肠的渗透压和粪便的含水量(Schneeman,1987;Roberfroid,1993)。然而,SCFAs的快速大量吸收(Herschel等,1981;Von Engelhardt等,1989)可能补偿任何净渗透压作用。实际上,SCFAs可以提高犬和人体的结肠腔中水的重吸收作用(Herschel等,1981;Bowling等,1993)。因此,认为SCFAs的这种渗透作用和重吸收存在剂量效应。在极低或极高浓度下,SCFAs被认为能提高粪便的含水量。然而,适度的SCFAs浓度一般会降低粪便的含水量。

4.4.5.2 系水力

黏多糖(如果胶、树脂)通常具有高的持水力。和其他纤维相比,抗性淀粉(RS)具有低的吸水能力。纤维随着系水力的增强,更容易被微生物降解(Schneeman,1987)。

Bourquin等(1993)报道,来源于羧甲基纤维素和阿拉伯胶的体外发酵纤维残渣的持水力最高;而来源于燕麦和大豆纤维的最低。同样地,阿拉伯胶的有机物消失率最高,而燕麦纤维的最低。尽管羧甲基纤维素具有很高的持水能力,但是它不能大量地被人类粪便中的微生物发酵。McBurney(1991)用体外法测试了纯合纤维[欧车前亲水胶(缓泻药)、酵母菌细胞壁和混合纤维(豌豆纤维、燕麦纤维和糖用甜菜纤维)]的系水力(一种纤维影响粪便体积的预测指标)。未被发酵的底物的系水力存在差异($P<0.05$),其中欧车前具有最强的系水力。

Zentek(1996)用一种含10%(以采食量为基础)的纤维素、瓜尔胶和果胶的饲粮喂犬,饲喂量为18～21 g/(kg BW·d)(DM基础)。结果表明,可溶性纤维(果胶、瓜尔胶)比溶解性较低的纤维素的系水力要高,这表明DF对肠道消化生理的影响取决于DF的化学组成和数量。

4.4.5.3 黏性

某些NSPs和液体混合时会变厚,形成了黏性溶液。黏性 NSPs 包括树脂、果胶和β-葡聚糖。燕麦、大麦β-葡聚糖和果胶形成了胶状水溶液(Meyer 和 Tungland,2001;Wood,2001)。食糜黏性的提高与排空时间的延长、肠道转运时间的增加和养分吸收的减慢有关(Schneeman,1987)。

Murray 等(1999)饲喂带有回肠插管的犬一种肠内日粮,测定了其产生的黏性纤维含量(IVF,藻酸盐中添加了钙和柠檬酸盐)。与对照组饲喂了肠内配方日粮相比,饲喂犬 IVF 饲粮时,犬具有相似的回肠养分消化率,但总肠道的物质消化率,包括干物质、有机物和粗蛋白质,较高($P<0.05$)。采食 IVF 饲粮的犬的脂肪表观消化率比较低($P<0.05$),而淀粉表观消化率相近。相比于对照组,采食 IVF 饲粮的犬的平均血糖水平较低($P<0.05$)。作者认为,是因养分的黏性增加而降低了淀粉的消化和(或)葡萄糖的吸收。

4.4.6 生理效应

4.4.6.1 对采食量、转运时间和粪便排泄的影响

表 4-6 总结了不可消化的碳水化合物对肠道转运时间和粪便排泄的影响。可发酵的碳水化合物的多种物理性质以及它们在日粮中的浓度,决定了它们特定的生理功能。这些效应会影响采食量,肠道转运时间,养分吸收、排泄量和肠道微生物区系(Kritchevsky,1988; Zentek,1996)。进入大肠的碳水化合物 (DF、RS 和不可消化寡糖)通过其物理性的存在、它们的发酵产物(如 SCFAs)或者对结肠微生物区系的改变而发挥作用。犬日粮中的纤维可能影响采食量。降低采食量的原因,可能包括饲粮适口性的降低、消化紊乱(如胃肠胀气和腹泻)和机械性饱食。

表 4-6 选定纤维的特性及其对犬和/或猫肠道转运时间和排泄物的影响[a]

纤维类型	纤维特性[b]		对动物的作用		
	发酵特性	黏度	湿粪便体积	粪便水分	转运时间
洋车前子	Y	Y	NI	NI	↑
瓜尔胶	Y	Y	NI	↑	↑
果胶	Y	Y	NI	↑	↓
纯化纤维素	N	N	↑	↑	↔
甜菜粕	Y	N	↑	↑	↓
麦麸	N	N	↑	↑	↔

[a] 使用到的缩写:Y=有、N=没有、↑=增加、↓=降低、↔=没有影响、NI=没有可利用的信息。

[b] 可发酵性和黏度是基于医学协会(2001)的推荐,作为日粮纤维的特性,它可作为可溶性和非可溶性纤维有意义的替代指标。

实验中给犬分别饲喂含 1.5%粗纤维、387 kcal /100 g (1 619 kJ/100 g)或 12.3%粗纤维、278 kcal /100 g (1 163 kJ/100 g,以饲粮为基础)的干性日粮,尽管每组消耗的饲粮数量相同,但饲喂较高纤维饲粮时,犬消耗较少的($P<0.05$)代谢能(Jewell 和 Toll,1996)。这些结果被 Jewell 等(2000)的实验证实,他测定得出,虽然饲喂相同数量的饲粮(以饲养为基础),但饲喂含 19.4%粗纤维、235 kcal/100 g(983 kJ /100 g)饲粮的犬,所消耗的能量要比饲喂含 1.7%粗纤维、365 kcal/100 g (1 527 kJ/100 g)饲粮的低 27%($P<0.05$)。在后来的试验中(Jewell 和 Toll,1996)以 2 组分别含有 1.5%粗纤维、365 kcal/100 g (1 527 kJ/100 g) 和 20.6%粗纤维、235 kcal/100 g(983 kJ /100 g)的干粮做实验。犬采食高纤维饲粮时,会消耗较少的代谢能($P<0.05$)。然而,在这个研究中,与低纤维饲粮相比,犬对含 20.6%粗纤维饲粮的采食量更低($P<0.05$)。当犬的能量摄入量与使体重减轻的能量需要相对应时,在低能量日粮中添加中等浓度的不可溶性纤维,对过饱机制没有作用,这表明过饱机制与不可溶纤维降低采食量的机制不同(Butterwick 等,1994)。

可发酵的碳水化合物也影响肠道的转运时间。一般而言,含高浓度的黏性多糖的日粮会导致食糜的体积增大、延长胃排空时间和使人和犬的小肠转运速度减慢(Eastwood,1992; Lewis 等,1994)。

Russell 和 Bass(1985)报道,与犬消耗 0%~1.0% 的洋车前子或瓜尔胶溶液相比,采食含有 3%的亚麻籽或 1.5%瓜尔胶溶液的犬,胃内容物排空 1/2 的时间会更长($P<0.05$)。作者推断,随着纤维浓度和日粮黏性的增加,胃的排空速度减慢。

相比于对照组,给犬饲喂含有 4.8%果胶(深度发

酵纤维)的饲粮,食物从摄入到排出的时间更短($P<0.05$)(Lewis 等,1994)。饲粮含有 4.4%玉米纤维、粗纤维或精纤维(轻度发酵纤维),没有明显影响胃肠的转运时间(Lewis 等,1994)。Fahey 等(1990b)也报道,随着饲粮中甜菜浆(一种适度发酵纤维)的浓度增加,养分在胃肠中的滞留时间呈线性减少($P<0.06$)。

膳食纤维最重要的作用是它会影响动物粪便的重量(Cummings 等,1992)。粪便干物质主要由细菌细胞组成(40% ~ 55%; Cummings 和 Macfarlane,1991),其他的成分还有未被发酵的膳食纤维和未被消化的混合物(Kritchevsky,1988; Tetens 等,1996)。Fahey 等(1990a)报道,相比无纤维对照组饲粮,犬采食由甜菜浆、番茄渣、花生壳、麦麸提供的含 12.5% TDF 的饲粮,会排泄更多的湿粪($P<0.05$)。只有当采食甜菜浆时,粪便干物质会减少($P<0.05$)。

Zentek(1996)测量了粪便的含水量,与纤维素[(61.1±1.8)%]组相比,果胶[(70.5±3.6)%]或瓜尔胶[(74.1±2.9)%]能增加粪便的水分含量。作者注意到,犬采食含果胶或瓜尔胶日粮后的粪便,比采食含纤维素日粮的粪便要软。同时作者得出结论,在对粪便质量的负面影响出现之前,犬耐受可溶性复合碳水化合物(果胶、瓜尔胶)的数量有限。

Sunvold 等(1995)报道,与无纤维的对照组饲粮(粪便湿重 12 g/d,58%粪便含水量)相比,猫采食含 9.5%纤维的饲粮后(来自甜菜浆),其粪便量和粪便水分都提高了(粪便湿重 34 g/d,粪便含水量 75%)($P<0.05$)。然而,含 9.5%纤维(来自纤维素)的饲粮并不影响湿粪便量(18 g/d)或者粪便含水量(53%)。这些纤维对粪便的黏度和每天排便次数并没有显著的影响。在相同的研究中,采食含 9.5%纤维(来自快速发酵混合物,35%柑橘果胶、30%豆角胶、20%卡罗布胶和 15%瓜尔胶)的饲粮时,猫表现为排稀便、湿粪增加、粪便含水量增加和每天排便次数增加($P<0.05$)。这 3 种饲粮的不同之处,归因于各自具有不同的发酵特性:柑橘果胶和树脂发酵快速,甜菜浆适度发酵,纤维素发酵不充分。

Diez 等(1998)测量了向犬粮(20.8%的碎牛肉、69.2%的蒸汽压片玉米、6.7%的玉米油、3.3%维生素矿物质混合物,干物质基础)中添加 7%的菊粉、瓜尔胶、甜菜纤维(SBF)的影响。相比于其他膳食纤维,菊粉($P>0.05$)对增加湿粪便量的影响最小,对照组、菊粉、瓜尔胶和甜菜纤维的排便量分别为 65.6、96.0、119.1 和 128.4 g/d,这表明菊粉对粪便的影响是比较温和的。菊粉没有增加干粪便的排出,但是粪便的含水量由 65.6%增加到 73.0%。瓜尔胶的粪便含水量为 76.5%,然而 SBF 的粪便含水量为 75.3%,所以菊粉、瓜尔胶这 2 种处理之间没有差别。

4.4.6.2 对其他营养物质利用率的影响

表 4-7 总结了不可消化的碳水化合物对养分消化率的影响。膳食纤维形成的凝胶在胃肠道中会妨碍酶的水解(Colonna 等,1992)。可发酵的碳水化合物,影响养分利用率的其他机制,包括改变转运时间,以及在纤维混合物的羟基和其他营养物质之间形成复合物等(Fernandez 和 Phillips,1982;Eastwood,1992)。

Silvio 等(2000)报道,在含有 10%纤维(干物质基础)的犬日粮中,用果胶代替纤维素,会导致肠道干物质总消化率和总能消化率增加($P<0.05$),但是粗蛋白质的消化率降低($P<0.05$)。然而,既然回肠粗蛋白质的消化率不受纤维素类型的影响,那么作者认为,表观粗蛋白质消化率的降低,可能是由于结肠中发酵作用的增强,这进一步导致粪中微生物的氮含量增加。这些结论被 Flickinger 等(2000)所证明,他在成年犬的饲粮中添加 6%的 2 种不同类型的葡寡糖,降低了总的肠道粗蛋白质消化率,但回肠粗蛋白质消化率没有降低。

Harmon 等(1999)证明,罐装犬日粮中添加7.5%的纤维素、甜菜浆或大豆纤维可降低总肠道的干物质消化率($P<0.05$),而且与没有添加纤维的饲粮相比,其具有降低粗蛋白质消化率的趋势($P=0.09$)。值得注意的是,与含甜菜浆或大豆纤维的饲粮相比,纤维素饲粮使犬的总粗蛋白消化率更高。在所有的实验中,各组的干物质和粗蛋白质的回肠消化率是相近的。作者还强调,纤维的发酵作用会影响养分消化率的测定,而且因微生物发酵作用的增加使微生物蛋白在粪便中的排泄数量增加,从而降低了粗蛋白质的消化率。

表 4-7　选定纤维的特性及其对犬和/或猫营养物质消化的影响[a]

纤维类型	纤维特性[b]		对动物的影响			
			回肠营养物质消化率		总肠道营养物质消化率	
	发酵特性	黏性	DM	CP[c]	DM	CP[c]
果胶	Y	Y	↔	↔	↑	↓
纤维素	N	N	↔	↔	↓	↑↔
GOS[d]	Y	N	↓	↔	↓	↓
甜菜粕	Y	N	NI	NI	↓	↓↔
FOS[e]	Y	N	↔	↔	↔	↔
XOS[f]	Y	N	↔	↔	↔	↔
MOS[g]	Y	N	↔	↔	↔	↔

[a] 使用到的缩写：Y＝有，N＝没有，↑＝增加，↓＝降低，↔＝没有影响，NI＝没有可利用的信息。

[b] 可发酵性和黏度是基于医学协会(2001)的推荐，作为日粮纤维的特性，它可作为可溶性和非可溶性纤维的有意义的替代指标。

[c] 粗蛋白质。

[d] 低聚葡萄糖。

[e] 果寡糖。

[f] 木寡糖。

[g] 甘露蜜寡糖。

将果寡糖(快速发酵)和甜菜纤维(适度发酵)按4∶1的比例混合，以0%、5%或10%的量(DM基础)加入到玉米饲粮中，不能显著改变健康犬的干物质、有机物或乙醚提取物的消化率(Diez等，1997a)。对犬来说，摄入高含量的混合纤维，其粗蛋白质的表观消化率更低($P<0.05$)。相似地，Strickling等(2000)也报道，在饲粮中添加0.5%果寡糖、木寡糖或甘露寡糖，对干物质或粗蛋白质的回肠或总肠道消化率没有什么显著影响。然而，Zentek等(2002)报道，在犬饲粮中添加5.9%的甘露寡糖，使干物质、粗蛋白质和无氮浸出物的消化率降低。这2个研究会得出不同的结果，主要是由于添加量水平的不同所致(0.5%对5.9%)。

Zuo等(1996)研究了低聚半乳糖(棉籽糖、水苏糖和毛蕊糖)对犬养分消化的影响。低寡糖大豆粕日粮不会提高养分的消化率。更重要的是，所有寡糖的总肠道消化率大于100%，这使研究者得出低寡糖大豆粕和传统的大豆粕的消化率相近的结论。这些数据被Muehlum等(1989)的报道所支持，他的研究结果表明，犬的总消化率为97%～99%。而且，Zentek等(2002)研究认为，给犬饲喂含5.9%的反半乳寡糖的饲粮，其养分消化率没有降低。

Sunvold等(1995b)发现，与没有添加纤维的饲粮相比，向猫日粮中添加9.5%的TDF(来自甜菜浆或者纤维素)，降低了干物质、有机物的表观消化率($P<0.05$)。与上述关于犬的研究结果相反的是，纤维种类不会显著影响粗蛋白质的总消化率。然而，当采食含有由柑橘果胶、洋槐豆胶、长角豆胶和瓜尔胶组成的混合物(含9.5%纤维)的日粮时，干物质、有机质、粗蛋白质和脂类的消化率均显著下降($P<0.05$)。Sunvold等(1995b)把这个归因于纤维混合物的快速发酵的特性，因其可能导致小肠细菌的过度生长或增加细胞内的黏性并阻碍胰腺酶、胆酸的作用。

Fernandez和Phillips(1982)发现，当健康犬的小肠上端被灌注含有铁(硫酸亚铁)和亚麻籽的溶液时，与灌注只含铁的溶液相比，犬对铁的吸收量减少($P<0.05$)，前者为32.0 μg/h，后者为71.9 μg/h。进一步研究表明，与只含铁的饲粮相比，含铁和果胶的混合物的日粮减少了($P<0.05$)犬对铁的吸收(28.5 μg/h)。他们推测，纤维的羟基会结合铁形成铁木质素复合物，从而减弱了肠道对铁的吸收。

4.4.6.3　对生长性能的影响

日粮纤维会通过稀释营养物质浓度而减少能量的摄入，并且含纤维水平越高，日粮就越有可能减少犬的生长率(Delorme等，1985)。用含14.1% DDGS的日粮来饲喂5月龄犬，与饲喂不含DDGS日粮的犬相比，其干物质和总能的总肠道消化率降低($P<0.05$)(Allen等，1981)。虽然日粮中氮的排泄量相对要大($P<0.05$)，但是各处理组间氮的存留量却很相近。这说明，幼犬也有能有效地发酵DDGS中纤维的小肠微生物。

Monsan 和 Paul(1995)报道,在动物饲料中添加少量的不可消化寡糖(<1%),可改进猪、兔及家禽的体增重、采食量和健康状态。然而,这些作用很大程度上取决于寡糖的种类,动物的种类、年龄和饲养条件。但还没有可利用的资料表明,幼犬和幼猫的生长是如何受可发酵的碳水化合物影响的。

4.4.6.4 对繁殖性能的影响

仅有少量的数据阐述可发酵的碳水化合物对伴侣动物繁殖性能的影响。Visek 和 Robertson (1973)分别用添加 0%、20%、40%的干酒精槽(DBG)的玉米—大豆日粮来饲喂妊娠母犬,各日粮的 NDF 含量分别为 23.8%、29.2%和 31.9%。每窝产的幼犬数和出生时死亡的幼犬数量在各处理间是相似的。而在含 20% DBG 的组别中,有更多的母犬在产仔时需要帮助。而这一现象在含 40% DBG 的试验组中则没有出现。作者认为,DBG 对于妊娠母犬来说,是很有用的成分。

4.4.6.5 对肥胖动物体重控制和营养的影响

据统计,在西方社会中,有 25%的犬猫处于肥胖状态(Burkholder 和 Toll,2000)。其肥胖的程度随年龄的增长而增加。肥胖现象在绝育或去势动物中比未绝育或去势动物更为普遍(Sloth,1992)。此外,猫变得肥胖的年龄比犬更早(Scarlett 等,1994)。在伴侣动物的营养上,不论可溶性还是不可溶性纤维,都可用于限制能量摄入,并以此来控制体重。纤维能稀释日粮的能量浓度,这提供了一种防止犬猫体重增加的具有吸引力的解决方法(Jewell 等,2000)。膳食纤维被认为是通过调节食欲来保证适当的体重(Butterwick 和 Markwell,1997;Jackson 等,1997)。简单的物理干扰、其他物理影响和复杂的激素互作(Rossner,1992)都是由纤维的类型和性质来决定的(Blundell 和 Burley,1987)。Pappas 等(1989)报道,胃部的膨胀就是犬生理上的饱食信号。

Jewell 和 Toll (1996)发现,与含小于 2%粗纤维的日粮相比,含 21%粗纤维(饲喂基础)的犬日粮减少了干物质和能量的摄入。随后的一项研究表明,饲喂高纤维日粮(19.4%粗纤维)的犬,与饲喂低纤维日粮(1.7%粗纤维,饲喂基础)的犬相比,降低了 27%的能量消耗(意味过饱)以及减少至少 5 倍的脂肪(Jewell 等,2000)。采食高纤维日粮的犬,每周可减少 0.77%的体脂肪,这一结果对犬猫实行的减肥计划(每周减少初始体重的 0.5%~2%)而言是在可接受的范围之内的(Burkholder 和 Toll,1999)。

Jackson 等(1997)给 30 只犬饲喂低纤维(14% TDF、12%不溶纤维和 1.2%可溶纤维,饲喂基础)和高纤维(29% TDF、26%不可溶纤维和 2.3%可溶纤维,饲喂基础)2 种犬粮,发现每天的总采食量没有差异。然而,与采食低纤维日粮的犬相比,采食高纤维日粮的犬的能量总摄入量要低一些($P<0.05$),分别为 65.3 和 79.4 kcal/(kg BW · d)。相反的是,Butterwick 等(1994)却并没有检测到日粮中包含可溶与不可溶纤维对犬的采食量的有益作用,因为犬具有相近的能量摄入量。

4.4.6.6 对老龄动物的影响

随着年龄的增长,机体脏器的功能和适应能力逐渐衰退。如犬猫随着年龄的增长,其机体协调自身血糖浓度的能力下降(Mosier,1989;Sheffy 等,1985)。Banks(1981)发现,年龄大的犬比幼犬需要更多的时间将餐后的血糖浓度降低至基准值。纤维发酵会导致餐后血糖浓度的变化不敏感,但增强了血液胰岛素的作用。尽管这种作用的潜在机制并不十分清楚,但膳食纤维也许对控制犬猫的轻微高血糖症有作用(Nelson,1989)。

4.4.7 与健康相关的特性

4.4.7.1 胃肠健康

表格 4-8 总结了不易消化的碳水化合物对胃肠道健康的作用。Sunvold(1996)综述了碳水化合物在盲肠的发酵对伴侣动物肠道健康的重要性。发酵终产物取决于起始底物的化学组成(Vickers 等,2001)。如 RS、果寡糖和菊粉的发酵可使丁酸盐的比例增加(Topping,1999;Vickers 等,2001)。Kripke 等(1989)假定 SCFAs 的营养作用对于动物的胃肠功能以及新陈代谢,尤其是对丁酸盐的产生有影响。丁酸盐是犬盲肠肠道细胞的优先发酵底物(Drackley 和 Beaulieu,1998),而且它对肠道细胞正常功能有重要作用,包括细胞的增殖、分化和新陈代谢(Sakata,1987;Scheppach 等,1992)。

Massimino 等(1998)报道,在给犬饲喂等氮等能的日粮时,与饲喂含低发酵纤维的犬粮(7%木纤维素,饲喂基础)的犬相比,饲喂日粮含有 9.5%(饲喂基础)的可发酵混合纤维(6%甜菜浆、2%阿拉伯胶和 1.5%果寡糖)的犬,具有较长的空肠绒毛($P<0.05$)(分别为 1 343 和 1 517 μm)。同时,其对 *D*-葡萄糖的吸收亲和力系数也更大($P<0.05$)[分别为 133 和 182 nmol/(mg 组织 · min)]。纤维对小肠的有益健康作用,可归因于纤维在后肠道厌氧发酵产生了 SCFA。SCFA 被认为具有调节最靠近发酵部位的肠道组织的有益营养作用,其作用是通过激素或其他信号途径进行调控的(Sakata,1987;Tappenden 等,1997),尽管这其中更精确的机理还不甚清楚。

Hallman 等(1995)给犬饲喂含 8.7% TDF(纤维来自纤维素、甜菜浆或果胶+阿拉伯胶)的日粮。实验发现,饲喂含纤维素日粮的犬,与饲喂含甜菜浆(6.52 g/kg BW)或果胶+阿拉伯胶(6.62 g/kg BW)日粮的犬相比,具有较轻的结肠重量(6.09 g/kg BW)($P<0.05$)。饲喂含纤维素日粮组的犬的结肠隐窝黏液膨胀率(71.4%)和隐窝炎(41.4%)较高,而甜菜浆组(分别为 46.7%和 20%)、果胶+阿拉伯胶组(分别为 53.3% 和20.0%)的则较低。并且,饲喂含果胶+阿拉伯胶日粮的犬的表皮脱落发病率(46.7%)最高,而甜菜浆(6.7%)和纤维素组(7.1%)的发病率相对较低。这些数据支持了这样的观点:来自可发酵纤维的 SCFAs 有助于正常的结肠生长和代谢。

表 4-8 选定碳水化合物的特性及其对犬和/或猫胃肠健康的影响[a]

纤维类型	纤维特性[b]		对动物的影响		
	发酵能力	黏稠性	组织结构[c]	功能[d]	抗生素
纤维素	N	N	↓↔	↔	N
甜菜浆	Y	N	↑	NI	NI
果胶和阿拉伯树胶	Y	Y	↑	NI	NI
甜菜浆和 FOS[e]	Y	N	↑	↑	NI
FOS[e]	Y	N	↑	↑	Y

[a] 使用到的缩写:Y=有,N=没有,↑=增加,↓=降低,↔=没有影响,NI=没有可利用的信息。

[b] 可发酵性和黏度是基于医学协会(2001)的推荐,作为日粮纤维的特性,它可作为可溶性和非可溶性纤维的有意义的替代指标。

[c] 组织结构代表肠道黏膜厚度、肠绒毛高度和腺窝深度的变化。

[d] 功能代表肠道营养物质转运或营养物质吸收的变化。

[e] 果寡糖。

在 Buddington 等(1999)设计的一项研究中,给成年比格犬饲喂含 36 g/kg 纤维素或 42 g/kg 甜菜浆+10 g/kg 果寡糖的日粮。喂甜菜浆+果寡糖组的犬,小肠更长(372 cm 比 306 cm,$P<0.05$),也更重(430 比 318 g 湿重;$P<0.05$),并且有更大的吸收面积(1 582 比 1 240 cm^2;$P<0.05$)。添加甜菜浆+果寡糖提高了($P<0.05$)小肠对葡萄糖的吸收能力(约为 133%),并提高了总脯氨酸的吸收量(10%)。研究者认为,果寡糖使小肠长度和吸收面积的增大以及吸收能力的增强,部分是由于结肠将纤维发酵成 SCFA,之后其作为一种信号,刺激了靠近发酵部位的有益的营养代谢作用。

SCFA 介导结肠增殖的潜在机制可能是结肠血流增强。Howard 等(1999)给犬饲喂以肉为基础的日粮,其中添加纤维素(60 g/kg)、果寡糖(15 g/kg)、甜菜浆(60 g/kg)或纤维混合物(甜菜浆 60 g/kg 塔哈尔胶,20 g/kg,果寡糖 15 g/kg),以研究纤维发酵产生的 SCFAs 对肠道血流量的影响。果寡糖组犬与添加纤维素和甜菜浆组犬相比,通过左结肠动脉的血流量更大($P<0.10$)。此外,添加果寡糖导致细胞增殖减少且能增加细胞分化,此结果通过近结肠主要边缘的变短($P<0.10$)和增殖区带的变小($P<0.05$)来进行评估。这说明了果寡糖在维持正常的结肠黏膜发育中具有重要作用,因为新生结肠细胞表现为快速增殖和缓慢分化。

肠道转运时间(受可发酵的碳水化合物的影响)对结肠微生物区系的组成具有主要决定作用。Cummings 和 Macfarlane(1991)报道,肠道转运时间的增加是与蛋白质发酵终产物(如氨、酚类)的增加相关联。Gibson 和 Roberfroid(1995)指出,多数肠道细菌都可以分为 2 类:一类是发挥着有害作用的细菌(葡萄球菌、梭菌和韦荣球菌),另一类是对于寄主具有有益作用的细菌(双歧杆菌、乳酸菌和真细菌)。病原菌的有害作用包括腹泻、传染病、食糜腐败以及致癌作用,而有益菌的有益作用包括抵抗病原菌、防止传染病以及降低血清胆固醇等(Gibson 和 Wang,1994;Araya-Kojima 等,1995)。

改变结肠细菌数量的最合适方法是改变发酵底物的类型。益生元是不可消化的寡糖,能选择性刺激有限种类的结肠常驻有益菌的增殖和/或活性(Gibson 和 Roberfroid,1995)。益生性寡糖包括果寡糖、甘露寡糖、葡寡糖、半乳寡糖和木寡糖。

Terada 等(1992) 给犬每天提供 1.5 g 的乳蔗糖,这使得粪便中双歧杆菌的数目增加($P<0.05$),产气荚膜梭菌的数目减少($P<0.05$)。添加乳蔗糖也可减少粪便中的腐败化合物(氨、酚、吲哚、粪臭素、乙苯酚)的浓度($P<0.05$)。与此结果类似,Terada 等(1993)报道,每天喂给猫 175 mg 的乳蔗糖,能减少粪便中的梭菌浓度($P<0.05$),但会增加乳酸菌($P<0.05$)和双歧杆菌的浓度($P<0.05$),这表明其对结肠微生物区系有改善作用。

Sparkes 和其同事们(1998b)报道,添加果寡糖对猫有积极的影响。日粮中的果寡糖(0.75%,DM 基础)可增加粪便中乳酸杆菌的浓度(164 倍,$P<0.05$)和拟杆菌的浓度(13.2 倍,$P<0.05$),并减少粪便中埃希氏大肠杆菌的浓度(75%,$P<0.05$)和产气荚膜梭菌的浓度(98%,$P=0.08$)。但是,果寡糖、木寡糖和甘露寡糖以占日粮 0.5%的浓度添加到犬粮中时,粪便中埃希氏大肠杆菌和乳酸杆菌的浓度未受影响(Strickling 等,2000)。添加甘露寡糖使犬粪便中的产气荚膜梭菌的浓度降低($P=0.09$)。

除了能提高结肠的微生物数量,益生寡糖也可能对小肠内菌群有积极影响。德国牧羊犬采食含 1%的果寡糖(饲喂基础)的日粮后,小肠中的需氧菌和兼性厌氧菌的数量降低($P<0.05$),这有助于抑制小肠中细菌的过度生长(Willard 等,1994)。但是,含 0.75%的果寡糖的日粮(DM 基础)并不影响健康猫十二指肠的细菌浓度(Sparkes 等,1998a)。

4.4.7.2 血糖控制

在小肠中,黏性 NSPs 是养分释放的屏障并可减慢养分的吸收(Eastwood,1992;Annison 和 Topping,1994),这对于血糖的控制和胰岛素代谢十分重要(Crapo 等,1976)。低血糖症可能在如下情况下发生:胃排空时间及肠道转运时间延长,淀粉水解减缓和葡萄糖吸收减慢(Nelson,1989,Graham 等,1994)。

Nguyen 等(1994)报道,日粮成分会影响餐后的血糖浓度。一份干性日粮(D:3.3%粗纤维和 48.4%无氮浸出物)和三份罐装日粮(C1:2.4%粗纤维和 15.5% 无氮浸出物,C2:2.1%粗纤维和 47.1%无氮浸出物;C3:10.8%粗纤维和 35.2%无氮浸出物)饲喂给健康的成年犬进行测试。在一餐过后,只有 C3 造成了胰岛素曲线下面积的减少($P<0.05$)和一个相对较低的胰岛素指数($P<0.05$)。并没有发现粗纤维含量与血糖和胰岛素之间的明确关系,这是因为粗纤维分析法没有包括可溶性膳食纤维,而可溶性膳食纤维对调节餐后高血糖有重要作用。在随后的研究中,Nguyen 等(1998)用 20 种日粮(15 种干性和 5 种罐装)测量了犬的正常血糖和胰岛素反应,这些试验日粮覆盖了一个很宽范围的浓度含量(DM 基础),其中 TDF 的含量为 3.2%~39.1%,不溶性纤维为3.2%~32.3%,可溶性纤维为 0.4%~4.7%和淀粉为 0.4%~52.7%。结果显示,日粮的淀粉含量和葡萄糖反应面积呈线性相关。然而,总的、可溶性和不可溶性的纤维之间的差异并不能解释上述反应。

Diez 等(1998)给犬饲喂玉米型日粮,其中含有 7%(DM 基础)甜菜纤维(SBF)、瓜尔胶或菊粉。相比于菊粉和对照组(20 min),瓜尔胶和 SBF 均能延缓高血糖症的发生(40 min)。与其他的处理组相比,瓜尔胶可引起较高的空腹血糖浓度($P<0.05$)。胰岛素的浓度受日粮影响不显著。

Massimino 等(1998)研究比较了犬长期摄食可发酵 DF(60 g/kg 甜菜浆+20 g/kg 阿拉伯胶+15 g/kg 果寡糖,饲喂基础)与不可发酵 DF(70 g/kg 纤维素,饲喂基础)的影响。与采食低发酵纤维日粮(木纤维素)相比,采食可发酵纤维混合物的犬的黏膜脱落物中,胰高血糖素样肽-Ⅰ(GLP-Ⅰ)的浓度更高[(41±4) pmol GLP 对(25±4) pmol]($P<0.05$)。GLP-Ⅰ在人体内是一种促胰岛素。但是,在口服 2 g/kg BW 葡萄糖后,DF 的类型在任何时间(0、15、30、45、60、90 或 120 min)都不影响犬的血糖浓度。作者以此得出结论,可发酵纤维能改善葡萄糖内稳态的平衡。

4.4.7.3 免疫功能

Field 等(1999)研究了可发酵纤维对犬的免疫系统的影响。当饲喂以肉为基础的日粮时，一种日粮中添加甜菜纤维 60 g/kg、阿拉伯胶 20 g/kg 和果糖 15 g/kg 的可发酵混合物(饲喂基础)，另一种日粮中添加纤维素 70 g/kg(饲喂基础，不发酵的纤维混合物)。与添加不可发酵的纤维日粮相比，可发酵的纤维日粮降低了 Ig+细胞的比例($P<0.05$)，升高了外周血液中 CD4/CD8(T 辅助细胞：杀伤性 T 淋巴细胞)的比值。这个比值的增加与促细胞分裂反应的改变有关系。因此，在这项研究中，可发酵的纤维使淋巴器官中的促细胞分裂反应增加，但不影响其在外周血液的情况。作者总结出：可发酵的纤维改变了与肠道相关的淋巴组织，但对外周血液中免疫细胞的类型和功能并没有特别大的影响。

甘露寡糖可能改变机体的免疫系统。甘露寡糖的作用是防止肠上皮细胞的凝集，以及增加犬血液中中性粒细胞的活性(O'Carra，1997)。给成年犬饲喂含有 0%、0.1%、0.2%或 0.4%甘露寡糖的干性日粮，没有检出免疫反应得到改善，这是因为没有改变血浆免疫球蛋白浓度。在 6 周龄幼犬的日粮中添加 0.2%甘露寡糖，与一开始接种疫苗的对照组幼犬相比，其血液循环中的中性粒细胞数增加，在接种疫苗 14 d 后中性粒细胞多 28%，在 21 d 后中性粒细胞多 60%(O'Carra，1997)。并且，血浆 IgG 没有受到显著影响。Swanson 等(2002a)给成年犬的日粮中每天添加 2 g 甘露寡糖、2 g 果寡糖或者 2 g 甘露寡糖和果寡糖。14 d 后，甘露寡糖组犬的淋巴细胞增多、白细胞比例增加和血清免疫 IgA 浓度明显增加，这也证明系统免疫功能得到增强。甘露寡糖和果寡糖组犬的血液、回肠流出液和粪便中的 IgA 浓度增加(Swanson 等，2002b)，这说明甘露寡糖的免疫增强作用一定程度上取决于动物的年龄和身体健康状况。

4.5 低可发酵的碳水化合物(纤维素和麦麸)

4.5.1 饲料中的分布情况

纤维素是地球上数量最多的植物多糖。它占所有主要植物细胞壁干物质的 15%～30% (McNeil 等，1984)。并且在蔬菜、甜菜以及各类糠麸中都能找到纤维素(Meyer 和 Tungland，2001)。根据不可发酵的碳水化合物的具体情况来说，麸皮由 37.3%的纤维素、55.2% 的半纤维素和 10.5% 的木质素组成(Meuser 等，1985)。

4.5.2 消化、吸收和利用

Morris 等(1977)报道，给猫饲喂含有纤维素的肉类日粮后，猫的纤维素表观消化率有一个负的相关系数(−0.007%)。在这个试验中，纤维素和基础日粮的混合比例为 1：7(w/w)。Sunvold 等(1995b，c)采用体外发酵法测量犬和猫的消化率，并通过检测犬或猫的粪便培养物得出，在所有被测纤维中，木纤维素的有机物消失最少(<10%)。这些结果也得到体内试验的证明。与饲喂甜菜浆、柑橘果浆或一种混合物(80%甜菜浆、10%柑橘果胶和 10%瓜尔胶)组成的饲粮(混合的比例为 29%、43%、51.3%)相比，当饲喂单独添加 7.5%的木纤维素的日粮时，犬的 TDF 的消化率要低(11%)。当猫日粮中的纤维素含量从 0%增加到 20%时，有机物的消化率从 86%降低到 68%(Brown，1989)。

相比于无纤维的以肉为基础的对照日粮，含 12.8%麦麸的日粮会导致犬的干物质消化率的下降(从 87.6%下降到 83.1%)、有机物的消化率下降(从 90.2%下降到 86.3%)和 NDF 的消化率下降(从 57.2%下降到 41.6%)(Fahey 等，1990a)。Stock-Damge 等(1983)证明，给犬日粮中每天添加 5 g 的麦麸，可增加胰腺的分泌物、重碳酸盐和淀粉酶往小肠中的分泌速度。Stock-Damge 等(1983，1984)也发现，静脉注射促胰液素改变了胰液的流量，同时他们也认为麦麸可能通过改变内源促胰液素的分泌来改变胰液流量。

4.5.3 影响消化、吸收和利用的因素

正常的挤压条件可促进不可溶纤维转变成可溶性纤维(Camire 等，1990)。然而，由于不可发酵的碳水化合物包含几乎所有的不可溶纤维，因此，纤维素和麦麸的情况未必如此。

4.5.4 营养价值

根据发酵程度的不同，单胃动物的碳水化合物能值为 0～2.4 kcal/g(10.04 kJ/g)(Roberfroid，1993；Molis 等，1996)。纤维和麦麸都不能被彻底发酵，因此它们对能量的贡献极其微小。

4.5.5 理化效应

由于纤维素含 β-1,4 键,其可以以高度的分子间氢键按直线结构结合在一起,这使得纤维素具有重要的剪切和拉伸能力。纤维素的衍生物羧甲基纤维素既耐酸也耐盐。它在烘焙食品和调味汁中具有较强的稳定性,能够经受极端的加工条件,如过度加热和高剪切加工。甲基纤维素是较强的软片,可以作为食物的黏合剂(Prosky 和 De-Vries,1992)。

4.5.5.1 系水力

不溶性纤维,如纤维素,一旦到达结肠则成为低可发酵物。这些纤维的保水特征对粪便的体积有影响,因为其缩短了转运时间并增加了粪便排放量(Meyer 和 Tungland,2001)。粉状纤维素在水中可膨胀到原来重量的 3.5~10 倍。长度为 22~290 μm 的、用于食物的商用粉状纤维素,都是可用的。粉状纤维素的系水力与纤维的长度有直接的关系。麦麸的系水力与纤维素相近,也与颗粒大小有关(Dreher,1999)。此外,小麦的类型能影响其系水力。软白小麦的麦麸的系水力为 1.1 g/g,而硬的红小麦的麦麸系水力为 4.5 g/g(Dreher, 1999)。

4.5.5.2 黏性

胶体纤维素可以增加浓度小于 1%的糖溶液的黏性(Dreher,1999)。Reppas 等(1991)通过口胃管给犬注入 500 mL 含有 0.9%的 NaCl 和 0.8%的聚乙二醇(PEG)的溶液。添加不同量(2.0%或 3.3%)的羟丙基甲基纤维素,增加了溶液的黏度。PEG 导致的滞后时间在十二指肠和空肠中部的恢复,随着黏性的增加而呈线性增加。这些研究者得出结论,水溶性纤维素控制肠道养分吸收率的能力,可增加肠腔黏性,并减少转运率。

4.5.5.3 填充能力

粉状纤维素常被用作无能量的填充剂以减少日粮热量(Ang 和 Miller,1991)。

4.5.6 生理效应

4.5.6.1 对采食量、转运时间和粪便排泄的影响

许多研究已证明,人类食物中添加纤维素后,可以增加排便量,减少转运时间(Stephen, 1989)。Dobenecker 和 Kienzle(1998)在以肉为基础的日粮中添加逐渐增加浓度的纤维素,以确定纤维含量在多少时采食量会下降。犬采食高脂肪日粮(41.8%粗纤维)时,对纤维素的耐受度要高于那些低脂肪肉粮(30.8%粗纤维)或鸡肉粮(31.9%粗纤维)。

麦麸是一种富含纤维素、半纤维素和木质素的日粮成分,它影响人类食物的转运时间(Payler 等,1975;Wyman 等,1976)和粪便重量、湿度和组成(Stephen 和 Cummings, 1980)。添加 30 g 的麸皮或纤维素能够增加犬食后十二指肠的肠能动性的持续时间,从 41%增加到 54%。添加麦麸可提高 28%的转运时间,同时纤维素可提高 900%转运时间和减少食糜 50%的流速(Bueno 等,1980)。相反的是,Burrows 等(1982)报道,相比于采食不添加纤维素的日粮,采食含 9% α-纤维素的日粮的犬,其肠道转运时间减少(37.4 h 比 28.7 h)。

粪便重量可反映残留纤维和附着菌的情况(Kritchevsky,1988)。相比于高发酵率的纤维,如果胶、糖浆和豆麸等,纤维素降低了粪便中的氮含量(Tetens 等,1996)。Burrows 等(1982)发现,粪便重量和水含量随着 α-纤维素浓度的增加(3%、6%和 9%)而线性增加。

4.5.6.2 对其他营养物质利用率的影响

Muir 等(1996)发现,相比于采食含纤维素和果胶日粮的犬,采食含甜菜浆日粮的犬在回肠末端的干物质、有机物、粗蛋白质、TDF 或总能的消化没有差异。但是,相比于采食低纤维混合物(2.5%纤维素+5%木质素)、高纤维混合物(5%纤维素+2.5%木质素)或 7.5%纤维素的犬,采食 7.5%甜菜浆的犬的脂肪消化率降低($P<0.10$)。相反的是,Earle 等(1998)发现犬猫的有机物和总能的表观消化率与膳食纤维含量呈负相关,其中犬的分别为 $r=-0.88$ 和 $r=-0.88$;猫的分别为 $r=-0.92$ 和 $r=-0.87$。此外,Burrows 等(1982)发现,干物质、蛋白质和脂肪的消化率,随着 α-纤维素浓度(3%、6%和 9%)在以肉为基础的犬日粮中的增加而呈线性下降。通过回归估计,α-纤维素的真消化率为 6%。

Sunvold 等(1995b)给猫饲喂含纤维素的日粮,其干物质(81.0%)和有机物(83.5%)的消化率低;而饲喂无纤维的日粮时,两者的消化率较高(分别为 88%和 91.6%)。但是,相比于无纤维日粮的猫,采食含纤

维日粮的猫的氮和脂类的消化率增高，前者的消化率分别为 86.7%和 93.9%，后者为 88.4%和 95.0%。

Zentek(1996)比较了 10%纤维素、果胶、瓜尔胶对犬的养分表观消化率的影响。犬采食含纤维日粮时，干物质的表观消化率[(80.3±2.0)%]低于采食含果胶[(89.6±1.7)%]和瓜尔胶[(88.1±1.3)%]的日粮。此外，采食了纤维日粮的犬有较低的钠吸收率[(86.4±4.2)%]，而采食了含果胶[(95.2±2.4)%]和瓜尔胶[(94.1±2.1)%]日粮的犬的钠吸收率较高。麦麸能影响人类的矿物质分泌，尽管多数是由于植酸盐的原因而不是 NSPs(Stephen，1989)。

Kienzle 等(1991)报道，猫采食含 10%麦麸、15%角粉、15%羽毛粉和 15%干草粉的日粮后，相比采食不含上述成分日粮的猫，其蛋白质的消化率下降(大于3%)，脂类的消化率也下降(下降 0%～11%)。Muir 等(1996)在关于犬的试验中发现，回肠末端的氨基酸不受 DF 的影响，而赖氨酸除外，它的消化率从饲喂低纤维日粮(含 2.5% 纤维素＋ 5%的木质素)的 68.2%增加到饲喂含 7.5%纤维素日粮的 83.5%。并且，这些作者也发现，犬采食低纤维日粮时，相比于采食高纤维日粮(5.0%纤维素＋ 2.5%木质素)的犬，有更低的回肠表观消化率：干物质的消化率分别为 64.1%和74.0%、有机物的消化率分别为 71.5%和 79.2%、粗蛋白质的消化率分别为 66.1%和 76.7%、脂肪的消化率分别为 93.8%和 96.1%、TDF 的消化率分别为－22.3% 和－8.1%以及总能的消化率分别为 76.3%和 82.8%。

4.5.6.3 对生长性能的影响

Delorme 等(1985)估测了日粮中添加 6%或 12%的麸皮对雌性比格幼犬的影响。当日粮中麸皮的含量达到 16% NDF 时，对比格犬生长、采食量和饲料效率没有影响；而当麦麸的添加比例在含 22%蛋白质的日粮中超过日粮 ADF 的 22%时，由于试验动物不能完全适应日粮被稀释的现象，出现生长减慢和食物效能降低的现象。

4.5.6.4 对肥胖动物体重控制和营养的影响

不可溶性和可溶性纤维都可被用来限制伴侣动物的能量摄入。Butterwick 等(1994)发现，将 2%的麸皮或者 α-纤维素加入到低热量的以肉为基础的商业日粮中，对犬的饱感并没有影响，这个结果是通过测定在采食试验日粮 3 h 后，犬对一种具有挑战性的日粮的采食量，而犬通过该试验日粮摄入的能量可使体重降低。添加 4%或 7%的 α-纤维素到低能量的商业日粮中后的试验结果，证实了上述结论(Butterwick 和Markwell，1997)。

4.5.7 与健康相关的特性

胃肠健康：日粮中的高纤维被认为是预防某些疾病(如憩室病)的一个因素(Smith 等，1981)。与精细粉碎的细麦麸相比，相同来源的粗麦麸使患憩室病病人的粪便重量增加($P<0.01$)，并减少肠转运时间($P<0.05$)。

4.6 犬猫日粮配方中的碳水化合物

日粮中碳水化合物的推荐量取决于日粮的消耗量、食物的能量浓度和动物对能量的需求(Meyer 和Kienzle，1991)。谷物是犬猫日粮中富含碳水化合物的组分。这些组分在日粮中有不同的浓度，这取决于日粮类型。

成年犬的空肠乳糖酶的活性一般是 33 U/g 蛋白质，对乳糖的总耐受量大约是 3 g/(kg BW · d)(Meyer 和 Kienzle，1991)。因此，成年犬日粮中的乳糖含量应该被限制。相反的，幼犬的乳糖酶活性较高(96 U/g 蛋白质)，并且能够消化吸收和代谢乳糖(Kienzle，1993d)，因此其日粮中的乳糖含量可以相对较高。Bennett 和Coon(1966)发现，当乳糖提供犬 54%的日粮能量时，犬会产生腹泻和不舒服的症状。Burger(1993)报道，犬对乳糖耐受量为日粮总能量的 5%或更低。

由于幼犬和幼猫缺少胰淀粉酶，因此在哺乳期的幼犬和幼猫，不应该供给含淀粉的奶替代物(Meyer 和Kienzle，1991)。到幼犬可以很好地采食相当数量的固体物质时，其也能有效地利用来自于脂肪和非结构性碳水化合物(如淀粉)中的能量(Hintz，1988)，尽管脂肪与非结构性碳水化合物的合适比例还不清楚。猫对一些糖类的代谢能力比较有限。Kienzle(1994)发现，猫采食相对较低的半乳糖[5.6 g/kg BW · d)]时产生了中毒症状。

Kienzle(1993d)推测，猫不能适应日粮中碳水化合物浓度的增高，因为其小肠黏膜的双糖酶的活性并没有受成年猫粮的影响。尽管猫是依靠糖异生来满足每天的能量需要(Tarttelin,1991),但也有证据表明猫能有效利用来自淀粉的葡萄糖(Kienzle,1993a,b)。Tarttelin(1991)认为,采食高浓度的碳水化合物会导致猫的泌尿道综合征,因为任何尿液 pH 的持续性增加(如摄食高浓度的碳水化合物)都会导致磷酸氨镁晶体(鸟粪石)的沉积。这也可能导致尿道的堵塞,促使猫患上由食物引起的泌尿道综合征(Tarttelin,1991)。目前研究者并不清楚猫粮合适的淀粉水平。

各种伴侣动物日粮中纤维素的含量差异很大。以植物为基础的日粮常包含相当数量的纤维。如玉米和小麦就分别包含了大约 9%和 18%的 TDF(Fahey,1995)。相反,大米只包含了 3%的 TDF (Fahey,1995)。副产品(如玉米麸质饲料和大豆壳)和纯合纤维来源(如木纤维素)通常都包含在宠物日粮中,并且贡献不同数量的纤维。

高纤维日粮的应用取决于动物的生命阶段。有许多与此相关的资料表明,动物日粮中含有高达 15%到 20%的 TDF 时,动物没有明显的健康问题,能够正常地生长和繁殖(Fahey,1995)。但是,在母犬的怀孕后期和泌乳期,要避免在母犬日粮中添加不溶性纤维,因为这将会导致日粮能量密度的下降。在怀孕期和泌乳期的母犬需要通过提高采食量来满足能量需要,但能满足能量需要的采食量的体积,却超过了胃的物理体积。通过增加摄食需要来满足能量需要,这超过身体的承受程度。如果便秘的话,纤维可在此阶段使用(Moser,1992)。

在减肥日粮中,合理使用纤维特别重要。纤维含量不是低能量日粮的核心,而动物单位时间内的能量摄入(Brown,1990)才是关键问题。在宠物食品中典型的粗纤维含量是 2.5%~4.5%,但在某些低能量的宠物食品中则可能达到 9%~10%。在减肥日粮中应用这些高浓度纤维,在保证了宠物饱感的同时,也避免了高能量的摄入(Brown,1990)。

伴侣动物的长寿对于宠物主人是很重要的,它受很多因素的影响,包括日粮因素。为老年犬配制特殊日粮的目的,是为了改善或避免因营养而导致的衰老(Markham 和 Hodgkins, 1989)。在年老动物中,少量的纤维能限制热量摄入和促进肠道功能(Markham 和 Hodgkins, 1989)。尽管纤维不是一种必需的养分,但膳食纤维与肠道健康直接相关,它是通过提供 SCFAs、维持肠道微生物区系和可能预防疾病等来发挥作用。

问题是多少膳食纤维才是过量的。尽管没有简单的答案,但在本章的前面也已证明,伴侣动物日粮中的高纤维浓度能降低其他养分的消化率。此外,伴侣动物日粮中添加的纤维有多种来源,但不是所有纤维对动物都具有相同的生理作用。已被证明,具有使粪便质量好且不会明显降低养分消化率的一种纤维来源,是甜菜浆(Fahey 等,1990a,b;Sunvold 等, 1993)。甜菜浆包括不溶和可溶性纤维成分,且比例适当(可溶纤维约占 17%~20%,Fahey,1995)。其他有益纤维的例子可在表 4-7 和表 4-9 中找到。

表 4-9 成年犬猫维持日粮中各种碳水化合物的安全上限(日粮基础) g/kg

项目	犬	猫	资料来源
葡萄糖	ND	50~150	Drochner 和 Muller-Schlosser,1980; Meyer 和 Kienzle,1991
蔗糖	350	50~150	Drochner 和 Muller-Schlosser,1980; Meyer 和 Kienzle,1991
乳糖	100	50	Drochner 和 Muller-Schlosser,1980; Meyer 和 Kienzle,1991
熟玉米淀粉	ND	240	Meyer 和 Kienzle,1991
熟玉米粉	436[a]	ND	Murray 等,1991
熟马铃薯粉	504[a]	ND	Murray 等,1991
熟大米粉	441[a]	ND	Murray 等,1991
熟小麦粉	491[a]	ND	Murray 等,1991
棉籽糖/水苏糖	50	50	Meyer 和 Kienzle, 1991
果寡糖	40[b]	7.5[a]	Diez 等,1997a;Sparkes 等 1998b;Strickling 等,2000
菊糖	70[a]	ND	Diez 等,1998

续表 4-9

项　　目	犬	猫	资料来源
甘露糖	5.9[a]	ND	Strickling 等，2000；Zentek，2002
低聚木糖	5[a]	ND	Strickling 等，2000
乳糖	5.9	ND	Zentek 等，2002；Diez 等，1997a；Kienzle 等，1991；Sunvold 等，1995b
纤维素	94[a]	100	Sunvold 等，1995c；Zentek 等，1996
瓜尔胶	34	ND	Diez 等，1997a；Diez 等，1997b；Zentek 等，1996
果胶	34	ND	Diez 等，1997a；Zentek 等，1996
甜菜纤维	75	ND	Fahey 等，1990b，1992
小麦麸	128	100	Fahey 等，1990a，Kienzle 等，1991
花生壳	67[a]	ND	Fahey 等，1990a
番茄渣	87[a]	ND	Fahey 等，1990a
燕麦纤维	75[a]	ND	Fahey 等，1992
纤维混合物[c]	83[a]	83	Sunvold 等，1995b，c

ND＝没有可用的试验数据。

[a] 未经试验测试的高水平。

[b] 当与甜菜纤维按照 4∶1 的比例混合时。

[c] 纤维素和阿拉伯树胶按照 3∶1 的比例混合成的混合物。

有足够的数据来确定日粮中多种碳水化合物在什么浓度不会产生不利影响。各种碳水化合物的安全上限（SUL）列在表 4-9 中，表中的数值仅适用于成年动物在维持情况下的需要。不利的因素也要考虑，但不限于以下因素：产生松散的粪便、排出稀粪、提高了粪便含水量、排便频繁、养分消化率明显降低、日粮可接受性差和适口性差，以及营养物质代谢紊乱。如 Fahey 等（1990b）在犬日粮中添加不同梯度的甜菜浆（0%、2.5%、5.0%、7.5%、10.0%和 12.5%，DM 基础），在 10.0%和 12.5%浓度下，甜菜浆使动物频繁排便，湿粪体积大量增加，且粪便中干物质比例明显下降。因此，甜菜浆在成年犬日粮中的安全上限可设在 7.5%。但是，在伴侣动物日粮中，剂量反应试验并不适合于所有原料成分。在这种情况下，SUL 设置在未导致不良作用的最高值。有时，某些组分的安全限值可能并不存在。一个关于猫的例子就可说明，当日粮中添加大约 9.5%的 TDF，并以混合纤维的形式添加（35%柑橘胶质、30%洋槐豆胶、20%角豆胶和 15%瓜尔豆胶）时会产生消化异常。作者把这些猫的低生长性能归因于以下可能的原因，包括纤维的快速发酵使得肠道细菌的过度生长，降低肠道 pH 使得胰酶活性降低，柑橘果肉导致的胰酶活性降低，由于纤维的黏性导致养分吸收率的降低（Sunvold 等，1995）。没有测得这些纤维混合物的更低浓度的影响，因此不能确定 SUL。

对于葡萄糖和蔗糖而言，因为在文献中的数据相互冲突，其 SULs 存在一个范围。这些结果的不一致或许是由基础日粮组成的差异导致的，因为 Drochner 和 Muller-Schlosser（1980）的试验中采用的是植物性日粮，而 Meyer 和 Kienzle（1991）的试验中采用的是以肉为基础的日粮。因此，我们在讨论 SUL 或日粮中某种包含碳水化合物的日粮成分的适宜浓度时，基础日粮的组成也是一个重要的需要考虑的因素。

不同的碳水化合物具有不同的生理作用。尽管关于猫的数据很少，但却有很多证据表明可发酵基质对犬是很有用的。当考虑伴侣动物日粮中可消化或不可消化碳水化合物的时候，仔细评价被用到的所有种类碳水化合物的独特特性是很关键的。尽管很多碳水化合物具有被建议的 SULs，但是关于在本章中讨论过的碳水化合物种类，在确定最小需要量（MRs）和推荐使用量之前，还需要更多的信息。

参考文献

Adkins, Y., S. C. Zicker, A. Lepine, and B. Lonnerdal. 1997. Changes in nutrient and protein composition of cat milk during lactation. Am. J. Vet. Res. 58:370-375.

Allen, S. E, G. C. Fahey, Jr., J. E. Corbin, J. L. Pugh, and R. A. Franklin. 1981. Evaluation of by-product feedstuffs as dietary ingredients for dogs. J. Anim. Sci. 53:1538-1544.

Aman, P., and K. Hesselman. 1984. Analysis of starch and other main constituents in cereal grains. Swed. J. Agric. Res. 14:135-139.

Ang, J. F., and W. B. Miller. 1991. Multiple functions of powdered cellulose as a food ingredient. Cereal Foods World 36:558-564.

Annison, G., and D. L. Topping. 1994. Nutritional role of resistant starch: Chemical structure vs physiological function. Annu. Rev. Nutr. 14:297-320.

Araya-Kojima, T., T. Yaeshima, N. Ishibashi, S. Shimamura, and H. Hayasawa. 1995. Inhibitory effects of *Bifidobacterium longum* BB536 on harmful intestinal bacteria. Bifidobacteria Microflora 14:59-66.

Argenzio, R. A. 1989. Digestion and absorption of carbohydrate, fat, and protein. Pp. 308-309 in Dukes' Physiology of Domestic Animals, 10th ed., M. J. Swenson, ed. Ithaca, N.Y.: Cornell University Press.

Asp, N. G., C. G. Johansson, H. Hallmer, and M. Siljestrom. 1983. Rapid enzymatic assay of insoluble and soluble dietary fiber. J. Agric. Food Chem. 31:476-482.

Bach-Knudsen, K. E. 1997. Carbohydrate and lignin contents of plant materials used in animal feeding. Anim. Feed Sci. Technol. 67:319-338.

Bach-Knudsen, K. E., and I. Hansen. 1991. Gastrointestinal implications in pigs of wheat fractions. I. Digestibility and bulking properties of polysaccharides and other major constituents. Br. J. Nutr. 65:217-232.

Ballard, F. J. 1965. Glucose utilization in the mammalian liver. Comp. Biochem. Physiol. 14:437-443.

Banks, K. L. 1981. Changes in the immune response related to age. Vet. Clin. North Am. Small Anim. Pract. 11:683-688.

Banta, C. A., E. T. Clemens, M. M. Krinsky, and B. E. Sheffy. 1979. Sites of organic acid production and patterns of digesta movement in the gastrointestinal tract of dogs. J. Nutr. 109:1592-1600.

Barrette, D. 1990. Feeding older cats and dogs. Can. Vet. J. 31:784-785.

Bartges, J., and W. H. Anderson. 1997. Dietary fiber. Vet. Clin. Nutr. 4:25-28.

Bednar, G. E., A. R. Patil, S. M. Murray, C. M. Grieshop, N. R. Merchen, and G. C. Fahey, Jr. 2001. Starch and fiber fractions in selected food and feed ingredients affect their small intestinal digestibility and fermentability and their large bowel fermentability in vitro in a canine model. J. Nutr. 131:276-286.

Belo, P. S., D. R. Romsos, and G. A. Leveille. 1976. Influence of diet on glucose tolerance on the rate of glucose utilization and on gluconeogenic enzyme activities in the dog. J. Nutr. 106:1465-1474.

BeMiller, J. N., and R. L. Whistler. 1996. Carbohydrates. Pp. 157-168 in Food Chemistry, 3rd ed, O. R. Fennema, ed. New York: Marcel Dekker, Inc.

Bennett, M. J., and E. Coon. 1966. Mellituria and postprandial blood sugar curves in dogs after the ingestion of various carbohydrates with the diet. J. Nutr. 88:163-169.

Berry, C. S. 1986. Resistant starch: Formation and measurement of starch that survives exhaustive digestion with amylolytic enzymes during the determination of dietary fiber. J. Cereal Sci. 4:301-304.

Beynen, A. C., H. J. Kappert, and S. Yu. 2001. Dietary lactulose decreases apparent nitrogen absorption and increases apparent calcium and magnesium absorption in healthy dogs. J. Anim. Phys. Anim. Nutr. 85:67-72.

Bird, A. R., I. L. Brown, and D. L. Topping. 2000. Starches, resistant starches, the gut microflora and human health. Curr. Issues Intest. Microbiol. 1:25-37.

Bjorck, I., M. Nyman, B. Pedersen, M. Siljestrom, N. G. Asp, and B. O. Eggum. 1986. On the digestibility of starch in wheat bread—Studies in vitro and in vivo. J. Cereal Sci. 4:1-11.

Blundell, J. E., and V. J. Burley. 1987. Satiation, satiety, and the action of fiber on food intake. Int. J. Obesity 11(Suppl. 1):9-25.

Borggreve, G. J., G. J. M. van Kempen, J. P. Cornelissen, and A. H. M. Grimbergen. 1975. The net energy content of pig feed according to the Rostock formula: The value of starch in feed. J. Anim. Physiol. Anim. Nutr. 34:199-204.

Bourquin, L. D., E. C. Titgemeyer, G. C. Fahey, Jr., and K. A. Garleb. 1993. Fermentation of dietary fibre by human colonic bacteria: Disappearance of, short-chain fatty acid production from, and potential water-holding capacity of, various substrates. Scand. J. Gastroenterol. 28:249-255.

Bowling, T. E., A. H. Ralmundo, G. K. Grimble, and D. A. B. Silk. 1993. Reversal by short-chain fatty acids of colonic fluid secretion induced by enteral feeding. Lancet 342:1266-1268.

Brown, I. L., K. J. McNaught, D. Andrews, and T. Morita. 2001. Resistant starch: Plant breeding, applications development and commercial use. Pp. 401-412 in Advanced Dietary Fiber Technology, B. V. McCleary and L. Prosky, eds. Oxford, UK: Blackwell Science Ltd.

Brown, R. G. 1989. Fiber in cat diets. Can. Vet. J. 30:258-259.

Brown, R. G. 1990. Current topics in nutrition. Can. Vet. J. 31:308-309.

Buckley, B. M., and D. H. Williamson. 1997. Origins of blood acetate in the rat. Biochem. J. 166:539-545.

Buddington, R. K., J. W. Chen, and J. M. Diamond. 1991. Dietary regulation of intestinal brush-border sugar and amino acid transport in carnivores. Am. J. Physiol. 261:R793-R801.

Buddington, R. K., K. K. Buddington, and G. D. Sunvold. 1999. Influence of fermentable fiber on small intestinal dimensions and transport of glucose and proline in dogs. Am. J. Vet. Res. 60:354-358.

Bueno, L., F. Praddaude, J. Fioramonti, and Y. Ruckebusch. 1980. Effect of dietary fiber on gastrointestinal motility and jejunal transit time in dogs. Gastroenterol. 80:701-707.

Burger, I. H. 1993. A basic guide to nutrient requirements. Pp. 5-24 in The Waltham Book of Companion Animal Nutrition, I. H. Burger, ed. New York: Pergamon Press.

Burkholder, W. J. 1999. Age-related changes to nutritional requirements and digestive function in adult dogs and cats. Vet. Med. Today 215:625-629.

Burkholder, W. J., and P. W. Toll. 2000. Obesity. Pp. 401-430 in Small Animal Clinical Nutrition, M. S. Hand, C. D. Thatcher, and R. L. Remillard, eds. Topeka, Kan.: Mark Morris Institute.

Burrows, C. F., D. S. Kronfeld, C. A. Banta, and A. M. Merritt. 1982. Effects of fiber on digestibility and transit time in dogs. J. Nutr. 112:1726-1732.

Butterwick, R. F., and P. J. Markwell. 1997. Effect of amount and type of dietary fiber on food intake in energy-restricted dogs. Am. J. Vet. Res. 58:272-276.

Butterwick, R. F., P. J. Markwell, and C. J. Thorne. 1994. Effect of level and source of dietary fiber on food intake in the dog. J. Nutr. 124:2695S-2700S.

Camire, M. E., A. Camire, and K. Krumhar. 1990. Chemical and nutritional changes in foods during extrusion. Food Sci. Nutr. 29:35-57.

Campbell, J. M., L. L. Bauer, G. C. Fahey, Jr., A. J. C. L. Hogarth, B. W. Wolf, and D. E. Hunter. 1997. Selected fructooligosaccharide (1-kestose, nystose, and 1^F-β-fructofuranosylnystose) composition of foods and feeds. J. Agric. Food Chem. 45:3076-3082.

Champ, M. 1992. Determination of resistant starch in foods and food products: Interlaboratory study. Eur. J. Clin. Nutr. 46(S2):S51-S62.

Champ, M., L. Martin, L. Noah, and M. Gratas. 1999a. Analytical methods for resistant starch. Pp. 169-187 in Complex Carbohydrates in Foods, S. S. Cho, L. Prosky, and M. Dreher, eds. New York: Marcel Dekker, Inc.

Champ, M., L. Martin, L. Noah, and M. Gratas. 1999b. In vivo techniques to quantify resistant starch. Pp. 157-168 in Complex Carbohydrates in Foods, S. S. Cho, L. Prosky, and M. Dreher, eds. New York: Marcel Dekker, Inc.

Cho, S., J. W. DeVries, and L. Prosky. 1997. Dietary Fiber Analysis and Applications. Gaithersburg, Md.: AOAC Int'l.

Colonna, P., J. Tayeb, and C. Mercier. 1989. Extrusion cooking of starch and starchy products. Pp. 247-319 in Extrusion Cooking, C. Mercier, P. Linko, and J. M. Harper, eds. American Association of Cereal Chemists.

Colonna, P., V. Leloup, and A. Buleon. 1992. Limiting factors of starch hydrolysis. Eur. J. Clin. Nutr. 46:S17-S32.

Crampton, E. W., and L. A. Maynard. 1938. The relation of cellulose and lignin content to the nutritive value of animal feeds. J. Nutr. 15:383-395.

Crapo, L. P. A., G. Reaven, and J. Olefsky. 1976. Plasma glucose and insulin responses to orally administered simple and complex carbohydrates. Diabetes 25:741-747.

Crittenden, R., and M. Playne. 1996. Production, properties, and applications of food-grade oligosaccharides. Trends Food Sci. Technol. 7:353-459.

Cummings, J. H., and G. T. Macfarlane. 1991. The control and consequences of bacterial fermentation in the human colon. J. Appl. Bacteriol. 70:443-459.

Cummings, J. H., S. A. Bingham, K. W. Heaton, and M. A. Eastwood. 1992. Fecal weight, colon cancer risk, and dietary intake of nonstarch polysaccharides (dietary fiber). Gastroenterol. 103:1783-1789.

Cummings, J. H., M. B. Roberfroid, H. Anderson, C. Barth, A. Ferro-Luzzi, Y. Ghoos, M. Gibney, K. Hermonsen, W. P. T. James, O. Korver, D. Lairon, G. Pascal, and A. G. S. Voragen. 1997. A new look at dietary carbohydrate: Chemistry, physiology, and health. Eur. J. Clin. Nutr. 51:417-423.

Debraekeleer, J. 1998. Comparative analysis of milk replacers for puppies and kittens. J. Anim. Physiol. Anim. Nutr. 80:185-193.

Delorme, C. B., D. Barrette, R. Monean, and R. Lariviere. 1985. The effect of dietary fiber on feed intake and growth in beagle puppies. Can. J. Comp. Med. 49:278.

Delzenne, N. M., and M. B. Roberfroid. 1994. Physiological effects of non-digestible oligosaccharides. Lebensm. Wiss. Technol. 27:1-6.

Diez, M., J.-L. Hornick, P. Baldwin, and L. Istasse. 1997a. Influence of a blend of fructo-oligosaccharides and sugar beet fiber on nutrient digestibility and plasma metabolite concentrations in healthy beagles. Am. J. Vet. Res. 58:1238-1242.

Diez, M., C. van Eenaeme, J.-L. Hornick, P. Baldwin, and L. Istasse. 1997b. Dietary fibre in dogs diet: Comparisons between cellulose, pectin, guar gum, and between two incorporation rates of guar gum. J. Anim. Physiol. Anim. Nutr. 78:220-229.

Diez, M., J. L. Hornick, P. Baldwin, C. Van Eenaeme, and L. Istasse. 1998. The influence of sugar-beet fibre, guar gum and inulin on nutrient digestibility, water consumption and plasma metabolites in healthy beagle dogs. Res. Vet. Sci. 64:91-96.

Dobenecker, B., and E. Kienzle. 1998. Interactions of cellulose content and diet composition with food intake and digestibility in dogs. J. Nutr. 128:2674S-2675S.

Dobenecker, B., B. Zottman, E. Kienzle, P. Wolf, and J. Zentek. 1998. Milk yield and composition of lactating queens. J. Anim. Physiol. Anim. Nutr. 80:173-178.

Drackley, J. K., and A. D. Beaulieu. 1998. Energetic substrates for intestinal cells. Pp. 463-472 in Recent Advances in Canine and Feline Nutrition: 1998 Iams Nutrition Symposium Proceedings, G. A. Reinhart and D. P. Carey, eds. Wilmington, Ohio: Orange Frazer Press.

Dreher, M. 1999. Food sources and uses of dietary fiber. Pp. 327-372 in Complex Carbohydrates in Foods, S. S. Cho, L. Prosky, and M. Dreher, eds. New York: Marcel Dekker, Inc.

Dreher, M. L., C. J. Dreher, and J. W. Berry. 1984. Starch digestibility of foods. A nutritional perspective. CRC Crit. Rev. Food Sci. Nutr. 20:47-71.

Drochner, W., and S. Muller-Schlosser. 1980. Digestibility and tolerance of various sugars in cats. Pp. 101-11 in Nutrition of the Dog and Cat, R.S. Anderson, ed. London: Pergamon Press.

Earle K. E., E. Kienzle, B. Opitz, P. M. Smith, and I. E. Maskell. 1998. Fiber affects digestibility of organic matter and energy in petfoods. J. Nutr. 128:2798S-2800S.

Eastwood, M. A. 1992. The physiological effect of dietary fiber: An update. Annu. Rev. Nutr. 12:19-35.

Ebiner, J. R., K. J. Acheson, and A. Doerner. 1979. Comparison of carbohydrate utilization in man using indirect calorimetry and mass spectrometry after an oral load of 100 g naturally-labelled (^{13}C) glucose. Br. J. Nutr. 41:419-429.

Englyst, H. 1989. Classification and measurement of plant polysaccharides. Anim. Feed Sci. Technol. 23:27-42.

Englyst, H. N., and J. H. Cummings. 1984. Simplified method for the measurement of total non-starch polysaccharides by gas-liquid chromatography of constituent sugars as alditol acetates. Analyst 109:937-942.

Englyst, H. N., and J. H. Cummings. 1987. Resistant starch, a "new" food component: A classification of starch for nutritional purposes. Pp. 221-233 in Cereals in a European context, I. D. Morton, ed. Chichester, UK: First European Conference on Food Science and Technology.

Englyst H. N., and J. H. Cummings. 1988. Improved method for measurement of dietary fiber as non-starch polysaccharides in plant foods. J. Assoc. Off. Anal. Chem. 71:808-814.

Englyst, H. N., and G. J. Hudson. 1987. Colorimetric method for routine measurement of dietary fiber as non-starch polysaccharides. A comparison with gas-liquid chromatography. Food Chem. 24:63-76.

Englyst, H. N., H. S. Wiggins, and J. H. Cummings. 1982. Determination of the non-starch polysaccharides in plant foods by gas-liquid chromatography of constituent sugars as alditol acetates. Analyst 107:307-318.

Englyst, H. N., J. H. Cummings, and R. Wood. 1987. Determination of dietary fiber in cereals and cereal products—collaborative trials. III. Study of further simplified procedures. J. Assoc. Public Anal. 25:73-111.

Englyst, H. N., S. M. Kingman, and J. H. Cummings. 1992a. Classification and measurement of nutritionally important starch fractions. Eur. J. Clin. Nutr. 46:S33-S50.

Englyst, H. N., M. E. Quigley, G. J. Hudson, and J. H. Cummings. 1992b. Determination of dietary fiber as non-starch polysaccharides by gas-liquid chromatography. Analyst 117:1707-1714.

Englyst, H. N., M. E. Quigley, and G. J. Hudson. 1994. Determination of dietary fibre as non-starch polysaccharides with gas-liquid chromatographic, high-performance liquid chromatographic, or spectrophotometric measurement of constituent sugars. Analyst 119:1497-1509.

Englyst, K. N., H. N. Englyst, G. J. Hudson, T. J. Cole, and J. H. Cummings. 1999. Rapidly available glucose in foods: An in vitro measurement that reflects the glycemic response. Am. J. Clin. Nutr. 69:448-454.

Fahey, G. C., Jr. 1995. Practical considerations in feeding dietary fibers to companion animals. Pp. 44-54 in Petfood Forum Proceedings. Mt. Morris, Il.: Watt Publishing.

Fahey, G. C., Jr., N. R. Merchen, J. E. Corbin, A. K. Hamilton, K. A. Serbe, S. M. Lewis, and D. A. Hirakawa. 1990a. Dietary fiber for dogs. II. Isototal dietary fiber (TDF) additions of divergent fiber sources to dog diets and their effects on nutrient intake, digestibility, metabolizable energy and digesta mean retention time. J. Anim. Sci. 68:4229-4235.

Fahey, G. C., Jr., N. R. Merchen, J. E. Corbin, A. K. Hamilton, K. A. Serbe, S. M. Lewis, and D. A. Hirakawa. 1990b. Dietary fiber for dogs. I. Effects of graded levels of dietary beet pulp on nutrient intake, digestibility, metabolizable energy and digesta mean retention time. J. Anim. Sci. 68:4221-4228.

Fahey, G. C., Jr., N. R. Merchen, J. E. Corbin, A. K. Hamilton, L. L. Bauer, E. C. Titgemeyer, and D. A. Hirakawa. 1992. Dietary fiber for dogs. III. Effects of beet pulp and oat fiber additions to dog diets on nutrient intake, digestibility, metabolizable energy, and digesta mean retention time. J. Anim. Sci. 70:1169-1174.

Faisant, N., V. Planchot, F. Kozlowski, M. P. Pacouret, P. Colonna, and M. Champ. 1995. Resistant starch determination adapted to products containing high level of resistant starch. Sci. Alim. 15:83-89.

Felig, P., and V. Lynch. 1970. Starvation in human pregnancy: Hypoglycemia, hypoinsulinemia, and hyperketonemia. Science 170:990-992.

Fernandez, R., and S. F. Phillips. 1982. Components of fiber impair iron absorption in the dog. Am. J. Clin. Nutr. 35:107-112.

Ferrell, F. 1984. Preference of sugars and nonnutritive sweeteners in young beagles. Neuroscience Biobehavioral Rev. 8:199-203.

Field, C. J., M. I. McBurney, S. Massimino, M. G. Hayek, and G. D. Sunvold. 1999. The fermentable fiber content of the diet alters the function and composition of canine gut associated lymphoid tissue. Vet. Immunol. Immunopathol. 72:325-341.

Finely, J. W., and G. A. Leveille. 1996. Macronutrient substitutes. Pp. 581-595 in Food Chemistry, 3rd ed., O. R. Fennema, ed. New York: Marcel Dekker, Inc.

Firmansyah, A., D. Penn, and E. Lebenthal. 1989. Isolated colonocyte metabolism of glucose, glutamine, *n*-butyrate, and beta-hydroxybutyrate in nutrition. Gastroenterol. 97:622-629.

Flatt, J. P. 1988. Importance of nutrient balance in body weight regulation. Diabetes Metab. Rev. 4:571-581.

Flatt, J. P., E. Ravussin, K. J. Acheson, and E. Jequier. 1985. Effects of dietary fat on postprandial substrate oxidation and on carbohydrate and fat balances. J. Clin. Invest. 76:1019-1024.

Fleming, S. E., M. D. Fitch, S. DeVries, M. L. Liu, and C. Kight. 1991. Nutrient utilization by cells isolated from rat jejunum, cecum, and colon. J. Nutr. 121:869-878.

Flickinger, E. A., B. W. Wolf, K. A. Garleb, J. Chow, G. J. Leyer, P. W. Johns, and G. C. Fahey, Jr. 2000. Glucose-based oligosaccharides exhibit different in vitro fermentation patterns and affect in vivo apparent nutrient digestibility and microbial populations in dogs. J. Nutr. 130:1267-1273.

Fukuda, S., N. Kawashima, H. Iida, J. Aoki, and K. Tokita. 1989. Age dependency of hematological values and concentrations of serum biochemical constituents in normal Beagle dogs from 1 to 14 years of age. Jpn. J. Vet. Sci. 51:636-641.

Gee, M., I. T. Johnson, and E. K. Lund. 1992. Physiological properties of resistant starch. Eur. J. Clin. Nutr. 46:S125.

Gibson, G. R., and M. B. Roberfroid. 1995. Dietary modulation of the human colonic microbiota: Introducing the concept of prebiotics. J. Nutr. 125:1401-1412.

Gibson, G. R., and X. Wang. 1994. Regulatory effects of bifidobacteria on the growth of other colonic bacteria. J. Appl. Bacteriol. 77:412-420.

Gordon, D. T. 1999. What is dietary fiber? Food Technol. 53:242.

Graham, P. A., I. E. Maskell, and A. S. Nash. 1994. Canned high fiber diet and postprandial glycemia in dogs with naturally occurring diabetes mellitus. J. Nutr. 124:2712S-2715S.

Gray, G. l992. Starch digestion and absorption in nonruminants. J. Nutr. 122:172-177.

Grizard, D., and C. Barthomeuf. 1999. Non-digestible oligosaccharides used as prebiotic agents: Mode of production and beneficial effects on animal and human health. Reprod. Nutr. Dev. 39:563-588.

Guilbot, A., and C. Mercier. 1985. Starch. Pp. 209-282 in The Polysaccharides, G. O. Aspinall, ed. New York: Academic Press.

Hallman, J. E., R. A. Moxley, G. A. Reinhart, E. A. Wallace, and E. T. Clemens. 1995. Cellulose, beet pulp, and pectin/gum arabic effects on canine colonic microstructure and histopathology. Vet. Clin. Nutr. 4:137-142.

Harmon, D. L., J. A. Walker, J. M. Silvio, A. M. Jamikorm, and K. L. Gross. 1999. Nutrient digestibility in dogs fed fiber-containing diets. Vet. Clin. Nutr. 6:6-8.

Harper, E. J. 1998. Changing perspectives on aging and energy requirements: Aging and digestive function in humans, dogs, and cats. J. Nutr. 128:2623S-2626S.

Harris, P. J., A. B. Blakeney, R. H. Henry, and B. A. Stone. 1988. Gas chromatographic determination of the monosaccharide composition of plant cell wall preparations. J. Assoc. Off. Anal. Chem. 71:272-275.

Hassid, W. Z. 1970. Biosynthesis of sugars and polysaccharides. Pp. 301-373 in The Carbohydrates. Chemistry and Biochemistry, W. Pigman and D. Horton, eds. New York: Academic Press.

Henneberg, W., and F. Stohmann. 1859. Ueber das Erhaltungsfutter volljaehrigen Rindviehs. J. Landwirtsch. 3:485-551.

Henshall, A. 1999. High performance anion exchange chromatography with pulsed amperometric detection (HPAE-PAD): A powerful tool for the analysis of dietary fiber and complex carbohydrates. Pp. 267-289 in Complex Carbohydrates in Foods, S. S. Cho, L. Prosky, and M. Dreher, eds. New York: Marcel Dekker, Inc.

Herschel, D. A., R. A. Argenzio, M. Southworth, and C. E. Stevens. 1981. Absorption of volatile fatty acid and H_2O by the colon of the dog. Am. J. Vet. Res. 42:1118-1124.

Hietanen, E. 1973. Interspecific variation in the levels of intestinal alkaline phosphatase, adenosine triphosphatase and disaccharidases. Com. Biochem. Physiol. 46A:359-369.

Hilton, J. 1990. Carbohydrates in the nutrition of the dog. Can. Vet. J. 31:128-129.

Hintz, H. F. 1988. Dietary management of puppies. Cont. Ed. 9:372-380.

Holm, J., I. Bjorck, A. Drews, and N. G. Asp. 1986. A rapid method for the analysis of starch. Staerke 38:224-226.

Holtug, K., M. R. Clausen, J. Christiansen, and P. B. Mortensen. 1992. The colon in carbohydrate malabsorption: Short-chain fatty acids, pH, and osmotic diarrhea. Scand. J. Gastroenterol. 27:545-552.

Hore, P., and M. Messer. 1968. Studies on disaccharidase activities of the small intestine of the domestic cat and other mammals. Comp. Biochem. Physiol. 24:717-725.

Houpt, K. A., B. Coren, H. F. Hintz, and J. E. Hilderbrant. 1979. Effect of sex and reproductive status on sucrose preference, food intake, and body weight of dogs. J. Am. Vet. Med. Assoc. 174:1083-1085.

Howard, M. D., M. S. Kerley, F. A. Mann, G. D. Sunvold, and G. A. Reinhart. 1999. Blood flow and epithelial cell proliferation of the canine colon are altered by source of dietary fiber. Vet. Clin. Nutr. 6:8-15.

Institute of Medicine. 2001. Proposed Definition of Dietary Fiber: A Report of the Panel on the Definition of Dietary Fiber and the Standing Committee on the Scientific Evaluation of Dietary Reference Intakes. Food and Nutrition Board. Washington, D.C.: National Academy Press.

Jackson, J. E., D. P. Laflamme, and S. F. Owens. 1997. Effects of dietary fiber content on satiety in dogs. Vet. Clin. Nutr. 4:130-134.

James, W. P. T., and O. Theander, eds. 1981. The Analysis of Dietary Fiber in Food. Marcell Dekker, New York. 276 pp.

Jenkins, D. J. A., T. M. S. Taylor, R. H. Barker, and H. Fielder. 1981. Glycemic index of foods: A physiological basis for carbohydrate exchange. Am. J. Clin. Nutr. 35:346-366.

Jequier, E. 1994. Carbohydrates as a source of energy. Am. J. Clin. Nutr. 59:682S-685S.

Jewell, D. E., and P. W. Toll. 1996. Effects of fiber on food intake in dogs. Vet. Clin. Nutr. 3:115-118.

Jewell, D. E., W. Toll, and B. J. Novotny. 2000. Satiety reduces adiposity in dogs. Vet. Therapeutics 1:17-23.

Kamalu B. P. 1991. Digestibility of nutritionally-balanced cassava (*Manihot esculenta* Crantz) diet and its effect on growth in young male dogs. Br. J. Nutr. 66:199-208.

Karkalas, J. 1985. An improved enzymic method for the determination of native and modified starch. J. Sci. Food. Agric. 36:1019-1027.

Keen, C. L., B. Lonnerdal, M. S. Clegg, L. S. Hurley, J. G. Morris, Q. R. Rogers, and R. B. Rucker. 1982. Developmental changes in composition of cats' milk: Trace elements, minerals, protein, carbohydrate, and fat. J. Nutr. 112:1763-1769.

Keller, P. 1980. The tolerance of some sugars and sugar alcohols in dogs. Pp. 113-116 in Aus dem Institut fur Tierenahrung der Tierarztlichen Hochschule, Hannover.

Kendall, P. T., and D. W. Holme. 1982. Studies on the digestibility of soybean products, cereals, cereal and plant by-products in diets of dogs. J. Sci. Food Agric. 33:813-822.

Keys, J. E., Jr., and J. V. DeBarthe. 1974. Cellulose and hemicellulose digestibility in the stomach, small intestine and large intestine of swine. J. Anim. Sci. 39:53-56.

Kienzle, E. 1988. Enzymeaktivitaet in pancreas, darmwand und chymus des hundes in abhangigkeit von alter und futterart. J. Anim. Physiol. Anim. Nutr. 60:276-288.

Kienzle E. 1989. Untersuchungen zum Intestinal- und Intermediärstoffwechsel von Kohlenhydraten (Stärke verschiedener Herkunft und Aufbereitung, Mono- und Disaccharide) bei der Hauskatze (*Felis catus*) (Investigations on intestinal and intermediary metabolism of carbohydrates (Starch of different origin and processing, mono- and disaccharides) in domestic cats (*Felis catus*). (Habilitation thesis). Tierärztliche Hochschule, Hannover.

Kienzle, E. 1993a. Carbohydrate metabolism in the cat. 1. Activity of amylase in the gastrointestinal tract of the cat. J. Anim. Physiol. Anim. Nutr. 69:92-101.

Kienzle, E. 1993b. Carbohydrate metabolism in the cat. 2. Digestion of starch. J. Anim. Physiol. Anim. Nutr. 69:102-114.

Kienzle, E. 1993c. Carbohydrate metabolism in the cat. 3. Digestion of sugars. J. Anim. Physiol. Anim. Nutr. 69:203-210.

Kienzle, E. 1993d. Carbohydrate metabolism in the cat. 4. Activity of maltase, isomaltase, sucrase, and lactase in the gastrointestinal tract in relation to age and diet. J. Anim. Physiol. Anim. Nutr. 70:89-96.

Kienzle, E. 1994. Blood sugar levels and renal sugar excretion after the intake of high carbohydrate diets in cats. J. Nutr. 124:2563S-2567S.

Kienzle E., M. Meyer, and H. Lohrie H. 1985. Einfluss kohlenhydratfreier Rationen mit unterschiedlichen Protein/Energierelationen auf foetale Entwicklung und Vitalität von Welpen sowie die Milchzusammensetzung von Hündinnen (Effect of differing protein/energy ratios in carbohydrate-free diets for breeding bitches on development and vitality of puppies and milk composition). Adv. Anim. Physiol. Anim. Nutr. 16: 73-99.

Kienzle, E., H. Meyer, and R. Schneider. 1991. Investigations on palatability, digestibility, and tolerance of low digestible food components in cats. J. Nutr. 121:S56-S57.

Kripke, S. A., A. D. Fox, J. M. Berman, R. G. Settle, and J. L. Rombeau. 1989. Stimulation of intestinal mucosal growth with intracolonic infusion of short-chain fatty acids. J. Paren. Enteral Nutr. 13:109-116.

Kritchevsky, D. 1988. Dietary fiber. Annu. Rev. Nutr. 8:301-328.

Lee, S. C., and L. Prosky. 1994. Perspectives on new dietary fiber definition. Cereal Foods World 39:767-768.

Lee, S. C., and L. Prosky. 1995. International survey on dietary fiber: Definition, analysis, and reference materials. J. Assoc. Off. Anal. Chem. Int. 78:22-36.

Lee, S. C., and L. Prosky. 1999. International survey on dietary fiber, definition, analysis, and reference materials. Pp. 605-608 in Complex Carbohydrates in Foods, S. S. Cho, L. Prosky, and M. Dreher, eds. New York: Marcel Dekker, Inc.

Legrand-Defretin, V. 1994. Differences between cats and dogs: A nutritional view. Proc. Nutr. Soc. 53:15-24.

Levin, R. J. 1994. Digestion and absorption of carbohydrates: From molecules and membranes to humans. Am. J. Clin. Nutr. 59(Suppl):690S-698S.

Levinson, R. A., and E. Englert, Jr. 1970. Small intestinal absorption of simple sugars and water in the cat. Experentia 26:262-263.

Lewis, L. D., J. H. Magerkurth, P. Roudebush, M. L. Morris, E. E. Mitchell, and S. M. Teeter. 1994. Stool characteristics, gastrointestinal transit time, and nutrient digestibility in dogs fed different fiber sources. J. Nutr. 124:2716S-2718S.

Lichtenthaler, F. W. 1998. Towards improving the utility of ketoses as organic raw materials. Carbohydr. Res. 313:69-89.

Lineback, D. R. 1999. The chemistry of complex carbohydrates. Pp. 115-129 in Complex Carbohydrates in Foods, S. S. Cho, L. Prosky, and M. Dreher, eds. New York: Marcel Dekker, Inc.

Lowseth, L. A., N. A. Gillet, R. F. Gerlach, and B. A. Muggenburg. 1990. The effects of aging on hematology and serum chemistry values in the Beagle dog. Vet. Clin. Pathol. 19:13-19.

Mansfield, P. D., R. J. Kemppainen, and J. L. Sartin. 1986. The effects of megestrol acetate treatment on plasma glucose concentration and insulin response to glucose administration in cats. J. Am. Anim. Hosp. Assoc. 22:515-518.

Markham, R. W., and E. M. Hodgkins. 1989. Geriatric nutrition. Geriatrics Gerontol. 19:165-185.

Marlett, J. A. 1989. Measuring dietary fiber. Anim. Feed Sci. Technol. 23: 1-13.

Marsman, G. J. P., H. Gruppen, A. J. Mul, and A. G. J. Voragen. 1997. In vitro accessibility of untreated, toasted, and untoasted soybean meals for proteases and carbohydrase. J. Agric. Food Chem. 45:4088-4095.

Maskell, I. E., and J. V. Johnson. 1993. Digestion and absorption. Pp. 25-44 in The Waltham Book of Companion Animal Nutrition, I. H. Burger, ed. New York: Pergamon Press.

Massimino, S. P., M. I. McBurney, C. J. Field, A. B. R. Thompson, M. Keelan, M. G. Hayek, and G. D. Sunvold. 1998. Fermentable dietary fiber increases GLP-1 secretion and improves glucose homeostasis despite increased intestinal glucose transport capacity in healthy dogs. J. Nutr. 128:1786-1793.

McBurney, M. I. 1991. Potential water-holding capacity and short-chain fatty acid production from purified fiber sources in a fecal incubation system. Nutr. 7:421-424.

McCleary, B. V., T. S. Gibson, V. Solah, and D. C. Mugford. 1994. Total starch measurement in cereal products: Inter-laboratory evaluation of a rapid enzymic test procedure. Cereal Chem. 71:501-504.

McCleary, B. V., M. McNally, and P. Rossiter. 2002. Measurement of resistant starch by enzymatic digestion in starch and selected plant materials: Collaborative study. J. AOAC Int'l. 85:1103-1111.

McNeil, M., A. G. Darvill, S. C. Stephen, and P. Albersheim. 1984. Structure and function of primary cell walls of plants. Annu. Rev. Biochem. 53:625-663.

Meuser, F., P. Suchow, and W. Kulikowski. 1985. Verfahren zur Bestimmung von unloslichen und loslichen Ballaststoffen in Lebensmitteln. Zeitschrift Lebensmittel Untersuchung und Forschung 181:101-106.

Meyer, D., and B. Tungland. 2001. Non-digestible oligosaccharides and polysaccharides: Their physiological effects and health implications. Pp. 455-470 in Advanced Dietary Fibre Technology, B. V. McCleary and L. Prosky, eds. Oxford, UK: Blackwell Science Ltd.

Meyer, H., and E. Kienzle. 1991. Dietary protein and carbohydrates: Relationship to clinical disease. In Proc. Purina Int. Symp., Orlando, Fla.

Meyer, H., T. Behfeld, C. Schunemann, and A. Muehlum. 1989. Intestinaler Wasser-, Natrium- und Kaliumstoffwechsel (Intestinal metabolism of water, sodium and potassium). Adv. Anim. Physiol. Anim. Nutr. 19:109-119.

Molis, C., B. Flourie, F. Ouarne, M. Gailing, S. Lartigue, S. Guibert, F. Bornet, and J. Galmiche. 1996. Digestion, excretion, and energy value of fructooligosaccharides in healthy humans. Am. J. Clin. Nutr. 64:324-328.

Monsan, P. F., and F. Paul. 1995. Oligosaccharide feed additives. Pp. 233-245 in Biotechnology in Animal Feeds and Animal Feeding, R. J. Wallace and A. Chesson, eds. New York: VCH.

Morris, J. G., J. Trudell, and T. Pencovic. 1977. Carbohydrate digestion by the domestic cat (*Felis catus*). Br. J. Nutr. 37:365-373.

Moser, E. 1992. Feeding to optimize canine reproductive efficiency. Prob. Vet. Med. 4:545-550.

Mosier, J. E. 1989. Effects of aging on body systems of the dog. Vet. Clin. North Am. (Small Anim. Pract.) 19:1-12.

Muehlum, V. A., M. Ingwersen, C. Schunemann, H. Wilfarth, and H. Meyer. 1989. Praecaecale und postileale verdauung von saccharose, lactose sowie stachyose und raffinose. Fortchr. Tierphysiol. Tierernahrg. 19:31-43.

Muir, H. E., S. M. Murray, G. C. Fahey, Jr., N. R. Merchen, and G. A. Reinhart. 1996. Nutrient digestion by ileal cannulated dogs as affected by dietary fibers with various fermentation characteristics. J. Anim. Sci. 74:1641-1648.

Muir, J., and K. O'Dea. 1993. Validation of an in vitro assay for predicting the amount of starch that escapes digestion in the small intestine of humans. Am. J. Clin. Nutr. 57:540-546.

Murray, S. M., A. R. Patil, G. C. Fahey, Jr., N. R. Merchen, B. W. Wolf, C.-S. Lai, and K. A. Garleb. 1998. Apparent digestibility of a debranched amylopectin-lipid complex and resistant starch incorporated into enteral formulas fed to ileal-cannulated dogs. J. Nutr. 128:2032-2035.

Murray, S. M., G. C. Fahey, Jr., N. R. Merchen, G. D. Sunvold, and G. A. Reinhart. 1999. Evaluation of selected high-starch flours as ingredients in canine diets. J. Anim. Sci. 77:2180-2186.

Murray, S. M., E. A. Flickinger, A. R. Patil, N. R. Merchen, J. L. Brent, Jr., and G. C. Fahey, Jr. 2001. In vitro fermentation characteristics of native and processed cereal grains and potato starch using ileal chyme from dogs. J. Anim. Sci. 79:435-444.

Nantel, G. 1999. Carbohydrates in human nutrition. Food Nutr. Agric. 24: 6-10.

Nelson, R. W. 1989. The role of fiber in managing diabetes mellitus. Vet. Med. 84:1156-1160.

Nguyen, P., H. Dumon, P. Buttlin, L. Martin, and A. Gouro. 1994. Composition of meal influences changes in postprandial incremental glucose and insulin in healthy dogs. J. Nutr. 124:2707S-2711S.

Nguyen P., H. Dumon, V. Biourge, and E. Pouteau. 1998. Glycemic and insulinemic responses after ingestion of commercial foods in healthy dogs: Influence of food composition. J. Nutr. 128:2654S-2658S.

O'Carra, R. 1997. An assessment of the potential of mannanoligosaccharides as immunostimulants. M.S. thesis. National University of Ireland, Galway.

Pappas, T. N., R. L. Melendez, and H. T. Debas. 1989. Gastric distension is a physiologic satiety signal in the dog. Digest. Dis. Sci. 34:1489-1493.

Payler, D. K., E. W. Pomare, K. W. Heaton, and R. F. Harvey. 1975. The effect of wheat bran on intestinal transit. Gut 16:209-213.

Pazur, J. H. 1970. Oligosaccharides. Pp. 69-138 in The Carbohydrates. Chemistry and Biochemistry, Vol. IIA., W. Pigman and D. Horton, eds. New York: Academic Press.

Piccaglia, R., and G. C. Galletti. 1988. Sugar and sugar alcohol determination in feedstuffs by HRGC, HPLC and enzymatic analysis. J. Sci. Food Agric. 45:203-213.

Pouteau, E., H. Dumon, V. Biourge, M. Krempf, and P. Nguyen. 1998a. A kinetic study of acetate metabolism in dogs using [1-^{13}C]acetate. J. Nutr. 128:2651S-2653S.

Pouteau, E., H. Dumon, V. Biourge, M. Krempf, and P. Nguyen. 1998b. Lactulose ingestion has no effect on plasma acetate in dogs studied with [1-^{13}C]acetate. J. Nutr. 128:2663S-2665S.

Prosky, L. 1991. The AOAC method for dietary fiber: Then and now. Pp. 150-152 in Proc. Cereals Int. D. J. Martin and C. W. Wrigley, eds. Parkville, Victoria: Royal Australian Chemical Institute.

Prosky, L., and J. DeVries. 1992. Controlling Dietary Fiber in Food Products. New York: Van Nostrand Reinhold.

Prosky, L., N. G. Asp, I. Furda, J. W. Devries, T. F. Schweizer, and B. F. Harland. 1984. Determination of total dietary fiber in foods, food products and total diets: Interlaboratory study. J. Assoc. Off. Anal. Chem. 67:1044-1052.

Quigley, M. E., and H. N. Englyst. 1992. Determination of neutral sugars and hexoseamines by high-performance liquid chromatography with pulsed amperometric detection. Analyst 117:1715-1718.

Quigley, M. E., and H. N. Englyst. 1994. Determination of the uronic acid constituents of non-starch polysaccharides by high-performance liquid chromatography with pulsed amperometric detection. Analyst 119: 1511-1518.

Remesy, C., S. R. Behr, M. A. Levrat, and C. Demigne. 1992. Fiber fermentability in the rat cecum and its physiological consequences. Nutr. Res. 12:1235-1244.

Report of the British Nutrition Foundation Task Force. 1990. Complex Carbohydrates in Foods. London: Chapman and Hall.

Reppas, C., J. H. Meyer, P. J. Sirois, and J. B. Dressman. 1991. Effect of hydroxypropylmethylcellulose on gastrointestinal transit and luminal viscosity in dogs. Gastroenterol. 100:1217-1223.

Rerat, A. 1978. Digestion and absorption of carbohydrates and nitrogenous matters in the hindgut of the omnivorous nonruminant animal. J. Anim. Sci. 46:1808-1837.

Rerat, A., M. Fiszlewicz, A. Guisi, and P. Vaugelade. 1987. Influence of meal frequency on postprandial variations in the production and absorption of volatile fatty acids in the digestive tract of conscious pigs. J. Anim. Sci. 64:448-456.

Ristert, E. 1914. Intestinal absorption of calcium. Pp. 321-403 in Mineral Metabolism, Vol. III, L. L. Comar and U. F. Bronner, eds. New York: Academic Press.

Roberfroid, G. 1993. Dietary fiber, inulin, and oligofructose: A review comparing their physiological effects. Crit. Rev. Food Sci. Nutr. 33:103-148.

Roberfroid, M., G. R. Gibson, and N. Delzenne. 1993. The biochemistry of oligofructose, a nondigestible fiber: An approach to calculate its caloric value. Nutr. Rev. 51:137-146.

Robertson, J. B., and P. J. van Soest. 1981. The detergent system of analysis and its application to human foods Pp. 123-158 in The Analysis of Dietary Fiber in Foods, W. P. T. James and O. Theander, eds. New York: Marcell Dekker.

Roediger, W. E. W. 1980. Role of anaerobic bacteria in the metabolic welfare of the colonic mucosa in man. Gut 21:793-798.

Romsos, D. R., P. S. Belo, M. R. Bennink, W. G. Bergen, and G. A. Leveille. 1976. Effects of dietary carbohydrate, fat, and protein on growth, body composition, and blood metabolite levels in the dog. J. Nutr. 106:1452-1464.

Romsos, D. R., M. J. Hornshuh, and G. A. Leveille. 1978. Influence of dietary fat and carbohydrate on food intake, body weight and body fat of adult dogs. Proc. Soc. Exper. Bio. Med. 157:278-281.

Romsos, D. R., H. J. Palmer, K. L. Muiruri, and M. R. Bennink. 1981. Influence of a low carbohydrate diet on performance of pregnant and lactating dogs. J. Nutr. 111:678-689.

Rossner, S. 1992. Dietary fiber in the prevention and treatment of obesity. Pp. 265-277 in Dietary Fiber—A Component of Food. Nutritional Function in Health and Disease, T. F. Schweizer and C. A. Edwards, eds. Berlin: Springer-Verlag.

Russell, J., and P. Bass. 1985. Canine gastric emptying of fiber meals: Influence of meal viscosity and antroduodenal motility. Am. J. Physiol. 249:G662-667.

Sakata, T. 1987. Stimulatory effect of short-chain fatty acids on epithelial cell proliferation in the rat intestine: A possible explanation for trophic effects of fermentable fibre, gut microbes and luminal tropic factors. Br. J. Nutr. 58:95-103.

Scarlett, J. M., S. Donoghue, J. Saidla, and J. M. Wills. 1994. Overweight cats: Prevalence and risk factors. Int. J. Obesity 18:S22-S28.

Scheppach, W., P. Bartran, and A. Richter. 1992. Effect of short chain fatty acids on the human colonic mucosa in vitro. J. Paren. Ent. Nutr. 16:43-48.

Schneeman, B. O. 1987. Soluble vs insoluble fiber—Different physiological responses. Food Technol. 41:81-82.

Schneeman, B. O. 1994. Carbohydrates: Significance for energy balance and gastrointestinal function. J. Nutr. 124(Suppl):1747S-1753S.

Schultz A., and F. Grande. 1968. Effects of starch and sucrose on the serum lipids of dogs before and after thyroidectomy. J. Nutr. 94:71-73.

Schünemann, V. C., A. Muehlum, S. Junker, H. Wilfarth, and H. Meyer. 1989. Precaecal and postileal digestibility of various starches, pH-values and concentrations of organic acids in intestinal chyme. Fortschr Tierphysiol. Tierernaehr. 19:44-58

Selvendran, R. R. 1984. The plant cell wall as a source of dietary fiber: Chemistry and structure. Am. J. Clin. Nutr. 39:320-337.

Sheffy, B. E., and A. J. Williams. 1981. Nutrition and the aging animal. Vet. Clin. North. Am. 11:669-675.

Sheffy, B. E., A. J. Williams, J. F. Zimmer, and G. D. Ryan. 1985. Nutrition and metabolism of the geriatric dog. Cornell Vet. 75:324-347.

Silvio, J., D. L. Harmon, K. L. Gross, and K. R. McLeod. 2000. Influence of fiber fermentability on nutrient digestion in the dog. Nutr. 16:289-295.

Sloth, C. 1992. Practical management of obesity in dogs and cats. J. Small Anim. Practice 33:178-182.

Smith, A. N., E. Drummond, and M. A. Eastwood. 1981. The effect of coarse and fine Canadian Red Wheat and French Soft Wheat bran on colonic motility in patients with diverticular disease. Am. J. Clin. Nutr. 34:2460-2463.

Southgate, D. A. T. 1981. Use of the Southgate method for unavailable carbohydrates in the measurement of dietary fiber. Pp. 1-19 in The Analysis of Dietary Fiber in Food, W. P. T. James and O. Theander, eds. New York: Marcell Dekker, Inc.

Sparkes, A. H., K. Papasouliotis, G. Sunvold, G. Werrett, C. Clarke, M. Jones, T. J. Gruffydd-Jones, and G. Reinhart. 1998a. Bacterial flora in the duodenum of healthy cats, and effect of dietary supplementation with fructooligosaccharides. Am J. Vet. Res. 59:431-435.

Sparkes, A. H., K. Papasouliotis, G. Sunvold, G. Werrett, E. A. Gruffydd-Jones, K. Egan, T. J. Gruffydd-Jones, and G. Reinhart. 1998b. Effect of dietary supplementation with fructooligosaccharides on fecal flora of healthy cats. Am. J. Vet. Res. 59:436-440.

Sreenath, H. K. 1992. Studies on starch granule digestion by α-amylase. Starch/Staerke 44:61-63.

Stanogias, G., and G. R. Pearce. 1985. The digestion of fibre by pigs. I. The effects of amount and type of fibre on apparent digestibility, nitrogen balance and rate of passage. Br. J. Nutr. 53:513-530.

Stenutz, R., P. E. Jansson, and G. Widmalm. 1998. Computer-assisted structural analysis of oligo- and polysaccharides: An extension of CASPER to multibranched structures. Carbohydr. Res. 306:11-17.

Stephan, A. M. 1983. Other plant polysaccharides. Pp. 97-193 in The Polysaccahrides, G.O. Aspinall, ed. New York: Academic Press.

Stephen, A. M. 1989. The physiological effects of cellulose in the human large intestine. Anim. Feed. Sci. Tech. 23:241-259.

Stephen, A. M., and J. H. Cummings. 1980. Mechanism of action of dietary fiber in the human colon. Nature 284:283-284.

Stevens, C. E., R. A. Argenzio, and E. T. Clemens. 1980. Microbial digestion: Rumen versus large intestine. Pp. 685-706 in Digestive Physiology and Metabolism in Ruminants, Y. Ruckebusch and P. Thivend, eds. Lancaster, UK: MTP Press.

Stock-Damge, C., P. Bouchet, A. Dentinger, M. Aprahamian, and J. F. Grenier. 1983. Effect of dietary fiber supplementation on the secretory function of the exocrine pancreas in the dog. Am. J. Clin. Nutr. 38:843-848.

Stock-Damge, C., M. Aprahamian, F. Raul, W. Humbert, and P. Bouchet. 1984. Effect of wheat bran on the exocrine pancreas and small intestinal mucosa in the dog. J. Nutr. 114:1076-1082.

Strasser, A., H. Niedermueller, G. Hofecker, and G. Laber. 1993. The effect of aging on laboratory value of dogs. J. Vet. Med. A40:720-730.

Strickling, J. A., D. L. Harmon, K. A. Dawson, and K. L. Gross. 2000. Evaluation of oligosaccharide addition to dog diets: Influences on nutrient digestion and microbial populations. Anim. Feed Sci. Technol. 86:205-219.

Sunvold, G. D. 1996. Dietary fiber for dogs and cats: An historical perspective. Pp. 3-14 in Recent Advances in Canine and Feline Nutrition: 1996 Iams Nutrition Symposium Proceedings, D. P. Carey, S. A. Norton, and S. M. Bolser, eds. Wilmington, Ohio: Orange Frazer Press.

Sunvold, G. D., and G. F. Bouchard. 1998. Assessment of obesity and associated metabolic disorders. Pp. 135-148 in Recent Advances in Canine and Feline Nutrition, Vol. II: 1998 Iams Nutrition Symposium Proceedings, G. A. Reinhart and D. P. Carey, eds., Wilmington, Ohio: Orange Frazer Press.

Sunvold, G. D., L. D. Bourquin, E. C. Titgemeyer, G. C. Fahey, Jr., and G. A. Reinhart. 1993. Fermentability of various fibrous substrates by canine fecal microflora. FASEB J. 7:4276 (abstr.).

Sunvold, G. D., G. C. Fahey, Jr., N. R. Merchen, and G. A. Reinhart. 1995a. In vitro fermentation of selected fibrous substrates by dog and cat fecal inoculum: Influence of diet composition on substrate organic matter disappearance and short-chain fatty acid production. J. Anim. Sci. 73:1110-1122.

Sunvold, G. D., G. C. Fahey, Jr., N. R. Merchen, L. D. Bourquin, E. C. Titgemeyer, L. L. Bauer, and G. A. Reinhart. 1995b. Dietary fiber for cats: In vitro fermentation of selected fiber sources by cat fecal inoculum and in vivo utilization of diets containing selected fiber sources and their blends. J. Anim. Sci. 73:2329-2339.

Sunvold, G. D., G. C. Fahey, Jr., N. R. Merchen, L. D. Bourquin, E. C. Titgemeyer, L. L. Bauer, and G. A. Reinhart. 1995c. Dietary fiber for dogs. IV. In vitro fermentation of selected fiber sources by dog fecal inoculum and in vivo digestion and metabolism of fiber-supplemented diets. J. Anim. Sci. 73:1099-1109.

Sunvold, G. D., H. S. Hussein, G. C. Fahey, Jr., N. R. Merchen, and G. A. Reinhart. 1995d. In vitro fermentation of cellulose, beet pulp, citrus pulp, and citrus pectin using fecal inoculum from cats, dogs, horses, humans, and pigs, and ruminal fluid from cattle. J. Anim. Sci. 73:3639-3648.

Swanson, K. S., C. M. Grieshop, G. M. Clapper, R. G. Shields, Jr., T. Belay, N. R. Merchen, and G. C. Fahey, Jr. 2001. Fruit and vegetable fiber fermentation by gut microflora from canines. J. Anim. Sci. 79:919-926.

Swanson, K. S., C. M. Grieshop, E. A. Flickinger, L. L. Bauer, H. P. Healy, K. A. Dawson, N. R. Merchen, and G. C. Fahey, Jr. 2002a. Supplemental fructooligosaccharides and mannanoligosaccharides influence immune fuction, ileal and total tract nutrient digestibilities, microbial populations and concentrations of protein catabolites in the large bowel of dogs. J. Nutr. 132:980-989.

Swanson, K. S., C. M. Grieshop, E. A. Flickinger, H. P. Healy, K. A. Dawson, N. R. Merchen, and G.C. Fahey, Jr. 2002b. Effects of supplemental fructooligosaccharides plus mannanoligosaccharides on immune function and ileal and fecal microbial populations in adult dogs. Arch. Anim. Nutr. 56:309-318.

Swenson, M. J. 1989. Physiological properties and cellular and chemical constituents of blood. Pp.15-40 in Duke's Physiology of Domestic Animals, 10th ed., M. J. Swenson, ed. Ithaca, N.Y.: Cornell University Press.

Tappenden, K. A., A. B. R. Thomson, G. E. Wild, and M. I. McBurney. 1997. Short-chain fatty acid-supplemented total parenteral nutrition enhances functional adaptation to intestinal resection in rats. Gastroenterol. 112:792-802.

Tarttelin, M. F. 1991. Specific dietary needs of the cats and some related endocrine and metabolic disorders. Proc. Nutr. Soc. New Zealand. 16: 83-92.

Terada, A., H. Hara, T. Oishi, S. Matsui, T. Mitsuoka, S. Nakajyo, I. Fujimori, and K. Hara. 1992. Effect of dietary lactosucrose on fecal flora and fecal metabolites of dogs. Microb. Ecol. Health Dis. 5:87-92.

Terada, A., H. Hara, S. Kato, T. Kimura, I. Fujimori, K. Hara, T. Maruyama, and T. Mitsuoka. 1993. Effects of lactosucrose (4G-β-D-galactosylsucrose) on fecal flora and fecal putrefactive products of cats. J. Vet. Med. Sci. 55:291-294.

Tetens, I., G. Livesey, and B. O. Eggum. 1996. Effects of the type and level of dietary fiber supplements on nitrogen retention and excretion patterns. Br. J. Nutr. 75:461-469.

Theander, O., and E. Westerlund. 1986. Determination of individual components of dietary fiber. Pp. 57-75 in Handbook of Dietary Fiber in Human Nutrition, G. Spiller, ed. Boca Raton, Fl.: CRC Press.

Theander, O., and E. Westerlund. 1987. Studies on chemical modifications in heat-processed starch and wheat flour. Starch/Staerke 39:88-93.

Theander O., E. Westerlund, P. Aman, and H. Graham. 1989. Plant cells and monogastric diets. Anim. Feed Sci. Technol. 23:205-225.

Theander, O., P. Aman, E. Westerlund, and H. Graham. 1994. Enzymatic/chemical analysis of dietary fiber. J. Assoc. Off. Anal. Chem. 77:703-709.

Thivend, P., M. Christiane, and A. Guilbot. 1972. Determination of starch with glucoamylase. Meth. Carbohydr. Chem. 6:100-105.

Topping, D. L. 1999. Physiological effects of dietary carbohydrates in the large bowel: Is there a need to recognize dietary fiber equivalents? Asia Pacific J. Clin. Nutr. 8:S22-S26.

Trowell, H. 1972. Crude fiber, dietary fiber and atherosclerosis. Atherosclerosis 16:138-140.

Trowell, H., D. A. T. Southgate, T. M. S. Wolever, A. R. Leeds, M. A. Gussell, and D. J. A. Jenkins. 1976. Dietary fiber redefined. Lancet i:967.

Van der Meulen, J., J. G. M. Bakker, B. Smits, and H. De Visser. 1997. Effect of source of starch on net portal flux of glucose, lactate, volatile fatty acids, and amino acids in the pig. Br. J. Nutr. 78:533-544.

Van Loo, J., J. Cummings, N. Delzenne, H. Englyst, A. Frank, M. Hopkins, N. Kok, G. Macfarlane, D. Newton, M. Quigley, M. Roberfroid, I. Van Vliet, and E. Van Den Heuvel. 1999. Functional food properties of non-digestible oligosaccharides: A consensus report from the ENDO project (DGXII AIRII-CT94-1095). Br. J. Nutr. 81:121-132.

Van Soest, P. J. 1963. Use of detergents in the analysis of fibrous feeds. II. A rapid method for the determination of fiber and lignin. J. Assoc. Off. Anal. Chem. 46:829-835.

Van Soest, P. J., and R. H. Wine. 1967. Use of detergents in the analysis of fibrous feeds. IV. Determination of plant cell-wall constituents. J. Assoc. Off. Anal. Chem 50:50-55.

Van Soest, P. J., J. B. Robertson, and B. A. Lewis. 1991. Methods for dietary fiber, neutral detergent fiber, and nonstarch polysaccharides in relation to animal nutrition. J. Dairy Sci. 74:3583-3597.

Vickers, R. J., G. D. Sunvold, R. L. Kelley, and G. A. Reinhart. 2001. Comparison of fermentation of selected fructooligosaccharides and other fiber substrates by canine colonic microflora. Am. J. Vet. Res. 62:609-615.

Visek, W. J., and J. B. Robertson. 1973. Dried brewers' grains in dog diets. Proc. Cornell Nutr. Conf., pp. 40-44.

Von Engelhardt, W., K. Roennau, G. Rechkemmer, and T. Sakata. 1989. Absorption of short-chain fatty acids and their role in the hindgut of monogastric animals. Anim. Feed Sci. Technol. 23:43-53.

Washabau, R. J., D. R. Strombeck, C. A. Buffington, and D. Harrold. 1986. Evaluation of intestinal carbohydrate malabsorption in the dog by pulmonary hydrogen gas excretion. Am. J. Vet. Res. 47:1402-1406.

Welsh, J. D., and A. Walker. 1965. Intestinal disaccharidase and alkaline phosphatase activity in the dog. Proc. Soc. Exp. Biol. Med. 120:525-527.

Wilcox, E. R., and J. R. Whitaker. 1984. Some aspects of the mechanism of complexation of red kidney bean α-amylase inhibitor and α-amylase. Biochem. 23:1783-1791.

Willard, M. D., R. B. Simpson, E. K. Delles, N. D. Cohen, T. W. Fossum, D. Kolp, and G. Reinhart. 1994. Effects of dietary supplementation of fructooligosaccharides on small intestinal bacterial overgrowth in dogs. Am. J. Vet. Res. 55:654-659.

Wisker, E., K. E. Bach Knudsen, M. Daniel, B. O. Eggum, and W. Feldheim. 1997. Energy values of non-starch polysaccharides: Comparative studies in humans and rats. J. Nutr. 127:108-116.

Wolfram, S., E. Eggenberger, and E. Scharrer. 1989. Kinetics of D-glucose transport across the intestinal brush-border membrane of the cat. Biochem. Physiol. 94A:111-115.

Wood, P. J. 2001. Cereal β-glucans: Structure, properties and health claims. Pp. 315-327 in Advanced Dietary Fibre Technology, B.V. McCleary and L. Prosky, eds. Oxford, UK: Blackwell Science Ltd.

Wuersch, P., S. Del Vedevo, and B. Koellreutter. 1986. Cell structure and starch nature as key determinants of the digestion rate of starch in legumes. Am. J. Clin. Nutr. 43:25-29.

Wyman, J. B., K. W. Heaton, A. P. Manning, and A. C. Wicks. 1976. The effect on intestinal transit and the feces of raw and cooked bran in different doses. Am. J. Clin. Nutr. 29:1474-1479.

Zentek, J. 1995. Influence of diet composition on microbial activity in the gastro-intestinal tract of dogs. III. In vitro studies on the metabolic activities of the small-intestinal microflora. J. Anim. Physiol. Anim. Nutr. 74:62-73.

Zentek, J. 1996. Cellulose, pectins, and guar gum as fiber sources in canine diets. J. Anim. Physiol. Anim. Nutr. 75:36-45.

Zentek, J., I. Stephan, S. Kramer, C. Goerig, J. Blum, and I. Nolte. 1998. Parenteral nutrition in healthy dogs: Comparison of fat versus glucose as main energy sources. J. Anim. Physiol. Anim. Nutr. 80:67-69.

Zentek, J., B. Marquart, and T. Pietrzak. 2002. Intestinal effects of mannanoligosaccharides, transgalactooligosaccharides, lactose and lactulose in dogs. J. Nutr. 132:1682S-1684S.

Zimmer, J. F. 1983. Comparative nutritional requirements of young adult and older dogs. Small Anim. Pediatr. 5:1053-1058.

Zuo, Y., G. C. Fahey, Jr., N. R. Merchen, and N. L. Bajjalieh. 1996. Digestion responses to low oligosaccharide soybean meal by ileal-cannulated dogs. J. Anim. Sci. 74:2441-2449.

5

脂肪和脂肪酸

Fat and Fatty Acids

5.1 日粮中的脂肪和脂肪酸的重要性

脂类是伴侣动物日粮的重要组成部分。日粮脂肪为机体的能量储存和利用提供了高浓度能量来源，并且提供了必需脂肪酸(EFAs)，EFAs 是不能通过其他方式合成的。所有的脂肪酸，包括 EFAs，不仅保证了正常的组织功能，并且它们的不饱和程度使细胞膜具有特殊的流动性。一些多不饱和脂肪酸(PUFAs)是前列腺素和其他类二十烷酸的前体物质，它们对细胞具有很强的生理性调节功能。饲料脂肪除了提供必需脂肪酸之外，通常还能提高日粮的适口性，使食物的质地更令人满意，还常作为脂溶性维生素的载体，因此它们对整个生命阶段的细胞进程有重要作用。

脂肪属于脂类化合物，脂类包括与甘油结合或不与甘油结合的种类。与甘油结合的脂类包括简单脂类(如不可溶的甘油三酯)以及极性更强的复合脂质(磷脂和糖脂)。胆固醇和它的脂肪酸酯是不与甘油结合的脂质，这类脂质包括蜡质、脑苷脂、萜烯、鞘磷脂和各种固醇。

5.2 日粮脂肪和脂肪酸的类型及来源

5.2.1 命名

脂质是一类变化多样的物质，既是结构性物质又具有某些特定功能。日粮脂质由游离脂肪酸与甘油结合成甘油三酯或磷脂，或者与来源于植物或动物的醇类结合，如胆固醇或视黄醇。在哺乳动物中，脂肪酸可以是饱和或不饱和的，有双键或没有双键。但是所有的脂肪酸都是直链碳氢化合物。饱和或单不饱和脂肪酸可以从日粮中获得或由动物机体合成。日粮不饱和脂肪酸的双键可以是顺式或反式结构，这取决于脂质的来源。然而，哺乳动物的必需脂肪酸是多不饱和的(2 个或更多的双键)，在亚甲基顺式结构上有重要双键的直链碳氢化合物，这是由必需脂肪酸的功能性决定的(Mead，1980；Gurr，1984)。在亚甲基顺式双键序列存在时，反式双键结构在脂肪酸中的存在是与必需脂肪酸的功能性不符的。脂肪酸根据碳原子数和双键数或母体分子进行命名(图 5-1)。双键位置的名称取决于分子结构。通常情况下按化学的惯例是计算从功能基(此处是羧基)向前的碳原子数。如用这个系统，亚油酸在 9、10 和 12、13 碳之间有双键，命名为 Δ9，12-18∶2。这个系统被称为 Δ 编号系统。它从羧基端开始计碳原子数并且指出了每一个双键的位置。顺式和反式的双键在双键位置处的碳原子数前用“c”或“t”标志，然后不再用“Δ”符号，如 c9，t12-18∶2。

脂肪酸结构同样能用 ω 编号系统——用 A∶B n-C(或 A∶B ω-C)式表示，其中 A 是链上的碳原子数，B 是双键数，C 是从甲基端起第 1 个双键的位置。所有双键的位置可由 ω 确定，它只适用于结构中含有亚甲基双键的直链脂肪酸。因此亚油酸是 18∶2n-6(18∶2ω-6)。第 1 个双键的位置是在从甲基终端起第 6 个和第 7 个碳原子之间。因为双键在亚甲基上，只有第 1 个双键的位置必须被规定。严格地说，ω 编号系统只用在顺式不饱和双键上。

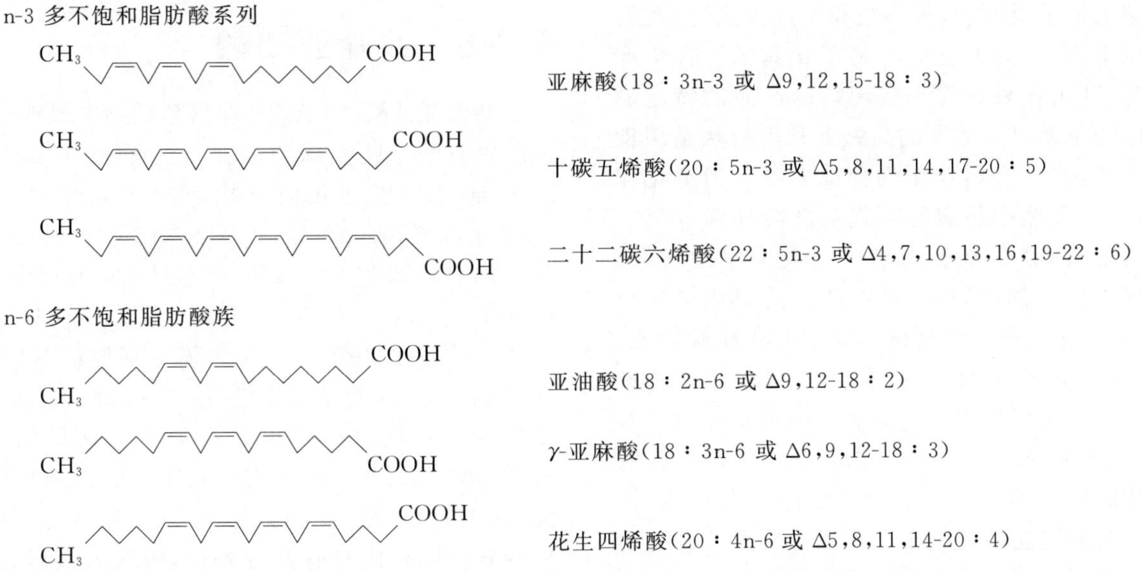

图 5-1　n-3 和 n-6 多不饱和脂肪酸系列的化学结构

每种命名法都有它的优点，并且都在使用。Δ 编号系统易表明脂肪酸的代谢规律，因为对从羧基端开始定位的双键来说，去饱和作用是特殊的。相比而言，ω 编号系统可表明一类特定脂肪酸家族内部的相互关系，突出了可能发生链延长和去饱和所带来的代谢反应。2 种命名法都可以使我们对有关的代谢转化有更好的了解。

5.2.2　来源

饲粮脂肪的来源主要是来自陆地、水产动物中储存的脂质以及大量植物种子中的储存油脂。单胃陆地动物（如犬、猫、猪和鸡）储存脂类的组成大致上反映了用于饲养动物的日粮情况。然而，用来生产动物性食品的动物，主要饲喂低脂肪的谷物日粮。同样的，多数组织脂肪酸是由碳水化合物重新合成的。因此，机体储存的脂质主要是饱和脂肪酸和单不饱和脂肪酸。当脂质中含有较多的亚油酸（LA，如大豆油、玉米油、葵花籽油和红花油）或 α-亚麻酸（ALA，如亚麻籽油）时，组织脂质中就会有较高水平的多不饱和脂肪酸（Gurr，1984；Campbell 和 Dorn，1992；Campbell 和 Roudebush，1995；Pawlosky 等，1997；Waldron，1999）。反刍动物也有类似的现象，但程度稍弱，主要是由于微生物对不饱和的脂肪酸在吸收前的氢化作用所致。当给反刍动物饲喂高水平未保护的高度多不饱和脂肪酸时，脂肪组织脂肪酸的组成上只有较小的改变，在反刍动物中也会发现反式脂肪酸的存在。正如人们所预期的那样，来源于海洋生物的脂肪，如鱼、浮游植物以及其他水生植物，与陆地哺乳动物相比，明显地含有更丰富的 n-3 型脂肪酸。应提到的是，鱼类脂肪的组成，在品种、饲粮、季节、生活环境不同时，会有所不同。一些品种除含有高水平 n-3 系列脂肪酸之外，还含有较多的长链单不饱和脂肪酸和饱和脂肪酸。这些不同来源的脂肪在同等数量的情况下，其缺乏的脂肪酸的种类和数量不同，如对最终动物产品中特定的 n-3 型脂肪酸的类型和含量有一定预期的情况下，应对如何从不同脂肪中进行选择有一个清醒的认识。

从植物中获得的油脂主要由甘油三酯组成，并且主要存在于籽实中（如大豆、玉米），以及少量存在于鲜果实中（如橄榄、棕榈）。陆生植物的叶片组织中包含大量的亚麻酸（ALA，18：3n-3）。可是这些植物原料脂类的总含量较低，一般来说不是犬猫饲粮中的主要脂肪来源。籽实油脂在脂肪酸的组成上变异很大，并且特定的脂肪酸往往具有特定的植物来源。因此，籽实油脂可能会富含 18 碳 n-6 脂肪酸和 18 碳 n-3 脂肪酸，有时会含有不同数量的以上两种脂肪酸。n-6 PUFAs 包括亚油酸（LA，18：2n-6）以及 γ-亚麻酸（GLA，18：3n-6），它能够很容易地从陆生动物和植物籽实原料中获得（表 13-3）。

5.2.3　反式脂肪酸

当脂肪在犬猫食品中作为单独的组分添加时，它已经过了榨提以及部分纯化，这可能会改变它的总成分。在某些情况下（如氢化作用）其成分会发生更大的改变，主要是因为引入了反式双键。氢化后的脂肪和油脂在双键上加了氢原子，其不饱和度减少了，因此使它们的熔点上升，并且使它们不易氧化腐败。在生产人类食品时，利用这种过程来实现特殊产品的特定品质。氢化作用是通过在适度的高温下利用粉状金属催化剂来实现的，之后金属催化剂会被去除。当氢化作用发生时，一些天然脂肪酸的顺式双键会异构成反式结构。除此之外，在长链脂肪酸中会发生双键转移。因氢化过程很少能彻底完成，最终产品的组成必然会发生变化，会产生一些作为特殊情况下的功能性物质。这可参考 Dutton(1997)的一篇关于脂肪酸转化的论文。动物和人采食反式脂肪酸对健康的重要性也已被阐述(Mensink 和 Katan, 1990; Emken, 1991)。含有反式脂肪酸的饲粮本质上可能会改变脂蛋白代谢，这类似于富含饱和脂肪酸的饲粮。还没有研究者开始研究这些脂肪酸可能影响犬猫的代谢的程度。

5.2.4 中链甘油三酯

中链甘油三酯(MCTs)是指那些包括 8∶0 和 10∶0 脂肪酸和一小部分 6∶0 和 12∶0 脂肪酸的混合物。氢化椰子油是 MCTs 的一个来源，但是它也包含其他的长链脂肪酸，必须通过分馏以获得更纯的 MCTs。MCTs 在消化时很容易被水解，然后在肠黏膜毛细血管吸收并转运进入门脉循环(Bach 和 Babayan, 1982)。最近的数据表明，给犬短期饲喂低脂肪饲粮(5.35%，包含 3.2%的 8∶0 脂肪和 1.5%的 10∶0 脂肪)会使一些 MCTs 脂肪酸被吸收进入肠淋巴腺(Newton 等, 2000)。总的来说，尽管 MCTs 的直接吸收可能会有其他益处，但由于其脂肪链长度较短，没有等量的能量价值(Remillard 和 Thatcher, 1989)。虽然有这种潜在的益处，但 MCTs 降低了犬粮的适口性(Remillard 和 Thatcher, 1989)，并且会降低猫的食欲(MacDonald 等, 1985)。给犬喂以 22% ME 来源于 MCTs 的饲粮，确实会降低采食量，并会增加血脂浓度(Van Dongen 等, 2000)。尽管如此，当给犬饲喂以 11% ME 来源于 MCTs 的饲粮(总脂肪酸为 13.4%) 14 d，犬就不会有拒食情况，不会影响消化率，也不会影响血浆胆固醇和含磷脂的浓度(Beynen 等, 2002)。这些犬的脂肪消化率平均为 95.3%。同样，对蛋白质的消化率和钙、镁的吸收也没有影响(Beynen 等, 2002)。因这些研究是短期的，在近期研究中 MCTs 的用量是否可作为安全上限还不可知。少量的氢化椰子油(8∶0 型和 10∶0 型脂肪酸分别占总脂肪的大约 7%和 9%)占实际饲粮 10%或更少时，是不会有害的。

5.2.5 共轭亚油酸

共轭亚油酸(CLAs)是在反刍动物中发现的自然合成的脂肪酸。这类脂肪酸是亚油酸(LA, Δ9,12-18∶2n-6)通过位置和几何异构而成的混合物。它们有 1～2 个双键，在 Δ9 和 Δ11 位或在 Δ10 和 Δ12 位，化学结构上被称为共轭二烯，而不是 LA 的亚甲基序列。因为每个双键可以是顺式或反式，Δ9, Δ11 和 Δ10, Δ12 可以存在 8 个几何异构体。其他的共轭亚油酸(CLAs)单一位置异构体包括 Δ7,9; Δ8,10; Δ11,13 和 Δ12,14。并且每种都可以有如下几何结构：顺，反；反，顺；顺，顺；反，反结构(Sehat 等, 1998)。尽管如此，其中的一种主要的异构体——c9, t11-18∶2 与其他的异构体相比具有其独特性，曾被大量研究。虽然许多文献中用 CLA 来描述 Δ9,11-18∶2 这一异构体，但 CLA 这个名词是指这些异构体的混合物。

综上所述，CLAs 是被反刍动物瘤胃微生物的异构作用而自然合成的 LA 的异构体。因 LA 首先被转化为 Δ9,11-18∶2，它成为这种脂肪酸的一个主要形式。反式脂肪酸的这种生物学转化，导致了这些脂肪酸在瘤胃脂类和组织中只占很小的比例。CLAs 同样能够在氢存在时通过 LA 的自动氧化过程而生成。因此，肉的处理过程，包括煮、烤，尤其是在高温下，可以增加肉和肉产品共轭亚油酸的含量，尽管一些其他因素可能会影响这种转化(Siems 等, 2001)。

一些潜在的有益效应通过兔子和仓鼠的试验得到证明。已经证明共轭亚油酸包含抗动脉粥样硬化物质(Lee 等, 1994; Nicolosi 等, 1997)。然而，在小鼠上的一项研究表明，占总日粮 0.25%和 0.5%的共轭亚油酸增加了脂肪条纹(Munday 等, 1999)。最初认为共轭亚油酸会有抗氧化功能，保护低密度脂蛋白使其免于被氧化。然而，一项体外研究表明，并未发现其有这样的作用(Van den Bergh 等, 1995)。对犬科动物和猫科动物来说，共轭亚油酸更重要的作用是其对机体脂肪含量、骨骼肌增长和骨骼代谢的潜在作用以及它的抗癌性，这些可能性有赖于将来的研究。除了几篇发表的关于犬和猫的研究(Bartges, 1999; Schoenherr 和 Jewell, 1999)，所有的数据都是通过细胞培育和其他动物种类获得的(Pariza, 1991, 1997; Ip 等, 1994a, b; Haufmann, 1996; Park 等, 1997; Li 和 Watkins, 1998; Watkins 等, 2000)。关于共轭亚油酸及其对健康的影响的综合性叙述可见 Watkins 和 Li(2001)和 Haufmann(1996)的文章。

5.2.6 其他的来源

犬猫日粮中脂肪的其他来源有时会被忽视，包括鸡蛋、瘦肉和动物内脏，而它们是宠物食品加工中典型的原料。饲粮终产品中全部的脂肪酸组成主要依赖于所有原料中的脂肪酸。一些用于犬猫食品生产中的普通原料，如鸡肉副产品粉和羊肉，虽然不是主要的饲粮脂肪来源，但的确也是饲粮中脂肪酸的来源之一。因此，饲料成分表中也给出了某些常用原料的脂肪酸含量(表 13-2)。

这些原料在脂肪含量和脂肪酸组成上存在变异。如尽管整粒小麦在总脂肪含量上很低，但可提供数量可观的 LA。禽副产品粉和羊肉粉可提供几种 PUFAs，但它们的类型不同，这取决于屠宰以前饲喂的日粮种类和饲料原料产地所处的地域(表 13-2)。

5.3 分析方法

5.3.1 酸水解

饲粮脂肪主要由三酰基甘油和少量的复合脂质构成。通过无水乙醚从饲料原料中浸提出来的脂类物质称为粗脂肪，主要包括三酰基甘油、少量的叶绿素和叶黄质。分析存在于膨化饲料或热处理饲料中的脂类，需要将原料在醚提取前进行酸水解，否则会明显低估粗脂肪的含量(Budde，1952；Hoffman，1953)。可以使用其他的溶剂，并且其在提取极性脂质时是必须的(见以下关于总脂质的浸提的讨论)。

5.3.2 脂肪酸的浸提和皂化

单一脂质和复合脂质以及一些非甘油脂质(如胆固醇酯和鞘磷脂)包含相当数量的单个脂肪酸。特殊的脂肪酸家族(n-6 和 n-3 系列)已成为犬猫营养和现代宠物食品加工中的重要部分。因此，需要一个正确分析食物或食物原料中总脂肪酸含量的方法，就需要更多的技术。近期，美国国际化学分析协会基于 Caviezel 的总脂肪含量测定方法公布了同等验证技术(Anonymous，1997)。这种方法遵照新的美国食物和药物管理局(FDA)发布的脂肪定义。它考虑到所有脂肪酸链的长度(从 C_4 到 C_{24})和脂肪含量(0.3%～100%)。用十三碳酸作为国际标准，此样本被添加到可溶的 *n*-丁基己醇中。脂肪被浸提的同时用氢氧化钾皂化，通过添加酸性盐使钾盐转化为脂肪酸，成为双相系统。上层的脂相包含脂肪酸和标准物质被称为脂肪测定系统，随后用气相色析法分离出单个的脂肪酸。由脂肪酸峰面积计算出脂肪含量，测定出的脂肪被认为是三酰基甘油。

5.3.3 进行总脂质分析的浸提方法

一种可供选择的总脂质浸提方法经常在做研究的实验室中使用，那就是在做脂肪酸分析之前，利用相对高极性的溶剂浸提总脂质，通过气相色谱分析技术进行分析。一种氯仿—甲醇混合溶剂(2/1，*v*/*v*)被推荐作最初的浸提溶剂。这种溶剂确保了所有的包含脂肪酸的脂质，包括那些非三酰基甘油(如胆甾醇酯、鞘磷脂和非酯化脂肪酸)都被浸提(Folch 等，1957；Bligh 和 Dyer，1959)。在混合溶剂中添加 0.2%的冰醋酸可以增加浸提率，这是由于其对极性脂质在进入氯仿—甲醇混合溶剂前的质子化作用(Bauer 和 Rasone，1983；Nelson，1991)。可供选择的溶剂系统还有已被提议的异丙醇—正己烷溶液，但是氯仿—甲醇溶液仍是首选(Nelson，1991)。

在气相色谱分析法出现之前，常分析的一些脂肪常数(如碘价、皂化价以及溶解度)被用来描述脂肪品质和不饱和的程度。尽管存在很多这样的早期数据，但在现代实验室中仅用其来大致评价脂肪质量和脂肪的类型。尽管如此，许多实验室的确还在使用这些技术。最终，在评价脂肪和油脂的氧化程度时，需要有效和可靠的方法。测定食物中脂质氧化和氧化变质的各种方法的优点和局限性都已被阐述(Warner 和 Eskin，1995)。

5.4 脂肪能量和营养物质浓度

日粮脂肪提供了最高浓度的能量来源。其代谢能是蛋白质或碳水化合物的 2.25 倍。因而饲粮脂肪含量的变化会明显影响饲粮的能量浓度。因为动物通常是为能而食(Cowgill，1928；第 3 章)，能量浓度的大幅度改变需要相应调整其他营养物质(如蛋白质、维生素和矿物质)的含量。这样的调整对保持合适的营养物质—能量比例是必需的。如当能量浓度增加时，而蛋白质含量保持不变，则蛋白质能量比会下降。当动物每一餐的能量需要已经满足而停止采食时，摄入的总蛋白质的量会下降。净蛋白质摄入量的减少也会随时间延长而持续（Elvehjem 和 Krehl，1947；Crampton，1964）。

5.5 消化和吸收

饲粮脂肪的消化（脂肪酶的水解作用）和吸收是一个多步骤的过程，已被证明，它需要存在于上胃肠道（Maskell 和 Johnson，1983）——肠腔、黏膜和分泌腺（进入毛细血管或淋巴循环）的 3 个阶段的内在协调，每一部分都参与创造整个消化环境。

5.5.1 前十二指肠脂肪酶

肠道中的消化开始于十二指肠前的水解，被摄入的脂肪在唾液和胃脂肪酶作用下进行消化。这些脂肪酶在胃的 pH 下是有活性的，不需要胆汁盐来活化。由于动物种类的不同其活性有变化。产生于口咽处的脂肪酶（唾液脂肪酶）在鼠、人和反刍动物上已得到阐述（Nelson 等，1977）。可是，成年犬唾液脂肪酶的活性很小（Iverson 等，1991），并且到目前为止，已证明猫唾液脂肪酶没有活性（Knospe 和 Plendl，1997）。还不知道新生幼犬是否具有更高的唾液脂肪酶活性，但是组织化学的证据表明，新生幼猫缺乏唾液脂肪酶（Knospe 和 Plendl，1997）。应谨慎分析早期关于各品种动物唾液脂肪酶是否存在的报道，因为还没有灵敏的化验技术，并且在许多研究中都存在样本被细菌污染的现象（Douglas 等，1953）。

已发现犬和猫胃脂肪酶都具有活性（Nelson 等，1977；Hamosh，1984；Carriere 等，1992；Descroiz-Vagne 等，1993；Knospe 和 Plendl，1997；Vaganay 等，1998）。犬胃脂肪酶活性在胃贲门区域及胃大弯区最高；在胃窦和小弯区域最低（Iverson 等，1991）。来自组织化学的证据表明，在哺乳幼猫的胃黏膜上存在具很强活性的脂肪酶，只要幼猫还在吸乳，活性就一直保持（Knospe 和 Plendl，1997）。需要指出的是，与早期在成年猫上的研究结果相反，在后来的研究中，没有发现关于断奶猫和成年猫存在胃脂肪酶的组织学证据，虽然在幼猫中得到了证实（Knospe 和 Plendl，1997）。

犬和猫的胃脂肪酶在胃中可水解三酰基甘油到一定的程度。饲粮脂肪消化的最初步骤即形成了两性脂质，这有利于三酰基甘油的乳化（Hamosh 等，1975）。这个观察结果得到 Linthorst (1977)的证实，他认为存在于小肠中的胆汁盐和脂质分解的产物（即甘油一酯和甘油二酯）一起参与了其他甘油三酯的乳化作用，并只需要很低的剪切力。饲粮中三酰基甘油的这种预水解支持这样一种理念，即甘油二酯同三酰基甘油一样，是胰脂肪酶适合的生理底物（Verger，1984）。另一个研究发现，与摄食相同数量的未乳化的脂质相比，摄食乳化日粮后，日粮中的三酰基甘油在体内水解的数量增加（Bergstrom 等，1957）。总的来说，脂质的乳化能使脂肪的消化效率更高。

5.5.2 胰腺脂肪酶

当游离脂肪酸离开胃进入小肠时，它们通过十二指肠黏膜来刺激胆囊收缩素的释放。在这里，在胆盐和辅酯酶的作用下脂肪酸和三酰基甘油形成混合微团，从而形成合适的活性培养基供胰脂肪酶来分解甘油三酯。胆固醇、胆甾醇酯、其他的酯（如视黄醇酯）和磷脂参与微团的形成。这些分子的脂酰基也被不同程度地水解。三酰基甘油被水解为游离脂肪酸和单酯或甘油二酯。

5.5.3 其他的脂肪酶

除胰脂肪酶外，胰腺也分泌其他几种脂肪酶，包括胰辅脂酶以及羧酯水解酶等（Borgstrom，1975；Rudd 和 Brockburn，1984；Mickel 等，1989）。胰辅脂酶以多种形式存在，其分泌出来的最初形式是胰辅脂酶原，就像分泌到胰液中的其他酶原一样（Vandermeers 等，1975）。胰辅脂酶的化学和生理学性质已被阐述（Lowe，2001）。其分泌物进入十二指肠后，在胰蛋白酶的作用下，辅脂酶的前体物经过有限的蛋白酶 N 端和 C 端水解而后转化为活性形式（Borgstrom，1975）。被激活的胰辅脂酶的主要作用是修复被胆盐刺激的胰脂肪酶的活性，随时间的延长，胰脂肪酶的活性随乳糜微粒中的三酰基甘油浓度的变化而变化。从根本上来说，当胆盐从它与乳化底物的分界面释放胰脂肪酶时，辅脂酶在胆盐存在的情况下定位于胆盐的表面而开始发挥作用（Borgstrom，1975）。

胆甾醇酯的水解过程由另外的分解脂肪的酶即胆甾醇酯酶调控，胆甾醇酯酶最先被发现存在于犬的胰腺分泌物和胰液中。关于此酶的研究数据已得到总结（Rudd 和 Brockburn，1984）。研究者推测脂肪酶的作用首先依赖于胰腺脂肪酶参与的三酰基甘油的水解作用，其产物为下一步进行的胆甾醇酯酶的作用营造了良好的物理环境。通过这种方式，环境变得非常适合于胆甾醇酯酶分解胆甾醇酯和视黄醇酯。按同样的方式,所有适合于特定酶的底物范围被扩展了,这些酶可作用于日粮中各种类型的酯(Rudd 和 Brockburn,1984)。

最后,还存在一种水解食物磷脂的 A_2 磷脂酶。它被合成为一种无活性前体,并被分泌到含有有限胰水解酶的小肠中,以提供活性酶和一个用于催化磷脂水解作用的小肽。

5.5.4 三酰基甘油水解的小结

脂肪消化的过程是一个在几种脂化酶作用下的综合过程。虽然食物中的大多数三酰基甘油是通过胰脂肪酶水解的,但这个过程仍依靠于胃脂肪酶、脂肪酶辅酶及其他几个因子的共同作用(Bengtsson-Oliverrcona 等,1994)。首先,胃脂肪辅酶性质稳定,且在很广的 pH 范围内都起作用(Carriere 等,1991,1992),它会和任何脂滴发生反应,且使一些三酰基甘油水解成甘油二酯和脂肪酸。胃脂肪酶的水解作用使脂肪乳化变得更容易,并使脂肪变成更有利于小肠消化的形式。胰脂肪酶对物理性的底物—水界面具有严格要求(如以复合微粒的形式)。胆汁成分提供了一个适合复合微粒形成的环境,同时也持续地促进亲脂性产物的溶解。与回肠相比,空肠对胆盐的吸收率较低。因此,胆盐一直停留在肠道中,直到在小肠后段被部分重吸收,才被用来合成新的微粒。

因为长链脂肪酸和胆固醇是相对无极性的,故大多数水解终产物存在于微粒中,而不是存在于水相的溶液中(Hoffmann,1963)。胆盐本身也是处于微粒与周围液体环境的平衡之中(Carey 和 Small,1970,1972)。胆盐有助于从脂滴表面释放被吸附的蛋白质,而胰脂肪酶辅酶确保胰脂肪酶被吸收到脂滴中。羧基酯水解酶,由于其底物范围的宽泛性,能够水解甘油一酯、胆固醇酯、视黄醇酯及其他可能存在的脂肪酯类。因此,这个水解酶是对依赖于辅酶的胰脂肪酶的一个补充,胰脂肪酶要求有特殊的底物并且范围较窄。另一个关于新生儿脂肪消化的有趣现象是,分泌乳汁的乳腺组织也可分泌羧基酯酶。因脂肪酶只在有某些胆盐存在时才有活性,因此在牛奶中是没有活性的。在消化道中,只有当它到达十二指肠后才有活性。

5.5.5 吸收

对脂肪消化后形成的水解产物的吸收是在小肠上皮细胞中进行的。一般假设大多数脂肪的吸收都是被动转运的过程,但其中的一些组分也可能需要载体的参与。所有的生物膜,包括肠腔膜,都有一层相对稳定的未被搅动的水层,溶解物通过它时需要通过扩散作用移动。这一层被称为静水层(UWL)。UWL 包括了一系列不断增多的搅动的水环境,它从小肠刷状缘一直扩展到与其他水相混合(Thomson 和 Wild,2001)。UWL 的厚度及表面积给被动吸收提供了一个特性电阻。估测犬空肠中的 UWL 的厚度在 500~1 000 μm (Ryu 和 Grim,1982)。有证据表明,UWL 的厚度因个体条件不同而存在特殊性(Thomson 等,1993)。无论如何,为吸收脂肪微粒,脂类的产物必须先穿过肠内的 UWL。因此在穿过小肠刷状缘膜之前,其要先被质子化(Dietschy 等,1971)。这一过程是要么经被动扩散,要么经蛋白质作为媒介的代谢过程。以蛋白质作为媒介的脂肪通过刷状缘膜的运动,包括与脂结合的蛋白质,这些蛋白质用于长链脂肪酸、中链脂肪酸以及胆固醇的转运(综述参见 Thomson 和 Wild,2001)。

在消化道上皮细胞的胞液中,脂肪酸被捆绑到脂肪酸结合蛋白上,运送到内质网。在此,游离脂肪酸再被酯化,重新合成三酰基甘油(Ockner 和 Manning,1974)。同样地,胆固醇也被捆绑并通过固醇载体蛋白进行运输(Scallen 等,1985)。被吸收的脂肪酸酯化成甘油一酯,是通过三酰基甘油合成酶联合体和甘油一酯途径合成的(Brindley,1974)。胆固醇在胆固醇酰基转化酶的作用下,也可能与脂肪酸一起被酯化。这种再酯化作用有助于使再吸收的营养物保持在一定的浓度梯度。一部分脂肪酸可能直接进入门脉循环,其余部分与胆固醇、磷脂合成脂蛋白,及与肠上皮细胞合成的脱辅基蛋白结合分泌进入乳糜管。肠上皮细胞合成的用于消化含脂日粮的脂蛋白中最值得注意的是乳糜微粒。关于脂蛋白代谢的综述,请参考 Gotto(1986)和 Bauer(2000)。

5.6 消化率

粗脂肪的表观消化率通常很高,尽管其由于脂肪类型和数量不同以及其他日粮成分的存在,而存在微小的差异。当给犬饲喂来源于植物和动物的混合甘油三酯时,脂肪的表观消化率为 85%~95%(James 和 McCay,1950;Orr,1965;Meyer,1984)。一项近期的研究表明,市售的干挤压膨化犬粮的脂肪表观消化率为 70%~90%(Huber 等,1986)。用插入导管的犬做试验动物，大豆组织蛋白与牛肉相比，其总脂肪消化率并没有改变（Hill 等，2001）。用幼犬（年龄为 3～9.5 月龄）做的试验表明，牛脂的消化率与日粮的不饱和脂肪酸的浓度有关（Meyer 等，1992）。当日粮的脂肪含量占干物质的 35%，而不饱和脂肪酸小于总脂肪的 40%时，牛脂的消化率降至 81%～86%；但当不饱和脂肪酸超过总脂肪的 50%时，消化率达到 95%。

当在猫粮中添加牛羊肉时，据报道，脂肪的表观消化率达到 99%（Morris，1977）。在一组商品饲粮中，脂肪的表观消化率范围为 85%～94%（Norvel，1978）。Kane 等(1981)报道，在饲喂占干物质 10%的脂肪时，脂肪的表观消化率为 90%；但当饲喂占干物质 25%或 50%的脂肪时，脂肪的表观消化率增加到 97%～99%。Peachey 等(1999)最近比较了当饲喂含牛油、葵花籽油和橄榄油丰富的日粮时，幼猫和成年猫的脂肪消化率。他们发现青年猫[(3.0±0.9)岁]的表观总脂肪消化率比老猫[(11.6±1.4)岁]的稍微高一些，幼猫是 94.4%，而老猫是 92.2%。在这些研究中食物的总脂肪含量约占干物质的 44%。同时指出，饱和脂肪酸的表观消化率最低（幼猫为 95.2%，老猫为 93.2%）；单不饱和脂肪酸的消化率稍高（幼猫为 98.2%，而老猫为 96.4%）；多不饱和脂肪酸最高（幼猫为 98.7%，而老猫为 98.0%）。短链脂肪酸比长链脂肪酸更容易消化，而且随着年龄的增加，所有类型脂肪酸的消化率都普遍降低（Peachey 等，1999）。相反，Munday 和 Lowe(1993)发现，处于生长期的猫的表观总脂肪消化率随年龄的增长日益增多，在 9、11、13、15 和 17 周龄时消化率分别为 81%、86%、88%、88%和 91%。

在其他使用不同品种动物的研究中，饱和脂肪酸——硬脂酸是最难被消化的（Schrijver 等，1991；Hwang 等，1994；Mountzouris 等，1999），而短链脂肪酸更容易被消化（Cera 等，1990）。

在日粮中脂肪的形式不同其表观消化率可能也会发生改变（Adams 和 Jensen，1984）。断奶仔猪对植物油的平均消化率只有 74.9%，但从玉米、大豆、向日葵种子提取出来的脂肪的消化率高达 90.2%。尽管到目前为止在犬猫中没有相关文献报道，但犬猫中也应存在类似的现象。

家猫日粮中脂肪的推荐量在以干物质为基础时，通常为 9.0%（大约占能量的 19%）（AAFCO，2003）。然而猫可以消化高达占代谢能（ME）67%的脂肪（MacDonald 等，1984a），甚至更高。对大型猫的饲喂方式和行为的观察，可为脂肪在日粮中的浓度提供一些提示。据估计大型猫从日粮脂肪中可获得总能量的 60%，而当脂肪被有效地消化和利用时，其提供的能量相当于 ME 的 67%（Scott，1968）。有报道称，当饲喂含粗脂肪为 160 g/kg、以肉为基础的日粮时，被捕获的野生猫科动物的脂肪表观消化率为 95%～99%（ME）（Barbiers 等，1982）。除家养的猫，狮子、黑豹、印度豹、猎豹似乎也缺乏使脂肪酸在 Δ6 位置上变成不饱和脂肪酸的能力（Davidson 等，1986；Bauer，1997）。印度豹是不同于狮子或家猫的另外一个品种，它具有与这些品种不同的适应性（Myers，1974；Kingdon，1977）。印度豹是昼行性动物，它们既不储藏食物也不食用腐败食物（Myers，1974）。另一个差异是，印度豹的猎物被更频繁地掠走，它们必须通过极有效的猎杀来弥补自己食物上的缺乏（Kingdon，1977）。无论是好是坏，以这种方式可以确保它们食物的新鲜性。从满足日粮脂肪需求上看，存在这种可能性，即它们的长链多不饱和脂肪酸（LCPUFA）一定未因氧化而损坏。在一项研究中，比较了 2 只在野外被杀死的印度豹和 1 只家养的印度豹的肝脏脂肪酸含量，结果表明家养动物组织中几乎所有的高不饱和长链脂肪酸的数量都显著低于野生豹（Davidson 等，1986）。作者指出家养印度豹在其大部分生命过程中都被圈养，日粮脂肪酸的变质是造成这种差异的一个原因。

5.7 脂肪酸重要性的生化基础

5.7.1 生物合成

除某些反刍动物外，哺乳动物可由葡萄糖或氨基酸从头合成饱和脂肪酸，它通过葡萄糖或氨基酸产生一个普通前体——乙酰辅酶 A（CoA）来进行合成。这些过程的生物化学机制已得到阐述（Salati 和 Goodridge，1996）。此反应另外的终产物是 16 碳和 18 碳单不饱和脂肪酸，属于 n-7 和 n-9 脂肪酸系列（16∶1n-7 和 18∶1n-9）。在相应的饱和脂肪酸的第 9 和第 10 碳原子之间加上一个双键，便形成了这些不饱和脂肪酸。这些反应中包含的酶在动物摄入高碳水化合物和低脂日粮时活跃，而摄入高脂日粮时，就会被抑制。因此，采食了相对高脂肪含量的日粮，动物不会高比例地合成自身的脂肪酸。相应地，它们可以利用来自食物中的脂肪酸,包括那些体内不能合成的 n-6、n-3 脂肪酸系列。

与动物相反,植物可合成上述所有的脂肪酸,包括那些属于 n-6 和 n-3 系列的不饱和脂肪酸。不饱和脂肪酸的合成,是通过在 18∶1n-9 分子的现有 n-9 键和甲基末段加入双键完成的。参与这个反应的酶系包括:Δ12 脱饱和酶,催化生成亚油酸(18∶2n-6);Δ15 脱饱和酶,它在 18:2n-6 中插入一个双键而生成 α-亚油酸(18∶3n-3)(Cook,1996)。许多水生植物能够在 18∶3n-3 中插入另外的双键,然后进行链的延长。这也就解释了长链 n-3 多不饱和脂肪酸的合成过程以及为什么它们在水生植物油中含量甚丰。然而,陆生植物并不在 18∶2n-6 上添加另外的双键,因此我们在陆生植物中找不到花生四烯酸(AA,20∶4n-6)。

动物不能通过 Δ12 和 Δ15 脱饱和酶合成 n-6 和 n-3 脂肪酸系列,这是脂肪酸必需性的基础。一旦 n-7 和 n-9 脂肪酸系列被合成或摄入了 n-6 或 n-3 系列脂肪酸,犬会进行进一步的代谢转化,而猫的转化能力较弱。在犬、大鼠、小鼠以及人类中,这些转化均由 Δ6 脱饱和酶调控(Cook,1996;Dunbar 和 Bouer,2002)。而猫不同于其他哺乳动物,其体内 Δ6 脱饱和酶的调控活性有限(Rivers 等,1975;Pawlosky 等,1994)。这个发现进一步证明了猫对 EFAs 的需求,因为没有 Δ6 脱饱和酶,EFAs 就不能转化成有重要生理活性的 PUFAs。因此,在某种特定生理条件下,这些转变的产物 LCPUFA 对猫科动物是必需的。越来越多的证据表明,在动物正常发育中 LCPUFA 是必需的,这些动物包括犬猫,也包括那些 Δ6 脱饱和酶的活性在幼年时与成年相比,没有明显区别的一些动物。

5.7.2 脱饱和与延长

如上所述,哺乳动物可以在被从头合成的饱和脂肪酸的第 9 和 10 碳原子间引入一个双键。在饲粮中缺乏任何 n-6 或 n-3 系列的 PUFA 时,这些单不饱和脂肪酸(如 16∶1n-7 和 18∶1n-9)可以为 Δ6 脱饱和酶提供底物。油酸(18∶1n-9)可被转化成 18∶2n-9、20∶2n-9 以及 20∶3n-9 脂肪酸(图 5-2)(有兴趣的读者可参考 Voss 等于 1991 发表的文献,详述了通过过氧化物酶体途径合成 22 碳 PUFA)。20∶3n-9 脂肪酸亦即熟知的蜂蜜酸,它的积累是必需脂肪酸缺乏的证明(Holman,1960)。

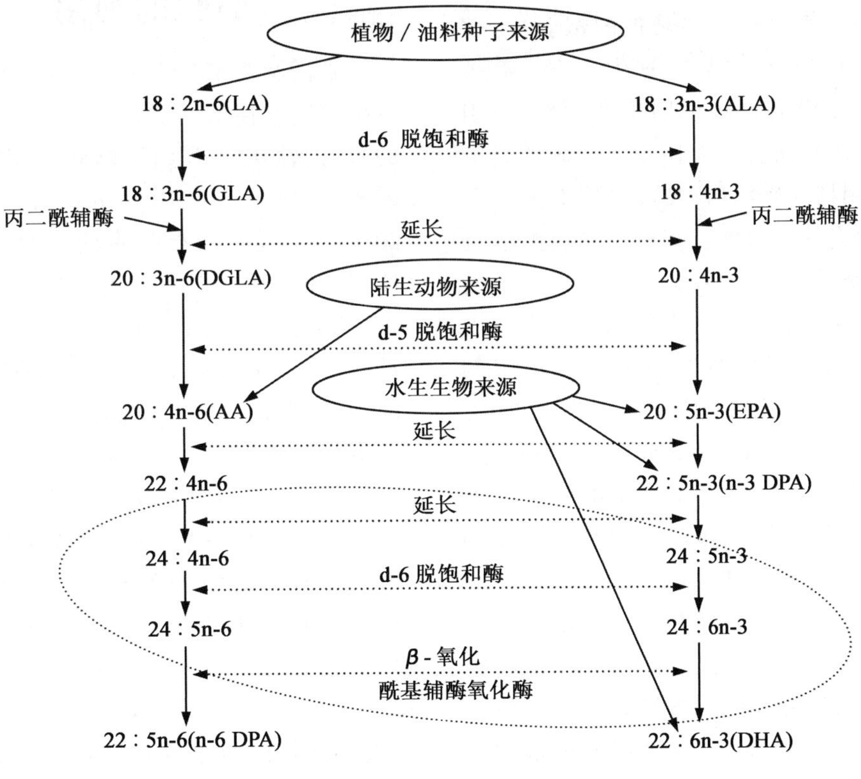

图 5-2 哺乳动物必需脂肪酸代谢的主要途径

酶的缩写:d-6 去饱和酶=Δ6 去饱和酶、d-5 去饱和酶=Δ5 去饱和酶、延长=链的延长

当 EFAs 出现时，Δ6 去饱和反应是 n-6 和 n-3 脂肪酸脱饱和与延长的限速步骤，也包括链的延长和 Δ5 脱饱和反应（Cook，1996）。其结果是生成各种 LCPUFAs，包括花生四烯酸（AA，20：4n-6）、二十碳五烯酸（EPA，20：5n-3）、二十二碳五烯酸（DPA，22：5n-3）及二十二碳六烯酸（DHA，22：6n-3）。这些 LCPUFAs 的数量取决于各种底物与产物及特定细胞之间的竞争反应（Smith，1992）。值得指出的是，由于动物不能将双键插入 12 位和 15 位，因此 n-3、n-6、n-7 和 n-9 脂肪酸间的互换就不能发生。由于 n-6 和 n-3 脂肪酸有着重要的生理功能，故脂肪酸又一次被重新重视起来。

5.7.3 脂肪酸的比率

过去的 20 多年来，许多专业和政府委员会一直赞成改变各种 n-6 和 n-3 PUFAs 的摄入量。如饲粮脂肪酸的推荐量中已经包括了 n-6 与 n-3 脂肪酸的比率。为了阐明这个概念，已经有不同的方法用来计算这个比率。并非所有脂肪酸的比率都能反映与其代谢等价的日粮脂肪酸数量。如一些研究确定了所有的 n-6 与 n-3 PUFAs 的比率（总 n-6：n-3 的比率，包括所有来源的 LCPUFAs），然而在一些其他的试验中，仅用 18-C 脂肪酸（LA 和 ALA）来计算这个比率。有关这个主题的论文中通常没有详细说明这个区别，故引发进一步的混乱。大多数研究者利用水生来源的长链 n-3 PUFAs，但也使用植物来源（18-C，n-3 脂肪酸），并且有些研究者利用两者的混合物。当利用两者的混合物时，在计算单个脂肪酸比率时，就显得复杂了。长链代谢产物比它们的母体脂肪酸能更有效地产生类二十碳烷酸。如必须饲喂数量较多的 18：3n-3 与恒定的 18：2n-6 来产生类二十碳烷酸，但使用较少的 20：5n-3 就可达到相似的效果（Anonymous，1992b）。更多 ALA 及水生 n-3 LCPUFAs 对血浆和组织有显著的生理效应。在犬中发现了这种代谢差异（Vaughn 等，1994；Waldron，1999；Rees 等，2001）。

美国与欧洲的 2 个专业研究机构最近在脂肪酸比例的研究上取得一致的重要进展，他们推荐在食物中添加 n-3 脂肪酸可降低患冠心病的危险。这 2 个研究机构及其他的一些研究者都认为，在制定日粮推荐量时，4 种 PUFA——18：2n-6、18：3n-3、n-6 LCPUFAs（主要是 20：4n-6）和 n-3 LCPUFAs（主要是 20：5n-3 和 22：6n-3）都应该单独考虑（Anonymous，1992b；de Deckere 等，1998；Buttriss，1999；Simopoulos 等，1999）。

欧洲的专家委员会也特别总结到，总 n-6 与总 n-3 的比率并没有什么用处（de Deckere 等，1998）。英国脂肪酸基金会（BNF）指出，尝试解释关于 n-6：n-3 的数据，可能会受到曲解（Anonymous，1992b）。直到知道各种 n-3 脂肪酸有相对更高的效力，BNF 才推荐使用更简单的 LA 与 ALA 比率。这个简单的比率虽然可以使用，但其并没有考虑水生 n-3 PUFAs 的出现，它能产生重要的代谢产物。尽管使用了 18 碳比率，仍存在另外的复杂性。如饲粮中的 LA 的数量下降或者 ALA 数量增加会导致相同的比率，但这些不同的改变却没有相同的代谢效果（Anonymous，1992b）。因 LA 和 ALA 的代谢并不彼此独立（Mantzioris 等，1995；de Deckere 等，1998），高含量的 LA 将影响 ALA 的转运，其影响程度比后者影响前者大（Dunbar 和 Bauer，2001）。因此，现行的推荐量中包含脂肪酸的比率，也说明了其计算方法。

5.7.4 对不同结构和功能的必需脂肪酸的利用

必需脂肪酸（EFAs）或其衍生物是维持正常生长及生理完整性所必需的，并且机体不能合成足够数量的必需脂肪酸。所有不饱和度相对低的 n-6 系列脂肪酸成员（18：2n-6、18：3n-6 和 20：3n-6）通过转化至 20：4n-6，及与所有脂肪酸代谢间的相互依赖作用而体现 EFA 活性。只有当亚油酸被认为是饲粮必需的 n-6 脂肪酸时，除了母体脂肪酸外，犬能合成其他的亚油酸。α-亚麻油酸，属于 n-3 家族，一直被认为没有与 n-6 脂肪酸同等的营养价值。ALA 缺乏症比 LA 缺乏症更加敏感（Holman 等，1982）。然而大量实验数据证明 ALA（18：3n-3）是一种真正的必需脂肪酸（Anonymous，1992a）。尽管作为必需脂肪酸，ALA 的效力没有 LA 大，它们的长链衍生物，如 EPA 和 DHA，在神经组织、炎性反应和免疫应答中有着重要的代谢功能（Carlson，1990；Conner 等，1992；Uauy 等，1996；Simopoulos，1999）。因此，除了 18 碳 PUFAs，n-6 和 n-3 族的长链衍生物现在被认为是“条件性必需脂肪酸”，特别是由于它们会影响婴幼儿正常生长和神经组织。

5.8 比较研究

此部分描述了 EFAs 在维持健康中的重要生理作用。有关特定物种脂肪酸的重要性和优点的资料会在后面的章节中涉及。但每个 EFAs 的治疗效果并未被涉及，尽管这种研究在犬猫的临床和实验上都已被阐明(Case 等，2000；Hand 等，2000)。

5.8.1 膜的组成和完整性

从结构上说，PUFAs 对膜的流动性及相关细胞的功能如运输、代谢调控和表面水屏障都是很重要的(Prottey，1977；Elias 等，1980；Wertz 和 Downing，1982)。细胞膜的稳定性、结构和功能取决于不饱和脂肪酸能否合成 PUFAs。在膜磷脂双分子层上的 PUFAs 也影响膜的形状和聚集在一起的能力(如血红细胞是双凹形的)(Jos 等，1985)。执行储存(脂肪组织)、代谢(肝脏)、机械功(肌肉)和排泄(肾)功能的组织中，细胞膜中 n-6 脂肪酸数量占主导(Gurr 和 Harwood，1991a)。其他特殊组织中包含独特的脂肪酸如 n-6 和 n-3 LCPUFAs，有 5～6 个双键且有更高比率的 n-3 脂肪酸。这些组织包括生殖组织和神经组织如髓磷脂，它的膜是离子绝缘细胞膜；视杆细胞膜外部富含长链脂肪酸，包括 DHA(22：6n-3)(Tinoco，1982；Gurr 和 Harwood，1991a)。

5.8.2 脂蛋白的相互作用

膜上脂肪酸和脂质与蛋白的相互作用，有助于蛋白质的构象发生改变，这是膜蛋白发挥功能所必需的。这些相互作用可在纯合和半纯合膜蛋白的活动中得到很好的反映。转运蛋白、酶、细胞信号和肌糖—酯循环以及其第二信使都是这些相互作用的很好例证(Carruthers 和 Melchior，1986；Manzoli 等，1988；Kinsella，1990；Anonymous，1992a)。

5.8.3 类二十烷酸的产生

必需脂肪酸的另外一个重要作用是，它们是类二十烷酸的前体，类二十烷酸包括各种具有生理活性但存在时间很短的脂酰基衍生代谢物，如前列腺素、前列腺环素、凝血噁烷、脂氧素、白细胞三烯以及相关的羟基脂肪酸。这些代谢物包含 20 个碳原子，它们在特定细胞中因需要而被合成。它们的合成过程需要环氧合酶(CO)和脂氧合酶(LO)的参与，CO 调控的反应生成前列腺素或凝血噁烷；LO 调控的反应则生成白细胞三烯(图 5-3)。前列腺素是一种典型的血管舒张剂，但白细胞三烯是血管收缩剂。白细胞三烯也可以刺激嗜中性粒细胞和凝血噁烷的释放。在伴侣动物中，在很少被研究过的路径中产生 18C 和 20C 脂肪酸的环氧和羟基代谢物，这条路径也被证明在调节细胞反应中起重要作用(Kietzmann，1990)。

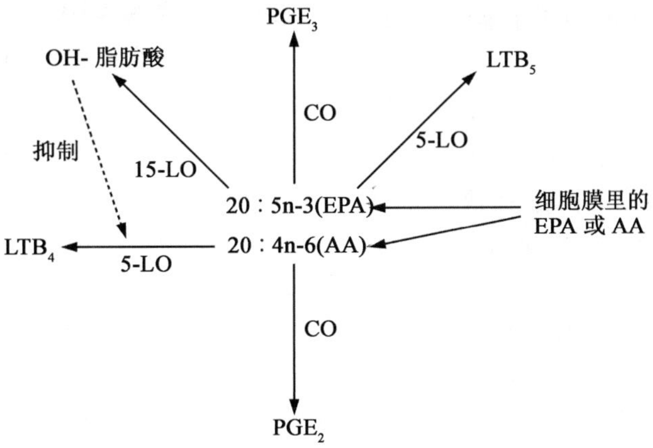

图 5-3 由 n-3 和 n-6 多不饱和脂肪酸形成类二十烷酸的一般途径

二十碳五烯酸和花生四烯酸互相竞争地进入细胞膜和作为环氧合酶和 5-脂氧合酶的底物。EPA 是具有较少活性的白细胞三烯 B_5(LTB_5)的前体，其还可通过 15-脂氧合酶形成 OH-脂肪酸(是白细胞三烯 B_4 的潜在抑制物)

不同的细胞种类将产生各种不同的类二十烷酸，这取决于特定细胞种类的功能特征。有关这些效应的综述已被发表(Gurr 和 Harwood，1991b；Smith 和 Fitzpatrick，1996)。如当血小板受刺激时将会合成凝血噁烷 A_2，它促进血管收缩和血液聚集。当嗜中性粒细胞被当做炎性反应的一部分而受刺激时，便生成了白细胞三烯 B_4(LTB_4)。同样地，类二十烷酸在不同组织中有相反的效果。如在皮肤中，前列腺素 E_2(PGE_2)由于血管扩张效应而被认为能引起炎性反应，尽管它对胃黏膜有保护作用(Hammarstrom 等，1975；Miller 和 Jacobson，1979)。因为 PGE_2 对肾小球膜上的血管有扩张作用，它参与维持正常的肾小球过滤作用(Scharschmidt，1983)。

产生类二十烷酸产物的先决条件是利用适当的未酯化的脂肪酸(Weiss，1989；Smith，1994；Bates，1995；Nelson 等，1997)。在哺乳动物中，这通常是从 LA 中得来的 AA。因此，尽管 LA 和 ALA 都是典型的必需脂肪酸，但 AA 的代谢重要性更应该引起重视。作为细胞膜的基本成分，AA 一般占皮肤和其他组织中细胞膜磷脂总脂肪酸的 20%～25%。在对豚鼠、田鼠和人类的研究中发现，其表皮微粒体不能合成 AA，因为在皮肤中缺乏由 LA 转化到 AA 的酶系统。普遍认为，在哺乳动物中，AA 主要在肝脏中合成然后由循环脂蛋白转运到其他组织。这些现象还没有在犬猫中得到证实，但多数研究者已经认为犬的皮肤合成 AA 的能力是有限的。

因此，当皮肤健康时，从组织细胞(如角化细胞、嗜中性粒细胞、血小板、巨噬细胞、血管内皮细胞、肥大细胞和纤维原细胞)中释放 AA，是合成类二十烷酸和随后的生理反应的限速步骤(Galli，1981；Rouzer 等，1982；Samuelsson，1983；Terano 等，1986；Ziboh 等，1986)。在这些细胞中 AA 的利用率对这些反应步骤很重要，它能改变生理反应，并最终影响动物健康。类似地，n-3 PUFA 和 EPA 可以竞争性替代 AA，从而调整类二十烷酸家族的产生和它们的整体反应。尽管这些过程呈细胞特异性，但对细胞膜而言是基本的反应。类二十烷酸、饲粮必需脂肪酸以及它们的衍生物之间的直接关联提供了一种代谢环境，尤其是对饲粮的改变反应敏感。组织中的 n-6 LCPUFAs 与 n-3 LCPUFAs 的比例可因添加饲粮 n-3 脂肪酸而发生改变。如前所述，在改变脂肪比率方面，n-3 LCPUFAs 比 18 碳 n-3 脂肪酸更有效。这些关系呈竞争性，在鼠、人类和犬中已经确定为是呈双曲线关系而非线性关系(Lands，1992；Bauer 等，2002)。当通过改变饲粮的方式影响类二十烷酸反应时，要记住上述事实。同样，改变 n-6 LCPUFAs 的含量应该是有益的，因为在一些有健康障碍的机体中，有过量的 n-6 类二十烷酸生成。

5.8.4 生长和发育

哺乳动物的视网膜和其他组织的发育程度不同。任何视网膜的发育过程，可以分为出生前、围产期和出生后 3 个阶段。晚熟动物如犬、猫和鼠类的视网膜的大部分，是在出生后发育(Dobbing 和 Sands，1970)，尽管豚鼠、灵长类和人类在出生前和出生后都有发育(Dobbing 和 Sands，1970；Huang 等，1990)。相比于人类，啮齿动物和食肉动物在出生时处于发育的更早阶段 (Widdowson，1970)。大脑的发育可能遵循相同的模式。因此，在犬科动物和啮齿动物中，大脑显著发育的阶段可能发生在新生幼儿早期。因为在细胞分化高峰期之后形成髓鞘，在这个阶段需要大量的 LCPUFAs 来支持神经组织的发育。因此，在犬猫中，早期的脂类营养，如由牛奶脂肪酸成分提供的营养，对于理解满足这些品种生长发育的需要是很重要的。

动物和人的大脑及视网膜的发育，依赖于出生前和新生阶段的 PUFAs、AA 和 DHA(Conner 等，1992)。给灵长类(Neuringer 等，1986)、鼠类(Benolken，1973)和豚鼠(Weisinger 等，1996)饲喂缺乏 ALA 的饲粮，发现大脑和视网膜中的 DHA 大量下降，并且引起视觉功能障碍。在许多动物中，也包括犬，由于在杆状细胞的外部中有高浓度的 DHA，因此 DHA 在视网膜中的聚集对发育非常重要(Abedin 等，1999；Delton-Vanderbroucke 等，1998)。在鼠类的妊娠后期和新生阶段，大脑脂肪酸大量增加，这体现在 DHA 的增加上。在人类妊娠期后 3 个月时，DHA 的浓度显著增加，并且在前 2 年中持续沉积。在其他物种如仔猪、幼猫和非人灵长类中也观察到 DHA 的积累。在视网膜中，DHA 占总脂肪酸的 50%。在 n-3 脂肪酸缺乏时，视网膜光感受器的外部膜会储存 DHA。有人认为，DHA 对提高鼠类学习能力是必需的(Yamamoto 等，1987)。在鼠类和人类的哺乳阶段，大脑皮层灰质的脂肪酸组成最受饲粮的影响(Kanazawa 等，1995)。从这些发现中可以得出，在妊娠和泌乳期间 DHA 数量的减少可能导致神经组织发育不全,因此,在妊娠和哺乳阶段,确保母体有适量的 EFA、LCPUFA 以及组织正常发挥功能是非常重要的。

和 DHA 一样,AA 同样也是必需的(Carlson 等,1992;Crawford,1993)。DHA 和 AA 对血管发育和血流速度的调节是必需的(Fleischauer 等,1993;Pritchard 等,1995;Pfister 等,1996)。人在早期婴幼儿期间,当血浆磷脂中的 LA 增多时,AA 和 DHA 的数量都下降(Uauy 等,1989;Carlson 等,1996)。因此,选择饲粮的策略应确保这些 PUFA 的利用率。对人类的研究表明,在婴儿食物配方中增加 ALA,显著增加红细胞中的 DHA;但是,母乳喂养的婴儿其数量仍然很低(Clark 等,1992;Jensen 等,1996)。饲粮中的 ALA 也可使血浆中的 AA 含量降低,这对婴儿不利(Clark 等,1992;Jensen 等,1996)。在用豚鼠作的一项研究中,单独添加 DHA 或 DHA 和 AA 的混合物,并与在恒定的饲粮 LA 浓度下添加 ALA 相比较(Abedin 等,1999),发现当 ALA 单独添加或与 DHA+AA 补充物同时添加时,增加了神经组织中的 DHA 含量而没有影响 AA 的含量。但是,LCPUFA 同样可以使肝脏和心脏富含 DHA。这个研究也发现,含 0.6% DHA 和 1% ALA 的饲粮与仅含 7.1% ALA 的饲粮相比,视网膜和大脑中具有相同数量的磷脂 DHA。因此,作为组织 DHA 的前体,饲粮 DHA 比 ALA 更有效。这是因为 ALA 转化成长链衍生物的转化率低(Sinclair,1975)。当饲喂了含 DHA 和 DHA+AA 的饲粮时,视网膜磷脂 AA 并没有改变,这与在仔猪中得到的结果中是一致的(Craig-Schmidt 等,1996)。

5.9 犬科动物的研究

5.9.1 缺乏或过量的症状

低脂肪的饲粮将导致 EFA 和能量的缺乏。因为脂肪对适口性的影响,含过少脂肪会导致低摄入量,甚至会恶化已受损的营养状况。EFA 缺乏症主要表现在皮肤,因为其是机体的最大器官之一,而且因为 LA 在表皮水屏障中有重要作用。给幼犬饲喂含很少脂肪的饲粮(占 ME 0.01%),发现其毛发粗糙、干燥,约 2 个月后腹部表皮脱落,并且在 4~5 个月后损害更加恶化。当能量摄入正常时,这些症状延迟了约 1 个月(Wiese 等,1962)。损害一开始出现在腹部,然后在大腿,最终在肩胛区。随着时间的推进,皮肤变油变痒,而且变得易于感染,这是因为表皮脂类和细菌区系改变以及引起的继发性细菌不同程度的侵入(Codner 和 Thatcher,1990)。从组织上看,表皮变厚,变得浮肿,并在感染最严重的区域有大量细胞层。更严重时,皮肤呈角质化或角化不全。单核细胞和嗜中性粒细胞侵入时,上皮细胞受损害,使动物发生溃疡。饲粮中 LA 占总能量的 2%或更多时,上述症状就可以消失(Hansen 等,1954;Weise 等,1966)。用 ALA 做替代物并不能完全解决这些问题。

除了皮肤受损外,通过实验诱导产生的 EFA 缺乏症在生长期鼠(Burr 和 Burr,1929,1930)、犬(Hansen 等,1948,1954;Hansen 和 Weise,1951;Weise 等,1965,1966)和猫(MacDonald 等,1983a)上的表现为:肾脏和繁殖异常、生长速度减缓、免疫机能异常、毛发稀少、秃头、皮肤萎缩、表皮血管脆弱、青肿趋向增加、伤口更难恢复、脂肪增生和表皮水损失增加(White,1995)。同样也发现了很多其他器官的退化,细胞膜变得更加脆弱(Holman,1971)。

关于 ALA,当卷毛猴坚持采食含 LA 适量但 ALA 很少的饲粮时,其症状与 LA 缺乏症相似,通过在饲粮中添加亚麻籽油可以解决这个问题(Fiennes,1973)。

因摄入 ALA 不足而使 n-3 脂肪酸缺乏症的临床表现更加敏感(Tinoco,1982),包括神经系统异常如视觉灵敏度降低、视网膜电流描记异常、多发性神经病和学习能力下降(Tinoco,1979;Holman 等,1982;Neuringer 等,1988;Conner 等,1992;Uuay 等,1996)。在临床上鉴别这些症状需要更先进的技术。但是一个很重要的特征是,多数动物(包括犬)的脑和视网膜中的杆细胞中有高比例的 ALA 的长链脂肪酸衍生物,如 DHA(Anderson 等,1992;Alvarez 等,1994;Delton-Vanderbroucke,1998)。已经知道老鼠胚胎的正常生长需要 ALA,认知和视觉发育需要长链 n-3 PUFAs(如 DHA)(Pudelkewicz 等,1968;Anonymous,1992b),当然犬也不例外。由此推断,因为体内不能合成这些脂肪酸,日粮中添加是必然的。对其需求量很小,并仅限于对早期发育的影响。与此相反的是,至今还没有报道因缺乏 ALA 和其他 n-3 PUFA 而导致明显的发育障碍。研究者只是在近些年来对这个主题才感兴趣,才关注犬粮中 n-3 脂肪酸的存在。

尽管很多研究探讨了 n-6 PUFA 过量或 n-3 PUFA 缺乏时的慢性炎性状况,但还未鉴别出健康犬过量摄入长链不饱和脂肪酸时的特异性症状。饲粮中一般高度富含 n-6 PUFAs,这点得到越来越多的支持。添加 n-3 PUFA 来降低 AA 的利用率是可取的[参考 Lands(1986)的综述]。尽管如此,Lands 等(1990,1992)已经证明在鼠类和人类中,当组织拥有饱和 AA(由 LA 得来)时,饲粮 LA 的浓度并不比其最小需求量高多少。在犬中同样有这种现象(Bauer 等,2002)。确实,在犬中的一项研究发现,含占 2.5% ME 的 LA 饲粮和含 27.4% ME 的 LA 饲粮(占总脂肪的 40%)使独立的嗜中性粒细胞有相同数量的 AA 含量(Waldron,1999)。因此,仅用 n-6 LCPUFAs 的组织饱和度,作为过量摄入的一个参数是不够的,还需要其他生化、功能性和临床测定结果。至于犬摄入过量 n-3 LCPUFA 对增加出血次数和血小板功能的有害效应,还没有得到证明,也没有有关脂肪酸剂量的详尽研究(Boudreaux 等,1997)。

有关犬日粮 EFA 的早期研究集中在用以生长和阻止皮肤受损的 n-6 脂肪酸的需求上(Hansen 等,1948,1954;Hansen 和 Wiese,1951;Wiese 等,1962,1965,1966)。最近更多地研究了关于 n-6 和 n-3 EFA 的相互影响和两者生成的长链代谢物,这些研究使对脂肪酸必需性的认识更加复杂。如含有高含量 ALA 的饲粮(18∶3n-3)会抑制 LA 转变成 AA(Mohrauer 和 Holman,1963;Holman 和 Mohrauer,1963;Hwang 和 Carroll,1980;Bauer 等,1998)。在这些分子间竞争影响细胞的结构和功能,这不仅是母体复合物积累的结果,也是它们的代谢衍生物和类二十烷酸产生的结果。一个重要问题是,一个脂肪酸系列的含量为多少时就会影响其他脂肪酸。现在的数据还不能完全回答这个问题。但是,有关 PUFA 的种类和数量,为犬特殊反应的研究提供了一些答案。推荐的最小值和最大值最终取决于用于定义它们的临床、生化和生理指标。有关犬科动物 n-6 和 n-3 PUFA 的相互影响的研究总结如下。

5.9.2 皮肤和毛发

皮肤的表皮水屏障的功能取决于细胞磷脂片段,即神经酰胺的 18∶2n-6 含量。在健康皮肤中,含 18∶2n-6 的神经酰胺作为细胞间薄层颗粒被排出,它来自于双层角质层的表皮角化细胞。这个 18 碳酸增加脂质间的内聚力,这些脂质组成细胞间薄层,从而对表皮产生有效的水屏障(Elias,1987;Freinkel,1987)。这些功能可以解释为什么当由植物油提供的脂肪增加时,犬一般会产生干燥和暗淡的皮毛、鳞屑和非瘙痒的皮肤病症。对犬的研究显示,通过饲粮添加不同的脂肪可以改变血清和表皮的脂肪酸成分(Campbell 和 Dorn,1992; Vau-ghn 等,1994; Campbell 和 Roudebush,1995)。在一个长达 56 d 的研究中,评价了 4 种饲粮,其中 1 种含有 18∶3n-3。与其他几种日粮相比,这种日粮血清和表皮中富含 18∶3n-3,犬毛发的光泽增加,但不显著,表皮的水损失要少(Campbell 和 Roudebush,1995)。但这个研究并没有报道饲粮脂质的总量,因此,对日粮做更彻底的比较是不可能的。最近的研究证明,添加富含 LA 或 LA+ALA 的陆生含油种子补充物,在临床上正常的犬其皮肤和毛发评分得到短期改善(Rees 等,2001)。在这个研究中,饲粮添加 3%(*w*/*w*)整粒粉碎的向日葵种子(9.3% ME 的 LA,0.4% ME 的 ALA)或整粒粉碎的亚麻籽(7.3% ME 的 LA,2.5% ME 的 ALA)使循环 n-6 脂肪酸的含量增加。这种增加可能导致 LA 嵌入到表皮脂质神经酰胺片段中,从而使皮肤和毛发的评分更理想。但是,这些改进只持续了 28 d,之后发生了适应性反应(Rees 等,2001)。同样,不能确定这种改进是否是由于饲粮总脂肪含量的增加,而与脂肪类型无关。在另一个研究中,通过在现有饲粮中添加 LA、锌或两者的混合物来估测犬皮肤和毛发的质量(Marsh 等,2000)。LA 含量分别为 ME 的 12.75%(大约为 15 g/1 000 kcal),含锌为 100 mg/1 000 kcal。在添加上述养分后,在 9 周的测试期间,犬的毛发光泽变好并且表皮水损失显著下降。这些养分的数量足以防止缺乏症,并比推荐量要高得多。在这些资料中,总脂肪效应同样存在。

5.9.3 炎症和免疫细胞的结构和功能

减少用于合成类二十烷酸及作为 LO 或 CO 酶作用底物的 AA 数量,这种营养改变被认为可以减少炎症反应。维持健康的推荐量是在基于其作为减少已知炎症的介质而获得的潜在益处，尤其是参与如下慢性疾病的炎症介质：骨关节炎和胃肠道、肾脏、皮肤的炎症。n-6、n-3 脂肪酸似乎都参与了这些效应，但机制不同。

5.9.3.1 n-6 脂肪酸的效应

n-6 脂肪酸的抗炎效应与由日粮 γ-亚麻油酸(18：3n-6)合成的 2-γ-亚麻油脂酸(20：3n-6，DGLA)有关(Miller 和 Ziboh，1988)。尽管这些中介物可以进一步转化为 AA，但当补充 GLA 或其含量高时，这种转化会变慢。在这种情况下，DGLA 开始积累并竞争进入细胞膜。因为 DGLA 是 LO 和 CO 的底物，它可以被转化成低炎性的 PGE_1 并抑制 AA 从其他膜释放。通过堵塞 LO 路径和合成额外的白细胞三烯(LTB_4)，它还可以被转化成一种很有效力的抗炎症羟基脂肪酸(Hammarstrom 等，1979；Miller 和 Ziboh，1988)。尽管血浆中的 GLA 和 DGLA 的浓度因饲粮改变而变化，但是关于犬猫利用包含 GLA 和其他 n-6 和 n-3PUFAs 的油酸添加物的研究在临床上出现了矛盾的结果(Case 等，2000)。猫由于 Δ6-脱饱和酶含量低，在 GLA 代谢上与犬是否存在差异还不清楚。

5.9.3.2 n-3 脂肪酸的效应

从鱼油或其他水生资源中得到的长链 n-3 PUFAs 似乎容易改变炎症反应和免疫反应。在同等重量的基础上，n-3 脂肪酸只来源于 ALA 或 ALA 和鱼油的混合物，在产生炎症和免疫反应方面，并没有同等的功效(Vaughn 等，1994；Wander 等，1997；Waldron，1999)。其中一个原因是，ALA 转化成 EPA 的效率太低(Sinclair，1975)。

在对犬的研究中，在饲粮中分别添加来自亚麻籽油的 18：3n-3 脂肪酸、来自红花油的 18：2n-6、来自牛脂的低含量的 PUFA 和来自鱼油中的 PUFA，饲喂犬 28 d，研究其对嗜中性粒细胞的结构和功能的影响[18%脂肪添加量(*w/w*)，基础日粮富含 LA](Waldron，1999)。添加鱼油的一组中，EPA 和 DPA 的含量显著多于 AA，嗜中性粒细胞的细胞膜流动性增强，体外噬菌作用增强，产生白细胞三烯(LTB_4)的量减少，超氧化物歧化酶的活性降低(Waldron，1999)。在含 n-3 PUFA 的饲粮中，亚麻籽油组含有 ALA 103 g/kg (19.6% ME)；鱼油组含有 EPA + DPA + DHA 45.5 g/kg (8.6% ME)。流动性效应依赖于双键数量的最大化，因为研究发现细胞膜含 DHA 实际上会稳定膜的流动性(Dratz 和 Deese，1986；Stubbs 和 Smith，1990)。在另一个研究中，当给犬饲喂高含量水生来源的 n-3 PUFA 的日粮，与含玉米油的日粮作比较(未说明每千克日粮中包含的 n-3 PUFA 的量)(Byrne 等，2000)，来自体内的嗜中性粒细胞 LTB_4 产物同样减少，与上述结果相似。这些发现和早期的报道是一致的，那些报道称高含量水生来源的 n-3 PUFAs 尤其适于改变健康犬的嗜中性粒细胞和皮肤炎症反应(Vaughn 等，1994)。后来的研究推断，这些可见的效果是由于总 n-6 PUFAs 与总 n-3 PUFAs 的比率变化了。然而，没有记录饲粮中 ALA 的变化数量，它对计算脂肪酸的比率有影响，但在延缓炎症反应的生化指标方面的效力不高。

在一个关于饲粮最大值的研究中，给老龄比格犬(9.5～11.5 岁)饲喂 3 种日粮中的 1 种，这 3 种日粮分别含有以下物质：EPA＋DPA＋DHA，<0.3、2.2、6.15 g/kg；LA，24.1、17.1、10.35 g/kg；相对恒定的 ALA，0.7、0.7、0.85 g/kg 日粮。在 8～12 周之后，6.15 g(EPA＋ DPA＋DHA)处理组的细胞免疫能力明显降低。而且，单核细胞中的 PGE_2 反应迟缓，维生素 E 降低，脂质过氧化反应指标增加(Wander 等，1997)。在高含量 n-3 PUFA 饲粮中，能量基础上脂肪酸比率为：2.6% ME(EPA＋DPA＋DHA)，LA 约为 4.4% ME，总脂肪含量大约为 43% ME(计算自 Wander 等，1997)。Hall 等(1999)做的更进一步研究表明，在接种疫苗后，高含量 n-3 LCPUFA 的饲粮对 CD4＋淋巴细胞有显著的作用。另外的试验中，给犬饲喂含 3 种不同含量的 α-生育酚醋酸盐的全价日粮，脂肪酸(EPA＋DPA＋DHA)占 ME 的 2.1%(来自鲱鱼鱼油)，LA 占 ME 的 6.5%，总脂肪含量占 ME 的 40.4%(计算自 Hall 等，2002)。结果发现，不同的含量导致血浆 α-生育酚含量的不同，在本次试验中没有记录不良效果。高 n-3 组中血浆胆固醇的含量较低，但并没有观察到甘油三酯含量下降。

基于可以计算的饲粮浓度的少数研究，很难精确确定水生来源的 n-3 PUFA 的最大安全量。大多数研究持续时间短，所以不能完全解决因长期效应带来的问题。但是，一些研究已经得出了一些相关结论。一个研究发现，当饲喂总 n-6 与总 n-3 的比率为 5：1 的鲱鱼鱼油饲粮时，血小板功能和凝固试验没有显著的临床变化(Boudreaux 等，1997)。在饲喂相同饲粮时，Mooney 等(1998)发现了 n-3 脂肪酸影响伤口恢复的炎症反应阶段的生化证据，但对选定的组织没有影响。并且，Scardino 等(1999)比较了添加鱼油和大豆油的日粮，总 n-6 与 n-3 比率分别为 0.3：1 和 7.7：1，并没有获得 n-3 脂肪酸可以抑制伤口恢复的炎症反应的统计学证据。但是，发现了外露的伤口的上皮化和收缩现象明显减少。这可能导致表皮粗糙，并可能形成疤痕。在这些试验中，并没有对饲粮中的单个 n-3 或 n-6 脂肪酸或总脂肪的绝对含量进行详细描述。因为缺少这些细节，确定 n-3 LCPUFAs 对犬科动物有不良影响的浓度是不太可能的。Wander(1997)等和 Hall(1999)等的数据提供了到目前为止反映了代谢变化的最好饲粮浓度。在某些情况下，这可以看做是安全上限。

5.10 猫科动物的研究

5.10.1 缺乏或过量的症状

通过给猫饲喂含植物油的半纯合饲粮，Rivers 和同事做了一系列有关猫科动物脂肪酸代谢的试验。在 20 世纪 70 年代初，他们发现家猫需要日粮来源的 LCPUFAs。这一点的生化依据发表于 1975 年，当时观察到猫的肝脏缺乏催化由 LA 合成 AA 及由 ALA 合成 EPA 的 Δ6 脱饱和酶(Rivers 等，1975)。在这项研究中的猫，其被毛干燥无光泽、有皮屑、行为不活跃，还伴有肝脏脂肪渗透。随后，Rivers 和其同事发表了一系列研究结果(Hassam 等，1971；Rivers 等，1976a，b；Frankel 和 Rivers，1978，1980，1981；Rivers，1982)，证明了猫对必需脂肪酸的需要量，以及饲喂氢化椰子油作为唯一脂肪来源的饲粮而导致的脂肪酸缺乏症。另外，患必需脂肪酸缺乏症的猫饲料利用率下降而体增重保持不变、肾脏轻度矿化(MacDonald 等，1984a)和血小板凝集改变(MacDonald 等，1984b)。同时还发现增大的脂肪肝和肾脏脂肪组织渗透。

相对于其他哺乳动物而言，这些研究的独特之处在于，即使在给猫饲喂含有充足 LA 和 ALA 的饲粮时，仍观察到必需脂肪酸缺乏症(MacDonald 等，1984a，c)。所以饲粮中需要的 LCPUFAs 可能是由 18 碳前体物衍生而来。

早期对必需脂肪酸的研究所用的饲粮中，牛磺酸(Hayes 等，1975；MacDonald 等，1984a)和维生素 E(Stephan 和 Hayes，1978)可能处于边际缺乏状态，而维生素 D 过量(MacDonald 等，1984a)。但是，添加牛磺酸并没有改变早期的症状(Rivers 和 Frankel，1980)。Rivers 和同事发现在他们早期的研究中维生素 D 确实是过量了。但是纠正了维生素 E 的含量后，脂肪酸仍然发生相似的改变。后来的研究将不会耗尽维生素 E 储存量的氢化椰子油作为脂肪的来源。此外，含 GLA(18：3n-6)的油添加到饲粮中后，动物的繁殖性能提高了。脂肪酸通过 Δ6 脱饱和酶旁路途径将 AA 的性能提高到一定程度(Rivers 和 Frankel，1980)。要想获得这些早期研究的更多细节，参见 Sinclair(1994)和 Bauer(1997)的文章。

MacDonald 和同事发现 EFA 缺乏症的症状与 Rivers 和他的同事报道的相近(MacDonald 等，1983a，b，1984c)。但是，其中一个研究(MacDonald，1983b)发现，含有 5% 红花油加 30% 氢化椰子油的饲粮(6.7% ME LA，无 AA)可以防止除了母畜的繁殖问题外的所有这些临床症状。在澳大利亚的研究表明(Sinclair 等，1979，1981；McLean 和 Monger，1989)，饲喂含有 5% 红花油的饲粮达 8 年的猫并没有出现 Rivers 和 Frankel(1980)所描述的严重症状。这些澳大利亚猫看起来很正常，除了被毛没有光泽和不能生产 2 只以上的幼仔之外。由此推测，这些严重症状可以经添加不适量的牛磺酸和之前提到的一些维生素得到缓解。但是那时认为，对于其他哺乳动物来说适量的 LA 并不能维持猫各个生命阶段的最佳健康状态。对这些不同研究结果的解释包括一种可能，饲粮中与它们相关的不同的脂肪酸数量或其他养分，可能导致猫合成 AA 的能力不同。确实，某些 n-3 脂肪酸如 ALA(Holman 和 Mohrauer，1963；Mohrauer 和 Holman，1963；Hwang 和 Carroll，1980；Monger，1986)可以参与调节 Δ6 脱饱和酶。AA 本身也可以调节这种酶(Whelan，1996)。

5.10.2 Δ6 不饱和酶活性受限制的证据

除了以上发现，通过给猫饲喂不含 AA 的 LA 饲粮，产生了少量的 Δ5,8,11-20：3 (20：3n-9)，从而获得了在猫中存在 Δ6 脱饱和酶活性但活性较低的生化证据(Rivers 和 Frankel，1981；Sinclair 等，1981；MacDonald 等，1983a)。同 LA 产生 AA 的途径一样，这种脂肪酸由油酸产生。最近，通过先进的同位素技术结合气体色谱和质谱分析(Pawlosky 等，1994)，确认猫的 Δ6 脱饱和酶的活性是有限的，另外，当日粮中完全缺乏 AA 时会出现这种情况。因为猫 Δ6 脱饱和酶的活性是有限的，当饲喂富含 LA 的饲粮时，经过链延长而积累适量的 20：2n-6，并产生新的脂肪酸 Δ5,11,14-20：3。这种脂肪酸是由 20：2n-6 经过 Δ5 脱饱和作用产生的(Sinclair 等，1981)，也是 Δ6 脱饱和酶活性有限的一个特点。当饲粮中 LA 含量高时，Δ5 脱饱和作用是很活跃的(Bauer，1997)。

5.10.3 日粮 LCPUFA 与猫科动物的生命阶段

最近，研究者研究了猫科动物在繁殖期对饲粮 AA 的需求量。在交配前和妊娠期间，给猫饲喂 3 组饲粮，分别为：含有 1%玉米油和 9%氢化椰子油(经计算，含有大约 2% ME 的 LA；按重量计算，含 10%的总脂肪)、3%玉米油、1%玉米油加 0.02% AA(Pawlosky 和 Salem，1996)。所有的实验动物都成功怀孕，但含 1%玉米油组中的猫出现先天性缺陷和低存活率的几率较高。相比而言，含 3%玉米油而不含 AA 的饲粮有助于繁殖。这个研究表明，当日粮中包括 LA 在内的 PUFAs 含量低时，猫不能有效繁殖；添加少量 AA 后可以恢复。然而，添加 3%玉米油而不含 AA 的饲粮仍然可以维持繁殖，可知饲粮中除 AA 之外的其他因素起了作用。并且，在这个研究中发现，饲喂了 AA 的母猫生产的新生幼猫可以由标记过的 LA 前体物合成 AA(Pawlosky 等，1997)。

Morris 等(2001，2002)也研究了缺乏 AA 的饲粮对猫科动物繁殖性能的影响，证实了以前的结论，即公猫饲喂含 LA 而没有 AA 的饲粮也有生育能力。将这项研究进一步拓展，发现给断奶后母猫饲喂无 AA 的饲粮后其仍有生育能力。受孕后，母猫开始增重，但是只有 1 只怀孕成功。给它们补饲含 AA 的饲粮后仍没有怀孕成功。Morris 推测，除满足 1 或 2 只胎儿的需要，妊娠母猫不需要为其他的胎儿额外增加 AA，没有顺利繁殖是因缺乏其他因素而致。

在最近的一系列试验中，用稳定同位素技术得到有关猫科动物的组织能合成 LCPUFA 的信息。除了合成 AA 外，研究发现成年猫在肝脏中生成 20：5n-3 和 22：5n-3(DPA，n-3)，在脑中生成 22：6n-3(DHA) 和 22：5n-6(Pawlosky 等，1994，1997)。很特别的是，猫合成 DHA 的脱饱和的最后步骤只发生在神经系统中，而不在肝脏中。

各个组织合成的位置是独立的，一个重要的问题是，猫合成 LCPUFAs(不管是 n-6 还是 n-3)的能力能否满足不同的生命阶段的需要。Pawlosky 等(1997)在延续以前试验的基础上，进行了新的研究。在交配前、妊娠期和泌乳期，给猫饲喂含有不同水平的玉米油和氢化椰子油的饲粮。估测这 2 种含有 AA 和 DHA 的参考饲粮。玉米油饲粮在促进视网膜和大脑的发育过程中，能维持 AA 的浓度，但是只有含 DHA 的饲粮能够使这些组织普遍含有高浓度 DHA。还发现了低浓度的 22：5n-6，这说明幼猫产生这种脂肪酸和合成 DHA 的能力都较低。所有 LCPUFA 缺乏组与对照组动物相比，都观察到视网膜电流图的差异。对照组动物饲喂下面 2 种日粮中的 1 种：一种是含 AA 1 100 mg/kg 和 DHA 640 mg/kg 的参考饲粮，另一种是添加玉米油和氢化椰子油，含 AA 200 mg/kg 和 DHA 200 mg/kg 的日粮 (Pawlosky 等，1997)。缺乏 LCPUFA 的日粮不能供给幼猫足够的 n-3 脂肪酸，这些脂肪酸在发育过程中用于积累神经和视网膜的 DHA，因此缺乏它们不能维持最佳视觉功能。在生长期猫或未成年猫中 n-3 或 n-6 18 碳前体物的简单转化都不能满足需要。另一个利用实际饲粮的研究发现，给 19～20 月龄猫饲喂含 0.88% LCPUFAs 的饲粮时，饲粮中少量的 AA、EPA、DHA(0.14%，0.02%和 0.03%)结合高含量 LA(4.2%)，使 ALA 向 LCPUFA 转化不明显(Chew 等，2000)。所以，可以得出推断，为了维持需要或正常受孕，成年猫也许并不需要外源 AA。但是，怀孕成功、发育、泌乳、生长和代谢需要适当数量的外源 n-3 和 n-6 LCPUFAs，因此，这 2 种脂肪酸被认为是条件性必需脂肪酸。

5.10.4 免疫、炎症和血小板细胞的功能

对猫粮 n-3 PUFA 的抗炎症效应和免疫病理效应知之很少。最近的一个报道在 2 种总脂肪浓度下，比较了植物来源和水生来源 n-3 脂肪酸(即亚麻籽油和鱼油)的效应。鱼油或亚麻籽油中的 n-3 PUFAs 均因对组胺的反应，而程度相同地降低了皮肤炎症反应。但是，鱼油饲粮明显降低 LTB_5 的浓度(Chew 等，2000)。任何一种 n-3 脂肪酸来源，既没改变大量免疫参数，包括延迟超敏反应和白细胞介素 2(IL-2)的产生，也不影响淋巴细胞增殖。只有饲喂了鱼油的猫，表现出低 B 细胞水平，且总 T 细胞水平和 T 辅助细胞群水平降低。以此可作出结论，亚麻籽在低脂饲粮(14%)中比在高脂饲粮中的免疫抑制作用要弱(Chew 等，2000)。这可能是由于，相比于直接饲喂预成型的 LCPUFAs，亚麻籽 ALA 到 LCPUFAs 的转化是有限的。LCPUFAs 被熟知的原因，不是因为它是 18-碳酸的前体物，而是因为它有改变炎症和免疫反应的特点。

血小板功能试验使用了来自一小组猫的富含血小板的血浆，这些猫采食的饲粮含有大约 75%的水分和 27.7%的粗脂肪(DM 基础)，其中含有含量不同的玉米油、精选的白色油脂和鲱鱼鱼油，来改变总 n-6 和总 n-3 的比率(25∶1、12∶1、1.3∶1)。饲粮中还包括火鸡、火鸡肝和稻米。给猫饲喂 3 组饲粮中的 1 组 16 周。观察到饲喂最低比率(含高含量的鱼油)的一组动物的血小板凝集能力下降、血小板活性下降并且出血次数增加。用动物完整的血液样品进行检测的结果看，包括激活局部促凝血酶原激酶的时间、第一阶段凝血时间和纤维蛋白原浓度等各项指标，不存在差异(Saker 等，1998)。由此可得出结论，在试验日粮的剂量下，延长摄取富含鱼油来源的 n-3 脂肪酸日粮会产生有害效应。试验日粮没有给出 n-6 和 n-3 脂肪酸的具体数量。

5.11 需要量、推荐量和供给量

表 5-1 列出了用于描述 n-6 和 n-3 系列脂肪酸推荐量的脂肪酸缩写。

表 5-1 选定脂肪酸和脂肪酸术语的缩写目录

脂肪酸缩写	通用名称	ω 标记	脂肪酸系列
PUFA	多不饱和脂肪酸	—	一般
LCPUFA	长链多不饱和脂肪酸	—	一般
LA	亚油酸	18∶2n-6	n-6
AA	花生四烯酸	20∶4n-6	n-6
ALA	α-亚麻油酸	18∶3n-3	n-3
EPA	二十碳五烯酸	20∶5n-3	n-3
DPA	二十二碳五烯酸	22∶5n-3	n-3
DHA	二十二碳六烯酸	22∶6n-3	n-3

犬猫的不同饲粮脂肪类型的推荐量得到了几个专家组的一致同意，并且参考了大量与目标动物有关的有价值的专业文献。有观点认为，成年人通过减少日粮 n-6 PUFAs 来获得潜在的益处，相反，提高 n-3 PUFAs 的含量有益于心脏健康并促进婴儿的发育。但是，必须考虑到，犬猫和人的脂类代谢有着一些相似之处，但仍存在明显的区别。如不同于人类，犬猫是高密度脂蛋白哺乳动物，能够表达抗动脉粥样化的特性。因此，它们能够忍耐高脂肪浓度的饲粮。并且，在哺乳动物中，猫的脂肪酸代谢是特有的。因为有毛皮的缘故，给犬饲喂含有锌和高浓度 LA 的饲粮，犬皮肤和被毛状况变好(Marsh 等，2000)，高 PUFAs 饲粮也能普遍改善皮肤和被毛评分(Rees 等，2001)。在豚鼠中，口服用放射性同位素标记的 ALA 48 h 后，发现超过 46%的 ALA 与皮肤和毛发脂类有关联(Fu 和 Sinclair，2000)。当饲喂被标记的 LA 饲粮，大约 2/3 的标记 LA 出现在皮肤和毛发中(Fu 等，2001)。这些资料表明，日粮中的 18 碳 PUFAs 大部分出现在皮肤和毛发中。这些研究同样表明，饲喂 48 h 后有很少的 LA 代谢转变成高度不饱和脂肪酸(Fu 等，2001)。这些试验结果与另一试验的研究结果一致，另一试验给犬饲喂了含 LA 2.5%或 27.4% ME 的日粮(Waldron，1999)，嗜中性粒细胞膜含 AA 的量是一致的(Waldron，1999)。从它们的毛皮特性和现存的资料来看，减少犬猫饲粮 LA 的量使其与人类的推荐量相似是不可信的。美国营养委员会心脏协会推荐人类食物中 LA 含量不能超过 10% ME。以此值作为基础，在对老鼠人造肿瘤的研究中，给老鼠饲喂了含 17%或

25% ME 的 LA 饲粮，结果肿瘤重量增加(Rose 等，1993,1994)。并且，最近在美国召开会议的专家认为，人类食物中 LA 的推荐量不超过 3% ME(在含有 2 000 kcal 日粮中含 6.67 g)(Simopoulos 等，1999)。犬猫的饲粮推荐量和人类的有分歧。在犬猫中，高含量的 LA 被认为是安全有效的(第 15 章)。

因猫的 LA 转化成长链 PUFAs 的效率很低，饲粮 AA 的供应量和 LA 上限低于犬的推荐添加量。

最后，犬和猫的饲粮中 n-3 脂肪酸的推荐含量均增加了。这是由于在鼠类、人类和犬中发现 n-3 脂肪酸与 n-6 脂肪酸呈竞争性而非双曲线的关系(Lands 等，1990，1992；Bauer 等，2002)。在生长发育期的猫中进行的利用稳定同位素的研究，从现代宠物食品的脂肪酸成分来估计充足采食量和大部分已经出版的文献也证实了这一现象。因此推荐在维持成年动物的 n-6 脂肪酸含量不变的情况下，提高犬猫饲粮中 n-3 PUFA 数量(第 15 章)。其中的 SUL，就是指基于犬猫具体数据而得来的被认为是安全的数值。

5.11.1 犬和猫的必需脂肪酸

n-6 和 n-3 系列脂肪酸都是犬猫所需要的。在某些情况下，可用 LA 和 ALA 来满足需求，但是有一些重要的脂肪酸则除外，这取决于动物的生理状态。因此，一些脂肪酸在某些情况是条件性必需脂肪酸。接下来的讨论集中在成年犬的维持、生长、妊娠和泌乳中的绝对的和条件性需求量。

对犬猫来说，最需要的 EFAs 是 LA 形式的 n-6 脂肪酸。

在某些情况下，如在生长和母猫繁殖时，供给适度的 AA 也是必要的。早期研究表明，在幼犬和青年犬中，当 2%～6%的能量由 LA 或 AA 提供时，其 EFA 缺乏症就可以治愈(Hansen 和 Weise，1951；Wiese 等，1966)。当代谢能浓度为 4.0 kcal/g DM(这个数值相当于 0.94%～2.82%的干物质)时，虽然 AA 也表现出 EFA 活性，但是犬类可以用 LA 合成足够量的 AA。因此，只有 LA 对犬来说是必需的。对于猫来说，饲粮中的 LA 也可以提供足够的维持和怀孕所需的必需 n-6 脂肪酸。但是，猫维持正常妊娠和新生儿的生长与发育需要预先提供长链 n-6 脂肪酸——AA。

关于 n-3 族脂肪酸 ALA，其在犬猫中的必需性的确定研究还没有进行。但是，在其他动物中的研究表明，给成年犬提供少量的 ALA 可以有助于健康、细胞转运和细胞功能。犬猫可以把 ALA 转化为 EPA，但是难以转化为 DHA。然而，基于对其他动物的研究表明，转化的多样性使得许多个体未观察到由 ALA 转化为 DHA。因为需要量很小，ALA 的转化可以满足成年猫在维持状态对长链 n-3 PUFAs(即 20- 和 22-碳酸)的需要。但是，在一些特定情况下，如生长、繁殖或泌乳等，长链 n-3 PUFAs 适合的推荐量已在表中给出。它们在饲粮中的需要量尚需证明，并且基于现有文献，只估计了适宜的采食量和推荐量。

5.12 犬

5.12.1 日粮脂肪含量：偏好量、最小量和最大量

健康犬类的日粮一般有较大的脂肪浓度范围。但是，正如前文所述，当饲粮中的总脂肪水平很高时，就必须注意保证蛋白质、矿物质和维生素的最适采食量。因此，包含脂肪的适宜日粮配方，需要根据日粮的高能值进行适当的调整(Cowgill，1928)。在已发表的文献中，很少有关于犬对不同来源饲粮脂肪的优先选择的报道。但是，犬类可以适应含有不同类型脂肪和含量变化范围很大的饲粮。犬类更喜欢吃动物性脂肪，这通常是因为动物性脂肪的风味和适口性(Rainbird，1988；Earle 和 Smith，1993)。另外，应该注意的是，虽然犬会吃酸败的脂肪，但这并不值得推荐。较早之前曾有研究表明，用曾经炸过的高脂肪食物的部分氢化大豆油作为原料饲喂了 4 只犬 54 周，并未出现不良反应(Nolen，1973)。但是，最近的研究表明，在用饭店废弃的含有很多红肉和脂肪的垃圾饲喂的一组成年猎犬中，出现了与维生素 E 缺乏有关的视网膜退化、肠平滑肌和神经元脂褐素累积等症状(Davidson 等，1998)。主要用肉以及餐桌残渣饲喂犬类通常会产生维生素 E 的缺乏症(Hayes 等，1970a，b)。在消化氧化酸败的脂肪时，还会使增重和体脂含量下降，血清维生素 E 含量降低，并使一些细胞免疫功能发生改变(Turek 等，2000)。

如前所述，犬类对饲粮中的脂肪含量有很宽的适应范围。但是，这也取决于不同脂肪来源的必需脂肪酸的浓度及供给充足的养分浓度，有时候即使总脂肪含量很低也能满足犬类的需要。因此，严格地说，在超过了其对适当必需脂肪酸需要的情况下，犬猫对总脂肪的维持需要量(MR)也未知。含脂肪 5%～8% DM 的干性饲粮可以满足犬的维持需要，而满足成年犬维持需要的罐装食品中含脂肪超过 10% DM(Kraybill 和 Curtis，1938；Anonymous，1998a，b，2000)。但是实践中，商品粮中的最小脂肪含量建议为 5% DM (Linton，1934)，并且这个含量考虑到很多脂肪来源能提供适当的必需脂肪酸。然而，需要注意到一些细节，如由于牛脂中 LA 含量很低，不推荐完全以牛脂作为脂肪来源。在实际应用中，用牛脂与其他含脂肪的宠物食品成分混合，如玉米，这样可以保证饲粮中 LA 和 ALA 的含量充足，但不一定总是这样。

饲粮中的最大脂肪含量可能对犬没有不良影响，尽管有些例外。在一些罐装的特殊处方食品中，日粮的一些蛋白质被适量的脂肪替换，相当于脂肪提供 50%～60% ME。饲粮中脂肪含量达到 10%～24%，给动物饲喂 2 年后没有出现不良影响(Morgan，1935，1940)，其他研究报道动物可耐受脂肪含量高达 40% 的日粮(Ivy，1936；Axelrod 等，1951)。同样，以含有脂肪 81 g/1 000 kcal ME 的饲粮(根据所提供的数据算出)饲喂雪橇犬，也没有出现不良影响(Adkins 和 Kronfeld，1975；Downey 等，1980)。但是，当以低蛋白、高脂肪饲粮(每千克体重 7 g 瘦肉、10 g 猪油，50 g 蔗糖和维生素和微量元素添加剂)饲喂犬类时，出现了胰腺炎(Lindsay 等，1948)。这个饲粮只包含了相当于 6%的蛋白质 ME 和 78%的脂肪 ME(计算自 Lindsay 等，1948)，这有助于确定饲粮中脂肪的 SUL。通过比较，Meyer(1979)等给 3～5 月龄的幼犬饲喂含脂肪 8～14 g/kg BW 的饲粮 3 个月后，幼犬的胰腺功能没有出现异常。另外值得注意的是，不好动的成年犬在自由采食高脂肪饲粮时，比采食高碳水化合物饲粮更容易肥胖(Romsos 等，1978)，尽管在饲喂高脂肪饲粮时，只要对采食量进行很小程度的限制就可以阻止肥胖的发展。最终，持续饲喂高脂肪日粮(60% ME)的犬会发生高胆固醇血症(Kronfeld 等，1979；McAlister 等，1996)。但是这一特殊变化并不太可能带来一些严重的代谢问题，因为过量的酯化胆固醇主要与高密度脂蛋白结合(McAlister 等，1996)。因此，高密度脂蛋白可以降低冠状动脉疾病的发病率。同样，在这样的血浆胆固醇浓度下，犬类的动脉粥样硬化的发病率也是最低的。这个现象可以部分解释为什么犬普遍具有抵抗冠状动脉疾病和中风的能力(Bauer，1996；Wagner 等，1999)。

5.12.2 生长

青年犬的生长对饲粮中脂肪的需要量高于成年犬的维持需要，但仍小于幼犬吮吸的奶中的数量。但是，幼犬的总脂肪 SUL 和成年犬是相近的(见成年犬维持的章节)。生长期犬的需要量介于犬奶中的养分量与成年犬的维持量之间。当设定将乳中总脂肪含量乘以影响因子 0.30 时(Bauer 等，2000；Lepine 等，2000)，其结果与前面报道的生长期总脂肪需要量相一致(NRC，1985)。因此，生长期推荐供应量(RA)与之前的估计量一致，为 8.5% DM(相当于 18% ME)。用相同的方法计算单个脂肪酸的需要量，可以计算出 LA 的适合采食量是 1.18% DM(2.5% ME)，这也与之前的估计相符[即 2.43% ME(AAFCO，2003)；2.3% ME(NRC，1985)]。因此，ALA 的适宜采食量(AI)被计算为 0.07% DM(0.15% ME)。由上计算得到的 LA 与 ALA 的比值(基于 ME)小于 17%，接近于为维持繁殖性状的推荐量最大值。在此时，推测这些含量是充足的。利用这些数值，再加上 10%的安全系数，推荐的 RAs 分别为：LA 的推荐量为 1.3% DM、ALA 的为 0.08% DM，LA 与 ALA 的比值为 16.3。适度地提高 ALA 可使得该比值降低，但仍在推荐范围内(表 15-3，脚注 f)。值得注意的是，考虑到 LCPUFAs 也出现在犬类的乳汁中，应该把奶中脂肪酸成分作为确定 PUFAs 适宜采食量的基础。因此，如果仅提供了生长期需要的 LA 和 ALA(没有 n-3 或 n-6 LCPUFAs)，那么 LA 和 ALA 的实际需要量可能高于上述估计值。

考虑到 n-3 LCPUFAs 也存在于犬奶中，估计它们的 AI 是合理的。在奶成分和上述因子分析的基础上，DHA 的 AI 约为 0.030% DM (0.028% DM)。相似的是，AA 的 AI 应该为 0.03%～0.05% DM。因为并不清楚 EPA 对很小幼犬健康的益处，所以 EPA 的

AIs应该很低，不超过0.03% DM。利用这种方法的根据在于通过分析乳平均成分乘以因子得到的上述结果，与近期的一个工作组推荐的数值很一致。工作组阐述了Omega-6和Omega-3脂肪酸的重要性和推荐日粮采食量(RDIs)，给出了幼儿配方和日粮的适宜采食量AI(Simopoulos等，1999)。但是，需要强调的是，这只是对AI的估计值。目前还没有出版的文献来准确确定脂肪酸的MR、AI或RA。

5.12.3 成年犬的维持需要

成年犬对饲粮总脂肪的RA为11.7% ME(含有4 000 kcal/kg DM的饲粮中占5.5% DM)。没有新证据表明之前所估计的值需要改动(Linton，1934)，更少的数量还可能降低采食量。总脂肪的MR可能会低于此值，但目前还没有测定其具体值。如果这样，在总采食量没有受到影响的情况下，总脂肪的适宜采食量可低至4% DM (Campbell和Phillips，1953)。这个值被认为是合适的，但是具有投机性，直到进行其他的研究来进行新的确认。饲粮总脂肪的安全上限(SUL)大约为70% ME或82.5 g/1 000 kcal ME(Downey等，1980；Adkins和Kronfeld，1982)。在高脂肪浓度下，用2 b熟牛肉加一罐犬粮饲喂犬5周，会导致犬高血压和肥胖(Rochhini等，1987)。在这种饲粮中的脂肪总量约为95 g/1 000 kcal ME。另一项更早的实验中，导致犬患胰腺炎的饲粮的脂肪含量约为92 g/1 000 kcal ME (Lindsay等，1948)。因此，在考虑到安全系数10%的基础上，总脂肪的SUL低于导致胰腺炎的数值，与Adikins和Kronfeld(1982)及Downey等(1980)的研究结果一致。许多健康犬的实际饲粮中总脂肪含量为22～60 g/1 000 kcal ME，远低于SUL。特别是当这个值超过82.5 g时，在含ME 4 000 kcal/kg的饲粮中，蛋白能量比是个问题，因此实际饲粮中的脂肪含量都不会高于SUL。

在设计犬粮配方时，选择脂肪来源和其他成分时，应选择LA的RA为2.34% ME(1.1% DM)的来源。有证据表明，犬对LA的MR小于1.1% DM，AI大约为0.6% DM(Bauer等，2002)，但是这需要更深入的研究来证明。对于生长期的幼犬，1%的ME虽然不足，但是2%的ME就足以防止缺乏症。后面这个含量约为：在含有ME 4.0 kcal/g的饲粮大约为0.95% DM，并被推荐为AI。如果养分浓度为4 000 kcal/kg，考虑到10%的安全系数，饲粮LA的RA应为11 g/kg DM(表15-5)。值得注意的是，当表皮神经酰胺EFAs含LA很丰富时，组织细胞膜一般会富含AA。因为犬类可以把LA转化为AA，饲粮中的部分LA可以用来合成和利用AA。那么，饲粮LA的RA应该能最低限度的保持身体中各系统的正常生理功能。高含量的总脂肪、LA和其他脂肪酸也可以提高食物的适口性、改善被毛光泽。但是，目前还未发表能保持或提高毛皮品质的脂肪的数量和类型的权威性研究。当脂肪含量上升时，养分能量比通常也随之变动。

基于最近对27种不同商品犬粮的分析，考虑到LA的SUL，LA摄入量应为2.4%～13.3% ME(计算自Roudebush，2001)。还未发表对犬类进行长期研究的结果，但是有一报道称，采食了含LA 13.8% DM的饲粮的无肿瘤或有肿瘤大鼠的乳腺癌发生率没有区别(Appleton和Landers，1986)。对于犬来说，LA的SUL可能接近这个值，这取决于饲粮中ALA或EPA的含量。这是因为，高含量的LA会因饲粮中的ALA代谢平衡掉一部分。LA的SUL也会因EPA的存在而增加或随AA的出现而降低。但是，对犬类的养分相互作用的研究数据还没有发布。因此，LA的SUL研究是在已知数据以及对犬类各种n-6和n-3脂肪酸的双曲线关系和竞争关系基础上进行的(Bauer等，2002)。考虑到上述原因，LA的SUL约为16.3 g/1 000 kcal ME(13.8% ME)。从而可得出，等于或超过0.25% DM(0.55% ME)的ALA浓度可作为这2种脂肪酸代谢平衡的指标，使LA与ALA的比值在推荐范围内(表15-5，脚注e)。在长期饲喂时，不推荐LA的量超过此范围。

ALA的RA、AI和SUL是基于上述实验动物和人类发育所需的n-3 PUFAs来确定的。最近对实验动物的推荐量(Reeves等，1993)及犬的一些支持性研究证明，ALA可为细胞EPA的合成和血浆积累DPA(n-3)提供底物(Bauer等，1998；Bibus和Stitt，1998)。DPA经由血浆运输，并最终在正常犬的视网膜和神经组织转化为DHA。DPA是神经组织DHA的重要来源(Alvarez等，1994)。如此，ALA是n-3 LCPUFAs的前体物。人类现有的ALA的日平均摄入量为

0.35%～0.7% ME(Anonymous,1992c)。对成年犬来说,ALA 的 MR 似乎少于胎儿发育的 MR,但还没有确切的数值。然而,当 LA 浓度为 1.1% DM 时(2.34% ME),饲粮 ALA 的 RA 约为 0.044% DM(0.09% ME)。因为 ALA 与 LA 在代谢上存在竞争性作用(Dunbar 和 Bauer,2002),所有关于 ALA 的推荐量(即 RA、AI 和 SUL)都与日粮 LA 的含量有关。因此,如果饲粮中的 LA 比 RA 要高得多(在实际饲粮中通常会出现这种情况),在健康犬中需要添加更多的 ALA 来达到 n-3 和 n-6 系列 20-碳脂肪酸间的代谢平衡,以满足二十烷酸代谢物的合成。LA 与 ALA 的比值需要被考虑到,这就是一个例子。目前的证据表明,该比值的安全范围在 2.6～26。上下限都考虑了约 10%的安全系数。

成年犬对长链 n-3 PUFAs(EPA 和 DHA)的具体需求量还没有确定。尽管它们参与一些动物炎性和神经发育的代谢过程,但还没有关于成年犬对这些脂肪酸的预制来源的需求量的直接证据。同样的限制条件也适用于决定成年犬的长链 n-6 PUFAs(如 AA)的最小需求量。但是,基于对其他物种(包括人)的研究以及根据宠物食品的可用资料,EPA 和 DHA 总的 AI 推荐量为 0.11 g/1 000 kcal ME。然而,必须考虑的是,EPA 和 DHA 各自的含量会因来源的不同而不同。因此,在可以利用更多数据之前,这些 n-3 LCPUFAs 的含量有些许变化是可以接受的(表 15-5)。当给犬饲喂含有 3.13% ME 的 n-3 LCPUFAs 和 4.8% ME 的 n-6 PUFA 的饲粮 12 周后,从犬受损的细胞免疫功能可以推断出长链 n-3 LCPUFAs 的安全上限(Wander 等,1997)。对每天消耗 9 g 长链 n-3 PUFAs 的格陵兰爱斯基摩人的长期研究,没有发现任何不良症状。这个值可近似表示为 2.6%～3.8% ME。没有关于犬的长期研究的数据,而短期研究仅集中在脂肪酸比率上,且并没有报道实际含量。其他对犬的研究都是高剂量的短期研究(Waldron,1999;Brown 等,2000;Hall 等,2002)。人类的总 EPA 和 DHA 的安全上限由 BNF Task Force 提出(Anonymous,1992b),在总 n-3PUFAs 的最大安全上限为 4.5% ME 的情况下,总 EPA 和 DHA 的安全上限为 2% ME。以前的数据没有包括很多自然来源中的 DPA (22∶5n-3)的含量,后来的数据考虑了这一点。但是,Wander 等(1997)和 Hall 等(1999)通过对正常比格犬的研究,将 SUL 设定为 2.1%～2.6% ME,这个饲粮中含能量 4 241 kcal/kg DM 以及含总脂肪为 42.6% ME。考虑到 10%的安全系数,上述犬的总 n-3 LCPUFAs 的安全上限降至 2.4% ME(2.8 g/1 000 kcal)。

5.12.4 妊娠与泌乳

犬妊娠与泌乳期对饲粮总脂肪的需要远大于 MR(Siedler 和 Schweigert,1952; Ontko 等,1957)。但是,目前并没有研究成果能精确确定总脂肪的 MR 值。有数据表明,7.7%的总脂肪可维持正常的繁殖性能(Siedler 和 Schweigert,1952),并且这个值为确定 AI 提供了基础。鉴于这些发现,并考虑到干性饲粮中脂肪的消化率和水分含量,RA 和 AI 为 8.5% DM 时,应该可以充分满足犬繁殖的脂肪需要。虽然繁殖期 LA 的 MR 还没有确定,但可预期 LA 的 AI(DM 基础)应该为低于生长期的需要(在采食养分浓度为 4 000 kcal/kg 情况下,相当于 1.1% DM 对比 1.18% DM)。这样的话,在饲粮 LA 与 ALA 的比值在推荐范围之内的情况下,可以计算出 ALA 的 AI 约为 0.07% DM(表 15-8)。基于妊娠期母体组织和胎儿的生长数值(Hytten 和 Leitch,1971),食品与农业组织和世界健康组织得出 EFAs 的 RAs 值为 1%～1.5% ME,这是对妊娠期总 EFA 需要的补充。由此结果,可以得出妊娠期 LA 的 RA 比 MR 高 0.42% ME,总的 LA 可提供 2.76% ME。在这个 LA 水平下,ALA 的 RA 在维持的 RA 基础上最低增加 0.06% ME(在 4 000 kcal/kg DM 日粮中,总 ALA 为 0.17% ME 或 0.08% DM)。需要注意的是,在推荐的 LA 与 ALA 的比值范围内,更多的量(高达 0.5% DM)也是适合的。因为在代谢中 LA 和 ALA 会相互竞争,所以该比值的范围应该为 2.6～16。这个范围没有 MR 的那么大,从而可确保 18-碳 n-3 ALA 随后的延长。至于 LCPUFAs,研究犬乳中脂肪酸成分的初步研究可以提供一些线索。最近一项研究报道,犬乳中 AA 和 DHA 的量与其他哺乳动物相近(AA,1.22%;DHA,0.7%总乳脂)(Lepine 和 Kelley,2000);另一项研究表明犬乳中含有相对较高的 AA 而相对较低的 DHA(1.82%,0.08%总乳脂)(Bauer 等,2000)。犬乳中脂肪酸随饲粮改变的程度还不清楚，但在人、大鼠和猪中的数据表明，饲粮会影响乳中脂肪酸的组成（Huang 等，1992；Ruan 等，1995；Makrides 等，1996）。考虑到提供上述含量的DHA和AA对早期婴儿的好处以及这些脂肪酸在神经系统发育中的条件性必需作用（Carlson 等，1993；Huang 和 Craig-Schmidt，1996），可以预见，妊娠期少量的DHA可以保证胚胎的良好发育和后来的泌乳。但是，现在没有足够的信息来确定犬类在妊娠和泌乳期 LCPUFAs 的 MR。在这种情况下，适中的添加量（0.05%～0.10% DM）是适宜的。其 SUL 值与维持需要的相同。

5.13 猫

5.13.1 日粮脂肪含量：偏好量、最小量和最大量

野生大型猫可以从脂肪中获得60%的能量，并且可以有效地利用脂肪含量为67% ME的饲粮（Scott，1968）。给家猫饲喂了来自动物性或植物性来源的高脂肪纯合日粮，脂肪含量为25%～30%，蛋白质含量为30%～40%。相比之下，干性猫粮含脂肪8%～13% DM。饲粮脂肪类型和数量均影响猫粮的可接受性。一般来说，高脂肪饲粮比低脂肪饲粮对猫有更高的适口性（Greaves，1965；Kendall，1984；NRC，1986）。但是，与含脂肪10%或50%的饲粮相比，猫首选含脂肪25%的饲粮。牛脂要优于黄油和鸡脂肪，但是没有证据表明猫对牛油、猪油和氢化植物油的偏好有差异（Kane 等，1981）。

脂肪的类型和含量同样会影响幼猫的生长。Scott（1966）发现含脂肪22%的饲粮使幼猫表现出最佳生长。含25%氢化椰子油的饲粮味道差，不能支持幼猫的生长。尽管出现了脂肪酸缺乏症，但氢化牛脂可以在7周内很好地支持幼猫的生长。这些脂肪质量的差异归因于适口性，因为猫对氢化牛脂饲粮的采食量远远大于氢化椰子油饲粮。如果添加一定量的红花油和家禽脂肪以提供 EFAs，则可以增加氢化椰子油饲粮的适口性（MacDonald 等，1983b，1985）。幼猫对非氢化牛油的喜爱程度超过鸡脂肪（3：1）。但是，使用含总脂肪35%的情况下，氢化牛脂与常规牛脂相比没有显著的不同（MacDonald 等，1983a）。

猫不喜欢 MCT。当一份调制好的 MCT 饲粮富含辛酸（C8：0）时，幼猫吃过一口就不会再吃。它们不喜欢辛酸含量为0.1～1 g/kg 的日粮（MacDonald 等，1985）。

和犬类相似，因为脂肪的 ME 含量近似于蛋白质和碳水化合物的2.25倍，所以脂肪量的变化会大大影响饲粮中的能量水平。其他养分浓度，尤其是蛋白质、维生素和矿物质必须经过调整，以保证整体合适的养分摄入量。

猫平衡饲粮中的最大脂肪含量可能很高而且没有不良影响（尽管是总能量）。现在的许多猫粮中，来源于脂肪的能量占总能的50%或者更多。一些成年猫日粮因适度降低了蛋白质的量，脂肪的含量可达到70% ME以上。这些值与这些品种动物对脂肪的利用率是一致的。

虽然在实际的日粮中，总脂肪的范围很宽，为22%～55% ME（这取决于猫粮种类），但饲粮总脂肪推荐的 SUL 约为70% ME（82.5 g/1 000 kcal）。

5.13.2 生长

猫生长期对饲粮总脂肪的需要量大于成年猫的 MR。这个值可能在哺乳猫的需要量和母猫的 MR 之间。另外，当乳总脂肪含量（Lepine 和 Kelly，2000）乘以因子0.3后，其值接近于之前的生长期脂肪的 RA。因此，猫生长期对总脂肪的 RA 应为9% DM（假设能量为4 000 kcal/kg DM）。用这个方法来估计单一脂肪酸的需要量，猫生长期对 LA 的需要量约为1.3% DM，这个值稍高于之前的 RA。这个饲粮的 LA 是过剩的，从而使猫乳中的 LA 含量增加。因此，LA 的 RA 更有可能与猫妊娠泌乳期的需要量近似（也就是相当于日粮含4 000 kcal/kg DM 时，0.55% DM）。在 LA 的推荐水平下，ALA 的估计供应值为0.02%～0.03% DM。尽管生长期猫对这些养分的需要量还没有确定，但上述数值被认为是适宜的。至于 LCPUFAs，基于对上述乳成分的分析，AA 的 AI 为0.05% DM 被认为是适当的。但是，考虑到 AI，这个量看上去也过多了，因为它是供繁殖需要的适宜 AA 量的2.5倍。高浓度的 AA 反映出，在 Lepine 和 Kelly

(2000)的研究中，AA浓度可能大大超出AA的MR。在没有更多的资料之前，从妊娠和哺乳推荐量得到的AA的AI和RA没有变化(相当于0.02% DM，日粮为4 000 kcal/kg)。至于DHA，0.01%～0.02% DM是适当的，但有关猫DHA或其他n-3 LCPUFAs的信息很少。有趣的是，通过分析乳平均成分乘以因子计算出的值与之前的估计值一致，也与近期的一个工作组对人类婴儿ω-3和ω-6脂肪酸推荐的RDIs值基本一致(Simopoulos等，1999)。与犬相比，在校正因子为0.3时，通过猫乳成分计算出的许多PUFA值高于之前的推荐量。部分原因是，有关猫乳脂肪酸成分的信息有限或这个方法有其他错误。需要强调的是，基于对乳脂肪酸成分的少数研究而获得的数值，仅仅是对幼犬和幼猫生长所需养分AI的初步估计。这个方法还不能准确估计或确定这些养分的MR或RA。

5.13.3 成年猫的维持需要

除了一些AA需要量的数据，有关猫的总脂肪和其他EFAs的MR的研究还很少。因此，只有AIs和RAs已经确定。推荐的成年猫MR为最少包含9%的脂肪(DM)，这个值也可以看做AI。选择脂肪来源和其他成分的饲粮的标准是LA的RA应该为0.55% DM。LA的MR可能低于此值，但并没有详细的数据，之前MR的估计值也没有得到很好的证实(NRC，1986)。因此，之前的估计值须加上10%的安全系数。当饲粮营养浓度规定为4 000 kcal/kg时，饲粮配方的RAs近似为：总脂肪22.5 g/1 000 kcal ME和LA 1.4 g/1 000 kcal ME。猫科动物对LA的需要量预计低于犬，因为和犬不同的是，猫很少用LA合成LCPUFA。但是，这些浓度足以维持成年猫的正常生理功能。

用于确定LA的SUL的数据很少。一项研究表明，在缺乏EFA的饲粮中补充5%红花油，发现猫血浆和肝组织有大量的LA(20∶2n-6)链延长产物(MacDonald等，1983a)。当饲喂大量LA时，这些脂肪酸会累积。但是，它们的生理功能未知，也没有报道它们或它们的代谢物Δ5,11,13-20∶3的不良影响。通过计算红花油LA浓度的平均值和MacDonald等(1983a)的研究中应用的数据，得到这个研究中的饲粮LA含量为37 g/kg。对现今几个厂家提供的猫粮进行分析表明，其中LA含量接近60 g/kg，大部分为32～47 g/kg。这些饲粮中LA的量不会产生不良影响。现在将饲粮LA的SUL设为13.8 g/1 000 kcal ME是可取的。

猫ALA的MR也没有经试验确定。在缺乏任何Δ6脱饱和酶活性的情况下，ALA将不能大量转化为n-3 LCPUFAs。如果饲粮中完全没有n-3 LCPUFAs，还是会有少量转化。但是，还没有关于猫科动物对饲粮ALA有代谢需要的试验数据。

AA的推荐值和供应量是依据一些可利用的文献确定的，其中包括关于猫对这些脂肪酸的生物合成能力低的文献。早些时候提到，猫维持阶段对AA的特殊需要可能不存在或相当低。考虑到这种现象和最近利用稳定同位素获得的在猫组织中存在Δ6脱饱和酶的数据表明，在大多数成年猫体内利用LA的转化能满足AA的代谢需求。因此，对于成年猫来说，采食AA 0.02 g/kg DM即可满足并超过它的需要。但是，不确定的是，是否所有成年猫都具有合成足够AA的能力。因此，对成年猫维持需要而言，AA为0.02 g/kg是充足的。因此，考虑到这个可能性，将AA的RA设为0.06 g/kg DM。同样需要注意的是，当长链n-3脂肪酸存在时，适当增加饲粮中AA的含量是必要的(MacDonald，1984b；Goustard-Langlier等，1999)。因此，虽然成年猫可能并不需要AA，但当饲粮中含有高水平的n-3 LCPUFAs(表15-12，推荐了AA和EPA+DHA的数量)时，也应提供这种脂肪酸。最后，将猫对AA的SUL确定为2 g/kg(0.2% DM)在目前是比较妥当的。

还没有关于成年猫对长链n-3 PUFAs(EPA和DHA)需要的研究。理论上说，应该在这些品种的Δ6脱饱和酶活性低的情况下，找到确定这些脂肪酸需求量的依据。如果这样，其需要量将会很小并且最大量与AA的需求量近似。但是，目前还没有数据确定成年猫对n-3 LCPUFAs的MR。在含ME为4 000 kcal/kg DM的饲粮中，这些长链脂肪酸(EPA+DHA)的AI设为0.1 g/kg DM在目前是合理的。

5.13.4 妊娠和泌乳

以ME为基础，母猫妊娠与泌乳期总脂肪RA与成年猫 MR 近似。但是，前者的绝对摄入量要高一些，因为总能量的需要增加了。因此，总脂肪的 RA 依然为 9% DM(MacDonald 等，1984c)，因为目前没有新的数据被确认可对此值进行校正。EFA 也如此，所以 LA 的 RA 可能不会超过成年猫的 MR(相当于 0.55% DM，日粮能量为 4 000 kcal/kg)。AA 的 RA 为 0.02% DM，与之前的估计一致。这个值高于成年猫的维持需要对 AA 的 AI。但是，近期的研究表明，用这个含量的 AA 可以成功满足其繁殖需要(Pawlosky 等，1997)，但在重复育种时饲喂更低量或不含 AA 的饲粮会引发问题(Morris，2001)。考虑到 n-3 脂肪酸、ALA 的 AI 为 0.02% DM 时，可以为有限的 n-3 LCPUFA 的合成提供底物。实际饲粮配方含有少量的这些 LCPUFAs，并且只在 LCPUFAs 浓度为 0 的饲粮中，它们才能被合成(Pawlosky 等，1994)。因此，对胎儿和新生儿发育来说，相比于 ALA，少量的 n-3 LCPUFAs 可能提供更多的 DHA 和 EPA。在后面的情形下，实际并不需要日粮 ALA，但是这需要更深入的研究。

至于 LCPUFAs，对猫乳脂肪酸成分的初步研究可以提供一些信息。最近的研究报道，其对 AA 和 DHA 的需要量与其他物种相近(按占总乳脂肪百分量算，AA，0.59%；DHA，0.21%)(Lepine 和 Kelley，2000)。可以预见，妊娠期少量的饲粮 AA 和 DHA 可以满足胎儿发育和后来泌乳的需要。AA 的 AI 和 RA 都比成年猫的 MR 大。没有可用的信息来确定 DHA 和 EPA 的 MR。在有新的数据可利用之前，适当含量的 DHA 和 EPA(0.01%～0.03% DM)被认为是充足的，这些数据主要来自 DHA 而非 EPA(表 15-14)。

参考文献

Abedin, L., E. L. Lien, A. J. Vingrys, and A. J. Sinclar. 1999. The effects of dietary α-linolenic acid compared with docosahexaenoic acid on brain, retina, liver, and heart in the guinea pig. Lipids 34:475-482.

Adams, K. L., and A. H. Jensen. 1984. Comparative utilization of in-seed fats and the respective extreacted fats by the young pig. J. An. Sci. 59:1557.

Adkins, T. O., and D. S. Kronfeld. 1982. Diet of racing sled dogs affects erythrocyte depression by stress. Can. Vet. J. 23:260-263.

Alvarez, R. A., G.D. Aguirre, G. M. Acland, and R. E. Anderson. 1994. Docosapentaenoic acid is converted to docosahexaenoic acid in the retinas of normal and *prcd*-affected miniature poodle dogs. Invest. Ophthal. Vis. Sci. 35:402-408.

Anderson, R. E., P. J. O'Brien, and R. D. Wiegand. 1992. Conservation of docosahexaenoic acid in the retina. Adv. Exp. Med. Biol. 318:285-294.

Anonymous. 1992a. Functions of unsaturated fatty acids Pp. 48-62 in Unsaturated Fatty Acids: Nutritional and Physiological Significance. The Report of the British Nutrition Foundation's Task Force. London: Chapman & Hall.

Anonymous. 1992b. Recommendations for intakes of unsaturated fatty acids. Pp. 153-163 in Unsaturated Fatty Acids: Nutritional and Physiological Significance. The Report of the Nutrition Foundation's Task Force. London: Chapman & Hall.

Anonymous. 1992c. Intakes of unsaturated fatty acids in the population. Pp. 12-19 in Unsaturated Fatty Acids: Nutritional and Physiological Significance. The Report of the British Nutrition Foundation's Task Force. London: Chapman & Hall.

Anonymous. 1997. Determination of total fat in foods and feeds by the Caviezel method based on a gas chromatographic technique. Peer Verified Method 4, AOAC International, Gaithersburg, Md.

Anonymous. 2000. Oils and fats. In Official Methods of Analysis of AOAC International, W. Horowitz, ed., 17th ed., Vol II. Gaithersburg, Md.

Appleton, B. S., and R. E. Landers. 1986. Oil gavage effects on tumor incidence in the National Toxicology Program's 2-year carcinogenesis bioassay. Adv. Exp. Med. Biol. 206:99-104.

Association of American Feed Control Officials (AAFCO). 2003. Official Publication. Harrisburg, Pa.

Axelrod, H. E., M. G. Gullberg, and A. F. Morgan. 1951. Carbohydrate metabolism in riboflavin-deficient dogs. Am. J. Physiol. 165:604.

Bach, A. C., and V. K. Babayan. 1982. Medium chain triglycerides: An update. Am J. Clin. Nutr. 36:950-962.

Barbiers, R. B., L. M. Vosburgh, P. K. Ku, and D. E. Ullrey. 1982. Digestive efficiences and maintenance energy requirements of captive wild Felidae: Cougar (*Felis concolor*), leopard (*Panthera pardus*), lion (*Panthera leo*) and tiger (*Panthera tigris*). J. Zoolog. An. Med. 13:32.

Bartges, J. M., and M. Cook. 1999. Influence of feeding conjugated linoleic acid on body composition in healthy adult cats. Proceedings 17th ACVIM, p. 729.

Bates, E. J. 1995. Eicosanoids, fatty acids and neutrophils: Their relevance to the pathophysiology of disease. Prost. Leuk. Essent. Fatty Acids 53:75-86.

Bauer, J. E. 1996. Comparative lipid and lipoprotein metabolism. Vet. Clin. Path. 25:49-56.

Bauer, J. E. 1997. Fatty acid metabolism in domestic cats (*Felis catus*) and cheetahs (*Acononyx jubatus*). Proc. Nutr. Soc. 56:1013-1024.

Bauer, J. E. 2000. Hyperlipidemias. Pp. 283-292 in Textbook of Veterinary Internal Medicine, S. J. Ettinger and E. C. Feldman, eds., 5th ed. Philadelphia: W.B. Saunders.

Bauer, J. E., and W. D. Ransone. 1983. Fatty acid composition of serum lipids in fasting ponies. Lipids 18:397.

Bauer, J. E., B. L. Dunbar, and K. E. Bigley. 1998. Dietary flaxseed in dogs results in differential transport and metabolism of (n-3) polyunsaturated fatty acids. J. Nutr. 128:2641S.

Bauer, J. E., K. E. Bigley, G. E. Lees, and M. K. Waldron. 2000. Distribution of long chain polyunsaturated fatty acids in canine milk parallels changes in plasma total phospholipid fatty acids during lactation. P. 13 in Proceedings PUFA in Maternal and Child Health, Kansas City, Mo.

Bauer, J. E., M. K. Waldron, A. L. Spencer, and S. S. Hannah. 2002. Predictive equations for the quantitation of polyunsaturated fats in canine plasma and neutrophils from dietary fatty acid profiles. J. Nutr. 132:1642S-1645S.

Bengtsson-Olivecrona, G., and T. Olivecrona. 1994. Medical aspects of triglyceride lipase. Pp. 315-336 in Lipases, P. Wooley, and S. B. Peterson, eds. Cambridge, UK: Press Syndicate, University of Cambridge.

Benolken, R. M., R. E. Anderson, and T. G. Wheeler. 1973. Membrane fatty acids associated with the electrical response in visual excitation. Science 182:1253-1254.

Bergstrom, B., A. Dahlqvist, G. Lundh, and J. Sjovall. 1957. Studies on the intestinal digestion and absorption in the human. J. Clin. Invest. 36:1521-1536.

Beynen, A. C., H. J. Kappert, A. G. Lemmens, and A. M. Van Dongen. 2002. Plasma lipid concentrations, macronutrient digestibility and mineral absorption in dogs fed a dry food containing medium-chain triglycerides. J. Anim. Physiol. Anim. Nutr. 86:306-312.

Bibus, D. M, and P. A. Stitt. 1998. Metabolism of α-linolenic acid from flaxseed in dogs. In The Return of ω-3 Fatty Acids into the Food Supply, A. P. Simopoulos, ed. Wrld. Rev. Nutr. Diet 83:186-198.

Bligh, E. G., and W. J. Dyer. 1959. A rapid method of total lipid extraction and purification. Can. J. Biochem. Physiol. 37:911-917.

Borgstrom, B. 1975. On the interactions between pancreatic lipase and colipase and the substrate and the importance of bile salts. J. Lipid Res. 16:411-417.

Boudreaux, M. L., G. A. Reinhart, D. M. Vaughn, J. S. Spano, and M. Mooney. 1997. The effects of varying dietary n-6 to n-3 fatty acid ratios on platelet reactivity, coagulation screening assays, and antithrombin II activity in dogs. J. Am. An. Hosp. Assoc. 33:235-243.

Brindley, D. N. 1974. The intracellular phase of fat absorption. Biomembranes 4B:621-671.

Brown, S. A., C. A. Brown, W. A., Crowell, J. A. Barsanti, C. W. Kang, T. Allen, C. Cowell, and D. R. Finco. 2000. Effects of dietary polyunsaturated fatty acid supplementation in early renal insufficiency in dogs. J. Lab. Clin. Med. 135:275-286.

Budde, E. F. 1952. The determination of fat in baked biscuit type of dog foods. J. Assoc. Agric. Chem. 35:799.

Burr, G., and M. M. Burr. 1929. A new deficiency disease produced by the rigid exclusion of fat from the diet. J. Biol. Chem. 82:345-367.

Burr, G., and M. M. Burr. 1930. On the nature of fatty acids essential to nutrition. J. Biol. Chem. 86:587-621.

Buttriss, J. 1999. Metabolism of n-3 fatty acids. Pp. 6-8 in Briefing Paper. n-3 Fatty Acids and Health. London: British Nutrition Foundation.

Byrne, K. P., K. L. Campbell, C. A. Davis, D. Schaeffer, and H. F. Troutt. 2000. The effects of dietary n-3 vs n-6 fatty acids on ex vivo LTB_4 generation by canine neutrophils. Vet. Derm. 11:123-131.

Campbell, J. E., and P. H. Phillips. 1953. Some problems feeding fat to dogs. Southwestern Vet. Winter, pp. 173-175.

Campbell, K. L. and G. P. Dorn. 1992. Effects of oral sunflower oil and olive oil on serum and cutaneous fatty acid concentrations in dogs. Res.Vet. Sci. 53:172-178.

Campbell, K. L., and P. Roudebush. 1995. Effects of four diets on serum and cutaneous fatty acids, transepidermal water losses, skin surface lipids, hydration and condition of the skin and haircoat of dogs. Proceedings AAVD/ACVD 11:80-81.

Carey, M. S., and D. M. Small. 1970. The characteristics of mixed micellar solutions with particular reference to bile. Am. J. Med. 49:590-608.

Carey, M. S., and D. M. Small. 1972. Micelle formation by bile salts. Arch. Int. Med. 130:506-527.

Carlson, S. E. 1990. Are n-3 polyunsaturated fatty acids essential for growth and development? Pp. 42-50 in Health Effects of Dietary Fatty Acids, G. J. Nelson, ed. Champaign, Il.: American Oil Chemists' Society.

Carlson, S. E., R. J. Cooke, S. H. Werkman, and E. A. Tolley. 1992a. First year growth of pre-term infants fed standard compared to marine oil supplemented formula. Lipids 27:901-907.

Carlson, S. E., R. J. Cooke, P. G. Rhodes, J. M. Peeples, and S. H. Werkman. 1992b. Effect of vegetable and marine oils in preterm infant formula on blood arachidonic and docosahexaenoic acids. J. Pediatr. 120:S159-S167.

Carlson, S. E., S. H. Werkman, P. G. Rhodes, and E. A.Tolley. 1993. Visual-acuity development in healthy preterm infants: Effect of marine-oil supplementation. Am. J. Clin. Nutr. 58:35-42.

Carlson, S. E., A. J. Ford, S. H. Werkman, J. M. Peeples, and W. W. Koo. 1996. Visual acuity and fatty acid status of term infants fed human milk and formulas with and without docosahexaenoate and arachidonate from egg yolk lecithin. Ped. Res. 39:882-888.

Carriere, F., H. Moreau, V. Raphel, R. Laugier, C. Benicourt, J. L. Junien, and R. Verger. 1991. Purification and biochemical characterization of dog gastric lipase. Eur. J. Biochem. 202:75-83.

Carriere, F., V. Raphel, H. Moreau, A. Bernadac, M. A. Devaus, R. Grimaud, J. A. Barrowman, C. Benicourt, J. L. Junien, and J. Laugier. 1992. Dog gastric lipase: Stimulation of its secretion in vivo and cytolocalization in mucous pit glands. Gastroent. 102:1535-1545.

Carruthers, A., and D. L. Melchior. 1986. How bilayer lipids affect membrane protein activity. Trends Biochem. Sci. 11:331-335.

Case, L. P., D. P. Carey, D. A. Hirakawa, and L. Daristotle. 2000. Canine and Feline Nutrition. A Resource for Companion Animal Professionals. St. Louis, Mo.: Mosby.

Cera, K. R., D. C. Mahan, and G. A. Reinhart. 1990. Evaluation of various extracted vegetable oils, roasted soybeans, medium-chain triglyceride and an animal-vegetable fat blend for postweaning swine. J. An. Sci. 68:2756.

Chew, B. P., J. S. Park, T. S. Wong, H. W. Kim, M. G. Hayek, and G. Reinhart. 2000. Role of omega-3 fatty acids on immunity and inflammation in cats. Pp. 55-67 in Recent Advances in Canine and Feline Nutrition, Vol. III, G. A. Reinhart and D. P. Carey, eds. Wilmington, Ohio: Orange Frazer Press.

Clark, K. J., M. Makrides, M. A. Neumann, and R. A. Gibson. 1992. Determination of the optimal ratio of linoleic acid to α-linolenic acid in infant formulas. J. Pediatric. 120(S):151-158.

Codner, E. C., and C. D. Thatcher. 1990. The role of nutrition in the management of dermatoses. Semin. Vet. Med. Surg. (Sm. Animal) 5:167-177.

Conner, W. E., M. Neuringer, and S. Reisbeck. 1992. Essential fatty acids: The importance of n-3 fatty acids in the retina and brain. Nutr. Rev. 50:2129.

Cook, H. W. 1996. Fatty acid desaturation and chain elongation in eukaryotes. Pp. 129-152 in Biochemistry of Lipids, Lipoproteins and Membranes, D. E. Vance and J. E. Vance, eds. Amsterdam: Elsevier.

Cowgill, G. R. 1928. The energy factor in relation to food intake: Experiments on the dog. Am. J. Physiol. 85:45-65

Craig-Schmidt, M. C., K. E. Stieh, and E. L. Lien. 1996. Retinal fatty acids of piglets fed docosahexaenoic and arachidonic acids. Lipids 31:53-59.

Crampton, E. W. 1964. Nutrient-to-calorie ratios in applied nutrition. J. Nutr. 82:353.

Crawford, M. A. 1993. The role of essential fatty acids in neural development; Implications for perinatal nutrition. Am. J. Clin. Nutr. 57(suppl):703s-710s.

Davidson, B. C., D. Morsbach, and R. C. Cantrill. 1986. The fatty acid composition of the liver and brain of southern African cheetahs. Prog. Lipid Res. 25:97-99.

Davidson, M. G., F. J. Geoly, B. C. Gilger, G. J. McLellan, and W. Whitley. 1998. Retinal degeneration associated with vitamin E deficiency in hunting dogs. J. Am. Vet. Med.Assoc. 213:645-651.

de Deckere, E. A. M., O. Korver, P. M. Verschurn, and M. B. Katan. 1998. Health aspects of fish and n-3 polyunsaturated fatty acids from plant and marine origin. Eur. J. Clin. Nutr. 52:749-753.

Delton-Vanderbroucke, I., M. B. Maude, H. Chen, G. D. Aguirre, G. M. Ackland, and R. E. Anderson. 1998. Effect of diet on the fatty acid and molecular species composition of dog retina phospholipids. Lipids 3:1187-1193.

Descroix-Vagne, M., J. P. Perret, M. Daoud-el Baba, A. Bosshard, M. A. Dechlette, I. Gros, A. Desvigne, and H. Rakotomala. 1993. Variation of gastric lipase and pepsin activities in the Heidenhain pouch of the cat. Arch. Int. Physiol. Biochim. Biophys. 10:79-85.

Dietschy, J. M., V. L. Sallee, and F. A. Wilson. 1971. Unstirred water layers and absorption across the intestinal mucosa. Gastroenterol. 61:932-943.

Dobbing, J., and J. Sands. 1970. Growth and development of the brain and spinal cord of the guinea pig. Brain Res. 17:115-123.

Douglas, G.J., Jr., A. J. Reinauer, W. C. Books, and J. H. Pratt. 1953. The effect on digestion and absorption of excluding the pancreatic juice from the intestine. Gastrol. 23:452-459.

Downey, R. L., D. S. Kronfeld, and C. A. Banta. 1980. Diet of beagles affects stamina. J. Am. An. Hosp. Assoc. 16:273-277.

Dratz, E. A., and A. J. Deese. 1986. The role of docosahexaenoic acid (22:6n-3) in biological membranes; Examples from photoreceptors and model membrane bilayers. Pp. 319-351 in Health Effects of Polyunsaturated Fatty Acids in Seafoods, A. P. Simopoulos, R. R. Kifer, and R. E. Martin, eds. New York: Academic Press.

Dunbar, B. L., and J. E. Bauer. 2002. Conversion of essential fatty acids by delta-6 desaturase in dog liver microsomes. J. Nutr. 132:1701S-1703S.

Dutton, H. J. 1971. Hydrogenation of fats. P. 3 in Progress in the Chemistry of Fats and Other Lipids, Vol. 9: Polyunsaturated Acids, R. T. Holman, ed. Oxford, UK: Pergamon Press.

Earle, K. E., and P. M. Smith. 1993. Balanced diets for dogs and cats. Pp. 45-55 in The Waltham Book of Companion Animal Nutrition, I. Burger, ed. Oxford, UK: Pergamon Press.

Elias, P. M. 1987. The special role of the stratum corneum. Pp. 342-346 in Dermatology in General Medicine, T. B. Fitzpatrick, A. X. Eisen, and K. Wolff, et al., eds. New York: McGrawHill.

Elias, P. M., B. E. Brown, and V. A. Ziboh. 1980. The permeability barrier in essential fatty acid deficiency: Evidence for a direct role for linoleic acid in barrier function. J. Invest. Dermatol. 74:230233.

Elvehjem, J. W., and W. Krehl. 1947. Imbalances and dietary interrelationships in nutrition. J. Am. Vet. Med. Assoc. 135:279.

Emken, E. A. 1991. Do *trans* acids have adverse health effects? Pp. 245-263 in Health Effects of Dietary Fatty Acids, G. J. Nelson, ed. Champaign, Il.: American Oil Chemists' Society.

Fiennes, R. N. T. W., A. J. Sinclair, and M. A. Crawford. 1973. Essential fatty acid studies in primates, linoleic requirements of capuchins. J. Med. Primatol. 2:155-169.

Fleischauer, F. J., W. D. Yan, and T. A. Fischell. 1993. Fish oil improves endothelium-dependent coronary vasodilation in heart transplant recipients. J. Am. Coll. Cardiol. 21:982-989.

Folch, J., M. Lees, and G. H. Sloane-Stanley. 1957. A simple method for the isolation and purification of total lipids from animal tissue. J. Biol. Chem. 226:497.

Food and Agricultural Organization-World Health Organization. 1978. Report of an Expert Consultation. The Role of Dietary Fatty Acids and Oils in Human Nutrition. Rome.

Frankel, T. L. and J. P. W. Rivers. 1978. The nutritional and metabolic impact of gamma-linolenic acid on cats deprived of animal lipid. Bri. J. Nutr. 39:227-231.

Freinkel, R. 1987. Lipids of the epidermis. Pp. 191-194 in Dermatology in General Medicine, T. B. Fitzpatrick, A. X. Eisen, K. Wolff, et al., eds. New York: McGrawHill.

Fu, Z., and A. J. Sinclair. 2000. Novel pathway of metabolism of alpha-linolenic acid in the guinea pig. Ped. Res. 47:414-417.

Fu, Z., N. M. Attar-Bashi, and A. J. Sinclair. 2001. 1-^{14}C-linoleic acid distribution in various tissues of guinea pigs following an oral dose. Lipids 36:255-260.

Galli, C., E. Agradi, A. Petroni, and E. Tremoli. 1981. Differential effects of dietary fatty acids on the accumulation of arachidonic acid and its metabolic conversion through the cyclooxygenase and lipoxygenase in platelets and vascular tissue. Lipids 16:165-172.

Gotto, A. M., Jr., et al. 1986. Introduction to the plasma lipoproteins. Meth. Enzymol. 128:3-41.

Goustard-Langelier, B., P. Guesnet, G. Durand, J. M. Antoine, and J. M. Alessandri. 1999. n-3 and n-6 fatty acid enrichment by dietary fish oil and phospholipid sources in brain cortical areas and nonneural tissues of formula-fed piglets. Lipids 34:5-16.

Greaves, J. P. 1965. Protein and calorie requirements of the feline. Pp. 33-45 in Canine and Feline Nutritional Requirements, O. Graham-Jones, ed. London: Pergamon Press.

Gurr, M. I. 1984. Agricultural aspects of lipids. In The Lipid Handbook, F. D. Gunstone, J. L. Harwood, and F. B. Padley, eds. London: Chapman and Hall.

Gurr, M. I., and J. L. Harwood. 1991a. Dietary lipids: Implications for health and disease. Pp. 162-243 in Lipid Biochemistry: An Introduction. London: Chapman and Hall.

Gurr, M. I, and J. L. Harwood. 1991b. Fatty acid structure and metabolism. Pp. 22-118 in Lipid Biochemistry: An Introduction. London: Chapman and Hall.

Hall, J. A., R. C. Wander, J. L. Gradin, S.-H. Du, and D. E. Jewell. 1999. Effect of dietary n-6-to-n-3 fatty acid ratio on complete blood and total white blood cell counts, and T-cell subpopulations in aged dogs. Am. J. Vet. Res. 60:319-327.

Hall, J. A., K. A. Tooley, J. L. Gradin, D. E. Jewell, and R. C. Wander. 2002. Influence of dietary long-chain n-3 fatty acids from mendhaden fish oil on plasma concentrations of α-tocopherol in geriatric beagles. Am. J. Vet Res. 63:104-110.

Hammarstrom, S., M. Hamberg, B. Samuelson, et al. 1975. Increased concentrations of non-esterified arachidonic acid, 12L-hydroxy-5,8,10,14-eicosatetraenoic acid, prostaglandin E2 and prostaglandin F2 alpha in epidermis of psoriasis. Proc. Natl. Acad. Sci. 72:51305134.

Hammarstrom, S., L. A. Lindgren, C. Marcello, E. A. Duell, T. F. Anderson, and J. J. Voorhees. 1979. Arachidonic acid transformation in normal and psoriatic skin. J. Invest. Dermatol. 73:180-183.

Hamosh, M. 1984. Lingual lipase. Pp. 49-82 in Lipases, B. Borgstrom, and H. L. Brockman, eds. Amsterdam: Elsevier.

Hamosh, M., H. L. Klanerman, R. O. Wolf, and R. O. Scow. 1975. Pharyngeal lipase and digestion of dietary triglyceride in man. J. Clin. Invest. 55:908-913.

Hand, M. S., C. D. Thatcher, R. L. Remillard, and P. Roudebush. 2000. Small Animal Clinical Nutrition, 4th Ed. Marceline, Mo.: Walsworth Publishing.

Hansen, A. E., and H. F. Wiese. 1951. Fat in the diet in relation to nutrition of the dog. I. Characteristic appearance and gross changes of animals fed diets with and without fat. Tex. Rep. Biol. Med. 9:491-515.

Hansen, A. E., H. F. Wiese, and O. Beck. 1948. Susceptibility to infection manifested by dogs on a low fat diet. Fed. Proc. 7:289.

Hansen, A. E., J. G. Sinclair, and H. F. Wiese. 1954. Sequence of histologic change in skin of dogs in relation to dietary fat. J. Nutr. 52:541-554.

Hassam, A. G., J. P. W. Rivers, and M. A. Crawford. 1971. The failure of the cat to desaturate linoleic acid: Its nutritional implications. Nutrition Metabolism 21:321-328.

Haufmann, B. F. 1996. Conjugated linoleic acid offers promise. INFORM 7:152-159.

Hayes, K. C., J. E. Rousseau, and D. M. Hegsted. 1970a. Plasma tocopherol concentrations and vitamin E deficiency in dogs. J. Am. Vet. Med. Assoc. 157:64-71.

Hayes, K. C., S. W. Nielsen, and J. E. Rousseau. 1970b. Vitamin E deficiency and fat stress in the dog. J. Nutr. 99:196-209.

Hayes, K. C., R. E. Carey, and S. Y. Schmidt. 1975. Retinal degeneration associated with taurine deficiency in the cat. Science 188:949-951.

Hill, R.C., C. F. Burrows, G. W. Ellllison, and J. E. Bauer. 2001. The effect of texturized vegetable protein from soy on nutrient digestibility compared to beef in cannulated dogs. J. Anim. Sci. 79:2162-2171.

Hoffman, H. H. 1953. Report on crude fat in baked dog food. J. Assoc. Agric. Chem. 36:208

Hoffmann, A. F. 1963. The function of bile salts in fat absorption. Biochem. J. 69:57-68.

Holman, R. T. 1960. The ratio of trienoic:tetraenoic acids in tissue lipids as a measure of essential fatty acid requirement. J. Nutr. 70:405-410.

Holman, R. T. 1971. Essential fatty acid deficiency. Prog. Chem. Fats Lipids 9:275-348.

Holman, R. T., and H. Mohrauer. 1963. A hypothesis involving competitive inhibitions in the metabolism of polyunsaturated fatty acids. Acta Chem. Scand. 17:584-590.

Holman, R. T., S. B. Johnson, and T. F. Hatch. 1982. A case of human linolenic acid deficiency involving neurological abnormalities. Am. J. Clin. Nutr. 35:617-623.

Huang, J., J. P. Wyse, and A. W. Spira. 1990. Ontogenesis of the electroretinogram in a precocial mammal, the guinea pig. J. Hered. 83:174-181.

Huang, M. C., and M. C. Craig-Schmidt. 1996. Arachidonate and docosahexaenoate added to infant formula influence fatty acid composition and subsequent eicosanoid production in neonatal pigs. J. Nutr. 126:2199-2208.

Huber T. L., R. C. Wilson, and S. A. McGarity. 1986. Variations in digestibility of dry dog food with identical label guaranteed analyses. J. Am. An. Hosp. Assoc. 22:571-575.

Hwang, D. H., and A. E. Carroll. 1980. Decreased formation of prostaglandins derived from arachidonic acid by dietary linolenate in rats. Am. J. Clin. Nutr. 33:590-597.

Hwang, S. G., S. Torii, A. Llyas, T. Matsui, and H. Yano. 1994. Comparative changes of fat digestibility and fat accumulation by the carbon chain length of dietary glycerol tri-homogeneous fatty acids. Nutr. Res. 14:1821-1830.

Hytten, P. E., and I. Leitch. 1971. The Physiology of Human Pregnancy. Oxford: Blackwell Scientific Publications.

Ip, C., J. A. Scimeca, and H. J. Thompson. 1994a. Conjugated linoleic acid. A powerful anticarcinogen from animal sources. Cancer 74:1050-1054.

Ip, C., M. Singh, H. J. Thompson, and J. A. Scimeca. 1994b. Conjugated linoleic acid suppresses mammary carcinogenesis and proliferative activity of the mammary gland in the rat. Cancer Res. 54:1212-1215.

Iverson, S., J. Kirk, C. L. Hamosh, and M. Newsome. 1991. Milk lipid digestion in the neonatal dog: The combined actions of gastric and bile salt stimulated lipases. Biochim. Biophys. Acta 1083:109-119.

Ivy, A. C., C. R. Schmidt, and J. Beazell. 1936. Starch digestion in the dog. North Am.Vet. 17:44.

James, W. T., and C. M. McCay. 1950. A study of food intake, activity, and digestive efficiency in different type dogs. Am. J. Vet. Res. 11:412-413.

Jensen, C. L., H. Chen. J. K. Fraley, R. E. Anderson, and W. C. Heird. 1996. Biochemical effects of dietary linoleic/α-linolenic acid ratio in term infants. Lipids 31:107-113.

Jos, A. F., O. den Kamp, B. Roelofsen, and L. L. M. Van Deenan. 1985. Structural and dynamic aspects of phosphatidycholine in the human erythrocyte membrane. Trends Biochem. Sci. 10:320-323.

Kanazawa, A., Y. Watanabe, and Y. Shirota. 1995. Effect of docosahexaenoic acid ethyl ester supplement for lactating rat on lipid and fatty acid composition of pup's liver and cerebral cortex. J. Jpn. Soc. Nutr. Food Sci. 48:173-180.

Kane, E., J. G. Morris, and Q. R. Rogers. 1981. Acceptability and digestibility by adult cats of diets made with various sources and levels of fat. J. Anim. Sci. 53:1516-1523.

Kendall, P. T. 1984. The use of fat in dog and cat diets. P. 383 in Fats in Animal Nutrition, J. Wiseman, ed. Boston: Butterworths.

Kietzmann, M. 1990. Eicosanoid levels in canine inflammatory skin diseases. Pp. 211-220 in Advances in Veterinary Dermatology, C. von Tscharner and R. E. W. Halliwell, eds. London: Balliere Tindall.

Kingdon, J. 1977. Pp. 397-413 in East African Mammals: An Atlas of Evolution in Africa, Vol. 3(A). New York: Academic Press.

Kinsella, J. E. 1990. Possible mechanisms underlying the effects of dietary n-3 polyunsaturated fatty acids. Omega News V:1-5.

Knospe, E., and R. Plendl. 1997. Histological demonstration of lipase activity in the gastric mucosa of the cat. Anatomia, Histologia, Embryologia 26:303-304.

Kraybill, H. R., and P. B. Curtis. 1938. Commercial feeding stuffs. Purdue University Agricultural Experimental Station Circular. No. 236. West Lafayette, In.

Kronfeld, D., S. Johnson, and K. Dunlap. 1979. Inherited predisposition of dogs to diet-induced hypercholesterolemia. J. Nutr. 109:1715-1719.

Lands, W. E. M. 1986. Fish and Human Health. Orlando, Fla.: Academic Press.

Lands, W. E. M., A. Morris, and B. Libelt. 1990. Quantitative effects of dietary polyunsaturated fats on the composition of fatty acids in rat tissues. Lipids 25:505-516.

Lands, W. E. M., B. Libelt, A. Morris, N. C. Kramer, T. E. Prewitt, P. Bowen, D. Schmeisser, M. H. Davidson, and J. H. Burns. 1992. Maintenance of lower proportions of (n-6) eicosanoid prescursors in phospholipids of human plasma in response to added dietary (n-3) fatty acids. Biochim. Biophys. Acta 1180:147-162.

Lee, K. N., D. Kritchevsky, and M. W. Pariza. 1994. Conjugated linoleic acid and atherosclerosis in rabbits. Artherosclerosis 108:19-25.

Lepine, A. J., and R. L. Kelly. 2000. Nutritional influences on the growth characteristics of hand-reared puppies and kittens. Pp. 307-319 in Recent Advances in Canine and Feline Nutrition, Vol. III, G. A. Reinhart, and D. P. Carey, eds. Wilmington, Ohio: Orange Frazer Press.

Li, Y., and B. A. Watkins. 1998. Conjugated linoleic acid alters bone fatty acid composition and reduces ex vivo prostaglandin E_2 biosynthesis in rats fed n-6 and n-3 fatty acids. Lipids 33:417-425.

Lindsay, S., C. Entenman, and I. L. Chaikoff. 1948. Pancreatitis accompanying hepatic disease in dogs fed a high fat, low protein diet. Arch. Path. 45:635-638.

Linthorst, J. M., S. B. Clark, and P. R. Holt. 1977. Triglyceride emulsification by amphiphiles present in the intestinal lumen during digestion of fat. J. Colloid Interfac. Sci. 60:1-10.

Linton, R. G. 1934. Canine Nutrition. 12th Int. Vet. Congr., New York, 3:488.

Lowe, M. E. 2001. Molecular mechanisms of pancreatic lipase and colipase. In Intestinal Lipid Metabolism, C. M. Mansbach II, P. Tso, and A. Kuksis, eds. New York: Plenum Press.

MacDonald, M. L., B. C. Anderson, Q. R. Rogers, C. A. Buffington, and J. G. Morris. 1983a. Essential fatty acid requirements of cats: Pathology of essential fatty acid deficiency. Am. J. Vet. Res. 45:1310-1317.

MacDonald, M. L., Q. R. Rogers, and J. G. Morris. 1983b. Role of linoleate as an essential fatty acid for the cat independent of arachidonate synthesis. J. Nutr. 113:1422-1433.

MacDonald, M. L., Q. R. Rogers, and J. G. Morris. 1984a. Nutrition of the domestic cat, a mammalian carnivore. Ann. Rev. of Nutr. 4:521-562.

MacDonald, M. L., Q. R. Rogers, and J. G. Morris. 1984b. Effects of dietary arachidonate deficiency on the aggregation of cat platelets. Comp. Biochem. Physiol. 78C:123-126.

MacDonald, M. L., Q. R. Rogers, J. G. Morris, and P. T. Cupps. 1984c. Effects of linoleate and arachidonate deficiencies on reproduction and spermatogenesis in the cat. Journal of Nutrition 114:719-726.

MacDonald, M. L., Q. R. Rogers, and J. G. Morris. 1985. Aversion of the cat to dietary medium-chain triglycerides and caprylic acid. Physiology Behavior. 35:371-375.

Makrides, M., M. A. Neumann, and R. A. Gibson. 1996. Effect of maternal docosahexaenoic acid (DHA) supplementation on breast milk composition. Eur. J. Clin. Nutr. 50:352-357.

Mantzioris, E., M. J. James, R. A. Gibson, and L. G. Cleland. 1995. Differences exist in the relationships between dietary linoleic and α-linolenic acids and their respective long-chain metabolites. Am. J. Clin. Nutr. 61:320-324.

Manzoli, F.A., S. Capitani, L. Cocco, N. M. Maraldi, G. Mazzotti, and O. Barnabei. 1988. Lipid mediated signal transduction in the cell nucleus. Adv. Enz. Reg. 27:83-91.

Marsh, K. A., F. L. Ruedisuelli, S. L. Coe, and T. D. G. Watson. 2000. Effects of zinc and linoleic acid supplementation on the skin and coat quality of dogs receiving a complete and balanced diet. Vet. Derm. 11:277-284.

Maskell, I. E., and J. V. Johnson. 1993. Digestion and absorption. Pp. 25-44 in The Waltham Book of Companion Animal Nutrition, I. H. Burger, ed. Oxford, UK: Pergamon Press.

McAlister, K. G., J. E. Bauer, J. Harte, J. Rawlings, and P. Markwell. 1996. Canine lipoproteins and lecithin:cholesterol acyl transferase activities in dietary oil supplemented dogs. Vet. Clin. Nutr. 3:50-56.

McLean, J. G., and E. A. Monger. 1989. Factors determining the essential fatty acid requirements of the cat. Pp. 349-342 in Nutrition of the Dog and Cat, I. H. Burger, and J. P. W. Rivers. eds. Cambridge, UK: Cambridge University Press.

Mead, J. F. 1980. Nutrients with special functions: Essential fatty acids. Pp. 218-238 in Human Nutrition: A Comprehensive Treatise. New York: Plenum.

Mensink, R. P., and M. B. Katan. 1990. Effect of dietary trans fatty acids on high-density and low-density lipoprotein cholesterol levels in healthy subjects. N. Engl. J. Med. 323:439-445.

Meyer, H., 1984. Nutrient digestibility and its relationship to alimentary disease in dogs. Pp. 55-69 in Nutrition and Behaviour in Dogs and Cats, R. S. Anderson, ed. Oxford: Pergamon Press.

Meyer, H., K. Daxl, and A. Thomee. 1979. Ein beitrag zum vorkommen und zur beh und lung der adiposetas der Hundes. Dtsch. Tierarzlt. Wochr. 85:133-136.

Meyer, H., J. Zentek and U. Freudenthal. 1992. Digestibility of beef tallow in dogs. Wien. Tierarzt. Monat. 79:202.

Mickel, F. S., F. Wiedenbach, B. Swaarovsky, K. S. LaForge, and G. A. Sceele. 1989. Structure of the canine pancreatic lipase. J. Biol. Chem. 264:12895-12901.

Miller, C. C., and V. A. Ziboh. 1988. Gamma-linolenic acid-enriched diet alters cutaneous eicosaonoids. Biochem. Biophys. Res. Commun. 154:967-974.

Miller, T. A., and E. D. Jacobson. 1979. Gastrointestinal cytoprotection by prostaglandins. Gut 20:7578.

Mohrauer, H., and R. T. Holman. 1963. The effects of dose level of essential fatty acids upon the fatty acid composition of the rat liver. J. Lipid Res. 4:159-166.

Monger, E. A. 1986. Polyunsaturated fatty acid metabolism in the cat. Ph.D. thesis, University of Melbourne, Australia.

Mooney, M. A., D. A. Vaughn, G. A. Reinhart, R. D. Powers, J. C. Wright, C. E. Hoffman, S. F. Swaim, and H. J. Baker. 1998. Evaluation of the effects of omega-3 fatty acid containing diets on the inflammatory stage of wound healing in dogs. Am. J. Vet. Res. 59:859-863.

Morgan, A. F. 1935. The food needs of dogs. Vet. J. 91:204-209.

Morgan, A. F. 1940. Deficiencies and fallacies in canine diet. North Am. Vet. 21:476-478.

Morris, J. G. 1977. The essentiality of biotin and vitamin B_{12} for the cat. Pp. 15-18 in Kal Kan Symposium for Treatment of Dog and Cat Diseases, Ohio State University, September 19-20.

Morris, J. G. 2001. Cats discriminate between cholecalciferol and ergocalciferol. J. Anim. Physiol. Anim. Nutr. 86:229-238.

Morris, J. G. 2002. Do cats need arachidonic acid in the diet for reproduction? Proceedings Symposia of the Comparative Nutrition Society No. 4:65-69.

Mountzouris, K. C., K. Fegeros, and G. Papadopoulos. 1999. Utilization of fats based on the composition of sow milk fat in the diet of weanling pigs. An. Feed Sci. Tech. 77:115.

Munday, H., and B. Lowe. 1993. The digestibility of macronutrients in the growing cat. In Summer Symposium of the Nutrition Society, University of Nottingham Medical Center, UK.

Munday, J. S., K. G. Thompson, and K. A. G. James. 1999. Dietary conjugated linoleic acids promote fatty streak formation in the C57BL/6 mouse atherosclerosis model. Br. J. Nutr. 81:251-255.

Myers, N. 1974. Status of the leopard and cheetah in Africa. Pp. 54-69 in The World's Cats, Vol. 3, L. Randall L. Eaton, ed. Proceedings, Third International Symposium on the World's Cats. Seattle.

National Research Council (NRC). 1985. Nutrient Requirements of Dogs. Washington, D.C.: National Academy Press.

National Research Council (NRC). 1986. Nutrient Requirements of Cats. Washington, D.C.: National Academy Press.

Nelson, G. J. 1991. Isolation and purification of lipids from biological matrices. Pp. 20-59 in Analyses of Fats, Oils and Lipoproteins, E. G. Perkins, ed. Champaign, Il.: American Oil Chemists' Society.

Nelson, G. J., P. C. Schmidt, G. L. Bartolli, D. S. Kelley, and D. Kyle. 1997. The effect of dietary docosahexaenoic acid on plasma lipoproteins and tissue fatty acid composition in humans. Lipids 32:1137-1146.

Nelson, J. H., R. G. Jensen, and R. E. Pitas. 1977. Pregastric esterase and other oral lipases. A review. J. Dairy Sci. 60:327-362.

Neuringer, M., W. E. Conner, D. S. Lin, L. Barstad, and S. Luck. 1986. Biochemical and functional effects of postnatal omega-3 fatty acid deficiency on retina and brain in rhesus monkeys. Proc. Natl. Acad. Sci. USA 83:4021-4025.

Neuringer, M., G. J. Anderson, and W. E. Conner. 1988. The essentiality of the n-3 fatty acids for the development and function of the retina and brain. Ann. Rev. Nutr. 8:517-541.

Newton, J. D., M. A. McLoughlin, S. J. Birchard, and G. A. Reinhart. 2000. Transport pathways of enterally administered medium-chain triglycerides in dogs. Pp. 143-152 in Recent Advances in Canine and Feline Nutrition, Vol III, G. A. Reinhart, and D. P. Carey, eds. Wilmington, Ohio: Orange-Frazer Press.

Nicolosi, R. J., E. J. Rogers, D. Kritchevsky, J. A. Scimeca, and P. J. Huth. 1997. Dietary conjugated linoleic acid reduces plasma lipoproteins and early atherosclerosis in hypercholesterolemic rabbits. Artery 22:266-277.

Nolen, G. A. 1973. A feeding study of a used, partially hydrogenated soybean oil, frying fat in dogs. J. Nutr. 103:1248-1255.

Norvell, M. A. 1978. Personal communication. In Nutrient Requirements of Cats. Washington, D.C.: National Academy Press.

Ockner, R. K., and J. Manning. 1974. Fatty acid binding protein in small intestine. Identification, isolation and evidence for its role in intercellular fatty acid transport. J. Clin. Invest. 54:3265-338.

Ontko, J. A., R. E. Wuthier, and P. H. Phillips. 1957. The effect of increased dietary fat upon the protein requirement of the growing dog. J. Nutr. 62:163-169.

Orr, N. W. M. 1965. The food requirements of antarctic sledge dogs. Pp. 101-112 in Canine and Feline Nutritional Requirements, O. Graham-Jones, ed. London: Pergamon Press.

Pariza, M. W. 1991. Conjugated linoleic acid, a new cancer inhibitor in dairy products. Bull. Intl. Dairy Fed. 257:29-30.

Pariza, M. W. 1997. Conjugated linoleic acid, a newly recognized nutrient. Chem. Indust. 464-466.

Park, Y., K. J. Allbright, W. Liu, J. M. Storkson, M. E. Cook, and M. W. Pariza. 1997. Effect of conjugated linoleic acid on body composition in mice. Lipids 32:853-858.

Pawlosky, R. J., and N. Salem, Jr. 1996. Is dietary arachidonic acid necessary for reproduction? J. Nutr. 126:1081S-1085S.

Pawlosky, R., A. Barnes, and N. Salem, Jr. 1994. Essential fatty acid metabolism in the feline; Relationship between liver and brain production of long-chain polyunsaturated fatty acids. J. Lipid Res. 35:2032-2040.

Pawlosky, R. J., Y. Denkins, G. Ward, and N. Salem. 1997. Retinal and brain accretion of long-chain polyunsaturated fatty acids in developing felines: The effects of corn-based maternal diets. Am. J. Clin. Nutr. 65:465472.

Peachey, S. E., J. M. Dawson, and E. J. Harper. 1999. The effect of ageing on nutrient digestibility by cats fed beef tallow-, sunflower oil- or olive oil-enriched diets. Growth, Development Aging 63:49-58.

Pfister, S. L., N. Spitzbarth, W. Edgemond, and W. B. Campbell. 1996. Vasorelaxation by an endothelium derived metabolite of arachidonic acid. Am. J. Physiol. 270:H1023-H1030.

Pritchard, B. N. C., C. C. T. Smith, K. L. E. Ling, and D. J. Detteridge. 1995. Fish oils in cardiovascular disease. Brit. Med. J. 310:819-820.

Prottey, C. 1977. Investigations of functions of essential fatty acids in the skin. Br. J. Dermatol. 97:29-38.

Pudelkewicz, C., J. Seufert, and R. T. Holman. 1968. Requirements of the female rat for linoleic acid. J. Nutr. 94:138-146.

Rainbird, A. L. 1988. A balanced diet. Pp. 57-74 in The Waltham Book of Canine Nutrition, A. T. B. Edney, ed. 2nd Ed. Oxford, UK: Pergamon Press.

Rees, C. A., J. E. Bauer, W. J. Burkholder, R. J. Kennis, B. L. Dunbar, and K. E. Bigley. 2001. Effects of dietary flaxseed and sunflower seed supplementation on normal canine serum polyunsaturated fatty acids and skin and hair coat condition scores. Vet. Derm. 12:111-117.

Reeves, P. G., F. H. Nielsen, and G. A. Fahey. 1993. AIN-93 Purified diets for laboratory rodents; Final Report of the American Institute of Nutrition Ad Hoc Writing Committee on the Reformulation of the AIN-76A Rodent Diet. J. Nutr. 123:1939-1951.

Remillard, R. L., and C. D. Thatcher. 1989. Dietary and nutritional management of gastrointestinal diseases. Vet. Clin. No. Am. Sm. Anim. Pract. 19:797-817.

Rivers, J. P. W. 1982. Essential fatty acids in cats. J. Small Anim. Pract. 23:563-576.

Rivers, J. P. W., and T. L. Frankel. 1980. Fat in the diet of dogs and cats. Pp. 67-99 in Nutrition of the Dog and Cat, R. S. Anderson, ed. Oxford, UK: Pergamon Press.

Rivers, J. P. W., and T. L. Frankel. 1981. The production of 5,8,11-eicosatrienoic acid (20:3n-9) in the essential fatty acid deficient cat. Proceedings of the Nutrition Society 40:117a.

Rivers, J. P. W., A. J. Sinclair, and M. A. Crawford. 1975. Inability of the cat to desaturate essential fatty acids. Nature 258:171-173.

Rivers, J. P. W., A. J. Sinclair, D. P. Moore, and M. A. Crawford. 1976a. The abnormal metabolism of essential fatty acids in the cat. Proceedings of the Nutrition Society 35:66A-67A.

Rivers, J. P. W., A. G. Hassam, M. A. Crawford and M. R. Braambell. 1976b. The absence of Δ-6 desaturase activity in the cat. Proceedings of the Nutrition Society 35:67A-68A.

Rocchini, A. P., C. Moorehead, E. Wentz, and S. Deremer. 1987. Obesity-induced hypertension in the dog. Hypertension 9 (Suppl III): III-64-III-68.

Rodriguez, A., P. Sarda, P. Boulot, C. L. Leger, and B. Descomps. 1999. Differential effects of *n*-ethyl maleimine on Δ-6 desaturase activity in human fetal liver toward fatty acids of the n-6 and n-3 series. Lipids 34:23-30.

Romsos, D. R., M. J. Hornshuh, and G. A. Leveille. 1978. Influence of dietary fat on food intake, body weight, and body fat of adult dogs. Proc. Soc. Exp. Biol. Med. 157:278-281.

Rose, D. P., M. A. Hatala, J. M. Connolly, and J. Rayburn. 1993. Effect of diets containing different levels of linoleic acid on human breast cancer growth and lung metastasis in nude mice. Cancer Research 53:4686-4690.

Rose, D. P., J. M. Connolly, and X. H. Liu. 1994. Effects of linoleic acid on the growth and metastasis of two human breast cancer cell lines in nude mice and the invasive capacity of these cell lines in vitro. Cancer Research. 54:6557-6562.

Roudebush, P. 2001. Consumption of essential fatty acids in selected commercial dog foods compared to dietary supplementation: An update. Proceedings 16th Annual AAVD ACVD meeting.

Rouzer, C. A., W. A. Scott, A. L. Hamill, et al. 1982. Secretion of leukotriene C and other archidonic acid metabolites by macrophages challenged with immunoglobulin E immune complexes. J. Exp. Med. 156:1077-1086.

Ruan C., X. Liu, H. Man, X. Ma, G. Lu, G. Duan, C. A. DeFrancesco, W. E. Connor. 1998. Milk composition in women from five different regions of China: The great diversity of milk fatty acids. J. Nutr. 125:2993-2998.

Rudd, E. A., and H. L. Brockburn. 1984. Pancreatic carboxyl ester lipase (cholesteryl esterase). Pp. 185-204 in Lipases, B. Borgstrom and H. L. Brockman, eds. Amsterdam: Elsevier.

Ryu, K. H., and E. Grim. 1982. Unstirred water layer in canine jejunum. Am. J. Physiol. 242:G364-G369.

Saker, K. E., A. L. Eddy, C. D. Thatcher, and J. Kalnitsky. 1998. Manipulation of dietary (n-6) and (n-3) fatty acids alters platelet function in cats. J. Nutr. 128:2845S-2647S.

Salati, L. M., and A. G. Goodridge. 1996. Fatty acid synthesis in eukaryotes. Pp. 101-128 in Biochemistry of Lipids, Lipoproteins and Membranes, D. E. Vance and J. E. Vance, eds. Amsterdam: Elsevier.

Samuelsson, B. 1983. Leukotrienes: Mediators of immediate hypersensitivity reactions and inflammation. Science 220:568-575.

Scallen T. J., A. Pastuszyk, and G.V. Vahouny. 1985. Sterol carrier and lipid transfer proteins. Chem. Phys. Lipids 38:239-261.

Scardino, M. S., S. F. Swaim, E. A. Sartin, C. A. Hoffman, G. K. Oglivie, R. A. Hanson, L. C. Shindok, and D. J. Danvenport. 1999. The effects of omega-3 fatty acid diet enrichment on wound healing. Vet. Derm. 10:283-290.

Scharschmidt, L. A., E. Lanos, and M. J. Dunn. 1983. Arachidonate metabolites and the control of glomerular function. Fed. Proc. 42:30583063.

Schoenherr, W., and J. Jewell. 1999. Effect of conjugated linoleic acid on body composition of mature obese beagles. FASEB J. 13:A262

Schrijver, R., D. Vermeulen, and E. Viaene. 1991. Lipid metabolism responses in rats fed beef tallow, native or randomized fish oil and native or randomized peanut oil. J. Nutr. 121:948.

Scott, P. P. 1968. The special features of nutrition of cats with observations on wild Felidae nutrition in the London Zoo. Symposium of the Zoological Society of London 21:21-36.

Sehat, N., M. P. Yurawicz, J. A. G. Roach, M. M. Mossoba, J. K. G. Kramer, and Y. Ku. 1998. Silver-ion high performance liquid chromatographic separation and identification of conjugated linoleic acid isomers. Lipids 33:217-221.

Siedler, A. J., and B. S. Schweigert. 1952. Effect of the level of fat in the diet on the growth and performance of dogs. J. Nutr. 48:81-90.

Siems, W. G., T. Grune, O. Hasselwander, and K. Kramer. 2001. Conjugated linoleic acid. Pp. 257-288 in Neutraceuticals in Health and Disease Prevention, K. Kramer, P. P. Hoppe, and L. Packer, eds. New York: Marcel Dekker.

Simopoulos, A. P. 1991. Omega-3 fatty acids in health and disease and in growth and development. Am. J. Clin. Nutr. 54:438463.

Simopoulos, A. P., A. Leaf, and N. Salem, Jr. 1999. Workshop on the Essentiality of and Recommended Dietary Intakes for Omega-6 and Omega-3 Fatty Acids. J. Am. Coll. Nutr. 18:4878-489.

Sinclair, A. J. 1975. The incorporation of radioactive polyunsaturated fatty acids into liver and brain of developing rat. Lipids 10:175-184.

Sinclair, A. J. 1994. John Rivers (1945-1989): His contribution to research on polyunsaturated fatty acids in cats. Journal of Nutrition 124:2513S-2519S.

Sinclair, A. J., J. G. McLean, and E. A. Monger. 1979. Metabolism of linoleic acid in the cat. Lipids 14:932-936.

Sinclair, A. J., W. J. Slattery, J. G. McLean, and E. A. Monger. 1981. Essential fatty acid deficiency and evidence for arachidonate synthesis in the cat. Br. J. Nutr. 46:93-96.

Smith, J. A. 1994. Neutrophils, host defense, and inflammation: A double edged sword. J. Leuk. Biol. 56:672-686.

Smith, W. L. 1992. Prostanoid biosynthesis and mechanisms of action. Am. J. Physiol. 263:F181-F191.

Smith, W. L., and F. A. Fitzpatrick. 1996. The eicosanoids; Cyclooxygense, lipoxygenase, and epoxygenase pathways. Pp. 283-308 in D. E. Vance, and J. E. Vance, eds. Biochemistry of Lipids, Lipoproteins and Membranes. Amsterdam: Elsevier.

Stephan, Z. F., and K. C. Hayes. 1978. Vitamin E deficiency and essential fatty acid (EFA) status of cats. Federation Proceedings 37:2588.

Stubbs, C. D., and A. D. Smith. 1990. Essential fatty acids in membrane; Physical properties and function. Biochem. Soc. Trans. 18:779-781.

Terano, T., J. A. Salmon, G. A. Higgs, et al. 1986. Eicosapentaenoic acid (EPA) as a modulator of inflammation: Effect on prostaglandin and leukotriene synthesis. Biochem. Pharmacol. 35:779-785.

Thomson, A. B. R., and G. Wild. 2001. The influence of the intestinal unstirred water layers on the understanding of the mechanisms of lipid absorption. Pp. 135-15 in Intestinal Lipid Metabolism, C. M. Mansbach II, P. Tso, and A. Kuksis, eds. New York: Plenum Press.

Thomson, A. B. R., M. Scholler, L. Smith, and M.T. Cllandinin. 1993. Lipid absorption: Passing through the unstirred layers, brush border membrane, and beyond. Can. J. Physiol. Pharmcol. 71:531-555.

Tinoco, J. 1982. Dietary requirements and functions of α-linolenic acid in animals. Prog. Lipid Res. 21:1-46.

Tinoco, J., R. Babcock, I. Hincenbergs, B. Medwadowski, and M. A. Williams. 1979. Linolenic acid deficiency. Lipids 14:166-173.

Turek, J. J., B. A. Watkins, I. A. Schoenlein, M. G. Hayek, and C. G. Aldrich. 2000. Ingestion of oxidized lipids alters canine antioxidant status and immue function. Pp. 541-553 in Recent Advances in Canine and Feline Nutrition, Vol III, G.A. Reinhart and D. P. Carey, eds. Wilmington, Ohio: Orange Frazer Press.

Uauy, R., M. Treen, and D. R. Hoffman. 1989. Essential fatty acid metabolism and requirements during development. Sem. Perinatol. 13:118-130.

Uauy, R., P. Peirano, D. Hoffman, P. Mena, D. Birch, and E. Birch. 1996. Role of essential fatty acids in the function of the developing nervous system. Lipids 31:S167S176.

Vaganay, S., G. Joliff, O. Bertaux, E. Toselli, M. D. Devinges, and C. Benicourt. 1998. The complete cDNA sequence encoding dog gastric lipase. DNA Sequence 8:257-262.

Van den Bergh, J. J., N. E. Cook, and D. L. Tribble. 1995. Reinvestigation of the antioxidant properties of conjugated linoleic acid. Lipids 30:599-605.

Vandermeers, A., M. C. Vandermeers-Piret, J. Rathe, and J. Christope. 1975. Effect of colipase on adsorption and activity of rat pancreatic lipase on emulsified tributyrin in the presence of bile salt. FEBS Lett. 49:334-337.

Van Dongen, A. M., A. A. Stokhof, M. J. H. Geelen, and A. C. Beynen. 2000. The high intake of medium-chain triglycerides elevates plasma cholesterol in dogs (an observation). Folia Vet. 44:173-174.

Vaughn, D. M., G. A. Reinhart, S. F. Swaim, S. D. Lauten, C. A. Garner, M. K. Boudreaux, J. S. Spano, C. E. Hoffman, and B. Conner. 1994. Evaluation of effects of dietary n-6 to n-3 fatty acid ratios on leukotriene B syntheis in dog skin and neutrophils. Vet. Derm. 5:163-173.

Verger, R. 1984. Pancreatic lipase. Pp. 84-150 in Lipases, B. Borgstrom and H. L. Brockman, eds. Amsterdam: Elsevier.

Voss, A., M. Reinhard, S. Sankarappa, and H. Sprecher. 1991. The metabolism of 7,10,13,16, 19-docosapentaenoic acid to 4,7,10,13,16,19-docosahexaenoic acid in rat liver is independent of 4-desaturase. J. Biol. Chem. 19995-20000.

Wagner, J. D., K. A. Greaves, J. E. Bauer, and D. Schwenke. 1999. Lipids and lipoproteins. Pp. 181-228 in The Clinical Chemistry of Laboratory Animals, 2nd ed., W. F. Loeb and F. M. Quimby, eds. New York: Hemisphere Publishing.

Waldron, M. K. 1999. Dietary fat effects on canine neutrophil membrane fatty acid composition and cell functions. Ph.D. dissertation, Texas A&M University, College Station.

Waldron, M. K., A. S. Spencer, and J. E. Bauer. 1998. Role of long-chain polyunsaturated n-3 fatty acids in the development of the nervous system of dogs and cats. J. Am Vet. Med. Assoc. 213:619-622.

Wander, R. C., J. A. Hall, J. L. Gradin, S.-H. Du, and D. E. Jewell. 1997. The ratio of dietary (n-6) to (n-3) fatty acids influences immune system function, eicosanoid metabolism, lipid peroxidation and vitamin E status in aged dogs. J. Nutr. 127:1198-1205.

Warner, K, and M. Eskin. eds. 1995. Methods to Assess Quality and Stability of Oils and Fat-Containing Foods. Champaign, Il.: American Oil Chemists' Society Press.

Watkins, B. A. and Y. Li. 2001. Conjugated linoliec acid: the present state of knowledge. Pp. 445-476 in Handbook of Nutraceutical and Functional Foods, R. E. C. Wildman, ed. Boca Raton, Fla.: CRC Press.

Watkins, B. A., J. J. Turek, A. J. Lepine, M. F. Seifert, and G. A. Reinhart. 2000. Influence of polyunsaturated fatty acids on bone modeling and health. Pp. 467-479 in Recent Advances in Canine and Feline Nutrition, Vol III. Wilmington, Ohio: Orange Frazer Press.

Weisinger, H. S., A. J. Vingrys, and A. J. Sinclair. 1996. The effect of docosahexaenoic acid on the electroretinogram of the guinea pig. Lipids 31:65-70.

Weiss, S. J. 1989. Tissue destruction by neutrophils. N. Engl. J. Med. 320:365-376.

Wertz, P. W., and P. T. Downing. 1982. Glycolipids in mammalian epidermis: Structure and function of the water barrier. Science 217:1261.

Whelan, J. 1996. Antagonistic effects of dietary arachidonic acid and n-3 polyunsaturated fatty acids. J. Nutr. 126:1086S-1091S.

White, P. D. 1995. Essential fatty acids in veterinary medicine. Pp. 18-20 in Veterinary Learning Systems, Shawnee Mission, Kan.

Widdowson, E. M. 1970. The harmony of growth. Lancet i:901.

Wiese, H. F., A. E. Hansen, and E. Coon. 1962. Influence of high and low caloric intakes on fat deficiency in dogs. J. Nutr. 76:7381.

Wiese, H. F., M. J. Bennet, E. Coon, and W. Yamanaka. 1965. Lipid metabolism of puppies as affected by kind and amount of fat and of dietary carbohydrate. J. Nutr. 86:271-280.

Wiese, H. F., W. Yamanaka, E. Coon, and S. Barber. 1966. Skin lipids of puppies as affected by kind and amount of fat and of dietary carbohydrate. J. Nutr. 89:113-122.

Yamamoto, N., M. Saitoh, A. Moriuchi, M. Nomura, and H. Okuyama. 1987. The effect of the dietary linolenate/linoleate balance on brain lipid composition and learning ability of rats. J. Lipid Res. 28:144-151.

Ziboh, V. A., K. A. Cohen, C. N. Ellis, et al. 1986. Effects of dietary supplementation of fish oil on neutrophil and epidermal fatty acids. Arch. Dermatol. 122:1277-1282.

6

蛋白质和氨基酸

Protein and Amino Acids

6.1 基本概念

6.1.1 引言

在近两个世纪,犬被当做实验动物模型用于人类营养的研究。Magendie(1816)首次证明,日粮中仅有橄榄油或者糖不能维持犬的生命,但加入蛋白质后,犬的身体状况变好,活的时间更长。这证明了蛋白质是生命活动所必需的。由于缺乏关于必需微量营养物质需要量的知识,这些早期实验及其他实验是混乱的。然而,我们很清楚地知道蛋白质在日粮中是必需的。Magendie委员会在1815年被委任来评估明胶的营养价值。该委员会于1841年报道(McCollum于1957年引用),犬仅采食明胶是不能维持生存的。这个结果(没有纯合蛋白质)也促使研究者测试其他纯合蛋白质。当仅仅饲喂纯合蛋白质而不加其他成分时,犬可以维持好的健康状况。尽管缺乏对微量营养物质必要性的认识,但在过去的几十年里,人们逐渐认识到犬日粮中蛋白质的品质(氨基酸组成)是很重要的(Chittenden,1904)。在1905年,Kaufmann报道,当在明胶基础的日粮中添加酪氨酸、胱氨酸和色氨酸时,犬能够维持氮平衡。后来对鼠的研究表明,相似日粮的营养价值是不足的(Jackson等,1928),其他必需氨基酸的浓度太低以至于不能满足动物的维持需要。但是,犬营养学的研究帮助确定了这一理论,即蛋白质中的某些氨基酸是必需的。尽管早在20世纪早期,Abderhalden和其合作者已能用蛋白质水解物配制令人满意的犬日粮,但是用氨基酸作为唯一氮源来配制满意的犬日粮却从未成功(Abderhalden等,1912)。这个状况一直持续到Rose分离并鉴定出苏氨酸,这个所有动物都需要的最后一种必需氨基酸才被发现(McCoy等,1935)。在1939年,Rose和Rice报道,当给犬饲喂氨基酸日粮时,其中包含与生长鼠所需相同的10种必需氨基酸,犬表现为略微的正氮平衡。他们也报道,当没有精氨酸时对氮平衡没有任何影响。然而,不久又有研究(Burns等,1981)表明,精氨酸是成年犬的一种必需氨基酸。由于Rose和Rice没有报道他们使用日粮的成分,两项研究之间的差异仍然无法解释。

猫并没有像犬那么早而且那么常规地被用于关于蛋白质和氨基酸必需性的研究。Bidder和Schmidt在1852年最早用猫做了对照试验。在7 d的试验期内,猫采食所有肉后,所有的日粮氮(除去0.7%的实验误差)都在粪和尿中发现,而并不参与形成氮气。然而,直到20世纪中期,Da Silva和其合作者(1950a,b)以及Allison和其合作者(1956)才设计出了较好的纯合日粮,使猫能够很容易地采食,这样猫就可以有效地用于营养研究。直到1979年,才有研究表明,犬和其他动物所需的10种必需氨基酸对猫也是必需的(Rogers和Morris,1979)。

6.1.2 结构和功能

除了脯氨酸,多数蛋白质中的所有氨基酸都是α-氨基酸,都含有α-氨基和α-羧基,它们用于合成蛋白质结构中必需的肽键。每一种氨基酸都在α-碳原子上有一个侧链,其大小不同,从一个氢原子延伸到吲哚环。各种不同的侧链构成了蛋白质的二级和三级结构,一些结构通常会与各种其他基团如磷酸基和氨基糖相结合。蛋白质中的酸碱侧链具有重要营养作用,可以接受或转移质子,这取决于蛋白质所在介质的pH。酸沉淀蛋白质(如酪蛋白)可将质子转移到羧基侧链基团。这些质子与碱基侧链上的质子一起在消化、吸收和利用的过程中释放,从而造成代谢性酸中毒。氨基酸是许多重要生物活性物质、肽和蛋白质的重要组成成分。纯合蛋白质本身是无味的,但是,肽和游离氨基酸却有各种不同的味道，有苦味(苯丙氨酸、色氨酸、精氨酸和亮氨酸)、酸味(谷氨酸和天门冬氨酸)、甜味(甘氨酸和苏氨酸)、鲜味(谷氨酸钠)以及它们的混合味道。*D*-氨基酸通常有不同的味道，如 *D*-色氨酸比蔗糖甜很多倍。犬和猫对氨基酸的味觉是否跟人一样，这一点还不清楚，然而，猫对氨基酸如亮氨酸的选择，以及犬猫不同的神经反应表明，其对氨基酸的味觉反应与人有差异。

6.1.3 氨基酸的重要性

日粮中蛋白质是必需的，原因有 2 个：第一，蛋白质提供犬猫不能合成的氨基酸(必需氨基酸)，这些氨基酸用于合成机体的多种蛋白质；第二，蛋白质提供非必需氨基酸(如果有适当的氮和碳源，动物自身可以合成的氨基酸)用于维持、生长发育、妊娠和泌乳。非必需氨基酸提供氮和碳用于合成任何需要的非必需氨基酸，提供碳用于糖原异生和能量生成。非必需氨基酸还提供氮和一些必要构件用于合成生命活动必需的化合物，如嘌呤、嘧啶、亚铁血红素、各种激素、神经传递素和神经调节素(如甲状腺素、儿茶酚胺、γ-氨基丁酸和牛磺酸)。犬猫主要采食动物组织，其氨基酸也为糖原异生提供碳链从而为组织提供葡萄糖，这些组织(如血红细胞、神经组织)需要葡萄糖维持正常的组织代谢。和大多数动物一样，如下的 10 种氨基酸也是犬猫所必需的：精氨酸、组氨酸、异亮氨酸、亮氨酸、赖氨酸、蛋氨酸、苯丙氨酸、苏氨酸、色氨酸和缬氨酸。在一些杂食动物和草食动物(如鼠、小鸡)中，清除单一氨基酸会导致采食量下降，这是因缺乏限制性氨基酸而引起的初级神经反应(Gietzen，1993)。对猫，有限的可用研究(如 Hardy 等，1977；Rogers 和 Morris，1979)表明，在采食了缺乏某一种必需氨基酸的日粮后，采食量的降低速度没有鼠那样快。虽然采食量的确随时间而下降，但是并没有杂食动物和草食动物严重。由于幼猫停止生长且体重慢慢减轻，采食量的降低似乎是由生长所需的能量下降而引发的继发性结果。猫可能是严格肉食动物的好模型，这可从如下事实得到证明，严格肉食动物只采食动物组织，它们不缺乏任何一种必需氨基酸。因此，与杂食动物和草食动物不同的是，肉食动物对蛋白质或必需氨基酸的缺乏没有那么敏感。有关犬的研究较少。然而，犬可能类似于其他杂食动物(Milner，1979a，b)。

杂食动物和草食动物会拒绝缺乏某一种必需氨基酸的日粮。鼠能在必需氨基酸含量差异低于 0.1 g/kg 的日粮中进行选择(Hrupka 等，1997)。Hrupka 等(1999)又发现，先天的味觉厌恶可以调节这种选择，防止在采食量下降之前，日粮中某种特殊必需氨基酸浓度过低。也就是说，先天味觉厌恶对必需氨基酸的缺乏比简单的采食量降低更敏感。先天的味觉厌恶是否在犬猫采食缺乏必需氨基酸的日粮之后发生，关于这方面的研究很少。我们知道，犬会选择有充足蛋白质的日粮(是它们需要量的 3～4 倍，Romsos 和 Ferguson，1983；Torres 等，2003)，而猫却不会(Cook 等，1985)。

6.1.4 蛋白质和氨基酸的消化率和生物学利用率

动物对日粮蛋白质的消化过程包括：将蛋白质酶解为氨基酸和小肽，然后被小肠黏膜细胞吸收。蛋白质消化率——更明确地说是总消化道消化率，在营养学上通常定义为：摄入的蛋白质经消化后没有从粪中排出的比例，这可以通过氮摄入量和排出量测得。生物学利用率通常定义为：某一特定来源的营养物质以能被动物代谢利用的形式而被动物吸收的程度(Lewis 和 Bayley，1995)。利用回肠消化率作为生物利用率，使动物营养中普通蛋白质的氨基酸生物学利用率的许多详细研究得以完成(Lewis 和 Bayley，1995；Sibbald，1987)。关于犬的相似研究已经完成(见 Johnson 等，1998；Bednar 等，2000；Clapper 等，2001)。然而，几乎没有关于猫的研究(Hendriks 和 Emmens，1998；Larsen 等，2001，2002)，这或许是由于给猫插入回肠瘘管很困难(Mawby 等，1999)。

最早测定生物学利用率的方法是测定日粮中蛋白质的表观消化率。这种方法只是对吸收氮的总体估计，但不能提供氮和单一必需氨基酸的“品质”信息和利用效率。从历史上看，在人类和动物营养学，利用鼠测定蛋白质品质测定指标，如蛋白质效率比(PER)、生物学价值(BV)和净蛋白利用率(NPU)，来确定总氨基酸的生物学利用率。NPU 是测定一种蛋白质的利用效率。相同的蛋白质在不同种类动物之间利用率不同，可能是由于消化率不同或者氮和氨基酸的需要量不同。一般地，肉食动物包括猫，对劣质蛋白的表观消化率较低(Kendall 等，1982；Ahlstrom 和 Skrede，1998)，而对一些氨基酸如精氨酸有较高的需要量(Anderson 等，1979a；Costello 等，1980)。测定单一必需氨基酸的回肠消化率可使其生物学利用率的结果进一步准确。尽管这比总胃肠道消化率更好地表示生物学利用率，且当日粮蛋白质可以 100% 被消化和吸收时，因为胃肠道分泌物(脱落的黏膜和消化酶)、蛋白质和氨基酸仍然会进入到结肠,因而测定真回肠消化率需要使用许多技术来估计从回肠中排出的内源蛋白质(Moughan 等,1998)。因为这些内源蛋白质只有一部分会被利用,所以即使是氮和必需氨基酸的真消化率也不能反映其真生物学利用率。需要指出的是,一些日粮蛋白质含有胰蛋白酶抑制因子或其他酶抑制剂,这极大地增加了内源分泌酶的损失。通常,一些体内试验如体增重或氮沉积法,被认为是测定氮和氨基酸生物学利用率的最基本的或者"金标准"的方法(Lewis 和 Bayley,1995)。

高消化性蛋白质在鼠、猫和犬上的表观总肠道消化率是相近的。较低消化性的蛋白质在犬比猫有更高的表观消化率(Kendall 等,1982)。对消化率高于90%的蛋白质(如新鲜切碎和纯化的日粮),犬和猫的消化率没有差异。对干粮或者罐装食品,犬对蛋白质的消化率比猫高 5%~8%(Kendall 等,1982)。这些差异似乎是由于与犬相比,猫小肠的长度相对体型较短。动物蛋白质的消化率通常高于植物蛋白质(Meyer 等,1981,1989;Kendall 和 Holme,1982;Neirinck 等,1991),而且长时间的热处理会降低犬猫对动物蛋白质的消化率(Meyer 等,1981;Backus 等,1998;Johnson 等,1998)。热处理能够增加某些蛋白质的消化率,这是因为热作用破坏了胰蛋白酶抑制剂的活性(Morgan 等,1951)。蛋白质的消化率随犬的大小、品种和年龄的不同而变化。猎犬比爱斯基摩犬有较高的蛋白质表观总肠道消化率(85% 与 81%),年轻的小型贵宾犬或髯犬比年老贵宾犬或髯犬的蛋白质消化率高约 4%(Hannah 等,1995)。没有报道称不可溶纤维是否会影响蛋白质的消化率,然而可溶纤维通常会降低犬(Muir 等,1996;Silvio 等,2000)和猫(Sunvold 等,1995;Harper,1996)的蛋白质总肠道消化率。

给装有回肠瘘管的犬饲喂含有各种成分的典型犬粮,粗蛋白质的表观回肠消化率比表观总肠道消化率低 1%~20%。据推测,细菌在结肠中降解和利用蛋白质,同时释放和吸收氨及其他低分子含氮化合物(Mühlum 等,1989;Muir 等,1996;Murray 等,1997,1998;Hendriks 和 Sritharan,2002)。粗蛋白质的回肠消化率为 63%~96%,而总肠道蛋白质消化率为 71%~98%。当日粮中含有较多的低消化性碳水化合物时,蛋白质的回肠表观消化率受到的影响要高于总肠道消化率(Muhlum 等,1989)。犬粮常规成分的单一氨基酸回肠消化率变化非常大(Johnson 等,1998)。某些氨基酸如精氨酸的真回肠消化率为 77%~87%,然而,其他氨基酸如胱氨酸、苏氨酸和赖氨酸的真回肠消化率分别为 29%~66%、52%~78% 和 62%~84%。据报道,精制羊肉粉有最低的氨基酸消化率,可能是由于精炼和烘干过程中加热时间过长。对于所有的必需氨基酸,含有高灰分的肉和骨粉的消化率比低灰分的肉和骨粉低(要低 5%~18%)。但是对家禽副产品肉类,高灰分和低灰分之间没有差异。特别有趣的是,低灰分羊肉粉中胱氨酸的消化率极低(29%),而且肉和骨粉中所有必需氨基酸的消化率高于家禽副产品肉类。这些结果表明加工过程中质量控制的重要性(即需要控制精炼和烘干过程来确保氨基酸的高消化率,尤其是胱氨酸、苏氨酸和赖氨酸)。令人惊讶的是,在这项研究中,蛋氨酸的消化率并不低,仅在 83%~93%之间变化(Johnson 等,1998)。日粮中的纤维含量对粗蛋白质的回肠消化率影响较小,除了可溶性日粮纤维如果胶以外(Meyer 等,1989;Muir 等,1996;Silvio 等,2000)。在日粮中添加 50 g/kg 果胶会导致粗蛋白质的回肠消化率降低 7%,但总肠道消化率仅降低 2%(Muir 等,1996)。与高品质肉粉相比,高品质豆粕(适当的热处理)有相等或更高的回肠和总肠道消化率(Bednar 等,2000;Clapper 等,2001),而且豆粕中各种碳水化合物,包括寡糖,对大豆蛋白质的回肠消化率没有显著影响(Meyer 等,1989;Zuo 等,1996)。Johnson 等(1998)对比了盲肠切除的公鸡和用回肠瘘管的犬对犬粮的消化率,研究表明赖氨酸、胱氨酸、苏氨酸和蛋氨酸的相关系数分别为 0.89、0.94、0.87、0.90。因而,用盲肠切除的公鸡测定犬的氨基酸生物学利用率是比较合理和相近的。

Larsen 等(2001,2002)报道,用生长测定法来测定生长猫对蛋白质中的赖氨酸和蛋氨酸的生物学利用率是合理的。他们研究表明,当饲喂经热处理的酪蛋白日粮时(湿润的,每千克酪蛋白含 50 g 葡萄糖,在121℃加热 2 h),与没有经过热处理的酪蛋白日粮相比,猫的体增重低 25%。酪蛋白中的赖氨酸在加热处理之前的生物学利用率是 96%,然而,和葡萄糖一起热处理后生物学利用率降低至 56%。尽管饲喂相同的食物,猫的总肠道蛋白质消化率比犬低(Kendall 等,1982),但是,用鼠或其他杂食动物作为猫的模型是否较好,这一点仍是有疑问的(Hendriks 和 Emmens,1998)。

6.1.5 评定蛋白质和氨基酸的状况

蛋白质的长期状况可以通过血清白蛋白水平和无脂肪体重的维持情况来评定。检测血浆中氨基酸浓度可确定特殊日粮中哪个是限制性氨基酸(Zicker 和 Rogers,1990)。在能量摄入充足时,急性蛋白质缺乏

(如蛋白质极低或无蛋白质日粮)会引起血浆中所有氨基酸的减少。长期蛋白质缺乏时(蛋白质—能量营养失调),血清白蛋白、必需氨基酸(除了组氨酸和苯丙氨酸)以及酪氨酸和半胱氨酸的浓度比正常时低得多,而且非必需氨基酸(尤其是脯氨酸、丙氨酸、丝氨酸和甘氨酸)的浓度比正常时高(Holt 等,1963)。由于在饲喂了极低蛋白质日粮后,甘氨酸和缬氨酸的浓度改变是最大的,所以正常的甘氨酸与缬氨酸的比率变化将作为蛋白质营养不良严重程度的参数。造成这种独特状况的唯一可知原因是蛋白质—能量营养失调。限饲也不会产生这种状况,而是会维持血浆中氨基酸的正常水平。如果仅仅用甘氨酸与缬氨酸的比率作为判断患肾脏疾病的犬猫营养状况的依据,将会误诊蛋白质营养不良。患肾脏疾病时,血浆中甘氨酸增加是因为肾脏需将甘氨酸转变为丝氨酸。但是,犬猫在患肾脏疾病时通常会厌食;因此,一些蛋白质缺乏是正常的。

Longenecker 和 Hause (1959)研究表明,即使犬不缺乏蛋白质,限制性氨基酸(有时是第二和第三限制性氨基酸)也能够根据血浆氨基酸的类型来确定。在采食全价日粮后,百分比减少最多(或增加最少)的必需氨基酸就是第一限制性氨基酸,其次减少的就是第二限制性氨基酸,以此类推。这种方法要求前一晚限饲,而且这一次采食的全价日粮量很大。很重要的一点是,动物在限饲时,氨基酸水平趋向于恢复正常。另一种方法是让犬猫自由采食数天,测定吸收阶段的血浆样品,其提供了相同的信息。如 Hardy 等(1977)报道,当日粮中缬氨酸有限时,血浆缬氨酸将明显地降低,从高于 300 nmol/mL 降低至 66 nmol/mL,当日粮中完全不含缬氨酸时,会降低至 33 nmol/mL。这方面的参考文献对确定各种必需氨基酸的需要量是否得到满足是很有用的。Rogers 和 Morris 与同事已经在有关氨基酸需要量的研究中确定了各种必需氨基酸的剂量反应曲线。这些数据包括:饲喂正常日粮后(AI 至少是 MR 的 1.5 倍)血浆中各种必需氨基酸的浓度,在饲喂缺乏各种必需氨基酸的日粮后血浆中的浓度,在饲喂含有各种必需氨基酸但都只有最低需要量水平的日粮后血浆中的浓度。而且当日粮中某些氨基酸严重过量时(SUL)(表 6-1)——可以用来确定猫在不同的生命阶段各种必需氨基酸的最适量。不幸的是,犬缺乏相似且完整的血浆氨基酸数据,但有正常的血浆氨基酸浓度数据(Strombeck 和 Rogers,1978;Delaney 等,2003),而且有关于精氨酸、亮氨酸、赖氨酸、苯丙氨酸和酪氨酸的一些数据(表 6-2A 和表 6-2B)。

表 6-1 幼猫的血浆氨基酸浓度 nmol/mL

氨基酸	—AA[a]	MR[b]	AI[c]	SUL[d]
精氨酸	28	75	100	400
组氨酸	9	55	100	>200
异亮氨酸	8	30	75	>3 000
亮氨酸	25	75	125	>1 600
赖氨酸	45	60	110	>600
蛋氨酸	11	30(70)[e]	45	400
苯丙氨酸	11	25(75)[f]	65	>900
酪氨酸	10	35	50	310
苏氨酸	60	80	150	>1 400
色氨酸	9	25	50	130
缬氨酸	33	66	130	>6 000
谷氨酰胺	50～100	—	50～100	200

[a] 氨基酸浓度来源于依次饲喂幼猫缺乏各种氨基酸的日粮。

[b] 氨基酸浓度来源于依次饲喂幼猫各种氨基酸含量为最低需要量水平的日粮。

[c] 氨基酸浓度来源于依次饲喂幼猫各种氨基酸含量为需要量的 150% 甚至更多的日粮。

[d] 氨基酸浓度来源于依次饲喂幼猫各种氨基酸含量严重过量,为安全上限或低于时的日粮。

[e] 70,日粮中不含任何胱氨酸。

[f] 75,日粮中不含任何酪氨酸。

资料来源:Zicker 和 Rogers (1990) 和 Taylor 等 (1996,1998)。

表 6-2A 幼犬的血浆氨基酸浓度

nmol/mL

氨基酸	−AA[a]	MR[b]	AI[c]	SUL[d]
精氨酸	25	72	135	—
亮氨酸	18	100	150	—
赖氨酸	30	85	190	—
苯丙氨酸	30[e]	85[e]	60[f]	—
酪氨酸	4[e,g]	12[g]	50[f]	—

[a] 氨基酸浓度来源于依次饲喂幼犬缺乏各种氨基酸的日粮。

[b] 氨基酸浓度来源于依次饲喂各种氨基酸含量为最低需要量水平的日粮。

[c] 氨基酸浓度来源于依次饲喂各种氨基酸含量为需要量的 150% 甚至更多的日粮。

[d] 氨基酸浓度来源于依次饲喂各种氨基酸含量严重过量，为安全上限或低于时的日粮。

[e] 当日粮中不含酪氨酸时的苯丙氨酸浓度。

[f] 当日粮中含有苯丙氨酸和酪氨酸时两者的浓度。

[g] 当日粮中不含酪氨酸时的酪氨酸浓度。

资料来源：Strombeck 和 Rogers(1978)；Czarnecki 和 Baker(1984)；Milner 等(1984)；Czarnecki 等(1985)；Hirakawa 等(1986)；Delaney 等(2001)。

表 6-2B 正常、小型和大型成年犬($n=131$)饲喂各种足以满足维持需要的商品犬粮时的血浆氨基酸浓度

nmol/mL

氨基酸	平均数	标准误
丙氨酸	388	9.6
精氨酸	102	2.6
天冬酰胺	40	1.1
天冬氨酸盐	7	0.2
瓜氨酸	41	1.9
半胱氨酸	46	1.3
谷氨酸盐	23	1.2
谷氨酰胺	495	9.4
甘氨酸	268	8.4
组氨酸	71	1.6
羟脯氨酸	67	4.1
异亮氨酸	51	1.3
亮氨酸	120	3.2
赖氨酸	132	5.0
蛋氨酸	57	1.6
鸟氨酸	35	1.5
苯丙氨酸	45	0.9
脯氨酸	246	8.2
丝氨酸	107	2.6
牛磺酸	77	2.1
全血	266	5.1
苏氨酸	178	5.0
色氨酸	60	1.7
酪氨酸	39	1.1
缬氨酸	157	4.1

资料来源：Delaney 等 (2003).

6.2 蛋白质和氨基酸的需要量、供给量和耐受量

6.2.1 蛋白质和氨基酸营养中的代谢适应机制

与各种动物的粗蛋白质和必需氨基酸的需要量相关的，是氮和氨基酸代谢的代谢适应的性质和程度。如当日粮中蛋白质含量占代谢能的4%～5%时，鼠在一定程度上可以减少氮分解酶，来维持氮平衡（National Research Council，1995）。鼠也能够下调赖氨酸分解代谢途径，使得赖氨酸维持需要仅占生长需要的12%，然而，由于缺乏异亮氨酸降解酶的下调机制，导致异亮氨酸的维持需要占生长需要的50%。犬猫缺乏相关的详细资料。但是，我们知道犬猫的下调氮分解酶机制不如鼠的有效（Rogers 等，1977；Morris 等，2002）。草食动物和杂食动物通常可以上调和下调氮分解酶和必需氨基酸分解代谢第一个不可逆步骤中相关的酶。对氮的沉积和转化，这些代谢适应明显地涉及所有尿素循环酶的上调和下调（Schimke，1962），也涉及丙氨酸转氨酶和天门冬氨酸转氨酶（Kaplan 和 Pitot，1970）。尿素循环过程中流量发生变化，而酶的数量没有改变，是由于以下原因。

6.2.1.1 增加或减少底物浓度

增加或减少丙氨酸、天冬氨酸、氨和谷氨酸的浓度将影响这些氨基酸和其他氨基酸中的氮向尿素转变的流量，因为在低于它们的 K_m 常数时，绝大多数分解代谢酶与底物共同作用。

6.2.1.2 肝脏中鸟氨酸浓度的改变

随着吸收后状态的接近，以及从氨基酸中释放的氨的减少，或者饲喂低蛋白日粮后，肝脏中鸟氨酸的浓度降低（由于鸟氨酸 δ-转氨酶的活性降低），而且只有很少的可利用氨基甲酰磷酸盐受体，尿素合成量明显地减少。在精氨酸（通常在日粮蛋白质中）被消化和吸收，并在肝脏精氨酸酶的作用后，肝脏中有足够的鸟氨酸使尿素合成最大化。如果肝脏中鸟氨酸有限，而且饲喂无氮日粮或者低精氨酸含量的日粮时（Wergedal 和 Harper，1964）便产生了高血氨症。猫（Morris 和 Rogers，1978a，b）比犬（Burns 等，1981；Czarnecki 和 Baker，1984）对精氨酸缺乏更敏感，而犬比鼠（Milner 等，1975；Rogers，1994）对精氨酸缺乏更敏感。

6.2.1.3 氨基甲酰磷酸盐合成的变构调节

尿素合成的第一步是通过 *N*-乙酰谷氨酸（NAG）的激活完成的。NAG 的合成受精氨酸的变构调节。因此，尽管猫合成 NAG 的 *K*a 值比鼠的高 5 倍，但肝脏中的精氨酸浓度以及 NAG 的前体（谷氨酸盐和乙酰 CoA）均影响肝的 NAG 浓度（Stewart 等，1981）。在摄入高蛋白日粮后，肝脏中精氨酸和谷氨酸盐迅速地增加，增强了肝脏处理多余氮的能力。随着尿素合成底物的减少，NAG 从线粒体中扩散出来，并被乙酰基转移酶分解。

6.2.1.4 氮分解酶的上调和下调

能够维持动物氨基酸内稳态的最终水平是由氮分解酶的上调和下调确定的。这种调节可以是通过改变酶的降解速度，或者更通常的是，通过增加 mRNA 的合成速度改变酶的合成速度。在猫体内，氮分解代谢酶的上调和下调不会有很大程度上的变动（Rogers 等，1977；Tews 等，1984），而犬（Morris 等，2002）体内的改变程度也低于鼠。上面提到的 3 种不同的调控水平都是迅速发生的，通常在数秒内完成，然而，酶数量的改变则需要 1～5 d。动物上调和下调氮分解酶数量的程度一方面要看动物利用高蛋白日粮的能力，另一方面则要看当饲喂低蛋白日粮时维持氮平衡的能力。因此，成年猫维持所需要的高蛋白水平是由于它不能有效地下调肝的氮分解酶（Rogers 等，1977）。这种解释受到 Russell 等（2002）的挑战，Russell 等（2002）利用呼吸热量来测定成年猫的蛋白质氧化。他们研究表明，猫在适应正常蛋白水平（350 g/kg）和高蛋白水平（520 g/kg）之后，能够完全地氧化所有的蛋白质。这些作者认为，猫如何适应这 2 种蛋白质水平仍不清楚，但 Rogers 和 Morris（2002）主张前面提到的 3 个调控水平的第 1 个，加上肝脏大小的增加（从而增加了总的肝脏氮分解代谢酶），足够使日粮中相对高含量的蛋白质完全氧化。Russell 等（2002）并没有认为猫没有能力来适应低蛋白日粮。不考虑这 2 组试验结果的解释，关于成年猫维持需要的研究表明，在相同的最低日粮蛋白浓度时，与犬相比，猫缺乏维持氮平衡的能力；与鼠相比，犬缺乏维持氮平衡的能力。

关于日粮蛋白质对氨基酸代谢的影响的相关资料

很有限(Primal 等,1986;Humbert 等,2002)。必需氨基酸(还有一些重要的非必需氨基酸,如酪氨酸和胱氨酸)降解的第一步表明,猫体内的酶有上调和下调的能力,但其程度与鼠的不同。当从低蛋白日粮转换为高蛋白日粮时,在猫体内,色氨酸(Leklem 等,1969)、组氨酸(Rogers 等,1977)、蛋氨酸(Fau 等,1987a;Strieker,1991)、苏氨酸(Hammer 等,1996b)、酪氨酸(Bai 等,1998)、半胱氨酸(Park 等,1999)代谢中的酶和牛磺酸转运酶(Park 等,1989)的活性仅增加 20%~120%,而在相同条件下,鼠的这些酶的活性却增加好几倍。如当从低蛋白日粮转换为高蛋白日粮时,猫的苏氨酸分解代谢酶仅增加 2 倍(Hammer 等,1996b),然而在相同的条件下,鼠的增加 10 倍之多(Freedland 和 Avery,1964;Harper,1968)。同样地,由于采食正常日粮导致的日常规律使得猫的肝脏酪氨酸转氨酶的活性仅有轻微的变化(约 35%)(Bai 等,1998),然而鼠的却可以变化 4~5 倍(Wurtman 和 Axelrod,1967)。犬猫发生较少代谢适应的结果是:即使在适应了高蛋白日粮后,餐后的血浆氨基酸浓度仍较高(Tews 等,1984;Torres 和 Rogers,2002);然而对于鼠,在适应了低蛋白日粮或高蛋白日粮后,血浆氨基酸浓度基本不变(Anderson 等,1968)。

6.2.2 氮(粗蛋白质)的最小需要量、推荐供应量和适宜采食量

6.2.2.1 估计蛋白质和氨基酸需要量时使用的变量

1. 氮平衡

几十年来,氮平衡已成为确定各个生命阶段氮和氨基酸需要量的首选因变量。通常,用体增重或氮存留确定单一氨基酸需要量的极限值没有差异。然而,犬猫在一些情况下(特定的需要量),通过氮平衡所得到的最高需要量比体增重的需要量高。然而,在确定猫的氮需要量时,不会总出现一个清晰的稳定水平(Hammer 等,1996a)。但是,在达到极限值后,仍然会有一个显著的正斜率。当确定氮需要量时,尽管最大氮存留已经作为标准变量被使用,但当肌肉组织减少时,维持的表观氮平衡是不变的,很显然这是由于氮存留的低敏感性和正向相容误差,因此该法不适用于肌肉组织(Hannah 和 Laflamme,1996)。在有些试验中,仅使用了体增重;而在有些试验中,体增重和氮平衡都使用了或者仅用了氮平衡(测 MR)。还有一些试验使用了某些其他的代谢或者生理变量。在有关氮和氨基酸需要量的文献中,使用了产生最高 MR 的变量。

2. 生长

生长期幼犬和幼猫对粗蛋白质的需要量主要是通过利用体增重和氮平衡作为因变量来确定的。混合的食物蛋白已经应用于实践,纯合蛋白质或者游离氨基酸也应用在纯合日粮中。在完全了解犬猫对单一必需氨基酸的需要量之前,人们已经做了很多的试验。假设所有必需氨基酸的需要量得到满足,除了肌肉组织和其他结构机体蛋白的生长之外(足够的精氨酸用于最佳的尿素循环,足够的组氨酸用于防止白内障),还有其他功能也正常,此时日粮中氮的供给量略微不足,也不会出现副作用(除了生长速度略微降低外)。在这种情况下,如果能量和蛋白摄入都受到限制,一些犬的寿命可能会延长,这是由于其可延迟慢性病发病(关节炎和胰岛素分泌受阻)(Kealy 等,2002)。

3. 维持、妊娠和泌乳

含多种浓度粗蛋白质的纯合日粮和用普通原料配制成的日粮能够很好地满足成年猫的 MR。猫与犬、鼠以及许多草食动物或杂食动物相比,对低蛋白日粮并不适应,因此,当饲喂无蛋白质(Hendricks 等,1997)或者蛋白质缺乏日粮(Biourge 等,1994)时,排泄的氮非常多。各种动物的强制氮排泄物的比较见表 6-3。很明显地,成年猫如果采食无蛋白质日粮,强制蛋白的损失与犬相近,但消化吸收过程中的氮损失是犬的 2 倍,而犬的损失是人的 3 倍。这些数据证明了一个事实,即猫比其他动物有更高的氮需要量。猫用于维持和生长的蛋白质利用效率(如 NPU;Jansen 等,1975)比其他动物都低。这看起来是猫对氮和必需氨基酸的保存能力低所致,即使猫对氮的需要量比对必需氨基酸的需要量相对要高。

表 6-3 饲喂无蛋白质日粮的动物内源尿素氮的排泄量

mg/(kg $BW^{0.75}$ · d)

动 物	排泄量
人	62
狨	110
鼠	128
猪	163
犬	210
猫	360

资料来源:Hendriks 等 (1997)。

尚未深入研究犬猫繁殖对蛋白质的需要量,因此也尚未得到很好的定义。对犬猫的总体观察表明,妊娠动物对粗蛋白质和氨基酸的需要量不会超过断奶幼犬和幼猫达到最大氮储留时的需要量,尽管如此,泌乳的最高需要量却会超过幼犬和幼猫达到最大体增重的需要量。

6.2.2.2 应用变量估计需要量

在综述各种生长阶段犬猫对粗蛋白质和氨基酸需要量的文献时,最常见的变量是生长动物的体增重和成年动物的氮平衡。在这一节,会用到产生最大需要量时的变量。多数情况下,一个代谢变量,如用于精氨酸需要量的最低尿乳清酸,或者用于组氨酸需要量的最高血红蛋白,经常会被赋予最极值。缺乏有关动物对各种日粮浓度的反应的数据,尤其是维持、妊娠和泌乳阶段的相关数据。因此,对各种氨基酸在各生长阶段的适宜采食量(AI)的估计,是依据商品干性日粮中蛋白质的氨基酸数量能支持正常的维持、生长和繁殖。

1. 生长

(1)犬

对生长期犬氮需要量的估计可追溯到几十年前。NRC 总结了犬的粗蛋白质需要量(占能量的百分比),在 1953 年、1962 年、1972～1974 年及 1985 年分别为 200、220、220 及 95～115 g/kg。除 1985 年外,粗蛋白质的推荐需要量是基本一致的,这点也能从氨基酸需要量的总结中看出(包括非必需氨基酸)。概括 1985NRC 和近 20 年来的文献表明,10～14 周生长期犬的氮和必需氨基酸的需要量都有明显下降。因此,在 14 周前后的断奶期幼犬的需要量是不同的。同样,在某些情况下,体增重而非氮平衡被用作确定需要量的变量。对犬来说,最大氮存留一般比最大体增重需要更多的日粮粗蛋白质。对新生断奶的小型或大型犬来说,当得到接近最大值的体增重时,MR 为 180 g/kg(日粮中含 ME 4.0 kcal/g)(Milner,1981;Burns 等,1982;Nap 等,1993;Schaeffer 等,1989;Delaney 等,2001)。这些研究中的日粮含有高消化蛋白或游离氨基酸,并且所有已知的必需氨基酸需要量都满足最大氮存留。当日粮中含有谷物和各种动物副产品时,最大氮存留需要的粗蛋白质约为 250 g/kg(Ontko 等,1957;Case 和 Czarnecki-Maulden,1990)。对 14 周以后的犬,纯合高消化性日粮(MR)和实用日粮(AI)的粗蛋白质需要量分别为 140 和 200 g/kg(日粮中含 ME 4.0 kcal/g)(Gessert 和 Phillips,1956;Burns 等,1982;Delaney 等,2001)。

(2)猫

研究者对生长期猫的氮需要量已作出一些估计。不考虑必需氨基酸需要量的情况下,最早的估计值为 250～350 g/kg(Dickinson 和 Scott,1956;Miller 和 Allison,1958;Greaves,1965;Jansen 等,1975)。近年来,更多的估计则是基于剂量反应曲线,其中日粮蛋白质或氨基酸包含所有的必需氨基酸,估计值比 NRC(1986)的至少高 50%,为 160～240 g/kg(日粮中含 ME 4.0 kcal/g)(Anderson 等,1980a;Smalley 等,1985;Rogers 等,1987)。在一系列论文中,Taylor 与同事(1996,1997,1998;Rogers 等,1998)通过改变日粮中粗蛋白质的浓度和必需氨基酸氮在总氨基酸氮中的百分比(E∶T),研究了生长猫达到最大体增重和氮存留时需要的氨基酸组成。添加粗蛋白质(作为必需氨基酸)的量等于或低于必需氨基酸需要量时,体增重和氮存留下降,这可以通过添加精氨酸加以纠正。如果蛋氨酸和精氨酸的量控制在不高于 2 倍需要量时,通过观察所有来自必需氨基酸、胱氨酸和酪氨酸的氮含量发现,此时体增重和氮存留是最理想的。因此,幼猫能比大鼠(Stucki 和 Harper,1962)或鸡(Stucki 和 Harper,1961)生长得更快,并且 E∶T 值更高(Rogers 等,1998;Taylor 等,1998)(图 6-1)。这项研究中使用了含游离氨基酸日粮和纯合蛋白日粮(Smalley 等,1985;Schaffer 等,1989),得出生长期最小粗蛋白质需要量(必需氨基酸需要量为 1986 NRC 标准的 150%)约为 180 g/kg(日粮中含 ME 4.0 kcal/g)。E∶T 值在粗蛋白质浓度适中时可能变化很大。但是,当日粮粗蛋白质浓度较低或较高、体增重相近时,这个比值更高(图 6-1)。低浓度粗蛋白质日粮的 E∶T 值必须很高,以提供所有必需氨基酸(Taylor 等,1997),高浓度粗蛋白质日粮 E∶T 值必须很高,以防止如谷氨酸等非必需氨基酸的毒性。当其他非必需氨基酸在日粮中含量高时,谷氨酸毒性会更大,可能是由于代谢平衡使血浆和组织中谷氨酸盐的浓度很高(Taylor 等,1998)。因此,无论是高浓度还是低浓度的粗蛋白质日粮,高品质蛋白质的体增重都比低品质时的要高。在日粮蛋白质浓度适中时,蛋白质品质就没有那么重要了。能维持生长猫正常生长的商用干膨化日粮的估计值约为 280 g/kg(日粮中含 ME 4.0 kcal/g)。

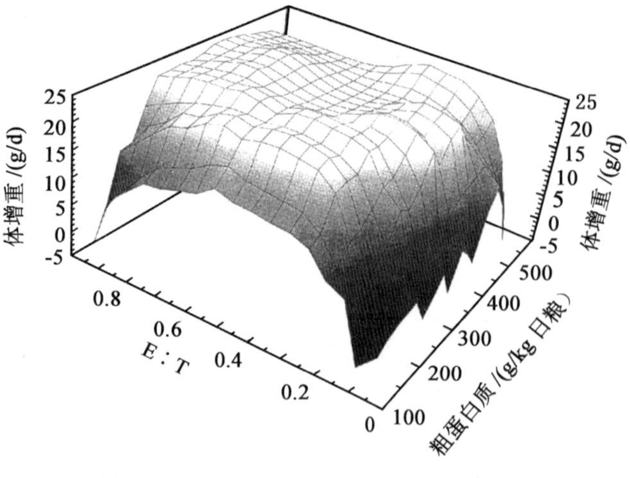

图 6-1 日粮粗蛋白质以及必需氨基酸中的氮与总氨基酸中的氮的比例(E∶T)对幼猫增重的影响

(资料来源:经过 Rogers 等(1998)的同意而采用)

2.维持

(1)犬

早期用氮平衡作为标准估计成年犬维持阶段粗蛋白的 MR 为 35～90 g/kg(日粮中含 ME 4.0 kcal/g)。在获得这些结果的试验中使用了食物蛋白质,并不知道生长和维持阶段的氨基酸需要量(Melnick 和 Cowgill,1937;Kade 等,1948;Arnold 和 Schad,1954;Wannemacher 和 McCoy,1966)。最近,Sanderson 等(2001)的研究表明,当给 42～48 月龄比格犬饲喂蛋白质(蛋白质为高消化高品质蛋白质)浓度为 82 g/kg 的日粮(日粮中含 ME 4.0 kcal/g)时,比格犬能够维持体重、保持正常的血液化学状况和健康(除了 1 只犬患有扩张性心肌病,通过添加牛磺酸治愈)。除了对犬的牛磺酸需要量还有疑问外,这些研究结果和早期的研究共同表明 MR 约为 80 g/kg(日粮中含 ME 4.0 kcal/g)。其他的已发表的和未发表的研究(Wannemacher 和 McCoy,1966;Ward,1976)证实,AI 大约为 100 g/kg(日粮中含 ME 4.0 kcal/g)是合适的,因此建议将 100 g/kg(日粮中含 ME 4 kcal/g)这个值作为粗蛋白质的 RA。老龄犬似乎需要更多的粗蛋白质以维持不稳定蛋白质(所谓的蛋白质储备),所需量可能要高 50%(Wannemacher 和 McCoy,1966)。其他变量和结果(如最佳的免疫反应、伤口愈合以及老年健康)还需更多的具体推荐量才能估计最理想的浓度。

(2)猫

早期用氮平衡作为标准估计成年猫维持阶段的粗蛋白质的最小需求量(或供应量)是 ME 的 10%～30%。获得这些结果的试验中使用了食物蛋白质,并不知道生长和维持阶段的氨基酸需要量(Allison 等,1956;Miller 和 Allison,1958;Greaves 和 Scott,1960),或者有时候不考虑日粮蛋白质的消化率。制作很容易被成年猫接受的纯合日粮很困难(通常食物的材料、质地和口感都是经过慎重选择的),这使得确定粗蛋白质和氨基酸的需要量也很难。事实上,一项完善且长期的研究报道称,使用氮平衡作为标准来估计需要量,日粮包括的必需氨基酸至少等同于生长猫的必需氨基酸需要量,粗蛋白质需要量建议为 125 g/kg(之前为 100 g/kg,日粮中含 ME 4.0 kcal/g)(Burger 等,1984;Burger 和 Smith,1987)。然而,作者在研究中将一些猫排除掉,因为它们不能接受这种日粮,而且这些猫从整体上体重略微降低。由于粪便和剩余食物难以完全收集,氮平衡总是低估了氮需要量。在多个品种的试验中,少量正氮平衡中出现了稳定水平。在 Burger 等(1984)的研究中,当回归线处在零氮平衡时,采食含蛋白质 164 g/kg 的日粮时,18 只猫中的 7 只出现负氮平衡。当只有 1 只猫处在正氮平衡时,蛋白质摄入量的计算值为 160 g/kg(日粮中含 ME 4 kcal/g)。这个估计值被当做成年猫维持的粗蛋白质的最小需求量。必须指出的是,这个最小需求量的获得,没有考虑其他变量,如最理想的免疫反应、不稳定组织蛋白或环境应激。考虑到这些因素,如果要确定一个安全供应量,那么建议为 200 g/kg(日粮中含 ME 4 kcal/g)。在评价商用的干膨化猫粮时,年龄几个月到几年的猫 MR 均不低于 265 g/kg(日粮中含代谢能 4.0 kcal/g)。

3.妊娠和泌乳

(1)犬

繁殖期犬的蛋白质和氨基酸的需要量还没有被很好地确定。一般都假设,如果日粮粗蛋白质满足生长期犬的需要,那么也能满足妊娠期和哺乳期母犬的需要。还没有研究使用剂量反应关系,来确定采食纯合日粮的母犬的妊娠期和哺乳期粗蛋白质的需要量。在一些试验中使用天然原料(Visek 等,1976)和可评价的商用干犬粮,这些日粮可以维持正常的妊娠和泌乳,得到妊娠期和哺乳期母犬的 AI 为 180～210 g/kg(日粮中含 ME 4 kcal/g)。Meyer 等(1985)以母犬的产奶量和奶成分的试验研究为基础做了一项阶乘计算,如果蛋白质品质较好而且日粮中含有碳水化合物时,那么推荐供给量为 210 g/kg(日粮中含 ME 4 kcal/g)。

基于这些试验研究，他们还估计哺乳 2 只幼犬的小型母犬的推荐需要量为每 10 g/kg $BW^{0.75}$，哺乳 6 只幼犬的中型母犬为 20 g/kg $BW^{0.75}$，哺乳 8 只幼犬的大型母犬为 25 g/kg $BW^{0.75}$。Romsos 等(1981)使用含或不含碳水化合物的日粮，且日粮含 260 g/kg 粗蛋白质(含 180～210 g/kg 可消化粗蛋白质，ME 4 kcal/g)，结果表明如果日粮中含有碳水化合物，这个浓度对妊娠期和泌乳期都是充足的，但是如果日粮中不含碳水化合物，这个浓度对妊娠后期是不足的，对哺乳期却是足够的。Kienzle 等(1985)的研究表明，当用无碳水化合物日粮饲喂妊娠和泌乳母犬时，日粮中含蛋白质 400 g/kg 才能够保证成功的繁殖，如果日粮仅含蛋白质 200 g/kg，会造成严重的繁殖损害，包括母犬的低血糖症、幼犬高死亡率、幼犬的肝糖原低、奶中脂肪增加、奶中乳糖和水减少并且产奶量下降。从以上的结果可以看出，对妊娠期和哺乳期高消化率蛋白质的 AI 和 RA 可以设定为 200 g/kg 日粮(日粮中含 ME 4.0 kcal/g)，且前提是日粮中含有碳水化合物。

(2)猫

母猫在繁殖阶段的蛋白质和氨基酸需要量还没有被很好地确定。一般假设，如果日粮中粗蛋白质满足生长期猫的需要，那么也满足妊娠期和哺乳期母猫的需要。Kienzle(1998)利用阶乘计算泌乳高峰母猫的蛋白质需要量为 210～290 g/kg(日粮中含 ME 4 kcal/g)。Piechota 等(1995)给猫饲喂以大豆蛋白—酪蛋白为基础的纯合日粮(添加了必需氨基酸，至少是 1986 NRC 生长期需要量的 150%)，研究表明妊娠期的最低需要量不会高于 170 g/kg(日粮中含 ME 4 kcal/g)；哺乳期的最低需要量约为 240 g/kg(日粮中含 ME 4 kcal/g)，试验中以幼猫的增重和母猫的失重作为关键变量。因此，母猫在妊娠期和哺乳期的粗蛋白质的最低需要量分别为 170 和 240 g/kg(日粮中含 ME 4.0 kcal/g)。能够满足妊娠和泌乳需要量的干膨化商品猫粮中的最低水平可消化粗蛋白质与哺乳期的需要量是一致的。从血浆氨基酸结果估计，最高的营养需要似乎出现在泌乳高峰期(第 3 周到第 4 周)，这在幼猫能够采食母猫的日粮之前是很重要的。当以血浆氨基酸作为标准时，几种必需氨基酸似乎都是有限的，即使商品猫粮含蛋白质 260 g/kg(日粮中含 ME 4.0 kcal/g)。蛋氨酸通常是第一限制性氨基酸，母猫最高峰泌乳期的粗蛋白质和氨基酸的需要量比幼猫最高峰生长期要高。

6.2.3 氨基酸的最小需要量、推荐供给量、适宜采食量和安全上限

犬猫的维持、最大生长和繁殖需要可以通过纯合日粮中各种不同的氨基酸浓度来满足，包括日粮中含有的游离氨基酸、纯合蛋白质中的氨基酸或者干膨化或罐装食品中的常规成分蛋白质；也就是说，并不知道总 AA 浓度的安全上限。生长鼠所需的 10 种必需氨基酸对生长犬和生长猫也是必需的。目前还没有研究报道其他生命阶段的必需氨基酸不存在于犬猫的日粮中，但 Rose 和 Rice(1939)认为成年鼠所需的所有必需氨基酸对成年犬也是必需的。随后，Burns 等(1981)研究报道，精氨酸是必需的，其可用于预防成年犬的高血氨和乳清酸尿症。与其他种类相似，可以认为成年鼠和人需要的所有必需氨基酸对成年犬和猫都是必需的。

6.2.3.1 精氨酸

许多哺乳动物都可以合成充足的精氨酸来满足需要，包括人、反刍动物、成年鼠和猪(Rogers，1994)。从代谢角度看，精氨酸是生糖物质，除了合成很多蛋白质外，还有很多其他功能。精氨酸是尿素循环的媒介，当餐后被吸收后，一方面刺激尿素生成，另一方面作为乙酰谷氨酸的变构激活剂，而乙酰谷氨酸又是氨基甲酰磷酸盐合成酶的必需的变构激活因子，这个酶又是氨解毒和尿素生成的第一个酶。此外，精氨酸可引起几种激素和代谢调节剂的释放，包括胰岛素、胰高血糖素和胃泌素。而且精氨酸是生物胺的前体，它在细胞复制中是很重要的。精氨酸也是一氧化氮的前体，一氧化氮是许多系统的神经传递素，可以通过血管的收缩调节血压，还能对杀死外来细胞(如细菌和病毒)的巨噬细胞起作用。除了具有一般的营养和健康作用，已经有许多研究使用精氨酸作为治疗剂。委员会的推荐量是基于犬猫尿乳清酸排泄最少时的需要量。

1.犬

(1)缺乏症

当给拉布拉多猎犬、比格犬的幼犬(Ha 等，1978)或英国向导幼犬(Czarnecki 和 Baker，1984)饲喂粗蛋白质含量为 140 g/kg 的无精氨酸日粮时，可导致犬的采食量下降，并伴有严重的呕吐，这和高血氨有关，但是并没有出现肌肉震颤和唾液过度分泌的症状。当无精氨酸日粮的粗蛋白质水平增加到 280 g/kg 时，可观

察到唾液过度分泌和肌肉震颤(Ha 等,1978)。给幼犬饲喂各种粗蛋白质水平的无精氨酸日粮时,尿中乳清酸分泌增加。Czarnecki 和 Baker(1984)的研究也表明,年龄较大的犬(20 周龄)对无精氨酸日粮的反应并不比刚断奶的幼犬好。呕吐发生在血氨浓度达到峰值时。当日粮中的瓜氨酸或鸟氨酸的浓度相当于含 4 g/kg 精氨酸(他们建议的维持最大生长的精氨酸需要)时,会出现乳清酸尿症和精氨酸临床缺乏症,但症状较轻。瓜氨酸可以代替精氨酸用于生长,但需要量更大,而鸟氨酸不能促进幼犬(采食精氨酸日粮)的生长。成年向导犬也已被证明在日粮中需要精氨酸来防止乳清尿酸的产生(Burns 等,1981)。当成年犬被强制饲喂无精氨酸的日粮时,其临床症状变得更加严重,同时会出现口吐白沫和肌肉震颤。从这些短期试验及 Rose 和 Rice 的试验中(1939)可以发现,采食无精氨酸日粮的成年犬的体内维持着氮平衡。很明显,犬对精氨酸的缺乏比大鼠敏感,但却没有猫那样敏感。

Vainisi 等(1981)报道,幼狼在 7～10 日龄时采食牛奶替代日粮后,在 3 周龄时会出现白内障。幼崽的白内障可以通过补充精氨酸或乳糖来预防,或者通过让其他的泌乳母狼或母犬哺育幼狼来预防。在采食牛奶日粮的大型幼犬中,产生白内障是由于精氨酸缺乏(Glaze 和 Blanchard,1983;Martin 和 Chambreau,1982;Ranz 等,2002)。很明显不仅是精氨酸,所有的必需氨基酸在日粮中的含量都较低,但是尚未有关于添加精氨酸或乳糖可预防白内障的机制的报道。它可能受一些普通的促分泌激素效应的调节,比如胰岛素分泌的增加可对其产生影响。这些结果和其他营养物质如烟酸、维生素 D 和牛磺酸的相关信息都表明,犬的肉食性营养代谢特征比鼠强,比猫弱。

(2)需要量和供给量

用于维持生长期拉布拉多猎犬(Ha 等,1978)和向导猎犬(Czarnecki 和 Baker,1984)的最大生长的精氨酸需要量为 4～5.6 g/kg,能量水平约是 4.2 kcal ME/g。唯一发表的关于幼犬的精氨酸反应表明,预防乳清酸尿的精氨酸水平(推断的临界点)是 5.3 g/kg、日粮中的粗蛋白质含量为 140 g/kg 和能量是 4.2 kcal ME/g(Czarnecki 和 Baker,1984)。把日粮代谢能调整到 4.0 kcal ME/g,如果粗蛋白质的水平为 180 g/kg,精氨酸的需要有可能增加,4～14 周龄的幼崽的维持 MR 是 6.3 g/kg,超过 14 周龄的 MR 是 5.3 g/kg。因为以上 2 组都显示出在饲喂低精氨酸或无精氨酸日粮时,日粮中氮的增加会加剧临床症状,所以建议日粮粗蛋白质每超出需要量 1 g,就增加 0.01 g 精氨酸。在日常用于维持生长的干性膨化商业日粮或者各种各样的纯合日粮中,所检测到的精氨酸的含量是上述数值的 2 倍。

(3)过量摄入的不良影响

还没有关于犬日粮中含有过量的游离精氨酸导致的急性或慢性中毒的报道,也没有关于大鼠精氨酸中毒范围的报道。因此,现在还不能确定其 SUL。

2.猫

(1)缺乏症

当给猫饲喂无精氨酸但其他氨基酸充足的日粮并且前 1 天晚上限饲时,在 1～3 h 内就会引起严重的高血氨,并使其呻吟、呕吐、流涎、坐卧不安、精神亢奋、共济失调、痉挛、前弓反张、肢爪伸张、呼吸暂停、苍白病(黄萎病)或死亡,这取决于摄入氨基酸的量(Morris 和 Rogers,1978a)。如自由采食无精氨酸的日粮,临床症状会较轻,但会出现腹泻、严重消瘦、食欲降低和拒食等症状(Morris 和 Rogers,1978b)。在无精氨酸日粮中添加鸟氨酸或瓜氨酸,可以防止出现高血氨和临床症状;然而,只有在无精氨酸的日粮中添加瓜氨酸而非鸟氨酸的情况下(Morris 等,1979),生长才能恢复。这些发现表明鸟氨酸和瓜氨酸在刺激尿素合成的尿素循环中都发挥着作用,但是鸟氨酸和瓜氨酸在体内合成的速度都不够快,它们是合成精氨酸的前体物,而精氨酸对生长、最佳的尿素合成和维持肠道功能都是必要的(Rogers,1994)。然而,外源的瓜氨酸在肾脏中可以较快地转化为精氨酸,并用于维持最快的生长和较好的尿素合成。精氨酸是猫的绝对必需氨基酸的代谢基础是由于在小肠中吡咯啉-5-羧酸酯酶(Rogers 和 Phang,1985)和鸟氨酸 δ-转氨酶(Morri,1985)的酶活性非常低,而小肠中的瓜氨酸在进入肾脏之前,和鸟氨酸一起被转化为精氨酸(Levillain 等,1996)。其他的肉食动物、一些草食动物和杂食动物要维持最快生长对精氨酸也有严格的需要(Rogers,1994),但没有一种动物像猫对精氨酸缺乏导致的高血氨那样敏感,这可能由于猫是最严格的肉食动物。

(2)需要量和供给量

当日粮能量水平约 4.7 kcal ME/g 时,断奶幼猫维持最快生长的精氨酸需要量为 8～8.3 g/kg(Anderson 等,1979a;Costello 等,1980)。然而,为了使尿中乳清酸的水平降到最低,需要日粮中的粗蛋白质含量为 280 g/kg,精氨酸含量为 10.5 g/kg(Costello 等,1980)。Taylor 等(1997)的研究表明,在日粮总氮含量增加的情况下,需要增加日粮精氨酸来防止基线之上的乳清酸排泄。当日粮中粗蛋白质含量为 155 g/kg 时(能量为 4.0 kcal ME/g),如果精氨酸的含量低于 7.5 g/kg,就会导致乳清酸的排泄增加。当日粮中粗蛋白质含量为 250 g/kg 时,精氨酸含量为 10 g/kg 可使尿中乳清酸含量降到最低。随着日粮中粗蛋白质的增加,为了防止尿乳清酸排泄的增加,日粮每增加 1 g 粗蛋白质需要增加 0.02 g 精氨酸(每千克日粮中精氨酸的含量 y 对粗蛋白质的含量 x 的相关方程是 $y=0.02x+4.0$, $r^2=0.99$)。因此,在含有粗蛋白质 200 g/kg(代谢能为 4.0 kcal/g)的日粮中,维持需要量的推荐量为 7.7 g/kg,并且,日粮中粗蛋白质的含量高于 200 g/kg 时,粗蛋白质每增加 1 g/kg,就要增加精氨酸 0.02 g/kg。需要指出的是,当饲喂无氮日粮时,上述回归方程将错误地显示精氨酸的量为 4 g/kg,这表明上述方程并非线性的。并没有关于饲喂幼猫无氮日粮出现高血氨和乳清酸的报道。

(3)过量摄入的不良影响

没有关于猫采食过量精氨酸而引起急性中毒的报道。Taylor(1995)发现,只有给幼猫饲喂含必需氨基酸(蛋氨酸限制在 9 g/kg)且精氨酸含量为 45 g/kg 的日粮(4.7 kcal ME/g)时,血浆中精氨酸的浓度显著增加到 1 mmol/L(正常浓度的 5～10 倍),同时幼猫的生长速度稍微下降。因此,把精氨酸的安全上限设定在 35 g/kg 是合理的(能量为 4.0 kcal ME/g)。

6.2.3.2 组氨酸

除了具有组成蛋白质和生成葡萄糖的功能外,组氨酸还是神经激活和调控化合物如组胺、鹅肌肽(anserine)、肌肽的前体物质。组氨酸在血红蛋白中的含量非常高。在肺部和其他组织进行的氧交换过程中,血红蛋白的咪唑支链在接受和转移质子方面发挥着重要作用。

1.犬

(1)缺乏症

给幼年比格犬饲喂无组氨酸日粮,所表现的体重减轻和负氮平衡的程度和饲喂缺乏其他必需氨基酸的日粮表现相似(Milner,1976b)。给成年犬饲喂无组氨酸日粮,1 周或更长时间之内没有观察到异常症状。但几周之后,就出现体重减轻、血浆组氨酸、血红素、血清蛋白、肌肉组氨酸和肌肽减少的现象(Cianciaruso 等,1981)。饲喂无组氨酸日粮的犬表现为拒绝采食、精神沉郁和活动量减少。

(2)需要量和供给量

给未成年比格犬饲喂组氨酸含量为 1.4 g/kg 的日粮时,其生长速度将明显降低(Milner,1979b)。在 Burns 和 Milner 的组氨酸反应试验(1982)中,断奶比格犬维持氮存留最大值的组氨酸的 MR 是为 2.1 g/kg(能量水平为 4.0 kcal ME/g)。这些日粮中粗蛋白的含量为 140 g/kg,并且没有估计血红蛋白的量。因为 6～12 周龄幼犬日粮的粗蛋白质需要量约为 180 g/kg,4～14 周龄幼犬的组氨酸的推荐量为 3.1 g/kg (能量水平为 4 kcal ME/g),大于 14 周龄犬的推荐量为 2.0 g/kg。在干性膨化商品日粮和各种各样的纯合日粮中,检测到维持正常生长的组氨酸含量是 4.4 g/kg (能量水平为 4.0 kcal ME/g)。

(3)过量摄入的不良影响

没有关于给犬饲喂大量游离组氨酸而引起急性或慢性中毒的报道。

2.猫

(1)缺乏症

给幼猫饲喂无组氨酸日粮使其体重以 5 g/d 的速度下降,这比日粮中缺乏其他必需氨基酸的症状要轻(Rogers 和 Morris,1979)。这个反应与其他动物包括人所记录的相似,关于这个问题,多年以来组氨酸都被认为是非必需氨基酸,因为在短期试验中,实验动物在日粮中缺乏组氨酸时仍然维持着氮平衡。进一步的研究表明,事实上在所有的动物中,组氨酸是一种必需氨基酸,但是从血红蛋白转化而来的可利用组氨酸提供了足够的组氨酸,可以防止短期内发生负氮平衡,但动物体内的血红蛋白含量却不断下降。因此在确定组氨酸需要量时,一个重要的变量是血红蛋白含量。组氨酸处于临界缺乏值,甚至当组氨酸足够维持最大增重时,都会引起白内障(Quam 等,1987),因此这是确定组氨酸 MR 的另一个变量。

(2)需要量和供给量

Anderson 等(1980b)研究表明,日粮中组氨酸含有 3 g/kg 时，足以维持幼猫的最大增重。Quam 等(1987)进一步研究表明：当日粮中(代谢能 4.7 kcal/g)组氨酸含量为 2 g/kg 时，就可以使增重和氮沉积量达到最大，但只有组氨酸达到 3 g/kg 时，血红蛋白的浓度才会达到最大。并且，给幼猫饲喂含组氨酸 2 g/kg 的日粮 4～5 个月就会引起白内障，这也确认了生长幼猫对组氨酸的 MR 为 2.6 g/kg（代谢能为 4.0 kcal/g）。在干性膨化的商品日粮和各种纯合日粮中，检测到的维持正常生长的组氨酸含量通常为 4.7 g/kg(代谢能 4.0 kcal/g)。

(3)过量摄入的不良影响

没有关于给猫饲喂过量游离组氨酸而引起急性或慢性中毒的剂量反应研究。Taylor 等(1998)研究表明：在日粮中含有必需氨基酸(蛋氨酸和精氨酸分别限制在 9 和 22.5 g/kg，代谢能 4.5 kcal/g)的情况下，组氨酸含量为 24.4 g/kg 不会引起任何可观察的临床症状。因此，日粮(代谢能 4.0 kcal/g)中组氨酸的安全上限应该大于 22 g/kg。

6.2.3.3 异亮氨酸

异亮氨酸有生酮和生糖作用。它的唯一可知的重要功能是作为蛋白质的组分。

1.犬

(1)缺乏症

给未成熟比格犬饲喂无异亮氨酸日粮时，其采食量显著降低，体重以 32 g/d 的速度降低，并出现负氮平衡(Milner，1979b)。在 14 d 的试验结束时，没有出现其他特殊的临床症状。

(2)需要量和供给量

未成年比格犬的日粮中异亮氨酸从 8.2 g/kg 降到 4.1 g/kg 时，其生长速度降低 30%（Milner，1979b）。Burns 等(1984)的异亮氨酸反应试验表明：日粮(代谢能 4.0 kcal/g)中异亮氨酸含量为 4.0 g/kg 时，12 周龄断奶比格犬的氮沉积量达到最高值(MR)。因为这些比格犬日粮中粗蛋白质含量只有 140 g/kg，且 6～12 周龄的幼犬粗蛋白质需要量是 180 g/kg，所以，大于 14 周龄的幼犬对日粮异亮氨酸的 MR 是 4.0 g/kg，4～14 周龄的幼犬是 5.2 g/kg(代谢能 4.0 kcal/g)。在干性膨化商品日粮和各种纯合日粮中，维持正常生长的异亮氨酸的含量通常是 5.0 g/kg(代谢能 4.0 kcal/g)。

(3)过量摄入的不良影响

没有关于给犬饲喂过量游离异亮氨酸而引起急性或慢性中毒的报道，所以不能确定其安全上限。

2.猫

(1)缺乏症

给幼猫饲喂无异亮氨酸的日粮，使其体重以 7～10 g/d 的速度降低(Rogers 和 Morris，1979；Anderson 等，1980c)。当日粮(代谢能为 4.7 kcal/g)中异亮氨酸的含量为 2.2 g/kg 时(Hargrove 等，1984)，幼猫生长不理想，几天后在眼睛、鼻子和嘴的周围产生卟啉样的硬皮样物质，且被毛凌乱，脚垫外皮脱落、破裂、受损，嗜睡，出现缓慢的翻正反射和共济失调。在添加足够量的异亮氨酸后，所有的临床症状都会消失。幼猫缺乏异亮氨酸会导致葡萄球菌在结膜上繁殖，但在没有抗生素的情况下，添加足量的异亮氨酸后，葡萄球菌会自行消失；因此，幼猫似乎对常见皮肤细菌的抵抗力不足。在给幼猫饲喂异亮氨酸含量为 3.8 g/kg 的日粮(代谢能 4.7 kcal/g)数周后，也可以观察到相同的轻微临床症状。

(2)需要量和供给量

Anderson 等(1980c)报道，当幼猫的体增重最大值为 10～12 g/d 时，含异亮氨酸 3 g/kg 的日粮(代谢能约 4.7 kcal/g)足以维持幼猫的最快生长。Hargrove 等(1984)的进一步研究表明：日粮(代谢能 4.7 kcal/g)中异亮氨酸含量为 5 g/kg 时，可实现幼猫的最高体增重(约 35 g/d)和最高氮存留量。因此，异亮氨酸的 MR 是 4.3 g/kg(代谢能 4.0 kcal/g)。在干性膨化的商品日粮和各种纯合日粮中，维持正常生长的异亮氨酸含量通常为 7.7 g/kg(代谢能 4.0 kcal/g)。

(3)过量摄入的不良影响

没有关于猫采食过量游离异亮氨酸的日粮而引起急性或慢性中毒的报道。Hargrove 等(1988)给猫饲喂含有粗蛋白质 180 g/kg、脂肪 240 g/kg 和异亮氨酸为 100 g/kg 的日粮，没有观察到增重下降和其他不良临床症状。因此，异亮氨酸的安全上限应该大于 87 g/kg(代谢能 4.0 kcal/g)。

6.2.3.4 亮氨酸

亮氨酸是一种具有强烈生酮作用的支链氨基酸，因为通过氧化作用，其碳链可以形成酮体和乙酰辅酶

A(CoA)。亮氨酸唯一可知的结构功能是作为蛋白质的组分。亮氨酸通过δ-酮酸和δ-酮异戊酸基团抑制δ-酮酸支链脱氢酶(BCKAD)激酶的活性,从而调控所有支链氨基酸的分解代谢(Harris 等,2001)。此激酶使BCKAD磷酸化并降低其活性。由于作用于BCKAD的支链转氨酶是过量的,过量的亮氨酸使BCKAD激活,从而反过来使所有的支链氨基酸的分解增加。支链转氨酶存在于很多组织中,肝脏除外,其反应速率极高,且是随时可逆的。有报道称,亮氨酸可通过提高血液胰岛素水平来直接或间接促进蛋白质的合成(Balage 等,2001;Anthony 等,2002),并且可以抑制骨骼肌蛋白质的分解(Nagasawa 等,2002)。因此,亮氨酸被吸收后具有显著的合成作用。因为在自然的食物中,亮氨酸不是限制性氨基酸,所以就进化出了亮氨酸的这种调控功能,并且异亮氨酸和缬氨酸也不是限制性的。因此,当蛋白质被消化后,亮氨酸通过增加蛋白质的合成和抑制蛋白质的分解来增加包括亮氨酸在内的所有必需氨基酸的利用效率,以此来满足维持、生长和繁殖的需要。由于亮氨酸控制自身以及异亮氨酸和缬氨酸的降解,这预防了摄入更高浓度的支链氨基酸后的潜在毒性。

1.犬

(1)缺乏症

未成年比格犬采食无亮氨酸的日粮,将出现采食量显著下降、体重减轻(约 34 g/d)和负氮平衡(Milner,1979a)。在为期 14 d 的试验结束时,没有出现具体的临床症状。

(2)需要量和供给量

当未成年比格犬的日粮中亮氨酸从 11 降到 5.5 g/kg 时,生长速度下降 10%(Milner,1979a)。Burns 等(1984)的剂量反应试验表明,11 周龄断奶比格犬达到最大氮沉积量时(代谢能 4.0 kcal/g)的亮氨酸需要量为 6.0 g/kg。尽管没有显著性差异,亮氨酸含量为 12 g/kg 时体增重达到最大,亮氨酸含量为 10 g/kg 时氮存留量最大。Delaney 等(2001)用 8 周龄比格幼犬研究了不同水平亮氨酸和日粮粗蛋白质之间的相互作用。他们发现尽管日粮粗蛋白质为 140 g/kg 时不能维持最大体增重,8~14 周龄的比格犬采食粗蛋白质为 140 和 280 g/kg 的 2 种日粮时,对亮氨酸的需要量相同(11 g/kg;代谢能 4.3 kcal/g)。然而,大于 14 周龄的犬对 2 种日粮亮氨酸的最高需要量为 7 g/kg。从以上结果可得出:4~14 周龄和大于 14 周龄的幼犬的亮氨酸的 MR 分别是 10.3 和 6.5 g/kg(代谢能 4.0 kcal/g)。在干性膨化商品日粮和各种纯合日粮中,维持正常生长的亮氨酸的含量通常是 20 g/kg(代谢能 4.0 kcal ME/g)。

(3)过量摄入的不良影响

没有关于给犬饲喂含有过量游离亮氨酸的全价平衡日粮后发生急性或慢性中毒的报道,所以还不能确定安全上限。有报道称,饲喂含有酪蛋白 180 g/kg、亮氨酸 12 g/kg 且不含烟酸的日粮,会导致犬的黑舌病(Belavady 等,1967),但此试验无法重复(Manson 和 Carpenter,1978)。

2.猫

(1)缺乏症

饲喂幼猫无精氨酸日粮导致其体重以 7 g/d 的速率减轻(Rogers 和 Morris,1979),但在 10 d 短期试验中没有观察到其他的临床症状。

(2)需要量和供给量

Anderson 等(1980c)报道,当最大体增重为 10~15 g/d 的情况下,幼猫的增重在亮氨酸为 12 g/kg 时达到最大(代谢能约 4.7 kcal/g)。Hargrove 等(1984)的研究表明,在亮氨酸为 9 g/kg 时,日增重达到 32 g/d,但是氮沉积在亮氨酸为 12 g/d 或更高时达到最大值(代谢能 4.7 kcal/g)。因此,幼猫对亮氨酸的维持需要是 10.2 g/kg(代谢能 4 kcal/g)。在干性膨化商品日粮和各种纯合日粮中,维持正常生长的亮氨酸的含量通常是 18 g/kg(代谢能 4.0 kcal/g)。

(3)过量摄入的不良影响

给猫饲喂含有过量游离亮氨酸的日粮,没有出现急性或慢性中毒的临床症状。Hargrove 等(1988)给猫饲喂含有亮氨酸 100 g/kg、粗蛋白质 180 g/kg 和脂肪 240 g/kg 的日粮,没有观察到增重下降和其他不良临床症状;事实上,体增重反而增加。因此,亮氨酸的安全上限应该大于 87 g/kg(代谢能 4.0 kcal/g)。如果异亮氨酸和缬氨酸是有限的(需要量的 80%),当亮氨酸增加 100 g/kg 时,幼猫的体增重只会出现短时间的下降,这表明幼猫体内的亮氨酸—异亮氨酸和缬氨酸只有 1 周的拮抗性。在相似的情况下(比如异亮氨酸和缬氨酸的用量受到限制),当有几种日粮可以选择时,幼猫会选择高亮氨酸的日粮(Hargrove 等,1994)。因此,高亮氨酸的日粮,即使高出需要量的 8～9 倍,似乎对饲喂低蛋白质日粮的幼猫的采食量也有积极的影响。

6.2.3.5 赖氨酸

赖氨酸有微弱的生酮作用;它是蛋白质的组分,是其他组分如羟赖氨酸的前体,对胶原质的交联有重要作用。由于有 ε-残基,赖氨酸对蛋白质的二级结构有重要作用,赖氨酸还可以发生甲基化和乙酰化。赖氨酸经过肠道菌脱氨基的作用后会产生难闻的尸胺气味。经转录翻译后的赖氨酸被甲基化为三甲基赖氨酸,而它水解之后是肉毒碱的前体物质。由于赖氨酸在谷物中的含量低,以及在热作用下与葡萄糖形成美拉德反应产物,当饲喂以谷物为主、蛋白质含量低的日粮时,赖氨酸通常成为第一性限制氨基酸。游离的 *L* 型赖氨酸相对便宜,数十年来一直作为饲料添加剂使用。

1.犬

(1)缺乏症

饲喂未成年比格犬无赖氨酸日粮,其采食量显著下降,体重每天降低约 29 g,当日粮中缺乏其他必需氨基酸时,体重下降和负氮平衡的程度基本相同(Milner,1979a)。在 14 d 试验结束时,没有其他的具体临床症状。

(2)需要量和供给量

Milner(1981)研究报道,给比格犬(小于 14 周龄)饲喂含氨基酸 140 g/kg 的日粮,体增重和氮沉积达到最大时,日粮中赖氨酸含量在雌犬是 5.8 g/kg,雄犬是 6.9 g/kg。当日粮含有氨基酸 280 g/kg 时,赖氨酸含量为 5.8 g/kg 时可使氮存留增加,但并没有用更高水平的赖氨酸。Hirakawa 和 Baker(1986)报道,分别使用以游离氨基酸和全蛋白质(添加赖氨酸)为基础的日粮,向导犬断奶幼犬的赖氨酸的需要量分别是 7 和 8 g/kg(代谢能 3.9 kcal/g)。这个结果表明饲喂全蛋白质日粮的赖氨酸需要量更高,这和犬蛋白质浓缩料中赖氨酸的生物利用率为 85%是一致的(Murray 等,1997)。这些结果表明,维持 4～14 周龄和大于 14 周龄幼犬的生长,对赖氨酸的 MR 分别是 7 和 5.6 g/kg(代谢能 4.0 kcal/g)。在干性膨化的商品日粮和各种纯合日粮中,维持正常生长的赖氨酸含量通常是 9.0 g/kg(代谢能 4.0 kcal/g)。

(3)过量摄入的不良影响

Czarnecki 等(1985)报道,英国向导犬生长期体内存在赖氨酸和精氨酸的拮抗作用。他们发现,当日粮的精氨酸含量为 4 g/kg 时,在日粮中额外添加 10 或 20 g/kg 的游离赖氨酸并没有影响,增加赖氨酸 40 g/kg 时,引起生长下降和典型精氨酸缺乏症(呕吐、血氨升高和乳清尿酸)。添加精氨酸 4 g/kg 可使临床症状消失并提高增重,但不能完全恢复到正常状态。过量的赖氨酸导致产生泛发性的氨基尿酸。被消化吸收的精氨酸只有 4%被排泄到体外,过多的赖氨酸并不增加肝脏中的精氨酸酶含量,这跟鸟类不一样(Nesheim,1968)。因此,其在犬体内的拮抗机制还不清楚。赖氨酸的安全上限为 20～40 g/kg(代谢能 4.0 kcal/g)。

2.猫

(1)缺乏症

给幼猫饲喂无赖氨酸日粮,其体重以 11 g/d 的速率降低(Rogers 和 Morris,1979),但在 10 d 的短期试验中,没有出现其他临床症状。尽管多年以前就知道赖氨酸缺乏会导致鸟羽(Vohra 和 Kratzer,1957)和大鼠被毛(Vohra 和 Kratzer,1956)灰白,但并没有关于猫的报道,可能原因是猫粮的赖氨酸一般不是限制性的,并且没有令猫长期缺乏赖氨酸的试验。

(2)需要量和供给量

Jansen 等(1975)证明,饲喂幼猫以麦麸为基础的日粮,添加赖氨酸可以使体增重增加。Anderson 等(1979a)报道,采用最大增重作为决定变量,维持幼猫最大增重的赖氨酸含量是 8 g/kg(代谢能 4.7 kcal/g)。Morris 等(2004)进一步研究表明,在赖氨酸为 8 g/kg 时,体增重和氮沉积达到最大。因此,日粮能量浓度是 4 kcal ME/g 时,赖氨酸的 MR 可设定为 6.8 g/kg。在干性膨化的商品日粮和各种纯合日粮中,维持正常生长的赖氨酸的含量通常是 12 g/kg(代谢能 4.0 kcal/g)。

(3)过量摄入的不良影响

给猫饲喂含有过量游离赖氨酸的日粮,没有引起急性或慢性中毒。Taylor 等(1998)给幼猫饲喂含赖氨酸 65 g/kg(约为需要量的 8 倍)的日粮(代谢能 4.5 kcal/g),没有观察到不良临床症状。日粮(代谢能 4.0 kcal/g)中赖氨酸的安全上限大于 58 g/kg。

6.2.3.6 蛋氨酸和半胱氨酸

在以天然成分配合的猫粮中，蛋氨酸通常是最具限制性的，它是猫的第一限制性氨基酸，犬的第一或第二限制性氨基酸。因为蛋氨酸是甲基供体，也是转甲基辅酶（*S*-腺苷甲硫氨酸）的一部分和蛋白质的组分，蛋氨酸缺乏会导致多方面的代谢异常。包括细胞复制受阻（由于缺乏甲基化的 RNA 和 DNA）和磷脂合成受阻（导致脂肪肝）。在分解代谢中，蛋氨酸的碳架有生成葡萄糖的作用。半胱氨酸是形成蛋白质二级结构的重要组分，是毛发和谷胱甘肽的主要成分。因为蛋氨酸是半胱氨酸的前体物，所以半胱氨酸不是一种必需氨基酸。因为半胱氨酸只能从蛋氨酸转化而来，并且可以提供含硫氨基酸总需要量的 1/2，因此在确定含硫氨基酸总营养需要量的时候，需要同时考虑半胱氨酸和蛋氨酸。因此，当日粮中半胱氨酸过量时，对蛋氨酸的需要量可认为是 MR，并且只有蛋氨酸才能满足含硫氨基酸的总营养需要量，但通常使用蛋氨酸和半胱氨酸的混合物。半胱氨酸不能转化为蛋氨酸，所以对蛋氨酸的 MR 只能由蛋氨酸来满足。由于蛋氨酸通常在动物日粮中是限制性的，与蛋白质提供的等量蛋氨酸相比，商业化生产的 *DL* 型蛋氨酸相对便宜，所以通常用于添加到犬猫日粮中。因此，在犬猫研究中，用 *DL* 型蛋氨酸的利用率代替 *L* 型蛋氨酸的利用率。

跨越 20 年的研究表明（Stekol，1935；Miller，1944；Allison，1947，1956），当给生长犬和成年犬饲喂低蛋白质或无蛋白质日粮时，蛋氨酸（不管是 *L* 型或 *DL* 型）在减少氮损失和维持血浆白蛋白质水平方面有独特的作用。尽管此现象在最近的研究中没有出现，这种作用可能是由于甲硫氨酸 tRNA 被用于蛋白质合成的起始密码子，而足量的蛋氨酸对肝脏中的这种过程尤其重要。

半胱氨酸是合成谷胱甘肽和 S-半胱氨酸的重要前体物。谷胱甘肽是一种被广泛研究的抗氧化剂（Flohe，1988），S-半胱氨酸是具有支链的含硫 α-氨基酸（2-氨基-7-羟基-5，5-二甲基-4-硫代庚酸），其通常在猫科动物（包括家猫）的尿中被发现，这种物质还没有得到广泛的研究。S-半胱氨酸首先由 Westall（1953）分离，并提出了它的结构，此结构后来由 Trippett（1957）证实。S-半胱氨酸的生物学功能还没有被完全发现。尽管 S-半胱氨酸参与脂类代谢（Shapiro，1962；Roberts，1963），它最可能的功能是其在尿中产生一种具有臭味的分解产物，这是一种信息素，对猫的领土标记有重要作用（Hendriks，1995a）。Roberts（1963）研究报道，性成熟之前（小于 8 月龄）的幼猫不排泄任何 S-半胱氨酸，而成年雄猫的排泄量比成年雌猫的多，后者在注入睾丸激素时其排尿量增加。然而，他们的研究还表明，给成年已绝育或去势的猫雌激素对尿中 S-半胱氨酸的排泄没有作用。Hendriks 等（1995b）研究表明，成年雄猫每天摄入 S-半胱氨酸 95 mg（已去势的猫 29 mg/d），每天只排泄 19 mg（已去势的猫 13 mg/d）。最近的研究（Hendriks 等，2001；Rutherfurd 等，2002）表明，S-半胱氨酸在肝脏中由半胱氨酸合成，也是胆固醇生物合成的中间产物，与 γ-谷氨酰氨基乙酸共轭，然后转移到肾脏水解产生游离 S-半胱氨酸，再排泄进入尿中。在成年雄猫的日粮中，用以合成正常数量 S-半胱氨酸的含硫氨基酸需要量约为 60 mg/d，或是 MR 的 20%～25%，或是摄入的正常含硫氨基酸的最低限的 5%～10%。

1. 犬

（1）缺乏症

饲喂幼犬（Milner，1979b）或成年犬（Rose 和 Rice，1939）胱氨酸含量为 3.5 g/kg 且无蛋氨酸的日粮，会使得采食量立即下降和体重严重降低。幼犬会出现皮炎，但没有出现其他损害情况。Hirakawa 和 Baker（1985）报道，在采用氨基酸日粮和全蛋白质日粮时，如日粮中胱氨酸过量、蛋氨酸不足会导致幼犬体重严重降低、浮肿、皮肤潮红，随着时间的推移，前足垫发生严重的皮肤病。这些损伤部位角质化坏死并伴随着上皮溃疡。在日粮中增加蛋氨酸后，损伤症状迅速消失。这些临床症状和幼猫的症状（Strieker，1991）类似。当日粮中碳水化合物和胆固醇含量高，且基本满足蛋白质需要量，蛋氨酸处于临界值且牛磺酸缺乏时，犬会持续产生有色胆结石，添加牛磺酸后症状不消失，而添加蛋氨酸后症状消失（Dawes 等，1989；Christian 和 Rege，1996），这个机制尚不清楚。

（2）需要量和供给量

Milner（1979b）报道，给未成年比格犬（体重为 1.5～2.2 kg）饲喂粗蛋白质 140 g/kg、蛋氨酸 2.1 g/kg、亮氨酸 3.5 g/kg 的纯氨基酸日粮（代谢能 4.0 kcal/g）

时，获得最大体增重。在蛋氨酸反应试验中，用相同的处理组(Burns 和 Milner，1981)，未成年比格犬(2.8～4.4 kg)采食代谢能 4.3 kcal/g 的日粮，结果表明，对总含硫氨基酸和蛋氨酸的需要量分别是 3.9 和 2.0 g/kg。Blaza 等(1982)报道，用大豆蛋白日粮，其粗蛋白质和能量水平分别是 200 g/kg 和 4.7 kcal ME/g，分别饲喂拉布拉多猎犬和比格犬，得出的结论是对日粮总含硫氨基酸的需要量是 6.3 g/kg。这些研究发现 2 周的时间不足以使动物获得稳定的增重。Hirakawa 和 Baker(1985)报道，用含粗蛋白质 140 g/kg 和代谢能 4.0 kcal/g 的氨基酸日粮，饲喂给英国向导猎犬，结果表明，对日粮总含硫氨基酸和蛋氨酸的需要量分别是 4.5 和 2.3 g/kg。但进行更长期的试验时，日粮代谢能 4.0 kcal/g，粗蛋白质的 MR 是 180 g/kg，对总含硫氨基酸和蛋氨酸的 MR 分别是 5.6 和 2.8 g/kg，而对 4～14 周龄和大于 14 周龄幼犬的两者需要量分别是 4.2 和 2.1 g/kg。在干性膨化商品日粮和各种纯合日粮中，维持正常生长的总含硫氨基酸和蛋氨酸的浓度分别是 6.2 和 3.2 g/kg(代谢能 4.0 kcal/g)。

(3)过量摄入的不良影响

口服蛋氨酸 1 g/kg BW，24 h 中每 4 h 服 1 次，在正常犬中没产生急性的临床症状，但产生严重的临床症状，与做过门腔静脉分流手术的犬的肝脏衰竭症状类似(Merino 等，1975)。此临床症状似乎是转氨基后的代谢产物——甲硫醇和二甲基硫化物引起的，而不是蛋氨酸正常代谢途径的代谢产物所引起的。Bourge 等(2002)报道，6 只猎犬一餐采食普通日粮约 300 g，日粮中含 47 g/kg 的 *DL* 型蛋氨酸，结果产生蛋氨酸中毒，这显然是配方错误的结果。在 3～4 h 之内，这些犬出现共济失调、失去方向感和过度兴奋，接着产生精神抑郁、颤抖、呕吐未消化食物和流涎。最小的 6 月龄犬精神非常抑郁、无法站立，并出现间歇性痉挛。Merino 等(1975)并没有说明他们使用的是 *L* 型还是 *DL* 型蛋氨酸。如果他们使用的是 *L* 型蛋氨酸，*D* 型蛋氨酸似乎比 *L* 型具有更强的毒性，大概是因为所有的 *D* 型蛋氨酸都转化为 δ-酮酸，而 δ-酮酸能迅速增加甲硫醇和二甲基硫化物的数量。因为没有关于犬粮中添加 *L* 型蛋氨酸的剂量反应曲线的报道，还不能确定 *L* 型蛋氨酸的 SUL。然而，*DL* 型蛋氨酸的 SUL 最好低于 4.7 g/kg(代谢能 4 kcal/g)。

2.猫

(1)缺乏症

饲喂幼猫和成年猫无蛋氨酸日粮导致其体重减轻(Teeter 等，1978a)。Rogers 和 Morris(1979)报道，必需氨基酸缺乏(除精氨酸外)导致幼猫体重的减轻，最为严重的是蛋氨酸的缺乏(19.5 g/d)。慢性的蛋氨酸缺乏导致的严重临床症状包括精神抑郁和眼睛有异常分泌物并黏塞眼睑。Strieker(1991)进一步研究表明，在蛋氨酸缺乏的日粮中(蛋氨酸 1.6 g/kg)添加亮氨酸，会导致幼猫眼睑和爪垫的严重损伤。这些临床症状与长期缺乏蛋白质的症状非常相似，这表明当猫缺乏粗蛋白质时，蛋氨酸是第一限制性氨基酸。

(2)需要量和供给量

Ritter 和 Owens(1974)报道，以酪氨酸为基础的日粮试验结果表明，生长猫的蛋氨酸需要量为 9 g/kg。Teeter 等(1978b)以氨基酸为基础的日粮试验表明，当日粮含蛋氨酸 4.5 g/kg 时(此时含胱氨酸 6 g/kg，代谢能 4.7 kcal/g)，足够支持最大体增重。若日粮中含蛋氨酸 4.5 g/kg、含胱氨酸 4.5 g/kg 时足以维持最快生长速度。Schaeffer 等(1982a)用不含胱氨酸的日粮做试验，结果蛋氨酸含量 7.5 g/kg 时可使体增重和氮存留最大。Smalley 等(1983)报道，日粮中胱氨酸 6 g/kg、蛋氨酸为 3.9 g/kg 时，发现最大氮存留。通过体增重和氮存留的蛋氨酸剂量反应曲线，Strieker(1991)确定了幼猫采食氨基酸日粮对蛋氨酸的需要量，日粮中包括胱氨酸和 4 个不同水平的粗蛋白质。结果表明，当粗蛋白质为 300 g/kg 时，蛋氨酸需要量为 4.5 g/kg(代谢能 4.7 kcal/g)；当粗蛋白质为 500 g/kg 时，蛋氨酸需要量下降到 3.5 g/kg。从这些结果可看出，蛋氨酸的 MR 估计为 3.5 g/kg，总含硫氨基酸的 MR 为 7.0 g/kg(代谢能 4.0 kcal/g)。

D 型蛋氨酸可以很好地被生长猫利用(Teeter 等，1978a)，并且 *L* 型和 *D* 型蛋氨酸的剂量反应表明(Smalley 等，1993)，以氮存留为变量，*D* 型蛋氨酸的利用率是 *L* 型蛋氨酸的 80%～90%。在商业膨化干型日粮和各种纯合日粮中，蛋氨酸和总含硫氨基酸的浓度分别为 5.0 和 9.0 g/kg(代谢能 4.0 kcal/g)时，就能维持动物日常正常生长。这些含硫氨基酸的需要量是在含有大量胆碱的日粮中确定的，另外，缺乏胆碱可导致脂肪肝，主要在门静脉周围有脂肪渗入，并不是

像其他种类一样发生在肝小叶静脉周围(Da Silva 等,1959)。对猫而言,胆碱可节约部分蛋氨酸的使用(Anderson 等,1979c;Schaeffer 等,1982b)。

(3)过量摄入的不良影响

给猫每天饲喂 *DL* 型蛋氨酸 1.0 g/kg BW 可导致严重的溶血性贫血,且 6 d 后体内高铁血红蛋白含量显著增加,且产生 Heinz 小体(Maede 等,1987)。给猫饲喂 *DL* 型蛋氨酸 0.5 g/kg BW 长达 52 d,17 d 后出现较轻的变性珠蛋白小体贫血和高铁血红蛋白血症。但是,其随后慢慢恢复,这表明机体已逐渐适应了过量的蛋氨酸。体外培养红细胞,蛋氨酸浓度为 10 mmol/L 时,不会出现高铁血红蛋白症或产生 Heinz 小体,但是,若加入蛋氨酸的代谢产物 3-甲基硫代丙酸脂培养时,两者都会增加。Fau 等(1987b)对生长猫饲喂含酪氨酸 180 g/kg(其中蛋氨酸 5 g/kg)的日粮,并添加 3 组不同水平的 *L* 型蛋氨酸:20、30 和 40 g/kg,试验发现这 3 组都可导致采食量和体增重的下降。蛋氨酸含量为 30 g/kg 时,幼猫不容易适应且体重不增加。然而当蛋氨酸达到 40 g/kg 时,体重持续下降 6 周。Fau 等(1987a)测量了蛋氨酸分解过程中的酶,发现在猫体内,过量蛋氨酸使得这些酶含量的上调程度不如鼠体内高。Schaeffer 等(1982a)在蛋氨酸反应试验中确定其需要量,发现当蛋氨酸含量为 1.5 g/kg(代谢能 4.7 kcal/g)时,氮存留只有略微的下降,并没有实质上的不同。当日粮蛋氨酸含量为 15 g/kg 时,幼猫血浆中的蛋氨酸浓度达到 540 nmol/mL,是平常的 10 倍。Taylor 等(1996)发现,幼猫日粮中含蛋氨酸 18 g/kg 时,可导致体增重下降,血液中蛋氨酸浓度达到 648 nmol/mL。生长幼猫日粮(代谢能 4.0 kcal/g)中的 *L* 型蛋氨酸的安全上限是 13 g/kg。蛋白质中肽键蛋氨酸的毒性比游离蛋氨酸的弱,由此可推测上述浓度相当于含脂肪 300~350 g/kg 的全肉粮中的可利用蛋氨酸含量。因此,猫采食自然的猎物不可能超过蛋氨酸的安全上限。

6.2.3.7 苯丙氨酸和酪氨酸

苯丙氨酸分解代谢成酪氨酸并释放出能量,产生的中间产物既能生糖也能生酮。尽管酪氨酸是非必需氨基酸,但是在机体内合成的唯一来源是苯丙氨酸,并且对所有动物包括犬猫来说,酪氨酸可节省 1/2 苯丙氨酸的需要量。因此,如果日粮中酪氨酸水平不高于苯丙氨酸,那么可将苯丙氨酸的需要量认为是苯丙氨酸和酪氨酸的总和,这是合理的。在含足量蛋白质的日粮或以天然原料配合而成的商品日粮中,对犬猫的生长或氮平衡来讲,酪氨酸和苯丙氨酸并不是第一限制性氨基酸。然而,Morris 和同事(Yu 等,2001;Anderson 等,2002)对猫的研究和 Biourge 和 Sergheraert(2002)对犬的研究发现,最大黑色被毛(足够的真黑素来产生黑色)所需的苯丙氨酸(或苯丙氨酸和酪氨酸)至少是生长所需的 2 倍。除了合成蛋白质之外,其他需要苯丙氨酸和酪氨酸的代谢过程包括一些关键代谢物如甲状腺激素和儿茶酚胺的合成。

1.犬

(1)缺乏症

未成熟的比格犬采食含酪氨酸 3.5 g/kg 和无苯丙氨酸日粮时,采食量明显下降,体重下降速度为 19 g/d,这个数值比采食缺乏其他必需氨基酸的日粮时的要低(Milner,1979a)。在 14 d 试验结束时,并没有出现具体的临床症状。Biourge 和 Sergheraert(2002)报道,给黑毛犬饲喂干性膨化商品日粮,其中苯丙氨酸和酪氨酸的总含量少于最大增重时所需的 2 倍,毛色变成了赤褐色。

(2)需要量和供给量

给未成熟比格犬饲喂含酪氨酸 3.5 g/kg 的日粮,当苯丙氨酸从 11.6 降至 5.8 g/kg 时,生长速度下降 10%(Milner,1979a)。Milner 等(1984)在 2 个独立的苯丙氨酸反应试验中发现,在无酪氨酸日粮(代谢能 4.0 kcal/g)中,断奶犬(10 周龄)在苯丙氨酸为 8.0 或 8~10 g/kg 时,氮存留最大。因为日粮中只含粗蛋白质 140 g/kg,且 6~12 周龄幼犬对粗蛋白质的需要量是 180 g/kg,14 周龄比格犬的 MR 为 8.0 g/kg,4~14 周龄比格犬对苯丙氨酸和酪氨酸的 MR 是 10.4 g/kg。Milner 等(1984)进一步研究发现,当苯丙氨酸和酪氨酸总量低于最适水平时(6 g/kg),可使体增重和氮沉积最大的苯丙氨酸和酪氨酸的最小比例是 2∶1。但是,因为没有达到最大生长速度或氮沉积,所以这个比例作为最小比例还是有疑问的。并没有相关报道称,给幼犬饲喂含不同水平苯丙氨酸和酪氨酸的纯合日粮时,可防止犬黑色被毛变成红褐色。在干性膨化商品日粮中(代谢能 4.0 kcal/g),使动物正常生长所需的苯丙氨酸及苯丙氨酸和酪氨酸的总和浓度分别是 8.3 和 12.3 g/kg。这些犬的试验并没有测定真黑素的完全形成对防止黑色毛发中出现红褐色的影响。

(3)过量摄入的不良影响

并没有相关报道称，摄取大量苯丙氨酸或酪氨酸会引起犬的急性或慢性中毒，所以，还不能确定安全上限。

2.猫

(1)缺乏症

给幼猫饲喂含酪氨酸 10 g/kg 且无苯丙氨酸的日粮，可导致体重每天下降 10 g，然而饲喂含苯丙氨酸 7.5 g/kg 的无酪氨酸日粮后，体增重恢复正常(Rogers 和 Morris，1979)。在这些短期试验(7～14 d)并没有发现其他临床症状。Yu 等(2001)报道，在一个持续 3～4 个月的试验中发现，当苯丙氨酸和酪氨酸总含量低于最佳量时，幼猫的黑毛变成红褐色。进一步研究发现，连续 6 个月给猫饲喂含苯丙氨酸 10 g/kg、酪氨酸 2 g/kg 的日粮(Anderson，2002)，猫出现神经机能障碍，尾巴异常地向后背弯曲。此外，这些猫还表现为活动亢进、多涎、经常发出叫声。从组织学角度看，这是由于神经轴突发生明显的继发性退化，并且二级髓磷脂崩溃。需要更多的苯丙氨酸或酪氨酸来预防或治疗这些临床异常症状。

(2)需要量和供给量

Anderson 等(1980b)报道，在一系列的幼猫生长试验中，给幼猫饲喂含各种不同浓度的苯丙氨酸和酪氨酸日粮，发现苯丙氨酸和酪氨酸总含量达 10 g/kg (代谢能 4.7 kcal/g)，且酪氨酸提供了 1/2 的需要量时，猫可达到最大体增重(16～18 g/d)。Williams 等(1987)发现，幼猫可达到最大体增重 25 g/d，基于此以及幼猫的氮存留的相关数据可得出，幼猫对苯丙氨酸的单独需要量为 7.5 g/kg，然而当日粮中酪氨酸为 10 g/kg 时，苯丙氨酸的需要量为 3.5 g/kg。最近，Anderson 等(2002)发现，苯丙氨酸和酪氨酸总量达到 18 g/kg 时，可使黑色被毛达到最多，但是超过这个浓度，黑毛中的真黑素似乎也增加。从这些研究结果可看出，维持全黑色被毛及最大氮沉积对苯丙氨酸和酪氨酸总量的 MR 为 15.3 g/kg (代谢能 4.0 kcal/g)，以及对苯丙氨酸的 MR(含酪氨酸 13 g/kg)为 4.0 g/kg。在干性膨化商品日粮和各种纯合日粮中，维持最大体增重的苯丙氨酸和酪氨酸总含量以及苯丙氨酸量分别是 15.8 和 10.3 g/kg(代谢能 4.0 kcal/g)。

(3)过量摄入的不良影响

目前并无报道称，给猫饲喂大量游离苯丙氨酸会引起急性或慢性中毒临床症状。Taylor 等(1998)给猫饲喂含苯丙氨酸 33 g/kg 和酪氨酸 37 g/kg(代谢能 4.5 kcal/g，可防止黑毛变成红褐色的需要量的 4 倍)的日粮，并没有明显的不良临床症状。Herwill(1944)将酪氨酸浓度提高到 80 g/kg (代谢能 4.7 kcal/g)，连续饲喂 82 d，除了采食量略微下降，并没有明显的不良临床症状。所以，苯丙氨酸的安全上限应大于 29 g/kg，酪氨酸的安全上限应为 68 g/kg (代谢能 4.0 kcal/g)。

6.2.3.8 苏氨酸

苏氨酸是一种生糖氨基酸，它不是任何物质的前体，除了可能某些动物形成甘氨酸的过程需要苏氨酸醛缩酶。在苏氨酸侧链上的羟基发生磷酸化和去磷酸化反应，这些反应控制着各种蛋白质和酶的活性。因为苏氨酸转氨基作用并不是可逆的，所以所需的 *L* 型苏氨酸必须是“完整的”，其他有机物形式都不能替代日粮中的 *L* 型苏氨酸。Hammer 等(1996b)检测了猫体内苏氨酸分解代谢的各种途径，发现猫体内苏氨酸醛酸酶是没有活性的，并且苏氨酸被苏氨酸 3-脱氢酶和苏氨酸脱水酶同等程度的分解。将日粮中蛋白质浓度从 200 增加到 500 g/kg，发现苏氨酸 3-脱氢酶增加了 70%，脱水酶增加了 1～4 倍。

1.犬

(1)缺乏症

未成熟比格犬采食无苏氨酸日粮时，采食量明显下降，体重以 29 g/d 的速度下降，这与其他必需氨基酸缺乏症相似(Milner，1979a，b)。14 d 试验结束时，并没有出现具体的临床症状。

(2)需要量和供给量

日粮的苏氨酸含量从 8.2 降低到 4.1 g/kg 后，未成熟比格犬体重下降 50%(Milner，1979b)。Burns 和 Milner(1982)在苏氨酸反应试验中发现，断奶比格犬(15 周龄)的氮存留为最大值时，苏氨酸的 MR 为 5.0 g/kg (代谢能 4.0 kcal/g)。因为这些比格犬采食的粗蛋白质含量只有 140 g/kg，并且 6～12 周龄幼犬粗蛋白的需要量为 180 g/kg，所以 14 周龄比格犬的 MR 为 5.0 g/kg，4～14 周龄比格犬为 6.5 g/kg。在干性膨化商品日粮(代谢能 4.0 kcal/g)中,维持正常生长所需的苏氨酸含量是 8.5 g/kg。

(3)过量摄入的不良影响

并没有相关报道称,全价平衡日粮中的大量苏氨酸会引起犬的急性或慢性中毒,所以还不能确定安全上限。

2.猫

(1)缺乏症

幼猫采食无苏氨酸日粮可导致采食量下降,体重以 15 g/d 的速度下降(Rogers 和 Morris,1979)。Titchenal 等(1980)给幼猫饲喂低于最适浓度(4 或 5 g/kg)的苏氨酸,发现在最初 5 d,幼猫四肢轻微颤抖、腿抽筋、步法僵硬、共济失调且难以保持平衡;之后,幼猫出现了弓形腿,这也是神经症状,并且当添加苏氨酸后,这些缺乏症状又会消失。从这些临床症状和大脑、脊髓周围神经或机体神经的组织病理学变化可得知,苏氨酸的缺乏症可引起小脑功能异常。

(2)需要量和供给量

Rogers 和 Morris(1979)及 Titchenal 等(1980)发现,幼猫采食含苏氨酸 7 g/kg 的日粮时,体增重最大。在含各种粗蛋白质浓度的日粮试验中,Hammer 等(1996a)发现,当粗蛋白质含量适宜,以生长速度和氮存留为变量,苏氨酸的需要量是 6.0 g/kg (代谢能 4.6 kcal/g)。所以 MR 为 5.2 g/kg (代谢能 4.0 kcal/g)。在干性膨化商品日粮和各种纯合日粮中,维持正常生长速度所需的苏氨酸含量为 10.8 g/kg (代谢能 4.0 kcal/g)。

(3)过量摄入的不良影响

目前并无给猫饲喂大量游离苏氨酸会引起急性或慢性中毒临床症状的报道。Taylor 等(1998)给幼猫饲喂苏氨酸 57 g/kg 的日粮(代谢能 4.5 kcal/g,是正常生长时的 9 倍),并没有发现任何严重的临床症状,且血液中苏氨酸浓度通常超过 1.5 mmol/L。所以苏氨酸的安全上限应该大于 51 g/kg (代谢能 4.0 kcal/g)。

6.2.3.9 色氨酸

色氨酸除了合成蛋白质之外,还有一些独特的前体物功能。在犬体内,色氨酸是烟酸的前体物,在 20 世纪前半叶中研究人类糙皮病的治疗方法时,犬是非常重要的动物模型(Elvehjem 等,1937;Krehl,1981)。猫不能使色氨酸转化成大量的烟酸,而犬能。这主要是由于猫体内甲基吡啶羟化酶浓度很高,色氨酸通过这条途径代谢而不是转化成烟酸。烟酸途径尽管存在,但其活性很低而不能完全使氧化作用这条途径发挥作用(Ikeda 等,1965)。尽管在猫体内加入色氨酸后,色氨酸双氧酶水平升高,这与草食动物相似,但猫不能像草食动物一样,能通过肾上腺皮质激素诱导生成这个酶(Leklem 等,1969)。色氨酸还是神经传递素 5-羟色氨酸、血清素和褪黑激素的前体,血浆中的色氨酸通常被严格调节,因此血液色氨酸的含量足以用于蛋白质和神经传递素的合成,却不会导致神经传递素过量。许多动物血液中色氨酸浓度是自我调节的,这主要通过色氨酸双氧酶的上调和下调来控制。在一餐后的吸收期间,这个酶有较短的半衰期且能快速反应。短的半衰期为过量的色氨酸氧化作用提供便利,但当蛋白质或神经传递素合成需要时,便会阻止色氨酸的降解。有证据表明,当日粮中色氨酸浓度很高时,可能会有神经行为效应,如降低犬的攻击性(DeNapoli 等,2000),这可能是由于神经传递素合成增加。

1.犬

(1)缺乏症

成年比格犬采食无色氨酸日粮时,采食量明显下降,并且体重以 29 g/d 的速度下降,这与缺乏其他必需氨基酸的症状相似(Milner,1979a,b)。14 d 试验结束时,并没有具体的临床症状。

(2)需要量和供给量

当色氨酸浓度从 1.75 下降到 0.88 g/kg 时,未成年比格犬体增重下降 75%(Milner,1979b)。Burns 和 Milner (1982)在 7 周龄幼犬的色氨酸反应试验中发现,氮沉积最大时色氨酸的 MR 为 1.5 g/kg(代谢能 4.0 kcal/g)。Czarnecki 和 Baker (1982)用英国向导犬的体增重作为变量,给犬饲喂含氨基酸混合物 162 g/kg 的日粮,6~10 周龄犬的色氨酸 MR 为 1.6 g/kg 或更多; 12~14 周龄的色氨酸 MR 为 1.2 g/kg。因为给比格犬饲喂仅含粗蛋白质 140 g/kg 的日粮,向导犬则为 150 g/kg,6~12 周龄幼犬粗蛋白质需要量为 180 g/kg,那么 4~14 周龄幼犬的色氨酸 MR 是 1.8 g/kg;大于 14 周龄的幼犬的 MR 为 1.4 g/kg(代谢能 4.0 kcal/g)。在干性膨化商品日粮或各种纯合日粮中,维持正常生长需要的色氨酸浓度是 2.2 g/kg (代谢能 4.0 kcal/g)。

(3)过量摄入的不良影响

并没有相关报道称全价平衡日粮中的大量色氨酸会引起犬的急性或慢性中毒。所以,还不能确定安全上限。

2.猫

(1)缺乏症

给幼猫饲喂无色氨酸的日粮,会导致采食量降低,且体重以 13 g/d 的速度下降(Rogers 和 Morris,1979)。并没有报道其他缺乏症,也没有长期缺乏症的相关研究。

(2)需要量和供给量

Anderson 等(1980b)发现饲喂幼猫含氨基酸 186 g/kg、色氨酸 1.5 g/kg 的日粮(代谢能 4.7 kcal/g),可达到最大体增重,但是当色氨酸为 1 g/kg 时,生长速度只有之前的 1/2。Hargrove 等(1983)用含氨基酸为 240 g/kg 的日粮,体增重和氮存留达到最大时的色氨酸含量为 1.1 g/kg (代谢能 4.7 kcal/g)。不久之后,Rogers 等(1987)发现当增加必需氨基酸和非必需氨基酸的比例,会降低粗蛋白质的需要量,且色氨酸含量为 1.5 g/kg 时,比含量为 1.1 g/kg 使体增重增加得更多。因此,色氨酸的 MR 为 1.3 g/kg (代谢能 4.0 kcal/g)。在干性膨化商品日粮或各种纯合日粮中,维持正常生长需要的色氨酸浓度是 1.9 g/kg (代谢能 4.0 kcal/g)。

(3)过量摄入的不良影响

Taylor 等(1998)给幼猫饲喂色氨酸含量为 15 g/kg (代谢能 4.5 kcal/g,是最佳生长时需要量的 10 倍),没有任何显著的不良症状,与对照组日粮相比,血浆色氨酸只有略微的增加。Herwill(1994)给猫饲喂色氨酸含量增加到 60 g/kg 的日粮(代谢能 4.7 kcal/g),当色氨酸的含量从 20 增加至 40 g/kg 时,采食量有时会降低。当色氨酸的量从 40 增加到 60 g/kg 时,采食量显著减低。给猫饲喂含色氨酸 60 g/kg 的日粮,42 d 后死亡,发现肾出现严重的弥散型管状恶化萎缩,肾出现蛋白质脱落和组织间隙纤维化。因此,色氨酸的安全上限应该是 15 g/kg(代谢能 4.0 kcal/g)。

6.2.3.10 缬氨酸

缬氨酸能生成葡萄糖,也是蛋白质的重要组分。

1.犬

(1)缺乏症

给未成年比格犬饲喂无缬氨酸的日粮,采食量显著下降和体重每天减轻 49 g(Milner,1979a)。14 d 试验结束时,没有出现具体的临床症状。

(2)需要量和供给量

当日粮中的色氨酸浓度从 8.2 降低到 4.1 g/kg 时,未成熟比格犬的体增重降低 55%(Milner,1979a)。Burns 等(1984)在一个剂量反应试验中发现,12 周龄断奶比格犬的体增重和氮沉积很高时所需要的缬氨酸为 4.5 g/kg(代谢能 4.1 kcal/g)。因为给这些犬饲喂的日粮只含有粗蛋白质 140 g/kg,且 6~12 周龄犬的粗蛋白质需要量为 180 g/kg,所以 14 周龄的幼犬缬氨酸的 MR 是 4.5 g/kg,4~14 周龄幼犬的缬氨酸的 MR 为 5.4 g/kg(代谢能 4 kcal/g)。在干性膨化商品日粮或各种纯合日粮中,维持正常生长需要的缬氨酸含量通常是 9.0 g/kg(代谢能 4.0 kcal/g)。

(3)过量摄入的不良影响

没有关于给犬饲喂过量游离缬氨酸而引起急性或慢性中毒的报道,所以不能确定安全上限。

2.猫

(1)缺乏症

给幼猫饲喂无缬氨酸日粮,体重每天损失 6~14 g (Hardy 等,1977;Amderson 等,1980c)。当幼猫饲喂无缬氨酸日粮少于 2 周时,除了体重下降外没有其他的临床症状。

(2)需要量和供给量

Hardy 等(1977)给断奶幼猫饲喂含缬氨酸 6 和 18 g/kg 的日粮,发现幼猫体增重和氮存留的效果是 2 种日粮的效果叠加。Anderson 等(1980c)饲喂幼猫缬氨酸含量从 3~6 g/kg 的日粮,发现缬氨酸含量为 6 g/kg 时(代谢能约 4.7 kcal/g)可获得最大体增重。很显然,缬氨酸 6 g/kg 是充足的,但是,需要量可能会更低。因此,缬氨酸的 MR 为 5.1 g/kg(代谢能约 4.7 kcal/g)。在干性膨化商品日粮和各种纯合日粮中,维持正常生长的缬氨酸含量通常是 10 g/kg(代谢能 4.0 kcal/g)。

(3)过量摄入的不良影响

没有给猫饲喂大量游离缬氨酸的全价均衡日粮会出现急性或慢性的中毒的报道。Hargrove 等(1988)给猫饲喂缬氨酸为 100 g/kg 的日粮,日粮含粗蛋白质 180 g/kg、脂肪 240 g/kg,增重没有明显降低,也没有其他不良的临床症状。因此,缬氨酸的安全上限应该大于 87 g/kg(代谢能 4.0 kcal/g)。

6.2.3.11 维持阶段的最小需要量和推荐供给量

1. 犬

(1)精氨酸

对于成年犬在维持阶段的精氨酸最小需要量(MR),没有从剂量反应试验中获得相关可用的数据。Burns 等(1981)报道,当含精氨酸日粮中精氨酸的浓度最低达到 2.8 g/kg 时,乳清核苷酸在尿中的浓度达到最小,因此,2.8 g/kg 可以作为维持的 MR。酪蛋白、牛奶和小麦中都含有充足的精氨酸,其他蛋白质产品包括动物产品,蛋白浓缩料和谷物都能提供更高的精氨酸。

(2)蛋氨酸和胱氨酸

给成年犬饲喂大豆和精制肉粉,蛋氨酸通常认为是第一限制性氨基酸。50 多年来,有各种报道称,添加含蛋氨酸的低蛋白质日粮会增加氮存留,或降低粗蛋白质含量来维持氮平衡(Allison 等,1947;Kade 等,1948;Arnold 和 Schad,1954;Ward,1976)。大量短期的试验结果表明,含硫氨基酸的需要量为 2~4 g/kg。最近,Sanderson 等(2001)报道,给比格犬饲喂含硫氨基酸 5.2 g/4 000 kcal 的日粮,4 年间都没有出现任何表观异常,但饲喂含硫氨基酸 4.8 g/4 000 kcal 的高脂肪日粮,结果使 1 只犬出现因缺乏牛磺酸而引起的扩张性心肌病,添加牛磺酸后症状消失。因此,维持阶段总含硫氨基酸的最小需要量是 5.2 g/kg,而蛋氨酸为 2.6 g/kg(代谢能 4 kcal/g)。虽然没有剂量反应的研究报道,但生长犬和成年犬能很好地利用 *D*-蛋氨酸(Cho 等,1980;Burns 和 Milner,1981)。从以上研究可看出,*D*-蛋氨酸的利用率是 *L*-蛋氨酸的 100%。

(3)组氨酸、异亮氨酸、亮氨酸、赖氨酸、苯丙氨酸、酪氨酸、苏氨酸、色氨酸以及缬氨酸

没有剂量试验统一报道犬的维持阶段对这些氨基酸的最小需要量。Ward(1976)估计了这些氨基酸维持的最小需要量,Sanderson 等(2001)给成年犬饲喂低蛋白日粮长达 4 年,没有明显的缺乏症。这 2 组中的最低浓度日粮用来估计维持阶段的最小需要量,在表 15-5 中列出。没有哪一种日粮成分能够完全满足犬维持的粗蛋白质需要,包括谷物、动物副产品和植物蛋白浓缩料会缺乏组氨酸、异亮氨酸、亮氨酸、苯丙氨酸、酪氨酸、苏氨酸以及缬氨酸。一些商品日粮与黑犬的红褐色被毛有关。没有剂量反应试验研究报道,苯丙氨酸和酪氨酸与黑色成年犬的红褐色被毛有关。当谷物类蛋白作为氮来源饲喂时,赖氨酸是第一限制性氨基酸。当用玉米和高胶原蛋白日粮作为蛋白质来源饲喂时,色氨酸是第一限制性氨基酸。

2. 猫

(1)赖氨酸

从成年猫的剂量反应试验的结果看出,Burger 和 Smith(1987)用回归分析确定维持阶段的赖氨酸需要量,赖氨酸的 MR 为 3 g/kg(日粮代谢能 4.5 kcal/g)。因此,维持阶段的赖氨酸最小需要量为 2.7 g/kg(代谢能 4.0 kcal/g)。

(2)蛋氨酸和胱氨酸

Burger 和 Smith(1987)也报道,在缺乏胱氨酸日粮中,成年猫对维持氮平衡的蛋氨酸需要量是 3 g/kg(日粮代谢能 4.5 kcal/g)。因此,维持阶段的总含硫氨基酸的 MR 为 2.7 g/kg(代谢能 4.0 kcal/g)。

(3)精氨酸、组氨酸、异亮氨酸、亮氨酸、苯丙氨酸、酪氨酸、苏氨酸、色氨酸以及缬氨酸

没有剂量试验统一报道成年猫维持阶段对这些氨基酸的最小需要量。干性膨化商品日粮和纯合日粮中的可消化粗蛋白质为 200 g/kg,其中的氨基酸含量支持维持需要,都超过了生长猫的 MR(Piechota 等,1995),这些氨基酸的适宜采食量 AI 和推荐供给量(RA)在表 15-12 中列出。

6.2.3.12 妊娠期和哺乳期的最小需要量和推荐供给量

1. 犬

没有关于确定妊娠期和哺乳期的母犬对这些氨基酸(精氨酸、组氨酸、异亮氨酸、亮氨酸、赖氨酸、蛋氨酸、胱氨酸、苯丙氨酸和酪氨酸、苏氨酸、色氨酸以及缬氨酸)需要量的报道,所以最小需要量无法确定。因此,干性膨化商品日粮中的各种必需氨基酸的最低浓度可作为妊娠期和哺乳期母犬的适宜采食量(AIs)和推荐供给量(RAs)(表 15-8)。

2. 猫

没有剂量试验统一报道成年猫维持阶段对这些氨基酸(精氨酸、组氨酸、异亮氨酸、亮氨酸、赖氨酸、蛋氨

酸和胱氨酸、苯丙氨酸和酪氨酸、苏氨酸、色氨酸和缬氨酸)的最小需求量。依据干性膨化商品日粮和纯化日粮中这些氨基酸的浓度确定其 AIs,这些氨基酸含量足够支持正常的妊娠和泌乳。这些氨基酸的 AIs 列在表 15-14 中。

6.2.4 非必需氨基酸

非必需氨基酸是各种动物包括犬猫的良好氮来源。尽管没有一种非必需氨基酸在各个生命阶段是必需的,但给生长猫饲喂缺乏非必需氨基酸的日粮,会导致血浆中蛋白质和天冬酰胺浓度显著降低(Taylor 等,1996),但生长并不受影响。没有研究妊娠期和哺乳期缺乏任意一种非必需氨基酸的情况,因此,犬猫生长的各阶段应该谨慎添加作为氮源的非必需氨基酸。同样地,没有研究大多数非必需氨基酸的过量使用的情况,因此,除了谷氨酸外,其他的安全上限都没有给出。谷氨酸是氨基酸代谢中重要的中间产物,当动物试验研究中使用游离氨基酸时,谷氨酸常常作为氮的来源。一般而言,这样做是可行的。Deady 等(1981a)用生长期幼猫做剂量反应研究,当谷氨酸含量达到 90 g/kg(代谢能 4.7 kcal/g)时,发现会有呕吐现象,并且体增重降低。因此,生长期幼猫的谷氨酸的安全上限是 75 g/kg(代谢能 4.0 kcal/g)。需要注意的是,当维生素 B_1 需要量刚满足生长猫需要时,过量的谷氨酸会引起维生素 B_1 的缺乏(Deady 等,1981b)。高谷氨酸日粮会导致维生素 B_1 的需要量增加,其机制还不清楚。犬的谷氨酸和非必需氨基酸的安全上限还未知。

6.2.4.1 牛磺酸

牛磺酸是一种 β-氨基糖苷酸(2 个氨基糖苷酸),对猫来说是必需的营养物质,但对犬而言,当日粮中含有充足牛磺酸时,其是非必需的。牛磺酸是哺乳动物体内含量最高的游离氨基酸,尤其在脑、心脏和骨骼肌中。牛磺酸在体内的最高浓度值出现在初生幼猫的全身和脑中,而后逐渐降低,成年时降低了 75%,但是在成年猫一些组织内含量维持在 10 mmol/kg (Sturman,1988)。牛磺酸在嗅球和视觉神经中的浓度最高。从数量上看,牛磺酸的主要反应是在肝脏中与胆汁结合,牛磺酸也可结合大量的化合物来增加它们的亲水性以便于分泌外源性化学物质(James 等,1971;Emudianughe 等,1983)和维生素 A(Skare 等,1982)。牛磺酸存在于各种其他的化合物中,如五酰基甘氨酰基牛磺酸(Kaihara 和 Price,1961),胍基牛磺酸(Thoai 和 Robin,1954;Schram 和 Crokaert,1957)以及 γ-L-胍基牛磺酸(Furka 等,1980),而在这些化合物中,它的功能还不是很清楚。因为牛磺酸不含有羟基,是一种 β-氨基酸,一般不在蛋白质中出现,并且在大多数动物是由半胱氨酸合成。严格肉食动物合成牛磺酸的量是很有限的,但大多数草食动物和杂食动物却不是这样(Chesney,1985)。牛磺酸在许多鱼类、鸟类和小型啮齿动物中含量都很充足,动物体型越大,牛磺酸的浓度越低,牛就是如此,尽管牛磺酸最初是从公牛的胆汁中分离出来的(Demarcay,1838)。在藻类中含有高浓度的牛磺酸(Reynoso 和 De Gamboa,1982),但在细菌和更高级的植物中缺乏或只含有微量。因此,严格草食动物的日粮中普遍缺乏牛磺酸。但是,结晶的牛磺酸可添加到这些日粮中被动物利用。牛磺酸的缺乏会引起许多代谢失常和其他的临床症状。牛磺酸与胎儿的形成、生长、繁殖、神经机能、视力、听力、心脏功能、渗透压调节、脂肪乳化作用、嗜中性粒细胞功能、免疫应答、抗氧化作用、胆汁和异型物结合以及抗痉挛作用等都有关(Huxtable,1992)。

1.犬

(1)缺乏症

缺乏牛磺酸的一般临床症状是扩张性心肌病(DCM)(Gavaghan 和 Kittleson,1997;Pion 等,1998;Sanderson 等,2001;Fascetti 等,2003)。但是,也有报道称,一些犬的血浆牛磺酸的含量低会引起两边对称的神经过敏视网膜损害,这种症状类似于猫的视网膜中央变性(FCRD)(Pion 等,1998),纽芬兰犬的血浆和总牛磺酸浓度低会使其繁殖力很低(Backus 等,2003)。犬的视网膜中央变性又患 DCM 是个例外。这是否就代表品种差异或犬的视网膜检查很少,还不能确定。如果牛磺酸严重地缺乏,视网膜的损伤程度会更大。多数犬血浆中的牛磺酸浓度很低,这些犬一般是大型犬且多采食以羊肉和大米为基础的日粮(Backus 等,2003;Fascetti 等,2003)。给猫饲喂麸皮会增加猫对牛磺酸的需要量(Stratton-Phelps 等,2002),麸皮能黏合牛磺胆酸,使它从粪便中排出,或者其附带的细菌能钻入牛磺胆酸中,分解游离的牛磺酸。

由羊肉配制的日粮的含硫氨基酸生物利用率很低(Johnson 等,1998),这是导致犬牛磺酸缺乏的原因。对狐狸而言,牛磺酸是必需的(Moise 等,1991),犬患DCM和牛磺酸缺乏症有品种差异(Kramer 等,1995;Kittleson 等,1997;Pion 等,1998;Freeman 等,2001;Sleeper 等,2002),但是遗传、环境和营养的作用还没有被明确阐明。

(2)需要量和供给量

没有关于犬缺乏牛磺酸的剂量反应试验的报道。一般犬都能从含有含硫氨基酸的日粮中获得充足的牛磺酸,这是由于含硫氨基酸能通过胱氨酸氧化酶和半胱亚磺酸氧化酶的作用转化为亚牛磺酸,再氧化成牛磺酸。给犬饲喂商品或纯合的氨基酸日粮(Kramer 等,1995),即使在日粮中没有再添加牛磺酸,血浆中的牛磺酸也能达到一般水平(Delaney 等,2001)。饲喂这种日粮的犬在一生中都没有缺乏牛磺酸的症状。所以,犬普通日粮中的牛磺酸最小需要量是0。然而牛磺酸的状况也要取决于日粮中的含硫氨基酸是否充足。给犬饲喂低蛋白质日粮(Sanderson 等,2001)、低含硫氨基酸日粮或含硫氨基酸不能很好利用的日粮(Backus 等,2003),都会出现牛磺酸缺乏症,并主要表现以下临床症状:扩张性心肌病(Gavaghan 和 Kittleson,1997;Pion 等,1998;Sanderson 等,2001;Fascetti 等,2003)、低繁殖力(Backus 等,2003)、视网膜变性等(Pion 等,1998)。在日粮中添加蛋氨酸,不改变日粮的结构,会引起血浆中牛磺酸的浓度升高(Backus 等,2003)。商业公司卖的低蛋白质日粮一般都添加1 000 mg/kg 的牛磺酸(DM)来补充全身需要的牛磺酸,所以,这个值可作为低蛋白质和低含硫氨基酸日粮的牛磺酸 AI。

(3)过量摄入的不良影响

没有关于犬饲喂大量游离牛磺酸会导致急性或慢性中毒的报道,所以不能确定安全上限。

2.猫

(1)缺乏症

牛磺酸缺乏会导致猫的 FCRD 和失明,DCM 和心力衰竭,不适的免疫应答,幼年孱弱,减少听神经诱导电位导致耳聋,低繁殖力导致大量死胎、重吸、流产,降低出生率和幼仔成活率,先天缺陷症包括脑积水和无脑畸形。

Hayes 等(1975a)第一个报道,通过给猫饲喂无牛磺酸日粮得出结论:FCRD 是由于猫纯合日粮中缺乏牛磺酸引起的。在这之前,人们就在猫群中观察到了FCRD,既有临床上的(Rubin,1963;Bellhorn 等,1974),也有用酪蛋白作为唯一蛋白来源的试验猫(Scott,1964;Morris,1965;Rabin 等,1973)。也有报道说,采食犬粮的猫也会得 FCRD(Aguirre,1978)。用无牛磺酸的日粮喂养猫,将会引起 FCRD,使锥形和杆形视网膜电流图 a 波和 b 波振幅出现轻微减弱,而且在6周内锥形 b 波会暂时性地延迟(Hayes 等,1975b)。在开始使用缺乏牛磺酸的日粮后,在最早的4个月,视网膜中心区域的外部出现双向超反应点(Anderson 等,1979b)。随着损害的加重,它们开始在外部核层和丛状层出现,中心区域越来越多,延伸到外周。这就导致该区域退化,即出现巨大病区,进一步使光感细胞完全退化,最终整个视网膜萎缩,导致失明。最近,Leon 等(1995)报道,FCRD 有进一步的发展,他说病区呈环形延伸最终在视网膜形成环带状,都是由短暂和狭长的水平条状病区汇合而成的。他们报道说视网膜细胞的硬性移位是基本特征。

Pion 等(1987)第一个报道,DCM 与缺乏牛磺酸有关联。猫扩张性心肌症的特征是各种心脏病都很常见的临床病征(Pion,1989;Pion 等,1989),如脱水、无力、体温降低等,猫主人一般只会在猫出现严重的呼吸困难时,才发现异常。患 DCM 的猫有充血性心力衰竭,出现反常的心音和心律。患 DCM 的猫心脏扩大、脏壁变薄、收缩性减弱,因此导致不适当的心输出,引起充血和水肿。超声心动图显示心脏舒张和收缩末期心脏体积增大,尤其是左心室,其短轴缩短率出现显著下降(Pion 等,1987)。右心房可能也出现扩张。由于DCM 没有特别的组织病理学病区,所以认为主要的问题是生化性的,而不是结构性的。这生化性的缺乏症很难捉摸,但是还是认为其与能量循环相关的膜和钙通道有关。不是所有得 FCRD 的猫都会得 DCM,也不是所有得 DCM 的猫都会得 FCRD。不过大多数猫会同时患FCRD 和 DCM。

Sturman 和同事曾经报道,在母猫繁殖中有很多与牛磺酸缺乏相关的病症(Imaki 等,1986;Sturman 等,1986;Sturman,1988;Sturman 和 Messing,1991,1992;Sturman 和 Lu,1997)。缺乏牛磺酸的母猫繁殖能力很弱,但是没有明确指出猫缺乏牛磺酸后会引起什么繁殖问题。无论是公猫还是母猫，缺乏牛磺酸时采食量正常。而缺乏牛磺酸的母猫更容易吸收胎儿、流产、死产，而且幼仔很少能活着出生、幼仔出生重、生长率低、后腿异常发育和罕见的步态、更高的死亡率、还有胸部畸形、神经学病症比如脑积水和无脑畸形等先天性疾病(Sturman 等，1986，1887)。缺乏牛磺酸的母猫乳汁中牛磺酸浓度低，但是其他的乳成分都正常(Sturman 等，1985，1986)。Dieter 等(1993)确认了这些对繁殖的影响，而且还报道了缺乏牛磺酸的母猫可正常发情和排卵，所以他们确定这些牛磺酸缺乏病症是在着床后 10 d 内的超排期间发生的。

也有报道发现其他临床症状，但是更加细微，如出现一些神经症状(Sturman 等，1986，1987)，包括听力下降(Vallecalle-Sandoval 等，1991，1993；Davies 等，1994)、调节渗透能力变弱(Trachtman 等，1988)、嗜中性粒细胞机能不良(Marcinkiewicz 等，2000)和其他免疫功能异常(Schuller-Levis 等，1990)。因此，牛磺酸缺乏是具潜在性的、直接的或间接地影响身体各个系统。

(2)需要量和供给量

因为牛磺酸缺乏症经常是在几个月或几年后才出现临床症状，这取决于缺乏的程度，一些剂量反应试验被用来确定需要量(Burger 和 Barnett，1982；Sturman 和 Messing，1991；Morris 和 Rogers，1992)，这些试验一般使用纯合日粮，用酪氨酸提供蛋白质。很多年来，Sturman(1993)把含牛磺酸 500 mg/kg 的日粮作为猫的对照日粮，没有观察到任何缺乏牛磺酸的症状。然而，也有报道称，高水平牛磺酸可略微提高繁殖力(Sturman 和 Messing，1992)。Morris 和 Rogers(1992)在 17 个月的试验中使用纯合日粮，当日粮中的牛磺酸含量为 250 mg/kg(含代谢能 4.7 kcal/kg)时，发现体内的牛磺酸为 375 mg/kg，可防止超声心动图出现异常。通过这些研究工作，给猫饲喂包含蛋白质 350～400 g/kg 的纯合日粮(氨基酸日粮或者 1/2 是酪蛋白 1/2 是大豆蛋白)，在生长和维持期间可保持眼睛的正常功能，维持正常的妊娠和泌乳，生长、维持、妊娠和泌乳期间牛磺酸的 MRs 分别是 320、320、425、425 mg/kg(含代谢能 4.0 kcal/kg)。

尽管这些 MR 和 NRC(1986)报告的是一致的，对含高消化蛋白的纯合日粮也是适合的(Backus 等，1998)，从 Pion 等(1987)的文献可知，给猫饲喂包含牛磺酸 1 400～1 800 mg/kg 的罐装日粮，猫患 DCM，这清楚地表明日粮成分对日粮牛磺酸需要量有很大的影响。近 10 年来的工作得出了一些代谢性解释(Hickman 等，1990，1992a，b，c；Kim 等，1995，1996a，b；Backus 等，1998)。某些纤维(Gallaher 和 Schneeman，1986；Anatharaman-Barr 等，1994；Stratton-Phelps 等，2002)和肽类(Sugano 等，1990)会结合牛磺胆酸，使其从粪中排出，其作用和消胆胺相似(Morris 和 Rogers，1994)，即防止牛胆磺酸的肠肝再利用。在猫体内，胆酸可以结合牛磺酸(Rabin 等，1976；Rentschler 等，1986；Hickman 等，1992a)。某些纤维和不可消化蛋白(Morris 等，1995)通过微生物使细菌在回肠中过度生长，这些细菌会产生胆酸水解酶，它可以通过氧化作用使牛磺胆酸分解成牛磺酸和胆酸，随后牛磺酸被微生物氧化，因此阻止了重复利用(Hickman 等，1990，1992a，b，c；Backus 等，1994；Kim 等，1996b)。这种机制也发生在不可消化肽类和胆囊收缩素上(Backus 等，1995)，它们导致胆汁分泌增加，通过细菌胆酸分解酶使更多的牛磺胆酸在小肠中得到利用，并使胆磺酸被氧化，这使得胆酸不能在肝肠重复利用。因为当猫缺乏牛磺酸时，胆酸就会强制性结合牛磺酸，所以此时胆汁中游离胆酸的比例就很高(Rentschler 等，1986；Hickman 等，1992a)。

对牛磺酸并没有单独的日粮需要，需要量取决于日粮的结构，主要取决于类型、品质、蛋白质和纤维的消化率。如上所述，纯合日粮中包括少量的纤维和大量的可消化蛋白，生命各阶段 MR 约为 425 mg/kg(含代谢能 4.0 kcal/kg)。因为纤维类型和浓度变异较大，且蛋白质浓度和消化率也不确定，所以不能确定商品日粮的 MR。然而，AI 还是可以确定的，可基于以下试验的结果，采食各种干性罐装商品日粮，并检测牛磺酸缺乏的各个症状，或者更普通的，看日粮能否维持合适的血浆牛磺酸浓度和总血液牛磺酸浓度。

众多报道称，当猫日粮中牛磺酸含量低或缺乏时，会导致猫血浆中(Schmidt 等，1976；Anderson 等，1979b；Barnett 和 Burger，1980；O'Donnell 等，1981；Sturman 等，1986)、总血液中的(Morris 等，1990；Douglass 等，1991；Trautwein 和 Hayes，1991；Messing 和 Sturman，1993；Pacioretty 等，2001)和骨骼肌肉中(Sturman 等，1986；Pacioretty 等，2001)的牛磺酸浓度下降。给猫饲喂无牛磺酸的纯合日粮 3～6 个月或更长时间，

血浆中牛磺酸的浓度为 1～5 nmol/mL（Schmidt 等，1976；Anderson 等，1979b；Barnett 和 Burger，1980；O'Donnell 等，1981；Sturman 等，1986），而且这些牛磺酸除了在肝中用于与胆酸结合以外，其余很快被清除掉。因为牛磺酸在血小板、颗粒细胞和淋巴细胞中含量很高，所以制备血浆要很小心（Laidlaw 等，1987）。因此，部分凝血或被白细胞混染的血浆会导致错误地测量出血浆牛磺酸含量很高。用稳定的方法制备凝血，Pacioretty 等（2001）发现正常血清牛磺酸浓度是血浆中浓度的 2 倍，是全血中浓度的 1/2。该比例随着身体牛磺酸库的清除会有所增加。并不推荐测定血清中的牛磺酸，因为血清中牛磺酸的数量随着制备方法和凝血时间而变化。Sturman 和同事（1993）、Pacioretty 等（2001）证明机体各种代谢库的清除速度不同。血浆中的牛磺酸清除最快，然后是全血、肌肉，最后是大脑及其他神经组织。尽管在大脑中的某些区域牛磺酸的含量最高，且心肌中比骨骼肌中的含量高，但是对心脏和其他神经组织及肌肉系统作出临床诊断是不可行的。因此，估计猫的牛磺酸量，血浆和全血的牛磺酸浓度成为标准变量。因为全血维持牛磺酸的稳定特征，而且它包含白细胞，可以避免凝血问题，所以使用全血更好（次级样本除外）。牛磺中含有足量的牛磺酸，可以为尿液和全血分别提供牛磺酸 100 和 500 nmol/mL（Pacioretty 等，2001）。牛磺酸在血浆和全血中的安全浓度分别是 40 和 200 nmol/mL，这是 AAFCO 给出的安全水平，在该水平下没有出现任何问题。该浓度已经成为临床警戒线，指示缺乏牛磺酸而导致猫患 DCM 的危险。我们知道血浆中牛磺酸浓度为 25 nmol/mL 是不够的（Pion 等，1987）。由于采食时间和限饲对血浆牛磺酸的影响，也推荐使用全血来测定牛磺酸的状态。Pion 等（1991）发现，给猫饲喂纯合日粮、干性或罐装商品猫粮，血浆牛磺酸会先增加，随着限饲时间达 71 h，血浆牛磺酸减少。从这些结论可以清楚地认识到：如果使用血浆测定牛磺酸的状态，要使猫长时间处于非限饲状态。同样的试验小组还报道，给猫饲喂各种日粮，全血中的牛磺酸浓度，在任何时间都没有显著变化。这就支持了给动物测定牛磺酸含量时，要使用全血测定法。

根据以上估测的临床数据及血浆和全血中的牛磺酸浓度，干性膨化商品日粮牛磺酸的 AI 可设为 1 000 mg/kg（含代谢能 4.0 kcal/kg）（Morris 等，1990；Earle 和 Smith，1991；Morris 和 Rogers，1992；Markwell 和 Earle，1995）；而商品罐装日粮的 AI 为 1 700 mg/kg（含代谢能 4.0 kcal/kg）（Morris 等，1990；Earle 和 Smith，1991；Morris 和 Rogers，1992；Markwell 和 Earle，1995）。

（3）过量摄入的不良影响

没有给猫饲喂大量游离牛磺酸会导致急性或慢性中毒的报道。Sturman 和 Messing（1992）给断奶幼猫饲喂含牛磺酸 10 g/kg 的日粮（含代谢能 4.5 kcal/kg）达 3 年之久，没有发现不良影响。因此，幼猫的安全上限应大于 8.9 g/kg（含代谢能 4.0 kcal/kg）。

6.3 氨基酸的不平衡和拮抗

对犬猫的氨基酸不平衡和拮抗方面的报道很少。当日粮中蛋白质和必需氨基酸有限时，肉食动物对氨基酸比例不平衡的日粮最为敏感（Harper 等，1970）。杂食动物和草食动物要通过降低采食量和体增重 1～5 d（这取决于日粮蛋白质水平）来适应高蛋白日粮，随后通过上调氨基酸和氮的分解酶，氨基酸和氮平衡恢复正常，继续正常生长（Harper，1965；Schimke，1962；Anderson 等，1968，1969）。显而易见，对比例不平衡的氨基酸日粮，猫没有鼠类、禽类和其他食草或杂食类动物敏感（Rogers 等，1987；Strieker，1991），可能是因为满足了蛋白质的 MR 后，会使得必需氨基酸的 MR 较高。尽管维持阶段对高粗蛋白质的高需要量的代谢基础还有争议（Rogers 和 Morris，2002；Russell 等，2002），但达成一致的是：大多数杂食和草食动物在低水平粗蛋白质含量下，机体仍能维持氮浓度，而猫无法这样（Hendriks 等，1997）。猫不会和其他杂食和草食动物一样上调或下调体内的氮分解酶（Rogers 等，1977），所以要给猫提供中等水平的氨基酸。这样可以使氨基酸比例不平衡的不良影响降到最低。

当增加日粮（苏氨酸含量有限）中的粗蛋白质含量时，幼猫只出现微小的生长抑制（Hammer 等，1996a），但是 Strieker（1991）指出即使蛋氨酸有限，增加粗蛋白质含量也只能略微增加体增重。Rogers 等（1987）报道，当日粮中的必需氨基酸只是需要量的 80%～90%时，调查了增加粗蛋白质对幼猫体增重的影响。

他们指出，给缺乏限制性氨基酸的日粮中添加氨基酸混合物，可能没有影响或可增加体增重。尽管各种必需氨基酸比例下降会进一步导致氨基酸不平衡，但是猫不像草食动物和杂食动物那样对这种不平衡敏感。猫对精氨酸—赖氨酸拮抗不敏感（Anderson 等，1979a），对亮氨酸—异亮氨酸拮抗、亮氨酸—缬氨酸拮抗也不是很敏感（Hargrove 等，1988，1994）。因此，如果日粮中异亮氨酸有限时，日粮中又添加亮氨酸时，猫就会降低自己的采食量和增重（Hargrove 等，1988），甚至猫会选择高亮氨酸日粮而不是平衡日粮（Hargrove 等，1994）。Strieker（1991）发现当蛋氨酸含量极少时（蛋氨酸和胱氨酸都为 1.6 g/kg），即使日粮中提供胱氨酸 13.4 g/kg，也不会导致采食量和生长的进一步下降，但会导致足垫上的皮肤病和嘴上的溃疡，当在日粮中添加更多蛋氨酸后，这些病症都很快恢复。

犬对氨基酸的代谢适应能力处于鼠类和猫类之间（即犬可以上调和下调氨基酸浓度及氮分解酶，但低于鼠的调节程度）。在适应后，犬不会像鼠类一样在很小的范围内保持血浆氨基酸浓度。很短的时间后，犬可以像鼠类（Anderson 等，1969）一样在低水平粗蛋白质浓度下保持氮平衡（Torres 和 Rogers，2002）。在短时间内，犬能像鼠一样在低蛋白质浓度下维持氮平衡（Melnick 和 Cowgill，1937；Kade 等，1948；Arnold 和 Schad，1954），确实，在过去的 50 年一些不权威的报道称，犬和鼠类对氨基酸不平衡和拮抗的反应很相似。Gessert 和 Phillips（1956）报道，当在低蛋白质、蛋氨酸很低的日粮中添加赖氨酸 4 g/kg 时，体增重下降 28%，在添加 *DL*-蛋氨酸 3 g/kg 后得到恢复。在第 2 个试验中，用明显缺乏赖氨酸的不同基础日粮，日粮中蛋氨酸为 1.5 g/kg 时，体增重下降 37%，当添加赖氨酸 1.3 g/kg 后得到恢复。他们得出结论，体重下降是由于氨基酸不平衡，这也符合 Harper 等（1970）对氨基酸不平衡的定义。其他报道也确认了在生长犬中会发生氨基酸不平衡（Bressani，1963）。Czarnecki 等（1985）报道了在生长犬中的赖氨酸—精氨酸拮抗，他们在基础日粮中加入 40 g/kg 赖氨酸，日粮中精氨酸含量很低，体增重降低，在添加 4 g/kg 精氨酸后得到恢复。相同的研究中，在蛋氨酸很低（1.1 g/kg）的幼犬日粮中添加 2.2 g/kg 胱氨酸，会使幼犬的体重下降和前足垫的皮肤病变，当在日粮中添加蛋氨酸后这些症状快速好转。还有报道称，日粮中的色氨酸和烟酸含量最低时，犬日粮中的亮氨酸会导致烟酸缺乏（Belavady 等，1967），但是这些结果在犬（Manson 和 Carpenter，1978）和鼠类（Nakagawa 和 Sasaki，1977）中并不能重复。因此，一般来说，犬比猫对日粮氨基酸的不平衡要敏感，尤其是在饲喂低蛋白质日粮的情况下。

参考文献

Abderhalden, E. 1912. Futterungsversuche mit vollstandig abgebauten Nahurungsstoffen. Losung des Problems der kunstlichen Darstellung der Nahrungsstoffe. Ztschr. Physiol. Chem 77:22-58.

Aguirre, G. D. 1978. Retinal degeneration associated with the feeding of dog foods to cats. J. Am. Vet. Med. Assoc. 172:791-796.

Ahlstrom, O., and A. Skrede. 1998. Comparative nutrient digestibility in dogs, bluefoxes, mink and rats. J. Nutr. 128:2676S-2677S.

Allison, J. B. 1956. Supplementation with methionine. Pp. 69-85 in Some Aspects of Amino Acid Supplementation, W. H. Cole, ed. New Brunswick, N.J.: Rutgers University Press.

Allison, J. B., J. A. Anderson, and R. D. Seeley. 1947. Some effects of methionine on the utilization of nitrogen in the adult dog. J. Nutr. 33:361-370.

Allison, J. B., S. A. Miller, J. R. McCoy, and M. K. Brush. 1956. Studies on the nutrition of the cat. North Am. Vet. 37:38-43.

Anantharaman-Barr, G., O. Ballevre, P. Gicquello, I. Bracco-Hammer, J. Vuichoud, F. Montigon, and E. Fern. 1994. Fecal bile acid excretion and taurine status in cats fed canned and dry diets. J. Nutr. 124:2546S-2551S.

Anderson, H. L., N. J. Benevenga, and A. E. Harper. 1968. Associations among food and protein intake, serine dehydratase, and plasma amino acids. Am. J. Physiol. 214:1008-1013.

Anderson, H. L., N. J. Benevenga, and A. E. Harper. 1969. Effect of prior high protein intake, serine dehydratase activity and plasma amino acids of rats fed amino acid-imbalanced diets. J. Nutr. 97:463-474.

Anderson, P. A., D. H. Baker, and J. E. Corbin. 1979a. Lysine and arginine requirements of the domestic cat. J. Nutr. 109:1368-1372.

Anderson, P. A., D. H. Baker, J. E. Corbin, and L. C. Lloyd. 1979b. Biochemical lesions associated with taurine deficiency in the cat. J. Anim. Sci 49:1227-1234.

Anderson, P. A., D. H. Baker, P. A. Sherry, and J. E. Corbin. 1979c. Choline-methionine interrelationship in feline nutrition. J. Anim. Sci. 49:522-527.

Anderson, P. A., D. H. Baker, P. A. Sherry, and J. E. Corbin. 1980a. Nitrogen requirement of the kitten. Am. J. Vet. Res. 41:1646-1649.

Anderson, P. A., D. H. Baker, P. A. Sherry, and J. E. Corbin. 1980b. Histidine, phenylalanine-tyrosine and tryptophan requirements for growth of the young kitten. J. Anim. Sci. 50:479-483.

Anderson, P. A., D. H. Baker, P. A. Sherry, R. G. Teeter, and J. E. Corbin. 1980c. Threonine, isoleucine, valine, and leucine requirements of the young kitten. J. Anim. Sci. 50:266-271.

Anderson, P. J. B., Q. R. Rogers, and J. G. Morris. 2002. Cats require more dietary phenylalanine or tyrosine for melanin deposition in hair than for maximal growth. J. Nutr. 132:2037-2042.

Anthony, J. C., C. H. Lang, S. J. Crozier, T. G. Anthony, D. A. MacLean, S. R. Kimball, and L. S. Jefferson. 2002. Contribution of insulin to the translational control of protein synthesis in skeletal muscle by leucine. Am. J. Physiol. Endo. Metab. 282:E1092-E1101.

Arnold, A., and J. S. Schad. 1954. Nitrogen balance studies with dogs on casein or methionine-supplemented casein. J. Nutr. 53:265-273.

Association of American Feed Control Officials (AAFCO). 2002. Official Publication. Harrisburg, PA.

Backus, R. C., Q. R. Rogers, and J. G. Morris. 1994. Microbial degradation of taurine in fecal cultures from cats given commercial and purified diets. J. Nutr. 124:2540S-2545S.

Backus, R. C., Q. R. Rogers, G. L. Rosenquist, J. Calam, and J. G. Morris. 1995. Diets causing taurine depletion in cats substantially elevate postprandial plasma cholecystokinin concentration. J. Nutr. 125:2650-2657.

Backus, R. C., J. G. Morris, S. W. Kim, J. A. O'Donnell, M. A. Hickman, C. A. Kirk, J. A. Cooke, and Q. R. Rogers. 1998. Dietary taurine needs of cats vary with dietary protein quality and concentration. J. Vet. Clin. Nutr. 5:18-22.

Backus, R. C., G. L. Cohen, P. D. Pion, D. L. Good, Q. R. Rogers, and A. J. Fascetti. 2003. Taurine deficiency among Newfoundland dogs maintained on commercial diets is corrected by dietary change or methionine supplementation. J. Am. Med. Assoc. 223:1130-1136.

Bai, S. C., Q. R. Rogers, D. L. Wong, D. A. Sampson, and J. G. Morris. 1998. Vitamin B-6 deficiency and level of dietary protein affect hepatic tyrosine aminotransferase activity in cats. J. Nutr. 128:1995-2000.

Balage, M., S. Sinaud, M. Prod'Homme, D. Dardevet, T. C. Vary, S. R. Kimball, L. S. Jefferson, and J. Grizard. 2001. Amino acids and insulin are both required to regulate assembly of the eIF4E·eIF4G complex in rat skeletal muscle. Am. J. Physiol. Endo. Metab. 281:E565-E574.

Barnett, K. C., and I. H. Burger. 1980. Taurine deficiency retinopathy in the cat. J. Sm. Anim. Pract. 21:521-534.

Bednar, G. E., S. M. Murray, A. R. Patil, E. A. Flickinger, N. R. Merchen, and G. C. Fahey, Jr. 2000. Selected animal and plant protein sources affect nutrient digestibility and fecal characteristics of ileally cannulated dogs. Arch. Anim. Nutr. 53:127-140.

Belavady, G., T. V. Madhavan, and C. Gopalan. 1967. Production of nicotinic acid deficiency (black tongue) in pups fed diets supplemented with leucine. Gastroenter. 53:749-753.

Bellhorn, R. W., G. D. Aguirre, and M. Bellhorn. 1974. Feline central retinal degeneration. Invest. Ophthalmol. 13:608-616.

Bidder, F., and C. Schmidt. 1852. Die Verdauungssafte un der Stoffwechsel. Mitau. Quoted by McCollum, E. V., 1957, *A History of Nutrition,* p. 104. Boston, Mass.: Houghton Mifflin.

Biourge, V., and R. Sergheraert. 2002. Hair pigmentation can be affected by diet in dogs. Proc. Comp. Nutr. Soc. Number 4, Kirk-Baer, C.L., pp. 103-104.

Biourge, V., J. M. Groff, C. Fisher, D. Bee, J. G. Morris, and Q. R. Rogers 1994. Nitrogen balance, plasma free amino acid concentrations and urinary orotic acid excretion during long-term fasting in cats. J. Nutr. 124:1094-1103.

Biourge, V. C., P. Pierson, and F. Metz. 2002. Methionine toxicosis in a group of 7 hunting dogs. Proc. Am. Acad. Vet. Nutr. Res Symp. Dallas, TX, May 29, pp. 9-10.

Blaza, S. E., I. H. Burger, D. W. Holme, and P. T. Kendall. 1982. Sulfur-containing amino acid requirements of growing dogs. J. Nutr. 112: 2033-2042.

Bressani, R. 1963. Effect of amino acid imbalance on nitrogen retention II. Interrelationships between methionine, valine, isoleucine and threonine as supplements to corn protein for dogs. J. Nutr. 79:389-394.

Burger, I. H., and K. C. Barnett. 1982. The taurine requirement of the adult cat. J. Sm. Anim. Pract. 23:533-537.

Burger, I. H., and P. M. Smith. 1987. Amino acid requirements of adult cats Pp.49-51 in Nutrition, Malnutrition and Dietetics in the Dog and Cat. Proceedings of an international symposium held in Hanover, September 3-4, English edition, A. T. B. Edney, ed. British Veterinary Association.

Burger, I. H., S. E. Blaza, P. T. Kendall, and P. M. Smith. 1984. The protein requirement of adult cats for maintenance. Fel. Pract. 14:8-14.

Burns, R. A., and J. A. Milner. 1981. Sulfur amino acid requirements of immature Beagle dogs. J. Nutr. 111:2117-2124.

Burns, R. A., and J. A. Milner. 1982. Threonine, tryptophan and histidine requirements of immature Beagle dogs. J. Nutr. 112:447-452.

Burns, R. A., J. A. Milner, and J. E. Corbin. 1981. Arginine: An indispensable amino acid for mature dogs. J. Nutr. 111:1020-1024.

Burns, R. A., M. H. LeFaivre, and J. A. Milner. 1982. Effects of dietary protein quantity and quality on the growth of dogs and rats. J. Nutr. 112:1843-1853.

Burns, R. A., R. L. Garton, and J. A. Milner. 1984. Leucine, isoleucine and valine requirements of immature Beagle dogs. J. Nutr. 114:204-209.

Case, L. P., and G. L. Czarnecki-Maulden. 1990. Protein requirements of growing pups fed practical dry-type diets containing mixed-protein sources. Am. J. Vet. Res. 51:808-812.

Chesney, R. W. 1985. Taurine: Its biological role and clinical implications. Adv. Pediatr. 32:1-42.

Chittenden, R. H. 1904. The effect of low proteid diet on high proteid animals. Pp. 229-265 in The Nutrition of Man, R. H. Chittenden, ed. New York: Frederick A. Stokes.

Cho, E. S., E. W. Andersen, L. J. Filer, and L. D. Stegink. 1980. D-Methionine utilization in young miniature pigs, adult rabbits and adult dogs. J. Parent. Enteral Nutr. 4:544-547.

Christian, J. S., and R. V. Rege. 1996. Methionine, but not taurine, protects against formation of canine pigment gallstones. J. Surg. Res. 61:275-281.

Cianciaruso, B., M. R. Jones, and J. D. Kopple. 1981. Histidine, an essential amino acid for adult dogs. J. Nutr. 111:1074-1084.

Clapper, G. M., C. M. Grieshop, N. R. Merchen, J. C. Russett, J. L. Brent, Jr., and G. C. Fahey, Jr. 2001. Ileal and total tract nutrient digestibilities and fecal characteristics of dogs as affected by soybean protein inclusion in dry, extruded diets. J. Anim. Sci. 79:1523-1532.

Cook, N. E., E. Kane, Q. R. Rogers, and J. G. Morris. 1985. Self-selection of dietary casein and soy-protein by the cat. Physiol. Behav. 34:583-594.

Costello, M. J., J. G. Morris, and Q. R. Rogers. 1980. Effect of dietary arginine level on urinary orotate and citrate excretion in growing kittens. J. Nutr. 110:1204-1208.

Czarnecki, G. L., and D. H. Baker. 1982. Utilization of D- and L-tryptophan by the growing dog. J. Anim. Sci. 55:1405-1410.

Czarnecki, G. L., and D. H. Baker. 1984. Urea cycle function in the dog with emphasis on the role of arginine. J. Nutr. 114:581-590.

Czarnecki, G. L., D. A. Hirakawa, and D. H. Baker. 1985. Antagonism of arginine by excess dietary lysine in the growing dog. J. Nutr. 1115:743-752.

Da Silva, A. C. 1950a. The domestic cat as a laboratory animal for experimental nutrition Studies. I. General considerations, care and feeding of animals. Acta Physiol. Latinoamericana 1:20-25.

Da Silva, A. C. 1950b. The domestic cat as a laboratory animal for experimental nutrition Studies. II. Comparative growth rate and hematology on stock and purified rations. Acta Physiol. Latinoamericana 1:26-32.

Da Silva, A. C., M. F. Guerios, and S. R. Monsao. 1959. The domestic cat as a laboratory animal for experimental nutrition studies. VI. Choline deficiency. J. Nutr. 67:537-547.

Davies, W. E., N. J. Harding, I. S. Kay, and P. C. Hopkins. 1994. The role of taurine in mammalian hearing. In Taurine in Health and Disease, R. Huxtable and J. D. Michalk, eds. Adv. Exp. Med. Biol. 359:393-398.

Dawes, L. G., D. L. Nahrwold, S. I. Roth, and R. V. Rege. 1989. Reversal of pigment gallstone disease in a canine model. Arch. Surg. 124:463-466.

Deady, J. E., B. Anderson, J. A. O'Donnell III, J. G. Morris, and Q. R. Rogers. 1981a. Effects of level of dietary glutamic acid and thiamin on food intake, weight gain, plasma amino acids and thiamin status of growing kittens. J. Nutr. 111:1568-1579.

Deady, J. E., Q. R. Rogers, and J. G. Morris. 1981b. Effect of high dietary glutamic acid on the excretion of ^{35}S-thiamin in kittens. J. Nutr. 111:1580-1585.

Delaney, S. J., A. S. Hill, R. C. Backus, G. L. Czarnecki-Maulden, and Q. R. Rogers. 2001. Dietary crude protein concentration does not affect the leucine requirement of growing dogs. J. Anim. Physiol. Anim. Nutr. 85:88-100.

Delaney, S. J., P. H. Kass, Q. R. Rogers, and A. J. Fascetti. 2003. Plasma and whole blood taurine in normal dogs of varying size fed commercially prepared food. J. Ani. Physiol. Ani. Nutr. 87: 236-244.

Demarcay, H. 1838. Uber die Natur der Galle. Ann. Pharmazie 27:270-291.

DeNapoli, J. S., N. H. Dodman, L. Shuster, W. M. Rand, and K. L. Gross. 2000. Effect of dietary protein content and tryptophan supplementation on dominance aggression, territorial aggression, and hyperactivity in dogs. J. Am. Vet. Med. Assoc. 217:504-508.

Dickinson, E. D., and P. P. Scott. 1956. Nutrition of the cat. 2. Protein requirements for growth of weanling kittens and young cats maintained on a mixed diet. Brit. J. Nutr. 10:311-316.

Dieter, J. A., D. R. Stewart, M. A. Haggarty, G. H. Stabenfeldt, and B. L. Lasley. 1993. Pregnancy failure in cats associated with long-term dietary taurine insufficiency. J. Reprod. Fert., Suppl. 47:457-463.

Douglass, G. M., E. B. Fern, and R. C. Brown. 1991. Feline plasma and whole blood taurine levels as influenced by commercial dry and canned diets. J. Nutr. 121:S179-S180.

Earle, K. E., and P. M. Smith. 1991. The effect of dietary taurine content on plasma taurine concentration of the cat. Br. J. Nutr. 66:227-235.

Earle, K. E., and P. M. Smith. 1994. The taurine requirement of the kitten fed canned foods. J. Nutr. 124:2552S-2554S.

Elvehjem, E. A., R. J. Madden, F. M. Strong, and D. W. Woolley. 1937. Relation of nicotinic acid and nicotinic acid amide to canine black tongue. J. Am. Chem Soc. 59:1767-1768.

Emudianughe, T. S., J. Caldwell, and R. L. Smith. 1983. The utilization of exogenous taurine for the conjugation of xenobiotic acids in the ferret. Xenobiotica 13:133-138.

Fascetti, A. J., F. R. Reed, Q. R. Rogers, and R. C. Backus. 2003. Taurine-deficiency dilated cardiomyopathy in dogs. J. Am. Med. Assoc. 223:1137-1141.

Fau, D., J. G. Morris, and Q. R. Rogers. 1987a. Effects of high dietary methionine on activities of selected enzymes in the liver of kittens (*Felis domesticus*). Comp. Biochem. Physiol. B88:551-555.

Fau, D., K. A. Smalley, J. G. Morris, and Q. R. Rogers. 1987b. Effect of excess dietary methionine on weight gain and plasma amino acids in kittens. J. Nutr. 117:1838-1843.

Flohe, L. 1988. Glutathione peroxidase. Basic Life Sci. 49:663-668.

Freedland, R. A., and E. H. Avery. 1964. Studies on threonine and serine dehydrase. J. Biol. Chem. 239:3357-3360.

Freeman, L. M., J. E. Rush, D. J. Brown, and P. Roudebush. 2001. Relationship between circulating and dietary taurine concentrations in dogs with dilated cardiomyopathy. Vet. Ther. 2:370-379.

Furka, A., F. Sebestyen, L. Feuer, A. Horvath, J. Hercsel, S. Ormai, and B. Banyai. 1980. Isolation of γ-L-glutamyl-taurine from the protein free aqueous extract of bovine parathyroid powder. Acta Biochim. Biophys. Acad. Sci. Hung. 15:39-47.

Gallaher, D., and B. O. Schneeman. 1986. Intestinal interaction of bile acids, phospholipids, dietary fibers and cholestyramine. Am. J. Physiol. 250:G420-G426.

Gavaghan, B., and M. D. Kittleson. 1997. Dilated cardiomyopathy in an American Cocker Spaniel with taurine deficiency. Aust. Vet. J. 75:862-868.

Gessert, C. F., and P. H. Phillips. 1956a. Protein in the nutrition of the growing dog. J. Nutr. 58:415-421.

Gessert, C. F., and P. H. Phillips. 1956b. Adverse effects of some amino acid supplements in low-protein diets for growing dogs. J. Nutr 58:423-431.

Gietzen, D. W. 1993. Neural mechanisms in the responses to amino acid deficiency. J. Nutr. 123:610-625.

Glaze, M. B., and G. L. Blanchard. 1983. Nutritional cataracts in a Samoyed litter. J. Am. Anim. Hosp. Assoc. 19:951-954.

Greaves, J. P. 1965. Protein and calorie requirements of the feline. In Canine and Feline Nutritional Requirements, O. Graham-Jones, ed., Oxford, UK: Pergamon Press.

Greaves, J. P., and P. P. Scott. 1960. Nutrition of the cat: 3. Protein requirements for nitrogen equilibrium in adult cats maintained on a mixed diet. Brit. J. Nutr 14:361-369.

Ha, Y. H., J. A. Milner, and J. E. Corbin. 1978. Arginine requirements in immature dogs. J. Nutr. 108:203-210.

Hammer, V. A., Q. R. Rogers, and J. G. Morris. 1996a. Dietary crude protein increases slightly the requirement for threonine in kittens. J. Nutr. 126:1496-1504.

Hammer, V. A., Q. R. Rogers, and R. A. Freedland. 1996b. Threonine is catabolized by L-threonine 3-dehydrogenase and L-threonine dehydratase in hepatocytes from domestic cats (*Felis domestica*). J. Nutr. 126:2218-2226.

Hannah, S. S., and D. P. Laflamme. 1996. Effect of dietary protein on nitrogen balance and lean body mass in cats. Vet. Clin. Nutr. 3:30 (abs.).

Hannah, S. S., H. Son, R. D., Kealy, and S. Owens. 1995. Digestibility of diet in small and large breed dogs. Vet. Clin. Nutr. 2:145 (abs.).

Hardy, A. J., J. G. Morris, and Q. R. Rogers. 1977. Valine requirement of the growing kitten. J. Nutr. 107:1308-1312.

Hargrove, D. M., Q. R. Rogers, and J. G. Morris. 1983. The tryptophan requirement of the kitten. Brit. J. Nutr. 50:487-493.

Hargrove, D. M., Q. R. Rogers, and J. G. Morris. 1984. Leucine and isoleucine requirements of the kitten. Br. J. Nutr. 52:595-605.

Hargrove, D. M., Q. R. Rogers, C. C. Calvert, and J. G. Morris. 1988. Effects of dietary excesses of branched-chain amino acids on growth, food intake and plasma amino acid concentrations of kittens. J. Nutr. 118:311-320.

Hargrove, D. M., Q. R. Rogers, and J. G. Morris. 1994. Kittens choose a high leucine diet even when isoleucine and valine are the limiting amino acids. J. Nutr. 124:689-693.

Harper, A. E. 1965. Effect of variations in protein intake on enzymes of amino acid metabolism. Can. J. Biochem. 43:1589-1602.

Harper, A. E. 1968. Diet and plasma amino acids. Am. J. Clin. Nutr. 21: 358-366.

Harper, A. E., N. J. Benevenga, and R. M. Wohlhueter. 1970. Effects of ingestion of disproportionate amounts of amino acids. Physiol. Rev. 50:428-558.

Harper, E. J. 1996. The effect of fiber on nutrient availability in cats of different ages. Vet. Clin. Nutr. 3:114 (abs.)

Harris, R. A., R. Kobayashi, T. Murakami, and Y. Shimomura. 2001. Regulation of branched-chain α-keto acid dehydrogenase kinase expression in rat liver. J. Nutr. 131:841S-845S.

Hayes, K. C., R. E. Carey, and S. Y. Schmidt. 1975a. Retinal degeneration associated with taurine deficiency in the cat. Science 188:949-951.

Hayes, K. C., A. R., Rabin, and E. L. Berson. 1975b. An ultrastructural study of nutritionally induced and reversed retinal degeneration in cats. Am. J. Pathol. 78:505-524.

Hendriks, W. H., and M. Emmens. 1998. Apparent ileal nitrogen and amino acid digestibility of a moist cat food. J. Nutr. 128: 2801S-2802S.

Hendriks, W. H., and K. Sritharan. 2002. Apparent ileal and fecal digestibility of dietary protein is different in dogs. J. Nutr. 132:1692S-1694S.

Hendriks, W. H., P. J. Moughan, M. F. Tarttelin, and A. D. Woolhouse. 1995a. Felinine: A urinary amino acid of Felidae. Comp. Biochem. Physiol. 112B:581-588.

Hendriks, W. H., M. F. Tarttelin, and P.J. Moughan. 1995b. Twenty-four hour feline excretion patterns in entire and castrated cats. Physiol. Behav. 58:467-469.

Hendriks, W. H., P. J. Moughan, and M. F. Tarttelin. 1997. Urinary excretion of endogenous nitrogen metabolites in adult domestic cats using a protein-free diet and the regression technique. J. Nutr. 127:623-629.

Hendriks, W. H., S. M. Rutherfurd, and K. J. Rutherfurd. 2001. Importance of sulfate, cysteine and methionine as precursors to felinine synthesis by domestic cats (*Felis catus*). Comp. Biochem. Physiol. 129C:211-216.

Herwill, A. 1994. Effect of excess L-tyrosine and L-tryptophan added to a low protein diet for growing kittens. M.S. thesis, University of California, Davis.

Hickman, A. M., Q. R. Rogers, and J. G. Morris. 1990. Effect of processing on fate of dietary [^{C}14] taurine in cats. J. Nutr. 120:995-1000.

Hickman, A. M., M. L. Bruss, J. G. Morris, and Q. R. Rogers. 1992a. Dietary protein source (soybean vs. casein) and taurine status affect kinetics of enterohepatic circulation of taurocholic acid in cats. J. Nutr. 122:1019-1028.

Hickman, M. A., Q. R. Rogers, and J. G. Morris. 1992b. Taurine balance is different in cats fed purified and commercial diets. J. Nutr. 122:553-559.

Hickman, M. A., J. G. Morris, and Q. R. Rogers. 1992c. Intestinal taurine and the enterohepatic circulation of taurocholic acid in the cat. Pp. 45-54 in Taurine Nutritional Value and Mechanisms of Action, J. B. Lombardini, S. W. Schaffer, and J. Azuma, Eds., volume 315. New York: Plenum Press.

Hirakawa, D. A., and D. H. Baker. 1985. Sulfur amino acid nutrition of the growing puppy: Determination of dietary requirements for methionine and cystine. Nutr. Res. 5:631-642.

Hirakawa, D. A., and D. H. Baker. 1986. Lysine requirement of growing puppies fed practical and purified diets. Nutr. Res. 6: 527-538.

Holt, L. E., S. E. Snyderman, P. M. Norton, E. Roitman, and J. Finch. 1963. The plasma aminogram in kwashiorkor. Lancet Dec 28:1343-1348.

Hrupka, B. J., Y. M. Lin, D. W. Gietzen, and Q. R. Rogers. 1997. Small changes in essential amino acid concentrations alter diet selection in amino acid-deficient rats. J. Nutr. 127:777-784.

Hrupka, B. J., Y. Lin, D. W. Gietzen, and Q. R. Rogers. 1999. Lysine deficiency alters diet selection without depressing food intake in rats. J. Nutr. 129:424-430.

Humbert, B., L. Martin, H. Dumon, D. Darmaun, and P. Nguyen. 2002. Dietary protein level affects protein metabolism during the postabsorptive state in dogs. J. Nutr. 132:1676S-1678S.

Huxtable, R. J. 1992. The physiological actions of taurine. Physiol. Rev. 72:101-163.

Ikeda, M., H. Tsuji, S. Nakamura, S. Ichiyama, Y. Nishizuka, and O. Hayaishi. 1965. Studies on the biosynthesis of nicotinamide adenine dinucleotide. II. A role of picolinic carboxylase in the biosynthesis of nicotinamide adenine dinucleotide from tryptophan in mammals. J. Biol. Chem. 240:1395-1401.

Imaki, H., R. C. Moretz, H. M. Wisniewski, and J. A. Sturman. 1986. Feline maternal taurine deficiency: Effects on retina and tapetum of the offspring. Dev. Neurosci. 8:160-181.

Jackson, R. W., B. E. Sommer, and W. C. Rose. 1928. Experiments on the nutritive properties of gelatin. J. Biol. Chem. 80:167-186.

James, M., R. L. Smith, and R. T. Williams. 1971. Conjugates of phenylacetic acid with taurine and other amino acids in various species. Biochem. J. 124:15P-16P.

Jansen, G. R., M. A. Deuth, G. M. Ward, and D. E. Johnson. 1975. Protein quality studies in growing kittens. Nutr. Rep. Internatl. 11:525-536.

Johnson, M. L., C. M. Parsons, G. C. Fahey, Jr., N. R. Merchen, and C. G. Aldrich. 1998. Effects of species raw material source, ash content, and processing temperature on amino acid digestibility of animal by-product meals by cecectomized roosters and ileally cannulated dogs. J. Anim. Sci. 76:1112-1122.

Kade, C. F., J. H. Phillips, and W. A. Phillips. 1948. The determination of the minimum nitrogen requirement of the adult dog for maintenance of nitrogen balance. J. Nutr. 36:109-121.

Kaihara, M., and J. M. Price. 1961. Quinaldylglycyltaurine: A urinary metabolite of quinaldic acid and kynurenic acid in the cat. J. Biol Chem. 236:508-511.

Kaplan, J. H., and H. C. Pitot. 1970. The regulation of intermediary amino acid metabolism in animal tissues. Pp 387-443 in Mammalian Protein Metabolism, Vol. 4, H. N., Munro, ed.. New York: Academic Press.

Kauffmann, M. 1905. Uber den ersatz von eiweiss durch leim im stoffwechsel. Pfluger's Arch. 109: 440-465.

Kealy R. D., D. E. Lawler, J. M. Ballam, S. L. Mantz, D. N. Biery, E. H. Greeley, G. Lust, M. Segre, G. K. Smith, and H. D. Stowe. 2002. Effects of diet restriction on life span and age-related changes in dogs. J. Am. Vet. Med. Assoc. 220:1315-1320.

Kendall, P. T., and D. W. Holme. 1982. Studies on the digestibility of soya bean products, cereals, cereal and plant by-products in diets of dogs. J. Sci. Food Agric. 33:813-822.

Kendall, P. T., D. W. Holme, and P. M. Smith. 1982. Comparative evaluation of net digestive and absorptive efficiency in dogs and cats fed a variety of contrasting diet types. J. Sm. Anim. Pract. 23:577-587.

Kienzle, E. 1998. Factorial calculation of nutrient requirements in lactating queens. J. Nutr. 128:2609S-2614S.

Kienzle E., H. Meyer, and H. Lohrie. 1985. Einfluss kohlenhydratfreier Rationen mit unterschiedlichen Protein/Energierelationen auf foetale Entwicklung und Vitalität von Welpen sowie die Milchzusammensetzung von Hündinnen (Effect of differing protein/energy ratios in carbohydrate-free diets for breeding bitches on development and vitality of puppies and milk composition). Adv. Anim. Physiol. Anim. Nutr. 16:73-99.

Kim, S. W., J. G. Morris, and Q. R. Rogers. 1995. Dietary soybean protein decreases plasma taurine in cats. J. Nutr. 125:2831-2837.

Kim, S. W., Q. R. Rogers, and J. G. Morris. 1996a. Maillard reaction products in purified diets induce taurine depletion in cats which is reversed by antibiotics. J. Nutr. 126:195-201.

Kim, S. W., Q. R. Rogers, and J. G. Morris. 1996b. Dietary antibiotics decrease taurine loss in cats fed a canned heat-processed diet. J. Nutr. 126:509-515.

Kittleson M. D., B. Keene, P. D. Pion, and C. G. Loyer. 1997. Results of the Multicenter Spaniel Trial (MUST): Taurine- and carnitine-responsive dilated cardiomyopathy in American cocker spaniels with decreased plasma taurine concentration. J. Vet. Intern. Med. 11:204-211.

Kramer, G. A., M. D. Kittleson, P. R. Fox, J. Lewis, and P. D. Pion. 1995. Plasma taurine concentrations in normal dogs and dogs with heart disease. J. Vet. Intern. Med. 9:253-258.

Krehl, W. A. 1981. Discovery of the effect of tryptophan on niacin deficiency. Federation Proc. 40:1527-1530.

Laidlaw, S. A., J. A. Sturman, and J. S. Kopple. 1987. Effect of dietary taurine on plasma and blood cell taurine concentrations in cats. J. Nutr. 117:1945-1949.

Larsen J. A., C. C. Calvert, and Q. R. Rogers. 2001. Processing of dietary protein decreases methionine bioavailability in growing kittens. 2001 Purina Forum Proceedings, Comp. Contin. Educ. Pract. Vet. 24:87 (abs.).

Larsen J. A., C. C. Calvert, and Q. R. Rogers. 2002. Processing of dietary casein decreases bioavailability of lysine in growing kittens. J. Nutr. 132:1748S-1750S.

Leklem, J. E., J. Woodford, and R. R. Brown. 1969. Comparative tryptophan metabolism in cats and rats: Differences in adaptation of tryptophan oxygenase and in vivo metabolism of tryptophan, kynurenine and hydroxykynurenine. Comp. Biochem. Physiol. 31:95-109.

Leon, A., W. R. Levick, and W. R. Sarossy. 1995. Lesion topography and new histological features in feline taurine deficiency retinopathy. Exp. Eye Res. 61:731-741.

Levillain, O., P. Parvy, and A. Hus-Citharel. 1996. Arginine metabolism in cat kidney. J. Physiol. (London) 491(Part 1):471-477.

Lewis, A. J., and H. S. Bayley. 1995. Amino acid bioavailability. Pp. 35-65 in Bioavailability of Nutritients for Animals: Amino Acids, Minerals and Vitamins, C. B., Ammerman, D. H. Baker, and A. J. Lewis, eds. New York: Academic Press.

Longenecker, J. B., and N. L. Hause. 1959. Relationship between plasma amino acids and composition of the ingested protein. Arch. Biochem. Biophys. 84:46-59.

Maede, Y., T. Hoshino, M. Inaba, and S. Namioka. 1987. Methionine toxicosis in cats. Am. J. Vet. Res. 48:289-292.

Magendie, M. F. 1816. Sur les proprietes nutritives des substances qui ne contiennent pas d'azote Ann. Chim. Phys. 3:66-77.

Manson, J. A., and K. J. Carpenter. 1978. The effect of a high level of dietary leucine on the niacin status of dogs. J. Nutr. 108:1889-1898.

Marcinkiewicz, J., B. Chain, B. Nowak, A. Grabowska, K. Bryniarski, and J. Baran. 2000. Antimicrobial and cytotoxic activity of hypochlorous acid: Interactions with taurine and nitrite. Inflamm. Res. 49:280-289.

Markwell, P. J., and K. E. Earle. 1995. Taurine: An essential nutrient for the cat. A brief review of the biochemistry of its requirement and the clinical consequences of deficiency. Nutr. Res. 15:53-58.

Martin, C. L., and T. Chambreau. 1982. Cataract production in experimentally orphaned puppies fed a commercial replacement for bitch's milk. J. Am. Anim. Hosp. Assoc. 18:115-119.

Mawby, D. I., A. G. Mathew, E. A. Mears, T. D. Moyers, and D. J. Krahwinkel. 1999. Complications of ileal cannulation in cats. Am. Assoc. Lab. Anim. Sci. 49:406-410.

McCollum, E. V. 1957. A History of Nutrition, Houghton Mifflin Company; Boston. Compt. Rend. 13:237, 269 (1841).

McCoy, R. H., C. E. Meyer, and W. C. Rose. 1935. Feeding experiments with mixtures of highly purified amino acids. VIII. Isolation and identification of a new essential amino acid. J. Biol. Chem. 112:283-302.

Melnick, D., and G. R. Cowgill. 1937. The protein minima for nitrogen equilibrium with different proteins. J. Nutr. 13:401-424.

Merino G. E., T. Jetzer, W. M. D. Dolzaki, and J. S. Najarian. 1975. Methionine-induced hepatic coma in dogs. Am. J. Surg. 130:41-46.

Messing, J. M., and J. A. Sturman. 1993. Evaluation of taurine status in cats consuming diets containing different amounts of taurine by determination of plasma and whole blood taurine concentrations. J. Nutr. Biochem. 4:168-171.

Meyer, H., P.-J. Schmitt, and E. Heckotter. 1981. Nutritional content and digestibility of food stuffs for dogs (Translation). Anim. Nutr. 9:71-104.

Meyer, H., E. Kienzle, and C. Dammers. 1985. Milchmenge und Milchzusammensetzung bei der Hündin sowie Futteraufnahme und Gewichtsentwicklung ante und post partum (Milk yield, milk composition, feed intake and weight development in bitches before and after birth). Adv. Anim. Physiol. Anim. Nutr. 16:51-72.

Meyer, H., J. Arndt, T. Behfeld, H. Elbers, and C. Schunemann. 1989. Praecaecale und postileale Verdaulichkeit verschiedener Eiweisse. Adv. Anim. Physiol. Anim. Nutr. 19:59-77

Miller, L. L. 1944. The metabolism of *dl*-methionine and *l*-cystine in dogs on a very low protein diet. J. Biol. Chem. 152:603-611.

Miller, S. A., and J. B. Allison. 1958. The dietary nitrogen requirements of the cat. J. Nutr. 64:493-501.

Milner, J. A. 1979a. Assessment of indispensable and dispensable amino acids for the immature dog. J. Nutr. 109:1161-1167.

Milner, J. A. 1979b. Assessment of the essentiality of methionine, threonine, tryptophan, histidine and isoleucine in immature dogs. J. Nutr. 109:1351-1357.

Milner, J. A. 1981. Lysine requirements of the immature dog. J. Nutr. 111:40-45.

Milner, J. A., R. L. Prior, and W. J. Visek. 1975. Arginine deficiency and orotic aciduria in mammals. Proc. Soc. Exp. Biol. Med. 150:282-288.

Milner, J. A., R. L. Garton, and R. A. Burns. 1984. Phenylalanine and tyrosine requirements of immature Beagle dogs. J. Nutr. 114:2212-2216.

Moise N. S., L. M. Pacioretty, F. A. Kallfelz, M. H. Stipanuk, J. M. King, and R. F. Gilmour, Jr. 1991. Dietary taurine deficiency and dilated cardiomyopathy in the fox. Am. Heart J. 121(Pt 1):541-547.

Morgan, A. F., C. N. Hunt, L. Arnrich, and E. Lewis. 1951. Evaluation of five partially purified proteins by nitrogen balance in mature dogs, including a study of the antitryptic activity of egg white. J. Nutr. 43:63-75.

Morris, J.G. 1985. Nutritional and metabolic responses to arginine in carnivores. J. Nutr.115:524-531.

Morris, J. G., and Q. R. Rogers. 1978a. Ammonia intoxication in the near-adult cat as a result of a dietary deficiency of arginine. Sci. 199:431-432.

Morris, J. G., and Q. R. Rogers. 1978b. Arginine: An essential amino acid for the cat. J. Nutr. 108:1944-1953.

Morris, J. G., and Q. R. Rogers. 1992. The metabolic basis for the taurine requirement of Cats. Pp. 33-44 in Taurine Nutritional Value and Mechanisms of Action, J. B. Lombardini, S. W. Schaffer, and J. Azuma, eds., Volume 315. New York: Plenum Press.

Morris, J. G., and Q. R. Rogers. 1994. Dietary taurine requirement of cats is determined by microbial degradation of taurine in the gut. Pp. 59-70 in Taurine in Health and Disease, R. Huxtable and D. V. Michalk, eds. New York: Plenum Press.

Morris, J. G., Q. R. Rogers, D. L. Winterrowd, and E. M. Kamikawa. 1979. The utilization of ornithine and citrulline by the growing kitten. J. Nutr. 109:724-729.

Morris, J. G., Q. R. Rogers, and L. M. Pacioretty. 1990. Taurine: An essential nutrient for cats. J. Sm. Anim. Pract. 31:502-509.

Morris, J. G., Q. R. Rogers, S. W. Kim, and R. C. Backus. 1995. Dietary taurine requirement of cats is determined by microbial degradation of taurine in the gut. Proceedings of the Purina Forum on Small Animal Nutrition. Vet. Clin. Nutr. 1:118-127.

Morris, J. G., Q. R. Rogers, and R. A. Freedland. 2002. Hepatic enzyme activities of puppies given adequate or high protein diets. Comp. Cont. Educ. Pract. Vet. 24:71 (abs.).

Morris, J. G., Q. R. Rogers, and J. A. O'Donnell. 2004. Lysine requirement of kittens given purified diets for maximal growth. J. Anim. Physiol. Anim. Nutr. (Berl.). 88:113-116.

Morris, M. L., Jr. 1965. Feline degenerative retinopathy. Cornell Vet. 55:296-308.

Moughan P. J., W. B. Souffrant, and S. M. Hodgkinson. 1998. Physiological approaches to determining gut endogenous amino acid flows in the mammal. Arch. Tierernahr. 51:237-252.

Mühlum, A., S. Junker, and H. Meyer. 1989. Praecaecale und postileale Verdaulichkeit verschiedener Eiweisse (Ileal and fecal digestibility of various proteins). Adv. in Anim. Physiol. Anim. Nutr. 19:59-77.

Muir, H. E., S. M. Murray, G. C. Fahey, Jr., N. R. Merchen, and G. A. Reinhart. 1996. Nutrient digestion by ileal cannulated dogs as affected by dietary fibers with various fermentation characteristics. J. Anim. Sci. 74:1641-1648.

Murray, S. M., A. R. Patil, G. C. Fahey, Jr., N. R. Merchen, and D. M. Hughes. 1997. Raw and rendered animal by-products as ingredients in dog diets. J. Anim. Sci. 75:2497-2505.

Murray, S. M., A. R. Patil, G. C. Fahey, Jr., N. R. Merchen, and D. M. Hughes. 1998. Raw and rendered animal by-products as ingredients in dog diets. J. Nutr. 128:2812S-2815S.

Nagasawa, T., T. Kido, F. Yoshizawa, Y. Ito, and N. Nishizawa. 2002. Rapid suppression of protein degradation in skeletal muscle after oral feeding of leucine in rats. J. Nutr. Biochem. 13:121-127.

Nakagawa, I., and A. Sasaki. 1977. Effect of an excess intake of leucine, with and without additions of vitamin B_6 and/or niacin, on tryptophan and niacin metabolism in rats. J. Nutr. Sci. Vitaminol. 23:535-548.

Nap, R. C., H. A. W. Hazewinkel, G. Voorhout, W. J. Biewenga, J. P. Koeman, S. A. Goedegebaure, and A. Th. van't Klooster. 1993. The influence of dietary protein content on growth in giant breed dogs. Vet. Comp. Orthop. Traumatol. 6:1-8.

National Research Council, (NRC). 1986. Nutrient Requirements of Cats. Washington, D.C.: National Academy Press.

National Research Council, (NRC). 1995. Nutrient Requirements of Laboratory Animals. Washington, D.C.: National Academy Press.

Neirinck, K. L. Istasse, A. Gabriel, C. Van Eenaeme, and J.-M. Bienfait. 1991. Amino acid compostion and digestibility of four protein sources for dogs. J. Nutr. 121:S64-S65.

Nesheim, M. C. 1968. Kidney arginase activity and lysine tolerance in strains of chickens selected for a high or low requirement of arginine. J. Nutr. 95:79-87

O'Donnell, J. A., III, Q. R. Rogers, and J. G. Morris. 1981. Effect of diet on plasma taurine in the cat. J. Nutr. 111:1111-1116.

Ontko, J. A., R. E. Wuthier, and P. H. Phillips. 1957. The effect of increased dietary fat upon the protein requirement of the growing dog. J. Nutr. 62:163-169.

Pacioretty, L., M. A., Hickman, J. G., Morris, and Q. R. Rogers. 2001. Kinetics of taurine depletion and repletion in plasma, serum, whole blood and skeletal muscle in cats. Amino Acids 21:417-427.

Park, T., Q. R. Rogers, J. G. Morris, and R. W. Chesney. 1989. Effect of dietary taurine on renal taurine transport by proximal tubule brush border membrane vesicles in the kitten. J. Nutr. 119:1452-1460.

Park, T., Q. R. Rogers, and J. G. Morris. 1999. High dietary protein and taurine increase cysteine desulfhydration in kittens. J. Nutr. 129:2225-2230.

Piechota, T. R., Q. R. Rogers, and J. G. Morris. 1995. Nitrogen requirement of cats during gestation and lactation. Nutr. Res. 15:1535-1546.

Pion, P. D. 1989. Taurine deficiency myocardial failure: New evidence for old theories. Cornell Vet. 79:5-9.

Pion, P. D., M. D. Kittleson, Q. R. Rogers, and J. G. Morris. 1987. Myocardial failure in cats associated with low plasma taurine: A reversible cardiomyopathy. Sci. 237:764-767.

Pion, P. D., M. D. Kittleson, and Q. R. Rogers. 1989. Cardiomyopathy in the cat and its relation to taurine deficiency. Pp. 251-262 in Current Vet Therapy X, R.W. Kirk, ed. Philadelphia: W.B Sanders.

Pion, P. D., J. Lewis, K. Greene, Q. R. Rogers, J. G. Morris, and M. D. Kittleson. 1991. Effect of meal-feeding and food deprivation on plasma and whole blood taurine concentrations in cats. J. Nutr. 121:S177-S178.

Pion, P. D., S. L. Sanderson, and M. D. Kittleson. 1998. The effectiveness of taurine and levocarnitine in dogs with heart disease. Vet. Clin. North Am. 28:1495-1514.

Primal, S. V., S. Silva, and J. R. Mercer. 1986. Protein degradation in cat liver cells. Biochem. J. 240:843-846.

Quam, D. D., J. G. Morris, and Q. R. Rogers. 1987. Histidine requirement of kittens for growth, haematopoiesis and prevention of cataracts. Br. J. Nutr. 58:521-532.

Rabin, A. R., D. C. Hayes, and E. L. Berson. 1973. Cone and rod responses in nutritionally induced retinal degeneration in the cat. Invest. Ophthalmol. 12:694-704.

Rabin, B., R. J. Nicolosi, and K. C. Hayes. 1976. Dietary influence on bile acid conjugation in the cat. J. Nutr. 106:1241-1246.

Ranz, D., F. Gutbrod, C. Eule, and E. Kienzle. 2002. Nutritional lens opacities in two litters of Newfoundland dogs. J. Nutr. 132:1688S-1689S.

Rentschler, L. A., L. L. Hirschberger, and M. H. Stipanuk. 1986. Response of the kitten to dietary taurine depletion: Effects on renal reabsorption, bile acid conjugation and activities of enzymes involved in taurine synthesis. Comp. Biochem. Physiol. 84B:319-325.

Reynoso, G. T., and B. A. De Gamboa. 1982. Salt tolerance in the freshwater algae *Chlamydomonas reinhardii*: Effect of proline and taurine. Comp. Biochem. Physiol. 73:95-100.

Ritter, S. M., and F. N. Owens. 1974. Methionine requirements of the growing cat. J. Anim. Sci. 39:981 (abs. 68).

Roberts, R. N. 1963. A study of felinine and its excretion by the cat. Ph.D. thesis, University of Buffalo, N.Y.

Rogers, Q. R. 1994. Species variation in arginine requirements. Pp. 9-21 in Proceedings Symp. Honoring Willard J. Visek: From Ammonia to Cancer and Gene Expression. Special Publication 86, Agr. Exp. Station. Urbana: University of Illinois.

Rogers, Q. R., and J. G. Morris. 1979. Essentiality of amino acids for the growing kitten. J. Nutr. 109:718-723.

Rogers, Q. R., and J. G. Morris. 2002. Up-regulation of nitrogen catabolic enzymes is not required to readily oxidize excess protein in the cat. J. Nutr. 132:2819-2820.

Rogers, Q. R., and J. M. Phang. 1985. Deficiency of pyrroline-5-carboxylate synthase in the intestinal mucosa of the cat. J. Nutr. 115:146-150.

Rogers, Q. R., J. G. Morris, and R. A. Freedland. 1977. Lack of hepatic enzymatic adaptation to low and high levels of dietary protein in the adult cat. Enzyme 22:348-356.

Rogers, Q. R., M. J. Strieker, and J. G. Morris. 1987. Effect of quantity and pattern of dietary amino acids on amino acid requirements of the dog and cat. Pp. 52-56 in Nutrition, Malnutrition and Dietetics in the Dog and Cat, English edition, A. T. B. Edney, ed. Proceedings of an International Symposium, Hannover, Germany, September 3-4.

Rogers, Q. R., T. P. Taylor, and J. G. Morris. 1998. Optimizing dietary amino acid patterns at various levels of crude protein for cats. J. Nutr. 128:2577S-2580S.

Romsos, D. R., and D. Ferguson. 1983. Regulation of protein intake in adult dogs. J. Am. Vet. Med. Assoc. 182:41-43.

Romsos, D. R., H. J. Palmer, K. L. Muiruri, and M. R. Bennink. 1981. Influence of a low carbohydrate diet on performance of pregnant and lactating dogs. J. Nutr. 111:678-689.

Rose, W. C., and E. E. Rice. 1939. The significance of the amino acids in canine nutrition. Science 90:186-187.

Rubin, L. F. 1963. Atrophy of rods and cones in the cat retina. J. Am. Vet. Med. Assoc. 142:1415-1420.

Russell, K., R. R. Murgatroyd, and R. M. Batt. 2002. Net protein oxidation is adapted to dietary protein intake in domestic cats (*Felis silvestris catus*). J. Nutr. 132:456-460.

Rutherfurd, K. J., S. M. Rutherfurd, P. J. Moughan, and W. H. Hendricks. 2002. Isolation and characterization of a felinine-containing peptide from the blood of the domestic cat (*Felis catus*). J. Biol. Chem. 277:114-119.

Sanderson, S. L., K. L.Gross, P. N. Ogburn, C. Calvert, G. Jacobs, S. R. Lowry, K. A. Bird, L. A. Koehler, and L. L. Swanson. 2001. Effects of dietary fat and L-carnitine on plasma and whole blood taurine concentrations and cardiac function in healthy dogs fed protein-restricted diets. Am. J. Vet. Res. 62:1616-1623.

Schaeffer, M. C., Q. R. Rogers, and J. G. Morris. 1982a. Methionine requirement of the growing kitten, in the absence of dietary cystine. J. Nutr. 112:962-971.

Schaeffer, M. C., Q. R. Rogers, and J. G. Morris. 1982b. The choline requirement of the growing kittens in the presence of just adequate dietary methionine. Nutr. Res. 2:289-299.

Schaeffer, M. C., Q. R. Rogers, and J. G. Morris. 1989. Protein in the nutrition of dogs and cats. Pp. 159-205 in Nutrition of the Dog and Cat, I. H. Burger and J. P. W. Rivers, eds. New York: Cambridge University Press.

Schimke, R. T. 1962. Adaptive characteristics of urea cycle enzymes in the rat. J. Biol. Chem. 237:459-468.

Schmidt, S. Y., E. L. Berson, and K. C. Hayes. 1976. Retinal degeneration in cats fed casein. I. Taurine deficiency. Invest. Ophthal. 15:47-52.

Schram, E., and R. Crokaert. 1957. Radiochromatographic study of substances formed from [^{35}S]taurine in the rat. Biochem. J. 66:20P-21P.

Schuller-Levis, G., P. D. Mehta, R. Rudelli, and J. Sturman. 1990. Immunologic consequences of taurine deficiency in cats. J. Leuk. Biol. 47:321-331.

Scott, P. P. 1964. Nutritional requirements and deficiencies. Pp. 60-70 in Feline Medicine and Surgery, E.J. Catcott, ed. Santa Barbara, Calif.: American Veterinary Publications, Inc.

Shapiro, I. L. 1962. In vivo studies on the metabolic relationship between felinine and serum cholesterol in the domestic cat. Ph.D. dissertaton, University of Delaware.

Sibbald, I. R. 1987. Estimation of the bioavailable amino acids in feedingstuffs for poultry and pigs: A review with emphasis on balance experiments. Can. J. Anim. Sci. 67:221-300.

Silvio, J., D. L. Harmon, K. L. Gross, and K. R. McLeod. 2000. Influence of fiber fermentability on nutrient digestion in the dog. Nutr. 16:289-295.

Skare, K. L., W. K. Sietsema, and H. F. DeLuca. 1982. The biological activity of retinotaurine. J. Nutr. 112:1626-1630.

Sleeper, M. M., P. S. Henthorn, C. Vijayasarathy, D. M. Dambach, T. Bowers, P. Tijskens, C. F. Armstrong, and E. B. Lankford. 2002. Dilated cardiomyopathy in juvenile Portuguese Water Dogs. J. Vet. Intern. Med. 16:52-62.

Smalley, K. A., Q. R. Rogers, and J. G. Morris. 1983. Methionine requirement of kittens given amino acid diets containing adequate cystine. Br. J. Nutr. 49:411-417.

Smalley, K. A., Q. R. Rogers, J. G. Morris, and L. L. Eslinger. 1985. The nitrogen requirement of the weanling kitten. Br. J. Nutr. 53:501-512.

Smalley, K. A., Q. R. Rogers, J. G. Morris, and E. Dowd. 1993. Utilization of D-methionine by weanling kittens. Nutr. Res. 13:815-824.

Stekol, J. A. 1935. Metabolism of *l*- and *dl*-methionine in adult and growing dogs maintained on diets of various protein contents. J. Biol. Chem. 109:147-157.

Stewart, P. M., M. Batshaw, D. Valle, and M. Walser. 1981. Effects of arginine-free meals on ureagenesis in cats. Am. J. Physiol. 241:E310-E315.

Stratton-Phelps, M., R. C. Backus, Q. R. Rogers, and A. J. Fascetti. 2002. Dietary rice bran decreases plasma and whole-blood taurine in cats. J. Nutr. 132:1745S-1747S.

Strieker, M. J. 1991. The effect of dietary crude protein on essential amino acid requirements of kittens. Ph.D. dissertation, University of California, Davis.

Strombeck, D. R., and Q. R. Rogers. 1978. Plasma amino acid concentrations in dogs with hepatic disease. J. Am. Vet. Med. Assoc. 173:93-96.

Stucki, W. P., and A. E. Harper. 1961. Importance of dispensable amino acids for the normal growth of chicks. J. Nutr. 74:377-383.

Stucki, W. P., and A. E. Harper. 1962. Effects of altering the ratio of indispensable to dispensable amino acids in the diets of rats. J. Nutr. 78:115-119.

Sturman, J. A. 1988. Taurine in development. J. Nutr. 118:1169-1176.

Sturman, J. A. 1991. Dietary taurine and reproduction and development. J. Nutr. 121:S166-S170.

Sturman, J. A. 1993. Taurine in development. Physiol. Rev. 73:119-147.

Sturman, J. A., and P. Lu. 1997. Role of feline maternal taurine nutrition in fetal cerebellar development: An immunohistochemical study. Amino Acids 13:369-377.

Sturman, J. A., and J. M. Messing. 1991. Dietary taurine content and feline reproduction and outcome. J. Nutr. 121:1195-1203.

Sturman, J. A., and J. M. Messing. 1992. High dietary taurine effects on feline tissue taurine concentrations and reproductive performance. J. Nutr. 122:82-88.

Sturman, J. A., R. C. Moretz, J. H. French, and H. M. Wisniewski. 1985. Taurine deficiency in the developing cat: persistence of the cerebellar external granule cell layer. J. Neurosci. Res. 13:405-416.

Sturman, J. A., A. D. Gargano, J. M. Messing, and H. Imaki. 1986. Feline maternal taurine deficiency: Effect on mother and offspring. J. Nutr. 116:655-667.

Sturman, J. A., T. Palackal, H. Imaki, R. C. Moretz, J. French, and H. M. Wisniewski. 1987. Nutritional taurine deficiency and feline pregnancy and outcome. Pp. 113-124 in The Biology of Taurine, R. J. Huxtable, F. Franconi, and A. Giotti, eds., New York: Plenum Press.

Sugano, M., S. Goto, Y. Yamada, K. Yoshida, Y. Hashimoto, T. Matsuo, and M. Kimoto. 1990. Cholesterol-lowering activity of various undigested fractions of soybean protein in rats. J. Nutr. 120:977-985.

Sunvold, G. D., F. C. Fahey, Jr., N. R. Merchen, D. Bourquin, E. C. Titgemeyer, L. L. Bauer, and G. A. Reinhart. 1995. Dietary fiber for cats: In vitro fermentation of selected fiber sources by cat fecal inoculum and in vivo utilization of diets containing selected fiber sources and their blends. J. Anim. Sci. 73:2329-2339.

Taylor, T. P. 1995. Optimizing the pattern of essential amino acids as the sole source of nitrogen supports near-maximal growth in kittens. M.S. thesis, University of California, Davis.

Taylor, T. P., J. G. Morris, N. H. Willits, and Q. R. Rogers. 1996. Optimizing the pattern of essential amino acids as the sole source of dietary nitrogen supports near-maximal growth in kittens. J. Nutr. 126:2243-2252.

Taylor, T. P., J. G. Morris, P. H. Kass, and Q. R. Rogers. 1997. Increasing dispensable amino acids in diets of kittens fed essential amino acids at or below their requirement increases the requirement of arginine. Amino Acids 13:257-272.

Taylor, T. P., J. G. Morris, P. H. Kass, and Q. R. Rogers. 1998. Maximal growth occurs at a broad range of essential amino acids to total nitrogen ratios in kittens. Amino Acids 15:221-234.

Teeter, R. G., R. H. Baker, and J. E. Corbin. 1978a. Methionine essentiality for the cat. J. Anim. Sci. 46:1287-1292.

Teeter, R. G., R. H. Baker, and J. E. Corbin. 1978b. Methionine and cystine requirements of the cat. J. Nutr. 108:291-295.

Tews, J. K., Q. R. Rogers, J. G. Morris, and A. E. Harper. 1984. Effect of dietary protein and GABA on food intake, growth and tissue amino acids in cats. Physiol. Behav. 32:301-308.

Thoai, N.-V., and Y. Robin. 1954. Metabolisme des derives guanidyles II. Isolement de la guanidotaurine (taurocyamine) et de l'acide guanidoacetique (glycocyamine) des vers marins. Biochim. Biophys. Acta 13:533-536.

Titchenal, C. A., Q. R. Rogers, R. J. Indrieri, and J. G. Morris. 1980. Threonine Imbalance, deficiency and neurologic dysfunction in the kitten. J. Nutr. 110:2444-2459.

Torres, C. L., and Q. R. Rogers. 2002. Lack of regulation of plasma amino acids in dogs fed low-protein diets. Comp. Cont. Educ. Pract. Vet. 24:79 (abs.).

Torres, C. L., S. J. Hickenbottom and Q. R. Rogers. 2003. Palatability affects the percentage of metabolizable energy as protein selected by adult beagles. J. Nutr. 133:3516-3522.

Trachtman, H., R. Barbour, J. A. Sturman, and L. Finberg. 1988. Taurine and osmoregulation: Taurine is a cerebral osmoprotective molecule in chronic hypernatremic dehydration. Ped. Res. 23:35-39.

Trautwein, E.A., and K. C. Hayes. 1991. Gender and dietary amino acid supplementation influence the plasma and whole blood taurine status of taurine-depleted cats. J. Nutr. 121:S173-S174.

Trippett, S. 1957. The synthesis of (±)-felinine. J. Chem. Soc. 1929-1930.

Vainisi, S. J., H. F. Edelhauser, E. D. Wolf, E. Cotlier, and F. Reeser. 1981. Nutritional cataracts in Timber wolves. J. Am. Vet. Med. Assoc. 179:1175-1180.

Vallecalle-Sandoval, M. H., G. Heaney, E. Sersen, and J. A. Sturman. 1991. Comparison of the developmental changes of the brainstem auditory evoked response (BAER) in taurine-supplemented and taurine-deficient kittens. Internatl. J. Dev. Neurosci. 9:571-579.

Vallecalle-Sandoval, M. H., G. Heaney, E. Sersen, and J. A. Sturman. 1993. Comparison of the brainstem auditory evoked response (BAER) in taurine-deficient and taurine-supplemented cats. Nutr. Res. 13:475-487.

Visek, W. J., J. B. Robertson, J. P. Gagnon, S. K. Clinton, and E. A. Ulman. 1976. Dried brewers grains for mature and growing dogs. J. Anim. Sci. 43:442-452.

Vohra, P., and F. H. Kratzer. 1956. Graying of hair in rats fed a ration deficient in lysine. Science 124:1145

Vohra, P., and F. H. Kratzer. 1957. The role of lysine in the growth and feather pigmentation of turkey poults. J. Nutr. 63:471-476.

Wannemacher, R. W., Jr., and J. R. McCoy. 1966. Determination of optimal dietary protein requirements of young and old dogs. J. Nutr. 88:66-74.

Ward, J. 1976. The amino acid requirements of the adult dog. Ph.D. dissertation, Wolfson College, University of Cambridge, England.

Wergedal, J. E., and A. E. Harper. 1964. Metabolic adaptations in higher animals. IX: Effect of high protein intake on amino nitrogen catabolism in vivo. J. Biol. Chem. 239:1156-1163.

Westall, R. G. 1953. The amino acids and other ampholytes of urine. 2. The isolation of a new sulphur-containing amino acid from cat urine. Biochem. J. 55:244-248.

Williams, J. M., J. G. Morris, and Q. R. Rogers. 1987. Phenylalanine requirement of kittens and the sparing effect of tyrosine. J. Nutr. 117:1102-1107.

Wurtman R. J., and J. Axelrod. 1967. Daily rhythmic changes in tyrosine transaminase activity of the rat liver. Proc. Natl. Acad. Sci. 57:594-1598.

Yu, S., Q. R. Rogers, and J. G. Morris. 2001. Effect of low levels of dietary tyrosine on the hair colour of cats. J. Sm. Anim. Pract. 42:176-180.

Zicker, S. C., and Q. R. Rogers. 1990. Use of plasma amino acid concentrations in the diagnosis of nutritional and metabolic diseases in veterinary medicine. Pp. 107-121 in Proceedings of IVth Congress of the International Society for Animal Clinical Biochemistry, J. J. Kaneko, ed., University of California, Davis.

Zuo, Y., G. C. Fahey, Jr., N. R. Merchen, and N. L. Bajjalieh. 1996. Digestion responses to low oligosaccharide soybean meal by ileally-cannulated dogs. J. Anim. Sci. 74:2441-2449.

7 矿物质元素

Minerals

7.1 引言

试验表明，有大约 11 种矿物质元素对犬猫是必需的。同时，有几种其他的矿物质元素，因为在其他种类的动物中是必需的，因此，也假定这些矿物质元素对犬猫是必需的，它们很可能以充足的浓度存在于犬猫粮中，以满足其代谢需求。当用美国分析化学协会(AOAC)的方法分析饲料成分时，发现饲料中的矿物质主要存在于灰分中。这种方法是美国饲料官方管理协会(AAFCO)在饲料议案模式中推荐使用的方法，用来测定饲料成分分析保证值(AOAC，2000；AAFCO，2001)。这些灰分，包括矿物质的氧化物、磷酸盐、碳酸盐、硫酸盐(无机元素)，含有钙(Ca)、磷(P)、镁(Mg)、钠(Na)、钾(K)、铁(Fe)、铜(Cu)、锰(Mn)和锌(Zn)。其他矿物质元素，如氯(Cl^-)、碘 (I)、硫(S)和硒(Se)，可能在燃烧过程中部分或全部以气体混合物的形式丧失了。

有几种方法已被用来对饲料中的营养性必需矿物质元素进行分类。在本章中，矿物质元素被分为常量元素和微量元素。常量元素是指通常用每 1 000 kcal ME 含有的克数或克数的分数来表示的矿物质元素，或者指用每千克 DM 含有的克数或零点几克数(一位小数位)来表示的元素。这些元素包括 Ca、P、Mg、Na、K 和 Cl^-。微量元素是指通常用每 1 000 kcal ME 含有的毫克数或毫克的分数来表示的元素，或者指用日粮中每千克干物质含有的毫克数或零点几毫克数来表示的矿物质元素。这些元素包括 Fe、Zn、Cu、Mn、I 和 Se，也许还包括那些在宠物食品中浓度更低的元素，如钼(Mo)、硼(B)和铬(Cr)。

矿物质在动物体中有许多生理功能。在脊椎动物中，Ca 和 P 对维持内骨骼和牙齿的硬度有着十分重要的作用。矿物质元素如 Ca、Mg、K 和 Na，是神经冲动传导和肌肉收缩所必需的，还可以充当第二信使，并具有细胞信号功能，并且它们在维持机体酸碱平衡方面有重要作用。P 除了对骨骼的作用外，它还是细胞和细胞膜的重要组成成分，而且是能量代谢的关键成分，同时在 DNA 和 RNA 代谢中有着主要作用。许多矿物质的主要作用，尤其是微量元素(如 Se、Cu 和 Mo)，是作为金属酶的成分，在大量酶促反应中发挥作用。矿物质元素，如 Fe、Zn 和 I，对蛋白质和激素的结构和功能有着重要作用。

许多必需矿物质元素的营养缺乏症可通过试验的方法诱发产生，临床症状也得以描述。许多这样的缺乏症也会出现在犬猫的临床症状上，尤其是那些饲喂了配制不正确的"家制食物"的犬猫。此外，一些在饲粮中有利于犬猫健康的必需元素，当摄入过量时，也可引起临床异常反应。

7.2 矿物质元素和酸碱平衡

日粮组成和营养物质代谢对酸碱度有显著的影响。在正常条件下，酸碱的生理浓度由呼吸和泌尿系统调控(Toto 等，1996)。含硫氨基酸的分解代谢释放氢离子 H^+，并产生硫酸盐阴离子。当带阴性电荷的磷酸盐残渣被 H^+ 或阳性氨基中和时，中性磷蛋白和磷脂的细胞代谢会产生 H^+ (Toto 等，1996)。各种来源于食物的有机阳离子和阴离子的新陈代谢可分别释放酸和碱，同时，从小肠吸收的矿物质也可能使内环境的酸或碱增加，这取决于食入矿物盐的数量和成分(Lennon 等，1966；Lemann 和 Lennon，1972；Toto 等，1996)。蛋白质代谢也能产生氨，而氨能导致尿液酸性物质的排出。从食物或骨骼中进入细胞外液的酸的净含量，被称为内源酸产量(EAP)，它可能是正数也可能是负数(Lemann 和 Lennon,1972)。另外,在生理稳态时,内源酸将直接影响尿液酸性物质的净排泄量(NAE)(Zijlstra 等,1995;Toto 等,1996)。因此,排到尿中的酸总量,可通过尿的 pH 反映出来,它与日粮成分直接相关。

此外,饲养管理至少会暂时性地影响酸碱平衡和 NAE。食物通过各种机制诱导盐酸(HCl)的生成并分泌于胃中,它有助于食物的初步消化。盐酸分泌量与胃的充盈度有关。分泌的 H^+ 通过碳酸酐酶的作用形成,而细胞内的 Cl^- 浓度靠壁细胞基底膜的重碳酸盐—氯化物交换机制来维持,这个机制使净余的重碳酸盐转移到细胞外液。因此,饮食与相对代谢性碱中毒,即"碱潮"有关联(Argenzio,1984)。补偿作用包括增加尿中重碳酸盐的排泄,这使尿 pH 上升。如研究表明,每天饲喂一次的猫,相对于自由采食的猫,在进食 2～12 h 后,其尿液 pH 显著增加(Taton 等,1984)。

另一个参与维持酸碱平衡的是骨骼。在相对代谢性酸中毒的情况下,其以碳酸钙形式提供的可交换骨质矿物质,提供了一种缓冲剂的来源(Lemann 等,1966;Burnell 和 Teubner,1971;Toto 等,1996)。可交换的骨质磷酸钙的溶解也有助于对酸的缓冲能力(Brosnan 和 Brosnan,1982)。这种缓冲作用伴随着骨骼中钙盐的损失,在慢性代谢性酸中毒的情况下,这可导致软骨病(Ching 等,1989)。

在野生状态下,犬猫以肉食为主,而动物性蛋白比植物性蛋白含有更高浓度的含硫氨基酸(Pennington,1998)。因此,自然界中犬猫的 EAP 和 NAE 为正,这也使尿的 pH 呈酸性(6.0～7.0)。商业宠物食品尤其是干性食品的发展,导致加入了大量植物性原料作为犬猫粮中蛋白和能量来源(Coffman,1995,1997)。再加上摄入更多的有机阴离子和矿物阳离子(碱性元素),导致了相对的代谢性碱中毒,并产生更多的碱性尿。

这对于猫尤其重要。正常情况下,猫尿的浓度要比人和犬的高(Osborne 等,1995)。早在 20 世纪 70～80 年代,就发现这可能也是猫自然形成鸟粪石型(磷酸铵镁)尿结石的原因之一(Willeberg,1984,Lawler 等,1985)。许多研究表明,摄入镁浓度高于正常的日粮,导致镁采食量高于正常需要,这样镁就成为引发这种病的病因(Lewis 等,1978; Kallfelz 等,1980;Lewis 和 Morris,1984)。随后人们发现,镁的作用依赖于尿液 pH。给猫饲喂使 NAE 增加和尿液 pH 呈酸性的日粮,并没产生这种问题;然而,当给猫饲喂含相同浓度的镁的另外一种日粮时,却产生了碱性尿(Buffington 等,1985,1990)。现在发现,配制的猫粮若能使 NAE 增加,使尿液 pH 为 6.1～6.6,同时保证饲粮中镁的浓度不过量,就可以有效控制尿中鸟粪石的形成(Allen 等,1997)。

人们做了很多努力,通过分析饲粮成分来估计尿液 pH。这些方法基于饲料中矿物阳离子浓度(Ca^{2+},Mg^{2+},Na^+ 和 K^+)和阴离子浓度[PO_4^{3-}(磷酸盐)、SO_4^{2-}(硫酸盐)和 Cl^-],还有总阴离子与总阳离子浓度之差。这些方法涉及如日粮阴离子隙、碱剩余量或阳阴离子差(Oetzel 等,1988;Kienzle 等,1991a;Kienzle 和 Wilms-Eilers,1994;Toto 等,1996)。正值反映日粮中碱化阴离子的净超出量,负值反映酸化阳离子的净超出量。已表明,猫粮中碱剩余量与尿液 pH 密切相关。饲喂碱剩余量－800 ～ －400 mmol/kg 的干性日粮,尿液 pH 日平均为 6.2～6.6 (Kienzle 等,1991a;Kienzle 和 Wilms-Eilers, 1994)。

尽管降低饲粮中 Mg 浓度和尿液 pH,可降低猫鸟粪石尿结石病的发生率,但不能消除尿结石病或其他形式的下泌尿道疾病(LUTD)。如在相当一部分患有 LUTD 的猫中,并不能鉴定出具体的原因(Kruger 等,1991)。尽管如此,在饲喂干性饲粮的猫中,非阻塞 LUTD 确实出现的更为普遍(Buffington 等,1997)。据报道,饲喂可产生酸性尿的罐装食物而不是干饲料,对于先天性膀胱炎的治疗有帮助(Markwell 等,1999)。尽管有证据表明,饲喂罐装而非干饲料,对猫总水分摄入量和尿中水分排泄量几乎没有影响。但也有证据表明,相对于干饲料,吃罐装饲料却能摄入更多的总水分(Sauer 等,1985)。

还有另一个发现,当猫的鸟粪石尿结石病的发病率降低时,草酸钙尿结石病的发病率却增加了(Osborne 等,1996)。我们还不清楚食物对草酸钙尿结石病的病原学意义。能增加 NEA 的食物处理可能提高尿中钙的排出(Ching 等,1989)。这与猫通常产生的更高浓度的尿液(与犬相比)一样,能促进草酸钙的形成(Osborne 等,1995)。用于商品猫粮的原料成分不含有大量的草酸盐。尽管通过试验使幼猫缺乏维生素 B_6,可以增加尿草酸盐的排泄,这也可能导致肾钙质沉积病,但在临床上并未见到。而且,补充维生素 B_6 并不能降低尿草酸盐的排泄(Gershoff 等,1959;Bai 等,1989)。食物因素和草酸钙尿结石病的关系在犬猫中值得进一步研究。

7.3　常量矿物质元素

一般宠物食品原料的矿物质含量见表 13-5。

7.3.1　钙

哺乳动物包括猫和犬，含量最高的矿物质元素是钙(Kienzle 等，1991b，1998b；Lobaugh，1996)。通过分析动物全尸，Kienzle 等人(1998b)发现，幼犬出生时 Ca 含量接近 6 g/kg BW，成年时增加到大约 12 g/kg BW。对于猫，出生时这个值基本相同，但成年值要高一点，大概为 15 g/kg BW(Kienzle 等，1991b)。从钙的需求来看，最大需求出现在形成骨骼和牙齿的活跃期。然而，在生理和新陈代谢中，尽管所需的钙量和浓度比维持骨骼和牙齿健康所需的低许多，但钙的作用却非常重要。如钙对血液凝固、神经冲动传导、兴奋收缩耦联和肌肉收缩都是必不可少的，而且它还是大量的细胞膜内化学反应的第二信使。

钙可以从多种食物中获得。奶产品，如牛奶和奶酪，是很常见的良好来源。一些蔬菜，像椰菜和卷心菜，也是合理来源(Pennington，1998)。紫花苜蓿是草食动物的良好钙源。然而，在猫粮或犬粮中，这些都不是常用的原料。宠物食品中经常用的钙源包括：肉骨粉，10% Ca；骨粉，31.0% Ca；磷酸氢钙，22% Ca；磷酸二氢钙，16.4% Ca；碳酸钙，39.4% Ca (表 13-6 和表 13-8)。

7.3.1.1　犬日粮钙的吸收和生物利用率

需要用一个恒定的生物利用率估计值来确定宠物食品中钙的最低浓度。然而，正如半个世纪前一样，做到这点确实很困难。因为生命阶段、品种差异和食物成分等因素都可以改变钙的需要量和生物利用率(McCay，1949)。Gershof 等人(1958)对 8～12 周龄的杂种犬饲喂纯化干饲粮，钙含量分别为 1.3、7.0 和 13.7 g/kg (DM 基础)，得到消化钙的表观吸收率分别为 90%、46%和 27%。Hedhammar 等人 (1980)将钙浓度为 11.1～15.6 g/kg(DM 基础)的干性饲料(90% DM)或钙浓度为 8.3～25.0 g/kg(DM 基础)的冷藏饲料(30% DM)饲喂 8 周龄德国牧羊犬，发现钙的表观吸收率为 0%～85%，这些研究没有说明钙的来源。最近，利用动力学分析，将钙浓度为 0.5 或 3.3、11.0 和 33.0 g/kg 的含等量碳酸钙和磷酸氢钙的混合干性饲粮饲喂 13～25 周龄的迷你贵宾犬幼犬，测得钙真吸收率分别为 70%～90%、28%～53%和 37%～50%(Nap 等，1993)。Hazewinkel 等(1991)对 14～26 周龄的大丹犬的研究发现，干犬粮中钙浓度为 5.5、11 和 23 g/kg(DM 基础，含等量磷酸二氢钙和碳酸钙)时，钙的真吸收率为 70%～97%、45%～66%和 23%～43%。在此研究中磷的浓度(5 或 9 g/kg)并不影响钙的吸收(Hazewinkel 等，1991)。Schoenmakers 等(1999)在 9～15 周龄的大丹犬幼犬也得到了相似的真消化率，其饲喂的干犬粮的钙浓度为 10.4 或 31 g/kg (DM 基础，含等量磷酸氢钙和碳酸钙)。

Hedhammar 等(1980)饲喂成年犬钙含量为 14 或 1.1 g/kg(DM 基础)的干犬粮，钙的表观吸收率为 30%～50%，而金毛猎犬则接近 100%，在此试验中未说明钙的来源。Chanard 等人(1980)给体重为 15～25 kg 的成年杂种犬饲喂含钙 13 g/kg(DM 基础)的饲粮，得到钙的真吸收率平均为 27%。Beynen 等(2001)饲喂 6 只体重为 12～17 kg 的成年犬，含钙 8.5 g/kg (DM 基础)的商品湿粮(湿度 35.1%)，测得钙的表观吸收率平均为 11.5%。从采食量和其他数据可估计真吸收率约为 30%。在另一项研究中，Sheffy 等(1985)对年轻的成年比格犬(1 岁)和老年比格犬(10 岁)饲喂含钙约 17 g/kg(1.7%)的商品粮，测得表观吸收率分别为 27.4%和 26.9%。2 个年龄组的表观消化率没有显著差异(Sheffy 等，1985)。近期的一个研究，给成年猎犬饲喂钙浓度为 20 g/kg(DM 基础)的标准饲料，且以不同数量的牛肉和大豆作为蛋白质来源，钙的净表观吸收率没有规律，数据从 0 开始(Hill 等，2001)。

以上数据足可证明，犬对钙的利用率随年龄的增长和钙浓度的增加而降低。Hoff-Jorgensen (1945)报告：植物性原料中植酸盐的存在可降低犬粮中钙的生物利用率。但近期有关犬猫这方面的资料却很少。目前测得的犬对钙的消化率都还算合理，因为饲喂的干性饲料很相似，尽管与同时期的商品干粮在组成上并不完全相同(Chanard 等，1980；Hazewinkel 等，1991；Nap 等，1993；Beynen 等，2001)。也有证据表明，饲喂能使小肠末段和结肠 pH 降低的饲粮，有助于提高钙的消化率(Beynen 等，2001，2002)。饲粮中的钙磷比是另一个影响钙吸收的因素。然而，最近的研究显示，如果饲料中钙磷的浓度合适，这个因素对钙的吸收并无显著影响(Hazewinkel 等,1991;Nap 等,1993)。尽管提高饲料中脂肪浓度有可能降低钙的吸收,但 Jenkins 和 Phillips(1960b)发现含脂肪 3%和 20%的饲料,钙有相似的表观吸收率。Hazewinkel (1998)发现,对于 6 月龄的比格犬,脂肪含量 33%和 11%的饲粮对钙的吸收并无影响。

7.3.1.2　犬的钙缺乏

饲粮中钙缺乏导致营养性继发甲状旁腺机能亢进(NSHP)。流入细胞外液的钙减少,导致钙离子的浓度降低,进而刺激甲状旁腺素(PTH)的分泌。血浆中 PTH 浓度的增加,促进骨化三醇的形成,它是维生素 D 的最高活性形式,它和 PTH 一起促进骨骼重吸收,这是一种使钙离子循环恢复到正常浓度的机制(Potts 和 Juppner,1998)。饲粮慢性钙缺乏使骨沉积矿物质含量严重降低,可引起明显的骨骼异常,包括骨折。

多年的临床研究证明,当犬饲喂以肉为主的商品犬粮或自制犬粮时,钙缺乏可导致 NSHP。Hazewinkel 等(1991)给大丹犬幼犬饲喂钙浓度为 5.5 g/kg(DM 基础)的干饲料时,他们描述了 NSHP 的几个严重的症状,包括病理性骨折。在幼犬 8 周龄时开始饲喂试验饲料,在约 5 月龄时临床症状变得严重。在长达 18 周的试验中,钙摄入量在 150～250 mg/(kg BW · d)范围内变动,对应的真吸收率为 75%～95%(Voorhout 和 Hazewinkel,1987;Hazewinkel 等,1991)。Goodman 等(1998)和 Lauten 及 Goodman(1998)得出相似的结果,用含钙 1.2 g/1 000 kcal ME 的饲料喂大丹犬幼犬与含钙浓度更高的饲料相比,生长率更低,还有轻度软骨病(Goodman 等,1998;Lauten 和 Goodman,1998)。最近,Laflamme(2000)报道,以平均含钙 2.2 g/1 000 kcal ME 的饲粮喂几种中型或大型犬 5～10 周,包括英国赛特种猎犬、德国牧羊犬、拉布拉多猎犬和爱斯基摩犬,发现它们生长缓慢,饲料利用率低。试验所用幼犬的年龄、体重均未报道。研究中也未观察到任何骨骼病理现象(Laflamme,2000)。

将含钙 3.3 g/kg(DM 基础)的饲粮,喂给 13～25 周龄的迷你贵宾犬,钙摄入量为 140 mg/(kg BW · d),犬并无异常现象(Nap 等,1993)。在同一试验中,饲喂含钙 500 mg/kg 的饲粮,就出现了 NSHP 症状。然而,Gershoff 等(1958)给杂种犬从 2 月龄开始饲喂含钙约 1.3 g/kg(DM 基础)的纯化饲粮,饲喂 2.5 年,并未发现任何异常。在这项研究中,钙的表观吸收率为 90%,可能高于标准饲粮的通常期望值。

Henrikson(1968)和 Krook 等(1971)的研究表明,饲喂成年小型比格犬含钙 1.2 g/kg(DM 基础)的日粮,与含钙 12 g/kg(DM 基础)的饲粮相比,观察到严重的骨骼异常。然而,Hedhammar 等(1980)报道,用只含有钙 1 g/kg 的干性日粮饲喂成年的金毛猎犬,钙的摄入量为 20 mg/(kg BW · d),犬只出现了短暂的骨骼矿物质沉积量的减少。这个实验中钙的吸收接近 100%。这些结果也证实了 Gershoff 等(1958)的发现,即当饲喂含钙量约为 1.3 g/kg(DM 基础)的纯化饲料时,犬就能维持钙的平衡。

7.3.1.3　犬摄入过量钙的不良影响

摄入过量钙可引起严重的骨骼异常,尤其是对处于生长阶段的大型犬的幼犬(Hedhammar 等,1974;Hazewinkel 等,1985,1991;Goedegebuure 和 Hazewinkel,1986;Voorhout 和 Hazewinkel,1987)。在自由采食的情况下,饲喂大丹犬幼犬含钙量为 20.4 g/kg(即 5.2 g/1 000 kcal ME)的饲粮,钙的摄入量为 362～1 374 mg/(kg BW · d),与生长正常的限饲犬[362～1 057 mg/(kg BW · d)](Hedhammar 等,1974)相比,到 1 岁时出现了临床和病理性骨骼变化,包括软骨病、骨周转效率低、骨沉积增加等。给大丹犬幼犬喂含钙 33 g/kg(DM 基础)的饲料,出现骨关节软骨病、桡骨弯曲和生长受阻(Hazewinkel 等,1985)。

Hazewinkel 等(1991)运用动力学的方法证明,降低肠道对钙的吸收可提高钙的整体吸收率,降低骨的周转率。当给处于生长阶段的大丹犬幼犬饲喂含钙 8.9 g/1 000 kcal ME(含 33 g/kg 日粮,含 ME 3 700 kcal/kg)的日粮时(DM 基础),也发生了类似的病理变化。这些幼犬钙摄入量为 960～1 400 mg/(kg BW · d),而与其对照的幼犬则饲喂含钙 3.0 g/1 000 kcal ME[含钙 11 g/kg(DM 基础)]的饲料,钙摄入量为 300～460 mg/(kg BW · d)(Voorhout 和 Hazewinkel,1987;Hazewinkel 等,1991)。Nap 等(1993)用类似的饲粮喂迷你贵宾犬,发现了与大型犬相类似的钙代谢变化,然而却未观察到显著的骨骼异常。

Goodman 等(1998)及 Lauten 和 Goodman(1998)用含钙为 6.8 g/1 000 kcal ME 的饲料饲喂大丹犬幼犬,发现了犬的骨结构异常和骨骼损害。在一次流行病学研究中,Slater 等(1992)发现,给大型犬幼犬饲喂含钙≥3.6 g/1 000 kcal ME 的日粮,导致患骨软骨炎的危险性增加。因此,给生长犬摄入过量的日粮钙,可引起骨临床异常。但这对大型犬幼犬的影响却是有限的。

7.3.1.4　犬对钙的需求量和供给量

1. 幼犬的需求量和供给量

生长期幼犬钙的最小需求量(MR)因其品种和年龄的变化而变化。Hazewinkel 等(1991)发现,含钙量为 1.5 g/1 000 kcal ME 的标准日粮,钙摄入量为 150～250 mg/(kg BW · d),真吸收钙为 120～180 mg/(kg BW · d),这样的日粮仍不能满足大丹犬幼犬的正常生长需要(MR),即使其真吸收率已接近 100%。然而,钙含量为 3.0 g/1 000 kcal ME,真吸收率为 45%～75%,真吸收钙为 200 mg/(kg BW · d)的日粮,就能满足正常营养需要。Goodman(1998)、Lauten 和 Goodman(1998)报道,饲喂含钙 2 g/1 000 kcal ME(含钙 8.2 g/kg,含 ME 4 000 kcal/kg)的饲粮也能满足大丹犬幼犬的生长。Laflamme(2000)报道,给生长期中大型犬幼犬饲喂含钙 3.9～5.7 g/1 000 kcal ME 的饲粮,犬生长正常,但饲喂含钙 2.2～2.6 g/1 000 kcal ME 的饲粮时,尽管未观察到骨骼受损,却发育不良。

Nap 等(1993)发现,尽管用含钙 0.9 g/1 000 kcal ME(DM 基础)的干性饲粮饲喂迷你贵宾犬时生长正常,但饲喂类似的饲料,其含钙为 3.0 g/1 000 kcal ME,仍能正常生长。基于这些观察以及 Goodman 等(1998)及 Lauten 和 Goodman(1998)先前提出的结果认为,钙含量为 2.0 g/1 000 kcal ME(含钙 8.2 g/kg,含 ME 4 000 kcal/kg),可被设定为饲粮钙的 MR,它即满足大型犬也能满足小型犬幼犬的正常生长需要,虽然它有点接近除大型犬外其他犬的 MR。这种日粮可为体重为 5.5 kg 每天消耗 ME 1 000 kcal 的幼犬提供的日粮钙摄入量为 370 mg/kg[560 mg/(kg $BW^{0.75}$ · d)](Nap 等,1993;Lauten 和 Goodman,1998)。然而,Laflamme(2000)建议,饲粮钙的这个浓度可能并不能保证一些大型犬的最佳生长,在这些试验中用的饲粮可能使钙的吸收率比以前研究的要低,因为它们只是能量浓度适量的标准饲粮,可能含有降低钙吸收率的成分(Hoff-Jorgensen,1945)。

关于幼犬饲粮中钙的推荐供给量(RA),Hazewinkel 等(1991)、Schoenmakers 等(1999)和 Nap 等(1993)的数据表明,含钙 3.0 g/1 000 kcal ME(含钙 12 g/kg,含 ME 4 000 kcal/kg)的饲料适于所有品种犬。这种饲粮可为一只体重为 5.5 kg 每天消耗 ME 1 000 kcal 的幼犬提供的钙摄入量为 545 mg/(kg BW · d)[680 mg/(kg $BW^{0.75}$ · d)]。

2. 成年犬的需求量和供给量

Hedhammar 等(1980)和 Gershoff(1958)的数据表明,钙的浓度约为 1.5 g/kg 的日粮即可为成年犬提供钙 20 mg/(kg BW · d),可满足成年犬的维持需要。当内源钙排泄损失约 20 mg/(kg BW · d)时,钙的真生物利用率几乎为 100%,而钙的表观利用率接近 0(Hedhammar 等,1980;Hill 等,2001)。Schoenmakers 等(1999)发现,大丹犬幼犬内源钙排泄损失平均约为 20 mg/(kg BW · d),Nap 等(1993)在迷你贵宾犬中也发现相同的结果。零钙平衡要求尿中钙损失最小,这点已经得到确认(Hedhammar 等,1980;Schoenmakers 等,1999)。

这些数据表明,成年犬要维持钙平衡,必须吸收大约 25 mg/(kg BW · d)。假定真生物利用率最大为 90%,成年犬钙的 MR 不超过 30 mg/(kg BW · d),这可由含钙 0.5 g/1 000 kcal ME (含钙 2 g/kg,含 ME 为 4 000 kcal/kg)的饲粮来满足。假定安全因子为 50%(生物利用率为 40%)来解释部分吸收和能量摄入的变化,则成年犬对饲粮中钙的推荐供应量(RA)设为 65 mg/(kg BW · d)[130 mg/(kg $BW^{0.75}$ · d)]是合理的。对体重为 15 kg 的成年犬,RA 可由含钙 1.0 g/1 000 kcal ME[含钙 4.0 g/kg(DM 基础),含 ME 4 000 kcal/kg(DM 基础)]的饲粮来满足。

3. 犬妊娠和哺乳期的需求量和供给量

Meyer(1984)报道,利用析因法,假设钙的利用率为 40%,妊娠母犬怀孕期最后 3 周,钙的推荐供给量(RA)为 160 mg/(kg BW · d)。这个数值在后来多个品种的妊娠母犬的研究中也得到证实(Meyer 等,1985a)。一只体重为 22 kg 的母犬,怀孕后期的能量需求大概为 100 kcal ME/(kg BW · d) (Meyer 等,1985a)。含钙 1.6 g/1 000 kcal ME(含钙 6.4 g/kg,含 ME 4 000 kcal/kg)的饲料,即可满足妊娠期对钙的 RA。

Mayer 等人(1985b)再次利用析因法,假设钙利用率为 50%,计算出一只体重为 22 kg 哺育 8 只幼犬的母犬,哺乳期钙的供应量为 360 mg/(kg BW · d)。哺乳末期,它的能量需求量估计为 230 kcal ME/(kg BW · d)或 5 000 kcal ME(Meyer 等,1985b)。基于这些数据,含钙 1.6 g/1 000 kcal ME(含钙 6.5 g/kg,含 ME 4 000 kcal/kg)的饲粮,可满足一只体重为 22 kg 哺育

8只幼犬的母犬在泌乳高峰期的RA。据说超大型犬需进食稍低的能量和略高的钙，所以为超大型犬设计的饲料钙浓度应高一点，含钙约为1.9 g/1 000 kcal ME（Meyer 等，1985b）。

通过分析产奶量和奶中钙浓度的数据可推测出哺乳期的钙需求。Lonnerdal 等（1981）和 Lonnerdal（1996）报道，母犬奶中钙的浓度为1 700 mg/L。Ruesse (1961) 和 Oftedal (1984)报道，哺育6只幼犬的比格犬和德国牧羊犬，泌乳高峰产奶量分别是1 050 和1 700 mL/d。假设钙的最小需求为30 mg/(kg BW・d)，最大利用率为90%，供维持和泌乳钙的最小需要量为150～200 mg/(kg BW・d)。为了校正利用率的变异，假设钙平均利用率为65%，结果哺乳母犬的RA为200～300 mg/(kg BW・d)[433～650 mg/(kg $BW^{0.75}$・d)]。这可由含钙5.0 g/kg(DM基础)、含ME 4 000 kcal/kg (DM基础)的饲粮来满足。这与Meyer(1984)得出的数据极为相似。

为了保证所有品种的哺乳母犬获得适量的钙，钙的AI和RA应该设在能确保巨型品种需求的水平，也就是380 mg/(kg BW・d)[820 mg/(kg $BW^{0.75}$・d)]。如能保证正常能量摄入，这需要含钙1.9 g/1 000 kcal ME［含钙8.0 g/kg(DM基础)、含ME 4 000 kcal/kg (DM基础)］的饲粮(Meyer 等，1985b)。由上可见，饲粮提供给泌乳犬的充足钙浓度要比妊娠犬的高。

7.3.1.5 犬对钙的安全上限

摄入过量钙产生不利影响的数据，可用于巨型品种犬的幼犬（Hedhammar 等，1974；Hazewinkel 等，1985，1991；Goedegebuure 和 Hazewinkel，1986；Voorhout 和 Hazewinkel，1987)。这些研究表明，饲喂巨型犬生长犬含钙21～33 g/kg(含钙4.9～8.9 g/1 000 kcal ME)的饲粮，可导致其严重的骨骼异常。然而，Weber 等(2000)报道，用含钙2.1～3.9 g/1 000 kcal ME的饲粮饲喂10周龄大丹犬或巨型犬幼犬24周，并未发现异常。Laflamme(2000)饲喂大中型犬生长期犬含钙3.9～5.7 g/1 000 kcal ME［含钙13～19 g/kg，含ME 3 300 kcal/kg(DM基础)］的饲粮，并未发现对骨骼的不良影响。根据这些数据，生长期巨型犬幼犬对钙的安全上限(SUL)最小设为含钙4.5 g/1 000 kcal ME［含钙18 g/kg(DM基础)、含ME 4 000 kcal/kg (DM基础)］，这是比较合理的。对于生长缓慢的大型幼犬，还有小型品种和成年犬，SUL可以略高一些。

7.3.1.6 猫日粮钙的吸收和生物利用率

相比于犬科动物，有关猫科动物钙吸收的信息较少。Pastoor 等(1994b)研究氯化钙对矿物质代谢的影响，给幼猫饲喂含钙6.7 g/kg(含碳酸钙或氯化钙)的饲粮和含钙12.3 g/kg(DM基础，含等量钙的碳酸钙和氯化钙)的饲粮。在15、21、31和39周龄时进行平衡试验。15周龄的幼猫，饲喂含钙6.7 g/kg(含碳酸钙或氯化钙)的饲粮时，钙的平均表观吸收率为45%，而饲喂含钙12.3 g/kg(DM基础，含等量钙的碳酸钙和氯化钙)的饲粮，钙的平均表观吸收率为24%。39周龄时，前者表观吸收率降至5%～10%，而后者降至1%。

Pastoor 等(1994a)用大约1.5岁的摘除卵巢的成年猫，分别饲喂含钙2.5、3.7、7.5和15.2 g /kg(DM基础，含碳酸钙)的饲粮，平均表观吸收率分别为7.5%、18.4%、5.1%和18.2%。在一个类似的试验中，当饲喂含钙7 g/kg(含碳酸钙或氯化钙)的纯合饲粮，其表观吸收率为5% (Pastoor 等，1994b)。在另一个试验中，Pastoor 等(1995a)用含钙7 g/kg(含碳酸钙)的纯合饲粮饲喂2.5岁的摘除卵巢的猫，发现表观吸收率平均为12.5%。同样，将含钙13 g/kg(含碳酸钙或含等量碳酸钙和氯化钙)的饲粮饲喂3岁大的猫，得到表观吸收率在0～9%变化。

纯合饲粮已经用于大多数关于猫对钙吸收的研究中(Pastoor 等，1994b，1994a，1995a)。然而，Hintz 和 Schryver(1986)对成年猫钙吸收的研究表明，分别饲喂以石粉、磷酸氢钙或骨粉为钙源的基础日粮，当饲料钙浓度为2 g/kg(DM基础)时，3种钙源都能维持钙的正平衡，且饲粮的钙磷比为1∶3.5。这些饲料中钙的真消吸收率为36%～39%。

不同的钙盐对猫的钙吸收影响也有研究。饲喂氯化钙相对于碳酸钙，钙消化率上升，尿的pH下降(Pastoor 等，1994b)。然而在其他研究中，在标准日粮中添加1.5%的氯化铵，在最初饲喂的几个月，却使钙的表观吸收率从平均12%下降至5%，但继续用这种含氯化铵的饲料，到第5个月或第6个月，这些影响就消失了(Ching 等，1989)。最近关于猫的研究表明，改变饲料的钙磷比(增加日粮中磷的含量)，并不能显著影响成年猫钙的吸收率。

7.3.1.7 猫的钙缺乏

Scott 等(1961)用主要由生牛心组成的约含钙

30 mg/kg (DM 基础)的饲料饲喂幼猫，并记录了钙的缺乏症。试验幼猫骨骼变薄，尤其是腰椎，很容易弯曲和粉碎，其次是骨盆(Pennington，1998；Scott 等，1961)。Krook 等(1963)在另外的试验中得到类似的发现，这与 NSHP 诊断相符。X-射线检查和组织学检查证明其骨骼矿物质有明显损失。实验动物有骨痛表现，继发病理性骨折。Wing(1967)发现，当饲喂含钙 10 g/kg 和含磷 5 g/kg 的饲料时，幼猫钙缺乏的临床症状可得到改善并消失。Jowsey 和 Gershon-Cohen (1964)报道，饲喂成年猫牛心饲料 10 周，X-射线检查结果证明矿物质浓度降低，继续饲喂 20 周，症状更明显，但是给动物补钙 10 周后，症状得到改善。

7.3.1.8 过量钙对猫的不良影响

有证据表明，提高幼猫粮中钙的浓度是有害的。Howard 等(1998)饲喂含钙 6 或 23 g/kg(DM 基础)的纯化基础日粮，来评价幼猫对镁的需求。饲喂幼猫钙浓度高出一般日粮的饲粮，猫的采食量降低，生长减缓，血清中离子钙和总钙浓度升高。高钙日粮也使镁的需求量上升(Howard 等，1998)。Pastoor 等(1994b)给 15 周龄的幼猫喂含钙 6.7 或 12.3 g/kg (DM 基础)的饲粮，其表观利用率分别为 40%和 24%。既随着日粮中钙浓度的增加，钙的表观利用率下降，骨骼矿物质密度增加。

7.3.1.9 猫的钙需求量和供给量

1.幼猫的需求量和供给量

相比于犬，猫的钙需求量种属差异要小得多。然而，和犬一样，幼猫对钙的需求随年龄增长而降低(Pastoor 等，1994b)。Scott(1965)表示，当钙磷比适中时，幼猫的钙需求为 200～400 mg/d。Pastoor 等(1994b)用含钙 6.7 g/kg(DM 基础)的纯合饲料喂 15 周龄的幼猫，钙的摄入量为 300 mg/(kg BW・d)，表观吸收率约为 40%。39 周龄时采食量降至 120 mg/(kg BW・d)，表观吸收率降至约 10%(Pastoor 等，1994b)。Howard 等(1998)观察 22 周龄的幼猫，饲喂纯合饲粮，平均每天采食量为 200 mg/kg BW，生长速度正常。Morris 和 Earle(1999)表明只要钙磷比合理[1∶(0.6～1.3)]，浓度 6 g/kg(DM 基础)的饲粮即可满足生长期幼猫饲料对钙的需求。一只体重为 800 g 每天消耗 ME 180 kcal 的幼猫，对钙的最低需求量为 295 mg/(kg BW・d)[274 mg/(kg $BW^{0.67}$・d)] (Morris 和 Earle，1999)。

RA 可解释标准饲粮中为何钙的利用率低。假设生长期幼猫的真吸收率为 50%(Hashimoto 等，1996)，则内源排泄损失钙为 20 mg/(kg BW・d)(Hashimoto 等，1996；Kienzle，1998)。Morris 和 Earle 等(1999)假设饲喂纯合饲粮的真吸收率为 75%，这与 Pastoor 等(1994b) 的估计类似，而对于生长幼猫钙的 RA 可设为 440 mg/(kg BW・d)[410 mg/(kg $BW^{0.67}$・d)]。含钙 2.0 g/1 000 kcal ME 的饲粮可满足体重为 800 g 每天消耗 ME 180 kcal 的幼猫的 RA。

2.成年猫的需求量和供给量

Pastoor 等(1994a)测定了 1.5 岁摘除卵巢的猫的钙平衡，发现饲喂钙浓度 2.5 g/kg(DM 基础)的饲粮，钙呈正平衡，这表明饲粮中钙充足。在另一项研究中，Pastoor 等(1994b)用含钙 7 g/kg(DM 基础)的纯合日粮饲喂 2.5 岁摘除卵巢的猫，观察表观吸收率低于 10%，这表明钙摄入量高于需求量。Kienzle(1998)利用析因法，计算出哺乳期母猫的钙需求量为 21.2 mg/(kg BW・d)，这也包括维持需要的 MR 估计值。当利用率估计约为 35%时，维持状态供应量计算得为 61 mg/(kg BW・d)。

成年猫一般处于零钙平衡，即尿钙损失为 1 mg/(kg BW・d)，内源粪钙损失为 20 mg/(kg BW・d) (Pastoor 等，1994a；Kienzle，1998)。假设真吸收率最大为 90%，成年猫钙的 MR 约为 25 mg/(kg BW・d) [40 mg/(kg $BW^{0.67}$・d)](Pastoor 等，1994a，1995a；Kienzle，1998)。含钙 400 mg/1 000 kcal ME [含 Ca 1.6 g/kg(DM 基础)，含 ME 为 4 000 kcal/kg(DM 基础)]的饲粮，就可满足一只体重为 4 kg 每天消耗 ME 250 kcal的成年猫的最小钙需要量。

假设表观吸收率平均为 45%，则成年猫的饲粮钙的 RA 为 45 mg/(kg BW・d)[71 mg/(kg $BW^{0.67}$・d)]，这与 Hintz 和 Schryber(1986)测得的结果近似，这解释了饲料和其他因子的变异。含钙 720 mg/1 000 kcal ME 的饲粮可提供一只体重为 4 kg 每天消耗 ME 250 kcal 的猫钙供应量(Pastoor 等，1994a；Kienzle，1998)。这与 Hintz 和 Schryver(1986)的数据非常吻合，他们发现饲喂成年猫含钙 2～3 g/kg(DM 基础)的饲粮，尽管钙磷比为 1∶3.5，仍可使钙略呈正平衡。

3.猫妊娠和泌乳期的需求量和供应量

现在还没有关于妊娠母猫钙需求的试验数据。然而，含足够钙的饲粮(含钙 2.0 g/1 000 kcal ME)可满足生长期幼猫的需求,只要摄入足够的能量,应该就可提供 AI,来满足维持和妊娠需要。这与 Piechota 等(1995)所测得猫的钙浓度几乎完全相同,他在测定妊娠或哺乳时的氮需求时成功运用了怀孕—哺乳饲粮。

只有少量试验数据有关哺乳母猫的钙需求量。运用析因法,Kienzle(1998)假设钙的利用率为 35%,哺育 4 只幼猫的母猫在泌乳高峰期的钙需求量为 358 mg/(kg BW · d)[565 mg/(kg $BW^{0.67}$ · d)]。一只体重为 4 kg 哺育 4 只幼猫的母猫,在泌乳高峰期钙的总需求量为 1.43 g/d。为达到这个需求,含钙 2.7 g/1 000 kcal ME 的饲粮可满足所需钙的 RA。这又与 Piechota 等(1995)的数据非常符合,如果这组用的纯合饲粮钙的真吸收率为 90%或更高的话。

7.3.1.10 猫对钙的安全上限

Howard 等(1998)报道,饲喂含钙约 4.6 g/1 000 kcal ME 的日粮,幼猫的采食量下降,生长率下降。Pastoor 等(1994b)表示,饲喂含钙 2.6 g/1 000 kcal ME 的饲粮,相对于含钙 1.3 g/1 000 kcal ME 的日粮,引起骨密度上升。根据这些数据,安全上限应设置在含钙 2.6~4.6 g/1 000 kcal ME 范围内的某点,也就是说不能准确定义 SUL。

7.3.2 磷

磷是哺乳动物包括人类(Lobaugh,1996)、猫和犬体内的第六大常量化学元素,也是第二大(钙之后)常量矿物质元素(Kienzle 等,1991b,1998b)。像钙一样,大部分磷(约 86%)存在于骨骼中。磷在其他组织中的含量也很丰富,其中肌肉中的含量最丰富,占体内总磷的 8.6%。新生幼犬体内的磷浓度约为 4.7 g/kg BW,成年时增加到 5.9 g/kg BW(Kienzle 等,1998b)。新生幼猫和成年猫体内磷的浓度分别为 3.8 和 9.1 g/kg BW(Kienzle 等,1991b)。和钙一样,磷对组成骨骼结构也十分重要。它还是 DNA、RNA、膜和其他磷脂、磷蛋白的重要组成部分。作为高能磷酸盐的一部分,它对能量代谢,包括能量运输,有重要功能。它也在酸碱平衡中有着重要的作用(Lobaugh,1996)。

相比于钙,磷更普遍存在于饲料中。如磷在谷类和奶制品中有相对较高的含量(NRC,1971;Pennington,1998)。尽管在谷物和其他的蔬菜产品中,磷多以植酸磷的形式存在,但这种形式的磷比其他形式缺乏生物活性(Hoff-Jorgensen,1945;Erdman,1979;Graf,1986)。鲜肉制品在干物质基础上普遍含磷量在 0.3%左右,并且其钙磷比为 1∶20(Pennington,1998)。但是,动物畜体的部分骨架含有更高的钙磷浓度(NRC,1971)。除了肉外,可作为猫粮和犬粮中的磷源的包括肉骨粉,含磷 4.46%;鱼粉,含磷 3.05%;骨粉,含磷 12.86%;磷酸氢钙,含磷 19.30%;磷酸氢铵,含磷 20.6%;磷酸,含磷 31.6%(表 13-6 和表 13-8)。

7.3.2.1 犬对磷的吸收和生物利用率

关于犬对磷吸收率的研究数据很少。Jenkins 和 Phillips(1960a)报道,6~16 周龄的德国牧羊犬饲喂含磷 1.7~5.3 g/kg(大都以磷酸钠的形式)的饲料,其表观吸收率为 30%~76%。在随后对德国牧羊犬、西班牙长耳犬和比格犬幼仔的研究中,当饲粮中钙的浓度是 6 g/kg 时(钙∶磷为 1.8∶1),摄入含磷 3.3 g/kg 的标准饲粮,磷的表观吸收率为 66%。当钙浓度增加到饲粮中含钙为 9 和 12 g/kg[钙磷比为(3~4)∶1]时,摄入磷的表观吸收率分别降到 57%和 49%。含次植酸磷日粮的磷表观吸收率与钙磷比的增加成反比(Jenkins 和 Phillips,1960b)。日粮中脂肪从 3%增加到 20%不能改变含磷 3.3 或 4.1 g/kg 的饲粮中磷的吸收率。在一项对生长期大丹犬磷的代谢研究中,Schoenmakers 等(1999)饲喂犬含磷 8.2 g/kg(DM 基础)以及含钙 10.4 或 31.1 g/kg 的饲粮。在 9 周和 15 周龄幼仔中发现磷的表观吸收率分别为 65%~70%以及 25%~50%,对于这 2 种饲粮,其中高钙含量可显著降低磷的吸收率(Schoenmakers 等,1999)。虽然如此,所有的幼仔体内的磷都是正平衡的。

Sheffy 等(1985)发现,将含磷 9.9~20.7 g/kg 及含钙 12.3~36.0 g/kg 的饲粮喂给 1 岁的幼犬或 10 岁大的成年犬,其磷的表观吸收率平均为 40%。

在饲粮成分相互影响的方面,这里有很多数据可以证明当增加饲粮中的钙浓度,磷的吸收率就会降低(Jenkins 和 Phillips,1960b;Schoenmakers 等,1999)。最明显的证据就是当钙磷比大于 2∶1 时获得的数据。也可证明,犬像其他单胃动物一样,体内植酸磷比无机磷的生物利用率要低(Jenkins 和 Phillips,1960a,b)。如磷的表观吸收率的范围从 26%降到 13.5%。前者是以牛肉中肉蛋白为蛋白源的饲粮,后者是含牛肉和大豆混合蛋白的饲粮,后者植酸磷的含量相对较高(Hill 等,2001)。

7.3.2.2 犬的磷缺乏

已报道过幼犬的磷缺乏(表 7-1)。给幼犬喂含磷 3.3 g/kg(表观吸收率为 67%)及含钙 6 g/kg (钙磷比为 1.8∶1)的饲粮,证明其生长性能比饲喂含磷浓度低饲粮的幼犬更好(Jenkins 和 Phillips,1960b)。给幼犬饲喂磷浓度相近但钙浓度更高的饲粮,可以降低磷的吸收率,这可由减少的血磷和骨灰分浓度得到证明(Jenkins 和 Phillips,1960b)。

表 7-1 犬磷缺乏的临床症状和生理状态与日粮磷浓度的关系(DM 基础)

生理状况	饲粮中的磷 /(g/kg)	临床症状	资料来源
德国牧羊犬幼犬	2.3	体重停止增长甚至下降,食欲差、恶病质,前肢和腕关节突出肿胀	Jenkins 和 Phillips(1960a)
幼犬	3.3	生长下降	Jenkins 和 Phillips(1960b)

7.3.2.3 犬摄入过量磷的不良影响

有关犬过量摄入磷带来影响的数据很少。至于钙磷低比率的影响则有比较完整的描述(如营养性甲状旁腺机能亢进)(Henrikson,1968;Krook 等,1971)。但是,相比而言,这可能与钙缺乏更有关联(Hazewinkel 等,1991)。

7.3.2.4 犬对磷的需求量和供给量

1.幼犬的需求量和供给量

以上的数据显示,摄入无机磷的幼犬,其磷的表观吸收率至少在 70%(Jenkins 和 Phillips,1960a,b)。如果犬和猫相似,那么每天每千克体重磷的内源损失只有几克而已(Kienzle,1998)。但是,如果钙磷比超过 2∶1 或者饲粮中有很多的植酸磷,磷的吸收率就会下降(Jenkins 和 Phillips,1960a,b;Schoenmakers 等,1999)。给幼犬饲喂标准生长日粮,尤其是干性食品,磷的吸收率可合理地设为 50%(Jenkins 和 Phillips,1960a)。对幼犬而言,磷的最小吸收浓度估计约为 2.6 g/kg(DM 基础)(Jenkins 和 Phillips,1960a)。因此,适宜生长期幼犬的饲粮磷的浓度约为 5.2 g/kg (DM 基础)。

Schoenmakers 等(1999)发现当给 10~15 周龄大丹犬幼犬饲喂含磷 0.82%或浓度为 2.2 g/1 000 kcal ME(钙磷比为 1.3∶1)的饲粮,其磷的表观吸收率为 70%,磷的净保留量为 190 mg/(kg BW・d)。但是,当钙磷比增加到 3.6∶1 时,磷的净保留量会降到 95 mg/(kg BW・d),尿中磷的损失是可以忽略的,表明这时磷含量不足(Schoenmakers 等,1999)。

基于这些数据,尤其当钙含量增加时,为确保磷的适宜量,磷的 AI 应设在 2.5 g/1 000 kcal ME。这种饲粮能提供磷 450 mg/(kg BW・d) [680 mg/(kg $BW^{0.75}$ ・d)],或可供一只体重为 5.5 kg 每天消耗 ME 1 000 kcal 犬的 AI,这应该可满足巨型品种犬的幼仔的需要,但可能会超过生长期小型或中型犬的需要(Jenkins 和 Phillips,1960a,b)。

2.成年犬的需求量和供给量

现有的试验资料很少可以来确定成年犬的磷的 MR 和 RA。Sheffy 等(1985)报道,喂给青年、成年和老年比格犬含磷 10.0~25.0 g/kg(DM 基础)的饲粮,其磷的表观吸收率为 40%~50%。如果能量消耗正常,这些犬磷摄入量约为 220 mg/(kg BW・d)。磷的真吸收率只有 40%,即吸收 90 mg/(kg BW・d),这比对成年犬钙需要量的观察值要高很多(Gershoff 等,1958;Hedhammar 等,1980)。

最近,Hill 等(2001)将含各种不同动植物蛋白源的饲粮喂给成年犬,测出了磷的表观吸收率。饲粮中磷浓度 10.5 g/kg(DM 基础),同时钙磷比为 2∶1。磷摄入量估计为 132 mg/(kg BW・d),并且摄入磷的平均表观吸收率为 22%,即磷的纯摄入量为 30 mg/(kg BW・d)。有人推测,基于 Kienzle(1998)关于猫的数据,每天每千克体重磷的内源性尿损失仅几毫克而已,所以真吸收量可能不会高于 35 mg/(kg BW・d)。这个数据与 Meyer(1984)对怀孕母犬的研究所得的近 30%的真吸收率十分接近。饲粮中的钙磷比较低(接近 1∶1)很可能造成磷的吸收率变高,大概接近由 Jenkins 和 Phillips(1960a,b)所报道的 70%,这表明成年犬的 AI 为 50 mg/(kg BW・d) [100 mg/(kg $BW^{0.75}$ ・d)]。含磷约为 0.75 g/1 000 kcal ME 的饲粮,能为一只体重为 15 kg 每天消耗 ME 1 000 kcal 的成年犬提供充足的磷。

3. 犬妊娠和泌乳期的需求量和供应量

有关妊娠和泌乳期母犬磷的需求和供应的可利用数据很少。Meyer 等(1985a)推荐怀孕母犬在最后 5 周孕期磷的补充量为 133 mg/(kg BW·d)。对于处于泌乳期的母犬,Meyer 等(1985b)推荐磷的补充量为 145～290 mg/(kg BW·d)。这些估计是基于母犬的大小和假设磷的生物利用率为 50%。由这些数据推断,一只体重为 22 kg 哺育 8 只幼仔处于泌乳高峰期母犬的 AI 和 RA 估计约为 270 mg/(kg BW·d)[580 mg/(kg $BW^{0.75}$·d)]。如果能量的摄入量为 5 000 kcal,含磷 1.2 g/1 000 kcal ME 的饲粮可确保 RA 以及妊娠期和泌乳期的需要。

7.3.2.5　犬摄入磷的安全上限

关于犬摄入磷的 SUL 的数据不充足。

7.3.2.6　猫对磷的吸收和生物利用率

猫对磷的利用率的研究比犬的要多,但有关幼猫的研究却很少。Pastoor 等(1994b)将含磷 5.1 g/kg、含钙 6.6 或 12.5 g/kg 的纯合饲粮(钙磷比为 1.3∶1 或 2.5∶1)喂给 15～39 周龄生长期的幼猫。饲喂钙浓度低的饲粮时,磷的表观吸收率平均为 70%～85%,而当饲喂高浓度钙的饲粮时,磷的表观吸收率就变成 40%～60%,高钙磷比会导致磷的表观吸收率降低 30%左右(Pastoor 等,1994b)。后来,Pastoor 等(1995c)评估 11～39 周龄幼猫的磷代谢情况,给它们饲喂含磷(磷酸铵形式)5.4 或 2.8 g/kg、含钙(碳酸盐形式)7.1 g/kg(DM 基础)的纯合饲粮(钙磷比为 1.3∶1 和 2.5∶1)。11～15 周龄幼猫饲喂任意一种饲粮,磷的表观吸收率都接近 90%,到 39 周龄逐渐下降到 65%～70%。给 15～20 周龄的幼猫饲喂含磷 2.8 g/kg 的饲粮,与饲喂含磷 5.4 g/kg 的饲粮相比,体重会显著下降,但给 39 周龄的幼猫饲喂上述 2 种饲粮就没有明显的差异(Pastoor 等,1995c)。给 31 周龄幼猫饲喂含磷 2.8 g/kg 和含钙 3.8 g/kg 的饲粮(钙磷比为 1.4∶1),其结果也相似。

分别用含磷 5.1 g/kg(钙磷比 1.4∶1)和含镁 0.2～1.6 g/kg 的饲料饲喂 2.5 岁的成年猫,饲粮的磷吸收率从 73%降低到 63%。与含镁 20 mg/kg 的饲粮相比,含镁 0.8～1.6 g/kg 的饲粮磷的吸收率有更显著的负影响(Pastoor 等,1995a)。用含磷 2.8、5.6、11.2、16.9 g/kg 并含钙 6.7 g/kg 的饲粮饲喂 1 岁的猫,当磷含量增加时,钙磷比下降,磷表观吸收率范围是 67%～77%(Pastoor 等,1995b)。

Kienzle(1998)调查了 17～18 月龄的成年猫磷的需求量。选用含磷 2.1、3.8、4.1 g/kg 的饲粮[钙磷比为(1～4)∶1]。当选用含磷 2.1、4.1 g/kg 且钙磷比为 1∶1 的饲粮时,磷的表观吸收率平均为 50%;当钙磷比为 2∶1 时,磷的吸收率显著降低;钙磷比为 4∶1 时,即用含钙 8 g/kg 和含磷 2 g/kg 的饲粮饲喂猫时,磷的吸收迅速降低,表现出磷缺乏的临床症状(Kienzle 等,1998a)。因此钙磷比对磷的吸收率有着至关重要的影响。

饲喂成年猫含磷 16 g/kg(DM 基础)的标准饲粮,与无机磷相比,动物来源的有机磷也能将磷的表观吸收率从 40%降低到 20%(Finco 等,1989)。

7.3.2.7　猫的磷缺乏

在磷缺乏方面仅有一例报道。Kienzle 等(1998a)提出用含磷 2.1 g/kg 且含钙 8.3 g/kg 的饲粮(钙磷比 4∶1)饲喂成年猫可以导致磷缺乏,表现为溶血性贫血,运动系统障碍和代谢性酸中毒。在这项研究中,磷摄入量平均约为 20 mg/(kg BW·d),磷的平均表观吸收率约为 20%(Kienzle 等,1998a)。

7.3.2.8　猫过量摄入磷的不良影响

尽管 Pastoor(1995b)、Morris 和 Earle(1999)发现磷摄入量从 30 提高到 160 mg/(kg BW·d)时,血磷浓度与饲粮呈反比关系(没有不良临床症状的记录),但这被视作人造的试验方法(来自 J. G. Morris 的个人交流,2002)。Fulton 和 Fruechte(1991)发现,当过量摄入磷时会在临床上引发低血压、代谢性酸中毒和高磷酸盐血症,但他们的试验只有 1 个观察组。

7.3.2.9　猫对磷的需求量和供给量

1. 幼猫和成年猫的需求量和供给量

Scott(1965)在试验中用含磷 150～220 mg/d 的饲粮饲喂幼猫,但是由于幼猫采食标准饲粮通常每天都要消耗 400 mg 的磷,这样就需要补足钙以期达到一个合理的钙磷比。Pastoor 等(1995c)用含磷 2.8、5.6 g/kg,含钙 7.1 g/kg(DM 基础)的饲粮饲喂 11～39 周龄的猫来测量磷的平衡。尽管饲喂低磷饲粮的幼猫生长速度较慢,但是到 39 周的时候,2 组间没有显著性差异(Pastoor 等,1995c)。Pastoor 等(1995c)

从这项有关幼猫磷需求的研究得出结论：含磷 1.2 g/1 000 kcal ME 且钙磷比为 2∶1 的饲粮可以维持猫的磷平衡。这样的饲粮能为体重为 800 g 每天消耗 ME 180 kcal 的幼猫提供磷 270 mg/(kg BW·d)[251 mg/(kg $BW^{0.67}$·d)]，这也被视为幼猫磷的 MR。

Pastoor 等(1995b)用含有磷 2.8～16.9 g/kg(DM 基础)且含钙 6.7 g/kg 的饲粮(Ca∶P＝2∶1～1∶2)饲喂 1 岁的切除卵巢的猫来评价磷的平衡。在饲粮中磷的最低浓度时，磷平衡得到维持(Pastoor 等，1995b)。Kienzle 等(1998a)确定含磷 2.1 g/kg(DM 基础)钙磷比 2∶1 或更低的饲料成年猫能维持磷的平衡。对成年猫来说，含磷 0.35 g/1 000 kcal ME 应该能维持磷平衡(Kienzle 等，1998a)。一只体重为 4 kg 每天消耗 ME 250 kcal 的成年猫磷的最小需求量(MR)应为 22 mg/(kg BW·d)[35 mg/(kg $BW^{0.67}$·d)]。

钙磷比不可能对磷的可利用性有如此大的影响，对大多数猫粮，尤其是干性猫粮，一部分磷以植酸盐的形式出现，它的利用率低于无机磷。因此，这样来解释磷吸收率和能量摄入的差异是合理的。幼猫和成年猫摄入磷的分别是 270 和 22 mg/(kg BM·d)[251 和 35 mg/(kg $BW^{0.67}$·d)]，RAs 分别是：小猫，400 mg/(kg BW·d)[372 mg/(kg $BW^{0.67}$·d)]；成年猫，40 mg/(kg BW·d)[63 mg/(kg $BW^{0.67}$·d)]。一种含磷 1.8 g/1 000 kcal ME 的饲粮，可确保一只体重为 800 g 每天消耗 ME 180 kcal 的幼猫磷的 RA(推荐供应量)。一种含磷 640 mg/1 000 kcal ME 的饲粮，可提供一只体重为 4 kg 每天消耗 ME 250 kcal 的成年猫磷的 RA。

2.猫妊娠和泌乳期的需求量和供给量

Piechota 等(1995)将含磷 1.22 g/1 000 kcal ME 的纯合日粮饲喂给妊娠期和哺乳期的猫，并未出现任何磷缺乏症状。但是，Kienzle (1998)通过析因法估计哺乳期母猫磷需求量为 100～303 g/(kg BW·d)，这依赖于一窝幼猫的数量(2～4 只)，且前提是假设磷的利用率为 35%。基于 Piechota 等(1995)的数据，含磷 4.9 g/kg(DM 基础)和含 ME 4 000 kcal/kg 的饲粮能为体重为 4 kg 哺育 4 只幼猫的母猫提供磷 165 mg/(kg BW·d)[261 mg/(kg $BW^{0.67}$·d)]，这也被视为猫在这个生命阶段磷的最低需求量。根据 Kienzle 等(1998)的数据，哺乳期母猫的饲粮中磷的推荐供应量(RA)可以设定为 263 mg/(kg BW·d)[411 mg/(kg $BW^{0.67}$·d)]。含磷 1.9 g/1 000 kcal ME 的饲粮能为体重为 4 kg 哺育 4 只幼猫每天消耗 ME 540 kcal 的母猫提供 RA。

7.3.2.10 猫对磷的安全上限

有关猫粮中磷的 SUL 的研究和资料很少。Pastoor 等(1995b)将含磷 3.6 g/1 000 kcal ME(钙磷比为 0.4∶1.0)的半纯合饲粮饲喂成年猫 4 周，并没有什么显著的不良反应。然而，猫采食上述饲粮与采食含磷 2.3 g/1 000 kcal ME 的饲粮相比，会出现尿肌苷酸浓度和原生质磷浓度的小幅下降。基于这些数据，成年猫饲粮中磷的 SUL 可以设定为：在含 ME 4 000 kcal/kg 的饲粮含磷 10～14 g。这些估计以假设钙磷比为合理的[(0.5～1.5)∶1]和真吸收率非常高为前提。如果钙磷比显著高于上述比例或者吸收率比较低，摄入更多的磷也是安全的。由于钙浓度和其他因素对磷吸收率的影响，精准确定磷的安全上限几乎是不可能的。

7.3.3 镁

镁是细胞内含量第二高的阳离子，仅次于钾，且参与超过 300 个代谢过程。初生幼猫和成年猫测得的全身镁含量分别为 200 和 400 mg/kg BW，新生犬含 100 mg/kg BW (Meyer 等，1985a；Kienzle 等，1991b)。作为酶促功能中的一个辅助因子，它对氧化磷酸化和三磷酸腺苷酸合成酶活性、DNA 和 RNA 代谢和蛋白质合成来说是必需的。它也在维持肌肉和神经细胞膜、细胞—细胞粘连、细胞外的基质沟通、心肌组织中钙通道的调节、淋巴球增殖和血小板激活的稳定性方面起着极为重要的作用(Birk 等，1998；de Chateau 等，2001；McKee 等，2002)。其与激素(如 PTH)的分泌和功能密切相关，它还参与组成骨和牙齿的矿物质结构(Levi 等，1974；Khanna 等，1998)。整个身体中有 50%的镁是在骨中。然而，不像钙，骨中的镁是不可交换的。几乎很少一部分镁在软组织(如肌肉)中存留，在细胞外液中也只有大约 1% (Favus，1996)。

宠物食品的许多成分是镁的来源。在干物质基础上，肌肉包含 0.1%的镁。肉骨粉可能包含超过 1.9%的镁。各种谷物产品镁含量为 0.1%～0.6%，豆粕包含大约 0.3%的镁(NRC，1971)。镁的一些无机来源常在宠物食品中作为补充，这些来源包括：石灰石，含镁 2.96%；镁氯化物，含镁 12%；镁硫酸盐，含镁

9.8%;镁氧化物,含镁 9.8%(表 13-8)。

7.3.3.1 犬对镁的吸收和生物利用率

有关犬粮中镁吸收率的数据很少。Beynen 等(2001) 发现,给成年犬饲喂商品湿粮,通过添加乳果糖,镁的表观吸收率从 23%增加到 30%~36%。在另一项研究中,Beynen 等 (2002) 报道,在基础干性饲粮中添加 10 g/kg 的果寡糖,镁的表观吸收率由 14%增加到 23%,这可能是回肠的 pH 降低,使镁的可溶性和吸收率增加。在低镁饲粮中(80 mg/kg),将磷的浓度从 4.0 增加到 9.0 g/kg 时,镁缺乏的临床症状更加突出,这表明磷含量与镁的生物利用率呈负相关(Bunce, 1962a)。然而,增加饲粮中的脂肪对镁的生物利用率没有显著影响(Bunce 等,1962b)。给 1.5~7 岁的犬饲喂含镁 80 mg/kg(DM 基础)的饲粮,相比于饲喂含镁 180 mg/kg(DM 基础)的饲粮,犬体重和血清中的镁浓度都有所下降(Bunce 等,1962b)。

7.3.3.2 犬的镁缺乏

Vitale 等(1961)给刚断奶的杂种幼犬饲喂未添加镁的纯合干粮诱导其镁缺乏,幼犬表现为腕关节伸展过度并且后腿瘫痪。换成了含镁 240 mg/kg(DM 基础)的日粮后,幼犬很快恢复,说明这种浓度可以满足生长期幼犬的需要(Vitale 等,1961)。

在一系列的 2 个试验中,给断奶杂种幼犬或比格犬饲喂含镁少于 140 mg/kg 的纯合干粮 3~6 周,幼犬表现为厌食、体重减轻、腕关节过度伸展和后段运动失调(Bunce 等,1962a)。尸检显示胸主动脉矿化,这证明幼犬镁缺乏(Bunce 等,1962a)。在后来的一项研究中,饲粮中磷的含量从 4 增加到 9 g/kg,加剧了低镁日粮的缺乏效应,但饲粮脂肪由 8%增加到 20%却没有影响(Bunce 等,1962b)。在饲粮中钙的改变似乎也不影响镁的生物利用率。当给 8 月龄的犬饲喂含镁 80 或 180 mg/kg(DM 基础)的饲粮时,前者的血清中镁浓度降低并表现出一些临床症状。给 1.5~7 岁大的犬饲喂含镁 80 mg/kg 的饲粮,相比于饲喂含镁 180 mg/kg 的饲粮,犬体重和血清中的镁浓度都有所下降。

最近,Cronin 等(1982)给成年比格犬饲喂含镁 179 mg/kg(DM 基础)的纯合干粮,引起其临床上和血清镁缺乏症。Stahlman 等(2000)给比格犬饲喂含镁 136 mg/kg(DM 基础)的饲粮,4 周后出现了镁缺乏的临床症状,包括跛行和腕关节伸展过度。Pedersen 和 Mow (1998)发现查理王骑士犬的低镁症的高发病率不会因为添加镁的含量而改变。他们认为在这个品种中,二尖瓣的脱垂可能与其低镁症高发病率有关。

然而,用含接近 MR 的镁浓度 200 mg/kg(DM 基础)饲粮短期饲喂(6 个月)成年犬,连同其他饲粮变化,这对成年犬的尿结石中镁的分解是有效的(Osborne 等,1985)。

7.3.3.3 镁过量对犬的不良影响

还没有过量镁对犬的不良影响的相关报告。然而,一些镁盐浓度高的天然水可能对犬有危险。

7.3.3.4 犬对镁的需求量和供给量

1.幼犬和成年犬的需求量和供给量

Kienzle 等 (1985)研究表明,正常哺乳的幼犬,在哺乳期第 4 周时,可食入含镁 13.4 mg/(kg BW · d)和能量为 185 kcal ME/(kg BW · d)的饲粮。如果能量和镁需求在断奶后与此近似,则含镁 75.0 mg/1 000 kcal ME 的饲粮,可满足体重为 5.5 kg 每天消耗 ME 1 000 kcal 幼犬的需求。然而,这似乎说明,断奶后的需求量稍低于哺乳期,也可能由于标准饲粮镁的生物利用率比乳中的低。这进一步说明,在其他品种中长时间饲喂乳制品能导致低镁血症的发生。

数据表明,含镁 45 mg/1 000 kcal ME 的饲粮,可提供给采食纯合干粮的幼犬和成年犬镁的最小需求量(MRs)(Bunce 等,1962a,b;Cronin 等,1982;Stahlmann 等,2000)。这种饲粮可为体重为 5.5 kg 每天消耗 ME 1 000 kcal 的幼犬和体重为 15 kg 的成年犬提供的镁分别为 8.2 和 3.0 mg/(kg BW · d) [12.5 和 5.91 mg/(kg $BW^{0.75}$ · d)]。

标准饲粮中镁的生物利用率是纯合饲粮中的 1/2,这样估计是可靠的。为确保标准饲粮中镁的适宜含量,基于这些数据,幼犬镁的 RA 可认为是含镁 100 mg/1 000 kcal ME。这样的镁浓度可以给一只生长期的幼犬提供镁 18 mg/(kg BW · d)[27.4 mg/(kg $BW^{0.75}$ · d)],这与 Kienzle 等(1985) 的数据很一致。

Beynen 等(2002)的数据表明,采食含镁约 1.0 g/kg 的商品湿粮的成年犬,其镁的摄入量是 17.2 mg/(kg BW · d),且测得镁的表观吸收率是 14%,则可提供镁的表观吸收量为 2.0 mg/(kg BW · d)。Hill 等(2001)通过给成年犬饲喂含镁 900 mg/kg(DM 基础)的饲粮来估计其镁表观吸收率。在这项研究中,犬消耗了镁 11.5 mg/(kg BW · d),镁的表观吸收率是 7.5%,镁的摄入量约为 1 mg/(kg BW · d)(Hill 等,2001)。

上述数据表明,成年犬对镁的真实需求量可能是 Beynen 等(2002)测得的大于 2.0 mg/(kg BW · d)的表观吸收量,或者是 Hill 等(2001)测得的 1.0 mg/(kg BW · d),这类似于 Meyer(1984)做成年犬零镁平衡研究中得到的数据,其报道成年犬镁的内源损失为 3 mg/(kg BW · d)。利用这些估计,可知一只成年犬镁的真实需求量,把镁生物利用率设为 30%(Meyer 等,1985 b),则 10 mg/(kg BW · d) [19.7 mg/(kg $BW^{0.75}$ · d)]可作为成年犬镁的 RA。含镁 150 mg/1 000 kcal ME 的饲粮可以提供一只体重为 15 kg 每天消耗 ME 1 000 kcal 的成年犬上述数量的镁。

2. 犬妊娠和泌乳期的需求量和供给量

通过总结之前的一些研究,Meyer(1984) 推荐对于妊娠期和哺乳期母犬的日供给量分别为 15 和 23 mg/(kg BW · d)。随后通过再次使用析因法,Meyer 等(1985 b) 对推荐标准作了校正,带有较大幼犬的中型母犬泌乳期的镁摄入量高达 32 mg/(kg BW · d) [69 mg/(kg $BW^{0.75}$ · d)]。这个推荐量以假定镁的生物利用率是 30%为前提。为了满足镁的日推荐量,一只体重为 22 kg 哺育 8 只幼犬的母犬泌乳高峰期需要含镁 150 mg/1 000 kcal ME 的饲粮。这种饲粮毫无疑问也能满足妊娠需要(Meyer 等,1985a)。

7.3.3.5 犬对镁的安全上限

事实上还没有关于犬食物镁中毒的资料。商品犬粮中镁的浓度是 0.8～1.7 g/kg(DM 基础)。缺乏有关饲粮浓度或摄取超过多少就会发生异常的具体信息,确定犬粮中镁的 SUL 的推荐量是不可能的,只能预测它大于 1.7 g/kg 饲粮。

7.3.3.6 猫对镁的吸收和生物利用率

有关猫对镁利用的资料比犬的多一些。Pastoor 等(1994 b)报道,给 15～39 周龄的幼猫分别饲喂含镁 360 mg/kg,并且含钙 6.7 或 12.5 g/kg 的饲粮,镁的表观吸收率在 56%～15%范围内变化。镁的表观吸收率随年龄的增加而降低,而且当钙浓度较高时,镁的吸收率有降低的趋势。在另外一项研究中,Pastoor 等(1995c)报道,给 11～39 周龄的幼猫饲喂含镁 340 mg/kg(DM 基础)的饲粮,且含钙 7.1 g/kg,含磷 5.4 或 2.8 g/kg,镁的表观吸收率在 81%～12%范围内变化。

在成年猫中,当饲粮中磷的含量从 2.8 增加到 16.9 g/kg 时,镁(含镁 340 mg/kg)的表观吸收率从 46.15%降低到 19.18% (Pastoor 等,1995b)。镁的表观吸收率的降低与尿中镁排泄量呈正相关,没有镁缺乏症状的报道。

当钙的浓度从 2.5 增加到 15.0 g/kg 时(饲粮中含镁 340 mg/kg),镁的表观吸收率从 40%降低到 26%(Pastoor 等,1994a)。镁的表观吸收率和尿中镁排泄量与饲粮中的钙浓度呈负相关。在另外一项研究中,Pastoor 等(1994b)也发现,当饲粮钙浓度增加时,镁的表观吸收率降低。Howard 等(1998)的进一步研究表明饲粮中钙的增加对镁的生物利用率有负影响。Pastoor 等(1995a)发现饲粮镁浓度增加时,镁的表观吸收率降低。

基于上述研究,镁的表观吸收率受饲粮中钙、磷或镁的浓度的负影响(Howard 等,1998; Pastoor 等,1994a,b,1995a,b)。并且,猫的年龄和镁的表观吸收率呈负相关(Pastoor 等,1994b,1995c)。

7.3.3.7 猫的镁缺乏

Chausow 等(1986)通过给生长期幼猫饲喂含镁 42 mg/kg 的饲粮 3 周,引起镁缺乏症,表现为生长缓慢和肌肉抽搐并导致腕部过度伸展。在尸检中,相比于饲喂含镁 720 mg/kg 饲粮的幼猫,主动脉中的钙浓度更高。当给幼猫饲喂含镁 85 mg/kg 的饲粮时,没有临床缺乏症状,而且生长速度正常,但是血清镁浓度比那些饲喂含镁 370 mg/kg(DM 基础)的幼猫低。

最近 Howard 等(1998)发现,与饲喂了含镁 200 mg/kg(DM 基础)或更高的饲粮的幼猫相比,饲喂 100 mg/kg 饲粮的成长期幼猫镁总量和血清镁离子减少。当饲粮的钙浓度增加时,饲喂了含镁 500 mg/kg 饲粮的幼猫的镁总量和血清镁离子减少,尽管只在饲喂了含镁 100 mg/kg 饲粮的幼猫见到临床缺乏症状,这些症状包括眨眼反射消失(Howard 等 1998)。Norris 等(1999)在给成年去势公猫饲喂含硫酸镁 100 mg/kg 和含钙 6 g/kg 饲粮时,没有发现镁临床缺乏症状。

Freeman 等(1997)认为在成年猫中饲粮镁减少与心肌肥大症(HCM)之间可能相关。这个结果表明,患有 HCM 的猫采食了限镁日粮(不是镁缺乏),并且与健康对照组猫相比,体内镁的状态未发生改变。尽管患有 HCM 的猫的尿肌氨酸酐浓度低和比重低,但血清肌酐和镁浓度、尿镁浓度和 pH、镁的微量排泄与正常猫没有区别。

7.3.3.8　猫对镁过量的不良反应

如前所述，有充足的证据证明摄入过量镁与猫的鸟粪石尿结石症有明显的关联（Lewis 等，1978；Kallfelz 等，1980；Lewis 和 Morris，1984）。这些日粮是用镁氧化物来增加饲粮中的镁浓度，镁浓度自 1.5～2.0 g/kg（DM 基础）开始增加，20 世纪 70 年代在商品猫粮中镁浓度在 5 g/kg（DM 基础）或更高。采食含镁大于 1.0 g/kg 的饲粮，猫代谢异常的概率也在增加（Chow 等，1975；Feldmann 等，1977；Kallfelz 等，1980）。然而，随后的研究显示，降低尿 pH，可减少或防止鸟粪石尿结石的形成，给猫饲喂可导致碱性尿的饲粮，发现猫在低镁浓度下发生鸟粪石尿结石病（Taton 等，1984；Buffington 等，1990）。配制可使尿 pH 为 6.1～6.6 的猫粮是避免这种鸟粪石尿结晶/结石症最有效的方法，这已被普遍接受（Allen 等，1997）。如果不考虑低尿 pH 是减少鸟粪石尿结石病的主要因素，现在大多数猫粮的镁浓度通常设定为 1 g/kg（DM 基础）或更低（Coffman，1997）。

7.3.3.9　猫粮中镁的需求量和供给量

1. 幼猫和成年猫的需求量和供给量

基于 Chausow 等（1986）和 Howard 等（1998）的数据，假设钙浓度为正常浓度，给一只 10 周龄幼猫饲喂纯合日粮，镁的最低需求量是 160 mg/kg，日粮代谢能浓度为 4 000 kcal/kg。对于一只体重为 800 g 且每天消耗 ME 180 kcal 的幼猫，其镁的 MR 是 9 mg/（kg BW・d）[8.3 mg/（kg $BW^{0.67}$ ・d）]。

成年猫的 MR 估计为 3.1 mg/（kg BW・d）[4.9 mg/（kg $BW^{0.67}$ ・d）]（Pastoor 等，1995a），这个数据由平衡试验确定，平衡试验饲喂的日粮，包括含镁 50、80、140、270 mg/1 000 kcal ME 的饲粮，并测定了镁存留量。这些数据显示，最低镁浓度足以导致机体接近零镁平衡。一种含镁 200 mg/kg 和 4 000 kcal ME 的饲粮，可提供一只体重为 4 kg 且每天消耗 ME 250 kcal 的成年猫的最低需要量（MR）。然而，因为这是在研究中所设计的最低镁浓度，所以成年猫的最小需求量可能更低。

在这些实验中，Pastoor 等（1994a，b；1995a，b，c）观察到，幼猫镁的表观吸收率平均为 60%～80%，而成年猫降低至 20%～40%，这依赖于试验条件。如果在所有情况下测定的最高值接近真利用率，那么幼猫镁和成年猫的 RA 可分别设为 13 和 4 mg/（kg BW・d）。含镁 60 mg/1 000 kcal ME 的饲粮，可满足一只体重为 800 g 且每天消耗 ME 180 kcal 的幼猫和一只体重为 4 kg 且每天消耗 ME 250 kcal 成年猫的 RA。

但是，因为 Howard 等（1998）认为，饲粮中钙浓度高（23 g/kg）使成长期幼猫饲粮中镁的需求量增加到大于 100 mg/1 000 kcal ME，为了去掉可能影响镁吸收的因素，给幼猫和成年猫推荐的镁含量为 100 mg/1 000 kcal ME 是合理的，这可给一只体重为 800 g 每天消耗 ME 180 kcal 的幼猫提供镁 22 mg/（kg BW・d）[20 mg/（kg $BW^{0.67}$ ・d）]，为一只体重为 4 kg 每天消耗 ME 250 kcal 的成年猫提供镁 6.0 mg/（kg BW・d）[9.5 mg/（kg $BW^{0.67}$ ・d）]。这些推荐量可能代表了对标准饲粮镁利用率的较好估测。

2. 猫妊娠和泌乳期镁的需求量和供给量

事实上，有关妊娠期和哺乳期母猫镁的需求或供应的信息很少。Piechota 等（1995）用含镁 104 mg/1 000 kcal ME 的纯合饲粮饲喂妊娠期和哺乳期母猫，在哺乳期母猫和它们的幼猫中没有发现镁缺乏症，这证明这种镁浓度能够满足该生长阶段的需求。这种饲粮可以给一只体重为 4 kg 哺育 4 只幼猫且每天消耗 ME 540 kcal 的母猫提供 14 mg/（kg BW・d）[22 mg/（kg $BW^{0.67}$ ・d）]的镁。在缺乏其他试验数据的情况下，这些可能被视作妊娠期和哺乳期镁的 RA。为了解释标准饲粮中的可能较低的吸收率或能量摄入的变异因素，RA 可确定为合理的含镁 125 mg/1 000 kcal ME。这样的饲粮可以为一只体重为 4 kg 哺育 4 只幼猫且每天消耗 ME 540 kcal 的母猫在泌乳高峰期提供镁 20 mg/（kg BW・d）[32 mg/（kg $BW^{0.67}$ ・d）]。

7.3.3.10　猫对镁的安全上限

尽管早就考虑到饲粮中镁浓度高于 1 g/kg（DM 基础）时，会增加成年猫产生尿结石的可能性，但当尿液的 pH 超过 6.6 时，这便不再是问题（Allen 等，1997）。但是，如果尿的 pH 等于或低于 6.6，饲粮中镁浓度高于 1 g/kg（DM 基础）时可能仍然增加猫产生尿结石的可能性。综上所述，猫对镁的 SUL 高度依赖尿的 pH，而且不能提供确定的数据。

7.3.4　钠

钠是体内含量第十的常量元素，而且钠离子是含量第三的阳离子(在钙离子和钾离子之后)(Lobaugh,1996)。成年哺乳动物的钠含量是 1 250～1 400 mg/kg,或者是体重的 0.13%。Kienzle 等(1991)报道全身总钠浓度会从幼猫时期的 1.9 g/kg 降低至成年猫时期的 1.4 g/kg,Meyer 等(1985a)测得新生幼犬总钠浓度为 2.0 g/kg。大概 43%的钠存在于骨骼中,29%存在于组织液中,12%存在于血浆,其余的则作为细胞内的钠存在于胶原组织中(Briggs 等,1996)。钠对维持酸碱平衡和细胞外液容量起主要作用,这些是由于其具有调节渗透压的重要特性。钠还能维持易兴奋组织以及神经冲动产生和传播过程中的潜电势。

水果和蔬菜中的钠浓度很低,一般明显低于 1 g/kg (DM 基础)。在未加工的肉制品和乳制品中钠浓度较高,大约为 3 g/kg(DM 基础)或更高。加工产品,包括一些肉制品和奶酪,通常含有很高浓度的钠(Pennington,1998)。矿物盐通常含有非常高浓度的钠,包括氯化钠(食盐),含钠 39%;碳酸钠,含钠 37%;碳酸氢钠,含钠 27%;磷酸一氢钠,含钠 16%(表 13-8)。氯化钠是猫和犬的矿物质预混料中的主要成分。

7.3.4.1 犬对钠的吸收和生物利用率

饲粮中钠的吸收率相当高,就拿犬来说,在几项研究中已经得出钠的吸收率将近 100%(Meyer 等,1989;Michell,1989;Hill 等,2001)。然而,采食含有大豆蛋白的饲粮明显提高了钠的排出量(Meyer 等,1989;Hill 等,2001)。Meyer 等(1999)报道,11 种犬在饲喂罐装犬粮的情况下,钠的吸收率平均只有 83%。Hill 等(2001)的研究表明,大约有 80%的钠是在结肠中被吸收的。提高饲粮的纤维素含量或降低可消化碳水化合物如生淀粉的含量,也可以导致钠吸收率的降低,当饲粮中有 1.0%的纤维素和 2.0%的可消化碳水化合物时,钠的吸收率为 90%,而当饲粮中有 20%的纤维素和 40%生淀粉时,钠的吸收率降低到低于 60%。在这些研究中,粪便中钠含量的升高与新鲜粪便的产量有直接关系(Kienzle 等,2001)。

7.3.4.2 犬的钠缺乏症

Drochner 等(1976)给成年比格犬饲喂含钠 0.16 g/kg(DM 基础)能提供钠 3.6 mg/(kg BW · d)的饲粮,观察数天,其钠缺乏症的临床症状包括:不安宁,心率增加,水摄入量增加,尿排泄量增加,血细胞比容增加和血红蛋白浓度增加以及干性黏膜。然而,Morris 等(1976)观察,给消耗钠 4.4 mg/(kg BW · d)的德国牧羊犬饲喂含钠 1.6 mg/(kg BW · d)的饲粮,并向水中添加 2.8 mg/(kg BW · d)的钠,并未发现其临床异常现象。

7.3.4.3 犬摄入过量钠的不良影响

Morris 等(1976a)报道,当犬采食各种类型的商品粮时,其钠摄入量为 95～136 mg/(kg BW · d),这种商品粮等价于最高钠含量约 10 g/kg 的饲粮。类似地,Allen(1989)发现含钠 10 g/kg 的饲粮不会增加普通犬钙的排泄。Gupta 等(1981)发现给犬连续饲喂 6 周以上的含钠 285 mg/(kg BW · d)的饲粮,并没有出现异常。这相当于饲喂含钠 18 g/kg 的饲粮。然而,与饲喂了含钠 12.6 mg/(kg BW · d)饲粮的犬相比,这个水平的钠摄入量显著增加血浆的容量(Gupta 等,1981)。Reinhardt 和 Behrenbeck (1967)指出,饲喂成年犬含钠 20 g/kg 的饲粮会导致负钾平衡。然而,Boemke 等(1990)却发现,在消耗钠 320 mg/(kg BW · d)(即代表含钠超过 20 g/kg 的饲粮)的犬中,钾平衡在 2 周后重新建立,虽然此时血浆钾浓度很低。因此,只要给予足量水,犬能代谢性适应钠摄入量的很大变化。然而,如果饲粮中的钠含量为 29 g/kg(DM 基础),则适口性太差,甚至引起犬呕吐(Zentek 和 Meyer,1995)。

7.3.4.4 犬对钠的需求和供给量

1.幼犬的需求量和供给量

有关生长期幼犬钠需求量的数据不多。Kienzle 等(1985)和 Meyer 等(1985b)的数据可以用来计算牛奶中钠浓度和幼犬在哺乳第 4 周时的钠摄入量。Kienzle 等(1985)报道 4 周龄的幼犬每天平均摄入 155 mL 的牛奶(各品种的平均体重)。这个数据与 Oftedal (1984)观察 4 周龄比格犬的数据相近。Meyer 等 (1985b)和 Meyer (1984)报道哺乳期第 4 周母犬分泌的乳汁中钠浓度大约为 70 mg/100 mL。根据这些数据,Kienzle 等(1985)估计 4 周龄的幼犬体重每增重 1 kg,钠的摄入量约为 100 mg/d [100 mg/(kg $BW^{0.75}$ · d)]。因为没有有关真利用率或不同摄入量的数据,这可被看做 AI。断奶后(如果 Na 和能量的需要量近似的话,某些情况下可能被过高估计),含钠 550 mg/1 000 kcal ME 的日粮,可为体重为 5.5 kg 每天消耗 ME 1 000 kcal 的幼犬提供 AI。这与一份未公开发表的幼犬钠需求量数值十分接近(R. D. Kealy

的个人交流资料，1993）。

2. 成年犬的需求量和供给量

成年犬钠的最低需求量约为 4.4 mg/(kg BW·d)，因为成年比格犬的饲粮含钠 3.6 mg/(kg BW·d)时，产生缺乏症；而德国牧羊犬的饲粮含钠 4.4 mg/(kg BW·d)时，则没有缺乏症（Drochner 等，1976；Morris 等，1976）。这 2 个浓度相当于饲粮的钠浓度为 160 和 230 mg/kg(DM 基础)（包括从饮水中摄取的钠）。这与 Michell（1989）的数据很接近，他建议合理的钠浓度应为 4.6～11.5 mg/(kg BW·d)，即为 300～900 mg/kg(DM 基础)。

内源性排便损失的钠非常少。Meyer 等(1989)在一项将钠吸收作为饲粮功能的研究中得出结论，在大多数情况下，钠的吸收量等于钠的摄入量。给犬饲喂含钠浓度与 MRs 接近的饲粮，测得内源性粪便排钠约为 1.4～1.7 mg/(kg BW·d)（HamLin 等，1964；Drochner 等，1976）。

基于 Morris 等(1976)和 Michell（1989)的估计，钠的最小需求量可以设定约为 5 mg/(kg BW·d) [9.85 mg/(kg $BW^{0.75}$·d)]。含钠 75 mg/1 000 kcal ME 的饲料，可以为体重为 15 kg 每天消耗 ME 1 000 kcal 的成年犬提供钠的 MR（最小需求量）。用估计约为 40%的钠真实吸收率来解释能量摄入或钠吸收率的差异，RA 可估计约为 13.3 mg/(kg BW·d)[26.2 mg/(kg $BW^{0.75}$·d)]。含钠 200 mg/1 000 kcal ME 的饲粮，可为体重为 15 kg 每天消耗 ME 1 000 kcal 的成年犬提供钠的 RA。

3. 犬妊娠期和泌乳期的需求量和供给量

Meyer 等(1985a，b)用析因法来确定钠供应量，估计出犬妊娠期和哺乳期钠的 RAs 分别约为 105 和 145 mg/(kg BW·d)。为哺育 8 只幼犬在泌乳高峰期的中型母犬设定的饲粮钠含量是 145 mg/kg，这个数据包括估计的内源钠损失和假定的 75%生物利用率。既然在大多数情况下钠的吸收率高于 90%且内源钠损失很少，那么妊娠期和哺乳期犬的 AI 可能分别为接近 80 和110 mg/(kg BW·d) [173 和 238 mg/(kg $BW^{0.75}$·d)]（Meyer 等，1989；Michell，1989；Hill 等，2001）。根据这些假设，体重为 22 kg 喂养 8 只幼犬母犬推荐日粮的钠浓度应为 500 mg/1 000 kcal ME（含钠 2 g/kg 且含 ME 4 000 kcal/kg）。尽管妊娠后期的供应量会低些，但是上述饲粮仍然适用于妊娠期和哺乳期犬（Meyer 等，1985a）。

7.3.4.5　犬对钠的安全上限

Zentek 和 Meyer（1995）用含钠约 29 g/kg(DM 基础)的饲料饲喂成年的大丹犬和比格犬。这个水平的钠含量降低了饲料的适口性并且使其中一条犬呕吐。Reinhardt 和 Behrenbeck（1967）及 Boemke 等（1990）的数据表明，钠浓度高于 20 g/kg(DM 基础)时会使钾排泄量增多并导致负钾平衡，因此，犬粮中的钠浓度上限应设定约为 15 g/kg(DM 基础)。

7.3.4.6　猫对钠的吸收和生物利用率

Yu 和 Morris（1997a）报道，用钠浓度为 0.6～2.1 g/kg(DM 基础)的饲粮饲喂成年猫，钠的表观吸收率大约为 75%。在这些研究中，粪便的钠损失不受日粮浓度影响，保持恒定。因此，钠的真实吸收率大约接近 100%（Yu 和 Morris，1997a）。在另一项研究中，Yu 和 Morris（1999b)用钠浓度 0.1～0.2 g/kg 的饲粮估计了成年猫对钠的需求量。在这项研究中，粪便中钠损失是恒定的，这也表明真实吸收率大约接近 100%。

7.3.4.7　猫的钠缺乏

Yu 和 Morris（1997a)给 12～15 周龄的幼猫饲喂含有钠 0.1 g/kg(DM 基础)的纯合饲料，发现了钠临床缺乏症状，包括有厌食、生长障碍和多尿症。代谢变化有包括血液浓缩，尿液比重降低，血浆醛固酮浓度增加（Yu 和 Morris，1997a）。当换成钠浓度为 2.0 g/kg(DM 基础)的饲料时，幼猫的所有异常现象全部消失。

7.3.4.8　猫摄入过量钠的不良影响

没有有关猫消耗过量钠的不良影响资料。

7.3.4.9　猫粮中钠的需求量和供给量

1. 幼猫钠的需求量和供给量

Yu 和 Morris（1997a)通过利用基于血浆醛固酮浓度的虚线技术，来估计生长期幼猫钠的需求量和供应量。他们推荐饲粮钠浓度 1.6 g/kg 为 MR。这可能高估了真实的最小需求量，因为醛固酮的增加是一种生理机制，用来保存钠和确保低摄入量时的正常。鉴于使用饲粮的热量（5 200 kcal/kg），钠浓度则为 310 mg/1 000 kcal ME。体重为 800 g 的每天消耗 ME 180 kcal 的幼猫的钠需求量为 70 mg/(kg BW·d) [65 mg/(kg $BW^{0.67}$·d)]。

既然用醛固酮的浓度可能会高估钠的最低需求量，那么MR和RA的差异就显得不是十分必要了。然而，环境和标准饲粮的变化都能引起粪便内钠含量的增加，那么在估计RA时包含10%的供应量是合理的。这可以给体重为800 g每天消耗ME 180 kcal的幼猫提供钠80 mg/(kg BW·d)。

2.成年猫钠的需求量和供给量

根据对幼猫的研究推断，Yu和Morris(1997a)给成年猫饲喂含钠大约21 mg/(kg BW·d)的纯合饲粮来估计其对钠的需求量。在随后的研究中，他们得到较年轻的成年猫对钠的需求量为160 mg/1 000 kcal ME(Yu和Morris,1999b)。在这项研究中，用醛固酮的浓度来确定MR，正如前述，这样有可能高估MR。根据这些数据，体重为4 kg每天消耗ME 250 kcal的猫，其钠的需求量为10 mg/(kg BW·d)[16.0 mg/(kg $BW^{0.67}$·d)]。

类似于幼猫，成年猫的RA可能要比固定的MR要低一些。Finco等(1989)证实了这点，他给12只成年猫饲喂2种标准饲粮，饲粮中的磷由多种物质提供，钠含量分别为15和33 mg/(kg BW·d)，得到12只猫的排泄物钠损失为0.8～1.2 mg/(kg BW·d)。钠的吸收率一直为95%以上，假定钠吸收率的最低值为85%，那么成年猫的RA是10.6 mg/(kg BW·d)[16.7 mg/(kg $BW^{0.67}$·d)]。含钠170 mg/1 000 kcal ME的饲粮，可以为体重为4 kg每天消耗ME 250 kcal的成年猫提供钠的RA。

3.猫妊娠期和哺乳期钠的需求和供给

实际上有关妊娠期母猫钠需求量的数据几乎没有。因为妊娠期母猫的钠需求量和生长猫的比较相近，能为生长期猫提供RA的饲粮对妊娠期母猫应该是足够的。含钠350 mg/1 000 kcal ME的饲粮，可以为体重为4 kg每天消耗ME 540 kcal的妊娠后期母猫提供钠47 mg/(kg BW·d)[74.3 mg/(kg $BW^{0.67}$·d)]。这接近成年猫维持需要量的4倍，这应该是足够的。

Spray、Widdowson(1950)和Loveridge(1986)的数据可以用来确定哺乳期母猫钠的AI。可以为体重约为3.0 kg，哺育6只幼猫每天消耗ME 900 kcal的泌乳高峰期母猫提供维持和泌乳的需要(Loveridge,1986)。然而，体重为4 kg哺育4只幼猫的母猫大约每天只消耗540 kcal ME，其余的能量都来自于体内的脂肪(见第3章)。幼猫的钠含量大约为2 300 mg/kg BW(Spray和Widdowson,1950)。在初生的前6周，幼猫增重约600 g，或每只每周增重约100 g(Loveridge,1986)。4只幼猫，每周增重400 g，除了每天40 mg维持需要的钠外，每天还需要钠135 mg，即在母猫饲粮中含有总钠175 mg。如果利用率为95%，体重为4 kg哺育4只幼猫的母猫需要钠185 mg/d或45 mg/(kg BW·d)。含钠330 mg/1 000 kcal ME的饲粮，可以为体重为4 kg哺育4只幼猫且每天消耗ME 540 kcal的母猫提供钠的AI(适宜采食量)。这个饲粮钠浓度与Piechota(1995)等提供的妊娠和泌乳的钠的研究结果相当。

但是，Dobenecker等(1998)却指出，体重为4 kg哺育4只幼猫处在哺乳高峰期的母猫每天需要300 mg的钠用来产奶。假定利用率为95%，包括维持需要量钠的AI约为90 mg/(kg BW·d)[142 mg/(kg $BW^{0.67}$·d)]，这可以由含钠670 mg/1 000 kcal ME的饲粮来提供，这个值是之前估计的约2倍。为确保足量，最好将后者当做AI。

7.3.4.10 猫对钠的安全上限

有关生长期猫钠的摄入量SUL的数据非常少。在缺钠或富含钠的幼猫中研究其对盐的偏爱或食欲，Yu(1997b)通过对其饲喂含钠为0.1～10.0 g/kg(DM基础)的饲粮，观察了它们的行为选择。当有选择时，2组猫都厌恶含钠10 g/kg(DM基础)的饲粮，但当只有这种饲粮时，2组猫对饲粮的采食数量正常且无病症。这也证明了当钠在其他动物中正常，而自身缺乏时，幼猫没有选择钠的能力。因此，只要有充足的水，幼猫饲粮中钠的安全上限大于10 g/kg。

很难用相同的方法确定成年猫对钠的安全上限。Burger(1979)报道了猫在采食各种浓度盐时的饮用量。当猫采食含钠超过15 g/kg的饲粮时没有任何异常。但是幼猫都应尽量避免含盐量高的饲粮(Yu,1997b)。只要饮用水不限量，猫能承受钠的浓度就越高。对于成年猫而言，钠含量的安全上限大于15 g/kg。

7.3.5 钾

钾是体内含量第八位的元素。它是含量第二的阳离子，仅次于Ca(Lobaugh,1996)。体内约90%的钾存在于胞内液中，其余则存在于骨骼(7.6%)、组织液(1.0%)、血浆(0.4%)和致密结缔组织(1.0%)中(Tannen,1996)。幼猫和成年猫体内总钾浓度都约为

2.3 g/kg，然而，新生幼猫体内钾浓度为 2.12 g/kg（Meyer 等，1985a；Kienzle 等，1991b）。钾在体内有很多功能。它参与酸碱调节、神经冲动的传导，并作为辅酶参与酶促反应，还有运输功能。尽管在大部分犬猫粮中主要成分的钾浓度一般足以满足营养需求，但还是会用到一些补充成分，如碳酸氢钾，含钾 39%；氯化钾，含钾 57%；硫酸钾，含钾 42%（表 13-8）。

7.3.5.1 犬粮钾的吸收和生物利用率

与钠相同，钾在犬肠道中的吸收率相当高，在多数情况下，钾的表观吸收率均超过 90%（Meyer 等，1989；Hill 等，2001；Kienzle 等，2001）；与钠不同，钾在小肠中的吸收率也非常高（Hill 等，2001）。在 Meyer 等（1989）的研究中，饲粮中含有木薯淀粉、马铃薯淀粉或者大米会降低钾的吸收率。如果饲料中含有 1%的纤维素、2%的碳水化合物、35%的脂肪，钾的吸收率为 95.2%；而当饲粮中含 20%的纤维素、40%的生淀粉和 12.6%的脂肪时，钾的吸收率降至 72%（Kienzle 等，2001）。和钠一样，粪便中损失的钾与排出的新鲜粪便总量有关。

7.3.5.2 犬的钾缺乏症

尽管已经发表了许多有关钾缺乏对犬生理机能影响的报道，但是有关钾浓度或钾摄入量与这些影响的关系的资料却很少。给幼犬饲喂含钾 0.1 g/kg 的饲粮[能提供钾 4.0 mg/(kg BW · d)]，Ruegamer 等（1946a）在几周内发现幼犬生长缓慢且变得不安宁。在第 7 周，出现了颈部肌肉麻痹，导致头前侧屈曲，后来出现后肢瘫痪和全身虚弱等临床症状（Ruegamer 等，1946a）。当日粮中钾浓度提高到 3.35 g/kg 时，即能提供钾约 130 mg/(kg BW · d)时，临床症状消失，生长速度明显增加。

Abbrecht（1972）通过给成年母犬喂含钾 60 mg/kg（DM 基础）[可提供钾约 0.6 mg/(kg BW · d)]的饲料，使其出现血钾过低。尽管没有钾缺乏的临床症状，但血压、心输出量、心搏出量和肾血流量，随着体内钾损失的增加而日益降低。在饲喂控制期间，含钾 4.5 g/kg，即能提供钾约 68 mg/(kg BW · d)的饲粮，能提供足量的钾。

Serrano 等（1964）用含钾 220 mg/(kg BW · d)的饲粮或没有补充钾的相同饲粮饲喂妊娠比格犬，来研究钾摄入量对其的影响，但不幸的是，不论哪种饲粮都没有报道总钾摄入量。采食了缺乏钾的饲粮的母犬也没有临床缺乏症状。相比于正常饲粮，缺钾饲粮导致母犬血清和肌肉中的钾浓度显著下降。然而，脐动脉、静脉以及死胎中钾的浓度没有任何差异（Serrano 等，1964）。

7.3.5.3 犬摄入过量钾的不良影响

事实上，并没有关于犬摄入过量钾造成不良影响的资料。如果肾功能正常，那么过量摄入钾也不太可能会有异常的临床效应（DiBartola，2000）。饲料钾浓度过高容易导致急性肠胃炎。高血钾应该和肠道吸收过量的钾有关，主要影响心脏，导致心室纤维性颤动和心肌梗塞（DiBartola，2000）。

7.3.5.4 犬粮中钾的需求量和供给量

1.幼犬的需求量和供给量

没有足够的依据来确定幼犬对饲粮钾的需求量。Ruegamer 等（1946a）通过用含钾约 3.35 g/kg（DM 基础），即能提供钾 130 mg/(kg BW · d)的饲粮饲喂 3～4 月龄的幼犬，来克服钾的缺乏。并且，依据 Kienzle 等（1985）关于断奶前犬的矿物质和能量摄入量的数据，大约可估计出断奶后幼犬的钾摄入量。Kienzle 等（1985）认为，4 周龄哺乳幼犬消耗钾约 160 mg/(kg BW · d) 和消耗 ME 约 185 kcal/(kg BW · d)。一只体重为 5.5 kg 每天消耗 ME 1 000 kcal 的幼犬能量摄入量为 181 kcal/(kg BW · d)，这与预测的 4 周龄幼犬的能量摄入量很接近。

如果一只体重为 5.5 kg 的幼犬需要钾为 160 mg/(kg BW · d)（这与 Ruegamer 等的数据相吻合），那么含有钾 880 mg/1 000 kcal ME 的饲粮可以满足这个需求。尽管钾大部分被吸收，但 80%的生物利用率是合理的，可以校正利用率和总排泄量的差异。因此，幼犬钾的 AI 大约为 200 mg/(kg BW · d)和 300 mg/(kg $BW^{0.75}$ · d)。含钾 1.1 g/1 000 kcal ME 的饲粮可为一只体重为 5.5 kg 每天消耗 ME 1 000 kcal 的幼犬提供钾的 RA。

2.成年犬的需求量和供给量

没有关于成年犬钾的 RA 数据。在 Abbrecht（1972）的研究中，犬在控制期内摄入钾约 70 mg/(kg BW · d)[140 mg/(kg $BW^{0.75}$ · d)]仍保持正常。含有钾 1.0 g/1 000 kcal ME 的饲料可以给一只体重为 15 kg 每天消耗 ME 1 000 kcal 的犬提供足量的钾。

在之前和后来的研究中，成年犬摄入相似含量的钾 3～6 周，并没有导致任何临床和代谢异常，这也表明这个水平的钾已经足够了(Abbrecht,1969;Patterson 等,1983)。因为没有任何研究来确定成年犬的 MRs 和 RAs,上述数据可考虑为成年犬的 AI。

3.犬在妊娠期和哺乳期的需求量和供给量

在配种开始直到分娩前 3~4 d,Serrano 等(1964)给妊娠母犬饲喂钾缺乏饲粮。尽管血清和肌肉中的钾浓度显著下降,但并没有出现临床缺乏症状;然而,剖腹产幼犬的脐血中钾浓度是正常的(Serrano 等,1964)。如果在育种期间给予正常数量的钾,那么采食了缺乏钾的饲粮的母犬,可以安然度过妊娠期并产出正常幼仔。其他研究者报道,假定钾的吸收率为 80%,怀孕母犬在怀孕的最后几周的钾供应量为 93~95 mg/(kg BW · d) (Meyer,1984; Meye 等,1985a)。在这报道中(见第 3 章),妊娠期的能量需求推荐量为含钾 0.9 g/1 000 kcal ME,这可当做妊娠期钾的 RA。

Meyer(1984)和 Meyer 等(1985b)提供的数据表明,一只体重为 22 kg 饲喂 8 只幼犬的母犬,其日粮中钾的允许量应为 165 mg/(kg · d),假设饲粮的利用率为 80%~85%。考虑到能量摄入量差别和由粪便排出的钾的数量增加,哺乳期犬钾的 RA 设定为 200 mg/(kg BW · d) [430 mg/(kg $BW^{0.75}$ · d)]。因此,一种含钾 0.9 g/1 000 kcal ME 的日粮,可为体重为 22 kg 饲喂 8 只幼犬且每天消耗 ME 5 000 kcal 的母犬提供所需要的 RA。

7.3.5.5 犬对钾的安全上限

没有关于钾摄入量或饲粮浓度的 SUL 的数据,因为生理机制(如增加尿的排泄)和病理机制(如呕吐)一般都阻止犬摄入过量钾而产生对机体有害的高血钾症(DiBartola,2000)。并且,由于其适口性差,犬也不太可能摄入高钾饲粮。

7.3.5.6 猫对钾的吸收和生物利用率

在正常情况下,猫粮中钾的吸收率相当高。尽管没有针对幼锚对钾吸收率的研究,但一些研究表明,成年猫钾的吸收率大概为 90%~95%甚至更高,几乎接近 100%(Ching 等,1989; Finco 等,1989;Dow 等,1990)。这也说明在幼猫中钾的吸收率也可能很高。

Dow 等(1990)报道,给成年猫饲喂含钾 2 g/kg (DM 基础)的饲粮,并添加 0.8%的氯化铵(DM 基础),使受钾限制的成年猫对钾的表观吸收率从 95%下降到 80%~85%。与没有使用氯化铵且在几周后饲粮中的钾浓度提高到 6.6 g/kg(DM 基础)的一组相比,猫对钾的吸收率持续下降并且猫呈负钾平衡(Dow 等,1990)。但是,Ching 等 (1989)给成年猫饲喂富含钾(5.5 g/kg)且添加了 1.5%氯化铵的饲粮长达 6 个月,没有发现钾的表观吸收率的下降。尽管观察到了负钾平衡,但这也可能是因为尿钾损失增加的缘故。

Hills 等(1982)报道,半纯合饲粮中的蛋白质浓度从 33%提高到 68%时,可以将猫对钾的需求量从 3 提高到 5 g/kg。然而,钾需求量的增加是由于平衡蛋白质带来的酸负载,肾排泄钾的量发生了改变,而并非由于钾的利用率发生了改变(Hills 等,1982)。

7.3.5.7 猫的钾缺乏

1.幼猫缺乏

幼猫食用含蛋白质 33%并含钾 1.0 或 2.0 g/kg 的饲粮,或者含蛋白质 68%并含钾 3.0 或 4.0 g/kg 的饲料会导致其钾临床缺乏症,包括厌食、生长迟缓和神经系统紊乱,从头前部屈曲发展到运动共济失调和肌肉无力,变得严重时幼猫无法行走(Hills 等,1982)。类似地,5 月龄幼猫采食含钾 0.8 或 1.1 g/kg 的素食饲料 2 周后,表现出钾临床缺乏症状,但是在相似的饲粮中添加钾 5.0 g/kg 时,猫保持正常(Leon 等,1992)。

2.成年猫的钾缺乏

Dow 等(1987)用含钾 3.4 g/kg 的饲粮长期饲喂 9 只成年猫,它们产生了钾缺乏症状。大部分的猫都出现了血清肌酐浓度提高和钾分泌增加的现象,这表明肾脏有疾病。当饲粮中钾浓度增加到 6.5 g/kg 时,上述临床和病理现象逐渐消失(Dow 等,1987)。随后,在长达 8 周的试验中,Dow 等(1990)给成年猫饲喂含钾为 2.0 g/kg 的饲粮来估计其钾损耗。尽管没有出现临床异常,但血浆中钾的浓度显著下降,当再添加 0.8%的氯化铵时,血浆中钾的浓度会继续下降(Dow 等,1990)。Buffington 等(1991)也认为,给成年猫饲喂含钾 5 g/kg 且含蛋白质约 41%的饲粮超过 1 年,猫患高血钾症和肾脏疾病的几率增加。

7.3.5.8 猫摄入过量钾的不良影响

没有关于猫摄入过量钾造成不良影响的相关报道。

7.3.5.9 猫对钾的需求量和供给量

1.幼猫的需求量和供给量

Hills 等(1982)报道,饲粮中约含 33%的蛋白质时，幼猫对钾的最低需求量为 3.0 g/kg(DM 基础)；饲粮中约含 68%的蛋白质时，幼猫对钾的最小需求量为 5.0 g/kg(DM 基础)。前一种饲粮中，含钾约 0.67 g/1 000 kcal ME，后一种饲粮中含钾 1.1 g/1 000 kcal ME。如果生长期幼猫对钾的 MR 约为 0.67 g/1 000 kcal ME，那么含钾 2.7 g/kg 并且含 ME 4 000 kcal/kg 的饲粮，至少能为体重为 800 g 每天消耗 ME 180 kcal 的幼猫提供钾 150 mg/(kg BW·d)[140 mg/(kg $BW^{0.67}$·d)](假设蛋白质含量与 RA 接近)。如果饲粮中有更高浓度的蛋白质，钾的 MR 也会更高，因为需要增加钾来维持酸碱平衡。

RA 应考虑到各种因素的变异，如蛋白质摄入量增加的代谢效应或各种盐添加剂对生物利用率的影响。为确保猫的正常发育，生长期幼猫对钾的 RA 应设在 225 mg/(kg BW·d) [209 mg/(kg $BW^{0.67}$·d)]。含钾 1.0 g/1 000 kcal ME 的饲粮，可以为体重为 800 g 每天消耗 ME 180 kcal 的幼猫提供钾的 RA。

2.成年猫的需求量和供给量

关于成年猫对钾的日最小需求量的数据并不多。用钾浓度为 0.85～5 g/kg 的饲粮饲喂成年猫，会出现由于钾缺乏的临床或代谢症状(Dow 等，1987；Dow 等，1990；Buffington 等，1991；Leon 等，1992)。Ching 等(1989)用含有氯化铵 1.5%、蛋白质 30%、钾 5.5 g/kg 和大约含 ME 4 200 kcal/kg 的饲粮饲喂成年猫长达 6 个月，尽管并未发现钾的临床缺乏症状，但在第 5 个月时出现负钾平衡，在第 6 个月时恢复正钾平衡。在不考虑氯化铵的情况下，采食含钾 1.4 g/1 000 kcal ME(含钾 6.6 g/kg 和含 ME 4 800 kcal/kg)的饲粮，可以治愈钾临床缺乏症(Dow 等，1990)。

目前，许多商品猫粮包含无机盐或氨基酸，从而导致酸尿(可能增加尿液 K 的排泄)或高浓度的蛋白质(Coffman，1997)。因此，当饲喂上述饲粮时，成年猫钾的 AI 应处于正常的浓度并能确保猫的正常功能。在 Ching 等(1989)的研究中，测得成年猫的钾摄入量为 97 mg/(kg BW·d)。基于钾浓度为 5 g/kg 和 ME 含量约为 4 200 kcal/kg，这样的饲粮含钾 1.3 g/1 000 kcal ME。给猫饲喂这样的饲粮得到的钾摄入量与 Dow 等(1990)饲喂富含钾的饲粮得到的结果相近，可以提供钾约 80 mg/(kg BW·d) 并且能治愈钾缺乏的生化症状(Ching 等，1989；Dow 等，1990)。含钾 1.3 g/1 000 kcal ME 的饲粮可以为体重为 4 kg 且每天消耗 ME 250 kcal 的猫提供钾约 80 mg/(kg BW·d) [130 mg/(kg $BW^{0.67}$·d)]，这也被认为是成年猫的 AI。钾的 MR 可能小于这个数值，但确定 MR 还需进一步的研究。

3.猫妊娠期和哺乳期的需求量和供给量

没有关于妊娠期或哺乳期母猫对钾的最小需求量的相关报道。如果猫妊娠期和哺乳期的能量摄入正常，有可能生长期猫钾的推荐量能满足泌乳期间的需要，并且肯定地高估了妊娠后期的需求量。体重为 4 kg 哺育了 4 只幼猫的母猫对钾的 AI 可以设定为 225 mg/(kg BW·d)，这可以由含钾 1.7 g/1 000 kcal ME 的饲粮来提供。从这个数据可推出猫对钾的维持需要量，4 周龄的幼猫对钾的需求量约为 100 mg/d。然而，Piechota 等(1995)报道，含钾 1.3 g/1 000 kcal ME 的饲粮能满足妊娠期和哺乳期的母猫对钾的需要，因此，体重为 4 kg 哺育 4 只幼猫的母猫钾的需求量可以设定为 175 mg/(kg BW·d) [277 mg/(kg $BW^{0.67}$·d)]。

7.3.5.10 猫日粮中钾的安全上限

没有关于猫钾摄入量的 SUL 数据。给猫饲喂超过上述推荐的含钾浓度的饲粮，并没有报道猫出现异常现象(Buffington 等，1991)。只要可以自由饮水，一般很难出现由过量摄入钾引发的病症(DiBartola，2000)。

7.3.6 氯

氯以 Cl^- 的形式存在，是哺乳动物细胞外液中最多的一种阴离子，超过细胞外液和血浆中的阴离子总和的 2/3(De Morais，2000)。氯在犬猫血浆中的平均浓度分别约为 110 和 120 mEq/L(其中 1 mEq 为 35 mg 氯)。在大多数细胞的细胞内氯浓度仅为 2～4 mEq/L，但也有例外，如红细胞中的氯浓度为 60 mEq/L 或者更高。从代谢上看，氯在维持细胞外液的渗透压和酸碱调节方面具有重要的作用。

氯在大多数饲粮中的含量非常有限，多数动物需要补充含氯(包含在盐中)的饲粮。氯一般的来源包括：氯化铵，含氯为 66%；水合氯化钙，含氯为 48%；氯化钾，含氯为 47%；氯化钠，含氯为 60%(表 13-7)。还有一些用于宠物食品中的维生素补充物也是氯化物的来源(如氯化胆碱)。

7.3.6.1 犬和猫对氯的吸收和生物利用率

很少有关于犬或猫对氯的吸收率和生物利用率的研究。在含高脂肪(约 35%)、高的熟淀粉(约 47%)或高的生淀粉(约 45%)的饲粮中,犬对氯的表观吸收率平均为 99%,而当饲粮的纤维素从 1%增加到 20%,其值降至 91%,采食了高生淀粉高纤维素的犬氯的吸收率最低(Kienzle 等,2001)。在这个研究中,氯的表观吸收率的降低与排泄量呈负相关(即粪中的氯与鲜粪便量直接相关)。

在对成年猫的一项研究中,在含氯 5.1 或 16.1 g/kg (DM 基础)的饲粮中添加 1.5%的氯化铵,氯的表观吸收率从 90%升到 96% (Ching 等,1989)。在其他动物的研究中也发现同样的现象,因钠在肠道中的运输而产生的电梯度,氯通过主动或被动方式在小肠和大肠被大量吸收 (De Morais,2000)。

7.3.6.2 犬氯的缺乏

关于犬体内氯化物缺乏的研究至今还只有一个 (Felder 等,1987)。当采食含氯 34 mg/1 000 kcal ME [含氯 0.21 g/kg(DM 基础)和含 ME 6 140 kcal/kg]的牛奶替代品时,2 周龄幼犬出现了氯缺乏的临床和生化症状。牛奶替代品提供约 190 kcal ME/(kg BW·d),这使氯的摄取量约为 6.5 mg/(kg BW·d)。持续 2 周,幼犬出现氯缺乏的生化症状,包括胃酸过少、血钾过少和代谢性碱中毒。增重停止、虚弱和共济失调的出现,很可能和钾不足有关。在相似的牛奶替代品中,添加氯 4.4 g/kg (含氯 720 mg/1 000 kcal ME),可提供氯约 137 mg/(kg BW·d),这时幼犬生长正常并且没有临床和生化异常(Felder 等,1987)。

7.3.6.3 犬摄入过量氯的不良影响

目前还没有正常犬过量摄入 Cl^- 的影响的研究。

7.3.6.4 犬对氯的需求量和供给量

1.幼犬的需求量和供给量

还没有研究来确定幼犬对氯的 MR。给幼犬饲喂含氯 4.4 g/kg(DM 基础)的牛奶代替品,幼犬生长正常,没有出现氯缺乏的症状(Felder 等,1987)。在这个研究中,含氯为 0.72 g/1 000 kcal ME,且 ME 约为6 140 kcal/kg 的饲粮可以给体重为 5.5 kg 且每天消耗 ME 1 000 kcal 的幼犬提供氯约 130 mg/(kg BW·d) [200 mg/(kg $BW^{0.75}$ ·d)]。Kienzle 等(1985)推荐 4 周龄幼犬的钠摄入量为 100 mg/kg,如果完全以氯化钠的形式,这就可以表示氯的摄入量为 150 mg/(kg BW·d),这个数据与 Felder 得到的数据相符合。并且,不大可能所有的钠都以氯化物的形式出现,较大的断奶幼犬也许比哺乳幼犬对氯有更低的需求。但是,因缺少试验证据,幼犬对氯的 AI 可能为 0.72 g/kg 饲粮,该饲粮含 ME 4 000 kcal/kg,能提供氯约 130 mg/(kg BW·d) [200 mg/(kg $BW^{0.67}$ ·d)]。

2.成年犬的需求量和供给量

因为缺少成年犬对氯的 MR 或 RA 的资料,其 AI 只能基于钠需求量来确定。饲粮钠的推荐量约为 13.3 mg/(kg BW·d)(Morris 等,1976b; Michell, 1989),如果这是以氯化钠的形式,那么饲粮中提供氯为 20 mg/(kg BW·d) [40 mg/(kg $BW^{0.75}$ ·d)],可以为体重为 15 kg 且每天消耗 ME 1 000 kcal 的幼犬供应 AI。这种饲粮中含氯为 300 mg/1 000 kcal ME。

3.犬妊娠期和泌乳期的需求和供给

没有怀孕期和哺乳期犬对氯的需求量资料。因此,再次基于钠供应量来确定 AI 是可取的。假设排泄物量对吸收率的影响是合理的,那么泌乳期的钠推荐量 110 mg/(kg BW·d)。含钠 500 mg/1 000 kcal ME 的饲粮能为一只体重为 22 kg 并哺育 8 只幼犬每天消耗 ME 5 000 kcal 的母犬提供 RA。基于此,氯摄入量为 165 和 358 mg/(kg $BW^{0.75}$ ·d),这也意味着,这只母犬对氯的 AI 可以由含氯 750 mg/1 000 kcal ME 的饲粮提供。在妊娠后期,这种饲粮很可能超过相似体形母犬对氯的需求量。

7.3.6.5 犬对氯的安全上限

犬饲粮中钠浓度的 SUL 约为 15 g/kg(DM 基础) (Reinhardt 和 Behrenbeck,1967;Boemek 等,1990),如果这是以氯化钠的形式出现,在缺少其他资料的情况下,正常犬对氯的 SUL 可以设在 22.5 g/kg(DM 基础)。但不可能所有的钠都以这种形式存在。一些犬的适合饲粮含氯为 23.4 g/kg(DM 基础)。虽然这些日粮长期饲喂被认为不是全价和均衡的,这主要由于其他原因而不是因为钠和氯的浓度。因此,现在氯的 SUL 为 23.5 g/kg 可能对犬是合理的。

7.3.6.6 猫的氯缺乏

最近幼猫氯缺乏症也被得以描述。给猫饲喂含氯 0.1、0.4 或 0.7 g/kg 的饲粮,观察到血清化学异常和一些临床缺乏症状(Yu 和 Morris,1999a)。这些临床症状的出现归因于继发性钾缺乏(Simopoulos 和 Bartter, 1980;Yu 和 Morris,1998)。氯不足导致钠的吸收率下降，导致到达肾小管末端的小管液增加，在其间钠的重吸收伴随着钾的交换，促进了过量钾的排泄(Simopoulos 和 Bartter，1980)。当猫采食含氯 1.0 g/kg 或更高的饲粮时，并没有出现缺乏症(Yu 和 Morris，1998，1999a)。

7.3.6.7 猫摄入过量氯的不良影响

现在有关猫摄入过量氯的不良影响的报道很少。在一些研究中，给成年猫和幼猫饲喂含氯为 11.4～16.0 g/kg 的饲粮(Ching 等，1989；Pastoor 等，1994d，c)。成年猫和幼猫分别采食氯浓度至少为 11.4 或 11.8 g/kg 的饲粮(以钙盐的形式)，这些饲粮可提供氯摄入量多于 140 mg/(kg BW・d)，并没有发现不良影响(Pastoor 等，1994d；Pastoor 等，1994c)。但是，Ching 等(1989)报道，饲粮中含氯 16 g/kg 时[约为 250 mg/(kg BW・d)，主要以铵盐形式存在]，饲喂 5 个月，成年猫出现钙和钾的负平衡。但是，钙和钾的负平衡可能是由于饲粮中添加铵盐比添加氯化钙产生的代谢酸更多(Pastoor 等，1994c)。

7.3.6.8 猫粮中氯的需求量和供给量

1.幼猫的需求量和供给量

基于 Yu 和 Morris (1999a)的研究，幼猫对氯的最小需求量是 1.0 g/kg(DM 基础)。在这些研究中，纯合饲粮含氯为 0.19 g/1 000 kcal ME，它也被认为是幼猫氯的 MR。基于这些数据，体重为 800 g 每天消耗 ME 180 kcal 幼猫的 MR 为 45 mg/(kg BW・d) [42 mg/(kg $BW^{0.67}$・d)]。

饲粮中的氯可被高度利用(Ching 等，1989)；但在饲喂标准饲粮时，考虑氯的吸收率或能量摄入中的变异是可取的。因此，体重为 800 g 每天消耗 ME 180 kcal 幼猫的 MR 设为 50 mg/(kg BW・d) [46.5 mg/(kg $BW^{0.67}$・d)]。含氯 225 mg/1 000 kcal ME 的饲粮可以满足上述要求。

2.成年猫对氯的需求量和供给量

没有关于成年猫对饲粮氯的最小需求量的相关研究。在缺少试验数据的情况下，幼猫推荐氯的供应量是 0.9 g/kg 和 4 000 kcal ME/kg，也可作为设定成年猫适合氯浓度的基础。这样的饲粮可以为体重为 4 kg 每天消耗 ME 250 kcal 的成年猫提供氯的 AI 约为 15 mg/(kg BW・d) [23.7 mg/(kg $BW^{0.67}$・d)]。如果成年猫的钠 RA 用来确定氯的需要，得到的氯浓度与上述的相近(Yu 和 Morris，1999b)。

3.猫妊娠期和哺乳期的需求量和供给量

没有猫妊娠期和哺乳期对氯需求的资料。因此，在钠的推荐量基础上来确定氯的需求是合理的。因为所有的钠不是都跟氯结合，所以会高估实际的需要量，那么，推荐量必须被认为是一个 AI。在妊娠期，钠的 AI 是 47 mg/(kg BW・d)，那么氯的 AI 应该为 70 mg/(kg BW・d) [111 mg/(kg $BW^{0.67}$・d)]。含氯 520 mg/1 000 kcal ME 的饲粮应该可以为体重为 4 kg 每天消耗 ME 540 kcal 妊娠末期的母猫提供氯的 AI。这显著高估了妊娠期对氯化物的实际需要量。

对哺乳期的母猫，钠的 RA 为 90 mg/(kg BW・d)，那么氯的 RA 应该为 135 mg/(kg BW・d) [213 mg/(kg $BW^{0.67}$・d)]。含氯 1.0 g/1 000 kcal ME 的饲粮可以为一只体重为 4 kg 哺育 4 只幼猫且每天消耗 ME 540 kcal 母猫提供氯的 RA。

7.3.6.9 猫对氯的安全上限

没有关于猫饲粮氯的毒性的研究报道。饲粮中含氯 16.1 g/kg(以铵盐形式)会导致钙和钾的负平衡，这可能主要是由于相关的代谢性酸中毒和随即的尿液 pH 降低，再者是由于氯的浓度(Ching 等，1989)。如果氯在饲粮中主要以中性盐的形式存在，那么猫能忍受高浓度的氯，并且没有 SUL。

7.4 微量矿物质元素

常见宠物食品成分中的矿物质含量见表 13-6。

7.4.1 铁

铁是动物体内最常见的矿物微量元素，约占总体重的 0.005%。Meyer (1984)报道，在新生犬和成年犬体内的铁含量分别为 76 和 100 mg/kg BW，尽管有报道称在新生猫和成年猫体内的铁含量为 50～60 mg/kg BW (Kienzle 等，1991b)。约 67%的铁存在于血色素中，27%在巨噬细胞中，4%在肌肉的肌细胞素中，其余的则存在于不同的酶中，还有一小部分不稳定的铁。铁的主要作用是在血色素和肌细胞素的合成过程中充当氧气的运输者和载体。并且，它也在能量代谢重要的酶系统(如细胞色素类)中发挥作用(Fairbanks，1994)。

尽管牛奶中缺乏铁元素，但是其他宠物食品原料却含有大量铁元素，包括肉粉，肉骨粉和谷类食品甚至主要的矿物质添加剂，如磷酸二氢钙。许多宠物食品除了添加含有铁的动物性原料成分外，还直接添加铁作为补充。在犬猫粮中铁的常用来源有：蒸骨粉，含铁2.8%；磷酸二氢钙，含铁1.4%；七水亚硫酸铁，含铁21.8%（表13-9）。铁氧化物和碳酸盐的利用率较低，不应作为铁的饲粮来源（AAFCO，2001）。

7.4.1.1 犬猫对铁的吸收和生物利用率

犬猫中的铁元素目前有2个来源：无机铁和有机铁，主要以亚铁血红素的形式存在。肠道吸收的无机铁量与铁的形态、饲粮中铁的浓度和饲粮中其他养分，如钙、磷、锌、铜的浓度，呈负相关（Erdman，1979；Fernandez 和 Phillips，1982；Kochanowski 和 McMahan，1990；Gross 等，2000）。如已经证明在各种条件下，钙添加剂将人类食物中铁的表观吸收率从20%降低至5%～10%（Hallberg 等，1991）。也证明各种纤维如亚麻和胶质也可降低铁的表观吸收率（Erdman，1979；Fernandez 和 Phillips，1982）。亚铁的利用率比三价铁的高，并且氧化铁和碳酸铁这样的无机铁的利用率极低。但是，亚铁血红素中铁的表观吸收率只与饲粮中的钙浓度呈负相关。Hallberg 等（1991）指出，当添加钙补充物时，人体血红素铁的表观吸收率从15%～20%下降到10%。

给妊娠和泌乳母犬饲喂标准干性饲粮，铁的表观吸收率估计为30%（Meyer 等，1985a，b）。Hill 等（2001）报道，给成年犬饲喂各种浓度的牛肉和大豆，铁的表观吸收率在6.2%～14.8%之间变化。但是，Frost 等（1940）给幼犬饲喂了在牛奶的基础上添加氯化物形式的铁，得到的铁的表观吸收率高达70%，并且真吸收率可能达到100%。Ruegamer 等（1946b）给幼犬添加焦磷酸盐形式的铁，铁的表观吸收率为60%或更高。因此，在犬猫中铁的表观吸收率能够发生较大的变化，从将近100%到低于10%，这取决于铁存在的形式、铁的状态、饲粮铁浓度和一些其他因素。

7.4.1.2 犬的铁缺乏

Chausow 和 Czarnecki-Maulden（1987）发现断奶幼犬采食铁含量低于80 mg/kg[3.3 mg/(kg BW・d)]时，其产生铁缺乏症，包括血色素浓度不达标和低红细胞比容。临床症状有生长缓慢、黏膜苍白、嗜睡、虚弱、腹泻、便血和黑粪症（Harvey，1998）。血液学变化包括小细胞性低色素性贫血和血浆转铁蛋白的饱和度过低。尽管没有关于会导致铁缺乏症的饲粮铁浓度或日摄入量的相关报道，但 Meyer 等（1985a）和 Hill 等（2001）认为，假设利用率合理，铁的摄入量低于1 mg/(kg BW・d)会产生缺乏症。

7.4.1.3 犬摄入过量铁的不良影响

游离铁在体内非常活跃，能催化导致组织受损的氧化反应。当仅摄入少量铁时，铁与蛋白质紧密结合，如去铁蛋白、转铁蛋白、肠上皮细胞和血浆中的血铁质以及铁的储存形式如巨噬细胞。血色素降解得来的铁能被有效利用，但是实际上铁大多以蛋白质结合的形式存在。然而，铁的总结合力很小，并且大量摄入铁时显得更小，导致系统中游离铁产生毒性。

目前关于犬粮中过量铁的毒性研究还非常少。然而，通过胶囊投递、强饲法或限制采食，得出了关于过量铁在肠道中的毒性报告。D'Arcy 和 Howard（1962）发现如果口服可提供铁12 mg/(kg BW・d)的含铁硫酸盐会导致胃肠轻微的损伤，这在尸检中得到确认。铁的剂量达到600 mg/kg BW 将是致命的。Bronson 和 Sisson（I960）发现，如果直接给空肠投递铁的剂量为200 mg/(kg BW・d)的含铁硫酸盐，将在6 h内致命。Reissman 和 Coleman（1955）发现，当通过胃管或直接进入十二指肠投递含铁硫酸盐（含铁250 mg/kg BW）将会使犬在5～7 h内致命。在上述试验中，铁的吸收率非常高，可能高于60%，这跟先前在犬对牛奶中的铁补充物的吸收率相同（Frost 等，1940）。

7.4.1.4 犬对铁的需求量和供给量

1.幼犬对的铁的需求量和供给量

幼犬对铁需求量的最初研究表明，基于血色素的反应，只要铁以容易吸收的形式存在，如焦磷酸盐，铁含量为600 μg/(kg BW・d)时，便可维持幼犬的正常生长（Ruegamer 等，1946b）。Chausow 和 Czarnecki-Maulden（1987）确定了幼犬对铁的最小需求量为84 mg/kg（DM 基础）。基于热量含量，这可以表示为含铁18 mg/1 000 kcal ME。在报道中，饲粮采食量的数据已知，并指出在这样的饲粮浓度下铁的消耗量平均为3.3 mg/(kg BW・d)[5.0 mg/(kg $BW^{0.75}$・d)]。尽管这些饲粮中铁的生物利用率在这些研究中没有测定，但据推测应该很高（Ruegamer 等，1946b；Chausow 和 Czarnecki-Maulden，1987）。考虑到降低标准饲粮中铁的生物利用率，铁的 RA 应为 4.0 mg/(kg BW・d) [6.1 mg/(kg $BW^{0.75}$ ・d)]。含铁 22 mg/1 000 kcal ME 的饲粮可以为一只体重为 5.5 kg 每天消耗 ME 1 000 kcal 的幼犬提供这些数量的铁(RA)。

2.成年犬的需求量和供给量

有关成年犬对铁的需求量的信息很少，毫无疑问，它会因许多因素的影响而发生较大变化。通过使用析因法，Meyer 等(1985b)认为成熟母犬对铁的 RA 为 0.36 mg/(kg BW・d)。这个推荐量可考虑作为 RA，其中铁的生物利用率约 30%。考虑到影响吸收率的变异因素，生物利用率为 20%，把铁的 AI 或 RA 提升到 0.50 mg/(kg BW・d)应该是合理的。Hill 等(2001)报道，成年犬对铁的表观吸收率平均为 9.2%，即平均吸收量为 0.30 mg/(kg BW・d)。铁的真实吸收率可能更高，但鉴于饲粮中铁的含量较高 (250 mg/kg)，铁的总吸收量超出了需求量是可能的。虽然如此，这些数据和 Meyer 的还是大部分一致的。如果铁的 AI 为 0.50 mg/(kg BW・d) [1.0 mg/(kg $BW^{0.75}$ ・d)]，那么含铁 7.5 mg/1 000 kcal ME 的饲粮应该可以为一只体重为 15 kg 每天消耗 ME 1 000 kcal 的成年犬提供相应数量的铁。

3.犬妊娠期和哺乳期的需求和供给

Meyer 等 (1985a)利用析因法，假设铁的生物利用率为 30%，推荐妊娠犬铁每日供应量为 2.6 mg/kg BW。再一次假设铁的生物利用率为 30%，哺育 6 只幼犬的中型母犬的饲粮应能提供铁 2.6 mg/(kg BW・d)。考虑到能量摄入和饲粮的变异因素，铁的生物利用率应该为 20% [即 4 mg/(kg BW・d)或 8.67 mg/(kg $BW^{0.75}$ ・d)]。含铁约为 17 mg/1 000 kcal ME 的饲粮，可为体重为 22 kg 哺育 8 只幼犬并且每天消耗 ME 5 000 kcal 妊娠末期或泌乳高峰期的母犬提供铁的 RA。

7.4.1.5　犬对铁的安全上限

尽管 D'Arcy 和 Howard (1962)给犬饲喂含铁 50 mg/(kg BW・d) 的饲粮，观察到犬的胃肠出血和溃疡，但是他们是给绝食犬高剂量的铁，因此铁的利用率不能与饲喂了标准饲粮的相比。其他研究者报道了铁的毒性，但同样如此，铁是通过非肠道的或强饲的方式投喂给动物的(Hoppe 等，1955a；Reissman 和 Coleman，1955；Brown 等，1959；Bronson 和 Sisson，1960)。因此，这些数据并不能确定铁的 SUL。没有关于饲喂犬标准饲粮时铁对其毒性的研究，因此不能确定犬对铁的 SUL 的推荐量。

7.4.1.6　猫的铁缺乏

只有一个文献报道了猫的铁缺乏。Chausow 和 Czarnecki-Maulden (1987)给刚断奶的幼猫饲喂含铁少于 80 mg/kg 的饲粮，导致其低血色素和异常血容积水平，同时脾脏铁浓度也达到最大(Chausow 和 Czarnecki-Maulden，1985，1987)。猫的铁临床缺乏症状和犬的很相似，(即黏膜苍白、无活力、虚弱、体重下降或不增加、尿血和黑粪)(Harvey，1998)。

7.4.1.7　猫摄入过量铁的不良影响

Hoppe 等 (1955b)估计了含铁 500 mg/kg BW 的口服药剂的 LD_{50}(半数致死量)，其中铁以七水硫酸铁形式存在。Hoppe 等(1955a)发现，在投递铁的急性口服剂(16～128 mg/kg BW)1 h 后，猫发生呕吐，其中铁以硫酸盐或葡酸盐的形式存在。像犬一样，大多数对在猫体内铁毒性的研究，都是通过投递急性药剂，这可能与标准饲粮中铁的浓度关联不大。

7.4.1.8　猫对铁的需求量和供给量

1.幼猫的需求量和供给量

Chausow 和 Czarnecki-Maulden (1985，1987)的数据表明，纯合饲粮中铁浓度为 80 mg/kg (17 mg/1 000 kcal ME)对断奶幼猫正常铁的新陈代谢是必需的。这个数据确定了铁的摄入量，平均为 3.42 mg/(kg BW・d) [3.2 mg/(kg $BW^{0.67}$ ・d)]。在这个研究中所用的饲粮中也含有植酸盐和纤维，并且铁的利用率很高，这也被认为是最小需求量。当饲喂标准饲粮时，铁的浓度可能很高。同样的，Harper 等 (2000)给猫饲喂含铁 19 mg/1 000 kcal ME [约 3.85 mg/(kg BW・d)]的罐装饲粮，在 10 周的试验期内，观察到其正常生长和发育，血液学和临床的参数也保持在正常范围内。考虑到铁在干性饲粮中生物利用率会降低，以及能量摄入中的变异因素，铁的 RA 应设为 4.5 mg/(kg BW・d) [4.2 mg/(kg $BW^{0.67}$ ・d)]。含铁 20 mg/1 000 kcal ME 的饲粮，可以满足体重为 800 g 每天消耗 ME 180 kcal 幼猫的推荐供给量。

没有关于成年猫对铁的需求量或 RA 的数据。在这样的情况下，可以满足生长期需要的饲粮铁含量，被推荐为成年猫的 AI。那么，体重为 4 kg 每天消耗 ME 250 kcal 成年猫的铁摄入量应该为 1.25 mg/(kg BW・d)

[1.98 mg/(kg $BW^{0.67}$ · d)]。

2.成年猫妊娠期和泌乳期的需求量和供给量

事实上,没有成年猫妊娠期和泌乳期对铁推荐摄入量的信息。从犬的数据以及泌乳期母猫的乳产量和铁含量(取决于幼仔的体型和生产时间)推断,利用析因法,并假设饲粮的生物利用率为 20%,可得到适宜铁摄入量约为 3 mg/(kg BW · d)(Meyer 等,1985b;Dobenecker 等,1998)。Piechota 等(1995)发现,含铁 20 mg/1 000 kcal ME 的饲粮可以满足妊娠和泌乳母猫的需求。在这个基础上,体重为 4 kg 哺育 4 只幼猫每天消耗 ME 540 kcal的成年猫在妊娠末期或泌乳期对铁的 AI 约为 2.7 mg/(kg BW · d) [4.3 mg/(kg $BW^{0.67}$ · d)]。

7.4.1.9 猫对铁的安全上限

目前还没有有关猫对铁的 SUL 的资料。

7.4.2 铜

犬猫的体内都含有非常少量的铜。Meyer 等(1984)报道,初生犬和成年犬体内含铜分别为 3.8 和 7.3 mg/kg BW,但是 Kienzle (1991b)报道,幼猫和成年猫体内的含铜量均为 2~3 mg/kg BW。大多数铜在肝脏与金属硫蛋白结合。在食肉和食草动物(如牛、马、绵羊和山羊)中,肝脏里的铜通常是铜状况的指示器。经过肠道的吸收,铜被转换到肝脏与血浆白蛋白结合。在肝脏里结合成为血浆铜蓝蛋白和含铜 δ-球蛋白,并分泌进入血浆成为主要的循环铜。

铜是促进氧化反应酶的组成成分。这些酶包括单胺氧化酶、赖氨酰氧化酶、亚铁氧化酶和细胞色素 C 氧化酶。在生理学上,铜有许多功能。如赖氨酰氧化酶对形成结缔组织有重要作用。由于其在亚铁氧化酶中的作用,铜参与铁的新陈代谢和造血功能。它同样在酪氨酸酶合成黑色素的过程起作用,从而保证正常的发色。由于它在细胞色素氧化酶中的作用,它参与髓磷脂的形成和中枢神经系统的功能,还参与氧化磷酸化作用。作为过氧化歧化酶的辅助因子,铜对机体防止氧化损伤也很重要(Turnlund,1994)。

许多宠物饲粮中的成分没有高浓度的铜。谷物中的糠和部分微生物是铜的合理来源,含铜量达到 20 mg/kg。在湿重基础上,动物肝脏中可能包含相同浓度的铜,虽然有报道称有些动物(如猪肝)肝脏中的铜不能被吸收利用(Aoyagi 和 Baker,1993a)。因此,铜常被添加到饲料中。一些铜添加剂可供利用,包括氯化铜含铜 37.2%,五水硫酸铜含铜 25.4%,氧化铜含铜 80%,氧化亚铜含铜 89% (表 13-9)。但是,在许多动物(包括犬猫)研究中,证明氯化铜的利用率很低,因此氯化铜不应该作为饲料添加剂(Aoyagi 和 Baker,1993b;Czarnecki- Maulden 等,1993;Fascetti 等,1998)。在一个研究中,铜—赖氨酸复合物与硫酸铜的生物利用率相同,说明这种复合物也可作为铜的来源(Baker 等,1991)。

7.4.2.1 犬猫对铜的吸收和生物利用率

除了上面提及的研究,关于犬猫对饲粮铜的生物利用率的信息很少。最近有报道称,从临床症状和组织病理学发现,含锌饲粮会导致幼猫铜的缺乏(Hendriks 等,2001)。然而,有大量证据表明,一些其他的因素可能影响到铜的生物利用率。过高的饲粮锌或铁浓度会降低铜的生物利用率(Turnlund,1994)。锌是一种铜的强效抑制剂,通过刺激肠上皮细胞中金属硫蛋白的形成,它对铜的亲和力要高于锌。但是植酸盐并不对铜的吸收率有很大的影响(Graf,1986)。有关犬猫对铜的真实或表观吸收率的数据很少。在妊娠和哺乳母犬的营养需要研究中,Meyer 等(1984)和 Meyer 等(1985a,b)报道,铜的生物利用率约为 30%。Morris 和 Fascetti(2000) 根据大鼠和人的数据,认为铜的生物利用率可能很高(55%~75%)。

7.4.2.2 幼犬和成年犬的铜缺乏症

有关幼犬和成年犬铜的缺乏症的公开数据很少。在一项研究中,给一组 5 周龄幼犬饲喂含铜 0.2 mg/1 000 kcal DE 的饲粮,4 个月后被毛褪色、趾骨末端伸展过度(Zentek 和 Meyer,1991),从而说明这个浓度不够支持生长,导致了幼犬的铜缺乏。Czarnecki-Maulden 等给幼犬饲喂含铜 1.1 或 1.9 mg/1 000 kcal DE 的饲粮,导致血清铜浓度降低。在其他研究中也报道了铜缺乏症,但是并不包括饲粮信息(Hartley 等,1963;Gumbrell,1972;Meiser 和 Schulz,1997;Uchida 等,1997)。

7.4.2.3 犬摄入过量铜的不良影响

Gubler 等(1953)给犬投喂含铜(硫酸铜)165 mg/kg BW 的急性口服药。在 4 h 内导致其呕吐并死亡。在投药 40 min 内,血清总铜浓度从 100 mg/dL 降低到 850 μg/dL,然后逐渐降低直到死亡。

在一些有遗传缺陷的犬中,有证据表明机体铜中毒导致铜在肝脏中过度积累,这些犬包括贝灵顿㹴、西高地白㹴和斯凯犬(Twedt 等,1979;Johnson 等,1982;Su 等,1982; Thornburg 等,1986)。这种病在贝灵顿㹴已进行了大量研究(Twedt 等,1979;Ludwig 等,1980;Su 等,1982;Brewer,1998)。在患病犬体内的肝脏铜浓度可能达到每克体重有几千微克,而正常犬每克体重有几百微克(Ludwig 等,1980)。最初认为,犬的这种病可能是人类威尔逊疾病的一个模型,但是近期研究表明,这种病的发生与一个和 Wilson 疾病不同的基因有关,即使这样,也归因于胆囊铜分泌缺乏(Brewer,1998)。抗铜治疗方法已经应用于治疗患犬,如锌添加剂和口服四硫钼酸盐,以及饲喂专门的低铜饲粮(Brewer 等,1992)。

7.4.2.4 犬对铜的需要量和供给量

1.幼犬和成年犬的需要量和供给量

Zentek 和 Meyer(1991)在评价断奶幼犬的铜缺乏过程中发现,当给犬饲喂可利用的硫酸铜形式时,含铜 2.5 mg/1 000 kcal ME 的饲粮可以给生长期幼犬提供 AI。随后,Czarnecki-Maulden 等(1993)给多组幼犬饲喂罐装食品来测定铜的利用率和需求量时,发现饲喂了含铜 2.7 mg/1 000 kcal ME(硫酸铜形式)饲粮的幼犬保持正常。这就意味着日粮中含铜 2.7 mg/1 000 kcal ME 可当做生长期幼犬的饲粮 RA(Czarnecki-Maulden 等,1993)。这种饲粮可给体重为 5.5 kg 每天消耗 ME 1 000 kcal 的幼犬提供铜 0.5 mg/(kg BW · d)[0.76 mg/kg $BW^{0.75}$ · d)]。

关于成年犬对铜的需求量的数据很少。假设铜的生物利用率为 30%,通过推断妊娠和泌乳期犬对矿物质的需要量的分析数据,可以得出维持水平对铜的 RA 约为 0.1 mg/(kg BW · d)[0.2 mg/(kg BW · d)](Meyer, 1984; Meyer 等, 1985a)。含铜 1.5 mg/1 000 kcal ME 的饲粮可给体重为 15 kg 每天消耗 ME 1 000 kcal 的成年犬提供该含量的铜。

2.犬妊娠期和哺乳期的需要量和供给量

Meyer (1984)和 Meyer 等(1985a,b)已经报道了妊娠期和哺乳期犬的铜推荐供应量。假设铜的生物利用率为 30%,那么妊娠期饲粮铜的推荐值为 0.16 mg/(kg BW · d),而哺乳期的推荐值为 0.70 mg/(kg BW · d)[1.52 mg/(kg $BW^{0.75}$ · d)](Meyer,1984;Meyer 等,1985a,b)。一种含铜 3.1 mg/1 000 kcal ME(含铜为 12.4 mg/kg,含 ME 为 4 000 kcal/kg) 的饲粮,可给体重为 22 kg 哺育 8 只幼犬每天消耗 ME 5 000 kcal 的母犬提供充足的铜。

7.4.2.5 犬对铜的安全上限

如前所述,已经可以通过试验导致犬的急性铜中毒,并且报道,在某些品种犬中会发生遗传性异常导致铜储存的过量。然而正常犬铜 SUL 的信息很少。

7.4.2.6 幼猫和成年猫的铜缺乏

Doong 等(1983)观察到,给幼猫饲喂含铜少于 1.0 mg/1 000 kcal ME 的饲粮导致其铜缺乏,与饲喂了高铜含量饲粮的幼猫相比,它们体增重降低和肝铜浓度较低。但是,没有其他铜缺乏的临床或者尸检症状与上面提到的一致,尽管给幼猫饲喂最低铜浓度的基础饲粮(含铜 0.12 mg/1 000 kcaol ME)时,一些幼猫上肺组织区域和主动脉出现了形态学上的不成熟。尽管没有可利用的生化资料,但 Hendriks 等根据幼猫的毛皮褪色和后肢共济失调和组织病理学症状,报道了铜缺乏的一个疑似病例,这是通过关在带有镀锌铁门的笼内的幼猫摄入过量锌 4～5 个月而导致的(Hendriks 等,2001)。但是,有其他的调查者质疑这个研究的正确性(来自 J. G. Morris 和 A. Fascetti 的个人交流,2002)。

在成年母猫中,Fascetti 等(1998,2000)研究报道了铜的摄入量对繁殖效率的影响,具体而言,在与雄猫交配到怀孕的期间,母猫消耗铜缺乏饲粮达 4 个月之久。饲喂了含铜 0.8 或 1.2 mg/1 000 kcal ME 的纯合饲粮的猫,与饲喂了含铜 2.2 mg/1 000 kcal ME 的猫相比,受孕的时间延长。在上述报道中,铜都是以硫酸铜形式被提供的。在一则报道中,给猫饲喂了含铜约 2 mg/kg(氧化铜形式)的饲粮,受孕的时间更长了,从而证实氧化铜的生物利用率很低(Fascetti 等,1998,2000)。

7.4.2.7 猫摄入过量铜的不良影响

没有关于正常猫摄入过量铜的不良影响的报道。

7.4.2.8 猫对饲粮铜的需要量和供给量

1.幼猫和成年猫的需要量和供给量

Doong 等(1983)主要在体增重信息的基础上,估计断奶幼猫对饲粮铜的 RA 为 0.9～1.1 mg/1 000 kcal ME。然而,饲喂含铜 2.1 mg/1 000 kcal ME 的饲粮的幼猫,肝脏和血清中的铜浓度升高。该浓度与在进行铜缺乏研究之前的成年猫中的浓度近似(Fascetti 等,1998)。基于这些数据,可以将正常生长期猫对铜的 RA 设为 1.1 mg/1 000 kcal ME。这种饲粮可为一只体重为 800 g 每天消耗 ME 180 kcal 的幼猫提供铜的量 0.25 mg/(kg BW·d)[0.23 mg/(kg $BW^{0.67}$ ·d)]。因为生长期间的 MR 不能使所有代谢参数规格化且不能解释标准饲粮生物利用率的变异,所以应将生长期幼猫铜的 RA 设为含铜 2.1 mg/1 000 kcal ME。这种饲粮可为一只体重为 800 g 每天消耗 ME 180 kcal 的幼猫提供铜的量为 0.47 mg/(kg BW·d)[0.44 mg/(kg $BW^{0.67}$ ·d)]。

Fascetti 等(1998,2000)报道,饲喂成年猫含铜 1.2 mg/1 000 kcal ME(硫酸盐形式)的纯化饲粮,在一段铜缺乏期后,血清和肝脏中的铜浓度是正常的。饲喂这种水平的铜与含铜 0.6 mg/1 000 kcal ME(氧化铜形式)相比,从配种到受孕的时间缩短了(Fascetti 等,1998,2000)。基于这些数据,含铜 1.2 mg/1 000 kcal ME 可设为成年猫的 AI。一只体重为 800 g 每天消耗 ME 250 kcal 的幼猫对铜的 AI 为 0.075 mg/(kg BW·d)[0.119 mg/(kg $BW^{0.67}$ ·d)]。

2.妊娠期和泌乳期猫的需求量和供给量

Fascetti 等(1998,2000)饲喂妊娠猫含铜 0.8、1.2 或 2.2 mg/1 000 kcal ME(硫酸铜形式)的 3 种纯合饲粮。在猫发情到配种然后怀孕的最短时间为 16 d,此时饲喂的饲粮为第 3 种饲粮,但饲喂前 2 种饲粮,妊娠开始的方式没有差异(Fascetti 等,1998,2000)。

Doong 等(1983)和 Fascetti 等(1998,2000)的数据表明,给妊娠猫饲喂含铜 0.6～12 mg/kg(含铜 0.1～2.4 mg/1 000 kcal ME)的饲粮,在几个月后,幼猫的肝和血浆铜浓度仍正常。并且,Doong 等(1983)认为,给猫饲喂低铜饲粮能成功哺育幼猫。这也意味着,在饲粮铜缺乏期间,肝储存的铜足以满足生殖母猫的需要。基于这些生长猫和成年猫的数据(Fascetti 等,1998,2000)以及缺乏症试验中的具体数据,推荐妊娠和泌乳期铜的 AI 为 2.2 mg/1 000 kcal ME 是合理的,这以假定饲粮铜的生物利用率与硫酸铜相近为前提。一只体重为 4 kg 哺育 4 只幼猫每天消耗 ME 540 kcal 的母猫对铜的 AI 为 0.30 mg/(kg BW·d)[0.47 mg/(kg $BW^{0.67}$ ·d)]。这个数据与用析因法得到的铜摄入推荐量极为一致,析因法利用了 Dobenecker 等(1998)和 Keen 等(1982)的乳产量和乳铜浓度,并在泌乳第 4 周假定相同大小的母猫的生物利用率为 30%。

7.4.2.9 猫对铜的安全上限

没有预测猫对铜含量安全上限的数据。

7.4.3 锌

锌是一种过渡金属元素,其原子量为 65.4,化合价为正 2 价。它遍布全身各处,主要作为细胞内组成物,但是在大部分组织中的浓度相对偏低。Meyer (1984)测出锌在新生犬和青年犬体内的含量为 23.1 和 9.5 mg/kg BW(湿重),而 Kienzle (1991)报道锌在新生猫体内的含量为 18 mg/kg BW,而成年猫则增加到 30 mg/kg BW。锌在体内拥有许多必需功能,是 200 多种含锌酶的辅助因子和催化剂,并参与到细胞复制、碳水化合物和蛋白质的代谢,并且对皮肤和伤口愈合有作用。锌也在生物膜的结构和功能以及维持 DNA 和 RNA 的稳定性上起着重要作用。锌主要在小肠被吸收。在消化过程中,它一般转化成离子态,可以同无机和有机配合体形成复合物,如氨基酸、磷酸盐、硫酸盐等。据报道,在许多物种中锌的氨基酸复合物(如蛋氨酸和赖氨酸)的生物利用率与锌的无机形式如硫酸锌的生物利用率相近。

锌在宠物食品中的来源各式各样。动物来源,尤其是牛肉产品和其他鲜肉都是锌很好的来源。豆类植物也是锌很好的来源。虽然如此,大部分宠物食品都添加了锌,包括:碳酸锌,含锌 52.1%;氯化锌,含锌 48%;氧化锌,含锌 78%以及一水硫酸锌,含锌 36.4%(表 13-9)。

7.4.3.1 犬猫对饲粮锌的吸收和生物利用率

日粮锌的吸收,很大程度上可以看做是其他物质的一个功能,其他物质可以改变锌的生物利用率。大部分动物产品和海产品影响锌吸收的物质相对较少,如如前所述的那些物质,但肉类中的氨基酸可促进锌的吸收。植物产品中包含的化学物质可能会影响锌的吸收,最显著的是植酸盐。植酸盐存在于多种植物来源中,包括谷物如玉米、小麦、大米以及油料作物如大豆、花生和芝麻,它们包含 1.5%或更多的植酸盐(Erdman,1979)。很早之前我们就知道植酸盐降低锌的吸收率,这个影响是通过高浓度的钙引起的(Graf, 1986)。高浓度的镁也能增大植酸盐对于锌吸收的作用,但是其影响没有钙的影响大。相比于铜和锰,植酸盐可与锌更紧密地结合(Morris 和 Rogers,1994)。尽管 Baker (1995)已经报道,高含量的铜和铁可以降低锌的吸收率或生物利用率,但是这种含量的铜和铁在标准宠物食品中是找不到的。有证据显示,挤压烹饪能抑制肠道饲粮植酸的降解,相比于其他烹饪方法,能导致锌的吸收率降低(King 和 Keen, 1994)。

Ozpinar 等(2001)报道,幼犬锌的表观吸收率为25%~34%。该研究表明,当硫酸锌作为锌的添加来源时,锌的表观吸收率是最高的。并且锌的表观吸收率随着年龄的增长和锌的摄入量的增加而降低,尽管由于试验设计而没有得到证明(Ozpinar 等,2001)。Meyer(1984)估计犬妊娠和泌乳期锌的生物利用率约为25%。但是,在随后的研究中,犬妊娠和泌乳期锌的生物利用率约为40%(Meyer 等,1985a,b)。

尽管其他研究者报道了有关锌生物利用率的数据,但是都没有提供有关小肠吸收的具体数据。然而,很多研究者报道,可利用其他的生理参数如毛发生长、毛发锌浓度和血浆锌浓度来估计各种锌化合物的生物利用率。许多研究者报道,含锌氨基酸、含锌多聚糖、或丙酸锌比氧化锌的生物利用率高(Brinkhaus 等,1998;Lowe 等,1994;Lowe 和 Wiseman,1998)。另外,Wedekind 和 Lowry(1998)认为丙酸锌的生物利用率没有无机的硫酸锌的高。这些研究表明氧化锌不是很好补充锌的来源。然而,Baker(1995)报道在猪上氧化锌与硫酸锌的生物利用率是近似的。

没有任何有关猫对饲粮锌的利用和吸收的报道。

7.4.3.2 幼犬和成年犬的锌缺乏

关于试验诱导幼犬和成年犬的锌缺乏有一些报道。Robertson 和 Burns(1963)观察到,给幼犬(未提年龄)饲喂含锌 33 mg/kg 和含钙 11 g/kg 的饲粮导致其缺乏症,包括与锌有关酶的血清浓度和总体血清浓度均下降。但含锌 33 mg/kg 和含钙 3.0 g/kg 的饲粮或含锌 133 mg/kg 和含钙 11 g/kg 的饲粮并不导致犬锌缺乏(Robertson 和 Burns,1963)。

后来,Sanecki 等(1982,1985)用含锌量为 20~35 mg/kg (DM 基础)和含钙 26.4 g/kg (DM 基础)的饲粮使断奶幼犬锌缺乏。这种含量的锌使幼犬出现锌缺乏临床症状,包括生长缓慢和严重的皮肤受损,这发生在接触区域如足垫。给幼犬饲喂同样的饲粮但补充锌 120 mg/kg [碳酸锌,含锌 39 mg/1 000 kcal ME, 7.3 mg/(kg BW · d)],则生长很正常,从而表明没有锌临床缺乏症。

除了试验性锌缺乏的研究,也有很多犬自然发生锌缺乏症的报道(Ohlen 和 Scott,1986;Van Den Broek 和 Thoday,1986;Sousa 等,1988;Van Den Broek 和 Stafford,1988;Colombini, 1999;Colombini 和 Dunstan,1997)。它表现为 2 种形式:一种是发生于北方品种犬中(如阿拉斯加雪橇犬),因遗传缺陷而影响了锌的吸收,治疗这种缺乏症则要求终生都在饲粮中补充高含量的锌(Colombini 和 Dunstan,1997);另一种发生于很多品种,包括杂种犬、年轻生长期犬,这种病发生很频繁但并不一直存在(Ohlen 和 Scott,1986;Van Den Broek 和 Thoday, 1986;Sousa 等,1988;Van Den Broek 和 Stafford,1988;Huber 等,1991)。在这种情况下,由于给犬饲喂了锌含量低的饲粮,很可能发生与锌缺乏症相关的临床症状和生化指标变化。在某个这样的报道中,饲喂含锌 35~40 mg/kg 商品干性饲粮的 60 只幼犬,被诊断患有锌缺乏症(Ohlen 和 Scott,1986)。导致锌缺乏症更普遍的情况是,给生长犬饲喂谷物、低质量饲粮和高含量的结合锌物质(Huber 等,1991;Sousa 等,1988;Van Den Broek 和 Thoday,1986)。在这些报道中的临床和生化发现与那些试验性案例中的描述完全一致,并且在所有试验中,实验动物对锌添加剂或对到高锌利用率的饲粮变化反应迅速。

7.4.3.3 犬摄入过量锌的不良影响

锌是一种相对无毒的物质,其营养缺乏比营养过剩更容易发生(Gross 等,2000)。在文献中报道,一些案例中个别犬不慎摄入了过量锌,主要是幼犬(Hornfeldt 和 Koepke,1984; Breitschwerdt 等,1986;Torrance 和 Fulton,1987;Latimer 等,1989),但这些单个动物的临床表现在控制试验中并不存在。在这些锌过量(如摄入锌金属制品)的案例中,临床症状包括急性胃肠炎、溶血性贫血和嗜睡。

7.4.3.4 犬对饲粮锌的需求量和供给量

1.幼犬的需求量和供给量

如前所述,一些调查者研究得出,给一些品种的生长期犬饲喂含锌 33~45 mg/kg 的标准饲粮,使犬产生锌临床和生化缺乏症,尤其当饲粮中的钙浓度超过 10 g/kg 时(Robertson 和 Burns, 1963;Sanecki 等,1982;1985;Ohlen 和 Scott,1986)。有趣的是,Robertson 和 Burns(1963)发现给犬含锌 33 mg/kg 且含钙 3 g/kg 的饲粮和含锌 133 mg/kg 且含钙 11 g/kg 的饲粮，其锌的状态没有差异，2 组锌的状态都正常。Booles 等(1991)给生长期的拉布拉多猎犬饲喂含锌 50 或 200 mg/kg 且含钙 13 g/kg 的纯合饲粮。他们发现含锌 50 mg/kg 的标准饲粮使锌的状态维持正常。但是，在这项研究中锌的来源未知。

Sanecki 等(1982,1985)的研究表明，给幼犬饲喂含锌 20～35 mg/kg 且含钙 26.4 g/kg 的标准干性饲粮使犬产生缺乏症，而当给幼犬饲喂相似的饲粮但锌含量为 120 mg/kg 时，幼犬保持正常。有很多数据表明，饲粮中的钙浓度显著影响锌的吸收，在钙浓度相对低的饲粮中对锌的需求量也很低。并且，其他饲粮成分如植酸盐，能显著降低锌的利用率(Graf,1986)。

基于 Robertson、Burns (1963)和 Booles 等(1991)的数据，并校正所用饲粮的能量含量，幼犬饲粮锌的 MR 可设定为 10 mg/1 000 kcal ME。这将为体重为 5.5 kg 每天消耗 ME 1 000 kcal 幼犬提供锌的最小需求量为 1.8 mg/(kg BW · d)[2.7 mg/(kg $BW^{0.75}$ · d)]。这个需求量是在假设合理的低钙浓度基础上得出的。

然而，基于 Sanecki(1982,1985)的数据，在饲粮中钙浓度较高(大于 26 g/kg)时，饲粮中的锌浓度要高达 40 mg/1 000 kcal ME 才能抑制锌缺乏症。现在幼犬的标准饲粮不可能有如此高浓度的钙。但是，考虑到影响锌生物利用率的变异因素如高钙饲粮(大于 10 g/kg)或植酸盐，饲粮 RA 设为含锌 25 mg/1 000 kcal ME 是合理的(Robertson 和 Burns,1963；Sanecki 等，1982,1985)。对于一只体重为 5.5 kg 每天消耗 ME 1 000 kcal 幼犬的 RA 则为 4.5 mg/(kg BW · d)[6.84 mg/(kg $BW^{0.75}$ · d)]。

2.成年犬的需求量和供给量

Hill 等(2001)饲喂成年猎犬罐装饲粮，平均含锌 25.7 mg/1 000 kcal ME[1.9 mg/(kg BW · d)]且含钙 20 g/kg，12 周后并没有发现相关的锌缺乏症。锌的表观利用率接近于 0，这也表明锌的净吸收微乎其微(如内源损失与真吸收相等，但是没有内源损失的数据报道)。Meyer(1984)和 Meyer 等(1985a)报道，成年犬维持需要锌的 RA 为 1.0 mg/(kg BW · d)，基于锌的生物利用率约为 25%而得出的。基于这些数据，成年犬对锌的 AI 可设定为 1.0 mg/(kg BW · d)[2.0 mg/(kg $BW^{0.75}$ · d)]。含锌 15 mg/1 000 kcal ME 的饲粮可以给一只体重为 15 kg 每天消耗 ME 1 000 kcal 的幼犬提供足够的锌摄入量。

3.犬妊娠期和泌乳期的需求量和供应量

犬妊娠和泌乳期的锌推荐供应量分别为 1.22 和 2.7 mg/(kg BW · d)(Meyer 等,1985a,b)。在这 2 个案例中，均假设锌的利用率为 40%。但是，其他研究发现犬对锌的生物利用率更低一些，幼犬接近 20%(Meyer,1984；Ozpinar 等,2001)。假设锌的生物利用率为 20%，那么锌的供应量分别增至 2.44 和 5.4 mg/(kg BW · d)[5.2 和 11.7 mg/(kg $BW^{0.75}$ · d)]，这个值可能更合理。含锌 24 mg/1 000 kcal ME 的饲粮可以给一只体重为 15 kg 哺育 8 只幼犬每天消耗 ME 5 000 kcal 的妊娠后期的母犬提供锌的 AI。

7.4.3.5 犬对锌的安全上限

Drinker 等(1927)给犬饲喂含锌 80 mg/(kg BW · d)(氧化锌形式)的饲粮数个月后并没有不良影响。但是，在相同的研究中，猫摄入锌含量超过 200 mg/(kg BW · d)的饲粮都没有不良影响，所以对于犬的数值不可能是安全上限。正如前所述，虽然有关于犬锌中毒的报道，但这些报道都没有提供锌的摄入量(Hornfeldt 和 Koepke,1984；Breitschwerdt 等,1986；Torrance 和 Fulton,1987；Latimer 等,1989)。因而确定锌的安全上限的资料还不充足。

7.4.3.6 幼猫和成年猫的锌缺乏

有关幼猫和成年猫锌缺乏的资料很少。Aiken 等(1978)发现，给青年猫饲喂含锌 40 mg/kg 的植物饲粮，猫发生皮肤病变和生长延迟。但是，不论锌的来源、钙的浓度还是饲粮中其他成分的浓度都没有提供。Kane 等(1981)给幼猫饲喂含钙 8.0 g/kg 和 2 种不同锌浓度(硫酸锌)的大豆基础饲粮。给猫分组饲喂含锌 15 mg/kg 的基础饲粮，每 15 mg 锌额外加上钙 6 g/kg，或含锌 67 mg/kg 的基础饲粮。在 8 个月实验期间，所有幼猫都正常，但是饲喂了低锌浓度饲粮的幼猫的血清锌浓度降低。通过饲喂含锌 15 mg/kg 的饲粮，从组织病理学来评价雄猫睾丸，证实了生精小管显著退化。饲喂 8 个月的低锌饲粮引起的睾丸受损，在经过饲喂含锌 67 mg/kg 的饲粮 8 周后都不能治愈(Kane 等,1981)。

在第 2 个试验中，给几组断奶幼猫饲喂含锌 0.7、52 和 4.8 mg/kg 的 3 种饲粮 8 周(EDTA 大豆蛋白或合成氨基酸作为蛋白质来源)(Kane 等,1981)。饲喂了第 1 种饲粮的猫在前 3 周生长非常缓慢，然后体重开始减轻；饲喂了第 2 种饲粮的猫的线性生长与第 1

组相似，但几乎每天增重 20 g；饲喂了第 3 种饲粮的猫增重介于前 2 组之间。饲喂第 1 种和第 3 种饲粮的猫的血浆锌浓度相近（分别为 50 和 40 μg/dL），而第 2 组中猫的血浆锌浓度平均为 90 μg/dL，这与第 1 次试验中饲喂含锌 67 mg/kg 的饲粮的结果相近。第 1 组中 2/3 的猫和第 3 组中 1/3 的猫产生口周围皮肤受损和角化不全。幼猫的肝锌浓度也在饲喂低浓度锌饲粮时降低。

7.4.3.7　猫摄入过量锌的不良影响

没有任何报道关于猫摄入过量锌的不良影响。

7.4.3.8　猫对锌的需求量和供给量

1. 幼猫和成年猫的需求量和供给量

Aiken 等（1978）和 Kane 等（1981）的试验提供了一些资料来确定幼猫和成年猫对锌的 AI。在 Kane 等（1981）的试验中锌的浓度只有 15 mg/kg 便能使猫正常生长，而在 Aiken 等（1978）的试验中达到 40 mg/kg 却未能正常生长，发生这种情况的原因还不详。但是，不同形式锌的差异和饲粮竞争因子如植酸盐和钙可能是原因之一。并且，尽管饲喂含锌 15 mg/kg 的饲粮能使幼猫生长正常，但是这个浓度不足以阻止睾丸受损（Kane 等，1981）。

含锌 67 mg/kg 的饲粮能维持猫的正常生长和肝锌状态的正常（Kane 等，1981）。Kane 等（1981）的数据表明，饲喂幼猫这种锌浓度的饲粮，在 8 周时间内幼猫的体重从平均 800 g 增长到 2 000 g，每天食物消耗平均为 55 g。这种饲粮中含锌约 12 mg/1 000 kcal ME，可视为饲粮 MR。这可为一只体重为 800 g 每天消耗 ME 180 kcal 的幼猫提供锌摄入量为 2.8 mg/(kg BW・d)[2.6 mg/(kg $BW^{0.67}$・d)]。

考虑到生物利用率和能量摄入量中的变异因素，并考虑到安全因子为 50%，将锌的 RA 设为 18.5 mg/1 000 kcal ME 是合理的。那么一只体重为 800 g 每天消耗 180 kcal ME 的幼猫对锌的 RA 为 4.2 mg/(kg BW・d)[3.9 mg/(kg $BW^{0.67}$・d)]。

因为没有成年猫对锌需求量的数据，上述数值也被推荐作为成年猫维持需要的 AI。因此，含锌为 18.5 mg/1 000 kcal ME 的饲粮可为一只体重为 800 g 每天消耗 ME 250 kcal 的幼猫提供锌的 AI 为 1.2 mg/(kg BW・d)[1.9 mg/(kg $BW^{0.67}$・d)]。

2. 猫妊娠和泌乳期的需求量和供给量

有关妊娠期和泌乳期对锌需求量的信息很少。Piechota 等（1995）认为含锌 10.5 mg/1 000 kcal ME 的纯合日粮能满足猫妊娠或泌乳的需要。这与幼猫生长期锌的 MR 很接近，可以被看做这个生命阶段的 MR。这可为一只体重为 4 kg 哺育 4 只幼猫每天消耗 ME 540 kcal 的母猫提供锌摄入量为 1.4 mg/(kg BW・d)[2.2 mg/(kg $BW^{0.67}$・d)]。

Kienzle（1998）报道，哺育 4 只幼猫的母猫每天的产乳量为 8%BW，且乳汁的含锌浓度为 730 μg/dL。利用析因法并假设生物利用率为 25%，Kienzle 认为锌的 RA 为 3.4 mg/(kg BW・d)（Kienzle，1998）。然而，基于 Piechota 等（1995）的发现，与 Kienzle 计算的结果相比，锌的生物利用率要高并且实际需求量要低些。因此，将猫妊娠和泌乳期的 RA 设为 2.0 mg/(kg BW・d)[3.2 mg/(kg $BW^{0.67}$・d)]是合理的。如果是这样，含锌 15 mg/1 000 kcal ME 的饲粮可为一只体重为 4 kg 哺育 4 只幼猫每天消耗 ME 540 kcal 的母猫提供对锌的 RA。

7.4.3.9　猫对锌的安全上限

Drinker 等（1927）饲喂猫含锌 230 mg/(kg BW・d)的饲粮达数月之久，但是并没有报道任何不良影响。Sterman 等（1986）饲喂成年猫含锌 600 mg/kg 的饲粮 6 周，并在这个研究中确定锌摄入量对猫癫痫发作的影响。在这些猫中血液锌浓度为 120 μg/dL。而饲喂锌含量为 100 mg/kg 的相似饲粮，则这个值平均为 90 μg/dL。饲粮成分的其他信息并没有提供，但也没有报道任何临床异常。那么，至少在短时间内，成年猫对饲粮锌含量的 SUL 大于 600 mg/kg。

7.4.4　锰

在动物组织中，锰的含量非常少。由人类的资料可推算，一只成年犬的体内全部锰含量仅约为 3～15 mg（Hurley 和 Keen，1987）。Hendricks 等（1997）发现，体重为 4 kg 猫的体内含锰共约 2.3 mg。有报道称，锰均匀地分布于机体各组织中，可能在骨头和肝脏中的含量高一些。它的主要功能是作为金属酶（如精氨酸酶、丙酮酸羧化酶和超氧化锰歧化酶）的结构成分，更普遍地是，它作为一些酶的特定的或非特定的金属催化剂，这些酶包括水解酶、脱羧酶、激酶和转移酶（Hurley 和 Keen，1987）。在组织水平上，锰对于骨骼生长和神经功能有着重要作用。宠物食品成分含有一定数量的锰，存在于谷物、动物产品、禽类产品和海产品中。但是，锰补充物被经常添加到宠物食品中，主要是以无机盐的形式。包括：碳酸锰，含锰 47.8%；氯化锰，含锰 43%；氧化锰，含锰 60%；一水硫化锰，含锰 32.5%（表 13-9）。

7.4.4.1 犬猫对锰的吸收和生物利用率

没有关于犬猫对锰的吸收和其生物利用率的报告，但对于其他物种，硫酸锰和氯化锰的生物利用率相近，锰蛋氨酸或螯合蛋白质的生物利用率要高一些，而氧化锰和碳酸锰的生物利用率则比较低（Henry，1995）。在一篇有关母犬和幼犬对矿物质需要量的报告中，Meyer(1984)估测了锰的生物利用率（包含了吸收效率）为 10%。在对鼠、牛和人类的研究中，锰的表观吸收率在成年的 3%～4%到年轻个体的 20%之间变化（Hurley 和 Keen，1987；Henry，1995）。另外，Henry(1995)报道，乳中放射性同位素示踪锰的保持力（即未被消化的部分）为 75%～90%。从对其他物种的研究得知，过量铁或钙能降低锰的生物利用率。但是在犬猫中没有关于这种影响的数据。因此，饲粮锰含量和锰摄入量可在竞争性养分的浓度基础上得知。

7.4.4.2 犬猫的锰缺乏

没有关于犬猫锰缺乏的临床或试验性的报道。但从对其他哺乳动物的研究上看，锰缺乏会引起新生的和生长期动物骨骼发育迟缓、前肢弯曲以及成年动物的跛行或关节变大、运动功能障碍和运动性共济失调，这些病症都是因为软骨发育受到抑制。锰缺乏可能会引起新生绵羊、山羊和牛的一种特殊关节异常——关节弯曲，尽管其他的病原体也能引起该异常（Radostits 等，2000）。这些骨骼和关节异常包括典型的家禽锰缺乏症，患病家禽骨结构不正常，这是由正常软骨形成和转化所需的含锰酶功能紊乱导致的（Hurley 和 Keen，1987）。还有报道说，锰缺乏对繁殖有着负面影响，包括有发情周期推迟、受精率降低、流产率提高、死胎和出生率降低。

7.4.4.3 犬猫摄入过量锰的不良影响

没有关于犬猫摄入过多锰的毒性的报道。

7.4.4.4 犬对锰的需求量和供给量

1. 幼犬和成年犬的需求量和供给量

没有有关幼犬对锰需求量或供给量的具体报道。但是，从母犬乳的锰含量和幼犬奶摄入量可设定幼犬对锰的 AI（Lonnerdal 等，1981；Oftedal，1984；Kienzle 等，1985）。Oftedal(1984)报道，在比格犬泌乳高峰期，一只体重为 1.2 kg 的幼犬每天要消耗奶 175 mL。Lonnerdal 等(1981)报道，母犬在被饲喂的基础上其泌乳高峰期乳中锰含量为 0.15 μg/mL（饲喂基础）。根据这些资料，在泌乳高峰期，幼犬的锰摄入量应该为 22 μg/(kg BW · d)。另外，根据奶摄入量的资料，Kienzle 等（1985）估测出幼犬的锰摄入量应该为 50 μg/(kg BW · d)。这些幼犬的能量摄入量为 185 kcal ME/(kg BW · d)(Kienzle 等，1985)。

虽然这 2 个估计值一定程度上是一致的，但考虑到安全性，锰的摄入量建议为 35 μg/(kg BW · d)。而且，乳中锰的生物利用率（约 80%）比标准饲粮的高（Henry，1995）。如果从奶中获得的锰的吸收率是 75%，那么标准饲粮中的锰仅为 10%，那么对于生长期幼犬锰的 AI 估计为 250 μg/(kg BW · d)[380 μg/(kg $BW^{0.75}$ · d)]（Meyer，1984；Henry，1995）。含锰 1.4 mg/1 000 kcal ME 的饲粮可为体重为 5.5 kg 每天消耗 ME 1 000 kcal 的幼犬提供足够的锰。

对于成年犬，根据妊娠母犬对矿物质需求量的研究，Meyer（1984）等估计最小需求量为 100 μg/(kg BW · d)（不包括胎儿沉积的需要量），这包括了估计的生物利用率和 10%的吸收效率。Hill 等(2001)给猎犬饲喂 4 种只是蛋白质来源不同的饲粮。这些饲粮含锰 22.4 mg/kg，并可提供锰 287 μg/(kg BW · d)(Hill 等，2001)。锰的表观吸收率接近 0，这也意味着真吸收率很低。通过比较这 2 组数据，成年犬的 AI 建议为 80 μg/(kg BW · d)[160 μg/(kg $BW^{0.75}$ · d)]。含锰 1.20 mg/1 000 kcal ME 的饲粮可为体重为 15 kg 每天消耗 ME 1 000 kcal 的成年犬提供 AI。

2. 犬妊娠期和哺乳期的需求量和供给量

Meyer(1984)估计了妊娠母犬的锰供应量为 0.14 mg/(kg BW · d)。假设生物利用率为 10%。尽管没有有关哺乳犬锰供应量的报道，但 Meyer(1984)、Oftedal(1984)和 Kienzle 等(1985)的数据可用来估计 AI。在 Oftedal(1984)的研究中，比格犬产后的平均体重为 12.5 kg，并且平均哺育 6 只幼犬，这些幼犬在哺乳高峰期（约 4 周龄）的体重约为 1.2 kg。4 周龄幼犬的锰摄入量估计为 50 μg/(kg BW · d)（Kienzle 等，1985）。因此，哺育 6 只体重为 1.2 kg 的幼犬的锰的需求量为每天 360 μg。假设生物利用率为 Meyer

(1984)建议的 10%，那么这就要求饲粮中含锰为 3.6 mg/kg。锰的耐受供应量 80 μg/(kg BW・d)可在锰摄入量 4.6 kg/d 或 1.40 mg/(kg BW・d)[0.87 mg/kg $BW^{0.75}$・d)]的基础上再加上 1.0 mg。如果这被看做是 AI，那么含锰 1.8 mg/1 000 kcal ME 的饲粮，可为体重为 22 kg 哺育 8 只幼犬并每天消耗 ME 5 000 kcal 的母犬提供足够的锰。

7.4.4.5 犬对锰的安全上限

没有可用来估测犬对锰的安全上限的数据。

7.4.4.6 猫对锰的需求量和供给量

由于资料很少，很难为幼猫、成年猫、妊娠期和哺乳期猫提供绝对的饲粮锰供应量。Scott(1960)报道，饲喂幼猫含锰 2.28 mg/kg 的纯合饲粮数月，并没有发现锰缺乏症。虽然没有提供能量含量，但如果这种饲粮含有 ME 4 000 kcal/kg 时，那它可提供锰约 130 μg/(kg BW・d)。因为这是纯合饲粮，锰的消化率可能很高。Henry(1995)报道，因为在标准饲粮中锰的生物利用率和能量摄入量可能有潜在降低的可能，合适的饲粮锰浓度应为 4.8 mg/kg(1.2 mg/1 000 kcal ME)。如果是这样，体重为 800 g 每天消耗 ME 180 kcal 幼猫对锰的 AI 为 270 μg/(kg BW・d)[250 μg/(kg $BW^{0.67}$・d)]。

对于成年猫，Scott(1964,1975)认为每天摄入锰为 200 μg(饲粮约含 3.2 mg/kg)可提供适宜的量，但却没有支持这个观点的数据(Scott,1964,1975)。从其他物种的数据可知这个估计值偏低，因而建议校正到饲粮含锰 4.8 mg/kg 和 ME 4 000 kcal/kg。这样的饲粮可为体重为 4 kg 每天消耗 ME 250 kcal 的成年猫提供锰的 AI 为 75 μg/(kg BW・d)[119 μg/(kg $BW^{0.67}$・d)]。

对于妊娠期和哺乳期的猫，Keen 等(1982)和 Dobenecker 等(1998)的数据可为估计锰的 AI 提供信息。Keen 等(1982)报道，在哺乳期第 4 周，母猫奶中的锰含量为 0.3 μg/mL。Dobenecker 等(1998)报道，乳产量可作为泌乳周数、体重和幼仔大小的功能参数，哺育 4 只幼犬体重为 4 kg 的母猫在泌乳第 4 周的产量为 220 mL。这样奶中的锰就为 66 μg。假设锰的生物利用率为 10%，猫就需要消耗奶产品中的 660 μg 锰再加上 300 μg 锰用以维持需要，或总锰的 AI 为 240 μg/(kg BW・d)[380 μg/(kg $BW^{0.67}$・d)]。含锰 1.8 mg/1 000 kcal ME 的饲粮，可给体重为 4 kg 哺育 4 只幼猫每天要消耗 ME 540 kcal 的母猫提供 AI。这种饲粮也可以为体重为 4 kg 妊娠后期的母猫提供 AI。

7.4.4.7 猫对锰的安全上限

没有数据可用于估计幼猫或成年猫对锰的安全上限。

7.4.5 硒

硒是广泛分布在动物组织中的一种矿物质元素，但在动物器官和组织中的含量很少。虽然在大多数物种的肝和肾聚集了高含量的硒，但含硒总量最多的器官是肌肉(Levander, 1986)。宠物食品成分中硒的含量变化很大。虽然谷物含有的硒平均约为 0.3 mg/kg，但这很大程度上取决于地理来源(即谷物生长地的土壤中硒的含量)。饲粮中硒的含量决定着动物组织中硒的含量。一些鱼产品(如大马哈鱼、鲱鱼)的硒浓度约为 2.0 mg/kg(Levander, 1986)。由于饲粮中硒的可变性，犬猫饲粮中含有各种硒的添加剂，一般有：亚硒酸钠，含硒 45.6%；十水硒酸钠，含硒 21.4%(表 13-9)。

硒的一个重要作用是谷胱甘肽过氧化酶(GSH-Px)的组成成分，这个酶是很重要的抗氧化剂，它能保护机体抵抗自由基和其他氧化作用。GSH-Px 作为胞质内的抗氧化剂，而维生素 E 主要是作为膜内的抗氧化剂，由此也知道，缺乏这 2 种物质引起的疾病被称为维生素 E—硒反应性疾病 (VESRDs)(Lannek 和 Lindberg,1975; Levander,1986)。但是，硒以硒代半胱氨酸的形式出现，在 2 种碘结构(T_3 和 T_4)中发挥功能，这 2 种碘结构对三碘甲状腺原氨酸的形成和退化有重要作用，并且是甲状腺激素的活性形式(Larsen 和 Berry,1995)。还有一些含硒蛋白质，但它们的作用还不完全清楚。硒在免疫应答中也有重要作用(Sheffy 和 Schultz,1979; Lessard 等,1993; Bowers,1997)。最后，越来越多的证据表明，硒对癌症也有抵抗作用(Levander,1986)。

7.4.5.1 犬猫对饲粮硒的吸收和生物利用率

有关饲粮硒的吸收率和生物利用率的资料很少，尤其是关于犬猫的。利用缺乏硒的鸡进行生物测定，Wedekind 等(1997)发现，许多宠物饲粮中亚硒酸钠的生物利用率平均只有 20%。植物来源的硒比动物来源的硒更易利用(Wedekind 和 Combs,2000)。在随后的研究中使用相同的模型，其结果表明来源于动物产品的硒生物利用率为 27%，植物组分中硒的生物利用率为 47%，罐装宠物食品的为 30%，挤压宠物干性饲粮的为 53%（Wedekind 等，1998）。

用老鼠硒缺乏模型进行硒缺乏试验 8 周后，发现许多不同的肉类、面包和海产品都是可利用硒的良好来源，它们使 GSH-Px 的活性和对照组中动物的一样高或更高（Wen 等，1995）。在老鼠中，硒可在小肠中有效地被吸收，且主要在十二指肠。无机物（如亚硒酸钠）和有机物（如蛋氨酸硒和胱氨酸硒）都可被吸收超过 90%（Levander，1986）。但是，这些结论可能不适用于混合饲粮中的硒。Windisch 等（1998）报道，在老鼠中亚硒酸钠的表观吸收率为 82%，而蛋氨酸硒和胱氨酸硒的表观吸收率为 90%或更高。但是，他们认为硒的有机形式主要和蛋白质结合（在氨基酸中），从而硒的代谢功能不能得以利用。

Wedekind 等（1997，1998）用小鸡模型试验得到的硒的生物利用率，一定程度上比 Wen 等（1995）用老鼠模型得到的数据低。其中的原因不是很清楚。Reasbeck 等（1985）发现有机硒在犬空肠中被迅速吸收，这可能是通过包含硒的氨基酸的主动转运，然而亚硒酸钠却是通过扩散形式被吸收的，尽管在这些研究中没有估测硒的吸收总量。

这些研究结果表明，在犬猫中多种形式的硒都具有生物可利用性。硒吸收量的自我平衡控制程度很小，无论这种矿物质在饲粮中的浓度是多少，它的吸收率是很高的。不同来源的硒具有不同的生物利用率，其生理功能也不同（Levander，1986；Wedekind 和 Combs，2000）。在肠道的吸收水平上，还缺乏有关硒和其他矿物质相互作用的信息。但是，Houpt 等（1988）提出饲粮硒具有保护性，可能是通过对吸收上的竞争效应来防止猫的汞中毒。

7.4.5.2 犬猫的硒缺乏

只有在一篇报道中称，试验诱导犬表现硒缺乏临床症状；没有关于猫硒缺乏的报道。在饲喂幼犬缺乏硒和维生素 E 的基础饲粮（含硒 0.01 mg/kg）时，Van Vleet（1975）观察到了维生素 E—硒缺乏的相应临床疾病。6～8 周内的临床症状包括厌食、精神不振、呼吸困难和昏迷。尸检时，可发现腰部肿大，骨骼肌苍白、肿大并带有分散的白色条纹，肠道肌肉褪色至黄褐色，并且在肾脏皮质延髓的交界处有白色沉积物。组织病理学变化包括肌肉退化，在心室肌肉组织中局部心内膜坏死和肠道脂褐质沉积以及肾脏矿物化（Van Vleet，1975）。饲喂幼犬添加含硒补充物 0.5 mg/kg 的饲粮使幼犬表现出轻微的骨骼肌病。

根据血清中硒的数据，Wedekind 和 Combs（2000）发现，饲喂 9 周龄比格犬硒含量少于 0.21 mg/kg 的纯合饲粮，血清硒含量不正常。由于硒的脱碘作用，这些饲粮对产生甲状腺激素的作用也被测定，结果显示硒缺乏不是犬甲状腺机能减退的主要因素（Wedekind 等，2001）。对 10 周龄的幼猫做血清 GSH-Px 含量的耐受极限分析，结果显示硒含量少于 0.12 mg/kg 的饲粮不足以维持这种酶正常的循环浓度（Wedekind 和 Combs，2000；Wedekind 等，2000）。其他测量参数显示了更低含量的耐受极限，这就要求不同生理功能的硒需求量不同（Wedekind 和 Combs Jr.，2000；Wedekind 等，2000）。Yu 等（2001）估测了低硒含量饲粮（0.02 mg/kg）对幼猫甲状腺功能的影响。与饲喂硒含量为 0.4 mg/kg（以硒酸钠的形式）的饲粮相比较，饲喂了硒缺乏饲粮的幼猫血清硒含量和 GHS-Px 的活性下降，但是没有观察到总的硒缺乏临床症状。幼猫饲喂了硒缺乏的饲粮后，血清中甲状腺素含量增加，而 3,5,3′-三碘甲状腺原氨酸的含量却减少。但是，在这 2 组试验中，甲状腺素的含量都不超过正常范围，3,5,3′-三碘甲状腺原氨酸的含量也不低于正常范围（Yu 等，2001）。这些结果表明，硒在甲状腺素代谢中有一定作用，但也证明了前面所述的硒可能不是猫甲状腺机能减退的主要原因（Wedekind 等，2001）。但是，这个试验只持续 8 周，因而还需要更多的研究。

7.4.5.3 犬猫摄入过量硒的不良影响

有关犬猫摄入过量硒的不良影响的证据很少。通过总结以往的研究，Levander（1988）报道，犬摄入过多的硒（含硒 5.0 mg/kg 的饲粮）可导致小红细胞和低色素性贫血，并随着时间而进一步恶化，肝严重受损，包括发生坏死和硬化。

7.4.5.4 犬对饲粮中硒的需求量和供给量

1.幼犬和成年犬的需求量和供给量

在幼犬的维生素 E 和硒缺乏的试验研究中，Van Vleet（1975）的数据表明用含硒 0.5 mg/kg 的饲粮饲喂幼犬可防止硒缺乏症状的出现。但是，所用的是维生素 E 缺乏饲粮，会增加对硒的需求量。通过对血清硒含量耐受量的分析，可以确定比格犬对硒的最小需求量为 0.21 mg/kg（Wedekind 和 Combs，2000）。通过小鸡的生物测定，得到标准饲粮中硒的生物利用率为 30%，RA 为 0.5 mg/kg (Wedekind 等，1998)。

以上的研究没有提供饲粮中的能量含量。但如果含有的能量接近 4 000 kcal/kg，饲粮中硒的 MR 接近于 52.5 μg/1 000 kcal ME，这可为体重为 5.5 kg 每天消耗 ME 1 000 kcal 的幼猫提供硒 9.5 μg/(kg BW · d) [13.7 μg/(kg $BW^{0.75}$ · d)]。根据对宠物食品中硒生物利用率的研究，Wedekind 和 Combs(2000)认为，幼犬对硒的 RA 为 0.5 mg/kg(DM 基础)。但是，由于很多宠物食品中添加了生物利用率更高的无机硒，因此，硒的推荐浓度为 0.35 mg/4 000 kcal ME 更为合理，这与 Van Vleet(1975)得到的数据很相符(他假设维生素 E 的含量很充足)。这样含硒 87.5 μg/1 000 kcal ME 的饲粮，可为体重为 5.5 kg 每天消耗 ME 1 000 kcal 的幼犬提供硒 16.5 μg/(kg BW · d) [25.1 μg/(kg $BW^{0.75}$ · d)]。

没有有关成年犬对硒需要量的资料。因此，可以认为这样的饲粮(硒的 RA 为 0.35 mg/kg 和含 ME 4 000 kcal/kg)能为生长期幼犬提供足量的硒，这也可视为成年犬对硒的 AI。因而，一只体重为 15 kg 每天消耗 ME 1 000 kcal 的成年犬对硒的 AI 为 6 μg/(kg BW · d) [11.8 μg/(kg $BW^{0.75}$ · d)]。

2. 犬妊娠期和哺乳期的需求量和供给量

关于妊娠期和哺乳期母犬硒需要量和供应量的数据很少。如前所述，足以提供生长期 RA 的饲粮浓度(含硒 0.35 mg/kg 和含 ME 4 000 kcal/kg)也同样可以满足繁殖需要的 AI。一只体重为 22 kg 哺育 8 只幼犬每天消耗 ME 5 000 kcal 的母犬，需要硒的 AI 为 20 μg/(kg BW · d) [43 μg/(kg $BW^{0.75}$ · d)]。

7.4.5.5 犬对硒的安全上限

尽管 Levander(1986)报道过含硒 5 mg/kg 的饲粮可引起犬的硒中毒，硒的最高含量建议为 2.0 mg/kg (AAFCO，2001)。即使是为了调控的目的，但却没有数据来制定饲粮中合适的硒的安全上限。

7.4.5.6 猫对硒的需求量和供给量

1. 幼猫和成年猫的需求量和供给量

通过对一些变异因素的耐受性分析，给 10 周龄幼猫饲喂含硒 0.12 mg/kg 的饲粮，此时的硒含量能保持血清 GSH-Px 活性最高，这个值也被看做幼猫的最小需求量(Wedekind 和 Combs，2000；Wedekind 等，2000)。根据用小鸡模型对猫粮硒的生物利用率的研究，Wedekind 等(1998)推测，生物利用率为 0.3，它也适用于饲粮推荐硒浓度为 0.4 mg/kg 的情况(Wedekind 等，1998，2000；Wedekind 和 Combs，2000)。但是，猫粮中硒的生物利用率尤其当含有无机硒盐时，可能会比上述研究得到的更高，因此，建议饲粮中硒的供应量为 0.3 mg/kg。

在这些研究中，没有提供饲粮中的热量含量。但是，如果热量接近 4 000 kcal/kg，生长期猫对饲粮中硒的 MR 和 RA 分别约为 0.03 和 0.075 mg/1 000 kcal。因而，体重为 800 g 每天消耗 ME 180 kcal 幼猫的 MR 和 RA 分别为 6.75 和 17 μg/(kg BW · d) [6.23 和 15.8 μg/(kg $BW^{0.67}$ · d)]。

没有关于成年猫对硒的需求量的报道。因此，硒含量足以满足生长需要的饲粮(如硒的 RA 为 0.3 mg/kg 和能量 4 000 kcal/kg)可以为成年猫提供 AI。因而，体重为 4 kg 每天消耗 ME 250 kcal 的成年猫硒的 AI 约为 4.7 μg/(kg BW · d)[6.95 μg/(kg $BW^{0.67}$ · d)]。

2. 猫妊娠期和泌乳期的需求量和供给量

没有关于妊娠和泌乳母猫对硒 MR 或 RA 的数据。因此，硒含量足以支持生长需要的饲粮(如硒的 RA 0.3 mg/kg 和能量 4 000 kcal/kg)也足以满足繁殖需要。因而，体重为 4 kg 哺育了 4 只幼猫每天消耗 ME 540 kcal 母猫的 AI 为 10 μg/(kg BW · d) [16 μg/(kg $BW^{0.67}$ · d)]。

7.4.5.7 猫食物中硒的安全上限

没有任何数据可以用来预测猫对饲粮中硒的安全上限。

7.4.6 碘

碘是一种动物需要量很少的必需营养物质。它最大的生物功能在于它是组成甲状腺激素(T_4)和 3，5，3′-三碘甲状腺原氨酸(T_3)的主要成分，T_3 被认为是该激素的活性形式。甲状腺激素对生长期动物的细胞分化、生长和发育有重要作用，对成年动物新陈代谢率有重要的调节作用。健康的犬猫体内只含有几毫克的碘，碘主要以蛋白结合的形式存在于甲状腺，而在其他的器官中的含量很少。碘在血液中以无机和有机的形式循环，而血液中的无机形式与动物的状态更有关联(Hetzel 和 Maberly，1986)。

饲粮中碘的含量变化很大。如肉类中含有很少量的碘，而海产品中的碘含量一般都较高（Scott 等，1961；Hetzel 和 Maberly，1986）。饲粮中的碘含量同样也因环境而变化，生长在接近含盐水源地区的饲料原料，含碘量都高于生长在陆地上的原料。碘通常以无机形式添加于宠物食品中，最常见的添加剂有：碘化钾，含碘 68.2%；碘化亚铜，含碘 67%；碘酸钙，含碘 65.1%；高碘酸钙，含碘 28%～31%（表 13-8）。但是，宠物食品中的碘含量还会有明显的变化（Johnson 等，1992；Losher 等，2000；Castillo 等，2001a）。

7.4.6.1 犬猫对饲粮碘的吸收和生物利用率

碘主要以无机形式存在于食物成分和水中，而且它大部分都是在胃肠道被吸收。也有少部分的有机碘被吸收，主要是以碘化氨基酸的形式，并且这样的碘可能少量出现在粪便中。碘主要是通过肾脏排泄。无机碘在肾小球中被过滤，并且不会被肾小管重吸收（Hetzel 和 Maberly，1986）。几乎没有证据表明其他矿物质对碘的吸收有很大的影响，但饲粮中高含量的钙和钾就可能影响碘的吸收（Gross 等，2000）。

7.4.6.2 犬猫的碘缺乏

有一些有关成年犬的碘临床缺乏症的报道（Thompson，1979；Nuttall，1986）。在这些案例中，诊断都是基于犬被饲喂了全肉粮的病史和犬对碘治疗措施的反应。临床症状有：甲状腺肿大、脱毛、全身性皮毛干燥、稀疏以及体重增加。可检测到一些患犬的血液循环甲状腺激素减少。

Norris 等（1970）检测了犬猫长期饲喂某种日粮（1 年多）的代谢反应，该日粮含碘约 80 μg/1 000 kcal ME（含碘 0.3 mg/kg 和含 ME 4 000 kcal/kg），可提供碘约 5.2 μg/(kg BW・d)。在前 9 个月内，甲状腺肿大和增生，这也显示了碘的缺乏。同时伴随甲状腺中检测到的碘显著增加，用放射性同位素示踪的碘吸收达到最大后便快速地减少（Norris 等，1970）。但是，随后的几个月，虽然放射性标记碘还是在增加，但甲状腺逐渐变小，最终恢复到正常的组织学大小。这些结果表明犬能随着时间逐渐适应碘摄入量的明显减少。在一个为期 5 个月的研究中，犬的碘摄入量小于 7.5 μg/(kg BW・d)（即含碘小于 112 μg /1 000 kcal ME），有关碘代谢和甲状腺功能的参数就会有很大的改变，这也说明尽管没有碘临床缺乏症，但这些碘的摄入水平还不足以维持正常状态（Belshaw 等，1975）。

有关猫碘缺乏的资料几乎没有。Scott 等（1961）用生牛肉或羊心饲喂 10～14 周龄幼猫 8 周多。这些饲粮中碘的平均含量为 0.45 mg/kg（DM 基础），这可为每只猫每天提供 5～40 μg 的碘。而其他幼猫每天饲喂含 200～300 μg 碘的饲粮。虽然没有发现碘缺乏的临床症状，但尸检显示饲喂了生羊心的幼猫甲状腺肿大，这与碘缺乏的组织学变化是一样的。给饲喂了生羊心的猫每天添加 100 μg 的碘，幼猫表现正常，但每天只添加 50 μg（相当于饲粮中含碘 1.1 mg/kg，含 ME 4 000 kcal/kg），并不能阻止甲状腺的增生。最近，Smith（1996）报道，用含碘量少于 2.4 mg/kg 的饲粮饲喂成年猫导致的代谢变化与碘缺乏的症状一致，尽管没有观察到异常的临床症状（Smith，1996；Gross 等，2000）。

在德国，Ranz 等（2002）通过比较猫粮中的碘含量和甲状腺疾病的发生率来研究作为猫甲状腺机能亢进的致病因素之一的碘缺乏的潜在作用。尽管结果还没有确定，但也能说明碘摄入的减少和甲状腺疾病有一定的关系（Ranz 等，2002）。在德国碘缺乏领域中，也有报道说，碘摄入量的减少可导致犬甲状腺疾病及甲状腺肿大的发生率增高（Prange，2001a，b）。

7.4.6.3 犬猫摄入过量碘的不良影响

摄入过量的碘会导致很多家畜的异常。临床症状有：眼泪分泌过多、流涎、鼻孔流物以及皮毛变干和变薄。摄入过多的碘会使马驹甲状腺肿大。这可能是由于血浆高碘浓度对产生甲状腺激素有不利影响（Radostits 等，2000）。猫粮中的碘含量高达 14 mg/kg 时，会使甲状腺激素水平暂时降低（Tarttelin 等，1992；Kyle 等，1994；Tarttelin 和 Ford，1994）。

逐渐增加幼犬饲粮中的碘含量至 5.6 mg/kg（DM 基础），也会有相似的反应。显示幼犬甲状腺吸收的放射碘减少（Castillo 等，2001a）。最近，Castillo 等（2001b）报道，饲粮中高浓度的碘［使碘的吸收量达到 775 μg/(kg BW・d)］可引起幼犬的骨异常。虽然猫粮中过量的碘被认为是猫科动物甲状腺机能亢进的潜在原因，但流行病学的研究并没有指出猫饲粮中的碘和甲状腺的机能性腺瘤或腺癌两者之间有关系（Scarlett，1994）。

7.4.6.4 犬对饲粮碘的需求量和供给量

1. 幼犬和成年犬的需求量和供给量

没有有关生长期犬对碘需求量和供给量的信息。

Norris 等(1970)给 11 月龄比格犬每天饲喂含碘 50～75 μg 的饲粮。如果这些犬的体重几近于成熟体重，并且消耗的能量为正常值，它们的碘摄入量约为 5 μg/(kg BW・d)，这相当于饲粮中每 1 000 kcal ME 含有 75 μg 的碘(Norris 等，1970)。在这些研究中，在前 9 周内，饲喂了测试饲粮的犬并没有出现临床缺乏症，但它们的确有甲状腺代谢和组织学改变，这些犬并没有表现出碘缺乏的临床症状。但是，一年后甲状腺的组织结构恢复正常，而且大部分的代谢异常也恢复正常，这说明它们适应了这个碘浓度的饲粮(Norris 等，1970)。Belshaw 等(1975)发现，当碘摄入量每天为 140 μg 或更高时，即相当于含碘 175 μg/1 000 kcal ME 或 12 μg/(kg BW・d) [23.6 μg/(kg $BW^{0.75}$・d)]，成年比格犬维持所有代谢、动力学和组织学参数均维持正常。

为了校正能量摄入和饲粮中的致甲状腺肿物质的变异因素，碘的推荐供应量为 25%。因此，成年犬饲粮碘的 RA 可以设为 220 μg/1 000 kcal ME。体重为 15 kg 每天消耗 ME 1 000 kcal 犬的饲粮碘供应量为 15 μg/(kg BW・d) [29.6 μg/(kg $BW^{0.75}$・d)]。假设这样的碘含量可满足生长期的需要，那么体重为 5.5 kg 每天消耗 ME 1 000 kcal 幼犬的 AI 为 40 μg/(kg BW・d) [61.0 μg/(kg $BW^{0.75}$・d)]。

2.犬妊娠期和哺乳期的需求量和供给量

没有关于犬妊娠期和哺乳期碘的需求量和供给量的资料。但是，根据 Norris 等(1970)和 Belshaw 等(1975)的资料，可知成年犬可以适应适度的低碘摄入量，那么很可能成年犬饲粮的碘含量也能满足动物繁殖时的需要。如果是这样，在妊娠后期或体重为 22 kg 哺育 8 只幼犬且每天消耗 ME 5 000 kcal 母犬的 AI 为 50 μg/(kg BW・d) [108 μg/(kg $BW^{0.75}$・d)]。

7.4.6.5 犬对碘的安全上限

在 Belshaw 等(1975)的研究过程中，他们检测了一些商品犬粮的碘含量。其结果与所需的碘含量范围相符(400 ～1 275 μg/1 000 kcal ME)，这可为成年犬提供碘 27～85 μg/(kg BW・d) (Belshaw 等，1975)。犬在食用这些饲粮后，不会出现临床异常。但是，Castillo 等(2001a)报道，用最大碘含量约为 1 400 μg/1 000 kcal ME 的饲粮[估计提供碘 250 μg/(kg BW・d)]饲喂幼犬后，会使甲状腺机能下降，这表现在血浆中的甲状腺激素下降和骨异常。只是基于这些信息，还不足以确定成年犬饲粮中碘的安全上限的绝对数值。

7.4.6.6 猫粮对碘的需求量和供给量

1.幼猫和成年猫的需求量和供给量

可用于确定猫对碘的需求量和供给量的数据很少。Scott 等(1961)通过给猫从 12 周龄开始饲喂约含碘 0.4 mg/kg 的生牛心长达 8 周，使其出现碘的缺乏症。有报道称，这些饲粮含有 ME 4 400 kcal/kg。在 8 周末，这些幼猫消耗 ME 140 kcal/(kg BW・d)，消耗碘 12.7 μg/(kg BW・d)。在随后的 6 周内，每天添加 100 μg 的碘，这就能使碘的摄入量为 45 μg/(kg BW・d)，从而使所有的碘缺乏症状消失。在试验期末，这些幼猫都大概为 26 周龄，并且体重约 2.5 kg (Loveridge，1987)。在这样的年龄，幼猫大概消耗 110 kcal/(kg BW・d)，这就需要相当于含碘 410 μg/1 000 kcal ME 的饲粮。

考虑到能量摄入量存在 10%的变异系数，且标准饲粮的碘利用率可能下降，适宜的碘含量应该为 450 μg/1 000 kcal ME。这样的饲粮可为体重为 800 g 每天消耗 ME 180 kcal 的幼猫提供碘摄入量为 100 μg/(kg BW・d)[93 μg/(kg $BW^{0.67}$・d)]。

体重为 4 kg 每天消耗 250 kcal ME 的成年猫饲粮硒的 AI 为 28 μg/(kg BW・d)。由 Smith(1996)的报道可以知道，用含碘 2.4 mg/kg 的饲粮饲喂成年猫会导致的代谢改变，与碘缺乏或碘过量的代谢变化是一致的。这说明为成年猫建议的 AI 是合理的(Smith，1996)。

但是，通过用不同碘含量饲粮饲喂成年猫的饲养试验(饲粮中碘的生物利用率为 100%)，Ranz 等(2002)得到这样的结论：在不考虑碘摄入量的情况下，粪便中损失的内源性碘损失为恒定的 13 μg/(kg BW・d)，而肾脏损失的则为 6 μg/(kg BW・d)，则总的内源损失就为 20 μg/(kg BW・d)[31.6 μg/(kg $BW^{0.67}$・d)]。他们认为饲粮碘的摄入量应该足以维持成年猫的零碘平衡。因而，含碘 320 μg/1 000 kcal ME 的饲粮可为体重为 4 kg 每天消耗 ME 250 kcal 的成年猫提供碘的 MR。要校正在能量摄入或生物利用率减少产生的变异，可合理利用 10%的安全因子。建议维持成年动物饲粮碘的 RA 为含碘 350 μg/1 000 kcal ME。

2. 猫妊娠期和哺乳期的需求量和供给量

没有关于繁殖期猫对碘的需求量或供给量的资料。如果可以满足生长需要的饲粮也可以满足繁殖需要，那么在妊娠后期或哺育 4 只幼猫并且每天消耗 ME 540 kcal 的母猫，其 AI 为 61 μg/(kg BW・d)[96 μg/(kg $BW^{0.67}$ ・d)]。

7.4.6.7 猫对碘的安全上限

Kyle 等(1994)用含碘 21.1 mg/kg(DM 基础)的饲粮饲喂猫 5 个月，并评估了这些猫甲状腺的机能，并没有出现临床异常。并且，在这个研究中，游离的甲状腺素含量保持在正常的范围内(根据每个月的抽样检测)，这也说明，至少在这个研究过程中，饲喂这个碘含量的饲粮对甲状腺的机能没有不利影响。但是，Tartelin 和 Ford(1994)在用含碘 13.8 mg/kg(DM 基础)的饲粮饲喂猫仅 2 周，猫的血液游离甲状腺素含量就明显降低。根据这些试验，没有办法确定猫对饲粮碘的安全上限。

7.5 其他矿物质元素

7.5.1 砷

虽然砷(As)通常被认为是有毒物质，但它只有在一些含砷的化合物(如色氨酸砷)中才表现出很高的毒性，而其他的有机砷化合物(如在甲壳类的海产品中发现的化合物)是很安全的(Anke，1986)。通过对小鸡、仓鼠、山羊、微型猪和老鼠的研究，发现砷是这些动物体内必需的养分。虽然它的需要量只有每克饲粮含有几百毫微克(Anke，1986；Nielsen，1994b)。

在这些动物中，砷缺乏可能导致以下临床症状：生长率下降、生产力下降和围产期死亡率增加。在微观水平上，砷缺乏的山羊就出现了心肌损坏，特别是线粒体膜损坏和破裂(Nielsen，1994b)。Anke(1986)在总结了几个研究的基础上，指出砷缺乏也和一些氨基酸代谢以及蛋白质合成的酶系统功能异常有关联。

没有足够的资料可以确定犬猫的砷供给量。在这个领域的研究将很有意义。

7.5.2 硼

越来越多的证据表明，硼是人和动物必需的养分(Nielsen，1986，1994b)。在维生素 D 缺乏的小鸡中，硼缺乏会抑制生长并使血浆碱性磷酸酶含量增加。通过对大鼠的研究表明，硼影响甲状旁腺激素的活性，而且还间接影响钙、磷、镁和维生素 D 的代谢。因此，对于钙的动态平衡和骨代谢是很重要的。硼对脑电活动性也有影响，对钙和镁代谢的影响是次要的(Nielsen，1986，1994b)。

根据老鼠和小鸡的资料，含硼 0.3 mg/kg 的饲粮可能引起钙和镁的代谢变化(Nielsen，1986)。因而，硼的含量是较高的。根据对人类的研究数据表明，含硼 0.5 mg/1 000 kcal ME 的饲粮可能满足其对硼的需要(Nielsen，1994b)。

没有足够的资料可以用来确定犬猫对硼的推荐供给量。在这领域的研究将很有意义。

7.5.3 铬

自从对老鼠的研究表明，铬对于正常的葡萄糖耐受性具有重要作用，铬被视作一个必需养分已长达 50 年(Anderson，1987；Nielsen，1994a)。随后，发现人类和一些动物的铬缺乏症，包括葡萄糖耐受性下降、血浆胰岛素增多、高血糖症、生长受阻以及血液中甘油三酯含量增多、神经病症、脑病、角膜损坏、精子数和生产率下降(Anderson，1987)。铬还与油脂代谢、蛋白质合成和核酸代谢相关。

除了人类，几乎没有有关其他物种铬摄入量的资料。由于技术原因，只有最近的一些估测才被认为是有效的(Nielsen，1994a)。即使是最近的估测也因很多因素而变异较大，但成年人铬摄入平均值为每天 40～50 μg。需要量可能随着应激(如强烈的身体运动)而增加。

几乎没有有关铬吸收的资料，但它主要是在空肠中吸收。铬的化学形式可能影响其生物利用率。但是，无机形式的铬(如氯化铬)和各种有机形式的铬(如烟酰胺和甲基吡啶)生物利用率是不一致的(Snears 等，1998b)。在一些对人类和动物的研究中，铬的表观吸收率为 0.4%～3%(Anderson，1987)。

一些研究证明了铬添加剂的作用，一般是以甲基吡啶铬的形式，在犬的葡萄糖代谢、胰岛素敏感性、繁殖及生长和免疫反应中发挥作用(Spears 等，1998a，b；Lindemann 等，2000)。添加 0.2 mg/kg 的铬对妊娠期和哺乳期母犬或生长期犬的影响较小。并没有报道基础饲粮的铬含量(Lindemann 等，2000)。添加了含 0.3 mg/kg 铬的饲粮使犬的血糖含量下降很小但影响却很显著；但是，相比于未添加铬的犬，添加含铬 0.15 或 0.3 mg/kg 的饲粮的犬，免疫功能间没有差异(Spears 等，1998a)。在这项研究中，对照饲粮的铬含量大约为 0.7 mg/kg。Schachter 等(2001)总结到，尽管糖尿病犬的饲粮铬水平维持在 2.5～7.5 μg/(kg BW・d)数月仍然是安全的，但额外的铬对肝抗胰岛素控制没有影响。Cohn 等(1999)报道，添加铬 100 μg/(kg BW・d)是安全的，增加的铬对肥胖或正常动物的葡萄糖耐受性没有影响。没有报道基础饲粮中的铬浓度。

如果 Spears 等(1999a)用含 ME 4 000 kcal/kg 的基础饲粮(含铬 175 μg/1 000 kcal ME)，其能为一只体重为 15 kg 每天消耗 ME 1 000 kcal 的成年犬提供铬12 μg/(kg BW・d)。Nielsen(1994a)总结了一些研究，认为成年人的铬摄入量为 50～200 μg/d。因此，体重为 70 kg 的人铬摄入量为 0.7～3.0 μg/(kg BW・d)。相似的是，犬的铬需要量低于 12 μg/(kg BW・d)，鉴于没有进一步的资料可用，还没有确定推荐量。

确定猫的铬供应量的资料还不足。这一领域的研究将会很有用。

7.5.4 钼

虽然在反刍动物中饲粮中钼的摄入量增加通常是铜缺乏症的一个潜在原因，但它也被证实为人和一些动物的必需养分(Mills 和 Davis，1987；Nielsen，1994b)。有几种含钼金属酶包括有黄嘌呤氧化酶，它对核酸的正常代谢很关键(如含氮的代谢物转化成尿酸)。钼同样存在于其他几种酶形式中，包括醛氧化酶和亚硫酸盐氧化酶(Mills 和 Davis，1987)。

家禽的钼缺乏会产生很多显著影响，包括产蛋力下降、孵化率下降以及羽化缺陷。在山羊中，饲粮含量少于 60 μg/(kg BW・d)会导致怀孕率下降、流产率增加、生长缓慢和幼仔的死亡率增加(Mills 和 Davis，1987)。尽管没有报道犬猫的缺乏症，事实上已经确定钼是这些动物的必需养分。

很多饲粮成分都有钼，包括豆粕(含钼 10 mg/kg)以及谷物产品(含钼 0.2～0.4 mg/kg)。大多数肉产品的钼含量很低，但肝脏中可能含有钼 2～10 mg/kg(Mills 和 Davis，1987)。有机和无机钼均具有很强的可吸收性。尽管没有报道钼吸收的竞争因子，但有一个例外是硫酸盐，它在单胃动物中不能转化成硫化物，它是钼吸收的有力抑制剂。

既然没有报道犬猫的钼缺乏症，那么几乎可以确定商品宠物食品的钼足以满足代谢需要。这个需要量很可能是显著少于 60 μg/(kg BW・d)(之前报道不足以维持山羊和反刍动物的需要)，因为成年羊含有钼 40～460 μg/d，能够提供 1～7 μg/(kg BW・d)(Mills 和 Davis，1987)。

确定犬猫对钼的推荐量的资料不充足。这一领域中的研究将会很有用。

7.5.5 硅

硅(Si)是普遍存在于环境中的元素，在营养科学刚刚开端时，就在动物体组织中发现了硅。它也在犬中被吸收和排泄，在尿酸钙中的含硅元素也证明了这点(Ehrhart 和 McCullagh 1973；Aldrich 等，1997)。将硅作为必需元素的第一份报道发表于 20 世纪 70 年代中期，这份报道建立在对鸡与大鼠的研究之上(Nielsen，1994b)。目前已经清楚硅对骨骼的钙化和成熟起着重要作用，因为硅在骨形成初期的浓度很高，此后降低。硅同样是脯氨酰化酶的辅助因子，它参与胶原质的合成(Carlisle，1986)。硅的缺乏表现为结缔组织和骨骼异常。

至于饲粮来源，硅在植物性来源中的含量最高，而在动物来源中含量却很低(Nielsen，1996b)。任何一种动物对硅的 MR 都没有确定。建议人类对硅的需求量在 30 mg/d 或约为 400 μg/(kg BW・d)，但证据不具有确定性。

确定犬猫的硅推荐量的相关资料不足。这一领域的研究将会很有用。

7.5.6 镍

在 20 世纪 30 年代，微量元素镍(Ni)就被首次认为是一种必需的营养物质，但其大部分营养和生理功能直到 20 世纪 70 年代初才被揭晓，那时才有合适的研究方法出现(Nielsen,1987a,b)。通过总结对山羊和大鼠的研究,Nielsen(1994b)报道镍的缺乏症状有生长缓慢、繁殖性能下降、血糖浓度下降以及改变其他矿质元素(Ca,Fe和Zn)在体内的分布。

镍在动物体内(包括人类)的特殊生化功能并没有得以描述。但是,由于在植物和微生物中发现了一些含镍酶(如刀豆尿素酶),镍也在金属酶中有重要作用。

在动物中的研究发现,通过肠道吸收的镍很少(Nielsen,1987a);超过90%的镍出现在粪中,大部分被吸收的镍排泄在尿中。此外,在对这些单胃动物的研究中还发现动物对镍的需求量很小,可能少于200 μg/kg(Nielsen,1994b)。

不管其营养的重要性,有充足的证据表明镍的过量摄入有毒性作用(Nielsen,1987a)。镍毒性一般表现为胃肠不适。但是,在仔猪中,镍毒性表现为生长缓慢、毛皮粗糙以及胃肠障碍如腹泻和黑粪症。

确定犬猫的镍推荐量的相关资料不足。这一领域的研究将会很有用。

7.5.7 钒

许多的钒(V)缺乏的例子和研究都表明钒是一种必不可少的元素。但是,始终没有重复出现的钒缺乏的临床症状(Nielsen,1987b)。大量的小鸡和鼠的研究发现(Nielsen,1987b),能够观察到很多异常情况但却没有与之前的研究一致的变量。

钒有调整钠泵、调节磷酸转移酶、调节腺苷酸环化酶以及减少NADH氧化的功能,还有通过改变胰岛素的活性来调节葡萄糖的代谢的作用,还有调节胞内钙的代谢,以及调节骨头和牙齿的钙化。但是,它的必需功能还没有得到证明(Nielsen,1994b)。

如果对钒有需求量,那么这个需求量毫无疑问会极低,因为钒在多数食品中的含量很低;水果和蔬菜的钒含量低于1～5 ng/g,海产品、肉类和乳产品的含量低于5～30 ng/g。但是,一些草药种子中可能含有较多的钒。

虽然钒的必需代谢功能还不清楚,但是钒毒性却得到了描述(Nielsen,1987b)。钒浓度为25 ng/g时能导致鸡的生长缓慢,如果浓度变为2倍的话就能引起死亡。但是,其他饲粮成分能影响钒的毒性。

目前还没有充分的资料能够确定犬猫的钒供应量。在这一领域的研究将会很有用。

7.5.8 其他矿物质元素

尽管环境中有大量其他的矿物质,并且某些可能在其他物种中是必需的,但却没有确切的证据表明它们对犬猫的代谢功能是必需的(Mertz,1986;Nielsen,1986,1994b)。但是,很可能未来的研究会使其他更多的矿物质元素被视为是犬猫的必需养分。

参考文献

Abbrecht, P. 1969. Effects of potassium deficiency on renal function in the dog. J. Clin. Investig. 48:432-442.

Abbrecht, P. 1972. Cardiovascular Effects of Chronic Potassium Deficiency in the Dog. Am. J. Physiol. 223:555-560.

Aiken, T., L. Schnepper, R. Forbes, and J. Corbin. 1978. The effect of a low-zinc diet on the growth and skin condition in cats. Proceedings of the 112th Annual Meeting of the American Society of Animal Science Midwest Section, January 5-6.

Aldrich, J., G. Ling, A. Ruby, D. Johnson, and C. Franti. 1997. Silica-containing urinary caliculi in dogs (1981-1993). J. Vet. Int. Med. 11:288-295.

Allen, T. 1989. The effect of dietary sodium on urinary calcium excretion in normal dogs. J. Vet. Int. Med. 3:128.

Allen, T., J. Barteges, L. Cowgill, C. Kirk, G. Ling, J. Lulich, C. Osborne, Q. Rogers, A. Ruby, S. Vaden, and L. Ulrich. 1997. Colloquium on Urology. Feline Pract. 25(suppl.):1S-32S.

American Organization of Analytical Chemists (AOAC). 2000. Official Methods of Analysis of AOAC International, 17th Edition. Arlington, Va.: AOAC.

Anderson, R. 1987. Chromium. Pp. 225-244 in Trace Elements in Human and Animal Nutrition, 5th edition, W. Mertz, ed. San Diego, Calif.: Academic Press.

Anke, M. 1986. Arsenic. Pp. 347-372 in Trace Elements in Human and Animal Nutrition, 5th edition, W. Mertz, ed. Orlando, Fla.: Academic Press.

Aoyagi, S., and D. Baker. 1993a. Estimates of copper bioavailability from liver of different animal species and from feed ingredients derived from plants and animals. Poult. Sci. 72:1746-1755.

Aoyagi, S., and D. Baker. 1993b. Bioavailability of copper in analytical-grade and feed-grade inorganic copper sources when fed to provide copper at levels below the chick's requirement. Poult. Sci. 72.

Argenzio, R. 1984. Secretory functions of the gastrointestinal tract. Pp. 290-300 in Duke's Physiology of Domestic Animals, M. Swenson, ed. Ithaca, N.Y.: Cornell University Press.

Association of American Feed Control Officials (AAFCO). 2002. Official Publication. Harrisburg, Pa.

Bai, S., D. Sampson, J. Morris, and Q. Rogers. 1989. Vitamin B-6 requirement of growing kittens. J. Nutr. 119:1020-1027.

Baker, D. 1995. Zinc bioavailability. Pp. 367-398 in Bioavailability of Nutrients for Animals: Amino Acids, Minerals, Vitamins, C. Ammerman, D. Baker, and A. Lewis, eds. New York: Academic Press.

Baker, D., J. Odle, M. Funk, and T. Wieland. 1991. Research note: Bioavailability of copper in cupric oxide, cuprous oxide, and in a copper-lysine complex. Poult. Sci. 70:177-179.

Belshaw, B., T. Cooper, and D. Becker. 1975. The iodine requirement and influence of iodine intake on iodine metabolism and thyroid function in the adult Beagle. Endocrinology 96:1280-1291.

Beynen, A., H. Kappert, and S. Yu. 2001. Dietary lactulose decreases apparent nitrogen absorption and increases apparent calcium and magnesium absorption in healthy dogs. J. Anim. Physio. Anim. Nutr. 85:67-72.

Beynen, A., P. Baas, P. Hoekmeijer, H. Kappert, M. Bakker, J. Koopman, and A. Lemmens. 2002. Faecal bacterial profile, nitrogen excretion and mineral absorption in healthy dogs fed supplemental oligofructose. J. Anim. Physio.Anim. Nutr. 86:298-305.

Birk, D., R. Cohen, B. Geiger, D. Goodenough, B. Gumbiner, R. Hynes, L. Reichardt, E. Ruoslahti, R. Trelstad, F. Walsh, and P. Yurchenco. 1998. Extracellular matrix receptors on animal cells: The integrins. Pp. 995-1000 in Molecular Biology of the Cell, B. Alberts, D. Bray, J. Lewis, K. Roberts, and J. Watson, eds. New York: Garland Publishing.

Boemke, W., U. Palm, G. Kaczmarczyk, and H. Reinhardt. 1990. Effect of high sodium and high water intake on 24-h- potassium balance in dogs. J. Exper. Anim. Sci. 33:179-185.

Booles, D., I. Burger, A. Whyte, R. Anderson, G. Carlos, and I. Robinson. 1991. Effects of two levels of zinc intake on growth and trace element status in Labrador puppies. J. Nutr. 121(suppl.):79S-80S.

Bowers, T. 1997. Nutrition and immunity. Part 2: The role of selected micronutrients and clinical significance. Vet. Clin. Nutr. 4:96-101.

Breitschwerdt, E., P. Armstrong, C. Robinette, R. Dillman, M. Karl, and E. Lowry. 1986. Three cases of acute zinc toxicosis in dogs. Vet. Human Tox. 28:109-117.

Brewer, G. 1998. Wilson disease and canine copper toxicosis. American J. Clin. Nutr. 67(suppl.):1087S-1090S.

Brewer, G., R. Dick, W. Schall, V. Yuzbasiyan-Gurkan, T. Mullaney, C. Pace, J. Lindgren, M. Thomas, and G. Padgett. 1992. Use of zinc acetate to treat copper toxicosis in dogs. J. Am. Vet. Med. Assn. 201:564-568.

Briggs, J., I. Singh, B. Sawaya, and J. Schnermann. 1996. Disorders of salt balance. Pp. 3-62 in Fluids and Electrolytes, J. Kokko and R. Tannen, eds. Philadelphia: W.B. Saunders.

Brinkhaus, F., J. Mann, C. Zorich, and J. Greaves. 1998. Bioavailability of zinc propionate in dogs. J. Nutr. 128(suppl.):2596S-2597S.

Bronson, W., and T. Sisson. 1960. Studies on acute iron poisoning. American Journal of Diseases of Children 99:18-26.

Brosnan, J., and M. Brosnan. 1982. Dietary protein, metabolic acidosis, and calcium balance. Adv. Nutr. Res. 44:77-105.

Brown, E., D. Smith, R. Dubach, and C. Moore. 1959. Lethal iron overload in dogs. J. Lab. Clin. Med. 53:591-606.

Buffington, C., Q. Rogers, J. Morris, and N. Cook. 1985. Feline struvite urolithiasis: Magnesium effect depends on urinary pH. Feline Pract. 15:29-33.

Buffington, C., Q. Rogers, and J. Morris. 1990. Effect of diet on struvite activity product in feline urine. Am. J.Vet. Res. 51:2025-2030.

Buffington, C., S. DiBartola, and D. Chew. 1991. Effect of low potassium commercial nonpurified diet on renal function of adult cats. J. Nutr. 121(suppl.):91S-92S.

Buffington, C., D. Chew, M. Kendall, P. Scrivani, S. Thompson, J. Blaisdell, and B. Woodworth. 1997. Clinical evaluation of cats with nonobstructive urinary tract diseases. J. Am. Vet. Med. Assn. 210:46-50.

Bunce, G., K. Jenkins, and P. Phillips. 1962a. The mineral requirements of the dog. 3. The magnesium requirement. J. Nutr. 76:17-22.

Bunce, G., Y. Chiemchaisri, and P. Phillips. 1962b. The mineral requirements of the dog. 4. Effect of certain dietary and physiologic factors upon the magnesium deficiency syndrome. J. Nutr. 76:23-29.

Burger, I. 1979. Water balance in the dog and cat. Pedigree Digest 6:10-11.

Burnell, J., and E. Teubner. 1971. Changes in bone sodium and carbonate in metabolic acidosis and alkalosis in the dog. J. Clin. Investig. 50:327-331.

Carlisle, E. 1986. Silicon. Pp. 373-390 in Trace Elements in Human and Animal Nutrition, 5th edition, W. Mertz, ed. Orlando, Fla.: Academic Press.

Castillo, V., J. Lalia, M. Junco, G. Sartorio, A. Marquez, M. Rodriguez, and M. Pisarev. 2001a. Changes in thyroid function in puppies fed a high iodine commercial diet. Vet. J. 161:80-84.

Castillo, V., M. Pisarev, J. Lalia, M. Rodriguez, R. Cabrin, and A. Marquez. 2001b. Commercial diet induced hypothyroidism due to high iodine. A histological and radiological analysis. Vet. Q. 23:218-223.

Chanard, J., W. Rutherford, A. Greenwalt, R. Coquis, and E. Slatopolsky. 1980. A simplified technique for the measurement of intestinal absorption of calcium in the dog: Effects of PO_4 depletion and $25(OH)D_3$ in uremia. Calcified Tissue International 30:199-203.

Chausow, D., and G. Czarnecki-Maulden. 1985. Estimation of dietary requirement for the weanling kitten. J. Anim. Sci. 61:296.

Chausow, D., and G. Czarnecki-Maulden. 1987. Estimation of dietary iron requirement for the weanling puppy and kitten. J. Nutr. 117:928-932.

Chausow, D., R. Forbes, G. Czarnecki-Maulden, and J. Corbin. 1986. Experimentally-induced magnesium deficiency in growing kittens. Nutr. Res. 6:459-468.

Ching, S., M. Fettman, D. Hamar, L. Nagode, and K. Smith. 1989. The effect of chronic dietary acidification using ammonium chloride on acid-base and mineral metabolism in the adult cat. J. Nutr. 119:902-915.

Chow, F., D. Hamar, I. Dysart, and L. Rich. 1975. Feline urolithiasis/cat foods: Concentration of calcium, magnesium, phosphate and chloride in various cat foods and their relationship to feline urolithiasis. Feline Pract. 5:15-19.

Coffman, H. 1995. The Dry Dog Food Reference. Nashua, N.H.: PigDog Press.

Coffman, H. 1997. The Cat Food Reference. Nashua, N.H.: PigDog Press.

Colombini, S. 1999. Canine zinc-responsive dermatosis. Veterinary Clinics of North America: Sm. Anim. Pract. 29:1373-1383.

Colombini, S., and R. Dunstan. 1997. Zinc-responsive dermatosis in northern-breed dogs: 17 cases (1990-1996). J. Am. Vet. Med. Assn. 211:451-453.

Cohn, L., J. Dodam, D. McCaw, and D. Tate. 1999. Effects of chromium supplementation on glucose tolerance in obese and nonobese cats. Am. J. Vet. Res. 60:1360-1363.

Cronin, R., E. Ferguson, W. Shannon, Jr., and J. Knochel. 1982. Skeletal muscle injury after magnesium depletion in the dog. Am. J. Physiol. 243:F113-F120.

Czarnecki-Maulden, G., R. Rudnick, and D. Chausow. 1993. Copper bioavailability and requirement in the dog: Comparison of copper oxide and copper sulfate. FASEB J. 7:A305.

D'Arcy, P., and E. Howard. 1962. The acute toxicity of ferrous salts administered to dogs by mouth. J. of Pathology and Bacteriology 83:65-72.

de Chateau, M., S. Chen, A. Salas, and T. Springer. 2001. Kinetic and mechanical basis of rolling through an integrin and novel Ca^{+2}-dependent rolling and Mg^{+2}-dependent firm adhesion modalities for the alpha 4 beta 7-MAdCAM-1 interaction. Biochemistry 40:13972-13979.

De Morais, H. 2000. Disorders of chloride. Pp. 73-82 in Fluid Therapy in Small Animal Practice, S. DiBartola, ed. Philadelphia: W.B. Saunders.

DiBartola, S. 2000. Disorders of Potassium. Pp. 83-107 in Fluid Therapy in Sm. Anim. Pract., S. DiBartola, ed. Philadelphia: W.B. Saunders.

Dobenecker, B., B. Zottmann, E. Kienzle, and J. Zentek. 1998. Investigations on milk composition and milk yield in queens. J. Nutr. 128:2618S-2619S.

Doong, G., C. Keen, Q. Rogers, J. Morris, and R. Rucker. 1983. Selected features of copper metabloism in the cat. J. Nutr. 113:1963-1971.

Dow, S., M. Fettman, R. LeCouteur, and D. Hamar. 1987. Potassium depletion in cats: Renal and dietary influences. J. Am. Vet. Med. Assn. 191:1569-1575.

Dow, S., M. Fettman, K. Smith, D. Hamar, L. Nagode, K. Refsal, and W. Wilke. 1990. Effects of dietary acidification and potassium depletion on acid-base balance, mineral metabolism and renal function in adult cats. J. Nutr. 120:569-578.

Drinker, K., P. Thompson, and M. Marsh. 1927. An investigation of the effect of long-continued ingestion of zinc, in the form of zinc oxide, by cats and dogs, together with observations upon the excretion and storage of zinc. Am. J. Physio. 80:31-64.

Drochner, W., U. Kersten, and H. Meyer. 1976. Auswirkungen einer Nadepletion und anschlie Benden Repletion auf den stoffwechsel von beaglehunden. J. Vet. Med. Series 23A:739-753.

Ehrhart, L., and K. McCullagh. 1973. Silica urolithiasis in dogs fed an atherogenic diet. Proceedings of the Society for Experimental Biology and Medicine 143:131-132.

Erdman, J. 1979. Oilseed phytates: Nutritional implications. Journal of the American Oil Chemists' Society 56:736-741.

Fairbanks, V. 1994. Iron in medicine and nutrition. Pp. 185-213 in Modern Nutrition in Health and Disease, M. Shils, J. Olson, and M. Shike, eds. Philadelphia: Lea and Febiger.

Fascetti, A., J. Morris, and Q. Rogers. 1998. Dietary copper influences reproductive efficiency of queens. J. Nutr. 128(suppl.):2590S-2592S.

Fascetti, A., Q. Rogers, and J. Morris. 2000. Dietary copper influences reproduction in cats. J. Nutr. 130:1287-1290.

Favus, M. 1996. Primer on the Metabolic Bone Diseases and Disorders of Mineral Metabolism. Philadelphia: Lippincott-Raven.

Felder, C., J. Robillard, S. Roy III, and P. Jose. 1987. Severe chloride deficiency in the neonate: The canine puppy as an animal model. Pediatric Research 21:497-501.

Feldmann, B., B. Kennedy, and M. Schelstraete. 1977. Dietary mineral and the feline urological syndrome. Feline Pract. 7:39-45.

Fernandez, R., and S. Phillips. 1982. Components of fiber impair iron absorption in the dog. Am. J. Clin. Nutr. 35:107-112.

Finco, D., J. Barsanti, and S. Brown. 1989. Influence of dietary source of phosphorus on fecal and urinary excretion of phosphorus and other minerals by male cats. Am. J. Vet. Res. 50:263-266.

Freeman, L., D. Brown, W. Smith, and J. Rush. 1997. Magnesium status and the effect of magnesium supplementation in feline hypertrophic cardiomyopathy. Canadian J. Vet. Res. 61:227-231.

Frost, D., C. Elvehjem, and E. Hart. 1940. Iron utilization in dogs on milk diets. J. Nutr. 19:311-320.

Fulton, R., and L. Fruechte. 1991. Poisoning induced by administration of a phosphate-containing urinary acidifier in a cat. J. Am. Vet. Med. Assn. 198:883-885.

Gershoff, S., M. Legg, and D. Hegsted. 1958. Adaptation to different calcium intakes in dogs. J. Nutr. 64:303-312.

Gershoff, S., F. Faragalla, D. Nelson, and S. Andrus. 1959. Vitamin B-6 deficiency and oxalate nephrocalcinosis in the cat. Am. J. Med. 27:72-80.

Goedegebuure, S., and H. Hazewinkel. 1986. Morphological findings in young dogs chronically fed a diet containing excess calcium. Vet. Path. 23:594-605.

Goodman, S., R. Montgomery, R. Fitch, J. Hathcock, S. Lauten, N. Cox, S. Kinkaid, P. Rumph, W. Brawner, H. Baker, A. Lepine, and G. Reinhart. 1998. Serial orthopaedic examinations of growing Great Dane puppies fed three diets varying in calcium and phosphorus. Pp. 3-12 in Recent Advances in Canine and Feline Nutrition, Vol. 2, Iams Nutrition Symposium Proceedings, G. Reinhardt, and D. Carey, eds. Wilmington, Ohio: Orange Frazer Press.

Graf, E. 1986. Phytic Acid: Chemistry and Applications. Minneapolis, Minn.: Pilatus Press.

Gross, K., K. Wedekind, C. Cowell, W. Schoenherr, D. Jewell, S. Zicker, J. Debraekeleer, and R. Frey. 2000. Nutrients. Pp. 66-80 in Small Animal Clinical Nutrition, M. Hand, C. Thatcher, R. Remillard, and P. Roudebush, eds. Marceline, Mo.: Walsworth Publishing.

Gubler, C., M. Lahey, G. Cartright, and M. Wintrobe. 1953. Studies on copper metabolism. IX. The transportation of copper in blood. J. Clin. Investig. 32:405-414.

Gumbrell, R. 1972. Suspected copper deficiency in a group of full sib Samoyed dogs. New Zealand Vet. J. 20:238-240.

Gupta, B., R. Linden, D. Mary, and D. Weatherill. 1981. The influence of high and low sodium intake on blood volume in the dog. Q. J. Experi. Physio. 66:117-128.

Hallberg, L., M. Brune, M. Erlandsson, A. Sandberg, and L. Rossander-Hulten. 1991. Calcium: Effect of different amounts on nonheme- and heme-iron absorption in humans. Am. J. Clin. Nutr. 53:112-119.

Hallebeek, J., and H. Hazewinkel. 1998. Effect of isoenergetic substitution of dietary fat (beef tallow) for carbohydrates (wheat starch) on calcium absorption in the dog. J. Anim. Physio. Anim. Nutr. 78:60-66.

Hamlin, R., R. Smith, C. Smith, and T. Powers. 1964. Effects of a controlled electrolyte diet, low in sodium, on healthy dogs. Vet. Med./Small Animal Clinician 59:748-751.

Harper, E., H. Skinner, C. Charlton, and B. Smith. 2000. Iron requirements for growth and development in kittens. FASEB J. 14:A227.

Hartley, W., J. Kater, and A. Mackay. 1963. Goitre and low copper status in a litter of meat-fed pups. New Zealand Vet. J. 11:1-5.

Harvey, J. 1998. Iron deficiency anemia in dogs and cats. Proceedings of the North American Veterinary Conference, Florida 12:336-338.

Hashimoto, M., M. Funaba, M. Abe, and S. Ohshima. 1996. Effect of chronic high protein intake on magnesium, calcium, and phosphorus balance in growing cats. Exper. Anim. 45:63-70.

Hazewinkel, H., S. Goedegebuure, P. Poulos, and W. Wolvekamp. 1985. Influences of chronic calcium excess on the skeletal development of growing Great Danes. J. Am. Anim. Hosp. Assn. 21:377-391.

Hazewinkel, H., W. van den Brom, A. Van't Klooster, G. Voorhout, and A. Van Wees. 1991. Calcium metabolism in Great Dane dogs fed diets with various calcium and phosphorus levels. J. Nutr. 121(suppl.):99S-106S.

Hedhammar, A., F. Wu, L. Krook, H. Schryver, A. de Lahunta, J. Whalen, F. Kallfelz, E. Nunez, H. Hintz, B. Sheffy, and G. Ryan. 1974. Overnutrition and skeletal disease: An experimental study in growing Great Dane dogs. Cornell Vet. 64:9-160.

Hedhammar, A., L. Krook, H. Schryver, and F. Kallfelz. 1980. Calcium balance in the dog. Pp. 119-127 in Nutrition of the Dog and Cat, R. Anderson, ed. Oxford, UK: Pergamon Press.

Hendriks, W., F. Allan, M. Tarttelin, M. Collett, and B. Jones. 2001. Suspected zinc-induced copper deficiency in growing kittens exposed to galvanised iron. New Zealand Vet. J. 49:68-72.

Henrikson, P. 1968. Peridontal disease and calcium deficiency: An experimental study in the dog. Acta Odontologica Scandinavica 26:9-132.

Henry, P. 1995. Manganese bioavailability. Pp. 239-256 in Bioavailability of Nutrients for Animals: Amino Acids, Minerals, and Vitamins, C. Ammerman, D. Baker, and A. Lewis, eds. New York: Academic Press.

Hetzel, B., and G. Maberly. 1986. Iodine. Pp. 139-208 in Trace Elements in Human and Animal Nutrition, Vol. 2, W. Mertz, ed. Orlando, Fla.: Academic Press.

Hill, R., C. Burrows, G. Ellison, and J. Bauer. 2001. The effect of texturized vegetable protein from soy on nutrient digestibility compared to beef in cannulated dogs. J. Anim. Sci. 79:2162-2171.

Hills, D., J. Morris, and Q. Rogers. 1982. Potassium requirement of kittens affected by dietary protein. J. Nutr. 112:216-222.

Hintz, H., and H. Schryver. 1986. Comparison of calcium metabolism in the cat and horse. Proceedings Cornell Nutrition Conference for Feed Manufacturers, Ithaca, N.Y.

Hoff-Jorgensen, E. 1945. The influence of phytic acid on the absorption of calcium and phosphorus. Biochem. J. 40:189-192.

Hoppe, J., G. Marcelli, and M. Tainter. 1955a. An experimental study of the toxicity of ferrous gluconate. Am. J. Med. Sci. November:491-498.

Hoppe, J., G. Marcelli, and M. Tainter. 1955b. Progress of medical science therapeutics: A review of the toxicity of iron compounds. Am. J. Med. Sci. 230:558-571.

Hornfeldt, C., and T. Koepke. 1984. A case of suspected zinc toxicity in a dog. Veterinary and Human Toxicology 3:214.

Houpt, K., L. Essick, E. Shaw, D. Alo, J. Gilmartin, W. Gutenmann, C. Littman, and D. Lisk. 1988. A tuna fish diet influences cat behavior. Journal of Toxicology and Environmental Health 24:161-172.

Howard, K., Q. Rogers, and J. Morris. 1998. Magnesium requirement of kittens is increased by high dietary calcium. J. Nutr. 128(suppl.):2601S-2602S.

Huber, T., D. Laflamme, L. Medleau, K. Comer, and P. Rakich. 1991. Comparison of procedures for assessing adequacy of dog foods. J. Am. Vet. Med. Assn. 199:731-734.

Hurley, L., and C. Keen. 1987. Chapter 6: Manganese. Pp. 185-223 in Trace Elements in Human and Animal Nutrition, 5th edition, Vol. 1, W. Mertz, ed. San Diego, Calif.: Academic Press.

Jenkins, K., and P. Phillips. 1960a. The mineral requirements of the dog. 1. Phosphorus requirement and availability. J. Nutr. 70:235-240.

Jenkins, K., and P. Phillips. 1960b. The mineral requirements of the dog. 2. The relation of calcium, phosphorus and fat levels to minimal calcium and phosphorus requirements. J. Nutr. 70:241-246.

Johnson, G., D. Zawie, S. Gilbertson, and I. Sternlieb. 1982. Chronic active hepatitis in Doberman Pinschers. J. Am. Vet. Med. Assn. 180:1438-1442.

Johnson, L., H. Ford, M. Tarttelin, and C. Feek. 1992. Iodine content of commercially-prepared cat foods. New Zealand Vet. J. 40:18-20.

Jowsey, J., and J. Gershon-Cohen. 1964. Effect of dietary calcium levels on production and reversal of experimental osteoporosis in cats. Proceedings of the Society for Experimental Biology and Medicine 116:437-441.

Kallfelz, F., J. Bressett, and R. Wallace. 1980. Urethral obstruction in random source and SPF male cats induced by high levels of dietary magnesium or magnesium and phosphorus. Feline Pract. 10:25-35.

Kane, E., J. Morris, Q. Rogers, P. Ihrke, and P. Cupps. 1981. Zinc deficiency in the cat. J. Nutr. 111:488-495.

Keen, C., B. Lonnerdal, M. Clegg, L. Hurley, J. Morris, Q. Rogers, and R. Rucker. 1982. Developmental changes in composition of cats milk: Trace elements, minerals, protein, carbohydrate and fat. J. Nutr. 112:1763-1769.

Khanna, C., E. Lund, M. Raffe, and P. Armstrong. 1998. Hypomagnesemia in 188 dogs: A hospital population-based prevalence study. Journal of Veterinary Internal Medicine 12:304-309.

Kienzle, E. 1998. Factorial calculation of nutrient requirements in lactating queens. J. Nutr. 128(suppl.):2609S-2614S.

Kienzle, E., and S. Wilms-Eilers. 1994. Struvite diet in cats: Effect of ammonium chloride and carbonates on acid-base balance of cats. J. Nutr. 124(suppl.):2652S-2659S.

Kienzle, E., H. Meyer, C. Dammers, and H. Lohrie. 1985. Milk intake, weight gain, milk digestibility and nutrient retention in suckling puppies. Adv. in Anim. Physio. and Anim. Nutr. 16:26-50.

Kienzle, E., A. Schuknecht, and H. Meyer. 1991a. Influence of food composition on the urine pH in cats. J. Nutr. 121 (suppl.):S87-S88.

Kienzle, E., B. Stratmann, and H. Meyer. 1991b. Body composition of cats as a basis for factorial calculation of energy and nutrient requirements for growth. J. Nutr. 121(suppl.):122S-123S.

Kienzle, E., C. Thielen, and C. Pessinger. 1998a. Investigations on phosphorus requirements of adult cats. J. Nutr. 128(suppl.):2598S-2600S

Kienzle, E., J. Zentek, and H. Meyer. 1998b. Body composition of puppies and young dogs. J. Nutr. 128(suppl.): 2680S-2683S.

Kienzle, E., B. Dobenecker, and S. Eber. 2001. Effect of cellulose on the digestibility of high starch versus high fat diets in dogs. J. Am. Physio. Anim. Nutr. 85:174-185.

King, J., and C. Keen. 1994. Zinc. Pp. 214-230 in Modern Nutrition in Health and Disease, M. Shils, J. Olson, and M. Shike, eds. Philadelphia: Lea and Febiger.

Kochanowski, B., and C. McMahan. 1990. Inhibition of iron absorption by calcium in rats and dogs: Effects of mineral separation by time and enteric coating. Nutr. Res. 10:219-226.

Krook, L., R. Barrett, K. Usui, and R. Wolke. 1963. Nutritional secondary hyperparathyroidism in the cat. Cornell Vet. 53:224-240.

Krook, L., L. Lutwak, P. Henrikson, F. Kallfelz, C. Hirch, B. Romanus, L. Belanger, J. Marier, and B. Sheffy. 1971. Reversibility of nutritional osteoporosis: Physicochemical data on bones from an experimental study in dogs. J. Nutr. 101:233-246.

Kruger, J., C. Osborne, S. Goyal, S. Wickstrom, G. Johnston, T. Fletcher, and P. Brown. 1991. Clinical evaluation of cats with lower urinary tract disease. J. Am. Vet. Med. Assn. 199:211-216.

Kyle, A., M. Tarttelin, R. Cooke, and H. Ford. 1994. Serum free thyroxine levels in cats maintained on diets relatively high or low in iodine. New Zealand Vet. J. 42:101-103.

Laflamme, D. 2000. Effect of breed size on calcium requirements for puppies. Compend. Contin. Educ. Pract. Vet. 23:66-69.

Lannek, N., and P. Lindberg. 1975. Vitamin E and selenium deficiencies (VESD) of domestic animals. Adv. Vet. Sci. and Comp. Med. 19:127-164.

Larsen, P., and M. Berry. 1995. Nutritional and hormonal regulation of thyroid hormone deiodinases. Annual Review of Nutrition 15:323-352.

Latimer, K., A. Jain, H. Inglesby, W. Clarkson, and G. Johnson. 1989. Zinc-induced hemolytic anemia caused by ingestion of pennies by a pup. J. Am. Vet. Med. Assn. 195:77-80.

Lauten, S., and S. Goodman. 1998. Growth and body composition of the large breed puppy as affected by diet. Pp. 63-70 in Recent Advances in Canine and Feline Nutrition, Vol. 2 Iams Nutrition Symposium Proceedings, G. Reinhardt and D. Carey, eds. Wilmington, Ohio: Orange Frazer Press.

Lawler, D., D. Sjolin, and J. Collins. 1985. Incidence rates of feline lower urinary tract disease in the United States. Feline Pract. 15:13-16.

Lemann, J., and E. Lennon. 1972. Role of diet, gastrointestinal tract and bone in acid-base homeostasis. Kidney International 1:275-279.

Lemann, J., J. Litzow, and E. Lennon. 1966. The effects of chronic acid loads in normal man: Further evidence for the participation of bone mineral in the defense against chronic metabolic acidosis. J. Clin. Investig. 45:1608-1614.

Lennon, E., J. Lemann, and J. Litzow. 1966. The effects of diet and stool composition on the net external acid balance of normal subjects. J. Clin. Investig. 45:1601-1607.

Leon, A., S. Bain, and W. Levick. 1992. Hypokalaemic episodic polymyopathy in cats fed a vegetarian diet. Aust. Vet. J. 69:249-254.

Lessard, M., W. Yang, G. Elliott, N. Deslauriers, G. Brisson, J. Van Vleet, and R. Schultz. 1993. Suppressive effect of serum from pigs and dogs fed a diet deficient in vitamin E and selenium on lymphocyte proliferation. Vet. Res. 24:291-303.

Levander, O. 1986. Selenium. Pp. 209-279 in Trace Elements in Human and Animal Nutrition, 5th edition, W. Mertz, ed. Orlando, Fla.: Academic Press.

Levi, J., S. Massry, J. Coburn, F. Llach, and C. Kleeman. 1974. Hypocalcemia in magnesium-depleted dogs: Evidence for reduced responsiveness to parathyroid hormone and relative failure of parathyroid gland function. Metabolism 23:323-335.

Lewis, L., and J. Morris. 1984. Feline urologic syndrome: Causes and clinical management. Vet. Med. 79:323-327.

Lewis, L., F. Chow, G. Taton, and D. Hamar. 1978. Effect of various dietary mineral concentrations on the occurrence of feline urolithiasis. J. Am. Vet. Med. Assn. 172:559-563.

Lindemann, M., A. Lepine, and M. Hayek. 2000. Evaluation of chromium supplementation on several insulin-controlled parameters in Beagles. Recent Advances in Canine and Feline Nutrition, Vol. 3. Iams Nutrition Symposium Proceedings 3:243-254.

Lobaugh, B. 1996. Blood calcium and phosphorus regulation. Pp. 395 in Calcium and Phosphorus in Health and Disease, J. Anderson and S. Garner, eds. Boca Raton, Fla.: CRC Press.

Lonnerdal, B. 1996. Lactation in the dog and cat. Pp. 79-86 in Recent Advances in Canine and Feline Nutrition Research: Proceedings of the 1996 Iams International Nutrition Symposium. Wilmington, Ohio: Orange Frazer Press.

Lonnerdal, B., C. Keen, L. Hurley, and G. Fisher. 1981. Developmental changes in the composition of Beagle dog milk. Am. J. Vet. Res. 42:662-666.

Losher, S., D. Ranz, M. Tetrick, W. Kraft, and W. Rambeck. 2000. Investigation of iodine supply in dogs in Munich. Tierarztl. Prax. 28:285-288.

Loveridge, G. 1986. Bodyweight changes and energy intake of cats during gestation and lactation. Animal Technology 37:7-15.

Loveridge, G. 1987. Some factors affecting kitten growth. Animal Technology 38:9-18.

Lowe, J., and J. Wiseman. 1998. A comparison of the bioavailability of three dietary zinc sources using four different physiologic parameters in dogs. J. Nutr. 128(suppl.):2809S-2811S.

Lowe, J., J. Wiseman, and D. Cole. 1994. Zinc source influences zinc retention in hair and hair growth in the dog. J. Nutr. 124(suppl.):2575S-2576S.

Ludwig, J., C. Owen, Jr., S. Barham, J. McCall, and R. Hardy. 1980. The liver in the inherited copper disease of Bedlington terriers. Laboratory Investigation 43:82-87.

Markwell, P., C. Buffington, D. Chew, M. Kendall, J. Harte, and S. DiBartola. 1999. Clinical evaluation of commercially available urinary acidification diets in the management of idiopathic cystitis in cats. J. Am. Vet. Med. Assn. 214:361-365.

McCay, C. 1949. Nutrition of the Dog. Binghamton, N.Y.: Comstock Publishing.

McKee, M., S. Cecco, J. Niemela, J. Cormier, C. Kim, S. Steinberg, N. Rehak, R. Elin, and S. Rosenberg. 2002. Effects of interleukin 2 therapy on lymphocyte magnesium levels. J. Lab. Clin. Med. 139:5-12.

Meiser, H., and R. Schulz. 1997. Zinc poisoning and copper deficiency in the dog—An expanded case study. Berliner und Muenchner Tieraerzliche Wochenschrift 110:284-287.

Mertz, W. 1986. Chapter 8: Lithium. Pp. 391-397 in Trace Elements in Human and Animal Nutrition, 5th edition, W. Mertz, ed. Orlando, Fla.: Academic Press.

Meyer, H. 1984. Mineral metabolism and requirements in bitches and suckling pups. Pp. 13-24 in Nutrition and Behaviour in Dogs and Cats, R. Anderson, ed. Oxford, UK: Pergamon Press.

Meyer, H., C. Dammers, and E. Kienzle. 1985a. Body composition of newborn puppies and the nutrient requirement of pregnant bitches. Adv. Anim. Physio. Anim. Nutr. 16:7-25.

Meyer, H., E. Kienzle, and C. Dammers. 1985b. Milk production and milk composition of the bitch including feed intake and weight changes ante and postpartum. Adv. Anim. Physio. Anim. Nutr. 16:51-72.

Meyer, H., T. Behfeld, C. Schunemann, and A. Muhlum. 1989. Intestinal metabolism of water, sodium, and potassium. Pp. 109-119 in Beitrage zur Verdauungsphysiologie des Hundes, H. Meyer, ed. Hamburg: Verlag Paul Parey.

Meyer, H., J. Zentek, H. Habernoll, and I. Maskell. 1999. Digestibility and compatibility of mixed diets and faecal consistency in different breeds of dog. J. Vet. Med. Series A 46:155-165.

Michell, A. 1989. Salt intake, animal health and hypertension. Should sleeping dogs lie? Pp. 275-292 in Nutrition of the Cat and Dog, Waltham Symposium Number 7, I. Burger and J. Rivers, eds. Cambridge, UK: Cambridge University Press.

Mills, C., and G. Davis. 1987. Molybdenum. Pp. 429-463 in Trace Elements in Human and Animal Nutrition, 5th edition, W. Mertz, ed. San Diego, Calif.: Academic Press.

Morris, J., and K. Earle. 1999. Growing kittens require less dietary calcium than current allowances. J. Nutr. 129:1698-1704.

Morris, J., and A. Fascetti. 2000. Bioavailability of copper and zinc for dogs and cats. Compend. Contin. Educ. Pract. Vet. 22(suppl.):12-16.

Morris, J., and Q. Rogers. 1994. Assessment of the nutritional adequacy of pet foods through the life cycle. J. Nutr. 124:2520S-2534S.

Morris, M., R. Patton, and S. Teeter. 1976. Low sodium diet in heart disease: How low is low? Vet. Med. 71:1225-1227.

Nap, R., H. Hazewinkel, and W. van den Brom. 1993. ^{45}Ca kinetics in growing miniature poodles challenged by four different dietary levels of calcium. J. Nutr. 123:1826-1833.

National Research Council (NRC). 1971. Atlas of Nutritional Data on United States and Canadian Feeds. Washington, D.C.: National Academy Press.

Nielsen, F. 1986. Chapter 10: Other elements: Sb, Ba, B, Br, Cs, Ge, Rb, Ag, Sr, Sn, Ti, Zr, Be, Bi, Ga, Au, In, Nb, Sc, Te, Tl, W. Pp. 415-463 in Trace Elements in Human and Animal Nutrition, 5th edition, W. Mertz, ed. Orlando, Fla.: Academic Press.

Nielsen, F. 1987a. Nickel. Pp. 245-273 in Trace Elements in Human and Animal Nutrition, 5th edition, W. Mertz, ed. San Diego, Calif.: Academic Press.

Nielsen, F. 1987b. Vanadium. Pp. 275-300 in Trace Elements in Human and Animal Nutrition, W. Mertz, ed. New York: Academic Press.

Nielsen, F. 1994a. Chromium. Pp. 264-268 in Modern Nutrition in Health and Disease, M. Shils, J. Olson, and M. Shike, eds. Philadelphia: Lea and Febiger.

Nielsen, F. 1994b. Ultratrace minerals. Pp. 269-286 in Modern Nutrition in Health and Disease, M. Shils, J. Olsen, and M. Shike, eds. Philadelphia: Lea and Febiger.

Norris, C., M. Christopher, K. Howard, and R. Nelson. 1999. Effect of magnesium-deficient diet on serum and urine magnesium concentrations in healthy cats. Am. J. Vet. Res. 60:1159-1163.

Norris, W., T. Fritz, and J. Taylor. 1970. Cycle of accommodation to restricted dietary iodide in thyroid gland of the Beagle dog. Am. J. Vet. Res. 31:21-33.

Nuttall, W. 1986. Iodine deficiency in working dogs. New Zealand Vet. J. 34:72.

Oetzel, G., J. Olson, C. Curtis, and M. Fettmen. 1988. Ammonium chloride and ammonium sulfate for prevention of parturient paresis in dairy cows. J. Dairy Sci. 71:3302-3309.

Oftedal, O. 1984. Lactation in the dog: Milk composition and intake by puppies. J. Nutr. 114:803-811.

Ohlen, B., and D. Scott. 1986. Zinc-responsive dermatosis in puppies. Canine Pract. 13:6-10.

Osborne, C., D. Polzin, S. Abdullahi, J. Leininger, C. Clinton, and D. Griffith. 1985. Struvite urolithiasis in animals and man: Formation, detection, and dissolution. Adv. Vet. Sci. Comp. Med. 29:1-101.

Osborne, C., J. Stevens, J. Lulich, L. Ulrich, K. Bird, L. Koehler, and L. Swanson. 1995. A clinician's analysis of urinalysis. Pp. 960 in Canine and Feline Nephrology and Urology, C. Osborne and D. Finco, eds. Baltimore: Williams and Wilkins.

Osborne, C., J. Lulich, R. Thumchai, L. Ulrich, L. Koehler, K. Bird, and J. Barteges. 1996. Feline urolithiasis—Etiology and pathophysiology. Veterinary Clinics of North America: Sm. Anim. Pract. 26:217-232.

Ozpinar, H., I. Abas, T. Bilal, and G. Demirel. 2001. Investigation of excretion and absorption of different zinc salts in puppies. Lab. Anim. 35:282-287.

Pastoor, F., A. Van't Klooster, J. Mathot, and A. Beynen. 1994a. Increasing calcium intakes lower urinary concentrations of phosphorus and magnesium in adult ovariectomized cats. J. Nutr. 124:299-304.

Pastoor, F., R. Opitz, A. Van't Klooster, and A. Beynen. 1994b. Dietary calcium chloride vs. calcium carbonate reduces urinary pH and phosphorus concentration, improves bone mineralization and depresses kidney calcium level in cats. J. Nutr. 124:2212-2222.

Pastoor, F., A. Van't Klooster, and A. Beynen. 1994c. Calcium chloride as urinary acidifier in relation to its potential use in the prevention of struvite urolithiasis in the cat. Vet. Q. 16(suppl.):37S-38S.

Pastoor, F., R. Opitz, A. Van't Klooster, and A. Beynen. 1994d. Substitution of dietary calcium chloride for calcium carbonate reduces urinary pH and urinary phosphorus excretion in adults cats. Vet. Q. 16:157-160.

Pastoor, F., A. Van't Klooster, B. Opitz, and A. Beynen. 1995a. Effect of dietary magnesium on urinary and faecal excretion of calcium, magnesium and phosphorus in adult, ovarectomized cats. Br. J. Nutr. 74:77-84.

Pastoor, F., A. Van't Klooster, J. Mathot, and A. Beynen. 1995b. Increasing phosphorus intake reduces urinary concentrations of magnesium and calcium in adult ovariectomized cats fed purified diets. J. Nutr. 125:1334-1341.

Pastoor, F., R. Opitz, A. Van't Klooster, and A. Beynen. 1995c. Dietary phosphorus restriction to half the minumum required amount slightly reduces weight gain and length of tibia, but sustains femur mineralization and prevents nephrocalcinosis in female kittens. Br. J. Nutr. 74:85-100.

Patterson, R., M. Haut, C. Montgomery, H. Lowensohn, C. McQuilken, Y. Djuh, A. Huott, and R. Olsson. 1983. Natural history of potassium-deficiency myopathy in the dog: Role of adrenocorticosteriod in rhabdomyolysis. J. Lab. Clin. Med. 102:565-576.

Pedersen, H., and T. Mow. 1998. Hypomagnesemia and mitral valve prolapse in Cavalier King Charles Spaniels. J. Vet. Med. Series A 45:607-614.

Pennington, J. 1998. Bowes & Church's Food Values of Portions Commonly Used. Philidelphia: Lippincott Williams and Wilkins.

Piechota, M., Q. Rogers, and J. Morris. 1995. Nitrogen requirement of cats during gestation and lactation. Nutr. Res. 15:1535-1546.

Potts, J., Jr., and H. Juppner. 1998. Parathyroid hormone and parathyroid hormone-related peptide in calcium homeostasis, bone metabolism, and bone development: The proteins, their genes, and receptors. Pp. 52-83 in Metabolic Bone Disease and Clinically Related Disorders, L. Avioli, ed. San Diego, Calif.: Academic Press.

Prange, H. 2001a. Schilddrusenproliferate beim hund im mitteldeutschen jodmangelgebiet Teil 1: Epidemiologische daten, hormonwerte und jodgehalte der schilddrusen. Tierarztl. Prax. 29:236-242.

Prange, H. 2001b. Schilddrusenproliferate beim hund im mitteldeutschen jodmangelgebiet Teil 2: Klassiferzierung und biologische eigenschaften. Tierarztl. Prax. 29:298-306.

Radostits, O., C. Gay, D. Blood, K. Hinchcliff, J. Arundel, D. Jacobs, K. Leslie, B. Ikede, R. McKenzie, and R. Bildfell. 2000. Diseases caused by deficiencies of mineral nutrients. Pp. 122, 577, 1480-1514 in Veterinary Medicine: A Textbook of Diseases of Cattle, Sheep, Pigs, Goats and Horses, O. Radostits, C. Gay, D. Blood, and K. Hinchcliff, eds. London: W.B. Saunders.

Ranz, D., M. Tetrick, B. Opitz, E. Kienzle, and W. Rambeck. 2002. Estimation of iodine status in cats. J. Nutr. 132:1751S-1753S.

Reasbeck, P., Fracs, G. Barbezat, F. Weber, M. Robinson, and C. Thomson. 1985. Selenium absorption by canine jejunum. Digestive Diseases and Sciences 30:489-494.

Reinhardt, H., and D. Behrenbeck. 1967. Untersuchungen an waachen Hunden ueber die Einstellung der Natriumbilanz I. Die Bedeutung des Extracellulaerraumes fuer die Einstellung eder Natrium-Tagesbilanz. Fluegers Archiv. 295:266-279.

Reissman, E., and T. Coleman. 1955. Acute intestinal iron intoxication. II. Metabolic, respiratory and circulatory effects of absorbed iron salts. Blood 46:46-51.

Robertson, B., and M. Burns. 1963. Zinc metabolism and the zinc-deficiency syndrome in the dog. Am. J. Vet. Res. 24:997-1002.

Ruegamer, W., C. Elvehjem, and E. Hart. 1946a. Potassium deficiency in the dog. Proc. Soc. for Exper, Bio. and Med. 61:234-238.

Ruegamer, W., L. Michaud, and E. Hart. 1946b. The use of the dog for studies on iron bioavilability. J. Nutr. 32:101-111.

Ruesse, I. 1961. Die laktation der hundin. Zentralblatt fur veterinarmedizin 8:252-281.

Sanecki, R., J. Corbin, and R. Forbes. 1982. Tissue changes in dogs fed a zinc-deficient ration. Am. J. Vet. Res. 43:1642-1646.

Sanecki, R., J. Corbin, and R. Forbes. 1985. Extracutaneous histologic changes accompanying zinc deficiency in pups. Am. J. Vet. Res. 46:2120-2123.

Sauer, L., D. Hamar, and L. Lewis. 1985. Effect of diet composition on water intake and excretion by the cat. Feline Pract. 15:16-21.

Scarlett, J. 1994. Epidemiology of thyroid diseases of dogs and cats. Veterinary Clinics of North America: Sm. Anim. Pract. 24:477-486.

Schachter, S., R. Nelson, and C. Kirk. 2001. Oral chromium picolinate and control of glycemia in insulin-treated diabetic dogs. J. Vet. Intl. Med. 5:379-384.

Schoenmakers, I., H. Hazewinkel, and W. van den Brom. 1999. Excessive Ca and P intake during early maturation in dogs alters Ca and P balance without long-term effects after dietary normalization. J. Nutr. 129:1068-1074.

Scott, P. 1960. Some aspects of the nutrition of the dog and cat. 2. The cat. Vet. Record 72:6-9.

Scott, P. 1964. Nutritional requirements and deficiencies. Pp. 60-70 in Feline Medicine and Surgery, E. Catcott, ed. Wheaton, Ill.: American Veterinary Publications.

Scott, P. 1965. Minerals and vitamins in feline nutrition. Pp. 75-89 in Canine and Feline Nutritional Requirements, O. Graham-Jones, ed. Oxford, UK: Pergamon Press.

Scott, P. 1975. Nutrition and disease. Pp. 131-144 in Feline Medicine and Surgery, E. Catcott, ed. Santa Barbara, Calif.: American Veterinary Publications.

Scott, P., J. Greaves, and M. Scott. 1961. Nutrition of the cat. 4. Calcium and iodine deficiency on a meat diet. Br. J. Nutr. 15:35-51.

Serrano, C., M. Talbert, and L. Welt. 1964. Potassium deficiency in the pregnant dog. J. Clin. Investig. 43:27-31.

Sheffy, B., and R. Schultz. 1979. Influence of vitamin E and selenium on immune response mechanisms. Federation Proceedings 38:2139-2143.

Sheffy, B., A. Williams, J. Zimmer, and G. Ryan. 1985. Nutrition and metabolism of the geriatric dog. Cornell Vet. 75:324-347.

Simopoulos, A., and F. Bartter. 1980. The metabolic consequences of chloride deficiency. Nutrition Reviews 38:201-205.

Slater, M., J. Scarlett, S. Donoghue, R. Kaderly, B. Bonnett, J. Cockshutt, and H. Erb. 1992. Diet and exercise as potential risk factors for osteochondritis dissecans in dogs. Am. J. Vet. Res. 53:2119-2124.

Smith, T. 1996. Establishment of the minimum iodine requirement in the adult cat. P. 79 in Veterinary Clinical Sciences. New York: Kansas State University.

Sousa, C., A. Stannard, P. Ihrke, S. Reinke, and L. Schmeitzel. 1988. Dermatosis associated with feeding generic dog food: 13 cases (1981-1982). J. Am. Vet. Med. Assn. 192:676-680.

Spears, J., T. Brown, Jr., M. Hayek, and G. Sunvold. 1998a. Effect of dietary chromium on the canine immune response. Recent Advances in Canine and Feline Nutrition Vol. 2. Iams Nutrition Symposium Proceedings 2:555-564.

Spears, J., T. Brown, G. Sunvold, and M. Hayek. 1998b. Influence of chromium on glucose metabolism and insulin sensitivity. Recent Advances in Canine and Feline Nutrition, Vol. 2. Iams Nutrition Symposium Proceedings 2:103-112.

Spray, C., and E. Widdowson. 1950. The effect of growth and development on the composition of mammals. Br. J. Nutr. 4:332-353.

Stahlmann, R., S. Kuhner, M. Shakibaei, J. Flores, J. Vormann, and D. van Sickle. 2000. Effects of magnesium deficiency on joint cartilage in immature Beagle dogs: Immunohistochemistry, electron microscopy, and mineral concentrations. Archives of Toxicology 73:573-580.

Sterman, M., M. Shouse, M. Fairchild, and O. Belsito. 1986. Kindled seizure induction alters and is altered by zinc absorption. Brain Research 383:382-386.

Su, L., C. Owen, Jr., P. Zollman, and R. Hardy. 1982. A defect of biliary excretion of copper in copper-laden Bedlington terriers. Am. J. Physio. 242:G231-G236.

Tannen, R. 1996. Potassium disorders. Pp. 111-200 in Fluids and Electrolytes, J. Kokko and R. Tannen, eds. Philadelphia: W.B. Saunders.

Tarttelin, M., and H. Ford. 1994. Dietary iodine level and thyroid function in the cat. J. Nutr. 124:2577S-2578S.

Tarttelin, M., L. Johnson, R. Cooke, H. Ford, and C. Feek. 1992. Serum free thyroxine levels respond inversely to changes in levels of dietary iodine in the domestic cat. New Zealand Vet. J. 40:66-68.

Taton, G., D. Hamar, and L. Lewis. 1984. Evaluation of ammonium chloride as a urinary acidifier in the cat. J. Am. Vet. Med. Assn. 184:433-436.

Thompson, T. 1979. Iodine-deficiency goitre in a bitch. New Zealand Vet. J. 27:113.

Thornburg, L., D. Shaw, M. Dolan, M. Raisbeck, S. Crawford, G. Dennis, and D. Olwin. 1986. Hereditary copper toxicosis in West Highland White Terriers. Vet. Path. 23:148-154.

Torrance, A., and R. Fulton. 1987. Zinc-induced hemolytic anemia in a dog. J. Am. Vet. Med. Assn. 191:443-444.

Toto, R., R. Alpern, J. Kokko, and R. Tannen. 1996. Metabolic acid-base disorders. Pp. 201-266 in Fluids and Electrolytes, 3rd edition. Philidelphia: W.B. Saunders.

Turnlund, J. 1994. Copper. Pp. 231-240 in Modern Nutrition in Health and Disease, M. Shils, J. Olson, and M. Shike, eds. Philadelphia: Lea and Febiger.

Twedt, D., I. Sternlieb, and S. Gilbertson. 1979. Clinical, morphological, and chemical studies on copper toxicosis of Bedlington Terriers. J. Am. Vet. Med. Assn. 175:269-275.

Uchida, Y., A. Moon-Fanelli, N. Dodman, M. Clegg, and C. Keen. 1997. Serum concentrations of zinc and copper in Bull Terriers with lethal acrodermatitis and tail-chasing behavior. Am. J. Vet. Res. 58:808-810.

Van Den Broek, A., and W. Stafford. 1988. Diagnostic value of zinc concentrations in serum, leukocytes and hair of dogs with zinc-responsive dermatosis. Res. Vet. Sci. 44:41-44.

Van Den Broek, A., and K. Thoday. 1986. Skin disease in dogs associated with zinc deficiency: A report of five cases. Journal of Sm. Anim. Pract. 27:313-323.

Van Vleet, J. 1975. Experimentally induced vitamin E-selenium deficiency in the growing dog. J. Am. Vet. Med. Assn. 166:769-774.

Vitale, J., E. Hellerstein, N. Nakamura, and B. Lown. 1961. Effects of magnesium-deficient diet upon puppies. Circulation Research 9:387-394.

Voorhout, G., and H. Hazewinkel. 1987. A radiographic study on the development of the antebrachium in Great Dane pups on different calcium intakes. Veterinary Radiology 28:152-157.

Weber, M., L. Martin, H. Dumon, V. Biourge, and P. Nguyen. 2000. Growth and skeletal development in two large breeds fed 2 calcium levels. J. Vet. Inter. Med. 14:388.

Wedekind, K., and G. Combs, Jr. 2000. Selenium in petfoods: Is bioavailability an issue? Compend. Contin. Educ. Pract. Vet. 22(suppl.):17-22.

Wedekind, K., and S. Lowry. 1998. Are organic zinc sources efficacious in puppies. J. Nutr. 128(suppl.):2593S-2595S.

Wedekind, K., C. Cowell, and G. Combs, Jr. 1997. Bioavailability of selenium in petfood ingredients. FASEB J. 11:A360.

Wedekind, K., R. Beyer, and G. Combs, Jr. 1998. Is selenium addition necessary in petfoods? FASEB J. 12:A823.

Wedekind, K., K. Howard, R. Backus, and Q. Rogers. 2000. Current AAFCO and NRC recommendations for selenium (Se) are too low for kittens. FASEB J. 14:A295.

Wedekind, K., C. Kirk, R. Nachreiner, and S. Yu. 2001. Effect of varying selenium (Se) intake on thyroid hormone metabolism in dogs. FASEB J. 15:A953.

Wen, H., B. Shi, and J. Spallholz. 1995. Selenium bioavailability from meats, poultry, seafoods, bread, and mushrooms in rats. FASEB J. 9:A159.

Willeberg, P. 1984. Epidemiology of naturally occurring feline urological syndrome. Veterinary Clinics of North America: Sm. Anim. Pract. 14:455-469.

Windisch, W., S. Gabler, and M. Kirchgessner. 1998. Effect of selenite, seleno cysteine and seleno methionine on the selenium metabolism of ^{75}Se labeled rats. J. Am. Physio. Anim. Nutr. 78:67-74.

Wing, P. 1967. The reversibility of nutritional osteitis fibrosa. Dissertation Abstracts 27:3735B-3736B.

Yu, S., and J. Morris. 1997. The minimum sodium requirement of growing kittens defined on the basis of plasma aldosterone concentration. J. Nutr. 127:494-501.

Yu, S., and J. Morris. 1998. Hypokalemia in kittens induced by a chlorine-deficient diet. FASEB J. 12:A219.

Yu, S., and J. Morris. 1999a. Chloride requirement of kittens for growth is less than current recommendations. J. Nutr. 129:1909-1914.

Yu, S., and J. Morris. 1999b. Sodium requirement of adult cats for maintenance based on plasma aldosterone concentration. J. Nutr. 129:419-423.

Yu, S., Q. Rogers, and J. Morris. 1997. Absence of salt (NaCl) preference or appetite in sodium-replete or depleted kittens. Appetite 29:1-10.

Yu, S., K. Howard, K. Wedekind, J. Morris, and Q. Rogers. 2001. A low-selenium diet increases thyroxine and decreases 3,5,3′-triiodothyronine in the plasma of kittens. J. Am. Physio. Anim. Nutr. 86:36-41.

Zentek, J., and H. Meyer. 1991. Investigations on copper deficiency in growing dogs. J. Nutr. 121(suppl.):83S-84S.

Zentek, J., and H. Meyer. 1995. Normal handling of diets—Are all dogs created equal? J. Sm. Anim. Pract. 36:354-359.

Zijlstra, W., A. Langbroek, J. Kraan, P. Rispens, and A. Nijmeijer. 1995. Effect of casein-based semi-synthetic food on renal acid excretion and acid-base state of blood in dogs. Acta Anesthesiologica Scandinavica 107(suppl.):179-183.

8

维　生　素

Vitamins

8.1 引言

维生素是一组有机复合物，它们是必需的营养物质，在日粮中含量很少，但是却被用来维持机体的代谢功能，而这些维生素不能由食物中的前体物合成，即使在某些条件下能合成，其合成速率也很低，不能满足需要。维生素参与机体内大部分新陈代谢反应。从维生素的名字或其下标的数字并不能看出每种维生素的具体功能。日粮维生素缺乏影响一系列代谢功能，从而引发临床症状。当日粮维生素不足时，组织里的维生素会以不同的速率被消耗，且各种组织对维生素缺乏的敏感程度不同。根据维生素缺乏的严重程度，会产生一系列的临床症状，许多缺乏症都有其特征性。

通过补充某个单个的维生素，而缓解了维生素缺乏症的临床症状，这就强有力地证明了日粮中缺乏此种维生素。然而这种方法太耗费时间，并不适合临床实践。维生素缺乏的识别常以临床症状为根据，维生素缺乏的诊断及其严重性可以通过以下 4 个程序之一来评估。

第一，测定体液或组织中维生素的浓度，如血浆或肝脏。

第二，给予犬或猫口服维生素，并测定尿液中该维生素浓度或其代谢产物的浓度，作为机体组织中该维生素饱和度的指数。

第三，分别在提供和不提供前体物的情况下，测定体液中需要维生素来完成其代谢功能的复合物，如亚氨甲基谷氨酸和甲基丙二酸，两者分别被用来评估机体内叶酸和钴胺素的状况。

第四，测定添加维生素前后酶促反应的速率，而此维生素是此反应的辅酶。如红细胞谷胱苷肽还原酶活性实验，用来测量核黄素；转羟乙醛酶试验，用来检测硫胺素；转氨酶刺激实验，用来检测维生素 B_6。

大约 75 年前，维生素的缺乏症首次在犬上被确认。犬在发现和区别维生素 A 和维生素 D 中扮演了一个具有开创性的角色。它们也被用于人类食物中烟酸的检测分析。虽然经过如此长的时间，但很多维生素的需要量要么还没有被确定，要么只是确定了在某种特定生理状态下的需要量。通常情况下，犬猫粮的原料成分对犬猫总的维生素摄入量的影响还不清楚。现在的宠物食品生产商，在大多数犬粮中都加入维生素预混料，却忽视了主要原料所提供的维生素，这就更加剧了这种现状。当日粮成分含有某种高含量的维生素时，这种现状的不利因素已被观察到。尽管如此，维生素不像其他的营养物质，适度过量（需要量的 10 倍）的维生素不会危及动物的安全。

维生素被人为分为脂溶性维生素和水溶性维生素。这种划分与其功能并没有多大关系，但是和肠道吸收维生素具有相关性。脂溶性维生素伴随食物脂肪一起被吸收，且具有相关性。任何干扰脂肪吸收的不利因素都会影响肠道对脂溶性维生素的摄取。在高浓度时，许多水溶性维生素通过被动扩散方式被吸收，但是当浓度较低时，通过依靠 Na^+ 的三磷酸腺苷酶活性转运系统（三磷酸腺苷酶）来吸收。

犬的维生素营养和其他大多数哺乳动物的相似。在早期人的维生素营养研究中，犬被作为一个很好的模型。如在发现人类糙皮病是由于烟酸缺乏而不是一种传染病的过程中，犬发挥了重要作用（Carpenter，1991）。与犬不同，猫的维生素营养有许多特殊的地方，特别是对维生素 A、维生素 D 和烟酸的需要方面（Morris，2002）。

在确定某种维生素需要量的过程中，必须考虑一些和此种维生素有关的细节（如最大酶活性或最小排泄量）。通过补充不同浓度维生素制得其反应曲线，可推算出动物对维生素的准确需要量。要作出一条成折线的相应曲线，最少需要添加 4 个不同维生素浓度(2 个低于需要量，2 个高于需要量)。到目前为止，还几乎没有用这种方法来估测犬猫维生素需要量的例子。

在本章中，阐明了一种维生素需求量的制定基础。然而在通常情况下，这只是一个相对粗略的标准(比如说体重的获得)，而不是各种维生素的特殊功能，如维生素以辅酶的形式存在于酶中，而对整个酶活性起重要作用。很多关于维生素在犬中的研究，主要是关于维生素功能的研究，而不是测定各个品种的需要量。此外，这些研究的大部分是在上世纪早、中期纯化维生素和现代分析仪器还没有出现的情况下进行的。

人体中近 1/3 的基因突变导致相应酶的米氏常数(K_m)增加，或导致由维生素派生的辅酶和底物的反应速率降低(Ames 等，2002)。当某种辅酶是由维生素派生的，则高剂量的维生素治疗法可以刺激产生变异酶。有证据表明，在犬和猫中，有可能发生相似的遗传畸形疾病，特别是钴胺素的缺乏。但是这在本章的讨论范围之外。

在许多关于犬对维生素 A、硫胺素和核黄素的早期研究中，维生素的量是以体重为基础给予的。在体重数据有效的情况下，这些维生素被校正到以日粮能量为基础。表 15-2 到表 15-4 列出了各种维生素的最小需求量(MR)、推荐供给量(RA)、适宜采食量(AI)、推测安全上限(SUL)。这些值是采用来源于假定有固定能量摄入的标准犬猫的原始数据，并通过计算得出的。因为维生素的需要量与宠物的代谢体重和能量摄入有直接关系，因此直接以体重为基础表示的维生素需要量，可能导致较大的误差(Rucker 和 Steinberg，2002)。因此，前述表格中列出的直接以体重为基础的需要量，只适合于特定动物。多种维生素的最小允许量和 NRC(1985，1986)的推荐值相近。这意味着，自 NRC(1985，1986)之后没有有意义的研究，能够推荐出其他合适的最小允许量。本书公布的各种维生素的推荐量与 Burger (1993)和 ABGE (1989)推荐的犬的维生素需要量也很相近。

表 15-2 到表 15-4 列出的各种维生素的最小推荐浓度和推荐量，是犬、猫采食日粮中总的生物可利用形式的维生素含量(包括自然原料成分和维生素预混料中维生素的总量)。某些维生素天然状态的效价很低，所以当推荐需要量的绝大部分由维生素预混料来满足时，这个推荐量是合适的。但是当推荐量主要由原料成分中所含的维生素满足时，则上述各表中推荐的最低浓度需要根据一个适当的因子加以调整，以满足各种维生素效价。Baker(1995)对各种食物中的维生素的效价进行了讨论。

当比较日粮中维生素的分析值和表格中给出的值时，必须对维生素的来源及其生物效价做出评价。给出一个简单的数值，来说明来源于所有食物原料中某维生素的生物效价，不但是一个误导，也给出了维生素适量的错误保证，还可导致配方中总的过度添加。为满足个体间的差异，允许 RAs 相当于推荐需要量的 1.25 倍。

8.2 维生素 A

在自然界所有被动物吸收的维生素 A，都来自植物合成的类胡萝卜素。从类胡萝卜素到维生素 A 的转化要求氧化分解类胡萝卜素分子。虽然我们知道，存在 β-胡萝卜素 15，15′-过氧化氢酶催化类胡萝卜素的对称切割已经有 40 年了，但是直到今天这种酶分子还没有被分离出来。近年来，已从鸡和犬中克隆了 β-胡萝卜素 15，15′-过氧化氢酶的基因(Wyss 等，2000，2001)，且已经识别出编码过氧化氢酶基因的互补 DNA(cDNA)(Kiefer 等，2001)。此酶催化不对称 9′，10′-双键的氧化分解，还能催化 β-脱辅基-10′-胡萝卜素醛和 β-紫罗兰酮的生成。此外该酶还能催化切割番茄红素。

近一个世纪以前，Mellanby(1919)用犬区分鱼肝油里的维生素 A 和维生素 D 的功能性作用，这种抗佝偻病因子可能是脂溶性维生素 A 或是与其分布有关的物质。虽然在动物分类上，犬猫都是肉食性动物，但只有犬有利用维生素 A 的前体——类胡萝卜素的能力(Ahmad，1931；Rea 和 Drummond，1932；Gershoff 等，1957)。Turner (1934)的研究结果表明，给犬饲喂加有 150 g 新鲜胡萝卜的基础日粮，会导致犬的肝脏和肾脏中维生素 A 的浓度高于只饲喂基础日粮的犬，但与饲喂基础日粮加有鱼肝油的犬的浓度相似。无论添加到日粮中还是注射，猫都不能将 β-胡萝卜素或其他类胡萝卜素转化为维生素 A。雪貂是另一种比犬更接近猫的食肉动物，也不能有效利用 β-胡萝卜素。在重量上和维生素 A 等量的 β-胡萝卜素，对雪貂而言只具有相当于 1/5 甚至更少的维生素 A 活性(Lederman 等，1998)。

8.2.1 吸收、转运和储存

维生素 A 包含在动物组织和其他食物里，在胃中胃蛋白酶的作用下，维生素 A 从蛋白质里释放出来，并且和脂肪相结合（参见第 5 章关于脂肪消化吸收的讨论）。在小肠中，日粮中的视黄醇酯类被胰脂肪酶和小肠刷状缘的磷酸酯酶 B 水解（Harrison 和 Hussain，2001）。水解后的游离视黄醇被小肠细胞吸收。在生理浓度下，视黄醇通过蛋白质介导扩散或被动扩散的方式被吸收。维生素 A 的整体吸收率能达到 80%～90%（Olsen，2001）。在被小肠细胞吸收后，游离的视黄醇和一种脂肪酸结合蛋白——细胞视黄醇结合蛋白（CRBPs）相结合形成一种复合物。目前有 2 种能结合反视黄醇的 CRBPs 已经被识别，并被分离纯化，但是小肠黏膜中主要含有 CRBP-Ⅱ。视黄醇和 CRBP-Ⅱ结合后，有可能发生酯化作用，也有可能被氧化成视黄醛。

类胡萝卜素的吸收，有一个绝对需要量，以确保胆盐能够独立扩散进入到合适的微胶粒中。人对食物中类胡萝卜素的吸收率能达到 50%～60%，并且随着剂量的减少吸收率明显降低（Olsen，2001）。猫能够吸收口服的 β-胡萝卜素，但是不能将其转化为视黄醇（Schweigert 等，2002）。在能够利用类胡萝卜素的动物中，类胡萝卜素和来源于食物中预先形成的视黄醇，在小肠黏膜细胞中被大量转化为视黄醇酯类。随后小肠黏膜细胞释放出含有三酰基甘油、脱酰基蛋白、视黄醇酯和视黄醇的乳糜微粒，并进入到淋巴液中，进入全身循环。循环过程中，乳糜微粒外部的三酰基甘油被脂蛋白脂肪酶所剥离，剩余的含有视黄醇酯、胆固醇和几个含有脱酰基蛋白的部分，通过细胞的胞吞作用被吸收进入肝脏和其他组织。在肝脏中，视黄醇酯被水解，游离的视黄醇被细胞视黄醇结合蛋白Ⅰ(CRBP-Ⅰ)转运到内质网浆液中。内质网中含有 2 种视黄醇酰基转移酶：以卵磷脂存在的视黄醇酰基转移酶（LRAT）和以脂酰辅酶 A 存在的视黄醇酰基转移酶（ARAT）。视黄醇酰基转移酶的主要作用是合成视黄醇酯类：硬脂酸、油酸和亚油酸。这些酯类都储存在含有维生素 A 小滴的实质细胞中。

肝脏是犬猫维生素 A 的主要储存场所，但是在猫的肾脏，维生素 A 的浓度比其他物种更高（Lowe 等，1957；Moore 等，1963），其肾脏中储存的维生素 A 的量却少于肝脏中储存的量。然而在维生素 A 缺乏时，肾脏中的维生素 A 比肝脏中维生素 A 能储存更长时间。包括人类和老鼠在内的大多数动物，肝脏里的维生素 A 和视黄醇结合蛋白（RBP）一起被释放。前视黄醇结合蛋白（Pre-RBP）在肝脏实质细胞中合成，在除去一个相对分子质量为 3 500 的多肽后，形成的脱酰基视黄醇结合蛋白（apo-RBP）可结合全反视黄醇，结合后的复合物（holo-RBP）被分泌到血浆中。在人体内，大约 90%的 RBP 被视黄醇结合，并且大部分和可结合甲状腺素的甲状腺激素结合蛋白形成复合物。在犬和猫上，RBP 的半衰期还没有被测定，但人的 RBP 半衰期是 11～16 h。

包括人和鼠在内的大多动物中，血浆中循环的含视黄醇基团的复合物以 holo-RBP 形式存在，只有在中毒状态下，视黄醇酯的量才会单独上升。包括犬和猫在内的很多肉食性动物，血浆中视黄醇的活性，主要是视黄醇酯的活性，特别是棕榈酸视黄醇酯和硬脂酸酯（Schweigert 等，1990a，b）。在犬和鼬中，40%～99%的血浆维生素 A 可能是视黄醇酯（Schweigert 等，1990a），在猫中这个值也相似（Freytag 等，2003）。鬣犬和鳍脚亚目动物有些例外，在它们的血浆中仅含有视黄醇。在血浆中视黄醇酯和低密度脂蛋白结合在一起而被转运。

目前，认为细胞从血浆中吸收维生素 A 有 2 种机制：一种与血浆接触的细胞表面受体与 holo-RBP 紧密结合；另一种机制则不需与受体结合。第一种机制提出 holo-RBP 和受体结合，受体介导 holo-RBP 的内化胞吞作用。脱酰基视黄醇结合受体（Apo-RBP）与视黄醇分离并被释放到细胞质中。第二种机制表明，在角质化细胞中视黄醇与 RBP 分离，并被细胞脂膜直接吸收进入细胞。推测犬和猫细胞摄取的视黄醇是与 RBP 结合的。

除了血浆中的 RBP 以及 CRBP-Ⅰ和 CRBP-Ⅱ，一定数量的其他类维生素 A 结合蛋白已经被识别。这包括细胞视黄酸结合蛋白（CRABP）Ⅰ型和Ⅱ型、细胞视黄醛结合蛋白（CRALBP）、光感受器视黄醇结合蛋白、附睾视黄酸结合蛋白（E-RABP）。类维生素 A 结合蛋白有许多功能性作用，包括在疏水性空腔里隔离类维生素 A，保护它们不参与一些不必要的化学反应，比如氧化反应，作为类维生素 A 的转运蛋白以及作为催化类维生素 A 转化酶的辅基。

犬猫对日粮维生素 A 的吸收率还没有被测定，但在其他动物中,根据日粮中维生素 A 的存在状态和对日粮脂肪的消化率不同,维生素 A 的吸收率为 80%～90%。吸收的维生素 A 有 30%～60%被储存起来,其余部分或者形成共轭结构,或者被氧化,并通过粪和尿排出体外。Morgan 和 Bentley(1943)首先指出,犬从尿液中排出维生素 A,排出量占摄入量的 15%～63%(主要是视黄醇,少量的棕榈酸视黄醇酯或油酸酯)(Schweigert 等, 1990c; Schweigert 和 Bok, 2000)。猫从尿液中排出的维生素 A 的量要小很多(Freytag 等,2003)。

在大多数关于犬和猫的文献中,维生素 A 的需要量已经用国际单位(IU)来表示,这个术语不能说明犬利用胡萝卜素作为维生素 A 前体物的能力,就像人类一样。对人类来说,国际单位(IU)已基本停止使用,而趋向于用视黄醇当量(RE)表示维生素 A 的潜能(WHO,1966)。当维生素 A 活性用视黄醇当量(RE)表示时,1 RE 相当于 1 μg 全反视黄醇。相反,1 IU 的维生素 A 相当于 0.344 μg 纯的全反视黄醇醋酸酯(0.3 μg 全反视黄醇),即 1 IU 相当于 0.3 RE。

动物对日粮中类胡萝卜素的利用具有种的特异性。即使目前犬能够从胡萝卜中高效地利用β-胡萝卜素(Turner,1933;Bradfield 和 Smith,1938),但是关于视黄醇的效价并没有严格的定义。对人来说,21 μg 的β-胡萝卜素相当于 1 RE(West,2000)。对猫而言,没有视黄醇和β-胡萝卜素之间的等价问题。因此,对猫而言 1 RE 等于 1 μg 反视黄醇。

因为视黄醇很容易被氧化,商业犬猫粮中都添加酯化的视黄醇而不直接使用视黄醇,以保护其游离羟基。酯化的视黄醇(醋酸酯或棕榈酸酯)又形成微胶囊形式以实现对视黄醇更强的保护。其中一种操作程序是视黄醇酯在明胶—淀粉—甘油基质(通常加入抗氧化剂)中被乳化,乳化后的视黄醇连同基质一起,以喷雾形式喷入一个有上升冷空气和淀粉的塔中形成微胶囊。在乳胶中加入蔗糖可以和明胶发生交联。这种交联作用的发生能够减少微胶囊在水中的溶解度,能够承受后续的膨化、干燥和包被过程中的高温和摩擦力。加工过程中的损耗与膨化和干燥时的温度直接相关。维生素 A 在储存过程中也会被破坏,这就要求生产商在配方中加入过量的维生素 A,以确保产品在最终被消费时还有适宜浓度的维生素 A。储存过程中的行业平均月损失率,视黄醇醋酸酯(油)为 35%,没有交联的微胶囊损失率为 30%,交联的微胶囊中损失率为 8%(Anonymous,1998)。

8.2.2 生物学功能

维生素 A 有 5 个主要功能已经被识别:视觉、生长、细胞分化、形态发育和免疫功能。所有这些功能都可由日粮中的视黄醇和视黄醛来维持,因为这 2 种化合物能够在动物体内相互转化。视黄醛很容易被氧化成视黄酸,但是动物不能将视黄酸还原;所以像视觉、生殖等需要视黄醇来满足的功能,不能用视黄酸来满足。然而视黄酸能够满足维生素 A 的其他功能。

8.2.2.1 视觉

维生素 A 在视觉中的作用已经被广泛研究,且最近 Saari(1994)对此进行了综述。视觉周期的级联起始于 11-顺-视黄醛,附属于视紫红质赖氨酸残基的质子化希弗氏碱(Schiff's base),在从光中吸收了一个光子后,会引起一系列的构象改变,而形成变视紫红质Ⅱ。变视紫红质Ⅱ能够和一种转导蛋白——G 蛋白反应,而激活环鸟苷酸(cGMP)磷酸二酯酶,该酶能够将 cGMP 水解为 GMP。cGMP 的降解能够维持细胞膜钠离子通道的开放,导致质膜的超极化并产生神经冲动。因为类维生素 A 在影响视觉的过程中能够有效地循环利用,所以视觉过程所需要的维生素 A 只占日粮维生素 A 需要量的很小一部分。

8.2.2.2 生长

最早的关于维生素 A 的测定,是给鼠饲喂纯合日粮,在其中添加各种包含脂溶性维生素 A 的食物,基于其生长性能进行测定。随后关于视黄酸(它可维持生长但不参与视觉功能,也不参与大多数品种的繁殖功能)的可利用率的研究表明,维生素 A 具有不同的功能。低剂量的视黄酸就可维持大鼠的生长,但当供给停止之后,1～2 d 内大鼠就会发生食欲减退而导致生长停滞。推测由维生素 A 缺乏而导致的犬猫生长发育不良,也归因于同样的机理。

8.2.2.3 细胞分化

最早被公认的维生素 A 缺乏的组织病理学之一,是呼吸道、胃肠道和生殖道的柱状黏液分泌细胞被角质化鳞状细胞所取代。随后的研究表明,向组织培养的缺乏维生素 A 的角质细胞中添加维生素 A,能诱导它们分化成黏液分泌细胞。细胞的这些变化，是由和CRBP结合的反视黄醇通过氧化转变成反视黄酸引发的。同样，和CRBP结合的视黄醇，能被异构成9-顺-视黄醇，然后被氧化成9-顺-视黄酸。全反或9-顺-视黄酸被转运到细胞核中，它们要么和视黄酸受体(RAR)，要么和类维生素A的X受体(RXR)结合。已鉴别出，RXR和RAR的DNA中激素反应元件具有相同的共有序列。RXR和RAR与其他的细胞核激素受体极为相似。在这2种受体中，RXR有更广的活性，在9-顺-视黄酸缺乏时，能够和维生素D受体(VDR)、甲状腺素受体(TR)和RAR形成异源二聚体。但后者只有与它们各自的配体结合而带电荷的情况下，这种异源二聚体才能形成，它们的配位体包括1α,25-二羟维生素D、三碘甲状腺原氨酸、全反视黄酸或9-顺-视黄酸(Olson,2001)。几种蛋白的基因，其中包括磷酸烯醇式丙酮酸羧化酶，已经被识别出含有类维生素A受体的反应因子。

8.2.2.4 形态发育

类维生素A通过类维生素A受体和胎儿发育过程中胚胎各个部分瞬时表达的细胞类维生素A结合蛋白，在形态发生过程中发挥重要作用(Olson,2001)。大多数关于维生素A和胚胎发育的研究，都是在非哺乳动物中进行的，但是视黄酸在哺乳动物中也是一种具有强大作用的形态发生素(Maden,1994)。类维生素A不仅诱导胚胎的正常发育，在数量太多的情况下，还可能引起胚胎异常。因此妊娠期间日粮维生素A缺乏或过量都有可能引起胚胎发育异常。

8.2.2.5 免疫应答

许多营养缺乏都和免疫反应减弱或对抗原的反应迟缓有关。维生素A缺乏导致老鼠最主要的对蛋白抗原免疫应答反应显著减弱，但是免疫记忆需要的二次反应受到的影响不大(Ross 和 Hammerling,1994)。对于一些病毒的免疫应答，在维生素A缺乏时遭到削弱，在补充了维生素A后免疫应答得到恢复。

8.2.3 犬

8.2.3.1 缺乏症状

犬的维生素A缺乏是第一个被认识和研究的维生素缺乏症。犬维生素缺乏的临床症状和其他动物的症状相似。这些症状包括：厌食、体重减轻、共济失调、干眼病、结膜炎、角膜浑浊和溃疡、皮肤损伤、支气管上皮组织变性、肺炎和增加对传染病的敏感性(Steenbock 等，1921；Stimson 和 Hedley，1933；Frohring，1935a，b，1937；Crimm 和 Short，1937；Russell 和 Morris，1939；Singh 等，1965)。在幼犬中，颅骨小孔的缺陷将导致耳蜗神经狭窄、耳蜗神经元的退化并伴随耳蜗轴的骨质增生，包囊内骨膜的过度生长，半规管的皮质层上皮细胞和感觉上皮细胞的退化，最终导致耳聋(Mellanby,1938)。长期的试验性缺乏也会对视力和三叉神经造成相似的损坏。

8.2.3.2 需要量

脂溶性维生素A是第一个在人们还不了解脂溶性维生素A和维生素D的时候，人为在犬中造成缺乏症的维生素(Mellanby ,1918)。Steenbock 等(1921)证明，由日粮中缺乏脂溶性维生素而引起犬的眼炎，可用鱼肝油预防和治疗。后来，Frohring (1935a)证明，在没有维生素A的日粮中添加胡萝卜素，能够使幼犬生长正常，并治愈其干眼病，证明犬能够利用胡萝卜素作为维生素A的前体物。Frohring(1935b,1937)通过计算得出能够明显促进身体衰竭幼犬体重增加的维生素A的最小剂量是200 USP胡萝卜素/(kg BW·d) (USP为美国药典单位)。Crimm 和 Short(1937)用相似的耗竭法估计成年犬维生素A(来源于鱼肝油)的最小需求量是22～47 IU/(kg BW·d)[7～14 RE/(kg BW·d)]。Bradfield 和 Smith (1938)用 Frohring 推荐的最小剂量，即200 IU/(kg BW·d)饲喂幼犬，发现这个摄入量能够支持幼犬的正常生长，并且还有一部分能在肝脏里储存。更高的摄入量，如120、300、600 RE/(kg BW·d)会导致肝脏中更高浓度的维生素A积累。这些作者的研究还发现，来自于胡萝卜和胡萝卜素的200 IU/(kg BW·d)的维生素A的供给量，与来自于鱼肝油的200 IU/(kg BW·d)的维生素A的供给量，在肝脏中有相似的维生素A浓度。

还没有利用纯化的维生素A来进行犬对维生素A需要量的定量研究，以及对犬肝脏中维生素A浓度的测定。因此，NRC(1985)在进一步推敲的基础上，推荐生长幼犬的需要量为303 RE/1 000 kcal，关于成年犬的需要量尚没有推荐的保证值。这样的日粮浓度相当于40 RE/(kg $BW^{0.75}$·d)以满足成年犬的维持需要，80 RE/(kg $BW^{0.75}$ · d)满足幼犬的生长需要。目前尚没有关于妊娠、哺乳犬对视黄醇需要量的公开研究资料，所以推荐使用和生长幼犬同样的浓度（含303 RE/1 000 kcal）以满足妊娠、哺乳母犬的需要。

8.2.3.3 维生素过多症

假定日粮胡萝卜素对犬来说是低毒性的。毒性来自过量的类胡萝卜素的摄取，可能导致急性、慢性中毒或生长畸形。此处使用的维生素 A 的单位是毫克(mg)（1 IU 维生素 A 和 0.3 μg 视黄醇有相同的活性）。

Hendricks(1947)等人测定了在最适量和过量维生素 D 存在的情况下，最适和过量维生素 A 对动物的影响。这些作者报道，3 只英国比格犬在维生素 D 摄入量正常的情况下，饲喂含有 3 030 μg/(kg BW · d)的视黄醇的日粮 10 个月，并没有出现任何不利影响，但是试验中只对 1 只幼犬进行了解剖和 X 射线照射。10 个月试验期过后，这些犬口服的维生素 A 中有 40%被储存了起来。

Maddock 等(1949)给一窝 2 个月大的灰猎犬幼犬饲喂牛奶、面包、马肉，并且偶尔补充鱼肝油（补充的量和频率没有列出）。其中有 3 只幼犬作为对照，另有 2 只幼犬在 1 周中有 6 d 补充视黄醇 90 000 μg/kg BW（相当于 300 000 IU 维生素 A），30 d 以后，试验犬只表现出食欲不振和明显的体重下降。所有的犬只都表现出皮肤敏感，前腿骨骺疼痛、站立不稳和眼球突出。用 X 射线照射实验犬只的长骨，出现骨骺软骨收缩变窄，骨密度降低，股骨、胫骨、尺骨、桡骨皮质变薄。骨骼的组织学检测表明，骨骼的重塑过程发生明显失衡。组织学检测发现动脉和小静脉发生退行性损害。

Cho 等(1975)给拉布拉多猎犬（试验开始时体重大约为 6 kg）饲喂商品犬粮，并通过口服或肌内注射维生素 A 棕榈酸或维生素 A、维生素 D、维生素 E 预混合物补充维生素。具体处理如下：第 1 组饲喂对照日粮；第 2 组每周 1 次注射 30 000 μg/kg BW 视黄醇，持续 10 周，然后每天口服 90 000 μg/kg BW，持续 88 d；第 3 组每周 1 次注射 60 000μg/kg BW 视黄醇，持续 14 周；第 4 组每周 1 次注射含有 30 000 μg/kg BW 视黄醇的维生素 A、维生素 D、维生素 E 混合物；第 5 组每周 1 次注射含有 60 000 μg/kg BW 视黄醇的维生素 A、维生素 D、维生素 E 混合物（能提供 3 750 mg 维生素 D_2 和 100 IU 的维生素 E）。第 1 组中的 1 只犬在饲喂对照饲料 72 d 然后口服 90 000 μg/(kg BW · d)视黄醇，持续 48 d。到第 11 周，第 2 组到第 5 组的犬只都出现脱水和中枢神经系统受到抑制现象。第 2 组和第 5 组的某些犬只表现出血性腹泻、呕吐和眼睛浆液渗出。到了第 14 周，第 2 组的犬表现出强烈脱水、消瘦、精神抑郁，不愿走动，被毛变粗糙。它们在腕关节和跗关节部位也存在严重的疼痛反应。脂肪肝是唯一的总的病理性特征。主要的 X 光和组织学检查结果，都与骨骼有关，如由于骨骺板的过早闭合导致长骨的长度变短、厚度变薄。骨骺板在长骨中明显变窄或消失，这种变化在胫骨和桡骨更明显。骨干的骨质疏松也是存在的，特别是在桡骨和尺骨中。饲喂维生素 A、维生素 D、维生素 E 混合物的犬，受到的影响低于饲喂维生素 A 的犬，但是它们比口服维生素 A 的犬更早地被处以安乐死。

Cline 等(1997)报道，计算机 X 线断层扫描术检测显示，饲喂含有视黄醇 4 500、15 000、34 800 或 67 500 μg/1 000 kcal ME 的日粮达 1 年时间的成年犬的胫骨并没有不利的变化。因此作者推测视黄醇浓度为67 500 μg/1 000 kcal ME 的日粮在 1 年内对健康成年犬的骨骼是无害的，且犬对过量维生素 A 的敏感度不如其他哺乳动物。

Goldy 等(1996)给 10～12 个月大的比格犬饲喂含视黄醇 600 μg/kg 的基础日粮或添加视黄醇9 000、15 000、30 000、60 000、120 000 μg/kg 的日粮。在 26 周的时间里饲喂足够的日粮以使犬达到理想体重。在 26 周时，肝脏的视黄醇浓度和日粮视黄醇浓度呈线性相关。采食含视黄醇 37 500 μg/1 000 kcal 日粮的犬，其血浆中含有的视黄醇和 RBP 浓度明显高于其他组，其凝血酶的活性也能持续更长时间。作者没有报道血浆中视黄醇酯的浓度，或摄入高浓度的维生素 A 对骨骼的不利影响，但是建议，犬维持需要的日粮视黄醇耐受剂量是 60 000 μg/kg。

由于犬能有效地将过量的维生素 A 储存在肝脏中（Hendricks 等，1947），所以犬肝脏中维生素 A 的浓度随着高水平日粮的饲喂时间的延长而不断升高，但只有对犬的整个寿命进行研究才能证明维生素 A 的 SUL。Cline 等(1997)的研究表明，在相对短的时间内（1 年）对维持某些成年犬胫骨健康的维生素 A 浓度是 67 500 μg/1 000 kcal。Goldy(1996)的研究表明，给犬饲喂含维生素 A 37 500 μg/1 000 kcal 的日粮 26 周，能够延长部分凝血酶酶原激活时间和视黄醇结合蛋白的浓度。这些作者推荐犬对日粮维生素 A 的耐受浓度是 16 000 μg/1 000 kcal ME 或 64 000 μg/kg (4 kcal/g)。

2 篇关于兽医皮肤病学中类维生素 A 的评论文章(Kwacho, 1989; Power 和 Ihrke, 1990)提供了治疗建议和口服维生素 A 疗法的作用。然而,这些评论文章仅提供了关于本报告中所列出的维生素 A 的最大安全剂量的有限建议。

NRC(1987)建议,包括犬在内的多种动物的维生素 A 的最大安全剂量,是其需要量的 10 倍(犬的最大安全剂量是 12 120 μg/kg 日粮)。因为肉食动物对于过量维生素 A 表现出更高的忍受能力,即使 SUL 还没有被确定,因此建议日粮中视黄醇浓度为 15 000 μg/kg (4 kcal/g)为生长幼犬的最高上限。对于非繁殖成年犬,日粮浓度采用 64 000 μg/kg(4 kcal/g)为最高上限。目前公认,犬对过量维生素 A 没有其他非肉食性动物敏感,且过量维生素 A 对犬的毒害性也不像在对人类已经被很好地证明。成年人每天消耗 7 500~15 000 μg 视黄醇,持续几个月甚至更长时间会产生多种不利影响。小孩的视黄醇摄入量达到 450 μg/(kg·d)也会发生不利影响。孕妇的摄入量达到 7 500 μg 也会发生生殖缺陷(Hathcock 等,1990)。

除 Wiersig 和 Swenson(1967)的研究外,几乎没有关于过量维生素 A 对妊娠母犬影响的报道。他们报道给予妊娠母犬 37 500 μg/(kg BW·d)的视黄醇 17~22 d 会导致幼犬畸形。有一个试验是在母犬妊娠前和妊娠期间持续给予高剂量的维生素 A,在这个试验进行之前无法推荐繁殖母犬的维生素 A 的 SUL。在过渡期间,幼犬的维生素 A 推荐量(15 000 μg/kg 日粮,代谢能为 4 kcal/g)也可用于繁殖母犬。

8.2.4 猫

8.2.4.1 缺乏症

Scott 等(1964)报道,给猫饲喂以酪蛋白为蛋白质源的纯合日粮 6~20 个月,可造成成年猫发生结膜炎、角膜干燥、角膜充血、畏光、瞳孔对光线不敏感、白内障的形成以及视网膜退化。给这些纯合日粮添加了维生素 A 以后,仍然不能使这些猫的临床症状发生逆转,由此作者得出结论:持续地饲喂酪蛋白使猫利用维生素 A 产生障碍。这些提供给实验猫的日粮缺乏牛磺酸,观察到的视网膜退化无疑是缺乏牛磺酸造成的,而不是因为维生素 A 缺乏造成的。在另一项研究中,Scott 等人报道说,由于日粮(含肉)而造成的维生素 A 缺乏症中,尽管出现了结膜炎,却没有发现视网膜退化。视网膜退化可能是由于相对其他哺乳动物来说,Scott(1971)高估了猫对维生素 A 的需要量。

Gershoff 等人(1957)同样使用了以酪蛋白为基础的日粮来喂猫,并报道说缺乏的临床症状出现的时间与猫的年龄有关。早期报道的维生素 A 缺乏症状主要是体重减轻,眼睛浆液渗出,肌无力,组织鳞片化以下列顺序出现:结膜、唾液腺、子宫内膜和呼吸道。同时还观察到胸腔里充满无支气管连接的鳞状上皮细胞。在饲喂了缺乏维生素 A 的纯合日粮 6 个月后,实验动物出现了气管和支气管变形。最后,实验猫肺脏普遍出现了广泛感染,个别猫的结膜和唾液腺也出现了感染。青年雄性猫出现了明显的无精母细胞的输精管发育不全和无精的现象。在 15 只饲喂缺乏维生素 A 的实验猫中,有 6 只出现了胰腺腺泡组织酶原颗粒减少和/或嗜碱性粒细胞增多。

Kemp 等人(1989)就损耗期和恢复期猫的视网膜功能的变化,进行了一项详细的研究,他们喂给猫以足够的牛磺酸、维生素 E 和视黄酸,但是维生素 A 不足。研究指出,长期的维生素 A 缺乏导致绒毛层基底膜异常,并在中央区域的中心形成了深褐色条纹。同时,视杆细胞的敏感度下降了 2 个对数单位,并且可视色素减少了 90%。补充了维生素 A 之后,视紫红质的浓度和视杆细胞的敏感度都迅速增强了,基底膜褐色条纹也消失了。

Morris 喂给雌猫含视黄醇 600~1 200 μg/kg 的纯合日粮,观察到一系列的繁殖和发育障碍,包括流产、胎儿重吸收、早产、新生猫无毛和上腭开裂。

8.2.4.2 需要量

由于猫不能利用类胡萝卜素,所以日粮中应提供类维生素 A。且猫的维生素 A 需要量是以微克为单位给出的,而不是 RE。当日粮脂肪含量在 1%~26% 时,以血浆中维生素 A 浓度表示的吸收量,与日粮脂肪含量水平呈正相关(Gershoff 等,1957)。Scott (1971)估计猫的维生素 A 需要量是 300~600 μg/d。也就相当于日粮(代谢能为 4 kcal/g)中维生素 A 含量为 2 667~5 334 μg/kg。未发表的数据(K. Knox,康乃狄格州立大学)表明视黄醇浓度为 20 μg/(kg BW·d)可使断奶幼猫血浆保持足够的维生素 A 浓度(>40 μg/dL)。如果断奶幼猫的体重为 0.8 kg,每天消耗 180 kcal 的能量,日粮中视黄醇的浓度应为89 μg/1 000 kcal。接下来使用的最高浓度(256 μg/kg BW)远远超出其需要量。在一项长期的研究中,Morris 和 Rogers(个人交流)发现视黄醇浓度为 1 200 μg/kg(即 267 μg/1 000 kcal)的日粮有助于雌猫怀孕,但是却不利于胎儿正常发育,因为一些幼猫出生后无毛或是出现腭裂。接下来增加视黄醇浓度到 1 800 μg/kg (4.5 kcal/g 或 400 μg/1 000 kcal)可以防止胎儿畸形,并有助于幼猫的正常生长发育。这些研究表明,89～400 μg/1 000 kcal 的视黄醇供给量对于幼猫的生长是足够的,400 μg/1 000 kcal 的视黄醇满足妊娠和泌乳母猫的需要。NRC(1986)建议生长猫的日粮视黄醇用量为 1 mg/kg(5 kcal/g)或 200 μg/1 000 kcal。自从该推荐标准被提出以后,就没有关于这方面的新研究了。该标准被建议作为生长和维持需要量的 AI。对于怀孕和泌乳阶段,建议供给量为 400 μg/1 000 kcal。日粮中视黄醇浓度为 200 μg/1 000 kcal,对于维持状态的成年猫相当于摄入 20 μg/kg $BW^{0.67}$,相当于相同基础上生长猫需要量的 2 倍。可以证明,喂以商品日粮的猫的年龄与肝脏维生素 A 浓度呈显著的正相关。尽管有这种效应,即便要补充维生素 A,如果不知道肝脏中维生素 A 浓度,还是谨慎为好,不要大量超过维生素 A 的 RAs。

8.2.4.3 维生素过多症

生长猫维生素 A 过多症的自然发生,几乎都是因为饲喂以大量肝脏为主或全部是肝脏的日粮造成的(Seawright 等,1970)。当由肝脏提供的视黄醇为 17～35 μg/(g BW・d)时,就会引起骨骼损害,将造成骨骼损伤。而在全肉日粮中添加维生素 A(棕榈酸盐) 15 μg/(g BW・d),饲喂 41 周却没有引起骨骼损伤。而接下来饲喂维生素 A 30 μg/(g BW・d)的日粮 10 周以后引起嗜睡,而饲喂 24 周后出现椎关节强硬。对于生长猫,维生素 A 过量的首要症状是前 3 节颈椎骨广泛性骨软骨增生。这些赘生物限制了猫的运动,病猫不能很好地修整自己的皮毛,而导致皮毛蓬乱(Seawright 等,1967)。

Clark 等(1970a,b)和 Clark(1970,1973)证实了这些观察结果,并且证明日粮中过量的维生素 A 和足量供给的钙,会引起上述这些骨骼损伤。这些研究者证实:受过量维生素 A 影响的猫,长骨比正常的短,且出现骨质增生,骨骺板损伤。Seawright 和 Hrdlicka (1974)描述了由于维生素 A 过量引起的牙龈增生和发炎,骨骼小泡发育迟缓以及牙齿脱落。

Freytag(2001)和 Freytag 等(2003)研究了过量维生素 A 对怀孕猫胎儿的致畸作用。这些猫的日粮中的视黄醇的水平分别为 6 000(对照组)、306 000 和 606 000 μg/kg。高维生素 A 日粮既不影响雌猫的妊娠率,又没有影响每窝的猫仔数。日粮视黄醇浓度为 306 000 μg/kg 组的胎儿畸形发病率明显降低。而当日粮视黄醇浓度为 606 000 μg/kg 时,由于维生素 A 对哺乳动物毒性造成的胎儿畸形,包括裂腭等先天缺陷发生率显著上升。

15 只实验猫中,3 只在 10～11 月龄饲以视黄醇浓度为 306 000 μg/kg 日粮,4 只 2～3 岁的猫饲以视黄醇浓度为 606 000 μg/kg 的日粮,这些猫出现了以颈椎为主的骨骼损伤。对照组没有出现骨骼损伤。由于雌猫日粮维生素 A 浓度的安全上限还未确定,并且 306 000 μg/kg 的日粮引起了病理变化,因此建议雌猫的日粮维生素 A 浓度不应高于 100 000 μg/kg。由于这些猫已成年,该上限同样适用于维持需要。日粮中来源于肝脏的视黄醇为 17 μg/kg BW(在日粮中相当于 302 000 μg/kg)时,可以引起幼猫的骨骼病理变化(Seawright 等,1970)。由于生长幼猫和成年猫一样,容易受过量维生素 A 的毒害,所以幼猫的日粮维生素 A 安全浓度上限不应超过 20 000 μg/1 000 kcal,该值是最佳推荐摄入量的 100 倍。

8.3 维生素 D

维生素 D 是一类由环戊烷多氢菲环衍生而来的开环甾类化合物的总称,具有抗佝偻病的性质。维生素 D 中最重要的 2 种是胆钙化醇(维生素 D_3)和麦角钙化醇(维生素 D_2)。维生素 D 不是维生素的活性形式,必须经过 2 步羟基化作用才能成为有生物活性的类固醇激素。维生素 D 和另外 2 种肽类激素(甲状旁腺激素和降钙素)共同作用调节体内钙平衡。而钙平衡对一系列生理过程,包括肌肉收缩、血液凝固、神经传导和细胞内信号转导等,具有至关重要的作用。维生素 D 在磷平衡的调节中也发挥着重要作用。

8.3.1 吸收、转运和储存

日粮中的维生素 D 从小肠中由胆汁盐协助吸收。

补充牛磺酸可增加婴儿对维生素D的吸收(Zamboni等,1993)。在犬和猫上还没有关于维生素D吸收的研究报道,但在大鼠、狒狒和人类,维生素D在肠上皮细胞处被吸收,并以乳糜微粒形式被分泌至淋巴管(Collins和Norman,2001)。对于大多数动物,维生素D是一种条件性营养物质,皮肤内的7-脱氢胆固醇经紫外线B照射,可以合成维生素D。7-脱氢胆固醇是胆固醇合成过程中的一个媒介。对于这些动物而言,只有当接受的紫外线照射不足时,才有必要在食物中补充维生素D。

在皮肤中生成的维生素D由一种维生素D结合蛋白(DBP)转运至肝脏。在皮肤合成的和由日粮中吸收的维生素D,在肝脏中经25-羟化酶作用生成25-羟维生素D(25-OHD),25-羟化酶是一种类似于P450的限速酶,使得循环系统中25-OHD的水平成为评估个体维生素D营养状况(正常或中毒)的合适检测指标。25-OHD是循环系统中维生素D的主要代谢物,因此更有助于测定。25-OHD与DBP结合从肝脏转运至肾脏,发生第2次羟基化作用,转化成生物活性很强的1α,25-$(OH)_2D$。1α-25羟化酶定位于肾脏近曲小管线粒体,属于混合氧化酶的一种。血浆中1α,25-$(OH)_2D$的浓度由肾脏中1α-25羟化酶的活性来严格调控,而1α-25羟化酶的活性又主要受甲状旁腺激素(PHT)负反馈调节,也受血浆中1α,25-$(OH)_2D$和钙磷浓度的负反馈调节。当血钙降低时,PHT分泌增多,刺激1α-25羟化酶的活性,减弱24-羟化酶的活性。尽管对于24,25-$(OH)_2D$对骨骼矿化和蛋壳形成的作用有争议,已经证明它作为维生素D的代谢产物与PHT有拮抗作用。

8.3.2 生物学功能

1α,25-$(OH)_2D$产生的效应由细胞核受体和非基因组机制(比如钙通道)介导。已经确定靶组织的许多1α,25-$(OH)_2D$的核受体与钙动态平衡无关(Collins和Norman,2001)。1α,25-$(OH)_2D$的核受体是一种DNA结合蛋白,与1α,25-$(OH)_2D$有极高的亲和性。

1α,25-$(OH)_2D$的典型靶组织是那些调节矿物质水平的器官。当血浆钙水平降低时,甲状旁腺分泌的甲状旁腺激素增加,刺激1α,25羟化酶合成1α,25-$(OH)_2D$。这2种激素[PTH和1α,25-$(OH)_2D$]协同促进骨骼的重吸收,提高血液中钙离子浓度。1α,25-$(OH)_2D$的受体被发现存在于成骨细胞中而不存在于破骨细胞,由此认为破骨细胞的活性受成骨细胞或非基因组信号转导系统(比如开放性钙门通道)的调节。骨的溶解可以提高血钙和血磷的浓度,但血磷的升高,却被血液中磷的储备以及由PHT水平升高而致的肾脏排泄物增加所削弱。

Mellanby(1925)将犬和犬粮置于水银蒸汽灯和日光之下,其作为紫外线的来源。他发现,将犬被毛除去之后暴露于紫外光之下,对其仅有很小的良性作用。很明显,这不及Huldschinsky(1919)记录的紫外线对人的良性作用大。同样地,Mellanby发现,由于使用燕麦而使犬产生的佝偻病,可因紫外线照射而得到缓解。犬(Hazewinkel等,1987)和猫(Morris,1999)在紫外线下并不能由皮肤有效地合成维生素D,它们完全依赖于日粮提供。相对于能自身合成维生素D的动物来说,犬(How等,1994)和猫(How等,1994;Morris,1999)的皮肤中7-脱氢胆固醇的浓度比较低。然而,给猫饲喂7-脱氢胆固醇还原酶抑制因子,可以诱发维生素D的合成(Morris,1999)。这些现象说明,犬和猫依赖于日粮维生素D的生理代谢基础,是高活性的7-脱氢胆固醇还原酶能迅速地将7-脱氢胆固醇转化为胆固醇。

对于大多数物种,维生素D_3的效价大于或等于维生素D_2。还未研究二者对犬的效价差别,但维生素D_3对维持猫的血浆25-OHD浓度比维生素D_2更有效(Morris,2002b)。二者对人也有相似的差别(Trang等,1998)。在相同当量下,维生素D_3也比维生素D_2毒性大。毒性作用机理还未确定,但是动脉、肾脏等其他柔软组织的异常硬化,被认为是毒性的表现。

尽管有喷雾干燥和圆筒干燥的产品,维生素D_3通常以微胶囊的形式添加到商品犬猫粮中。维生素D经挤压、干燥、包被后的回收率比维生素A高,并且储存中的损失也较少。相互交联的小颗粒使得加工过程的回收率最高,储存中的损失最小。

维生素D日粮浓度常以IU表示,1 IU=0.025 μg或40 IU=1 μg。由于在犬中,维生素D_2对维生素D_3的取代度(substitution value)还未确定,所以维生素D需要量以维生素D_3的微克数给出。

8.3.3 犬

8.3.3.1 缺乏症

钙、磷和维生素 D 在维持矿物质水平和正常骨骼完整性方面相互影响，共同发挥作用。因此，这几种营养物质的任何一种缺乏都具有相似的临床症状。骨骼矿化作用的缺陷和跛行是钙和维生素 D 缺乏的普遍症状。

犬作为实验动物，在研究儿童的地方性佝偻病的营养基础中，发挥了主要作用。该病的主要原因是维生素 D 的不足。Mellanby (1921)在他的一篇关于佝偻病研究的摘要中(该试验用了近 400 只幼犬)指出，生长较快的幼犬比生长较慢的幼犬发生佝偻病更迅速。发生佝偻病的幼犬出现反应迟钝和普遍的肌紧张减弱，肌紧张减弱导致犬不能快速奔跑。随着佝偻病病程的发展，骨骼骨骺末端出现膨大，长骨出现弯曲，病情的严重程度取决于骨骼所承受的重量。X 线检查表明，佝偻病的早期症状是尺骨、桡骨远端骨骺形状发生改变，呈扁平状，且伴随波浪形或不确定的外形。同时骨骺软骨宽度出现增加，邻近的新钙化的骨骼也没有差异。

Malik 等(1997)报道，灰猎犬患佝偻病后会出现精神委靡、深度肌无力、跛行、前臂横向弯曲，病灶膨胀至近端跗骨和腕骨。X 线检查发现，出现骨质疏松、骨骺板横向和轴向增厚，且包裹住邻近的骨骺端。维生素 D 缺乏会出现血清中 25-OHD 浓度低于正常浓度。

8.3.3.2 需要量

虽然 Mellanby (1918)在近一个世纪以前就曾报道，在含佝偻病原的食物中添加奶油或鳕鱼肝油(不是棉籽油)能够预防佝偻病，但却没有能够确定幼犬维生素 D 最小需要量的权威性研究。能够预防犬出现不利的临床症状的维生素 D 需要量，取决于日粮中钙磷浓度、犬只的生理状态以及成熟后体型大小。处于生长期的动物由于骨骼生长对钙的需要量大，对日粮维生素 D 缺乏非常敏感，而成年犬对维生素 D 缺乏则具有相对较强的忍耐力。

Arnold 和 Elvehjem (1939a)报道了 2 个关于大丹犬维生素 D 需要量的试验。一个试验中维生素 D(胆钙化醇)主要由罐装犬食品提供，并且通过小鸡进行检测(胆钙化醇)；在另一个试验中通过补充被照射的酵母来提供维生素 D(麦角钙化醇)，并且用大鼠进行检测。作者建议，在含钙 9.0 g/kg 和磷 7.5 g/kg 的生长幼犬日粮中，维生素 D 的添加量，在能量为 3.8 kcal/g的情况下为 20 IU/100 g(或能量4 kcal/g 的情况下为 5.3 μg/kg)。在一只犬的日粮中添加碳酸钙 15 g，20 d 后食欲下降，并且逐渐发展为佝偻病。因此作者推测日粮中钙磷比例为 1.2∶1 时对骨骼的钙化作用要优于 2∶1。此后，Michaud 和 Elvehjem (1944)推荐犬的维生素 D 需要量为 10～20 IU/(kgBW・d)。

Campbell 和 Douglas (1965)给 3 组 6～10 周龄的杂种犬饲喂主要由肉和非强化面包组成的基础日粮(含 0.08%～0.1%的钙和 0.13%～0.15%的磷)。A 组(对照组)补充骨粉，其矿物质含量为 0.5%的钙和 0.3%的磷；B 组只饲喂基础日粮；C 组在基础日粮的基础上添加 2.5 μg 维生素 D(5 只幼犬)或 25 μg 维生素 D(2 只幼犬)。作者没有说明维生素 D 是胆钙化醇还是麦角钙化醇。试验结果表明，对照组和 B 组都获得令人满意的体重，但是 C 组的食物消耗量下降，在摄入钙含量较高的犬只中食物消耗量下降更明显。B 组犬只出现跛行、佝偻病、腿骨弯曲、驼行以及骨骺板膨大。C 组犬出现相似的骨骼改变和永久性的跛行。B 组犬的 X 线检查结果显示有明显的骨质疏松。在 C 组中，无论是高钙组还是低钙组，股骨、胫骨、骨盆都发生病理性骨折。饲喂对照日粮的犬只，血钙水平保持在正常范围内，但是那些饲喂低钙但未补充维生素 D 日粮的犬只，到试验 12 周时则出现了明显的低血钙症。补充了低剂量维生素 D 的犬血钙下降水平要低得多，补充高剂量维生素 D 的犬血钙下降更大，血浆磷的水平没有发生改变，除对照组外。碱性磷酸酶浓度升高。这个试验没有确定犬维生素 D 的需要量，但是证明在钙缺乏日粮中维生素 D 有助于维持血浆钙水平的正常。

Kealy 等(1991)将 28 只断奶幼犬分成 2 组，并饲喂自然原料成分配合而成的日粮 102 周。第 1 组日粮中添加胆钙化醇 60.5 μg/kg，第 2 组不添加。2 组的各项试验参数(包括生长，血浆钙、磷及碱性磷酸酶)都没有显著差异。这项研究表明，天然食物原料可能提供足够的维生素 D 以满足生长幼犬的需要。NRC(1985)推荐生长幼犬维生素 D 需要量是 2.75 μg/1 000 kcal。这个值和 Tryfonidou (2002)最近的一项研究结果相一致，它在大丹犬幼犬的日粮中添加12.5 μg/kg 的胆钙化醇，没有出现任何不利的骨骼病理学症状。因为没有关于成年犬和妊娠哺乳母犬维生素 D 需要的任何信息，维生素 D 含量为 2.75 μg/1 000 kcal，即 0.36 μg/(kg $BW^{0.75}$ · d)可以满足成年犬的维持需要。

8.3.3.3 维生素过多症

Morgan 和 Shimotori (1943)给已经缺乏维生素 D 的可卡幼犬 500 μg 的维生素 D(来源于金枪鱼肝油、照射麦角固醇或活性动物固醇)，在照射 4 h 后观察到短暂的血钙过多现象，在此后的 3～150 d 内都可在血液中检测到维生素 D 的存在。在 12～14 月龄时再给幼犬补充一次 5 mg 的麦角钙化醇(照射的麦角固醇)或胆钙化醇(动物固醇)，并没有发现任何不利影响，只是在 3 d 内出现了呕吐和腹泻，并伴随出现食欲不振、易疲劳和虚弱无力，血钙最初下降，随后伴随血清磷一起升高。在另一个研究中，Shimotori 和 Morgan(1943)一次性给犬口服 5 000 μg/kg BW 的照射麦角固醇或 5 000 μg/kg BW 的照射动物固醇，并且同时补充放射性的磷。这样的处理在第 3 天导致犬的腹泻和呕吐，且需要对犬实施安乐死。因此，作者推断超大剂量的维生素 D 降低了软组织的磷循环，但是骨骼的磷循环却增加了 2 倍。

Hendricks 等(1947)给 5～8 周龄的可卡犬幼犬补充 250 μg/(kg BW · d)的胆钙化醇 8～10 个月，这些犬出现生长率降低、暂时性血钙过高、软组织钙化、长骨过分钙化而导致骨干直径过粗等症状。在这些研究中，照射麦角固醇的毒性作用比照射动物固醇的毒性要低。

Spangler 等(1979)报道，给 18 只犬饲喂 500 或 1 000 μg/(kg BW · d)的麦角固醇 6～21 d。试验结果表明，从第 8 天开始，犬只的食物消耗量明显下降，试验的第 2 周出现各种异常症状，如脱水、皮毛干涩易折断、肌肉萎缩。有 2 只犬出现严重的精神抑郁，休息后无法站立，最终导致昏迷。在此期间犬只的血钙和尿素氮水平上升，但是血浆磷保持在正常范围内。血浆里的血管紧张素浓度也显著上升，但是血压的升高却很缓慢。总体观察和显微镜检测显示，由于肾脏局部缺血出现血管的局部改变。肾小球血管极的近肾小球细胞出现肥大性增生。

Howerth(1983)报道，一只迷你博美犬育种者在母犬日粮中每天补充 2.25 μg 的维生素 D(可能是胆钙化醇)、270 μg 的视黄醇(维生素 A)、667 mg 的乳酸钙、167 mg 的甘油磷酸钙[犬粮中本身含有维生素，没有经过具体测定但估计含有视黄醇 66 μg/(kg BW · d)、维生素 D 0.55 μg/(kg BW · d)]，6 窝 24 只幼犬中有 16 只在出生 1 个月后死亡。停止对这些受影响的幼犬的护理，它们在 2～3 周龄时变得嗜睡，并且在接下来的 3 d 内死亡。对其中 2 只犬进行尸体解剖，结果显示其肾脏、肺脏和血管均出现钙化。在犬粮中停止添加各种额外的维生素后，哺乳期间的幼犬没有再出现进一步的问题。

Dzanis 等(1991)报道给肾脏受损的成年犬口服药理学剂量(0.03～0.05μg/kg BW)的 1,25-$(OH)_2D_3$ 导致犬的食欲减弱、体重下降、肾功能减弱，且出现骨骼和甲状旁腺细胞萎缩，但是没有出现高血钙症。给肾功能正常的犬只服用 1,25-$(OH)_2D_3$，则导致血清钙水平的显著升高。

Gunther 等(1988)曾调查含有胆钙化醇的灭鼠剂对犬的毒性。他分别给犬饲喂含有胆钙化醇浓度为 10 或 20 mg/kg BW 的灭鼠剂。所有犬只发病的时间和临床症状都很相似。犬只在服药 30 h 后变得不再活跃，到 48 h 时变得反应迟钝、昏昏欲睡、虚弱、食欲减退，到 60～70 h 只能横卧休息，且很快死亡。检测发现其血清钙和磷浓度都升高，组织学变化除出现胃部和小肠表皮黏膜急性出血、心肌细胞出现病灶坏死和矿化外，其他症状与 Spangler 等(1979)报道结果相似。

Tryfonidou 等(2002)报道，用含有同样钙浓度的日粮喂犬，给生长的大丹犬日粮中分别添加适当高浓度的维生素 D_3(含胆钙化醇 100 μg/kg)和较低浓度的胆钙化醇(12.5 μg/kg)，结果发现前者的钙吸收率却低于后者。两者血浆中 25-OHD_3 和 1,25-$(OH)_2D_3$ 浓度也相似，但前者的 24,25-$(OH)_2D_3$ 浓度比后者要高。Tryfonidou 等认为这是由于 25-OHD_3 和 1,25-$(OH)_2D_3$ 的循环加快，血浆中 24,25-$(OH)_2D_3$ 浓度的升高可能降低了大丹犬幼犬从肠道吸收钙离子的效率。

在另一个试验中，Tryfonidou(2002)给大丹犬幼犬添加了过量的胆钙化醇(1 350 μg/kg)，结果发现其血浆中 25-OHD_3 的浓度比对照组(11 μg/kg)的高 30～75 倍，24,25-$(OH)_2D_3$ 浓度比对照组(11 μg/kg)

高 16～18 倍。但是试验组血浆 1,25-$(OH)_2D_3$ 浓度却降低,这是由于肾脏和小肠的 24-羟化酶的活性增强,从而加强了对 1,25-$(OH)_2D_3$ 的清除率。24-羟化酶活性的上调对改良大型犬的身高有着积极的作用。在犬中用血浆 25-OHD_3 的浓度作为维生素 D 摄入量的指数不如在猫中的可靠(Morris 等,1999)。

研究发现(Tryfonidou,2002),给大丹犬幼犬饲喂含有胆钙化醇 1 350 μg/kg 的日粮,其生长率与对照组(11 μg/kg)相似,但是出现骨骺板生长不规则和严重的内软骨骨化。给大丹犬幼犬日粮中添加 100 μg/kg (25 μg/1 000 kcal)的胆钙化醇,和对照组有相似的生长率,但是组织学检查表明,骨骺板软骨骨化作用降低,骨骼更新速度也降低。

对许多品种动物来说,同剂量胆钙化醇的毒性是麦角固醇毒性的 10～20 倍(NRC,1987),在犬中也是这样。NRC(1987)推荐对大多数犬来说长期饲喂(>60 d)的安全上限是正常需要量的 4～10 倍,即相当于 11～27.5 μg/1 000 kcal。27.5 μg/1 000 kcal 的上限范围要高于 Tryfonidou(2000)提出的能够降低骨骼更新速度和减弱软骨骨化有害作用的浓度(20 μg/1 000 kcal)。目前缺乏关于成年犬维持需要和妊娠哺乳母犬需要的长期研究,因此 11～27.5 μg/1 000 kcal 的安全上限范围也适合于这些犬。这些推荐值是和 NRC(1987)推荐的哺乳动物不应长期(>60 d)采食含有胆钙化醇为 55 μg/kg 的日粮相一致的。假定日粮代谢能浓度是 4 000 kcal/kg,则这个值相当于 14 μg/1 000 kcal。

8.3.4 猫

8.3.4.1 缺乏症

Gershoff 等(1957)报道,在维生素 D 缺乏的情况下,无论日粮含有 1%钙和 1%磷或 2%钙和 0.5%磷,都会导致幼猫出现严重的佝偻病。食用含有 2%的钙和 0.5%磷日粮的幼猫,体重增长速度减弱,其佝偻病也不如前者严重。试验结果表明,在试验第 3 个月,碱性磷酸酶的水平升高,到 5～7 个月时达到顶峰,21 个月时开始下降。饲喂含 1%钙和 1%磷的日粮的幼猫,血清钙和磷浓度在佝偻病严重时期出现显著下降。

Morris(1999)发现,采食缺乏维生素 D 的纯合日粮(0.8%的钙和 0.6%的磷)的幼猫,出现临床症状的时间与幼猫体内储存的维生素 D 的浓度有关。母猫在妊娠哺乳期间能获得高水平的维生素 D(400 μg/kg),则其产出的幼猫体内储存的维生素 D 能够满足其生长期的维生素 D 需要,而不出现维生素 D 缺乏的临床症状。然而母猫在妊娠哺乳期间获得胆钙化醇只有 25 μg/kg 日粮时,则其出生的幼猫在 6 周龄时,会出现维生素 D 缺乏的临床症状。当给幼猫饲喂无维生素 D 含钙 14 g/kg 的纯合日粮时,维生素 D 缺乏的临床症状要么延迟出现,要么不出现。推测其可能原因是存在没有维生素 D 介导的钙吸收(Lee 等,1991)。

Morris 等(1994)和 Morris(1999)曾报道,猫维生素 D 缺乏的起始症状是不愿运动,后来出现短时间的步态僵硬,继而出现运动失调的宽基步态,并逐渐发展为后肢麻痹,最后出现四肢轻瘫。大约有 1/3 的幼猫出现跖关节肿大,不能整理自己的皮毛,最后出现采食量和体重下降。但是除受影响比较严重的猫的本体感受意识下降外,头部的反应能力和位置反应能力并不受到影响。在对维生素 D 缺乏的进一步研究中发现,幼猫的低血钙症通常和主要肌肉群的束化、甲状旁腺激素和肌酸磷酸激酶活性的大幅度增强相联系。出现后肢麻痹的猫的 C2-C5 椎骨的蛛网膜下腔缩小,并伴随有脊髓背侧、腹侧和两侧的神经末梢轴突的退化。这种变化和脊髓的不对称生长而导致的神经元的加压退化是一致的。

股骨和肱骨骨骺的组织学检查显示发生了 2 种改变:一是骨骺板膨大、骨软化和纤维性骨营养不良等传统的佝偻病症状;二是未发生骨骺板的膨大,但出现普遍的骨质减少。

8.3.4.2 需要量

Gershoff 等(1957)给饲喂半纯合日粮的 3～6 周龄的生长幼猫,每周口服两次胆钙化醇,每次 6.25 μg,直到 21 月龄,可抑制佝偻病的发展。饲喂维生素 D 缺乏日粮的猫,临床症状缓解,并存活超过 12 个月,这说明年龄较大的猫的钙需要量比较低。

Morris 等(1999)在 9～21 周龄期间,给 6 组(每组 7 只)幼猫(母猫在妊娠哺乳期间给予低剂量的维生素 D 以减少幼猫体内的维生素 D 的储存。)分别饲喂含有胆钙化醇 0.0、3.125、6.25、12.5、18.75 和 25.0 μg/kg 的日粮,前 2 组一直饲喂到 34 周龄。试验发现,各幼猫血浆中 25-OHD 的浓度和日粮中胆钙化醇的浓度成线性相关。给予胆钙化醇 0.0 μg/kg 日粮组的幼猫,

25-OHD 浓度从第 9 周开始显著下降，但是在给予 3.125 μg/kg 日粮组的幼猫，25-OHD 浓度在 22 和 34 周时，明显要高于第 9 周时的浓度。虽然 3.125 μg/kg 胆钙化醇是充足的，但是作者仍然建议胆钙化醇浓度为 6.25 μg/kg 作为其安全下限。在另一个试验中，Morris 和 Earle (1999)给含钙量为 3.8～8.1 g/kg、钙磷比例恒定的幼猫日粮添加 3.125 μg/kg 的胆钙化醇，这些幼猫血浆中 25-OHD 的浓度与先前试验相似。

当通过日粮给予或静脉注射油乳胶时，Morris (2002b)比较维生素 D_3 和维生素 D_2 对于提高猫血浆中 25-OHD 浓度的作用。不依赖给药途径，相同剂量的维生素 D_3 比维生素 D_2 更能提高血浆中 25-OHD 的浓度。

虽然 3.125 μg/kg 日粮(4.5 kcal/g)的胆钙化醇(0.7 μg/1 000 kcal)能够满足生长幼猫的需要，但是我们仍推荐每千克日粮 6.25 μg(1.4 μg/1 000 kcal)为其安全下限，并建议该值为其推荐供给量。这个浓度也能满足妊娠哺乳猫的维生素 D 需要。因为尚没有对成年猫的维持需要进行研究，所以 1.4 μg/1 000 kcal 胆钙化醇能满足成年猫的维持需要。

8.3.4.3 维生素过多症

关于猫维生素 D 过多症的报道，主要是由于猫偶然摄入了以大量胆钙化醇作为活性成分的灭鼠剂，或者采食了以鱼(特别是鱼内脏)为基础的日粮，或者是日粮配方错误而导致维生素 D 含量过高。这些维生素 D 过量的研究都是采用胆钙化醇而不是麦角固醇进行的，这主要是因为在可比较的剂量条件下，麦角固醇对各种动物(至少是某些动物)的毒性要比胆钙化醇低很多(Harrington 和 Page，1983)。

Moore 等(1988)报道，3 只摄入了含有高含量胆钙化醇的灭鼠剂的猫，出现了高血钙症，其临床症状包括嗜睡、厌食、呕吐、多饮。Peterson 等(1991)也报道在其试验中有一只猫也出现了相似的症状。

Haruna 等(1992)、Sato 等(1993)和 Morita 等(1995)报道猫食用含有金枪鱼内脏的商品猫粮时，暴发了维生素 D 中毒。金枪鱼肝脏含有非常高浓度的胆钙化醇，生产出的猫粮中，经检测含有 1 300～1 600 μg/kg DM 的维生素 D。Haruna 等(1992)报道，维生素 D 中毒后，主要是未成年猫受到影响，并出现呼吸困难、厌食、呕吐、精神抑郁、肾衰竭等症状。产生维生素 D 中毒的猫的血管、肺脏、气管、消化道、肾脏、软骨组织都发生非正常钙化。Sato 等(1993)也报道，4 只受影响的猫出现了相似的钙化作用，且发现这些猫还出现了高血钙症，血浆 25-OHD 浓度、血尿素和肌酐浓度上升。Morita 等(1995)发现，除上述症状外，还发现肾脏中出现草酸盐结晶。

Sih 等(2001)研究了摄入高含量的维生素 D 在肾脏草酸盐结晶形成过程中的作用。他们给 4 个月大的幼猫和母猫饲喂每千克日粮含有 118 或 846 μg 的胆钙化醇 18 个月，从外观上未发现高含量的维生素 D_3 产生的任何不利影响，进行活组织检查也未发现肾脏出现任何病理学症状，母猫血浆胆钙化醇浓度和 25-OHD_3 浓度明显升高(分别为 424 和 588 nmol/L)。作者推断当日粮不平衡时，猫对胆钙化醇毒性的抵抗力要比其他动物强得多。

Price 等(2001a，b)报道，用双磷酸酯治疗摄入了能产生毒害作用剂量的胆钙化醇的猫，能够阻止其毒性临床和病理学症状的出现。虽然这种治疗方法还没有在犬猫中使用，但它可能提供一种好于速尿灵—皮质酮的方法。

唯一的关于猫日粮中维生素 D 最大安全浓度推荐量的研究，是 Sih 等 (2001)进行的。他们报道，给幼猫和成年猫饲喂含胆钙化醇 846 μg/kg 的日粮 18 个月，没有出现任何不利的临床症状。如果假定日粮代谢能为 4 500 kcal/kg，则这个浓度相当于188 μg/1 000 kcal。这个浓度相当于生长幼犬 SUL 的 9 倍。

8.4 维生素 E

维生素 E 是具有 α-生育酚活性的生育酚和生育三烯酚衍生物的总称。生育酚通常用来描述单甲基色氨酸、二甲基色氨酸、三甲基色氨酸和生育三烯酚类物质，但并不是维生素 E 的同义语(Chow，2001)。自然界存在的 8 种生育酚都分离自植物中，含有一个 6-色原烷醇环，并在 C2 位置有一异戊二烯类(叶绿基)侧链。生育酚有一个饱和的叶绿基侧链，而生育三烯酚类有一个不饱和的异戊二烯类侧链。4 种自然界存在的生育酚，根据其 6-色原烷醇环的酚环上 C5、C7、C8 链接的甲基数的不同，分为 α，β，γ，δ-生育酚。α-生育酚的 C5、C7、C8 上都有甲基，β-生育酚的 C5、C8 上有甲基，γ-生育酚的 C7、C8 上有甲基，δ-生育酚只有 C8 上有甲基。另外，叶绿基侧链还形成 4 个手性中心（在 2、4′、8′位），因而共形成 8 种立体异构体。生育酚的现代命名法用 RS 系统取代了旧有的 DL 系统。自然存在的 α-生育酚（以前叫做 D-α-生育酚）现在命名为 RRR-α-生育酚，这种 α-生育酚立体异构体是 $2D$，$4'D$，$8'D$。人工合成的 α-生育酚（以前被认为是 DL-α-生育酚）是 8 种立体异构体的混合物，被命名为全消旋-α-生育酚（rac = racemic）。它们分别是 $2D$，$4'D$，$8'D$（RRR）；$2L$，$4'D$，$8'D$（SRR）；$2L$，$4'L$，$8'D$（SSR）；$2D$，$4'D$，$8'L$（RRS）；$2L$，$4'D$，$8'L$（SRS）；$2D$，$4'L$，$8'D$（RSR）；$2D$，$4'L$，$8'L$（RSS）和 $2L$，$4'L$，$8'L$（SSS）。

生育酚分子上的生物活性位点是酚环上的 6-羟基。当和自由基反应时，它能够提供 1 个氢。在正常代谢反应中 α-生育酚发生逆氧化。它可被氧化成 α-生育酚色原烷基，又可被还原性物质，如谷胱甘肽和抗坏血酸还原。α-生育酚色原烷基也可能形成二聚物、三聚物，甚至在肝脏进一步氧化成 α-生育醌。随后苯醌被还原成对苯二酚，并与葡萄糖醛酸结合，最后分泌进入胆汁。或者对苯二酚再被氧化成 α-生育酚，再和葡萄糖醛酸结合分泌到尿液中或叶绿基的侧链被氧化。

和其他脂溶性维生素一样，生育酚从体内排除的主要途径，是通过胆汁并分泌到粪便中排出体外的。在某些种类动物，通过尿液排出 α-生育酚也是一种重要的排泄途径。α-生育酚可能主要是在肝脏中生成。

8.4.1 吸收

在人体中，α-生育酚主要是通过淋巴系统被吸收，也有一小部分是通过肝门系统被吸收。α-生育酚通过和日粮中的脂类物质一起在小肠的中部和上部被吸收。这种吸收作用是没有载体介导的不饱和的过程。影响脂肪乳化作用的因素（如胰酶和胆汁的分泌）也会影响从小肠吸收维生素 E 的效率。维生素 E 和脂类混合物以微粒形式被吸收。在吸收的过程中生育酚酯（生育酚醋酸酯）被水解成游离生育酚。微粒通过小肠细胞的刷状缘进入小肠细胞后合成乳糜微粒，并分泌到胞内空间和淋巴管中。各种不同的生育酚形成乳糜微粒的过程并没有差异。乳糜微粒被肝脏吸收后，生育酚被重新包装成极低密度脂蛋白（VLDLs），再被分泌到血浆中。在这期间 RRR-α-生育酚优先和 VLDLs 一起分泌进入血浆，接下来是 SRR-α-生育酚和 RRR-γ-生育酚（Chow，2001）。各种形式的维生素 E 被分泌进入脂蛋白以及随后的各维生素 E 被运送到组织中，主要取决于各维生素 E 通过细胞膜的转运速度。细胞内的胞质蛋白（α-生育酚结合蛋白）选择性地促进 RRR-α-生育酚和新合成 VLDLs 的结合。这导致各种生育酚类似物之间的差别。如果定义 RRR-α-生育酚与 α-生育酚结合蛋白的结合率为 1.0，则 β-、γ-、δ-生育酚与 α-生育酚结合蛋白的结合率分别为 0.38、0.09 和 0.02（Hosomi 等，1997）。

在 VLDLs 转变到低密度脂蛋白（LDLs）的过程中发生了生育酚的转运，相似的交换过程也发生在高密度脂蛋白（HDL）裂解成小片段的过程中。此外，这种交换过程还发生在脂蛋白、脂质体与红细胞之间。实质细胞有很高的吸收和储存生育酚的能力，但是其吸收机制尚不明确。人或动物摄入含低浓度生育酚的食物时，血浆中 α-生育酚的浓度也下降。人无论补充多高浓度或多长时间的生育酚，其血浆 α-生育酚浓度都只会比正常值升高 2～3 倍。生育酚缺乏时，并不是出现吸收率比高剂量时低，而是在局部重新吸收维生素 E 以取代溶酶体循环过程中的 α-生育酚。当维生素 E 浓度升高时，血浆中 α-生育酚的消失率也加快（Traber 等，1998）。

8.4.2 生物学功能

维生素 E 是血浆、红细胞和组织中主要的脂溶性抗氧化剂，其主要作用是清除自由基，从而避免自由基和氧化剂对膜和核酸中含巯基较多的蛋白质和多不饱和脂肪酸（PUFAs）的损害。生育酚的主要作用是 6-OH 提供氢以减少体内自由基。自由基反应在生物体内是广泛存在的，与能量代谢、生物合成反应、自动防御机制、解毒过程、细胞内即细胞间的信号通道相联系。合成抗氧化剂能够抑制或缓和某些维生素 E 缺乏的临床症状，也支持维生素 E 在体内起到抗氧化剂的作用。

氧气及其反应产物有很多潜在的有害作用，机体细胞自身有很多酶和非酶系统来抵抗这种不利影响。这些系统主要包括：①维生素 C、谷胱甘肽及其他抗氧化剂的抗氧化作用；②维生素 E、维生素 C、类胡萝卜素、过氧化物歧化酶及其他系统对自由基和活性氧的清除；③过氧化物酶、过氧化氢酶、谷胱甘肽对过氧化物的还原清除；④各种过渡性金属蛋白，如铁蛋白、铁传递蛋白、铜蓝蛋白、白蛋白及其他螯合剂对氧化剂的结合与转运；⑤从特殊的反应位点分离和阻止各种活性氧；⑥日粮营养物质和新陈代谢活动对氧化损害的修复作用(Chow，2001)。

在细胞内，α-生育酚因其高脂溶性而优先被分配进入含有高浓度 PUFAs 的双分子层。由于生育酚作为抗氧化剂有很高的生物活性，因而是唯一成功地被用于保护细胞膜中 PUFAs 的抗氧化剂。首先，α-生育酚和膜中大多数的自由基、过氧化基团反应；其次，α-生育酚反应速度很快。细胞质中的各种化合物，如谷胱甘肽过氧化物酶、超氧化物歧化酶、维生素 C 等能够遏制自由基的反应。某些化合物在生育酚被氧化后的再生过程中发挥重要作用。生育酚在与自由基反应后转变成生育酚自由基，之后又在抗坏血酸、谷胱甘肽、也可能是泛醌的作用下，将 α-生育酚自由基还原成生育酚。日粮中维生素 E 的需要量，主要由日粮产生自由基的速率、细胞膜 PUFA 的组成(日粮的一种功能)、其他日粮成分(如硒，能够合成谷胱甘肽过氧化物酶)所决定的。日粮中的很多 PUFAs 在加工和储存过程中发生了过氧化反应(如鱼中的 PUFAs)，因此，维生素 E 的需要量不仅取决于 PUFAs 的量，还取决于 PUFAs 发生过氧化反应的程度。

维生素 E 还具有其他一些非氧化作用，这包括调节前列腺素的合成、降低蛋白激酶的活性和降低黄嘌呤氧化酶的合成等。尽管如此，阻止组织被自由基的氧化损害和脂类的过氧化反应还是其主要作用。

生育酚在植物中主要以醇类存在。但是很多富含生育酚的植物油，如大豆油中，有 1/2 是 γ-生育酚，但 γ-生育酚的活性只是 α-生育酚活性的 0.1 倍。由于植物中主要的不是 α-生育酚，因此，从植物中分离出来的生育酚混合物常常经过甲基化，并把这种经过甲基化的生育酚称为天然 α-生育酚。

所有生育酚中 *RRR*-α-生育酚活性最高，这说明其叶绿基侧链最有利的构型是 *RRR*。因为非 α-生育酚化合物也具有维生素 E 活性，所以要求能够表达出生育酚和生育三烯酚类混合物的总活性是必需的。1 个生育酚当量(TE)等同于 1 mg *RRR*-α-生育酚，其他异构体的生物学效价转换到 TE 时，是通过异构体的毫克数乘以一定的系数而折算的：β-生育酚，0.5；γ-生育酚，0.1；α-生育三烯酚，0.3。

各种不同的生育酚用 IU 表示时，其相对值如下：all-rac-α-生育酚醋酸酯＝1、all-rac-α-生育酚＝1.10、*RRR*-α-生育酚醋酸酯＝1.36、*RRR*-α-生育酚＝1.49、all-rac-α-生育酚琥珀酸酯＝0.89、*RRR*-α-生育酚琥珀酸酯＝1.21(美国药典，1985)。这些值主要是在预防怀孕母鼠重吸收胎儿的基础上得出的(Scott，1978)。最近在人、猪、豚鼠中进行试验，通过测定血浆维生素 E 浓度表明，*RRR*-α-生育酚对所有外消旋 α-生育酚的比值是 2∶1 而不是 1.36∶1(Acuff 等，1994；Lauridsen 等，2002；Hidiroglow 等，2003)。但是用这个系数来表示 *RRR*-α-生育酚的可利用性受到了 Hoppe 和 Kennrich (2000)的挑战，他们认为该值没有以其生物功能为基础，因此他们认为从大鼠生物学试验中测定的值应该保留。表 8-1 列出了各种生育酚在预防大鼠重吸收胎儿和预防溶血作用方面的生物活性值。

表 8-1　各种生育酚在预防胎儿重吸收和溶血作用中的相对维生素 E 活性

构　型	胎儿重吸收	溶血
RRR-α-生育酚	100	100
RRR-β-生育酚	25～50	15～27
RRR-γ-生育酚	8～19	3～20
RRR-δ-生育酚	0.1～3	0.3～2
RRR-α-生育三烯酚	21～50	17～25
RRR-β-生育三烯酚	4～5	1～5
RRR-γ 生育三烯酚	—	—
RR-δ-生育三烯酚	—	—
RRR-α-生育酚醋酸酯	91	—
all-rac-α-生育酚[a]	74	—
all-rac-α-生育酚[a]	67	—

[a] 8 种立体异构体的混合物。

资料来源：Chow，2001.

各种不同的生育酚在犬猫中的生物学效价还没有被测定。Traber 等(1993)报道，无论是维生素 E 充足的犬还是维生素 E 缺乏的犬，在同时给予 *RRR*-α-生育酚和 all-rac-α-生育酚时，血浆中 *RRR*-α-生育酚的浓度都优先超过 all-rac-α-生育酚的浓度。维生素 E 缺乏不会明显提高肝脏 TE 的表观功能。TE 被假定是优先与 *RRR*-α-生育酚结合并将 *RRR*-α-生育酚带入血浆中。

日粮中维生素 E 在保护细胞膜中不饱和磷脂的作用中是必需的。日粮中维生素 E 的浓度取决于日粮中脂肪的浓度、不饱和脂肪酸的比例(表 8-2)、脂肪酸发生过氧化反应的程度、其他抗氧化剂的存在和硒的浓度。在许多动物中，维生素 E 的需要量、硒的浓度和谷胱甘肽过氧化酶的活性呈负相关。虽然这种相互作用并没有在犬和猫中得到证明，但是我们不怀疑在犬猫中也存在这种相互作用。

Witting 和 Horwitt(1964)给生育酚缺乏的大鼠饲喂经过特殊预处理的脂肪，这些脂肪含有总量相同的不饱和脂肪酸，但具体各种不饱和脂肪酸的比例不同，最后测定大鼠出现肌酸尿的时间。他们发现要保护 1 mol 单、双、三、四、五和六烯酸需要的生育酚的比值为 0.3∶2∶3∶4∶5∶6。这个比率和 PUFAs 在体外自动氧化的比率是一致的，即需要量随双键数的增加而上升(Cosgrove 等，1987)。Harris 和 Embree(1963)建议日粮中生育酚(mg)和 PUFAs(g)的比值应该是 0.6。Muggli(1994)建议用公式：$M_{\text{vit E}}=0.2\times10^{-3}(0.3m_1+2m_2+3m_3+4m_4+5m_5+6m_6)$来计算日粮中 PUFAs 的量。其中 $M_{\text{vit E}}=RRR$-α-生育酚的摩尔数，m_n＝含有 n 个不饱和双键的不饱和脂肪酸的摩尔数。

表 8-2 由某些常见不饱和脂肪酸而增加的对维生素 E 最小需要量的估测 mg

脂肪酸	符号	双键数	维生素 E 需要量(每克脂肪酸中 RRR-α-生育酚的量)
油酸	C18:1n-9	1	0.09
亚油酸	C18:2n-6	2	0.60
γ-亚油酸	C18:3n-6	3	0.90
α-亚油酸	C18:3n-3	3	0.90
二高 γ-亚油酸	C20:3n-6	3	0.90
花生四烯酸	C20:4n-6	4	1.20
二十碳五烯酸	C20:5n-3	5	1.50
二十二碳六烯酸	C22:6n-3	6	1.80

资料来源：Muggli，1994。

生育酚(醇)加到犬猫粮中经挤压和干燥后，回收率很低，随后的储存过程中损失率却很高。添加酯类如生育酚醋酸酯到犬猫粮中，则可保持挤压后高的回收率，储存过程中损失率也降低。除了维生素的形态外，还有很多因素影响日粮中维生素的保持力，包括自由基、使用的抗氧化系统的有效性、脂肪的稳定性、金属催化剂的存在等因素。这些将在本章后面的部分进行讨论。

8.4.3 犬

8.4.3.1 缺乏症

有很多关于犬维生素 E 缺乏的临床症状已经被报道，如骨骼肌退化导致肌无力和繁殖障碍(公犬的睾丸生殖上皮细胞退化导致无精，母犬产出弱仔或死仔)。给犬饲喂维生素 E 缺乏的日粮可导致视黄醇的变性(Hayes 等，1970；Riis 等，1981；Davidson 等，1998)。Van Vleet (1975)报道，除出现肌无力外，维生素 E 缺乏还可导致犬的皮下浮肿、厌食、精神抑郁、呼吸困难，最后出现昏迷。显微镜检查显示，这些犬存在广泛的骨骼肌退化和再生、心室肌细胞坏死、小肠脂褐质沉积和肾脏细胞矿化。Pillai 等(1993)则发现，在维生素 E 耗尽的犬中，未发现神经传导速率和组织学的改变。Pillai 等(1992)进行了 4 组犬的红细胞脆性试验测定，并将其作为维生素 E 缺乏的一个指标。在体外检测中，尿酸溶血试验对维生素 E 缺乏非常敏感，而渗透脆性和对去污剂敏感性检测结果基本没有改变。尿酸溶血试验中，当血浆 α-生育酚浓度降低到 1.7 g/L 时，溶血作用的发生率达 50%。当给犬饲喂维生素 E 缺乏的日粮时，其血浆中 α-生育酚浓度的对数值随时间的变化而出现线性下降(Pillai 等，1993)。

8.4.3.2 需要量

许多关于维生素 E 需要量的研究，都是在未认识到维生素 E 与其他抗氧化剂、PUFAs 水平的相互作用之前进行的。Anderson 等(1939)证明，饲喂以浓缩牛奶为基础的日粮可导致猎狐㹴幼犬的肌营养不良，补充添加 *dl*-α-生育酚可使肌营养不良得到恢复。Elvehjem 等(1944)用相似的日粮喂犬后证明，每周 25 mg[0.6 mg/(kg BW·d)]α-生育酚不能维持犬的正常繁殖，1 mg/(kg BW·d)可维持犬的正常繁殖，但是试验过程中一窝 4 只犬中有 1 只出现了中度的肌营养不良。

Hayes 等(1969)证明，在日粮中有大量 PUFAs 存在的情况下，α-生育酚浓度为 100 mg/kg 日粮也可能不足以防止犬的脂褐质形成。Van Vleet(1975)给 4 组比格犬饲喂硒和维生素 E 含量不足的日粮(含硒 0.01 mg/kg，含 α-生育酚 1 mg/kg)，以干燥酵母菌和去除生育酚的猪油配制基础日粮，在 3 组犬的基础日粮中，每千克日粮分别添加 30 mg α-生育酚、0.5 mg 硒、1 mg 硒。饲喂基础日粮的幼犬，逐渐出现各种临床症状，包括肌无力、厌食、磷酸肌酸激酶和天冬氨酸转氨酶活性升高。补充了 α-生育酚和硒的幼犬，则没有出现严重的临床症状，但是解剖发现，补充 0.5 mg 硒的幼犬有中度的骨骼肌病。犬中出现的这些临床症状和其他动物在维生素 E-硒缺乏时出现的症状是一致的，添加硒或维生素 E 都能使临床症状得到改善，因此维生素 E 的需要量受到日粮中硒浓度的影响。

既然犬对日粮中维生素 C 的需要量还没有被证实，维生素 C 也只是在犬出现各种临床症状时补充。高摄入量的维生素 C 会增加鼠对维生素 E 的需要量(Chen，1981)，因此要特别注意给犬饲喂维生素 C 的剂量。

NRC(1985)建议给生长幼犬提供的维生素 E 的允许剂量为 22 IU/kg(3.67 kcal/g)，即相当于 24 IU/4 000 kcal，且要求日粮中含有不多于 1% 的亚油酸和至少 0.2 mg/kg 的硒。在没有其他数据的条件下，推荐该值作为生长幼犬、维持成年犬及妊娠哺乳犬的 AI。为了可在日粮中添加高水平的 PUFAs，日粮中 α-生育酚(mg)和 PUFAs(g)的比例至少应该是 0.6。

8.4.3.3　维生素过多症

几种动物食入高剂量的维生素 E 后，并没有出现相关的毒性。但是也有报道，摄入极端过量的维生素 E 干扰了维生素 D、维生素 K 的吸收和代谢。目前还没有关于犬的维生素 E 中毒的资料。Hall 等(2003)报道，连续 17 周给犬饲喂 447 mg all-rac-醋酸生育酚并没有出现任何不利影响。NRC(1987)报道，犬对维生素 E 的最大忍受量为 1 000～2 000 IU/kg，暂定饲喂水平为 75 IU/(kg BW · d)。

8.4.4　猫

8.4.4.1　缺乏症

在猫中，维生素 E 缺乏主要表现为精神抑郁、厌食、触摸腹部时疼痛、感觉过敏、脂肪组织结节。在病理学上脾脏增大和褐色脂肪组织增多是最主要的症状(Cordy，1954；Coffin 和 Holzworth，1954)。显微镜检测显示，脂肪组织出现相关的脂肪炎、嗜中性粒细胞浸润、脂肪细胞蜡样色素积聚成小滴或环状。蜡样色素耐酸且不溶于脂肪。Gershoff 和 Norkin(1962)也报道，维生素 E 缺乏时出现间质性心肌炎、骨骼肌肌炎、肝脏门静脉单核细胞浸润和脂肪炎。

8.4.4.2　需要量

由于猫采食的日粮特点，因此它们对维生素 E 缺乏要比犬敏感得多。猫粮，特别是罐装猫粮，主要是以鱼类，特别是金枪鱼为主要原料，因此含有比犬粮更多的脂肪。鱼类含有更多的长链 PUFAs，更容易发生过氧化反应。Cordy(1954)报道，给饲喂以鱼为基础的商品猫粮的幼猫，补充 all-rac-α-生育酚 20～40 mg/d，可预防脂肪炎，但 10 mg/d 不足以预防脂肪炎。Gershoff 和 Norkin(1962)给幼猫饲喂每千克含猪油 200 g(不含维生素 E)的纯合日粮，不额外补充维生素 E，结果并没有发现幼猫出现脂肪炎。但是组织学检查发现 6 只猫中有 4 只出现骨骼肌炎和心肌炎。每千克日粮中补充 17 IUs 的 d-α-生育酚后，肌炎的发病率由 4 只降到 1 只，当维生素 E 添加量为 34 或 68 IUs/kg 时，则可防止维生素 E 缺乏对猫的各种损害。用 50 g 的金枪鱼油取代日粮中猪油后，不补充维生素 E 的猫出现了严重的脂肪炎。当补充 34 IUs/kg 日粮的维生素 E 后，严重的脂肪炎发病率有所降低，补充量增加到 136 IUs/kg 日粮时，脂肪炎完全消失。

目前，已证明维生素 E 的需要量和 PUFAs 的量之间的关系，因此，在所有的日粮中都补充单一的最小需要量的维生素 E 是不合适的。NRC(1986)建议在含有相对较低的脂肪(＜10%)，且含有抗氧化剂和适量的硒(0.12 mg/kg)的日粮中添加 30 mg α-生育酚。这代表日粮中浓度达到 6 mg/1 000 kcal 的充足的摄入量。PUFAs 含量高的日粮，特别是含有发生过氧化反应的鱼油的日粮，每千克中可能需要 120 mg 或更多的维生素 E，以预防脂肪炎。在缺乏具有决定意义的信息的前提下，在低脂肪(＜10%)日粮中 α-生育酚的添加量推荐 24 mg/kg 是合适的，而对含有高浓度的 PUFAs 的日粮，α-生育酚的添加量 120 mg/kg 则更为合适。总之日粮中应保证生育酚(mg)对 PUFAs(g)的比值至少为 0.6。

8.4.4.3　维生素过多症

维生素 E 被普遍认为是毒性最小的脂溶性维生素，在鸡和鼠中过量的摄入维生素 E 会与维生素 D、维生素K形成拮抗。当鸡日粮中钙或维生素D不足时，摄取含有2 200 IU/kg all-rac-α-生育酚醋酸脂的日粮，鸡会出现生长性能降低、凝血时间延长和骨骼钙化程度降低(March等，1973)。Phelps(1981)给从出生到3周龄的幼猫肌内或皮下注射*dl*-α-生育酚或*dl*-α-生育酚醋酸脂，注射量相当于50～1 000 mg/(kg BW·d)。结果显示其毒性和注射剂量明显相关，每天注射5 mg维生素E[近似于20 mg/(kg BW·d)]时，没有幼猫死亡；但注射剂量相当于100～200 mg/(kg BW·d)时，幼猫的死亡率明显升高；当注射剂量达到1 000 mg/(kg BW·d)时，所有的幼猫都死亡。

给猫饲喂以鲑鱼和金枪鱼(用维生素E作为抗氧化剂保存)为基础的日粮，并强化维生素E的供给量，会延长凝血时间(Strieker等，1996)。因此推荐这些数据作为维生素E的安全上限是不可行的。

8.5 维生素K

维生素K是2-甲基-1,4-萘醌及其衍生物的总称，这种衍生物在饲喂维生素K不足的日粮的动物体内，起到止血作用(Suttie，2001)。天然存在的2-甲基-3-植基-1,4-萘醌广泛地分布于植物中(尤其是叶)，但它经常特指维生素K_1，也优先被称作维生素K_1。维生素K_2最初分离于腐败的鱼粉，它是维生素K复合物中含有不饱和链的一种，被称作多聚异戊二烯甲基萘醌类，它存在于动物组织和细菌中。维生素K_2指含有4～13个异戊二烯基团的甲基萘醌类。

维生素K的母体化合物是2-甲基-1,4-萘醌，已知有亚硫酸氢钠甲萘醌。这种化合物以前被认为是维生素K_3，但是直到肠道中的微生物或组织中的烷化酶插入一个侧链，它才具有生物活性。植物和细菌能够从莽草酸合成萘醌环状结构，而动物则不能，所以这部分维生素需从日粮或肠道细菌合成提供。对大多数物种来说，肠道合成可以满足机体需要。

8.5.1 吸收、代谢和排泄

从肠道吸收维生素K_1需要与微粒混合，胆盐和胰液的分泌能促进这些微粒的形成。犬猫对食物中维生素K的吸收效率还没有被研究，但是在其他物种中显示该值随食物来源的不同而变化。脂肪吸收不足减少了从肠道摄取的维生素K，而患有脂肪泻和持久性腹泻的动物可能吸收能力很差。一旦微粒被肠上皮细胞摄取，它将进入淋巴系统，被乳糜微粒或其他低密度脂蛋白转运至血浆。肝脏是鼠最大的储藏维生素K_1的器官，3 h后大概10 μg剂量的1/2存在于肝脏中。但是鼠肝脏中维生素K_1的半衰期只有10～15 h，所以肝脏中的浓度主要依赖于最近的吸收。

合成的维生素K_3可在小肠和结肠被动吸收。鸡的维生素K_3的吸收取决于日粮中脂质的存在。水溶性的甲萘醌钠盐用于商品犬猫食品中，它比维生素K_3更稳定。维生素K_3没有生物活性，它被肠道微生物或动物组织烷基化为维生素K_2才有生物活性。通过研究2-甲基-1,4-萘醌3C位置的取代发现，多萜醇支链的取代是最有效的。

没有人研究维生素K_1在犬猫体内的新陈代谢，但是在人体中，一剂量已标记的维生素K_1有40%～50%存在于粪中，20%存在于尿中(Shearer等，1974)。维生素K_3被很快地代谢和排泄，只有很少一部分合成的维生素K_3转化成有生物活性的形式(MK-4)。但被给予抗凝血治疗时，血浆中放射性标记的维生素K的消失没有显著性改变，但是其尿排泄量显著升高，粪排泄量降低。

8.5.2 生物学功能

维生素K的独特功能，是促进蛋白质中谷氨酸残基的羧化作用，而使蛋白质被激活。这些蛋白质来源于3类：与维生素K相关的凝血因子、依赖于维生素K的骨骼蛋白质和其他依赖于维生素K的蛋白质。

第一类蛋白质是依赖于维生素K的相关凝血酶原，其合成导致了CO_2的摄取及在凝血酶原一区残基羧基谷氨酸中的固定。反应发生在肝微粒体部分的粗面内质网的内侧，这里富含羧化酶类。Suttie (2001)提出了下列反应机制：氧与维生素K的降解形式相互作用，形成了氧化中间体，这就为提取剩余谷氨酰基的氢离子打下了坚实的基础。反应的产物将是维生素K环氧化物和谷氨酰基负碳离子。该反应不需要ATP，能量的需要来自于降解的维生素K的氧化作用。

第二类需要维生素K的蛋白质，其功能与骨骼有关，最先被分离出来的叫骨钙蛋白或骨钙素。这种蛋白质在骨中合成，少量在血浆中循环。儿童血浆中的水平要高于成年人，血浆中水平已被用作骨形成的指示因子。猫骨钙蛋白的序列已被分析出来(Shimomura 等,1984),一种猫骨钙蛋白的抗体,被 Morris 和 Earle (1999)用于测定幼猫血浆中矿物质的浓度。从骨中分离到了 2 种相似的蛋白质,基质 γ 羧基谷氨酸蛋白和 S 蛋白。

第三类含钙的蛋白质来源于各种组织,还没有被广泛地研究。

4-羟基香豆素族的抗凝血剂是有效的抗血栓药物,并且也被用作灭鼠剂。当杀鼠灵投给动物时,维生素 K 的 2,3-环氧化物增多,它被认为抑制了维生素 K 的正常再循环。现在认为杀鼠灵抑制了维生素 K 再循环为其具有酶活性的形式,所以限制了羧化酶类的活动(Suttie,2001)。

维生素 K_1 没有被广泛地用于宠物食品的补充物,是由于其成本的原因。食品中甲萘醌的稳定性在挤压、干燥和包覆后降低,所以就用到了以下的维生素 K_3 衍生物(由于高的回收率):甲萘醌亚硫酸氢钠、甲萘醌亚硫酸氢钠复合物、甲萘醌磺酸二甲基嘧啶酮和甲萘醌烟酰胺亚硫酸盐。

8.5.3 犬

8.5.3.1 缺乏症

在没有抗凝剂的情况下,未见报道自然发生的犬的维生素 K 缺乏症。维生素 K 缺乏症,可能是慢性肝病的附属症状,并延长了胆汁淤积的时间,导致凝血时间延长以及过度的失血。犬误食包含双香豆素类似物作为抗凝血剂的鼠药,导致凝血时间延长,延长的时间相当于正常凝血时间的 10%(Clark 和 Halliwell,1963)。

8.5.3.2 需要量

对维生素 K 的需要依靠于:肠道合成的程度、吸收的效率及拮抗因子的存在,如双香豆素。因凝血酶原凝血时间测定的不敏感性,使得需要量的测定变得更加复杂。Anderson 和 Barnhart(1964)证明了犬合成凝血酶原时对维生素 K 的代谢需要。通过应用荧光抗体,他们认为凝血酶原仅在肝脏的实质细胞中合成。在正常犬中,这些细胞具有周期性的活动,但这些细胞活动明显地不同步进行,仅有 10%~20%的肝脏实质细胞包含相当数量的凝血酶原。在维生素 K_1 的作用下,所有的实质细胞能够同时产生凝血酶原。在双香豆素导致犬凝血酶原缺乏的情况下,给予维生素 K_1,1 h 内发现凝血素就可在实质细胞中合成,4 h 后 80%的实质细胞具有荧光特性。在实验犬中,凝血时间在 4~6 h 就可以恢复到可控制的水平。

Quick 等(1962)通过胆囊肾盂吻合术(将胆汁转移至肾盂)诱导幼犬发生维生素 K 缺乏症,来确定能维持正常的凝血时间的静脉中维生素 K_1 的需要量。对于生长犬,需要量在 5~15 μg/(kg BW · d)。犬处于维持体重后,需求量则是 2~5 μg/(kg BW · d)。

有很多关于犬误食鼠药(包含维生素 K 拮抗剂)的报道。在一个可控的试验中,Clark 和 Halliwell (1963)给成年犬施以杀鼠灵(一种合成的双香豆素类似物质),每天按 2.2 mg/kg BW 剂量 1 d 1 次,持续 3 d,杀鼠灵延长凝血时间相当于平时的 10%。每千克体重静脉注射 2.2 或 4.4 mg 维生素 K_1,凝血时间可以在 4 h 内恢复到平时的 70%,但需要重复施药以维持正常的凝血酶原的水平。较低的剂量对应了较低的凝血酶原水平,肌内注射获得了更长的反应时间。肌内注射甲萘醌磷酸盐没有作用,甲萘醌磷酸盐并不适合于这种处理途径,因它将导致血细胞溶解。Bratt 等 (1965)报告了新生幼犬疑似维生素 K 缺乏症,但他们既没有报道对凝血时间的测定或影响因子,也没有做对照处理。

很多商品犬粮没有添加维生素 K,也没有关于饲喂这种日粮导致犬凝血时间延长的报告。在不含有干扰细菌合成和吸收维生素 K 或其类似物的情况下,是否需要补充维生素 K 还不清楚。不管怎样,作为预防,NRC(1985)建议,成年犬日粮中添加维生素 K 的量是 22 μg/(kg BW · d),而生长犬的量是 44 μg/(kg BW · d)。这高于日粮中提供的浓度,生长犬和成年犬分别为 0.97 和 1.32 mg/kg(4 kcal/g)。没有给出妊娠和哺乳母犬的建议量。在怀疑肠内微生物合成维生素 K 不足的情况下,NRC 建议维生素 K 的用量为1.3 mg/kg BW(4 kcal/g)。

8.5.3.3 维生素过多症

没有犬维生素 K 过多的相关研究。天然存在的叶绿醌通过任何处理途径都还没有显示出对任何品种的动物有毒。甲萘醌的中毒水平至少是日粮需要量的 1 000 倍(NRC,1987)。甲萘醌不应通过肠外途径给药,因为在每千克体重几百毫克剂量下,都是有毒的,对于马来说，这个剂量甚至可低到 2～8 mg/kg BW (NRC，1987)。

8.5.4 猫

8.5.4.1 缺乏症

已有记载，猫误食含双香豆素的鼠药而导致凝血时间的延长。有大量的临床症状，如脂肪肝、炎性肠病、肝胆管炎和肠炎，将导致脂质的吸收障碍和继发的维生素 K 缺乏症。这些症状一般和与维生素 K 缺乏相关联的蛋白质(PIVKAs)的升高有关，用维生素 K 进行治疗会有效果(Edwards 和 Russell，1987；Center 等，2000)。

有报道称，德文郡力克斯猫先天缺乏所有与维生素 K 有关的凝血因子(Maddison 等，1990；Soute 等，1992；Littlewood 等，1995)。Soute 等(1992)证明，这种凝血异常伴有 γ-谷氨酰羧化酶的缺乏。

猫像其他的高等动物一样，对维生素 K 有代谢需求，使特殊蛋白质转化为谷氨酰羧化物残基。Strieker 等(1996)试图诱发幼猫维生素 K 缺乏症，通过在纯合日粮中添加各种添加物，来模仿以鱼为基础的商品日粮，已证明以鱼为基础的商品日粮导致凝血时间延长。这些添加物包括抗生素、三文鱼油、高浓度的鲱鱼油、高浓度的 α-生育酚以及棕榈酸视黄醇酯，但是无论是纯合日粮自身还是添加各种化合物，都没有增加凝血时间。其中一种纯合日粮包含维生素 K_1 为 4 μg/kg。

有报道称，患有肝脏疾病的猫，其Ⅶ因子的活性下降(Lisciandro 等，1998)。Center 等 (2000)发现，24 只猫中有 21 只对肠外维生素 K 治疗有异常的 PIVKA 测试反应。这 21 只猫中，有 7 只患有脂肪肝、4 只患有急性肠炎、5 只患有胆管性肝炎。

8.5.4.2 需要量

很多商品猫粮没有补充维生素 K，而依靠日粮成分的贡献和小肠的合成。还没有关于日粮需要补充添加维生素 K 的相关报告，除非含有相当数量鱼的日粮，一般没必要添加。Strieker 等(1996)报道，对猫食用 2 种富含鲑鱼、金枪鱼的罐装猫粮进行测试，引起猫维生素 K 缺乏的临床症状。几只母猫和幼猫采食这些猫粮以后死于出血，并且存活下来的猫因为维生素 K_1 缺乏而出现凝血时间延长。这些含鱼的猫粮包含 60 μg/kg 的维生素 K，这种浓度满足不了猫在这种情况下对维生素 K 的需要。猫的维生素 K 需要，在不含鱼的猫粮中，可由肠道细菌合成来满足。含鱼猫粮可能需要额外添加来满足肠道微生物合成维生素 K 的不足。富含鱼类的猫粮应该添加一定的甲萘醌，但添加多少维生素 K 还没有可用的资料。日粮的允许剂量 1.0 mg/kg (4 kcal/g)，可作为一个适宜的摄入量。

8.5.4.3 维生素过多症

叶绿醌——维生素 K 的自然存在形式，通过任何形式的给药途径，都没有显示出对动物有毒(NRC，1987)。除猫以外的动物，甲萘醌的中毒水平至少是日粮需要量的 1 000 倍。甲萘醌不能通过肠外途径摄入，因其在较低的剂量下导致溶血和中毒。

8.6 硫胺素(维生素 B_1)

硫胺素是第一种被分离出来并被给予俗名维生素 B_1 的水溶性维生素。维生素 B_1 不能在猫和犬的组织中合成，但是可被某些微生物和植物合成。一些细菌只有在嘧啶和噻唑存在时才能合成。

尽管硫胺素广泛地分布于动物和植物器官中，但也只有少数富含硫胺素。硫胺素丰富的来源有酵母、小麦胚芽、肾、肝以及豆类种子。在谷物，硫胺素的浓度在幼芽中最高，在胚乳中最低。植物中的大部分硫胺素是以非磷酸化的形式存在，然而在动物组织中，大部分(80%～85%)以焦磷酸硫胺素(TPP)的形式存在，少量以单磷酸盐(TMP)和三磷酸盐(TTP)的形式存在(Tanphaichitr，2001)。动物组织中，非磷酸化形式的硫胺素仅占硫胺素总量的 2%～5%。

宠物食品可能包含具有抗硫胺素特性的化合物(如硫胺酶)，但它们具有热不稳定性。硫胺素酶主要存在于某些淡水鱼的内脏及有限数量的海鱼和某些细菌中。鱼和某些细菌含有的硫胺素酶被划归为硫胺素酶Ⅰ，它能催化硫胺素中嘧啶部分亚甲基的亲核置换。鲤鱼和鲱鱼含有硫胺素酶Ⅰ，但是鲈鱼、鲶鱼、鲳鱼和斑点鱼显然不含 (Smith 和 Proutt，1944)。另一种热不稳定的硫胺素酶(硫胺素酶Ⅱ)存在于某些细菌中，催化硫胺素水解。硫胺素酶Ⅰ和硫胺素酶Ⅱ都可通过烹饪使其失活。

其他种类的抗硫胺素因子，具有热稳定性，包括正的和对位酚类，如单宁酸。这些物质一般在犬猫粮中数量不多，影响不大。

在 pH<5 时，硫胺素对热和氧化相当稳定。高于此 pH，硫胺素失活随着温度和 pH 升高而加速。在强碱溶液中，硫胺素被氧化成硫色素，硫色素具有荧光性，可用于硫胺素的分析测定。在犬猫粮的加热过程中，大量的硫胺素损失了。罐装食品通常包含胶化试剂，从而增加了食物的 pH，再加上蒸馏过程中持续的加热，导致硫胺素大量地失活。

亚硫酸盐，常被用于食品保藏，可剪断硫胺素分子中的亚甲基键，因此有关于犬猫的报道称，饲喂了用二氧化硫保护的肉，出现了硫胺素的缺乏症(Studdert 和 Labuc，1991)。

猫比犬对硫胺素的缺乏更加敏感，因为它对日粮中硫胺素的需要量是犬的 4 倍。并且，以鱼为基础的日粮，含有活性硫胺素酶，在食品加工前能破坏添加进来的硫胺素，这种日粮常用于喂猫，但很少喂犬。这些因素可以解释，为什么有关于饲喂商品猫粮的猫出现硫胺素缺乏的报道 (Davidson，1992)。

8.6.1 吸收

硫胺素在小肠中被吸收，主要在空肠和回肠中通过主动和被动 2 种吸收方式被吸收。当硫胺素浓度小于 2 μmol/L 时，通过主动吸收，且需要 Na^+ 参与，同时乌本(箭毒)苷可以通过阻断 ATP 酶抑制主动吸收，这时就需要特殊的硫胺素载体。当硫胺素浓度大于 2 μmol/L 时，便进行被动吸收。黏膜细胞中的大多数硫胺素被磷酸化，但是，当它通过细胞出现在浆液这一侧时，硫胺素去磷酸化，在血浆中以游离硫胺素的形式存在。对于人类，血浆中 20%～30%的硫胺素与蛋白质结合，并通过易化扩散过程被转运到红细胞，通过主动运输到达其他细胞。在这些细胞中，大约 80%的硫胺素以 TPP 的形式存在，10%以 TTP、剩余的以 TMP 和硫胺素的形式存在。硫胺素焦磷酸激酶催化游离的硫胺素，磷酸酯化成 TPP，TPP 又依次被磷酸酯化转化酶催化，被磷酸酯化成 TTP。

大量硫胺素的代谢已经在尿中得到印证，尿是硫胺素的主要排泄途径，而粪中排泄的量很少。

8.6.2 生物学功能

TPP 是硫胺素的主要辅酶形式，从硫胺素合成 TPP 需要 Mg^{2+} 和 ATP，需要硫胺素焦磷酸激酶的催化。分子中替代的嘧啶基，与脱辅基酶的识别和结合有关；噻唑部分包含了反应中心。TPP 是 2 种类型活性醛酸转移反应的辅酶：α-酮酸氧化脱羧反应(如丙酮酸盐和 α-酮戊二酸)和 α-支链酮酸的氧化脱羧作用及 α-乙酮醇的转化(转酮酶反应)。在这些反应中，位于噻唑环氮硫之间的碳离子化，使其更容易地加到 α-酮酸的羰基上，这就造成了 CO_2 的消耗。这些反应在能量和碳水化合物的代谢中特别重要。硫胺素有大量的非酶功能，特别是在神经组织中。在这些功能中，如离子通道的激活，硫胺素以 TPP 形式参与。

测定 TPP 刺激的红细胞转酮醇酶，被用于犬猫硫胺素缺乏症的诊断(Brin 和 Vincent，1965；Noel 等，1971；Deady 等，1981a，b；Read 和 Harrington，1982；Grimm 等，1988)。然而，鼠血液中 TPP 的浓度下降先于红细胞转酮醇酶活性(ETKA)的变化 (Warnock 等，1978)。硫胺素及其磷酸酯类可以通过高效液相色谱法测定(HPLC；Ishii 等，1979；Lynch 等，1997)。血浆通过磷酸酶处理而得到总的硫胺素浓度。大多数方法都用到了紫外线或荧光检测，后者需要将硫胺素通过前置柱或后置柱氧化为硫色素(Lynch 和 Young，2000)。HPLC 方法很精确，得出的结果与 ETKA 有很好的相关 (Talwar 等，2000)。

8.6.3 犬

因为硫胺素在体内限量存在，在饲喂硫胺素缺乏的日粮后，相比于其他大部分维生素，硫胺素的临床缺乏症会在更短的时间内出现。Read 和 Harrington (1981)诱导出硫胺素缺乏的临床症状，他们给 2～5 月龄的比格幼犬饲喂硫胺素缺乏的饲粮(硫胺素为 20～30 μg/kg)，他们报道了此病的 3 个阶段：第一阶段是短的诱导期[(18±8) d]，犬表现健康但生长缓慢；第二阶段是变化很大的中间阶段[(59±37) d]，表现食欲不振、生长停滞、体重降低和食粪癖；第三阶段是最终阶段[(8±6) d]，出现神经性问题或突然死亡。神经异常包括中枢神经系统受抑制、感觉性共济运动失调、下肢轻瘫、斜颈、转圈、兴奋性的阵挛性惊厥、深度肌肉无力和躺卧。在这些出现缺乏症状的犬中，ETKA 被抑制。

硫胺素缺乏的最长期的病理损害包括神经系统和心脏。急性硫胺素缺乏趋向于与大脑有关，产生严重的神经病学症状；然而慢性缺乏则以心肌和外周神经的病理变化为征兆(Read,1979)。脑部的损伤包括下丘脑灰质、中间的前庭神经核、小脑结、屏状核及大脑皮质等的对称性坏死(Read 等,1977;Read,1979)。Read 和 Harrington(1986)描述了硫胺素缺乏的犬中枢神经系统的变化。他们作了 2 个脑电图的描述:一个仅仅包括了后丘,另一个则包含大脑回的皮质、屏状核、后丘、小脑结和前庭外侧核。灰质首先被影响,两侧的双边结构被同等程度地影响。与外周神经有关的组织学变化包括,弥散性的两面的髓磷脂退化和轴突崩解(Voegtlin 和 Lake,1919;Street 等,1941;Read,1979)。硫胺素的缺乏,不会影响到周期性放血犬的血红蛋白的再生速度(Maas 等,1944)。

8.6.3.1 需要量

对犬硫胺素缺乏的最早观察之一,是 Andrews(1912)做的,他发现母犬哺乳的年轻幼犬,出现了多发性神经炎,这只母犬的幼犬曾死于脚气病。Voegtlin 和 Lake(1919)描述了犬的多发性神经炎,他们给这些犬饲喂肉类日粮,用碳酸钠使它变为碱性,在 120℃烹饪 3 h。犬持续采食这种日粮 1～6 周后,硫胺素缺乏的临床症状非常明显。研究者报道说,实验犬出现食欲缺乏、体重减轻、强直性痉挛,逐渐导致腿麻痹,不能行走,表现出体温过低,在出现麻痹症状的几天内死亡。Cowgill(1921)报道,饲喂犬以酪蛋白为蛋白源的纯合日粮,犬出现了多发性神经炎,而几种来自于小麦胚芽、米糠和菜豆的酒精提取物,可以逆转该病。后来 Cowgill(1934)报道,成年犬维持的每日硫胺素的需要量为 6 μg/(kg BW・d)是合理的。而 Street(1941)等,基于饲喂含 25%的脂肪和硫胺素含量为 6.7 或 9.4 μg/kg BW 日粮,成年犬表现出健康的外观,建议成年犬(体重为 6～10 kg)硫胺素需要量为8 μg/(kg BW・d)。摄入硫胺素 1.8～2.3 μg/kg BW 可以维持犬的存活。大部分早期的研究者确定硫胺素需要量所使用的日粮,用经过热压的日粮成分来提供所有的 B 族维生素,而不是添加硫胺素。这些日粮常产生多种维生素的缺乏,如用 Cowgill(1921)的日粮饲喂犬,犬出现了口臭,这是烟酸缺乏的症状,而不是硫胺素的缺乏症状。甚至 Arnold 和 Elvehjem(1939b)及 Street 等(1941)后来设计的日粮,仍使用经高压处理的酵母。Mass 等(1944)在纯合日粮中添加纯化的 B 族维生素发现,少于 10 μg/kg BW 对成年犬的体重维持是不适当的。

对于幼犬的采食和生长的维持量,Arnold 和 Elvehjem(1939b)报道,无脂日粮中含有硫胺素 500 μg/kg 是不充足的,同时估计了饲喂低脂日粮的幼犬为了维持采食和生长,需要添加 750 μg/kg 水合氯化硫胺素。如果日粮中含有 56%的脂肪,那么添加量为上述的1/3。作者认为他们的结果,证明了硫胺素需要量最好以日粮百分比为基础来给出(而不是以体重为基础)。

除犬外的其他动物,口服抗生素、乳糖、山梨醇以及维生素 C 将增加机体对于硫胺素的需要(Evans 和 Lepkovsky,1928,1929,1935;Scott 和 Griffith,1957;Haenel 等,1959)。影响肠道微生物合成硫胺素的因子和食粪癖的程度同样影响其需要量。

Noel 等(1971)用添加除硫胺素外的 B 族维生素的纯合日粮,饲喂 4 组生长期比格犬。各组的维生素水平分别为(每千克体重):每天 110、33、22 μg 以及每周 2 次 115 μg。各组犬将分别以这样的日粮维持 29 周,但是在最后的 8 周里,剂量为 110 μg 的这一组,将逐渐减少到 11 μg;同时每周 2 次 115 μg 的这一组将降到 77 μg。剂量为 22 μg 这组中的 1 只犬,在第 9 周体重开始下降,出现偶然的腹泻和厌食,并且在 22 周时死亡。ETKA 测试(Brin 和 Vincent,1965)表明:该犬缺乏硫胺素。研究者得出结论:剂量为 22 μg/(kg BW・d)对处于生命周期第 1 年的比格犬来说是不合适的。

自从最近一版修订的 NRC(1985)以来,没有关于犬对硫胺素需要量的研究。所以,对生长犬,建议日粮中硫胺素的含量为 270 μg/1 000 kcal ME (1.08 mg/kg,日粮能量为 4 kcal/g)。这个值等同于 75 μg/(kg BW・d)。自从 Noel 等(1971)得出剂量为 22 μg/(kg BW・d)对于 22 周的比格犬不充足的结论以来,建议维持的需要量增加到 30 μg/(kg BW・d),这相当于对于体重为 15 kg 的犬,剂量为 450 μg/1 000 kcal ME。有趣的是,硫胺素的日粮维持需要量,高于生长需要量。对于怀孕和哺乳则没有可信的资料,但是规定含450 μg/1 000 kcal ME 是可行的。

需要指出的是,以上的数量和浓度是指能被动物食入的量。因此,考虑到热加工处理、储存期损耗和抗硫胺素因子对硫胺素的破坏,食物中添加硫胺素需要相当高的浓度。ABGE(1989)规定硫胺素日摄入量,维持需要为 20 μg/kg BW,对于生长和繁殖则为 55 μg/kg BW。

8.6.3.2 维生素过多症

对于包括犬在内的实验动物的研究表明，通过胃肠外途径摄入氢氯硫胺素是观察硫胺素中毒症的唯一途径(NRC，1987)。没有犬口服硫胺素中毒的相关报道。急性静脉注射 5～50 mg/kg BW 的硫胺素导致短暂血压消失，更高的剂量导致更为激烈的影响。硫胺素的致死量大致为 350 mg/kg BW(Neal 和 Sauberlich，1980)。而每天口服 100 μg/kg BW 的硫胺素则没有不良影响 (Noel 等，1971)。不管怎样，这个数量仅仅相当于需要量的 3 倍。如果 NRC(1987)建议幼犬的上限浓度为需要量的 1 000 倍的话，那么相当于每千克日粮含 1.08 g。而对于猫，口服 1/2 致死量(LD_{50})为 6 g/kg BW，但是皮下注射剂量为 500 mg/kg BW (Molitor，1942)。对于犬的硫胺素的最大安全上限还没有定论。

8.6.4 猫

8.6.4.1 缺乏症

Everett(1944)将猫的硫胺素缺乏描述为 3 个阶段：第 1 阶段为厌食，第 2 阶段为以强直收缩为标志的神经学症状，第 3 阶段则为最后阶段，逐渐虚弱，衰竭，直到死亡。第 1 阶段频繁发生在采食硫胺素缺乏日粮的 1～2 周内，并且伴随呕吐(Jubb 等，1956；Deady 等，1981)。第 2 阶段则为迷路翻正反射的损害、脑袋耷拉、正位反射丧失，并且缺乏本能意识。患猫用它们悬吊的后足保持头部前屈代替后屈。脑袋耷拉导致猫从桌子跳到地板出现翻筋斗现象 (Jubb 等，1956；Loew 等，1970)。被损害的前庭反射包括，眼球震颤的时间降低，损害或减慢瞳孔对光反射。患病的猫常常瞳孔放大、共济失调和尾巴直立。

Toman 等(1945)报道了，猫早在饲喂缺乏硫胺素的饲粮的第 2 周，就出现心电图变化，包括窦性心动过缓。用硫胺素治疗能迅速纠正心律异常，但是在心室综合波(QRS 延长和其他的变化，及 T 波)却反应较慢。当硫胺素缺乏的猫表现出自发性的癫痫时，可能在严重心动过缓之后伴有短暂的心动过速。

硫胺素的缺乏导致中枢神经系统的病理变化，包括重症患猫中会出现室周灰质对称性出血。已报道相关的核质量发生明显的变化，但主要的相关胞核按频率列出如下：下丘脑、中间前庭、侧膝体、松果体、副前庭的动眼神经胞核和楔形红核(Jubb 等，1956；Deady 等，1981a，b)。由缺乏硫胺素的日粮或抗硫胺素拮抗剂吡啶硫胺素诱发的硫胺素缺乏症，会导致猫严重的学习能力缺失 (Irle 和 Markowitsch，1982)。

8.6.4.2 需要量

当猫食用通过热压生产而补充了核黄素、吡哆醇和泛酸钙的犬粮时，Everett(1944)发现每日注射 0.5 mg 的硫胺素可防止神经紊乱，并能使成年猫的体重得以维持甚至增重。Loew 等(1970)估测了体重为 3 kg 的成年猫对于硫胺素的每日维持需要量大约为 0.36 mg，相当于 2 mg/1 000 kcal ME。Deady 等(1981a)给幼猫饲喂添加了 4.4 mg/kg 的硫胺素的纯合氨基酸日粮。日粮含有 90 g 谷氨酸，随后使用每千克含 120 g 谷氨酸的相似日粮(或反之)，幼猫出现了严重的硫胺素缺乏的神经学症状，经肠外补充硫胺素有反应。

有些学者曾做过一些尝试，通过测定尿液中的硫胺素或硫色素来确定猫对硫胺素的需要量(Carvalho Da Silva 等，1961；Partington 等，1964)，猫尿液中所含物质会干扰硫色素的荧光测定。纯合日粮中含有 5 mg/kg 硫胺素就足以满足幼猫生长以及母猫妊娠和泌乳的需要(J. G. Morris 和 Q. R. Rogers，加利福尼亚大学，Davis，个人交流)。

以上的研究建议，日粮中含 5 mg/kg 的硫胺素(能量大约为 4.7 kcal/g)适合于幼猫生长的需要。因需要量与能量代谢有关，建议此需要量可扩展到为不同阶段的猫配制日粮，如维持、妊娠和泌乳。当猫粮中的能量只有很小部分来源于脂肪时，需要量应增加一些。

8.6.4.3 维生素过多症

还没有关于口服硫胺素导致中毒的报道。但是静脉注射高剂量的硫胺素可导致神经肌肉和神经节的阻断(Freye 和 Agoutin，1978)。NRC(1987)建议动物日粮中硫胺素 SUL 为日粮需要量的 1 000 倍。对于猫，这个值近似每千克日粮 5 g。对于大多数实验动物来说，硫胺素的肠外途径摄入的中毒水平在 80～400 mg/kg BW。猫日粮中硫胺素安全上限还没有确定。

8.7 核黄素(维生素 B_2)

食物中大多数的核黄素是以辅酶的形式存在,作为黄素单核苷酸(FMN)、黄素腺嘌呤二核苷酸(FAD)的辅酶,或作为黄素类在异咯嗪环的 8-α-甲基位置与蛋白共价结合。牛奶是个例外,高浓度的核黄素以游离形式存在,未被结合。动物性产品是核黄素的良好来源,而谷物类则不是。大多数含核黄素高的食物,同时也富含其他 B 族维生素。而日粮中核黄素缺乏也影响其他维生素,因为黄素辅酶也包含在它们的代谢中。这些维生素包括叶酸、吡哆醇、烟酸、维生素 K 和维生素 D。

核黄素和它的辅酶对酸碱都敏感,特别是在紫外光(UV)存在时。在酸性条件下,核黄素被降解为二甲基异咯嗪,它没有生物活性;在碱条件下,核黄素转变为三甲基异咯嗪,它同样没有生物活性。

8.7.1 吸收

在食物中,核黄素大多数以辅酶的形式存在。它需要在肠道中先被水解再被吸收。核黄素在上消化道被吸收,通过特殊的转运(包括去磷酸化和复磷酸化)而不是通过被动扩散被吸收。这是一个饱和过程,与钠有关,同时需要 ATP 酶的参与(McCormick,1990)。当核黄素缺乏时,小肠刷状缘膜囊加强了对核黄素的吸收,伴随着核黄素 V_{max} 的升高而不是 K_m 的升高(Said 和 Mohammadkhani,1993)。相似地,当核黄素的量恢复正常时,V_{max} 下降而 K_m 没有变化。胃排空的延长同样能增强药理剂量核黄素的生物利用率(Forusz 和 Ritschel,1996)。在很多种类的动物中,核黄素结合蛋白已经在血浆中被发现,在缺乏时,会出现大量的核黄素尿。在人类的血液中,核黄素的转运包括与蛋白分离,同时与球蛋白紧密结合,尤其是免疫球蛋白(IgA、IgG 和 IgM)。血清结合蛋白也可通过胎盘转运核黄素。核黄素的主要排泄途径是尿,以核黄素的形式排出,尿中不含 FMN 和 FAD。在人体内,核黄素的 60%～70%是以游离的形式排出,其余的以其代谢产物排出 (McCormick,1994)。犬的核黄素通过尿液排泄和肾外排泄或分泌,几乎等于总的清除率,因犬和人的肾清除率超过肾小球滤过率。而在人体中,部分核黄素的清除由肾小球分泌完成(Jusko 等,1970)。

8.7.2 生物学功能

核黄素的主要功能是作为辅酶 FMN 和 FAD 的前体质。从核黄素合成辅酶是在甲状腺素的调控下进行的。首先是在核黄素激酶的催化下,核黄素被磷酸化为 FMN,然后 FMN 再转化成 FAD。这些辅酶能够催化许多氧化还原反应。FAD 是呼吸链中的一环,因此是能量代谢的中心环节。另外,黄素蛋白还催化很多氧化还原反应,如脱氢反应、羟基化反应、氧化脱羧反应、脱氧反应以及移除过氧化氢中的氧(Rivlin 和 Pinto,2001)。核黄素的氧化还原功能,包括将底物的 1 或 2 个电子转移给黄素辅酶。

因核黄素没有显著的内在的抗氧化能力,它在谷胱甘肽的氧化还原周期中发挥重要作用。含硒的谷胱甘肽过氧化物酶催化脂质过氧化物在其被代谢前降解为羧酸,在此过程中,还原型的谷胱甘肽被氧化。谷胱甘肽的重新合成依靠含 FAD 的谷胱甘肽还原酶。

对红细胞谷胱甘肽还原酶(EGRA)的测定,是反应核黄素状态的最佳指标,但报道在犬上只有少量的测定数据,在猫上没有。

8.7.3 犬

8.7.3.1 缺乏症

急性的核黄素缺乏,导致厌食、体重降低、活动减少、体温降低、呼吸减弱、逐渐虚弱、运动失调、突然性崩溃成半昏迷状态以及死亡(Street 和 Cowgill,1939)。慢性核黄素的缺乏,具有厌食、体重降低、肌肉衰弱、下腹和后肢的皮炎并且视力受损等症状。通常双眼都会出现视觉损伤,眼睛明显地出现角膜不透明,并伴随血管化,有水样或脓状物从眼睛排出(Street 等,1941;Potter 等,1942;Heywood 和 Partington,1971;Noel 等,1972)。

8.7.3.2 需要量

Street 和 Cowgill(1939)用纯合日粮饲喂 3 组成年犬,日粮中包含酪蛋白、蔗糖、植物油、矿物质、米糠提取物以提供除核黄素以外的 B 族维生素及鳕鱼肝油。第 1 组的犬仅仅饲喂所提供的饲粮,第 2 组中犬饲喂相同的日粮，1 只犬另加核黄素 4～8 μg/(kg BW・d)；第 3 组中的 3 只犬作为第 1 组的对照，饲喂与第 1 组相同的日粮并添加核黄素 25 μg/(kg BW・d)。第 1 组的犬从采食基础日粮 2～11 周后采食量下降，并且 6 只中的 5 只犬在(120±8) d 时出现倒卧的状态，它们不愿走路且出现摇晃欲倒的步态，并且逐渐进入昏睡状态。犬采食核黄素 4～8 μg/(kg BW・d)在 332 d 以后出现倒下的状态。所有采食核黄素为25 μg/(kg BW・d) 的犬，即使采食受到限制，也能保持良好的健康。研究者得出结论，核黄素为 25 μg/(kg BW・d)对于成年犬是比较合适的。Street 等(1941)用同样的纯合日粮证明了这个结论，并描述采食较低浓度的核黄素使犬神经异常。

Axelrod 等(1940，1941)给断奶幼犬饲喂添加了核黄素为 1、2 和 4 mg/kg 的纯合日粮。研究者得出结论，对于生长期的犬，2 mg/kg 的核黄素是不合适的，4 mg/kg 的核黄素是合适的。Potter 等(1942)给幼犬饲喂核黄素含量为 8.6 μg/kg 的纯合日粮，并隔天添加核黄素为 60～100 μg/(kg BW・d)。研究者得出结论认为，生长犬核黄素的需求量在这些值之间。与硫胺素不同，蔗糖的等热量值替代品猪油对核黄素的需求没有影响。

Spector 等(1943)给青年犬和成年犬不同水平的核黄素，并让它们重复遭受静脉切开术。他们建议，成年犬和幼犬的核黄素分别为 15 和 30 μg/(kg BW・d)，对于血红蛋白的生成和贫血的快速恢复是必要的。然而，Heywood 和 Partington(1971)报道，建议量为 30 μg/(kg BW・d)的核黄素，对 4 只犬中的 1 只预防角膜疾病是不够的。Noel 等(1971)给 3 组犬所属的 6 只(3 雄 3 雌)12～14 周龄的比格犬饲喂纯合日粮共 9 周，核黄素量分别为 120、90 和 50 μg/(kg BW・d)。9 周后，雌比格犬的核黄素剂量降到 30 μg/(kg BW・d)，再饲喂 8 周。饲喂剂量为 30 μg/(kg BW・d)的犬，从 10～12 周到 17 周体重降低。研究者认为 30 μg/(kg BW・d) 的核黄素，对于维持生长期比格犬的健康来说，剂量太低了，88 μg/(kg BW・d)则稍微高了一点。

Cline 等(1996)应用红细胞谷胱甘肽还原酶活性系数(EGRAC)进行了一项成年犬核黄素需要量的试验。这些研究者采用含核黄素分别为 1.7、2.7、3.7、4.7 和 5.7 mg/kg 的日粮。核黄素含量为 2.7～5.7 mg/kg，对 EGRAC 并未表现出任何区别。但给予 1.7 mg/kg，该系数则显著升高。这些研究者估计成年犬核黄素的维持需要量为 67 μg/(kg BW・d)。这表明成年犬日摄入量为 70 μg/(kg BW・d)，对于维持来说，相当于 1.05 mg/1 000 kcal。在缺乏关于生长幼犬和妊娠、哺乳母犬 EGRAC 资料的情况下，推荐相同的日粮浓度，含核黄素 1.05 mg/1 000 kcal。这些数值大于 NRC(1985)对生长犬的建议量。ABGE(1989)推荐用于维持和生长的每天允许剂量分别为 50 和 100 μg/kg BW。

8.7.3.3 维生素过多症

Unna 和 Greslin(1942)持续 5 个月给予 4 只 10 周龄犬 25 mg/kg BW 的核黄素，并报道其正常生长，没有不良的临床表现。对器官的肉眼检测也没有显示出任何反常。这些研究者同时也报道，犬能耐受一次性摄入核黄素 2 g/kg BW。相对口服来说，注射核黄素的毒害作用会更大一些。NRC(1987)测定大鼠通过腹膜内注射、皮下注射和口服的 LD_{50} 分别为 0.65、5 和高于 10 g/kg BW。犬日粮中核黄素的安全上限量还未被定义。

8.7.4 猫

8.7.4.1 缺乏症

Gershoff 等(1959a)报道，急性核黄素缺乏会导致猫食欲减退、体重减轻、耳部周围脱毛以及表皮萎缩。对于核黄素的慢性缺乏，猫会出现白内障、脂肪肝以及睾丸萎缩。

8.7.4.2 需要量

Gershoff 等(1959)研究了日粮中碳水化合物水平对猫核黄素需要量的影响。这些研究者分别给予 3～6 月龄幼猫高脂日粮(46%代谢能来源于脂肪)和低脂日粮(11%代谢能来源于脂肪)。作者推断，高碳水化合物低脂肪含量的日粮有利于核黄素的微生物合成，因猫的粪便和尿液中核黄素含量高于饲喂低碳水化合物高脂肪含量日粮的猫。这似乎表明，此日粮广泛地促进了微生物发酵和小肠内核黄素的合成，因其含有 50%的蔗糖。作者指出 2 只给予添加了 3 mg/kg 核黄素的高碳水化合物日粮的猫，在超过 34 个月的时间里都保持极好的健康状态。在实验室中的猫，用含核黄素 4 mg/kg 的低糖高脂日粮，常规饲养了 2 年。

Leahy 等(1967)用耗损—补充法来研究幼猫的核黄素需要量。作者给予 5 组幼猫（初始体重约为 700 g)不含核黄素的纯合日粮 28 d 后，然后每只猫每天分别补充 0、25、50、100 或 200 μg 核黄素持续 28 d。第 6 组在整个时期内每天提供 200 μg 核黄素。56 d 后对所有猫进行剖检，没有发现任何肉眼能看到的病理变化。前 28 d 内体增重降低，一些幼猫体重下降，这可能是由于对纯合日粮的接受性较差。在 29～56 d，包括未补充组在内的所有幼猫都有增重，但每天每只猫给以 100 μg 核黄素的一组，增重最高。虽然作者指出，根据增重情况，需要量不会超过 100 μg/d 或 1 mg/kg 日粮，但这一需要量可能过低。NRC(1986)建议核黄素的日需要量为 800 μg/1 000 kcal(4 mg/kg 日粮，能量 5.0 kcal/g)。考虑到有限的可利用的资料，建议把这一需要量作为维持、生长和哺乳的适宜摄入量。该日粮浓度相当于体重 4 kg 的成年猫每天消耗 ME 250 kcal 时，摄入量为 79 μg/(kg $BW^{0.67}$ · d)。

8.7.4.3 维生素过多症

目前还没有关于猫核黄素过多症状的报告。虽然核黄素是一种水溶性维生素，但当其剂量超过需要量时，则不能被很好地吸收。NRC(1987)并未建议其 SUL 浓度。还未确定核黄素在猫的日粮中的 SUL。

8.8 维生素 B_6

维生素 B_6 是对 3-羟基-2-甲基吡啶衍生物的通称。包括吡哆醇、吡哆醛、吡哆胺及其磷酸化形式。这些维生素的辅酶形式吡哆醛-5′-磷酸盐，通过 Schiff 氏基共价结合于酶的赖氨酸 ε-氨基上。

8.8.1 吸收、转运和储存

食物中的大多数维生素 B_6 以吡哆醇、吡哆醛和吡哆胺的磷酸化衍生物形式存在。在动物组织性食物中其主要形式为吡哆醛和吡哆胺，在植物性食物中主要形式是吡哆醇和吡哆胺。除了磷酸化的衍生物，植物性食物中同样含有维生素 B_6 的糖基化形式，这对生物利用率有着不利影响(Leklem，2001)。

磷酸化形式的维生素 B_6 在大鼠小肠中的吸收是很有限的，并且在吸收前被碱性磷酸酶水解。吡哆醇、吡哆醛和吡哆胺的吸收是一个不饱和的被动过程(Henderson，1985)。这 3 种非磷酸化形式的维生素 B_6 在吡哆醇激酶的作用下，分别被转化为它们的磷酸化形式。吡哆醇-5′-磷酸盐与吡哆胺-5′-磷酸盐在含 FMN 氧化酶作用下转化为吡哆醛-5′-磷酸盐。

肝脏是维生素 B_6 代谢的主要器官，并且将其转化为活性形式(吡哆醛-5′-磷酸盐，PLP)释放出来，进入血液循环以供应其他体组织。核黄素不足会导致血液中 PLP 含量下降。PLP 在肝脏中形成，并且在其他组织能通过 Schiff 氏基底反应与蛋白质结合。PLP 的蛋白质结合物可能是检测蛋白质组织浓度的主要因子。在血浆中，由肝脏合成和释放的 PLP 和白蛋白相结合，这能保护其在到达各种体组织之前不被水解。一般认为，细胞摄入维生素 B_6 发生在细胞表面，PLP 的磷酸基团在磷酸酶作用下被水解，然后维生素 B_6 被细胞吸收。

在肌肉中，大多数维生素 B_6 以 PLP 形式存在，与糖原磷酸化酶结合。鉴于此种结合以及身体中存在大量的肌肉，认为肌肉是维生素 B_6 的主要储存器官。但是，在大鼠和猪，肌肉 PLP 在能量缺乏时可转移，但在日粮维生素 B_6 缺乏时不会。在大强度运动和能量缺乏条件下，肌肉可能会释放 B_6，并导致 PLP 在血液中循环量的增加。

在多种动物中，维生素 B_6 的代谢终产物是吡哆酸，它被排泄到尿液中。Coburn 和 Mahuren(1987)报道指出，在摄入大量吡哆醇盐酸盐后，猫尿中含有很少量的吡哆酸。主要的代谢物，50%是吡哆醇-3-硫酸盐，25%是 *N*-甲基吡哆醇。在少量摄入吡哆醇的情况下，吡哆醛-3-硫酸盐的排泄量超过吡哆醇-3-硫酸盐。

8.8.2 生物学功能

有报道称，超过 100 种酶促反应是以 PLP 为辅酶，近 1/2 是转氨基反应(Sauberlich，1985)。除了包括 α-碳的转氨基反应外，其他与磷酸吡哆醛有关的反应包括，外消旋作用、脱羧反应、氧化脱氨和侧链移除。附加反应包括那些含有 β-碳(取代和消去反应)和 γ-碳(取代反应、消去反应和裂解反应)的反应。

鉴于包含 PLP 的酶反应的多样性，因而断定 PLP 在广泛的生理学过程中发挥着重要作用，包括糖原异生、红细胞功能、烟酸合成、神经系统功能、免疫应答、脂类代谢、激素调节和基因表达(Leklem,2001)。在糖原异生中,PLP是转氨反应以及肝糖原磷酸化酶的辅酶。大鼠PLP的不足,会导致丙氨酸和天冬氨酸转氨酶活性降低,以及肝脏和肌肉的磷酸化酶活性下降。在血红蛋白的合成中,PLP作为δ-氨基乙酰丙酸合成酶的辅助因子,此酶能够催化甘氨酸的浓缩,以及把琥珀酰辅酶A转化为δ-氨基乙酰丙酸;后者是亚铁血红素的前体物,缺乏维生素B_6的动物会患上小红细胞低色素性贫血。此外,吡哆醛和PLP与血红蛋白结合,从而改变其对氧的亲和力。

PLP至少在色氨酸—烟酸转化途径中的4种酶促反应中发挥作用。只有1个反应是转化的直接途径,其他的3个反应是转化的侧链途径,不能直接生成烟酸。但是,这是色氨酸代谢中直接包含PLP,此代谢是维生素B_6缺乏的色氨酸负荷试验的基础。

在神经组织中,PLP同样包含于另一条色氨酸途径中,5-羟色氨酸转化为5-羟色胺,此反应受到依赖于PLP的5-羟色氨酸脱羧酶的催化。其他神经传递素的合成,如牛磺酸、多巴胺、去甲肾上腺素,组胺和γ-氨基丁酸,同样需要PLP。猫维生素B_6缺乏的一个主要的临床症状为神经传递素中含有PLP。

PLP作为丝氨酸转羟甲基酶的辅酶,催化1个一碳基团转移到四氢叶酸酯,促进胸苷酸和核酸的合成。在某些动物的研究中,维生素B_6缺乏不利于淋巴细胞和抗体反应。

在对大鼠的研究中,有证据表明,移除维生素B_6可能会削弱亚麻油酸到花生四烯酸的转化。从中可以推测,亚麻油酸去饱和与γ-亚麻油酸的延长,可能因维生素B_6的缺乏受到不利影响。这对于猫来说尤为重要,因为猫转化亚麻油酸为花生四烯酸的效率很低。

研究显示PLP是类固醇反应的调节器(Brandsch,1994;Tully等,1994),并经历与下列激素受体的可逆反应,这些激素包括雌激素、雄激素、黄体激素和糖皮质激素。PLP与类固醇受体的赖氨酸残基发生反应,形成Schiff氏基。

对于饱饲的猫来说,磷酸吡哆醛(PL)是血浆中维生素B_6的主要形式,PLP与PL的比例大约为5∶1(Bai等,1989),而在大鼠中这一比例约为1∶1(Sampson和O'Connor,1989)。

8.8.3 犬

8.8.3.1 缺乏症

对于刚断奶的幼犬,维生素B_6的急性缺乏会导致厌食、体重下降以及在血液成分未出现改变之前死亡。对于更大一些的犬或成年犬,临床症状也包括抽搐、肌肉痉挛和小红细胞低色素性贫血(Fouts等,1938,1939;McKibbin等,1939,1942)。除了上述的共济失调,Street等(1941)描述了一系列的病理变化,包括心脏扩张和肥大,多种组织充血以及外围神经髓鞘脱失。

8.8.3.2 需要量

Fouts等(1938)提出含有米糠提取物(一种维生素B_6源)的纯合日粮能维持刚断奶幼犬的正常生长和血液功能,但如果日粮中不含有该提取物,会使幼犬出现惊厥和严重的小红细胞低色素性贫血。后来被发现,这种米糠提取物可供应成年犬平均60 μg/(kg BW·d)的吡哆醇(Fouts等,1939)。该数量正是McKibbin等提出(1939)的治疗贫血的剂量。Street等(1941)用半纯合日粮产生了成年犬维生素B_6的缺乏症,并指出其中1只犬喂给5 μg/(kg BW·d)吡哆醇是不充足的,但10 μg/(kg BW·d)就足够了。在Michaud和Elvehjem(1944)引用的未发表的试验中,生长期的犬在贫血发生以前每天被供给5 μg/kg BW吡哆醇;而10 μg/(kg BW·d)吡哆醇能提供很好的生长状态,但不如60 μg/(kg BW·d)吡哆醇组效果好。作者建议10 μg/(kg BW·d)吡哆醇可能对维持需要已经足够。自NRC(1985)做出综述以来,似乎未发现任何关于犬对维生素B_6需要量的关键性研究。因此,生长犬的适宜摄入量,1.1 mg/kg日粮(3.67 kcal/g)或每0.3 mg/1 000 kcal被保留。这一日粮浓度,对生长期幼犬相当于84 μg/(kg $BW^{0.75}$·d);对成年犬相当于39 μg/(kg $BW^{0.75}$·d),这可满足维持需要。因缺乏进一步的资料,因此,假定满足生长的日粮浓度,也能够满足妊娠期和哺乳期母犬的需要。这些推荐量近似于ABGE(1989)所给的量。对于一个含ME 4 kcal/g的日粮,这些吡哆醇在日粮中的供给量约为1.2 μg/(kg BW·d)。

8.8.3.3 维生素过多症

Unna和Antopol(1940)报道,给幼犬提供吡哆醇

20 mg/kg BW 75 或 80 d,并未产生中毒症状,血液正常,并且无病理变化。急性摄入 1 g/kg 吡哆醇,将导致协调损害和强直性痉挛。慢性摄入 200 mg/(kg BW·d)盐酸吡哆醇,在 40～75 d,引起共济失调,肌肉无力以及平衡失调(Phillips 等,1978)。250 mg/(kg BW·d)的高剂量会在 1 周内导致协调损害和共济失调。在尸检中同样发现髓磷脂的双边损失以及脊精索炎、后根神经独立纤维的髓磷脂损失。当给犬提供 50 mg/(kg BW·d)盐酸吡哆醇时,发现了一个较小程度的病理损害。Krinke 等(1980)用 300 mg/(kg BW·d)盐酸吡哆醇口服饲喂 7～11 月龄犬 78 d。在 9 d 内就出现了运动异常,最后犬无法行走,尽管它们没有表现出肌肉衰弱。作者总结认为,吡哆醇会产生毒性外周感觉神经元病变症状,包括背根神经元和感官神经纤维变性。Hoover 和 Carlton(1981)开始用 15 mg/(kg BW·d) 盐酸吡哆醇口服饲喂比格犬。15 d 后剂量增至 150 mg/kg BW,并持续 85 d。2 周内即出现厌食,4 周内出现共济失调。

NRC(1987)建议,推测犬日粮中吡哆醇的安全上限 60 d 内为 1 000 mg/kg,60 d 以上为 500 mg/kg。日粮中吡哆醇的安全上限浓度还未被定义。

8.8.4 猫

8.8.4.1 缺乏症

近期对猫维生素 B_6 缺乏的研究比犬更普遍。Carvalho da Silva 等(1959)报道,当提供缺乏维生素 B_6 的日粮时,猫会出现生长减慢、轻度小红细胞性贫血、痉挛性惊厥和肾脏损坏。Gershoff 等(1959)根据肾脏出现了草酸钙一水晶体以及缺乏维生素 B_6 猫的尿液中存在草酸钙,提出存在肾脏损伤。关于维生素 B_6 缺乏引起肾损害已由 Blanchard 等(1991)进行了阐述。Bai 等(1989)报道的临床症状与 Carvalho da Silva 和 Gershoff 等人描述的类似,同时,饲喂吡哆醇缺乏日粮的猫,血浆酪氨酸浓度升高。Bai 等(1998)提出,催化酪氨酸降解的第一个酶(酪氨酸转氨酶,TAT)的总活性,在缺乏维生素 B_6 的猫体内受到抑制。猫酪氨酸肝脏 TAT 的表观 K_m 与大鼠的类似(分别为 2.1 和 1.9 mmol/L),但是猫 PLP 的 TAT 的表观 K_m 比大鼠的要高很多。

8.8.4.2 需要量

Carvalho da Silva 等(1959)报道,3～4 月龄饲喂半纯合日粮的幼猫,1 周 3 次口服 1 mg 吡哆醇,能预防临床缺乏症,并且表现出正常血象。Gershoff 等(1959)仍用纯合日粮饲喂 3～6 月龄幼猫,指出磷酸吡哆醇为每千克日粮 1 mg 是不充足的,但每千克日粮 2 mg 可以使血液学和生长正常。因为尿液中排泄的草酸盐,在给予 2 mg/kg 盐酸吡哆醇的猫中高于给饲 4 mg/kg 的猫,因此,NRC(1986)推荐的水平要更高。接下来,Bai 等(1989)应用补充指标进行了一项损耗—恢复研究,证实了吡哆醇为每千克日粮 1 mg 不足以满足生长期幼猫的需要,但当每千克日粮中包含 350 g 酪蛋白时,每千克日粮 2 mg 吡哆醇就足够了。在进一步的损耗—恢复研究中,Bai 等(1991)证明了猫的维生素 B_6 需要量取决于日粮中的蛋白质浓度。对于每千克含 300 g 酪蛋白的日粮,维生素 B_6 的需要量为每千克日粮 1 mg,然而对于每千克含 600 g 酪蛋白的日粮,吡哆醇需要量要超过或平均达到每千克日粮 2.0 mg。如把高蛋白日粮的蛋白质量设为每千克日粮大约 500 g,则吡哆醇最小需要量为 2 mg/kg 或 500 μg/1 000 kcal,可满足猫的所有生理状态。这种日粮浓度可满足成年猫的维持需要量[49 μg/(kg $BW^{0.67}$·d)]。

8.8.4.3 维生素过多症

目前还没有关于猫维生素 B_6 毒性的研究报道。假定鼠吡哆醇的 SUL,在超过 60 d 以上的时间里是每千克日粮 250 mg(NRC,1987)。猫日粮中吡哆醇的安全上限浓度还未被确定。

8.9 烟酸

犬作为模型,在研究人类的糙皮病以及测定药物制剂和食物中抗糙皮病因子的活性中,发挥了重要作用(Harvey 等,1938;Carpenter,1991)。Chittenden(1907)给一只犬饲喂面包和猪油,描述了其胃肠道失调的临床症状,包括血性排泄物和口腔黏膜炎。这些犬的临床症状相似,被称作"黑舌病",与 Goldberger 和同事们发现的人类糙皮病的症状也类似(Goldberger 和 Wheeler,1920,1928;Wheeler 等,1922)。

Goldberger的一个主要贡献在于发现了玉米中缺少一种糙皮病预防因子(P-P 因子),并且该疾病不是因传染性或毒性试剂引起的。Elvehjem 等(1937,1938)发现这种 P-P 因子是烟酸或烟酸氨基化合物,能治疗犬的黑舌病。这一结论由 Street 和 Cowgill(1937)再次证实。然而,对玉米的分析发现,其烟酸含量并不特别低。这一问题被 Laguna 和 Carpenter(1948)解决了,他们阐明了玉米中的烟酸只有当长时间暴露在高 pH 下才会释放出来,一般来说,其生物有效性很低。在发现烟酸可以治疗糙皮病时,已知某些蛋白质,如酪蛋白也可治疗大鼠的糙皮病。当发现色氨酸可以低效率地合成烟酰胺胺-腺嘌呤二核苷酸(NAD)时,这一异常现象得到了解释(Heidelberger 等,1948)。

尽管犬能够在体内由色氨酸合成烟酰胺,但猫并不能产生可测量到的烟酰胺。Carvalho da Silva 等(1952)报道,猫摄入色氨酸(tryptophan load)后,没有在尿中发现 *N*-甲基-烟酰胺。色氨酸对烟酰胺的转化程度由 α-氨基-β-羧基黏康酸-ε-半醛的状况所决定,色氨酸代谢的中间物被包含于 2 个竞争性的代谢途径中。其中之一导致乙酰-CoA 和 CO_2 的产生,另一个途径则产生 NAD。甲基吡啶羧化酶是催化乙酰-CoA 和 CO_2 降解途径中第一个步骤的酶,品种间烟酸的日粮需要量,直接与肝脏中这个酶的活性相关(Ikeda 等,1965;Scott,1986)。猫拥有烟酸合成途径中所有的酶,但甲基吡啶羧化酶的活性异常高,在所有被研究的动物中是最高的(Sudadolnik 等,1957;Ikeda 等,1965)。这阻止了任何可测量到的烟酸合成(Carvalho da Silva 等,1952;Leklem 等,1971)。肉中可提供较多的 NAD 和 NADP(烟酰胺-腺嘌呤二核苷酸磷酸盐)辅酶,当猫摄取含动物组织的日粮时,不需要由色氨酸合成烟酰胺。对猫而言,直接产生乙酰- CoA,相比 NAD 的氧化或 NAD 途径的中间产物而产生的,可能更加积极高效。

8.9.1 吸收

植物性食物中大部分烟酸是以烟酸的形式存在的,但动物组织中主要含有 NAD 和 NADP 辅酶,在死后的厌氧情况下,部分 NAD 和 NADP 辅酶会被转化为其降解形式。动物体组织中存在的游离态烟酸,大多数是以烟酰胺的形式存在。植物性食物中高比例的烟酸是不可用的,可能以结合态存在。Ghosh 等(1963)用微生物鉴定法得出,谷物中总烟酸的 85%~90%为结合态。Mason 等(1973)研究了小麦麸中烟酸的结合特性。这些研究者指出,与烟酸结合的大分子,其相对分子质量为 1 500~17 000,其中约 60%为多糖、40%为肽。Carter 和 Carpenter(1982)利用大鼠测定了食物中烟酸的可利用性,指出完全熟化的谷类食品可提供总烟酸量的 35%。在计算犬猫食物中的烟酸含量时,应忽略谷类中的烟酸供应量,或者给出其可利用值,一般不超过总烟酸量的 1/3。

烟酸的微生物合成发生于大鼠的肠道内(Tepley 等,1947),作者假定这也适用于犬,但合成的程度并没有数量化。

虽然烟酰胺和烟酸的主要吸收部位在小肠,但其中一部分也在胃里被吸收。小肠中焦磷酸酶将 NAD 代谢为烟酰胺单核苷酸,它被水解为烟酰胺核苷,并且最终被分解为烟酰胺(Kirkland 和 Rawlings,2000)。低浓度下烟酸和烟酰胺似乎都依赖钠进行扩散(Henderson,1983),或者依靠质子协同载运体和阴离子反载体进行载体转运(Takanga 等,1996)。在高浓度下,这 2 种形式似乎都通过被动扩散吸收。一旦进入肠上皮细胞,烟酰胺则被转化为 NAD 或者通过释放进入肝门静脉循环。

8.9.2 生物学功能

烟酸是与烟酰胺生物活性相关的一类维生素的统称,包括烟酰胺、烟酸和一系列吡啶核苷酸结构体(Kirkland 和 Rawlings,2000)。NAD 和 NADP 是 2 种来自烟酸的天然吡啶核苷酸辅酶。这些辅酶通常以脱氢酶—还原酶形式在多种氧化还原酶系统中发挥作用。位于核苷酸基团吡啶环上的第 4 位上的碳原子,参与氧化还原反应,是氧化磷酸化以及生物合成反应中氢转移反应的基础。酰胺基和环上的在第 1 位上的氮原子的电负性,能够逐步降低第 4 位上的被氧化的碳原子。NAD(H)(被降解的 NAD)在能量消耗反应中发挥重要的作用,然而 NADP(H)在很多合成反应中,包括能量储存,发挥了重要的作用。NADP(H)通过降解 $NADP^+$(氧化态的 NADP)经磷酸戊糖途径生成,在苹果酸穿梭中通过线粒体膜。NADP(H)为脂肪酸合成和氧化谷胱甘肽的再生,提供了降解后的等值物。

烟酰胺辅酶同样参与非氧化还原反应,包括单或多聚(ADP-核糖)反应(ADP=二磷酸腺苷),它们是底物而不是辅酶功能。烟酰胺与 ADP-核糖间的高能糖苷键参与这些反应,其断裂产生的能量使得 ADP-核糖转移到亲核受体。包括谷氨酸盐侧链和核糖的羟基,用于多聚 ADP-核糖的合成,包括一系列参与单聚反应(ADP 核糖)的氨基酸侧链,以及用于循环 ADP-核糖合成的内部核糖键(Kirkland 和 Rawlings,2000)。一系列研究表明,辅酶的多聚 ADP-核糖化作用包括 DNA 的修复、转录和复制。在特定的人群中,烟酸摄入不足与患上特定种类的癌症之间存在着一定关系。

尿是烟酸代谢产物的主要排泄途径。在犬中,这些产物的 75%~94%是葫芦巴碱(3-碳-1-甲基吡啶),6%~25%是烟酸(Sarett,1942)。

8.9.3 犬

8.9.3.1 缺乏症

目前已知犬缺乏烟酸会导致以下临床症状:厌食,体重下降,上唇内侧红肿,可以进一步发展为口腔和咽部黏膜的炎症和溃疡,唇部出现朱红色边缘,分泌过多黏稠唾液,嘴角流出带血唾液,气味恶臭。犬同样会发生血性腹泻,肠道中水分、葡萄糖、钠和钾的吸收减少。腹泻可能是绒毛不足和杵状膨大以及黏膜的炎症和变性的结果。伴随肝门静脉脂肪变态,同时发现有脊索神经元退化以及条件性反射紊乱。除了轻微充血和颜色苍白外,没有发现胃黏膜有明显的总体改变。还报道了尿中 *N*-甲基烟酰胺含量减少,以及肝脏 NAD 和 NADP 浓度的减少,以及肌肉中 NAD 和 NADP 浓度下降幅度较小。缺乏症如未得到矫正,将导致脱水、衰弱和死亡(Dann 和 Handler,1941;Sarett,1942;Schaefer 等,1942;Handler,1943;Smith 等,1943;Layne 和 Carey,1944;Nelson 等,1963;Belavady 和 Gopalan,1965;Greengard 等,1966;Madhavan 等,1968;Manson 和 Carpenter,1978)。

8.9.3.2 需要量

Sebrell 等(1938)给 6~8 kg 的犬(可假定为成年犬)以玉米为主的日粮(改进后的 Goldberger 日粮),并且每周注射 2 次烟酸。在日体重基础上,烟酸含量为 126 μg/kg 导致出现疾病的初始症状,340 μg/kg 则能预防黑舌病。Margolis 等(1938)用改进过 Goldberger 日粮使成年犬出现了黑舌病。他们报告说,500 μg/(kg BW · d)或更高的烟酸含量能治愈该病,而 200 μg/(kg BW · d)烟酸的治疗效果慢,100 μg/(kg BW · d)没有效果。Birch(1939)同样采用以玉米为主的日粮,指出 130 μg/(kg BW · d)烟酸能预防黑舌病症状的出现,并且使得一些衰弱的成年犬体重增加,250 μg/(kg BW · d)使得增重迅速。小于 27 和 84 μg/(kg BW · d)的剂量则没有预防作用。

Schaefer 等(1942)首次试图用纯合日粮来确定犬的烟酸需要量。日粮中加入了硫胺素、核黄素、吡哆醇、泛酸和胆碱。它们确定的成年犬的烟酸需要量为 200~225 μg/(kg BW · d),生长犬需要量为 250~365 μg/(kg BW · d)。酪蛋白中色氨酸贡献的烟酸量没有计算,但含有 660 g/kg 酸洗涤酪蛋白的日粮能够提供色氨酸约 7.9 g/kg。如果所有的色氨酸都转化为烟酸,而转化效率按与人相同的转化效率(60 : 1)(Howitt 等,1981),则每千克基础日粮可以以酪蛋白形式平均提供约 132 mg 烟酸。

Singal 等(1948)给生长犬提供不含烟酸的半纯合日粮,日粮中含有 66%蔗糖和 19%酪蛋白。他们报道,当以同等质量的低色氨酸蛋白(玉米蛋白或明胶)代替 21%的蔗糖,在犬被耗竭的过程中未出现衰弱症状。然后如果用酪蛋白(一种高色氨酸蛋白)代替 21%的蔗糖,在被耗竭前出现 2 倍的增重。虽然这些日粮均不能防止烟酸缺乏症,但用酪蛋白代替 42%蔗糖的日粮则可完全避免烟酸缺乏。类似地,据观察,在基础日粮中加入 0.5%的 *L*-色氨酸可完全防止烟酸缺乏。

色氨酸的 *D* 和 *L* 异构体对犬生长的利用效率由 Czarnecki 和 Baker(1982)进行了测定。他们报道,犬对 *D*-色氨酸的利用效率仅是 *L*-色氨酸的 35%,15%的 *D*-色氨酸在尿中排出,而饲喂 *L*-色氨酸则没有在尿中发现可检测到的色氨酸。

玉米中至少有 2 个因素同人的糙皮病和犬的黑舌病有关系:第一,玉米中的高烟酸比例和它较低的利用率(Chaudhuri 和 Kodichek,1960);第二,玉米中色氨酸浓度比其他大多数谷类要低。有研究同样表明蜀黍(高粱)中高含量的亮氨酸可能是导致人类糙皮病和犬黑舌病的第二因素(Belavady 和 Gopalan,1965;Belavady 等,1967;Gopalan 等,1969)。然而,其他实验室里的研究人员用高亮氨酸纯合日粮并没能够导致烟酸缺乏(Truswell 等,1963;Nakagawa 和 Sasaki,1977;Manson 和 Carpenter,1978)。

Schaefer 等(1942)的研究表明,生长期幼犬及成年犬的烟酸需要量分别为 365 和 225 μg/(kg BW·d)。NRC(1986)建议对于含有最小量色氨酸的日粮,成年犬的烟酸日需要量应为 225 μg/(kg BW·d),生长期犬为 450 μg/(kg BW·d)。鉴于目前缺乏进一步的信息,建议对所有犬提供烟酸为 3.4 mg/1 000 kcal ME。对妊娠期和哺乳期犬还没有制定其烟酸需要量,但鉴于其采食量增加的生理特点,应当提供足量的日粮以供生长。ABGE(1989)的建议允许量,维持为 200 μg/(kg BW·d),生长和繁殖为 450 μg/(kg BW·d)。

8.9.3.3 维生素过多症

Chen 等(1938)报道,让 2 只犬每天口服 2 g 的烟酸[133～145 mg/(kg BW·d)],在第 11 天出现血便,然后出现惊厥,而后死亡。NRC(1987)提出烟酸摄入量超过 350 mg/(kg BW·d),通常会对动物产生毒害作用。在 Chen 等(1938)的一篇综述中建议幼犬日粮中的烟酸含量小于 0.5 g/kg(4 kcal/g)。成年犬可忍受至 1.0 g/kg。犬日粮中烟酸的安全上限浓度还未被定义。

8.9.4 猫

8.9.4.1 缺乏症

Heath 等(1940)观察到,一只患猫在出现厌食,体温升高,舌部发红并出现溃疡、充血等临床表现后,用烟酸治疗有反应。Carvalho da Silva 等(1952)报道,幼猫采食不含烟酸的纯合日粮,10～15 d 后出现生长停滞,体重下降,并在 15～50 d 死亡。它们表现出被毛蓬乱和腹泻,但皮肤或口腔没有损害,血液指标也没有变化。20 d 后,所有提供该纯合日粮的 21 只猫,均不能维持增重。成年猫体重下降,最终死亡。与呼吸系统有关的疾病很普遍,并导致早期死亡。

8.9.4.2 需要量

因为猫不能够将色氨酸转化为烟酸,它们的烟酸总需要量必须由日粮提供。Heath 等(1940)报道,为 1 只 14 月龄猫每天提供 80 mg 烟酸,在 3 d 后出现糙皮病、口腔损伤和食欲不振。Carvalho da Silva(1950)报道,生长期的猫采食含有所有维生素的纯合日粮(除了烟酸和钴胺素),1 周提供 2.5 mg 烟酸 3 次,生长情况良好,血象正常,并且在 12 个月内保持良好的健康。而后的一项报道中,Carvalho da Silva 等(1952)指出,给以纯合日粮和 4 mg 烟酸 1 周 3 次的猫,得以保持良好的健康,证实了他的早期报道(Carvalho da Silva,1950)。作者得出结论"1～3 mg 烟酸剂量可以有效防止烟酸缺乏,最适剂量为 10 mg 或以上"。Braham 等(1962)在相关短期实验中,采用尿里的 *N*-甲基烟酰胺作为含玉米日粮中烟酸可利用的指标。他们发现日粮中每天提供 5 mg 烟酸,能保证足够的增重。他们同样报道,饲喂未加工的玉米及用石灰处理过的玉米,猫体内的 *N*-甲基烟酰胺含量上没有区别,由于没有对照组,这意味着烟酸被同等程度地利用,或者没有被利用。

NRC(1986)建议日粮中烟酸最小需要量为 8.0 mg/1 000 kcal ME(含烟酸 40 mg/kg,含能量 5.0 kcal/g)。因缺少其他资料,建议保持该推荐值。这一日粮浓度等于摄取量为 0.8 mg/(kg $BW^{0.67}$·d)。在计算配方时,谷类提供的烟酸的生物利用率假定为 30%,或者将其忽略。

8.9.4.3 维生素过多症

对于猫,还没有关于烟酸或烟酰胺过多而产生的负面影响的报道。NRC(1987)把一个对所有动物的假定安全等级定为 350 mg/(kg BW·d)。猫日粮中烟酸的 SUL 还未被定义。

8.10 泛酸

泛酸是 CoA 的一种组成成分,由动物体通过一系列步骤合成,初始的步骤是在泛酸激酶的催化下,泛酸磷酸化形成泛酸 4′-磷酸盐,初始的调控步骤是 CoA 的合成。而后是半胱氨酸在 ATP 依赖反应作用下进行浓缩,形成 4′-磷酸泛酰半胱氨酸,脱去羟基形成 4′-磷酸泛酰巯基乙胺。酸酐加上腺苷 5′-磷酸盐以及核糖 3′-羟(基)基的磷酸化,共同合成 CoA(Plesofsky,2001)。所有参与 CoA 合成的酶,都存在于细胞质中,但线粒体中 CoA 的浓度最高。

8.10.1 吸收、转运和储存

任何形式的生命体都离不开泛酸。各种食物中通常能够提供充足的泛酸，一般不易缺乏。大多数食物中的泛酸包含于CoA、酰基CoA合成酶以及酰基载体蛋白中。动物器官(肝、肾)、酵母和鸡蛋卵黄中泛酸含量特别高。从食物中摄取的CoA在肠道内水解为泛酸，它由钠依赖性转运系统转运，并且在肠上皮细胞被吸收。血清中含有主要的游离泛酸。大多数细胞在钠离子辅助下吸收泛酸。CoA最终通过一系列步骤水解产生半胱氨酸和泛酸盐，排泄到尿液中。

犬的肠道能有效吸收游离的泛酸盐。Taylor等(1974)报道，口服6.68 mg泛酸钠(^{14}C)吸收率达到81%～94%。主要以*β*-葡萄糖苷酸形式的尿液排泄，这是犬的主要排泄途径(Taylor等，1972)。与其他动物不同，犬通过肾脏损失少量游离维生素，但排出的*β*-葡萄糖苷酸仍接近肾小球过滤率。对小鸡来说，去皮大豆粕中的泛酸相当于晶体泛酸100%的生物利用率(Southern 和 Baker，1981)。谷物中的泛酸的生物利用率相对较低，大约为60%。

只有右旋形式的维生素(*d*-泛酸)才具有活性。它可能是纯净的右旋体，也可能为*dl*-混合体，后者只具有右旋体1/2的生物效力。泛酸是一种不稳定的，黏性的油状物质，极易吸潮，且容易被酸、碱和热破坏。泛酸的钙盐和钠盐是添加到日粮中的最常见的形式(1 mg泛酸等于1.087 mg泛酸钙)。泛醇是泛酸的酒精抽提物，比泛酸盐更加稳定，被用来制造多种复合维生素制剂。

8.10.2 生物学功能

辅酸A(CoA)和其他含泛酸盐的分子参与2种类型的化学反应：酰基基团转移和缩合反应。CoA(由半胱氨酸获得)的游离巯基基团，是醋酸盐或酰基基团酯化作用的活性部位。在酰基基团的转移中，在硫酯化的羧基基团上产生亲核加成反应，形成CoA。缩合反应包括硫酯化羧基基团上的*α*碳原子的酸化反应，转化为CoA，并且*α*碳附着于亲电中心，导致碳-碳键形成或者断裂(Plesofsky，2001)。

CoA在能量代谢的糖酵解、脂肪酸的*β*氧化和三羧酸循环的其他氧化反应中，起到中心作用。乙酰CoA和草酰乙酸盐缩合形成柠檬酸盐，导致循环中的二碳残余物被氧化。琥珀酸进入循环转化为琥珀CoA，可生成糖原。脂肪酸和许多主要化合物的合成主要依靠辅酶A，如类固醇、胆固醇和维生素D。辅酶A也可通过琥珀辅酶A的血红蛋白的卟啉环和乙酰基反应。如乙酰胆碱与乙酰糖类的合成。从CoA贡献一个乙酰基的反应包括蛋白质N末端的乙酰化。50%～90%的可溶蛋白的被暴露出来的N末端被CoA乙酰基修饰。组蛋白和*α*微管蛋白，经历有选择性的可逆的赖氨酸残余*ε*氨基的乙酰化过程。辅酶A也参与大量蛋白质的乙酰化，主要通过添加棕榈酸盐或肉豆蔻酸盐，或者二者均有。

8.10.3 犬

8.10.3.1 缺乏症

泛酸缺乏日粮导致采食量不稳定，幼犬在2～3周内出现该症状，而成年犬为7～8周(Sibler，1944)。犬会出现突然俯卧或昏迷，急促呼吸，心率加快，痉挛以及包括胃炎、肠炎、肠套叠在内的胃肠症状(Schaefer等，1942)。同时还报道了下列症状，尿液中维生素含量减少，血液、肝脏、肌肉和大脑中泛酸盐浓度降低(Sibler，1944)，并且抗体产生减少(Sheffy，1964)。Schaefer等(1942)通过尸体剖检指出，肝脏颜色变浅且脂肪含量很高(占干物质的35%～55%)。

8.10.3.2 需要量

泛酸被下列学者认为是犬的必需日粮养分，他们是McKibbin等(1939，1940)，Fouts等(1940)，以及Morgan和Simms(1940)。Schaefer等(1942)进一步证明了泛酸在犬日粮中的必要性。这些作者给刚断奶的幼犬和成年犬每千克含660 g蔗糖、190 g酸洗涤酪蛋白、80 g棉籽油、30 g鳕鱼鱼肝油、40 g盐类复合物的日粮，并加入硫胺素、核黄素、烟酸、吡哆醇和胆碱。幼犬在3～4周后停止生长，如不提供泛酸，最终死亡。其他组分别给予不同剂量的泛酸钙，为0、20、40、60、100和150 μg/(kg BW・d)。每天提供60 μg/kg BW泛酸钙是不够的，而100或150 μg/(kg BW・d)才能防止出现缺乏症状。

Sheffy(1964)用缺乏泛酸的全价纯合日粮饲喂幼犬4～5周以耗竭体内的泛酸。之后添加不同剂量的泛酸钙，分别为0、50、100、200、500和1 000 μg/(kg BW・d)。给犬一次性接种犬瘟热病毒和传染性犬肝炎病毒弱毒联苗。饲喂泛酸盐为0和50 μg/(kg BW・d)的幼犬死亡。体增重在200、500和1 000 μg/(kg BW・d)各组间并无显著差异。补充量最高的两组在 7 d 有较高的抗体效价，但在 21 d 时，与 200 μg/(kg BW·d)组没有差异。Sheffy 推断，生长的需要量为 100～200 μg/(kg BW·d)。因为实行了损耗—补充方案，需要高水平的剂量来更快速地补充其不足，这会高估需要量。

Sheffy (1964)建议泛酸的上限摄入量为 200 μg/(kg BW·d)，相当于含泛酸 3.0 mg/1 000 kcal ME。NRC(1985)建议生长犬需要量为 2.7 mg/1 000 kcal ME。在缺乏近期研究资料的情况下，建议需要量为 3.0 mg/1 000 kcal ME，这适用于所有生理阶段。对于处于维持状态的成年犬来说，此浓度相当于 0.39 mg/(kg $BW^{0.75}$·d)。

8.10.3.3 维生素过多症

泛酸一般来说无毒(Omaye,1984)，没有犬泛酸中毒的报道，NRC(1987)总结说大多数动物可以耐受每千克日粮 20 g 的泛酸。

8.10.4 猫

8.10.4.1 缺乏症

Gershoff 和 Gottlieb (1964)指出，生长受阻和组织学变化是猫泛酸缺乏的主要症状。饲喂含有 0、1 或 3 mg/kg 泛酸钙日粮的幼猫，肝脏逐渐出现显著的脂肪变性及细和粗的空泡结构。胃肠道损害仅限于在小肠，在空肠和回肠前端出现巨大的钝肠绒毛。

8.10.4.2 需要量

Gershoff 和 Gottlieb (1964)用添加泛酸的纯合日粮饲喂 3 月龄幼猫，泛酸钙添加量分别为 0、1、3、5、10 和 20 mg/kg。饲喂 1 mg 的幼猫，3.5～4 个月后死亡；饲喂 3 mg 的幼猫，6 个月后 4 只中有 3 只死亡；1 只活到 9 个月。而喂以 5、10、20 mg 的泛酸钙的猫没有死亡，而且有相似的生长率。饲喂 3 个月后，所有的猫注射对 ρ-氨基苯甲酸，而且测量尿液中的乙酰基及对氨基苯甲酸的量。饲喂含有 5、10、20 mg 泛酸钙日粮的幼猫，有相似的乙酰化 ρ-氨基苯甲酸量。作者得出结论，日粮泛酸钙含量为 5 mg/kg(含有泛酸钙 1.25 mg/1 000 kcal ME)是生长猫的 MR。该浓度相当于日粮中含泛酸 4.6 mg/kg 或 1.15 mg/1 000 kcal ME。含有泛酸 1.25 mg/1 000 kcal ME 的日粮浓度，表示为满足成年猫维持需要的泛酸量，即 0.12 mg/(kg $BW^{0.67}$·d)。

8.10.4.3 维生素过多症

还没有关于猫泛酸中毒的报道。NRC (1987)指出，大部分动物泛酸耐受量为 20 g/kg(1 泛酸钙＝0.920 1 泛酸)。

8.11 钴胺素(维生素 B_{12})

钴胺素是维生素 B_{12} 衍生物系列的首选名称 (Beck,2000)。它是唯一一种仅由一些确定的微生物合成的维生素。当钴胺素在自然界中出现时，它们总是由细菌或其他微生物合成的结果，这些微生物存在于瘤胃、肠、土壤或污水中。包括犬和猫在内的所有动物，最终依赖微生物合成钴胺素。钴胺素的化学结构主要由 2 部分组成：1 个不完整的类似于卟啉环的平面基团和 1 个与平面近乎垂直的核苷酸。卟啉部分由 4 个残吡咯环连接到中央的钴原子 (Beck,2000)。犬猫的肠道菌落可以在钴存在时合成钴胺素。肠内合成部位是吸收部位的尾部。因此给犬猫的饲粮添加钴是不需要的。

日粮中钴胺素的主要来源是动物产品，植物产品基本上缺乏该维生素。在动物的发酵产品中，钴胺素与蛋白质结合形成甲基钴胺素和腺苷钴胺素。在确认钴胺素是一种维生素之前，在植物蛋白中添加动物蛋白而导致动物性能上的反应，因此它被称作“动物蛋白因子”。商业生产的钴胺素来源于发酵，再分离的过程中结合了一个氰基团。这些氰基团在动物体内经过消化后被移除。大剂量的钴胺素被用做氰化物的解毒剂。1 美国药典单位的维生素 B_{12} 相当于 1 μg 该维生素。钴胺素被认为在食物原料中相当稳定。

8.11.1 吸收

食物中钴胺素的吸收，需要糖蛋白的存在，糖蛋白被称为内因子(IFs)。内因子可与钴胺素(外因子)结合，食物在胃中经过胃消化释放出外因子。其他在胃液中与钴胺素结合的蛋白，已知的有 R 结合剂，与钴胺素形成复杂化合物，不能被吸收。内因子是人类唯一在胃黏膜产生的因子，但犬和猫胃黏膜合成不足或不能合成（Hippe 和 Schwartz，1971；Okuda 等，1973）。犬的胰腺是内因子的主要来源，胃是其次（Batt 和 Horadagosa，1989；Batt 等，1989；Vaillant 等，1990）。胰腺是猫 IF 的唯一来源（Fyfe，1993）。小肠中稳定的钴胺素-IF 复合物与肠上皮细胞微绒毛的特殊黏膜受体结合（Levine 等，1984）。IF-钴胺素与受体结合，受体优先结合单独存在的 IF。

回肠是哺乳动物吸收钴胺素的主要部位。但犬猫的显著吸收部位是空肠（Gazet 和 McColl，1967）。然而，Levine 等（1984）指出，具有免疫反应的 IF-钴胺素受体只存在于犬的回肠，并且 Batt 等（1989）说明纯化的胃和胰腺的 IF，在空肠的结合要低于回肠小囊。在 IF-钴胺素与受体结合后，钴胺素或者以整个复合物形式通过胞吞作用慢慢进入小肠上皮细胞，然后释放出游离钴胺素；或者 IF 留在细胞外，只有钴胺素进入细胞。一旦进入肠上皮细胞，钴胺素就与免疫功能类似于 IF 的大分子结合。

血浆和细胞外液含有可与钴胺素结合的蛋白质。在人类，钴胺素在血浆中以甲钴胺的形式被 2 种蛋白转运：钴胺素传递蛋白Ⅰ（也叫结合咕啉）和钴胺素传递蛋白Ⅱ。钴胺素传递蛋白Ⅰ是糖蛋白，它与许多动物组织和组织液中的 R 结合剂具有相似的抗原性。在人类，它可携带几乎所有血清钴胺素。钴胺素传递蛋白Ⅱ是由 2 个亚基组成的蛋白质，没有碳水化合物部分。犬与猫大约 3/4 的血浆钴胺素与钴胺素传递蛋白Ⅱ有关。对于猫，钴胺素以腺苷钴胺素和羟钴胺素的形式存在（Peters 等，1971；Quadros 等，1976）。猫与犬血浆中不含钴胺素传递蛋白Ⅰ，但另一转运蛋白，钴胺素传递蛋白 O，携带 10％～15％的钴胺素（Linnel 等，1979）。猫的红细胞不同于人类，它含有高浓度的甲基钴胺素和羟基钴胺素，高于血浆中的含量（Quadros 等，1976）。

8.11.2 生物学功能

钴胺素生成 2 种辅酶，腺苷钴胺素与甲基钴胺素，它们参与多于 12 种的酶系统的功能，但犬猫体内只有 2 种酶与其有关：依赖腺苷钴胺素的甲基丙二酰辅酶 A 变位酶和依赖甲基钴胺素的甲基四氢叶酸高半胱氨酸甲基转移酶（现在称为蛋氨酸合酶）。腺嘌呤钴胺素依赖酶催化碳骨架分子进行重排，而甲基钴胺素依赖酶参与从叔胺转移甲基。

甲基丙二酰辅酶 A 变位酶参与丙酸盐的新陈代谢，起始于脱氨基及氨基酸的降解，及奇数链脂肪酸降解为琥珀酸盐。在这个反应中，丙酰辅酶 A 被含有生物素的酶羧基化，形成甲基丙二酰辅酶 A。这种差向异构体经外消旋形成另一种差向异构体，它是甲基丙二酰辅酶 A 的基底物，该酶催化甲基丙二酰辅酶 A 转化为琥珀酰 CoA。当缺乏甲基丙二酰辅酶 A 变位酶时，血液中琥珀酸盐的合成减少，造成甲基丙二酸的累积，并排除到尿液中。

甲基四氢叶酸高胱氨酸甲基转移酶催化 N^5-甲基从 N^5-甲基四氢叶酸脱离，并转移到半胱氨酸产生了蛋氨酸和四氢叶酸。该反应对于血细胞的生成有重要的意义（见叶酸）。

8.11.3 犬

8.11.3.1 缺乏症

与缺少用来确定需求量的数据相反，有很多关于犬钴胺素缺乏的临床报道。这些报道涉及 2 个方面：一是由于肠道细菌过度生长导致钴胺素可利用率下降，因而引发了缺乏症；二是钴胺素新陈代谢的基因异常而导致缺乏症。

Fyfe 等（1991）指出，巨型雪纳瑞的钴胺素选择性小肠吸收不良，是一种常见的常染色体隐性遗传病。受影响的幼犬表现为食欲不振，在 6～12 周龄时发育停滞，并出现嗜中性粒细胞减少症、贫血和骨髓巨幼红细胞变化。血清钴胺素浓度低，出现了甲基丙二基酸尿和高半胱氨酸症。肠外给药而不是口服维生素 B_{12} 能迅速消除所有临床症状。口服带有或不带有 IF 的 [^{57}Co] 钴胺素表明，钴胺素吸收确实存在问题。钴胺素传递蛋白Ⅱ和 IF 表现正常，但回肠刷状缘的微绒毛顶端却缺乏 IF-钴胺素受体。

8.11.3.2 需要量

虽然犬被广泛地用作研究钴胺素吸收与转运的动物模型（NRC，1985），但却没有犬对这种维生素需要量的研究。Arnrich 等（1952）饲喂刚断奶的可卡犬幼犬半纯合日粮 20 周，此日粮含 20％无维生素酪蛋白。并未发现幼犬贫血症，当体增重令人满意后，每千克日粮补充钴胺素 50 μg 后，体增重增加。没有测量血液中钴胺素含量，或是尿液中甲基丙二酸的排泄量。一些研究者报道了尿液中的钴胺素的排泄量（Nelp 等，1964；Coppi 等，1970；Silverman，1979）。但并无数据可以估计需求量。

在缺乏试验数据的情况下，建议保留 NRC(1985)的推荐量，即钴胺素含量为 7 μg/1 000 kcal ME，作为所有犬的适宜采食量。该日粮浓度相当于成年犬处于维持状态时的钴胺素采食量，即 0.92 μg/(kg $BW^{0.75}$ · d)。对于胃肠机能受损的犬，其需要量要稍高些。

8.11.3.3 维生素过多症

没有犬采食高剂量钴胺素中毒的报道。给犬皮下注射钴胺素 2～33 μg/kg BW，导致反射活动的紊乱。

8.11.4 猫

8.11.4.1 缺乏症

Morris (1977)研究指出，给断奶幼猫喂以缺乏钴胺素的饲粮，前 3～4 个月生长正常，之后生长受阻、中止，接着是体重急速下降，直到每天肠外给以 10 μg 的氰基钴胺素。补充后，体重立刻增加。钴胺素缺乏的猫，毛皮表现较为湿润，尿液中甲基丙二酸含量也升高，它受到与缬氨酸负荷有关的 8 个因子中的一个因子的刺激而升高。可能因为日粮中存在高浓度的叶酸，血红蛋白浓度、血细胞比容和骨髓组织结构正常。

Ruaux 等(2001)指出，猫血清中低含量的钴胺素浓度，表现出增高的甲基丙二酸的浓度和氨基酸代谢紊乱，氨基酸代谢紊乱体现为蛋氨酸含量增加和胱硫醚、半胱氨酸浓度下降。

猫的钴胺素缺乏有 2 种临床类型：先天性缺陷和小肠细菌过度增长。Vaden 等(1992)报道，缺乏硫胺素时，猫出现厌食、生长下降和血清钴胺素浓度降低。肝脏甲基丙二酸辅酶 A 变位酶活性的体外测定表明，钴胺素缺乏的猫，添加腺苷钴胺素的刺激作用要高于正常动物。

Simpson 等(2001)指出猫的血浆钴胺素浓度低于正常时，表现出体重下降、腹泻、呕吐、厌食和增厚的肠道。最终的诊断包括炎性肠道疾病、肠淋巴瘤、胆管肝炎或胆管炎以及胰腺炎。作者建议，钴胺素吸收水平低于正常水平的猫，可能需要每 2 周肠外补充钴胺素，以维持正常的血浆浓度。猫钴胺素的消耗率比人类快许多倍，需要在很多月进行简单的注射以维持适当的水平。这种差异可能是由于猫的钴胺素肠肝循环不完全，或血浆中缺少钴胺素传递蛋白Ⅰ。

8.11.4.2 需要量

虽然已阐明了在断奶幼猫的纯合饲粮中添加钴胺素是十分必要的（Keesling 和 Morris，1975；Morris，1977），但仍没有一个试验设计成含不同剂量的钴胺素，以此来推导出钴胺素的 MR。已知在纯合日粮中，钴胺素为 20 μg/kg（大约 4.5 μg/1 000 kcal ME），能够维持怀孕期、哺乳期和生长期幼猫正常的血红蛋白浓度(Kang 等，1987)。因为钴胺素的生物利用率并不那么重要，因此，以上列出的浓度可作为猫在所有生理条件下的 AI。

8.11.4.3 维生素过多症

没有猫摄入高剂量钴胺素中毒的报告。除猫外，大剂量的钴胺素用来作为氰化物中毒的解毒剂。

8.12 叶酸

在 20 世纪 30 年代，发现在食物中存在一种因子，它能阻止巨幼红细胞性贫血，且能促进动物生长。但直到 1946 年才进行鉴定和纯化该因子，并被命名为叶酸。最初，人们认为叶酸是唯一能治疗人类恶性贫血的物质，但随着后来钴胺素的发现，清楚地表明还包含第 2 个因子。叶酸（蝶酸单谷氨酸）由蝶呤（2-氨基-4-羟基蝶啶）组成，6 碳亚甲基将其连接到 *p*-氨基苯酰谷氨酸。天然叶酸以 7，8-二氢和 5，6，7，8-四氢化形式存在。叶酸以蝶酰寡-*γ*-*L*-谷氨酸（$PteGlu_n$）形式在自然界存在，其中的 *n* 表示 1～9 或更多的谷氨酸（Brody 和 Shane，2001）。

8.12.1 吸收、转运和储存

天然食物原料中的叶酸，主要以蝶酰多聚谷氨酸衍生物的形式存在，在小肠中它能被 *γ*-谷氨酸水解酶水解为单谷氨酸盐（Baugh 等，1975）。单谷氨酸盐的吸收，是由载体介导的饱和过程，在高浓度时则通过类似于扩散方式吸收。叶酸的主要吸收部位是空肠，但是在回肠前的肠段有少量吸收（Bernstein 等，1972）。

大部分日粮叶酸通过肠黏膜被代谢为5-甲基四氢叶酸(5-甲基-H_4PteGlu$_n$),血浆中叶酸以5-甲基四氢叶酸的形式循环。哺乳动物组织不能转运链长3个或以上的多聚谷氨酸。叶酸被机体吸收后,经门脉循环,大部分被肝脏吸收。在肝脏中,叶酸被释放进入循环中,或被转化为多聚谷氨酸衍生物保留在肝脏中。血浆中含有低亲和力结合蛋白(主要是白蛋白)和高亲和力结合蛋白。在犬(Bunch 等,1990)猫(Yu 和 Morris,1998)中,红细胞中的叶酸浓度高于血浆中的。在组织中,叶酸存在于胞液和线粒体中,通过转变为多聚谷氨酸而积聚起来,并不扩散出细胞。Davenport 等(1994)报道了犬的日粮和血清中叶酸浓度的关系,Yu 和 Morris (1998)报道了关于猫的日粮和血清中叶酸浓度的关系。

8.12.2 生物学功能

叶酸作为辅酶,在许多反应中作为一碳单位的供体和受体,这些反应包括氨基酸和核苷酸的代谢。叶酸的这些功能,归因于它能作为5-甲基、5-甲酰基、10-甲酰基、5,10-次甲基、5,10-亚甲基和5-亚氨甲基基团,来转运一碳单位。大部分有关叶酸的反应发生在胞液中,但是叶酸参与的一碳单位在丝氨酸和甘氨酸之间的转移反应,发生在线粒体中。为了具有辅酶活性,蝶呤部分的吡嗪环必须还原为四氢化形式,谷氨酸链必须被添加的残余谷氨酸加长。叶酸参与的反应主要分为4类:氨基酸代谢、核苷酸代谢、一碳单位的配置和线粒体蛋白质的合成(Brody 和 Shane,2001)。

在丝氨酸转化为甘氨酸的反应中,受丝氨酸羟甲基转移酶催化,甲醛从丝氨酸转移到四氢叶酸酯(H_4PteGlu$_n$),最后转移给甘氨酸和5,10-亚甲基-H_4PteGlu$_n$。该反应发生在线粒体和胞液中,被2种不同的同工酶催化。在线粒体的甘氨酸分裂系统中,存在于NAD^+和H_4PteGlu$_n$中的甘氨酸,产生二氧化碳和氨,将一碳单位转移到H_4PteGlu$_n$,形成5,10-亚甲基-H_4PteGlu$_n$。一碳单位利用的主要途径,是通过5,10-亚甲基四氢叶酸还原酶,降解5,10-亚甲基-H_4PteGlu$_n$转变为5-甲基-H_4PteGlu$_n$,把甲基转移至高半胱氨酸而生成蛋氨酸,同时再生了H_4PteGlu$_n$。甲基转移反应由甲硫氨酸合成酶催化,这是一种钴胺素依赖酶。当*S*-腺苷甲硫氨酸提供一个甲基基团时,*S*-腺苷高半胱氨酸被水解,得到高半胱氨酸。

N-亚胺甲基谷氨酸是组氨酸分解代谢的媒介物。亚氨甲基转移酶催化H_4PteGlu$_n$的亚胺甲基转移,生成5-亚氨甲基-H_4PteGlu$_n$和谷氨酸。这个反应是以叶酸缺乏症的临床测试为基础。当叶酸缺乏时,血浆和尿中的亚胺甲基谷氨酸(FIGLU)浓度大幅度增加,尤其是在添加组氨酸之后。

叶酸不直接参与嘧啶的合成,但是在胸苷酸合成中是必需的。甲醛氧化水平的一碳单位,由5,10-亚甲基-H_4PteGlu$_n$提供,转移到脱氧尿苷一磷酸(dUMP),最后生成脱氧胸苷一磷酸(dTMP)和二氢叶酸。这是叶酸唯一的氧化状态的反应,从四氢化转变为二氢叶酸,这不同于其他的反应,其他反应转移的不仅有羟甲基还有氢化物。当叶酸不能执行这些功能时,DNA的合成会被扰乱,同时发生巨红细胞性贫血。

在嘌呤合成中,位于嘌呤环的第2和第8位的C,是从10-甲酰-H_4PteGlu$_n$得到的,10-甲酰-H_4PteGlu$_n$来自于5,10-亚甲基-H_4PteGlu$_n$的氧化,叶酸也参与一碳单位氧化为二氧化碳。10-甲酰-四氢叶酸脱氢酶催化H_4PteGlu$_n$的10-甲酰基的氧化。叶酸在线粒体中蛋白质的生物合成中,起到少许量化作用,蛋白质生物合成起始于特殊的转运RNA和*N*-甲酰甲硫氨酰-tRNA$_f$ met。tRNA所需要的甲酰基由10-甲酰-H_4PteGlu$_n$提供。

8.12.3 犬

8.12.3.1 缺乏症

Afonsky (1954)报道,给予犬纯合日粮152 d后,犬表现为体重下降、血液中血红蛋白浓度下降和较低的红细胞压积。单次注射叶酸后14 d,血红蛋白和红细胞压积恢复正常;其后血红蛋白下降,但是另一次注射后又恢复到正常水平。Sheffy (1964)报道,叶酸缺乏的幼犬表现为食欲不稳定和体增重的减少。在一个没有对照的观察中,Elwood 和 Colquhoun (1997)报道,从母犬交配一直到幼犬3周龄,给母犬每天补充5 mg叶酸,波士顿㹴幼犬的唇裂发病率从17.6%降到4.2%。孕妇在妊娠期补充叶酸已被证明可以降低神经管缺陷的发病率(Medical Research Council,医学研究协会,1991)。

8.12.3.2 需要量

Krehl 和 Elvehjem (1954)给予犬没有添加叶酸

的烟酸缺乏日粮，犬对烟酸的添加反应很差。但是当在日粮中添加来源于肝脏的“叶酸浓缩物”时，犬对烟酸的添加一直有反应，这揭示了叶酸对犬的必需性。叶酸在肠道由细菌产生，并被肠道吸收，但是该来源的供应量没有量化。其他品种动物的研究资料表明，日粮的类型将影响叶酸吸收的数量。Bernstein 等(1975)报道，犬肠道中至少含有 4 种叶酸化合物，包括5-甲酰基、5-甲基四氢叶酸和四氢叶酸。

Sheffy (1964) 给予叶酸缺乏的 4～5 周龄的幼犬以酪蛋白为主的纯合饲料，含有磺胺撒克西啶但没添加叶酸。9 周后，犬的不稳定食欲加剧，体增重减少，但是血红蛋白浓度没有变化。然后所有犬接种了犬瘟热病毒和传染性肝炎病毒疫苗，并被分成了 2 组。一组给予 27.5 μg/(kg BW・d)的叶酸，另一组不添加。接种疫苗后 8 d，在添加组犬体内发现了抗体，而没有添加组直到接种后 17 d 才出现抗体。Sheffy 建议叶酸需要量少于 13 μg/(kg BW・d)。

当犬被给予以天然组分为主而不包含抑菌制剂的日粮时，叶酸需要量的一部分可由小肠微生物合成来满足。但是，当日粮中胆碱、蛋氨酸和钴胺素不足时，可能导致叶酸需要量的增加。

根据文献综述，建议保留 NRC (1985)给出的叶酸需要量为 54 μg/1 000 kcal ME，可满足各个生理阶段的需要。此日粮浓度提供的满足成年犬的维持需要量为 7 μg/(kg $BW^{0.75}$ ・d)，超过此值的 2 倍能满足生长犬需要。

8.12.3.3 维生素过多症

没有资料表明叶酸过量摄入有不良反应(NRC，1987)，但是推测的安全浓度是推荐需要量的1 000倍。

8.12.4 猫

8.12.4.1 缺乏症

猫长期的叶酸缺乏导致生长率的下降，血浆铁浓度升高(Carvalho da Silva 等，1955)和巨幼红细胞贫血(Thenen 和 Rasmussen，1978；Yu 和 Morris，1998)，并随着一次 *L*-组氨酸的添加，尿排泄 FIGLU 明显增加(Yu 和 Morris，1998)。另外，Yu 等(1999)报道其他症状，包括骨髓红细胞系统的增生及高半胱氨酸血浆浓度的增加，而后者的增长幅度雄性幼猫要高于雌性。

8.12.4.2 需要量

Carvalho da Silva 等 (1955) 饲喂 2～3 月龄的幼猫没有添加叶酸或钴胺素的纯合日粮，没有诱发其叶酸缺乏症，除非日粮中添加磺胺类药物(磺胺胍或磺胺)。叶酸缺乏症的判定主要以血液学参数为基础。幼猫采食添加磺胺类药物而没有叶酸的日粮，肠外添加低剂量的叶酸没有或仅有轻微的血液学反应。在添加叶酸和钴胺素的混合物后得到极大的反应，这表明作者诱发的是多重缺乏状态。

Amyes 等(1973)报道，猫血浆、红细胞和肝脏中的叶酸浓度，从出生到 32 d 呈下降趋势，但是没有日粮中叶酸浓度的资料。Thenen 和 Rasmussen (1978) 通过饲喂刚断奶的幼猫以酪蛋白和猪油为基础的、没有添加叶酸的纯合日粮，诱发了其叶酸缺乏症。基础日粮每千克含有 2 μg 的叶酸，10 周后引发幼猫的巨幼红细胞性贫血。对照组幼猫饲喂了含叶酸 1.36 mg/kg 的相同日粮，没有出现贫血。

Yu 和 Morris (1998)饲喂 8 周龄断奶幼猫以动物胶和氨基酸为基础的完全纯合日粮(不含叶酸)。当幼猫长到 10 周龄时，分别给予其 7 种含有 0.1～1.2 mg/kg 的不同叶酸浓度的日粮。20 周龄时，饲喂少于 0.3 mg/kg 的组平均红细胞容积和平均红细胞血红蛋白含量增加，但是其他组的血液学参数不受日粮叶酸浓度的影响。血浆中、红细胞和全血叶酸水平与日粮中叶酸浓度线性相关。添加 0.22 g/(kg BW・L)组氨酸后，饲喂日粮中叶酸少于 0.6 mg/kg 的幼猫，FIGLU 排泄增加。作者推荐的叶酸最小量是 0.6 mg/kg。对于日粮浓度 0.6 mg/kg 来说，全血、红细胞和血浆中叶酸平均浓度分别是(5.9±1.1)、(17.8±2.3)和(3.6 ± 0.3) μg/L。

日粮浓度 0.6 mg/kg (代谢能 4 kcal/g)相当于成年猫维持需要的 15 μg/(kg $BW^{0.67}$ ・d)。

8.12.4.3 维生素过多症

没有关于猫或犬摄入过量叶酸而产生不良反应的报道。NRC(1987)阐述“日粮中给予大剂量的叶酸没有报道产生不良影响”。

8.13 生物素

发现生物素作为动物的必需营养物质，与以下的证明密切相关，即天然食物提取物能够逆转饲喂生的鸡蛋蛋白引起的不良反应。鸡蛋蛋白包含糖蛋白抗生物素蛋白，其与生物素紧密结合（解离常数 $K_d = 10^{-15}$），能抗拒肠内的蛋白水解作用，没有生物活性。1 分子抗生物素蛋白能结合 4 分子的生物素，甚至热处理（100℃下 15 min）只能释放 0%～10%的结合生物素（Green，1963）。在饲喂不含生鸡蛋蛋白日粮的情况下，犬猫很少自发地产生生物素缺乏症。另外，生物素广泛地分布于食物中及肠道中的微生物合成，这可提供大部分但不是总的需要量（Murthy 和 Mistry，1977）。

8.13.1 吸收

尽管生物素广泛地分布于食物中，但是相比于其他水溶性维生素其浓度较低。食物中（包括肉类和谷物类）的大部分生物素，与蛋白共价结合。结合形式是 ε-*N*-生物素基-*L*-赖氨酸（生物胞素）。在消化腔内，胰液中的生物素酶可以释放生物素（Wolf 等，1984），或者结合于寡肽的生物素可被黏膜生物素酶释放。在鼠的肠道内，生物素被生物素酶催化，与蛋白质分离。在肠刷状缘和刷状缘囊泡中，发现了生物素运载体。该运载体需要生物素戊酸上的完整的脲基基团和游离的羧基，来主动运输生物素（Bowman 等，1989；McCormick 和 Zhang，1993）。在鼠的生物素缺乏症中，由于 V_{max} 的增加，导致生物素运载体增加，表明运载体的数量增加而亲和力没有变化。由载体参与的运输，将生物素从肠上皮细胞转运至基底外侧膜。在人体中，血浆中的生物素是游离状态（Mock 和 Malik，1992）。没有关于犬猫的生物素吸收和转运的研究。

生物素运输系统被证明在肾刷状缘和基底外侧膜的小囊泡中。既然血浆中大部分的生物素是游离状态的（至少在人体中是这样的），那么就需要有效的运输系统，来阻止肾小球滤液中的生物素的过量损失。

没有关于猫或犬肠道中生物素的吸收位置的研究。但是，对于鼠来说，虽然最大的转运发生在小肠中，但是近侧结肠的吸收是很显著的（Bowman 和 Rosenberg，1987），也证明肠道微生物合成生物素的潜在贡献。同时，这个发现为利用磺胺类药物诱导实验动物发生生物素缺乏症提供了理论依据。

小鸡对于玉米、豆粕和肉骨粉中的生物素生物利用率很高（86%～100%），但是小麦、大麦、黑小麦和高粱中的只有 50%（Baker，1995）。

8.13.2 生物学功能

生物素是二环化合物，其中一个环包含脲基，而另一环含有在戊酸侧链的四氢噻吩的硫基。生物素有 3 个不对称碳原子，因此就有了 8 种异构体，只有其中 1 种具有酶活性，即 *d*-（+）-生物素，它是自然产生的（Mock，2001）。生物素作为必需的辅助因子参与哺乳动物的 4 种羧化酶反应，催化作为羧基基团的重碳酸盐与底物结合。在非哺乳动物体内，生物素依赖酶同样作为羧基转移酶和脱羧酶而发挥作用。

哺乳动物的 4 种羧化酶中的 3 种是线粒体酶（丙酮酸盐、丙酰辅酶 A 和甲基丙二酰辅酶 A），而第 4 种酶——乙酰辅酶 A 羧化酶同时存在于线粒体和胞液中。丙酮酸羧化酶催化重碳酸盐与丙酮酸盐结合为草酰乙酸盐，这发生在糖异生组织如肝脏和肾脏，它可被转化为葡萄糖。氨基酸如异亮氨酸、蛋氨酸、苏氨酸和缬氨酸的降解，可产生丙酰辅酶 A，丙酰辅酶 A 被丙酰辅酶 A 羧化酶催化，转化为甲基丙二酰辅酶 A 的 D 异构体。经过若干反应步骤后，甲基丙二酰辅酶 A 转化为琥珀酰辅酶 A，进入到三羧酸循环。甲基丙二酰辅酶 A 羧化酶，即第 3 种线粒体生物素依赖羧化酶，与亮氨酸的分解作用有关。乙酰辅酶 A 羧化酶催化重碳酸盐与乙酰辅酶 A 合并为丙二酰辅酶 A，其为脂肪酸延长的底物。

在羧化酶中，通过羧化全酶合成酶（存在于胞液和线粒体中）所催化的缩合反应，将生物素结合到脱辅基羧化酶上。这种结合是通过脱辅基羧化酶上赖氨酸残基的 ε-氨基和生物素上的戊酸羧基形成酰胺键而形成的。

8.13.3 犬

8.13.3.1 缺乏症

还没有详细描述犬生物素缺乏临床症状的相关报道。Greve（1963）报道了皮肤上布满皮屑（由于表皮和小囊上皮细胞的过度角质化）和尿中生物素浓度显著降低 2 种现象。与猫相比较，没有生物素缺乏犬的脱毛症和毛发色素不足的相关报道。

8.13.3.2 需要量

Shen 等(1977)通过给一种小型猎犬的幼崽饲喂不含生物素的日粮和生蛋清,证明了肝脏和肾脏的组织匀浆中丙酮酸盐和丙酰辅酶 A 羧化酶的活性降低。Greve(1963) 给犬一种包含喷雾干燥的蛋清和磺胺胍来抑制肠道细菌合成生物素的日粮,这些犬生成的尿中生物素的浓度低于 0.05 pg/mL,与之相比较,正常犬的尿的生物素浓度为 7～13 pg/mL。

虽然犬对生物素有一个代谢需要量,但是当天然食物中没有蛋清和抗菌剂时,其日粮需要量不可能确定。ABGE(1989)推荐生物素的维持需要为 2 μg/(kg BW · d),生长和繁殖的需要量为 4 μg/(kg BW · d)。

8.13.3.3 维生素过多症

没有关于犬生物素中毒的报道。关于家禽和猪的研究显示,它们能安全地耐受生物素含量高达其营养需要量 4～10 倍的日粮水平(NRC,1987)。因为生物素能被很多动物很容易地从尿液中排出来,所以犬对生物素的最大耐受水平或许要高很多。

8.13.4 猫

8.13.4.1 缺乏症

猫生物素缺乏的临床症状包括流涎、鼻音、流泪、脱毛症加剧、毛发退色、皮炎、体重减轻,在缺乏症的末期会出现腹泻、肝脏的丙酰辅酶 A 的活性降低。

8.13.4.2 需要量

Carey 和 Morris(1977)给 3 月龄幼猫饲喂纯合基础日粮,该日粮含有 32%的无维生素酪蛋白作为蛋白质来源。当日粮中不添加生物素,或日粮中加入 2%的琥珀酰磺胺噻唑来抑制肠道合成时,并没有出现生物素缺乏的症状。然而,当日粮中含有 13.5%的酪蛋白和 18.5%的干蛋清时,猫在 25 周以后,逐渐出现干燥的唾液、鼻音、面部泪腺分泌物,之后出现脱毛症,首先开始于四肢,然后遍布全身。伴随脱毛症出现的是毛发退色、鳞状皮炎、体重减轻、末期出现腹泻。如果给无症状的幼猫饲喂含有 32%酪蛋白的日粮(不另添加生物素),再把 2%的琥珀酰磺胺噻唑换成含有 32%鸡蛋蛋清的日粮之后,几乎马上出现体重减轻和其他相似的临床症状。隔天皮下注射 0.25 mg 的 *D*-生物素可以减轻临床症状。在生物素缺乏的情况下,肝脏的丙酰辅酶 A 羧化酶活性显著降低,通过肠外途径补充生物素,活性恢复。

Pastoor 等(1991)报道,用一种含有与 Carey 和 Morris(1977)相同或更高的蛋清百分含量(18.5%)的日粮,诱发了猫的生物素缺乏症。尽管那些研究论证了猫对生物素具有一个代谢需要量,但是他们不能估测出这个需要量。猫或许不需要在日粮中额外添加生物素,除非在异常的情况下(如日粮中含有大量的生鸡蛋蛋清)。纯合日粮每千克含有生物素 60 μg 就可以满足怀孕期和哺乳期的母猫和正常生长的幼猫的需要。专家建议在日粮中不含生蛋清的情况下,生物素在日粮中添加量为 60 μg/kg(4 kcal ME/g)是明智的。这样的日粮浓度将为一个成年猫的维持提供生物素大约 1.5 μg/(kg $BW^{0.67}$ · d),这对它来说是足够的。

8.13.4.3 维生素过多症

没有关于猫生物素中毒的报道。关于家禽和猪的研究显示,它们能安全地耐受生物素含量高达其营养需要量 4～10 倍的日粮水平(NRC,1987)。因为生物素能被迅速地从尿液中排出来,所以猫对生物素的最大耐受水平或许要高很多。

8.14 胆碱

胆碱在传统的意义上并不是真正的维生素。因为许多动物在肝脏中可以通过乙醇胺的甲基化作用来合成胆碱,合成中使用 *S*-腺苷甲硫氨酸提供的甲基基团,甲基化发生在 2 个步骤,包含 2 个甲基转移酶。因为在某些情况下的合成是不充足的,饮食中添加少量的胆碱能预防某些病理的状况。按传统的做法是把胆碱归在 B 族维生素中。犬对日粮中胆碱的需要与对胰岛素的研究密切相关。当犬摘除胰腺时,卵磷脂能预防脂肪肝和死亡(Best 和 Huntsman,1932,1933,1935)。"趋脂性(lipotrophic)"这个术语,被应运于胆碱和其他能够阻止脂肪在肝脏中沉积的因子。

胆碱是磷酸卵磷脂或卵磷脂的不可缺少的组成成分。胆碱的主要作用是为甲基化作用提供甲基供体。其他化合物也可以提供甲基,如蛋氨酸,但是胆碱有 3

个甲基,而蛋氨酸只有 1 个。叶酸和维生素 B_{12} 也与甲基基团的转移有关,这 3 种化合物的作用是相关的。日粮中少量的胆碱,在胆碱能神经元中被乙酰化合成乙酰胆碱。

8.14.1 吸收

在食物中,胆碱以游离胆碱形式以及磷酸酯的形式存在于各种磷脂中,如卵磷脂和甘油磷酰胆碱。胆碱主要在肠道中被吸收。对胆碱的吸收率知之甚少,因肠内的微生物可将其降解为三甲胺。已有 2 个研究测定了生长鸡对豆粕中胆碱的生物利用率,相对于氯化胆碱的利用率,其变化范围分别为 60%～70% 和 85%～90%(Baker,1995)。

8.14.2 生物学功能

在生物组织中,胆碱以游离的形式(三甲基乙醇胺)和磷脂(卵磷脂)的形式存在。胆碱有 3 个主要作用:在卵磷脂中作为甲基供体,在乙酰胆碱中作为其组成成分,胆碱磷酯(卵磷脂)是膜的结构单位和 VLDLs 的必需成分。肝中甘油三酯的代谢及其在组织中传递主要靠 VLDLs 完成。胆碱缺少,降低了肝合成卵磷脂的能力,从而导致了脂质的积累。

血小板活化因子是一种胆碱磷酯,它不仅激活血小板聚集,还涉及血管的渗透性、吞噬作用和糖原分解的变化等。胆碱磷酯还参与了信号转导,包括外部信号的扩大和通过产生抑制化合物而使信号终止。

胆碱的第 2 个主要的功能是为甲基化反应提供活性甲基基团。这包括从高半胱氨酸生成蛋氨酸的过程,此过程在甜菜碱-高半胱氨酸甲基转移酶的作用下,使用胆碱代谢物甜菜碱作为甲基供体。另外的一条由高半胱氨酸再生为蛋氨酸的途径,包含 N^5-甲基四氢叶酸-高半胱氨酸转甲基酶,甲基由甲基钴胺素提供。一个甲基供体的可利用性的改变,将会导致其他供体的代偿性改变。其他由活性甲基参与的重要的合成反应包括:由胍乙酸合成肌氨酸和为肉毒碱的合成而合成三甲基赖氨酸。日粮中少量的胆碱在胆碱能神经元中被乙酰化,合成乙酰胆碱。

在除犬猫以外的其他动物中,当不存在某一已知的致癌物时,胆碱的缺乏与肝癌的发展相关联(Newberne 和 Rogers,1986)。在胚胎脑部发育的 2 个关键时期,给母鼠补充胆碱,提高了其后代执行空间立体视觉的能力。这 2 个关键时期与出生前的类胆碱细胞的神经发生和出生后突触体的发育相一致(Fibiger,1991)。

日粮中增加酪蛋白的含量可免除小鼠对胆碱的需要,这证明了胆碱与其他的营养物质之间的互作(Best 和 Huntsman,1935)。Tucker 和 Eckstein(1937)解释此现象是对蛋氨酸摄入量增加的应答反应。所以,日粮的胆碱需要量是不确定的,它将对日粮中的其他营养成分作出反应,那些营养物质是潜在的甲基供体,特别是蛋氨酸,以及钴胺素和叶酸等关系到甲基转移的营养物质。

8.14.3 犬

8.14.3.1 缺乏症

Best 和 Huntsman(1935)证明了犬缺乏胆碱时,出现体重减轻、呕吐、肝脏脂肪含量增加和死亡。McKibbin 等(1945)还报道一种缺乏胆碱的日粮将导致采食量下降、增重减少和脂肪在肝中沉积,同时降低了磺溴酞的肝脏清除率,血液中磷酸酶的上升,血浆中胆固醇和胆甾醇酯减少。补充胆碱 5～10 d 将会消除这些临床症状。Baker 等(1986)报道,25 只犬的血浆中总胆碱的总含量分布在 235～800 mg/L 的范围内,其中间值是 430 mg/L。

8.14.3.2 需要量

Best 等(1933)报道了 2 只切除胰腺的犬,体重分别为 12.6 和 16.7 kg,在其日粮中添加 1.5 或 2.25 g 胆碱,它们将保持良好的健康,而且肝中的脂肪含量保持很低的水平。Schaefer 等(1941)陈述,很多工人发现当日粮中包含 40%或更多的酪蛋白时,日粮中的胆碱不是必需的。Schaefer 等(1941)观察到如果给幼犬的日粮中每千克含有酪蛋白 190 g,它就停止生长;如果再添加胆碱 50～100 mg/(kg BW・d),幼犬就会恢复体增重。Fouts(1943)报道了给幼犬含有酪蛋白 150 g/kg 的日粮将会引发脂肪肝,但是当日粮中包含酪蛋白 410 g/kg 就不会发生。添加酪蛋白 150 g/kg 和胆碱 100 g/kg,能提高增重,但是不能解决肝脏中脂肪的沉积。使用每千克含 300 g 花生粕和 70 g 的酪蛋白为基础的日粮，McKibbin 等(1944)表明，在没有额外添加的情况下，严重的胆碱缺乏会使刚断奶的幼犬在不到 3 周内死亡。在每千克食物中添加 7 g *DL*-蛋氨酸或 1 g 氯化胆碱可以适当地补偿胆碱的不足。

自从 NRC(1985)提议胆碱的允许量为 340 mg/1 000 kcal ME，似乎没有关于犬的胆碱需要量的新报道，推荐这个日粮浓度适用于所有生理阶段的犬。该浓度将为成年犬提供大约 45 mg/(kg $BW^{0.75}$ · d)的胆碱用于维持。

8.14.3.3 维生素过多症

Davis(1944a)给犬每天口服 5 g 大豆卵磷脂(相当于 150 mg 胆碱)，引起红细胞循环的减少，在 12～25 d 后达到最大限度，在停止给料后持续了至少 10 d。当氯化胆碱的剂量为 8 mg/(kg $BW^{0.75}$ · d)时，红细胞的数量从每微升 5.7×10^6 减少到 3.5×10^6，血红蛋白浓度也有相似的下降。作者认为，胆碱的补充增加了骨髓的氧气供应量，降低了红细胞生成。在进一步的关于 15 只犬的研究中，用各种频率口服氯化胆碱(10 mg/kg BW)(Davis，1944b)，每天 3 次引起了 30%～43%的红细胞减少。在 2 个报道中，犬被饲喂商品犬粮加压制的燕麦(没有给出添加的比例)。2 个试验中都没有设定仅饲喂商品日粮的对照组，在后一个试验中，注射肝脏提取液或饲喂胃制剂，恢复了红细胞数，这说明基础日粮中可能缺乏某一种或一些必需营养物质。

与这些发现相反的是，McKibbin 等(1944)给生长幼犬每千克日粮中添加氯化胆碱 1 500 mg，没有出现任何问题。类似地，McKibbin 等(1945)成功地在生长幼犬每千克日粮中添加 2 000 mg 氯化胆碱。2 000 mg/kg 的日粮胆碱浓度，并未影响猪生长和肥育阶段的增重，但如从断奶后开始饲喂，则会降低其增重(Southern 等，1986)。NRC(1987)综述了动物对日粮中超量添加胆碱的耐受性，只在 Davis(1944a，b)的研究中出现了贫血症。推荐胆碱最大安全摄入量为 2 000 mg/kg。

未检验胆碱的添加对犬阴阳离子平衡的影响。因为氯化胆碱的代谢产生了不可代谢的阴离子(氯化物)，对总酸度有(固定的)有影响，被认为会降低尿液的 pH。

8.14.4 猫

8.14.4.1 缺乏症

当日粮中的胆碱处于适宜浓度以下时，生长幼猫的采食量和体增重都会降低(Carvalho da Silva 等，1959；Anderson 等，1979；Schaeffer 等，1982)，而脂肪会在肝脏中沉积。Mansur Guerios 和 Hoxter(1962)还报道了在胆碱缺乏的猫中出现血清蛋白减少的现象，与此同时，Schaeffer 等(1982)也报道了该现象，这或许只是一般的营养不足而不是胆碱缺乏。Baker 等(1986)报道了 29 只猫的血浆中胆碱的总含量在180～490 mg/L 的范围之内，其中间值为 300 mg/L。

8.14.4.2 需要量

Carvalho da Silva 等(1959)给猫提供了一种含酪蛋白 420 g/kg 和氢化椰子油 240 g/kg 的日粮，并且每千克该日粮含有 1 g 胆碱。据报道，动物的体重有所增长，但肝脏出现了脂肪浸润的现象。把日粮中胆碱的量增加到 5 g/kg，改善了增重速率并且预防了脂肪肝。

Anderson 等(1979)给幼猫一种每千克含 4.5 g 蛋氨酸、4.5 g 胱氨酸和 250 g 火鸡脂肪(通过鸡肉化验，没有发现含有生物活性的胆碱)的日粮。增重速率最大时日粮中的胆碱浓度为 1 g/kg，但是与先前作者的研究相一致的是，在此浓度下，肝脏中有脂肪的浸润现象。当日粮中胆碱的浓度增加到 3 g/kg 时，肝脏中脂肪含量将下降到正常水平。作者还证明了蛋氨酸是猫有效的甲基供体。当它作为氨基酸时，它的量超过需求量，胆碱的日粮需要可能被相当量的蛋氨酸完全取代(3.7 g 蛋氨酸相当于 1 g 胆碱)。

Schaeffer 等(1982)还使用每千克含 330 g 大豆蛋白(提供 0.4 g 胆碱)的基础日粮来研究生长猫的胆碱需求量。日粮中添加 6 种不同水平的胆碱 0、1.0、1.5、2.0、2.5 和 3.0 g/kg。添加 2.0 g/kg 胆碱的日粮使体增重达到最大。幼猫肝脏中脂肪沉积有以下规律：随着添加胆碱 0～2 g/kg 的增加，线性减少。作者得出结论，如果在基础日粮中胆碱的生物学利用率为 100%，那么幼猫对胆碱的需要量为 2.4 g/kg。

这种生长猫所需要的胆碱浓度为 2.4 g/kg (4.7 kcal ME/g)相当于 510 mg/1 000 kcal ME。现在缺少更多的关于猫胆碱需要的最新报道，专家提议，该日粮浓度作为 MR，为生长幼猫和成年猫提供维持需要以及怀孕期和哺乳期的需要。这样可以为成年猫提供胆碱大约 45 mg/(kg $BW^{0.67}$ · d)用于维持需要。

8.14.4.3 维生素过多症

没有关于猫日粮中胆碱 SUL 的资料。然而，氯化胆碱的代谢提供一种不可代谢阴离子(氯化物)有助于肾分泌的总酸量(固定的)，这将会酸化尿液。

8.15 维生素 C

许多动物，包括犬和猫，都能够利用葡萄糖合成正常代谢所需要的维生素 C。只有一些灵长目动物、豚鼠、某些蛇、一些食水果的蝙蝠和雀形目鸟，不能进行这种合成，因此需要在食物中添加抗坏血酸盐。这些动物缺乏 *L*-古洛糖酸-*γ*-内酯氧化酶(EC 1.1.3.8)，此酶是氧化 *L*-古洛糖酸内酯为 2-酮基-古洛糖酸内酯的关键酶，2-酮基-古洛糖酸内酯可以自然地转化为维生素 C。*L*-古洛糖酸内酯氧化酶位于爬行动物的肾脏和哺乳动物的肝脏中，它能完成维生素 C 的合成。

8.15.1 生物学功能

维生素 C 的功能包括：作为许多生物反应的催化剂，作为氧化还原剂的辅助因子，参与许多激素的合成和活化(Johnston 等，2001)。在一些反应中，抗坏血酸盐是必不可少的辅助因子。它为需要金属离子(如铁、铜)的酶提供电子，用简易的方式活化离子。抗坏血酸盐加快这些反应，但它不直接参与这些反应。这种类型的反应包括，在合成胶原蛋白、弹性蛋白以及合成乙酰胆碱酯酶的过程中，使脯氨酸和赖氨酸残基羟基化。胶原蛋白是动物主要的结构蛋白。为了使纤维状胶原蛋白多肽链更加稳定，必须有一个最低量的脯氨酸被羟基化。维生素 C 除了通过它的羟基化作用，还通过刺激胶原蛋白的基因表达而刺激胶原蛋白的合成 (Geesin 和 Berg，2001)。

在不能合成维生素 C 的动物中，抗坏血酸缺乏的临床症状被公认为是坏血病。缺乏症的病理学大多涉及细胞外基质，特征性变化包括毛细(血)管脆性增加、点状皮下出血和出血后伤口愈合延迟。

从多巴胺到去甲肾上腺素的转化，是在多巴胺 *β*-羟化酶的催化下进行的。多巴胺*β*-羟化酶的作用依赖于抗坏血酸盐。多巴胺 *β*-羟化酶是四聚体，每个单体包含 2 个铜离子。抗坏血酸盐的主要作用是维持铜离子的还原状态。

许多激素和激素释放因子，必须在转译后的步骤中，在它们的羧基终点(C 末端)被酰胺化，来展现它们的完整活性。激素活化的例子包括促黑细胞激素、降血钙素、生长激素的释放因子、促肾上腺皮质激素和促甲状腺素、促肾上腺皮质激素(pro-ACTH)、抗利尿激素、催产素、胆囊收缩素和胃泌激素(Johnston 等，2001)。肽酰甘氨酸-*α*-酰胺化单加氧酶是依靠抗坏血酸盐的酶，催化甘氨酸延伸肽类激素前体物转化到它们相应的 *α*-羟基甘氨酸衍生物。这是 C 末端酰胺化过程的第一步。

维生素 C 能清除活性氧和氮类，活性氧和氮类参与对脂质、蛋白质和核苷酸的氧化破坏作用。这些活性自由基包括过氧化物、过氧羟自由基、单态氧、臭氧、过亚硝酸盐、氮自由基和次氯酸。在某些试验系统中，维生素 C 的添加会降低脂质 DNA 和蛋白质的氧化。

大量摄入的维生素 C 可充当促氧化剂，并且导致脂质的过氧化。通过对芬顿反应的促进作用，提出了这种机制。芬顿反应第一步，包括维生素 C 使 Fe^{3+} 向 Fe^{2+} 的转化减少，并从氧分子和亚铁离子(Fe^{2+})产生了羟自由基(OH·)。羟自由基从不饱和脂质分子夺取了 1 个质子，产生了 1 个脂质自由基(L·)，这是初始阶段的第一步。这些脂质自由基，在氧自由基存在的条件下，形成了脂质过氧化物自由基(LOO·)，过氧化物自由基更进一步地和邻近的脂肪分子反应，从而形成氢过氧化物(LOOH)和脂质自由基(L·)。因抗坏血酸盐加剧了脂质氢过氧化物分解为烷氧基自由基(LO·)，因此，维生素 C 也许还参与了增殖的过程 (Geesin 和 Berg，2001)。抗坏血酸的促氧化作用，通过增加维生素 E 的摄入而被降低。Chen (1981)饲喂小鼠以不同水平的 all-rac-*α*-生育酚(50、60、100、200 和500 IU/kg)的日粮，加或不加抗坏血酸盐(每千克日粮 0 或 1.5 g)。在 1 个月后，饲喂每千克日粮含50 IU 维生素 E 和 1.5 g 抗坏血酸盐的小鼠，红细胞(RBC)溶血比例和肝巴比妥酸还原物质(TBARS)明显高于其他小鼠，而 RBC 中的还原型谷胱甘肽的浓度降低。

抗坏血酸对这些氧化指标的作用因维生素 E 水平的增加而降低。

8.15.2 犬

关于犬维生素 C 的需要量，Innes 等(1931)表明，与豚鼠不同，犬不需要日粮来源的抗坏血酸。饲喂幼犬不含抗坏血酸的日粮147～154 d，幼犬没有出现生长性能的减退或牙齿的损害，但是同样的日粮饲喂豚鼠，在 25 d 内出现了坏血病和死亡。研究发现，犬在出生后的第 1 周就开始合成抗坏血酸。Naismith (1958)将幼犬随机分为 3 个处理：母犬喂养、饲喂含有抗坏血酸的代乳粉和饲喂不含抗坏血酸的代乳粉。血液中抗坏血酸的浓度不受处理的影响。母乳中含有的抗坏血酸的浓度是血中的 4 倍(Naismith 和 Pellett, 1960)。Chatterjee 等 (1975)报道，从犬猫肝脏中分离的微粒子利用 *L*-古洛糖酸-1,4-内酯体外合成抗坏血酸的速率是其他哺乳动物的 1/10～1/4。爬行动物和两栖动物的肾中合成抗坏血酸的速率也高于犬猫。是否犬猫体内的抗坏血酸合成能力较低还没有进一步研究。患有肝病的动物的血浆抗坏血酸浓度较低。

有许多临床报道主要是鉴别犬患有坏血病或犬在感染犬瘟热、肥大性骨营养不良、髋关节发育不良或其他情况下补充抗坏血酸的临床反应(Garlick，1946；Meir 等，1957；Ditchfield 和 Phillipson，1960；Holmes，1962；Hunt，1962；Sadek，1962；Bendefy，1965；Belfield，1967，1976；Leveque，1969；Vaananen 和 Wikman，1979)。Sheffy (1972) 设计了一系列试验，研究抗坏血酸对感染犬疱疹病毒、犬窝咳综合征或犬传染性肝炎的幼犬的保护效应。2 项关于疱疹病毒的研究之一发现，试验组的死亡率为 2/3，对照组为 1/3。由于补充抗坏血酸，试验的临床症状或组织病理学变化没有差别。类似地，由于抗坏血酸的处理，关于犬窝咳的研究也没有发现差异。抗坏血酸对疾病的临床症状的发展和感染犬肝炎病毒恢复期没有影响。

尽管补充的抗坏血酸是低毒的且很少有副作用，但是实际中的给药量要小心控制。鼠的抗坏血酸的高摄入量，引起了维生素 E 的需要的增加，以避免促氧化剂的影响(Chen，1981)，对于犬也有相似的影响。

基于这些有效的证据，说明犬不需要日粮中抗坏血酸作为营养物质。抗坏血酸可能提高日粮中其他营养物质的稳定性，同时可能有对抗氧化损伤的相关保护功能。

8.15.3 猫

关于猫维生素 C 的需要量，建议猫在应激状态下日粮中补充抗坏血酸，例如参加展会、配种或是食用高脂肪的商品猫粮(Kronfeld，1989；Dodds 和 Donoghue，1993)。但是，只有很少的证据证明这种做法的好处。缺乏猫补充抗坏血酸的安全性方面的资料。Kienzle 和 Maiwald (1998)报道，每日口服抗坏血酸 0、200、400 和 1 000 mg，使饲喂切碎牛肉日粮的猫的尿液 pH 逐渐降低，平均 pH 从 6.9 降至 6.5。同样，粪中 pH 也出现了剂量依赖性下降。但是，当给予猫含有禽肉粉(62%)和玉米淀粉(24%)的日粮时，该影响有所减弱。每天饲喂1 000 mg 的抗坏血酸引起了一些猫发生腹泻。在人类中，抗坏血酸的高摄入量被认为是草酸盐尿石病的病因，但是近期的研究并不支持这种看法(Wandzilak 等，1994；Auer 等，1998)。高摄入量的抗坏血酸是否是猫患草酸盐尿结石病的诱发因子还不清楚。

8.16 维生素类似物

自从 1948 年分离出了被公认为最后的维生素(钴胺素)以来，周期性地有人声称，日粮中存在某种必需的化合物，其功能类似于维生素。这些声明还没有被证实。某些声明具有一定的实质性，如肌醇(对于一些细菌来说是必需营养物质)，能够被证明在某些动物发育的特殊阶段是必需的。肌醇就像胆碱一样是磷脂的组成成分。当肌醇缺乏时，动物肝脏或肠道会出现脂肪的沉积。正常地，机体可以由葡萄糖合成足够的胆碱，但是给予非常幼小的鼠(包括雄性和雌性)肌醇缺乏的日粮，出现了肝脏的脂肪沉积，补充肌醇可以缓解这些症状(Anderson 和 Holub，1980)。给予年长鼠肌醇缺乏的日粮，甚至不会出现脂肪的沉积。类似地，给予雌性沙鼠和地鼠含有椰子油的日粮，其不能合成足够数量的肌醇(Hegsted 等，1974；Holub，1987)。肌醇还参与信号转导和磷脂合成。没有犬猫肌醇缺乏的资料。

脂肪酸的 β 氧化需要将它们从胞液转运至线粒体。在这个转运的过程中，肉碱通过接受线粒体外膜的活化脂肪酸而发挥载体作用。肽基赖氨酸可合成充足的肉碱,肽基赖氨酸首先甲基化为三甲基赖氨酸,然后经过抗坏血酸相关的羟基化作用,最后与肽分离。某些品种的犬在肉碱合成途径上有常染色体隐性缺陷,这就导致了肉碱的缺乏(Katz 和 Siakotos,1995)。这些犬患有蜡样脂褐质沉积症和扩张性心肌病(Keene 等,1991b)。给某些患犬补充肉碱会缓解该病的临床症状。没有证据显示生活在家庭环境中的犬需要额外补充肉碱,也没有显示肉碱是猫日粮中的必需成分。

其他一些化合物可能参与异常生物反应,范围从氧化脱氨(基)反应到自由基氧化还原反应,包括邻醌辅助因子:吡咯喹啉醌 (PQQ)、双色氨酸醌(TTQ)、三羟基苯丙氨酰醌(TPQ)、赖氨酸酪氨酰基醌(LTQ)和铜络合半胱氨酰酪氨酰基。除 PQQ 以外的化合物,通过与酶共价结合发挥作用。TPQ 和 LTQ 出现在含铜氨基氧化酶的活性位点,如二氨基氧化酶和赖氨酸氧化酶。其他的类维生素物质包括核苷、辅酶 Q 以及蝶啶(而不是叶酸),如生物蝶呤。这些化合物没有被证明是犬猫日粮中的必需营养元素。

核苷是由核苷基 Q 碱修饰而成的,具有类似胍的结构。核苷被一些 tRNAs 优先使用,通过肠道微生物和宿主之间的相互作用合成。

辅酶 Q(泛醌)是一种亲脂物质,主要存在于具有氧化还原能力的线粒体的膜间隙。在线粒体中,辅酶 Q 通过半醌中间物影响电子传递。在结构上,辅酶 Q 与维生素 K 有相似性,都含有 2,3-二乙氧基-5-甲基苯醌。辅酶 Q 能够被合成,也能很容易地从肠道吸收,这类似于脂溶性维生素。

四氢生物蝶呤是一种蝶啶,是重要的苯丙氨酸羟化酶氧化还原反应的辅助因子。相关的化合物是发现于黄嘌呤氧化酶的钼蝶啶辅助因子,该酶可以催化黄嘌呤转化为尿酸。在动物体内,钼蝶啶辅助因子是钼必需性的基础。一个相似的蝶啶辅助因子包含在硫氧化酶中。

PQQ 是阴离子的、水溶性的、热稳定的醌型化合物,它可以进行连续的氧化还原反应循环(Stites 等,2000)。在特定条件下(在成年阶段除去 PQQ 的母鼠),PQQ 能够提供生长刺激,且被认为是饲喂化学合成日粮的鼠的必需营养物质(Killgore 等,1989;Steinberg 等,1994)。虽然 PQQ 是细菌葡萄糖脱氢酶和乙醛还原酶的辅助因子,但是没有证明哺乳动物将 PQQ 作为酶的唯一辅助因子。在鼠的神经元中,PQQ 可以依靠其微环境产生和清除超氧自由基(Zhang 和 Rosenberg,2002),同时具有神经保护作用。

8.17 犬猫食品加工和储存过程中维生素的损失

对于蛋白质、碳水化合物、脂肪和矿物质,加工处理对其生物利用率只有相对较少的影响;维生素与它们相反,加工处理会对成品日粮中的维生素产生较大的影响。这一影响对以纯合态和浓缩剂形式添加到日粮的维生素尤其显著。虽然委员会的目的不是讨论商业宠物食品的组成和制造,但是发生在制造和储藏过程中的维生素的潜在损失应该被鉴别。

不同的方法被用于减少不同维生素在加工和储藏过程中的损失。改变某些维生素的化学结构,使其成为更稳定的化合物,如硫胺素单硝酸酯代替其游离的碱形式、视黄醇的酯类(醋酸盐或棕榈酸酯)、生育酚代替醇以及抗坏血酸磷酸盐代替抗坏血酸。维生素被制成微胶囊是另外一种方法,这样维生素具有更好的稳定性,且能增强维生素在混合日粮中的分散性。维生素可以与明胶、淀粉和甘油乳化(经常使用抗氧化剂)或者喷雾成微胶囊的形式,接着涂上一层淀粉。对微胶囊更多的处理,可以进一步增强对维生素在加工过程中的保护作用,如通过加热变成硬的微胶囊(常常指的是交叉连接的微胶囊)。交联键可能通过美拉德反应或其他化学手段完成。美国宠物食品制造商使用的大部分维生素 A 就是交叉连接的微胶囊。对许多 B 族维生素来说,喷雾干燥被用于增强其稳定性,形成自由流动的粉末。

几乎所有维生素的失活,都发生在宠物食品的挤压膨化过程中,而罐头食品直接归因于温度及加工和自由金属离子持续的时间。干燥失重和包被(添加脂肪或者浸渍干燥膨化产品的表面)同样与时间和温度有关。在储藏过程中,水分的含量、温度、pH 和活性金属离子影响维生素的损失率。与矿物元素以硫酸盐或游离态相比,含有矿物元素的低活性形式如螯合物、氧化物或碳酸盐能够减少很多维生素的损失。铁、铜和锌在催化芬顿反应和自由基的产生中,尤其显著。这些化合物可以清除自由基以减少维生素的损失。保护日粮中的脂肪不被氧化,是减少日粮中自由基产生的重要因素。脂肪中添加螯合剂,如乙二胺四乙酸(EDTA)、磷酸或合成的抗氧化剂如二叔丁对甲酚和

BHTQ,可以减少自由基的产生。正如先前指出的,α-生育酚是体内重要的自由基清除剂,其他生育酚的生物活性较低。相反,日粮中的混合生育酚(γ 和 δ)清除自由基的能力要高于 α-生育酚。

表 8-3 总结了膨化宠物食品在挤压膨化和干燥过程中维生素典型的、高和低的回收率,以及储藏过程的损失率。有相似的和更为详细的关于在膨化、干燥和储藏过程中温度对其影响的资料(Anonymous,1998)。维生素在这些处理过程中的回收率变化很大:对于一些维生素,如烟酸,回收率一般很高;而其他维生素,如维生素 A,其回收率就一直很低。

表 8-3 挤压宠物食品中添加的维生素和类胡萝卜素的回收率及在储藏中的损失率

活性形式	化学形式	产品形式	加工处理后的回收率/%			储藏损失率/(%/月)
			典型	低	高	
视黄醇	视黄醇醋酸盐	交联微胶囊	81	63	90	6
		微胶囊	65	40	80	30
胆钙化醇	胆钙化醇	喷雾干燥微胶囊	85	75	90	4
维生素 E	all-rac-α-生育酚醋酸盐	吸附物	45	30	85	1
		喷雾干燥微胶囊	45	30	85	1
	RRR-α-生育酚	油	40	10	60	10
	亚硫酸氢钠甲萘醌混合物	晶状粉末	45	20	65	17
维生素 K	甲萘醌烟酰胺亚硫酸盐	晶状粉末	56	40	75	11
	二甲基嘧啶醇亚硫酸甲萘醌	晶状粉末	50	30	70	12
硫胺素	硫胺素单硝酸酯	晶状粉末	90	30	95	4
	氢氯化硫胺素	晶状粉末	80	50	85	4
核黄素	核黄素	喷雾干燥微胶囊	82	70	90	3
吡哆醇	氢氯化吡哆醇	晶状粉末	75	70	90	3
D-泛酸	*D*-泛酸钙	晶状粉末	85	75	95	2
烟酸	烟酸	晶状粉末	80	64	90	2
生物素	生物素	喷雾干燥微胶囊	88	60	95	2
叶酸	叶酸	喷雾干燥微胶囊	90	65	95	<1
抗坏血酸	抗坏血酸-2-聚磷酸酯	喷雾干燥微胶囊	96	85	100	<1
	抗坏血酸	晶状粉末	40	0	60	37
叶黄素	叶黄素	喷雾干燥微胶囊	72	50	80	2
番茄红素	番茄红素	喷雾干燥微胶囊	64	40	75	2
β-胡萝卜素	β-胡萝卜素	微胶囊	34	20	50	2

资料来源:J. W. Wilson, Roche Vitamins Inc. 提供资料

挤压宠物食品在储藏过程中,脂溶性维生素的损失要高于 B 族维生素,交联微胶囊形式的维生素 A 和维生素 D_3 大约每月分别损失 8%和 4%,后者每月的损失只有 2%~4%。硫胺素单硝酸酯和叶酸在 B 族维生素中有着最高的损失率(Anonymous,1998)。文献中没有罐装食品储藏过程中维生素损失的数据。

参考文献

ABGE. 1989. Ausschuss fuer Bedarfsnormen der Gesellschaft fuer Ernaehrungsphysiologie Energie und Naehrstoffbedarf Nr. 5 Hunde (No. 5 Dogs). Frankfurt: DLG Verlag.

Acuff, R. V., S. S. Thedford, N. N. Hidiroglou, A. M. Pappas, and T. A. J. Odom. 1994. Relative bioavailability of RRR and all-*rac*-alpha-tocopheryl acetate in humans: Studies using deuterated compounds. Am. J. Clin. Nutr. 60:397-402.

Afonsky, D. 1954. Folic acid deficiency in the dog. Science 120:803-895.

Ahmad, B. 1931. The fate of carotene after absorption in the animal organism. Biochem. J. 25:1195-1204.

Ames, B. N., I. Elson-Schwab, and E. A. Silver. 2002. High-dose vitamin therapy stimulates variant enzymes with decreased coenzyme binding affinity (increased Km): Relevance to genetic disease and polymorphisms. Am. J. Clin. Nutr. 75(4):616-658.

Amyes, S. J., P. M. Roberts, P. P. Scott, and B. S. Suri. 1973. Post-natal changes in red cell, plasma and liver folate concentrations of the cat, rat, rabbit and dog. J. Physiol. 232:23P-24P.

Andersen, D. B., and B. J. Holub. 1980. Myo-inositol-responsive liver lipid accumulation in the rat. J. Nutr. 110:488-495.

Anderson, G. F., and M. I. Barnhart. 1964. Prothrombin synthesis in the dog. Am. J. Physiol. 206:929-938.

Anderson, H. D., C. A. Elvehjem, and J. E. Gonce. 1939. Vitamin E deficiency in dogs. Proc. Soc. Exp. Biol. Med. 42:750-755.

Anderson, P. A., D. H. Baker, P. A. Sherry, and J. E. Corbin. 1979. Choline-methionine interrelationships in feline nutrition. J. Anim. Sci. 49:522-527.

Andrews, V. L. 1912. Infantile beriberi. Phillip. J. Sci. (Philippine J. Tropical Med.) 7(B):67.

Anonymous. 1998. Keeping Current. Vitamins in pet food. Mount Olive, N.J.: BASF Corp.

Arnold, A., and C. A. Elvehjem. 1939a. Nutritional requirements of dogs. J. Am. Vet. Med. Assoc. 95:187-194.

Arnold, A., and C. A. Elvehjem. 1939b. Influence of the composition of the diet on the thiamine requirements of dogs. Am. J. Physiol. 126:289-298.

Arnrich, L., E. M. Lewis, and A. F. Morgan. 1952. Growth of dogs on purified diets plus aureomycin and/or vit. B_{12}. Proc. Soc. Exp. Biol. Med. 80:401-404.

Auer, B. L., D. Auer, and A. L. Rodgers. 1998. The effect of ascorbic acid ingestion on the biochemical and physiochemical risk factors associated with calcium oxalate kidney stone formation. Clin. Chem. Med. 36:143-147.

Axelrod, A. E., M. A. Lipton, and C. A. Elvehjem. 1940. The production of uncomplicated riboflavin deficiency in the dog. Am. J. Physiol. 128:703-708.

Axelrod, A. E., M. A. Lipton, and C. A. Elvehjem. 1941. Riboflavin deficiency in the dog. Am. J. Physiol. 133:555-561.

Baggs, R. B., A. deLaHunta, and D. R. Averill. 1978. Thiamine deficiency encephalopathy in a specific-pathogen-free cat colony. Lab. Anim. Sci. 28:323-326.

Bai, S. C., D. A. Sampson, J. G. Morris, and Q. R. Rogers. 1989. The vitamin B-6 requirement of growing kittens. J. Nutr. 119:1020-1027.

Bai, S. C., D. A. Sampson, J. G. Morris, and Q. R. Rogers. 1991. The level of dietary protein affects the vitamin B-6 requirement of cats. J. Nutr. 1054-1061.

Bai, S. C., Q. R. Rogers, D. L. Wong, D. A. Sampson, and J. G. Morris. 1998. Vitamin B-6 deficiency and level of dietary protein affect hepatic tyrosine aminotransferase activity in cats. J. Nutr. 128:1995-2000.

Baker, D. H. 1995. Vitamin bioavailability. in Bioavailability of Nutrients for Animals. Amino Acids, Minerals, and Vitamins, Pp. 399-431. C. A. Ammerman, D. H. Baker, and A. J. Lewis, eds. San Diego, Calif.: Academic Press.

Baker, H., S. M. Schor, D. B. Murphy, B. De Angelis, S. Fiengold, and O. Frank. 1986. Blood vitamin and choline concentrations in healthy domestic cats, dogs, and horses. Am. J. Vet. Res. 47:1468-1471.

Batt, R. M., and N. U. Horadagoda. 1989. Gastric and pancreatic intrinsic factor-mediated absorption of cobalamin in the dog. Am. J. Physiol. 257:G344-G349.

Batt, R. M., N. U. Horadagoda, L. McLean, D. B. Morton, and K. W. Simpson. 1989. Identification and characterization of a pancreatic intrinsic factor in the dog. Am. J. Physiol. 256:G517-G523.

Baugh, C. M., C. L. Krumdieck, H. J. Baker, and C. E. Butterworth. 1971. Studies on the absorption and metabolism of folic acid. Folate absorption in the dog after exposure of isolated intestinal segments to synthetic pteroylpolyglutamates of various chain lengths. J. Clin. Invest. 50:2009-2021.

Baugh, C. M., C. L. Krumdieck, H. J. Baker, and C. E. Butterworth. 1975. Absorption of folic acid poly-γ-glutamates in dogs. J. Nutr. 80-90.

Beck, W. S., 2001. Cobalamin (Vitamin B_{12}). Pp. 463-512 in Handbook of Vitamins, 3rd edition. R. B. Rucker, J. W. Suttie, D. B. McCormick, and L. J. Machlin, eds. New York: Marcel Dekker.

Belavady, B., and C. Gopalan. 1965. Production of black tongue in dogs by feeding diets containing jowar *(Sorghum vulgare)*. Lancet 2:1220-1221.

Belavady B., T. V. Madhavan, and C. Gopalan. 1967. Production of nicotinic acid deficiency (blacktongue) in pups fed diets supplemented with leucine. Gastroenterology 53:749-753.

Belfield, W. O. 1967. Vitamin C in the treatment of canine and feline distemper complex. Vet. Med. Small Anim. Clin. 62:345-348.

Belfield, W. O. 1976. Chronic subclinical scurvy and canine hip dysplasia. Vet. Med. Small Anim. Clin 71:1399-1403.

Bendefy, A. A. 1965. Recovery from barbiturate anaesthesia in whippets. Vet. Rec. 77:121.

Bernstein L. H., S. Gutstein, G. Efron, and G. Wager. 1972. Experimental production of elevated serum folate in dogs with intestinal blind loops: Relationship of serum levels to location of the blind loops. Gastroenterology 63:815-819.

Bernstein L. H., S. Gutstein, G. Efron, and G. Wager. 1975. Experimental production of elevated serum folate in dogs with intestinal blind loops: II. Nature of bacterially produced folate coenzymes in blind loop fluid. Am. J. Clin. Nutr. 28:925-929.

Best, C. H., and M. E. Huntsman. 1932. The effect of the components of lecithin upon the deposition of fat in the liver. J. Physiol. 75:405-412.

Best, C. H., and M. E. Huntsman. 1935. Effect of choline on liver fat of rats in various states of nutrition. J. Physiol.83:255-274.

Best, C. H., G. C. Ferguson, and J. M. Hershey. 1933. Choline and liver fat in diabetic dogs. J. Physiol. 79:94-102.

Best, C. H., C. C. Lucas, and J. H. Redout. 1954. The lipotrophic factors. Ann. N. Y. Acad. Sci. 57(6):646-653.

Birch, T. W. 1939. The requirements of the dog and rat for nicotinic acid. J. Nutr. 17:281-292.

Blanchard, P. C., S. C. Bai, Q. R. Rogers, and J. G. Morris. 1991. Pathology associated with vitamin B_6 deficiency in growing kittens. J. Nutr. 121:S77-S78.

Bowman, B. B., and I. Rosenberg. 1987. Biotin absorption by the distal rat intestine. J. Nutr. 117:2121-2126.

Bowman, B. B., D. B. McCormick, and I. H. Rosenberg. 1989. Epithelial transport of water-soluble vitamins. Ann Rev. Nutr. 9:187-199.

Bradfield, D., and M. C. Smith. 1938. The ability of the dog to utilize vitamin A from plant and animal sources. Am. J. Physiol. 124:168-173.

Braham, J. E., A. Villarreal, and R. Bressani. 1962. Effect of lime treatment of corn on the availability of niacin for cats. J. Nutr. 76:183-186.

Brandsch, R. 1994. Regulation of gene expression by cofactors derived from B vitamins. J. Nutr. Sci. Vitaminol. 40:371-399.

Bratt H. M., H. M. Bratt, and E. Bratt. 1965. Suspected vitamin K deficiency in newborn pups. J. Am. Vet. Med. Assoc. 146:1053.

Brin, M., and W. A. Vincent. 1965. The diagnosis of thiamine adequacy in the dog by use of the erythrocyte enzyme transketolase. J. Am. Vet. Med. Assoc. 147:1649.

Brody, T., and B. Shane. 2001. Folic Acid. Pp. 427-462 in Handbook of Vitamins. Third edition. R. B. Rucker, J. W. Suttie, D. B. McCormick, and L. J. Machlin, eds. New York: Marcel Dekker.

Bunch, S. E., J. R. Easley, and J. M. Cullen. 1990. Hematological values and plasma and tissue folate concentrations in dogs given phenytoin on a long term basis. Am. J. Vet. Res. 51:1865-1868.

Burger, I. 1993. P. 122 in Waltham Book of Companion Animal Nutrition. I. Burger, ed. New York: Permagon Press.

Campbell, J. R., and T. A. Douglas. 1965. The effect of low calcium intake and vitamin D supplements on the bone structure in young growing dogs. Br. J. Nutr. 19:339-351.

Carey, C. J., and J. G. Morris. 1977. Biotin deficiency in the cat and the effect on hepatic propionyl CoA carboxylase. J. Nutr. 107:330-334.

Carpenter, K. J. 1991. The contribution of the dog to the science of nutrition. J. Nutr. 121:S1-S7.

Carter, E. G. A., and K. J. Carpenter. 1982. The available niacin values of foods for rats and their relation to analytical values. J. Nutr. 112:2091-2103.

Carvalho da Silva, A. 1950. The domestic cat as a laboratory animal for experimental nutrition studies. II. Comparative growth and hematology on stock and purified diets. Acta Physiol. Lat. Am. 1:26-32.

Carvalho da Silva, A., R. Fried, and R. C. de Angelis. 1952. The domestic cat as a laboratory animal for experimental nutrition studies. III. Niacin requirements and tryptophan metabolism. J. Nutr. 46:399-409.

Carvalho da Silva, A., R. C. de Angelis, M. A. Pontes, and M. F. Mansur Guerios. 1955. The domestic cat as a laboratory animal for experimental nutrition studies. IV. Folic acid deficiency. J. Nutr. 56:199-213.

Carvalho da Silva, A., M. F. Mansur Guerios, and S. R. Monsao. 1959. The domestic cat as a laboratory animal for experimental nutrition studies. VI. Choline deficiency. J. Nutr. 67:537-547.

Carvalho da Silva, A., R. C. de Angeles, M. A. Pontes, and A. M. Giesbrecht. 1961. The domestic cat as a laboratory animal for experimental nutrition studies. VIII. Thiamine deficiency. Folia Clinica et Biologica 30:42-60.

Center, S. A., K. Warner, J. Corbett, J. F. Randolph, and H. N. Erb. 2000. Proteins invoked by vitamin K absence and clotting times in clinically ill cats. J. Vet. Intern. Med. 14:292-297.

Chatterjee, I. B., A. K. Majumder, B. K. Nandi, and N. Subramanian. 1975. Synthesis and some major functions of vitamin C in animals. Ann. N.Y. Acad. Sci. 258:24-47.

Chaudhuri, D. K., and E. Kodichek 1960. The availability of bound nicotinic acid to the rat. 4. The effect of treating wheat, rice and barley brans and a purified preparation of bound nicotinic acid with sodium hydroxide. Br. J. Nutr 14:35-42.
Chen, K. K., C. L. Rose, and E. B. Robbins. 1938. Toxicity of nicotinic acid. Proc. Soc. Exp. Biol. Med. 38:241-245.
Chen, L. H. 1981. An increase in vitamin E requirement induced by high supplementation of vitamin C in rats. Am. J. Clin. Nutr. 34:1036-1041.
Chittenden, R. H. 1907. The Nutrition of Man. New York: F. A. Stokes.
Cho, Y., R. E. Frey, M. M. Guffy, and H. W. Leipold. 1975. Hypervitaminosis A in the dog. Am. J. Vet. Res. 36:1597-1603.
Chow, C. K. 2001. Vitamin E. Pp. 165-197 in Handbook of Vitamins. Third edition. R. B. Rucker, J. W. Suttie, D. B. McCormick, and L. J. Machlin, eds. New York: Marcel Dekker.
Clark, L. 1970. Effect of excess vitamin A on longbone growth in kittens. J. Comp. Pathol. 80:625-634.
Clark, L. 1973. Growth rates of epiphyseal plates in normal kittens and kittens fed excess vitamin A. J. Comp. Path. 83:447-460.
Clark, L., A. A. Seawright, and R. J. W. Gartner. 1970a. Longbone abnormalities in kittens following vitamin A administration. J. Comp. Path. 80:113-121.
Clark, L., A. A. Seawright, and J. Hrdlicka. 1970b. Exostoses in hypervitaminotic A cats with optimal calcium-phosphorus intakes. J. Small Anim. Pract. 11:553-561.
Clark, W. T., and R. E. W. Halliwell. 1963. The treatment with vitamin K preparations of warfarin poisoning in dogs. Vet. Rec. 75:1210-1213.
Cline, J. L., J. Odle, and R. A. Easter. 1996. The riboflavin requirement of adult dogs at maintenance is greater than previous estimates. J. Nutr. 126:984-988.
Cline, J. L., G. L. Czarnecki-Maulden, J. M. Losonsky, C. R. Sipe, and R. A. Easter. 1997. Effect of increasing dietary vitamin A on bone density in adult dogs. J. Anim. Sci. 75:2980-2985.
Coburn, S. P., and J. D. Mahuren. 1987. Identification of pyrixdoxine 3-sulfate, pyridoxal 3-sulfate and *N*-methylpyridoxine as major urinary metabolites of vitamin B_6 in domestic cats. J. Biol. Chem. 262:2642-2644.
Coffin, D. L., and J. Holzworth. 1954. "Yellow fat" in two laboratory cats: Acid-fast pigmentation associated with a fish-base ration. Cornell Vet. 44:63-71.
Collins, E. D., and A. W. Norman. 2001. Vitamin D. Pp. 51-113 in Handbook of Vitamins. Third edition. R. B. Rucker, J. W. Suttie, D. B. McCormick, and L. J. Machlin, eds. New York: Marcel Dekker.
Coppi, G., L. Monti, and R. Genova. 1970. Blood levels and urinary excretion of three vitamins B_{12} in rat, rabbit and dog. Soc. Ital. Biol. Sper. 46:312.
Cordy, D. R. 1954. Experimental production of steatitis (yellow fat disease) in kittens fed a commercial canned diet and prevention of the condition by vitamin E. Cornell Vet. 44:310-318.
Cosgrove, J. P., D. F. Church, and W. A. Pryor. 1987. The kinetics of the autooxidation of polyunsaturated fatty acids. Lipids 22(5):229-304.
Cowgill, G. R. 1921. Contributions to the study of the relation between vitamin-B and the nutrition of the dog. Am. J. Physiol. 57:420-436.
Cowgill, G. R. 1934. The Vitamin B Requirements of Man. New Haven, Conn.: Yale University Press.
Crimm, P. D., and D. M. Short. 1937. Vitamin A deficiency in the dog. Am. J. Physiol. 118:477-482.
Czarnecki, G. L., and D. H. Baker. 1982. Utilization of D-and L-tryptophan by growing dogs. J. Anim. Sci. 55:1405-1410.
Dann, W. J., and P. Handler. 1941. The nicotinic acid and coenzyme content of the tissues of normal and blacktongue dogs. J. Nutr. 22:409-414.
Davenport, D. J. R., J. W. Ching, J. H. Hunt, D. Bruyetttte, and K. Gross. 1994. The effect of dietary levels of folate and cobalamin on serum concentrations of folate and cobalamin in the dog. J. Nutr. 124:2559S-22562S.
Davidson, M. G. 1992. Thiamine deficiency in a colony of cats. Vet Rec. 130: 94-97.
Davidson, M. G., F. J. Geoly, B. C. Gilger, G. J. McLellan, and W. Whitley. 1998. Retinal degeneration associated with vitamin E deficiency in hunting dogs. J. Am. Vet. Med. Assoc 213:645-651.
Davis, J. E. 1944a. Depression of normal erythrocyte number by soybean lecithin or choline. Am. J. Physiol. 142:65-67.
Davis, J. E. 1944b. The experimental production of a hyperchromic anemia in dogs which is responsive to anti-pernicious anemia treatment. Am. J. Physiol. 142:402-406.
Deady, J. E., B. Anderson, J. A. O'Donnell, J. G. Morris, and Q. R. Rogers. 1981a. Level of dietary glutamic acid and thiamine on food intake, weight gain, plasma amino acids, and thiamine status of growing kittens. J. Nutr. 111:1568-1579.
Deady, J. E., Q. R. Rogers, and J. G. Morris. 1981b. Effect of high dietary glutamic acid on the excretion of ^{35}S-thiamine in kittens. J. Nutr. 111:1580-1585.
Ditchfield, J., and M. H. Phillipson. 1960. Achlorhydria in dogs with report of a case complicated with avitaminosis C. Can. Vet. J. 1:396-400.
Dodds, W. J., and S. Donoghue. 1993. Interactions of clinical nutrition with genetics. Pp. 105-117 in The Waltham Book of Clinical Nutrition of the Dog and Cat. J. M. Wills, and J. W. Simpson, eds. Oxford: Pergamon Press.
Dutra, F. R., and J. M. McKibbin. 1945. The pathology of experimental choline deficiency in dogs. J. Lab. Clin. Med. 30:301-306.
Dzanis, D. A., C. N. Corbellini, L. Krook, and F. A. Kallfelz. 1991. Effect of 1,25-dihydroxycholecalciferol and 24,25-dihydroxycholecalciferol in dogs with impaired renal function. J. Nutr. 121:S70-S72.
Edwards, D. F., and R. G. Russell. 1987. Probable vitamin K-deficient bleeding in two cats with malabsorption syndrome secondary to lymphocytic-plasmacytic enteritis. J. Vet. Intern. Med. 1:97-101.
Elvehjem, C. A., R. J. Madden, F. M. Strong, and D. M. Woolley. 1937. Relation of nicotinic acid and nicotinic acid amide to canine black tongue. J. Am. Chem. Soc. 59:1767-1768.
Elvehjem, C. A., R. J. Madden, F. M., Strong, and D. W. Woolley. 1938. The isolation and identification of the anti-black tongue factor. J. Biol. Chem. 123:137-149.
Elvehjem, C. A., J. E. Gonce, and G. W. Newell. 1944. The effect of vitamin E on reproduction in dogs on milk diets. J. Pediatr. 24:436-441.
Elwood, J. M., and T. A. Colquhoun. 1997. Observations on the prevention of cleft palate in dogs by folic acid and potential relevance to humans. New Zealand Vet. J. 45:254-256.
Evans, H. M., and S. Lepkovsky. 1928. Sparing action of fat on the antineuritic vitamin. Science 68:298.
Evans, H. M., and S. Lepkovsky. 1929. Sparing action of fat on the antineuritic vitamin. J. Biol. Chem. 83:269-287.
Evans, H. M., and S. Lepkovsky. 1935. The sparing action of fat on vitamin B. VIII. On the loss of vitamin B from the rat's tissues. J. Biol. Chem. 108:439-455.
Everett, G. M. 1944. Observations on the behavior and neurophysiology of acute thiamine deficient cats. Am. J. Physiol. 141:439-448.
Fibiger, H. C. 1991. Cholinergic mechanisms in learning, memory and dementia: A review of recent evidence. Trends Neurosci. 14:220-223.
Forusz, H., and W. A. Ritschel. 1996. The effects of triethanolamine myristate, a fatty acid salt, on the bioavailability of riboflavin in dogs. Methods Find. Exp. Clin. Pharmacol. 18:589-591.
Fouts, P. J. 1943. Vitamin B complex studies in dogs: Production of cirrhosis of liver. J. Nutr. 25:217-228.
Fouts, P. J., O. H. Helmer, S. Lepkovsky, and T. H. Jukes. 1938. Production of microcytic hypochromic anemia in puppies on synthetic diets deficient in rat antidermatitis factor (vitamin B_6). J. Nutr. 16:197-207.
Fouts, P. J., O. H. Helmer, and S. Lepkovsky. 1939. Cure of microcytic hypochromic anemia in dogs with crystalline "factor 1." Proc. Soc. Exp. Biol. Med. 40:4-5.
Fouts, P. J., O. M. Helmer, and S. Lepkovsky. 1940. Factor II deficiency in dogs. J. Nutr. 19:393-400.
Freye, E., and H. Agoutin. 1978. The action of vitamin B_1 (thiamine) on the cardiovascular system of the cat. Biomedicine 28:315-319.
Freytag, T. L., 2001. Vitamin A metabolism and toxicity in the domestic cat. Thesis, University California Davis.

Freytag, T. L., S. M. Liu, Q. R. Rogers, and J. G. Morris. 2003. Teratogenic effects of chronic ingestion of high levels of vitamin A in cats. J. Anim. Physiol. Anim. Nutr. 87:42-51.

Frohring, W. O. 1935a. A synthetic vitamin A-free milk suitable for vitamin A studies in very young puppies. Proc. Soc. Exp. Med. 32:1021-1024.

Frohring, W. O. 1935b. Vitamin A requirements of growing puppies. Proc. Soc. Exp. Biol. Med. 33:280-282.

Frohring, W. O. 1937. Vitamins and distemper. Vet. Med. 32:190-195.

Fyfe, J. C. 1993. Feline intrinsic factor (IF) is pancreatic origin and mediates ileal cobalamin (CBL) absorption. J. Vet. Intern. Med 7:133 (abstr).

Fyfe, J. C., U. Giger, C. A. Hall, P. F. Jezyk, S. A. Klumpp, J. S. Levine, and D. F. Patterson. 1991. Inherited selective intestinal cobalamin malabsorption and cobalamin deficiency in dogs. Pediatr. Res. 29: 24-31.

Garlick, N. L. 1946. True scurvy in the dog. J. Am. Vet. Med. Assoc. 109:70-71.

Gaskell, C. J., A. H. Leedale, and S. W. Douglas. 1975. Pansteatitis in the cat: A report of four cases. J. Small Anim. Prac. 16:117-121.

Gazet, J.-C., and I. McColl. 1967. Absorption of vitamin B_{12} from the small intestine. Study in man, monkey, cat, and dog. Br. J. Surg. 54:128-131.

Geesin J.C., and R. A. Berg. 2001. Ascorbic acid regulation of extracellular matrix expression. Pp. 555-568 in Handbook of Vitamins. Third edition. R. B. Rucker, J. W. Suttie, D. B. McCormick, and L. J. Machlin, eds. New York: Marcel Dekker.

Gershoff, S. N., and L. S. Gottlieb. 1964. Pantothenic acid deficiency in cats. J. Nutr. 82:135-138.

Gershoff, S. N., and S. A. Norkin. 1962. Vitamin E deficiency in cats. J. Nutr. 77:303-308.

Gershoff S. N., S. B. Andrus, D. M. Hegsted, and E. A. Lentini. 1957a. Vitamin A deficiency in cats. Lab. Invest. 6:227-240.

Gershoff, S. N., M. A. Legg, F. J. O'Connor, and D. M. Hegsted. 1957b. The effect of vitamin D-deficient diet containing various Ca:P ratios on cats. J. Nutr. 63:79-93.

Ghosh, H. P., P. H. Sarker, and B. C. Guha. 1963. Distribution of the bound form of nicotinic acid in natural materials. J. Nutr. 79:451-453.

Goldberger, J. 1922. The relation of diet to pellagra. J. Am. Med. Assoc. 78:1676-1680.

Goldberger, J., and G. A. Wheeler. 1920. The experimental production of pellagra in human subjects by means of diet. Bull. Hygienic Lab. No 120. Washington, D.C.: U.S. Public Health Service.

Goldberger, J., and G. A. Wheeler 1928. Experimental black tongue of dogs and its relation to pellagra. U.S. Public Health Rep. 43:172-217.

Goldy, G. G., J. R. Burr, C. N. Longardner, D. A. S. Hirakawa, and S. A. Norton. 1996. Effects of measured doses of vitamin A fed to healthy Beagle dogs for 26 weeks. Vet. Clin. Nutr 3:42-49.

Gopalan, C., B. Belavady, and D. Krishnamurthi. 1969. The role of leucine in the pathogenesis of canine blacktongue and pellagra. Lancet ii:956.

Green, N. M. 1963. Avidin. 3. The nature of the biotin-binding site. Biochem. J. 89:599-609.

Greengard, P., E. B. Sigg, I. Fratta, and S. B. Zak. 1966. Prevention and remission by adrenocortical steroids of nicotinamide deficiency disorders and of 6-aminonicotinamide toxicity in rats and dogs. J. Pharm. Exp. Ther. 154:624-631.

Greve, J. H. 1963. Effect of thyroid and biotin deficiencies on canine demodicosis. Diss. Abstr. 24:1757.

Griffith, R. C., G. W. Thornton, and J. E. Willson. 1960. Pansteatitis (yellow fat) in cats. J. Am. Vet. Med. Assoc. 137:126-128.

Grimm, U., K. Wulff, W. Schmidt, and H. Vogler. 1988. Animal experimental studies on the supply of vitamins B1, B2 and B6 from a determination of erythrocyte transketolase, glutathione reductase and aspartate aminotransferase activities following irradiation. Radiobiol. Radiother. (Berl) 29:711-716.

Gunther, R., L. J. Felice, R. K. Nelson, and A. M. Franson. 1988. Toxicity of vitamin D_3 rodenticide to dogs. J. Am. Vet. Med. Assoc. 193:211-214.

Haenel, H., H. Ruttloff, and H. Ackermann. 1959. Zur vitamin-sparenden Wirking schewer resorbierbarer Kohlenhydrate (Biochemical action of difficultly resorbable carbohydrates). Biochem. Ztsch. 331:209.

Hall, J. A., K. A. Tooley, J. L. Grandin, D. E. Jewell, and R. C. Wander. 2003. Effects of dietary n-6 and n-3 fatty acids and vitamin E on the immune response of healthy geriatric dogs. Am. J. Vet. Res. 64:762-772.

Handler, P. 1943. Use of highly purified rations in the study of nicotinic acid deficiency. Proc. Soc. Exp. Biol. Med. 52:263-264.

Harrington, D. D., and E. H. Page. 1983. Acute vitamin D_3 toxicosis in horses: Case reports and experimental studies of the comparative toxicity of vitamins D_2 and D_3. J. Am. Vet. Med. Assoc. 182:1358-1369.

Harris, P. L., and N. D. Embree. 1963. Quantitative considerations of the effect of polyunsaturated fatty acid content of the diet upon the requirement for vitamin E. Am. J. Clin. Nutr. 13:385-392.

Harrison, E. H., and M. M. Hussain. 2001. Mechanisms involved in the intestinal digestion and absorption of vitamin A. J. Nutr. 131:1405-1408.

Haruna, A., K. Kawai, T. Takaba, J. Taguchi, N. Ishiyama, N. Nawata, S. Yamagata, T. Shimoda, H. I. Harvey, D. T. Smith, E. L. Persons, and M. V. Burns. 1938. The effect of various fractions of liver on experimental canine black-tongue. J. Nutr. 16:153-171.

Haruna, A., K. Kawai, T. Takaba, J. Taguchi, N. Ishiyama, N. Nawata, S. Yamagata, T. Shimoda, M. Takenaka, Y. Yamane, and T. Umemura. 1992. Dietary calcinosi in the cat. J. Anim. Clin. Res. Found. 1:9-16.

Harvey, H. I., D. T. Smith, E. L. Persons, and M. V. Burns. 1938. The effect of various fractions of liver on experimental canine blacktongue. J. Nutr. 16:153.

Hathcock, J. N., D. G. Hattan, M. Y. Jenkins, J. T. McDonald, P. R. Sundaresan, and V. L. Wilkening. 1990. Evaluation of vitamin A toxicity. Am. J. Clin. Nutr. 52:183-202.

Hayes, K. C., S. W. Nielsen and J. E. Rousseau. 1969. Vitamin E deficiency and fat stress in the dog. J. Nutr. 99:196-209.

Hayes, K. C., J. E. Rousseau, and D. M. Hegsted. 1970. Plasma tocopherol concentration and vitamin E deficiency in dogs. J. Am. Vet. Med. Assoc. 157:64-71.

Hazewinkel, H. A. W., K. L. How, R. Bosch, S. A. Goedegeburre, and G. Voorhout. 1987. Inadequate photosynthesis of vitamin D in dogs. In Nutrition, Malnutrition and Dietetics in the Dog and Cat. Proceedings of an International Symposium. Hanover, Germany. English edition edited by A. T. Edney, published by British Veterinary Association in collaboration with Waltham Centre for Pet Nutrition.

Heath, M. K., J. W. MacQueen, and T. D. Spies. 1940. Feline pellagra. Science 92:514.

Hegsted, D. M., A. Gallagher, and H. Hanford. 1947. Inositol requirement of the gerbil. J. Nutr. 104:588-592.

Heidelberger, C. E., P. Abraham, and S. Lepkovsky.1948. Concerning the mechanism of the mammalian conversion of tryptophan into nicotinic acid. J. Biol. Chem. 176:1461-1462.

Henderson, L. M. 1983. Niacin. Ann. Rev. Nutr. 3:289-307.

Henderson, L. M. 1985. Intestinal absorption of B_6 vitamers. Pp. 22-23 in Vitamin B_6: Its Role in Health and Disease, R. D. Reynolds, and J. E. Leklem, eds. New York: Alan R. Liss.

Hendricks, J. B., A. F. Morgan, and R. M. Freytag. 1947. Chronic moderate hypervitaminosis D in young dogs. Am. J. Physiol. 149:314-332.

Hess, A. F., J. L. Unger, and A. W. Pappenheimer. 1921. The prevention of rickets in rats by exposure to sunlight. Proc. Soc. Exp. Biol. Med. 19: 8-12.

Heywood, R., and H. Partington. 1971. Ocular lesions induced by vitamin B_2 deficiency. Vet. Rec. 88:251-252.

Hidiroglou, N., R. Madere, L. R. McDowell, and P. L. Toutain. 2003. Influence of sources of dietary vitamin E on the maternal transfer of alpha-tocopherol to fetal and neonatal guinea pigs as determined by a stable isotopic technique. Br. J. Nutr. 89:455-466.

Hippe, E., and M. Schwartz. 1971. Intrinsic activity of stomach preparations from various animal species. Scand. J. Haematol. 8:276-281.

Holick, M. F. 1989. Vitamin D. Biosynthesis, metabolism and mode of action. Pp. 902-926 in Endocrinology, J. L. DeGroot, ed. Philadelphia: W. B. Saunders.

Holmes, J. R. 1962. Suspected skeletal scurvy in the dog. Vet. Rec. 74:801-813.

Holub, B. J. 1987. The cellular forms and functions of inositol phospholipids and their metabolic derivatives. Nutr. Rev. 45: 65-71.

Hoover, D. M., and W. W. Carlton. 1981. The subacute neurotoxicity of excess pyridoxine HCl and clioquinol (5-chloro-7-iodo-8-hydroxyquinoline) in Beagle dogs. 1. Clinical disease. Vet. Pathol. 18: 745-756.

Hoppe, P. P., and G. Kennrich. 2000. Bioavailability and potency of natural-source and all-racemic alpha-tocopherol in the human: A dispute. Eur. J. Nutr. 39:183-193.

Horwitt, M. K., C. C. Harvey, W. S. Rothwell, J. L. Cutler, and D. Haffron. 1956. Tryptophan-niacin relationships in man. J. Nutr. 60:(suppl.)1-43.

Hosomi, A., M. Arita, Y. Sato, C. Kiyose, T. Ueda, O. Igarashi, H. Arai, and K. Inoue. 1997. Affinity of α-tocopherol transfer protein as a determinant of the biological activities of vitamin E analogs. FEBS Letters 409:105-108.

How, K. L., H. A. W. Hazewinkel, and J. A. Mol. 1994. Dietary vitamin D dependence of cat and dog due to inadequate cutaneous synthesis of vitamin D. Gen. Comp. Endocrin. 96:12-18.

Howerth, E. W. 1983. Fatal tissue calcification in suckling puppies. J. South Afr. Vet. Med. Assoc. 54:21-24.

Howitt, M. K., A. E. Harper, and L. M. Henderson. 1981. Niacin-tryptophan relationships for evaluating niacin equivalents. Am. J. Clin. Nutr. 34:423-427.

Huldschinsky, K. 1919. Heilung von Rachitis dursch Künstliche Hohensonne. Deutsche Medizinische Wochenschrift 45:712-713.

Huldschinsky, K. 1920. Die Behandlung der Rachitis durch Ultraviolettebestrahlung. Dargestellt an 24 Fällen. Zeitschrift fur orthopädische. Chirurgie. 39:426-451.

Hunt, G. C. 1962. Suspected skeletal scurvy in the dog. Vet. Rec. 74:1190-1191.

Ikeda, M. H., H. Tsuji, S.Nakamura, A. Ichiyama, Y. Nishizuki, and O. Hayaishi. 1965. Studies on the biosynthesis of nicotinamide adenine dinucleotides. II. Role of picolinic carboxylase in the biosynthesis of NAD from tryptophan in mammals. J. Biol. Chem. 240:1395-1401.

Innes, J. R. M. 1931. Vitamin C requirements of the dog. Attempts to produce experimental scurvy. Second Report of the Director of Animal Pathology, Cambridge.

Irle, E., and H. J. Markowitsch. 1982. Thiamine deficiency in the cat leads to severe learning deficits and to widespread neuroanatomical damage. Exp. Brain Res. 48:199-208.

Ishii, K., K. Sarai, H. Sanemori, and T. Kawasaki. 1979. Analysis of thiamine and its phosphate esters by high-performance liquid chromatography. Anal. Biochem. 97:191-195.

Johnston, C. S., F. M. Steinberg and R. B. Rucker. 2001. Ascorbic acid. Pp. 529-554 in Handbook of Vitamins. Third edition. R. B. Rucker, J. W. Suttie, D. B. McCormick, and L. J. Machlin, eds. New York: Marcel Dekker.

Jubb, K. V., L. Z. Saunders, and H. V. Coates. 1956. Thiamine deficiency encephalopathy in cats. J. Comp. Path. 66:217–227.

Jusko, W. J., B. R. Rennick, and G. Levy. 1970. Renal excretion of riboflavin in the dog. Am. J. Physiol. 218:1046-1053.

Kang, M. H., J. G. Morris, and Q. R. Rogers. 1987. Effect of concentration of some dietary amino acids and protein on plasma urea nitrogen concentration in growing kittens. J. Nutr. 117:1689-1696.

Katz, M. L., and A. N. Siakotos. 1995. Canine hereditary ceroid-lipofuscinosis: Evidence for a defect in the carnitine biosynthetic pathway. Am. J. Med. Genet. 57:266-271.

Kealy, R. D., D. F. Lawler, and K. L. Monti. 1991. Some observations on the dietary vitamin D requirement of weanling pups. J. Nutr. 121:S66-S69.

Keene, B. W., D. P. Panciera, C. E. Atkins, V. Regitz, M. J. Schmidt, and A. L. Shug. 1991. Myocardial L-carnitine deficiency in a family of dogs with dilated cardiomyopathy. J. Am. Med. Assoc. 198:547-650.

Keesling, P. T., and J. G. Morris. 1975. Vitamin B_{12} deficiency in the cat. J. Anim. Sc. 41:317 (abstract 289).

Kemp, C. M., S. G. Jacobson, F. X. Borruat, and M. H. Chaitin. 1989. Rhodopsin levels and retinal function in cats during recovery from vitamin A deficiency. Exp. Eye Res. 49:49-65.

Kiefer, C., S. Hessel, J. M. Lampert, K. Vogt, M. O. Lederer, D. E. Breithaupt, and J. von Lintig. 2001. Identification and characterization of a mammalian enzyme catalyzing the asymmetric oxidative cleavage of provitamin A. J. Biol. Chem. 276:14110-14116.

Kienzle, E., and E. Maiwald 1998. Effect of vitamin C on urine pH in cats. J. Anim. Physiol. Anim. Nutr. (Berlin.) 80:134-139.

Killgore, J., C. Smidt, L. Duich, N. Romero-Chapman, D. Tinker, K. Reiser, M. Melko, D. Hyde, and R. B. Rucker. 1989. Nutritional importance of pyrroloquinoline quinone. Science. 245:850-852.

Kirkland, J. B., and J. M. Rawlings. 2000. Niacin. Pp. 213-254 in Handbook of Vitamins. Third edition. R. B. Rucker, J. W. Suttie, D. B. McCormick, and L. J. Machlin, eds. New York: Marcel Dekker.

Krehl, W. A., and C. A. Elvehjem. 1945. The importance of "folic acid" in rations low in nicotinic acid. J. Biol. Chem. 158:173-179.

Krinke, G., H. H. Schaumburg, P. S. Spencer, J. Suter, P. Thomann, and R. Hess. 1980. Pyridoxine megavitaminosis produces degeneration of peripheral sensory neurons (sensory neuronopathy) in the dog. Neurotoxicity 2:13-24.

Kronfeld, D. S. 1989. Vitamin and mineral supplementation of dogs and cats. A monograph on micronutrients. Santa Barbara, Calif.: Veterinary Practice Publishing Co.

Kwacho, K. W. 1989. Retinoids in dermatology. Pp 553-560 in Current Veterinary Therapy X. R. W. Kirk, ed. Philadelphia: W.B. Saunders.

Laguna, J. and K. J. Carpenter. 1948. Raw versus processed corn in niacin-deficient diets. J. Nutr. 45:21-28.

Lauridsen, C., H. Engel, S. K. Jensen, A. M. Craig, and M. G. Traber. 2002. Lactating sows and suckling piglets preferentially incorporate *RRR*-over all *rac*-α-tocopherol into milk, plasma, and tissues. J. Nutr. 132:1258-1264.

Layne, J. A., and J. B. Carey. 1944. The effect of blacktongue-producing diet upon the endoscopic appearance of the gastric mucosa in the dog. Gastroenterology 2:133-137.

Leahy, J. S., K. W. Shillam, C. E. Waterhouse, and H. Partington. 1967. Studies on the riboflavin requirements of the kitten. J. Small Anim. Pract. 8:351-363.

Lederman, J. D., K. M. Overon, N. E. Hofmann, B. J. Moore, J. Thornton, and J. W. Erdman, Jr. 1998. Ferrets (*Mustela putoius furo*) inefficiently convert β-carotene to vitamin A. J. Nutr. 128:271-279.

Lee, D. B. N., M. Hu, L. H. Kayne, F. Nakhoul, and N. Jamgotchian. 1991. The importance of nonvitamin D-mediated calcium absorption. In Calcium-Regulating Hormones II. Calcium Transport, Bone Metabolism, and New Drugs, H. Morii, ed. Contributions to Nephrology 91: 14-20.

Leklem, J. E. 2001. Vitamin B_6. Pp. 339-396 in Handbook of Vitamins. Third edition. R. B. Rucker, J. W. Suttie, D. B. McCormick, and L. J. Machlin, eds. New York: Marcel Dekker.

Leklem, J. E., R. R. Brown, L. V. Hankes, and M. Schmaeler. 1971. Tryptophan metabolism in the cat: A study with carbon-14-labeled compounds. Am. J. Vet Res. 32:335-344.

Leveque, J. I. 1969. Ascorbic acid in treatment of the canine distemper complex. Vet. Med. Small Anim. Clin. 64:997-999.

Levine, J. S., R. H. Allen. D. H. Alpers, and B. Seetharam. 1984. Immunocytochemical localization of the intrinsic factor-cobalamin receptor in dog-ileum: Distribution of intracellular receptor during cell maturation. J. Cell Biol. 98:1111-1118.

Linnell, J. C., L. Collings, M. C. Down, and J. M. England. 1979. Distribution of endogenous cobalamin between the transcobalamins in various animals. Clin. Sci. 57:139-144.

Lisciandro, S. C., A. Hohenhaus, and M. Brooks. 1998. Coagulation abnormalities in 22 cats with naturally occurring liver disease. J. Vet. Intern. Med. 12:71-75.

Littlewood, J. D., S. C. Shaw, and L. M. Coombes. 1995. Vitamin K-dependent coagulopathy in a British Devon Rex cat. J. Small Anim. Prac. 36:115-118.

Loew, F. M., C. L. Martin, R. H. Dunlop, R. J. Mapletoft, and S. I. Smith. 1970. Naturally-occurring and experimental thiamine deficiency in cats receiving commercial cat food. Can. Vet. J. 11:109-113.

Lowe, J. S., R. A. Morton, and J. Vernon. 1957. Unsaponifiable constituents of kidneys of various species. Biochem. J. 67:228-234.

Lumeng, L., R. E. Brashear, and T. K. Li . 1974. Pyridoxal 5′-phosphate in plasma: Source, protein-binding, and cellular transport. J. Lab. Clin. Med. 84:334-343.

Lynch, P. L., and I. S. Young. 2000. Determination of thiamine by high-performance liquid chromatography. J. Chromatogr A881:267-284.

Lynch, P. L., E. R. Trimble, and I. S. Young. 1997. High-performance liquid chromatographic determination of thiamine diphosphate in erythrocytes using internal standard methodology. J. Chromatogr. B Biomed Sci. Appl. 701:120-123.

Maas, A. R., L. Michaud, H. Spector, C. A. Elvehjem, and E. B. Hart. 1944. The relation of thiamine to blood regeneration. Arch. Biochem. Biophys. 4:105-110.

Maddison, J. E., A. D. Watson, I. G. Eade, and T. Exter. 1990. Vitamin K-dependent multifactor coagulopathy in Devon Rex cats. J. Am. Vet. Med. Assoc. 197:1495-1497.

Maddock, C. L., S. B. Wolbach, and S. Maddock. 1949. Hypervitaminosis A in the dog. J. Nutr. 39: 117-137.

Maden, M. 1994. Vitamin A in embryonic development. Nutr. Rev. 52:S3-S12.

Madhavan, T. V., B. Belavady, and C. Gopalan. 1968. Pathology of canine black tongue. J. Path. Bacteriol. 95:259-263.

Malik, R., C. Laing, P. E. Davis, G. S. Allan, and D. I. Wigney. 1997. Rickets in a litter of racing Greyhounds. J. Small Anim. Prac. 38:109-114.

Manson, J. A., and K. J. Carpenter. 1978. The effect of high levels of dietary leucine on the niacin status of dogs. J. Nutr. 108:1889-1898.

Mansur Guerios, M. F., and G. Hoxter. 1962. Hypoalbuminemia in choline deficient cats. Protides Biol. Fluids Proc. Colloq. 10:199-201.

March, B. E., E. Wong, L. Seier, J. Sim, and J. Biely. 1973. Hypervitaminosis E in the chick. J. Nutr. 103:371-377.

Margolis, G., L. H. Margolis, and S. Gower Smith. 1938. Cure of experimental canine blacktongue with optimal and minimal doses of nicotinic acid. J. Nutr. 16:541-548.

Mason, J. B., N. Gibson, and E. Kodicek. 1973. The chemical nature of the bound nicotinic acid of wheat bran: Studies of nicotinic acid-containing macromolecules. Br. J. Nutr. 30:297-311.

McCormick, D. B. 1990. Riboflavin. P. 146 in Present Knowledge in Nutrition. 6th edition. M. L. Brown, ed., Washington, D.C.: International Life Sciences Institute.

McCormick, D. B. 1994. Riboflavin. P. 366 in Modern Nutrition in Health and Disease. 8th edition. M. E. Shils, J. A. Olsen, and M. Shike, eds. Philadelphia: Lea and Febiger.

McCormick, D., and Z. Zhang. 1993. Cellular assimilation of water-soluble vitamins in the mammal: Riboflavin, B_6, biotin and C. Proc. Soc. Exp. Biol. Med. 202:265-270.

McKibbin, J. M., R. J. Madden, S. Black, and C. A. Elvehjem. 1939. The importance of vitamin B_6 and factor W in the nutrition of dogs. Am. J. Physiol. 128:102-110.

McKibbin, J. M., S. Black, and C. A. Elvehjem. 1940. The essential nature of pantothenic acid and anther alkali labile factor in the nutrition of the dog. Am. J. Physiol. 130:365-372.

McKibbin, J. M., A. E. Schaefer, D. V. Frost, and C. A. Elvehjem. 1942. Studies on anemia in dogs due to pyridoxine deficiency. J. Biol. Chem. 142:77-84.

McKibbin, J. M., S. Thayer, and F. J. Stare. 1944. Choline deficiency studies in dogs. J. Lab. Clin. Med. 29:1109-1122.

McKibbin. J. M., R. M. Ferry, S. Thayer, E. G. Patterson, and F. J. Stare. 1945. Further studies on choline deficiency in dogs. J. Lab. Clin. Med. 30:422-428.

Medical Research Council (MRC). 1991. Vitamin Study Group. Prevention of neural tube defects: Results of the Medical Research Council Vitamin Study. Lancet 338:131-137.

Meir, H., S. T. Clark, G. B. Schnelle, and D. H. Will. 1957. Hypertrophic osteodystrophy associated with disturbance of vitamin C synthesis in dogs. J. Am. Vet. Med. Assoc. 130:483-491.

Mellanby, E. 1918. A further demonstration of the part played by accessory food factors in the aetiology of rickets. Proc. Physiol. Soc. 5: liii-liv.

Mellanby, E. 1919. An experimental investigation on rickets. Lancet 4965:407-412.

Mellanby, E. 1921. Experimental rickets. Special Report, Series 61. Medical Research Council. His Majesty's Stationery Office. London, GB.

Mellanby, E. 1925. Experimental rickets. The effect of cereals and their interaction with other factors of diet and environment in producing rickets. Special Report Series. No. 93 Medical Research Council. His Majesty's Stationery Office, London.

Mellanby, E. 1938. The experimental production of deafness in young animals by diet. J. Physiol. 94:380-398.

Michaud, L., and C. A. Elvehjem. 1944. The nutritional requirements of the dog. North Am. Vet. 25:657-666.

Mock, D. M. 2001. Biotin. Pp. 397-426 in Handbook of Vitamins. Third edition. R. B. Rucker, J. W. Suttie, D. B. McCormick, and L. J. Machlin, eds. New York: Marcel Dekker.

Mock, D. M., and M. I. Malik. 1992. Distribution of biotin in human plasma: Most of the biotin is not bound to proteins. Am. J. Clin. Nutr. 56:427-432.

Molitor, H. 1942. Vitamins as pharmacological agents. Fed. Proc. 1:309-315.

Moore, F. M., M. Kundisch, and A. Faggella. 1988. Hypercalcemia associated with rodenticide poisoning in three cats. J. Am. Vet. Med. Assoc. 193:1099-1100.

Moore, T., I. M. Sharman, and P. P. Scott. 1963. Vitamin A in the kidneys of the cat. Res. Vet. Sci. 4:397-407.

Morgan, A. F., and L. S. Bentley. 1943. The excretion of vitamin A in dog urine. Fed. Proc. 2:67 (abstract).

Morgan, A. F., and N. Shimotori. 1943. The absorption and retention by dogs of single massive dose of various forms of vitamin D. J. Biol. Chem. 147:189-200.

Morgan, A. F., and D. H. Simms. 1940. Greying of fur and other disturbances in several species due to a vitamin deficiency. J. Nutr. 19:233-250.

Morgan, A. F., H. E. Axelrod, and M. Groody. 1947. The effect of a single massive dose of vitamin D_2 on young dogs. Am. J. Physiol. 149:333-339.

Morita, T., T. Awakura, A. Shimada, T. Umemura, T. Nagai, and A. Haruna. 1995. Vitamin D toxicosis in cats: Natural outbreak and experimental study. J. Vet. Med. Sci. 57:831-837.

Morris, J. G. 1977. The essentially of biotin and vitamin B_{12} for the cat. Pp. 15-18 in Proceedings of the Kal Kan Symposium for the Treatment of Dog and Cat.

Morris, J. G. 1996. Vitamin D synthesis by kittens. Vet. Clin. Nutr. 3: 88-92.

Morris, J. G. 1999. Ineffective vitamin D synthesis in cats is reversed by an inhibitor of 7-dehydrocholesterol-Δ^7-reductase. J. Nutr. 129:903-909.

Morris, J. G. 2002a. Idiosyncratic nutrient requirements of cats appear to be diet-induced evolutionary adaptations. Nutr. Res. Rev. 15:153-168.

Morris, J. G. 2002b. Cats discriminate between cholecalciferol and ergocalciferol. J. Anim. Physiol. Anim. Nutr. 86:229-238.

Morris, J. G., and K. E. Earle. 1999. Growing kittens require less dietary calcium than current allowances. J. Nutr. 129:1698-1704.

Morris, J. G., C. S. Kirk, and K. Burek. 1994. Vitamin D deficiency in kittens exposed to ultraviolet light or sunlight. FASEB J. 8:A190 (1099).

Morris, J. G., K. E. Earle, and P. A. Anderson. 1999. Plasma 25-hydroxyvitamin D in growing kittens is related to dietary intake of cholecalciferol. J. Nutr. 129:909-912.

Muggli, R. 1994. Physiological requirements of vitamin E as a function of the amount and type polyunsaturated fatty acid. World Rev. Nutr. Diet. 75:166-168.

Munson, T. O., J. Holzworth, E. Small, S. Witzel, T. C. Jones, and H. Luginbohl. 1954. Steatitis ("yellow fat") in cats fed canned red tuna. J. Am. Vet. Med. Assoc. 133:563-568.

Murthy, P. N. A., and S. P. Mistry. 1977. Biotin. Prog. Food Nutr. Sci. 2:405-455.

Naismith, D. H. 1958. Ascorbic acid requirements of the dog. Proc. Nutr. Soc. 17:xlii-xliii.

Naismith, D. J., and P. L. Pellett. 1960. The water-soluble vitamin content of blood serum and milk of the bitch. Proc. Nutr. Soc. 19:xi.

Nakagawa, I., and A. Sasaki. 1977. Effect of excess intake of leucine, with and without addition of vitamin B_6 and/or niacin, on tryptophan and niacin metabolism in rats. J. Nutr. Sci. Vitaminol. 23:535-548.

Nakano, K., Y. Sugawara, M. Ohashi, and S. Harigaya. 1986. Glucoside formation as a novel metabolic pathway of pantothenic acid in the dog. Biochem. Pharmacol. 35:3745-3752.

National Research Council (NRC). 1985. Nutrient Requirements of Dogs. Washington, D.C.: National Academy Press.

National Research Council (NRC). 1986. Nutrient Requirement of Cats. Washington, D.C.: National Academy Press.

National Research Council (NRC). 1987. Vitamin Tolerances of Animals. Washington, D.C.: National Academy Press.

Neal, R. A., and H. E. Sauberlich. 1980. Thiamine in Modern Nutrition in Health and Disease. 6th edition. Philadelphia: Lea and Febiger.

Nelp, W. B., H. N. Wagner, R. C. Reba, P. G. Dennis, and R. E. Bower. 1964. Renal excretion of vitamin B_{12} and its use in measurement of glomerular filtration rate in man. J. Lab. Clin. Med 63:480-491.

Nelson, R. A., C. F. Code, and A. L. Brown. 1962. Sorption of water and electrolytes, and mucosal structure in niacin deficiency. Gastroenterology 42:26-35.

Newberne, P. M., and A. E. Rogers. 1986. Labile methyl group and the promotion of cancer. Ann. Rev. Nutr. 6:407-432.

Noel, P. R. B., H. Chesterman, D. W. Jolly, and H. Partington. 1971. Thiamine (vitamin B_1) supplementation in the dog. Vet. Rec. 89:260-266.

Noel, P. R. B., H. Chesterman, R. Heywood, D. H. Jolly, and H. Partington. 1972. Riboflavin supplementation in the dog. Res. Vet. Sci. 13:443-450.

Okuda, K., T. Kitazaki, and M. Morokuma. 1973. Intestinal vitamin B_{12} absorption and gastric juice in the cat. Digestion 8:417-428.

Olson, J. A. 2001. Vitamin A. Pp. 1-50 in Handbook of Vitamins. Third edition. R. B. Rucker, J. W. Suttie, D. B. McCormick, and L. J. Machlin, eds. New York: Marcel Dekker.

Omaye, S. T. 1984. Safety of megavitamin therapy. In Nutritional and Toxicological Aspects of Food Safety, M. Friedman, ed. Adv. Exp. Med. Biol. 177:169-203.

Partington, H., C. E. Waterhouse, and T. Taylor 1964. The urinary excretion of thiamine by the cat including measurement of the response to test doses of the vitamin. J. Small Anim. Prac. 5:493-502.

Pastoor, F. J. H., A. T. H. Van't Klooster, and A. C. Beynen. 1991. Biotin deficiency in cats as induced by feeding a purified diet containing egg white. J. Nutr. 124S:73S-74S.

Peters, T. J., J. C. Linnell, D. A. Matthews, and A. V. Hoffbrand. 1971. Absorption of vitamin B_{12} in the guinea-pig. III. The forms of vitamin B_{12} in ileal mucosa and portal plasma in the fasting state and during absorption of cyanocobalamin. Br. J. Haematol. 28:299-305.

Peterson, E. N., R. Kirby, and K. C. Bovee. 1991. Cholecalciferol rodenticide intoxication in a cat. J. Am. Vet. Med. Assoc. 199:904-906.

Phelps, D. L. 1981. Local and systemic reactions to the parenteral administration of vitamin E. Dev. Pharmacol. Ther. 2:156-171.

Phillips, W. E. J., J. H. L. Mills, S. M. Charbonneau, L. Tryphonas, G. V. Hatina, Z. Zawidzka, F. R. Bryce, and I. C. Munro. 1978. Subacute toxicity of pyridoxine hydrochloride in the beagle dog. Toxicol. Appl. Pharmacol. 44:323.

Pillai, S. R., J. E. Steiss, M. G. Traber, H. J. Kayden, and J. C. Wright. 1992. Comparison of four erythrocyte fragility tests as indicators of vitamin E status in adult dogs. J. Comp. Path. 107:399-410.

Pillai, S. R., M. G. Traber, J. E. Steiss, and H. J. Kayden. 1993. Depletion of adipose tissue and peripheral nerve α-tocopherol in adult dogs. Lipids 28:1095-1099.

Plesofsky, N. S. 2001. Pantothenic acid. Pp. 317-337 in Handbook of Vitamins. Third edition. R. B. Rucker, J. W. Suttie, D. B. McCormick, and L. J. Machlin, eds. New York: Marcel Dekker.

Potter, R. L., A. E. Axelrod, and C. A. Elvehjem. 1942. The riboflavin requirement of the dog. J. Nutr. 24:449-460.

Power, H. T., and P. J. Ihrke. 1990. Synthetic retinoids in veterinary dermatology. Small Animal Practice. 20:1525-1539.

Price, P. A., J. R. Buckley, and M. K. Williamson. 2001a. The amino bisphosphonate ibandronate prevents vitamin D toxicity and inhibits vitamin D-induced calcification of arteries, cartilage, lungs and kidneys in rats. J. Nutr. 131:2901-2905.

Price, P. A., S. A. Faus, and M. K. Williamson. 2001b. Bisphosphonates alendronate and ibandronate inhibit artery calcification at doses comparable to those that inhibit bone resorption. Arterioscler. Thromb. Biol. 21:817-824.

Pshonik, A. T., and A. A. Gribanov. 1961. The effect of vitamin B_{12} on the conditioned reflex activity of dogs. Zh. Vyssh. Nervn. Deyat. 11:1026.

Quadros, E. M., D. M. Matthews, I. J. Wise, and J. C. Linnell. 1976. Tissue distribution of endogenous cobalamins and other corrins in the rat, cat and guinea pig. Biochim. Biophys. Acta 421:141-152.

Quick, A. J., G. E. Collentine, and C. V. Hussey. 1962. Vitamin K requirements of the growing pup. J. Nutr. 77:28-32.

Rapazzo, M. E., and C. A. Hall. 1972. Cyanocobalamin transport proteins in canine plasma. Am. J. Physiol. 222:202-206.

Rea, J. L., and J. C. Drummond. 1932. On the formation of vitamin A from carotene in the animal organism. Zeitschrift für Vitaminforfchung. 1:177-183.

Read, D. H., and D. D. Harrington. 1981. Experimentally induced thiamine deficiency in Beagle dogs: Clinical observations. Am. J. Vet. Med. Res. 42:984-991.

Read, D. H., and D. D. Harrington. 1982. Experimentally induced thiamine deficiency in Beagle dogs: Clinicopathologic findings. Am. J. Vet. Med. Res. 43:1258-1267.

Read, D. H., and D. D. Harrington. 1986. Experimentally induced thiamine deficiency in Beagle dogs: Pathologic changes of the central nervous system. Am. J. Vet. Med. Res. 47:2281-2289.

Read, D. H., R. D. Jolly, and M. R. Alley. 1977. Polioencephomalacia of dogs with thiamine deficiency. Vet. Pathol. 14:103-112.

Riis, R. C., B. E. Sheffy, E. Loew, T. J. Kern, and J. S. Smith. 1981. Vitamin E deficiency retinopathy in dogs. Am. J. Vet Res. 42: 74-86.

Rivlin, R. S., and J. T. Pinto. 2001. Riboflavin (Vitamin B_2). Pp. 255-273 in Handbook of Vitamins, Third edition. R. B. Rucker, J. W. Suttie, D. B. McCormick, and L. J. Machlin, eds. New York: Marcel Dekker.

Ross, A. C, and U. G. Hammerling. 1994. Retinoids and the immune system. Pp. 521-543 in The Retinoids: Biology, Chemistry, and Medicine. 2nd edition, M. B. Sporn, A. B. Roberts, and D. S. Goodman, eds. New York: Raven Press.

Ruaux, C. G., J. M. Steiner, and D. A. Williams. 2001. Metabolism of amino acids in cats with severe cobalamin deficiency. Am. J. Vet. Res. 62:1852-1858.

Rucker, R. B., and F. M. Steinberg. 2002. Vitamin requirements. Biochem. Mol. Biol. Educ. 30:86-89.

Russell, W. C., and M. L. Morris. 1939. Vitamin A deficiency in the dog. Experimental production of the vitamin A deficient condition. J. Am. Vet. Med. Assoc. 95:316-320.

Saari, J. C. 1994. Retinoids in photosensitive systems. Pp. 351-385 in The Retinoids: Biology, Chemistry, and Medicine. 2nd edition, M. B. Sporn, A. B. Roberts, and D. S. Goodman, eds. New York: Raven Press.

Sadek, S. E. 1962. Suspected skeletal scurvy in the dog. Vet. Rec. 74:905.

Said, H. M., and R. Mohammadkhani. 1993. Uptake of riboflavin across the brush border membrane of rat intestine: Regulation by dietary vitamin levels. Gastroenterology 105:1294-1298.

Sampson, D. A., and D. K. O'Connor. 1989. Response of B6 vitamers in plasma, erythrocytes and tissue to vitamin B-6 depletion and repletion in the rat. J. Nutr. 119:1940-1948.

Sarett, H. P. 1942. Studies in nicotinic acid metabolism. II. The fate of nicotinic acid in normal and black tongue dogs. J. Nutr. 23:35-45.

Sato, R., H. Yamagishi, Y. Naito, D. Murakami, K. Oshima, H. Takagi, S. Fujita, and J. Sasaki. 1993. Feline vitamin D toxicosis caused by a commercially available diet. J. Japanese. Vet. Med. Assoc. 46:577-581.

Sauberlich, H. E. 1985. Interactions of vitamin B_6 with other nutrients. Pp. 193-217 in Vitamin B_6: Its role in Health and Disease, R. D. Reynolds, and J. E. Leklem, eds. New York: Alan R. Liss.

Schaefer, A. E., J. M. McKibbin, and C. A. Elvehjem. 1941. Importance of choline in synthetic rations for dogs. Proc. Soc. Exp. Biol. Med. 47:365-368.

Schaefer, A. E., J. M. McKibbin, and C. A. Elvehjem. 1942a. Nicotinic acid deficiency studies in dogs. J. Biol. Chem. 144:679-685.

Schaefer, A. E., J. M. McKibbin, and C. A. Elvehjem. 1942b. Panthothenic acid deficiency studies in dogs. J. Biol. Chem. 143:321-330.

Schaeffer, M. C., Q. R. Rogers, and J. G. Morris. 1982. The choline requirement of the growing kitten in the presence of just adequate dietary methionine. Nutr. Res. 2:289-299.

Schweigert, F. J. 1988. Insensitivity of dogs to the effects of nonspecific bound vitamin A in plasma. Int. J. Vitam. Nutr. Res. 58:23-25.

Schweigert, F. J., and Bok, V. 2000. Vitamin A in blood plasma and urine of dogs is affected by the dietary level of vitamin A. Int. J. Vitam. Nutr. Res. 70:84-91.

Schweigert, F. J., O. A. Ryder, W. A. Rambeck, and H. Zucker. 1990a. The majority of the vitamin A is transported as retinyl esters in the blood of most carnivores. Comp. Biochem. Physiol A 95:573-578.

Schweigert, F. J., S. Uehlein-Harrell, and H. Zucker. 1990b. Effect of feeding on vitamin A concentrations in blood plasma of dogs. J. Vet. Med. A 37:605-609.

Schweigert, F. J., E. Thomann, and H. Zucker. 1990c. Vitamin A in the urine of carnivores. Int. J. Vit. Nutr. Res. 61:110-113.

Schweigert, F. J., J. Raila, B. Wichert, and E. Kienzle. 2002. Cats absorb β-carotene, but it is not converted to vitamin A. J. Nutr. 132:1610S-1612S.

Scott, E. M., and I. V. Griffith. 1957. Comparative study of thiamine-sparing agents in the rat. J. Nutr. 61:421-436.

Scott, M. L. 1978. Vitamin E. Pp. 133-210 in Lipid Soluble Vitamins, F. H. DeLuca, ed. New York: Plenum.

Scott, M. L. 1986. P. 225 in Nutrition of Humans and Selected Animal Species. New York: John Wiley & Sons.

Scott, P. P. 1971. Dietary requirements of the cat in relation to practical feeding problems. Small Animal Nutrition Workshop, University of Illinois College of Veterinary Medicine.

Scott, P. P., J. P. Greaves, and M. G. Scott. 1964. Nutritional blindness in the cat. Exp. Eye Res. 3:357-364.

Scudi, J. V., and M. Hamlin. 1942. The effect of pantothenic acid deficiency on the blood lipids of the dog. J. Nutr. 24:273-282.

Seawright, A. A., and J. Hrdlicka. 1974. Pathogenetic factors in tooth loss in young cats on a high daily oral intake of vitamin A. Aust. Vet. J. 50:133-141.

Seawright, A. A., P. B. English, and R. J. W. Gartner. 1967. Hypervitaminosis A and deforming cervical spondylosis of the cat. J. Comp. Path. 77:29-39.

Seawright, A. A., P. B. English, and R. J. W. Gartner. 1970. Hypervitaminosis A of the cat. Advances Vet. Sci. Comp. Path. 14:1-27.

Sebrell, W. H., R. M. Onstott, H. F. Fraser, and F. S. Daft. 1938. Nicotinic acid in the prevention of blacktongue in dogs. J. Nutr. 16:355-362.

Shearer, M. J., A. McBurney, and P. Barkham. 1974. Studies on the absorption and metabolism of phylloquinone (vitamin K_1) in man. Vitamins and Hormones 32:513-524.

Sheffy, B. E. 1964. Nutrient requirements of dogs. Pp. 159-162 in Cornell Nutrition Conference, Cornell University, Ithaca, N.Y.

Sheffy, B. E. 1972. Nutrition and infection. Pp. 55-61 in Canine Nutrition. Philadelphia: University of Pennsylvania.

Shen, S. C., L. Overfield, P. N. A. Murthy, J. E. Corbin, and S. P. Mistry. 1977. Effect of feeding raw egg-white on pyruvate and propionyl CoA carboxylase activities on tissues of the dog. Fed. Proc. 36:1169, (abstract 4750).

Shimomura, H., Y. Kanai, and K. Sanada. 1984. The primary structure of cat osteocalcin. J. Biol. Chem. 96:405-411.

Shimotori, N., and A. F. Morgan. 1943. Mechanism of vitamin D action in dogs shown by radioactive phosphorus. J. Biol. Chem. 147:201-210.

Sibler, R. H. 1944. Studies of pantothenic acid deficiency in dogs. J. Nutr. 27:425-433.

Sih, T. R., J. G. Morris, and A. Hickman. 2001. Chronic ingestion of high concentrations of cholecalciferol in cats. Am. J. Vet. Res. 62:1500-1506.

Silverman, M. 1979. Vitamin B_{12} uptake in dog kidney: Its use as an extracellular reference marker. Am. J. Physiol. 237:F25-F-33.

Simpson, K. W., J. Fyfe, A. Cornetta, A. Sachs, D. Strauss-Ayali, S. V. Lamb, and T. J. Thomas. 2001. Subnormal concentrations of serum cobalamin (vitamin B_{12}) in cats with gastrointestinal disease. J. Vet. Intern. Med. 15:26-32.

Singal, S. A., V. P. Sydenstricker, and M. J. Littlejohn. 1948. The role of tryptophan in the nutrition of dogs on nicotinic acid-deficient diets. J. Biol. Chem. 176:1051-1062.

Singh, M. M., G. K. Sinka, and B. N. Gupta. 1965. Corneal opacity in a dog. Indian Vet J. 42:879-880.

Smith, D. C., and L. M. Proutt. 1944. Development of thiamine deficiency in the cat on a diet of raw fish. Proc. Soc. Exp. Biol. Med. 56:1-3.

Smith, S. G., R. Curry, and H. Hawfield. 1943. Nicotinic acid storage in the dog at different dose levels of the vitamin. J. Nutr. 25:341-347.

Soute, B. A., M. M. Ulrich, A. D. Watson, J. E. Maddison, R. H. Ebberink, and C. Vermeer. 1992. Congenital deficiency of all vitamin K-dependent blood coagulation factors due to defective vitamin K-dependent carboxylase in Devon Rex cats. Thromb. Haemost. 68:521-525.

Southern, L. L., and D. H. Baker. 1981. Bioavailable pantothenic acid in cereal grains and soybean meal. J. Anim. Sci. 53:403-408.

Southern, L. L., D. R. Brown, D. D. Werner, and M. C. Fox. 1986. Excess supplemental choline for swine. J Anim. Sci. 62:992-996.

Spangler, W. L., D. H. Gribble, and T. C. Lee. 1979. Vitamin D intoxication and the pathogenesis of vitamin D nephropathy in the dog. Am. J. Vet. Res. 40:73-83.

Spector, H., A. R. Maass, L. Michaud, C. A. Elvehjem, and E. B. Hart. 1943. The role of riboflavin in blood regeneration. J. Biol. Chem. 150:75-87.

Steenbock, H., E. M. Nelson, and E. B. Hart. 1921. Fat soluble vitamine. IX. Incidence of an ophthalmic reaction in dogs fed fat soluble vitamine deficient diet. Am. J. Physiol. 58:14-19.

Steinberg, F. M., E. Gershwin, and R. B. Rucker. 1994. Dietary pyrroloquinoline quinone: Growth and immune response in ALB/c mice. J. Nutr. 124:744-753.

Stimson, A. M., and O. F. Hedley. 1933. Observation of vitamin A deficiency in dogs. U.S. Public Health Rep. 48:455.

Stites, T. E., A. E. Mitchell, and R. B. Rucker. 2000. Physiological importance of quinoenzymes and *O*-quinone family of cofactors. J. Nutr. 130:719-727.

Street, H. R., and G. R. Cowgill. 1937. The cure of canine blacktongue with nicotinic acid. Proc. Soc. Exp. Biol. Med 37:547-548.

Street, H. R., and G. R. Cowgill. 1939. Acute riboflavin deficiency in the dog. Am. J. Physiol. 125: 323-334.

Street, H. R., G. R. Cowgill, and H. M. Zimmerman. 1941a. Further observations of riboflavin deficiency in the dog. J. Nutr. 22:7-24.

Street H. R., H. M. Zimmerman, G. R. Cowgill, H. E. Hoff, and J. C. Fox. 1941b. Some effects produced by long-continued sub-minimal intakes of vitamin B_1. Yale J. Biol. Med. 13:293-308.

Strieker, M. J., J. G. Morris, B. F. Feldman, and Q. R. Rogers. 1996. Vitamin K deficiency in cats fed commercial fish-based duets. J. Small. Anim. Prac. 37:322-326.

Studdert, V. P., and R. H. Labuc. 1991. Thiamine deficiency in cats and dogs associated with the feeding of meat preserved with sulphur dioxide. Aust. Vet. J. 68:54-57.

Sudadolnik, R. J., C. O. Stevens, R. H. Dechner, L. M. Henderson, and L. V. Hankes. 1957. Species variation in the metabolism of 3-hydroxyanthranilate to pyridinecarboxylic acids. J. Biol. Chem. 228:973-982.

Suttie, J. W. 2001. Vitamin K. Pp. 115-164 in Handbook of Vitamins. Third edition, R. B. Rucker, J. W. Suttie, D. B. McCormick, and L. J. Machlin, eds. New York: Marcel Dekker.

Takanga, H., H. Maeda, H. Yabuuchi, I. Tamai, H. Higashida, and A. Tsuji. 1996. Nicotinic acid transport mediated by pH-dependent anion antiporter and proton cotransporter in rabbit intestinal brush-border membrane. J. Pharm. Pharmacol. 48:1073-1077.

Takenaka, M., Y. Yamane, and T. Umemura. 1992. Dietary calcinosis in the cat. J. Anim. Clin. Res. Found. 1:9-16.

Talwar, D., H. Davidson, J. Cooney, and D. St. J. O'Reilly. 2000. Vitamin B_1 status assessed by direct measurement of thiamine pyrophosphate in erythrocytes or whole blood by HPLC: Comparison with erythrocyte transketolase activation assay. Clin. Chem. 46:704-710.

Tanphaichitr, V. 2001. Thiamine. Pp. 275-316 in Handbook of Vitamins. Third edition, R. B. Rucker, J. W. Suttie, D. B. McCormick, and L. J. Machlin, eds. New York: Marcel Dekker.

Taylor, T., D. R. Hawkins, D. E. Hathway, and H. Partington. 1972. A new urinary metabolite of pantothenate in dogs. Br. Vet. J. 128:500-505.

Taylor, T., B. D. Cameron, D. E. Hathway, and H. Partington. 1974. The disposition of pantothenate in dogs. Res. Vet. Sci. 16:271-275.

Tepley, L. J., W. A. Krehl, and C. A. Elvehjem. 1947. The intestinal synthesis of niacin and folic acid in the rat. Am. J. Physiol. 148:91-97.

Thenen, S. W., and K. M. Rasmussen. 1978. Megaloblastic erythropoiesis and tissue depletion of folic acid in the cat. Am. J. Vet. Res. 39:1205-1207.

Toman, J. E. P., G. M. Everett, R. H. Oster, and D. C. Smith. 1945. Origin of cardiac disorders in thiamine-deficient cats. Proc. Soc. Exp. Biol. Med. 58:65-67.

Traber, M. G., S. R. Pillai, H. J. Kayden, and J. E. Steiss. 1993. Vitamin E deficiency in dogs does not alter preferential incorporation of *RRR*-alpha-tocopherol compared with all *rac*-alpha-tocopherol into plasma. Lipids 28:1107-1112.

Traber, M. G., D. Rader, R. V. Acuff, R. Ramakrishman, H. B. Brewer, and H. J. Kayden. 1998. Vitamin E dose-response studies in humans with use of deuterated *RRR*-α-tocopherol. Am J. Clin. Nutr. 68:847-853.

Trang, H. M., D. E. C. Cole, L. A. Rubin, A. Pierratos, S. Siu, and R. Veith. 1998. Evidence that vitamin D_3 increases serum 25-hydroxyvitamin D more efficiently than does vitamin D_2. Am J. Clin. Nutr. 68:854-858.

Truswell, A. S., G. A. Goldsmith, and W. N. Pearson. 1963. Leucine and pellagra. Lancet 788.

Tryfonidou, M. A. 2002. Involvement of Vitamin D_3 metabolism in calcium homeostasis and skeltal development in growing dogs. Thesis, Faculty of Veterinary Medicine, Utrecht University.

Tryfonidou, M. A., J. J. Stevenhagen, G. J. C. M. van den Bemd, M. A. Oosterlaken-Dijksterhuis, H. F. DeLuca, J. A. Mol, W. E. van den Brom, J. P. T. M. van Leeuwen, and H. A. W. Hazewinkel. 2002. Moderate cholecalciferol supplementation depresses intestinal calcium absorption in growing dogs. J. Nutr. 132:2644-2650.

Tucker, H. F., and H. C. Eckstein. 1937. The effect of supplementary methionine and cystine on the production of fatty livers by diet. J. Biol. Chem. 121:479.

Tully, D. B., V. E. Allgood, and J. A. Cidlowski. 1994. Modulation of steroid receptor-mediated gene expression by vitamin B_6. FASEB J. 8:343-349.

Turner, R. G. 1934. Effect of prolonged feeding of raw carrots on vitamin A content of liver and kidneys of the dog. Proc. Soc. Exp. Biol. Med. 31:866-868.

United States Pharmacopeia. 1985. United States Pharmacopeial Convention. Rockville, Md.

Unna, K. 1940. Studies on the toxicity and pharmacology of vitamin B_6 (2-methyl-3-hydroxy-4,5-bis-(hydroxymethyl)-pyridine. J. Pharmocol. Exp. Ther. 70:400-407.

Unna, K., and W. Antopol. 1940. Toxicity of vitamin B_6. Proc. Soc. Exp. Biol. Med. 43:116-118.

Unna, K., and J. G. Greslin. 1942. Studies on the toxicity and pharmacology of riboflavin. J. Exp. Pharmacol. Exp. Ther. 76:75-80.

Vaananen, M., and L. Wikman. 1979. Scurvy as a cause of osteodystrophy: Two case reports. J. Small Anim. Prac. 8:491-500.

Vaden, S. L., P. A. Wood, F. D. Ledley, P. E. Cornwall, R. T. Miller, and R. Page. 1992. Cobalamin deficiency associated with methylmalonic aciduria in a cat. J. Am. Vet. Med. Assoc. 200:1101-1103.

Vaillant C., N. U. Horadagoda, and R. M. Batt. 1990. Cellular localization of intrinsic factor in pancreas and stomach of the dog. Cell Tissue Res. 260:117-122.

Van Vleet, J. F. 1975. Experimentally induced vitamin E-selenium deficiency in the growing dog. J. Am. Vet. Med. Assoc 166:769-774.

Voegtlin, C., and G. C. Lake. 1919. Experimental mammalian polyneuritis produced by a deficient diet. Am. J. Physiol. 47:458-589.

Wandzilak, T. R., S. D. D'Andre, P. A. Davis, and H. E. Williams. 1994. Effect of high dose vitamin C on urinary oxalate levels. J. Urol. 151:834-837.

Warnock, L. G., C. R. Prudhomme, and C. Wagner. 1978. Determination of thiamine pyrophosphate in blood and other tissues, and its correlation with erythrocyte transketolase activity. J. Nutr. 108:421-427.

West, C. E. 2000. Meeting requirements for vitamin A. Nutr. Rev. 58:341-345.

Wheeler, G. A., J. Goldberger, and Blackstock. 1922. On the probable identity of the Chittenden-Underhill pellagra-like syndrome in dogs and "black-tongue." Public Health Report, 37:1063-1069.

WHO. 1966. World Health Organization. Page 130 in Eighteenth Report of the WHO Expert Committee on Biological Standardization: Technical Report Series No. 329. Geneva:WHO.

Wiersig, D. O., and M. J. Swenson. 1967. Teratogenicity of vitamin A in the canine. Fed. Proc. 26:486 (abstract).

Witting, L. A., and M. K. Horwitt. 1964. Effects of dietary selenium, methionine, fat level and tocopherol on rat growth. J. Nutr. Dec(84):351-360.

Wolf, B., G. Heard, J. R. S. McVoy, and H. M. Raetz. 1984. Biotinidase deficiency: The possible role of biotinidase in the processing of dietary protein-bound biotin. J. Inherited Metab. Dis. 7:121-122

Wyss, A., G. Wirtz, W. Waggon, R. Brugger, M. Wyss, A. Friedlein, H. Bachmann, and W. Huziker. 2000. Cloning and expression of β, β-carotene 15,15′-dioxygenase. Biochem. Biophys. Res. Comm. 271:334-336.

Wyss, A., G. M. Wirtz, W. D. Waggon, R. Brugger, M. Wyss, A. Friedlein, G. Riss, H. Bachmann, and W. Huziker. 2001. Expression pattern and localization of β, β-carotene 15,15′-dioxygenase in different tissues. Biochem. J. 354:521-529.

Yu, S., and J. G. Morris. 1998. Folate requirements of growing kittens to prevent elevated formiminoglutamic acid excretion following histidine loading. J. Nutr. 128:2606S-2608S.

Yu, S., E. Shultze, and J. G. Morris. 1999. Plasma homocysteine concentration is affected by folate status, and sex of cats. FASEB J. 13:A229.

Zamboni, G., G. Piemonte, A. Bolner, F. Antoniazzi, A. Dall'Agnola, H. Messner, G. Gambaro, and L. Tato. 1993. Influence of dietary taurine on vitamin D absorption. Acta Paediatr. 82:811-815.

Zhang, Y., and P. A. Rosenberg. 2002 The essential nutrient pyrroloquinoline quinone may act as a neuroprotectant by suppressing peroxynitrite formation. Eur. J. Neurosci. 16:1015-1024.

9 水

Water

9.1 一般原理

9.1.1 功能

水是一种必需营养物质，但在有关日粮需求量的研究中，水是讨论得最少的营养物质。水是犬猫能最常自由获得的营养物质，且水与日粮的其他部分分开。同样，当水供给量充足时，健康的犬猫能有效地自我调节摄入量，以满足它们的需求。因此，水的贡献总是在很大程度上被忽视，且通常不被认为是日粮的关键组成部分。尽管如此，它对一切活细胞的功能至关重要。

在机体内，水的功能不计其数。水是绝大多数细胞内外化学反应的溶剂。水是大多数体组织和体液的重要组成部分。作为血液的主要成分，水便于运输氧和营养物质到身体各个部位。水也是正常消化食物、体温调节、排泄粪尿所必需的（Case 等，2000）。猫采食了干饲料（水分 5.7%）后的胃排空时间，比采食罐装食品（水分 75%）的要长，并且前者的胃排空时间随着水的增加而缩短（Goggin 等，1998）。

9.1.2 犬猫的摄入量调节

在犬猫中，水损失主要发生在呼吸作用和产生粪尿时。尽管水的损失是整天持续的，但陆地动物如犬猫喝水却是周期性的。口渴与机体水分含量、血浆渗透压及水摄入量直接相关，在轻度脱水之前，可能不会口渴（Ramsey 和 Thrasher，1991）。给脱水的犬颈动脉注射少量水或通过静脉输入大量水会减少其自愿饮水，这也表明细胞内外均脱水。

犬的水消耗量与机体水的缺乏成比例（Adolph，1939）。损失 0.5%体重的水，刺激了犬的自主饮水，自主饮水的时间与达到这一损失程度的时间是分开的（Robinson 和 Adolph，1943）。在这个生命危急时刻最初的饮水虽不能完全恢复体重，但研究者认为足以满足体内相关物质对水的需求。

此外，脱水和增加的水损失，也促进了水的摄取。虽然暴露于热环境下促进了犬对水的摄取，但在正常的环境条件下，饮水时间与失水程度相关（Robinson 和 Adolph，1943）。在供热期间或稍后饮水不影响总的水摄入量。

当犬在跑步机上运动时，发现运动后立即供水比 5～30 min 后供水对犬的摄水量有更大的刺激（O'Connor，1975）。不过，两者的平均差别在统计上并不显著。在这 2 种情况下犬都没有摄入足够的水完全补偿蒸发损失。然而，犬在运动期间有多种摄水的机会，可饮足够量的水来弥补满足总蒸发损失。通过胃管使犬在运动前摄入 10～20 mL/kg BW 的水会削弱或停止饮水但不会引起利尿。体内损失 0.5%～1.0%的水，对于通过脱水方式来促进饮水是必要的，无论是在正常环境还是在高温环境下，这对非运动犬也同样如此，但还无法解释在运动过程中或在运动结束时对饮水的额外刺激的机制。

在停止脱水后，犬可以大量饮水使它在数分钟后恢复。由于在水完全经胃肠消化之前，摄水活动便停止，这表明恢复体内含水量之外的因素在发挥着作用。带有食管或胃瘘管的脱水犬的摄水量与正常犬的相等，与存在缺乏症的犬也是一致的（Adolph，1943；Ramsay 和 Thrasher，1991）。对摄入量的口咽计量和对抗利尿激素分泌的抑制，有利于降低短期过度摄水的危险（Ramsay 和 Thrasher，1991）。

食物的数量和养分含量会影响水的摄入。食物的成分是恒定的，因此，摄水量与采食量线性相关（Cizek，1959）。自主饮水量的调节取决于犬粮和猫粮的含水量（Cizek，1959；Seefeldt 和 Chapman，1979）。

饥饿造成成年犬饮水量显著减少，虽然摄取量随着脱水时间延长而逐渐增大(Cizek,1959)，但总摄入量只有正常的 1/5 ～ 1/3 (Kleitman, 1927; Gregersen, 1932)。禁食但允许自由摄水的犬的脱水程度，虽然没有禁食禁水犬或禁水犬的严重，但消耗的蛋白质(N 平衡所必需的)过多(Danowski 等,1944)。

采食过多的蛋白质或碳水化合物(但不是脂肪)既会增加采食量也会增加水的存留量(Golob 等,1984)。摄水量也随猫日粮蛋白质浓度的升高而增加(Funaba 等,1996)。摄入高盐(氯化钠)后犬的自由饮水量增加了 4 倍，而限盐的话，可减少平常水消耗的 20%(Cowley 等,1983)。

采食行为本身也有利于促进摄取水。进食后饮水可能是由于胃液和其他流体进入胃肠道而刺激产生的(Gregersen,1932)。进食后几个小时才饮水，会减少犬 24 h 的水摄入量。给犬每隔 24 h 饲喂 1 次，可观察到一些餐前饮水行为(Ramsay 和 Thrasher,1991)。猫定期饲喂与连续饲喂相比，食物和水的消耗量都降低了(Finco 等,1986)。

9.1.3 犬猫的水缺乏

对于大多数养分，在出现很明显的临床缺乏症之前，可能需要数周、数月甚至更长的时间。并且，在体内储存的许多物质几乎消耗殆尽时，才会使生命受到威胁。相反，水的临床缺乏症在几天之内就能出现，体内水仅有 5%的下降就会出现缺乏症(Kirk 和 Bistner,1981)。当水损失超过 10%时，就会产生严重的健康问题，当接近 15%时，有可能导致死亡(Kirk 和 Bistner,1981;Hoskins,1995)。

只要犬或猫在任何一段连续时间内不能得到足够数量的水，普通的水缺乏就可发生(Seigmund 和 Fraser,1979)。虽然动物在水充足的情况下，可以忍受较高的钠含量(可高达饲粮的 13%)，但畜禽的脱水仍被称作“食盐中毒”(Buck 等,1976)。犬在摄入盐为 4 g/(kg BW · d)时，只要允许自由饮水，在第 6 天时都没有出现盐的大量储存(Ladd 和 Raisz,1949)。从“盐粉”——细磨盐大量摄入钠，犬会得癫痫、高钠血症或死亡(Khanna 等,1997)。急性呕吐和强直痉挛的发作可能限制了自由饮水。

水缺乏大多是由于饲养管理落后，如供水中断、被污染或因其他原因不能饮水。不能补偿因一些无意识活动而损失的水分(如热应激或运动增加时)可能也是一个原因。缺乏症也有可能由于疾病或由于动物无力接触和消耗水而减少了摄水量，或是由于呕吐、腹泻或出血增加了液体流失。这些情况也可导致并发性的电解质和其他物质的损失，从而造成各种营养缺乏症。

纯水分缺乏造成的最主要的初步临床症状，是皮肤的弹性降低(Seigmund 和 Fraser, 1979; Kirk 和 Bistner,1981)。当所有身体组织都缺水，其早期的反应是牺牲细胞内水来维持血容量。增加从粪尿中的再吸收也有利于控制损失。不管怎样，组织有可能成为高渗，对组织功能造成不良影响。唾液的分泌和食欲可能会降低。虽然这可能会抑制水和其他营养物质的摄入，但它也可以减少无意义的损失(因消化食物和排出废物)。当脱水程度增加时，血液最终变稠、容量降低和循环受损，这反过来又进一步影响重要器官如心脏、脑、肺和肾的功能。“盐毒”在某些物种中主要产生神经系统症状(Buck 等,1976;Khanna 等,1997)。死亡则可能是由于多器官功能衰竭。

9.2 犬的需要量

9.2.1 维持需要量

满足水需求可通过多种自由摄取的水形式，包括自由饮用的水(自由水)、作为食物组成部分的水(结合水)或在含能养分代谢过程中产生的内源水(代谢水)。氧化 100 g 蛋白质、脂肪、碳水化合物产生的水量分别约为 41、107 和 60 g(Rowntree,1922)。一般来说，每 100 kcal 代谢能产生 10～16 mL 的水(NRC,1985)。

已经可用几种方法来估计为维持正常的水平衡的每日需求量。最简单的就是仅基于体重来估算，且通常用于估算正在接受肠外输液治疗的动物需要量。用这种方法估算的水需求量为 50 ～ 60 mL/kg BW (Schaer,1989)。这低于 English 和 Filippich (1980)的结果，在 22～25℃的室内，他们确定的犬平均每日摄水量(包括自由、结合和代谢水)是(72.9±3.7) mL/(kg BW · d)。但是，这高于 O'Connor 和 Potts (1969)的估计，他们确定的值只有 37.5 mL/(kg BW · d)。造成这些区别的原因是第一种方法中的犬有较多的活动和采食量。在实例中运用这一方法，一只 10 kg 重的成年犬每天将需要至少 500～600 mL 的水，来补偿持续的无意义损失和正常的产尿。不过，这个数据在动物舒适环境中活动较少的情况下才最有用。

由于水需求量似乎与采食量高度相关，其他基于采食量的估算方法，比仅基于体重考虑了更多的情况。一种方法建议日摄水量应为干物质(DM)的 2～3 倍(Case 等，2000)。上面提到的 10 kg 成年犬采食平均热量密度为 3 500 kcal ME/kg DM 的犬粮，将每天消耗约 212 g 干物质，因此每天需要水 424～636 mL。另一种方法则认为，日需水量(毫升基础)与能量摄入量(每千卡代谢能基础)呈 1∶1 的比例(Lewis，1987)。根据这个方法，同样的犬会每天消耗约 742 kcal ME(这方法中 ME = 132 kg $BW^{0.75}$)，因此也将每天需要 742 mL 的水。其中有 74～119 mL 来自代谢水。

直接来自食物的水量取决于食物的类型。干性犬粮的水分含量一般是 8%～10%，而罐头食品的水分往往超过 75%。因此，动物每天采食 212 g 干粮将只能得到约 21 mL 的水，但可从相同的罐头食品中获得 636 mL 的水。这个值加上普通代谢水，可满足犬对水的最小日需要量。因此，在不存在其他的影响时，犬吃罐头食品不会自愿饮用自由水。

9.2.2 其他生命阶段的需要量

犬在生长、妊娠和哺乳期的需要量估计应高于成年犬维持需要，但缺乏数据来确定这些生命阶段的最小需要量。由于生长期的需求可达维持需要的 2 倍，而哺乳期的需求可达维持需要的 3 倍，估计水的需要量应相应增加是合理的。对哺乳量很大的母犬来说尤其如此，它的乳产量依赖于充足的水摄入量。因此，基于热量摄入来估计水需要量是很合理的。

9.2.3 运动和环境应激的需要量

运动的维持需要量明显依赖于运动量。在 15～25℃时，久坐于笼中的犬蒸发损失为 0.5 g/(kg BW·h)，而犬交配活跃期的蒸发损失为 6.7 g/(kg BW·h)(O'Connor 和 Potts，1969)。据估计，2 h 的运动量使蒸发损失增加 1 倍。犬在跑步机上的运动量达 10 km/h 时蒸发损失为 2～7 g/(kg BW·h)，而站在跑步机上的犬蒸发损失为 0.8～1.2 g/(kg BW·h)(O'Connor，1975)。研究雪橇犬在极限条件下(气温 −35～−10℃)长途奔跑后，水周转量为 5.03 L/d [(190±19) mL/(kg BW·d)]，而同样的犬在相同环境条件下不运动，其水周转量为 0.91 L/d [(51±13) mL/(kg BW·d)](Hinchcliff 和 Reinhart，1996；Hinchcliff 等，1997)。这可解释为主要是由于增加了采食量，从而增加了产尿和排尿的溶质负荷和用水需要。据推测，通过呼吸和排便也可增加水的损失。

不利的环境条件，特别是热应激，也能影响水的最小需求量(MRs)。从机体耗散的过多热量，在很大程度上是由喘气产生的蒸发水带来的，尽管少量的排汗也可能有助于散热。并且，超过维持需求量的程度要看热应激的程度。犬在内华达州博尔德市 40～42℃时，走 5.8 h 的水消耗，为在波士顿 20～24℃时，走 7.5 h 的 2.5 倍(Dill 等，1932)。由于在这项研究中，一种动物在两个不同的地方，除了温度外很多因素都没有考虑到，因此这个结论不可用。不管怎样，在一个较近且有更多对照的有关犬在各种温度下水蒸发损失的研究中，估计在 30℃的热应激造成水需求的增加量为 6 mL/(kg $BW^{0.75}$·d·℃)(Baker，1984)。

但是，寒冷似乎并不影响水的需要量。而在上述研究中，雪橇犬在极度寒冷(环境温度为 −35～−10℃)，在奔跑情况下每天消耗超过 10 600 kcal ME 或 440 kcal ME/kg BW(Hinchcliff 和 Reinhart，1996)。因为它们的水消耗量仅为 190 mL/(kg BW·d)，水和热量的比值只有 0.41，远远低于通常所需 1∶1 的比例。然而，在同样的环境下，犬不参与运动时，水和热量的比例也较低，只有 0.49[51 mL/(kg BW·d) 水和 104 kcal ME/kg BW]。有人报道，未受训的雪橇犬在等热环境的能量需求为 55 kcal ME/(kg BW·d)。没有报道这些犬的摄水量，但如果接近 1∶1 的话，它们的消耗量非常接近在更寒冷的条件久坐的犬的消耗量。因此，虽然运动导致的过多热量消耗会使水的消耗量成比例增加，但寒冷并不增加热量的消耗。

9.3 猫的需要量

9.3.1 维持和其他生命阶段的需要量

作为基本的陆地动物，猫有发达的适应无水期的能力。它们比犬、人类和其他许多物种有更强的浓缩尿液的能力，这缓和了无意识损失的危害。猫似乎也比大多数物种更能够忍受脱水(NRC,1986)。因此,猫的水需求量比犬的要低。在猫摄水量的研究中,没有报道试验日粮的热量密度,但基于干物质摄入量和商品干粮热量的粗略估计,水(计算自由和结合水,代谢水除外)和热量比约为 0.6 (Seefeldt 和 Chapman,1978;Finco 等,1986)。如果包括代谢水,这个比例大约为 0.7。猫的商业罐头食品的水和热量比更高一些,大约为 0.9(当代谢水包括在内时约为 1.0),但由于猫在比值较低时没有显示出不良影响,那么这个比值可能有相对利尿的作用。用于估计犬维持阶段水需求量的计算方法也可应用于猫,这有高估了其真实需求的趋势,以及有些健康猫的消耗量可能会远远低于计算出来的值。

没有相关的数据表明,猫为适应生长、怀孕和泌乳所增加的需水量比例与犬有很大不同。但由于一些品种的犬平均每窝幼仔数(影响泌乳量)比猫高得多,因此所增加的需水量比例有很大不同。

最后,像犬一样将猫放在极端环境条件下是很少的,期望它们进行长时间或剧烈的运动就更不可能了。因此,与犬相比,这些因素的影响是较少被考虑的。在35℃以上的环境温度下,猫因热应激造成蒸发损失而增加的需水量为 8～12 mL/(kg $BW^{0.67}$ · d · ℃)(Adams 等, 1970;Doris 和 Baker,1981)。因此,猫一直持续在户外极温暖的环境下可能有较高的需求量。

9.3.2 水和猫的下泌尿道健康

在某些方面,猫能够浓缩尿液,也可能是与下泌尿道健康有关的一个因素(Wills 和 Simpson,1994;Case 等,2000)。尿液的矿物质浓度及其饱和度影响尿液的结晶和沉降性。尽管其他因素在这个过程中也可能起到了巨大的作用(如尿液 pH 等),但确保充足的饮水量来避免过高的尿液浓度是合理的。

流行病学研究显示,干性猫粮是导致猫下泌尿道疾病的一个危险因素(Walker 等,1977)。一些研究表明,猫科动物食用干粮不能自由地摄入足够的水,不能与罐头食品相匹配,而两者其他方面并无差异(Seefeldt 和 Chapman,1979;Anderson,1982)。在后一种情况下,虽然身体水含量和水周转并没有受到影响,猫采食干粮每克干物质所消耗的水较少。另一研究显示,当食物的水分含量从 10%增加到 75%,猫每天的平均尿量从 63 增至 112 mL (Gaskell,1985)。因此,虽然不知道过度消费罐头食品的不利影响,但罐头食品可能引起相对利尿作用(而非干粮导致摄入不足)。

饲粮类型而非单纯的含水量可能是造成摄水量差异的原因。举例来说,较高的蛋白质和/或矿物质含量饲粮可能会增加溶质负荷和随后的水消耗量及尿量(Wills 和 Simpson,1994; Funaba 等,1996) 。因为高脂肪食物热量密度的增加,总干物质摄入量可能较低,因此总溶质负荷和随后的需水量可能减少(Thrall 和 Miller,1976),粪 DM 和粪水含量也较低,因为采食高脂肪饲粮的猫的尿排出量大。日粮碳水化合物的数量和类型也可能影响粪便中的水损失。

9.4 推荐供给量

虽然可以计算犬和猫对水的最小需要量,但在大多数实际情况下这并不可靠。相反,除了在极端的情况下如严重脱水或长时间运动(见下文毒性的讨论),动物应该有自我调节摄入量的能力。因此,不考虑品种、生命阶段、环境条件、大量运动、饲粮类型或水分含量,最明智的做法是任何时候都使动物自由饮水。但是,如果不是给动物连续供水,计算需要量是必要的。水和 ME 的比值为 1 : 1 时,在大多数情况下是很合理的,在高环境温度下会有额外的需要。给动物提供各个生命阶段、预期环境和工作条件下估计需求量的 2 倍的水是明智的,因此考虑到所有的突发事件并且动物可以自由调节摄入量。

联邦条例法典第 9 条要求,在实验室条件下的犬猫每天最少要有 2 个 1 h 的时间能够自由饮水(9 CFR 3.10) 。不管怎样,动物要尽可能获得自由饮水的机会(如在实际中能经常和长时间获得水)。在任何情况下,应作出努力以确保水仍适宜动物饮用。最起码的标准应达到人类饮用水的可饮用性和水容器适当的卫生条件,这是法律为实验室动物提供的权利(9 CFR 3.10)。

摄水量随条件与日粮类型不同,将有很大的差别。在某些情况下,动物(尤其是猫)看来很少主动喝水。如果动物是健康的,保持水的新鲜和凉爽可增加摄水量。猫也可能喜欢持续流动的水。增加日粮钠或添加调味剂以增加摄水量,但这些措施对健康动物没有必要(Case 等,2000;Osborne 等,2000)。

9.5 犬和猫的水中毒

犬猫一般有自我调节水消耗量的能力，极口渴的动物也可能会有快速、过度的摄取水分的行为。这最有可能发生在长期脱水、剧烈运动或长期的热应激造成胞内失水之后（Blood 等，1979）。随后的快速补水可导致膨压增加或破坏细胞，尤其是在大脑中。因此，大部分的中毒症状与神经系统有关，如步态不稳、躁动、癫痫发作和昏迷。也有可能发生红细胞溶解，造成溶血性贫血及血红蛋白尿。

参考文献

Adams, T., M. L. Morgan, W. S. Hunter, and K. R. Holmes. 1970. Temperature regulation of the unanesthetized cat during mild cold and severe heat stress. J. Appl. Physiol. 29:852-858.

Adolph, E. F. 1939. Measurement of water drinking in dogs. Am. J. Physiol. 125:75-86.

Anderson, R. S. 1982. Water balance in the dog and cat. J. Small Anim. Pract. 23:588-598.

Baker, M. A. 1984. Cardiovascular and respiratory responses to heat in dehydrated dogs. Am. J. Physiol. 246:R369-R374.

Blood, D. C., J. A. Henderson, and O. M. Radostits. 1979. Veterinary Medicine, Fifth Edition. Philadelphia: Lea & Febiger.

Buck, W. B., G. D. Osweiler, and G. A. Van Gelder. 1976. Clinical and Diagnostic Veterinary Toxicology, Second Edition. Dubuque, Iowa: Kendall/Hunt Publishing Company.

Case, L. P., D. P. Carey, D. A. Hirakawa, and L. Daristotle. 2000. P. 12 in Canine and Feline Nutrition: A Resource for Companion Animal Professionals, Second Edition. St. Louis: Mosby.

Cizek, L. J. 1959. Long-term observations on relationship between food and water ingestion in the dog. Am. J. Physiol. 197:342-346.

Cowley, A. W., M. M. Skelton, D. C. Merrill, E. W. Quillen, and S. J. Switzer. 1983. Influence of daily sodium intake on vasopressin secretion and drinking in dogs. Am. J. Physiol. 245:R860-R872.

Danowski, T. S., J. R. Elkinton, and A. W. Winkler. 1944. The deleterious effect in dogs of a dry protein ration. J. Clin. Invest. 23:816-823.

Dill, D. B., A. V. Bock, and H. T. Edwards. 1932. Mechanisms for dissipating heat in man and dog. Am. J. Physiol. 104:36-44.

Doris, P. A., and M. A. Baker. 1981. Effects of dehydration on thermoregulation in cats exposed to high ambient temperatures. J. Appl. Physiol. 51:46-54.

English, P. B., and L. J. Filippich. 1980. Measurement of daily water intake in the dog. J. Small Anim. Pract. 21:189-193.

Finco, D. R., D. D. Adams, W. A. Crowell, A. J. Stattelman, S. A. Brown, and J. A. Barsanti. 1986. Food and water intake and urine composition in cats: Influence of continuous versus periodic feeding. Am. J. Vet. Res. 47:1638-1642.

Funaba, M., M. Hashimoto, C. Yamanaka, Y. Shimogori, T. Iriki, S. Ohshima, and M. Abe. 1996. Effects of high-protein diet on mineral metabolism and struvite activity product in clinically normal cats. Am. J. Vet. Res. 57:1726-1732.

Gaskell, C. J., 1985. Nutrition in diseases of the urinary tract in the dog and cat. Vet. Ann. 25:383-390.

Goggin J. M., J. J. Hoskinson, M. D. Butine, L. A. Foster, and N. C. Myers. 1998. Scintigraphic assessment of gastric emptying of canned and dry diets in healthy cats. Am. J. Vet. Res. 59:388-392.

Golob, P., W. J. O'Connor, and D. J. Potts. 1984. Increase in weight and water retention on overfeeding dogs. Quart. J. Exp. Physiol. 69:245-256.

Gregersen, M. I. 1932. Studies on the regulation of water intake. II. Conditions affecting the daily intake of dogs as registered continuously by a potometer. Amer J Physiol 102:344-349.

Hinchcliff, K. W., and G. A. Reinhart. 1996. Energy metabolism and water turnover in Alaskan sled dogs during running. Pp. 199-206 in Recent Advances in Canine and Feline Nutritional Research: Proceedings of the 1996 Iams International Nutrition Symposium, D. P. Carey, S. A. Norton, and S. M. Bolser, eds. Wilmington, Ohio: Orange Frazer Press.

Hinchcliff, K. W., G. A. Reinhart, J. R. Burr, and R. A. Swenson. 1997. Exercise-associated hyponatremia in Alaskan sled dogs: Urinary and hormonal responses. J. Appl. Physiol. 63:824-829.

Hoskins, J. D. 1995. Fluid therapy in the puppy and kitten. Pp. 34-37 in Kirk's Current Veterinary Therapy XII., J. D. Bonagura, ed. Philadelphia: W. B. Saunders Co.

Khanna, C., H. J. Boermans, and B. Wilcock. 1997. Fatal hypernatremia in a dog from salt ingestion. J. Am. Anim. Hosp. Assoc. 33:113-117.

Kirk, R. W., and S. I. Bistner. 1981. Handbook of Veterinary Procedures and Emergency Treatment. Philadelphia: W. B. Saunders Co., p. 582.

Kleitman, N. 1927. The effect of starvation on the daily consumption of water by the dog. Am. J. Physiol. 81:336-340.

Ladd, M., and L. G. Raisz. 1959. Response of the normal dog to dietary sodium chloride. Am. J. Physiol. 159:149-152.

Lewis L. D., M. L. Morris, and M. S. Hand. 1997. Small Animal Clinical Nutrition III. Topeka, Kans.: Mark Morris Associates.

National Research Council (NRC). 1985. Nutrient Requirements of Dogs. Washington, D.C.: National Academy Press.

National Research Council (NRC). 1986. Nutrient Requirements of Cats. Washington, D.C.: National Academy Press.

O'Connor, W. J. 1975. Drinking by dogs during and after running. J. Physiol. 250:247-259.

O'Connor W. J., and D. J. Potts. 1969. The external water exchanges of normal laboratory dogs. Quart. J. Exp. Physiol. 54:244-261.

Osborne, C. A., J. W. Bartges, J. P. Lulich, D. J. Polzin, and T. A. Allen. 2000. Canine urolithiasis. Pp. 605-670 in Small Animal Clinical Nutrition, Fourth Edition. Topeka, Kans.: Mark Morris Institute.

Ramsay, D. J., and T. N. Thrasher. 1991. Regulation of fluid intake in dogs following water deprivation. Brain Res. Bull. 27:495-499.

Robinson, E. A., and E. F. Adolph. 1943. Pattern of normal water drinking in dogs. Am. J. Physiol. 139:39-44.

Rowntree, L. G. 1922. The water balance of the body. Physiol. Rev. 2:116.

Schaer, M. 1989. General principles of fluid therapy in small animal medicine. Vet. Clin. N. Am. Sm. Anim. Pract. 19:203-213.

Seefeldt, S. L., and T. E. Chapman. 1979. Body water content and turnover in cats fed dry and canned rations. Am. J. Vet. Res. 40:183-185.

Seigmund, O. H., and C. M. Fraser, eds. 1979. The Merck Veterinary Manual, Fifth Edition. Rahway, N.J.: Merck & Co., Inc.

Thrall, B. E., and L. G. Miller. 1976. Water turnover in cats fed dry rations. Fel. Pract. 6:10-17.

Walker, A. D., A. D. Weaver, R. S. Anderson, G. W. Crighton, C. Fennel, C. J. Gaskell, and G. T. Wilkinson. 1977. An epidemiological survey of the feline urological syndrome. J. Small Anim. Pract. 18:283-301.

Wills, J. M., and K. W. Simpson. 1994. The Waltham Book of Clinical Nutrition of the Dog and Cat. Tarrytown, N.Y.: Elsevier Science.

10 对实验动物的特殊考虑

Special Considerations for Laboratory Animals

大多数对家养宠物犬猫营养物质需要量的研究是在试验条件下进行的。为了了解家养犬猫的营养需要，多数研究使用的对象是实验动物，而不是家养动物。它们生活在试验条件下，而不是舒适的家中。论其区别，比起家养宠物面对的各种生活环境，把实验动物管理在统一的环境中，会缩小其营养需要方面的差异。因此，本书有关犬猫营养需求的建议适用于家养动物，也适用于实验动物。适宜的食物对于任何动物研究的成功都是至关重要的，因此，研究者必须严格确保食物营养的适宜性和饲喂管理制度的完善性。

10.1 需要量

10.1.1 能量

有人会认为饲养在试验条件下的犬猫会比可自由活动的犬猫需要较少的能量，其实并非如此。所有犬猫的居住和环境条件决定其能量需要。成群饲养或养在室外的犬猫对能量的需要较多；被单独饲养或养在家中、笼子里或其他限制活动的地方的犬猫，对能量的需要则较少。美国联邦法规(Code of Federal Regulations)的第 9 篇规定，在小笼子中饲养的犬每日必须有至少一次的锻炼机会，除非这违背了试验设计(9 CFR 3.8)。其实，即使活动受到最大限度的限制，实验动物的能量消耗也会接近甚至超过家中惯于久坐的宠物的平均水平(Wichert 等，1999；Cottrell 等，2000；Parkman 等，2000)。因此，在试验条件下，犬舍中成年未孕犬的日代谢能需要应按照中等活动量的水平计算(132 kcal/kg $BW^{0.75}$)。实验猫的能量需求与家养猫的非常接近。

10.1.2 除了能量之外的其他营养物质

除了能量需要可能增加外，目前缺乏数据支持实验动物的营养需要与家养动物存在着不同的结论。随着能量需要的增加，营养物质的摄入需要也随之增加(如维生素 B)。然而，只要满足因提高了能量需要而增多的那部分摄入量，就应该可以满足随之增加的营养物质的需求量。所以除了能量，实验犬猫在营养方面没有需要额外考虑的营养物质。

10.2 日粮的选择

10.2.1 概论

为试验中的动物选择合适的日粮是一个需要重点考虑的问题。在无需考虑具体营养问题或营养成分的研究中，给实验犬猫的日粮应该遵循“全面且均衡”的原则，即提供足够量的所有已知的必需营养物质，以满足动物相应成长阶段的需要量。在这些研究中，日粮的选择范围很广泛，因为美国市场上多数商品犬猫食品都能满足需要并且适用于试验研究。

不管制造商如何宣扬他们那些“全面且均衡”的日粮多么满足这本书中所列出的营养需要推荐量，仍需要有规范性的标准来判定犬猫食品中营养的适宜性。美国商业食品制造商如果想使其产品作为动物获得营养的唯一来源，他们必须通过美国饲料管理协会(AAFCO)指定的方法验证其产品所含营养的充足性。AAFCO 作为咨询团体，是由州、联邦政府或其他授权管理动物饲料产品安全和标志的机构组成。按照美国饲料管理协会的规定，认证产品所含营养的充足性有

2 种方法：一种是直接按照 AAFCO 犬猫食物营养标准所规定的营养需要上下限水平配制产品，另一种是通过动物饲喂试验进行验证，这个试验必须按照 AAFCO 试验章程进行。另外，那些与通过饲喂测试的食品在营养方面类似的产品，可被认为同属一个"产品家族"。按照 AAFCO 的规定，达到"产品家族"成员标准的日粮就不需再经过饲喂测试来认证其产品的营养充足性了（AAFCO，2003）。

按照 AAFCO 营养标准配制的食品，必须标明所含氨基酸、维生素和矿物质等必需营养物质的上限和下限（AAFCO，2003）。在 AAFCO 营养标准中，犬和猫的食品都各自有 2 套最低营养标准。一套是针对成年维持期动物的，另一套是针对成长期和繁殖期（妊娠期和哺乳期）动物的。而维持期和成长期/繁殖期标准有共同的营养物质上限标准。因此，满足了成长期/繁殖期动物营养标准的食品被默认为符合维持期营养标准，这些食品也被称为"全期"（all life stages）食品。

AAFCO 营养标准制定的营养需求水平很大程度上是建立在美国国家研究委员会（National Research Council，1985，1986）推荐基础上的。为了解决常用食品成分在生物利用率上存在的差异，并根据其他实际情况，经专家组建议，对一些营养物质水平做了调整（Dzanis，1994）。虽然 AAFCO 营养标准被认为是营养"标准量"（食品被要求符合这样的标准），但是在本书里 AAFCO 营养标准更像是营养"许可量"，而不是"标准量"。

通过动物饲喂试验验证营养的充足性，要把所提供的食品作为动物营养的唯一来源，并在指定的一段时间饲喂给动物（AAFCO，2003）。必须将动物的生长、体重维持、血液学血液生化参考范围和其他指定生命周期的指标（维持期、成长期或妊娠—哺乳期）与已经建立的规范或对照组相比较。另外，在试验结束时，必须由兽医师对动物健康状况进行监测评价，并给出临床观察报告。一组或某个个体没有达到具体标准，或者任何个体在体检时发现有营养缺乏或过剩所致的临床或病理方面的征象，都会被宣布产品试验失败。

通过妊娠—哺乳期或成长期测试的食品，会被默认为也可以满足成年维持期较低的营养需要。如果要称为"全期"食品，则必须通过妊娠—哺乳期和成长期的双重测试。这些测试使用的是原先试验中的母犬或母猫。通过这种方法认证的产品不要求必须符合 AAFCO 营养标准。

为确保商业产品可以提供充分的营养，这 2 种方法提供了合理的保证。然而没有一种方法是十分完美的。并且针对它们，各有支持者和反对者。一方面，按照营养标准配制的方法多是在书面上操作，并不能全面考虑诸如营养物质的生物利用率等问题（Morris 和 Rogers，1994）。没有实际的饲喂试验，我们就不能确认各种成分组合后的这种配方对动物来说是否适口，也不能确定是否存在着不可预料到的副作用（如胃肠不耐受问题）。如果考虑生物利用率和食品适口性等因素，动物试验方法会更好。另一方面，通过试验验证的方式对于调查委员来说难以控制，因为他们不能像在使用 AAFCO 营养标准判断产品的过程中那样独自决断试验分析结果的有效性。调查委员必须依赖于证实饲喂试验可成功通过的负责人的个人能力和个人品行，因此，对结果的误解和与利益的冲突无法简单地得到评估。试验前动物的状态会对饲喂试验的结果产生影响，包括一些负面影响。如试验前动物获得充裕的营养，那么即使在试验中饲喂了缺乏维生素 A 的日粮，也不会在试验过程中显示出缺乏营养物质的临床症状。不过，饲喂试验方法最大的潜在缺陷，在于那些被认为是某个"产品家族"成员的产品，虽然贴着饲喂试验的许可标签，却并没有直接接受过试验。

"产品家族"是一类产品的合称，它们在营养成分上与一种先前已经通过饲喂试验的产品相类似。被认定为这种意义上的相似，它们必须有相同的加工工艺和干湿种类（如干粮或罐装），有近似的代谢能水平（±7.5%），重要营养物质的含量必须能达到先前产品的水平，其他营养物质的含量要符合先前产品或符合 AAFCO 营养标准（AAFCO，2003），但不要求它们必须使用相同的组分。因为没有要求那些优秀产品必须符合 AAFCO 营养标准，所以其中一些营养物质的水平可能会低于标准。尽管这些营养标准试图说明并解决不同组成成分生物利用率的差别，但是这种家族认证的方法却没有考虑这方面的问题。

虽然一个通过试验测试的产品不被要求必须符合相关营养标准，但多数情况它们是符合的。有实力的制造商也不会有意改变成分组成而使产品的生物利用率下降。并且，我们也不可能通过查看标签就得知一个产品是否是优质产品。所以更谨慎的做法是在确认一个产品的配方满足营养标准的情况下,同时也通过了饲喂试验。

10.2.2 认证日粮

“认证日粮”常用于描述专门用于实验动物的市场产品。它意味着产品已经通过更多的试验分析来确定某种物质的含量,或者每一批次产品中的物质含量。比起非认证日粮,认证日粮成本高的原因在于每批食品直到完成分析后才被允许投放到市场上。每一批产品同时留有备份样,用于日后再次分析。

宣称某种食品被认证过主要指该产品潜在的杂质达到了指定的上限。虽然它不会影响到营养的充足性和食物的安全性,但对于某些研究来说却是重要的。如某些产品即使其杂质含量远低于任何实际安全界限,一旦其存在仍会影响肝酶并且/或者改变药物的代谢(NRC,1996)。根据试验目的或者试验的特殊用途(如无特定病原体动物,也称为 SPF 动物),也需要排除日粮中一些物质的存在。

除了去确定潜在的杂质含量,制造商会愿意确定指定营养物质的含量或是否已把营养物质的含量限制在具体的范围内。通过这样的方法可以确定食品中的营养物质的含量。使用这样的食物对某些试验是有帮助的,如那些需要控制日粮中营养物质含量波动的研究。这对那些长期或连续的研究也非常有意义,因为这种情况下饲喂给动物的食品往往不会出自于同一批或者来源于同一制造商。

10.2.3 纯合日粮和化学性日粮

如果试验要求对营养成分进行更加严格的控制,就需要使用纯合日粮或化学性日粮。与多数普通和已认证的商品配方相比,这些食品是用纯化的、不变的几种成分配制而成。举例来说,我们可以用分离的酪蛋白或大豆蛋白作为蛋白质的主要来源,来代替肉类。比起分离纯化物质,肉类含有的蛋白质和氨基酸的种类和含量不易控制,其他营养成分的含量也是可变的,比如脂肪和矿物质。如果把氨基酸结晶物作为蛋白质来源,而其他基本成分也如此处理,就是比较优质的人工食品了。

尤其是在进行与营养需要有关的试验时,使用这种纯合日粮就有明显的优点。这种食品可以让研究者把营养物质含量控制在很窄的范围内,而且如果需要的话可以完全去除某种成分。此外,它还有其他的优点,如有更加稳定的配方成分,含有更少会影响试验结果的杂质(Lichtman 等,1999)。其缺点是费用会增加,适口性也比较差。由于多数产品是粉状的,所以增加了浪费,并且难以精确测量动物的摄入量。另外,使用纯合日粮会无意中限制了很多营养物质的摄入,这些营养物质虽然还没有被认定为是必需的,但它们对维持身体的正常结构功能起着一定的作用。因此,应该根据试验的需要来决定食物纯化的程度。

在文献中有提到给犬猫使用纯合日粮的例子。早期的日粮配方来自啮齿动物的日粮配方,只是其中添加了更多的动物源性蛋白(Carvalho da Silva,1950;Allison 等,1956)。后来根据研究加入了仅对于猫是必需的营养成分(Piechota 等,1995)。

纯合日粮一个显著的问题就是动物对它的接受程度。食物中脂肪的来源和含量被认为是影响适口性的主要因素。现在知道一些脂肪甚至可以引起动物的厌恶感。对于猫来说,脱色动物脂肪比黄油和鸡脂肪更加有吸引力,但与非脱色的动物脂、豚脂、黄脂膏和部分氢化的植物油相比,适口性没有什么差别(Kane 等,1981a)。Kane 还发现含有 25%黄脂膏的食物比含有 10%或 50%的食物更加吸引猫。MacDonald 等发现猫对中链甘油三酯(MCTs)表现出厌恶感(MacDonald 等,1984)。有研究表明,加入红花种子油可以略微改善加入了 MCTs 的食物的适口性。还有,猫会拒绝含有 0.1%辛酸的食物。事实上,比起氢化椰油,含更多脂肪的食物就会更加吸引猫。究其原因,食物的适口性才是吸引动物的关键,而不在于其成分(如 MCTs)是否对生理有益。

10.2.4 用于特殊饮食目的的日粮(如处方粮)

把实验犬猫作为治疗人类或动物某些疾病的模型时,应根据需要调整日粮中的营养成分。如低蛋白和低磷食品对存在肾功能问题的动物有益处,这样的食物可以减轻临床症状,提供更接近正常的生活质量(Allen 等,2000)。其他营养成分的类似限制也可以改善某些疾病的症状,如钠含量在心功能不全疾病中的限制，铜含量在跟繁殖有关的肝脏蓄积疾病（breed-associated liver storage disease）中的限制。

受限制的营养物质水平不一定必须要低于健康动物的需要量。事实上，由于它们属于常用食品成分的组成，所以食品中这些物质的标准水平一般要远高于正常动物的实际需要量。现在降低这些营养物质水平使其接近最低许可量，可以减轻某些疾病的症状。在多数情况下，这种调整不应该影响到食品的营养充足性。

有治疗性质的商业食品与其他犬猫食品一样也须依照同样的标准（AAFCO，2003）。不能遵循“全面且均衡”原则的食品必须注明是间歇性使用或辅助性饲喂的食品。所以长期使用贴有这样标签或说明的产品有可能造成营养不均衡。

术后实验动物也应给予特殊考虑。饲喂这些动物时需要使用更加适口的和/或高营养的食物以充分满足机体需要。营养摄入不足会同时影响免疫力和组织修复能力，有碍术后恢复。还有，手术中的损伤会影响代谢状态，通过增加能量和其他营养的摄入至少能部分改善这种变化（Remillard 等，2000）。遇到厌食或无法自主摄食的情况，就需要使用全面并且均衡的流体或胶冻状食物，可以让动物舔食或通过饲管饲喂。尽管经胃肠道给予营养是最常用的方法，但当手术或其他试验过程损害胃肠功能时，就需要经非胃肠道途径给予营养了。

10.3 饲养管理

10.3.1 为不同生长阶段设计的日粮

当我们要饲喂一群处在不同生长阶段的动物，或是要饲喂即将参与一项非营养性试验的实验动物时，就可以选用一种“全期”食品。这种食物对所有阶段的动物来说都是适用的。只选取一种食物可以减少试验中的一个可变因素。也使实验动物的变动更加容易操作，此外还可减少饲喂中的统计记录及管理核对过程中出现的错误。尽管设计出这样的食品，需要使其中一些营养成分超出维持期动物的需求量，但不会对动物造成伤害。权衡这种产品给饲养管理带来的方便和优点，就不会认为使用它的成本比较高了。我们可以通过调整饲喂的数量和次数来控制不同生长阶段动物的能量摄入量。如果没有繁育期的动物，我们就可以用为成年维持期设计的食品饲喂一群成年且不在繁殖期的动物。

如果动物群中一些个体有特殊的偏爱或某种需要，我们可能要给它们提供额外的食物。尤其是在手术恢复中的动物，或在治疗阶段需要特殊食物的情况。但我们应尽量减少不必要的工作，把类似情况减少到最低限度。我们应尽可能让动物适应标准群体食物。在一些研究中，应使用定制的或特殊的商业食品，而不是标准群体食物。不管是对单个动物还是一群动物来说，更换食品种类的工作应该逐渐进行。在几天到一周时间里，逐步增加新食物的量，减少原有食物的量。这样做可以减少动物拒绝食物的可能，也可降低动物对新食物产生胃肠不耐受问题的几率。如果在试验前要更换日粮，则应在试验开始前顺利完成更换工作。

10.3.2 日粮的形式

多数商业产品都有干粮（10%的含水量）和罐装食品（75%的含水量）2 种形式。2 种形式的产品要遵循同一个安全性和营养充足性标准。罐装食品比干粮含有更多的动物源性成分，这意味着它含有更多的蛋白质和脂肪、较少的碳水化合物和纤维素。批次不同的罐装食品，其脂肪含量（即热量）会有差别，因为天然动物肉质中的脂肪含量本来就不是一成不变的。半干食品（30%的含水量）比起上述 2 种食品形式在营养方面没有任何优势。半干食品的销售量在过去的几十年里已经大幅度下降。

对于多数试验条件，干粮是最方便适合的形式。使用干粮，可以使我们掌控更精确且稳定的饲喂量。并且干粮可以较长时间地放置在动物身边，而不用担心变质、污染或吸引虫子的问题。当有食物剩余时，我们也较容易且准确地确定剩余量，因为它几乎不会因久置而失去水分，进而影响称重结果。

10.3.3 饲喂量

在试验研究开始时，我们应该基于动物生长阶段、体重和是否笼养等情况，对其食物和能量需要进行能量计算，来衡量动物的饲喂量。然而，我们还应该考虑动物个体间的差异，一些动物需要比预期更多或更少的食物量。所以应根据情况每周调整提供给每个动物的食物量，调整依据是动物的健康状况和体重维持情况。如果每日分配的食物有剩余,则应考虑是否提供了过多的食物,超出了动物的实际需要。

10.3.4 饲喂频率

依据法律(9 CFR 3.9),每天应该至少给犬饲喂1次新鲜食物。犬进食有狼吞虎咽的习惯,多数非繁育期的成年犬1次可以吃掉包含1 d所需热量的食物。当然幼犬和妊娠或哺乳期的母犬做不到这一点。每天多次饲喂可以减少动物的厌烦感和胃扩张扭转综合征的发生(Bataller,1995)。另外,自由采食会导致摄食过多和体重增加,并增加大型和巨型犬幼龄阶段的发育性骨病和成年犬的肥胖症的患病几率(Kendall 和 Burger,1980;Kealy 等,1992)。

与犬相比,猫需要多次、少量的饲喂。即使在夜间,猫也会进食(Kane 等,1981b)。因此,自由采食是最实际的做法。并且,每日都应提供新鲜的食物,确保不会因为食物的变质或污染导致猫摄食量的减少。很多宠物猫主人愿意给干粮的同时,额外放入一两块罐装食物。这对于试验设计来说是不必要的,也是不合实际的。

10.3.5 食物的储存

对于干粮存放,最大的危害就是氧气、光、高温和潮湿。因此,如果想要长期储存干粮,就应存放在不透光、密封的容器中,周围环境应该干燥、凉爽。同样,还需采取措施防止鸟、啮齿动物和昆虫接触干粮。食物的存放应远离任何药物、杀虫剂或其他可能的污染物质以及有毒物质。

在干粮生产过程中经过高温处理可以杀灭病原体(Miller 和 Cullor,2000)。然而,由于它在包装前仍有机会接触未经消毒的设备或材料,一个未开包装的干粮还是有可能含有病原体的,尽管这种可能性很低。不过,多数动物可以耐受少量病原体。但是,当动物不允许暴露于病原体时(如无特定病原体动物,也称为SPF 动物),干粮的这种潜在危险必须排除。

多数微生物污染都是加工后的再污染造成的。不过只有当微生物繁殖的适合条件(如潮湿,高温)出现时,食品中小程度的污染才成为问题。这个事实强调了上述合理存储食品的重要性。当然,存放食物的器皿和接触食物的工具的卫生同样很重要。

绝大多数情况没有必要在食用前对干粮进行杀菌,只有当这些食物是为无特定病原体动物和无菌动物准备时才要考虑对干粮进行灭菌。干粮可以通过高压灭菌或辐射照射的方法进行灭菌,但需要考虑的是食品配方中一些营养物质会因此而流失。营养物质流失的程度取决于灭菌次数、温度和辐射量,也取决于一次灭菌的体积及数量,还取决于特殊营养物质的化学结构,所以在灭菌之前应就相关事宜咨询食品生产商和灭菌设备制造商。此外,尽管食品生产商为保险起见,基本上都在商业产品中加入由肠道菌群合成的营养物质(如生物素、维生素 K),但对于无菌动物,我们仍要考虑这些物质是否充足。不像使用化学杀菌剂可以使其效用维持一段时间,高压灭菌或辐射照射后立即有被污染的危险。因此,我们需要有细心和耐心,以确保灭菌后避免接触可能的污染物(如直到使用前都要密封装等工作)。

罐装食品在销售时已经灭菌且密封包装,所以不需要考虑它的卫生和营养流失情况。我们应做的就是不要把它们存放于极端温度环境中(尤其是冷冻温度),避免搬运动作过于粗暴和损坏包装罐。包装罐一旦被打开,污染的危险就大大增加了。所以一旦打开,要遵循的卫生原则和采取的措施就应与干粮一致。

参考文献

Allen, T. A., D. J. Polzin, and L. G. Adams. 2000. Renal disease. Pp. 563-604 in Small Animal Clinical Nutrition, Fourth Edition. Topeka, Kans.: Mark Morris Institute.

Allison, J. B., S. Miller, J. R. McCoy, and M. K. Brush. 1956. Studies on the nutrition of the cat. N. Amer Vet 37:38-43.

Association of American Feed Control Officials (AAFCO). 2003. Official Publication. West Lafayette, Ind.: AAFCO.

Bataller, N. 1995. Risk factors and the debate of diet in canine gastric dilitation-volvulus. Vet. Clin. Nutr. 2:87.

Carvalho da Silva, A. 1950. The domestic cat as a laboratory animal for experimental nutrition studies. II. Comparative growth and hematology on stock and purified rations. Acta Physiol. Lat. Am. 1:26.

Cottrell, T., J. W. Bartges, T. Moyers, D. Mawby, and D. P. Laflamme. 2000. Determination of maintenance energy requirements in client-owned adult dogs (abstract). Proceedings, Purina Nutrition Forum, St. Louis, Mo., p. 144.

Dzanis, D. A. 1994. The AAFCO Dog and Cat Food Nutrient Profiles: Substantiation of nutritional adequacy of complete and balanced petfoods in the United States. J. Nutr. 124(suppl):2535S-2539S.

Kane, E., J. G. Morris, and Q. R. Rogers. 1981a. Acceptability and digestibility by adult cats of diets made with various sources and levels of fats. J. Anim. Sci. 53:1516-1523.

Kane, E., Q. R. Rogers, and J. G. Morris. 1981b. Feeding behavior of the cat fed laboratory and commercial diets. Nutr. Res. 1:499-507.

Kealy, R. D., S. E. Olsson, K. L. Monti, D. F. Lawler, D. N. Biery, R. W. Helms, G. Lust, and G. K. Smith. 1992. Effects of limited food consumption on the incidence of hip dysplasia in growing dogs. J. Am. Vet. Med. Assoc. 201:857-863.

Kendall, P. T., and I. H. Burger. 1980. The effect of controlled and appetite feeding on growth and development in dogs. Pp. 60-63 in Proceedings of the Kal Kan Symposium for the Treatment of Dog and Cat Diseases, R. L. Wyatt, ed. Vernon, Calif.: Kal Kan Foods, Inc.

Lichtman, A. H., S. K. Clinton, K. Iiyama, P. W. Connelly, P. Libby, and M. I. Cybulsky. 1999. Hyperlipidemia and atherosclerotic lesion development in LDL receptor deficient mice fed defined semipurified diets with and without cholate. Arterioscler. Thromb. Vasc. Biol 19:1938-1944.

MacDonald, M. L., Q. R. Rogers, and J. G. Morris. 1984. Aversion of the cat to dietary medium-chain triglycerides and caprylic acid. Physiol. Behav. 35:371-375.

Miller, E. P., and J. S. Cullor. 2000. Food safety. Pp. 184-198 in Small Animal Clinical Nutrition, Fourth Edition. Topeka, Kans.: Mark Morris Institute.

Morris, J. G., and Q. R. Rogers. 1994. Assessment of the nutritional adequacy of petfoods through the life cycle. J. Nutr. 124(suppl):2520S-2534S.

National Research Council (NRC). 1985. Nutrient Requirements of Dogs. Washington, D.C.: National Academy Press.

National Research Council (NRC). 1986. Nutrient Requirements of Cats. Washington, D.C.: National Academy Press.

National Research Council (NRC). 1996. Guide for the Care and Use of Laboratory Animals. Washington, D.C.: National Academy Press.

Parkman, A. L., K. E. Michel, K. E. Erswell, K. Saker, and D. P. Laflamme. 2000. How many calories do pet cats really need? (abstract) Proceedings, Purina Nutrition Forum, St. Louis, Mo., p. 146.

Piechota, T. R., Q. R. Rogers, and J. G. Morris. 1995. Nitrogen requirement of cats during gestation and lactation. Nutr. Res. 15:1535-1546.

Remillard R. L., P. J. Armstrong, and D. J. Davenport. 2000. Assisted feeding in hospitalized patients: Enteral and parenteral nutrition. Pp. 351-399 in Small Animal Clinical Nutrition, Fourth Edition. Topeka, Kans.: Mark Morris Institute.

Wichert, B., B. Opitz, U. Wehr, and E. Kienzle. 1999. New data on energy requirements of pet dogs. Proceedings, Purina Nutrition Forum, St. Louis, Mo., p. 95.

11

运动与环境

Physical Activity and Environment

11.1 引言

其他章节探讨了在热平衡的环境中保证犬猫平均运动量时所需的能量及营养摄入需要。本章的主要内容是讨论以保持犬猫最佳健康状态和表现为前提，运动和环境如何影响能量需求和营养摄入量。

近年来关于犬运动与日粮之间关系的研究性文章有很多(Grandjean 和 Paragon，1992，1993a，b；Kronfeld 等，1994；Hill，1998；Bontuimpo 和 Brioschi，1999；Toll 和 Reynolds，2002)。绝大多数研究的实验动物是经过训练的未去势或绝育的公犬和母犬，犬的种类包括体重 10～35 kg 的雪橇犬、灰猎犬、比格犬、猎狐犬和杂种犬。在试验中，使用的犬或处于可控环境条件下在跑步机上训练，或处于自由跑动状态，有时则是在极端的外界环境中。通过这些试验得到的犬营养需要和相关经验，适用于其他经过训练的未去势或绝育的犬种。但对于那些未受过训练的、不常运动的、又通常是做过去势或绝育的宠物犬来说可能不适合(这些犬基本上仅仅在周末才有一定的运动量)。与其从营养方面寻找方法来解决由于缺乏训练引起的问题，不如宠物主人给犬多提供一些训练机会。而且训练可以提高犬的活动性，减少它们受伤几率，这个方法远比改变它们的日粮要有效。

目前有关运动和环境温度对猫能量需要的影响方面的研究较少。而犬的研究结果对于猫来说相关性可能并不高，因为猫有其特殊的代谢方式。此外，猫善于短程速跑或是跳跃，而有关犬的研究还会涉及耐力的问题。不过对于各种各样的猫来说，它们之间在运动量上差别并不大。宠物猫与实验猫的运动量基本相同。而对于室外猫和野生猫来说，虽然比实验猫的运动量大，但是它们可以通过捕获猎物来获得食物。因此，从实验猫获得的营养需要数据对于有一定运动量的宠物猫来说也是适用的。对于那些运动量很有限的猫来说，为了确保它们获得足够营养的同时避免肥胖，应该提高日粮的营养浓度；对于室外猫来说，应该提高日粮中的能量来满足它们较大的运动量需要。

11.2 计算值和假设值

所有报道的数据都是在置信区间为 0.95 时，以数值平均值±2 倍标准差(SD)表示，这样可以代表多数犬猫代谢率的情况。当文中提供了日粮分析，不过营养消化率还未被测定时，我们可以通过第 3 章所给公式近似得出代谢能(ME)的浓度。之后，通过代谢能浓度计算蛋白质、脂肪、碳水化合物等营养物质的营养浓度(g/1 000 kcal ME)，这些数据会与使用阿特沃特因子(Atwater factors)或修正阿特沃特因子(modified Atwater factors)得到的数据略有不同。

许多作者已经得出了运动中犬猫对各种主要营养物质(蛋白质、脂肪和碳水化合物)的单位代谢能需要量。这样做是可行的，因为修正阿特沃特因子已经假设出每种主要营养物质的消化率。第 3 章给出的公式用于计算整个日粮的消化率，而不是各个主要营养物质的消化率。因此，我们不可能精确地计算出每种主要营养物质提供的代谢能比例。不过，为了易于和以前的研究做对比，现在计算每种主要营养物质提供的代谢能比例时仍是假设蛋白质、脂肪和碳水化合物的消化率相同。这种计算方法会略微低估了脂肪的消化率和脂肪提供的代谢能的比例，同时略微高估了蛋白质和碳水化合物的消化率以及蛋白质和碳水化合物提供的代谢能的比例，但是这种误差是很小的。

研究中并不经常报道相对于体重或体重的指数幂的能量需要。只有当需要使用单个数据(individual

data)时，才计算这些数据；另外，当只报道一个范围时，会使用体重和能量消耗的平均值或中值来计算这些数据。因此，这些数据结果是相对于体重的近似值。我们把这些数据列于表格中。除非犬猫的体重不在评估范围内，否则误差很小。

当通过测定机体耗氧量来间接得出机体能量消耗量时，这里需要做出标准假设，即机体每消耗 1 L O_2 产热 4.8 kcal(20.1 kJ)。实际上当脂肪(4.7 kcal/L O_2)和蛋白质(4.6 kcal/L O_2)被机体利用时，每消耗 1 L 氧气所产生的热量会低于 4.8 kcal；而当碳水化合物(5.1 kcal/L O_2)被机体利用时，每消耗 1 L 氧气所产生的热量会高于 4.8 kcal。但是在大多数情况下，我们都是采用含多种营养物质的日粮，因此，在未提出呼吸商(RQ)之前，我们一直使用 4.8 kcal/L O_2。RQ 是指组织代谢利用的 O_2 量与其产生的 CO_2 量的比值。在犬猫进行长距离奔跑时，当碳水化合物作为机体的主要能量来源时，RQ 的值接近 1；而当蛋白质和脂肪作为主要能量来源时，RQ 的值分别是 0.8 和 0.7。Young 等人(1959a)发现比格犬在进食后的 6 h 内进行耐力运动时的 RQ 接近 1，但在食后 24 h 时的 RQ 接近 0.8。Anderson 和 Lusk(1917)也报道，在进食肉类后立刻运动或禁食 18 h 后运动，犬的 RQ 值为 0.8；而进食糖类日粮后立刻运动，RQ 值接近 1。其他一些研究也报道了犬在运动时 RQ 值很高，不过这些试验没有指明相对于进食的运动时间(Cerretelli 等，1964；Wagner 等，1977)。当实际 RQ 值很高时，如果用 4.8 kcal/L O_2 来计算，其结果会低于实际情况，但误差小于 4%。

11.3 犬和猫能承担多少运动量

大多数关于犬猫运动量的研究都是定性的而不是定量的。定性研究表明，笼养的犬猫和能够自由活动的犬猫有很多相似之处。大多数犬猫每天都处于闲散状态，1 d 内的大部分时间都在睡觉。有很长的休息时间间隔，仅有很小的一段时间用来运动。它们的运动方式会因时间、环境温度及与人的接触而发生变化(Houpt，1998)。

11.3.1 犬

笼养的比格犬 60%的时间在睡觉或趴着，11%的时间坐着，26%的时间站着(Hite 等，1977)。Hetts 等(1992)发现家中成对饲养比格犬时，其睡觉时间会增加 1 倍，如果只有 1 只时反倒会增加运动量。然而 Hubrecht 等(1992)发现单独饲养的犬 80%的时间都不运动，而群居的犬仅有 60%。笼养比格犬的运动时间仅是那些在围栏中饲养或者是在笼中还要跑来跑去的犬的 1/2(Hetts 等，1992)。拴养的雪橇犬每天 80%的时间躺着，2%的时间坐着，10%的时间站着，仅有 5%的时间运动(Delude，1986)。犬主要的运动是与主人玩耍，但是如果主人没有和它们接触，其运动时间多集中于日出和日落时。犬的运动不受环境温度的影响，O'Connor 和 Potts(1969)指出犬舍中有些犬运动较多，在下午时分比较有活力，而有些犬则恰恰相反；但是所有的犬在夜间(17:00 至次日 8:00)的运动量都很少。据 Patil 和 Bisby(2002)报道，在犬舍中饲养的犬比在家中的犬活力要高，但是在犬舍中的犬大多数都是小型犬。小型犬(如曼彻斯特㹴)活动时间是大型犬(如拉布拉多猎犬)的 2 倍。中型犬和大型犬不论在犬舍中饲养还是在家中饲养，其运动量和代谢能都相差不大。在英国，Downs 等(1977b)及 Butterwick 和 Hawthorne(1998)发现不论是家养宠物犬还是从事工作的边境牧羊犬，在运动期间，1/2 的时间在奔跑，1/4 的时间在走，并且它们消耗的能量是近似的。工作犬每天的运动量更大，而一些老龄的宠物犬基本上所有的运动仅仅是走而没有奔跑。Head 等(1997)和 Siwak 等(2002)指出，在测试屋舍中的健康无人认养的犬和健康笼养比格犬的自发运动都会随着年龄的增长而减少，但对于测试房内的比格犬却没发现这个特点。因此，现在认为品种和环境是决定犬自发运动是否会随着年龄的增长而减少的 2 个因素。此外，犬去势或绝育后的运动量也会下降(Hopkins 等，1976)。

在郊外自由活动的犬大约也有 1/2 的时间处于休息状态(Berman 和 Dunbar，1983)，其运动量与环境温度的变化关系密切(9～29℃)。研究发现，自由活动的犬在环境温度为 23℃时运动量最大，之后随着环境温度的上升运动量逐渐下降。在寒冷的冬季，城市和郊区中生活的犬的运动量在中午时分最大，而在炎热的夏季，运动量在日出时最大，在傍晚后也有一定的活动，并一直持续到夜晚(Beck，1973；Berman 和 Dunbar，1983；Lehner 等，1983)。Dill 等(1933)还发现在环境温度为 40℃的遮阴处，犬的运动量会比在环境温度为 20℃的非遮阴地带减少很多。因此，在寒冷的冬季，由于犬的运动量增大以及由于寒冷导致的产热量增加，犬的能量需要也会相应地提高。

总之，绝大多数的犬（尽管不是全部）运动量都很小。但是犬的运动量会因其个体、体型、对运动的限制程度、年龄、环境温度、与人和其他犬接触情况的不同而有很大差别。因此，很难总结出犬的精确运动量。当我们考虑动物的运动量和日粮供给时，必须把它们作为不同的个体对待。依据犬的运动量，尤其是运动的持续时间和运动距离来对犬进行分类要比把犬分为工作犬、宠物犬、笼养犬和犬舍犬更重要。

11.3.2 猫

实验猫和在农场自由活动的猫与犬一样，它们的运动量每天仅有短短的 2 h，其余的时间都是在休息、睡觉（Houpt，1998）。Panaman（1981）发现农场生活的猫每天 62%的时间在休息和睡觉，15%的时间在猎食，2%的时间在散步。猫每天 80%的时间在家周围 7 000～150 000 m^2 的范围内活动，每天仅仅在猎食时会移动（1.8±1.5）km 的距离。猫主要在白天活动，在中午和黄昏时分猎食，夜间大部分时间睡觉。但是，Berman 和 Dunbar（1983）发现那些在郊外生活的猫经常在夜间出现，环境温度在 17℃之内都是如此，不过当夜晚温度继续升高时，猫的出现频率就会下降。实验猫每天睡觉时间稍稍多一些，这也许是因为它们不用担心日粮的供给。缺乏日粮的猫睡觉时间相对较少。而每天多次喂食的猫和 10 岁以上的老年猫睡觉时间会相应地增加（Houpt，1998）。大多数猫（但并不是全部）和犬一样，运动量很小。依据活动量对猫进行分类要比通过根据活动限制的程度来对猫进行分类更为重要。不过，猫在运动量上的个体差异要远比犬小得多，因为即使是自由活动的猫每日的活动距离都非常短。

11.4 运动类型：速跑和持久跑

11.4.1 距离在 1 km 以内的速跑

灰猎犬一般在一个大约 400 m 的椭圆形跑道上进行小于 1 km 的短程速跑。美国灰猎犬赛事的相关信息列于表 11-1 中。进行这种活动时的环境温度很少低于 0℃，一般情况下温度都很高。在速跑过程中，不论是有氧氧化还是无氧氧化产生的能量，都是非常重要的。

表 11-1 美国灰猎犬在轨道上跑的距离和大约的最快时间

常用名	距离/英里	大约距离/m	大约最佳时间/s	平均速度/(km/h)
短距速跑	3/16	300	17	64
速跑	5/16	500	30	60
中程跑	3/8	600	37	59
马拉松	7/16	700	43	59
超级马拉松	9/16	900	57	57

资料来源：美国灰猎犬轨道执行协会，2001。

11.4.2 距离超过 1 km 的持久跑

受过训练的雪橇犬可以每天以伊迪塔罗德式的小跑步姿（Iditarod-type trot）以大约 16 km/h 的速度行进 10～14 h（Grandjean 和 Paragon，1992）。雪橇犬参加的比赛有很多种，“速跑”比赛时（表 11-2），雪橇犬拖着轻便的雪橇行进小于 30 km，“中程”赛跑大约行进 50 km，“马拉松跑”大约要行进 100 km 或者连续几天，而且经常是负重比赛。这些比赛的环境温度通常比较低，有时会低于 0℃。在耐力跑的过程中，机体主要进行有氧代谢。

宠物犬或工作犬的训练方式会随主人要求它们经受的运动性质的不同而各异。叼飞盘或棍子的训练目的是速跑，奔跑中结合慢跑的训练目的是耐力。由于工作性质的不同，巡回猎犬和护卫犬主要面对的是距离在 1 km 以内的速跑训练，而猎犬、跟踪犬和搜救犬要面对更多的是耐力训练，但又不同于雪橇犬那样的载重耐力训练。

11.5 赛犬的传统日粮

11.5.1 雪橇犬

Amundsen 在 1911 年成功地环绕南极，行进了 740 km。在那次行程中，干肉饼和新鲜肉作为日粮饲喂给雪橇犬(作者注，Hanssen，1937)。雪橇犬在严寒的天气中至少拖着 450～500 kg 的雪橇，平均每天还要行进 41 km 的路程(其中含 3 400 m 的坡段)，但仍能维持体况(body condition)，并且有些体重还会增加。Hadwen(1937)发现，很多北极和南极的探险者虽然取得了成功，但是却不得不在途中杀掉一些同行的犬，作为余下犬只的日粮，而那些活下来的犬也由于缺乏均衡的营养，出现了一些神经疾病和营养失调的症状。

表 11-2 长跑的距离和报道的时间

赛　事	举办地点	环境温度/℃	距离/km	时长/h	平均速度*/(km/h)	资料来源
Copper Basin 300 m 比赛(Copper Basin 300)	阿拉斯加	－10～－35	490	70	7	Hinchcliff 等，1997a Hinchcliff 等，1997b
国际雪橇犬耐久赛(Iditarod Trail Race)	阿拉斯加		1 790	平均 254 优胜 222	7	Piercy 等，2001b
育空山区搜寻赛(国际性)(Yukon Quest)	育空山区 阿拉斯加及其他	－7～－30			8	Hinchcliff 等，1993
道森市—益高布比赛(Dawson City to Eagle)			256	34	7.5	
益高市—费尔班克斯比赛(Eagle to Fairbanks)			664	95	7	

注：* 不计中途休息站。在休息站间的实际奔跑速度比此表统计的高。

20 世纪中叶，在南极营地人们每隔 1 d 饲喂雪橇犬 2.5～3.5 kg 的海豹肉，这些海豹肉主要含肌肉、脂肪和骨头，有时还添加一些肝脏和心脏(Taylor 等，1958)。在队伍行进时饲喂给雪橇犬的是浓缩干粮(雪橇犬粮 A)，其中含 70%的牛肉粉、22%的牛油、4%的酵母提取物、4%的骨粉，每次饲喂 0.45 kg，饲喂时还会混合一些鲜肉。在超过 1 000 英里的旅程中它们一直采用这个日粮配方，但结果引起了腹泻的发生，而且在繁重的工作压力下犬也逐渐消瘦，体重开始减轻。Taylor 等(1958)改进了雪橇犬的日粮配方，开始使用含有较少的蛋白质和较多的脂肪和维生素的日粮(雪橇犬粮 B)。犬粮含总重 25%的白鱼粉、15%的脱脂奶粉、10%预煮的玉米淀粉、20%的人造黄油、25%的牛油、5%的酵母提取物和 4%的骨粉，仍是每次饲喂 0.45 kg。1958 年后，一种改良的犬粮(雪橇犬粮 C)取代了原有的雪橇犬粮 B，其中的鱼肉换成了鲸鱼肉(Orr，1966)。Wyatt(1963)和 Orr(1966)发现，不论是哪种雪橇犬粮，0.45 kg 的饲喂量均不能满足雪橇犬在如此恶劣环境下从事繁重工作的能量需要，并建议饲喂量应增加一倍。有关这些分析的数据可见表 11-3。

在北极，当地人饲喂给犬的日粮包括海象、海豹、鲸鱼、熊、海狸、北美驯鹿或驯鹿肉(Coppinger，1977)，当饲喂鱼肉时会添加鲸脂以助消化(Croft，1937)。在发明雪地车之前，大约有 400 只雪橇犬在哈得逊湾(Hudson Bay)的南安普顿港(Southampton Island)从事运输工作，它们每年大约要消耗掉 50 t 肉和 16 t 油脂(Coppinger，1977)。这相当于每只雪橇犬每天消耗 ME 1 600 kcal，其中 20%来源于蛋白质，80%来源于脂肪。在阿拉斯加(Alaska)体重为 30～45 kg 的雪橇犬大多数摄入的是晒干的鲑鱼肉，在闲时饲喂 0.45 kg，工作时饲喂 0.9 kg(相当于饲喂 2.7 kg 鲜鱼肉)，这些干鲑鱼肉能够提供 ME 大约 4 000 kcal，其中 62%来源于蛋白质，38%来源于脂肪(Hadwen，1937)。在西格陵兰岛(West Greenland)上体重为 30～35 kg 的犬在寒冷的季节每天摄入 2.7 kg 新鲜日粮，其中大多数是海象肉(Croft,1937)。在工作时每天摄入0.45 kg 干牛肉饼(由新鲜牛肉浓缩而成,含28%的脂肪和65%的蛋白质)。在第一届国际雪橇犬耐久赛(Iditarod Trail Race)中,人们饲喂这些参赛犬干海豹肉、生鱼、海狸肉、牛脂(tallow)和一些高蛋白含量的犬粮(Adkins 和 Morris,1975)。据 Kronfeld(1973)的报道,北美洲的雪橇犬驯养者会根据犬实际的工作量,调整饲喂量,他们通常使用添加了玉米油的肉类和谷类日粮。

表 11-3 20 世纪中期南极工作雪橇犬的日粮状况分析 g/1 000 kcal

营养成分	雪橇犬粮 A[a]	雪橇犬粮 B[b]	雪橇犬粮 C[c]	含油脂的海豹肉[c]	瘦海豹肉[c]
代谢能(饲喂基础)/(kcal/g)	4.6～4.8	5.3	4.8	4.3	1.2
含水量(饲喂基础)/%	4～9	8～9	5	45	72
蛋白质	129～140	56	43	42	216
蛋白质代谢能百分比/%	44～48	23～24	15	18	99
脂肪	58～62	72～79	84	90	3
脂肪代谢能百分比/%	52～55	64～69	67	82	1
碳水化合物	0～4	21～34	48	0	0
碳水化合物代谢能百分比/%	0～2	8～13	18		
钙	0.2～1.6	2.1～3.0	4.3	0.02	0.03
磷	0.5～1.1	1.6～2.0	2.1	0.2	1.8
镁	0.04～0.07	0.14～0.16	0.13	0.03	0.21
钠	0.7	0.9	0.9	0.2	0.4
钾	0.3	1.1～1.2	1.0	0.04	3.8
氯	0.9	1.1	1.2	0.2	0.4
铁	0.05～0.07	0.01	—	0.02	—
蛋白消化率/%	61～79	89～90	75	92	98
脂肪消化率/%	93～97	94～97	87	99	41

[a] 资料来源:Taylor 等,1958;Wyatt,1963;Orr,1966。
[b] 资料来源:Wyatt,1963。
[c] 资料来源:Orr,1966。

在欧洲,Ebing 和 Beynen(1999)发现,有5名参加雪橇犬比赛的荷兰选手(分别参加速跑、中程或长程比赛)给犬提供的训练日粮的营养搭配很完善。该日粮中含粗蛋白质 59～80 g/1 000 kcal ME(提供24%～34%的 ME),含粗脂肪 28～53 g/1 000 kcal ME(提供25%～46%的 ME),含碳水化合物 72～128 g/1 000 kcal ME(提供 28%～49%的 ME)。这些日粮主要是商品犬粮,其中添加了鸡肉、瘤胃、葵花油、可可脂、黄油、维生素和(或)酵母。

Decombaz(1995)发现,在 Alpirod 比赛中一些来自阿拉斯加的选手所提供给犬的日粮中,72%的总能来源于脂肪,28%来源于蛋白质。大多数总能(76%)来源于一天内唯一一餐,其余的能量来源于其他的一些零食,诸如生鱼、羔羊肉和腊肠。

11.5.2 灰猎犬

美国大多数的驯养者饲喂灰猎犬时,会将解冻后的生肉添加到商品犬粮中,并且还会添加其他各种各样的成分,包括维生素、矿物质、蔬菜、黄油和苹果醋。添加的生肉中的蛋白质和脂肪含量不同,其中一份生肉样本中含粗蛋白质 117 g/1 000 kcal ME(提供 49%的 ME)和粗脂肪 56 g/1 000 kcal ME(提供 47%的 ME);另一份生肉样本中含粗蛋白质 180 g/1 000 kcal ME(提供 73%的 ME)和粗脂肪 29 g/1 000 kcal ME(提供 24%的 ME)。2 份生肉中都含很少量的碳水化合物(小于 11 g/1 000 kcal ME 或提供不到 4%的 ME)。这些碳水化合物作为无氮浸出物(nitrogen-free extract,NFE)其主要成分为碳。这些犬干粮和肉的混合日粮中各种营养物质的含量取决于两者的成分以及所占的比例。不过一般说来,添加了肉的干粮与单纯的干粮相比,蛋白质和脂肪的含量都有所升高。

11.6 运动期间的日粮与健康

日粮可以改善犬与比赛有关的身体状况。在比赛前突然改变犬的日粮会导致腹泻,而且随着疲劳和脱水的加剧,腹泻会更加严重,但饲喂它们带鱼骨的干鱼又会导致便秘的发生(Adkins 和 Morris,1975)。Taylor 等(1958)发现通过提高日粮中蛋白质的消化率可以降低南极雪橇犬发生腹泻的概率。Young 等(1959a)和 Baker 等(1983)发现,提供充足的饮水可以避免犬运动时发生脱水情况,以及减少由运动引发的机体高热。Baskin 等(2000)发现,添加抗氧化剂可以减少运动中氧化剂对机体造成的损伤。在国际雪橇犬耐久赛(Iditarod Trail Race)前,如果犬的血清中含有高浓度的维生素 E 时,它们完成比赛的概率会增加 1 倍(Piercy 等,2001a)。维持肌肉中肌糖原含量的水平可以提高犬的耐力,减少运动损伤;Yoshikawa 等(1994)发现当猎狐犬的肌电位出现了肌疲劳时的电位变化,胫骨的骨张力最高可以增加 26%~35%。据报道,人在 1 d 的滑雪中,末尾时段最容易发生事故。很多滑雪者表示曾经遇到过由于过度疲劳而无法避免已经预料到的摔倒。究其原因,大都是由于肌肉里快肌纤维中的糖原消耗殆尽所致,而快肌纤维正是用来应对突然状况的(Brouns 等,1986)。

11.6.1 运动对肠道功能的影响

运动强度小于极限值 80%的短时间运动已经改变了犬的肠道功能(Tasler 等,1974;Kenney 等,1988;Kondo 等,1994)。将体重为 18~25 kg 未训练过的杂种犬在跑步机上进行训练(坡度为 8%,平均速度为 6 km/h,心率为最大心率的 60%~70%)。试验发现,在给犬饲喂含 ME 380 kcal 的罐头后的 1 h 内,运动没有使胃酸分泌发生明显变化,而在第 2 小时中,胃酸分泌水平下降到静息时的 30%。此外,训练中犬的胃排空时间延长(半排空时间延长了 25%),肠蠕动也受到了干扰(Kondo 等,1994)。禁食的犬肠肌电活动处于空腹状态,即肠道在进行移行性复合运动(migrating motor complex,MMC)。在运动中这种肠道运动模式不受影响;然而在进食后,运动会使十二指肠进食模式(fed pattern)的肠肌电活动被肠道强烈地收缩而阻断(Kondo 等,1994)。Kenney 等(1988)也发现未受训练的犬奔跑时(心率为最大心率的 50%~70%,运动持续 30~90 min),会出现这种进食后十二指肠活动受到干扰的情况,包括由进食后的肠肌电活动模式转变成 MMC 模式。

Tasler 等人在 1974 年选用 16~20 kg 受过训练的杂种犬进行试验,当犬以 10 km/h 的速度,在斜面坡度为 8%(大约达到了运动最大强度)的跑步机上奔跑 15 min 后,体内胃酸的水平和胰液重碳酸盐的水平都下降了 40%~50%,此外在运动过程中及运动之后的一小段时间,黏膜处血管内的血流量减少了 15%。麻醉后的灰猎犬体内肠道黏膜的血流量减少了 50%,相应肠壁 pH 也明显降低。这表明局部缺血和乳脂渗入胃内会导致局部充血,进而加剧空肠壁缺血(Poole 等,1987)。因此,在剧烈运动前以及运动中饲喂犬是非常不明智的,但是究竟要在进食后多久进行运动才合理,至今为止尚无定论。

饲喂大量雪橇犬粮 A(0.45 kg)的南极工作雪橇犬,其胃排空时间为 14~18 h(Taylor 等,1958)。De Wever 等(1978)报道,在饲喂可以提供 1/3 的日维持能量需要的商业低脂犬粮给惯于久坐的犬之后,其进食模式的肠肌电活动干扰 MMC 可达到(5.5±4) h。该进食模式的持续时间随进食量的大小不同而变化,当一顿饲喂含日维持能量需要的日粮时,进食模式可持续(13±6.5) h。比起长链花生油[(6±2) h]、蔗糖[(3±1)h]或奶制蛋白质[(1.5±1)h],中链甘油三酯(10 kcal ME/kg BW)可干扰 MMC 更长的时间[(10.5±8)h]。比起采食量或日粮所含热量,影响干扰 MMC 时间长短的诸因素中日粮的理化特性更为重要(De Wever 等,1978)。

雪橇赛犬要比惯于久坐的犬消耗更多的日粮,但目前还没有研究统计雪橇赛犬餐后的胃排空率、进食模式干扰 MMC 的时长、小肠通过时间等。根据日粮组成和活动的形式以及强度的不同,每只犬的小肠通过时间会有变化。饲喂提供 1/3 的日维持能量需要的日粮后,高强度运动可延迟小肠通过时间(4~8) h;而当一顿饲喂含日维持能量需要的日粮时，可延迟(10～16) h。

11.6.2 运动和消化率

犬运动对其营养物质消化率的影响尚未确定。雪橇犬或比格犬对日粮的消化率已被测定，但大部分是关于久坐的犬(Taylor 等，1958；Downey 等，1980)。每周比赛 2 次的灰猎犬，对含有 4 种混合蛋白质干粮的蛋白质和干物质平均消化率相对很高(对蛋白质和干物质来说大于 80%，对脂肪和 NFE 来说大于 90%)，但消化率的测定是在犬没有进行比赛时进行的(Hill 等，2000，2001b)。将 6 种干粮、4 种大豆和鱼肉作为蛋白质主要来源的试验性犬粮饲喂给训练中的军犬，其干物质消化率和粗蛋白质的消化率分别为 71%～75%和 68%～79%(Wolter 等，1980)。Orr(1966)报道，饲喂瘦海豹肉的雪橇犬的蛋白质的消化率非常高(98%)，但 Taylor 等(1958)和 Orr(1966)报道，饲喂雪橇犬粮 A(含牛肉和牛脂)和雪橇犬粮 C(含脱水鲸肉)的雪橇犬蛋白质消化率非常低，分别为 61%～70%和 75%。Wyatt(1963)报道，饲喂雪橇犬粮 A 和雪橇犬粮 B(含鱼肉和脱脂奶)的拴养雪橇犬，其蛋白质消化率要高一些，分别为 79%和 90%，而对于工作犬则更加高一些，分别为 89%和 93%。Wyatt(1963)和 Orr(1966)认为，对日粮的加工处理比如热处理(如蒸洗牛肉酱)是导致蛋白质消化率降低的原因之一。除了饲喂瘦海豹肉的犬脂肪消化率非常低之外(41%)，各个研究所报道的工作犬和拴养犬的脂肪消化率均很高(87%～97%)。不过，内源性脂肪会降低犬对海豹肉日粮的脂肪消化率，因为海豹肉几乎不含脂肪，粪便中的一大部分脂肪是来自于内源性脂肪。

Taylor 等(1958)、Wyatt(1963)和 Orr(1966)报道，当饲喂雪橇犬粮 A 给工作雪橇犬时，犬的粪便变得发黑并且变稀，尿中出现糖苷，犬开始食粪，体重开始减轻。有一只犬变得迟钝冷漠，并且伴有呕吐症状。当日粮中的蛋白质成分减少、碳水化合物成分增多(雪橇犬粮 B)或饲喂蛋白质成分易被消化(如海豹肉)的日粮时，犬的状态和粪便性状恢复正常。饲喂雪橇犬粮 A 时，更多的氮被排泄到粪便中(14～22 g/d)，而饲喂雪橇犬粮 C 和海豹肉时，粪中的氮相对较少(分别为 4 和 1 g/d)。这是因为雪橇犬粮 A 中蛋白质含量高，而且不易消化。由此证明，饲喂雪橇犬粮 A 时出现的腹泻和其他症状与难以消化的蛋白质有关。当饲喂高蛋白质日粮时，其中的蛋白质一定要易于消化。而且突然增加日粮采食量也会引起腹泻。因此，日粮采食量和运动量应该在训练开始后逐渐提高。

11.6.3 运动犬应何时进食

关于运动与饲喂时间的相关报道有很多，但很少有相关证据能够支持或反对这些理论。一些研究描述了雪橇驾驶人在长距离比赛中饲喂一些零食给雪橇犬，在每段赛程的末尾阶段饲喂主要日粮(Decombaz，1995)；也有一些会在 4～6 h 奔跑的间隔停下休息时饲喂一些零食，在每天比赛结束时提供主要日粮(Reynolds 等，1997)；或每 2～4 h 休息 1 次，这时提供水和日粮(Hinchcliff 等，1997b)。Kohnke(1997)提倡在赛前饲喂灰猎犬少量日粮(重量小于体重的 1%)，目的是提供现时能量来源；不过至少在运动前 6～8 h 提供主要日粮，以留出消化时间。Broun(1923a)报道当在高强度运动之前或之中给犬饲喂日粮，犬会呕吐，但在运动之后饲喂则不会发生呕吐症状。

人类运动员绝食会导致低血糖和酮症的发生，但对于禁食的犬来说则不会发生类似症状。Young(1959)发现，在 50%极限能力(速度 6 km/h，坡度 17%)状态下，运动致力竭的受过训练的犬或被禁食 5 d 而导致体重下降 10%的年轻成年比格犬，其血中乳酸和丙酮浓度并没有受到影响。运动前禁食的犬平均血糖浓度要低 20%(69 mg/dL)，但运动致力竭情况下犬的血糖浓度并没有下降，但未禁食的犬在运动中血糖浓度下降了 45%，因此，运动后禁食的犬血糖浓度要更高。禁食的犬，在运动中不提供水的情况下耐力和平均能量消耗没有变化；提供水时耐力提高 74%。一只被禁食 5 d 的犬，曾连续奔跑 39 h，距离长达 140 英里。

Young 等(1959a，1962)发现，当饲喂含有低脂(19%ME)、高碳水化合物(53%ME)的日粮以满足犬每日能量需要时，饲喂的时间不会影响 40 min 运动期间的平均能量消耗。相比进食后 17 h 或更长时间后运动来说，进食后 6 h 内进行运动的话，碳水化合物可以提供更多的能量(70%比 45%)，脂肪提供较少的能量(24%比 53%)，RQ 更高(0.93 比 0.79)。Young 等(1959a)还发现，运动前 30 min 提供碳水化合物 5 g/kg BW(包含混合淀粉、糊精、葡萄糖和蔗糖)，对耐力没有影响，但

RQ 从 0.77 增加到 0.85，并且减缓了运动期间平均血糖浓度的下降幅度（从 39 下降到 20 mg/dL）。当自由选择饮用的液体时，纯水和含 50 g/L 葡萄糖或 35 g/L 乳白蛋白的液体不影响耐力；但饮用全奶、3.5 g/L 植物磷脂的溶液和维生素溶液（烟酸 3 mg/L、泛酸 3 mg/L、核黄素 0.7 mg/L、硫胺素 0.4 mg/L 和吡哆醇 0.4 mg/L）后耐力均下降；矿物质的溶液（钾 1.6 g/L、磷 0.9 g/L、钠 0.5 g/L、镁 0.2 g/L、铜0.2 g/L和铁 0.2 g/L）会引起腹泻（Young 等，1960）。当饮用牛奶、蛋白质和葡萄糖时，平均 RQ 为 1.03，而饮用水、维生素和磷脂的溶液时，RQ 为 0.83。Kruk 等（1987）报道 15～24 kg 杂种犬在跑步机上以 4～5 km/h 的速度奔跑 2 h 期间，输注葡萄糖 3～4 g/kg BW 导致 RQ 升高，耗氧量降低 16%，直肠和肌肉温度平均上升幅度减少 0.9℃（因为机体热耗散比输注盐溶液的对照组增加 2%）。运动前 4 h 提供 100～150 mL 大豆油并静脉输注肝素以提高血液中自由脂肪酸（FFA）浓度的犬，其耗氧量增加，并且体温调节能力有下降的趋势。

Budohoski 等（1982）发现，禁食的犬在运动中骨骼肌脂蛋白脂肪酶活性有所提高，但仍然很低；而在采食高脂肪日粮 4 h 后进行运动时，骨骼肌脂蛋白脂肪酶活性还是很低。Falecka-Wieczorek 和 Kaciuba-Uscilko（1984）发现饲喂高脂肪（71% ME）、低碳水化合物（23% ME）日粮（220 kcal ME/kg $BW^{0.75}$）4 h 后，进行中等强度运动的犬脂肪利用率高于那些饲喂低脂肪（13% ME）、高碳水化合物（70% ME）的日粮或者禁食 20 h 后运动的犬。饲喂高脂日粮、未运动的对照组犬的血浆甘油三酯浓度也很高，而禁食犬和饲喂低脂日粮的犬的血浆甘油三酯浓度很低，但在运动过程中有所升高；饲喂高脂日粮的犬，血浆甘油三酯浓度较高，但在运动中有所下降。因此，饲喂高脂日粮后，运动期间被肌肉摄取的乳糜微粒可能会增加；而饲喂低脂日粮或禁食后的犬在运动期间，可能乳糜微粒摄取量有所减少，或者甘油三酯的产生有所增加。饲喂了高脂日粮的犬血浆 FFAs 浓度相对较高；但不管是禁食的犬，还是饲喂高脂或低脂日粮的犬，在运动期间的血浆 FFAs 浓度都有所升高。而饲喂高脂日粮的犬，FFAs 的利用率显得更高。因为相比禁食的犬或是饲喂低脂日粮的犬，饲喂高脂日粮的犬在运动期间的血浆甘油三酯增加得更快，FFAs 与甘油比值下降得也更快。饲喂高脂日粮的犬，其脂肪利用率的提高可使糖原利用率下降。但对于这 3 组犬，血糖浓度的下降情况很相似，而饲喂低脂日粮的犬血糖浓度要高于其他组犬。

Reynolds 等（1997）发现，拖拉全地形车的 12 只阿拉斯加爱斯基摩犬（一队）在奔跑 30 km 后立刻口服 500 mL 含葡萄糖聚合物 1.5 mg/kg BW 的溶液，可以更加快速地补充血糖和肌糖原，使之回升到赛前水平，以促进体力恢复。Wakshlag 等（2002b）发现，将 0.5 g/kg BW 的蛋白质添加到原来含葡萄糖聚合物 1.5 mg/kg BW 的溶液后，在 30 min 运动（速度 23 km/h，坡度 1%）后立刻服用，结果表明对肌糖原浓度的提高并无影响。Galassetti 等（1999a）发现，杂种犬经 150 min 运动（以最大心率的 50%）后，肝和肌肉对葡萄糖的摄取立刻被增强了。门静脉处的葡萄糖通常提供了一个“门静脉信号”，这个信号刺激肝脏摄取葡萄糖，而抑制骨骼肌对其的摄取。Galassetti 等（1999b）报道，在中等强度运动后，从杂种犬的门静脉输注葡萄糖可以刺激肝脏摄取葡萄糖，通过消除门静脉信号对骨骼肌摄取葡萄糖的抑制作用来增加骨骼肌的摄取。Hamilton 等（1996）发现，当向十二指肠注入葡萄糖时（1.2 g/kg BW，超过 150 min），与无运动对照组相比，运动（以最大耗氧量 50%，运动150 min）30～180 min 后的杂种犬肌糖原蓄积增加到 3 倍。对于运动犬来说，肠道对葡萄糖更快速的吸收使得肌肉对葡萄糖吸收的增加变得容易。

骨骼肌和内脏中的蛋白质在运动过程中会分解。Williams 等（1996）指出，延长耐力训练的时间会使内脏中的氨基酸消耗殆尽，但如果运动后立即饲喂，就可以得到补充。Okamura 等（1997）发现，如果在比格犬经过 150 min 中等强度（最大强度的 60%）的运动后，立即静脉注射 10%葡萄糖和 10%氨基酸的混合液，其效果要远好于运动后 2 h 进行注射。这些犬恢复期时骨骼肌蛋白合成分解的速率并不比静息时的水平高，除非给予营养补充。运动后立刻静脉补充氨基酸可以使蛋白质合成速率提高 1 倍，而蛋白质的分解速率则变为原来的 1/2。当静脉输入营养物质时，血浆氨基酸和葡萄糖浓度以及骨骼肌对这些物质的吸收率均有所提高。因此，如要运动后增加蛋白质积累，氨基酸的供应是必不可少的。但目前对提供营养的时间与吸收之间的关系还知之甚少。研究发现，在犬通过后肢注射氨基酸溶液的情况下，一些氨基酸在尽早注射时要比在较晚注射时的吸收率高，而有些氨基酸则恰恰相反。而给犬注射葡萄糖溶液，尽早注射要比较晚注射的吸收率高。比如尽早注射苯丙氨酸，其吸收率比较晚注射要高 1 倍，而且蛋白质的合成率也提高了 30%。

总之，在犬高强度运动后应当立即进行饲喂。目前有人认为犬不应该在高强度运动前或过程中补充含脂肪的日粮。尽管对赛犬有些不切实际，但是考虑到犬的胃排空，它们不应该在少量进食后 8 h 内或大量进食后 16 h 内进行高强度运动。在运动中，有充足的自由饮水比提供任何营养物质都重要。在运动前、中、后给犬提供适量的葡萄糖(5 g/kg BW)可以缓解运动过程中血液葡萄糖的损失，促进肌糖原迅速恢复，并改善机体的体温调节。

11.7 运动和体况

对人类运动员来讲，通过限制热量摄入来达到逐步减轻体重的方法并没有明显影响运动员的成绩、最大耗氧量(V_{O_2max})、力量或耐力，但为了维持糖原储存量和肌肉重量，食物中要含有充足的碳水化合物、蛋白质和其他必需营养物质(McMurray 等，1985；Horswill 等，1990；Fogelholm，1994)。据说轻度限制采食量可以使犬跑得更快，因此灰猎犬驯养者们经常限制它们的日粮。有篇摘要支持这种说法(Hill 等，1999b)，这篇摘要提到，当控制灰猎犬采食量为自由采食量的 85%，体重减少到原来的 94%时，其 500 m 速跑的速度提高了 0.2 m/s，而速度上的这个变化在 500 m 赛跑中就能决定胜负。在限制日粮的犬的血液中，平均分叶嗜中性粒细胞数量稍有下降(从 2 800 下降到 2 200 个/μL)。

关于耐力训练对犬体况(body condition)影响的研究很少。有些人说体重和体况与是否能完成国际雪橇犬耐久赛无关(Constable 等，1996)。Hinchcliff 等(1998)却报道，没能完成国际雪橇犬耐久赛的犬体重下降的要比能完成比赛的犬多(9%比 5%)。Reynolds 等在 1999 年报道，一只雪橇犬的 V_{O_2max} 是所有报道中最大的，但这只犬的体形却偏瘦。据 Young(1959)的报道，断粮 5 d 而导致体重下降的年轻比格犬以 6 km/h 的速度始终维持连续工作负荷状态下奔跑时(V_{O_2max} 的 50%)，耐力有所提升。不过，这种情况下耐力的提升很可能是由于饥饿导致代谢变化所致。因为当把体重变化的因素考虑在内时，能量消耗并没有发生变化。Young(1960)还测定了运动中逐步增加体重对能量消耗的影响。这些犬在几个月内的肌肉量、体脂和体内水分都有增加，但体脂增加只由原来的 17%增加到 20%，平均体重从原来的 10.4 增加到 12.4 kg，静息状态下平均能量消耗[56 kcal/(kg BW · d)]与运动 50 min 期间(3.6 kcal/min)(Reynolds 等，1999)没有区别，但运动中平均 RQ 从 0.81 提高到 0.95，这说明运动状态下对碳水化合物的消耗增加了，平均水分丢失也从 1.2 增加到 1.8 mL/kcal。

纠正体形对于肥胖犬猫来说仍然是很普遍的问题。英国非常肥胖的犬的"运动问题"曾相当严重(Edney 和 Smith，1986)，美国超重猫的跛行问题也曾一度相当普遍(Scarlett 和 Donoghue，1998)。减少 25%采食量的寻回猎犬髋关节发育不良和骨关节炎的流行性及其严重程度比自由采食的犬要低得多(Kealy 等，1992，2000)。在 9 分制体况评分中，自由采食的犬得分是(6.7±0.4)，而限制采食的犬得分是(4.6±0.4)(Kealy 等，2002)。食用生肉的肥胖犬更有可能感染沙门氏菌(Williams 和 Newberne，1971)。

因此，保持运动犬较瘦的体形是合理的。多数犬理想的体况得分是 4～5 分(Laflamme 的 9 分制评价标准，1997)。灰猎犬比起其他品种犬的脂肪含量更低(Gunn，1978b)，所以对于灰猎犬和其他视猎犬理想的体况评价得分稍低，约为 3.5。Reynolds 等(1999)描述了雪橇犬的理想体形是"容易触摸到肋骨和脊椎棘突髂骨翼之间轻微的凹陷"，这种体形对应的得分是 5 分制的 2.5 分(9 分制的 4 分)。

11.8 活动限制与训练的影响

限制在笼中或经常性运动所引起的改变会影响动物的营养需要。在大多数关于运动对营养需要影响的研究中，所使用的试验动物都是受过训练、运动较规律的犬，而这些犬的营养需要与家中的宠物犬有所区别，因为很多家犬只有在周末的时候才有运动的机会。当然，也有一些关于活动限制和训练对犬产生影响的试验研究，但目前尚无关于猫这方面的研究。

犬的大多数训练都包括为了锻炼耐力而进行的每日 30～90 min，持续 6～8 周的连续奔跑，每次运动犬都是处于 50%～80%的最大心率或在 V_{O_2max} 状态下进行的。Reynolds 等(1999)以及 Ready 和 Morgan

(1984)通过对每周在跑步训练机上 2～3 次超强度训练的雪橇犬和每周 2～3 次亚高强度运动的训练犬的试验，评估了间隔训练的效果。灰猎犬的速跑练习包括每周 2 次超强度的比赛，再加上每天步行几英里或在 900 m^2 围栏中每日 2 次的亚强度运动（Staaden，1984；Hill 等，2000，2001b）。所有研究都是逐步增加训练强度的，目前尚无试验研究突然提高运动强度对犬所产生的影响。

Morpurgo(1897)和 Siebert(1928)都报道，训练是通过肌纤维的膨胀而不是肌纤维的增生来增加肌肉量的。Friedländer 和 Thierse(1928)报道，把一条腿用绷带绑起固定以减少活动，这条腿的骨骼就会变轻、变细、变长，因为骨骺线变得更活跃且这条腿的骨骼中含有较少的水分和矿物质。Steinhaus 等(1932)却没有发现通过跑步或游泳训练使犬身上有任何骨骼肌或四肢骨变得膨胀肥大。Kohlsrauch(1929)指出，只有在提高运动速度的情况下，犬的肌肉才会发生变化。这可以解释为什么训练过的灰猎犬会被主观地认为比未训练过的灰猎犬肌肉多。当然，其实耐力训练不需要犬表现出肌肉体积的增加。Tipton 等(1970)比较了训练犬、非训练犬和一肢固定犬的侧副韧带，结果发现训练犬侧副韧带的胶原含量、延展力和直径都要比非训练犬高，而固定肢犬的以上指标都是最低的。Laros 等(1971)发现，与笼养犬相比，围栏内犬膝侧副韧带的附着更加牢固，而固定肢犬的侧副韧带附着最为脆弱。只需 6 周的笼养就可以使韧带(侧副韧带)附着处的骨膜下骨发生重吸收，而经过 6 个月后，纤维组织就会代替重吸收的骨质，并发生矿化。所以，不活动可以让骨骼先增长，继而发生重吸收。Külbs(1912，1929)、Grober(1908)、Thörner(1930)、Steinhaus 等(1932)、Bove 等(1979)和 Arokoski 等(1993)都发现，运动犬的心脏与体重的比例较高。Steinhaus(1932)发现，当犬运动量减少时，其心脏的大小也会随之变小。近年来，通过利用超声心动图技术，Stepien 等(1998)报道，那些在 5 个月的冬季中每日以 30%～40% $V_{O_2\max}$ 的程度奔跑约 20 km 的新、老雪橇犬的心质量指数提高了 24%。目前，已有的运动对其他组织器官变化影响的报道并不一致，而且这些试验所用犬只的数目也很少。如 Külbs(1912)和 Thörner(1930)发现，运动犬肺和肾的重量较大，但 Steinhaus 等(1932)却发现，跑步对犬肺和肾的重量并无影响。Külbs(1912)报道，受驯犬肝的重量增加了，但 Thörner(1930)和 Steinhaus 等(1932)却没有发现肝脏重量方面的变化。

在研究每日长距离的有氧训练(5～7 km/h 的速度，坡度为 15%)对成长期比格犬的影响过程中，Arokoski 等(1993)发现，笼养犬 6 月龄后的日粮摄入量不再增加，而每日运动量达到 40 km/d 的赛犬，日粮摄入量在一年内都会呈线性增加。70 周龄时，赛犬和笼养犬在体重和肌肉重量上没有区别，但在 1 岁时，赛犬的体重已大于笼养犬，且与体重相关的桡骨和胫骨骨量也要高出 10%。Puustjärvi 等(1991，1992，1995)报道，尽管比格犬赛犬骨赘产生的更多，承重骨也会变大，但椎骨、髂骨和桡骨的骨密度却低于笼养犬。赛犬某些骨骼组织代谢的指标会升高(血清碱性磷酸酶活性翻 1 倍)，血清雌二醇浓度下降 25%，但骨骼代谢的成骨细胞指标(血清骨钙蛋白和血清 Ⅰ 型胶原羧基端肽的浓度)没有变化。在 55 周龄时，不经常活动犬的每日尿钙分泌量为 0.3 mmol，赛犬的为 0.7 mmol；70 周龄时二者的每日尿钙分泌量分别为 0.8 和 1.3 mmol。赛犬要比不常活动的犬多消耗 50%的日粮、维生素、钙和磷(Puustjärvi 等，1992)。

总体来说，除了心脏、骨骼方面的变化之外，训练所引起的总体变化还是轻微的。不过，训练确实能影响犬维持运动的能力。Musch 等(1985)发现，经过训练和未经过训练的 1～2 岁雌性猎狐犬以任何坡度或速度在跑步机上奔跑时，耗氧量方面并无区别，但受过训练的犬能在更陡的斜坡上跑得更快，$V_{O_2\max}$ 也会更高。在任何速度下或坡度上，耗氧量、心输出量、动静脉血氧差、平均动脉压和全身血管阻力都不会因接受训练而受到影响。但是，相比较而言，受过训练的犬心率偏低 14%，心搏量高出 14%，静脉中乳酸浓度的升高较少。训练使 $V_{O_2\max}$ 增加 28%～31%，因为最大心输出量增加了 27%～28%，最大动静脉血氧差增加了 4%。在 $V_{O_2\max}$ 的状态下，静脉乳酸浓度和平均动脉压没有太大差别，但全身血管阻力在受过训练的犬中要低 20%～23%。在训练测试中，这些经过训练的犬流向心脏、膈、舌和后肢肌肉的血量增加了 200%～600%；流向颞肌这样的非运动肌肉的血量下降了 60%，流向脑部的血量没有变化(Musch 等，1987)。训练不能改变肌肉中的毛细血管密度(Parsons 等，

1985)，也不能改变多数脏器的血流量。但受过训练的犬在运动时大肠、脾、肝、肾上腺和肾的血流量会下降(Musch 等，1987)。

Altom(1999)报道，未经训练过的 2～4 岁英国指示猎犬，在以 8 km/h 的速度、坡度为 10%的跑步机上奔跑 1 h 的情况下，其嗅觉敏锐度会降低 64%。但是如果每周训练 3 次，每次以同样速度维持 30 min，连续 12 周的话，就检测不到嗅觉的变化。Wakshlag 等(2002a)也报道，狩猎季节中拉布拉多猎犬和英国指示猎犬骨骼肌中，蛋白质的水解对泛素蛋白体途径的某些成分(泛素共轭物和 p31 调节加帽亚单位，但不是具有催化活性的核心 β-亚单位)有上调作用。

Clark(1988)报道，用慢性电刺激处理过的骨骼肌，比起没经过处理的肌肉，在电刺激过程中肌肉磷酸肌酸减少较小，等长收缩张力更大。Procter 和 Best(1932)发现，用三肢跑步的训练犬在前 3 周中可运动的肌肉中糖原含量增加，但当训练持续到 1 个月时，肌糖原又回到原有水平。Pohoska(1979)发现，把体重为 15～25 kg 的杂种犬限制在 0.4 m^3 的笼子中 2～5 个月后，当犬在坡度为 21%的跑步机上以 5～6 km/h 的速度训练时，直肠温度升高的速度加快，犬达到力竭状态所用时间也缩短了[由(197±17) min 缩短到(118±21) min]。受活动限制的肌肉中糖原含量下降 15%，但活动限制对力竭状态下的肌糖原含量没有影响。活动限制也使运动中血糖下降速度加快，自由脂肪酸(FFA)浓度升高速度减慢，FFA 对注入肾上腺素的反应减弱。解除活动限制 15 d 后，这些变化就会消失。Nazar 等(1992)证实，8 周训练(以 6 km/h 的速度在坡度为 21%的跑步机上每天练习 1 h)可使这些变化恢复正常。Sneddon 等(1989)报道，停止 3～5 周的训练，卡南犬的适应性会变差。

Paul 和 Holmes(1973)发现，未经过训练的犬在中等强度的运动状态下(6 km/h 的速度，坡度为 15%)，血浆 FFAs 只提供 20%～30%的能量；而经过训练的犬可以达到 70%～90%。Issekutz 等(1964)也注意到，运动中根据生理状况的不同血中乳酸升高速率变化很大，乳酸浓度和 FFA 释放速率间也存在着负相关性。因此，未经训练的犬必须通过无氧氧化提供能量，这一点限制了它们的耐力。因此，对于未经过训练的犬来说，在运动之前、中和后提供葡萄糖更加重要。Downey 等(1980)发现，提高日粮中脂肪的含量，可以使受过训练的比格犬增加耐力，而对未经训练的则没有效果。

11.9 能量需要

11.9.1 基础代谢

除去如运动、摄食或环境低温等增加能量消耗的因素，每天维持静态水平所需的能量代谢就是基础代谢。测定基础代谢率(BMR)、静止代谢率(RFMR)和维持能量需要(MER)的条件以及犬猫这些指标的量值在第 3 章中已经讨论过了。MER 会随任何影响产热量的因素变化而改变。

11.9.2 焦虑

应激动物释放儿茶酚胺类物质，会加快代谢率。如当动物被放置在测定代谢率、耗氧量的房间里时，其氧消耗量会非常大，但当它熟悉环境并停止不停巡视时，耗氧量就会降下来。因此，环境压力会提高代谢率。Woods 和 Besch(1974)报道，犬(灰猎犬和比格犬)2～4 只放在一起笼养时，吸收后产热量是(135±24) kcal/(kg $BW^{0.75}$ · d)，而单独笼养时吸收后产热量会更高[(266±24) kcal/(kg $BW^{0.75}$ · d)]。作者推测分隔对它们产生了心理压力。

11.9.3 昼夜节律

Besch 和 Woods(1977)报道，犬的产热量会随昼夜节律发生变化。处在一个热平衡的环境中，笼养的比格犬和灰猎犬经过 12 h 夜间黑暗后，早上的产热量较低，分别为(124±17)和(94±17) kcal/(kg $BW^{0.75}$ · d)，然后逐步上升，到傍晚达到最高分别为(195±21)和(166±20) kcal/(kg $BW^{0.75}$ · d)，之后在夜间又下降。灰猎犬和比格犬的平均产热量分别为(141±26)和(139±4) kcal/(kg $BW^{0.75}$ · d)。但从早到晚会分别有 58%和 75%的上浮变化。日粮诱导的产热作用与这种浮动变化无关，因为犬是在晚上而不是早上进行饲喂的。在完全黑暗或完全有光的环境中，犬的产热量是相似的(Woods 和 Besch，1971)，所以昼夜节律不会影响到犬每日的 MER。

11.9.4 寒冷引起的产热作用

11.9.4.1 犬的体温调节

恒温动物，比如犬和猫，会在低温的环境中增加产热量来维持体温。外界温度低于一定程度时，机体就开始增加产热，这个温度叫做下限临界温度。这个温度会随动物皮毛厚度不同而有所不同（Scholander 等，1950b）。外界温度很高时，恒温动物的代谢率也会提高。这是因为冷却机制的运行需要能量。这个使动物开始增加能量消耗的较高温度值称为上限临界温度。不会使代谢率发生改变的外界温度范围被称为中性温度区，或温度适中区。环境温度对犬能量需要的影响见图 11-1。

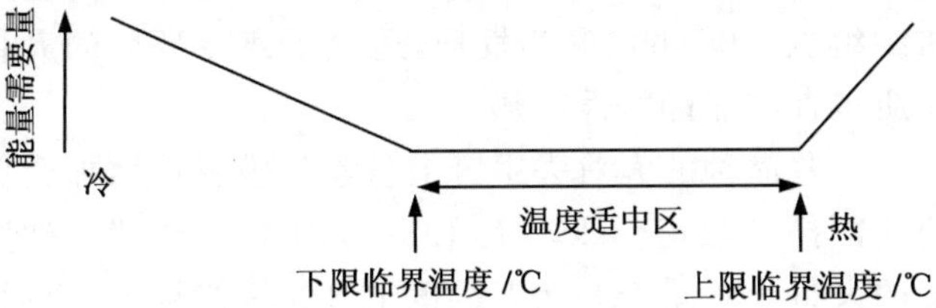

	下限临界温度/℃	上限临界温度/℃
新生幼犬	30	30
成年犬	20~25	30~35
爱斯基摩犬	<0	

图 11-1 环境温度对犬能量需要的影响

新生幼犬维持体温的能力较差，它们直到 3 周龄才具有成年动物调节体温的能力（Jensen 和 Ederstrom，1955）。Crighton 和 Pownall（1974）发现，新生幼犬只有当外界温度在 20～30℃时才能维持体温（外界温度低于 20℃时幼犬的体温下降，高于 30℃时体温上升），并且对于它们来说没有中性温度区。外界温度达 30℃时产热量最低[77 kcal/(kg $BW^{0.75}$ · d)]，随外界温度下降产热量线性上升，并且在 15℃时达到 2 倍[产热量增长率为 5 kcal/(kg $BW^{0.75}$ · d · ℃)]。外界温度在 30～35℃时，产热量也会线性增加[产热量增长率为 6 kcal/(kg $BW^{0.75}$ · d · ℃)]。McIntyre 和 Ederstrom（1958）发现，当外界温度在 23℃时，新生幼犬产热量会增加 25%，但在 5℃时，其产热量却无法增加到 25%以上。这可能是因为温度迅速降低以致无法做出增加代谢的反应。3 周龄后幼犬才能像成年犬一样具有维持体温的能力，并且可以在 5℃时使自身产热量增加 50%。同样，幼犬直到 4 周龄时才能在外界温度 40℃的环境下维持体温（Jensen 和 Ederstrom，1955）。2～3 日龄的幼犬已经可以喘气和颤抖，但直到 3 周龄时，幼犬的喘气行为才成为有效的散热方式。

Hume 和 Egdal（1959）报道，成年犬在外界温度为 −50～−46℃环境中可以维持正常体温 4～27 h，7 只犬中的 6 只可以在 −79～−75℃环境中维持 3～5 h。Giaja（1938）发现在 −160℃的低温环境中，犬在 1 h 后会表现出体温过低的症状。成年犬在干燥环境中能承受 3 h 56℃或更高的温度（Adolph，1947），但在潮湿环境中，温度达到 33℃或稍高，体温就无法维持稳定（Lozinsky，1924）。Taylor 等（1971）报道，2 只体重为 3 kg 的犬在 25～30℃时产热量最低[63 kcal/(kg $BW^{0.75}$ · d)]，当温度降到 20℃或升到 40℃时，产热量上升到 110 kcal/(kg $BW^{0.75}$ · d)。Hammel 等（1958）发现，当温度低于 23～25℃的下限临界温度时，成年犬产热量都会线性增加，直到 10℃时产热量达到 2 倍的 BMR[增长率 5 kcal/(kg $BW^{0.75}$ · d)]。上限临界温度为 30～35℃时，在 35℃能量消耗增加小于 10%。Scholander 等（1950a）从 Rubner 的研究中得出相似结果：2 只犬的中性温度区为 20～30℃，代谢率在 5℃时提高 1 倍，在 35℃时提高 10%。Blatteis 等（1973）发现，成年犬在外界温度突然从 26 变为 6℃时，产热量增加了 50%。Minaire 等（1973）报道，为提高对冷刺激的敏感性而剪毛的成年犬突然暴露在 −25℃的环境中时，其能量利用率可以提高 4 倍多，达到 487 kcal/(kg $BW^{0.75}$ · d)。Lucas 等（1980）报道，当犬突然进入 8～13℃的水中时，耗氧量在 10 min 后达到最大。在冷水中，犬的 V_{O_2max} 为（3.5±0.4）L/(kg BW · h)[(729±88) kcal/(kg $BW^{0.75}$ · d)]，比在 23℃陆地上的耗氧量高出 7 倍，但这仅是犬运动时 V_{O_2max} 的 60%。犬维持这样的耗氧量可以使结肠温度的降低少于 4℃。

犬舍中的犬对温度变化的反应更多是较为缓和的。Zentek 和 Meyer（1992）报道，冬季户外犬舍中大丹犬的 MER 比夏季高出 70 kcal ME/(kg $BW^{0.75}$ · d)。因为德国北部地区夏季平均温度要比冬季高 25℃，所以存在 3 kcal/(kg $BW^{0.75}$ · ℃)的差异。Blaza（1982）报道，当外界温度从 15 下降到 8℃，4 只拉布拉多猎犬和 1 只比格犬维持日粮摄入量增加了 25%。然而 Nagasarka 和 Carlson（1965）报道，一只比格犬在 −10℃环境中 1 个月后，尽管体重比在 28℃的环境下减轻了 4%，但日粮摄入量仅增加了 30%。Crist 和 Romsos（1987）发现，过量饲喂的成年比格犬处在 3℃环境中 4 周比在 22℃环境中的能量消耗增加 38%。长时间持续暴露于冷环境中必定会比间断暴露于冷环境中能量需要增加的更多。Davis(1967)发现，持续暴露于 5℃会使被剪毛了的犬体重减轻，然而每天暴露在 −10℃中仅 8 h，同样剪毛后的犬则不会产生体重变化。

皮毛的厚度也会影响犬在寒冷环境中的能量需要。据 Hoesslin(1888)估计，5℃环境中成长的幼犬代谢率仅比在 32℃环境中的同窝幼犬高出 12%，但其皮毛厚度是后者的 4 倍。Scholander 等(1950a)报道，外界温度为 −30～40℃时，2 只爱斯基摩幼犬代谢率变化很小。Finke(1991)也报道，当外界温度从 20℃下降到 0℃时，西伯利亚雪橇犬的维持代谢能没有显著增加[125 kcal ME/(kg $BW^{0.75}$ · d)]，但是比格犬和拉布拉多猎犬的维持代谢能增加了 20%～25%[约 1 kcal ME/(kg $BW^{0.75}$ · d · ℃)]。不过 Durrer 和 Hannon(1962)认为，对爱斯基摩犬和比格犬来说，当外界温度从夏季的 14℃降到冬季的 −20℃时，能量消耗增加约 3 kcal/(kg $BW^{0.75}$ · d · ℃)[分别从 120 增加到 205 kcal/(kg $BW^{0.75}$ · d · ℃)，从 162 增加到 177 kcal/(kg $BW^{0.75}$ · d)]。Orr(1966)报道，南极洲拴养的雪橇犬能量消耗为 166 kcal ME/(kg $BW^{0.75}$ · d)时，体重轻微减少，而 Campbell 和 Donaldson(1981)估计当时的温度为 0～10℃。Campbell 和 Donaldson(1981)报道，犬在 −30℃无冷风的坑道中消耗 320 kcal ME/(kg $BW^{0.75}$ · d)情况下可以维持体重，但风速为 6 m/s 时，体重就会减轻。Hinchcliff 等(1997b)发现，雪橇犬在温度适中区时(20℃)，能量消耗为(130±29) kcal ME/(kg $BW^{0.75}$ · d)；而在 −35～−10℃时，为(263±96) kcal ME/(kg $BW^{0.75}$ · d)。

因此，在低于临界温度下限时，不活跃犬的代谢率会在其基础值上提高 5 kcal/(kg $BW^{0.75}$ · d · ℃)(5℃时增加 1 倍)；对于活跃的犬，如群养的犬来说，寒冷引起的产热增加较小[≤3 kcal/(kg $BW^{0.75}$ · d · ℃)或在 5℃时增加 50%]，因为即使在中性温度区中活跃犬产热仍高于基础值。像爱斯基摩犬这样耐寒的品种，在临界温度下限时也会产生对冷的代谢反应。新生幼犬的临界温度下限为 30℃，成年犬的为 20～25℃，对于雪橇犬来说也许要低于冰点。冷风刺激、剪毛、浸泡在冷水中可引起对寒冷更强烈的反应。在冷水中达到 V_{O_2max}时，代谢率为 30 kcal/(kg $BW^{0.75}$ · h)。新生幼犬的临界温度上限为 30℃，成年犬的为 30～35℃。在 35℃时，幼犬代谢率提高了 50%，成年犬提高了 10%。

11.9.4.2 非颤抖产热和冷环境适应性

颤抖是机体在寒冷环境下提高代谢率最重要的方式。但是，很多品种的犬长期暴露于冷环境下，非颤抖的产热就会增加而颤抖会相应减少(Jansky 等，1969)。褐色脂肪组织是大鼠最重要的非颤抖产热组织。Holloway 等(1985)和 Ashwell 等(1987)发现，新生比格犬的脂肪组织有褐色脂肪的特点(高细胞色素氧化酶活性，线粒体数量多，存在解偶联蛋白)，但大于 6 月龄犬的脂肪就不再具有褐色脂肪的特点，全部是白色脂肪(很少的线粒体和细胞色素氧化酶)。这些白色脂肪组织在去甲肾上腺素的刺激下，具有增加摄取氧的能力，然而慢性给予 β 受体激动剂以模仿慢性冷刺激，可引起脂肪库而不是皮下脂肪成为类似褐色脂肪的组织。Davis(1967)发现，适应了寒冷环境的犬骨骼肌也存在非颤抖性产热。

一些品种的犬对去甲肾上腺素的敏感性增加会促使非颤抖产热(Jansky 等，1969)，但不是全部。被剪毛的犬每天暴露于 −10℃温度下 8 h 并持续 6～8 周，或每天浸入 3～8℃水中 1 h 并持续 10 d，未被剪毛的犬暴露于 −10℃温度下 1 个月，都会产生非颤抖产热(Davis，1967；Therminarias 等，1979；Nagasarka 和 Carlson，1965)。在冷适应过程中，血浆甲状腺激素浓度会升高，但已经适应寒冷的犬的血浆儿茶酚胺浓度的升高幅度以及因注入儿茶酚胺而引起的代谢率提高都会大大减弱(Nagasarka 和 Carlson，1965；Therminarias 等，1979；Minaire 等，1983)。所以对于适应寒冷的犬来说，对儿茶酚胺敏感度的提高不是非颤抖产热增加的原因。

冷适应不会影响温度适中区内的能量消耗，但当浸入冷水后适应了寒冷的犬的产热量会提高 40%[从 665 增加到 881 kcal/(kg $BW^{0.75}$ · d)]，并且它们维持体温的效率要高于适应了温暖环境的犬(Therminarias 等，1979)。因此，不管外界温度如何，对寒冷的长期适应不会影响能量需要，只是提高了犬对寒冷的耐受能力。这些变化与运动对犬代谢方面引起的变化是类似的。

11.9.4.3 猫的体温调节

关于猫的体温调节的现有资料很少。Adolph(1951)报道，新生幼猫能比成年猫耐受更低的体温。

Scholander 等(1950a)报道了 Theodor 的一个研究,指出猫的温度适中区可能为 20～30℃,在 -5℃时代谢率会提高 30%。Forster 和 Ferguson(1952)发现,猫在 24～27℃时开始收缩血管,在低于 20℃时更加明显,低于 10℃时开始立毛,低于 5℃时开始颤抖,36～40℃时开始出现呼吸加速和气喘。Jacobson 和 Squires(1970)通过试验估测,在不同的外界温度下人为改变 2 只猫的下丘脑温度的效果。在正常的下丘脑温度情况下,平均耗氧量在外界温度高于 30℃时为最低值[40 kcal/(kg $BW^{0.75}$ · d)],25℃时增加 50%,并在 5℃时增加 150%。在环境温度比较温暖(36℃)时,气喘和由呼吸散失的水分增加,但耗氧量几乎没有增加。Doris 和 Baker(1981)报道,猫的平均代谢率在环境温度 38℃时最低,在 35 和 43℃时提高 30%,并在高于 35℃时蒸发损失开始增加。Adams 等(1970)报道,在 35 和 38℃时,未适应冷环境的成年短毛猫能量消耗为 73 kcal/(kg BW · d)。并且在 20～35℃[152 kcal/(kg BW · d)]和 38～41℃[86 kcal/(kg BW · d)]之间的范围内,能量消耗呈约 5 kcal/(kg BW · d · ℃)的线性增加。在低于 35℃时,猫四肢末端的组织绝缘性增加,在 35℃以上蒸发损失和呼吸显著增加。动物在间接热量测量室不能充分表现各种行为,这会扩大温度适中区的范围,但结果显示,未适应冷环境的成年猫的温度适中区相对较窄,其范围在 30～35℃以上,38℃以下。他们还发现,在常温室内时,猫本能地会对产热进行体温调节,这可以作为猫代谢率的测量在不同的试验室会得出不同结果的原因。

其他研究将正常室温 25℃情况下的代谢率作为基准(表 11-4)。在这些研究中,当成年猫从 25℃的室内转移到 0～10℃的室外时,能量消耗增加了近 60%(一些研究显示 160%)。幼猫能量消耗也增加了 60%,只不过是在温度变化较小的情况下(从 30℃降到 20℃)。

当猫突然暴露于冷环境中,颤抖动作会使能量消耗线性增加,并且通过这种方式产热占总产热量的 80%(Hemingway 等,1964;Hoenig 和 Ferguson,2002)。Hemingway 和 Stuart(1962)报道,在 0～5℃环境中适应 1 个月的猫,在没有颤抖表现时,代谢率也提高了 30%～40%,但在适应 10℃以上温度的猫身上未发现该现象。适应寒冷环境的猫的这种非颤抖产热与去甲肾上腺素引起的代谢增加有关,只是对去甲肾上腺素的敏感性没有老鼠表现得那么明显(Hemingway 等,1964)。Adams(1963)也发现,适应 5℃环境的猫代谢率会有小幅提高。

总之,未适应冷环境的成年猫的临界温度上下限分别是 38℃和 30～35℃,当温度高于 38℃或低于 30℃时,代谢率提高 5 kcal/(kg $BW^{0.67}$ · d · ℃)。这表示代谢率在接近冰点时会提高 2～3 倍。对于活跃的猫来说,寒冷引起产热的增加量较小[≤3 kcal/(kg $BW^{0.67}$ · d · ℃)]。

表 11-4 周围环境温度的改变对适应的和不适应的猫能量利用率的影响[a]

研究对象	个数(n)	体重/kg	外界温度/℃	每日能量利用率(平均值±2 标准差) kcal/kg BW	kcal/kg $BW^{0.67}$	参考资料
未适应冷环境的猫	6		25～28	52±22		Stuart 等,1961
未做过去势或绝育的成年公、母猫	5	2～3	0～5	140±53		Adams,1963
未适应冷环境(25℃)			23	86	117[b]	
			10	144	195[b]	
			0	168	228[b]	
适应 5℃环境的猫			23	90	122[b]	
			10	140	190[b]	
			0	187	254[b]	
未做绝育的短毛成年母猫	5	2.0～3.33	41	86[b]	118	Adams 等,1970
			38	73[b]	100	
			35	73[b]	100	
			32	87[b]	120	
			29	98[b]	135	
			26	116[b]	160	

续表 11-4

研究对象	个数(n)	体重/kg	外界温度/℃	每日能量利用率（平均值±2 标准差）		参考资料
				kcal/kg BW	kcal/kg $BW^{0.67}$	
			23	138[b]	189	
			20	152[b]	210	
未适应冷环境的成年猫	2	2.36[c]	36±3	52 和 35	69[c]	Jacobson 和 Squires,1970
			31±1	45 和 35	60[c]	
			25±1	69 和 55	92[c]	
			5±3	104 和 90	138[c]	
对冷环境适应 2～3 d 的成年家养猫(公、母)	9	2.8～4.6	43	47	74[b]	Doris 和 Baker,1981
			40	38	59[b]	
			38	33	52[b]	
			35	43	67[b]	
未适应冷环境的成年公、母猫	4	3.0～4.4	24～27	53±4	83±14	Gautier 等,1989
			3～8	86±21	136±46	
未适应冷环境的 2 日龄幼猫	9	(155±24) g	30	166±42	89[b]	Mortola 和 Matsuoka,1993
			20	270±83	145[b]	

[a] 间接热量测定法测量耗氧量。
[b] 使用平均体重或者最大和最小体重的中值。
[c] 只报道了一只猫的体重。

11.9.4.4 产热能源

1.犬

犬暴露于冷环境时,能量需要增加而导致的代谢变化与在耐力训练中情况相似(Minaire 等,1973)。Paul 和 Holmes(1973,1975)报道,当犬突然暴露于 4～5℃ 的环境中并长达 120 min 时,能量消耗会增加 40%,而 FFA 提供的能量从休息状态下的(32±4)%增加到(48±4)%。血清 FFA 浓度升高 70%,FFA 转换率提高 60%,立刻被氧化的 FFA 比例从 22%提高到 33%。在冷环境中成年杂种犬的最大耗氧量比在运动中低 40%,但血浆去甲肾上腺素和肾上腺素浓度会提高到同等水平;血浆乳酸和葡萄糖浓度在运动中和冷环境中都会升高,但在冷环境中葡萄糖浓度要高 45%而乳酸浓度要低 48%;FFA 浓度在冷环境中可提高 43%,但在最大强度的运动状态下却达不到(Lucas 等,1980)。剪毛的成年杂种犬突然暴露于−25℃低温中,能量消耗增加到 4 倍或更多,血浆 FFA 浓度几乎增加 1 倍,FFA 转化率和氧化率分别增加到 4 和 8 倍,由 FFAs 产生的二氧化碳从占总量的 36%增加到 64%或更多(Vincent-Falquet 等,1972; Minaire 等,1973)。在冷环境中,肝脏中 FFAs 产生酮体量的增加导致 β-羟基丁酸的血浆浓度大约提高了 1 倍(Minaire 等,1982)。葡萄糖转化率提高 1 倍,葡萄糖氧化率提高到 4 倍,但由于肌糖原和 FFAs 中的甘油合成葡萄糖增多,因此,血浆葡萄糖浓度没有降低,而且由葡萄糖转化得到的二氧化碳从原来占二氧化碳总产生量的 19%降低到了 12%(Pernod 等,1972; Minaire 等,1973)。因此,尽管在寒冷环境下,脂肪分解速率很高的情况下,葡萄糖利用率仍然保持很高。这一点说明,在寒冷环境中尽管对葡萄糖的需求和葡萄糖的利用率增加了,但是由糖酵解产生的丙酮酸也被迅速氧化并用于丙氨酸合成(Minaire 等,1982)。寒冷环境中糖酵解过程产生乳酸的量有所增加,但同时乳酸氧化率也有所提高,导致血浆中乳酸浓度仍然较低(Minaire 等,1971)。

作为寒冷环境中能量消耗的主要来源,这些骨骼肌所发生的变化与运动过程中的变化是一样的。Minaire 等(1973)甚至提出,葡萄糖存储会限制耐受寒冷的能力,也会减弱运动中的耐力。最近一直没有关于日粮中常规营养物质成分组成比例对寒冷抵抗力影响方面的研究。不过,如果糖原的利用限制了犬耐受寒冷的能力,那么含有较多脂肪的日粮就会因减少糖原利用而增加犬对寒冷的耐受力。同样,这一点与在运动中提高犬日粮中的脂肪含量可以提高耐力的事实一致。在温暖的环境中经受耐力训练的犬在训练间隔的静息状态时，可能只需要较少的脂肪，因此，比起在寒冷环境中训练的犬，训练间隔中这些犬日粮中的脂肪含量应该稍低一些。

目前还没有确定犬的蛋白质或微量营养物质需要量在寒冷环境中是否会改变。寒冷环境中血糖没有下降，就像在耐力训练中一样。所以作为糖异生前体的氨基酸，其需要量可能不会像在运动中需要的那样多。在寒冷环境中氨基酸的需要量会稍稍增加，以提供被毛生长和脂肪组织中线粒体及酶的合成。但在其他种类动物中，没有发现尿素氮排泄量增多的现象(Blaxter,1989)。因此，寒冷环境中的动物，在蛋白质、维生素和多数矿物质方面的需要量可能与那些在中性温度区中的动物相似。

2.猫

外界环境温度的降低不会影响成年猫(从 25℃降到 3～8℃)或幼猫(从 30℃降到 20℃)的呼吸墒(RQ)(Gautier 等,1989;Mortola 和 Matsuoka,1993)，尽管代谢率提高了 60%。这说明暴露于冷环境中的猫，其底物利用率并没有变化。

11.9.5 热环境中的营养

目前没有关于犬在外界高温环境中代谢反应的研究。蛋白质的热增耗(heat increment)要高于碳水化合物和脂肪(Blaxter,1989)。高蛋白日粮的食后产热高于低蛋白日粮，但是对每日产热量的影响很少，因为食后产热很少，因此在温暖环境中饲喂低蛋白日粮的益处是微不足道的。

11.9.6 高海拔地区低氧环境的影响

随着海拔的增高，吸入的氧浓度(FiO_2)仍为 0.21，但是大气压力和有效氧都会降低。海拔 1 500 m 比海平面处的大气压和有效氧降低了 17%，海拔 2 750 m 则降低了 30%(相当于海平面处的 FiO_2 为 0.15)，海拔 5 800 m 降低了 50%(相当于海平面处的 FiO_2 为 0.10)。

Piiper 等(1996)报道，成年杂种犬在 FiO_2 为 0.11 时的平均能量需要降低 10%，但这个结果在统计学上与 FiO_2 为 0.21 时没有显著性差异。该研究的作者们还报道，在坡度为 10%的情况下每奔跑 1 km 的能量需要量并没有因为 FiO_2 降为 0.11 而发生改变，不过 V_{O_2max} 在 FiO_2 为 0.15 时却下降了 25%，在 0.11 时至少下降了 50%。Schilling 等(1956)发现，对于适应 FiO_2 为 0.10 的环境 5 个月的成年犬，无论 FiO_2 为 0.21 或是 0.10 的情况下进行测试，在任何速度任何坡度的跑步机上奔跑时所需的能量不受 FiO_2 的影响。Zinker 等(1995)报道，在休息和运动的情况下，当 FiO_2 从 0.21 降到 0.10 时，葡萄糖消失率(glucose disappearance)会提高 50%，但是动脉葡萄糖浓度没有变化，因为肝中葡萄糖的合成会成比例地增加。同时四肢葡萄糖和丙酮酸的氧化速率提高了 1 倍，糖异生作用也增加超过 1 倍。当 FiO_2 下降时，乳酸和葡萄糖氧化产生的二氧化碳量同比例地增加。因此，减少氧吸入量可以增加碳水化合物的氧化以及肝和骨骼肌中碳水化合物的动员，同时减少脂肪代谢。可见在高海拔地区耐力可能会下降，并且前面所提到提高日粮中脂肪含量的益处也会减少。成年犬突然处于 FiO_2 为 0.12 的环境时，寒冷引起的产热作用(颤抖)和在 6℃维持体温的能力会下降，在 3 h 后产热量会有少许提升(Blatteis 和 Lutherer,1973)。

在正常室温(23～27℃)的环境中，成年猫突然处于低氧状态(FiO_2=0.10)时，能量消耗会减少 20%。但当适应 1 h 后，能量消耗稍有回升，变为仅减少 10%(Gautier 等,1989)。当突然暴露于 3～8℃环境中，低氧(FiO_2 = 0.10)会引起耗氧量更加显著的降低(30%)，颤抖也会减少 30%。低氧状态(FiO_2=0.10)可使幼猫能量消耗在 30℃环境中减少 40%，在 20℃环境中减少 50%(Mortola 和 Matsuoka,1993)。不过，适应过程中的生理补偿的现象和从数几小时处于低氧状态中快速恢复的现象(试验中发现)都说明，不管是在中性温度区还是在寒冷环境中海拔因素仅能使犬猫的产热量有非常小的减少。

11.10 运动对能量需要量的影响

犬猫的维持能量需要(MER)包括无运动时能量需要和自发性运动能量需要 2 部分。关于运动时的能量需要、基础代谢率(BMR)、日粮摄入所引起的产热作用和静息饲喂代谢率(RFMR)等内容已经在第 3 章中讨论过了。寒冷引起的产热作用也在本章前面讨论过了。本节要讨论的是能量需要如何随运动变化。

11.10.1 在缺乏运动时运动对能量需要的影响

Steinhaus(1928)报道,运动前活动受限制的杂种犬以 8 km/h 的速度在 22%的坡度上运动,每周完成 20～80 km 并坚持 6 个月的情况下,其 BMR 不受影响。运动对日粮诱导产热的作用还不太清楚。Rubner(1910)以及 Anderson 和 Lusk(1917)报道,当犬在摄入高蛋白日粮后运动时,日粮的特殊动力作用没有改变,并且由于日粮和运动的关系,存在着能增量的积累。Anderson 和 Lusk(1917)报道,在注入 0.8 g/kg BW 的葡萄糖后立即开始运动的情况下,碳水化合物的特殊动力作用被遏止了。这可能是由于葡萄糖在转化为糖原或是脂肪之前就被利用的缘故。在绵羊和人类中,运动没有表现出影响日粮产热作用的现象(Blaxter,1989)。

当评价缺乏运动的犬在寒冷环境中运动时的能量需要时,必须要考虑外界环境温度因素的影响。生活在温度恒定室内的犬,或在室温下跑步机上运动的犬,因寒冷引起的产热作用很小。甚至在一个很冷的环境中,只有当犬猫没有运动的时候,寒冷引起的产热作用才比较明显。由于肌肉运动所产生的热量要大于维持体温所需要的热量。因此在评价中,热量散失才是考虑的最主要因素。

11.10.2 运动所需要的能量:动力性运动(短跑)和稳定性运动(长跑)

多数研究都是利用有氧氧化所得到的能量来测定犬长跑中能量需要。在这些耐力训练中,耗氧量处在稳定状态,并且可以作为测定能量消耗的指标。只有一少部分研究试图采用有氧氧化和无氧氧化产生的能量来估测犬短跑中的能量需要。无氧状态的能量消耗难于测定,因为这就像先欠下了"债务",之后还要偿还。这个"债务"由 2 部分组成:非乳酸产能和乳酸产能(Staaden,1984)。

1.非乳酸产能

Marconi 等(1982)发现体重为 15～17 kg 的杂种犬在 10%的坡度上奔跑,从开始运动到耗氧量达到新的平衡需要 2 min。犬 5 min 后停止运动,耗氧量恢复到稳定状态也有一个 3 min 的延迟。运动开始时的延迟造成的氧的"债务"在运动结束后被偿还。这个延迟与乳酸无关,因为血中乳酸浓度与静止状态时非常接近。在运动的一开始,氧储量处于不饱和状态,三磷酸腺苷(ATP)和磷酸肌酸分别开始用高能磷酸键提供能量,这个非乳酸产能的"债务"就形成了。这个"债务"的形成和偿还过程是一个短半衰期[分别为(20±2)和(24±3) s]的一级动力学过程,并且这个过程不受运动速度的影响。

产生这个"债务"时的能量消耗可以用恢复期的耗氧量来估计(图 11-2)。曲线下面的区域面积可以通过积分获得。恢复曲线的一阶积分是恢复阶段的耗氧量(mL/kg BW),即动力性平衡运动末尾的耗氧率[mL/(kg BW · s)]除以消除速率常数 λ。λ 为 ln2/半衰期(Gibaldi 和 Perrier,2001)。在 Marconi 的这个例子中,λ 为 0.693/24 s。以曾经报道过的最大 V_{O_2max} [2.9 mL/(kg BW · s)]的犬(Reynolds 等,1999)为例,其恢复期的耗氧量会是 2.9×24/0.693 或者 100 mL/kg BW。假设氧与能量的关系为 5 kcal/L O_2,那么在犬恢复期的最大氧补充量将为 0.5 kcal/kg BW。这个量很小,所以只在短期运动中才有评价的意义。因此一旦运动超过了几十分钟,非乳酸产能的能量"债务"就可以忽略。有报道说人在剧烈运动后出现超过 24 h 的运动后过量氧耗(EPOC)现象(Bahr,1991),但这一现象没在犬中发现过。

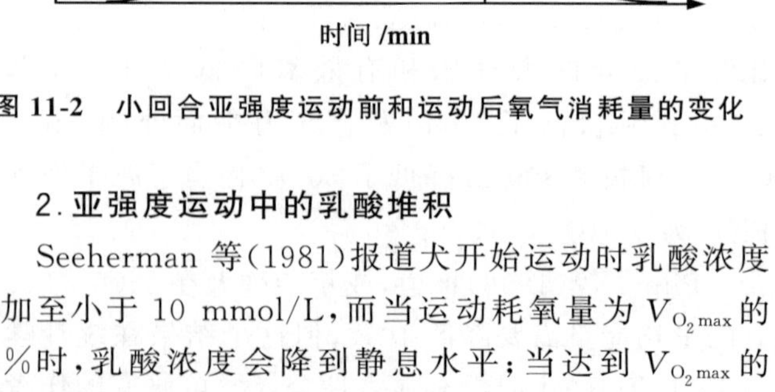

图 11-2 小回合亚强度运动前和运动后氧气消耗量的变化

2.亚强度运动中的乳酸堆积

Seeherman 等(1981)报道犬开始运动时乳酸浓度增加至小于 10 mmol/L,而当运动耗氧量为 V_{O_2max} 的 78%时,乳酸浓度会降到静息水平;当达到 V_{O_2max} 的 94%时,乳酸含量则不再变化。Young(1959)发现比格犬在以 50% V_{O_2max}(在坡度为 17%的斜坡上以 6 km/h 的速度运动)进行剧烈运动时的血液乳酸浓度与静息浓度相同。Brzezinska 等(1980)报道,当达到力竭状态时,平均乳酸浓度从静息时的 1.4 mmol/L 逐步提高到力竭状态时的 2.7 mmol/L。Wagner 等(1977)报道犬以 50%V_{O_2max}奔跑超过 20 min(在 50%的坡度上以 8 km/h 的速度奔跑),平均动脉乳酸浓度会提高至小于 3 mmol/L,并且开始出现碱中毒,平均动脉 pH 为 7.55(可能由于气喘造成的呼吸性碱中毒)。Cerretelli 等(1964)也报道犬慢速奔跑时乳酸没有增加,但同时发现当其以大于 8 km/h 速度在坡度 10%的跑步训练机上运动时血中乳酸浓度会逐渐提高;在速度为 16 km/h,坡度为 10%的情况下,乳酸浓度会以 1.6 mmol/(L·min)的速度提高,即使这时耗氧量还没有达到最大。Depocas 等(1969)发现,当耗氧量达到V_{O_2max}的 30%时,血中乳酸浓度没有发生很大变化,但乳酸转化率和氧化率分别提高了 2~4 倍。

Cerretelli 等(1969)估测,犬腓肠肌在最初运动时由乳酸提供的能量平均为 22.6 kcal/mmol,但在疲劳的肌肉中仅为 19.7 kcal/mmol。Piiper 等(1966)估测犬在大气中氧气含量减少时的运动过程中乳酸可提供 20 kcal/mmol 的能量。由乳酸提供的能量的中间值应为 21 kcal/mmol。我们假设运动 5~10 min 后测量的动脉乳酸浓度峰值可以代表已经均匀扩散到所有体液的乳酸浓度,那么乳酸堆积总量就可以通过这个值进行估测(Cerretelli 等,1964)。Staaden(1984)报道,灰猎犬动脉乳酸浓度是静脉乳酸浓度的 1.13 倍。根据年龄和脂肪含量不同,通过干燥法得到的比格犬的总体液量占体重的 50%~80%(Sheng 和 Huggins,1971,1979)。血浆中水分占 91%(Hawk 等,1954)。静脉乳酸浓度乘以 1.13 可以得到动脉乳酸浓度,也就被认为是乳酸已经均匀扩散后的血浆浓度。该值除以 0.91(血浆中的水分),再乘以总体液量(0.5~0.8)就可以得到乳酸总量。按照这样计算,每毫摩尔每升乳酸静脉血中由乳酸提供的能量为 13~21 kcal/kg BW。在亚强度奔跑中,犬静脉血中的乳酸浓度达不到 10 mmol/L,因此,由乳酸提供的最大能量小于 210 kcal/kg BW,而当运动超过 15~20 min 后,这个值就小到可以忽略不计了。

3.超强度运动中的乳酸堆积

在超强度的短程速跑训练中,有乳酸堆积的无氧代谢过程占很重要的地位。Seeherman 等(1981)报道,当乳酸浓度达到 18 mmol/kg 时动物拒绝继续超强度的训练。灰猎犬赛后由于乳酸酸中毒,pH 可以从 7.4 下降到 7.0,血中乳酸浓度可以从 1 上升到 24~34 mmol/L(Rose 和 Bloomberg,1989;Ilkiw 等,1989;Nold 等,1991;Pieschl 等,1992;Hill 等,2000,2001b)。在速跑后的 2~10 min 后,乳酸浓度达到峰值,pH 降到最低;在速跑后的 30 min 后乳酸浓度恢复正常,pH 稍稍高于正常值(Staaden,1984;Snow 等,1988;Rose 和 Bloomberg,1989;Pieschl 等,1992)。Matwichuk 等(1999)意外发现,拉布拉多猎犬在40 m外反复叼回一个软管,10 min 后立刻进行测量,平均血中乳酸浓度只增加到 4 mmol/L,平均 pH 增加到 7.6。这表示独特的巡回练习主要是有氧代谢过程,而非无氧代谢。

4.短程超强度运动中的能量需要

Seeherman 等(1981)报道,耗氧量随速度线性增加,并且在达到V_{O_2max}之前与运动距离成一定比例,而当耗氧量达到最大值时,则不再随速度提高而变化,但乳酸浓度还会随速度线性提高。这表明能量消耗随速度持续线性增加,即使达到V_{O_2max}之后,仍和运动距离保持一定比例。

Staaden(1984)使用间接热量测定法测量灰猎犬在跑步机上的能量利用率。他做出以下假设:①由于碳水化合物是能量的主要来源,因此运动中耗氧量可以等价为 5 kcal/L O_2;②运动结束后氧补充量作为氧气的持续利用量测量,仍等价为 5 kcal/L O_2;③补充 ATP 和磷酸肌酸中的高能磷酸键所需的能量为 56 kcal/kg BW;④乳酸提供 21 kcal/mmol。丙酮酸的堆积没有考虑在内,而丙酮酸产生的能量可能不到乳酸的 1/3(Cerretelli 等,1964)。Staaden 也计算了乳酸产生的能量,但他假设乳酸均匀地扩散到身体各处,而不同于 Cerretelli 等(1964)所假设的仅扩散到所有水分中。最近报道采用氘元素稀释法测定受过训练的灰猎犬的体液总量可占体重的 70%(Hill 等,2001b),比干燥法(Sheng 和 Huggins,1971)得到的结果提高了 14%。因此,在假设体液总量占体重的 56%,血浆中水分占 91%的基础上,Staaden 的结果已经被重新计算(Hawk 等,1954;表 11-5)。

然而从 Staaden 的研究中得到的主要结论仍未改变。灰猎犬在最初的加速过程中消耗非常多的能量[3 kcal/(kg BW·km)],其他奔跑阶段的能量消耗为 1 kcal/(kg BW·km),这个值近似于同种体型犬在动力性平衡状态的亚强度运动中的能量利用率(稍后会讨论)。灰猎犬加速到它的最快速度(72 km/h)后会稍稍慢下来。如果把加速过程和之后的减速过程综合起来考虑，则可以认为奔跑的整个过程中能量消耗为常量 1.1 kcal/(kg BW · km)。

表 11-5 灰猎犬的能量利用率

项目	奔跑的各个阶段/s				
	0～7.5	7.5～15	15～30	30～45	45～60
距离/m	100	130	222	198	165
各阶段总和	100	230	452	650	815
各阶段末尾时的速度/(km/h)	68	64	54	44	38
各阶段所耗能量/[kcal/(kg BW · km)]	2.84	1.02	1.00	1.01	0.82
各阶段产能效率/[kcal/(kg BW · min)]					
有氧	0.24	0.52	0.58	0.69	0.40
乳酸	1.06	0.30	0.31	0.11	0.14
氧储	0.52	0.24	0	0	0
ATP 或磷酸肌酸	0.45	0	0	0	0

资料来源：改编自 Staaden，1984。

无氧氧化所产生的能量提供了最初 7.5 s 内能量消耗的 89%，并且最初加速过程所需的能量也几乎是由无氧氧化提供的，而来自磷酸原（高能磷酸化合物）和非乳酸部分的能量用于最初的 15 s。在最初的几秒内，几乎没有通过有氧氧化来得到能量，耗氧量在30～45 s 达到最大值 8.3 L/(kg BW · h)，其 V_{O_2max} 近似于其他犬在跑步机上运动时的耗氧量（稍后会讨论）。30 s 赛跑中（近似于 500 m 赛跑），有氧氧化提供了 37%的能量；而 60 s（近似于 900 m 赛跑）赛跑中，有氧氧化提供了 52%的能量。Staaden 假设在这样的剧烈运动中，只有碳水化合物作为有氧氧化的底物。Wiebel 等（1996）提出，这个过程中碳水化合物是主要的能源，但在 80%V_{O_2max}状态下奔跑时，脂肪也会被利用。因此，在这样的短跑中，脂肪也提供了一部分能量，但不会对有氧氧化产生能量的评估造成很大影响。

令人吃惊的是，Staaden 还发现，除了运动最初时的能量爆发之外，乳酸有一些潜在的产能能力。Nold 等（1991）也报道，灰猎犬在 704 m 赛跑后乳酸浓度升高的要比在 402 和 503 m 赛跑后的多。Staaden 报道的血中乳酸浓度平均峰值，奔跑 30 s 后为 16 mmol/L，奔跑 60 s 后为 22 mmol/L。他报道的这些数值要比其他资料中（Lassen 等，1986；Rose 和 Bloomberg，1989；Hill 等，2000，2001b）报道的低（24～34 mmol/L）。Staaden 所报道的并不是所有的灰猎犬在跑步机上运动时都能维持它们的最快速度，因此，当犬在赛道上比赛的时候，乳酸可能在初始阶段起到更重要的作用。

Staaden 的研究还表明，灰猎犬在比赛过程中的能量消耗很少。在 60 s 的赛程中，灰猎犬仅消耗掉 1 kcal/kg BW 的能量。其中 0.3 kcal/kg BW 消耗在前 100 m 内，之后每 100 m 仅消耗 0.1 kcal/kg BW 的能量。这就好像犬在柔软的、不平坦的跑道上相互比赛，在转弯的地方稍稍多花些能量，但这点区别很小，因为乳酸的堆积和氧利用率已经接近最大限度了。即使赛犬在 400 m 赛跑后积累了多达 28 mmol/L 的乳酸（Rose 和 Bloomberg，1989；Hill 等，2000），这些乳酸仅仅能够提供 0.4 kcal/kg BW 的能量。曾报道的犬的最大 V_{O_2max} 为 10.6 L/(kg BW · h)（Reynolds 等，1999），这仅比 Staaden 报道的高出 25%。这表示在前 30 s 赛跑中要比 Staaden 估计的多消耗 0.3 kcal/kg BW 的能量。Staaden 对磷酸原的补充（replenishment）作了保守估计。不过即使他大胆地估计，最终结果也仅会高出 50%（0.1 kcal/kg BW），当然可能 Staaden 也低估了氧补充量。Staaden 注意到在奔跑结束一段时间后耗氧量会处于平稳期，这个平稳期水平要比静息时的耗氧量大。由于这个平稳期的存在，很多研究者对耗氧量做出了错误的估计。多数研究者，如 Staaden，选择忽略了这个阶段耗氧量的增长，但这个在一阶曲线下的区域，如我们之前讨论的，可以利用半衰期计算出来。基于 Marconi 等（1982）提供的半衰期，最大氧补充量折合的能量为 0.5 kcal/kg BW。因此，在奔跑的前 30 s 理论最大能量消耗约为 1.3 kcal/kg BW（体重为 30 kg 的灰猎犬在 500 m 比赛中消耗 39 kcal）。相似的算法，60 s 赛程中的最大能量消耗约为 1.7 kcal/kg BW（体重为 30 kg 的灰猎犬在 900 m

比赛中消耗 51 kcal)。

5.站立时和在跑步机上运动的能量需要

大多数测量犬运动中能量消耗的方法是间接热量测定法,被测犬处在动力性平衡状态,呈站立状态或在跑步机上进行长程的奔跑。这些试验显示,耗氧量随速度线性增加直到最大值(Taylor 等,1982)。速度为零时,其 Y 轴截距代表站立状态时的能量需要(图 11-3)。斜率代表奔跑单位距离的能量需要,并且大多数种类的动物在其 V_{O_2max} 以下的曲线斜率不随运动速度的变化而变化(Schmidt-Nielsen,1984;Blaxter,1989)。Taylor 等(1982)发现,62 种鸟类和哺乳类,包括犬和猫,其站立和运动时的能量需要会随体重的增加而减少。站立时的能量需要为 124 kcal/(kg $BW^{0.7}$ · d),运动时的能量需要为 2.6 kcal/(kg $BW^{0.68}$ · km)。家畜站立所消耗的能量为 113 kcal/(kg $BW^{0.66}$ · d),奔跑所耗的能量为 2.9 kcal/(kg $BW^{0.67}$ · km)。Cohen 等(1978)采用范围较大的数据库,综合考虑估测所有物种运动时的能量需要为 2.9 kcal/(kg $BW^{0.67}$ · km)。Schmidt-Nielsen(1984)根据理论建议,体重指标的指数使用 0.67 更为合适。

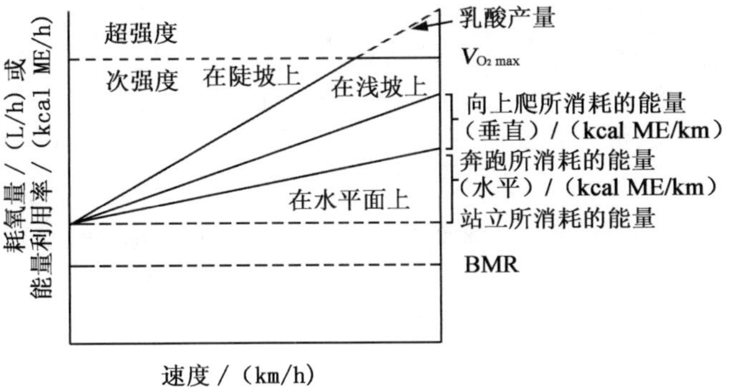

图 11-3 在跑步机上跑动的能量消耗量

表 11-6 列出了试验中报道的犬在站立和奔跑时所需的能量消耗。能量消耗随体重的增加而减少。以奔跑中的能量消耗为例,体重小于10 kg的犬其消耗量要大一些[>1.5 kcal/(kg BW · km)],而体重大于 10 kg 的犬其消耗要小一些[接近 1 kcal/(kg BW · km)]。但 Ordway 等(1984)的研究与此结论不同,其测定的站立和奔跑时能量消耗均很高。除了 Ordway 所提供的数据,对其他数据平均值进行回归分析,结果表明,犬站立时能量消耗为 137(102~196) kcal/(kg $BW^{0.67}$ · d),奔跑时能量消耗为 1.5(1.2~2.0) kcal/(kg $BW^{0.81}$ · km)。犬类站立时能量消耗的单位中,体重的指数(0.67)与种间的一样。奔跑时单位中的体重指数(0.81)要比种间的大。犬站立时平均能耗要高于种间平均值,奔跑时的能耗要低于种间平均值。站立时的平均能耗为 111(79~154) kcal/(kg $BW^{0.75}$ · d),或比 BMR 高约 50%。奔跑时的平均能耗为 1.8(1.3~2.3) kcal/(kg $BW^{0.75}$ · km)。人在奔跑时的能量消耗约为 1 kcal/(kg BW · km)(Margaria 等,1963),但与人平均体重(70 kg)相近的犬只需要消耗其 60%。

Taylor 等(1982)也测量过 2 只猫奔跑中的能量消耗。站立时平均消耗为 28 kcal/(kg $BW^{0.67}$ · d),奔跑时平均消耗为 3 kcal/(kg $BW^{0.67}$ · km)。这 2 个值分别比种间平均值稍小和相近。

6. 上坡和下坡运动时的能量需要

一个动物上坡过程中可以获得势能。每垂直高度上升 1 km 可以获得势能约为 2.34 kcal/kg BW。肌肉把化学能转换成势能的效率决定了上坡时需要多少化学能(Schmidt-Nielsen,1984)。Taylor 等(1972)提出,登高的能量消耗可以这样计算:用在有坡度的跑步机上测得的每米能量消耗减去水平奔跑时每米的能量消耗后得到一个差值,然后用在有坡度的跑步机上奔跑 1 m 所获得的高度去除那个能量差值,所得结果即为每升高 1 m 所需要的能量。Cohen 等(1978)发现,通过这种方法计算出获得势能的能量需要和肌肉的能量转化效率是常量,与动物的体重变化无关(0.25~253 kg BW),即每升高 1 km 需要 6.5 kcal/kg BW 的能量,而肌肉的转化效率为 36%。

只有少数一些研究(表 11-7)同时测定水平面和斜坡上运动的能量消耗。利用这些数据我们可以用 Taylor 等(1972)和 Cohen 等(1978)的方法评价犬肌肉的工作效率。表 11-7 中前 2 个研究和后 2 个研究有很明显的差别。前 2 个研究报道,犬转化势能的效率与 Cohen 等(1978)所给其他哺乳动物的数据相近,当坡度增加 5%~7%后,效率会稍稍下降(Cerretelli 等,1964;Raab 等,1976)。坡度为 5%~7%时,效率为 37%;坡度为 10%~12%时,效率为 32%;坡度为 20%时,效率为 29%[即垂直距离上 6~8 kcal/(kg BW · km)]。后 2 个研究报道的转化效率要低得多(17%),并且随坡度的增加,平均效率提高,之后会稍稍减少(Young 等,1959c;Ordway 等,1984)。

表 11-6 犬和猫在跑步机上恒定负荷运动中站立和跑动的消耗

研究对象	个数 n	体重/kg	中值或均值[a]	站立时(截距)		奔跑(曲线的斜率)		速度/(km/h)	参考资料
				/[kcal/(kg BW·h)]	/[kcal/(kg $BW^{0.75}$·d)]	/[kcal/(kg BW·km)]	/[kcal/(kg $BW^{0.75}$·km)]		
杂种犬	1	2.6	2.6	3.6	110	1.6	2.1	1.5～10	Taylor 等,1970
犬	2		4.4	4.1	144[b]	1.9	1.3[b]	2～20	Taylor 等,1982
雄比格犬	6	8.8～12.5	10.6	2.4	105[b]	1.0	1.7[b]	6	Young 等,1959c
雄杂种犬	3	6.7～17.3	12.8	2.5	115	0.9	1.4	3～6	Raab 等,1976
杂种犬	1	18	18	3.1	154	0.8	1.7	1.5～10	Taylor 等,1970
犬			21	1.5	79[b]	1.1	2.3[b]		Taylor 等,1982
雌猎狐犬	10	21.8±1.4	21.8	4.7	243[b]	1.4	3.1[b]	4.8～6.4	Ordway 等,1984
杂种犬	5	19.29	24	1.9	99[b]	0.9	2.0[b]	4～16	Ordway 等,1984
狼	2		23.1	2.2	118[b]	1.1	2.4[b]	2～18	Taylor 等,1982
家猫	2		3.9	0.7	28[c]	1.9	3.0[c]	0.5～5	Taylor 等,1970

[a] 报道中有平均值的这里优先列出平均值,没有平均值的采用最大和最小值的中值。

[b] 近似值,经过 0.75 次幂的算法后数值不整。

[c] 使用 $BW^{0.67}$ 计算,并且也是近似值。

表 11-7 奔跑时肌肉将化学能转化为势能的效率

研究对象	个数 n	速度/(km/h)	体重/kg	坡度/%	能量利用		效率/%	参考资料
					沿跑步训练机/[kcal/(kg BW·km)]	获得势能/[kcal/(kg BW·km)]		
雄性杂种犬	3	3～6	7～17	20	2.4	7.5	31	Raab 等,1976
				12	1.6	6.7	35	
				7	1.3	5.5	42	
				0	0.85	—	—	
				−7	0.7	2.6[a]	111[a]	
				−12	0.6	2.3[a]	97[a]	
				−20	0.6	1.4[a]	59[a]	
2～4 岁杂种犬	5	4～16	19～29	20	2.5	8.2	28	Cerretelli 等,1964
				10	1.7	7.8	30	
				5	1.2	6.7	35	
				0	0.9	—	—	
1～1.5 岁雌性猎狐犬	10	6	22±1	20	4.2	14	17	Ordway 等,1984
				16	3.6	13	17	
				12	3.1	14	17	
				8	2.3	11	21	
				4	2.2	19	12	
				0	1.4	—	—	
11 月龄雄性比格犬	5	6	9～12	37	6.5	14.7	16	Young 等,1959c
				33	4.9	12.2	19	
				28	4.4	12.4	19	
				21	3.6	12.6	18	
				14	2.5	10.7	22	
				7	2.2	18.1	13	
				0	1.0	—	—	

[a] 这些值代表与在水平面奔跑相比所节省的潜在能量。

前2个研究使用的犬只较少,但测量了2个以上的速度,这提高了每千米能量消耗估测的准确性。后2个研究使用的犬较多,但仅在一个速度下测定,这增加了试验误差。另外,犬肌肉的效率似乎也不会比其他哺乳动物的低。Zuntz(1903)报道,犬经过爬坡训练,能量转化效率会有所增加。经过更多试验的检验,前2个研究的结果更为可靠。

也有人认为犬肌肉的效率不随体重的变化而变化。表中所列的研究不能阐明犬体重和能量转化效率的关系,因为他们使用的犬体重相似。理论上肌肉的能量转化效率应与体重无关(Schmidt-Nielsen,1984)。在他的研究中,获得势能所需的能量与体重直接呈正比,然而水平面上奔跑与 $BW^{0.67}$ 呈正比。Raab 等人(1976)的研究发现,犬在下坡时(坡度小于11%)基本上能全部转化失去的势能,但当坡度变为20%时,仅能得到失去势能的59%。这有可能是因为犬在下陡坡时需要消耗一部分能量用于防止摔倒或身体失衡(Blaxter,1989)。目前仍没有关于猫上下坡时能量转化率测定方面的研究。因此目前只能假设猫的势能转化效率和其他动物一样。

一些研究测定了犬在有坡度的跑步机上奔跑时的能量消耗,但并没报道站立时的能量需要和犬获得势能的转化效率。因此,如果不做一些假设,无法评价奔跑时的能量需要。以 Slowtzoff(1903)的试验为例,他测定了体重为5~37 kg的犬奔跑时的能量需要,但没有测定水平面上奔跑时的能量需要,而且在他的试验中犬奔跑时地面坡度也各不相同。如果根据前面所说的进行假设,即站立时的能量消耗为137 kcal/(kg $BW^{0.67}$ · d),在5%~7%的坡度上肌肉转化效率为37%,我们就可以计算奔跑时可负载自身重力时的能量需要。我们计算得到的奔跑能量消耗[3.1 kcal/(kg $BW^{0.72}$ · km)]与 Ordway 等(1984)报道的结果相似,但高于其他报道数据。Marconi 等(1982)也报道了奔跑时的数据[体重为15~17 kg的犬为1.9 kcal/(kg BW · km)]。Issekutz(1979)报道,犬在15%的坡度上以100 m/min的速度奔跑仅需要(2±0.07) kcal/(kg BW · km)的能量,即如果假设能量转化效率为32%,在水平面上奔跑时的能量消耗仅为1.1 kcal/(kg · km)。

7.崎岖地形中运动的能量需要

在崎岖地形奔跑时的能量消耗要远远大于平滑表面。比如驯鹿,在干冻原和湿冻原上运动时比在硬压路面上要分别多消耗13%和38%的能量(White 和 Yousef,1977)。在雪中行走的能量消耗更高,并且如果雪的厚度达到了胸,那么所需的能量会呈指数倍增。当雪达到胸部高度的1/2时,所需能量增加1~2倍;达到胸部高度的80%时,能量需要达到5~7倍(Fancy 和 White,1985)。尽管犬猫会试图跳过深厚的雪地,但对于它们来说,也存在能量需要的增加。在一群奔跑的犬中,领队犬会比跟随它的犬消耗更多的能量。

8.负重时的能量需要

犬和其他动物的能量消耗会随其担负的重量呈比例地增加,这与动物的体型和速度无关,但会因犬的负重稍有变化,如果负重相当于增加了犬10%的体重,那么能量消耗也会增加10%。因为小动物比大动物在移动中要消耗更多的能量,所以相对于大动物来说,小动物负重后的能量消耗增加量要更大(Schmidt-Nielsen,1984)。

9.牵引时的能量需要

牵拉重物时所做的功为牵拉力与牵拉距离的乘积。Taylor(1957)测定了9只南极雪橇犬牵拉一个雪橇时所做的功。这些犬年龄为1~6岁,体重平均39 kg(33~46 kg),高于多数比赛用的雪橇犬。这些犬有3种步态:当负重较轻时(0~88 N),犬会以11~25 km/h的速度奔跑。这个速度是在下坡时拖绳松弛的情况下测到的最快速度;当负重中等时(88~539 N),以8~11 km/h的速度奔跑;当负重较大时(539~1 323 N),能量消耗达到最大,为1 100 kcal/h [7~8 kcal/(kg $BW^{0.75}$ · h)]。该值基本代表了最大有氧运动的程度。当距离较短时(负载706 N,8 km/h的速度,9 min),可能会有更高的功效(1 350 kcal/h)。负重量为1 156 N,速度为3 km/h的状态下最长持续4 min。这些较高的功效可能已达到极限,因为这样的状态不能长时间维持。速度为1/3最高速度,负重为1/3最大负重前进,或负重为2/3最大负重,速度为1/6最高速度行走状态下出现最大功效。

不管是否负重,牵拉过程中的能量消耗会因是否奔跑而有差别。功效为所做的功除以能量消耗。犬这方面的功效还没有被测定过。但人类和挽马的功效差不多都是33%(Blaxter,1989)。因此据这个数值分析,拉雪橇时的能量消耗可能为 Taylor 所测拉力的3倍并高于奔跑、站立、和维持体温所消耗的能量。

10.克服风和水的阻力的能量需要

当在风中或水中移动时，为了克服风和水的阻力，能量消耗的效率与阻力和移动速度的乘积成正比，而阻力与速度的平方成正比，与移动方向上的最大有效截面（犬猫的胸膛面积）成正比，因此能量消耗与速度的立方成正比（Blaxter，1989）。

在跑步机上运动的犬无需克服风的阻力，但对于在外界环境中奔跑的犬猫来说，克服来自风的阻力是一个很大的负担。对于人类来说，以 5 m/s 的速度进行长距离跑步时，用于克服风阻力的能量大约占总能耗的 8%。而当以 10 m/s 的速度奔跑时，这部分的能量就增加到 15%。如果当时风速为 18 m/s，那么消耗在这方面的能量就占了 70%（Blaxter，1989）。对于犬和猫好像还没有类似的研究。比起人类，四足动物在运动方向上有着相似的横截面积。在风中奔跑所需的能量会与风速成比例增加，并且在一群犬中跑在最前面的那只比起它后面的犬会消耗更多的能量，尤其是在正面迎风的时候。犬在游泳时的能量需要也没有相关研究，但游泳的能量消耗可能会很高，并且随速度增加的幅度更大，此外胸宽的犬能量消耗也会高于相对胸窄的犬。

11.其他活动的能量需要

喝水、梳理毛发、伸腰动作、玩耍和跳跃都会增加热量的产生，并且这些过程的能量需要还没有在犬猫身上展开研究。

11.10.3 最大耗氧量

在耗氧量达到最大耗氧量（V_{O_2max}）之前，随着运动量增加，产热和耗氧量都会提高（Seeherman 等，1981）。超过 V_{O_2max} 限度后（如超强度状态）所做的功，就需要无氧糖酵解来提供能量，从而导致乳酸的快速堆积。因此超强度的运动很快就会引起疲惫，而当脂肪作为能源时，亚强度运动可以持续较长的时间。Taylor 等（1981）对 22 种哺乳动物的耗氧量数据进行统计，得到的 V_{O_2max} 为 6.9 L/(kg $BW^{0.81}$ · h)。这相当于 796 kcal/(kg $BW^{0.81}$ · d)，是 Kleiber 估测静息时耗氧量的 10 倍（Kleiber，1932）。

让犬的运动强度超过 V_{O_2max} 并不容易（Donald 和 Ferguson，1966）。多数跑步机的最大速度都不足以使犬达到在水平面上奔跑的 V_{O_2max}，所以多数测定的是在一定坡度下犬的 V_{O_2max}。Weibel 等（1983）曾报道，为了防止在犬及其他犬科动物奔跑时超过了 V_{O_2max} 的强度时直肠温度上升过高，必须把外界温度降到 5℃。由于一些试验所得到的耗氧量一直没有达到平稳水平，因此 V_{O_2max} 必定还要更高。训练会影响 V_{O_2max}（Musch 等，1985），但每个研究中对犬的训练强度都不相同。而且很多作者报道"犬在跑步机上训练"，但比起犬每天的自由运动量，这些训练不足以调整每只犬的运动情况达到相同的水平。只有很少的作者会表示在研究前限制了犬的运动，以降低该因素的影响。

因此不用惊讶目前所得到的成年犬 V_{O_2max} 数据范围会从 5.6 L/(kg BW · h)一直到 10.6 L/(kg BW · h)。这相当于 50～106 kcal/($kg^{0.75}$ · h)（表 11-8）。5 月龄的比格犬 V_{O_2max} 为 11 月龄犬的 46%，6～8 月龄的比格犬比 11 月龄的低 30%（Young 等，1959c）。10～14 岁雌性比格犬比 2～3 岁雄性比格犬的 V_{O_2max} 低 31%（Haidet，1989）。1～2 岁的猎狐犬经过训练，V_{O_2max} 可以增加 28%（Musch 等，1985）。老年犬的 V_{O_2max} 会减小，训练可以改变心输出量和动静脉血氧差，V_{O_2max} 也会随这些指标的改变平行变化。年龄和训练因素不会影响静息时的耗氧量，也不会影响处在各个运动强度水平的耗氧量。它们只是影响犬对最大运动强度的耐受力。Reynolds 等（1999）发现，在饲喂蛋白质代谢能比例为 19%的日粮时，训练导致成年雪橇犬的 V_{O_2max} 下降了。而当饲喂比例为 24%或更高的日粮时，V_{O_2max} 就不会下降。这些犬的训练强度要比 Musch 等（1985）的试验稍小，每日训练时间也仅有 Musch 等（1985）的 1/2，但 Reynolds 等（1999）得到的 V_{O_2max} 要远大于 Musch 等（1985）报道的。当在低氧环境中运动时，犬的 V_{O_2max} 也会下降——FiO_2 为 0.15 与 FiO_2 为 0.21 相比，前者的 V_{O_2max} 要小于后者的 75%；FiO_2 为 0.11 与 FiO_2 为 0.21 相比，前者的 V_{O_2max} 要小于后者的 50%（Piiper 等，1966）。

受过训练的成年犬的 V_{O_2max} 通常会比其他犬的大很多（BMR 的 15～30 倍），但与野生犬科动物的 V_{O_2max} 相似（Weibel 等，1983）。Weibel 等（1983）报道，犬的 V_{O_2max} 与狐狸、郊狼和灰狼等的相近，回归分析显示 V_{O_2max} 与体重的 0.9 次方成正比[如家养和野生犬科的 V_{O_2max} 为 63 kcal/(kg $BW^{0.9}$ · h)]。受过训练的成年犬 V_{O_2max} 列于表 11-8 内，统计显示 V_{O_2max} 与体重的 1.2 次方成正比[如 V_{O_2max} 为 62 kcal/(kg $BW^{1.2}$ · h)]。

家猫的 V_{O_2max} 尚未被测定过。Taylor 等（1982）试验 2 只猫在跑步机上以 5 km/h 的速度奔跑，但耗氧量没有达到平稳状态。以它们最快速度奔跑时，这些体重为 3.9 kg 的猫耗氧量为 2.2 L/(kg BW・h)，相当于 16 或 391 kcal/(kg $BW^{0.67}$ ・d)（约为 BMR 的 5 倍）。这应该接近猫的 $V_{O_2 max}$。犬腓肠肌的 $V_{O_2 max}$ 比猫的大 4 倍（Cerretelli 等，1969）。由于犬的 $V_{O_2 max}$ 可以达到 BMR 的 30 倍，猫的 $V_{O_2 max}$ 可能不会超过 BMR 的 6 倍。

表 11-8 犬的最大氧气消耗量

研究对象	年龄	性别	训练	数量(n)	体重/kg	条件		$V_{O_2 max}$		参考资料
						速度/(km/h)	坡度/%	L/(kg BW・h)	kcal/(kg $BW^{0.75}$・h)	
比格犬	10～14 岁	雌	否	7	10±1	6	23	4.8±1.2	42±10[a]	Haidet，1999
	2～3 岁	雄	否	7	10±1	7	30	7.1±0.6	61±5[a]	
比格犬	11 个月	雄	是	5	9～12	6	37	8.1	70[a]	Young 等，1959c
	5 个月							3.6		
杂种犬	成年	雌雄	是	8	9～13	8～13	8～20	5.8±0.5	50±4[a]	Lucas 等，1980
犬			是	8	10～14	5	28	>5.1±1.2[b]	>46±11	Donald 和 Ferguson，1966
杂种犬			是	4	15～17	>8	10	5.6	54[a]	Marconi 等，1982
犬	成年	雄	是	5	17～20	13	18	>3.7±0.7[b]	>37±8	Bailie 等，1961
阿拉斯加雪橇犬										Reynolds 等，1999
蛋白日粮 ME>24%			否	2	20±3			10.3±4.6	105±46[a]	
			是	4	19±2			10.6±4.1	106±41[a]	
蛋白日粮 ME 19%			否		20±3	>5	>5	9.5±4.4	97±45[a]	
			是	8	19±2			7.8±2.2	78±22[a]	
杂种犬	3～4 岁	雄	是	4	18～25	0～16	10			Piiper 等，1966
21% O_2								>6.0[b]	>62[a]	
15% O_2								4.5	47[a]	
11% O_2								3.0	31[a]	
猎狐犬	1～1.5 岁	雌	否	7	22±1	>6.4	20～24	6.7±1.2	70±12[a]	Ordway 等，1984
猎狐犬	1～2 岁	雌	否	10	22±1	>6.4	20～24	6.8±0.7	71±7	Musch 等，1985
			是		22±1			8.8±0.6	92±7	
杂种犬		雄	是	8	20～27	12	20	8.1±0.5	89±6[a]	Wagner 等，1977
						16	16			
杂种犬	2～4 岁		是	5	19～29	16	10	>6[b]	>66[a]	Cerretelli 等，1964
						10	20			
猎狐犬	2～4 岁	雄	是	10	25±2	10～13	0～25	7.8±0.7	84±7[a]	Wu 等，2001
犬			是	2	19,32	36	24	10.2,9.0	102,103	Weibel 等，1983

[a] 这些值是近似值，因为它们是通过平均值或中间值的 0.75 次方计算得到的。
[b] $V_{O_2 max}$ 值必须高于测得的最高值，因为氧气消耗量并未达到稳定状态。

11.10.4 运动强度

运动的强度一般用耗氧量来表示，可以是静息时耗氧量（$V_{O_2 rest}$）的倍数，也可以用 $V_{O_2 max}$ 的百分比表示。对于人来说，运动强度小于 $V_{O_2 rest}$ 的 3 倍，属于轻微强度，$V_{O_2 rest}$ 的 3～6 倍属于中等强度，大于 $V_{O_2 rest}$ 6 倍属于高强度，大于 $V_{O_2 rest}$ 的 10 倍属于最大强度（McArdle 等，1996）。对于犬来说，多数研究是用 $V_{O_2 max}$ 的百分比来表示运动强度。因此，当小于 $V_{O_2 max}$ 的 30%时，运动强度属于轻微的；30%～60%时，$V_{O_2 max}$ 属于中等的；60%～100%时，$V_{O_2 max}$ 属于高强度的；当然还有超强度的运动，即达到 100% $V_{O_2 max}$ 后运动强度继续增加。对于猫，采用与犬相似的方法则不可行，因为猫的 $V_{O_2 max}$ 尚未被测定。不过，猫达到过的最快速度时测定的耗氧量大约为 $V_{O_2 rest}$ 的 5 倍。按这个数据进行推测，达到 $V_{O_2 rest}$ 的 2 倍为轻微运动强度，2～3 倍时为中等强度，高于 3 倍的为高强度。

Burger（1994）把犬运动性进行划分，认为活动少于 1 h 的为低强度运动，1～3 h 的为中等强度运动，3～6 h 的为高强度运动。当考虑到能量和营养需要时，犬的运动距离要比运动强度和时间重要得多。因此，关在笼子中犬的运动量是非常少的，圈在围栏中或者每日运动距离在小于 2 km 的属于运动量较少的，运动量中等的范围是 2～20 km，运动超过 20 km 的属于大运动量的，每日运动超过 80 km 的为超强运动量。

11.10.5 野外代谢率

一些研究采用双标水法测定代谢率或者通过测定采食量，从而测定自由生活动物的日能量需要（表 11-9）。通过双标水法得到的数值始终要比测定采食量法得到的数据高。计算代谢能曾经使用修正过的阿特沃特因子（NRC，1985），但这会低估消化率，也因此会低估犬猫日粮的代谢能浓度。Hill 等（2000，2001b）的研究未采用这种方法而是直接测定消化率。依赖于测定日粮方法的研究也会人为的低估代谢能水平，因为通常情况统计到的采食量会比实际的小。

在多数研究中，外界温度也是影响运动效果的一个因素。举例来说，Kuhn 和 Hardegg（1988）发现，被养在 72 m^2，周围温度为 7～30℃围栏中的猎狐犬，要比养在 16 m^2、周围温度 18～22℃的猎狐犬多吃 17%的日粮。在中性温度区范围内，犬舍中的一群雪橇犬，其平均 MER 约为 125 kcal/（$kg^{0.75}$ · d）（Durrer 和 Hannon，1962；Finke，1991）。如果环境温度变为 −30℃、有风，并且犬基本不活动，那么 MER 会提高到 320 kcal/（$kg^{0.75}$ · d）以上（Durrer 和 Hannon，1962；Campbell 和 Donaldson，1981；Hinchcliff 和 Reinhart，1996）。Kronfeld（1973）报道了一些个别情况，运动中雪橇犬的能量需要翻了 1 倍；如果环境温度很低，那么运动中的能量需要就会变为 3 倍。

雪橇犬在寒冷的环境中运动会耗费大部分的能量。Hinchcliff 等（1997b）报道，在 0℃以下的环境中，雪橇犬在长程赛跑中的平均能量消耗可以达到每天 11 260 kcal 或 1 050 kcal/kg $BW^{0.75}$。这是那些受过训练、在同等温度下静息的犬能量消耗的 4 倍。超过 70 h、赛程 490 km 的比赛，其间能量消耗平均仅为 2.3 kcal/km或 4.7 kcal/（kg $BW^{0.75}$ · km），而这样的能量消耗仅是在水平跑步机上奔跑时的 2.5 倍。Wyatt（1963）指出，如果被拴住的雪橇犬每日只消耗 2 400 kcal ME，那么它仅能维持体重。如果开始工作，那么它很快就会消瘦下去。当时没有指明这些犬的体重，不过在这项研究进行时，南极雪橇犬的平均体重为 40 kg（Raab 等，1976）。这说明雪橇犬在这样的环境中日能量需要大于 150 kcal ME/（kg $BW^{0.75}$）。Orr（1966）发现，一开始体重下降的犬，开始拴养并每日提供 145 kcal ME/kg $BW^{0.75}$ 的能量，则能够维持体重。如果雪橇犬在负重量很大时每日穿越冰原 32 km，维持体重的能量消耗为 270 kcal ME/kg $BW^{0.75}$。不过 Kronfeld 等（1977）报道，杂种阿拉斯加爱斯基摩犬在接近 0℃的外界环境中，每日奔跑 3～7 km 的能量消耗约为220 kcal/（kg $BW^{0.75}$ · d），日奔跑 8～9 km 的能量消耗约为 440 kcal/（kg $BW^{0.75}$ · d）。Reynolds 等人（1999）发现，静息的犬开始每周奔跑 40～60 km，其平均日能量消耗（139 kcal/kg $BW^{0.75}$）并没有增加。不过这些作者发现试验中犬的运动强度很大，但持续时间很短、训练时外界温度较高，当白天训练时犬更倾向于睡觉，而拴着时则相对活跃。

狩猎犬和牧羊犬的能量需要较为适中（表 11-10）。据 Davenport 等（2001）报道，在狩猎季节，体重为20 kg 的英国指示猎犬每天需消耗 114 kcal ME/kg BW[大约 240 kcal ME/（$kg^{0.75}$ BW · d）]，才能保持体重不变或者使体重稍微增加。牧羊平均约需要 184 kcal ME/（kg $BW^{0.75}$ · d）（Burger，1994；Frankel 和 Bell，1994；Downs 等，1997b；Butterwick 和 Hawthorne，1998）。

表 11-9 犬的野外代谢率

动物	性别	训练	数量(*n*)	体重/kg	年龄/岁	温度/℃	运动性质	方法	日能量消耗/kcal	日能量消耗/(kcal/kg $BW^{0.75}$)	参考资料
阿拉斯加雪橇犬	雌雄	是	18	23±6	1～4	−35～−10	以 7 km/h 奔跑	DLW	11 260±2 820	1 052±192	Hinchcliff 等,1997b
							490 km 超过 70 h	ME[a]	10 660	980	
		是	4			−35～−10	在犬舍中坐着	DLW	2 510±1 625	263±96	
		否	6			20	在犬舍中坐着	ME[a]		130±29	
爱斯基摩长毛犬		是	13	19			8 d 行进 634 km	DLW	4 014±3 084	438[b]	Decombaz 等,1995
								ME	2 089±438	228[b]	
雪橇犬	雄	是	8	39～43	0.7～9	−8	在冰面上以 32 km/d 牵拉重物	ME	4 368	270±17	Orr,1966
			7	35～38		南极温度	用 2 m 的链子系着		2 184	145±7	
杂种爱斯基摩长毛犬		是		20～25		−12～2	10 km/d		4 000～5 000	440	Kronfeld 等,1977
						−4～7	6 km/d		2 000～2 500	220	
科尔皮犬	雄	是	1	17			在 8 d 的时间里牧羊犬工作了 2 个下午,每天进行 40 min 奔跑和短距离行走	DLW	1 426	167	Frankel 和 Bell,1994
								ME[a]	1 257	147	
边境柯利犬			10				高强度:3～6 h	ME[a]		174±179	Burger,1994
			28				中强度:1～3 h			124±89	
			9				低强度:<1 h			97±82	
边境柯利犬[c]	雌雄	是	31	17±6	1～12		犬舍中;每天在丘谷羊场工作 15 min 至 3 h	ME[a]	1 640～2 190	138～184[b]	Downs 等,1997b
边境柯利犬[c]								ME[a]			Butterwick 和 Hawthorne,1998
宠物犬			7				3～6 h/d			177±132	
			28				1～3 h/d			108±51	
			5				<1 h/d			120±59	

续表 11-9

动物	性别	训练	数量 (*n*)	体重 /kg	年龄 /岁	温度 /℃	运动性质	方法	日能量消耗 /kcal	日能量消耗 /(kcal · kg $BW^{0.75}$)	参考资料
工作犬			11				3～6 h/d			174±118	
			10				1～3 h/d			184±40	
			7				<1 h/d			143±64	
英国波音达猎犬	雌 雄	是	10	20±1	1～11	湿热	在 11 m^2 内奔跑；每日捕猎 3 h	ME	2 300 (1 900～2 600)	240[b] (200～280)	Davenport 等，2001
拉布拉多寻回犬	雌	是	6	23～30	5～11		供暖犬舍，可在外部奔跑；每日散步 10 min，且日增重 2 kg	ME	1 120～1 440	93～121[b]	Downs 等，1997a
灰猎犬	雌 雄	是	7	34±4	1～3	11～25	3 m^2 的犬舍；每日在 900 m^2 的小围场待 30 min；每周参与 2 次 500 m 赛跑	ME	2 160±330	155±18	Hill 等，2001b
灰猎犬	雌 雄	是	8	32±6	2～4	−4～15	同上	ME	2 070±720	152±46	Hill 等，2001b
灰猎犬	雌 雄	是	9		2～5		同上	ME			Hill 等，1999b
自由采食				30±7						155±34	
限饲				28±6						137±22	
比格犬	雌	是	10	12.3	1.3		每周在 15% 斜坡上行进 200 km	能量[e]	1 530±600	233±92[b]	Arokoski 等，1993
		否	10				只有 1 m^2 的笼舍		1 030±450	156±69[b]	
比格犬	雌		2	17，11	8		3 m^2 的犬舍，允许在外奔跑	DLW ME[a]	874 784	122 109	Ballevre 等，1994

注：DLW 为双标水法。

[a] ME 是通过 NRC(1985) 的推荐值计算得到的，如果使用本报告中的推荐值，其计算结果会高约 4%。

[b] 通过使用发表的平均体重获得估计值。

[c] 并不清楚该研究中的犬和数据是否有重复。

[e] 并未说明能量类型。

然而,参加短程(<1 英里)比赛的灰猎犬,每周参赛次数往往不超过 2 次。因此,这些犬的代谢能消耗并不比中等运动量的犬高很多。据 Kohnke(1989)报道,澳大利亚灰猎犬训练员按照平均每天每只雌性犬 2 400 kcal 和每天每只雄性犬 2 600 kcal 的标准进行饲喂,这相当于每天给每只体重为 25 kg 的雌性犬或体重为 28 kg 的雄性犬提供 214 kcal/kg $BW^{0.75}$ 的能量。然而,Hill 等(1999b,2000,2001b)发现,让训练中的灵缇赛犬每天采食 1 次,自由选择干粮但限制时间,犬维持体重的日能量消耗为 155 kcal ME/kg $BW^{0.75}$。但是,若将摄入的代谢能限制在 137 kcal/(kg $BW^{0.75}$ · d),灰猎犬的速度可提高 0.7 km/h。

表 11-10 运动犬代谢能需要的推荐量

所处状态	代谢能需要量平均值	代谢能需要量范围
BMR/[kcal/(kg $BW^{0.75}$ · d)][a]	76	48～114
RFMR/[kcal/(kg $BW^{0.75}$ · d)][a]	84	51～127
站立/[kcal/(kg $BW^{0.75}$ · d)][b]	4.6	3.3～6.4
奔跑(水平)/[kcal/(kg $BW^{0.75}$ · d · km)][b]	1.8	1.3～2.3
攀登(垂直)/[kcal/(kg $BW^{0.75}$ · d · km)][b]	7	6～8
寒冷环境中每天行程为 168 km 的雪橇犬/[kcal/(kg $BW^{0.75}$ · d)]	1 050	860～1 240
重负载且每天行程为 32 km 的雪橇犬/[kcal/(kg $BW^{0.75}$ · d)]	270	250～290
狩猎犬/[kcal/(kg $BW^{0.75}$ · d)]	240	200～280
工作犬/[kcal/(kg $BW^{0.75}$ · d)]	184	80～380
灵缇赛犬/[kcal/(kg $BW^{0.75}$ · d)]	140	120～160
高于或低于中性温度区时,每升高一度/[kcal/(kg $BW^{0.75}$ · d)]	3	2～5

[a] 取自第 3 章。

[b] 求平滑地面奔跑时的能量需要,应把奔跑动作的消耗和攀登的消耗以及奔跑时段站立的消耗相加。

宠物犬和饲养在笼子内或犬舍内的犬的能量需要最少。但是,根据运动量和环境温度的不同,各研究之间和个体之间的能量需要量变化很大。个体差异变化范围小到 100 kcal/(kg $BW^{0.75}$ · d),大到超过 200 kcal/(kg $BW^{0.75}$ · d)(Arokoski 等,1993;Ballevre 等,1994;Butterwick 和 Hawthorne,1998;Connor 等,2001;Patil 和 Bisby,2002)。因此,不可能针对每个动物制订一套参考标准,而应将每只动物都当成一个独立的个体对待,并根据其所处的环境和自身的运动量调整饲喂量,使机体处于最佳状态。

11.11 营养需要

11.11.1 动物训练时或身处寒冷环境时的营养需要

在无温度应激的环境中,人们通过调整食物的平衡使动物在不同生活期和状态下都能保持中等的运动量(即为了使动物保持体重并处于最佳生理状态,给动物提供足够的食物,既可以提供充足的营养,又不会造成营养过剩)。由于许多针对生活于犬舍或猫舍中的犬猫营养需求的研究完成,大部分食品配方适用于那些与犬舍或猫舍中的动物有相似运动量的犬猫。这种运动量水平会高于一些宠物的运动量,但对于一些工作犬来说,设计的运动量又远低于实际情况。

动物在寒冷环境中训练并保持体温均需要消耗能量。寒冷或者运动量增加时,若食物中的能量密度没有增加,犬猫则需要摄入更多的食物才能维持能量平衡。各种营养物质的摄入量会根据食物的摄入量和运动量成比例增加和减少。不过,各种营养物质的需求不一定会随着能量摄入量的变化而平行变化。随着运动量的减少,动物对某种营养物质的绝对需求量可能随着能量摄入量的减少而成比例地减少,也可能没有能量摄入量减少得快,还有可能不发生变化。假如营养需求不随能量摄入量的变化而变化,对于有些运动量少的动物,如宠物,其能量消耗比实验动物的平均值低,因此摄入的食物要比实验动物的少,如果根据实验动物的平均运动量配制日粮中各种营养物质的比例,那么此类动物食用这种日粮就有可能无法获得足够的必需营养物质。所以，为了保证这类动物摄入足够的必需营养物质，就应该提高它们食物中的营养物质密度。如果这些犬猫运动量很少以致能量消耗比静息饲喂代谢率(RFMR)没高多少的话，那么有着平均运动量的犬猫所消耗的能量将接近它们的2倍，此时运动少者的食物营养密度就应该是多者的2倍。实际中，对于惯坐犬来说，单位干物质或代谢能的营养需求下限应该提高1.5倍。但单位体重的营养需求不应该变化，除非有证据表明缺乏运动会改变营养需求量。

同样地，随着运动量的增加，某种营养物质的绝对需要量可能成比例增加，可能比能量的需求量增加得快，也可能比能量的需求量增加得慢，还可能轻度增加后便不再变化，甚至可能不受运动量的影响。假如营养物质的绝对需要量不受运动量的影响，那么运动量过大的动物，如果被饲喂了给运动量中等动物配制的食物时，则有可能因为摄入营养物质过多而引起中毒，如一些微量元素。实际中，寒冷环境中奔跑雪橇犬的食物中营养物质单位干物质和代谢能的安全上限(SULs)应减少到1/8，工作犬的安全上限应减少1/2。但单位体重的安全上限不应该变化，除非有证据表明增加运动会改变营养需求量。

食物中某种营养物质的需求量会随食物中另外一种营养物质的含量(如维生素E的需求量与脂肪有关)、动物训练的类型(耐力跑和全速跑)和强度、动物的品种和性别几个因素的变化而变化。但是，当用设计为平均运动量动物的食物喂给进行耐力训练的动物时，会造成某些必需营养物质的缺乏。由于环境的不同也会出现这种情况。因此，运动量、训练量、环境温度的不同，动物的生长阶段、品种和性别的不同，构成了一个复杂的模型。正如本章前面所提到的，成年动物的营养物质维持量会随着运动量和环境的变化而变化。一些与此模型相关但还未确定的观点如下：①正如上文所说，为需要高能量的犬配制食物时，如工作犬和生活在寒冷环境中的犬，应降低食物中可能引起中毒的营养物质的单位干物质和代谢能的营养密度；②给生活处在中性温度区中的惯坐犬配制食物时，应增加必需营养物质单位干物质和代谢能的营养密度。

11.11.2 能量来源:脂肪和碳水化合物

肌肉收缩所需要的能量来源有4种：ATP、磷酸肌酸、碳水化合物的无氧代谢途径和氨基酸、糖、脂肪的有氧代谢途径。肌肉收缩消耗的能量直接来源于ATP的高能磷酸键。一分子的ATP可由一分子的ADP(二磷酸腺苷)和磷酸肌酸上的一个高能磷酸键转化合成。高能磷酸键经糖原分解途径、糖酵解途径、脂肪或葡萄糖氧化途径不断补充。

犬猫肌纤维有氧氧化和无氧酵解时产生的能量不同。肌纤维中肌球蛋白腺苷三磷酸酶(ATPase)活性低的收缩慢(慢肌纤维或Ⅰ型)，该酶活性高的肌纤维收缩快(快肌纤维或Ⅱ型)(Gunn，1978a)。猫的Ⅱ型肌纤维可以进一步分成2种：一种有氧氧化产生能量的能力强，具有抗疲劳性，称为Ⅱa型；另一种为Ⅱb型，可以在无氧条件下经无氧酵解产生能量，但容易疲劳(Maxwell等，1977)。犬肌纤维有氧氧化的能力强，有抗疲劳性，并含有高浓度的琥珀酸脱氢酶(SDH)和烟酰胺腺嘌呤二核苷酸四唑还原酶(NAD)(Gunn，1978a；Maxwell，1980；Armstrong等，1982)；但是犬肌纤维没有Ⅱb型。猫3种肌纤维(Ⅰ型、Ⅱa型和Ⅱb型)的数量大致相等，琥珀酸脱氢酶(SDH)的浓度低(Cerretelli等，1969；Maxwell等，1980)。犬最大耗氧量和腓肠肌的最大耗氧量是猫的5倍(Cerretelli等，1969)。因此，犬比较适合耐力运动，并且适合把脂肪作为能量来源；然而，猫具有很好的爆发力，如跳起来猛扑猎物的时候，所以猫适合以葡萄糖作为能量来源。

犬肌纤维的无氧酵解能力较强，因为除了Ⅰ型肌纤维外，其他肌纤维均含有高浓度的无氧酵解的糖原磷酸化酶(GP)(Gunn，1978a)。Guy和Snow(1981)发现，Ⅱ型肌纤维中SDH活性低，不过犬的这些肌纤维中SDH的活性仍然比马高。休息时，犬Ⅱ型肌纤维中含有更多的葡萄糖，而且更依赖于葡萄糖作为燃料(Reynolds等，1997)。因此，犬肌肉的有氧氧化和无氧酵解的能力均很强，只是Ⅰ型肌纤维主要依赖于有氧氧化产生能量，Ⅱ型快肌纤维主要依赖于无氧酵解产生能量(Gunn，1978a；Reynolds等，1997)。犬四肢抗重力肌肉、前臂和后肢深肌群比浅表肌群所含的慢肌纤维更多，灰猎犬的肌肉中所含的快肌纤维(含80%～100%)比其他品种(含20%～100%)多(Gunn，1978a；Guy和Snow，1981；Armstrong等，1982)。在专门进行速跑比赛的雪橇犬肌肉中发现了大量的快肌纤维(1/2)，比进行耐力比赛的犬(1/3)要高(Reynolds等，1995，1997)。灰猎犬和猎狐犬体内肌纤维的比例没有因为训练发生变化(Gunn，1978a；Parsons等，1985)。与其他品种的犬相比，灰猎犬的肌肉中厌氧酶和好氧酶(分别指醛缩酶和柠檬酸合成酶)的活性更加强，其他很多酶(肌酸激酶和乳酸脱氢酶)的活性没有差别(Guy 和 Snow,1981)。所有的犬都适合耐力比赛,并利用脂肪作为能量来源。但是训练进行速跑比赛时,无氧酵解产生的能量比较重要。

对于人来说,能量来源不同,能量支出的最大功率也不同,每种能量来源的储量限制了维持最大支出率的时间长短(Hultman 等,1994)。在 100 m 短跑比赛中,只有磷酸肌酸和 ATP 可以提供能量来保持速度。肌肉中储藏的磷酸肌酸和 ATP 的量很少,以至于只能维持几秒钟的能量高支出率状态。碳水化合物氧化为参加马拉松比赛的选手提供能量,可使其保持中速来完成 20 km 的赛程。直到消耗完储备的所有糖原,脂肪开始作为能量的唯一来源为选手提供能量。这时选手不可能再加速(他们到达极限)。因此,耐力受肌肉中糖原储量的限制。

犬只能在短时间内维持 $V_{O_2\max}$(5～10 min),但是比格犬可维持 75%的 $V_{O_2\max}$,并以 6 km/h 的速度在坡度为 26%的斜面上运动 2～3 h(Young 等,1959c)。Brzezinska 等(1980)对体重范围在 15～25 kg 的 242 只杂种犬进行研究,发现这些犬可以在坡度 21%的斜面上以 4～6 km/h 的速度平均运动 3 h(范围 1.1～5.2 h)。达到力竭状态的时间和体重呈负相关,但没有发现达力竭状态的时间和静息时肌肉中糖原浓度的相关性。

Issekutz(1979)概述了犬进行中等强度的耐力训练时(速度 100 m/min,坡度 15%),3 h 内的代谢变化。运动时大部分能量来源于肝脏和肌肉中糖原分解出来的葡萄糖,或者脂肪组织中的 FFAs。在运动的初始阶段,肌肉对葡萄糖的利用增加,但是血液中葡萄糖的浓度维持在同一水平,因为运动导致血液中胰岛素浓度降低,胰高血糖素升高,这样可以刺激肝糖原分解和糖异生(Zinker 等,1994)。肾上腺素的释放可以使肌肉中的糖原分解增加 5 倍(Issekutz,1979)。运动初期血糖浓度快速升高,因为儿茶酚胺—胰岛素的比率升高导致大量葡萄糖产生(Miles 等,1992)。持续运动时,血糖浓度会缓慢下降,因为肌肉运动会消耗大量葡萄糖,此后,肝脏葡萄糖的产生也会缓慢减少(Issekutz,1979)。运动持续 90 min 以上,肾上腺素阻止胰岛素刺激肌肉消耗葡萄糖,同时加强肝糖原分解,缓解低血糖(Issekutz,1979;Moates 等,1988)。运动初期,胰岛素浓度的下降刺激了肝中的糖原分解和糖酵解,乳酸生成增加,所以此时血中乳酸浓度开始增加。继续运动,胰高血糖素和肾上腺素刺激乳酸的糖异生途径。此时肝脏就成为了一个净消耗乳酸的器官(Wasserman 等,1991a)。

运动时,去甲肾上腺素刺激脂肪组织大量释放 FFAs,血液中 FFA 浓度逐渐升高(Issekutz,1979)。中等强度运动时,肝脏中由甘油产生的葡萄糖增加了 8 倍,从甘油三酯中释放的甘油成比例增加,但是由甘油转化而来的葡萄糖不到总葡萄糖的 9%(Shaw 等,1976)。静息状态下,若一只犬体内释放的葡萄糖与释放的脂肪比例为 1,那么运动 3 h 之后,这个比例会降低至 0.6。1 mol 脂肪产生的能量是 1 mol 葡萄糖产生能量的 3.5 倍,运动时葡萄糖提供的能量不到总能量的 20%,如果持续运动,这个比例还会下降(Issekutz,1979)。

Paul 和 Holmes(1975)简要地阐述了体重在 10～20 kg 范围内的犬在静息状态下和不同强度运动时,肌肉消耗 FFAs 和葡萄糖产生能量的变化。静息状态下,肌肉由血浆中获得 FFAs 和葡萄糖,产生的能量分别为 23%ME 和 26%ME。当这些犬以 3 km/h 的速度在跑步机上步行时,能量消耗增加了 1 倍以上,血浆中葡萄糖提供的能量仅增加了少许(13%ME)。然而,由血浆 FFAs 提供的能量迅速增加到 48%ME,持续运动 4 h 后,血浆 FFAs 提供的能量仍在升高,直到 70%ME。当犬以 5～6 km/h 的速度在坡度 15%的斜面上运动时,能量消耗增加了 6 倍,此结果与上述步行犬相似,血浆葡萄糖氧化提供的总能量仅增加了少许(10%ME)。刚开始时,血浆 FFAs 提供了 52%ME,在持续运动 4 h 的时间内,尤其是最后 2 h,增加到了 70%ME。然而,在进行更加激烈的运动时,血浆中乳酸浓度升高会干扰脂肪组织对 FFA 的释放,从而抑制血浆 FFAs 的利用(Issekutz 等,1964)。因此,当犬以 7.5 km/h 的速度在坡度 15%的斜面上运动时,它们能够持续运动的时间很短(60 min),能量消耗增加了 7 倍,血浆 FFAs 和葡萄糖仅仅分别提供了 21%ME 和 7%ME。未经训练的犬,在静息状态下和短时间高强度的运动时,血浆 FFAs 提供的能量很低(分别为 12% ME 和 14%ME)。Therriault 等(1973)也报道,体重为 22～27 kg 的未经训练的杂种犬,肌肉对血浆中的 FFA 利用很少,但同时发现进行短时间高强度运动(7.5 km/h,坡度 15%)直到力竭时,肌肉内甘油三酯提供的能量是葡萄糖的 2 倍。能量消耗水平很低时(7.5 km/h,水平面),肌肉净耗肌糖原,摄取血浆中的 FFAs,并净获甘油三酯。

因此,犬和其他物种在能量支出率较低时,脂肪氧化提供大部分能量（当 40% V_{O_2max} 时提供 60% 的能量）。运动强度增加，葡萄糖氧化供能随之增加，能量支出率高时，葡萄糖是主要能量来源（85% V_{O_2max}，80%）（Weibel 等，1996）。然而，犬在静息状态下或运动时能量主要来源于脂肪氧化，是非好氧物种（如人类和羊）的 2 倍（Meyer 和 Doty，1988；McLelland 等，1994）。犬白蛋白结合的 FFAs 比非好氧物种的多，因此，血液中的脂肪浓度较高，携带到组织的能力增强（McLelland 等，1994）。犬肌肉中糖原和脂肪的储备量比非好氧物种的多（Weibel 等，1996）。人类运动员通过高碳水化合物饮食增加肌肉中的糖原含量（Hultman 等，1994），从而提高耐力。但是进行耐力比赛的犬则需要采食高脂日粮以提高耐力。Downey 等（1980）研究发现，当给比格犬饲喂含有 63～102 g/1 000 kcal ME(24%～42%ME）蛋白质的高脂（59～81 g/1 000 kcal ME，49%～63%ME）日粮时，比格犬在坡度 7.5%的跑步机上平均奔跑 20 km（2.3 h），并未发生体力耗竭的现象；当给比格犬饲喂含有 58 g/1 000 kcal ME(23%ME）蛋白质的低脂（33 g/1 000 kcal ME，24%～42%ME）日粮，仅运动 15 km（1.7 h）便开始体力耗竭。因此，高脂低碳水化合物可以增强犬的耐力。然而，低加工工艺的日粮将玉米、大豆粉和小麦作为主要原材料，反之，其他日粮则以大豆和动物产品作为主要原材料。因此，可能原材料组成或某种营养物质的缺乏比缺少脂肪更易导致耐力缺乏。

Reynolds 等（1994，1995）用 16 只阿拉斯加爱斯基摩犬作为实验动物，于训练前 4 周和训练期间 12 周，饲喂高脂（70 g/1 000 kcal，58%ME）低碳水化合物（43 g/1 000 kcal，15%ME）的日粮和低脂（18 g/1 000 kcal，14%ME）高碳水化合物（162 g/1 000 kcal，59%ME）的日粮，并进行比较。2 种日粮中均含有 27%ME 的蛋白质（66 g/1 000 kcal ME），除了高脂日粮中含有肺叶、牛油和少许玉米淀粉外，其他原材料基本相同。在有氧训练（25 km/h，10 km，每周 4 次）8 周前后分别进行标准有氧测试（14 km/h，坡度 0%，持续 1 h），测试前后分别采样；在无氧训练（如标准无氧测试或以 16 km/h 的速度拖拉全地形车）4 周前后，分别进行标准无氧测试（24 km/h，坡度 10%，3min），测试前后分别采样。不考虑日粮因素，训练使肌肉糖原增加，但是饲喂高碳水化合物的犬经训练后，进行无氧测试时，肌肉中糖原增加和利用的都很快。进行有氧测量时，日粮和糖原的利用不相关。每组测试，日粮和乳酸盐蓄积也不相关。经训练的犬在有氧测试前后血浆 FFA 浓度都很高。饲喂高脂日粮的未经训练的犬，在有氧测试中其血浆 FFA 浓度升高更明显。

有 2 个研究支持下述观点：给犬饲喂高碳水化合物的日粮没有益处，因为糖原的消耗速度太快，这掩盖了增加肌糖原储备的优势。相反地，饲喂高脂日粮恰恰能节省糖原并提高耐力。同时，他们建议日粮中含有足够的脂肪来提供 49% 的 ME（59 g/1 000 kcal ME），以便承受耐力训练。尽管如此，由于还没有试验评估含有 26%～49%ME 脂肪的日粮对耐力的影响，可能日粮中的脂肪低于 49%也不会使耐力变弱。

脂肪类型：Miller 等（1963）报道，运动会增加血浆中某种脂肪酸的浓度，并且是以该种脂肪酸增加前的浓度来成比例增加：油酸盐（18∶1）——主要的脂肪酸——增加了 150%，这高于棕榈酸盐（16∶1）的增加浓度，而棕榈酸盐的增加浓度高于亚油酸盐（18∶2）或硬脂酸盐（18∶0）。

11.11.3 蛋白质和运动

11.11.3.1 "运动诱导性红细胞增多症"和"运动性贫血"：犬血细胞比容和运动

很多研究试验发现，运动后动物的血细胞比容变小，但是这种变化的重要性还未知。运动时去甲肾上腺素的释放导致脾脏收缩并释放红细胞到循环血液，使血细胞比容上升（Vatner 等，1974）。Broun（1922）报道，犬在坡度 34%斜面上运动的初期，血细胞比容和血红蛋白浓度升高，之后降低，同时血浆容积增加以补偿红细胞体积的降低。若之前犬被限制运动几周，当犬每天训练持续 3～6 d 后，全血细胞体积平均下降了 19%；若之前犬仅被暂时限制运动，则训练后犬的全血细胞体积下降了 11%（Broun，1923a，c）。红细胞体积降低刺激产生网织红细胞反应，并使脾脏增大为原来的 2 倍，持续每天运动达 3 周后，红细胞体积恢复正常，并建立新的平衡（Broun，1923b，c）。给这些犬饲喂的是含有大量肉的混合日粮（Broun，1922）。

Davis 和 Brewer（1935）也报道，犬在限制运动后刚开始运动的第 1 周，血容积、细胞容积、红细胞数量和血红蛋白浓度会降低，运动 4 周以后，血液指标重新恢复正常，在训练停止后仍升高。给这些犬饲喂的日粮中含有面包、牛肺和肝脏，大约 36%ME 来自蛋白质，只有19%ME来自脂肪。经电脑软件（Food Processor for Windows Version 7.81，Database 2001，Esha Research，Salem，Ore）分析，这种食物与（NRC）（1985）推荐给体重为10 kg犬的日粮成分相似，只是轻度缺乏维生素E、镁，并且明显缺钙。

Thörner（1932）也发现，经训练的犬红细胞数量和血红蛋白量比未经训练的犬低，同时发现，经训练的犬红细胞脆性降低，说明在循环血液中的脆性红细胞数量减少。Steinhaus等（1932）和Külbs（1912）指出，经训练的犬骨髓比未经训练的犬骨髓颜色红。Külbs（1929）注意到，未经训练的犬的铁储存量高于经过训练的犬。Külbs（1912）注意到，经训练的犬的脾脏增大。但是Thörner（1930）和Steinhaus等（1932）却发现，脾脏大小未发生改变，甚至变小。近来，Arokoski等（1993）也发现，成长期的比格犬在坡度15%的斜面上以40 km/d的速度运动后，血细胞比容、血红蛋白浓度和红细胞计数比笼养的比格犬低。给这些犬饲喂的日粮中含有28%ME的蛋白质和56%ME的脂肪。Mackintosh（1983）等指出，给比格犬定量饲喂营养均衡的商业犬粮，并且以7 km/h的速度，在坡度10%的斜面上运动，每周运动5 d，每天1～1.5 h，3个月后，血容量增加了13%。Yamada（1987）报道，Shiraki（1968）已经发现脾切除的犬在进行剧烈训练时，并没有发生运动性贫血和红细胞脆性减弱。Shiraki推测，运动时脾脏释放了一种溶血因子。Yamada推测这种溶血因子是溶血卵磷脂，Tohori等（1979）发现并报道，脾脏释放溶血卵磷脂是对犬注入去甲肾上腺素的一种反应，这些每天注入去甲肾上腺素的犬是为了模拟强化训练时的机体状态。

Broun提到的血细胞比容改变的现象也被发现在工作犬和比赛犬身上。拉布拉多猎犬在40 m的距离往返运动10 min后，平均血细胞比容升高了0.04（Matwichuk等，1999）。边境牧羊犬在进行高强度无氧有氧组合运动12 min后，平均血细胞比容升高了0.04（Feldman和Lessard，1992）。狩猎季节前，猎犬在40 min模拟狩猎运动的前后，平均血细胞比容升高了0.04；但在狩猎季节末，在40 min模拟狩猎运动的前后，平均血细胞比容并未变化（Davenport等，2001）。在狩猎季节期间，狩猎前的平均血细胞比容增加了0.04，而狩猎后的平均血细胞比容没有增加。

静息状态下，灰猎犬的平均血细胞比容比其他品种的犬高（Porter和Canaday，1971），灰猎犬从比赛开始到结束平均血细胞比容在持续升高（Snow等，1988；Ilkiw等，1989；Rose和Bloomberg，1989；Nold等，1991；Hill等，2000，2001b），比赛后1～3 h降低到静息水平以下（Ilkiw等，1989；Rose和Bloomberg，1989）。在跑步机上持续中等强度的训练14 d或在4个月的比赛季节期间，静息状态下灰猎犬的平均血细胞比容都没有明显变化（McKeever等，1985；Lassen等，1986）。14 d的训练后，总血红蛋白浓度增加了26%，尽管如此，那是因为平均血浆容积和血容量分别增加了27%和21%（McKeever等，1985）。12只阿拉斯加爱斯基摩犬为一组，在拖拉全地形车运动9 km后，平均血细胞比容立即升高，但是经过6个月的训练，平均血细胞比容降低了0.08（Querrengaesser等，1994）。比赛前爱斯基摩雪橇犬的平均血细胞比容为0.60，完成480 km的比赛后不到1 h，就降低到了0.46（Hinchcliff等，1997a）。

因此，运动可以导致暂时性红细胞增多症，然后是暂时性贫血，之后恢复正常，血容量升高超过正常值。运动还会刺激红细胞生成。红细胞合成的增加需要营养充足作为保障，没有充足的营养红细胞合成就会受到阻碍。因此，红细胞合成的增加使血细胞比容成为营养充足性的敏感指标，尤其对于蛋白质来讲。不过，需要特别指出的是，血浆容积升高时血细胞比容也会下降，血细胞比容的降低并不意味着红细胞数量的减少。

血细胞比容下降会限制血液的携氧能力。Wu等（2001）发现，犬运动时，随着血细胞比容的增加肺功能增加，于是推测，运动引起的红细胞增多会导致犬肺弥散功能（即肺扩散容量）增强和肺血流量增加，这就解释了与人类运动员中的佼佼者相比，受过训练的犬有如此高的V_{O_2max}。训练中达到50%V_{O_2max}时，血细胞比容降低25%的贫血的犬比未发生贫血的犬的血清胰高血糖素、肾上腺素、去甲肾上腺素、皮质醇和乳酸浓度升高得快（Wasserman等，1985）。肝脏生成葡萄糖增加，但是因为贫血的犬在运动时血液中的葡萄糖消耗更加迅速，所以血浆葡萄糖浓度也迅速降低。这说明血细胞比容降低会导致耐力减弱。不过，脾切除的犬血细胞比容减少25%时，V_{O_2max}也未受到影响，因为全身阻力变小和心输出量增加可以代偿动脉血氧含量的减少（Horstman等，1974）。血细胞比容降低少许在营养学上的重要性还未知。

11.11.3.2 运动对蛋白质代谢的影响

运动时犬体内蛋白质和氨基酸的合成与分解代谢加快。合成增加以适应运动时的变化，补充运动时分解掉的蛋白质和氨基酸。运动时，蛋白质和氨基酸分解代谢一方面提供能量，另一方面作为糖异生的前体。

Okamura 等（1997）报道，进行中等强度的训练时，血浆氨基酸总浓度下降了 15%，谷氨酰胺、精氨酸、赖氨酸的浓度和具有糖异生作用的氨基酸如丙氨酸、甘氨酸、丝氨酸、苏氨酸的浓度下降了 15%～50%，但是，分支氨基酸如亮氨酸的浓度没有变化，酪氨酸和苯丙氨酸的浓度升高。恢复期，谷氨酰胺的浓度升高了 10%，分支氨基酸的浓度升高了 18%。

Wasserman 等（1987，1988，1989a，b）指出，体重为 21 kg 的杂种犬进行中等强度的耐力训练时（速度 6 km/h，坡度 12%，运动 2.5 h），随着时间的流逝，糖异生增加。最初，其对葡萄糖的利用增加到了 2 倍，此后一直增加直到增加到 3 倍，但是血液中的葡萄糖浓度仍相对稳定，因为肝脏合成葡萄糖也随之增加了。这是由于循环血液中胰岛素下降，胰高血糖素浓度逐渐升高至原来的 2 倍，刺激了肝脏糖原的分解和糖异生的增加。在 2.5 h 的运动期间，丙氨酸糖异生逐渐增加到正常值的 3 倍，因为肝脏的丙氨酸排泄分数和运送到肝中进行糖异生的丙氨酸也在这 2.5 h 期间逐渐增加。恢复期，丙氨酸糖异生继续增加，转运到肝脏的丙氨酸比运动期间还要多，丙氨酸排泄分数仍然很高。运动初期，肝脏释放的乳酸盐增加，这是对血液中的胰岛素下降的反应，当糖原浓度降低，肝脏又重新吸收乳酸作为糖异生的前体。

这些研究表明，糖异生在中等强度的长时间耐力训练中比在高强度运动中有着更为重要的作用。Coker 等（1997）指出，在进行短时间的高强度训练时（20 min，最大心率的 85%），肝脏摄取的丙氨酸减少，动脉血中乳酸的浓度增加，推测可能是因为肝糖原分解和糖酵解增加，而糖异生减少。Wasserman 等（1992）指出，在长时间耐力训练过程中，犬会过渡成“糖异生模式”。中等强度运动初期，肌肉消耗的葡萄糖绝大部分都是有氧氧化，但是大约 30 min 以后，对葡萄糖的无氧利用增加，并导致糖异生前体释放的增加，如乳酸、丙酮酸和谷氨酰胺。运动一开始糖酵解立刻增加，并在运动结束时达到高峰。肝脏摄取的乳酸与肌肉释放的乳酸成比例增加。酯解作用立刻增加，但是 FFA 浓度的上升要缓慢得多。这是因为 FFA 浓度升高时糖异生作用也同时增加，为给糖异生提供能量，FFA 在肝脏中被消耗掉了。

糖异生的前体来源于肌肉、肠和脂肪组织。Shaw 等（1976）指出，进行中等强度耐力训练的犬，酯解作用产生的甘油是原来的 9 倍，脂肪组织为肝糖合成提供甘油。运动中的肌肉将氧化支链氨基酸产生的氨和 AMP 脱氨作用产生的氨以谷氨酰胺和丙氨酸 2 种形式转运到肠和肝脏中（Wasserman 等，1991b）。肠摄取的谷氨酰胺被氧化或者仍以谷氨酰胺的形式被释放。肝脏摄取的丙氨酸、谷氨酸、谷氨酰胺以及其他氨基酸的碳骨架或被氧化，或用于糖异生，同时，氮用来合成氨基酸、核苷或尿素（Wasserman 等，1991b）。Wasserman 等（1991b）指出，谷氨酰胺在犬运动时是重要的转运载体，因为此时内脏摄取的谷氨酰胺是丙氨酸的 4 倍。在 150 min 中等强度训练期间，肠对谷氨酰胺的摄取翻了 1 倍，肝脏摄取的谷氨酰胺增加了 3 倍多。运动期间，肠和肝脏对谷氨酸和氨的释放和摄取平行增加，并且肝脏合成的尿素增加了 1 倍。但是由于肠释放的 α-氨基氮超过释放出的谷氨酸，因此其中有一部分发生蛋白水解。Williams 等（1996）也指出，在 90 min 中等强度的训练期间，分支氨基酸亮氨酸的释放（主要从小肠释放）逐渐增加，直到超过正常水平的 30%。血液中亮氨酸的浓度没有变化，推测是因为亮氨酸被运动的肌肉吸收，也就是说亮氨酸在释放增加的同时，吸收也增加。运动前后，肠内稀薄蛋白被动员作为氨基酸的来源，因此肌肉中蛋白质分解代谢变弱。Halseth 等（1997）在静息期和运动时用亮氨酸的转化率进行测量，指出机体水解的蛋白质 40%来源于肠和肝脏。在静息时和饲喂 42 h 后的运动期间，肝脏和肠同样重要；但是采食 18 h 后的运动期间，肠蛋白水解的作用更为重要。

这些研究表明，常运动的犬蛋白质利用率比惯坐犬的高，但是后者在运动期间蛋白质利用率也会增加。因此，犬进行时间超过 30 min 的中等强度的长距离耐力训练时，蛋白质的需求量比进行 20 min 或时间更短的高强度耐力训练时所需要的量要高。

11.11.3.3 运动犬日粮中的蛋白质

Arokoski 等（1993）成功地给处于成长期的比格犬从出生后第 16 周到第 70 周饲喂商业化犬粮，其中含有 28%ME 的蛋白质（67 g/1 000 kcal ME）和 56% ME 的脂肪（67 g/1 000 kcal ME）。这段时间，比格犬在坡度 15%的跑步机上每周运动 5 d，到 1 岁时运动距离和速度分别增加到 40 km/d 和 5～7 km/h。Young 等(1962)给受过训练的成年比格犬饲喂含有 19%ME 的脂肪和 29%ME 的蛋白质的日粮。并在采食后 17 h,给处在静息期或正在经历 3 h 有氧训练(至少有 50%$V_{O_2 max}$)的犬检测尿中排泄的非蛋白氮、氨基酸和氨。在训练期间,每消耗 1 000 kcal 的能量,可在尿液中分泌 1 g 非蛋白氮,相当于 2.5%ME 的蛋白质。静息时,每消耗 1 000 kcal 的能量,可在尿液中分泌 7 g 非蛋白氮,相当于 18%ME 的蛋白质。运动期间,尿中牛磺酸的平均分泌率由原来的 19 升高到 43 μmol/h,但是胱硫醚分泌由 3 降低到 1 μmol/h,其他必需氨基酸、氨、甲基组氨酸和非蛋白氮无论在静息期或训练时都没有变化。但是,这些营养物质的单位能量消耗分泌量则大大减少,因为运动时犬消耗的能量是休息时的 9 倍(分别为 200 和 23 kcal/h)。

Reynolds 等(1999)检验阿拉斯加雪橇犬在 12 周高强度训练期间,日粮中的蛋白质含量从 48 增加到 90 g/1 000 kcal ME(从 19%ME 增加到 36%ME),碳水化合物的含量从 98 下降到 52 g/1 000 kcal ME(从 36%ME 下降到 19%ME)时的不同影响(每种日粮中含粗纤维 1.5% DM)。日粮中脂肪的含量处于 54～58 g/1 000 kcal ME(45%～47%ME),相似的成分也用于其他 4 种日粮。犬以 25～27 km/h 的速度跑 15 km,每周运动 4 次,连续运动 8 周,然后在跑步训练机上以最大速度和次于最大的速度每周分别奔跑两次,并持续 4 周。与日粮中含有 60 g/1 000 kcal ME (24%ME)蛋白质甚至更高的日粮比较,给犬饲喂含有蛋白质 48 g/1 000 kcal ME(19% ME)的日粮时,$V_{O_2 max}$降低了 25%,软组织的受伤几率增加了 7 倍。与日粮中含有 75 g/1 000 kcal ME(30%ME)蛋白质甚至更低的日粮比较,给犬饲喂含有蛋白质 90 g/1 000 kcal ME(36%ME)的日粮时,血浆容积升高了 10%。平均血细胞比容和平均血红蛋白浓度轻度升高,总血红细胞容积和总血容量随着蛋白质的摄入线性上升。Querengaesser 等(1994)将 2 种日粮饲喂给阿拉斯加爱斯基摩犬。第 1 种蛋白质含量为 72 g/1 000 kcal ME(29%ME),脂肪含量为 69 g/1 000 kcal ME(57%ME)。第 2 种蛋白质含量为 85 g/1 000 kcal ME(35%ME),脂肪含量为 63 g/1 000 kcal ME(52% ME)。2 种日粮保持无氮提取物(NFE)的含量不变。这些犬在 6 个月训练期间要跑 1 200 km。饲喂这 2 种日粮的犬,静息时平均血细胞比容均降低了 0.08。但只有饲喂高蛋白低脂肪日粮的犬,在运动后血细胞比容会升高。

Hill 等(2001b)报道,与高蛋白质(96 g/1 000 kcal ME 或 37%ME)低碳水化合物(75 g/1 000 kcal ME 或 30%ME)日粮相比,当灰猎犬每次跑步超过 500 m,每周 2 次运动时,饲喂低蛋白(63 g/1 000 kcal ME 或 24%ME)高碳水化合物(106 g/1 000 kcal ME 或 43% ME)的日粮(饲喂 11 周)可以使犬奔跑速度加快 0.3 km/h,血细胞比容升高 0.02～0.03。这 2 种日粮的组分和脂肪含量(36 g/1 000 kcal ME 或 33%ME)相似。只是在低蛋白日粮中大米和玉米的含量增加,相应大豆蛋白、玉米谷蛋白、鸡蛋和禽肉成分减少。这种低蛋白日粮中氨基酸组分对速跑犬来说已达到了 AI 水平(表 11-11)。对于食物摄入量受限减少 10% 的灰猎犬来说,表中的数值应提高 10%。对耐力训练的雪橇犬来说,这里所列的氨基酸摄入量不够充足。

表 11-11 灰猎犬的适当氨基酸采食量[a]

g/1 000 kcal ME

氨基酸	摄入量
精氨酸	3.5
组氨酸	1.3
异亮氨酸	2.3
亮氨酸	5.8
赖氨酸	2.7
胱氨酸	0.9
甲硫氨酸	1.1
酪氨酸	2.2
苯丙氨酸	2.8
苏氨酸	2.2
色氨酸	0.5
缬氨酸	2.8

[a] 摘自一篇研究文献,让受过训练的灰猎犬自由采食含有 4 400 kcal ME/kg DM 的日粮,犬的平均体重为 33 kg,需要消耗的能量为 154 kcal ME/kg $BW^{0.75}$。

Yamada 等(1987)发现,与饲喂动物性蛋白质日粮(鱼和肉)相比,给以 12 km/h 的速度每天运动 4 h 的杂种犬饲喂植物性蛋白质日粮(大豆),杂种犬比较容易发生运动性贫血。2 种日粮中都含有 35%ME 的蛋白质和 17%～18%ME 的脂肪。饲喂植物性蛋白质日粮的犬运动 3 周后,红细胞脆性增加,而且血细胞比容降低,但是饲喂动物性蛋白质日粮的犬没有发生这种情况。红细胞脆性的变化与血清和红细胞中胆固醇的下降和红细胞中溶血卵磷脂的升高有关。这些作者把运动时胆固醇的降低与溶血卵磷脂和磷脂的升高归因于卵磷脂—胆固醇酰基转移酶(LCAT)的作用,它催化卵磷脂上的脂酰基转移到胆固醇上,形成溶血卵磷脂和胆固醇酯。他们推测动物性蛋白质日粮中的赖氨酸可以阻止脂肪的这种变化。然而，这种说法不能提供完善的解释，因为在 Hill 等人(2001b)关于灰猎犬的一个研究中，与饲喂低蛋白质日粮的犬相比，饲喂了赖氨酸和动物性蛋白质含量更高的高蛋白质日粮后，血细胞比容更低。

11.11.4 研究犬在训练时日粮中蛋白质和脂肪的改变

许多研究针对碳水化合物不改变的情况下，同时增加脂肪和蛋白质含量时，这种日粮对训练犬有何影响。此类研究中的很多试验都同时改变了主要成分以及蛋白质、脂肪和碳水化合物的来源。这样一来，往往很难确定究竟是蛋白质的增加、脂肪的增加、碳水化合物的减少，还是其他成分的改变引起试验中的某些变化。

如 Adkins 和 Kronfeld(1982)报道，在国际雪橇犬耐久赛(Iditarod Trail Race)中发作过一次腹泻的犬中，饲喂高蛋白(74 g/1 000 kcal 或 30%ME)高脂肪(81 g/1 000 kcal 或 67%ME)低碳水化合物(9 g/1 000 kcal或 3%ME)日粮的犬比饲喂低蛋白(62 g/1 000 kcal 或 24%ME)低脂肪(68 g/1 000 kcal 或 54%ME)高碳水化合物(64 g/1 000 kcal 或 22%ME)日粮的犬，红细胞计数下降得少。Davenport 等(2001)发现，与含蛋白质(74 g/1 000 kcal 或 29%ME)和脂肪(51 g/1 000 kcal 或 41%ME)较高的日粮相比，当给英国指示猎犬饲喂含蛋白质(68 g/1 000 kcal 或 26%ME)和脂肪(45 g/1 000 kcal ME 或 35%ME)较低的食物时，这种犬狩猎能力变差(每次狩猎时发现猎物的次数降低)并且体重下降。

Kronfeld(1973)报道，当给 2～6 岁的杂交爱斯基摩犬饲喂含有蛋白质 29%、脂肪 32%和碳水化合物 39%的商品犬粮时，这些犬开始出现吃自己粪便的行为和四肢像被捆绑了似的僵硬症状。当把马肉添加到日粮中后，食粪癖消失，耐力增强。添加马肉使能量的摄取增加了 25%，将日粮中碳水化合物的比例从 39%减少到 22%，将蛋白质从 29%增加到 33%，将脂肪从 32%增加到 45%。当给犬饲喂含有蛋白质 34%、脂肪 64%和无碳水化合物的商业鸡肉产品时，犬的耐力进一步提高。

Kronfeld 等(1977)和 Hammel 等(1977)将整鸡、猪肺(几乎不含碳水化合物)与由磨碎的玉米和大豆粉等干粮(129 g/1 000 kcal 或 46%ME 的碳水化合物)混合制成一种罐装食品，共有 3 种，这 3 种日粮中蛋白质含量范围在 75～102 g/1 000 kcal ME(29%～41%ME)，脂肪含量范围在 41～71 g/1 000 kcal ME(33%～58%ME)。这 3 种日粮用来饲喂参加赛前训练的杂交阿拉斯加爱斯基摩犬，持续训练 24 周，共跑 1 100 km。训练期间这些犬的平均血细胞比容和红细胞计数升高。当日粮中蛋白质含量大于等于 88 g/1 000 kcal ME(35%ME)，脂肪含量大于等于 55 g/1 000 kcal ME(44%ME)，碳水化合物的含量低于 21%ME(59 g/1 000 kcal ME)时，犬的高红细胞指数不变。但是，当给训练中的犬饲喂含蛋白质 75 g/1 000 kcal ME(29%ME)，含脂肪 41 g/1 000 kcal ME(33%ME)，含碳水化合物 107 g/1 000 kcal ME(38%ME)的日粮时，血细胞比容和红细胞数量稍有下降(分别为 0.02 和 5×10^6 个/mL)。持续给犬饲喂高蛋白质高脂肪日粮 6 个月，未发现任何血液学异常。当饲喂这 3 种日粮时，随着日粮中的脂肪含量增加，运动后血浆 FFAs 的峰值也会升高，但是，静息时血浆葡萄糖浓度、运动后葡萄糖浓度峰值和其他指标并未发生改变。

Toll 等(1992)报道，与饲喂低碳水化合物(8%DM)高脂肪(56%DM)日粮相比，给灰猎犬饲喂高碳水化合物(52%DM)低脂肪(16%DM)日粮到第 5 周时，在 500 m 比赛中灰猎犬的速度提高了 0.4 km/h。如果这些日粮中含有 6%DM 的灰分和 2%DM 的粗纤维，那么高碳水化合物低脂肪日粮中，蛋白质、脂肪和碳水化合物提供的能量分别为 23%、31%和 46%，低碳水化合物高脂肪日粮中，蛋白质、脂肪和碳水化合物提供的能量分别为 19%、75%和 6%。然而，Hill 等(2000)指出每周 2 次距离超过 500 m 比赛的灰猎犬，给其饲喂高蛋白质(67 g/1 000 kcal 或 25%ME)高脂肪(36 g/1 000 kcal 或 32%ME)低碳水化合物(105 g/1 000 kcal 或 43%ME)的日粮比给其饲喂低蛋白质(59 g/1 000 kcal 或 21%ME)低脂肪(29 g/1 000 kcal 或 25%ME)高碳水化合物(135 g/1 000 kcal 或 54%ME)的日粮时，速度提高了 0.4 km/h，血细胞比容升高了 0.04。这 2 种日粮的成分相似，但是高脂肪日粮禽肉含量高小麦含量少。自从 Hill 等(2001b)的研究显示增加日粮蛋白质含量不会改善灰猎犬的比赛能力以来，现在认为日粮中脂肪和碳水化合物的比例会影响灰猎犬的比赛能力。

同时，这些研究给经受耐力训练的犬提供了一个营养适宜采食量(AI)标准，此标准为日粮中脂肪含量至少为 90 g/1 000 kcal 或 35%ME，脂肪含量至少为

59 g/1 000 kcal 或 49%ME。给经受速跑训练的灰猎犬提供的 AI 标准为日粮中蛋白质含量至少为 60 g/1 000 kcal或 24%ME,脂肪含量至少为 36 g/1 000 kcal 或 30%ME。若灰猎犬的摄入量被限制减少了 10%,这些数值应增加 10%。训练时间超过 30 min,日粮中的蛋白质应相应增加。然而,有可能进行耐力训练的犬摄入的脂肪稍低于 49%ME 时,比赛效果也很好。当给进行速跑训练的犬饲喂脂肪含量高于 30% ME 的食物(但是应低于 75%ME)、或饲喂蛋白质含量低于 24%ME 的食物时,奔跑速度更快。未经过训练的犬需要的脂肪更少。

没有关于猫粮中蛋白质、脂肪和碳水化合物对运动影响的研究。猫善于速跑,肌肉中应储备大量的糖原。但猫更适应高蛋白质高脂肪低碳水化合物的食物。针对习惯久坐猫的研究表明,猫的代谢受日粮中各组分变化的影响很小。对于经常运动的猫,好像运动量的增加并没有影响机体对蛋白质、脂肪和碳水化合物的需求。

11.11.5　日粮碳水化合物和运动

Kronfeld 等(1977)和 Hammel 等(1977)报道,当给杂交阿拉斯加爱斯基摩犬饲喂的日粮中基本不含碳水化合物(1 g NFE 提供 1 000 kcal ME),仅含有 3 g/1 000 kcal ME(2%DM)粗纤维时,这些犬可以保持健康、比赛能力,而且血象没有大的变化,训练前后也不会发生低血糖。不过这种日粮中蛋白质(102 g/1 000 kcal 或 41%ME)含量很高,所以当日粮中可以糖异生的氨基酸前体含量比这种日粮少时,对碳水化合物的需求量可能会增加。Kronfeld(1973)也证明,给工作雪橇犬饲喂商业化鸡肉日粮时可以很好地完成工作,这种日粮中不含能提供能量的碳水化合物,含有 34%的蛋白质。据报道,每天饲喂 1 次这种日粮的犬粪便是松软、呈糊状的脂肪便。当改为 1 d 分 2 次饲喂时,不会出现这种情况。Decombaz(1995)报道,给雪橇犬饲喂不含碳水化合物,含有 28%ME 蛋白质的日粮持续 9 d,犬未见发病症状。可见,只要在食物中添加足够的蛋白质用以提供糖异生前体,就没有必要再添加可消化的碳水化合物了。

比赛时,灰猎犬肌糖原明显减少,但是大部分肌纤维为高氧化型(Rose 和 Bloomberg,1989)。一些作者提到,碳水化合物能提高体能(Gannon,1987),但是高脂肪日粮也可以提高灰猎犬的最大脂肪氧化、最大总能量消耗和体能。Toll 等(1992)报道,给灰猎犬饲喂的日粮中的碳水化合物含量由 46%ME 降低到 6%ME 时,减少的部分由脂肪代替,灰猎犬奔跑速度变慢。Hill 等(2000,2001b)指出,将日粮中的碳水化合物含量由 30%ME 增加到 43%ME(从 75 增加到 106 g/1 000 kcal ME),并相应地减少蛋白质的含量,灰猎犬速度加快;但是将日粮中的碳水化合物含量由 43%ME 增加到 54%ME(从 105 增加到 135 g/1 000 kcal ME),并相应地减少蛋白质和脂肪的含量,灰猎犬的速度变慢。这些研究表明,增加日粮中的碳水化合物可以提高灰猎犬的比赛体能,但是超过一定限度,减少日粮中的脂肪导致的体能降低会超过增加碳水化合物含量所带来的益处。

其他研究者也讨论了结肠中抗消化淀粉和可溶性纤维的发酵对健康的潜在益处。日粮中有少许消化道内不消化但可发酵的碳水化合物通过小肠到达结肠内发酵,可能对赛犬来说是件好事,但还没有试验讨论应该加多少这样的物质才是合适的。如饲喂肉可以促进寡糖迅速发酵而使结肠的 pH 降低,并抑制菌群的生长(Amtsberg 等,1989)。低聚果糖通过鸡肉中的沙门氏菌(*Salmonella* spp.)抑制盲肠菌群,给犬饲喂生肉时也会引起这种情况(Bailey 等,1991)。Biourge(1995)报道,推荐雪橇犬食用的 7 种商品犬粮中的平均总日粮纤维的含量为 6.5%(范围在 5.7%～7.8%)。纤维来源于谷类或添加成分,如甜菜浆和玉米纤维。Grandjean 和 Paragon(1993b)建议,训练犬的日粮中所含的纤维应维持在最低限度,因为纤维含量增加,会降低日粮的消化率,使从粪便中排泄的水分增加,因此会加重脱水。饲喂高蛋白质日粮的犬,未被消化的蛋白质也将被发酵。总之,日粮中的一些不可消化但可发酵的纤维很可能是有益的,但现在仍没有确定推荐用量。

11.11.6　水的重要性和外界高温时对水的需要量

体温过高会导致死亡。Adolph(1947)报道,犬猫直肠温度分别超过 41 和 42℃会导致死亡;犬猫的半数致死温度分别为 41.7 和 43.4℃。当环境相对湿度为 23%时,犬猫可以在温度为 56℃的环境中持续忍耐 3 h,但是在相对湿度为 100%的环境中,会丧失自我降温能力。通过喘气蒸发散热是决定犬降温能力的主要因素。动物在所能忍受的最高环境温度下,体重降低的速率为 1%～2% BW/h,这表示环境温度高时,水需求量为 2% BW/h[20 mL/(kg BW·h)]。然而,当环境温度为48℃时，在允许自由饮水的情况下，脱水程度发展为9%之前，犬猫不会持续饮水。

根据Adolph(1947)计算，当蒸发水分的速率为1% BW/h，动物会丧失通过蒸发水分散热的能力，这时体温会以7℃/h的速度上升。相反地，他观察到将猫置于适宜的环境中，猫可以以相似的速率使体温下降。他还观察到，当犬猫的脱水程度分别处于11%～20%和17%～23%时，犬猫无法忍受热，直肠温度会陡然上升。若及时饮水则不会出现这些变化。

Baker(1984)、Doris和Baker(1981)也指出，空气相对湿度为13%～47%，体内水分含量正常的犬猫可使体温升高到45℃。犬猫平均蒸发失水见表11-12。超过30℃，犬的水需求量增加6 mL/(kg $BW^{0.75}$ · d · ℃)；超过35℃，猫的水需求量增加8～12 mL/(kg $BW^{0.67}$ · d · ℃)。环境温度为45℃时，犬的水需求量比正常温度时增加了1倍，猫则增加了2～6倍。

同一作者同时指出，当环境温度处于35～45℃时，

表11-12 温度对未脱水和脱水的犬猫每日失水量的影响

犬猫种类	样本数量(*n*)	BW/kg	环境温度/℃	平均每天失水量[犬/(mL/kg $BW^{0.75}$)，猫/(mL/kg $BW^{0.67}$)]		参考资料
				未脱水	脱水	
杂种犬，雌性和雄性	7	32±3	25	119	44	Baker，1984
			35	152	70	
			40	196	103	
			45	214	136	
家养猫，雌性和雄性	9	3～5	35	42	25	Doris和Baker，1981
			38	59	35	
			40	91	90	
			45	130	163	
短毛家养猫，雌性和雄性	5	2～3	20	27		Adams等，1970
			26	24		
			32	21		
			35	35		
			38	62		
			41	137		

脱水的犬猫通过将自身的体温升高约1℃的方法保持水分。体温升高增加了体温与环境温度的梯度，增强了热耗散，减少了蒸发失水。脱水的犬，蒸发失水降低了约50%，喘气次数降到约每分钟100次，心脏输出量下降了30%。脱水的猫，体温升高相似，但仅在环境温度为35和38℃时，喘气和蒸发失水才会降低，环境温度更高时则不会。

因此，简而言之，环境温度高时，犬猫需要通过自由饮水保持正常体温。环境温度为45℃时，犬对水的需求量是原来的2倍，猫则增加到原来的7倍。在更高环境温度下，需要补充至少20 mL/(kg BW · h)的水。然而，当犬猫发生脱水时，其饮用较少的水仍能存活，因为它们可以通过稍微升高体温的方法保持体内的水分。

11.11.7 运动性体温过高和运动时水的重要性

因为做功是一个低效率的过程，所以运动时会产生热量。除非这部分热量传递给环境，否则直肠温度会升高。在适宜的环境中，通过喘气蒸发散热是散热的主要途径。犬可以通过扩张外周血管促进散热，但是不能通过出汗散热，因为他们只有脚垫可以出汗(Hammel等，1958)。在寒冷环境中犬猫可以通过辐射和对流散热。Rice和Steinhaus(1931)报道，杂种犬在正常室温中奔跑或者在40℃的水中游泳时，因体温逐渐上升，喘气次数增加，导致呼吸性碱中毒。犬在低于20℃的水中游泳会引发酸中毒，体温降低，在20～30℃的水中游泳，直到体力衰竭以前，体温和血液pH都没有变化。这样一来，当运动产生的热量大于散热到环境中的热量时，在温暖的环境中则可以忽略热量散失。处于寒冷环境中时，动物在静息状态下通过增加代谢率保持体温(Grandjean和Paragon，1993a)。运动减少了为保持体温而产热的需要。随着运动量的增加，维持较低体温和散热等问题就可以随之忽略。

一些作者特别提到，高温环境会限制犬的运动能力。Dill等(1932，1933)发现，犬在温度低的环境中比

在温度高的环境中走得更远，直肠温度和乳酸浓度在体力开始衰竭时会升高。Young 等(1959b)发现，直肠温度升高的速度随着工作强度的增大而升高，持续奔跑的最长时间与直肠温度升高到 41℃所需要的时间成正比。Weibel 等(1983)报道，当犬在奔跑中超过其 V_{O_2max}时，应将环境温度降低到 5℃，以防止直肠温度升得过高。Pohoska(1979)发现，当给在奔跑中的杂种犬进行降温，它的直肠温度升高变慢，犬奔跑的路程是原来的 2 倍。Kruk 等(1985)和 Kozlowski 等(1985)报道，当杂种犬在温度为 22℃的环境中以 6 km/h的速度在坡度 21%的斜面上奔跑时，用冰块降温，达到力竭状态的时间可延长 45%～62%，使力竭时平均直肠温度降低 1℃，并轻微降低心率、呼吸频率和血液中的乳酸浓度。被降温的犬，肌肉中 ATP 和磷酸肌酸的含量减少得少，肌糖原浓度降低缓慢许多，肌肉中 AMP、丙酮酸、乳酸的浓度增加变慢。这些结果说明体温升高降低了高能磷酸肌酸和低能磷酸肌酸之间的能量平衡点，并通过增加糖酵解速率使耐力降低。

Taylor 等(1971)报道，在比较热的环境中训练时，为了降低水的蒸发量，非洲野狗比家养犬保持的体温高。一些研究表明，脱水的犬也可以通过体温升高来降低水分丢失，但是当体温过高时会发生危险而且耐力会降低。Baker 等(1983)报道，脱水的家养犬，与正常体温的犬相比，在 30 min 中等强度的训练结束时，直肠温度升高了 0.5℃，通过流涎丢失的水分少了 90%，但是训练中直肠温度升高的速率没有受到脱水的影响。Greenleaf 等(1974)报道，在 60 min 的训练开始之前或期间，给犬输高渗液体来增加血清中钠的浓度和渗透压浓度可使训练前和训练期间的直肠温度升高 0.3℃。Young 等(1959a)发现，给在进行中等强度训练的成年比格犬提供饮水，训练结束时直肠温度将由 40.9℃降低到 40.1℃，训练过程中平均体重降低量由 11%降低到 7%，与运动有关的血细胞比容平均增加量由 21%降低到 3%，并使耐力提高了 80%。Dill 等(1932)解释道，犬在较低温环境中并给予水和食物时，进行亚高强度训练时体温不升高，而且实际中犬也不会疲劳。

因此，简而言之，运动性体温过高限制了犬的运动能力。运动时，脱水使体温轻度升高，然而，自由饮水可以使运动性温度升高值降低到最小限度，并明显提高了耐力。

11.11.8 休息和运动时对水的需要量

动物有 3 种水的来源：自由饮水、食物中的水和代谢生成的水。蛋白质、脂肪和碳水化合物产生的代谢水分别为 0.41、1.07 和 0.6 mL/g(0.1、0.12 和 0.15 mL/kcal ME)(Rowntree,1922)。而且，混合日粮中的代谢水可以提供约 0.12 mL/kcal ME。奔跑时，这部分代谢水可以缓解水分丢失，平衡部分粪便中丢失的水分。饮水和食物中的水是本节要着重讨论的部分，因为它们随着食物成分的变化而变化。因此，讨论时总水分摄入的概念是指饮水量和食物中含水量之和。

Adolph(1939)报道，4 只笼养犬通过自由饮水和采食食物[自由饮水：(109±21) mL/(kg $BW^{0.75}$ • d)，食物中的水：(3±3) mL/(kg $BW^{0.75}$ • d)]平均摄入 0.79(0.61～0.91)mL/kcal ME 的水。English 和 Filippich(1980)报道，在 1 m^3 的笼子中饲养的犬通过自由饮水和摄入食物中水[自由饮水：(109±26) mL/(kg $BW^{0.75}$ • d)，食物中水：(8±1) mL/(kg $BW^{0.75}$ • d)]，平均摄入水 0.56(0.51～0.67)mL/kcal ME。Van Limborgh 和 Van der Wind(1972)报道，惯于久坐的成年比格犬和断奶的幼犬对水(自由饮水和食物中的水)的摄入量范围在 0.6～1 mL/kcal ME。然而，所有的报道都描述了每只犬每天的水摄入量的变化，有些犬有时每天的摄入量是平均值的 2 倍以上。至少对于惯坐犬来说，日饮水量翻倍是有可能的。

干粮中含有少量的水(0.1 mL/g，或 0.03 mL/kcal ME)，罐装食品中或肉中含水量多[(0.7～0.8) mL/g 或 0.2 mL/kcal ME]。犬可以通过调节饮水量以平衡食物中的含水量(Ramsay 和 Thrasher,1991)。Cizek(1959)报道，当增加食物中的水分时，犬摄入水总量保持在 30 mL/(kg BW • d)，这是因为犬的饮水量自行减少了。只有当食物中的水分一直增加到 30 mL/(kg BW • d)以上时，总摄入量才会超过 30 mL/(kg BW • d)。然而，犬食用干粮时自由饮水量比食用湿粮时约高 0.2 mL/kcal ME。Cizek(1959)也指出，即使食物中的水分异常多，动物的饮水量也会维持一个最小量[6 mL/(kg BW • d)]。

休息或者运动时饮水是一个间断的过程，但是水分的丢失是一个持续的过程。Robinson 和 Adolph(1943)发现，静息时允许犬自由饮水，犬也不会持续啜饮，当水分丢失到体重的 0.5%时会饮水。犬仅靠充足饮水只能补充 0.2%～0.4% BW，直到采食后体重才会恢复到基线水平。禁水一段时间后，犬饮水的频率还和平时一样，只是比允许自由饮水时更早开始饮水。Gregersen(1932)指出，饭后 2～5 h 动物饮用大量的水，这种饭后的渴感只是暂时的；每次进食后禁水几个小时，犬每天的饮水量很少。饥饿的动物饮水量会下降 66%～80%（Kleitman，1927）。但是不推荐饭后禁水，因为，饭后饮水会平衡两餐之间减轻的体重。

可自由饮水的犬是通过调节饮水量补充尿液丢失和蒸发的水分，来调整渗透压浓度，而不是通过改变尿液浓度来调整渗透压浓度的（O'Connor 和 Potts，1969；Ramsay 和 Thrasher，1991）。产生的尿液量和水总摄入量以及尿液中需要排泄的溶质的量成正比（如盐分的量、以尿素形式排泄的蛋白质的量、食物中的干物质；Danowski 等，1944；Ramsay 和 Thrasher，1991）。当食物中的钠含量由 1 增加到 2.5 g/1 000 kcal ME 时，体重为 13 kg 惯于久坐的比格犬的平均摄入水量由 0.64 增加到 0.9 mL/kcal ME（Baker，1984）。当钠的摄入量由 76 增加到 505 mg/(kg $BW^{0.75}$ · d)时，体重为 18～20 kg 惯于久坐的杂种犬的平均摄入水量由 99 增加到 210 mL/(kg $BW^{0.75}$ · d)（从 0.55 增加到 1.16 mL/kcal）（Cowley 等，1983）。当蛋白质消耗量由 1.5 增加到 4 g/(kg BW · d)时，水分平均总丢失量由 17 增加到 26 mL/(kg BW · d)（Danowski 等，1944）。当盐和蛋白质的摄入增加时，水的需求量加倍。若训练时禁水，并增加盐和蛋白质的摄入会提高脱水的几率。

O'Connor 和 Potts（1969）报道，犬在犬舍内饲养时，可由自由饮水和食物中平均获取 0.64 mL/kcal ME（范围在 0.44～1.24 mL/kcal ME）的水分，但是平均水分蒸发[休息时，1～5 g/(kg BW · h)]与水的摄入[4～109 mL/(kg BW · d)]随活动量的变化而变化。犬因活动丢失大量水分，活跃的犬饮水和水分散失都很多。犬进行大量活动时，每天只饮少量的水（30～100 mL），若禁水一段时间则饮水量增加。尿液量与运动量无关，主要受所排泄溶质多少的影响。O'Connor（1975）报道，犬以 10 km/h 的速度运动 1 h，6 只犬中有 0～5 只在短暂的休息间歇会饮水。除了没有饮水那只犬以外，其他犬在这次训练中饮水量为 4～13 mL/kg BW，而且一直没有发生脱水。若在训练期间没有提供饮水，训练后立刻供水，犬会马上饮水；但是若在运动后 5 min 之后再供水，犬脱水超过 0.5%～1%时才会主动饮水（O'Connor，1972）。因此，运动会引发犬对水的需求，休息时则不会。

Young 等（1960，1962）检测了体重在 8～12 kg 经过训练的年轻成年比格犬在休息时和运动时的水摄入量和体重减轻情况，这些犬训练时在相对湿度为 50%，温度为 18～21℃的环境中以最大能力的 50%（以 6 km/h 的速度在坡度 16%～21%的斜面上运动）奔跑 40 min。犬在休息期消耗（670 ± 97）kcal 能量时，饮水量为（547 ± 90）mL（约 0.8 mL/kcal）。即使运动中可以自由饮水，犬也会发生脱水。短跑时犬每 1 kcal 能量消耗 0.5 mL 水，长跑时每 1 kcal 能量消耗 1 mL 水。随着奔跑距离的延长单位能量支出的体重下降量减少。短跑时尿液的排泄量[（70 ± 30）mL/300 kcal]小于长跑时的[（150 ± 104）mL/300 kcal]。Young 等（1959a，1960）报道，在 3 个独立的试验中，分别给中等程度训练的犬提供 0.94 L（0.56 mL/kcal）、1.5 L（0.7 mL/kcal）和 1.8 L（约 1 mL/kcal）的水，最大工作能力分别提高了 70%（由 980 提高到 1 696 kcal）、80%（由 1 191 提高到 2 141 kcal）和 100%（由1 000 提高到2 000 kcal）。

若不允许自由饮水，犬体重正常时水分会丢失（1.16±0.98）mL/kcal ME，体重增加 20%后，水分丢失会增加到（1.84 ± 0.74）mL/kcal ME（Young，1960）。因此，肥胖的犬对水的需求量增加了 50%。Young（1959）也报道，禁食 4 天后，饭后 24 h，水分丢失由（1.28±0.34）减少到（0.94±0.34）mL/kcal。因禁食体重减轻的犬对水的需求量减少了 25%。进行消耗性训练时允许饮水，每餐消耗 2 332 kcal，饭后饮水量为（1.6±0.5）L（0.65 mL/kcal ME），但体重仍会减轻（7±2）%；禁食 5 d 后，每餐消耗 4 056 kcal，饭后饮水量为（3.5±0.6）L（0.87 mL/kcal ME），体重仍会减轻（12±0.1）%。这些结果表明，防止体重减轻，禁食前犬需要水分 1 mL/kcal ME，禁食后则需要 1.1 mL/kcal ME。这几个试验中只有一个描述了饲喂日粮的成分，其中含有蛋白质 24%、碳水化合物 49%和脂肪 7%（大概为饲喂量的百分比）。

Taylor 等（1958）报道，南极雪橇犬吃雪，因为它们很少有机会饮水。环境温度为－45℃时，犬每天约消耗 1 kg 雪和约 2 500 kcal ME 食物中所含的 20 g 水（如犬约消耗 0.4 mL/kcal ME）。Hinchcliff 等（1998）发现，完成国际雪橇犬耐久赛（Iditarod Trail Race）的犬，体重平均减轻 5%，未完成比赛的犬，体重平均减轻 9%。Hinchcliff 等（1997c）报道，当环境温度低于 0℃很多时，雪橇犬水更新率从休息时的（1.1±0.6）L/d[约 111 mL/(kg $BW^{0.75}$ · d)]可增加到在运动时的（5.0±3.6）L/d[约 430 mL/(kg $BW^{0.75}$ · d)]。Hinchcliff 等（1997b）报道，雪橇犬在上述条件下，休息时消耗的能量约为 263 kcal ME/(kg $BW^{0.75}$ · d)，奔跑时消耗的能量约为 1 082 kcal ME/(kg $BW^{0.75}$ · d)。因此，休息

时水更新率(包括代谢水)约为 0.42 mL/kcal ME,奔跑时约为 0.40 mL/kcal ME。这些犬消耗的是高蛋白日粮,含有 31%ME 蛋白质、54%ME 脂肪和 15%ME 碳水化合物(Hinchcliff 等,1997b)。

比赛中灰猎犬损失水分很少,但赛前一般会被困在圈中并禁水长达 6 h。Blythe 和 Hansen(1986)报道,1986 年 8 月份在俄勒冈州,犬在赛前体重下降最高能达到 6%。赛前,大部分犬(>50%)体重减少<1%,36%的犬体重减少 1%~2.4%,仅 5%的犬体重减少超过 2.4%。母犬和参加后期比赛的犬体重减轻比公犬和参加前期比赛的犬多 2.4%BW。体重减轻超过 2.4%的犬在前 5 场比赛中表现较好,在这些体重减轻超过 2.4%的犬中,公犬在最后 7 场比赛中比母犬表现得好。McKeever 等(1985)报道,在相对湿度为 16%,温度为 20℃的环境中,未经训练的灰猎犬以 13 km/h 的速度在坡度 4%的斜面上(65%最大工作能力)每天运动 30 min,持续 14 d,水的摄入量增加了 34%,由 1 L/d[约 80 mL/(kg $BW^{0.75}$ · d)]增加到 1.3 L/d[约 108 mL/(kg $BW^{0.75}$ · d)]。因为摄入的食物没有发生变化,所以饮水量增加不是由于尿液中的溶质增加导致的。水摄入量的增加与血浆容积升高 27%和血容量升高 21%有关。

简而言之,静息时、比赛中和比赛后都应让犬自由饮水,以减少发生体温过高的风险。事实上,当犬在比赛中体重减少 0.5%时,就应给犬补充水分。训练时,水的需求量随能量消耗的增加平行增加,但在温暖环境中需求量可翻倍。在寒冷环境中,静息状态下或运动时,约消耗 0.4 L/1 000 kcal ME。环境温度为 20℃,笼养的犬平均需要 0.6~1.2 L/1 000 kcal ME,并受食物中食盐含量的影响;运动时犬平均需要 0.6~1.2 L/1 000 kcal ME,但过度肥胖的犬需要 1.8 L/1 000 kcal ME。应给犬提供平均值 2 倍以上的水,因为个别犬对水的需求量是平均值的 2 倍。

11.11.9 钠、钾和氯

据报道,进行长距离雪橇犬比赛时,阿拉斯加雪橇犬易发轻度低血钠症,但无临床症状(Hinchcliff 等,1997a,c)。我们应谨慎地对待血液中电解质的轻微变化,因为这些变化并不能完全反应总体液电解质的损失。造成低血钠症的原因可能有血液稀释、酸碱平衡改变、样本采集距比赛的时间和体内总钠的绝对减少等。

在阿拉斯加雪橇犬 480 km 比赛前后,Hinchcliff 等(1997a)通过血清钠浓度乘以总体液(估计为体重的 0.66 倍)的方法评估计算可交换的阳离子含量。比赛期间,平均血钠浓度降低了 2%(由 148 降低到 145 mmol/L),但总体重减少了 2.5%(0.6kg)。因此,阳离子总含量降低了 5%,单位体重的可交换阳离子含量减少了 2%。单位体重的体液量没有变,但犬体重减轻了 0.6 kg。所以,这里存在着体液的绝对损失。钠的摄入量未见报道。

Hinchcliff 等(1998)发现,与完成国际雪橇犬比赛的犬相比,更多未完成比赛的犬血清钠浓度要比正常范围低,前者血清钠浓度低于正常范围的 58%,后者 71%。不过这 2 组犬平均血钠浓度仅低于参考值范围下限 2 mmol/L。与完成比赛的犬相比,未完成比赛的犬体重减轻更多(前者体重减轻 5%,后者 9%)。食物中钠的含量未见报道。

钾浓度的微小变化也没有充分反映出细胞内钾浓度的变化和对钾的需求量是否增加。Gannon(1980)指出,赛事频繁的灰猎犬比赛后乳酸性酸中毒加快钾从尿液中的排泄,引起细胞内钾离子缺乏和运动性横纹肌溶解症。Knochel 等(1985)发现,训练会降低血浆钾离子浓度,减缓运动后血浆钾离子浓度的升高,但是会增加细胞内钾离子的含量,增强骨骼肌肌纤维膜钠钾 ATP 酶活性。Fomin(1930)也发现,经额外增加负重锻炼腿部肌肉时,腿部肌肉中钾的含量高出 10%~17%。

肾脏电解质排泄速率的改变会导致重大后果。Hinchcliff 等(1997c)报道,尽管肾脏还起到保钠作用,犬在 480 km 的比赛中,平均血钠浓度仍降低了 6%(从 149 降低到 140 mmol/L),血浆醛固酮浓度和肾素活性增加了 2 倍,同时精氨酸加压素的浓度减少了 50%,心房利钠肽的浓度稍微改变。尿液中钠、钾、氯以及钠和氯的排泄分数减少了 50%~80%。作者指出,与尿素排泄有关的溶质性利尿导致尿液中钠的丢失增加。因为比赛中犬消耗了 960 g 蛋白质(29% ME),所以尿素排泄自然会增加。比赛中犬约消耗 300 mg/kg BW,这大大超出了惯于久坐犬的每日正常需求量,但是日粮中单位代谢能的钠含量很低(71 mg/1 000 kcal ME)。

McKeever 等(1985)报道,灰猎犬在跑步机上进行 14 d 中等强度的训练(速度 13 km/h,坡度 4%,每天训练 20 min),训练结束时血浆容积增加了 27%、水的摄入量增加了 34%、尿液排出量增加了 21%。训练时血浆中钠浓度未改变,钾浓度轻度升高(0.8 mmol/L),但是血浆钠和血浆钾的总量分别增加了 1.5 g(24%)和 0.15 g(48%)。训练后每天尿液中排泄钠的总量增加了 1 倍,从(1.6±0.7) 增加到(3.0±1.1) g,但是钾的排泄量[(2.5±1.0) g]没有变化,因为钠的清除率增加了 90%,钾的清除率减少了 12%。若体重为 30 kg 的灰猎犬消耗 155 kcal/(kg $BW^{0.75}$ · d),则表示尿液中钠的丢失量由(0.8±0.3)增加到(1.5±0.5) g/1 000 kcal,钾在尿中的丢失量仍保持在(1.3±0.5) g/1 000 kcal ME。犬自始至终食用同一种食物,所以这些变化不是溶质的摄入量改变所致。训练的犬需要额外添加钠 0.7 g/1 000 kcal ME,但是不需要添加额外的钾。目前仍在讨论关于钠在尿液中排泄量的增加和需求量的增加在头 2 周训练后是不是仍会维持下去。

Young 等(1962)分别测量了受过训练的成年比格犬在饭后 17 h 的休息状态下和 3 h 的有氧运动(约 50%$V_{O_2 max}$)后,尿液中钠和钾的排泄量。运动时犬尿液中钾的平均排泄速率是休息时的 3 倍,但是钠的排泄速率没有变化。不过,运动期间单位能量消耗的钠钾排泄量减少了。因此,静息状态下,尿液中钾的排泄量为(0.9±0.8) g/1 000 kcal ME,运动时为(0.3±0.3) g/1 000 kcal ME;静息时,尿液中钠的排泄量为(1.3±1.4) g/1 000 kcal ME,运动时为(0.2±0.2) g/1 000 kcal ME。

然而,如果运动期间犬得不到水分补充,尿液中钠的排泄量变化明显。Ramsay 和 Thrasher(1991)报道,当不提供水分补充时犬尿液不会浓缩,但是会发生保护性尿钠排泄[(124±9) mg/(kg BW · d)],减缓因脱水而导致的血浆渗透压升高,这样一来,犬又不得不持续排泄水分。一旦获得水源时,犬快速饮水,不到 5 min 就可以补充缺乏的水分,继而开始潴留钠以恢复钠的平衡。比赛时脱水会加剧钠从尿液中丢失,但不是增加了食物中钠的含量就能补充因脱水导致的尿钠排泄。

水分也会从口腔和呼吸道上皮蒸发丢失。Young(1960)报道,运动时犬约有 30%的水分因流涎而丢失,流失的唾液(pH 8.8)中含有氮 217 mg/L、钠 1.3 g/L、钾 0.3 g/L、镁 24 mg/L、钙 92 mg/L 和磷 18 mg/L。假设运动时消耗水分约 1 mL/kcal,那么在 MER 之上的每多消耗 1 kcal 能量就需要在食物中额外添加 70 mg 氮或 0.4 g 粗蛋白质、0.4 mg 钠、0.1 mg 钾、8 μg 镁、31 μg 钙和 6 μg 磷。与犬平均的营养需求下限相比,这些量还是很少的。Young 的实验在室温约为 20℃时完成,当室温更高时随唾液丢失的电解质会更多。

Blatt 等(1972)在杂种犬的每个鼻孔里插上 2 cm 的导管,采集由大的浆液性鼻腺分泌的液体。20℃时分泌量很少,30、40 和 50℃时分泌量分别增加到 2.6、4.6 和 9.6 g/h。分泌液内含有钠 0.4~0.8 g/L 和钾 0.7~0.8 g/L,其渗透压比血浆低。唾液若经口吞咽后,其中的电解质会在小肠吸收,若流涎丢失唾液,这些电解质也会随之丢失。温度超过 20℃后,这些犬的唾液滴下的速率加快;在 40℃时,增加到 0~4 mL/(kg $BW^{0.75}$ · h);50℃时,增加到 0~9 mL/(kg $BW^{0.75}$ · h)。如果运动时所滴下的唾液成分与此相似,那么在 50℃时,犬每天因流涎而损失的唾液量会增加到 216 mL/kg $BW^{0.75}$,这样会丢失氮 47 mg/kg $BW^{0.75}$、钠 0.3 g/kg $BW^{0.75}$、钾 0.1 g/kg $BW^{0.75}$、镁 5 mg/kg $BW^{0.75}$、钙 20 mg/kg $BW^{0.75}$和磷 4 mg/kg $BW^{0.75}$。除了钠,其他物质的丢失与正常需要量比起来还是很少的,并且在温暖的环境中犬不需要补充电解质。然而,当环境温度为 40℃时,犬平均需要钠 1 g/1 000 kcal ME,温度为 50℃时,需要的钠是其 2 倍。当晚上环境温度降低,生活在室外的犬对钠的需求量少于这个量的 1/2。

很少研究报道饲喂给经常运动犬的食物中钠和电解质的含量。Orr(1966)报道,在南极拴养的雪橇犬被饲喂海豹肉,其中含有 0.2~0.4 g/1 000 kcal ME 钠和氯、0.04~4 g/1 000 kcal ME 钾,这些含量还根据肉中是否含有脂肪稍有变化。环境温度为-8℃时,犬负载重物长距离训练数周,当消耗的日粮中含有 0.9 g/1 000kcal ME 钠和 1.0~1.2 g/1 000 kcal ME 钾和氯,犬可以保持体重。这些犬每天约消耗 0.24 g/kg $BW^{0.75}$钠和 0.3 g/kg $BW^{0.75}$钾和氯。Hammel 等(1977)和 Kronfeld 等(1977)给犬饲喂含有 1.5~1.6 g/1 000 kcal ME 钠和 1.9~2.7 g/1 000 kcal ME 钾的日粮,并测定雪橇犬血清电解质的变化。这些犬每天约消耗 0.3~0.7 g/kg $BW^{0.75}$钠和 0.4~1.2 g/kg $BW^{0.75}$钾和氯。这些犬在 40 min 内跑完 12 英里,血清钠浓度没有变化;但当犬在持续 24 周训练中奔跑 800 英里期间,血清钠浓度升高 10%。训练结束后血清钠浓度开始降低。Querengaesser 等(1994)报道,日粮中含有钠 0.4 g/1 000 kcal ME 和钾 0.6 g/1 000 kcal ME,雪橇犬进行 9 km 的测试后或 24 周的训练(总计超过 802 km)后以及在-4~6℃的环境中进行速跑比赛(总计超过 414 m)后,血清钠和钾的浓度以及体重没有变化。Hill 等(2000,2001b)报道,当日粮中含有钠

1.3～1.6 g/1 000 kcal ME 和钾 1.2～1.4 g/1 000 kcal ME,灰猎犬每周运动 2 次,每次 500 m,血清钠、钾和体重没有变化。这些犬每天约消耗钠和钾 0.2 g/kg $BW^{0.75}$。总之,这些研究建议,当犬运动量超过平均水平时,需要摄入 1 g/1 000 kcal ME 的钠、钾和氯,以保证充足。

关于钠、钾和氯的安全上限,Ladd 和 Raisz(1949)报道,14～17 kg 惯于久坐的杂种犬,每天排泄钠4 g/kg BW,持续 6 d,没有钠潴留的症状。相当于一只消耗 120 kcal/(kg $BW^{0.75}$ · d) 能量的犬排泄钠 8 g/(kg $BW^{0.75}$ · d)或 66 g/1 000 kcal ME,或相当于寒冷环境中进行长距离比赛的雪橇犬,消耗 8 g/1 000 kcal ME。然而,现在不推荐使用高钠日粮,因为排泄过多的钠需要增加尿液中的水分,会增加脱水的风险。高钠日粮还会影响机体对其他矿物质的需求(见第 7 章)。

11.11.10 体液中所含的电解质

Holloway 等(1996)报道,与口服乳酸林格溶液相比,500 m 赛前给灰猎犬口服碳酸氢钠(400 mg/kg BW)会使动脉 pH、钠和碳酸氢根离子的浓度升高,降低氯离子的浓度,但是不会影响乳酸浓度和比赛成绩。Mazin 等(2001)报道,在 8 h 的训练期间,给搜救犬含有 9%蛋白质、65%葡萄糖、14%钠和 2%钾的电解质混合物,血清钠浓度下降,但主观评价并未影响体能表现。Young 等(1960)报道,训练中给犬自由饮用含有 1.6 g/L 钾、0.9 g/L 磷、0.5 g/L 钠、0.2 g/L 镁、0.2 g/L 铜和 0.2 g/L 铁的矿物质混合物会导致腹泻。

Ramsay 和 Thrasher(1991)报道,犬脱水时无法识别液体的特性以补充损失。犬脱水时会饮用水、盐水、甘露醇、牛奶和汤的量均差不多。水可以将机体渗透压恢复正常,并完全可以满足它们的渴感,但是犬会继续饮用其他溶液,即使这些溶液不会将血浆渗透压恢复正常。因此,目前看来,当犬训练时或处于高温环境时,在维持水合状态方面,电解质溶液不比水有任何益处和优势。

11.11.11 钙、磷和镁

人们通常会把肉饲喂给雪橇犬和灰猎犬,但这并不是一种营养均衡的食物。肉中所含的钙不充足会导致甲状旁腺功能亢进、骨骼矿化不良和犬骨折风险增加等问题(Morris 等,1971)。跗骨、腕骨、掌骨和跖骨的骨折常见于灰猎犬。在赛犬腕骨和掌骨处,闪烁扫描法可以显示出多处有明显的骨重建现象,但 X 线检查结果就缺乏损伤表现(Bloomberg 和 Dugger,1996;Zuber 等,1996)。骨密度也会影响雪橇赛犬骨折的发生率(Stoliker 等,1976)。然而过量钙质补充可能增加成长期大型犬患分离性骨关节炎(OCD)的风险(Hazewinkel 等,1985)。这种风险也存在于运动犬中,Slater 等(1992)报道,每天和其他犬玩 1 次以上的犬患 OCD 的风险增加,并指出在剧烈运动中软骨的损伤会促发 OCD。吸收食物中多量的钙质会增加犬患 OCD 的风险。OCD 犬的钙吸收中值是 3.6 g/1 000 kcal ME,对照犬为 3.1 g/1 000 kcal ME。研究表明,饲喂特制日粮的犬患 OCD 的风险较低。但试验中对照组和患病组的犬,不同体重饲喂的也不同,因此试验结果也应该受到这个不相关因素的影响。

运动犬比惯坐犬的骨骼与体重质量比大 10%(Arokoski 等,1993),但没有研究比较运动犬和惯坐犬的钙需求。食用高脂食物可能会轻微减少钙的吸收量,但影响较小。惯坐犬的每单位代谢能的钙需求量不会因此增加多少。所以运动犬每单位代谢能的钙需求量便更少了,并且与高于犬舍中犬的 MER 之上的额外能量需求量成比例。

很少有研究报道过运动犬一餐中钙、磷或镁元素的含量。Orr(1966)报道,南极拴养的雪橇犬食用的海豹肉中含钙 0.03 g/1 000 kcal ME,含磷 0.2～1.8 g/1 000 kcal ME,含镁 0.03～0.2 g/1 000 kcal ME,不过这些含量还取决于肉质是肥肉还是瘦肉(脂肪中钙磷比远少于 1∶1)。当这些犬在长距离拖拉重物时,饲喂的日粮中含钙为 2.1～4.3 g/1 000 kcal ME,含磷为 1.6～2.1 g/1 000 kcal ME,含镁为 0.13～0.16 g/1 000 kcal ME(见表 11-3)。则犬每日会消耗钙 0.6～1.2 g/kg $BW^{0.75}$、磷 0.4～0.6 g/kg $BW^{0.75}$ 和镁 0.03～0.04 g/kg $BW^{0.75}$。

Hammel 等(1977)和 Kronfeld 等(1977)测定了饲喂含钙 3.0～4.3 g/1 000 kcal ME、磷 2.3～3.0 g/1 000 kcal ME 和镁 0.15～0.49 g/1 000 kcal ME 日粮的雪橇犬的血清电解质变化。犬每日可能会消耗钙 0.7～1.9 g/kg $BW^{0.75}$、磷 0.5～1.3 g/kg $BW^{0.75}$ 和镁 0.03～0.21 g/kg $BW^{0.75}$。不到 40 min 内奔跑 12 km 后,犬的血清钙、磷、镁值立即下降。在 24 周的训练中跑了 800 英里的犬,血清钙先下降然后上升。但饲喂不同日粮,犬血清钙浓度的差异与不同日粮中的钙含量不成比例。训练犬饲喂含磷较少但没有碳水化合物和较多脂肪、蛋白质的食物后,血清磷浓度下降;但饲喂更多磷、碳水化合物和较少蛋白质、脂肪的食物后，血清磷浓度增加。饲喂含较低磷的犬在训练末期血清磷浓度增加。这说明雪橇犬的日粮应包含磷 3 g/1 000 kcal ME。在训练期间血清镁增加并在末期下降，并且食物中镁越多，血清镁浓度越高。

Querengaesser 等(1994)报道，雪橇犬 9 km 测试跑后或训练 24 周(日粮含钙 2.6 g/1 000 kcal ME、磷 1.4 g/1 000 kcal ME 和镁 0.07～0.11 g/1 000 kcal ME)后，血清钙、磷、镁浓度没有变化。Hill 等(2000，2001b)报道，灰猎犬 1 周赛跑 500 m 超过 2 次，日粮包含钙 2.3～3.0 g/1 000 kcal ME、磷 2.0～2.5 g/1 000 kcal ME 和含镁 0.2～0.3 g/1 000 kcal ME，在这期间血清钙、磷、镁浓度没有变化。这些犬每日大概消耗钠和钾 0.2 g/kg $BW^{0.75}$。比起饲喂含较少碳水化合物和较多脂肪、蛋白质的日粮，饲喂的日粮中含较多碳水化合物和较少脂肪、蛋白质时，运动后血清磷浓度下降更多(Hill 等，2000)。但更高碳水化合物饮食引起磷下降 0.1 g/1 000 kcal ME(从 2.1 下降到 2.0 g/1 000 kcal ME)。然而，灰猎犬的日粮中若含较多碳水化合物的话，磷需要量可能要超过 2.0 g/1 000 kcal ME。

11.11.12 微量矿物质元素

关于运动犬对微量元素需求的报道甚少。Orr(1966)曾报道，饲喂南极地区家养雪橇犬含铁 0.02 g/1 000 kcal ME 的海豹肉，并且当这些犬几周内长距离负重工作时，消耗含铁 0.01 g/1 000 kcal ME 的食物。犬每天几乎可以消耗铁 27 μg/kg $BW^{0.75}$。Querengaesser 等(1994)报道，在训练 24 周期间及之后饲喂雪橇犬含有铁 15 mg/1 000 kcal ME、铜 1.8 mg/1 000 kcal ME、锌 14～15 mg/1 000 kcal ME、锰 0.8 mg/1 000 kcal ME 和碘 0.04 mg/1 000 kcal ME 的食物。Hill 等(2000，2001b)报道，每周赛跑 2 次，赛程超过 500 m，持续 16～22 周的灰猎犬，日粮中含有铁 72～91 mg/1 000 kcal ME、铜 1.9～5.7 mg/1 000 kcal ME、锌 16～48 mg/1 000 kcal ME、锰 4～11 mg/1 000 kcal ME、碘 0.3～0.4 mg/1 000 kcal ME 以及硒 0.1 mg/1 000 kcal ME。

11.11.13 维生素

很少有研究测定运动犬的维生素需求。硫胺素(维生素 B_1)和其他维生素的需求可能会随能量摄入的增加而增加。因此，雪橇赛犬与活动较少的雪橇犬相比，单位体重需要更多的维生素。对于人类来讲，吡哆醇(维生素 B_6)的需求量随蛋白质的摄入量和运动的增加而增加(Miller 等，1985；Manore 等，1987；Manore 和 Leklem，1988；Hansen 等，1996)。因此，饲喂高蛋白质的雪橇犬，其吡哆醇的最小需求量可能要高于久坐不运动的犬。但是目前关于雪橇犬的研究中都没有说明日粮中吡哆醇的浓度。

Taylor 等人(1958)报道，20 世纪中叶，南极雪橇犬在进行长途跋涉中，雄性雪橇犬平均体重 41 kg，雌性雪橇犬平均体重 34 kg。每日饲喂 0.45 kg(1 磅)的食物给每只犬。其中含有 0.4 mg 硫胺素、1.5 mg 核黄素(维生素 B_2)、17.8 mg 烟酸(维生素 B_3)和小于 3 mg 的抗坏血酸，但不含维生素 A。这些作者报道了当雪橇犬食入这些食物时，硫胺素和核黄素在尿中的代谢产物含量减少，而重亚硫酸盐结合物增多。但当肌内注射 100 mg 硫胺素后，尿中重亚硫酸盐结合物含量就减少了。这些研究者改进了日粮配方，其中含更多脂肪和较少蛋白质，每 0.45 kg(2 400 kcal ME)的这种日粮含 1 000 IU 维生素 A、600 IU 维生素 D、1.2 mg 硫胺素、3 mg 核黄素、9 mg 烟酸、2 mg 泛酸钙以及 0.4 mg 吡哆醇。相当于每 1 000 kcal ME 含有大约 125 RE(视黄醇当量)的维生素 A、6 μg 维生素 D、0.5 mg 硫胺素、1.2 mg 核黄素、3.7 mg 烟酸以及 0.8 mg 泛酸钙。Wyatt(1963)报道，犬对新食品的主观偏好更大，但其主要原因可能还是日粮成分的改变，而不是维生素组成的改变。Querengaesser 等人(1994)曾饲喂雪橇犬每 1 000 kcal ME 含有 4 700 RE 维生素 A 和 0.4 μg 维生素 D 的日粮，但是实验犬的健康状况和血液生化指标在训练的 24 周内没有明显改变。

Arnrich 等(1956)报道，可卡犬幼犬食入缺乏核黄素或泛酸的日粮后，在 25℃水温中游泳 25 min 后导致低血糖昏迷。给犬饲喂一种含 18% ME 的蛋白质和 61% ME 的碳水化合物，0.46 mg/1 000 kcal ME 的核黄素和 14 mg/1 000 kcal ME 的泛酸钙的均衡纯化食品后，运动后血糖立即增加了 34 mg/dL，不到 1 h 后又比正常值降低了6 mg/dL，2 h 后血糖水平恢复正常。对于缺乏核黄素的犬，运动后血糖浓度立即骤增(超过正常水平73 mg/dL)，之后减少到正常值以下 14 mg/dL。对于泛酸和核黄素同时缺乏的犬，血糖浓度降低至正常值以下 19 mg/dL。在这 2 种情况下运动后 1～2 h 内血糖都低于正常水平。血糖浓度为 14～44 mg/dL 的一些犬，最终会虚脱、死亡。当饲喂均衡日粮后，这些犬的正常生长仍可得到恢复。但血糖对运动的反应，在3周内不会恢复正常。

在这些“均衡”日粮中，每种维生素的含量或少于或稍多于推荐的维持量（第8章）。因此目前为止，仍没有必要为运动的犬提高单位能量摄入的维生素最小推荐量。

1. 肌酸

肌酸以磷酸肌酸的形式在肌肉细胞中作为能量的缓存物质，调节着ATP的浓度。在肌肉收缩时，当ATP消耗殆尽，肌酸激酶水解磷酸肌酸生成肌酸，高能磷酸盐将ADP转化成ATP。通常，随后肌酸迅速重新磷酸化形成磷酸肌酸，但是部分肌酸会继续脱水形成肌酐，并随尿排出。Snow等人（1987）报道，训练中的灰猎赛犬在400 m速跑比赛中，10%的磷酸肌酸水解成肌酸。

如果磷酸肌酸在剧烈运动中耗尽，一个高能磷酸盐将一个ADP分子转化成另一个ADP分子和ATP，同时也会产生一个一磷酸腺苷（AMP）。这个AMP随后又被黄嘌呤氧化酶分解成氨、次黄嘌呤和尿酸，同时产生活性氧（ROS）（Sahlin等，1991）。通过阻止ADP生成AMP，磷酸肌酸可以限制ROS的生成。

因为肌酸可以在肾脏和肝脏中由甘氨酸、精氨酸和S-腺苷甲硫氨酸合成，所以目前认为肌酸不是哺乳动物的一种必需营养物质。不过，肌酸可以口服吸收，口服补充的肌酸可以增加含有较低肌酸浓度的静息肌肉的肌酸浓度，而对含有较高肌酸浓度的静息肌肉的肌酸浓度没有影响（Balsom等，1994）。补充肌酸也会改善人们从事短程、重复性、高强度训练的成绩和恢复能力（Balsom等，1994）。

对于犬，Benedict和Osterberg（1923）指出，口服肌酸可以被吸收并从尿中排出。口服的前几天内肌酸滞留在体内，但是随后会以肌酸和肌酐的形式出现在尿中。补充肌酸的这些犬有体重增加的现象。人类补充肌酸也会导致体重增加（Balsom等，1994）。Harris和Lowe（1995）及Lowe等人（1996）报道，犬在口服补充合成肌酸3 mmol/kg BW或食入含有2 g肌酸的生肉至少4 h后，血浆肌酸浓度显著增加。加热会使肌酸变成肌酐，所以宠物犬猫若食用加热过的商业食品，则仅仅能够摄入很少的肌酸。Harris等人（1997）指出，没有经过烹饪的鸡肉、牛肉和兔肉每千克湿重净含30 mmol肌酸；公牛心脏和肝脏每千克湿重分别净含肌酸22和2 mmol；肉干含肌酸90～100 mmol/kg DM。但是加热过的罐装商业宠物食品和宠物干粮以及一些肉干制品中肌酸含量小于4 mmol/kg DM。Lowe等（1998）报道，之前若饲喂含有少于0.2 mmol/kg肌酸的商业犬粮，即使每日口服补充3 mmol/kg BW肌酸4周，笼养比格犬肌肉中的平均总肌酸浓度没有增加。随着时间的推移，初始低的肌酸浓度开始增加。但是这个试验中没有设计未补充肌酸的对照组。Scott等（1999）发现，每日补充2.5 g肌酸并且持续6周的犬与未补充肌酸的对照组犬相比较，肌酸补给对总肌肉肌酸浓度和灰猎赛犬的奔跑速度没有影响作用。然而，Clark等（1988）曾报道，若之前对犬的肌肉进行反复电刺激，犬肌肉收缩时的磷酸肌酸减少量就比正常的要少。因此，最近没有证据证明补充肌酸对训练犬有益。与训练后的益处相比，这种益处显得微乎其微。

2. 肌酸激酶

肌酸激酶催化肌酸和磷酸肌酸之间的相互转换。这种酶在正常情况下可以渗入到血清中。渗入率和血清活性的升高均与肌肉损伤成比例，高血清活性可能与运动性横纹肌溶解症有关（Aktas等，1993）。对于受过训练的灰猎赛犬，在一个赛季中，平均血清肌酸激酶活性不受反复赛跑的影响。但是在速跑700 m后，不管犬跑了多远，平均活性立即升高到原来的2倍（大约200 U/L），在700 m赛跑3 h后，大约升高到400 U/L（Lassen等，1986；Snow等，1988；Ilkiw等，1989；Nold等，1991；Bjotvedt等，1993；Hill等，2000、2001b）。拉布拉多猎犬在10 min高强度往返训练跑后，以及雪橇犬在奔跑9 km后，血清肌酸激酶活性均立即呈现相似或稍少的升高（Ready和Morgan，1984；Querrengaesser等，1994；Matwichuk等，1999）。经过1 h中等强度的运动，不强健的犬比强健犬的血清肌酸激酶活性升高得多（Sneddon等，1989）；某些灰猎犬在比赛后，血清肌酸激酶活性能够升高到1 000 U/L以上（Lassen等，1986；Hill等，2000）。

Hinchcliff等（1993）报道，大多数雪橇赛犬在Yukon Quest国际雪橇犬比赛1 h的角逐中，平均血清肌酸激酶活性为400 U/L或者更少，但个别犬升高到了3 000 U/L。研究者们未获得完成与未完成比赛的犬在血清肌酸激酶活性方面存在着差异的证据（Hinchcliff等，1996）。而Piercy等（2001b）报道，退出国际雪橇犬耐久赛（Iditarod Trail Race）的犬，血清肌酸激酶活性的中值和最高值均非常高（分别是5 100和440 000 U/L）。Hinchcliff等（1998）也曾报道，在国际雪橇犬耐久赛中未完成比赛的犬血清肌酸激酶活性的平均值和最高值非常高(分别是 2 000 和 57 000 U/L),而完成比赛的犬分别是 640 和 3 000 U/L。前 80 km 中退出的犬,其血清肌酸激酶活性(高至 57 000 U/L)比最后 1 000 km 退出犬的酶活性(3 400 U/L)高。这些结果表明,进行高强度运动的犬,其血清肌酸激酶活性可能高达 3 400 U/L 并且仍属正常,但更高的酶活性就提示可能存在着异常的肌肉损伤过程。

3.抗氧化剂、运动和训练

体内的抗氧化剂和抗氧化酶系统可以阻止正常代谢产生的自由基和 ROS 对蛋白质、脂肪和核酸的破坏。诸如异前列烷、硫代巴比妥酸反应物(TBARS)、脂质过氧化氢物(LPO)和 7,8-二氢-8-氧-2′-脱氧鸟苷,是一些可以在血液中或尿液中检测到的氧化产物。在运动过程中,ROS 和氧化产物逐渐增加,血液中抗氧化剂浓度逐渐减少。Hinchcliff 等(2000)报道,雪橇犬拉空雪橇在雪地上每日行进58 km,3 d 后血浆异前列烷浓度升高了 6 倍,维生素 E 浓度下降了 25%,平均血清肌酸激酶活性也中度升高(10 倍左右,大约 1 000 U/L),并且与异前列烷浓度的增加相关。Hill 等(1999a)报道,训练过的灰猎犬在 500 m 赛跑后,血液中 TBARS 浓度增加了 30%,总抗氧化剂浓度减少了 10%。抗氧化剂浓度的减少和氧化产物浓度的增加意味着运动增加了氧化应激。然而,仍需研究的是氧化应激是否引起运动犬的任何病理过程,还有增加补充抗氧化剂,如维生素 E 或抗坏血酸,是否可以阻止运动所产生的任何氧化损伤。

训练也会对 ROS 的产生和犬的抗氧化防御系统产生影响。Marin 等(1993)报道,比格犬以坡度 26%、时速 7 km/h、奔跑 40 km,总血浆谷胱甘肽浓度减少了 20%,但氧化态谷胱甘肽浓度没有改变。这些研究者发现经过 30 周的训练(坡度 26%,64 km/d),总谷胱甘肽浓度增加了,但是肺、腓肠肌或血浆中氧化态谷胱甘肽浓度没有变化。这个训练使比格犬腿部肌肉中的谷胱甘肽合成酶活性增加了 1~2 倍,但躯干肌和肝中的酶活性未受影响。Fink(2001)报道,在坡度 5%、速度 15 km/h 的状态运动时,没有经过训练的犬 ROS 增加了 80%,但受过训练的犬没有发生变化。给未受训练的犬注入丙酮酸则可以阻止 ROS 生成量的增加。这些研究表明额外补充抗氧化剂的好处对于未受过训练的犬更加明显。

4.运动犬的维生素 E 和抗氧化剂"鸡尾酒"式添加

维生素 E 作为一种抗氧化剂,是犬的必需营养物质。惯坐犬饲喂缺乏维生素 E 的日粮会导致肌肉、神经元和睾丸退化、肠脂褐质沉积症、生殖障碍和红细胞脆性增加(Anderson 等,1939;Brinkhous 和 Warner,1941;Elvehjem 等,1944;Kaspar 和 Lombard,1963;Hayes 等,1970 a,b)。猎犬饲喂含有肉和脂肪但缺乏维生素 E 的食物会导致后视网膜开始退化,但饲喂含有维生素 E 的商品犬粮就不会出现这种情况(Davidson 等,1998)。Hayes 等(1970b)报道,正常犬的血浆生育酚浓度超过 5.5 mg/L,而在缺乏维生素 E 的犬中平均血浆生育酚浓度是 2.7 mg/L。

Snow 和 Frigg(1990)报道,正常情况下,训练过的灰猎赛犬平均血浆生育酚浓度是 10 mg/L。Scott 等(2001)报道,饲喂缺乏维生素 E 的日粮后,灰猎犬在一个 500 m 赛跑中平均血浆生育酚浓度从 12 下降到 7 mg/L,但这些犬没有表现出缺乏维生素 E 的症状。持续 1 周每日补充 0.5 g(680 IU)*D*-α-醋酸生育酚后,静息时浓度增至 27 mg/L,在赛跑过程中也没有下降。Hill 等(2001a)也报道,训练过的灰猎赛犬持续 8 周每日补充 100 或 1 000 IU α-醋酸生育酚后,血浆生育酚浓度显著增加。但每日补充 1 000 IU α-醋酸生育酚的犬比对照组犬奔跑速度慢。实验灰猎犬的体重为 25~30 kg,说明灰猎赛犬每日补充维生素 E 的量应少于 30 IU/kg BW,并且每日补充 3.5 IU/kg BW 不会产生什么明显影响。

Piercy 等(2000)报道,对于训练过的雪橇赛犬(平均体重 23 kg BW),持续 3 周每日补充 457 IUα-醋酸生育酚(复合 706 mg 抗坏血酸和 5.1 mg α-胡萝卜素)后,平均静息血浆生育酚浓度较高,达到 75 mg/L,未补充的对照组浓度为 44 mg/L。这些补充复合维生素在犬运动后(拉空雪橇 3 周每日行进 77 km,速度 17 km/h)浓度轻微下降。犬运动后平均血清肌酸激酶活性升高超过 1 000 IU/L,而且这种酶的升高并不会因抗氧化剂的补充而被减弱。因此,在这个研究中,抗氧化剂不能阻止任何运动引起的肌肉损伤。Baskin 等(2000)也报道,接受过训练的雪橇犬补充(平均 21 kg BW)400 IU α-醋酸生育酚(复合 3 mg β-胡萝卜素和 20 mg 叶黄素)1 个月后,平均血浆生育酚浓度从 17 增加到 30 mg/L,并且血浆叶黄素和 β-胡萝卜素的浓度都有所增加。然而,在这个试验中,这些犬的氧化产物——7,8-二氢-8-氧-2′-脱氧鸟苷的血浆浓度减少了大约 20%,而未补充复合维生素的犬在运动 3 d 后(每日拉轻雪橇 64~75 km,速度 19 km/h)其浓度增加了 10%。补充不会影响其他氧化产物(脂质过氧化氢物浓度)或体外脂蛋白的氧化速率。由于没有关于基础日粮中抗氧化剂成分和含量的报道,所以不能说明这些犬每天摄入的抗氧化剂总量。不过,这些研究没有报道添加后的负面作用,因此,对于雪橇赛犬,连续4周每日补充维生素E 20 IU/kg BW、抗坏血酸30 IU/kg BW、β-胡萝卜素200 μg/kg BW和1 mg/kg BW叶黄素,可以作为安全上限的标准。

Piercy等(2001a)报道,雪橇犬在国际雪橇犬耐久赛中要奔跑1 865 km,如果赛前犬的血浆维生素E浓度大于41 mg/L,它们完成比赛的可能性比浓度低于这个值的犬大1倍。团队速度与赛前维生素E浓度无关。而Piercy(2001b)报道,未完成比赛的犬,退出时血浆肌酸激酶活性超过10 000 IU/L(可能有运动性横纹肌溶解症),和浓度少于10 000 IU/L的相比,赛前血浆维生素E浓度没有什么差异。未完成比赛,肌酸激酶浓度超过10 000 IU/L的犬总抗氧化剂浓度较低,但比较低肌酸激酶浓度的犬在比赛开始时有更高的总抗氧化剂浓度。

目前没有证据证明给运动犬额外补充维生素E或其他上述提及的(用于惯坐犬的)抗氧化剂复合物对阻止运动造成的氧化损伤是必要的。然而,日粮中补充足量的维生素E是必需的。雪橇犬和灰猎犬经常食用肉和鱼,并且雪橇犬常常食用高脂食物。如果肉储存时间很长,脂肪可能会被氧化。鱼肉也含有多不饱和脂肪。Hayes等(1970a)指出,增加多不饱和脂肪的摄入量会加剧惯坐犬维生素E缺乏状态的恶化。随着脂肪摄入量的增加,肌酸激酶活性成比例升高,但血红蛋白浓度和血细胞比容成比例下降。Wander等(1997)发现,喂给久坐老年比格犬的日粮中如果含有相对于n-6脂肪酸更多的n-3脂肪酸,血浆生育酚浓度会下降20%,血液和尿液TBARS浓度却升高了。因此,计算运动犬日粮中维生素E总量时,应考虑到食物中所含脂肪的种类和比例。

5.维生素C

活动少的犬猫正常情况能够合成足量的维生素C。曾有报道称,未补充维生素C的惯坐犬(Zannoni等,1974;Crilly等,1976;Robinson等,1979;Schwartz,1980;Lee等,1986;Kronfeld等,1989)血浆抗坏血酸浓度高达19 mg/L。Taylor等(1958)报道,雪橇犬食用海豹肉每日从尿中排泄100 mg抗坏血酸,但每日摄入抗坏血酸要少于10 mg,甚至有明显口腔溃疡的犬,每日排泄量也多于50 mg。这些研究者推断雪橇犬每日至少能合成50 mg抗坏血酸,且不需要额外的摄入补充。

不过,犬猫肝脏中维生素C的合成量要少于其他动物(Chatterjee等,1975)。Kronfeld和Donoghue(1988)指出,应激或强度训练可能使维生素C需求超过肝脏的合成能力。Butson(1973)报道,长期食入储存冻肉导致的坏血病症状可以通过饲喂新鲜的肉消除,但不能证明这些犬缺乏维生素C。Donoghue等(1993)报道,受过训练的犬,在赛季来临前未补充维生素C时,平均血浆浓度是5.3 mg/L,而每日补充维生素C 0.5 g的犬,平均血浆浓度增加30%(6.9 mg/L)。赛季末主要比赛后的一天,这些未补充的犬维生素C平均浓度下降到2.5 mg/L,每日补充1 g维生素C的犬浓度为3.7 mg/L。4周内这些犬没有再经历什么运动,之后那些未补充的犬,平均血浆浓度增加到6.6 mg/L,每日补充维生素C 1 g的犬增加到9.6 mg/L。这里报道的低血浆维生素C浓度,补充后浓度又升高的现象不能说明补充前处于维生素C缺乏状态。作为对比,Piercy等(2000)报道,未补充雪橇犬的平均血浆维生素C浓度是19.1 mg/L,每日补充维生素C(复合维生素E和β-胡萝卜素)706 mg的犬血浆浓度是21 mg/L,但后者在耐力运动后维生素C浓度增加了25%。这里没有报道日粮的基础维生素C含量。

Snow和Frigg(1990)报道,训练过的灰猎犬赛犬平均血浆抗坏血酸浓度是5.3 mg/L。Scott等(2002)报道,训练过的灰猎赛犬当每日日粮中抗坏血酸的量很少时(0.1 mg/kg BW),血浆维生素C浓度只有1.8~2.8 mg/L。口服1 g维生素C后,血浆浓度加倍,但在6 h内恢复到正常值。Schwartz(1980)报道,每日日粮中额外补充1 g维生素C后,血浆维生素C浓度从10.5增加到15.4 mg/L,并且可以增加患有外科手术诱发关节炎的比格犬平均软骨重量。然而,高剂量的维生素C也可能是有害的,Marshall等(2002)发现,训练过的灰猎赛犬赛前或赛后补充4周高剂量维生素C(每日1 g)后,在500 m赛跑中平均赛跑速度下降0.3 km/h。虽然差异很小,但这个差异也相当于在到达终点时领先3 m。对于人类,也有报道说高剂量维生素C可以作为强氧化剂产生不良的效果(Podmore等,1998;Childs等,2001)。因此目前,不推荐正常动物补充维生素C。

11.11.14 其他营养物质

一些食品添加剂,包括二甲基甘氨酸、维生素B_{15}、*L*-肉毒碱、肌苷、辅酶Q、蜂花粉、二甲基砜、咖啡因、酒精和醋,被认为可以提高赛犬的成绩(Williams,1992)。迄今为止,没有对照研究证明这些添加物质对犬猫有益。Gannon 和 Kendall(1982)报道二甲基甘氨酸、二氯醋酸二异丙氨酸可以提高灰猎犬的赛跑速度。维生素 B_{15} 是不能确定的混合物,它包括二甲基甘氨酸酯和葡萄糖酸,也可能包括二氯醋酸二异丙氨酸(Herbert,1988)。Gannon 和 Kendall 认为二氯乙酸发挥主要作用,产生有益效果。二氯乙酸是一种强效药,它可以活化丙酮酸脱氢酶并减少乳酸中毒(Merrill 等,1980)。二氯乙酸的合适剂量还未确定,有关报道指出它对犬的神经系统、肝脏、睾丸、肺和胰腺都有毒性作用(Cicmanec 等,1991)。

参考文献

Adams, T. 1963. Mechanisms of cold acclimatization in the cat. J. Appl. Physiol. 18:778-780.

Adams, T., M. L. Morgan, W. S. Hunter, and K. R. Holmes. 1970. Temperature regulation of the unanesthetized cat during mild cold and severe heat stress. J. Appl. Physiol. 29:852-858.

Adkins, T. O., and D. S. Kronfeld. 1982. Diet of racing sled dogs affects erythrocyte depression by stress. Can. Vet. J. 23:260-263.

Adkins, T. O., and J. C. Morris. 1975. The Iditarod: Sled Dogs and DVMs. Mod. Vet. Prac. 56:456-461.

Adolph, E. F. 1939. Measurements of water drinking in dogs. Am. J. Physiol. 125:75-86.

Adolph, E. F. 1947. Tolerance to heat and dehydration in several species of mammals. Am. J. Physiol. 151:564-575.

Adolph, E. F. 1951. Responses to hypothermia in several species of infant mammals. Am. J. Physiol. 166:75-91.

Aktas, M., D. Auguste, H. P. Lefebvre, P. L. Toutain, J. P. Braun, and U. Inra. 1993. Creatine kinase in the dog: A review. Vet. Res. Commun. 17:353-369.

Altom, E. K. 1999. Effect of dietary fat and physical conditioning on the metabolic and physiological responses of the canine athlete. Ph.D. dissertation, Auburn University, Auburn, Ala.

American Greyhound Track Operators Association. 2001. Track Facts, Melbourne, Fla.: American Greyhound Track Operators Association.

Amtsberg, G., V. Stock, E. Treschnak, and U. Ringel. 1989. Investigations on the gut flora of ileal and colonic chyme in relation to diet and oral antibiosis. Fortschr. Tierphysiol. Tierernährg. 19:120-130.

Anderson, H. D., C. D. Elvehjem, and J. E. Gonce. 1939. Vitamin E deficiency in dogs. Proc. Soc. Exp. Biol. Med. 42:750-755.

Anderson, R. J., and G. Lusk. 1917. Animal calorimetry. The interrelationship between diet and body condition and the energy production during mechanical work. J. Biol. Chem. 32:421-445.

Armstrong, R. B., C. W. Saubert, H. J. Seeherman, and C. R. Taylor. 1982. Distribution of fiber types in locomotory muscles. Am. J. Anat. 163: 87-98.

Arnrich, L., L. S. Hurley, B. R. Forker, and A. F. Morgan. 1956. Response to stress by riboflavin-deficient and pantothenic acid-deficient dogs. Am. J. Physiol. 184:515-520.

Arokoski, J., P. V. Miettinen, A. M. Saamanen, K. Haapanen, M. Parviainen, M. Tammi, and H. J. Helminen. 1993. Effects of aerobic long distance running training (up to 40 km·day^{-1}) of 1-year duration on blood and endocrine parameters of female Beagle dogs. Eur. J. Appl. Physiol. Occup. Physiol. 67(4):321-329.

Ashwell, M., D. Stirling, S. Freeman, and B. R. Holloway. 1987. Immunological, histological and biochemical assessment of brown adipose tissue activity in neonatal, control and b-stimulant-treated adult dogs. Int. J. Obes. 11:357-365.

Bahr, R., and O. M.Sejersted. 1991. Effect of intensity of exercise on excess postexercise O_2 consumption. Metabolism 40:836-841.

Bailey, J. S., L. C. Blankenship, and N. A. Cox. 1991. Effect of fructooligosaccharide on *Salmonella* colonization of the chicken intestine. Poult. Sci. 70(12):2433-2438.

Bailie, M. D., S. Robinson, H. H. Rostorfer, and J. L. Newton. 1961. Effects of exercise on the heart output of the dog. J. Appl. Physiol. 16:107-111.

Baker, M. A. 1984. Cardiovascular and respiratory responses to heat in dehydrated dogs. Am. J. Physiol. 246:R369-R374.

Baker, M. A., P. A. Doris, and M. J. Hawkins. 1983. Effect of dehydration and hyperosmolality on thermoregulatory water losses in exercising dogs. Am. J. Physiol. 244:R516-R521.

Ballevre, O., G. Anantharaman-Barr, P. Gicquello, C. Piguet-Welsh, A. L. Thielen, and E. Fern. 1994. Use of the doubly labelled water method to assess energy expenditure in free living cats and dogs. J. Nutr. 124:2594S-2600S.

Balsom, P. D., K. Soderlund, and B. Ekblom. 1994. Creatine in humans with special reference to creatine supplementation. Sports Med. 18(4):268-280.

Baskin, C. R., K. W. Hinchcliff, R. A. DiSilvestro, G. A. Reinhart, M. G. Hayek, B. P. Chew, J. R. Burr, and R. A. Swenson. 2000. Effects of dietary antioxidant supplementation on oxidative damage and resistance to oxidative damage during prolonged exercise in sled dogs. Am. J. Vet. Res. 61:886-891.

Beck, A. M. 1973. The Ecology of Stray Dogs: A Study of Free-Ranging Urban Animals. Baltimore, Md.:York Press.

Benedict, S. R., and E. Osterberg. 1923. Studies in creatine and creatinine metabolism. V. The metabolism of creatine. J. Biol. Chem. 56:229-252.

Berman, M., and I. Dunbar. 1983. The social behavior of free-ranging suburban dogs. Appl. Anim. Ethol. 10:5-17.

Besch, E. L., and J. E.Woods. 1977. Heat dissipation biorhythms of laboratory animals. Lab. Anim. Sci. 27:54-59.

Biourge, V. 1995. Quantity and quality of the fibers in the diet of sled dogs. Pp. 51-55 in Proceedings of the Second Annual Sled Dog Veterinary Medical Association Symposium, D. Grandjean and J. Vanek, eds. Reims, France: Reims Champagne Congres.

Bjotvedt, G., C. W. Weems, and K. Foley. 1993. Strenuous exercise may cause health hazards for racing Greyhounds. Vet. Med. Sm. Anim. Clin. 79:1481-1487.

Blatt, C. M., C. R. Taylor, and M. B. Habal. 1972. Thermal panting in dogs: The lateral nasal gland, a source of water for evaporative cooling. Science 177:804-805.

Blatteis, C. M., and L. O. Lutherer. 1973. Cold-induced thermogenesis in dogs: Its reduction by moderate hypoxia. J. Appl. Physiol. 35:608-612.

Blaxter, K. 1989. Energy Metabolism in Animals and Man. Cambridge, UK: Cambridge University Press.

Blaza, S. E. 1982. Energy requirements of dogs in cool conditions. Canine Practice 9(1):10-15.

Bloomberg, M. S., and W. W. Dugger. 1996. Racing injuries of Greyhounds: Racetrack injury survey. Pp. 28-35 in Proceedings of the Twelfth Annual International Sports Medicine Symposium, M. S. Bloomberg and D. Lewis, eds. Center for Sports Medicine, College of Veterinary Medicine, University of Florida, Gainesville, Fla.

Blythe, L. L., and D. E. Hansen. 1986. Factors affecting pre-race dehydration and performance of racing Greyhounds. J. Am. Vet. Med. Assoc. 189:1572-1574.

Bontuimpo, V., and L. Brioschi. 1999. Alimentazione del cane da slitta. Fabbisogni energetici. Obiettivi e Documenti Veterinari 20:18S-25S.

Bove, A. A., P. B. Hultgren, T. F. Ritzer, and R. A. Carey. 1979. Myocardial blood flow and hemodynamic responses to exercise training in dogs. J. Appl. Physiol. 46:571-578.

Brinkhous, K. M., and E. D. Warner. 1941. Muscular dystrophy in biliary fistula dogs: Possible relationship to vitamin E deficiency. Am. J. Pathol. 17:81-86.

Broun, G. O. 1922. Blood destruction during exercise. I. Blood changes occurring in the course of a single day of exercise. J. Exp. Med. 36: 481-500.

Broun, G. O. 1923a. Blood destruction during exercise. II. Demonstration of blood destruction in animals exercised after prolonged confinement. J. Exp. Med. 37:113-130.

Broun, G. O. 1923b. Blood destruction during exercise. III. Exercise as a bone marrow stimulus. J. Exp. Med. 37:187-206.

Broun, G. O. 1923c. Blood destruction during exercise. IV. The development of an equilibrium between blood destruction and regeneration after a period of training. J. Exp. Med. 37:207-220.

Brouns, F., W. H. M. Saris, and F. Ten Hoor. 1986. Nutrition as a factor in the prevention of injuries in recreational and competitive downhill skiing. J. Sports Med. 26:85-90.

Brzezinska, Z., H. Kaciuba-Uscilko, and K. Nazar. 1980. Physiological responses to prolonged physical exercise in dogs. Arch. Int. Physiol. Biochim. 88:285-291.

Budohoski, L., S. Kozlowski, R. L. Terjung, H. Kaciuba-Uscilko, K. Nazar, and I. Falecka-Wieczorek. 1982. Changes in the lipoprotein lipase activity during exercise in dogs fed on a mixed fat-rich meal. Pflugers Arch. 394:191-193.

Burger, I. H. 1994. Energy needs of companion animals: Matching food intakes to requirements throughout the life cycle. J. Nutr. 124:2584S-2593S.

Butson, A. R. 1973. Scurvy in the Antarctic. Lancet 1(808):892.

Butterwick, R. F., and A. J. Hawthorne. 1998. Advances in dietary management of obesity in dogs and cats. J. Nutr. 128:2771S-2775S.

Campbell, I. T., and J. Donaldson. 1981. Energy requirements of Antarctic sledge dogs. Br. J. Nutr. 45:95-98.

Cerretelli, P., J. Piiper, F. Mangili, and B. Ricci. 1964. Aerobic and anaerobic metabolism in exercising dogs. J. Appl. Physiol. 19:25-28.

Cerretelli, P., P. E. Di Prampero, and J. Piiper. 1969. Energy balance of anaerobic work in the dog gastrocnemius muscle. Am. J. Physiol. 217:581-585.

Chatterjee, I. B., A. K. Majumder, B. K. Nandi, and N. Subramanian. 1975. Synthesis and some major functions of vitamin C in animals. Ann. NY Acad. Sci. 258:24-47.

Childs, A., C. Jacobs, T. Kaminski, B. Halliwell, and C. Leeuwenburgh. 2001. Supplementation with vitamin C and *N*-acetyl-cysteine increases oxidative stress in humans after an acute muscle injury induced by eccentric exercise. Free Radic. Biol. Med. 31:745-753.

Cicmanec, J. L., L. W. Condie, G. R. Olson, and S. R. Wang. 1991. 90 day toxicity study of dichloroacetate in dogs. Fundam. Appl. Toxicol. 17(2):376-389.

Cizek, L. J. 1959. Long-term observations on relationship between food and water ingestion in the dog. Am. J. Physiol. 197:342-346.

Clark, B. J., M. A. Acker, K. McCully, H. V. Subramanian, R. L. Hammond, S. Salmons, B. Chance, and L. W. Stephenson. 1988. In-vivo ^{31}P-NMR spectroscopy of chronically stimulated canine skeletal muscle. Am. J. Physiol. 254:C258-C266.

Cohen, Y., C. T. Robbins, and B. B. Davitt. 1978. Oxygen utilization by elk calves during horizontal and vertical locomotion compared to other species. Comp. Biochem. Physiol. A 61:43-48.

Coker, R. H., M. G. Krishna, D. B. Lacy, D. P. Bracy, and D. H. Wasserman. 1997. Role of hepatic alpha- and beta-adrenergic receptor stimulation on hepatic glucose production during heavy exercise. Am. J. Physiol. 273:E831-E838.

Connor, M., M. A. Labato, and D. P. Laflamme. 2001. Variation in maintenance energy requirements of pet dogs. Compend. Cont. Education, 23:84S.

Constable, P. D., K. W. Hinchcliff, J. Farris, and K. E. Schmidt. 1996. Factors associated with finishing status for dogs competing in a long-distance sled race. J. Am. Vet. Med. Assoc. 208:879-882.

Coppinger, L. 1977. The world of sled dogs: From Siberia to sport racing, 1st edition, New York: Howell Book House.

Cowley, A. W., M. M. Skelton, D. C. Merrill, A. W. Quillen, and S. J. Switzer. 1983. Influence of daily sodium intake on vasopressin secretion and drinking in dogs. Am. J. Physiol. 245:R860-R872.

Crighton, G. W., and R. Pownall. 1974. The homeothermic status of the neonatal dog. Nature 251:143-145.

Crilly, J. C., D. M. Push, and D. J. Cuffe. 1976. Plasma and buffy coat vitamin C concentrations in the dog. Folia Vet. Lat. 6:289-293.

Crist, K. A., and D. R. Romsos. 1987. Evidence for cold-induced but not for diet-induced thermogenesis in adult dogs. J. Nutr. 117:1280-1286.

Croft, A. 1937. West Greenland sledge dogs. Polar Rec. 13:68-81.

Danowski, T. S., J. R. Elkington, and A. W. Winkler. 1944. The deleterious effect in dogs of a dry protein ration. J. Clin. Invest. 23:816-823.

Davenport, G. M., R. L. Kelley, E. K. Altom, and A. J. Lepine. 2001. Effect of diet on hunting performance of English pointers. Vet. Therapeutics 2:10-23.

Davidson, M. G., F. J. Geoly, B. C. Gilger, G. J. McLellan, and W. Whitley. 1998. Retinal degeneration associated with vitamin E deficiency in hunting dogs. J. Am. Vet. Med. Assoc. 213:645-651.

Davis, J. E., and N. Brewer. 1935. Effect of physical training on blood volume, hemoglobin, alkali reserve and osmotic resistance of erythrocytes. Am. J. Physiol. 113:586-591.

Davis, T. R. 1967. Contribution of skeletal muscle to nonshivering thermogenesis in the dog. Am. J. Physiol. 213:1423-1426.

Decombaz, J., M. Jambon, C. Piguet, A. Thelin, and O. Ballevre. 1995. Energy intake and expenditure of sled dogs during the Alpirod race 1995. Pp. 113-118 in Proceedings of the Second Annual Sled Dog Veterinary Medical Association Symposium, D. Grandjean and J. Vanek, eds. Reims, France: Reims Champagne Congres.

Delude, L. A. 1986. Activity patterns and behaviour of sled dogs. Appl. Anim. Behav. Sci. 15:161-168.

Depocas, F., Y. Minaire, and J. Chattonet. 1969. Rates of oxidation of lactic acid in dogs at rest and during moderate exercise. Can. J. Physiol. 47:603-610.

De Wever, I., C. Eeckhout, G. Vantrappen, and J. Hellemans. 1978. Disruptive effect of test meals on interdigestive motor complex in dogs. Am. J. Physiol. 235:E661-E665.

Dill, D. B., H. T. Edwards, and J. H. Talbott. 1932. Studies in muscular activity. VII. Factors limiting the capacity for work. Am. J. Physiol. 77:49-62.

Dill, D. B., A. V. Bock, and H. T. Edwards. 1933. Mechanisms for dissipating heat in man and dog. J. Physiol. 104:36-43.

Donald, D. D., and D. Ferguson. 1966. Response of heart rate, oxygen consumption, and arterial blood pressure to graded exercise in dogs. Proc. Soc. Exp. Biol. Med. 121:626-630.

Donoghue, S., D. S. Kronfeld, H. L. Dunlap, and H. F. Schryver. 1993. Intérêt de la supplémentation vitaminique C chez le chien de traîneau en situation de courses ou de stress. Recueil de Medecine Veterinaire 169:773-777.

Doris, P. A., and M. A. Baker. 1981. Effects of dehydration on thermoregulation in cats exposed to high ambient temperatures. J. Appl. Physiol. 51:46-54.

Downey, R. L., D. S. Kronfeld, and C. A. Banta. 1980. Diet of beagles affects stamina. J. Am. An. Hosp. Assoc. 16:273-277.

Downs, L. G., S. M. Crispin, V. LeGrande-Defretin, G. Perez-Camargo, T. McCappin, and C. H. Bolton. 1997a. The effect of dietary changes on plasma lipids and lipoproteins of six Labrador retrievers. Res. Vet. Sci. 63:175-181.

Downs, L. G., S. M. Crispin, V. LeGrande-Defretin, G. Perez-Camargo, T. McCappin, and C. H. Bolton. 1997b. The influence of lifestyle and diet on the lipoprotein profile of border collies. Res. Vet. Sci. 63: 35-42.

Durrer, J. L., and J. P. Hannon. 1962. Seasonal variations in caloric intake of dogs living in an arctic environment. Am. J. Physiol. 202(2):375-378.

Ebing, L., and A. C. Beynen. 1999. De voeding van nederlandse sledehonden in training. Tijdschr Diergeneeskd 124:698-701.

Edney, A. T., and P. M. Smith. 1986. Study of obesity in dogs visiting veterinary practices in the United Kingdom. Vet. Rec. 118:391-396.

Elvehjem, C. D., J. E. Gonce, and G. W. Newell. 1944. The effect of vitamin E on reproduction in dogs fed milk diets. J. Pediatr. 24:436-448.

English, P. B., and L. J. Filipich. 1980. Measurement of daily water intake in the dog. J. Sm. Anim. Prac. 21:189-193.

Falecka-Wieczorek, I., and H. Kaciuba-Uscilko. 1984. Metabolic and hormonal responses to prolonged physical exercise in dogs after a single fat-enriched meal. Eur. J. Appl. Physiol. 53:267-273.

Fancy, S. G., and R. G. White. 1985. Incremental cost of activity. Pp.143-160 in Bioenergetics of Wild Herbivores, R. J. Hudson, and R. G. White, eds. Boca Raton, Fla.: CRC Press.

Feldman, B. F., and P. Lessard. 1992. Hematologic and biochemical analytes in a sporting breed. Compend. Cont. Education 14:1574-1581.

Fink, B. 2001. Reactive oxygen species release during exercise is normalized by exercise training and reduced by administration of pyruvate as an antioxidant. FASEB, J. 15:A951.

Finke, M. D. 1991. Evaluation of the energy requirements of adult kennel dogs. J. Nutr. 121:S22-S28.

Fogelholm, M. 1994. Effects of bodyweight reduction on sports performance. Sports Med. 18:249-267.

Fomin, S. W. 1930. Über den Einfluß des Trainierens auf die Mineralischen Substanzen der Muskeln. Biochem. Zeitsch. 217:423-429.

Forster, R. E., and T. B. Ferguson. 1952. Relationship between hypothalamic temperature and thermoregulatory effectors in unanaesthetized cat. Am. J. Physiol. 169:255-269.

Frankel, T. L., and C. J. Bell. 1994. The practicalities of measurement and interpretation of field metabolic rate in dogs. J. Nutr. 124:2614S-2615S.

Friedländer, K., and J. Thierse. 1928. Über den Einfluß der Inaktivität auf den wachsenden Knochen. Zeitschr. gesammt Exper. Med. 59:724-764.

Galassetti, P., R. H. Coker, D. B. Lacy, A. D. Cherrington, and D. H. Wasserman. 1999a. Prior exercise increases net hepatic glucose uptake during a glucose load. Am. J. Physiol. 276:E1022-E1029.

Galassetti, P., Y. Koyama, R. H. Coker, D. B. Lacy, A. D. Cherrington, and D. H. Wasserman. 1999b. Role of a negative arterial-portal venous glucose gradient in the postexercise state. Am. J. Physiol. 277:E1038-E1045.

Gannon, J. 1987. Feeding Greyhounds to win races. Pp. 97-109 in The Racing Greyhound, Vol. 4, R. J. Clifford, ed. London, UK: World Greyhound Racing Federation.

Gannon, J. R. 1980. Exertional rhabdomyolysis (myoglobinuria) in the racing Greyhound. Pp. 783-787 in Current Veterinary Therapy: Small Animal Practice, R. W. Kirk, ed. Philadelphia: W. B. Saunders.

Gannon, J. R., and R. V. Kendall. 1982. A clinical evaluation of *N,N*-dimethylglycine (DMG) and diisopropylammonium dichloroacetate (DIPA) on the performance of racing Greyhounds. Canine Practice 9(6):7-13.

Gautier, H., M. Bonora, and J. E. Remmers. 1989. Effects of hypoxia on metabolic rate of conscious adult cats during cold exposure. J. Appl. Physiol. 67:32-38.

Giaja, J. 1938. L'influence du froid sur l'organisme. Nutrition 8:147-160

Gibaldi, M., and D. Perrier. 2001. Pharmacokinetics, 2nd edition, New York: Marcel Dekker.

Grandjean, D., and B. M. Paragon. 1992. Nutrition of racing and working dogs. Part I. Energy metabolism of dogs. Compend. Cont. Education 14(12):1608-1615.

Grandjean, D., and B. M. Paragon. 1993a. Nutrition of racing and working dogs. Part II. Determination of energy requirements and the nutritional impact of stress. Compend. Cont. Education 15(1):45-76.

Grandjean, D., and B. M. Paragon. 1993b. Nutrition of racing and working dogs. Part III. Dehydration, mineral and vitamin adaptations, and practical feeding guidelines. Compend. Cont. Education 15(2):203-211.

Greanleaf, J. E., S. Kozlowski, K. Nazar, H. Kaciuba-Uscilko, and Z. Brzezinska. 1974. Temperature responses of exercising dogs to infusion of electrolytes. Experientia 30:769-770.

Gregersen, M. I. 1932. Studies on the regulation of water intake. II. Conditions affecting the daily water intake of dogs as registered continuously by a potometer. Am. J. Physiol. 102:344-349.

Grober, J. 1908. Über die Beziehungen zwischen Körperarbeit und der Masse des Herzens and seiner Teile. Arch. Exper. Path. Pharm. 59: 424-429.

Gunn, H. M. 1978a. Differences in the histochemical properties of skeletal muscles of different breeds of horses and dogs. J. Anat. 127:615-634.

Gunn, H. M. 1978b. The proportions of muscle, bone and fat in two different types of dog. Res. Vet. Sci. 24:277-282.

Guy, P. S., and D. H. Snow. 1981. Skeletal muscle fiber composition in the dog and its relationship to athletic ability. Res. Vet. Sci. 31:244-248.

Hadwen, S. 1937. The Canadian sledge dogs of the eastern and western Arctic. Polar Rec. 13:59-68.

Haidet, G. C. 1989. Dynamic exercise in senescent Beagles: Oxygen consumption and hemodynamic responses. Am. J. Physiol. 257:H1428-H1437.

Halseth, A. E., P. J. Flakoll, E. K. Reed, A. B. Messina, M. G. Krishna, D. B. Lacy, P. E. Williams, and D. H. Wasserman. 1997. Effect of physical activity and fasting on gut and liver proteolysis in the dog. Am. J. Physiol. 273:E1073-E1082.

Hamilton, K. S., F. K. Gibbons, D. P. Bracy, D. B. Lacy, A. D. Cherrington, and D. H. Wasserman. 1996. Effect of prior exercise on the partitioning of an intestinal glucose load between splanchnic bed and skeletal muscle. J. Clin. Invest. 98:125-135.

Hammel, E. P., D. S. Kronfeld, V. K. Ganjam, and H. L. Dunlap. 1977. Metabolic responses to exhaustive exercise in racing sled dogs fed diets containing medium, low, or zero carbohydrate. Am. J. Clin. Nutr. 30:409-418.

Hammel, H. T., C. H. Wyndham, and J. D. Hardy. 1958. Heat production and heat loss in the dog at 8-36°C environmental temperature. Am. J. Physiol. 194(1):99-108.

Hansen, C. M., J. E. Leklem, and L. T. Miller. 1996. Vitamin B-6 status of women with a constant intake of vitamin B-6 changes with three levels of dietary protein. J. Nutr. 126:1891-1901.

Hanssen, H. 1937. Sledge Dogs on Amundsen's South Polar Journey. Polar Rec. 13:57-59.

Harris, R. C., and J. A. Lowe. 1995. Absorption of creatine from meat or other dietary sources by the dog. Vet. Rec. 137:595.

Harris, R. C., J. A. Lowe, K. Warnes, and C. E. Orme. 1997. The concentration of creatine in meat, offal and commercial dog food. Res. Vet. Sci. 62:58-62.

Hawk, P. B., B. L. Oser, and W. H. Summerson. 1954. Practical Physiological Chemistry, 13th edition. New York: Blackiston Company.

Hayes, K. C., S. W. Nielsen, and J. E. Rousseau. 1970a. Vitamin E deficiency and fat stress in the dog. J. Nutr. 99:196-209.

Hayes, K. C., J. E. Rousseau, and D. M. Hegsted. 1970b. Plasma tocopherol concentrations and vitamin E deficiency in dogs. J. Am. Vet. Med. Assoc. 157:64-71.

Hazewinkel, H. A. W., S. A. Goedegeburre, P. W. Poulos, and W. T. Wolvekamp. 1985. Influences of chronic calcium excess on the skeletal development of growing Great Danes. J. Am. An. Hosp. Assoc. 21: 377-391.

Head, E., H. Callahan, B. J. Cummings, C. W. Cottman, W. W. Buehl, B. A. Muggenburg, and N. W. Milgram. 1997. Open field activity and human interaction as a function of age and breed in dogs. Physiol. Behav. 62:963-971.

Hemingway, A. and D. Stuart. 1962. Non-shivering metabolism of cold acclimated cats. Fed. Proc. 21:220.

Hemingway, A., W. M. Price, and D. Stuart. 1964. The calorigenic action of catecholamines in warm acclimated and cold acclimated non-shivering cats. Int. J. Neuropharmacol. 3:495-503.

Herbert, V. D. 1988. Pseudovitamins. Pp. 471-477 in Modern Nutrition in Health and Disease, M. E. Shils and V. R. Young, eds. Philadelphia: Lea & Febiger.

Hetts, S., J. D. Clark, J. P. Calpin, C. E. Arnold, and J. M. Mateo. 1992. Influence of housing conditions on Beagle behaviour. Appl. Anim. Behav. Sci. 34:137-155.

Hill, R. C. 1998. The nutritional requirements of exercising dogs. J. Nutr. 128:2686S-2690S.

Hill, R. C., D. Armstrong, R. W. Browne, D. D. Lewis, K. C. Scott, D. A. Sundstrom, and J. Harper. 1999a. Some evidence for possible oxidative stress in trained Greyhounds after a short sprint race. Fed. Proc. Program Addendum:LB49.

Hill, R. C., D. D. Lewis, K. C. Scott, S. C. Randell, D. B. Sundstrom, J. E. Speakman, and R. F. Butterwick. 1999b. Mild food restriction increases the speed of racing Greyhounds. J. Vet. Int. Med. 13:281.

Hill, R. C., M. S. Bloomberg, V. Legrand-Defretin, I. H. Burger, S. M. Hillock, D. A. Sundstrom, and G. L. Jones. 2000. Maintenance energy requirements and the effect of diet on performance in racing Greyhounds. Am. J. Vet. Res. 61:1566-1573.

Hill, R. C., D. Armstrong, R. W. Browne, D. D. Lewis, K. C. Scott, D. A. Sundstrom, and J. Harper. 2001a. Chronic administration of high doses of vitamin E appears to slow racing greyhounds. FASEB J. 15:A990.

Hill, R. C., D. D. Lewis, K. C. Scott, M. Omori, M. Jackson, D. A. Sundstrom, G. L. Jones, J. E. Speakman, C. A. Doyle, and R. F. Butterwick. 2001b. The effect of increased protein and decreased carbohydrate in the diet on performance and body composition in racing Greyhounds. Am. J. Vet. Res. 62:440-447.

Hinchcliff, K. W. 1996. Performance failure in Alaskan sled dogs: Biochemical correlates. Res. Vet. Sci. 61:271-272.

Hinchcliff, K. W., and G. A. Reinhart. 1996. Energy metabolism, and water turnover in Alaskan sled dogs during running. Pp. 199-206 in Recent Advances in Canine and Feline Nutritional Research: Proceedings of the 1996 Iams International Nutrition Symposium, D. P. Carey, S. A. Norton, and S. M. Bolser, eds. Wilmington, Ohio: Orange Frazer Press.

Hinchcliff, K. W., J. Olson, C. Crusberg, J. Kenyon, R. Long, W. Royle, W. Weber, and J. Burr. 1993. Serum biochemical changes in dogs competing in a long-distance sled race. J. Am. Vet. Med. Assoc. 202:401-405.

Hinchcliff, K. W., G. A. Reinhart, J. R. Burr, C. J. Schreier, and R. A. Swenson. 1997a. Effect of racing on serum sodium and potassium concentrations and acid-base status of Alaskan sled dogs. J. Am. Vet. Med. Assoc. 210:1615-1618.

Hinchcliff, K. W., G. A. Reinhart, J. R. Burr, C. J. Schreier, and R. A. Swenson. 1997b. Metabolizable energy intake and sustained energy expenditure of Alaskan sled dogs during heavy exertion in the cold. Am. J. Vet. Res. 58:1457-1462.

Hinchcliff, K. W., G. A. Reinhart, J. R. Burr, and R. A. Swenson. 1997c. Exercise-associated hyponatremia in Alaskan sled dogs: Urinary and hormonal responses. J. Appl. Physiol. 83:824-829.

Hinchcliff, K. W., L. C. Shaw, N. S. Vukich, and K. E. Schmidt. 1998. Effect of distance traveled and speed of racing on body weight and serum enzyme activity of sled dogs competing in a long-distance race. J. Am. Vet. Med. Assoc. 213:639-644.

Hinchcliff, K. W., G. A. Reinhart, R. DiSilvestro, A. Reynolds, A. Blostein-Fujii, and R. A. Swenson. 2000. Oxidant stress in sled dogs subjected to repetitive endurance exercise. Am. J. Vet. Res. 61:512-517.

Hite, M., H. M. Hanson, N. R. Bohidar, P. A. Conti, and P. A. Mattis. 1977. Effect of cage size on patterns of activity and health of Beagle dogs. Lab. An. Sci. 27:60-64.

Hoenig, M., and D. C. Ferguson. 2002. Effects of neutering on hormonal concentrations and energy requirements in male and female cats. Am. J. Vet. Res. 63:634-639.

Hoesslin, H. V. 1888. Ueber die Ursache der scheinbaren Abhängigkeit des Umsatzes von der Grösse der Körperoberfläche. Arch. Physiol. 11:323-379.

Holloway, B. R., D. Stribling, S. Freeman, and L. Jamieson. 1985. The thermogenic role of adipose tissue in the dog. Int. J. Obes. 9:423-432.

Holloway, S. A., D. Sundstrom, and D. F. Senior. 1996. Effect of acute induced metabolic alkalosis on the acid/base responses to sprint exercise of six racing Greyhounds. Res. Vet. Sci. 61:245-251.

Hopkins, S. G., T. A. Schubert, and B. L. Hart. 1976. Castration of adult male dogs: Effects on roaming, aggression, urine marking, and mounting. J. Am. Vet. Med. Assoc. 168:1108-1110.

Horstman, D. H., M. Gleser, D. Wolfe, T. Tryon, and J. Delehunt. 1974. Effects of hemoglobin reduction on $\dot{V}o_2max$ and related hemodynamics in exercising dogs. J. Appl. Physiol. 37:97-102.

Horswill, C. A., R. C. Hickner, J. R. Scott, D. L. Costill, and D. Gould. 1990. Weight loss, dietary carbohydrate modifications, and high intensity physical performance. Med. Sci. Sports Exerc. 22: 470-476.

Houpt, K. A. 1998. Domestic animal behavior for veterinarians and animal scientists, 3rd edition, Ames: Iowa State University Press.

Hubrecht, R. C., J. A. Seppel, and T. B. Poole. 1992. Correlates of pen size and housing conditions on the behaviour of kennelled dogs. Appl. Anim. Behav. Sci. 34:365-383.

Hultman, E., R. C. Harris, and L. L. Spriet. 1994. Work and exercise. Pp. 663-685 in Modern Nutrition in Health and Disease, M. E. Shils, J. A. Olson, and M. Shike, eds. Philadelphia: Lea & Febiger.

Hume, D. M., and R. H. Egdahl. 1959. Effect of hypothermia and of cold exposure on adrenal cortical and medullary secretion. Ann. NY Acad. Sci. 80:435-444.

Ilkiw, J. E., P. E. Davis, and D. B. Church. 1989. Hematalogic, biochemical, blood-gas, and acid-base values in Greyhounds before and after exercise. Am. J. Vet. Res. 50(4):583-586.

Issekutz, B. 1979. Energy mobilization in exercising dogs. Diabetes 28:139S-144S.

Issekutz, B. 1980. The role of hypoinsulinemia in exercise metabolism. Diabetes 29:629-635.

Issekutz, B., H. I. Miller, P. Paul, and K. Rodhal. 1964. Aerobic work capacity and plasma FFA turnover. J. Appl. Physiol. 20:293-296.

Jacobson, F. H., and R. D. Squires. 1970. Thermoregulatory responses of the cat to preoptic and environmental temperature. Pp. 581-596 in Physiological and Behavioral Temperature Regulation, J. D. Hardy, A. P. Gagge, and J. A. J. Stolwijk, eds. Springfield, Ill.: C. C. Thomas.

Jansky, L., R. Bartunkova, J. Kockova, J. Mejsnar, and E. Zeisberger. 1969. Interspecies differences in cold adaptation and nonshivering thermogenesis. Fed. Proc. 28:1053-1058.

Jensen, C., and H. E. Ederstrom. 1955. Development of temperature regulation in the dog. Am. J. Physiol. 183:340-344.

Kaspar, L. V., and L. S. Lombard. 1963. Nutritional myodegeneration in a litter of beagles. J. Am. Vet. Med. Assoc. 143:284-288.

Kealy, R. D., S. E .Olsson, K. L. Monti, D. F. Lawler, D. N. Biery, R. W. Helms, G. Lust, and G. K. Smith. 1992. Effects of limited food consumption on the incidence of hip dysplasia in growing dogs. J. Am. Vet. Med. Assoc. 201:857-863.

Kealy, R. D., D. F. Lawler, J. M. Ballam, G. Lust, D. N. Biery, G. K. Smith, and S. L. Mantz. 2000. Evaluation of the effect of limited food consumption on radiographic evidence of osteoarthritis in dogs. J. Am. Vet. Med. Assoc. 217:1678-1680.

Kealy, R. D., D. F. Lawler, J. M. Ballam, S. L. Mantz, D. N. Biery, E. H. Greeley, G. Lust, M. Segre, G. K. Smith, and H. D. Stowe. 2002. Effects of diet restriction on life span and age-related changes in dogs. J. Am. Vet. Med. Assoc. 220:1315-1320.

Kenney, M. J., A. Flatt, R. W. Summers, C. K. Brown, and C. V. Gisolfi. 1988. Changes in jejunal myoelectrical activity during exercise in fed untrained dogs. Am. J. Physiol. 254:G741-G747.

Kleiber, M. 1932. Body size and metabolism. Hilgardia 6:315-353.

Kleitman, N. 1927. The effect of starvation on the daily consumption of water by the dog. Am. J. Physiol. 81:336-340.

Knochel, J. P., J. D. Blachley, J. H. Johnson, and N. W. Carter. 1985. Muscle cell electrical hyperpolarization and reduced exercise hyperkalemia in physically conditioned dogs. J. Clin. Investig. 75(2):740-745.

Kohlsrauch, W. 1929. Zur Kenntnis des Trainingszustandes. Arbeitsphysiol. 2:46-50.

Kohnke, J. 1989. Feeds and feeding of greyhounds. Pp. 421-466 in Greyhound Medicine and Surgery, Sydney: Post Graduate Committee in Veterinary Science, University of Sydney.

Kohnke, J. 1997. Pre-race and after racing feeding of greyhounds: Innovative new concepts. Proceedings, Australian Greyhound Veterinary Association, Brisbane, Australia.

Kondo, T., S. Naruse, T. Hayakawa, and T. Shibata. 1994. Effect of exercise on gastroduodenal functions in untrained dogs. Int. J. Sports Med. 15:186-191.

Kozlowski, S., Z. Brzezinska, B. Kruk, H. Kaciuba-Uscilko, J. E. Greenleaf, and K. Nazar. 1985. Exercise hyperthermia as a factor limiting physical performance: Temperature effect on muscle metabolism. J. Appl. Physiol. 59:766-773.

Kronfeld, D. S. 1973. Diet and the performance of racing sled dogs. J. Am. Vet. Med. Assoc. 162(6):470-473.

Kronfeld, D. S., and S. Donoghue. 1988. A role for vitamin C in work stressed dogs. Pp. 537-538 in Proceedings of the Sixth Aannual Veterinary Medical Forum of the American College of Veterinary Internal Medicine, G. Pigeon, ed. Madison, Wis.: Minipress.

Kronfeld, D. S., E. P. Hammel, C. F. Ramberg, and H. L. Dunlap. 1977. Hematological and metabolic responses to training in racing sled dogs fed diets containing medium, low, or zero carbohydrate. Am. J. Clin. Nutr. 30:419-430.

Kronfeld, D. S., T. O. Adkins, R. L. Downey, I. H. Burger, and J. P. Rivers. 1989. Nutrition, anaerobic and aerobic exercise, and stress. Pp. 133-145 in Nutrition of the Dog and Cat: Waltham Symposium 7, I. H. Burger, and J. P. W. Rivers, eds. Cambridge, UK: Cambridge University Press.

Kronfeld, D. S., P. L. Ferrante, and D. Grandjean. 1994. Optimal nutrition for athletic performance, with emphasis on fat adaptation in dogs and horses. J. Nutr. 124:2745S-2753S.

Kruk, B., H. Kaciuba-Uscilko, K. Nazar, J. E. Greenleaf, and S. Kozlowski. 1985. Hypothalamic, rectal, and muscle temperatures in exercising dogs: Effect of cooling. J. Appl. Physiol. 58:1444-1448.

Kruk, B., K. Nazar, H. Kaciuba-Uscilko, and S. Kozlowski. 1987. Enhanced glucose availability for working muscles reduces exercise hyperthermia in dogs. Eur. J. Appl. Physiol. 56:577.

Kuhn, G., and W. Hardegg. 1988. Effects of indoor and outdoor maintenance of dogs upon food intake, body weight, and different blood parameters. Z. Versuchstierkd. 31:205-214.

Külbs, F. 1912. Ueber den Einfluß der Bewegung auf den wachsenden und erwachsenen Organismus. Deutsch Med. Wochenschr. 38:1916-1920.

Külbs, F. 1929. Neuere Untersuchungen über Herz und Arbeit. Zeitschr gesammt. Exper. Med. 67:822-827.

Ladd, M., and L. C. Raisz. 1949. Response of the normal dog to dietary sodium chloride. Am. J. Physiol. 159:149-152.

Laflamme, D. 1997. Development and validation of a body condition score system for dogs. Canine Practice 22(4):10-15.

Laros, G. S., C. M. Tipton, and R. R. Cooper. 1971. Influence of physical activity on ligament insertions in the knees of dogs. J. Bone Joint Surg. 53A:275-286.

Lassen, E. D., A. M.Craig, and L. L. Blythe. 1986. Effects of racing on hematological and serum biochemical values in Greyhounds. J. Am. Vet. Med. Assoc. 188(11):1299-1303.

Lee, A. H., J. S. Spano, S. F. Swaim, J. A. McGuire, and K. S. Hughes. 1986. Evaluation of plasma and buffy coat ascorbic acid concentrations in dogs before and after a 24-hour fast. Am. J. Vet. Res. 47:2000-2003.

Lehner, P. N., C. McCluggage, D. R. Mitchell, and D. H. Neil. 1983. Selected parameters of the Fort Collins, Colorado, dog population, 1979-80. Appl. Anim. Ethol. 10:19-25.

Lowe, J. A., M. Murphy, and V. Nash. 1998. Changes in plasma and muscle creatine concentration after increases in supplementary dietary creatine in dogs. J. Nutr. 128(12):2691S-2693S.

Lozinsky, E. 1924. Heat regulation and water exchange III. The effects of "dry" and "moist" heat upon the body temperature and blood concentrations of dogs. Am. J. Physiol. 67:388-398.

Lucas, A., A. Therminarias, and M. Tanche. 1980. Maximum oxygen consumption in dogs during muscular exercise and cold exposure. Pflugers Arch. 388:83-87.

Mackintosh, I. C., I. C. Dormehl, A. L. Van Gelder, and M. Du Plessis. 1983. Blood volume, heart rate, and left ventricular ejection fraction changes in dogs before and after exercise during endurance training. Am. J. Vet. Res. 44:1960-1962.

Manore, M. M., and J. E. Leklem. 1988. Effect of carbohydrate and vitamin B6 on fuel substrates during exercise in women. Med. Sci. Sports Exerc. 20:233-241.

Manore, M. N., J. E. Leklem, and M. C. Walter. 1987. Vitamin B-6 metabolism as affected by exercise in trained and untrained women fed diets differing in carbohydrate and vitamin B-6 content. Am. J. Clin. Nutr. 46:995-1004.

Marconi, C., D. Pendergast, J. A. Krasney, D. W. Rennie, and P. Cerretelli. 1982. Dynamic and steady-state metabolic changes in running dogs. Respir. Physiol. 50:93-110.

Margaria, R., P. Cerretelli, P. Aghemo, and G. Sassi. 1963. Energy cost of running. J. Appl. Physiol. 18:367-370.

Marin, E., M. Kretzshmar, J. Arokoski, O. Hänninen, and W. Klinger. 1993. Enzymes of glutathione synthesis in dog skeletal muscles and their response to training. Acta Physiol. Scand. 147:369-373.

Marshall, R. J., K. C. Scott, R. C. Hill, D. D. Lewis, D. Sundstrom, G. L. Jones, and J. Harper. 2002. Supplemental vitamin C appears to slow racing greyhounds. J. Nutr. 132:1616S-1621S.

Matwichuk, C. L., S. Taylor, C. L. Shmon, P. H. Kass, and G. D. Shelton. 1999. Changes in rectal temperature and hematologic, biochemical, blood gas, and acid-base values in healthy Labrador retrievers before and after strenuous exercise. Am. J. Vet. Res. 60:88-92.

Maxwell, L. C., J. K. Barclay, D. E. Mohrman, and J. A. Faulkner. 1977. Physiological characteristics of skeletal muscles of dogs and cats. Am. J. Physiol. 233:C14-C18.

Maxwell, L. C., T. P. White, and J. A. Faulkner. 1980. Oxidative capacity, blood flow, and capillarity of skeletal muscles. J. Appl. Physiol. 49:627-633.

Mazin, R. M., H. H. Fordyce, and C. M. Otto. 2001. Electrolyte replacement in urban search and rescue dogs: A field study. Vet. Therap. 2:140-147.

McArdle, W. D., F. I. Katch, and V. L. Katch. 1996. Exercise Physiology. Energy, Nutrition and Human Performance, 4th edition, Baltimore, Md.: Williams & Wilkins.

McIntyre, D. G., and H. E. Ederstrom. 1958. Metabolic factors in the development of homeothermy in dogs. Am. J. Physiol. 194:293-296.

McKeever, K. H., W. A. Schurg, and V. A. Convertino. 1985. Exercise training-induced hypervolemia in greyhounds: Role of water intake and renal mechanisms. Am. J. Physiol. 248:R422-R425.

McLelland, G., G. Zwingelstein, C. R. Taylor, and J. M. Weber. 1994. Increased capacity for circulatory fatty acid transport in a highly aerobic mammal. Am. J. Physiol. 266:R1280-R1286.

McMurray, R. G., V. Ben-Ezra, W. A. Forsythe, and A. T. Smith. 1985. Responses of endurance-trained subjects to caloric deficits induced by diet or exercise. Med. Sci. Sports Exerc. 17:574-579.

Merrill, G. F., E. J. Zambraski, and S. M. Grassl. 1980. Effect of dichloroacetate on plasma lactic acid in exercising dogs. J. Appl. Physiol. 48(3):427-431.

Meyer, J. H., and J. E. Doty. 1988. GI transit and absorption of solid food: Multiple effects of guar. Am. J. Clin. Nutr. 48:267-273.

Miles, P. D., D. T. Finegood, H. L. Lickley, and M. Vranic. 1992. Regulation of glucose turnover at the onset of exercise in the dog. J. Appl. Physiol. 72:2487-2494.

Miller, H., B. Issekutz, and K. Rodahl. 1963. Effect of exercise on the metabolism of fatty acids in the dog. Am. J. Physiol. 205(1):167-172.

Miller, L. T., J. E. Leklem, and T. D. Shultz. 1985. The effect of dietary protein on the metabolism of vitamin B-6 in humans. J. Nutr. 115:1663-1672.

Minaire, Y., A. Pernod, M. J. Jomain, and M. Mottaz. 1971. Lactate turnover and oxidation in normal and adrenal-demedullated dogs during cold exposure. Can. J. Physiol. Pharmacol. 49:1063-1070.

Minaire, Y., J. C. Vincent-Falquet, A. Pernod, and J. Chatonnet. 1973. Energy supply in acute cold-exposed dogs. J. Appl. Physiol. 35: 51-57.

Minaire, Y., M. Cagnard, A. Freminet, J. Forichon, and G. Dallevet. 1982. Effect of cold ambient temperature on glucose and alanine turnover in dogs. Pflugers Arch. 395:126-131.

Minaire, Y., J. Forichon, A. Freminet, M. Cagnard, and G. Dallevet. 1983. Substrates for cold thermogenesis in thyrotoxic dogs. J. Appl. Physiol. 55:663-668.

Moates, J. M., D. B. Lacy, R. E. Goldstein, A. D. Cherrington, and D. H. Wasserman. 1988. Metabolic role of the exercise-induced increment in epinephrine in the dog. Am. J. Physiol. 255:E428-E436.

Morpurgo, B. 1897. Ueber Activitäts-Hypertrophie der willkürlichen Muskeln. Virchow's Arch.150:522-554.

Morris, M. L., S. M. Teeter, and D. R.Collins. 1971. The effects of the exclusive feeding of an all-meat dog food. J. Am. Vet. Med. Assoc. 158(4):477-488.

Mortola, J. P., and T. Matsuoka. 1993. Interaction between CO_2 production and ventilation in the hypoxic kitten. J. Appl. Physiol. 74:905-910.

Musch, T. I., G. C. Haidet, G. A. Ordway, J. C. Longhurst, and J. H. Mitchell. 1985. Dynamic exercise training in foxhounds. I. Oxygen consumption and hemodynamic responses. J. Appl. Physiol. 59:183-189.

Musch, T. I., G. C. Haidet, G. A. Ordway, J. C. Longhurst, and J. H. Mitchell. 1987. Training effects on regional blood flow response to maximal exercise in foxhounds. J. Appl. Physiol. 62:1724-1732.

Nagasarka, T., and L. D. Carlson. 1965. Responses of cold- and warm-adapted dogs to infused norepinephrine and acute body cooling. Am. J. Physiol. 209:227-230.

National Research Council (NRC). 1985. Nutrient Requirements of Dogs. Washington, D.C.: National Academy Press.

Nazar, K., J. E. Greenleaf, E. Pohoska, H. Kaciuba-Uscilko, and S. Kozlowski. 1992. Exercise, performance, core temperature, and metabolism after prolonged restricted activity and retraining in dogs. Aviat. Space Environ. Med. 63:684-688.

Nazar, K., J. E. Greenleaf, D. Philpott, E. Pohoska, K. Olszewska, and H. Kaciuba-Uscilko. 1993. Muscle mitochondrial density after exhaustive exercise in dogs: Prolonged restricted activity and retraining. Aviat. Space Environ. Med. 64:306-313.

Nold, J. L., L. J. Peterson, and M. R. Fedde. 1991. Physiological changes in the running greyhound (*Canis domesticus*): Influence of race length. Comp. Biochem. Physiol. 100A(3):623-627.

O'Connor, W. J. 1972. Drinking by dogs during and after running. J. Physiol. 226:66P.

O'Connor, W. J. 1975. Drinking by dogs during and after running. J. Physiol. 250:247-259.

O'Connor, W. J., and D. J. Potts. 1969. The external water exchanges of normal laboratory dogs. Q. J. Exp. Physiol. 54:244-269.

Okamura, K., T. Doi, K. Hamada, M. Sakurai, K. Matsumoto, K. Imaizumi, Y. Yoshioka, S. Shimizu and M. Suzuki. 1997. Effect of amino acid and glucose administration during postexercise recovery on protein kinetics in dogs. Am. J. Physiol. 272:E1023-E1030.

Ordway, G. A., D. L. Floyd, J. C. Longhurst, and J. H. Mitchell. 1984. Oxygen consumption and hemodynamic responses during graded treadmill exercise in the dog. J. Appl. Physiol. 57:601-607.

Orr, N. W.M. 1966. The feeding of sledge dogs on Antarctic expeditions. Br. J. Nutr. 20:1-12.

Panaman, R. 1981. Behaviour and ecology of free-ranging female farm cats. Z. Tierpsychol. 56:59-73.

Parsons, D., T. I. Musch, R. L. Moore, G. C. Haidet, and G. A. Ordway. 1985. Dynamic exercise training in foxhounds. II. Analysis of skeletal muscle. J. Appl. Physiol. 59:190-197.

Patil, A. R., and T. M. Bisby. 2002. Comparison of maintenance energy requirement of client-owned dogs and kennel dogs. Compend. Cont. Education 24:S81.

Paul, P., and W. L. Holmes. 1973. Free fatty acid metabolism during stress: Exercise, acute cold exposure, and anaphylactic shock. Lipids 8:142-150.

Paul, P., and W. L. Holmes. 1975. Free fatty acid and glucose metabolism during increased energy expenditure and after training. Med. Sci. Sports 7:176-183.

Pernod, A., J. C. Vincent-Falquet, M. J. Jomain, and Y. Minaire. 1972. Glucose and glycogen as fuels for thermogenesis in cold exposed dogs. Life Sci. I 11:475-482.

Piercy, R. J., K. W. Hinchcliff, R. A. DiSilvestro, G. A. Reinhart, C. R. Baskin, M. G. Hayek, J. R. Burr, and R. A. Swenson. 2000. Effect of dietary supplements containing antioxidants on attenuation of muscle damage in exercising sled dogs. Am. J. Vet. Res. 61:1438-1445.

Piercy, R. J., K. W. Hinchcliff, P. S. Morley, R. A. DiSilvestro, G. A. Reinhart, S. L.Nelson, K. E. Schmidt, and A. Morrie-Craig. 2001a. Association between vitamin E and enhanced athletic performance in sled dogs. Med. Sci. Sports Exerc. 33:826-833.

Piercy, R. J., K. W. Hinchcliff, P. S. Morley, R. A. DiSilvestro, G. A. Reinhart, S. L. J. Nelson, K. E. Schmidt, and A. M. Craig. 2001b. Vitamin E and exertional rhabdomyolysis during endurance sled dog racing. Neuromuscul. Disord. 11:278-286.

Pieschl, R. L., P. W. Toll, D. E. Leith, L. J. Peterson, and M. R. Fedde. 1992. Acid-base changes in the running greyhound: Contributing variables. J. Appl. Physiol. 73(6):2297-2304.

Piiper, J., P. Cerretelli, F. Cuttica, and F. Mangili. 1966. Energy metabolism and circulation in dogs exercising in hypoxia. J. Appl. Physiol. 21:1143-1149.

Podmore, I. D., H. R.Griffiths, K. E. Herbert, N. Mistry, P. Mistry, and J. Lunec. 1998. Vitamin C exhibits pro-oxidant properties. Nature 392:559.

Pohoska, E. 1979. The effect of prolonged restriction of physical activity on exercise performance in dogs. Acta Physiol. Pol. 30:337-350.

Poole, J. W., R. J. Sammartano, and S. J. Boley. 1987. Hemodynamic basis of the pain of chronic mesenteric ischemia. Am. J. Surg. 153:171-175.

Porter, J. A., and W. R. Canaday. 1971. Hematologic values in mongrel and greyhound dogs being screened for research use. J. Am. Vet. Med. Assoc. 159(11):1603-1606.

Procter, H. A., and C. H. Best. 1932. Changes in muscle glycogen accompanying physical training. Am. J. Physiol. 100:506-510.

Puustjärvi, K., P. Karjalainen, J. Nieminen, H. J. Helminen, S. Soimakallio, T. Kivimäki, and J. Arokoski. 1991. Effect of long term running on spinal mineral content in dogs. Calcif. Tissue Int. 49:S81-S82.

Puustjärvi, K., P. Karjalainen, J. Nieminen, J. Arokoski, M. Parviainen, H. J. Helminen, and S. Soimakallio. 1992. Endurance training associated with slightly lowered serum estradiol levels decreases mineral density of canine skeleton. J. Bone Mineral Res. 7:619-624.

Puustjärvi, K., R. Lappalainen, L. Niemitukla, I. Arnala, J. Nieminen, M. Tammi, and H. J. Helminen. 1995. Long-distance running alters bone anthropometry, elemental composition and mineral density of young dogs. Scand. J. Med. Sci. Sports 5:17-23.

Querrengaesser, A., C. Iben, and J. Liebetseder. 1994. Blood changes during training and racing in sled dogs. J. Nutr. 124:2760S-2764S.

Raab, J. L., P. Eng, and R. A. Waschler. 1976. Metabolic cost of grade running in dogs. J. Appl. Physiol 41:532-535.

Ramsay, D. J., and T. N. Thrasher. 1991. Regulation of fluid intake in dogs following water deprivation. Brain Res. Bull. 27:495-499.

Ready, A. E., and G. Morgan. 1984. The physiological response of Siberian husky dogs to exercise: Effect of interval training. Can. Vet. J. 25:86-91.

Reynolds, A. J., L. Fuhrer, H. L. Dunlap, M. D. Finke, and F. A. Kallfelz. 1994. Lipid metabolite responses to diet and training in sled dogs. J. Nutr. 124:2754S-2759S.

Reynolds, A. J., L. Fuhrer, H. L. Dunlap, M. Finke, and F. A. Kallfelz. 1995. Effect of diet and training on muscle glycogen storage and utilization in sled dogs. J. Appl. Physiol. 79:1601-1607.

Reynolds, A. J., D. P. Carey, G. A. Reinhart, R. A. Swenson, and F. A. Kallfelz. 1997. Effect of postexercise carbohydrate supplementation on muscle glycogen repletion in trained sled dogs. Am. J. Vet. Res. 58:1252-1256.

Reynolds, A. J., G. A. Reinhart, D. P. Carey, D. A. Simmerman, D. A. Frank, and F. A. Kallfelz. 1999. Effect of protein intake during training on biochemical and performance variables in sled dogs. Am. J. Vet. Res. 60:789-795.

Rice, H. A., and A. H. Steinhaus. 1931. Studies in the physiology of exercise. V. Acid-base changes in the serum of exercised dogs. Am. J. Physiol. 96:529-537.

Robinson, E. A., and E. F. Adolph. 1943. Pattern of normal water drinking in dogs. Am. J. Physiol. 139:39-44.

Robinson, J. A., B. A. Gulick, R. E. Hodges, and B. W. Glad. 1979. Comparative studies of whole blood and plasma ascorbic acid levels in some species of animals. Fed. Proc. 38 556.

Rose, R. J., and M. S. Bloomberg. 1989. Responses to sprint exercise in the greyhound: Effects on haematology, serum biochemistry and muscle metabolites. Res. Vet. Sci. 47:212-218.

Rowntree, L. G. 1922. The water balance of the body. Physiol. Rev. 2:116.

Rubner, M. 1910. Ueber Kompensation und Summation von funktionellen Leistungen des Körpers. Sitzungsberichte der Akademie der Wissenschaften (Berlin) 16:316-324.

Sahlin, K., K. Ekberg, and S. Cizinsky. 1991. Changes in plasma hypoxanthine and free radical markers during exercise in man. Acta Physiol. Scand. 142:275-281.

Scarlett, J. M., and S. Donoghue. 1998. Associations between body condition and disease in cats. J. Am. Vet. Med. Assoc. 212:1725-1731.

Schilling, J. A., R. B. Harvey, E. L. Becker, T. Velasquez, G. Wells, and B. Balke. 1956. Work performance at altitude after adaptation in man and dog. J. Appl. Physiol. 11:381-387.

Schmidt-Nielsen, K. 1984. Scaling: Why Is Animal Size So Important. Cambridge, UK: Cambridge University Press.

Scholander, P. F., R. Hock, V. Walters, F. Johnson, and L. Irving. 1950a. Heat regulation in some Arctic and tropical mammals and birds. Biol. Bull. 99:237-258.

Scholander, P. F., V. Walters, R. Hock, and L. Irving. 1950b. Body insulation of some Arctic and tropical mammals and birds. Biol. Bull. 99:225-236.

Schwartz, E. R. 1980. Metabolic response during early stages of surgically-induced osteoarthritis in mature beagles. J. Rheumatology 7:788-800.

Scott, K. C., R. C. Hill, D. D. Lewis, D. A. Sundstrom, P. Harris, and R.C. Harris. 1999. Oral creatine has little effect on muscle creatine or performance in racing greyhounds. Program Addendum for Fed. Proc. LB212.

Scott, K. C., R. C. Hill, D. D. Lewis, A. J. Boning, and D. A. Sundstrom. 2001. Effect of α-tocopheryl acetate supplementation on vitamin E concentrations in greyhounds before and after a race. Am. J. Vet. Res. 62:1118-1120.

Scott, K. C., R. C. Hill, D. D. Lewis, R. Gronwall, D. A. Sundstrom, G. L. Jones, and J. Harper. 2002. Serum ascorbic acid concentrations in previously unsupplemented greyhounds after administration of a single dose of ascorbic acid intravenously or per os. J. Anim. Physiol. Anim. Nutr. 86:222-228.

Seeherman, H. J., C. R. Taylor, G. M. Maloiy, and R. B. Armstrong. 1981. Design of the mammalian respiratory system. II. Measuring maximum aerobic capacity. Respir. Physiol. 44:11-23.

Shaw, W. A., T. B. Issekutz, and B. Issekutz. 1976. Gluconeogenesis from glycerol at rest and during exercise in normal, diabetic, and methylprednisolone-treated dogs. Metabolism 25:329-339.

Sheng, H. P., and R. A. Huggins. 1971. Direct and indirect measurement of total body water in the growing beagle. Proc. Soc. Exp. Biol. Med. 137:1093-1099.

Sheng, H. P., and R. A. Huggins. 1979. A review of body composition studies with emphasis on total body water and fat. Am. J. Clin. Nutr. 32:630-547.

Shiraki, K. 1968. The effect of splenectomy on sports anemia. J. Physiol. Soc. Jpn. 30:1-13.

Siebert, W. W. 1928. Untersuchungen über Hypertrophie des Skelettmuskels. Klin. Med. 109:350-359.

Siwak, C. T., H. L. Murphey, B. A. Muggenburg, and N. W. Milgram. 2002. Age-dependent decline in locomotor activity in dogs is environment specific. Physiol. Behav. 75:65-70.

Slater, M. R., J. M. Scarlett, S. Donoghue, R. E. Kaderly, B. N. Bonnett, J. Cockshutt, and H. N. Erb. 1992. Diet and exercise as potential risk factors for osteochondritis dessicans in dogs. Am. J. Vet. Res. 53(11):2119-2124.

Slowtzoff, B. 1903. Über die Beziehungen zwischen Körpergrösser und Stoffverbrauch der Hunde Bei Ruhe und Arbeit. Archives Gesamte Physiologie 95:158-191.

Sneddon, J. C., P. P. Minnaar, J. F. W. Grosskopf, and H. T. Groeneveld. 1989. Physiological and blood biochemical responses to submaximal treadmill exercise in Canaan dogs before, during and after training. J. South Afr. Vet. Assoc. 60:87-91.

Snow, D. H., and M. Frigg. 1990. Plasma concentration of some vitamins in greyhounds. J. Sm. Anim. Prac. 31:605-609.

Snow, D. H., R. C. Harris, and E. Stuttard. 1988. Changes in haematology and plasma biochemistry during maximal exercise in greyhounds. Vet. Rec. 123:487-489.

Staaden, R. 1984. The exercise physiology of the racing Greyhound: Ph.D. thesis, School of Veterinary Studies, Murdoch University: Perth, Australia.

Steinhaus, A. H. 1928. Studies on the physiology of exercise I. Exercise and basal metabolism in dogs. Am. J. Physiol. 83:658-677.

Steinhaus, A. H. 1933. Chronic effects of exercise. Physiol. Rev. 13:103-143.

Steinhaus, A. H., L. A. Hoyt, and H. A. Rice. 1932. Studies in the physiology of exercise. X. The effects of running and swimming on the organ weights of growing dogs. Am. J. Physiol. 99:512-520.

Stepien, R. L., K. W. Hinchcliff, P. D. Constable, and J. Olson. 1998. Effect of endurance training on cardiac morphology in Alaskan sled dogs. J. Appl. Physiol. 85:1368-1375.

Stoliker, H. E., H. L. Dunlap, and D. S. Kronfeld. 1976. Bone mineral measurement by photon densitometry in racing sled dogs, and its relationship to body weight, sex and bone fractures. Vet. Med. Small Anim. Clin. 71:1545-1550.

Stuart, D. G., R. George, W. J. Freeman, A. Hemingway, and W. M. Price. 1961. Effects of anti- and pseudo-Parkinson drugs on shivering. Exp. Neurol. 4:106-114.

Tasler, J., W. Obtulowicz, M. Cieszkowski, and S. Konturek. 1974. Gastrointestinal secretory function during physical exercise. Acta Physiol. Pol. 25:215-226.

Taylor, C. R., K. Schmidt-Nielsen, and J. L. Raab. 1970. Scaling of energetic cost of running to body size in mammals. Am. J. Physiol. 219:1104-1107.

Taylor, C. R., K. Schmidt-Nielsen, R. Dmi'el, and M. Fedak. 1971. Effect of hyperthermia on heat balance during running in the African hunting dog. Am. J. Physiol. 220:823-827.

Taylor, C. R., S. L. Caldwell, and V. J. Rowntree. 1972. Running up and down hills: Some consequences of size. Science 178:1096-1097.

Taylor, C. R., G. M. Maloiy, E. R. Weibel, V. A. Langman, J. M. Kamau, H. J. Seeherman, and N. C. Heglund. 1981. Design of the mammalian respiratory system. III. Scaling maximum aerobic capacity to body mass: Wild and domestic mammals. Respir. Physiol. 44: 25-37.

Taylor, C. R., N. C. Heglund, and G. M. O. Maloiy. 1982. Energetics and mechanics of terrestrial locomotion. Metabolic energy consumption as a function of speed and body size. J. Exp. Biol. 97:1-21.

Taylor, R. J. F. 1957. The work output of sledge dogs. J. Physiol. 137: 210-217.

Taylor, R. J. F., A. N. Worden, and C. E. Waterhouse. 1958. The diet of sledge dogs. Br. J. Nutr. 13:1.

Therminarias, A., M. F. Chirpaz, A. Lucas, and M. Tanche. 1979. Catecholamines in dogs during cold adaptation by repeated immersions. J. Appl. Physiol. 46:662-668.

Therriault, D. G., G. A. Beller, J. A. Smoake, and L. H. Hartley. 1973. Intramuscular energy sources in dogs during physical work. J. Lipid Res. 14:54-60.

Thörner, W. 1930. Trainingsversuche an Hunden. I. Der Enfluß der Laufarbeit auf das Herz. Arbeitsphysiol 3:1-26.

Thörner, W. 1932. Trainingsversuche an Hunden. II. Enfluß der Laufarbeit auf das Blut, insbesondere auf seine körperlichen Bestandteile. Arbeitsphysiol 5:516-536.

Tipton, C. M., S. L. James, W. Mergner, and T. K. Tcheng. 1970. Influence of exercise on strength of medial collateral ligaments of dogs. Am. J. Physiol. 218:894-901.

Tohori, M., T. Yamada, S. Hibino, K. Ikeda, T. Ichii, S. Kimura, and H. Yoshimura. 1979. On the erythrocyte fragility of the splenic blood in relation to the lipid components of the plasma and erythrocyte. Jpn. J. Phys. Fitness Sports Med. 28:333.

Toll, P. W., and A. J. Reynolds. 2002. The canine athlete. Pp.261-289 in Small Animal Clinical Nutrition, M. S. Hand, C. D. Thatcher, R. L. Remillard, and P. Roudebush, eds. Marceline, Mo.: Walsworth Publishing.

Toll, P. W., R. L. Pieschl, and M. S. Hand. 1992. The effect of dietary fat and carbohydrate on sprint performance in racing Greyhound dogs. Pp. 1-3 in Proceedings of the 8th International Racing Greyhound Symposium. Fla: North American Veterinary Conference.

Van Limborg, C. L., and J. J. Van der Wind. 1972. Enkele voorlopige onderzoekingen aangaande de wateropname van honden. Tijdschrift voor Diergeneeskunde 97:1217-1221.

Vatner, S. F., C. B. Higgins, R. W. Millard, and D. Franklin. 1974. Role of the spleen in the peripheral vascular response to severe exercise in untethered dogs. Cardiovasc. Res. 8:276-282.

Vincent-Falquet, J. C., A. Pernod, J. Forichon, and Y. Minaire. 1972. Free fatty acids as the major fuel for thermogenesis in dogs. Life-Sciences II 11:725-732.

Wagner, J. A., S. M. Horvath, and T. E. Dahms. 1977. Cardiovascular, respiratory, and metabolic adjustments to exercise in dogs. J. Appl. Physiol. 42:403-407.

Wakshlag, J. J., F. A. Kallfelz, S. C. Barr, G. Ordway, N. J. Haley, C. E. Flaherty, R. L. Kelley, E. K. Altom, A. J. Lepine, and D. J. Davenport. 2002a. Effects of exercise on canine skeletal muscle proteolysis: An investigation of the ubiquitin-proteosome pathway and other metabolic markers. Vet. Therap. 3:215-225.

Wakshlag, J. J., K. A. Snedden, A. M. Otis, C. A. Kennedy, J. M. Scarlett, F. A. Kallfelz, D. J. Davenport, A. J. Reynolds, and G. A. Reinhart. 2002b. Effects of post-exercise supplements on glycogen repletion in skeletal muscle. Vet. Therap. 3:226-234.

Wander, R. C., J. A. Hall, J. L. Gradin, S. H. Du, and D. E. Jewell. 1997. The ratio of dietary (n-6) to (n-3) fatty acids influences immune system function, eicosanoid metabolism, lipid peroxidation and vitamin E status in aged dogs. J. Nutr. 127:1198-1205.

Wasserman, D. H., H. Lavina, A. Lickley and M. Vranic. 1985. Effect of hematocrit reduction on hormonal and metabolic responses to exercise. J. Appl. Physiol. 58:1257-1262.

Wasserman, D. H., D. B.Lacy, D. R. Green, P. E. Williams, and A. D. Cherrington. 1987. Dynamics of hepatic lactate and glucose balances during prolonged exercise and recovery in the dog. J. Appl. Physiol. 63:2411-2417.

Wasserman, D. H., P. E. Williams, D. B. Lacy, D. R. Green, and A. D. Cherrington. 1988. Importance of intrahepatic mechanisms to gluconeogenesis from alanine during exercise and recovery. Am. J. Physiol. 254:E518-E525.

Wasserman, D. H., J. A. Spalding, D. B. Lacy, C. A. Colburn, R. E. Goldstein, and A. D. Cherrington. 1989a. Glucagon is a primary controller of hepatic glycogenolysis and gluconeogenesis during muscular work. Am. J. Physiol. 257:E108-E117.

Wasserman, D. H., P. E. Williams, D. B. Lacy, R. E. Goldstein, and A. D. Cherrington. 1989b. Exercise-induced fall in insulin and hepatic carbohydrate metabolism during muscular work. Am. J. Physiol. 256:E500-E509.

Wasserman, D. H., C. C. Connolly, and M. J. Pagliassotti. 1991a. Regulation of hepatic lactate balance during exercise. Med Sci. Sports Exerc. 23:912-919.

Wasserman, D. H., R. J. Geer, P. E. Williams, T. Becker, D. B. Lacy, and N. N. Abumrad. 1991b. Interaction of gut and liver in nitrogen metabolism during exercise. Metabolism 40:307-314.

Wasserman, D. H., D. B. Lacy, D. Bracy, and P. E. Williams. 1992. Metabolic regulation in peripheral tissues and transition to increased gluconeogenic mode during prolonged exercise. Am. J. Physiol. 263:E345-E354.

Weibel, E. R., C. R. Taylor, J. J. O'Neil, D. E. Leith, P. Gehr, H. Hoppeler, V. Langman, and R. V. Baudinette. 1983. Maximal oxygen consumption and pulmonary diffusing capacity: A direct comparison of physiologic and morphometric measurements in canids. Respir. Physiol. 54:173-188.

Weibel, E. W., C. R. Taylor, J. M. Weber, R. Vock, T. J. Roberts, and H. Hoppeler. 1996. Design of the oxygen and substrate pathways VII. Different structural limits for oxygen supply to muscle mitochondria. J. Exp. Biol. 199:1699-1709.

White, R. G., and M. K.Yousef. 2977. Energy expenditure in reindeer walking on roads and on tundra. Can. J. Zool. 56:215-223.

Williams, B. D., R. R. Wolfe, D. P. Bracy, and D. H. Wasserman. 1996. Gut proteolysis contributes essential amino acids during exercise. Am. J. Physiol. 270:E85-E90.

Williams, G. D., and P. M. Newberne. 1971. Decreased resistance to *Salmonella* infection in obese dogs. Fed. Proc. 30:572.

Williams, M. H. 1992. Ergogenic and ergolytic substances. Med. Sci. Sports Exerc. 24:S344-S348.

Wolter, R., J. Bretau, A. Durix, and C. Gibon. 1980. Étude expérimental de la digestibilité d'aliments secs chez le chien. Recueil de Medecine Veterinaire 156:385-388.

Woods, J. E., and E. L. Besch. 1971. Dissipation of body heat in dogs in a controlled environment. Physiologist 14:252.

Woods, J. E., and E. L. Besch. 1974. Influence of group size on heat dissipation from dogs in a controlled environment. Lab. An. Sci. 24:72-78.

Wu, E. Y., M. Ramanathan, and C. C. W. Hsia. 2001. Role of hematocrit in the recruitment of pulmonary diffusing capacity: Comparison of human and dog. J. Appl. Physiol. 80:1014-1020.

Wyatt, H. T. 1963. Further experiments on the nutrition of sledge dogs. Br. J. Nutr. 17:273-279.

Yamada, T., M. Tohori, T. Ashida, N. Kajiwara, and H. Yoshimura. 1987. Comparison of effects of vegetable protein diet and animal protein diet on the initiation of anemia during vigorous physical training (sports anemia) in dogs and rats. J. Nutr. Sci. Vitaminol. Tokyo 33(2):129-149.

Yoshikawa, T., S. Mori, A. J. Santiesteban, T. C. Sun, E. Hafstad, J. Chen, and D. B. Burr. 1994. The effects of muscle fatigue on bone strain. J. Exp. Biol. 188:217-233.

Young, D. R. 1959. Effect of food deprivation on treadmill running in dogs. J. Appl. Physiol. 14:1018-1022.

Young, D. R. 1960. Effect of body composition and weight gain on performance in the adult dog. J. Appl. Physiol. 15:493-495.

Young, D. R., A. Iacovino, P. Erve, R. Mosher, and H. Spector. 1959a. The effect of time of feeding after carbohydrate or water supplement on work in dogs. J. Appl. Physiol. 14:1013-1017.

Young, D. R., R. Mosher, P. Erve, and H. Spector. 1959b. Body temperature and heat exchange during treadmill running in dogs. J. Appl. Physiol. 14:839-843.

Young, D. R., R. Mosher, P. Erve, and H. Spector. 1959c. Energy metabolism and gas exchange during treadmill running in dogs. J. Appl. Physiol. 14:834-838.

Young, D. R., N. S. Schafer, and R. Price. 1960. Effect of nutrient supplements during work on performance capacity in dogs. J. Appl. Physiol. 15:1022-1026.

Young, D. R., R. Price, N. E. Elder, and R. R. Adachi. 1962. Energy and electrolyte metabolism and adrenal responses during work in dogs. J. Appl Physiol. 17:669-674.

Zannoni, V., M. Lynch, S. Goldstein, and P. Suto. 1974. A rapid micromethod for determination of ascorbic acid in plasma and tissues. Biochem. Med. 11:41-48.

Zentek, J., and H. Meyer. 1992. Energieaufnahme adulter Deutscher Doggen. [Energy intake of adult Great Danes]. Berl. Munch. Tierarztl. Wochenschr. 105:325-327.

Zinker, B. A., T. Mohr, P. Kelly, K. Namdaran, D. P. Bracy, and D. H. Wasserman. 1994. Exercise-induced fall in insulin: Mechanism of action at the liver and effects on muscle glucose metabolism. Am. J. Physiol. 266:E683-E689.

Zinker, B. A., R. D. Wilson, and D. H. Wasserman. 1995. Interaction of decreased arterial PO_2 and exercise on carbohydrate metabolism in the dog. Am. J. Physiol. 269:E409-E417.

Zuber, R. M., L. Neuwirth, and R. C. Hill. 1996. A scintigraphic study of the carpus and metacarpus of the racing greyhound. Vet. Radiol. Ultrasound 37(1)A:80.

Zuntz, N. 1903. Einfluss der Gesshwindigkeit, der Körpertemperatur und der Uebung auf den Stoffverbrauch bei Ruhe udn bei Muskelarbeit. Pflugers Arch. 95:192-208.

12

日粮配方和饲料加工

Diet Formulation and Feed Processing

12.1 宠物食品加工

虽然犬猫的营养需要在实质上存在很大差异，但制造犬猫食品的加工工艺却有很多相似之处。因此，本章就统一来阐述宠物食品的加工过程，而当某些项目存在品种特异性时，再将其单独列出讨论。

12.1.1 概要

目前，已发表了犬猫对具体营养物质的需要量，但这种需要不是指对包含在日粮中某种具体食物成分的需要（AAFCO，2002）。然而，宠物个体间在饮食习惯上存在很大差异，不同个体还常常存在对某种食物的偏好，这主要是由于宠物以前的喂食经历所造成的习惯差异。宠物的这种习惯上的反应可能是因为喜好某种形态的食物（如干食品、半湿食品、罐装食品），也可能是因为喜欢某种质地的食品（如混合食品、软湿食品、干食品或是含有某种特殊风味物质如含鱼肉的食品）。有时要改变宠物的饮食行为是很难的，即使为宠物提供的新食品是营养均衡且满足需要的食物。不应将宠物习惯上对某种日粮的偏爱与营养需要相混淆。

12.1.2 犬

犬和猫在食性上有所不同，犬是杂食动物，而猫是肉食动物。这使得在制作犬粮的过程中，对原料的选择和配方的调整有相对较大的自由空间。用不含动物组织的成分来生产一种满足犬的营养需要的饲料是完全可行的，同时犬具有很强的适应性，所以具有不同成分组成、不同质地以及不同形态的商品犬粮都能得到成功应用。

12.1.3 猫

虽然猫在野外是完全肉食动物，但在很多为家养猫生产的商品猫粮中都含有相当量的蔬菜类物质来满足猫的营养需要。然而，如果猫对特殊营养成分（如花生四烯酸、牛磺酸）的需要不能通过合成来源来满足时，适用的商品猫粮中会使用一部分动物来源的成分来满足猫这方面的营养需要。动物组织成分对猫粮的可接受性有着显著的影响，因此其在食物的适宜消耗量上扮演发挥重要作用。一般来说，单独饲喂严格意义上的素食日粮不能满足猫的营养需要，尽管这些食品可能适口性很好，并能被猫大量采食。

12.2 宠物食品的分类

宠物食品从广义上可分为两大类：干性食品和罐装食品。干性食品根据其水分含量进一步分为干膨化食品、半湿食品或软膨化食品。

12.2.1 干性宠物食品

12.2.1.1 干膨化宠物食品

干膨化宠物食品一般含有10%～12%的水分，主要用谷物类、谷物副产品、豆类制品、动物副产品（包括奶副产品）、脂肪、维生素和矿物质配合而成。尽管市场上犬的日粮可能包括粗粉食品、颗粒食品、粗磨食品、挤压食品和烘焙食品等，但干性猫食品通常是采用挤压制作的。这是因为猫与犬不同，其没有臼齿，所以猫食品颗粒的形状和大小必须适合切齿的切割而不是适合用臼齿来磨碎。挤压制作过程非常适合完成这个特殊目的（Rokey 和 Huber，1994）。

目前市场上销售的大多数干性犬粮都是通过挤压

生产制作的。挤压制作过程能使日粮中的淀粉达到中至高水平的糊化度(Mercier 和 Feillit,1975)。通过将淀粉的部分或全部糊化,其将在肠道上部发生水解,这样淀粉能更好地被吸收利用,同时也减少了消化紊乱。

典型的现代挤压膨化方法是通过加入蒸汽和水来形成预挤压糊状物。在调质后,各种粉料直接送入挤压机的挤压室内,并在此通入额外的蒸汽和水,有时还加入肉浆。在挤压机的挤压室内,这些原料在摩擦力、剪切力及加热的作用下蒸煮熟化。加热温度应到大部分淀粉都发生糊化,且对热不稳定的微生物都被全部灭活(Rokey 和 Huber,1994)。

挤压机卸料口的冲模在宠物食品的加工过程中具有 2 个主要作用:第一,它能抵抗挤压过程中挤压机的螺旋杆和挤压室内因摩擦和挤压导致的热反应;第二,冲模和切刀相互作用,形成了宠物食品的三维形状。

在冲模出口处,粉料会因气压迅速下降而发生膨胀。这种膨胀会杂乱无章地形成食品颗粒,这种颗粒要满足宠物主人对食品形态学设计方面的要求。通过采用挤压喷出过程,宠物食品生产商可以生产出多种形状、不同尺寸和颜色组合的宠物食品。这种实际组合能力在市场的发展过程中是非常重要的,但是无法满足宠物食品营养的适当性。

挤压完成后,需要通过烘干来除去挤压过程中注入的蒸汽和水。一般在加工过程中食品的水分能达到 22%～28%,加工完成后需烘干到含水量 10%～12%,以适应产品的货架期。烘干过程一般采用带有分离冷却器的连续干燥器或者是干燥器—冷却器相组合的方式来完成。

犬猫的干性食品一般含有 5%～12.5%的粗脂肪,大多数脂肪是在挤压完成后喷涂到食品上的。这种脂肪水平是通过喷洒一部分液化的脂肪到挤压膨化后的产品表面来得到的。另外,很普遍的做法是,在宠物食品表面喷涂蛋白质消化物和(或)调味物质以增强宠物对该食品的接受性(Corbin,2000)。

12.2.1.2 可供选择的宠物食品形式——粉状食品、颗粒食品和粗磨食品

作为可供选择的宠物食品形式,粉状食品、颗粒状食品和粗磨食品仅体现了宠物饲料工业中的一小部分。然而,一些宠物主人更喜欢某一形式的食品,它们常是可以代替干挤压食品的一种选择。

1.粉状食品

粉状宠物食品是一种相对简单的混合物,是由各种干的食品成分加上脂肪或油,可能还有风味物质混合而成的。官方(AAFCO,2002)对粉的定义是:一种已被磨碎或是用其他方式减小颗粒大小的成分,这并不适用于这种食品形式。粉状宠物食品更准确地描述应该为“textured——即具有一定质地结构”的食品,因为它常是一种混合物,包括加热调质后的谷物(经过压片或挤压)和含有维生素、矿物质、微量元素、氨基酸及类似物质的颗粒状蛋白质补充剂。在混合谷物和颗粒状蛋白质后再添加动物脂肪、植物油和/或风味物质等。

2.颗粒食品

正如其名称所示,这种食品是颗粒状的,并采用常规的食品加工技术制造而成。通常,颗粒状食品中的谷类都经过加热处理以提高淀粉的利用效率,这是因为在制粒前的蒸汽调质过程不能使淀粉显著地糊化。各种干饲料成分被称重、混合均匀、蒸汽调质、制粒、冷却以及在包装前喷涂动物脂肪、植物油和/或风味物质。

3.粗磨食品

粗磨食品的加工方式与烘焙产品的相似,但它不是将生面团做成独特的形状后烘焙,而是将原料简单地切成薄片再烘焙(Case 等,2000)。烘焙后的薄片被破裂成小块,过筛除去粉末,再包装。粗磨饲料通常和生肉或熟肉混合构成宠物的日粮配方。如果能进行适当的配方设计,粗磨食品可以成为一种全面而均衡的日粮。

12.2.2 半湿性宠物食品

半湿宠物食品通常含有中等程度的水分,为 25%～35%。这种食品通常也是采用与生产干膨化食品非常相似的挤压过程来制作。但它们存在明显的不同,主要归因于生产半湿性食品在配方上存在的差异(Rokey 和 Huber,1994)。

半湿性宠物食品所含的水分显著高于干膨化宠物食品。货架期的稳定性通过控制食品中的水活性(a_w)来保障。水活性的定义是产品中所含有自由水的量,也是相同温度下食品中水汽压力对纯水压力的比值(Beuchat,1981;Montville,1987;Kuntz,1992)。正如定义中所示,水和其他相关物质相互作用时其表现形式和纯水不同。测量这种差异的方法之一就是测定水活性,测定结果可以以比值的形式来表示。在配方中通过使用某些成分,如人们所知的保湿剂,可以预测并

控制产品的水活性(Rokey 和 Huber,1994)。

半湿性产品通常都含有很多和干膨化食品相同的基本成分。然而,在挤压之前或挤压的过程中,半湿性食品中经常加入肉或肉类副产品浆液。其中干物质和浆液的比值变化较大,通常的范围是(4～1)∶1(干物质∶浆液)。除湿的浆液之外,半湿性宠物食品中还加入各种水溶性固体物质,如糖类、食盐、山梨酸酯和低相对分子质量的醇类物质(如丙二醇),来结合大部分的水分以降低产品的水活性(a_w)来达到一个可接受的保证产品货架稳定期的合适范围(<0.60)。需要指出的是,丙二醇用在人食品、犬食品及其他满足动物特殊需要的动物饲料中"通常被认为是安全的"(GRAS)。目前,联邦法规禁止在猫食品配方中使用丙二醇(21 CFR 589.1001)。

半湿性猫食品中通常都含有新鲜或冷冻的肉类(如肝脏、肾脏及其他内脏)、动物副产品粉(如肉类、家禽肉、肝脏粉)、整粒或脱壳谷物(如玉米、小麦、稻米)、海产品(如鱼粉、浓缩鱼汁)、大豆产品(如豆粕、大豆粉、大豆浓缩蛋白)、脂类和油脂(如动物脂肪、海产品油)以及微量元素和维生素添加剂。因为半湿性食品的成品含有较多水分,所以营养成分含量都是以干物质(DM)为基础来表示。蛋白质含量通常占干物质的28%～40%,粗脂肪通常占干物质的10%～15%。

半湿性犬食品基本上含有相似的成分,但犬食品通常模仿肉块而做成"馅饼状",以方便饲喂和包装。在任何情况下,半湿性宠物食品都需包装在水分扩散率很低的包装袋中,以避免水分的散失和食品水活性的改变。市售的半湿性宠物食品通常包装于密封袋中,上有刻度方便饲喂,其含量通常刚好够宠物一餐食用,或者包装于可重新封口的包装袋中以控制水分散失。

12.2.3 软膨化(软干的)宠物食品

第三类通过挤压方式生产的宠物食品是软膨化食品。这类食品和半湿性食品在某些方面很相似,它们都含有相对高含量的肉类副产品,比干膨化食品含有更高含量的脂肪和油脂。软膨化食品和半湿食品的不同点在于软膨化食品呈现出膨化的外观形态(Rokey 和 Huber,1994)。

软膨化食品制作过程中的基本挤压参数和干膨化食品的很相似。但是,软膨化食品所用的原料成分和半湿食品所用的成分更相似,同样也加入了保湿剂以控制食品的水活性。一般软膨化宠物食品含有27%～32%的水分。软膨化食品通常和干膨化食品、半湿食品混合,以形成具有更高适口性的食物,其质地也更吸引宠物主人。

12.2.4 烘焙性宠物食品

虽然烘焙性宠物食品不太普遍,但有些犬的主人更喜欢饲喂犬烘焙性宠物食品,而不是粉状食品、颗粒状食品或者是挤压食品。这些产品通常做成骨头形状或其他形状来吸引消费者购买。烘焙性宠物食品采用传统方法制作,包括调制面团、形状切割或冲压、烘箱烘焙。因为其加工过程的特点,因此烘焙宠物食品中含有高含量的谷物(>50%),限制了可加入的湿肉类副产品或其浆液的量。烘焙食品经过冷却、过筛后包装。因为很少在烘焙后再喷涂油脂,所以产品中一般只含有3%～6%的粗脂肪。

12.2.5 淀粉—脂质复合物

在各种类型犬猫食品的挤压生产过程中,会产生一种淀粉—脂质复合物。这种复合物的结构最初由Charbonnier 等在1973年报道,并已被鉴定为一种直链淀粉—脂质复合物(Asp 和 Bjorck,2000)。虽然这种复合物对淀粉或脂质的可利用率影响不大,但是它干扰食品中粗脂肪的分析测定。准确的粗脂肪分析测定需采用酸水解的方法。

12.2.6 宠物零食

历史上,宠物零食采用传统的加工工艺生产,这种工艺主要包括调制面团、形状切割和烘箱烘焙。这种类型的宠物零食常被制成骨头形状、鱼状、鸡腿状及其他类似形状。近年来,许多宠物零食采用挤压工艺生产,被制成类似干粮或半湿性食品(Rokey 和 Huber,1994)。典型的宠物零食挤压系统采用和大规模宠物食品制造设备相同的设备和操作规程。

一般市售宠物零食都是小包装,而由于宠物零食的一些特性,如适口性和外观等特别重要,所以与大规模设备相比,生产过程的设计和控制更显得特别关键。尽管如此,宠物零食开始逐年流行,这给某些公司提供了一个很好的机会。

作为一个原则，宠物零食不能大比例替代典型的犬猫日粮。尽管如此，关注其营养配方也是必要的。宠物零食和其他主要的犬猫食品在标签标记的要求上并没有什么差别。犬猫食品如果明确地标示为零食（snack 或 treat)，则不需要在标签中标示其营养的适当性（或缺乏等）。其他大多数宠物食品则要求标示已按照美国饲料管理协会（AAFCO）制定的宠物食品法规模式（Model Pet Food Regulations）测定了营养的适当性。同样，如果该食品是零食而不是标为“全价而均衡的日粮”，则也不需要标示出具体的喂食指导（AAFCO，2002）。

12.2.7 罐装（湿性）宠物食品

罐装犬食品的销量基本持平，甚至有所萎缩；但是罐装猫食品却占据相当大的市场份额，销量逐年增长。罐装宠物食品所使用的很多原料与干膨化食品和半湿宠物食品所用的原料相同，但用量有差异。因为罐装宠物食品含有较高的水分（通常为 74%～78%），所以通常含有更高含量的新鲜或冷冻肉类、禽肉、或者是鱼产品和动物副产品。以肉为基础的配方可能含有25%～75%的肉类或肉类副产品。许多罐装宠物食品可能含有大量的组织蛋白（以大豆或小麦面筋为基础的蛋白质），这些蛋白质具有和肉类蛋白质相似的结构，从本质上可作为肉类的替代物。这种产品几乎取代了早期的加强型的全肉类配方，因为它不仅降低了配方成本，更重要的是，肉与组织蛋白的混合提高了营养物质的含量。

罐装宠物食品的高能量浓度，要求高浓度的氨基酸（蛋白质）、维生素和矿物质。虽然这种食品被设计成单独饲喂的全价而均衡的日粮，但它常被作为添加物加到干性食品中来改善干性食品的可接受性。虽然在干性食品中添加罐装宠物食品、牛奶、鸡蛋、肉类或肉汤能改善其可接受性，但其营养价值并没得到强化。

12.2.7.1 罐装宠物食品的加工

罐装宠物食品的加工过程要复杂得多。通常是，肉类和脂肪成分先和一定量的水混合均匀，再加入适量的干成分，如维生素、矿物质、氨基酸及其他类似物。这些成分再进行混合，如果想让食品有一个好的质地，则需将混合物碾磨成非常黏稠的浆液。混合物可经过加热（或蒸煮）来开始后面的烹饪过程，或者通过一个填充装罐直接被填到罐中。填充后，罐用双缝盖子密封并干馏。干馏过程实际是一个加热加压的蒸煮过程，也是一个杀菌过程，能灭活食品中的病原菌。

干馏结束后，罐装的宠物食品须冷却和干燥，再贴上纸标签和产品代码。这些加工工艺能使产品保持相当长的货架期。

不是所有的罐装食品都装在罐中，现在的技术可利用柔软的小袋或其他新型容器进行干馏。因为这个原因，这类食品也被称为“湿性”宠物食品，因它们也经历了相同的加工过程。

因为罐装食品的制造过程中，包含加热和加压过程，它很可能破坏了一些重要营养物质。如硫铵素（维生素 B_1）很容易受热破坏，特别是在中性或碱性条件下，因此它在罐装宠物食品的制造和储存过程中有大量损失（Baggs 等，1978）。有一项研究表明，罐装犬食品在干馏并储存 14 d 后，硫铵素的量降低了 74%（Hoffmann-LaRoche，1981）。各著名的宠物食品生产商都进行了大量研究，来确定这些营养物质在加工过程中的损失程度，并已在配方中超量添加来补偿这种损失。

商业性的宠物食品工业已生产出了多种多样的罐装宠物食品，可供选择的品种和质地包括包含大块肉类或少量类似肉类的食物、碎肉、大块烤过的食物、带汁的大块食物，还有传统的已粉碎并具有一定质地的食物。说到质地，宠物食品都产自于各种基本原料成分，包括各品种鱼类、家禽、牛肉等。通常的做法是，把主要的肉成分当做标签的一部分（如鸡肉、鲑鱼、火鸡副产品）。

12.2.7.2 罐装宠物食品生产中的管理要点

许多应用于罐装宠物食品的原料成分都是动物源性的，包括各种禽肉、肉类和海产品等。这些原料中的大部分是作为蛋白质来源，但实际上它们也提供其他多种营养物质，比如矿物质、氨基酸（特别是牛磺酸）、维生素、脂肪酸和能量。与所有的宠物食品一样，这些原料必须符合 AAFCO(2002)在官方出版物中公布的定义和标准。宠物食品工业中使用各种来源的新鲜未降解的动物组织和海产品组织。这些原料也可能来自脂肪提炼工业，其中包括各种肉类、禽肉、骨粉、肉类下脚料和来自罐头加工厂的下脚料。另外，屠宰动物后的副产品，如新鲜去骨的各种组织和器官也常用于罐装宠物食品。

从管理上来看，罐装宠物食品也被包含于弱酸性罐头食品章程（LACFRs）中，列在 21 CFR 113 和 110 中。因而，罐装宠物食品和人类弱酸性罐头食品适用同样的规章。当宠物食品完全依照上述章程来加工生产时，兽医学中心（CVM）不再考虑该食品是否违反上述规章，而是考虑它对宠物是否安全，是否适合宠物食用，但不考虑它使用的动物组织的来源。CVM 是一个管理机构，它已规定了罐装食品干馏的温度，此温度足以杀死病原微生物。然而，CVM 政策的近期改变表明，该中心将考虑基于单独的弱酸罐装食品可能对宠物造成危害的管理行动。同时，CVM 也在考虑反对在罐装宠物食品中使用已腐烂降解的动物组织或含有危险性药物残留的动物组织的管理行动（FDA/ORA，2002）。

FDA 不批准、不许可、也不颁发许可证让罐装食品，包括罐装宠物食品，在洲际贸易中运送。所有属于 LACFRs 的商业加工者都被要求登记设备及所有罐装产品的有关加工过程的文件信息（21 CFR 110.3）。这样做能确保罐装宠物食品达到预期的安全性。

12.2.8 家制食品

绝大部分的宠物主人都选择给他们的爱宠饲喂专业的商业食品。但是因为各种原因，某些宠物主人更喜欢给他们的爱宠饲喂家制食品。如果宠物主人乐于了解更多宠物营养需求方面的知识，更愿意学习食品配方的关键技术，同时能识别并获得食品配方中需要的原料成分，能发展一种有效而安全的加工工艺的话，那么这种方式也是可行的。宠物主人对宠物的健康负有全部责任，所以不要轻率地做出制作家制食品的决定。向受过足够的高级训练的专业人士咨询食品配方的适当性和（或）评定该食品的营养均衡性，是一个明智的选择。

12.3 食品配方

实际的食品配方过程需要应用关于目标动物的营养物质需求量的知识，如对能量、氨基酸、矿物质、维生素等的需要量（Deyoe，1976）。从概念上来说，配方仅仅是从数量上选择能够满足宠物对营养需求的各种原料成分的过程，因此，宠物需要的各种营养物质的量能从每天食用的食品中得到满足。

在食品配方使用的 2 种最基本的方法是手工配方法和电脑配方法。在手工配方法中，只能考虑包括原料成分和营养 2 方面的非常有限的因素。在多数情况中，配方者只考虑主要的营养成分，如蛋白质、钙、磷和能量。除此之外，也仅能使用少量的食品原料（如一种谷类、一种植物蛋白粉、一种动物蛋白粉以及维生素—矿物质添加剂）。很多情况下，精确性被大大地忽视了。

现在所有的商业公司和具有顾问资格的营养学家，都采用以计算机为基础的线性规划程序来设计配方。线性规划的价值主要体现在，能在几秒钟内处理由原料成分、营养需要和限制性因素构成的各种排列组合。

虽然专注于最低成本的配方程序（线性规划程序）得到广泛使用，但其价格并不便宜。许多更高级的程序都预置了各种动物的 NRC 营养需要标准和大量的原料营养成分表。对会使用计算机的人来说，现在大部分电子制表软件程序都有线性规划程序的功能，能够以最低成本作为缺省限制条件来进行配方设计。

一些支持者鼓吹“固定成分配方”比“变化成分配方”更具有营养的优越性。他们认为在考虑成本的基础上，在不同批次产品间替换原料，有可能导致产品营养含量和产品性能的不一致性。当这种立场受到肯定的时候，我们也必须明白，随着时间推移任何原料成分来源都可能改变，而且不同批次之间的原料如肉类、骨粉、豆粕或谷类的营养成分含量都可能相差很大。坚持准确的、固定的原料成分配方，则不允许有足够的弹性来保证营养成分含量的稳定性。因此，以固定的营养物质需求范围而不是以固定的原料成分来设计配方更可取。需要指出的是，在宠物食品工业中，以最低成本为基础来替代原料是受到限制的，这是因为在宠物食品中必须标出各原料的专有名称，而不像家畜饲料中标出共有的名称即可（AAFCO，2002）。因此，必须考虑重新印刷包装袋的成本能抵消掉因原料成分改变所节省的成本。

12.4 总结

目前可提供的宠物食品形式的多样性是令人难以置信的，且每天几乎都有新产品出现。表 12-1 是干性、半湿性和罐装犬粮的主要营养成分汇总表。各种

表 12-1 干性、半湿性和罐装犬粮的主要营养成分 %

营养成分	以日粮为基础	以干物质为基础
干食品		
水分	6～10	0
粗脂肪	7～20	8～22
粗蛋白质	16～30	18～32
碳水化合物	41～70	46～74
ME/（kcal/kg）	2 800～4 050	3 000～4 500
半湿食品		
水分	15～30	0
粗脂肪	7～10	8～14
粗蛋白质	17～20	20～28
碳水化合物	40～60	58～72
ME/（kcal/kg）	2 550～2 880	3 000～4 000
罐装食品		
水分	75	0
粗脂肪	5～8	20～32
粗蛋白质	7～13	28～50
碳水化合物	4～13	18～57
ME/（kcal/kg）	875～1 250	3 500～5 000

注：ME 表示代谢能。

资料来源：Case 等，2000，表 17-1。

形式猫粮的状况与此基本相似。但因宠物食品形式的多样性和整个宠物食品工业不断创新的特点，要真实反映所有商业宠物食品的状况，是完全不可能的。

参考文献

Asp, N. G., and I. Bjorck. 2000. Nutritional properties of extruded foods. Pp. 399-434 in Extrusion Cooking. C. Mercier, P. Lineo, and J. M. Harper, eds. St. Paul, Minn.: American Association of Certified Chemistry.

Association of American Feod Control Officials (AAFCO). 2002. Dog and cat food nutrient profiles. Pp. 126-141 in AAFCO. Oxford, Ind.

Baggs, R. B., D. deLaHuata, and D. R. Averill. 1978. Thiamin deficiency encephalopathy in a specific-pathogen free cat colony. Lab. Anim. Sci. 28:323.

Beuchat, L. R. 1981. Microbiological stability as affected by water activity. Cereal Foods World 26(7):345-349.

Case, L. P., D. P. Carey, D. A. Hirakawa, and L. Daristotle. 2000. Types of petfoods. Pp. 187-197 in Canine and Feline Nutrition, 2nd Edition. Philadelphia: Mosley.

Charbonnier, R., F. Duprat, and A. Guilbot. 1973. Changes in various starches by extrusion-cooking processing. II. Physical structure of extruded products (Abstr.). Cereal Science Today 18:286.

Corbin, J. 2000. Petfood and feeding. Pp. 72-76 in 2000 Feedstuffs Reference Issue. Minnetonka, Minn.: Rural Press Limited.

Deyoe, C. W. 1976. Feed formulation fundamentals. In Feed Manufacturing Technology. Arlington, Va.: American Feed Industry Association.

Food and Drug Administration, Office of Regulatory Affairs (FDA). 2002. Compliance program guidelines 7126.18 Sec. 690.300. Canned petfood. Rockville, Md.: Center for Veterinary Medicine.

Hoffman-LaRoche. 1981. Rationale for Roche Recommended Vitamin Fortification—Dogs and Cats. RCD 5963/1280. Nutley, N.J.: Hoffmann-LaRoche.

Kuntz, L. A. 1992. Keeping microorganisms in control. Food Prod. Design. August:44-51.

Mercier, C., and P. Feillit. 1975. Modification of carbohydrate components by extrusion cooking of cereal products. Cereal Chem. 52:283-297.

Montville, T. J. 1987. Pp. 2-3 in Food Microbiology: Concepts in Physiology and Metabolism. Boca Raton, Fla., CRC Press.

Rokey, G., and G. Huber. 1994. Petfood. Pp. 479-493 in Feed Manufacturing Technology IV. Arlington, Va.: American Feed Industry Association.

13 犬猫日粮的营养成分

Nutrient Composition of Ingredients Used in Dog and Cat Foods

表 13-1 到表 13-9 中的数据来源于食品供应商、相关文章以及大学研究机构提供的尚未发表的数据组[有关饲料成分的其他信息可参考《猪营养需要》的第 11 章，网址为 http://www.nap.edu/catalog/6016.html (NRC，1998)]。这些数据包括平均值、标准差和相应的样本量(*N*)。在使用平均值估测某种日粮的营养成分之前，应检查其标准差和样本量。样本量越大，平均值越能反映出总体情况，而拥有较大标准差的平均值，对单一样本的评估则较差。这里日粮成分均使用常用名。

表 13-1 选定饲料成分的初步分析(饲喂基础)[a] %

名称/性状描述		IFN[b]		DM[c]	CP[d]	Fat	TDF[e]	CF[f]	Ash	ME(犬)[g] /(kcal/g)	ME(猫)[g] /(kcal/g)
动物源性成分											
腌肉											
	猪肉,熏制			68.40	8.70	57.50	0.00		2.10		
			N	251	321	202	1		50		
牛肉											
	肉,机械分离			40.60	15.00	23.50	0.00		2.10	2.72	2.60
			N	56	56	64	1		56		
	脱水肉汤(肉汁)			96.70	16.00	8.90	0.00		48.20	2.38	2.34
			N	3	3	3	1		3		
	生心脏			24.40	17.10	3.80Z	0.00		1.00	1.13	1.11
			N	15	4	4	1		10		
	生肾脏			23.00	16.60	3.10	0.00		1.10	1.03	1.01
			N	28	5	9	1		11		
	生肝脏			31.00	20.00	3.90	0.00		1.30	1.38	1.36
			N	50	6	15	1		11		
	生内脏			18.60	14.60	4.00	0.00		0.40	0.94	0.92
			N	6	11	6	1		4		
鸡肉											
	生肉和鸡皮			38.20	17.60	20.30	0.00		1.00	2.53	2.43
			N	1	1	1	1		1		
	脱水肉汤(肉汁)			97.70	16.70	13.90	0.00		49.20		
			N	4	4	4	1		4		
	肌胃(砂囊)			23.80	18.20	4.20	0.00		0.90	1.13	1.11
			N	13	15	14	1		12		
	肝脏			26.40	18.00	3.90	0.00		1.20	1.20	1.18
			N	18	13	54	1		12		
鸡蛋											
	风干的,整的			96.60	47.20	41.10	0.00	0.00	3.60	5.91	5.70
			N	3	3	3	1	1	3		
鱼											
	鲱鱼粉	5-02-009		91.20	62.50	9.50		1.00	18.00	3.72	3.67
			N	136	148	144		1	114		
	鲔鱼粉	5-02-023		93.00	53.00	11.00		5.00	25.00	3.35	3.30
			N	1	1	1		1	1		
	白色鱼粉	5-02-025		91.00	61.80	4.30		0.90	24.00	3.22	3.20
			N	2	2	2		2	1		
羔羊肉											
	碎肉			40.50	16.60	23.40	0.00		0.90	2.77	2.65
			N	1	1	1	1		1		
	肝脏			28.60	20.40	5.00	0.00		1.40	1.34	1.31
			N	17	1	1	1		1		
	肉,机械分离			41.30	15.00	23.50	0.00		1.20	2.72	2.60
			N	5	1	6	1		1		
畜肉(不包括鱼、禽)											
	粉料,熬制	5-09-323		93.90	54.10	11.80		2.50	21.80	3.62	3.56
			N	79	67	33		1	13		

续表 13-1

名称/性状描述		IFN[b]		DM[c]	CP[d]	Fat	TDF[e]	CF[f]	Ash	ME(犬)[g] /(kcal/g)	ME(猫)[g] /(kcal/g)
	肉骨粉,熬制	5-00-388		94.00	50.90	9.80		2.80	19.20	3.61	3.56
			N	63	63	55		1	13		
家禽											
	副产品	5-03-798		93.50	59.00	13.50		2.00	16.00	3.96	3.89
			N	2	2	2		2	1		
虾											
	肉			24.10	20.30	1.70	0.00		1.20	1.00	1.00
			N	212	201	100	1		161		
奶											
	脱脂奶粉	5-01-175		92.50	34.60	0.80		0.10	8.00	3.71	3.71
			N	2	2	2		2	1		
火鸡											
	机械脱骨			30.90	13.30	16.00	0.00		1.10	1.97	1.89
			N	21	21	21	1		10		
乳清											
	粉状	4-01-182		93.50	12.50	0.80		0.10	9.70	3.65	3.64
			N	2	2	2		2	1		
植物源性成分											
大麦											
	籽粒	4-00-549		90.20	12.30	2.20	17.30	5.30	2.30	3.81	3.80
			N	9	14	8	1	2	15		
甜菜(糖)											
	干甜菜渣	4-00-669		88.30	8.80	1.00		21.00	6.40	2.95	2.95
			N	200	183	124		1	55		
胡萝卜											
	整个的,生的			12.20	1.00	0.20	3.00	1.10	0.90	0.46	0.46
			N	238	183	29	1	1	47		
谷类											
	谷类副产品	4-00-466		88.50	8.10	3.30		1.50	2.90	3.99	3.97
			N	62	62	37		1	22		
菊苣											
	根			20.00	1.40	0.20			0.90		
			N	1	1	1			1		
黄色玉米											
	玉米麸			95.30	8.40	0.90	85.50		0.40	3.84	3.84
			N	6	6	6	1		6		
	脱水酒糟	5-02-842		94.00	27.00	9.00		13.00	2.20	3.84	3.80
			N	1	1	1		1	1		
	水溶性脱水酒糟	5-02-843 和		90.20	26.80	9.00		8.50	4.70	3.92	3.88
		5-28-236	*N*	893	880	465		1	135		
	干玉米淀粉渣	5-28-243 和		89.40	21.30	3.10		10.00	6.10	3.51	3.49
		5-02-903	*N*	132	187	69		1	26		
	面筋粉	5-28-242		86.50	56.30	2.20		1.30	2.90	3.94	3.93
			N	67	58	43		1	20		

续表 13-1

名称/性状描述		IFN[b]		DM[c]	CP[d]	Fat	TDF[e]	CF[f]	Ash	ME(犬)[g]/(kcal/g)	ME(猫)[g]/(kcal/g)
	玉米渣			90.00	8.80	1.20	1.60		0.40	3.64	3.64
			N	157	156	156	1		156		
	玉米粒	4-02-935		89.30	9.10	4.40		2.10	1.20	4.09	4.07
			N	12	9	6		2	5		
	脱胚玉米粉			88.40	8.50	1.70	7.40		0.60	3.59	3.59
			N	513	127	128	1		127		
	整粒玉米粉			89.70	8.10	3.60	7.30		1.10	3.72	3.71
			N	10	7	7	1		7		
	淀粉			91.70	0.30	0.10	0.90		0.10	3.67	3.67
			N	5	5	3	1		4		
	黑色玉米浆			77.20	0.00	0.00	0.00		4.00	3.06	3.06
			N	5	1	5	1		4		
亚麻籽（亚麻油）											
	整个			92.20	21.00	34.70	27.90	6.30	4.00	5.32	5.15
			N	3	3	3	2	1	3		
糖蜜											
	甜菜，蔗糖	4-00-668		78.00	6.70	0.10		0.00	9.00	3.64	3.64
			N	22	13	4		1	10		
燕麦											
	籽粒	4-03-309		90.00	11.90	4. 60		10.80	3.00	3.68	3.66
			N	177	309	146		1	104		
	(燕)麦片	4-03-331		92.00	16.00	6.00		2.60	2.20	4.11	4.08
			N	1	1	1		1	1		
豌豆											
	绿色生豌豆			21.10	5.40	0.40	5.10		0.90	0.83	0.83
			N	10	7	7	1		7		
土豆											
	带皮生土豆			8.00	2.00	0.00	2.40		0.80	0.29	0.29
			N	9	9	9	9		9		
大米											
	麸	4-03-928		90.60	14.00	13.80		11.40	9.40	3.86	3.79
			N	73	87	78		1	69		
	酒糟（碎的）	4-03-932		89.00	8.70	0.70		9.80			
			N	1	1	1		1			
	棕色，中间的籽粒			87.60	7.50	2.70	3.40		1.30	3.59	3.57
			N	4	7	5	1		4		
	棕色米粉			88.00	7.20	2.80	4.60		1.50	3.60	3.58
			N	3	3	3	1		3		
	白色米粉			88.10	6.00	1.40	2.40		0.60	3.57	3.56
			N	2	2	2	1		2		
	米糠	1-08-075		92.00	3.00	0.50		44.00	20.00	1.47	1.46
			N	1	1	1		1	1		
高粱											
	籽粒	4-20-893		87.00	8.80	2.90		2.30			
			N	1	1	1		1			

续表 13-1

名称/性状描述		IFN[b]		DM[c]	CP[d]	Fat	TDF[e]	CF[f]	Ash	ME(犬)[g] /(kcal/g)	ME(猫)[g] /(kcal/g)
大豆											
	脱脂豆粉			92.80	51.50	1.20	17.50		6.20	3.70	3.70
			N	6	6	6	1		2		
	全脂烘焙豆粉			96.20	38.10	21.90			5.90	4.84	4.73
			N	58	52	31			16		
	大豆皮	1-04-560		90.90	12.60	2.40		36.50	4.40	2.49	2.48
			N	131	139	78		1	46		
	可溶性豆粕	5-20-637 和		89.10	44.50	1.40		7.00	5.90	3.56	3.55
	(44%CP)	5-04-604	*N*	12	112	88		1	66		
	可溶性豆粕	5-20-638 和		89.50	48.20	1.00		3.90	5.70	3.66	3.66
	(不含豆皮)	5-04-612	*N*	562	550	42		1	119		
	(48%CP)										
糖											
	颗粒			100.00	0.00	0.00	0.00		0.00	4.00	4.00
			N	9	1	3	1		6		
	棕色			98.40	0.00	0.00	0.00		0.90	3.89	3.89
			N	5	1	1	1		5		
小麦											
	小麦粉			89.70	13.70	1.90	12.20		1.60	3.62	3.61
			N	15	16	10	1		14		
	胚芽			88.90	23.20	9.70	13.20		4.20	3.87	3.82
			N	10	7	8	1		9		
	胚芽粉	5-05-218		89.00	25.00	7.00		3.50	5.30	4.00	3.96
			N	1	1	1		1.00	1		
	未浓缩的白色			88.10	10.30	1.00	2.70		0.50	3.55	3.55
	面粉		*N*	72	61	29	1		61		
	粗面粉	4-05-205		89.50	16.60	4.00		7.50	4.50	3.72	3.70
			N	294	246	212		1	87		
	蜕皮下脚料			90.00	15.50	4.10		8.30	5.30	3.66	3.64
			N	1	1	1		1	1		
酵母											
	干酒糟酵母,圆	7-05-534		93.00	47.90	2.30		2.60	8.00	3.69	3.68
	酵母		*N*	2	2	2		2	1		

[a] 每种日粮成分给出 2 组数据:第 1 组数据表示每种成分在日粮中所占的百分比;第 2 组数据(*N*)表示样本量。

[b] 国际饲料号。

[c] 干物质。

[d] 粗蛋白质。

[e] 总膳食纤维。

[f] 粗纤维。

[g] 代谢能。

表 13-2　犬猫日粮中一些常见成分的碳水化合物和木质素的浓度(DM 基础)[a]　　g/kg

常用名		样品数量(*n*)	属/种	小相对分子质量的糖类								水溶性非纤维多糖							
				单糖	蔗糖	棉籽糖	水苏糖	总糖	淀粉	同质多糖体	β-葡萄糖	总S-NCP[b]	鼠李糖	阿拉伯糖	木糖	甘露糖	半乳糖	葡萄糖	糖醛酸
大麦			裸大麦																
	皮大麦	10		4	12	5	1	21	587	4	42	56	0	6	6	2	1	39	2
	裸大麦	6		n. m.[e]	n. m.[e]	n. m.[e]	n. m.[e]	n. m.[e]	645	n. m.[e]	42	50	0	3	4	1	1	41	1
	脱壳大麦	1		2	7	4	1	15	654	5	44	50	0	4	7	1	2	34	1
	带壳大麦粕	1		4	17	10	2	32	174	7	16	20	0	3	0	0	1	13	3
玉米		3	荚玉米	4	13	2	1	20	690	6	1	9	0	3	2	2	1	1	1
	筛选饲用细粉	2		6	29	4	1	40	566	2	1	10	0	1	2	1	1	0	4
	面筋段	1		2	2	1	1	6	207	0	1	6	0	1	1	3	0	2	0
	玉米淀粉渣	2		6	25	5	2	41	282	2	2	34	0	7	7	0	3	2	15
	玉米粉	2		4	6	1	0	10	902	2	1	8	0	3	3	1	1	0	1
	玉米麸	2		5	21	4	1	32	376	4	2	32	0	6	5	1	2	6	12
小麦		5	小麦	3	11	4	2	19	651	15	8	25	0	7	9	2	2	4	1
	小麦粉	2		1	8	3	3	17	820	16	4	16	0	3	7	0	2	2	2
	麸皮	3		7	30	12	4	53	222	20	24	29	0	7	10	1	2	8	2
	粗面粉	1		4	20	9	3	36	575	23	26	71	0	21	31	2	3	11	3
燕麦			燕麦																
	脱壳	3		2	11	3	2	17	468	3	28	40	0	3	2	2	2	28	3
	裸燕麦	4		n. m.[e]	n. m.[e]	n. m.[e]	n. m.[e]	n. m.[e]	557	n. m.[e]	41	54	0	3	2	1	2	45	2
	筛选饲用细粉	2		2	12	2	2	17	623	2	42	42	0	2	1	2	2	33	2
	燕麦片	1		2	12	3	2	19	646	1	42	48	0	4	2	0	2	38	2
	带壳粗粉	1		4	7	2	1	14	213	2	14	13	0	2	0	1	0	8	1
大豆			大豆																
	大豆粕	6		7	70	10	47	137	27	—	—	63	1	9	2	5	16	6	25
	浓缩大豆蛋白	1		4	0	2	14	21	69	—	—	81	1	13	5	2	30	2	27

续表 13-2

常用名		样品数量(*n*)	属/种	水溶性纤维多糖									碳水化合物和木质素				
				总I-NCP[c]	鼠李糖	阿拉伯糖	木糖	甘露糖	半乳糖	葡萄糖	糖醛酸	纤维素	总NSP[d]	硫酸盐木素	日粮纤维	分析	核算
大麦			大麦														
	皮大麦	10		88	0	22	50	2	2	8	4	43	186	35	221	834	823
	裸大麦	6		64	0	17	24	3	2	17	1	10	124	9	133	n. m.[e]	n. m.[e]
	脱壳大麦	1		58	0	17	29	2	0	8	2	19	127	19	146	819	834
	带壳大麦粕	1		267	0	48	184	3	5	12	15	192	478	115	594	806	786
玉米		3	玉米	66	0	19	28	1	4	9	6	22	97	11	108	823	830
	筛选饲用细粉	2		114	0	32	46	1	8	10	16	33	156	18	174	783	774
	面筋段	1		14	0	3	3	0	0	6	2	5	25	0	25	238	252
	玉米淀粉渣	2		242	0	61	97	4	15	14	51	75	351	32	383	708	710
	玉米粉	2		13	0	3	3	0	0	5	2	0	21	4	25	940	904
	玉米麸	2		240	0	66	111	3	18	10	32	83	354	25	379	791	775
小麦		5	小麦	74	0	22	38	1	2	7	4	20	119	19	138	823	814
	小麦粉	2		17	0	6	8	1	0	4	0	3	35	0	35	887	864
	麸皮	3		273	0	83	138	4	7	27	13	72	374	75	449	704	707
	粗面粉	1		101	0	27	36	6	4	21	7	19	190	11	201	836	809
燕麦			燕麦														
	脱壳	3		110	0	15	78	1	5	5	7	82	232	66	298	787	770
	裸燕麦	4		49	0	10	21	2	2	11	3	14	116	32	148	n. m.[e]	n. m.[e]
	筛选饲用细粉	2		39	0	8	15	1	1	10	3	8	89	19	108	749	748
	燕麦片	1		37	0	6	11	2	1	13	3	6	91	15	106	772	766
	带壳粗粉	1		295	0	26	212	1	9	12	35	196	505	148	653	882	855
大豆			大豆														
	大豆粕	6		92	2	17	17	8	25	1	23	62	217	16	233	400	416
	浓缩大豆蛋白	1		67	1	12	7	7	24	2	14	30	177	8	185	275	277

[a]改编自 Bach-Knudsen，1997。

[b] 水溶性非纤维多糖。

[c] 不可溶性非纤维多糖。

[d] 非淀粉多糖。

[e] 未测量。

表 13-3　选定饲料成分中总脂肪浓度和脂肪酸组成

成　分		总脂肪/%	脂肪酸的百分比																
			10∶0	12∶0	13∶0	13∶1	14∶0	14∶1	15∶0	16∶0	16∶1n-7	17∶0	17∶1	18∶0	18∶1n-9	18∶1n-7	18∶2n-6	18∶3n-6	18∶3n-3	20∶0
鸡肉		12.90	0.00	0.04	0.00	0.00	0.60	0.21	0.08	23.88	6.50	0.16	0.12	7.58	36.41	3.07	14.70	0.64	0.60	0.18
$N=64$	SD	1.67	0.01	0.03	0.00	0.00	0.10	0.08	0.03	1.01	0.66	0.06	0.11	0.77	1.43	0.43	3.11	2.69	0.19	0.10
羔羊肉		13.80	0.07	0.17	0.01	0.01	2.71	0.17	0.63	21.05	1.72	1.56	0.54	22.00	30.49	5.90	2.01	0.29	1.05	0.36
$N=42$	SD	1.63	0.05	0.10	0.04	0.03	0.69	0.10	0.15	1.02	0.41	0.22	0.33	3.22	1.35	1.04	0.53	0.29	0.31	0.22
牛肉		13.16	0.05	0.09	0.00	0.00	2.39	0.41	0.42	22.79	2.68	1.17	0.47	17.28	32.10	5.74	5.51	0.09	0.53	0.34
$N=8$	SD	0.88	0.02	0.02	0.00	0.00	0.49	0.14	0.29	1.82	0.20	0.39	0.30	1.96	4.26	1.83	2.17	0.18	0.21	0.21
小麦麸		4.93	0.00	0.00	0.00	0.00	0.12	0.00	0.13	16.63	0.15	0.12	0.00	1.11	17.30	1.04	56.11	0.00	4.40	0.23
$N=4$	SD	0.38	0.00	0.00	0.00	0.00	0.04	0.00	0.00	0.79	0.02	0.01	0.00	0.05	0.18	0.10	0.84	0.00	0.11	0.02
小麦粉		3.41	0.00	0.00	0.00	0.00	0.16	0.00	0.14	17.26	0.09	0.12	0.00	1.73	14.10	1.25	58.34	0.00	3.41	0.31
$N=6$	SD	0.58	0.00	0.00	0.00	0.00	0.12	0.00	0.07	1.14	0.07	0.04	0.00	0.88	1.92	0.36	0.87	0.00	0.60	0.17
麦粒		2.98	0.00	0.00	0.00	0.00	0.08	0.00	0.10	17.39	0.16	0.10	0.04	1.13	13.79	1.29	58.97	0.00	3.98	0.18
$N=4$	SD	0.17	0.00	0.00	0.00	0.00	0.01	0.00	0.00	0.28	0.01	0.03	0.05	0.09	0.29	0.12	0.96	0.00	0.11	0.03
全脂米糠		4.15	0.00	0.02	0.00	0.00	0.45	0.01	0.04	16.70	0.22	0.03	0.00	2.00	40.26	2.34	31.93	0.00	1.25	0.73
$N=8$	SD	0.50	0.00	0.01	0.00	0.00	0.34	0.15	0.23	0.42	0.37	0.43	0.07	2.53	2.75	0.79	4.66	0.15	0.04	0.13
大米蛋白质		6.73	0.00	0.00	0.00	0.00	0.07	0.01	0.03	23.79	0.15	0.06	0.02	2.23	29.31	1.09	38.89	0.00	1.39	0.51
$N=4$	SD	0.15	0.00	0.00	0.00	0.00	0.23	0.02	0.00	3.00	0.02	0.00	0.02	0.05	2.51	0.11	0.58	0.00	0.07	0.04
大米麸		5.15	0.00	0.00	0.00	0.00	0.84	0.00	0.05	29.84	0.11	0.00	0.00	2.83	26.01	1.23	33.30	0.00	0.91	0.61
$N=2$	SD	0.05	0.00	0.00	0.00	0.00	0.02	0.00	0.00	0.62	0.03	0.00	0.00	0.06	0.16	0.22	0.19	0.00	0.04	0.01
大米(整粒)		1.90	0.00	0.00	0.00	0.00	0.79	0.00	0.02	19.14	0.15	0.00	0.00	4.11	34.67	1.26	34.61	0.00	1.30	0.65
$N=8$	SD	0.70	0.00	0.00	0.00	0.00	0.16	0.00	0.02	1.46	0.06	0.03	0.00	1.74	2.10	0.44	2.49	0.00	0.25	0.07
玉米面筋		5.97	0.00	0.00	0.00	0.00	0.05	0.02	0.03	11.48	0.16	0.08	0.02	2.24	25.09	0.96	55.46	0.00	2.12	0.50
$N=6$	SD	1.31	0.00	0.00	0.00	0.00	0.00	0.02	0.00	0.28	0.02	0.00	0.02	0.03	0.30	0.05	0.14	0.00	0.03	0.03
干甜菜渣		1.70	0.00	0.00	0.00	0.00	0.35	0.00	0.40	20.16	0.45	0.07	0.06	1.46	14.66	1.14	47.34	0.11	3.78	0.09
$N=2$	SD	0.10	0.00	0.00	0.00	0.00	0.05	0.00	0.06	0.03	0.07	0.07	0.06	0.48	0.57	0.02	0.25	0.00	0.20	0.00
鲱鱼粉		12.40	0.06	0.05	0.00	0.00	4.46	0.08	0.41	16.24	3.89	0.08	0.00	3.37	16.65	2.50	4.48	0.09	0.94	0.18
$N=2$	SD	0.00	0.00	0.01	0.00	0.00	0.39	0.00	0.03	0.39	0.06	0.00	0.00	0.31	0.19	0.09	0.37	0.01	0.02	0.00

续表 13-3

成　　分		脂肪酸的百分比																	
		20：1n-9	20：2n-6	20：3n-9	20：3n-6 (5,11,14)	20：3n-6 (8,11,14)	20：3n-3	20：4n-6	20：5n-3	22：0	22：1n-9	22：2n-6	23：0	22：4n-6	22：5n-6	22：5n-3	24：0	22：6n-3	24：1
鸡肉粉		0.32	0.25	0.01	0.01	0.28	0.01	1.37	0.02	0.15	0.01	0.03	0.00	0.36	0.05	0.09	0.16	0.11	0.23
$N=64$	SD	0.11	0.08	0.04	0.06	0.14	0.05	0.37	0.08	0.06	0.03	0.05	0.00	0.10	0.06	0.06	0.06	0.04	0.08
羔羊肉粉		0.30	0.10	0.00	0.00	0.07	0.00	0.62	0.21	0.23	0.06	0.04	0.02	0.11	0.10	0.31	0.29	0.23	0.27
$N=42$	SD	0.23	0. 20	0.00	0.00	0.14	0.00	0.25	0.13	0.12	0.14	0.09	0.07	0.09	0.29	0.15	0.16	0.11	0.17
牛肉粉		0.50	0.26	0.00	0.00	0.28	0.16	0.62	0.02	0.12	0.20	0.08	0.00	0.17	0.00	0.10	0.13	0.11	0.13
$N=8$	SD	0.21	0.26	0.00	0.00	0.24	0.30	0.23	0.05	0.03	0.23	0.14	0.00	0.07	0.00	0.05	0.03	0.07	0.04
小麦麸		0.91	0.12	0.00	0.00	0.00	0.00	0.00	0.00	0.25	0.12	0.01	0.00	0.04	0.00	0.00	0.28	0.00	0.13
$N=4$	SD	0.09	0.03	0.00	0.00	0.00	0.00	0.00	0.00	0.01	0.01	0.03	0.00	0.05	0.00	0.00	0.02	0.00	0.02
小麦粉		0.82	0.12	0.00	0.00	0.00	0.00	0.00	0.00	0.26	0.18	0.00	0.00	0.02	0.00	0.00	0.42	0.00	0.15
$N=6$	SD	0.19	0.03	0.00	0.00	0.00	0.00	0.00	0.00	0.01	0.05	0.00	0.00	0.03	0.00	0.00	0.08	0.00	0.07
麦粒		0.95	0.12	0.00	0.00	0.00	0.00	0.00	0.00	0.27	0.16	0.00	0.00	0.04	0.00	0.00	0.37	0.00	0.13
$N=4$	SD	0.07	0.01	0.00	0.00	0.00	0.00	0.00	0.00	0.03	0.05	0.00	0.00	0.08	0.00	0.00	0.03	0.00	0.03
米糠		0.44	0.11	0.00	0.00	0.00	0.00	0.00	0.00	0.82	0.00	0.17	0.00	0.14	0.00	0.00	2.08	0.00	0.00
$N=8$	SD	0.11	0.21	0.00	0.00	0.23	0.21	0.00	0.05	0.11	0.17	0.10	0.00	0.07	0.00	0.00	0.37	0.33	0.23
大米蛋白质		0.36	0.00	0.00	0.00	0.00	0.00	0.00	0.00	0.22	0.00	0.02	0.00	0.03	0.00	0.00	0.52	0.00	0.00
$N=4$	SD	0.02	0.00	0.00	0.00	0.00	0.00	0.00	0.00	0.00	0.01	0.04	0.00	0.03	0.00	0.00	0.03	0.00	0.00
大米面筋蛋白		0.17	0.09	0.00	0.00	0.00	0.00	0.00	0.00	0.35	0.00	0.00	0.00	0.00	0.00	0.00	1.01	0.00	0.00
$N=2$	SD	0.04	0.09	0.00	0.00	0.00	0.00	0.00	0.00	0.04	0.00	0.00	0.00	0.00	0.00	0.00	0.06	0.00	0.00
米粒		0.42	0.00	0.00	0.00	0.00	0.00	0.00	0.00	0.34	0.00	0.11	0.00	0.04	0.00	0.00	0.75	0.00	0.00
$N=8$	SD	0.04	0.04	0.00	0.00	0.00	0.00	0.00	0.00	0.03	0.00	0.07	0.00	0.03	0.00	0.00	0.04	0.00	0.00
玉米面筋		0.27	0.01	0.00	0.00	0.00	0.00	0.00	0.00	0.40	0.00	0.00	0.00	0.09	0.00	0.52	0.52	0.00	0.00
$N=6$	SD	0.01	0.02	0.00	0.00	0.00	0.00	0.00	0.00	0.05	0.00	0.00	0.00	0.01	0.00	0.08	0.08	0.00	0.00
甜菜渣		0.48	1.19	0.37	0.00	0.00	0.00	0.10	0.00	0.77	0.20	0.08	0.00	1.65	0.43	0.06	0.06	0.00	0.18
$N=2$	SD	0.00	0.06	0.02	0.00	0.00	0.00	0.00	0.00	0.00	0.01	0.00	0.00	0.05	0.01	0.01	0.01	0.00	0.01
鲱鱼粉		6. 50	0.22	0.00	0.00	0.04	0.00	0.67	5.49	0.14	10.36	0.18	0.00	0.19	0.00	0.63	0.63	11.28	1.62
$N=2$	SD	0.08	0.01	0.00	0.00	0.00	0.00	0.02	0.30	0.01	0.04	0.01	0.00	0.02	0.00	0.03	0.03	0.08	0.09

表 13-4　选定脂肪和油中的脂肪酸组成[a]

液　　体	IFN[b]	选定脂肪酸，占总脂肪酸的百分比										
		<C10	C12∶0	C14∶0	C16∶0	C1∶1	C18∶0	C18∶1	C18∶2n-6	C18∶3n-3	C18∶4n-3	C20∶1
动物脂肪												
牛脂	4-08-127	0	0.9	2.7	24.9	4.2	18.9	36.0	3.1	0.6		
精选白脂膏		0.2	0.2	1.9	21.5	5.7	14.9	41.1	11.6	0.4		
猪脂	4-04-790	0.1	0.2	1.3	23.8	2.7	13.5	41.2	10.2	1.0		
家禽脂肪	4-09-319	0.0	0.1	0.9	21.6	5.7	6.0	37.3	19.5	1.0		
废弃油脂				1.9	16.2	2.5	10.5	47.5	17.5	1.9		
鱼油												
鲚鱼				7.4	17.4	10.5	4.0	11.6	1.2	0.8	3.0	1.6
鲱鱼	7-08-048		0.2	6.4	12.7	8.8	0.9	12.7	1.1	0.6	1.7	14.1
油鲱	7-08-049			7.3	19.0	9	4.2	13.2	1.3	0.3	2.8	2.0
毛鳞鱼	7-16-709			7.9	11.1	11.1	1.0	17.0	1.7	0.4	2.1	18.9
深海鳕鱼肝	7-01-994			3.2	13.5	9.8	2.7	23.7	1.4	0.6	0.9	7.4
鲑				4.9	13.2	13.2	2.2	13.3	0.9	0.5	1.1	17.2
鲑鱼(海中)				3.7	10.2	8.7	4.7	18.6	1.2	0.6	2.1	8.4
植物油												
巴西棕榈树		11.1	42.4	16.8	9.3		3.5	14.2	2.4			
琉璃苣		0.0	0.0	0.0	11.5		4.9	19.5	40.3			
芸薹(油菜籽)	4-06-144	0.0	0.0	0.0	4.0	0.2	1.8	56.1	20.3	9.3		
椰子	4-09-320	14.1	44.6	16.8	8.2	0.0	2.8	5.8	1.8	0.0		
玉米	4-07-882	0.0	0.0	0.0	10.9	0.0	1.8	24.2	59.0	0.7		
亚麻籽	4-14-502	0.0	0.0	0.0	5.3	0.0	4.1	20.2	12.7	53.3		
棉籽	4-20-836	0.0	0.0	0.8	22.7	0.8	2.3	17	51.5	0.2		
橄榄油		0.0	0.0	0.0	11.0	0.8	2.2	72.5	7.9	0.6		
棕榈		0.0	0.1	1.0	43.5	0.3	4.3	36.6	9.1	0.2		
棕榈果		6.7	48.2	16.2	8.4		2.5	15.3	2.3			
花生	4-03-658	0.0	0.0	0.1	9.5	0.1	2.2	44.8	32.0			
红花	4-20-526	0.0	0.0	0.1	6.2	0.4	2.3	11.7	74.1	0.4		
红花(高油)				0.1	6.8	0.1	2.3	12.0	77.7	0.4		0.1
芝麻		0.0	0.0	0.0	8.9	0.2	4.8	39.3	41.3	0.3		
大豆	4-07-983	0.0	0.0	0.1	10.3	0.2	3.8	22.8	51.0	6.8		
向日葵(高油)					3.7	0.1	5.4	81.3	9.0			
向日葵	4-20-833	0.0	0.0	0.0	5.4	0.2	3.5	45.3	39.8	0.2		

[a]某些脂肪和油中含有的一些重要脂肪酸显著高于上表中列出的数值，如下所示。

黄油：C4∶0，3.65%；C6∶0，2.2%；C15∶0，2.1%；C14∶1，0.8%。

花生油：C24∶0，1.5%。

油菜籽(高芥酸菜籽油)：C24∶0，1.0%；C22∶1，41.1%；C20∶2，0.7%。

芸薹(低芥酸菜籽油)：C24∶0，0.2%；C22∶1，0.7%；C20∶2，0.0%。

琉璃苣籽油：C16∶0，11.5%；C18∶0，4.9%；C18∶1n-9，19.5%；C18∶2n-6，40.3%；C18∶3n-6，22.1%。

月见草油：C16∶0，6.5%；C18∶0，1.8%；C18∶1n-9，8.6%；C18∶2n-6，73.5%；C18∶3n-6，8.7%。

黑加仑籽油：C16∶0，6.7%；C18∶0，1.6%；C18∶1n-9，11.3%；C18∶2n-6，47.1%；C18∶3n-6，15.3%；C18∶3n-3，13.1%。

[b] 国际饲料号。

[c] 饱和脂肪酸。

[d] 多不饱和脂肪酸。

[e] 单不饱和脂肪酸不在此统计范围之内。

资料来源：Belch 和 Hill，2000；Khan 和 Shahidi，2000；Senanayake 和 Shahidi，1999；Spurvey 和 Shahidi，2000。

续表 13-4

选定脂肪酸，占总脂肪酸的百分比						总 S[c]	总 PUFA[d]	PUFA[d]：	碘值	总	总
C20：4n-6	C20：5n-3	C22：1	C22：5n-3	C22：6n-3	>C20	/%	/%	S[c] 比率		n-6	n-3
					0.3	47.4	3.7	0.08	44.0	3.1	0.6
					1.8	38.7	12.0	0.31	60.0	11.6	0.4
					1.0	38.9	11.2	0.29	64.0	10.2	1.0
					1.2	28.6	20.5	0.71	78.0	19.5	1.0
					1.0	28.6	19.4	0.68	75.0	17.5	1.9
0.1	17.0	1.2	1.6	8.8		28.8	35.3	1.23		1.3	31.2
0.3	8.4	20.8	0.8	4.9		20.2	52.7	2.61		1.4	17.8
0.2	11	0.6	1.9	9.1		30.5	29.2	0.95		1.5	25.1
0.1	4.6	14.7	0.3	3.0		20.0	45.8	2.29		1.8	10.4
1.6	11.2	5.1	1.7	12.6		19.4	42.5	2.19		3.0	27.0
0.3	8.0	18.9	0.6	8.9		20.3	56.4	2.78		1.2	19.1
0.9	12.0	5.5	2.9	13.8		18.6	47.4	2.55		2.1	31.4
					0.1	83.1	2.4	0.03	15.0	2.4	
					3.6	5.8	29.6	5.10	118.0	20.3	9.3
					86.5	1.8	0.02	10.0	1.8	0.0	
					12.7	59.7	4.7	125.0	59.0	0.7	
					9.4	66.0	7.02		12.7	53.3	
					0.1	25.8	51.7	2.0	105.0	51.5	0.2
					0.3	13.2	8.5	0.64	86.0	7.9	0.6
					0.1	48.9	9.3	0.19	15.0	9.1	0.2
					0.2	82.0	2.3	0.03	50.0	2.3	
					6.4	11.8	32	2.71	92.0	32.0	
						8.6	74.5	8.66	140.0	74.1	0.4
					0.5	9.2	78.2	8.5	140.0	77.7	0.4
					0.2	13.7	41.6	3.04	110.0	41.3	0.3
					0.2	14.2	57.8	4.07	130.0	51.0	6.8
					0.4	9.1	9.0	0.99	85.0	9.0	
						8.9	40.0	4.49	133.0	39.8	0.2

表 13-5　选定饲料成分中的氨基酸组成

%

名称/性状描述	IFN[b]		DM[c]	CP[d]	Arg	His	Ile	Leu	Lys	Met	Cys	Phe	Tyr	Thr	Trp	Tau	Val
动物源性成分																	
腌肉																	
猪肉，熏制			68.40	8.70	0.53	0.25	0.35	0.60	0.64	0.19	0.09	0.33	0.25	0.33	0.08		0.42
		N	251	321	9	10	10	10	10	10	4	10	10	10	4		10
牛肉																	
肉，机械分离			40.60	15.00	1.15	0.44	0.58	1.20	1.16	0.43	0.23	0.64	0.38	0.47	0.17	0.008	0.92
		N	56	56	30	30	30	30	30	30	30	30	30	30	1	1	30
脱水肉汤（肉汁）			96.70	16.00													
		N	3	3													
生心脏			24.40	17.10	1.14	0.47	0.75	1.51	1.41	0.44	0.22	0.77	0.62	0.80	0.19	0.065	0.89
		N	15	4	1	1	1	1	1	1	1	1	1	1	1	3	1
生肾脏			23.00	16.60	0.97	0.43	0.68	1.33	1.10	0.35	0.05	0.50	0.62	0.80	0.23	0.023	1.04
		N	28	5	4	4	4	4	4	4	4	4	4	4	3	9	4
生肝脏			31.00	20.00	1.26	0.55	0.92	1.88	1.39	0.51	0.31	1.07	0.79	0.92	0.29	0.069	1.24
		N	50	6	1	1	1	1	1	1	1	1	1	1	1	8	1
生内脏			18.60	14.60	1.00	0.36	0.59	0.95	1.04	0.32	0.17	0.47	0.40	0.50	0.11		0.61
		N	6	11	6	5	6	6	7	9	4	8	7	7	5		6
鸡肉																	
生肉和皮			38.20	17.60	1.10	0.52	0.88	1.28	1.43	0.47	0.23	0.68	0.57	0.73	0.20		0.85
		N	1	1	1	1	1	1	1	1	1	1	1	1	1	1	1
脱水肉汤（肉汁）			97.70	16.70													
		N	4	4													
肌胃（砂囊）			23.80	18.20	1.31	0.37	0.86	1.28	1.26	0.48	0.24	0.76	0.55	0.84	0.16		0.82
		N	13	15	1	1	1	1	1	1	1	1	1	1	1		1
肝脏			26.40	18.00	1.10	0.48	0.95	1.62	1.36	0.43	0.24	0.89	0.63	0.80	0.25	0.110	1.13
		N	18	13	1	1	1	1	1	1	1	1	1	1	1	1	1
鸡蛋																	
风干的，整的			96.60	47.20	2.84	1.12	2.58	4.05	3.40	1.48	1.10	2.52	1.93	2.27	0.58		2.89
		N	3	3	1	1	1	1	1	1	1	1	1	1	1	1	1

续表 13-5

名称/性状描述	IFN[b]		DM[c]	CP[d]	Arg	His	Ile	Leu	Lys	Met	Cys	Phe	Tyr	Thr	Trp	Tau	Val
鱼																	
鲱鱼粉	5-02-009		91.20	62.50	3.64	1.64	2.48	4.46	4.74	1.73	0.53	2		2.69	0.58	0.320	2.91
		N	136	148	2	2	2	2	2	2	2	2		2	2	2	2
鲔鱼粉	5-02-023		93.00	53.00	3.20	1.80	2.40	3.80	3.90	1.50	0.40	2.50		2.50	0.71	0.106	2.80
		N	1	1	1	1	1	1	1	1	1	1		1	1	6	1
白色鱼粉	5-02-025		91.00	61.08	4.11	1.64	2.91	4.43	4.42	1.67	0.75	2.54	1.83	2.59	0.69		2.48
		N	2	2	2	2	2	2	2	2	2	2	1	2	2		2
羔羊肉																	
碎肉			40.50	16.60	0.98	0.52	0.80	1.29	1.46	0.43	0.20	0.67	0.56	0.71	0.19		0.89
		N	1	1	1	1	1	1	1	1	1	1	1	1	1		1
肝脏			28.60	20.40	1.14	0.48	0.88	1.67	1.10	0.44	0.21	0.91	0.73	0.88	0.24		1.12
		N	17	1	6	6	6	6	6	6	6	6	6	6	6		6
肉,机械分离			41.30	15.00	1.06	0.53	0.84	1.14	1.14	0.42		0.58		0.53			0.72
		N	5	1	1	1	1	1	1	1		1		1			1
畜肉(不包括鱼、禽)																	
粉料	5-09-323		93.90	54.10	3.82	1.11	1.60	3.41	2.91	0.77	0.61	1.93		1.83	0.36		2.40
		N	79	67	436	436	436	436	436	436	436	436		436	436		436
肉骨粉	5-00-388		94.00	50.90	3.55	0.96	1.41	3.12	2.64	0.71	0.52	1.71	1.20	1.67	0.30		2.14
		N	63	63	228	228	228	228	228	228	228	228	1	228	228		228
家禽																	
副产品	5-03-798		93.50	59.00	3.89	1.34	2.25	4.20	2.84	1.02	0.99	2.04	1.68	2.10	0.46	0.305	2.76
		N	2	2	2	2	2	2	2	2	2	2	1	2	2	12	2
虾																	
肉			24.10	20.30	1.78	0.41	0.99	1.61	1.77	0.57	0.23	0.86	0.68	0.82	0.28	0.039	0.96
		N	212	201	1	1	1	1	1	1	1	1	1	1	1	1	1
奶																	
脱脂奶粉	5-01-175		92.50	34.60	1.16	0.94	1.97	3.45	2.70	0.94	0.36	1.67	1.83	1.67	0.48	0.007	2.33
		N	2	2	2	2	2	2	2	2	2	2	1	2	2	1	2

续表 13-5

名称/性状描述	IFN[b]		DM[c]	CP[d]	Arg	His	Ile	Leu	Lys	Met	Cys	Phe	Tyr	Thr	Trp	Tau	Val
火鸡肉																	
机械脱骨			30.90	13.30	0.87	0.50	0.50	1.08	1.15	0.37	0.10	0.55	0.47	0.64	0.11	0.093	0.54
		N	21	21	1	1	1	1	1	1	1	1	1	1	1	3	1
乳清																	
粉状	4-01-182		93.50	12.50	0.37	0.19	0.86	1.20	1.04	0.20	0.30	0.37	0.25	0.85	0.20	0.066	0.69
		N	2	2	2	2	2	2	2	2	2	2	1	2	2	1	2
植物源性成分																	
大麦																	
籽粒	4-00-549		90.20	12.30	0.62	0.28	0.45	0.85	0.47	0.24	0.27	0.70	0.36	0.42	0.20		0.61
		N	9	14	62	62	62	62	67	63	40	62	59	62	30		62
甜菜(糖)																	
干甜菜渣	4-00-669		88.30	8.8	0.29	0.22	0.28	0.47	0.41	0.10	0.09	0.27	0.40	0.31	0.08		0.42
		N	200	183	13	13	13	13	13	13	13	13	1	13	13		13
胡萝卜																	
整的,生的			12.20	1.00	0.04	0.02	0.04	0.04	0.04	0.01	0.01	0.03	0.02	0.04	0.01		0.04
		N	238	183	59	59	60	60	64	64	12	60	13	60	57		60
谷类																	
谷类副产品	4-00-466		88.50	8.10	0.40	0.20	0.36	0.80	0.30	0.16	0.16	0.40		0.28	0.09		0.40
		N	62	62	1	1	1	1	1	1	1	1		1	1		1
菊苣																	
根			20.00	1.40													
		N	1	1													
黄色玉米																	
玉米麸			95.30	8.40													
		N	6	6													
脱水酒糟	5-02-842		94.00	27.00	1.00	0.60	0.93	2.60	0.90	0.45	0.32	0.60		0.30	0.21		1.20
		N	1	1	1	1	1	1	1	1	1	1		1	1		1
水溶性脱水酒糟	5-02-843 和 5-28-236		90.20	26.80	1.08	0.55	0.99	2.58	0.60	0.50	0.49	1.30		0.92	0.23		1.26
		N	893	880	13	13	13	13	13	13	13	13		13	13		13

续表 13-5

名称/性状描述	IFN[b]		DM[c]	CP[d]	Arg	His	Ile	Leu	Lys	Met	Cys	Phe	Tyr	Thr	Trp	Tau	Val
干玉米淀粉渣	5-28-243 和 5-02-903		89.40	21.30	0.83	0.63	0.65	1.91	0.58	0.36	0.46	0.78		0.75	0.12		0.96
		N	132	187	12	12	12	12	12	12	12	12		12	12		12
面筋粉	5-28-242		86.50	56.30	1.80	1.20	2.31	9.43	0.95	1.33	1.01	3.57	3.07	1.90	0.30		2.61
		N	67	58	119	119	119	119	119	119	119	119	1	119	119		119
玉米渣			90.00	8.80	0.44	0.27	0.31	1.08	0.25	0.18	0.16	0.43	0.36	0.33	0.06		0.44
		N	157	156	1	1	1	1	1	1	1	1	1	1	1		1
玉米粒	4-02-935		89.30	9.10	0.47	0.28	0.33	1.15	0.26	0.20	0.17	0.46	0.37	0.35	0.07		0.47
		N	12	9	33	21	37	37	103	36	32	37	36	37	18		36
脱胚玉米粒			88.40	8.50													
		N	513	127													
整粒玉米粉			89.70	8.10	0.41	0.25	0.29	1.00	0.23	0.17	0.15	0.40	0.33	0.31	0.06		0.41
		N	10	7	1	1	1	1	1	1	1	1	1	1	1		1
淀粉			91.70	0.30	0.01	0.01	0.01	0.04	0.01	0.01	0.01	0.01	0.01	0.01	0.00		0.01
		N	5	5	11	11	11	11	68	10	10	11	11	11	76		10
黑色玉米浆			77.20	0.00													
		N	5	1													
亚麻籽(亚麻油)																	
整个			92.20	21.00													
		N	3.00	3.00													
糖蜜																	
甜菜,蔗糖	4-00-668		78.00	6.70	3.25	1.05	2.94	2.38		0.15	0.55	1.79		1.04	0.30		2.22
		N	22	13	1	1	1	1		1	1	1		1	1		1
燕麦																	
籽粒	4-03-309		90.00	11.90	0.81	0.29	0.45	0.87	0.50	0.20	0.33	0.61	0.53	0.41	0.14		0.62
		N	177	309	19	19	19	19	19	19	19	19	1	19	19		19
(燕)麦片	4-03-331		92.00	16.00	0.90	0.25	0.50	1.00	0.45	0.20	0.26	0.65		0.50	0.18		0.65
		N	1	1	1	1	1	1	1	1	1	1		1	1		1

续表 13-5

名称/性状描述	IFN[b]		DM[c]	CP[d]	Arg	His	Ile	Leu	Lys	Met	Cys	Phe	Tyr	Thr	Trp	Tau	Val
豌豆																	
绿色生豌豆			21.10	5.40	0.43	0.11	0.20	0.32	0.32	0.08	0.03	0.20	0.11	0.20	0.04		0.24
		N	10	7	1	1	1	1	1	1	1	1	1	1	1		1
土豆																	
带皮生土豆			8.00	2.00	0.10	0.05	0.08	0.12	0.13	0.03	0.03	0.09	0.08	0.08	0.03		0.12
		N	9	9	9	9	7	7	7	7	6	7	6	7	6		7
大米																	
麦麸	4-03-928		90.60	14.00	1.09	0.39	0.48	0.99	0.65	0.29	0.31	0.66	0.42	0.54	0.16		0.73
		N	73	87	15	15	15	15	15	15	15	15	1	15	15		15
酒糟(碎的)	4-03-932		89.00	8.70	0.74	0.26	0.37	0.74	0.43	0.22	0.21	0.48	0.33	0.36	0.10		0.54
		N	1	1	1	1	1	1	1	1	1	1	1	1	1		1
棕色的,中间籽粒			87.60	7.50	0.57	0.19	0.32	0.62	0.29	0.17	0.09	0.39	0.28	0.28	0.10		0.44
		N	4	7	1	1	1	1	1	1	1	1	1	1	1		1
棕色米粉			88.00	7.20													
		N	3	3													
白色米粉			88.10	6.00	0.52	0.15	0.24	0.49	0.21	0.14	0.11	0.32	0.31	0.21	0.07		0.35
		N	2	2	30	30	30	30	31	19	27	29	29	30	20		30
米糠	1-08-075		92.00	3.00													
		N	1	1													
高粱																	
籽粒	4-20-893		87.00	8.80	0.35	0.22	0.35	1.14	0.21	0.16	0.17	0.47	0.34	0.29	0.08		0.44
		N	1	1	1	1	1	1	1	1	1	1	1	1	1		1
大豆																	
脱脂豆粉			92.80	51.50	3.65	1.27	2.28	3.93	3.13	0.63	0.76	2.45	1.78	2.04	0.68		2.35
		N	6	6	1	1	1	1	1	1	1	1	1	1	1		1
全脂烘焙豆粉			96.20	38.10	2.70	0.94	1.69	2.83	2.32	0.47	0.56	1.82	1.32	1.51	0.51		1.74
		N	58	52	1	1	1	1	1	1	1	1	1	1	1		1
大豆皮	1-04-560		90.90	12.60	0.65	0.36	0.49	0.82	0.79	0.15	0.22	0.55		0.45	0.14		0.58
		N	131	139	8	8	8	8	8	8	8	8		8	8		8

续表 13-5

名称/性状描述	IFN[b]		DM[c]	CP[d]	Arg	His	Ile	Leu	Lys	Met	Cys	Phe	Tyr	Thr	Trp	Tau	Val
可溶性豆粕(44%CP)	5-20-637 和 5-04-604		89.10	44.50	3.28	1.23	2.03	3.47	2.79	0.64	0.68	2.34	1.91	1.77	0.57		2.09
		N	12	112	346	346	346	346	346	346	346	346	1	346	346		346
可溶性豆粕(不含豆皮,48%CP)	5-20-638 和 5-04-612		89.50	48.20	3.52	1.33	2.20	3.76	3.03	0.69	0.72	2.53	1.95	1.91	0.61		2.23
		N	562	550	296	296	296	296	296	296	296	296	1	296	296		296
糖																	
颗粒状			100.0	0.00													
		N	9	1													
棕色			98.40	0.00													
		N	5	1													
小麦																	
小麦粉,整个的			89.70	13.70	0.64	0.32	0.51	0.93	0.38	0.21	0.32	0.65	0.40	0.40	0.21		0.62
		N	15	16	26	26	25	25	26	26	20	25	24	25	12		25
胚芽			88.90	23.20	1.87	0.64	0.85	1.57	1.47	0.46	0.46	0.93	0.70	0.97	0.32		1.20
		N	10	7	13	13	13	13	13	13	13	13	12	13	3		13
胚芽粉	5-05-218		89.00	25.00	1.83	0.62	0.79	1.10	1.37	0.42	0.46	0.93		0.94	0.30		1.12
		N	1	1	1	1	1	1	1	1	1	1		1	1		1
未浓缩的白色面粉			88.10	10.30	0.42	0.23	0.36	0.71	0.23	0.18	0.22	0.52	0.31	0.28	0.13		0.42
		N	72	61	51	51	68	68	69	67	63	58	56	67	39		58
粗面粉	4-05-205		89.50	16.60	0.97	0.45	0.57	1.10	0.60	0.26	0.34	0.73	0.45	0.51	0.21		0.77
		N	294	246	121	121	121	121	121	121	121	121	1	121	121		121
蜕皮下脚料			90.00	15.50													
		N	1	1													
酵母																	
干酒糟酵母,圆酵母	7-05-534		93.00	47.90	2.60	1.40	2.90	3.50	3.80	0.80	0.60	3.00		2.60	0.50	0.011	2.90
		N	2	2	1	1	1	1	1	1	1	1		1	1	3	1

[a] 每种日粮成分给出 2 组数据:第 1 组数据表示每种氨基酸在该种成分中所占的百分比;第 2 组数据(N)表示样本量。

[b] 国际饲料号。

[c] 干物质。

[d] 粗蛋白质。

表 13-6　选定饲料成分中的矿物质含量(饲喂基础)[a]

名称/性状描述	IFN[b]	DM[c] /%	Ca /%	P /%	可用 P/%	Mg /%	K /%	Na /%	Cl /%	S /%	Cu /(mg/kg)	Fe /(mg/kg)	Mn /(mg/kg)	Se /(mg/kg)	Zn /(mg/kg)
动物源性成分															
腌肉															
猪肉，熏制		68.40	0.01	0.14		0.01	0.15	0.73			0.64	6.00	0.00	0.25	12.00
	N	251	2	20		0	15	20			18	20	18	14	19
牛肉															
肉，机械分离		40.60	0.49	0.32		0.02	0.28	0.06			0.56	57.00	0.00	0.21	36.00
	N	56	55	28		1	1	1			20	36	1	1	47
脱水肉汤(肉汁)		96.70	0.06	0.32		0.05	0.45	16.98			0.00	10.00	5.00	0.28	
	N	3	1	2		2	2	3			1	1	3	1	1
生心脏		24.40	0.00	0.17		0.02	0.27	0.06			3.61	46.00	0.00	0.22	24.00
	N	15	7	7		7	7	11			8	10	2	3	38
生肾脏		23.00	0.01	0.21		0.02	0.26	0.18			4.69	74.00	1.00	1.49	19.00
	N	28	9	9		9	8	8			509	13	231	9	251
生肝脏		31.00	0.01	0.32		0.02	0.32	0.07			33.39	68.00	3.00	0.41	39.00
	N	50	1	10		13	10	9			311	33	232	6	293
生内脏		18.60	0.01	0.08		0.01	0.27	0.05			0.90	20.00	0.00	0.46	25.00
	N	6	1	1		1	1	1			1	4	1	1	10
鸡肉															
生肉和皮		38.20	0.01	0.17		0.02	0.20	0.07			0.74	10.00	0.00	0.14	12.00
	N	1	1	1		1	1	1			1	1	1	1	1
脱水肉汤(肉汁)		97.70	0.19	0.17		0.06	0.31	18.59			0.00	10.00	2.00	0.28	1.00
	N	4	1	2		2	1	3			1	1	1	1	1
肌胃(砂囊)		23.80	0.01	0.14		0.02	0.24	0.08			0.96	35.00	1.00	0.56	0.00
	N	13	10	10		10	10	10			10	10	10	1	8
肝脏		26.40	0.01	0.27		0.02	0.23	0.08	0.00		3.95	86.00	3.00	0.64	31.00
	N	18	10	10		10	10	10	10		20	10	10	6	8
鸡蛋															
风干的，整个的		96.60	0.22	0.82		0.04	0.49	0.52			1.96	68.00	1.00	1.20	53.00
	N	3	3	3		2	2	2			2	2	2	1	2

续表 13-6

名称/性状描述	IFN[b]		DM[c] /%	Ca /%	P /%	可用 P/%	Mg /%	K /%	Na /%	Cl /%	S /%	Cu /(mg/kg)	Fe /(mg/kg)	Mn /(mg/kg)	Se /(mg/kg)	Zn /(mg/kg)
鱼																
鲱鱼粉	5-02-009		91.20	4.87	2.78	2.61	0.18	0.68	0.62	0.75	1.04	6.41	518.00	29.00	2.06	102.00
		N	136	113	112		64	66	67	3	35	65	66	66	31	63
鲔鱼粉	5-02-023		93.00	8.40	4.20	4.20	0.30	0.40	0.70			6.00	650.00	10.00	4.00	240.00
		N	1	1	1	1	1	1	1			1	1	1	1	1
白色鱼粉	5-02-025		91.00	7.16	3.66	3.50	0.20	0.97	0.88	0.50	0.48	7.00	131.00	11.00	1.56	85.00
		N	2	2	2	1	2	2	2	2	1	2	2	2	2	2
羔羊肉																
碎肉			40.50	0.02	0.16		0.02	0.22	0.06			1.01	16.00	0.00	0.19	34.00
		N	1	1	1		1	1	1			1	1	1	1	1
肝脏			28.60	0.01	0.36		0.02	0.31	0.07			69.79	74.00	2.00	0.82	47.00
		N	17	1	1		1	1	1			520	1	13	13	8
肉,机械分离			41.30	0.16	0.34		0.02	0.29	0.06			0.58	59.00	0.00	0.20	37.00
		N	5	5	1		1	1	1			1	1	1	1	1
猪肉																
粉料	5-09-323		93.90	8.31	3.94		0.25	0.46	0.75	0.66	0.48	19.56	665.00	23.00	0.42	106.00
		N	79	63	63		63	63	63	2	30	63	63	11	35	11
肉骨粉	5-00-388		94.00	9.97	4.46		0.24	0.97	0.67	0.51	0.38	9.26	564.00	21.00	0.25	88.00
		N	63	52	52		52	52	52	3	14	52	52	52	1	52
家禽																
副产品	5-03-798		93.50	3.50	2.05		0.21	0.58	0.35	0.55	0.51	14.00	470.00	11.00	0.78	120.00
		N	2	2	2		2	2	2	2	2	2	2	2	2	2
虾																
肉			24.10	0.05	0.21		0.04	0.19	0.15			2.64	24.00	1.00	0.38	11.00
		N	212	117	112		6	27	26			285	8	1	15	275
奶																
脱脂奶粉	5-01-175		92.50	1.27	1.01	1.00	0.12	0.84	0.52	0.90	0.32	11.75	29.00	2.00	0.12	39.00
		N	2	2	2	1	2	2	2	1	2	2	2	2	2	1

续表 13-6

名称/性状描述	IFN[b]		DM[c] /%	Ca /%	P /%	可用 P/%	Mg /%	K /%	Na /%	Cl /%	S /%	Cu /(mg/kg)	Fe /(mg/kg)	Mn /(mg/kg)	Se /(mg/kg)	Zn /(mg/kg)
火鸡肉																
机械脱骨			30.90	0.15	0.12		0.01	0.17	0.05			0.93	16.00	0.00	0.27	29.00
		N	21	6	1		1	1	1			1	6	1	1	6
乳清																
粉状	4-01-182		93.50	0.92	0.78	0.79	0.13	1.13	1.30	1.50	1.04	44.55	145.00	7.00	0.07	3.00
		N	2	2	2	1	2	2	2	2	2	2	2	2	2	2
植物性源性成分																
大麦																
籽粒	4-00-549		90.20	0.04	0.29	0.15	0.13	0.46	0.01	0.15	0.15	5.28	40.00	19.00	0.15	28.00
		N	9	18	11	1	18	18	17	2	2	27	21	23	2	30
甜菜(糖)																
干甜菜渣	4-00-669		88.30	0.80	0.08		0.20	0.84	0.27	0.15	0.26	9.74	564.00	55.00	0.12	19.00
		N	200	172	154		154	154	154	18	57	154	154	154	11	154
胡萝卜																
整个的,生的			12.20	0.03	0.04		0.02	0.32	0.04			0.47	5.00	1.00	0.01	2.00
		N	238	236	237		237	239	243			90	241	229	6	222
谷类																
谷类副产品	4-00-466		88.50	0.15	0.26	0.18	0.09	0.29	0.53	0.72	0.09	3.57	219.00	24.00	0.40	70.00
		N	62	49	49	1	49	49	49	6	25	49	49	49	1	49
菊苣																
根			20.00	0.04	0.06		0.02	0.29	0.05			0.77	0.00	2.00	0.01	3.00
		N	1	1	1		1	1	1			1	1	1	1	1
黄色玉米																
玉米麸			95.30	0.04	0.07		0.06	0.04	0.01			2.48	28.00	1.00	0.17	16.00
		N	6	5	4		5	5	5			5	3	2	1	5
脱水酒糟	5-02-842		94.00	0.09	0.41	0.17	0.20	0.16	0.47	0.07	0.43	30.00	300.00	23.00	0.35	55.00
		N	1	1	1	1	1	1	1	1	1	1	1	1	1	1
水溶性脱水酒糟	5-02-843 和 5-28-236		90.20	0.20	0.75	0.40	0.30	0.99	0.27	0.23	0.40	7.28	161.00	24.00	0.35	59.00
		N	893	650	650	1	649	649	648	91	279	649	266	649	13	649

续表 13-6

名称/性状描述	IFN[b]		DM[c] /%	Ca /%	P /%	可用 P/%	Mg /%	K /%	Na /%	Cl /%	S /%	Cu /(mg/kg)	Fe /(mg/kg)	Mn /(mg/kg)	Se /(mg/kg)	Zn /(mg/kg)
干玉米淀粉渣	5-28-243 和 5-02-903		89.40	0.06	0.89	0.22	0.38	1.31	0.12	0.19	0.39	5.57	177.00	21.00	0.17	67.00
		N	132	145	145	1	145	145	84	3	66	145	145	145	13	145
面筋粉	5-28-242		86.50	0.05	0.52		0.12	0.40	0.04	0.07	0.73	3.84	124.00	13.00	0.35	42.00
		N	67	57	58		58	58	58	2	24	58	58	58	12	58
玉米渣			90.00	0.00	0.07		0.03	0.14	0.00			0.75	10.00	1.00	0.17	4.00
		N	157	1	1		1	22	154			4	1	4	1	4
玉米粒	4-02-935		89.30	0.01	0.23	0.09	0.11	0.30	0.03	0.04	0.08	3.11	29.00	6.00	0.13	21.00
		N	12	6	7	1	3	3	3	2	2	8	8	5	7	7
脱胚玉米粉			88.40	0.01	0.08		0.04	0.16	0.00			0.78	11.00	1.00	0.08	7.00
		N	513	8	8		8	24	114			23	1	3	13	27
整粒玉米粉			89.70	0.01	0.24		0.13	0.29	0.04			1.93	35.00	5.00	0.16	18.00
		N	10	9	3		6	6	6			6	9	3	1	6
淀粉			91.70	0.00	0.01		0.00	0.00	0.01			0.50	5.00	1.00	0.03	1.00
		N	5	7	3		7	7	4			2	6	3	8	6
黑色玉米浆			77.20	0.02	0.01		0.01	0.04	0.16			0.53	4.00	1.00	0.01	0.00
		N	5	1	1		1	1	2			5	1	5	1	5
亚麻籽(亚麻油)																
整个			92.20	0.20	0.50		0.36	0.70	0.03			10.41	62.00	33.00	0.06	42.00
		N	3	6	6		5	6	5			5	5	5	5	5
糖蜜																
甜菜,蔗糖	4-00-668		78	0.12	0.02		0.23	4.73	1.15	1.30	0.47	17.20	71.00	46.00		14.00
		N	22	14	12		11	11	9	1	10	8	9	8		5
燕麦																
籽粒	4-03-309		90.00	0.10	0.36		0.14	0.47	0.03	0.11	0.17	7.20	95.00	39.00	0.43	37.00
		N	177	222	229		206	205	102	1	31	184	185	194	69	197
(燕)麦片	4-03-331		92.00	0.07	0.45	0.17	0.09	0.34	0.05		0.20	6.40	35.00	29.00		
		N	1	1	1	1	1	1	1		1	1	1	1		

续表 13-6

名称/性状描述	IFN[b]		DM[c] /%	Ca /%	P /%	可用 P/%	Mg /%	K /%	Na /%	Cl /%	S /%	Cu /(mg/kg)	Fe /(mg/kg)	Mn /(mg/kg)	Se /(mg/kg)	Zn /(mg/kg)
豌豆																
绿色生豌豆			21.10	0.03	0.11		0.03	0.24	0.01			1.76	15.00	4.00	0.02	12.00
		N	10	8	8		8	10	7			7	8	7	1	7
土豆																
带皮生土豆			8.00	0.01	0.06		0.02	0.44	0.01			1.08	10.00	2.00	0.00	3.00
		N	9	9	9		9	9	9			9	9	9	229	9
大米																
麦麸	4-03-928		90.60	0.06	1.61		0.74	1.43	0.03	0.08	0.17	9.13	216.00	172.00	0.18	64.00
		N	73	70	70		62	67	55	3	27	58	58	24	9	56
酒糟(碎的)	4-03-932		89.00	0.08	0.08		0.11	0.13	0.07	0.08	0.06			18.00	0.27	17.00
		N	1	1	1		1	1	1	1	1			1	1	1
棕色的,中间的籽粒			87.60	0.03	0.26		0.14	0.27	0.00			2.77	18.00	37.00		20.00
		N	4	1	3		1	4	1			1	5	1		1
棕色米粉			88.00	0.01	0.34		0.11	0.29	0.01			2.30	20.00	40.00		25.00
		N	3	3	3		3	3	3			2	2	3		3
白色米粉			88.10	0.01	0.10		0.04	0.08	0.00			1.30	4.00	12.00	0.15	8.00
		N	2	2	2		2	2	2			2	2	2	2	2
米糠	1-08-075		92.00	0.04	0.10			0.40	0.08	0.07	0.08					
		N	1	1	1			1	1	1	1					
高粱																
籽粒	4-20-893		87.00	0.04	0.30		0.15	0.35	0.01	0.09	0.08	10.00	45.00	15.00	0.20	15.00
		N	1	1	1		1	1	1	1	1	1	1	1	1	1
大豆																
脱脂豆粉			92.80	0.24	0.67		0.29	2.38	0.02			40.65	92.00	30.00	17.00	25.00
		N	6	17	11		13	13	13			14	13	13	1	14
全脂烘焙豆粉	1-04-560		96.20	0.19	0.48		0.37	2.04	0.01			22.21	58.00	21.00	0.08	36.00
		N	58	1	1		1	1	1			1	1	1	1	1
大豆皮			90.90	0.57	0.15		0.23	1.37	0.01	0.05	0.11	9.09	549.00	24.00	0.19	32.00
		N	131	82	80		73	72	75	5	37	72	73	74	4	73

续表 13-6

名称/性状描述	IFN[b]		DM[c] /%	Ca /%	P /%	可用 P/%	Mg /%	K /%	Na /%	Cl /%	S /%	Cu /(mg/kg)	Fe /(mg/kg)	Mn /(mg/kg)	Se /(mg/kg)	Zn /(mg/kg)
可溶性豆粕(44% CP)	5-20-637 和 5-04-604		89.10	0.35	0.63		0.28	1.98	0.03	0.08	0.41	19.75	162.00	31.00	0.19	50.00
		N	12	27	30		20	22	13	2	7	16	16	16	43	14
可溶性豆粕(不含豆皮,48% CP)	5-20-638 和 5-04-612		89.50	0.31	0.63		0.26	2.16	0.03	0.12	0.35	14.32	184.00	36.00	0.12	52.00
		N	562	257	257		244	247	238	97	143	244	238	238	35	238
糖																
颗粒状的			100.00	0.00	0.00		0.00	0.00	0.00			0.43	1.00	0.00	0.01	0.00
		N	9	19	12		24	21	12			16	23	18	2	17
棕色			98.40	0.09	0.02		0.03	0.35	0.04			2.98	19.00	3.00	0.01	2.00
		N	5	6	4		6	6	6			6	6	7	4	6
小麦																
小麦粉			89.70	0.03	0.00		0.14	0.41	0.01			3.82	39.00	38.00	0.71	29.00
		N	15	8	8		6	7	7			11	8	10	3	11
胚芽			88.90	0.04	0.84		0.24	0.89	0.01			7.96	63.00	133.00	0.79	123.00
		N	10	6	6		6	6	6			6	7	9	1	6
胚芽粉	5-05-218		89.00	0.01	1.00	0.31	0.22	0.90	0.02	0.08	0.31	10.00	41.00	100.00	0.60	115.00
		N	1	1	1	1	1	1	1	1	1	1	1	1	1	1
未浓缩的白色面粉			88.10	0.02	0.11		0.02	0.11	0.00			1.44	12.00	7.00	0.34	7.00
		N	72	113	47		129	94	82			49	1	48	46	136
粗面粉	4-05-205		89.50	0.14	0.91		0.37	1.23	0.03	0.09	0.16	9.00	141.00	112.00	0.45	82.00
		N	294	196	197		182	183	171	17	59	176	178	176	10	172
蜕皮下脚料			90.00	0.10	1.02		0.47									
		N	1	1	1		1									
酵母																
干酒糟酵母,圆酵母	7-05-534		93.00	0.54	1.64	0.45	0.13	1.79	0.09	0.10	0.32	13.70	95.00	13.00	1.00	99.00
		N	2	2	2	1	2	2	2	2	2	2	2	2	2	2

[a] 每种日粮成分给出 2 组数据:第 1 组数据表示每种矿物质在该种成分中所占的百分比,第 2 组数据(N)表示样本量。

[b] 国际饲料号。

[c] 干物质。

表 13-7 选定饲料成分中的维生素含量(饲喂基础)[a]

mg/kg

名称/性状描述	IFN[b]	生物素	胆碱	叶酸酯	烟酸	泛酸	核黄素	硫胺素	维生素 B_6	维生素 B_{12}	胡萝卜素	维生素 E
动物源性成分												
腌肉												
猪肉,熏制				0.02	28.00	3.50	1.00	3.70	1.40	0.01		4.90
	N			7	18	6	18	18	18	15		1
牛肉												
肉,机械分离				0.05	25.00	2.80	1.20	0.70	2.90	0.03		
	N			1	1	1	1	1	1	1		
脱水肉汤(肉汁)				0.32	45.00	3.00	2.40	0.70	2.00	0.01		2.40
	N			1	2	1	2	1	1	1		1
生心脏				0.02	95.00	23.20	10.20	1.90	4.30	0.14		2.00
	N			1	1	1	1	1	2	2		1
生肾脏				0.08	80.00	36.40	25.50	3.80	5.10	0.27		2.00
	N			4	1	2	1	2	3	2		1
生肝脏				2.48	128.00	76.20	27.80	2.60	9.40	0.69		6.70
	N			9	3	2	3	2	4	9		1
生内脏				0.02	1.00	5.60	1.70	0.10	0.40	0.02		0.80
	N			1	1	1	3	6	1	1		1
鸡肉												
生肉和皮				0.06	63.00	9.20	1.70	1.10	3.30	0.00		
	N			1	1	1	1	1	1	1		
脱水肉汤(肉汁)				0.32	25.00	6.00	4.30	1.00	1.00	0.00		1.10
	N			1	2	1	2	1	1	1		1
肌胃(砂囊)				0.52	47.00	7.50	1.90	0.30	1.40	0.02		11.90
	N			3	8	1	8	8	6	2		1
肝脏				7.38	93.00	61.80	19.60	1.40	7.60	0.23		14.40
	N			3	8	6	10	8	7	4		1
鸡蛋												
风干的,整个的				1.71	3.00	59.10	15.40	2.00	3.90	0.04		43.80
	N			2	2	2	2	2	2	2		1

续表 13-7

名称/性状描述	IFN[b]		生物素	胆碱	叶酸酯	烟酸	泛酸	核黄素	硫胺素	维生素 B_6	维生素 B_{12}	胡萝卜素	维生素 E
鱼													
鲱鱼粉	5-02-009		0.15	3 080.00	1.00	55.00	8.80	4.80	0.20		0.15		5.70
		N	1	1	1	1	1	1	1		1		1
鲔鱼粉	5-02-023			3 050.00		65.00	8.80	8.80			0.14		5.60
		N		1		1	1	1			1		1
白色鱼粉	5-02-025		0.80	3 575.00	0.30	49.00	7.30	6.90	1.60	5.90	0.08		7.30
		N	1	2	1	2	2	2	2	1	2		2
羔羊肉													
碎肉					0.18	60.00	6.50	2.10	1.10	1.30	0.02		2.00
		N			1	1	1	1	1	1	1		1
肝脏					2.30	161.00	61.30	36.30	3.40	9.00	0.90		
		N			4	1	1	1	1	1	19		
肉，机械分离					0.05	25.00		1.20	0.70	1.10	0.03		
		N			1	1		1	1	1	1		
畜肉(不包括鱼、禽)													
粉料	5-09-323		0.14	2 200.00	0.60	59.00	5.80	5.20	0.20		0.09		
		N	1	1	1	1	1	1	1		1		
肉骨粉	5-00-388		0.14	1 996.00	0.30	46.00	4.10	4.40	0.80	12.80	70.00		1.00
		N	1	1	1	1	1	1	1	1	1		1
家禽													
副产品	5-03-798		0.30	5 966.00	1.00	40.00	10.60	10.50	1.00	4.40	0.31		2.10
		N	1	2	1	2	2	2	1	1	2		2
虾													
肉					0.03	26.00	2.80	0.30	0.30	1.00	0.01		8.20
		N			1	6	2	6	5	3	19		1
奶													
脱脂奶粉	5-01-175		0.33	1 322.00	0.62	12.00	35.80	20.60	3.50	0.40	0.03		9.00
		N	2	2	2	2	2	2	2	1	2		1
火鸡肉													
机械脱骨					0.07	20.00	6.70	1.30	0.50	2.10	0.00		
		N			1	1	1	1	1	1	1		

续表 13-7

名称/性状描述	IFN[b]		生物素	胆碱	叶酸酯	烟酸	泛酸	核黄素	硫胺素	维生素 B_6	维生素 B_{12}	胡萝卜素	维生素 E
乳清													
粉状	4-01-182		0.37	1 675.00	0.90	11.00	45.90	28.50	3.90	4.00	0.02		0.20
		N	2	2	1	2	2	2	2	1	2		1
植物源性成分													
大麦													
籽粒	4-00-549		0.18	1 009.00	0.20	53.00	5.70	2.40	5.00	3.10	0.00		20.70
		N	2	2	8	3	3	4	4	4	1		3
甜菜(糖)													
干甜菜渣	4-00-669			809.00		19.00	1.10	0.90	0.30	1.90	0.00	5.00	13.20
		N		2		2	2	2	2	1	1	2	1
胡萝卜													
整个的,生的					0.14	9.00	2.00	0.60	1.00	1.50	0.00		4.60
		N			9	23	11	177	179	21	1		1
谷类													
谷类副产品	4-00-466			1 230.00	0.15	18.00	14.50	1.50	1.50			5.00	25.00
		N		1	1	1	1	1	1			1	1
菊苣													
根					0.23	4.00	3.20	0.30	0.40	2.40	0.00		
		N			1	1	1	1	1	1	1		
黄色玉米													
玉米麸					0.04	27.00	6.40	1.00	0.10	1.50	0.00		23.20
		N			4	4	4	6	5	4	1		1
脱水酒糟	5-02-842		0.40	1 850.00	0.00	42.00	5.90	2.80	1.60			2.00	30.50
		N	1	1	1	1	1	1	1			1	1
水溶性脱水酒糟	5-02-843 和 5-28-236		0.30	3 400.00	0.88	80.00	11.40	9.00	3.50			4.00	40.00
		N	1	1	1	1	1	1	1			1	1
干玉米淀粉渣	5-28-2433 和 5-02-903		0.22	2 420.00	0.20	75.00	17.80	2.40	2.00			8.00	14.80
		N	1	1	1	1	1	1	1			1	1

续表 13-7

名称/性状描述	IFN[b]		生物素	胆碱	叶酸酯	烟酸	泛酸	核黄素	硫胺素	维生素 B_6	维生素 B_{12}	胡萝卜素	维生素 E
面筋粉	5-28-242		0.15	330.00	0.20	55.00	3.00	2.20	0.30	6.20			24.00
		N	1	1	1	1	1	1	1	1			1
玉米渣					0.05	12.00	4.90	0.40	1.30	1.50	0.00		2.60
		N			3	1	1	1	1	1	1		1
玉米粒	4-02-935		0.07	860.00	0.24	27.00	4.00	1.40	3.30	6.50	0.00	2.00	17.20
		N	2	2	3	3	3	3	3	3	1	1	3
脱胚玉米粉					0.48	10.00	3.10	0.50	1.40	2.60	0.00		3.30
		N			23	1	25	1	1	5	1		1
整粒玉米粉					0.25	36.00	4.30	2.00	3.90	3.00	0.00		6.70
		N			1	8	6	9	8	3	1		1
淀粉					0.00		0.00	0.00	0.00	0.00	0.00		0.00
		N			1	1	1	1.0	1	1	1		1
黑色玉米浆					0.00	0.00	0.20	0.10	0.10	0.10	0.00		0.00
		N			2	2	2	2	2	2	1		1
亚麻籽(亚麻油)													
整个					2.78	14.00	15.30	1.60	1.70	9.30	0.00		50.00
		N			1	1	1	1	1	1	1		1
糖蜜													
甜菜,蔗糖	4-00-608					48.00	4.60	2.40					
		N				1	1	1					
燕麦													
籽粒	4-03-309		0.27	946.00	0.30	12.00	7.80	1.10	6.00	1.00			20.00
		N	1	1	1	1	1	1	1	1			1
(燕)麦片	4-03-331		0.20	1 232.00	0.30	18.00	11.00	1.30	6.80				15.00
		N	1	1	1	1	1	1	1				1
豌豆													
绿色生豌豆					0.65	21.00	1.00	1.30	2.70	1.70	0.00		3.90
		N			1	7	1	7	7	7	1		1

续表 13-7

名称/性状描述	IFN[b]		生物素	胆碱	叶酸酯	烟酸	泛酸	核黄素	硫胺素	维生素 B_6	维生素 B_{12}	胡萝卜素	维生素 E
土豆													
带皮生土豆					0.28	14.00	3.70	0.20	0.70	1.80	0.00		0.20
		N			9	9	9	8	9	9	1		1
大米													
麦麸	4-03-928		0.42	1 135.00	2.20	293.00	23.00	2.50	22.50	14.00			60.00
		N	1	1	1	1	1	1	1	1			1
酒糟(碎的)	4-03-932		0.08	800.00	0.20	30.00	8.00	0.70	1.40	28.00			14.00
		N	1	1	1	1	1	1	1	1			1
棕色的,中间的籽粒					0.20	43.00	14.90	0.40	4.10	5.10	0.00		6.60
		N			1	5	1	5	5	1	1		1
棕色米粉					0.16	63.00	15.90	0.80	4.40	7.40	0.00		7.20
		N			6	3	3	3	3	3	1		1
白色米粉					0.04	26.00	8.20	0.20	1.40	4.40	0.00		1.30
		N			2	2	2	2	2	2	1		1
米糠	1-08-075												
		N											
高粱													
籽粒	4-20-893		0.26	668.00	0.20	41.00	12.40	1.30	3.00	5.20			7.00
		N	1	1	1	1	1	1	1	1			1
大豆													
脱脂豆粉					3.05	26.00	20.00	2.50	7.00	5.70	0.00		
		N			7	5	5	5	5	5	1		
全脂烘焙豆粉					2.27	33.00	12.10	9.40	4.10	3.50	0.00		
		N			1	1	1	1	1	1	1		
大豆皮	1-04-560												
		N											
可溶性豆粕 (44% CP)	5-20-637 和 5-04-604		0.32	2 794.00	1.30	29.00	16.00	2.90	4.50	6.00			2.00
		N	1	1	1	1	1	1	1	1			1

续表 13-7

名称/性状描述	IFN[b]		生物素	胆碱	叶酸酯	烟酸	泛酸	核黄素	硫胺素	维生素 B_6	维生素 B_{12}	胡萝卜素	维生素 E
可溶性豆粕(不含豆皮,48% CP)	5-20-638 和 5-04-612		0.32	2 731.00	1.30	22.00	15.00	2.90	3.20	5.00			3.00
		N	1	1	1	1	1	1	1	1			1
糖													
颗粒状的					0.00	0.00	0.00	0.20	0.00	0.00	0.00		0.00
		N			3	3	3	3	1	3	1		1
棕色					0.01	1.00	1.10	0.10	0.10	0.30	0.00		0.00
		N			2	5	5	4	5	5	1		1
小麦													
小麦粉					0.44	64.00	10.10	2.20	1.20	3.40	0.00		12.30
		N			7	8	2	20	20	3	1		1
胚芽					2.81	68.00	22.60	5.00	18.80	13.00	0.00		
		N			10	7	6	7	7	7	1		
胚芽粉	5-05-218			3 175.00	2.80		23.20	6.10	21.90				133.00
		N		1	1	0	1	1	1	0	0		1
未浓缩的白色面粉					0.26	13.00	4.40	0.40	1.20	0.40	0.00		0.60
		N			15	1	10	1	1	45	1		1
粗面粉	4-05-205		0.37	1 439.00	0.80	98.00	13.00	2.20	16.50	9.00			40.00
			1	1	1	1	1	1	1	1			1
蜕皮下脚料													
		N											
酵母													
干酒糟酵母,圆酵母	7-05-534		1.25	2 871.00	11.86	498.00	78.00	55.80	6.20	36.30	0.00		
		N	2	2	2	2	2	2	2	1	1		

[a]每种日粮成分给出 2 组数据:第 1 组数据表示每种维生素在该种成分中所占的百分比,第 2 组数据(*N*)表示样本量。

[b] 国际饲料号。

表 13-8 宠物饲料中选定原材料中大分子矿物质的来源 %

矿物质来源	IFN[a]	钙	磷	钠	钾	氯	镁
氯化铵	8-08-814	—	—	—	—	66.28	—
磷酸一氢铵	6-09-338	—	24.74	—	—	—	—
磷酸二氢铵	6-00-370	—	20.60	—	—	—	—
蒸骨粉	6-00-400	30.71	12.86	5.69	—	—	—
碳酸钙	6-01-069	39.39	—	—	—	—	—
无水氯化钙	6-20-774	36.11	—	—	—	63.89	—
二水合氯化钙	N/A	27.53	—	—	—	48.23	—
氢氧化钙	6-14-014	54.09	—	—	—	—	—
氧化钙	6-14-003	71.47	—	—	—	—	—
磷酸二氢钙	6-01-080	22.00	19.30	—	—	—	—
磷酸一氢钙	6-01-082	16.40	24.60	—	—	—	—
石灰石粉末	6-02-635	34.00	—	—	—	—	2.06
碳酸镁	6-02-754	—	—	—	—	—	30.81
六水合氯化镁	6-20-872	—	—	—	—	34.88	11.96
氧化镁	6-02-756	—	—	—	—	—	56.20
硫酸镁	6-02-758	—	—	—	—	—	9.80
牡蛎粉	6-03-481	38.00	—	—	—	—	—
脱氟磷酸盐	6-01-780	32.00	18.00	4.90	—	—	—
磷酸	6-03-707	—	31.60	—	—	—	—
碳酸氢钾	6-29-493	—	—	—	39.05	—	—
碳酸钾	6-09-336	—	—	—	56.58	—	—
氯化钾	6-03-755	—	—	1.00	57.00	47.30	—
碘化钾	6-03-759	—	—	—	21.00	—	—
硫酸钾	6-06-098	—	—	—	41.84	—	—
碳酸氢钠	6-04-272	—	—	27.00	—	—	—
碳酸钠	6-12-316	—	—	—	—	—	—
氯化钠	6-04-152	—	—	39.34	—	60.66	—
磷酸一氢钠	6-04-288	—	22.50	16.68	—	—	—
十水合硒酸钠	6-26-014	—	—	12.46	—	—	—
亚硒酸钠	6-26-013	—	—	26.60	—	—	—
硫酸钠	6-04-292	—	—	14.27	—	—	—

[a]国际饲料号。

表 13-9 宠物饲料中选定无机微量矿物质原料的组成成分 mg/kg

矿物质来源	分子式	IFN[a]	铜	碘	铁	锰	硒	锌	钴
碘酸钙	$Ca(IO_3)_2$	6-16-610	—	651 000	—	—	—	—	—
碳酸钴	$CoCO_3$	6-01-566	—	—	—	—	—	—	450 000
七水合硫酸钴	$CoSO_4 \cdot 7H_2O$	6-01-564	30	—	10	20	—	—	210 000
碳酸铜	$CuCO_3$	6-01-703	530 000	—	—	—	—	—	—
二水合氯化铜	$CuCl_2 \cdot 2H_2O$	6-01-705	372 000	—	—	—	—	—	—
氧化铜	CuO	6-01-711	798 800	—	—	—	—	—	—
五水合硫酸铜	$CuSO_4 \cdot 5H_2O$	6-01-720	254 500	—	—	—	—	—	—
碘化铜	CuI	6-01-721	333 600	666 400	—	—	—	—	—
氧化亚铜	Cu_2O	6-28-224	888 200	—	—	—	—	—	—
碳酸亚铁	$FeCO_3$	6-01-863	3 000	—	430 000	3 500	—	—	—
七水合硫酸亚铁	$FeSO_4 \cdot 7H_2O$	6-20-734	—	—	210 000	1 200	—	—	—
碳酸锰	$MnCO_3$	6-03-036	—	—	—	478 000	—	—	—
氯化锰	$MnCl_2$	6-03-038	—	—	—	430 000	—	—	—
氧化锰	MnO	6-03-056	2 000	—	34 000	600 000	—	—	—
一水合硫酸锰	$MnSO_4 \cdot H_2O$	N/A	—	—	400	325 069	—	—	—
五水合硫酸锰	$MnSO_4 \cdot 5H_2O$	N/A	—	—	—	227 891	—	—	—
碘化钾	KI	6-03-759	—	681 700	—	—	—	—	—
十水合硒酸钠	$Na_2SeO_4 \cdot 10H_2O$	6-26-014	—	—	—	—	213 920	—	—
亚硒酸钠	Na_2SeO_3	6-26-013	—	—	—	—	456 000	—	—
碳酸锌	$ZnCO_3$	6-05-549	—	—	—	—	—	521 400	—
氯化锌	$ZnCl_2$	6-05-551	—	—	—	—	—	479 700	—
氧化锌	ZnO	6-05-533	—	—	—	—	—	780 000	—
一水合硫酸锌	$ZnSO_4 \cdot H_2O$	6-05-555	—	—	—	—	—	363 600	—

[a]国际饲料号。

参考文献

Bach-Knudsen, K. E. 1997. Carbohydrate and lignin contents of plant materials used in animal feeding. Anim. Feed Sci. Technol. 67:319-338.

Belch, J. J. F., and A. Hill. 2000. Evening primrose oil and borage oil in rheumatologic conditions. J. Clin. Nutr. 71:3525-3565.

Khan, M. A., and F. Shahidi. 2000. Tocopherols and phospholipids enhance the oxidative stability of borage and evening primrose triacylglycerols. J. Food Lipids 7:143-150.

National Research Council (NRC). Nutrient Requirements of Swine. 1998. Washington, D.C.: National Academy Press.

Senanayake, S. P., and F. Shahidi. 1999. Enzyme-assisted acidolysis of borage and evening primrose oil. J. Agric. Food Chem. 47:3105-3112.

Spitze, A. R., D. L. Wong, Q. R. Rogers, and A. J. Fascetti. 2003. Taurine concentrations in animal feed ingredients; cooking influences taurine content. J. Anim. Physiol. Anim. Nutr. 87:251-262.

Spurvey, S. A., and F. Shahidi. 2000. Concentration of gamma linolenic acid (GLA) from borage oil by urea complexation: Optimization of reaction conditions. J. Food Lipids 7:163-174.

14

其他食物成分

Other Food Constituents

14.1 具有营养价值的组成成分

14.1.1 引言

自此书的上一版（National Research Council, 1985, 1986）发行至今，人们越来越关注日粮中那些会影响机体结构或功能的物质，而这些物质的缺乏并不被传统的营养标准界定为营养不足。很多这样的物质对于动物的正常生理代谢是至关重要的，但由于正常情况下机体自身可以通过日粮中的其他营养成分合成这些物质，因此不被认定为是必需营养物质。但如果日粮中添加了这些物质，不但可以增加其内源性产量，也有利于促进机体功能。其他一些在机体正常代谢功能中也可能起到很重要作用的物质是必须从外界获得，而不能自身合成的。但确定这些物质重要性的工作仍有待完成。目前也有一些物质添加到了犬猫的日粮中，但它们对正常代谢的作用未知，甚至可能没有作用。

现有的营养物质分类中已将一些这样的物质列入其中，在本书其他的篇幅中对它们也进行了详细讨论（如 ω-3 脂肪酸、膳食纤维、一些维生素和微量元素）。而其余的则不太适合上述的分类方法。由于这些物质的种类和功能广泛，所以这里只能讨论其中一些比较常用的物质。

根据美国食物添加剂健康和教育法令（DSHEA，1994）的规定，这些物质大多数被允许添加到人类食品中，并且在上市前无需进行功能和安全性的认证。然而，当美国食品药品监督管理局（FDA）认定 DSHEA 不适用于动物饲料时，很多类似物质作为犬猫日粮配方添加剂就失去了法律依据。因此，含有这些物质的宠物食品可能面临被管理部门划为不合格产品的窘境。另外，除非标明一种物质的作用是预防（而不是治疗）必需营养物质缺乏性疾病，否则如果宣称它可以治疗、预防、治愈或减轻某种疾病或症状，或者宣称它以有别于提供营养价值的方式影响着机体的结构和功能的话，则依据法律它将会被定义为药物。如果这样，这种产品在上市前就必须经过药品方面的认证与试验。因此，即使一些特殊物质允许在犬猫日粮中使用，厂家对它们功能方面的陈述仍会受到限制，包括下文要讲述的一些功能。

14.1.2 软骨保护剂

犬猫日粮中最常用的软骨保护剂是葡萄糖胺和硫酸软骨素。葡萄糖胺是一种机体可以利用日粮中其他成分自身合成的氨基糖类物质，在机体内它被进一步用于合成软骨和关节组织内的黏多糖（GAGs），同时还具有刺激 GAGs 的生成和抑制降解酶的作用。硫酸软骨素是 GAG 的一种形式，它由与少数蛋白质相结合的长碳链组成，它除了具有与葡萄糖胺相似的功能外，它还可以保持软骨组织水分，协助营养物质传递，并缓解关节受到的冲击。

商业用途的葡萄糖胺由螃蟹和虾壳含有的几丁质水解得到。多数的葡萄糖胺是以盐酸盐的形式得到，也存在硫酸盐形式。硫酸软骨素主要是从牛和猪的软骨组织中提取出来的。未发表的数据表明，其他一些会含有少许硫酸软骨素或其他 GAGs 的宠物食品原料包括肉类和禽类产品。

机体通过日粮中其他营养成分合成的葡萄糖胺和 GAGs 的量可以完全满足需要，因此，它们不是日粮中必须添加的营养物质。而且由于它们的功能作用模式，日粮中额外添加的假设前提是可能会增加易患骨关节疾病动物的内源性产量（尤其是对一些年老动物、大型和巨型犬以及工作犬)。

有一种形式的 GAG 可以用于治疗马和犬的骨关节炎。然而,它仅限于注射用药这一种形式,到目前为止,口服使用仍未获批准。尽管研究表明葡萄糖胺可以被犬的胃肠道吸收,但像硫酸软骨素这种大分子物质是否一样可以吸收仍存在质疑(Senikar 等,1986)。之后的大量研究工作证实小相对分子质量的硫酸软骨素在增加口服剂量后吸收率显著提高,并且滑液中硫酸软骨素的抗原决定簇浓度也有所上升(Johnson 等,2001;Adebowale 等,2002)。对犬使用口服软骨保护剂,尤其是同时使用盐酸葡萄糖胺和硫酸软骨素,在某种程度上具有一定的临床效果(Lippiello 等,1998;Anderson 等,1999;Canapp 等,1999)。但这些效果相对来说是短期的,并且试验结论是建立在对疼痛和运动性的主观评价上的。

其他一些物质也具有保护软骨功能,包括青口贝提取物和有机硫(MSM)等。青口贝提取物是由 GAGs、ω-3 脂肪酸和其他化合物组成的混合物,有报道说它对有慢性跛行症状的犬有益处(Bui 和 Bierer,2001)。然而,后续的研究没有证实这一结论(Dobenecker 等,2002)。对于 MSM 的相关报道,争议在于它可否作为机体可利用硫的来源(Parcell,2002),而硫是与关节结构和功能有关的物质(如葡萄糖胺)的组成成分之一。目前尚没有关于 MSM 对犬猫作用方面的研究报道。

实际上,至今还没有关于软骨保护剂对犬猫具有确定性的、长期安全性作用的研究报道。GAG 具有包括破坏正常凝血机制的潜在副作用(肝素也是一种 GAG)。在对犬猫的短期试验结果表明,在葡萄糖胺和硫酸软骨素的正常摄入量范围内显现副作用的几率很小(McNamara 等,1996,2000)。其中也采用一些体外试验,如在细胞培养液中加入硫酸软骨素的方法,来研究其对内源性产量的影响(Kim 和 Conrad,1974;Anderson 等,1999)。

有研究指出葡萄糖胺可能会引起或加剧胰岛素抗性(Kajinuma 等,1975;Robinson 等,1993;Almada 等,2000;Monauni 等,2000)。这表示犬使用这种物质的禁忌症可能会包括Ⅱ型糖尿病或存在患这种疾病的症状(如犬的肥胖)。但是,最近的研究证明葡萄糖胺和硫酸软骨素对糖代谢没有产生不良影响(Echard 等,2001)。

最后,由于 GAGs 可源于不同种的动物,而且其修饰蛋白也不尽相同,因此还可能会有潜在的过敏反应(特别是当不清楚 GAGs 的来源时)。综上所述,尽管软骨保护剂可以用于个别动物,但将其作为添加剂广泛使用于健康群体日粮中则为时尚早。

14.1.3 抗氧化剂

14.1.3.1 基本原理

抗氧化剂包括结构各异、功能各样、在机体内作用机制也互不相同的一类物质。而这类物质都具有抑制自由基形成,保护体内营养物质和其他化合物免于氧化损伤的作用。自由基是指含有至少一个未配对电子的化合物。自由基是正常代谢的产物,但当受到环境中刺激物如紫外线辐射、污染物、吸烟以及其他化学物质的影响时,也会诱发产生自由基。

自由基非常活跃,它们会破坏其他分子从而产生更多的自由基。这种连锁反应是很多疾病发病机理中的一部分,比如癌症、关节炎、心血管疾病、其他变性型疾病,甚至包括机体随年龄增长的衰老过程。免疫系统对自由基所造成的损伤十分敏感。由于氧是生命体的必需元素,所以不能完全避免氧化损伤和自由基的形成。因此,一旦造成损伤,就不能完全恢复。尽管如此,抗氧化剂仍可在一定程度上减少这种损伤,减缓自由基的形成。

14.1.3.2 维生素 E

维生素 E 的主要功能是防止细胞膜中多不饱和脂肪的过氧化,从而起到保护细胞膜的脂质。细胞膜上这些物质的氧化会破坏膜的完整性,以致细胞破裂。维生素 E 不能被机体合成,所以它是机体的必需营养物质。摄入多量的不饱和脂肪酸就需要相应的增加日粮中维生素 E 的含量。不过,超量摄入维生素 E 是否对健康有影响仍是个有待研究的问题。一项研究表明,犬的日粮中超量添加维生素 E 后,某些关于免疫功能的指标得到提高(Meydani 等,1998)。但是,对照组日粮中维生素 E 的添加量明显低于 AAFCO 所定的营养需要量标准。并且该试验没有设定维生素 E 摄入量在中等水平的对照组,因此,不能确定得到上述有利影响的最低维生素 E 添加量。对猫的一项研究表明,维生素 E 对于摄入丙二醇和洋葱粉而引起的海因茨氏体的形成和一些氧化损害有一定的预防和控制作用(Hill 等,2001)。

14.1.3.3 维生素 C

作为抗氧化剂的维生素 C 在细胞内和细胞外都起作用,它可与维生素 E 互作从而有助于后者恢复其功能。犬猫可以自身合成维生素 C,所以对于它们来说维生素 C 不是必需营养物质。人和豚鼠缺乏维生素 C 后都会有临床表现,但在犬猫身上没有发现这些情况。尽管如此,犬猫的日粮中添加维生素 C 仍被认为是有益的,尤其是当这些动物处在应激状态时。研究表明,动物处在一些疾病中或某种状态下,血清维生素 C 浓度会下降,而在日粮中添加维生素 C 会提高健康动物血清维生素 C 的浓度(Kronfeld 和 Donoghue,1988;Skinner 等,1999)。维生素 C 可以在一定程度上减缓摄入丙二醇和洋葱粉后所造成的过氧化损伤(Hill 等,2001)。目前还缺乏确凿的证据证明添加维生素 C 对犬和猫有益处,然而,研究表明,添加维生素 C 对某些种类动物的免疫功能有好处,也包括那些可以内源合成维生素 C 的动物(Machlin,1993)。

14.1.3.4 抗氧化剂中的微量元素

机体内许多抗氧化酶需要与微量元素结合,才能保证其结构完整、功能完善。这些微量元素包括硒(谷胱甘肽过氧化物酶)、铜、锌、锰(过氧化物歧化酶)和铁(过氧化氢酶)。倘若相应微量元素的供应十分充足,那么这些酶在体内的合成也会非常充分。目前为止,关于日粮中直接加入酶制剂会有某种益处的研究还未见报道。

其他一些抗氧化剂并不是酶,比如血浆铜蓝蛋白和铁蛋白,它们分别含有铜和铁元素。如同上文所提到的抗氧化剂,如果日粮中存在足量的微量元素,那就无需直接添加这些抗氧化剂。

14.1.3.5 β-胡萝卜素和其他类胡萝卜素

β-胡萝卜素和相关物质比如叶黄素和番茄红素来源于植物,犬猫自身不能大量合成。对于犬来说,β-胡萝卜素是维生素 A 的前体;而猫不能把 β-胡萝卜素转化为维生素 A。除了作为维生素 A 的前体,类胡萝卜素还具有抗氧化的作用(Machlin,1993)。犬猫的血浆和白细胞都能携带 β-胡萝卜素。现已证明 β-胡萝卜素可以刺激犬的免疫反应(Chew 等,2000b,c,d)。不过目前认为,高水平摄入 β-胡萝卜素对于人和实验动物具有氧化强化剂的作用(Alpha-Tocopherol,Beta-Carotene Cancer Prevention Study Group,1994)。

叶黄素的一个已知功能是阻碍人的视网膜老年性黄斑变性(Seddon 等,1994)。不过,由于犬和猫的视网膜上没有发现黄斑这种结构,因此叶黄素的此功能对于犬和猫几乎没有意义(Miller 等,1964)。

14.1.3.6 其他

据报道,有很多其他抗氧化剂已经应用于犬和猫。S-腺苷甲硫氨酸(SAMe)是谷胱甘肽的前体,用于保护肝功能(Center 等,1999;Davidson,2002)。在一个病例研究中,SAMe 成功地用于治疗犬的对乙酰氨基酚中毒(Wallace 等,2002)。辅酶 Q_{10}(泛醌)是一个对犬的心功能和口腔卫生有益处的抗氧化剂(Shizukuishi 等,1984;Harker-Murray 等,2000)。犬长期摄入 α-硫辛酸超过 6 个月,还原型和氧化型谷胱甘肽的比例就会增加(Zicker 等,2002)。不过,这些反应与剂量大小没有关系,添加量最低的一组反而增加得最显著。由于猫代谢 α-硫辛酸的酶活性低于犬,所以当 α-硫辛酸应用于猫时一定要谨慎(Hill 等,2002)。

由于猫对氧化损伤更加敏感,一些研究已经开始关注于抗氧化剂潜在的保护作用。在乙酰氨基酚中毒试验前提供生物类黄酮可以减少红细胞海因茨氏体的形成,但不能避免高铁血红蛋白症(Allison 等,2000)。虽然 N-乙酰半胱氨酸可以使血中还原型谷胱甘肽的浓度升高,但对于摄入了洋葱粉的猫,即使提前给予 N-乙酰半胱氨酸、维生素 E 或抗坏血酸盐(维生素 C),也不能显著减少红细胞海因茨氏体的形成(Hill 等,2001)。Hill 研究中的第二个试验使用和第一个试验同样的抗氧化剂,只是将刺激剂改为丙二醇。由于阳性组的猫摄入含有丙二醇的水量小于阴性对照组的,所以结果并不可信。当每组试验猫摄入丙二醇的量相同时,只有摄入 N-乙酰半胱氨酸的那组猫表现出抗氧化剂对海因茨氏体形成有明显的阻碍作用。

14.1.3.7 宠物食品中的使用

曾有人报道在犬猫日粮中添加“鸡尾酒”抗氧化剂

会产生有益效应。给犬猫提供含有维生素E、维生素C和β-胡萝卜素的复合添加剂可以增加血清维生素E浓度和降低血清烯基总量(脂质过氧化反应的生物标志物)(Jewell 等,2000)。阿拉斯加雪橇犬的日粮中添加β-胡萝卜素、叶黄素和维生素E,可以"抵消"运动对免疫力的负面影响(Chew 等,2000a)。据报道,在宠物食品中添加含有维生素E、维生素C、α-硫辛酸、L-肉毒碱和水果、蔬菜基质(包括类黄酮和类胡萝卜素)的一种"鸡尾酒"复合添加剂可以提高老龄犬的学习能力(Milgram 等,2002)。补充抗氧化剂可以延长成年犬对疫苗的免疫应答(Devlin 等,2001),但是 Devlin 的试验中没有透露配方中抗氧化剂的种类和数量。

随着研究的不断深入,人们将会发现更多抗氧化剂添加到犬猫日粮中所产生的益处。然而,多数添加抗氧化剂有益的证据都是在使用复合抗氧化剂的情况下得到的,也就是说难以评价某种抗氧化剂单独的作用。到目前为止,除了关于必需维生素和组成抗氧化剂的微量元素以外,相关抗氧化剂的其他资料仍很缺乏。

14.1.4 益生菌(可直接饲喂的微生物)和酶

益生菌,或称为可直接饲喂的微生物,是指在健康动物胃肠道内的活微生物菌群,如乳酸菌(*Lactobacillus*)、双歧杆菌(*Bifidobacterium*)和曲霉菌(*Aspergillus*)。将益生菌添加到日粮中,可以促进肠道内有益菌的生长,并抑制有害菌如沙门氏菌(*Salmonella*)和大肠埃希氏菌(*Escherichia coli*)等(Biourge 等,1998),从而改善肠道菌群。它们也可以合成维生素、酶和挥发性脂肪酸,其中挥发性脂肪酸有益于胃肠的健康和功能,同时益生菌还有助于营养物质的吸收,然而,一项研究表明犬摄入的杆菌(*Bacillus*)对机体干物质、蛋白质、脂肪和代谢能的消化率并无显著影响(Biourge 等,1998)。当嗜酸性乳酸菌(*Lactobacillus acidophillus*)和益生元寡果糖一起使用时,它们可稳定和有效地改善粪便质量以及氨和腐败物的产生(Swanson 等,2002)。有研究表明,幼犬日粮中添加活性粪肠球菌(*Enterococcus faecium*)确实可以有利于其免疫功能的增强(Benyacoub 等,2003)。

商业益生菌产品的微生物学评价表明,多数用于动物的微生物产品(包括犬猫)的活性微生物浓度要低于它所标注的水平,甚至有些根本没有有活性的益生菌(Weese,2002)。此外,一些产品还含有产品说明中没有标明的微生物,其中有些存在潜在危害,有些目前还不清楚它们的作用机理。

添加到宠物食品中的酶可以从植物中提取(如从木瓜中提取木瓜蛋白酶),但也可通过微生物发酵获得,而这些酶类同样可以作为益生元使用。研究表明,植酸酶可以提高动物饲料中磷的利用率(Lobo,2000),这样可以减少饲料中磷的添加量,从而降低磷的排放量。在家畜饲养管理中,对环境的影响是需要考虑的一个重要因素,但在宠物饲养方面目前来说对环境影响不会考虑太多。对于其他一些酶,如蛋白酶、脂肪酶和淀粉酶,从理论上讲都可以促进犬猫对营养物质的消化作用。Ackerman(1993)发现,犬猫食入商业酶类产品后对脂肪酸、微量元素和维生素的吸收率均得到提高,然而,对于日粮中已经含有足量营养物质的犬猫来说,添加这些酶的实际效果目前尚不清楚。

益生菌和酶与益生元(提供可以促进肠道有益菌的物质)相比有一个缺点,就是稳定性低,在加工和保存过程中易受到破坏。微生物和酶都必须保持活性才能产生作用,而且它们的作用效果也会非常短暂——动物一旦停止摄入,作用立即消失。不过这些技术限制没有阻碍益生菌和酶在宠物食品中的应用,我们应更多关注其添加方式的可行性以得到其潜在的益处。

14.1.5 中草药

中草药中包含纤维、糖类、油类、一些维生素和矿物质等营养物质,不过,一般情况下,它们对于动物营养摄取方面并无太大意义。宠物日粮中添加该类物质的意义在于或作为增味剂,或在于它们对机体的某种作用,尤其是从植物中提取出来的具有重要营养价值的成分。鉴于中草药的作用更倾向于药理方面,而不是营养方面,这里就不对这些物质的作用进行过多讨论了。

然而,这些物质添加到宠物食品所引起的安全问题是不能被忽略的。如巴西可可和麻黄(均含有刺激物可引起食欲减退)这些可以供人食用的物质用于犬后的副作用已被报道(Ooms 等,2001)。但一些相对副作用较小的类似物质也并不是完全被限制使用(如大蒜和洋葱),目前普遍认为将它们作为增味剂是安全的,但大量摄入也会引起氧化性损伤(Gfeller 和 Messonnier,1998)。事实上,在一些研究中曾经使用洋葱粉来诱导猫海因茨氏体的形成(Hill 等,2001)。尽管大蒜被认为对跳蚤和胃肠道寄生感染有预防和治疗作用,但是目前很少有证据支持这一说法,因此在宠物食品中加入大蒜仍被认为是轻率的行为。

另一个例子是贯叶连翘(圣约翰草)。它作为人类食用添加剂,主要用于镇定,并提供一定的满足感。不过,同属这种植物的很多亚种都是有毒的野草(Hulbert 和 Oehme,1977)。它发苦的味道也避免了家畜主动摄入,一旦误食,便会引起动物皮肤对紫外光的过敏反应,包括水泡、水肿和皮肤坏死等一系列症状,当宠物在草地中玩耍时,主人应该采取一定的预防措施。

14.1.6 其他

L-肉毒碱对于脂肪酸在细胞线粒体中的转移和代谢起很大作用。由于犬猫可以自身合成这种物质,所以它不作为必需营养物质。然而,临床调查发现美国可卡猎犬、杜宾犬和拳师犬等品种有缺乏 *L*-肉毒碱的情况,而这会导致扩张性心肌病的发生(Kittleson,2000),猫在缺乏牛磺酸的时候也会发生扩张性心肌病。据报道,一些临床情况证明日粮中添加 *L*-肉毒碱对减肥治疗有所帮助,它可以促进机体利用能量,还可以降低猫在减肥当中发生肝脂沉积症的风险(Blanchard,1997;Center 和 Sunvold,2000)。

丝兰属(*Yucca schidigera*)提取物虽然不是营养物质,但是,研究发现它可以减轻粪便的难闻臭味(Lowe 和 Kershaw,1997;Giffard 等,2001)。

14.2 对日粮造成技术性或非营养性影响的组成成分

14.2.1 引言

食物的功能不仅仅是提供营养。日粮必须在味觉、嗅觉、视觉和感觉方面都符合犬猫的偏好,才能使其采食大量的日粮以满足必需营养物质的需要量。因此,日粮中添加的很多成分起到食物成形、提供香味和其他非营养方面的作用。有的物质可以延缓营养物质的降解,有的可以降低对适口性有负面影响的化合物的生成量,还有的可以简化加工工艺。

根据美国联邦法规(CFR)第 21 条(Title 21)规定,很多因其工艺作用而添加到犬猫日粮当中的物质,必须认证其属于一般公认安全(GRAS)级别。有一些是科学研究证明了这些物质的安全性,而有一些是经过长期安全的使用证明了它们的安全性。一种物质达到了 GRAS 级别并不是暗示它没有毒性。如维生素 D 属于 GRAS 范围,但如果过量摄入也会引起严重的中毒症状。因此,一种物质达到了 GRAS 安全级别是指它要按照良好的加工方法和饲喂规范使用。

如果有足够的数据表明某种物质对犬猫具有安全性和实用性,那么即使它不属于 GRAS,也可以作为犬猫的食品添加剂使用。直接食品添加剂包括任何一种有目的性添加到食品中的成分,间接食品添加剂指那些在食品加工和包装等过程中进入食品的成分。间接食品添加剂有润滑油、塑料和纸质等成分。处理食品时使用的电离辐射,也被认为是直接食品添加剂。

14.2.2 防腐剂

14.2.2.1 乙氧喹

乙氧喹是人工合成的抗氧化防腐剂。40 多年前就已被批准作为动物性食品添加剂使用(21 CFR 573.380)。它可以延缓脂肪酸和脂溶性维生素的降解,延迟过氧化物的形成,这几点有益于保持含大量多不饱和脂肪食品(如鱼肉和维生素预混料)的质量和适口性。

尽管已经证实乙氧喹可以应用于动物食品,但从 20 世纪 80 年代后期,人们开始怀疑它对犬的安全性(Dzanis,1991)。当时的一位养犬者发现犬食入含有乙氧喹的食物后,肝癌发病率增高,在几年内,相似的报道相继出现。其报道的相关疾病也明显增多,如癌症、免疫功能紊乱、器官衰竭、过敏、生殖破坏和皮肤疾病,然而,并没有相关数据(Dzanis,1991)证实这些报道。有研究发现高剂量乙氧喹可以造成可逆性肝脏变化,并可以促使其他化学物质诱发癌症(Parke 等,1973;Fukushima 等,1984,1987)。一项研究报道了接受高剂量乙氧喹老鼠的肾脏有癌变症状,不过这个发现后来被推翻了(Manson 等,1987;Hard 和 Neal,

1990)。相比这些关于乙氧喹的负面作用的报道,也有研究发现乙氧喹的一些正面作用,如可以抑制其他化学物质引发肿瘤的形成(Tsuda 等,1984;Masui 等,1986;Manson 等,1987)。

此后对犬的研究一直没有发现副作用的证据,只有一个例外。在哺乳期母犬日粮中添加最大允许量的乙氧喹(150 mg/kg),结果发现肝细胞外沉积原卟啉Ⅸ,并伴随血清肝酶活性的轻微升高。原卟啉Ⅸ是合成血红素的正常中间产物,它在化学关系上与乙氧喹无关。当日粮中去除乙氧喹后,其影响会逐渐消失,所造成的临床症状也会随之消失。为了确保添加防腐剂的各个生长阶段日粮的安全性,包括妊娠期和哺乳期,食品生产商必须把乙氧喹的最大添加量降低到 75 mg/kg(FDA,1997)。

在出台 FDA 的这个标准前,多数含有乙氧喹的日粮就已经符合该标准要求。事实上,由于客户的关注,即使缺乏证明乙氧喹有害的科学根据,一些厂商还是把这种成分从食品配方中去掉了。然而现在的问题是,低剂量的乙氧喹是否能够延缓日粮的氧化损伤。在形成用量标准之前,我们仍采用高剂量添加法以防止氧化降解。目前没有关于乙氧喹对猫作用的报道。尽管 FDA 对于乙氧喹的要求没有应用于猫的食品,然而很多厂商已经去除或减少了产品中的乙氧喹含量。

14.2.2.2 丙二醇

丙二醇是一种保湿剂和抗菌防腐剂。它在动物饲料中是 GRAS 级别的多功能食品添加剂(21 CFR 582.1666)。在宠物食品中主要用途是保持食品的含水量,并同时抑制微生物的生长以防止腐败。因此,它对半干日粮特别有用,并可以提供能量,增加适口性。丙二醇也用于提供能量给患酮病的反刍动物。

在半干日粮中,丙二醇含量一般占到配方的 6%~12%。这个水平足以使猫的红细胞形成海因茨氏体,而不会引起贫血或其他的临床症状(Quast 等,1979)。而之后的一些研究证实,该水平含量的丙二醇可以引起猫的氧化损伤,包括缩短红细胞的半衰期,增加其他氧化剂损伤的敏感性,加快疾病进程,加剧肝及其他器官病变(Christopher,1989;Christopher 等,1989;Hickman 等,1990;Weiss 等,1990;Bauer 等,1991,1992)。不会引起副作用的浓度水平却并不能在半干食品中起到保湿剂的作用。因此,猫粮中禁止添加丙二醇,并且 CFR 特别说明了对于猫丙二醇不属于 GRAS(Dzanis,1994)。丙二醇作为脂溶性维生素预混料的载体时,在日粮中其含量要远小于能引起副作用的剂量水平,这是一个没有明文规定的但可以使用丙二醇的特例。其他一些化合物,如丙三醇和一些有机酸则可作为丙二醇的替代品。虽然到目前为止还没有发现丙二醇在犬上的应用会产生类似于猫的问题,但一些厂商还是已经用丙三醇等替代犬用日粮中的丙二醇。

14.2.2.3 其他

其他人工合成的抗氧化防腐剂包括叔丁基对甲酚(BHA)、二叔丁基对甲酚(BHT)和叔丁基对苯二酚(TBHQ)。有人质疑 BHA 和 BHT 作为人用添加剂存在潜在的致癌作用(Fukushima 等,1987),尽管如此,目前还是认为当总抗氧化剂含量不超过食物脂肪含量的 200 mg/kg 时,它们两个均属于 GRAS,无论用于人的食品还是动物饲料(21 CFR 182.3169,182.3173,582.3169,582.3173)。对于添加剂 TBHQ 在剂量方面也有同样的要求(21 CFR 172.185)。尽管没有正式批准在动物饲料中使用 TBHQ,根据 FDA 非正式的规定,AAFCO 已把它列为可在食物中添加的成分(AAFCO, 2003)。

包含维生素 E 形式的混合生育酚有与乙氧喹和其他人工合成防腐剂相似的抗氧化防腐剂功能(21 CFR 582.3890)。由于它们都是简单的植物提取物,并不需要复杂的化学合成工艺,所以生育酚经常被标明为“天然”防腐剂。不过,生育酚的添加量要稍高一些才能起到防腐作用,并且作用效果的时间也比合成防腐剂短(Gross 等,1994)。在生育酚的 4 种异构体中,γ-生育酚和 δ-生育酚是防腐效果最好的 2 种构型,α-生育酚是最有营养价值的构型。有别于维生素 E 的营养形式(α-生育酚),混合生育酚并不能在体外进行结构修饰(如形成乙酸酯、琥珀酸酯),使之转变为含有可以延缓氧化降解的形式。当做为营养性维生素的来源时,加入这些基团要谨慎,因为它在动物食入吸收前是以抗氧化形式存在的。不过,这样的化学修饰也会影响到食物中维生素 E 作为防腐剂的功能。当这些基团起作用时,混合生育酚也遭到了破坏。其他一些物质,如抗坏血酸、柠檬酸、迷迭香提取物有时也用于帮助生育酚恢复其功能,但迷迭香提取物禁止作为防腐剂。

安息香酸是一种抗真菌防腐剂。当添加量不超过配方的 0.1%时,安息香酸作为动物食品添加剂属于 GRAS 安全级别(21 CFR 582.3021)。由于对这种物质的代谢能力很弱，猫对它有很强的敏感性。报道称猫的最大耐受量为 15 d 连续摄入 200 mg/(kg BW·d)(Bedford 和 Clarke,1972)，因此剂量标准还是留有充足的安全余地的。如一只 4 kg 的成年猫每日摄食 80 g，如果日粮中安息香酸的含量为 0.1%，那么就相当于这只猫摄入安息香酸的量为 20 mg/(kg BW·d)。

亚硫酸氢钠、亚硫酸氢钾和焦亚硫酸钠都是制酒业最常用的防腐剂，主要用于消毒设备和抑制酵母生长。人们对亚硫酸盐副作用的抱怨促使商业酒标志成分的公开化。不过动物食品中的亚硫酸盐属于 GRAS，除了 2 个例外(21 CFR 582.3616，582.3637，582.3739，582.3776)：一是肉中使用亚硫酸盐可以掩盖肉质的腐败，所以这种情况不能使用亚硫酸盐；二是亚硫酸盐也可能会破坏维生素 B_1，所以当动物饲料以提供维生素 B_1 为目的时，亚硫酸盐不再是 GRAS。澳大利亚曾报道过犬和猫的维生素 B_1 缺乏症，其日粮中就含有二氧化硫(Studdert 和 Labue,1991)。由于亚硫酸盐对维生素 B_1 的这个潜在副作用，美国规定当某产品将作为犬猫唯一的食物来源时，该产品中不能含有亚硫酸盐。

之前美国农业局批准亚硝酸盐和硝酸盐用于供人食用的熟肉制品，以起到防腐和固色的作用(21 CFR 181.33，181.34)。当这 2 种物质的钠盐被用于制作熏鱼或作为零售产品供人们在家调制肉制品使用时，最终食物中的含量不得超过 500 mg/kg 的硝酸钠和 200 mg/kg 的亚硝酸钠(21 CFR 172.170，172.175)。在高温烹制过程中，亚硝酸盐会形成有致癌作用的亚硝胺，该问题在人用食品方面已经得到关注。但不管怎样，由于多数宠物食品不适合使用这类物质，所以它的应用也在动物食品方面受到限制。只有含有肉类的罐装宠物食品才可添加亚硝酸钠，其限制值为 20 mg/kg(21 CFR 573.700)，而硝酸钠或任何硝酸盐类化合物则被禁止应用于动物食品。

14.2.3 增味剂和提取物

14.2.3.1 助消化剂

助消化剂是通过化学或酶的方法水解各类动物组织的产物。根据相关法规这些水解产物被认为是天然增味剂[21 CFR 501.22(a)(3)]。助消化剂通过代替或加强食物原有的气味来达到提高适口性的目的。实际上添加少量就可以达到这个效果。不过，即使添加到有效浓度，助消化剂里的磷酸也足以影响总的磷摄入量。助消化剂中磷酸或其他的酸也会影响动物的尿 pH。

14.2.3.2 其他天然增味剂

从动物和植物产品中可以获得很多增味剂包括乳制品、蛋、香草(herb)和香料等。加工方法包括烘烤、蒸馏和发酵。

很多允许用于动物饲料和宠物食品的香料以及类似的增味剂有时也因其他用途而添加到产品中，如抗寄生虫感染作用(如大蒜)，抗氧化作用(如迷迭香)或其他作用(如香芹、姜黄、甘草和甘菊)。根据联邦法规，这些功用都不认为是合法用途，即使间接提出存在超出增味剂的其他功能，也会被相关法规处罚。目前很少有数据可以证明这些物质作为增味剂使用时的用量会对机体有什么益处。

14.2.3.3 人工增味剂

人工增味剂是人工合成的模仿香草、水果和其他很多香料气味的一系列化合物。允许添加到人用食品的人工香料也允许应用于动物食品。除了人工熏肉和腌肉香料外，人工增味剂很少应用于犬猫日粮，其主要用于治疗性产品。

14.2.4 食用色素

14.2.4.1 需经过认证的食用色素

认证的食用色素是一类用于替代或加强原有食物颜色的人工合成化合物(21 CFR 74.101-74.706)。这些物质在上市前需要经过批准程序，并且每一批产品都需要通过认证以确保其安全性。此外还要在产品标签上表明这些物质的颜色、所制定的号码(如红 40，蓝 1 等)。尽管目前宠物食品中色素添加剂的使用对产品适口性的影响仍存异议，但它确实迎合了宠物主人的喜好。只有通过认证的食用色素才能被人或动物食用。无论是经过认证还是未经过认证的食用色素都有一个潜在的缺点，就是它会改变粪便的颜色。虽然这对于动物来说可能是无害的，但是这样的粪便一旦接触家具或地面，就有可能留下无法清洗掉的色斑。

14.2.4.2 不需经过认证的食用色素

被批准且免于认证的色素添加剂，可以是人工合成物(如氧化铁、二氧化钛),但更多的是从天然原料中获得的,如香料(辣椒、藏红花)、水果和蔬菜、焦糖和其他一些来源(如来自昆虫 *Dactyloptus coccus* 的胭脂红色)(21 CFR 73.1-73.1991)。不管它们的来源如何,没有一种色素可以说是"天然"色素,因为任何一种添加物只要改变食物原有颜色即是"人工"的颜色[21 CFR 501.22(a)(4)]。如一种食物中加入了甜菜,其颜色会改变,并且食物的营养成分和气味也会改变。而加入甜菜汁(21 CFR 73.260)不会改变食物的营养成分和气味,但会改变食物的颜色,所以此食物最终的颜色仍不能被认为是天然的。此外,一种物质被批准作为色素使用,不意味着它也可以作为营养来源或是其他功能出现在食品中(如作为叶黄素来源的万寿菊)(21 CFR 73.295)。

14.2.4.3 氧化铁和二氧化钛

氧化铁是人工合成的但无需认证的食用色素。它可以使犬猫的食物变为肉质的颜色(21 CFR 73.200)。它的最大允许添加量是产品质量的 0.25%。这个水平已经可以影响食品配方中的铁元素总含量。不过,犬猫对氧化铁的生物利用率很低(Chausow 和 Czarnecki-Maulden,1987)。因此,它不能作为食物中铁元素的营养来源。所以当考虑宠物食品中铁的含量是否达到 AAFCO 的犬猫食物营养标准(AAFCO Dog and Cat Food Nutrient Profiles,2003)时,不能把氧化铁中铁元素的量计算在内。

二氧化钛是另一种常用的色素添加剂。因为它可以使物质表现出一种灿烂的白色,所以经常用于化妆品。不过在和其他色素同时作为添加剂使用时,它也可以增强那种颜色的色泽。它的最大允许添加量是产品质量的 1%(21 CFR 73.575)。

14.2.5 其他添加剂

很多被批准的添加剂的作用,是简化加工工艺,增加食物的稳定性,利于食品成形和影响其他一些食品工艺方面的性质。包括抗结剂(主要是硅盐)、除尘剂和模具润滑剂如矿物油、乳化剂、树胶、稳定剂和螯合剂。螯合剂如六偏磷酸钠,也用于控制牙结石的形成(Stookey 等,1995,1996)。它通过螯合矿物质形成可溶性化合物,起到预防牙菌斑矿化形成牙结石的作用。不过,尽管这些物质作为食品工艺性的添加剂属于 GRAS,但是目前为止,用于影响牙结石形成而使用的螯合剂仍未获批准。

参考文献

Ackerman, L. 1993. Effect of an enzyme supplement on selected nutrient levels. J. Vet. Allerg. Clin. Immun. 2:25-29.

Adebowale, A., J. Du, Z. Liang, J. L. Leslie, and N. D. Eddington. 2002. The bioavailability and pharmacokinetics of glucosamine hydrochloride and low molecular weight chondroitin sulfate after single and multiple doses to beagle dogs. Biopharm. Drug Dispos. 23:217-225.

Allison, R. W., E. D. Lassen, M. J. Burkhard, and M. R. Lappin. 2000. Effect of a bioflavonoid dietary supplement on acetaminophen-induced oxidative injury to feline erythrocytes. J. Am. Vet. Med. Assoc. 217:1157-1161.

Almada, A. L., F. W. Harvey, and K. J. Platt. 2000. Effect of chronic oral glucosamine sulfate upon fasting insulin resistance index (FIRI) in non-diabetic subjects (abs). Proceedings FASEB S21.15:A750.

Alpha-Tocopherol, Beta-Carotene Cancer Prevention Study Group. 1994. The effect of vitamin E and beta carotene on the incidence of lung cancer and other cancers in male smokers. New Engl. J. Med. 330:1029-1035.

Anderson, C. C., J. L. Cook, J. M. Kreeger, J. L. Tomlinson, and C. C. Wagner-Mann. 1999a. In vitro effects of glucosamine and acetylsalicilate on canine chondrocytes in three-dimensional culture. Am. J. Vet. Res. 60:1546-1551.

Anderson, M. A., M. R. Slater, and T. A. Hammand. 1999b. Results of a survey of small animal practitioners on the perceived clinical efficacy and safety of an oral nutraceutical. Prev. Vet. Med. 38:65-73.

Association of American Feed Control Officials (AAFCO). 2003. Official Publication. West Lafayette, Ind.: AAFCO.

Bauer, M. C., D. J. Weiss, and V. Perman. 1991. Hematologic alterations in adult cats fed 6 or 12% propylene glycol. Am. J. Vet. Res. 53:69-72.

Bauer, M. C., D. J. Weiss, and V. Perman. 1992. Hematological alterations in kittens induced by 6 and 12% dietary propylene glycol. Vet. Hum. Toxicol. 34:127-130.

Bedford, P. G. C., and E. G. C. Clarke. 1972. Experimental benzoic acid poisoning in the cat. Vet. Rec. 90:53.

Benyacoub, J., G. L. Czarnecki-Maulden, C. Cavadini, T. Sauthier, R. E. Anderson, E. J. Schiffrin, and T. von der Weid. 2003. Supplementation of food with *Enterococcus faecium* (SF68) stimulates immune functions in young dogs. J. Nutr. 133:1158-1162.

Biourge, V., C. Vallet, A. Levesque, R. Sergheaert, S. Chevalier, and J. L. Roberton. 1998. The use of probiotics in the diet of dogs. J. Nutr. 128:2730S-2732S.

Blanchard, G. 1997. Carnitine and feline hepatic lipidosis. Pp. 33-35 in American College of Veterinary Internal Medicine Veterinary Medical Forum Proceedings, Lake Buena Vista, Fla.

Bui, L. M., and T. Bierer. 2001. Influence of green lipped mussels (*Perna canaliculus*) in alleviating signs of arthritis in dogs. Vet. Therapeutics 2:101-111.

Canapp, S. O., R. M. McLaughlin, J. J. Hosknson, J. K. Roush, and M. D. Butine. 1999. Scintigraphic evaluation of dogs with acute synovitis after treatment with glucosamine hydrochloride and chondroitin sulfate. Am. J. Vet. Res. 60:1552-1557.

Center, S. A., and G. D. Sunvold. 2000. Investigations of the effect of *l*-carnitine on weight reduction, body condition and metabolism in obese dogs and cats. Pp. 113-122 in Recent Advances in Canine and Feline Nutrition, Volume III, G. A. Reinhart and D. P. Carey, eds. Wilmington, Ohio: Orange Frazer Press.

Center, S. A., K. Warner, and W. F. Hoffman. 1999. Influence of *S*-adenosyl-methionine on metabolic and morphologic hepatocellular features induced by chronic glucocorticoid administration in dogs. Proceedings ACVIM 40.

Chausow, D. G., and G. L. Czarnecki-Maulden. 1987. Estimation of the dietary iron requirement of the weanling puppy and kitten. J. Nutr. 117:928-932.

Chew, B. P., J. S. Park, H. W. Kim, T. S. Wong, C. Cerveny, H. J. Park, C. R. Baskin, K. W. Hinchcliff, R. A. Swenson, G. A. Reinhart, J. R. Burr, and M. G. Hayek. 2000a. Effects of heavy exercise and the role of dietary antioxidants on immune response in the Alaskan sled dog. Pp. 531-539 in Recent Advances in Canine and Feline Nutrition, Volume III, G. A. Reinhart and D. P. Carey, eds. Wilmington, Ohio: Orange Frazer Press.

Chew, B.P., J. S. Park, B. C. Weng, T. S. Wong, M. G. Hayek, and G. A. Reinhart. 2000b. Dietary beta-carotene is taken up by plasma and leukocytes in dogs. J. Nutr. 130:1788-1791.

Chew, B. P., J. S. Park, B. C. Weng, T. S. Wong, M. G. Hayek, and G. A. Reinhart. 2000c. Dietary beta-carotene is taken up by plasma and leukocytes in domestic cats. J. Nutr. 130:2322-2325.

Chew, B.P., J. S. Park, T. S. Wong, B. C. Weng, T. S. Wong, M. G. Hayek, and G. A. Reinhart. 2000d. Dietary beta-carotene stimulates cell-mediated and humoral immune response in dogs. J. Nutr. 130:1910-1913.

Christopher, M. M. 1989. Relation of endogenous Heinz bodies to disease and anemia in cats: 120 cases (1978-1987). J. Am. Vet. Med. Assoc.194:1089-1095.

Christopher, M. M., V. Perman, and J. W. Eaton. 1989. Contribution of propylene glycol-induced Heinz body formation to anemia in cats. J. Am. Vet. Med. Assoc. 194:1045-1055.

Davidson, G. 2002. S-Adenosylmethionine improves hepatic function. 2002. Comp. Cont. Educ. Pract. Vet. 24:600-603.

Devlin, P., S. Koelsch, P. Heaton, B. Smith, and J. Harper. 2001. The maintenance of a vaccine-induced immune response in adult and senior dogs fed an antioxidant-supplemented diet. Comp. Cont. Educ. Pract. Vet. 23(suppl) (9A):96.

Dobenecker, B., Y. Beetz, and E. Kienzle. 2002. A placebo-controlled double-blind study on the effect of nutraceuticals (chondroitin sulfate and mussel extract) in dogs with joint diseases as perceived by their owners. J. Nutr. 132(suppl):1690S-1691S.

Dzanis, D. A. 1991. Safety of ethoxyquin in dog foods. J. Nutr. 121(suppl):S163-S164.

Dzanis, D. A. 1994. Propylene glycol unsafe for use in cat foods. FDA Vet 9(1):1-3.

Echard, B. W., N. A. Talpur, K. A. Funk, D. Bagchi, and H. G. Preuss. 2001. Effects of oral glucosamine and chondroitin sulfate alone and in combination on the metabolism of SHR and SD rats. Mol. Cell. Biochem. 225:85-91.

Food and Drug Administration (FDA). 1997. FDA requests that ethoxyquin levels be reduced in dog foods. FDA Vet. 12(5).

Fukushima, S., Y. Y. Kurata, M. A. Shibata, E. Ikawa, and N. Ito. 1984. Promotion by ascorbic acid, sodium erythorbate and ethoxyquin of neoplastic lesions in rats initiated by *N*-butyl-*N*-(4-hydroxybutyl)nitrosamine. Cancer Lett. 23:29-37.

Fukushima, S., T. Sakata, Y. Tagawa, M. A. Shibata, M. Horose, and N. Ito. 1987. Different modifying response of butylated hydroxyanisole, butylated hydroxytoluene, and other antioxidants in *N,N*-dibutylnitrosamine esophagus and forestomach carcinogenesis of rats. Cancer Res. 47:2113-2116.

Gfeller, R. W., and S. P. Messonnier. 1998. Pp. 197-198 in Handbook of Small Animal Toxicology and Poisonings. St. Louis: Mosby, Inc.

Giffard, C. J., S. B. Collins, N. C. Stoodley, R. F. Butterwick, and R. M. Batt. 2001. Administration of charcoal, *Yucca schidigera*, and zinc acetate to reduce malodorous flatulence in dogs. J. Am. Vet. Med. Assoc. 218:892-896.

Gross, K. L., R. Bollinger, P. Thawnghmung, and G. F. Collings. 1994. Effect of three different preservative systems on the stability of extruded dog food subjected to ambient and high temperature storage. J. Nutr. 124(suppl):2638S-2642S.

Hard, G. C., and G. E. Neal. 1990. Induction of renal pipillary necrosis in the rat by ethoxyquin. Toxicologist 10:182 (abs).

Harker-Murray, A. K., A. J. Tajik, F. Ishikura,.D. Meyer, J. C. Burnett, and M. M. Redfield. 2000. The role of coenzyme Q10 in the physiology and therapy of experimental congestive heart failure in the dog. J. Card. Fail. 6:233-42.

Hickman, M. A., Q. R. Rogers, and J. G. Morris. 1990. Effect of diet on Heinz body formation in kittens. Am. J. Vet. Res. 50:475-478.

Hill, A. S., S. O'Neill, Q. R. Rogers, and M. M. Christopher. 2001. Antioxidant prevention and treatment of Heinz body formation and oxidative injury in cats. Am. J. Vet. Res. 62:370-374.

Hill, A. S., M. M. Christopher, S. O'Neill, and Q. R. Rogers. 2002. Pharmacokinetics of lipoic acid in adult cats and dogs (ab). Comp. Cont. Educ. Pract. Vet. 24(suppl):67.

Hulbert, L. C., and F. W. Oehme. 1977. Plants Poisonous to Livestock. New York: Kansas State University Printing Service.

Jewell, D. E., P. W. Toll, K. J. Wedekind, and S. C. Zicker. 2000. Effect of increasing dietary antioxidants on concentrations of vitamin E and total alkenals in serum of dogs and cats. Vet. Therapeutics. 1:264-272.

Johnson, K. A., D. A. Hulse, R. C. Hart, D. Kochevar, and Q.Chu. 2001. Effects of an orally administered mixture of chondroitin sulfate, glucosamine hydrochloride and manganese ascorbate on synovial fluid chondroitin sulfate 3B3 and 7D4 epitope in a canine cruciate ligament transection model of osteoarthritis. Osteoarth. Cart. 9: 14-21.

Kajinuma, H., T. Kuzuya, and T. Ide. 1975. Effects of glucosamine on insulin and glucogon secretion in dogs and ducks. Endocrinologia Japonica 22:517-523.

Kim, J. J., and H. E. Conrad. 1974. Effect of D-glucosamine concentration on the kinetics of mucopolysaccharide biosynthesis in cultured chick embryo vertebral cartilage. J. Biol. Chem. 249:3091-3097.

Kittleson, M. D. 2000. Taurine- and carnitine-responsive dilated cardiomyopathy in American Cocker Spaniels. Pp. 761-762 in Kirk's Current Veterinary Therapy XIII. Philadelphia: W.B. Saunders Co.

Kronfeld, D. S., and S. Donoghue. 1988. A role for vitamin C in work-stressed dogs. Pp. 537-538 in Proceedings, American College of Veterinary Internal Medicine Forum, Washington, D.C.

Lipiello, L., A. Idouraine, P. S. McNamara, S. C. Barr, and R. M. McLaughlin. 1998. Cartilage stimulatory and antiproteolytic activity is present in sera of dogs treated with a chondroprotective agent. Canine Pract. 23:10-12.

Lobo, P. 2000. A smaller load: Enzymes to cut animal waste. Pp. 90- 93 in Petfood Forum Proceedings. Chicago: Watt Publishing.

Lowe, J. A., and S. J. Kershaw. 1997. The ameliorating effect of *Yucca schidigera* extract on canine and feline faecal aroma. Res. Vet. Sci. 63:61-66.

Machlin, L. J. 1993. Antioxidant vitamins: Role in disease prevention. Petfood Industry 35:4-39.

Manson, M. M., J. A. Green, and H. E. Driver. 1987. Ethoxyquin alone induces preneoplastic changes in rat kidney whilst preventing induction of such lesions in liver by aflatoxin B1. Carcinogenesis 8:723-728.

Masui, T., H. Tsudu, K. Inoue, T. Ogiso, and N. Ito. 1986. Inhibitory effects of ethoxyquin, 4,4′-diaminodiphenylmethane and acetaminophen on hepatocarcinogenesis. Jpn. J. Cancer Res. 77:231-237.

McNamara, P. S., S. C. Barr, and H. N. Erb. 1996. Hematologic, hemostatic and biochemical effects in dogs receiving an oral chondroprotective agent for thirty days. Am. J. Vet. Res. 57:1390-1394.

McNamara, P. S., S. C. Barr, H. N. Erb, and L. L. Barlow. 2000. Hematologic, hemostatic and biochemical effects in cats receiving an oral chondroprotective agent for 30 days. Vet. Therapeutics 1:108-117.

Meydani, S. N., N. Hayek, D. Wu, and M. Meydani. 1998. Vitamin E and immune response in aged dogs. Pp. 295-303 in Recent Advances in Canine and Feline Nutrition, Vol. II, R. A. Reinhart and D. P. Carey, eds, Wilmington, Ohio: Orange Frazer Press.

Milgram, N. W., S. C. Zicker, E. Head, B. A. Muggenburg, H. Murphey, C. Ikeda-Douglas, and C. W. Cotman· 2002. Dietary enrichment counteracts age-associated cognitive dysfunction in canines. Neurobiol Aging 82:375-381.

Miller, M. E., G. C. Christensen, and H. E. Evans. 1964. Anatomy of the Dog. Philadelphia: W.B. Saunders Company.

Monauni, T., M. G. Zenti, A. Cretti, M. C. Daniels, G. Targher, B. Caruso, M. Caputo, D. McClain, S. Del Prato, A. Giaccari, M. Muggeo, E. Bonora, and R. C. Bonadonna. 2000. Effects of glucosamine infusion on insulin secretion and insulin action in humans. Diabetes 49: 926-935.

National Research Council (NRC). 1985. Nutrient Requirements of Dogs. Washington, D.C.: National Academy Press.

National Research Council (NRC). 1986. Nutrient Requirements of Cats. Washington, D.C.: National Academy Press.

Ooms, T. G., S. A. Khan, and C. Means. 2001. Suspected caffeine and ephedrine toxicosis resulting from ingestion of an herbal supplement containing guarana and ma huang in dogs: 47 cases (1997-1999). J. Am. Vet. Med. Assoc. 218:225-229.

Parcell, S. 2002. Sulfur in human nutrition and applications in medicine. Altern. Med. Rev. 7(1):22-44.

Parke, D. V., A. Rahim, and R. Walker. 1973. Reversibility of hepatic changes caused by ethoxyquin. Biochem. Soc. Trans. 1:1316-1319.

Quast, J. F., C. G. Humiston, and C. E. Wade. 1979. Results of a toxicology study in cats fed diets containing propylene glycol for up to three months. FDA Master File Report No. 12.

Robinson, K. A., D. A. Sens, and M. G. Buse. 1993. Pre-exposure to glucosamine induces insulin resistance of glucose transport and glycogen synthesis in isolated rat skeletal muscles. Diabetes 42:1333-1346.

Seddon, J. M., U. A. Ajani, R. D. Sperduto, N. Blair, T. C. Burton, M. D. Farber, E. S. Gragoudas, J. Haller, and D. T. Miller. 1994. Dietary carotenoids, vitamin A, C and E, and advanced age-related macular degeneration. J. Am. Med. Assoc. 272:1413-1420.

Senikar, I., C. Giacchetti, and G. Zanolo. 1986. Pharmacokinetics of glucosamine in the dog and in man. Arzneimittelforschung 36:728-733.

Shizukuishi S, E. Inoshita, A. Tsunemitse, K. Takahashi, T. Kishi, and K. Folkers. 1984. Therapy of coenzyme Q10 of experimental periodontitis in a dog model supports results of human periodontitis therapy. Pp.153-162 in Biomedical and Clinical Aspects of Coenzyme Q10, Vol. 4, K. Folkers, and Y. Yamamura, eds. St. Louis: Elsevier Scientific Publishers.

Skinner, N. D., D. J. Martin, and E. J. Harper. 1999. Effect of a vitamin C supplement on plasma status in healthy adult cats (abs). FASEB J. 13:A892.

Stookey, G. K., J. M. Warrick, and L. L. Miller. 1995. Effect of sodium hexametaphosphate on dental calculus formation in dogs. Am. J. Vet. Res. 56(7):913-918.

Stookey, G. K., J. M. Warrick, L. L. Miller, and B. P. Katz. 1996. Hexametaphosphate-coated snack biscuits significantly reduce calculus formation in dogs. J. Vet. Dent. 13(1):27-30.

Studdert, V. P., and R. H. Labue. 1991. Thiamin deficiency in cats and dogs associated with feeding meat preserved with sulphur dioxide. Aust. Vet. J. 68:54-7.

Swanson, K. S., C. M. Grieshop, E. A. Flickinger, L. L. Bauer, H. Healy, K. A. Dawson, N. R. Merchen, and G. C. Fahey, Jr. 2002. Supplemental fructooligosaccharides and mannanooligosaccharides influence immune function, ileal and total tract nutrient digestibilities, microbial populations and concentrations of protein catabolites in the large bowel of dogs. J. Nutr. 132:980-989.

Tsuda, H., T. Sakata, T. Masui, K. Imaida, and N. Ito. 1984. Modifying effects of butylated hydroxyanisole, ethoxyquin and acetaminophen on induction of neoplastic lesions in rat liver and kidney initiated by *N*-ethyl-*N*-hydroxyethylnitrosamine. Carcinogenesis 5:525-531.

Wallace, K. P., S. A. Center, F. H. Hickford, K. L. Warner, and S. Smith. 2002. *S*-adenosyl-L-methionine (SAMe) for the treatment of acetaminophen toxicity in a dog. J. Amer. Anim. Hosp. Assoc. 38:246-254.

Weese, J. S. 2002. Microbiologic evaluation of commercial probiotics. J. Am. Vet. Med. Assoc. 200:794-797.

Weiss, D. J., C. B. McClay, M. M. Christopher, M. Murphy, and V. Perman. 1990. Effects of propylene glycol-containing diets on acetaminophen-induced methemoglobinemia in cats. J. Am. Vet. Med. Assoc. 196:1816-1819.

Zicker, S. C., T. M. Hagen, N. Joisher, C. Golder, D. K. Joshi, and E. P. Miller. 2002. Safety of long-term feeding of α-lipoic acid and its effect on reduced glutathione:oxidized glutathione ratios in beagles. Vet. Therapeutics 3:167-176.

15 营养需要量和日粮营养物质浓度

Nutrient Requirements and Dietary Nutrient Concentrations

本章的目的是汇集本书中讨论过的营养需要量，并以易于使用的方式将其列出。表 15-2 到表 15-14 列出了能量、蛋白质、氨基酸、脂肪、脂肪酸、常量元素、微量元素以及维生素的营养需要量。由于处于不同生理阶段犬猫的营养需要量也各不相同，因此我们分别列出了犬猫在生长期、成年维持期、妊娠期和哺乳期的营养需要量。

只有在所有营养物质的摄入量一直保持在最低营养需要量的情况下，动物才能维持正常的生理状态和健康。最低营养需要量从同行评议文献中获得，尽管关于犬猫营养需要量的研究从很早之前就已经开始(NRC，1985，1986)，然而对于某些特殊营养物质的需要量仍无法确定，这些问题在文中都已经注明，在表格中用空白表示。

表格中列出 4 个种类的犬猫营养需要量。

第一类，最低需要量(Minimal Requirement，MR)。MR 是指能够维持基本生理状态所需的某种可利用营养物质的含量或密度。

第二类，适宜采食量(Adequate Intake，AI)。AI 是指食物中一种营养物质的浓度或含量可以维持给定生活期的正常状态，并且不会低到 MR 的水平范围。这方面数据源于已发表的一些研究。这些研究显示某个品种在给定生活期所需营养的充足量，并得到了对其他品种研究的数据支持。

第三类，推荐量(Recommended Allowance，RA)。RA 是指能够满足指定动物生理状态的配方日粮中某种营养物质的浓度或含量。推荐营养需要量是基于最低营养需要量，并且在实际应用中考虑到营养物质生物利用率的不确定性。在无法确定最低营养需要量的情况下，推荐营养需要量是基于 AI 的。

第四类，安全上限(Safe Upper Limit，SUL)。它是指犬猫日粮中某种营养物质不会产生副作用的最大浓度或含量。然而，很多营养物质的安全上限值都未确定，尤其是矿物质和维生素。

为了满足所需营养物质的摄入量，日粮中每种营养物质的浓度必须合适。通常动物都是为能而食，一种表示日粮中营养浓度的方法为每 1 000 kcal 代谢能日粮中含多少单位的营养物质。我们也可以表示成每 1 kg 日粮中含多少单位的营养物质。表中分别以 2 种方式列出，但为了统一表中的数据，假定如下：

犬猫日粮中的能量浓度假定为每 1 kg 含 4 000 kcal 代谢能(ME)。幼龄犬生长需要以体重为 5.5 kg 幼犬每日消耗 1 000 kcal ME 为标准。成年犬维持能量需要以体重为 15 kg 成年犬每日消耗 1 000 kcal ME 为标准。妊娠和哺乳期母犬的能量需要以体重为 22 kg 哺育 8 只幼犬的母犬在泌乳高峰期每日消耗 5 000 kcal ME 为标准。生长期幼猫的能量需要以体重为 800 g 的幼猫每日消耗 180 kcal ME 为标准。成年猫维持能量需要以体重为 4 kg 的成年猫每日消耗 250 kcal 代谢能为标准。妊娠和哺乳期母猫的能量需要以体重为 4 kg 哺育 4 只幼猫的母猫泌乳高峰期每日消耗 540 kcal ME 为标准。

目前尚无妊娠期母猫氨基酸的需要量以及妊娠期犬猫的各种营养物质需要量的实验数据。通常情况下，哺乳期动物营养需要量的水平足以满足妊娠期需要。因此本章营养需要量表格所提供的犬猫哺乳期数据在对 2 个时期能量需要上的差异进行调整后，即可用于妊娠期动物。表格注脚处标明调整的方法。

营养需要量表格中采用 3 种方式表示营养浓度：①每 1 kg 日粮干物质(DM)中营养物质的含量，单位为营养物质单位/kg DM(假定 1 kg DM＝4 000 kcal ME)；②每 1 000 kcal ME 中营养物质的含量，单位为营养物质单位/1 000 kcal ME；③每 1 kg 代谢体重(犬的为 $BW^{0.75}$，猫的为 $BW^{0.67}$)的营养物质含量，单位为营养物质单位/kg $BW^{0.75}$(犬)或营养物质单位/kg $BW^{0.67}$(猫)，只基于其中一种方式来表达食物成分的做法，有赞成者亦有反对者。这在稍后会给予讨论。

犬在维持期和妊娠期的能量需要量单位是 kcal ME/kg $BW^{0.75}$。哺乳期母犬的能量需要量与 $BW^{0.75}$、BW 和幼仔数目呈函数关系。生长期的犬每日能量需要量为维持能量需要量与含有实际体重与理想成年体重比值函数的乘积。犬的能量需要量来源于体重 4～60 kg 成年犬的数据，其中繁殖期母犬的能量需要量大部分是来自体重 5～25 kg 犬的数据。

猫的能量需要量来源于体重 2.5～7 kg 成年家猫的数据。猫维持能量需要量的单位是 kcal ME/kg $BW^{0.67}$，适用于体况评分小于 5.0 的猫(9 分标准)，用 kcal ME/kg $BW^{0.4}$ 表示体况评分大于 5.0 的猫。怀孕母猫能量需要量是 $BW^{0.67}$ 的函数。哺乳期母猫的能量需要量与 $BW^{0.67}$、BW 和幼仔数目呈函数关系。生长期幼猫每日的能量需要量为维持能量需要量与含有实际体重与理想成年体重比值的函数的乘积。

15.1 营养需要量表格的使用

在设计犬猫通用日粮配方时，使用 DM 或 ME 的方式来表示营养需要量比较合适，如商品日粮，但在为个体动物设计日粮配方时，则采用代谢体重的方式来表示营养需要量会更合适。然而，用 DM 方式表示时，营养需要量会随着日粮的能量浓度变化而变化。也有一些例子表明在用 ME 方式表示时，营养需要量会随体重变化而变化。这些问题会在后面讨论，关于如何校正不同体型动物的差别，表格注脚处已标明。

15.1.1 ME 与 DM 表示推荐量的比较

犬猫营养物质推荐量最好采用 ME 的表示方式，因为是 ME 决定了一只犬或猫为了维持体重和体况评价而应该摄入的食物量。采用 ME 表示的需要量不会随食物能量浓度的变化而改变，而采用 DM 则不同。一些通过试验所得到的营养物质的营养需要量的表示方式是 DM 而不是 ME。我们已经把这些数据转化为用 ME 表示的数据了，假定日粮能量浓度为 4 000 kcal ME/kg DM。通过这种方式转化所得的需要量不会随日粮能量浓度变化而发生改变。

例如一只猫摄入 240 kcal ME 可以维持体重，那么它需要摄入能量浓度为 4 000 kcal ME/kg DM 的日粮 60 g，能量浓度为 3 000 kcal ME/kg DM 的日粮 80 g。如果一种营养物质在前一种日粮中最低需要量是 8 g/kg DM 的话，那么在后一种日粮中最低需要量只需达到 6 g/kg DM。但对于每单位 ME 来说，该营养物质的需要量是固定不变的(在这个例子中为 2 g/1 000 kcal ME)。

因此，当使用营养需要量表来决定日粮中营养物质的需要量时，当日粮的能量浓度不是 4 000 kcal ME/kg 时，用 DM 方式表示的数据要先乘以日粮的能量浓度(单位为 kcal ME/kg)再除以 4 000，所得结果才是日粮中的营养物质的营养需要量。

15.1.2 ME 与 BW 表示需要量的比较

关于营养需要量随体重变化的资料几乎没有。资料表明，很多营养物质的需要量与维持能量需要量一样，随代谢体重(偏瘦犬的代谢体重为 $BW^{0.75}$，猫的代谢体重为 $BW^{0.67}$。Rucker 和 Steinberg，2002；Rucker 和 Storms，2002)变化而变化。其他一些营养物质的需要量会与 BW 或 BW 的几次方直接相关(Rivers 和 Burger，1989)。

如一些人认为，内源氮排出量及其估测所得的蛋白质需要量随 $BW^{0.75}$ 变化而变化(Miller 和 Payne，1963；Kendall 等，1982；Rivers 和 Burger，1989)。Kendall 等(1982)报道，犬内源氮排出量为 273 mg/kg $BW^{0.75}$，相应估测的蛋白质的 MR 是 1.7 g/kg $BW^{0.75}$。采用 ME 表示的蛋白质需要量几乎不随体重变化而变化，并且，最好的表示方式还是用 ME(Schaeffer 等，1989)。然而一些矿物质的需要量会随体重变化而变化较大，因此，这些营养物质采用 ME 方式表示的需要量也会随体重变化而变化。在应用 MR 或 SUL 为个体动物设计日粮配方时，就需要考虑会随体重变化的数据。营养物质需要量表中维持需要推荐量是以体重为 15 kg 的中型偏瘦成年犬和体重为 4 kg 的中型偏瘦成年猫为假定对象计算得到的。对于需要量会随代谢体重变化而变化的营养物质，使用 ME 表示的推荐量不会随体型大小发生改变，而对于需要量会随体重变化而变化的营养物质，用 ME 表示时会随着体重变化而变化，瘦型犬大约是 $BW^{0.25}$，瘦型猫大约是 $BW^{0.33}$，相关内容列于表 15-1 中。用 ME 表示的需要量，对于体重为 6 kg 的猫来说要比体重为 2 kg 的猫大 40%，体重为 100 kg 的犬是体重为 2 kg 犬的 2 倍(即大型动物的日粮比小型动物需要更高的营养浓度)。

表 15-1 当需要量与体重变化直接相关时，相对于 ME(每 1 000 kcal)的需要量变化率

动物种类	体重/kg	变化率/%
犬	2	−40
	5	−24
	10	−10
	15	无变化
	20	+7
	40	+28
	60	+41
	80	+52
	100	+61
瘦型猫	2	−20
	3	−9
	4	无变化
	5	+8
	6	+14

注：本表阐述的概念是需要量与体重变化直接相关的营养物质，当用 ME 表示其需要量时，数值会随体重的变化而不同。此表不是用来设计日粮配方的，而是用来帮助读者根据后面表格的脚注来计算不同体型犬猫的营养需要量。

15.1.3 关于生物利用率的说明

维生素的最低推荐量是指日粮中所有可利用维生素的总和(包括天然成分和维生素预混料)。由于一些天然形式的维生素的生物利用率很低，因此当维生素主要来源于维生素预混料时，推荐量才是适当的。但如果维生素主要来源于日粮成分，营养物质需要量表中所列的最低需要量应该根据维生素的生物利用率进行修正。如想了解不同日粮中维生素的生物利用率，可参考 Baker(1995)的专著。

表 15-2 幼犬断奶后的每日代谢能需要量[a,b]

$$ME(kcal)=维持量\times 3.2\times[e^{(-0.87p)}-0.1]$$

$$ME(kcal)=130\times BW_a^{0.75}\times 3.2\times[e^{(-0.87p)}-0.1]$$

其中：

$p=BW_a/BW_m$

BW_a=评价时的实际体重(kg)

BW_m=成年后理想体重(kg)

$e\approx 2.718$，自然对数的底

举例：

16 周龄拉布拉多幼犬，17 kg BW，成年理想体重为 35 kg

$$ME(kcal)=130\times 17^{0.75}\times 3.2\times[e^{(-0.87\times 17\div 35)}-0.1]$$
$$=1\ 934\ kcal$$

[a]这个表格用于断奶后的幼犬。新生幼犬每 100 g 体重需要 25 kcal 的能量(Kienzle 等，1985)。

[b]不活跃幼犬(如作为宠物，没有训练的要求和机会)的能量维持需要量会低 10%～20%；而非常活跃的幼犬，如犬舍中的大丹幼犬，数值会高一些。

表 15-3 幼犬断奶后的营养需要量

营养物质	最低需要量			适宜采食量			推荐量			安全上限		
	Amt. /kg DM(≡4 000 kcal)[a]	Amt. / 1 000 kcal ME[b]	Amt. / kg $BW^{0.75c}$	Amt. /kg DM(≡4 000 kcal)[a]	Amt. / 1 000 kcal ME[b]	Amt. / kg $BW^{0.75c}$	Amt. /kg DM(≡4 000 kcal)[a]	Amt. / 1 000 kcal ME[b]	Amt. / kg $BW^{0.75c}$	Amt. /kg DM(≡4 000 kcal)[a]	Amt. / 1 000 kcal ME[b]	Amt. / kg $BW^{0.75c}$
4～14 周成长中幼犬												
粗蛋白质/g	180	45	12.5				225	56.3	15.7			
氨基酸												
精氨酸[d]/g	6.3	1.58	0.44				7.9	1.98	0.55			
组氨酸/g	3.1	0.78	0.22				3.9	0.98	0.27			
异亮氨酸/g	5.2	1.30	0.36				6.5	1.63	0.45			
蛋氨酸/g	2.8	0.70	0.19				3.5	0.88	0.24			
蛋氨酸和胱氨酸/g	5.6	1.40	0.39				7.0	1.75	0.49			
亮氨酸/g	10.3	2.58	0.72				12.9	3.22	0.90			
赖氨酸/g	7.0	1.75	0.49				8.8	2.20	0.61	>20	>5.0	>1.39
苯丙氨酸/g	5.2	1.30	0.36				6.5	1.63	0.45			
苯丙氨酸和酪氨酸[e]/g	10.4	2.60	0.72				13.0	3.25	0.90			
苏氨酸/g	6.5	1.63	0.45				8.1	2.03	0.56			
色氨酸/g	1.8	0.45	0.13				2.3	0.58	0.16			
缬氨酸/g	5.4	1.35	0.38				6.8	1.70	0.47			
14 周及以上成长中幼犬												
粗蛋白质/g	140	35	9.7				175	43.8	12.2			
氨基酸												
精氨酸[d]/g	5.3	1.33	0.37				6.6	1.65	0.46			
组氨酸/g	2.0	0.50	0.14				2.5	0.63	0.17			
异亮氨酸/g	4.0	1.00	0.28				5.0	1.25	0.35			
蛋氨酸/g	2.1	0.53	0.15				2.6	0.65	0.18			
蛋氨酸和胱氨酸/g	4.2	1.05	0.29				5.3	1.33	0.37			
亮氨酸/g	6.5	1.63	0.45				8.2	2.05	0.57			
赖氨酸/g	5.6	1.40	0.39				7.0	1.75	0.49	>20	>5.0	>1.39
苯丙氨酸/g	4.0	1.00	0.28				5.0	1.25	0.35			

续表 15-3

营养物质	最低需要量			适宜采食量			推荐量			安全上限		
	Amt. /kg DM(≡4 000 kcal)[a]	Amt. / 1 000 kcal ME[b]	Amt. / kg $BW^{0.75c}$	Amt. /kg DM(≡4 000 kcal)[a]	Amt. / 1 000 kcal ME[b]	Amt. / kg $BW^{0.75c}$	Amt. /kg DM(≡4 000 kcal)[a]	Amt. / 1 000 kcal ME[b]	Amt. / kg $BW^{0.75c}$	Amt. /kg DM(≡4 000 kcal)[a]	Amt. / 1 000 kcal ME[b]	Amt. / kg $BW^{0.75c}$
苯丙氨酸和酪氨酸[e]/g	8.0	2.00	0.56				10.0	2.50	0.70			
苏氨酸/g	5.0	1.25	0.35				6.3	1.58	0.44			
色氨酸/g	1.4	0.35	0.10				1.8	0.45	0.13			
缬氨酸/g	4.5	1.13	0.31				5.6	1.40	0.39			
断奶后成长中幼犬												
总脂肪/g				85	21.3	5.9	85	21.3	5.9	330[a]	82.5	23.0
脂肪酸												
亚油酸/g				11.8	3.0	0.8	13	3.3	0.8	65[a]	16.3	4.5
α-亚麻酸[f]/g				0.7	0.18	0.05	0.8	0.2	0.05			
花生四烯酸/g				0.3	0.08	0.022	0.3	0.08	0.022			
二十碳五烯酸和二十二碳六烯酸[g]/g				0.5	0.13	0.036	0.5	0.13	0.036	11[a]	2.8	0.77
矿物质元素												
钙[h]/g	8.0	2.0	0.56				12[h]	3.0[h]	0.68[h]	18	4.5	1.25
磷/g				10	2.5	0.68	400	100	27.4			
镁/mg	180	45	12.5									
钠/mg				2 200	550	100	2 200	550	100			
钾/g				4.4	1.1	0.30	4.4	1.1	0.30			
氯/mg				2 900	720	200	2 900	720	200			
铁[i]/mg	72	18	5.0				88	22	6.1			
铜[i]/mg				11	2.7	0.76	11	2.7	0.76			
锌/mg	40	10	2.7				100	25	6.84			
锰/mg				5.6	1.4	0.38	5.6	1.4	0.38			
硒/μg	210	52.5	13.7				350	87.5	25.1			
碘/μg				880	220	61.0	880	220	61.0			
维生素												
维生素 A[j]/RE				1 212	303	84	1 515	379	105	15 000[j]	3 750[j]	1 044[j]

续表 15-3

营养物质	最低需要量			适宜采食量			推荐量			安全上限		
	Amt. /kg DM(≡4 000 kcal)[a]	Amt. / 1 000 kcal ME[b]	Amt. / kg $BW^{0.75c}$	Amt. /kg DM(≡4 000 kcal)[a]	Amt. / 1 000 kcal ME[b]	Amt. / kg $BW^{0.75c}$	Amt. /kg DM(≡4 000 kcal)[a]	Amt. / 1 000 kcal ME[b]	Amt. / kg $BW^{0.75c}$	Amt. /kg DM(≡4 000 kcal)[a]	Amt. / 1 000 kcal ME[b]	Amt. / kg $BW^{0.75c}$
胆钙化醇[k]/μg				11.0	2.75	0.76	13.8	3.4	0.96	80	20	5.6
维生素 E[l](α-生育酚)/mg				24	6.0	1.7	30	7.5	2.1			
维生素 K[m](甲萘醌)/mg				1.3	0.33	0.090	1.64	0.41	0.11			
硫胺素/mg				1.08	0.27	0.075	1.38	0.34	0.096			
核黄素/mg				4.2	1.05	0.27	5.25	1.32	0.37			
吡哆醇/mg				1.2	0.3	0.084	1.5	0.375	0.10			
烟酸/mg				13.6	3.4	0.94	17.0	4.25	1.18			
泛酸/mg				12	3.0	0.84	15.0	3.75	1.04			
钴胺素/μg				28	7	1.95	35	8.75	2.4			
叶酸/μg				216	54	15.0	270	68	18.8			
生物素[n]												
胆碱/mg				1 360	340	95	1 700	425	118			

[a] 假设日粮能量浓度为 4 000 kcal ME/kg，计算得到 Amt. /kg DM 为单位的数值；"≡"表示等价于；如果日粮能量浓度不是 4 000 kcal ME/kg，则实际中以 Amt. /kg DM 为单位的数值＝表中所列数值×日粮的实际能量浓度/4 000。

[b] 每种营养物质的饲喂量＝Amt. /1 000 kcal ME 一栏所列数值×通过表 15-2 得到的幼犬能量需要量/1 000。

[c] 用 Amt. /$BW^{0.75}$ 作单位的数值只用于成年理想体重为 35 kg 的 5.5 kg 幼犬；如果幼犬体重或理想体重与此不一致，则利用表 15-2 计算得到能量需要量. 然后乘以 Amt. /1 000 kcal ME 一栏的数值，再除以 1 000。

[d] 当 4～14 周龄的幼犬的粗蛋白质最低需要量和推荐营养量超过 180 g 和 225 g 时，每克粗蛋白质中需添加 0.01 g 精氨酸. 当超过 14 周龄的犬的粗蛋白质最低需要量和推荐营养量超过 140 g 和 175 g 时，每克粗蛋白质中需添加 0.01 g 精氨酸。

[e] 如需使毛色更黑亮，酪氨酸的需要量应为所列的 1.5～2 倍。

[f] α-亚麻酸的需要量随日粮中亚油酸含量不同而不同，亚油酸和 α-亚麻酸的比例应该为 2.6～16；注意给出的 α-亚麻酸 0.8 g/kg DM，与上一栏亚油酸 13 g/kg DM 比较，比值接近 16，所以已经接近最低推荐量。

[g] 二十碳五烯酸不应超过二十碳五烯酸和二十二碳六烯酸总量的 60%。

[h] 断奶后幼犬钙的推荐需要量(对于成年理想体重大于 25 kg 的)直到 14 周龄都不应小于 0.54 g/kg BW。

[i] 氧化形式的铁和铜不能被利用，其生物利用率太低。

[j] 维生素 A 的需要量用视黄醇当量(retinol equivalents，RE)表示，1 RE＝1 μg 全反式视黄醇(all-*trans* retinol)，1 IU 维生素 A＝0.3 RE，安全上限用微克(μg)视黄醇表示。

[k] 1 μg 胆钙化醇＝40 IU 维生素 D_3。

[l] 对高 PUFA 日粮推荐使用更高浓度的维生素 E，1 IU 维生素 E＝1 mg all-*rac*-α-醋酸生育酚(见第 8 章)。

[m] 犬对维生素 K 有代谢需要，不过当饲喂天然食物时其需要量未知，而肠道细菌合成的维生素 K 可能足够需要，维生素 K 允许量用其前体物质甲萘醌表示。

[n] 若日粮中不含蛋白(egg white)，肠道细菌合成的生物素可能足够需要，如日粮中含有抗生素则需要额外补充。

表 15-4　成年犬每日代谢能维持需要量

类型	kcal×kg $BW^{0.75}$
平均需要量的实验犬舍中犬或活跃宠物犬[a]	130
超过平均需要量：	
年轻成年实验犬或年轻成年活跃宠物犬	140
成年实验大丹犬或活跃宠物大丹犬	200
成年实验㹴犬或活跃宠物㹴犬	180
低于平均需要量：	
不活跃宠物犬[b]	95
较老的实验犬或较老的活跃宠物犬或实验纽芬兰犬	105

[a] 犬有更多的机会在家庭环境中运动，比如在乡下养了很多犬，或家中有很大的院子。
[b] 犬有较少的机会在家庭环境中运动，老犬或超重犬的能量需求可能比这个数值还小。

表 15-5　成年犬维持营养需要量

营养物质	最低需要量			适宜采食量			推荐量			安全上限		
	Amt. /kg DM(≡4 000 kcal)[a]	Amt. / 1 000 kcal ME[b]	Amt. / kg $BW^{0.75}$	Amt. /kg DM(≡4 000 kcal)[a]	Amt. / 1 000 kcal ME[b]	Amt. / kg $BW^{0.75}$	Amt. /kg DM(≡4 000 kcal)[a]	Amt. / 1 000 kcal ME[b]	Amt. / kg $BW^{0.75}$	Amt. /kg DM(≡4 000 kcal)[a]	Amt. / 1 000 kcal ME[b]	Amt. / kg $BW^{0.75}$
粗蛋白质/g	80	20	2.62				100	25	3.28			
氨基酸												
精氨酸[c]/g	2.8	0.70	0.092				3.5	0.88	0.11			
组氨酸/g	1.5	0.37	0.048				1.9	0.48	0.062			
异亮氨酸/g	3.0	0.75	0.098				3.8	0.95	0.12			
蛋氨酸/g	2.6	0.65	0.085				3.3	0.83	0.11			
蛋氨酸和胱氨酸/g	5.2	1.30	0.17				6.5	1.63	0.21			
亮氨酸/g	5.4	1.35	0.18				6.8	1.70	0.22			
赖氨酸/g	2.8	0.70	0.092				3.5	0.88	0.11			
苯丙氨酸/g	3.6	0.90	0.12				4.5	1.13	0.15			

续表 15-5

营养物质	最低需要量			适宜采食量			推荐量			安全上限		
	Amt. /kg DM(≡4 000 kcal)[a]	Amt. / 1 000 kcal ME[b]	Amt. / kg $BW^{0.75}$	Amt. /kg DM(≡4 000 kcal)[a]	Amt. / 1 000 kcal ME[b]	Amt. / kg $BW^{0.75}$	Amt. /kg DM(≡4 000 kcal)[a]	Amt. / 1 000 kcal ME[b]	Amt. / kg $BW^{0.75}$	Amt. /kg DM(≡4 000 kcal)[a]	Amt. / 1 000 kcal ME[b]	Amt. / kg $BW^{0.75}$
苯丙氨酸和酪氨酸[d]/g	5.9	1.48	0.19				7.4	1.85	0.24			
苏氨酸/g	3.4	0.85	0.11				4.3	1.08	0.14			
色氨酸/g	1.1	0.28	0.036				1.4	0.35	0.046			
缬氨酸/g	3.9	0.98	0.13				4.9	1.23	0.16			
总脂肪/g				40	10	1.3	55	13.8	1.8	330[a]	82.5	10.8
脂肪酸												
亚油酸/g				9.5	2.4	0.3	11	2.8	0.36	65[a]	16.3	2.1
α-亚麻酸[e]/g				0.36	0.09	0.012	0.44	0.11	0.014			
花生四烯酸/g												
二十碳五烯酸和二十二碳六烯酸[f]/g				0.44	0.11	0.03	0.44	0.11	0.03	11[a]	2.8	0.37
矿物元素												
钙/g	2.0	0.50	0.059				4.0	1.0	0.13			
磷/g				3.0	0.75	0.10	3.0	0.75	0.10			
镁/mg	180	45	5.91				600	150	19.7			
钠/mg	300	75	9.85				800	200	26.2	>15[g]		
钾/g				4.0	1.0	0.14	4.0	1.0	0.14			
氯/mg				1 200	300	40	1 200	300	40	23.5[g]		
铁[g]/mg				30	7.5	1.0	30	7.5	1.0			
铜[g]/mg				6	1.5	0.2	6	1.5	0.2			
锌/mg				60	15	2.0	60	15	2.0			
锰/mg				4.8	1.2	0.16	4.8	1.2	0.16			
硒/μg				350	87.5	11.8	350	87.5	11.8			
碘/μg	700	175	23.6				880	220	29.6	≥4 mg		

续表 15-5

营养物质	最低需要量			适宜采食量			推荐量			安全上限		
	Amt. /kg DM(≡4 000 kcal)[a]	Amt. / 1 000 kcal ME[b]	Amt. / kg $BW^{0.75}$	Amt. /kg DM(≡4 000 kcal)[a]	Amt. / 1 000 kcal ME[b]	Amt. / kg $BW^{0.75}$	Amt. /kg DM(≡4 000 kcal)[a]	Amt. / 1 000 kcal ME[b]	Amt. / kg $BW^{0.75}$	Amt. /kg DM(≡4 000 kcal)[a]	Amt. / 1 000 kcal ME[b]	Amt. / kg $BW^{0.75}$
维生素												
维生素 A[h]/RE				1 212	303	40	1 515	379	50	64 000[h]	16 000[h]	2 099[h]
胆钙化醇[i]/μg				11.0	2.75	0.36	13.8	3.4	0.45	80	20	2.6
维生素 E(α-生育酚)[j]/mg				24	6.0	0.8	30	7.5	1.0			
维生素 K(甲萘醌)[k]/mg				1.3	0.33	0.043	1.63	0.41	0.054			
硫胺素/mg				1.8	0.45	0.059	2.25	0.56	0.074			
核黄素/mg	4.2	1.05	0.138				5.25	1.3	0.171			
吡哆醇/mg				1.2	0.30	0.04	1.5	0.375	0.049			
烟酸/mg				13.6	3.4	0.45	17.0	4.25	0.57			
泛酸/mg				12	3.0	0.39	15	3.75	0.49			
钴胺素/μg				28	7	0.92	35	8.75	1.15			
叶酸/μg				216	54	7.1	270	67.5	8.9			
生物素[l]												
胆碱/mg				1 360	340	45	1 700	425	56			

[a] 假设日粮能量浓度为 4 000 kcal ME/kg,计算得到 Amt. /kg DM 为单位的数值;"≡"表示等价于;如果日粮能量浓度不是 4 000 kcal ME/kg,则用表中所列数值乘以日粮的实际能量浓度,再除以 4 000,得到实际中以 Amt. /kg DM 为单位的数值。

[b] 要计算每种营养物质的饲喂量,用 Amt. /1 000 kcal ME 一栏所列数值乘以通过表 15-4 得到的实验犬舍中犬能量需要量,再除以 1 000;对于摄入能量较低(低于建议量)的犬.以 Amt. /1 000 kcal 为单位的一栏所列的营养浓度不够,需依照 Amt. /kg $BW^{0.75}$一栏列出的数值进行饲喂。

[c] 粗蛋白质最低需要量和推荐营养量超过 80 和 100 g 时,每 1 g 粗蛋白质中应加入 0.01 g 精氨酸。

[d] 如需使毛色更黑亮,酪氨酸的需要量应为所列的 1.5~2 倍。

[e] α-亚麻酸的需要量随日粮中亚油酸含量不同而不同,亚油酸和 α-亚麻酸的比例应该为 2.6~26;注意给出的 α-亚麻酸 0.44 g/kg DM,与上一栏亚油酸 11 g/kg DM 比较,比值接近 25,所以已经接近最小推荐量。

[f] 二十碳五烯酸应占到二十碳五烯酸和二十二碳六烯酸总量的 50%~60%,二十二碳六烯酸占到 40%~50%。

[g] 氧化形式的铁和铜不能被利用,其生物利用率太低。

[h] 维生素 A 的需要量用视黄醇当量(retinol equivalents,RE)表示,1 RE=1 μg 全反式视黄醇(all-*trans* retinol),1 IU 维生素 A=0.3 RE,安全上限用微克(μg)视黄醇表示。

[i] 1 μg 胆钙化醇=40 IU 维生素 D_3。

[j] 对高 PUFA 日粮推荐使用更高浓度的维生素 E,1 IU 维生素 E=1 mg all-*rac*-α-醋酸生育酚(见第 8 章)。

[k] 犬对维生素 K 有代谢需要,不过当饲喂天然食物时,需求量未知.肠道细菌合成的维生素 K 可能足够需要,维生素 K 允许量用其前体物质甲萘醌表示。

[l] 若日粮中不含蛋白(egg white),肠道细菌合成的生物素可能足够需要,当日粮中含有抗生素则需要额外补充。

表 15-6 母犬妊娠后期的每日代谢能需要量(交配后 4 周到分娩)[a]

ME(kcal)=维持量+26 kcal×kg BW

平均维持需要量 130 kcal×kg $BW^{0.75}$

ME(kcal)=130 kcal×kg $BW^{0.75}$+26 kcal×kg BW

举例：

母犬体重 22 kg

维持能量需要量 $22^{0.75}$×130 kcal=10.16×130=1 320 kcal

妊娠能量需要量 22×26 kcal=572 kcal

总能量需要量 1 320 kcal+572 kcal=1 892 kcal

[a]维持能量需要量变化见表 15-4。

表 15-7 根据幼犬的数目和哺乳期计算泌乳母犬每日代谢能需要量

哺乳能量需要量：

ME(kcal)=维持能+BW×(24 n+12 m)×L

哺乳维持能量需要估计量：145 kcal×$BW^{0.75}$

ME(kcal)=145 kcal×$BW^{0.75}$+BW×(24 n+12 m)×L

其中：

BW=母犬体重(kg)

n=1～4 之间的幼犬数目

m=5～8 之间的幼犬数目(<5 个幼犬则 m=0)

L=哺乳期阶段修正因子：1 周，0.75；2 周，0.95；3 周，1.1；4 周，1.2(见正文)

举例：

母犬 22 kg，6 只幼犬，哺乳第 3 周

维持能量需要量=$22^{0.75}$×145 kcal=10.16×145 kcal=1 473 kcal

幼犬数=6：n=4，m=2

哺乳第 3 周阶段：L=1.1

哺乳能量需要量=22×(24×4+12×2)×1.1 kcal=2 904 kcal

总能量需要量=1 473 kcal+2 904 kcal=4 377 kcal

表 15-8 妊娠后期和泌乳高峰期母犬的营养需要量[a]

营养物质	最低需要量			适宜采食量			推荐量			安全上限		
	Amt. /kg DM(≡4 000 kcal)[b]	Amt. / 1 000 kcal ME[c]	Amt. / kg $BW^{0.75d}$	Amt. /kg DM(≡4 000 kcal)[b]	Amt. / 1 000 kcal ME[c]	Amt. / kg $BW^{0.75d}$	Amt. /kg DM(≡4 000 kcal)[b]	Amt. / 1 000 kcal ME[c]	Amt. / kg $BW^{0.75d}$	Amt. /kg DM(≡4 000 kcal)[b]	Amt. / 1 000 kcal ME[c]	Amt. / kg $BW^{0.75c}$
粗蛋白质/g				200	50	24.6	200	50	24.6			
氨基酸												
精氨酸[e]/g				10.0	2.50	1.23	10.0	2.50	1.23			
组氨酸/g				4.4	1.10	0.54	4.4	1.10	0.54			
异亮氨酸/g				7.1	1.78	0.87	7.1	1.78	0.87			
蛋氨酸/g				3.1	0.78	0.38	3.1	0.78	0.38			
蛋氨酸和胱氨酸/g				6.2	1.55	0.76	6.2	1.55	0.76			
亮氨酸/g				20.0	5.00	2.46	20.0	5.00	2.46			
赖氨酸/g				9.0	2.25	1.11	9.0	2.25	1.11			
苯丙氨酸/g				8.3	2.08	1.02	8.3	2.08	1.02			
苯丙氨酸和酪氨酸[f]/g				12.3	3.08	1.51	12.3	3.08	1.51			
苏氨酸/g				10.4	2.60	1.28	10.4	2.60	1.28			
色氨酸/g				1.2	0.30	0.15	1.2	0.30	0.15			
缬氨酸/g				13.0	3.25	1.60	13.0	3.25	1.60			
总脂肪/g				85	21.3	10.5	85	21.3	10.5	330[b]	82.5	40.6
脂肪酸												
亚油酸/g				11	2.8	1.4	13	3.3	1.6	65[b]	16.3	8.0
α-亚麻酸[g]/g				0.7	0.18	0.09	0.8	0.2	0.10			
花生四烯酸/g												
二十碳五烯酸和二十二碳六烯酸[h]/g				0.5	0.13	0.06	0.5	0.13	0.06	11[b]	2.8	1.4
矿物元素												
钙/g				8.0	1.9	0.82	8.0	1.9	0.82			
磷/g				5.0	1.2	0.58	5.0	1.2	0.58			
镁/mg				600	150	69	600	150	69			
钠/mg				2 000	500	238	2 000	500	238			
钾/g				3.6	0.9	0.43	3.6	0.9	0.43			
氯/mg				3 000	750	358	3 000	750	358			
铁[i]/mg				70	17	8.67	70	17	8.67			
铜[i]/mg				12.4	3.1	1.52	12.4	3.1	1.52			
锌/mg				96	24	11.7	96	24	11.7			

续表 15-8

营养物质	最低需要量			适宜采食量			推荐量			安全上限		
	Amt./kg DM(≡4 000 kcal)[b]	Amt./1 000 kcal ME[c]	Amt./kg $BW^{0.75d}$	Amt./kg DM(≡4 000 kcal)[b]	Amt./1 000 kcal ME[c]	Amt./kg $BW^{0.75d}$	Amt./kg DM(≡4 000 kcal)[b]	Amt./1 000 kcal ME[c]	Amt./kg $BW^{0.75d}$	Amt./kg DM(≡4 000 kcal)[b]	Amt./1 000 kcal ME[c]	Amt./kg $BW^{0.75c}$
锰/mg				7.2	1.8	0.87	7.2	1.8	0.87			
硒/μg				350	87.5	43	350	87.5	43			
碘/μg				880	220	108	880	220	108			
维生素												
维生素 A[j]/RE				1 212	303	149	1 515	379	186	15 000[j]	3 750[j]	1 846[j]
胆钙化醇[k]/μg				11.0	2.75	1.35	13.8	3.4	1.70	80	20	9.8
维生素 E[l](α-生育酚)/m				24	6.0	3.0	30	7.5	3.7			
维生素 K[m](甲萘醌)/mg				1.3	0.33	0.16	1.6	0.41	0.20			
硫胺素/mg				1.8	0.45	0.22	2.25	0.56	0.28			
核黄素/mg				4.2	1.05	0.52	5.3	1.3	0.64			
吡哆醇/mg				1.2	0.30	0.15	1.5	0.375	0.185			
烟酸/mg				13.6	3.4	1.67	17	4.25	2.09			
泛酸/mg				12	3.0	1.48	15	3.75	1.84			
钴胺素/μg				28	7	3.45	35	8.75	4.3			
叶酸/μg				216	54	26.6	270	67.5	33.2			
生物素[n]												
胆碱/mg				1 360	340	167	1 700	425	209			

[a] 关于妊娠母犬最低需要量的数据很少，哺乳期母犬获得的以 1 kg DM 和 1 000 kcal ME 为单位的数值也可满足怀孕母犬的营养需要量。

[b] 假设日粮能量浓度为 4 000 kcal ME/kg，计算得到 Amt./kgDM 为单位的数值；“≡”表示等价于；如果日粮能量浓度不是 4 000 kcal ME/kg. 则用表中所列数值乘以日粮的实际能量浓度，再除以 4 000，得到实际中以 Amt./kg DM 为单位的数值。

[c] 要计算每种营养物质的饲喂量，用 Amt./1 000 kcal ME 一栏所列数值乘以犬能量需要量[从表 15-6 和表 15-7 计算得到能量值(kcal)]，再除以 1 000。

[d] 用 Amt./$BW^{0.75}$ 作单位的数值只应用于一种情况：22 kg 母犬，8 只幼犬，在泌乳高峰期，每日消耗 5 000 kcal 能量；要想得到不同体重的母犬的营养需要量，利用表 15-7 计算犬的能量需要量，然后乘以 Amt./1 000 kcal 一栏的数值，再除以 1 000；成年理想体重为 35 kg 的 5.5 kg 幼犬；要想得到怀孕母犬的营养需要量，利用表 15-6 计算犬的能量需要量，然后乘上 Amt./1 000 kcal 一栏的数值，再除以 1 000。

[e] 粗蛋白质需要量超过 200 g 时，每 1 g 粗蛋白质中应加入 0.01 g 精氨酸。

[f] 如需使毛色更黑亮，酪氨酸的需要量应为所列的 1.5～2 倍。

[g] α-亚麻酸的需要量随日粮中亚油酸含量不同而不同，亚油酸和 α-亚麻酸的比例应该为 2.6～16，注意给出的 α-亚麻酸 0.8 g/kg DM，与上一栏亚油酸 13 g/kgDM 比较，比值接近 16，所以已经接近最小推荐量。

[h] 二十碳五烯酸应占到二十碳五烯酸和二十二碳六烯酸总量的 50%～60%，二十二碳六烯酸占到 40%～50%。

[i] 氧化形式的铁和铜不能被利用，其生物利用率太低。

[j] 维生素 A 的需要量用视黄醇当量(retinol equivalents. RE)表示，1 RE=1 μg 全反式视黄醇(all-*trans* retinol)，1 IU 维生素 A=0.3 RE。安全上限用微克(μg)视黄醇表示。

[k] 1 μg 胆钙化醇=40 IU 维生素 D_3。

[l] 对高 PUFA 日粮推荐使用更高浓度的维生素 E，1 IU 维生素 E=1 mg all-*rac*-α-醋酸生育酚(见第 8 章)。

[m] 犬对维生素 K 有代谢需要，不过当饲喂天然食物时，需要量未知. 肠道细菌合成的维生素 K 可能足够需要，维生素 K 允许量用其前体物质甲萘醌表示。

[n] 若日粮中不含蛋白(egg white)，肠道细菌合成的生物素可能足够需要，当日粮中含有抗生素则需要额外补充。

表 15-9　断奶幼猫满足生长的每日代谢能需要量

ME(kcal)＝维持量×6.7×$[e^{(-0.189p)}-0.66]$

ME(kcal)＝100×$BW_a^{0.67}$×6.7×$[e^{(-0.189p)}-0.66]$

其中：

$p=BW_a/BW_m$

BW_a＝评价时的实际体重(kg)

BW_m＝成年后理想体重(kg)

e≈2.718,自然对数的底

举例：

幼猫,BW_a＝1 kg,BW_m＝4 kg

ME(kcal)＝100×$1^{0.67}$×6.732×$[e^{(-0.189\times1/4)}-0.66]$＝198 kcal

表 15-10　断奶幼猫满足生长的营养需要量

营养物质	最低需要量			适宜采食量			推荐量			安全上限		
	Amt. /kg DM(≡4 000 kcal)[a]	Amt. / 1 000 kcal ME[b]	Amt. / kg $BW^{0.67c}$	Amt. /kg DM(≡4 000 kcal)[a]	Amt. / 1 000 kcal ME[b]	Amt. / kg $BW^{0.67c}$	Amt. /kg DM(≡4 000 kcal)[a]	Amt. / 1 000 kcal ME[b]	Amt. / kg $BW^{0.67c}$	Amt. /kg DM(≡4 000 kcal)[a]	Amt. / 1 000 kcal ME[b]	Amt. / kg $BW^{0.67c}$
粗蛋白质/g	180	45	9.40				225	56.3	11.8			
氨基酸												
精氨酸[d]/g	7.7	1.93	0.40				9.6	2.4	0.50	35	8.75	1.83
组氨酸/g	2.6	0.65	0.14				3.3	0.83	0.17	>22	>5.5	>1.15
异亮氨酸/g	4.3	1.08	0.23				5.4	1.4	0.29	>87	>21.7	>4.54
蛋氨酸/g	3.5	0.88	0.18				4.4	1.1	0.23	13	3.25	0.68
蛋氨酸和胱氨酸/g	7.0	1.75	0.37				8.8	2.2	0.46			
亮氨酸/g	10.2	2.55	0.53				12.8	3.2	0.67	>87	>21.7	>4.54
赖氨酸/g	6.8	1.70	0.35				8.5	2.1	0.44	>58	>14.5	>3.03
苯丙氨酸/g	4.0	1.00	0.21				5.0	1.3	0.27	>29	>7.25	>1.51
苯丙氨酸和酪氨酸[e]/g	15.3	3.83	0.80				19.1	4.8	1.00	68	17	3.55

续表 15-10

营养物质	最低需要量			适宜采食量			推荐量			安全上限		
	Amt. /kg DM(≡4 000 kcal)[a]	Amt. / 1 000 kcal ME[b]	Amt. / kg BW$^{0.67}$[c]	Amt. /kg DM(≡4 000 kcal)[a]	Amt. / 1 000 kcal ME[b]	Amt. / kg BW$^{0.67}$[c]	Amt. /kg DM(≡4 000 kcal)[a]	Amt. / 1 000 kcal ME[b]	Amt. / kg BW$^{0.67}$[c]	Amt. /kg DM(≡4 000 kcal)[a]	Amt. / 1 000 kcal ME[b]	Amt. / kg BW$^{0.67}$[c]
苏氨酸/g	5.2	1.30	0.27				6.5	1.6	0.33	>51	>12.7	>2.66
色氨酸/g	1.3	0.33	0.069				1.6	0.40	0.084	17	4.25	0.89
缬氨酸/g	5.1	1.28	0.27				6.4	1.6	0.33	>87	>21.7	>4.54
谷氨酸/g										75	18.8	3.92
牛磺酸[f]/g	0.32	0.080	0.017				0.40	0.10	0.021	>8.9	>2.22	>0.46
总脂肪/g				90	22.5	4.7	90	22.5	4.7	>330[a]	>82.5	>17.2
脂肪酸												
亚油酸/g				5.5	1.4	0.29	5.5	1.4	0.29	55[a]	13.8	2.9
α-亚麻酸/g				0.2	0.05	0.010	0.2	0.05	0.010			
花生四烯酸/g				0.2	0.05	0.010	0.2	0.05	0.001			
二十碳五烯酸和二十二碳六烯酸[g]/g				0.1	0.025	0.005	0.1	0.025	0.005			
矿物元素												
钙/g	5.2	1.3	0.274				8.0	2.0	0.410			
磷/g	4.8	1.2	0.251				7.2	1.8	0.372			
镁/mg	160	40	8.3				400	100	20			
钠/mg	1 240	310	65				1 400	350	74	>10[g]		
钾/g	2.68	0.67	0.14				4.0	1.0	0.209			
氯/mg	760	190	42				900	225	46.5			
铁[h]/mg	70	17	3.2				80	20	4.2			
铜[h]/mg	4.5	1.1	0.23				8.4	2.1	0.44			
锌/mg	50	12.5	2.6				75	18.5	3.9			
锰/mg				4.8	1.2	0.25	4.8	1.2	0.25			
硒/μg	120	30	6.23				300	75	15.8			
碘/μg				1 800	450	93	1 800	450	93			

续表 15-10

营养物质	最低需要量			适宜采食量			推荐量			安全上限		
	Amt. /kg DM(≡4 000 kcal)[a]	Amt. / 1 000 kcal ME[b]	Amt. / kg $BW^{0.67}$[c]	Amt. /kg DM(≡4 000 kcal)[a]	Amt. / 1 000 kcal ME[b]	Amt. / kg $BW^{0.67}$[c]	Amt. /kg DM(≡4 000 kcal)[a]	Amt. / 1 000 kcal ME[b]	Amt. / kg $BW^{0.67}$[c]	Amt. /kg DM(≡4 000 kcal)[a]	Amt. / 1 000 kcal ME[b]	Amt. / kg $BW^{0.67}$[c]
维生素												
维生素 A[i]/μg 视黄醇				800	200	42	1 000	250	52	80 000[j]	20 000[j]	4 180[j]
胆钙化醇[j]/μg	2.78	0.70	0.14				5.6	1.4	0.29	750	188	39
维生素 E(α-生育酚)[k]/m				30	7.5	1.6	38	9.4	2.0			
维生素 K(甲萘醌)[l]/mg				1.0	0.25	0.05	1.0	0.25	0.05			
硫胺素/mg	4.4	1.1	0.23				5.5	1.4	0.29			
核黄素/mg				3.2	0.80	0.17	4.0	1.0	0.21			
吡哆醇/mg	2.0	0.5	0.10				2.50	0.625	0.13			
烟酸/mg				32	8.0	1.7	40	10.0	2.1			
泛酸/mg	4.6	1.15	0.24				5.70	1.43	0.30			
钴胺素/μg				18	4.5	0.9	22.5	5.6	1.18			
叶酸/μg	600	150	31				750	188	39			
生物素[m]/μg				60	15	3.1	75	18.75	3.9			
胆碱/mg	2 040	510	107				2 550	637	133			

[a] 假设日粮能量浓度为 4 000 kcal ME/kg，计算得到 Amt. /kgDM 为单位的数值；"≡"表示等价于；如果日粮能量浓度不是 4 000 kcal ME/kg，则用表中所列数值乘以日粮的实际能量浓度，再除以 4 000，得到实际中以 Amt. /kg DM 为单位的数值。

[b] 如计算每种营养物质的饲喂量，用 Amt. /1 000 kcalME 一栏所列数值乘以通过表 15-9 得到的幼猫能量需要量，再除以 1 000。

[c] 用 Amt. /$BW^{0.67}$ 作单位的数值只用于成年理想体重为 4 kg 的幼猫；如果幼猫体重或理想体重与此不一致，则利用表 15-9 计算能量需要量，然后乘以 Amt. /1 000 kcal ME 一栏的数值，再除以 1 000。

[d] 当蛋白质最低需要量和推荐量超过 180 和 225 g 时，每增加 1 g 粗蛋白质中应加入 0.02 g 精氨酸。

[e] 如需使毛色更黑亮，酪氨酸的需要量要与苯丙氨酸相等或稍多。

[f] 对于高消化率的纯化日粮来说，牛磺酸的推荐量是 0.4 g/kg 日粮，对于干粮和罐装日粮则分别为 1.0 g/kg DM 和 1.7 g/kg DM。

[g] 二十碳五烯酸不应超过二十碳五烯酸和二十二碳六烯酸总量的 60%。

[h] 氧化形式的铁和铜不能被利用，其生物利用率太低。

[i] 1 IU 维生素 A=0.3 μg 全反式视黄醇(all-*trans* retinol)，1 μg 视黄醇=3.333 IU 维生素 A。安全上限用微克(μg)视黄醇表示。

[j] 1 μg 胆钙化醇=40 IU 维生素 D_3。

[k] 对高 PUFA 日粮推荐使用更高浓度的维生素 E，1 IU 维生素 E=1 mg all-*rac*-α-醋酸生育酚(见第 8 章)。

[l] 猫对维生素 K 有代谢需要，不过当饲喂天然日粮时，需要量未知，肠道细菌合成的维生素 K 可能足够需要，维生素 K 允许量用其前体物质甲萘醌表示。

[m] 若日粮中不含蛋白(egg white)，肠道细菌合成的生物素可能足够需要，如日粮中含有抗生素则需要额外补充。

表 15-11 成年猫每日维持代谢能需要量[a]

类型	代谢能需要量
家猫，瘦[b]	100 kcal×kg $BW^{0.67}$
家猫，超重[c]	130 kcal×kg $BW^{0.4}$
外来品种猫	55～260 kcal×kg $BW^{0.75}$

[a] 个体差异允许上下浮动 50%。

[b] 体况评分(表 3-7)≤5(9 分评价标准)

[c] 体况评分(表 3-7)≤5(9 分评价标准)。

表 15-12 成年母猫的维持营养需要量

营养物质	最低需要量			适宜采食量			推荐量			安全上限		
	Amt. /kg DM(≡4 000 kcal)[a]	Amt. / 1 000 kcal ME[b]	Amt. / kg $BW^{0.67c}$	Amt. /kg DM(≡4 000 kcal)[a]	Amt. / 1 000 kcal ME[b]	Amt. / kg $BW^{0.67c}$	Amt. /kg DM(≡4 000 kcal)[b]	Amt. / 1 000 kcal ME[c]	Amt. / kg $BW^{0.67dc}$	Amt. /kg DM(≡4 000 kcal)[a]	Amt. / 1 000 kcal ME[b]	Amt. / kg $BW^{0.67c}$
粗蛋白质/g	160	40	3.97				200	50	4.96			
氨基酸												
精氨酸[d]/g				7.7	1.93	0.19	7.7	1.93	0.19			
组氨酸/g				2.6	0.65	0.064	2.6	0.65	0.064			
异亮氨酸/g				4.3	1.08	0.11	4.3	1.08	0.11			
蛋氨酸[e]/g	1.35	0.34	0.033				1.7	0.43	0.042			
蛋氨酸和胱氨酸/g	2.7	0.68	0.067				3.4	0.85	0.084			
亮氨酸/g				10.2	2.55	0.25	10.2	2.55	0.25			
赖氨酸/g	2.7	0.68	0.067				3.4	0.85	0.084			
苯丙氨酸/g				4.0	1.00	0.099	4.0	1.00	0.099			
苯丙氨酸和酪氨酸[f]/g				15.3	3.83	0.38	15.3	3.83	0.38			
苏氨酸/g				5.2	1.30	0.13	5.2	1.30	0.13			
色氨酸/g				1.3	0.33	0.032	1.3	0.33	0.032			
缬氨酸/g				5.1	1.28	0.13	5.1	1.28	0.13			
牛磺酸[g]/g	0.32	0.08	0.007 9				0.40	0.10	0.009 9			

续表 15-12

营养物质	最低需要量			适宜采食量			推荐量			安全上限		
	Amt. /kg DM(≡4 000 kcal)[a]	Amt. / 1 000 kcal ME[b]	Amt. / kg $BW^{0.67c}$	Amt. /kg DM(≡4 000 kcal)[a]	Amt. / 1 000 kcal ME[b]	Amt. / kg $BW^{0.67c}$	Amt. /kg DM(≡4 000 kcal)[b]	Amt. / 1 000 kcal ME[c]	Amt. / kg $BW^{0.67dc}$	Amt. /kg DM(≡4 000 kcal)[a]	Amt. / 1 000 kcal ME[b]	Amt. / kg $BW^{0.67c}$
总脂肪/g				90	22.5	2.2	90	22.5	2.2	330[a]	82.5	8.2
脂肪酸												
亚油酸/g				5.5	1.4	0.14	5.5	1.4	0.14	55[a]	13.8	1.4
α-亚麻酸/g												
花生四烯酸/g				0.02	0.005	0.000 5	0.06	0.015	0.001 5	2[a]	0.5	0.049
二十碳五烯酸和二十二碳六烯酸[h]/g				0.1	0.025	0.002 5	0.1	0.025	0.002 5			
矿物元素												
钙/g	1.6	0.40	0.04				2.9	0.72	0.071			
磷/g	1.4	0.35	0.035				2.6	0.64	0.063			
镁/mg	200	50	4.9				400	100	9.5			
钠/mg	650	160	16.0				680	170	16.7	>15[g]		
钾/g				5.2	1.3	0.13	5.2	1.3	0.13			
氯/mg				960	240	23.7	960	240	23.7			
铁[i]/mg				80	20	1.98	80	20	1.98			
铜[i]/mg				5.0	1.2	0.119	5.0	1.2	0.119			
锌/mg				74	18.5	1.9	74	18.5	1.9	>600		
锰/mg				4.8	1.2	0.119	4.8	1.2	0.119			
硒/μg				300	75	6.95	300	75	6.95			
碘/μg	1 300	320	31.6				1 400	350	35			
维生素												
维生素 A[j]/μg 视黄醇				800	200	19.8	1 000	250	24.7	100 000[j]	25 000[j]	2.469[j]
胆钙化醇[k]/μg				5.6	1.4	0.14	7	1.75	0.17	750	188	19

续表 15-12

营养物质	最低需要量			适宜采食量			推荐量			安全上限		
	Amt. /kg DM(≡4 000 kcal)[a]	Amt. / 1 000 kcal ME[b]	Amt. / kg $BW^{0.67c}$	Amt. /kg DM(≡4 000 kcal)[a]	Amt. / 1 000 kcal ME[b]	Amt. / kg $BW^{0.67c}$	Amt. /kg DM(≡4 000 kcal)[b]	Amt. / 1 000 kcal ME[c]	Amt. / kg $BW^{0.67dc}$	Amt. /kg DM(≡4 000 kcal)[a]	Amt. / 1 000 kcal ME[b]	Amt. / kg $BW^{0.67c}$
维生素 E(α-生育酚)[l]/m				30	7.5	0.74	38	10	0.94			
维生素 K(甲萘醌)[m]/mg				1.0	0.25	0.025	1.0	0.25	0.025			
硫胺素/mg				4.4	1.1	0.11	5.6	1.4	0.14			
核黄素/mg				3.2	0.80	0.079	4.0	1.0	0.099			
吡哆醇/mg	2.0	0.5	0.05				2.50	0.625	0.06			
烟酸/mg				32	8.0	0.79	40	10.0	0.99			
泛酸/mg	4.6	1.15	0.11				5.75	1.44	0.14			
钴胺素/μg				18	4.5	0.44	22.5	5.6	0.56			
叶酸/μg	600	150	15				750	188	19			
生物素[n]/μg				60	15	1.5	75	18.75	1.9			
胆碱/mg	2 040	510	50				2 550	637	63			

[a] 假设日粮能量浓度为 4 000 kcal ME/kg,计算得到 Amt. /kg DM 为单位的数值;“≡”表示等价于;如果日粮能量浓度不是 4 000 kcal ME/kg,则用表中所列数值乘以日粮的实际能量浓度,再除以 4 000,得到实际中以 Amt. /kgDM 为单位的数值。

[b] 如计算每种营养物质的饲喂量,用 Amt. /1 000 kcal ME 一栏所列数值乘以通过表 15-11 得到的瘦猫能量需要量,再除以 1 000;对于摄入能量较低(低于建议量)的猫,以 Amt. /1 000 kcal 为单位的一栏所列的营养浓度不够. 需依照 Amt. /kg $BW^{0.67}$ 一栏列出的数值进行饲喂。

[c] 用 100 kcal×$BW^{0.67}$ 的能量摄入量计算瘦型猫 Amt. /$BW^{0.67}$ 作单位一栏的数值;要得到非瘦型成年猫的营养需要量,从表 15-11 中获得能量需要量,然后乘以 Amt. /1 000 kcal 一栏的数值,再除以 1 000。

[d] 当蛋白质营养需要量超过 200 g 时,每增加 1 g 粗蛋白质中应加入 0.02 g 精氨酸。

[e] 蛋氨酸的需要量是蛋氨酸+胱氨酸的 1.5 倍。

[f] 如需使毛色更黑亮,酪氨酸的需要量应为所列的 1.5～2 倍。

[g] 对于高消化率的纯化日粮来说,牛磺酸的推荐量是 0.4 g/kg 日粮,对于干粮和罐装日粮则分别为 1.0 g/kg DM 和 1.7 g/kg DM。

[h] 仅指二十二碳六烯酸,没有关于二十碳五烯酸的数据。建议二十碳五烯酸不要超过总量的 20%。

[i] 氧化形式的铁和铜不能被利用,其生物利用率太低。

[j] 1 IU 维生素 A=0.3 μg 全反式视黄醇(all-*trans* retinol),1 μg 视黄醇=3.333 IU 维生素 A。安全上限用微克(μg)视黄醇表示。

[k] 1 μg 胆钙化醇=40 IU 维生素 D_3。

[l] 对高 PUFA 日粮推荐使用更高浓度的维生素 E,1 IU 维生素 E=1 mg all-*rac*-α 醋酸生育酚(见第 8 章)。

[m] 猫对维生素 K 有代谢需要,不过当饲喂天然食物时,需要量未知,肠道细菌合成的维生素 K 可能足够需要,维生素 K 允许量用其前体物质甲萘醌表示。

[n] 若日粮中不含蛋白(egg white),肠道细菌合成的生物素可能足够需要. 如日粮中含有抗生素则需要额外补充。

表 15-13 哺乳母猫的每日代谢能需要量

幼猫	能量需要量
<3	ME kcal=维持量+18×BW×L
	ME kcal=100×$BW^{0.67}$+18×BW×L
3～4	ME kcal=维持量+60×BW×L
	ME kcal=100×$BW^{0.67}$+60×BW×L
>4	ME kcal=维持量+70×BW×L
	ME kcal=100×$BW^{0.67}$+70×BW×L

L=哺乳期的 1～7 周，各阶段的因子：0.9，0.9，1.2，1.2，1.1，1.0，0.8

举例：雌性家猫，3.5 kg BW（发情期），泌乳高峰期（第 3 周）

ME kcal=100×$3.5^{0.67}$+(60×3.5×1.2)=231+252=483 kcal

表 15-14 妊娠后期和泌乳高峰期母猫的营养需要量

营养物质	最低需要量			适宜采食量			推荐量			安全上限		
	Amt./kg DM(≡4 000 kcal)[b]	Amt./1 000 kcal ME[c]	Amt./kg $BW^{0.67d}$	Amt./kg DM(≡4 000 kcal)[b]	Amt./1 000 kcal ME[c]	Amt./kg $BW^{0.67dc}$	Amt./kg DM(≡4 000 kcal)[b]	Amt./1 000 kcal ME[c]	Amt./kg $BW^{0.67d}$	Amt./kg DM(≡4 000 kcal)[b]	Amt./1 000 kcal ME[c]	Amt./kg $BW^{0.67d}$
妊娠期成年猫												
粗蛋白质/g	170	43	5.90				213	53	7.40			
氨基酸												
精氨酸[e]/g				15	3.75	0.52	15	3.75	0.52			
组氨酸/g				4.3	1.08	0.15	4.3	1.08	0.15			
异亮氨酸/g				7.7	1.93	0.27	7.7	1.93	0.27			
蛋氨酸/g				5.0	1.25	0.17	5.0	1.25	0.17			
蛋氨酸和胱氨酸/g				9.0	2.25	0.31	9.0	2.25	0.31			
亮氨酸/g				18	4.50	0.63	18	4.50	0.63			
赖氨酸/g				11	2.75	0.38	11	2.75	0.38			

续表 15-14

营养物质	最低需要量			适宜采食量			推荐量			安全上限		
	Amt. /kg DM(≡4 000 kcal)[b]	Amt. / 1 000 kcal ME[c]	Amt. / kg $BW^{0.67d}$	Amt. /kg DM(≡4 000 kcal)[b]	Amt. / 1 000 kcal ME[c]	Amt. / kg $BW^{0.67dc}$	Amt. /kg DM(≡4 000 kcal)[b]	Amt. / 1 000 kcal ME[c]	Amt. / kg $BW^{0.67d}$	Amt. /kg DM(≡4 000 kcal)[b]	Amt. / 1 000 kcal ME[c]	Amt. / kg $BW^{0.67d}$
苯丙氨酸/g												
苯丙氨酸和酪氨酸[f]/g	15.3	3.83	0.53				19.1	4.78	0.66			
苏氨酸/g				8.9	2.23	0.31	8.9	2.23	0.31			
色氨酸/g				1.9	0.48	0.066	1.9	0.48	0.066			
缬氨酸/g				10	2.50	0.35	10	2.50	0.35			
牛磺酸[g]/g	0.42	0.105	0.015				0.53	0.13	0.018			
哺乳期成年猫												
粗蛋白质/g	240	60	12.9				300	75	16.10			
氨基酸												
精氨酸[e]/g				15	3.8	0.81	15	3.8	0.81			
组氨酸/g				7.1	1.8	0.39	7.1	1.8	0.39			
异亮氨酸/g				12	3.0	0.64	12	3.0	0.64			
蛋氨酸/g				6.0	1.5	0.32	6.0	1.5	0.32			
蛋氨酸和胱氨酸/g				10	2.6	0.56	10.4	2.6	0.56			
亮氨酸/g				20	5.0	1.07	20	5.0	1.07			
赖氨酸/g				14	3.5	0.75	14	3.5	0.75			
苯丙氨酸/g												
苯丙氨酸和酪氨酸[f]/g	15.3	3.83	0.52	0.82			19.1	4.8	1.03			
苏氨酸/g				10.8	2.7	0.58	10.8	2.7	0.58			
色氨酸/g				1.9	0.48	0.10	1.9	0.48	0.10			
缬氨酸/g				12	3.0	0.64	12	3.0	0.64			
牛磺酸[g]/g	0.42	0.105	0.015				0.53	0.13	0.018			
总脂肪/g				90	22.5	4.8	90	22.5	4.8	330[b]	82.5	17.6
脂肪酸												
亚油酸/g				5.5	1.4	0.3	5.5	1.4	0.3	55[b]	13.8	2.93

续表 15-14

营养物质	最低需要量			适宜采食量			推荐量			安全上限		
	Amt. /kg DM(≡4 000 kcal)[b]	Amt. / 1 000 kcal ME[c]	Amt. / kg $BW^{0.67d}$	Amt. /kg DM(≡4 000 kcal)[b]	Amt. / 1 000 kcal ME[c]	Amt. / kg $BW^{0.67dc}$	Amt. /kg DM(≡4 000 kcal)[b]	Amt. / 1 000 kcal ME[c]	Amt. / kg $BW^{0.67d}$	Amt. /kg DM(≡4 000 kcal)[b]	Amt. / 1 000 kcal ME[c]	Amt. / kg $BW^{0.67d}$
α一亚麻酸/g				0.2	0.05	0.011	0.2	0.05	0.011			
花生四烯酸/g				0.2	0.05	0.011	0.2	0.05	0.011			
二十碳五烯酸和二十二碳六烯酸[h]/g				0.1	0.025	0.006 7	0.1	0.025	0.004 4			
矿物元素												
钙/g				10.8	2.7	0.565	10.8	2.7	0.565			
磷/g	4.9	1.22	0.261				7.6	1.9	0.411			
镁/mg	416	104	22				500	125	32			
钠/mg				2 680	670	142	2 680	670	142			
钾/g				5.2	1.3	0.277	5.2	1.3	0.277			
氯/mg				4 000	1 000	213	4 000	1 000	213			
铁[i]/mg				80	20	4.3	80	20	4.3			
铜[i]/mg				8.8	2.2	0.47	8.8	2.2	0.47			
锌/mg	42	10.5	2.2				60	15	3.2			
锰/mg				7.2	1.8	0.38	7.2	1.8	0.38			
硒/μg				300	75	16	300	75	16			
碘/μg				1 800	450	96	1 800	450	96			
维生素												
维生素 A[j]/μg 视黄醇				1 600	400	85	2 000	500	107	100 000[j]	25 000[j]	5 333[j]
胆钙化醇[k]/μg				5.6	1.4	0.30	7.0	1.75	0.37	750	188	40
维生素 E(α-生育酚)[l]/m				30	7.5	1.6	31	7.8	1.67			
维生素 K(甲萘醌)[m]/mg				1.0	0.25	0.18	1.0	0.25	0.18			
硫胺素/mg				5.0	1.25	0.27	6.3	1.56	0.32			
核黄素/mg				3.2	0.80	0.17	4.0	1.0	0.21			

续表 15-14

营养物质	最低需要量			适宜采食量			推荐量			安全上限		
	Amt. /kg DM(≡4 000 kcal)[b]	Amt. / 1 000 kcal ME[c]	Amt. / kg $BW^{0.67d}$	Amt. /kg DM(≡4 000 kcal)[b]	Amt. / 1 000 kcal ME[c]	Amt. / kg $BW^{0.67dc}$	Amt. /kg DM(≡4 000 kcal)[b]	Amt. / 1 000 kcal ME[c]	Amt. / kg $BW^{0.67d}$	Amt. /kg DM(≡4 000 kcal)[b]	Amt. / 1 000 kcal ME[c]	Amt. / kg $BW^{0.67d}$
吡哆醇/mg	2.0	0.5	0.10				2.50	0.625	0.11			
烟酸/mg				32	8.0	1.71	40	10.0	2.10			
泛酸/mg	4.6	1.15	0.25				5.75	0.19	0.31			
钴胺素/μg				18	4.5	0.80	22.5	5.6	1.0			
叶酸/μg	600	150	27				750	187	33			
生物素[n]/μg				60	15	2.7	75	18.75	3.3			
胆碱/mg	2 040	510	91				2 550	637	113			

[a] 只有少量关于泌乳期母猫最小日粮氨基酸需要量的数据。与泌乳期干物质(kg)和 ME(1 000 kcal)有关的其他营养物质需要量应满足母猫的妊娠和哺乳需要。

[b] 假设日粮能量浓度为 4 000 kcal ME/kg,计算得到 Amt. /kg DM 为单位的数值;"≡"表示等价于;如果日粮能量浓度不是 4 000 kcal ME/kg,则用表中所列数值乘以日粮的实际能量浓度,再除以 4 000,得到实际中以 Amt. /kg DM 为单位的数值。

[c] 如计算每种营养物质的饲喂量,用 Amt. /1 000 kcal ME 一栏所列数值乘以单位为 kcal ME 的能量需要量(通过表 15-13 得到哺乳期母猫能量需要量,$BW^{0.67}$乘以 140 获得妊娠期母猫的能量需要量),再除以 1 000。

[c] 用 100 kcal×$BW^{0.67}$的能量摄入量计算瘦型猫 Amt. /$BW^{0.67}$作单位一栏的数值;要得到非瘦型成年猫的营养需要量,从表 15-11 中获得能量需要量,然后乘以 Amt. /1 000 kcal 一栏的数值,再除以 1 000。

[d] 用 Amt. /$BW^{0.67}$作单位的数值只用于一种情况:体重为 4 kg 母猫在泌乳高峰期,有 3～4 只幼猫,每日消耗 540 kcal ME;如果母猫不符合这个标准,从表 15-11 中获得能量需要量,然后乘以 Amt. /1 000 kcal 一栏的数值,再除以 1 000;计算妊娠后期母猫的营养需要量,能量需要量为 140×kg $BW^{0.67}$,这个数值乘以 Amt. /1 000 kcal ME 一栏的数值,再除以 1 000。

[e] 当蛋白质最低需要量和推荐量超过 130 和 213 g 时,每增加 1 g 粗蛋白质中应加入 0.02 g 精氨酸。

[f] 如需毛色更黑亮,酪氨酸的需要量会为所列的 1.5～2 倍。

[g] 对于高消化率的纯化日粮来说,牛磺酸的推荐量是 0.53 g/kg DM. 对于干粮和罐装日粮则分别为 1.0 和 1.7 g/kg DM。

[h] 建议二十碳五烯酸不要超过总量的 60%。

[i] 氧化形式的铁和铜不能被利用,其生物利用率太低。

[j] 1 IU 维生素 A=0.3 μg 全反式视黄醇(all-*trans* retinol),1 μg 视黄醇=3.333 IU 维生素 A。安全上限用微克(μg)视黄醇表示。

[k] 1 μg 胆钙化醇=40 IU 维生素 D_3。

[l] 对高 PUFA 日粮推荐使用更高浓度的维生素 E,1 IU 维生素 E=1 mg all-*rac*-α-醋酸生育酚(见第 8 章)。

[m] 猫对维生素 K 有代谢需要,不过当饲喂天然食物时,需要量未知,肠道细菌合成的维生素 K 可能足够需要,维生素 K 允许量用其前体物质甲萘醌表示。

[n] 若日粮中不含蛋白(egg white),肠道细菌合成的生物素可能足够需要,如日粮中含有抗生素则需要额外补充。

参考文献

Adkins, T. O., and D. S. Kronfeld. 1982. Diet of racing sled dogs affects erythrocyte depression by stress. Can. Vet. J. 23:260-263.

Baker, D. H. 1995. Vitamin bioavailability. Pp. 399-431 in Bioavailability of Nutrients for Animals. Amino Acids, Minerals, and Vitamins, C. A. Ammerman, D. H. Baker, and A.J. Lewis, eds. San Diego: Academic Press.

Downey, R. L., D. S. Kronfeld, and C. A. Banta. 1980. Diet of beagles affects stamina. J. Am. An. Hosp. Assoc. 16:273-277.

Kendall, P. T., S. E. Blaza, and D. W. Holme. 1982. Assessment of endogenous nitrogen output in adult dogs of contrasting size using a protein-free diet. J. Nutr. 112:1281-1286.

Kienzle, E., H. Meyer, C. Dammers, and H. Lohrie. 1985. Milchaufnahme, Gewichtsentwicklung, Futterverdaulichkeit sowie Energie- and Nährstoffretention bei Saugwelpen (Milk intake, weight development, feed digestibility as well as energy and nutrient retention in suckling puppies). Pp. 26-50 in Untersuchungen zum Energie- und Nährstoffbedarf von Zuchthündinnen und Saugwelpen (Investigations on Nutrient Requirements in Breeding Bitches and Suckling Pups), H. Meyer, ed. Volume 16 in Advances in Animal Physiology and Animal Nutrition. Hamburg, Germany: Paul Parey.

Miller, D. S., and P. R. Payne. 1963. A theory of protein metabolism. J. Theoret. Biol. 5:398-411.

National Research Council (NRC). 1985. Nutrient Requirements of Dogs. Washington, D.C.: National Academy Press.

National Research Council (NRC). 1986. Nutrient Requirements of Cats. Washington, D.C.: National Academy Press.

National Research Council (NRC). 1987. Vitamin Tolerance of Animals. Washington, D.C.: National Academy Press.

National Research Council (NRC). 1995. Nutrient Requirements of Laboratory Animals. Washington, D.C.: National Academy Press

Rivers, J. P. W., and I. H. Burger. 1989. Allometric considerations in the nutrition of dogs. Pp. 67-112 in Nutrition of the Dog and Cat, I. H. Burger and J. P. W. Rivers, eds. Cambridge, UK: Cambridge University Press.

Rucker, R. B., and F. M. Steinberg. 2002. Vitamin requirements relationship to basal metabolic need and function. Bioche amd Mol. Bio. Educ. 30:86-89.

Rucker, R., and D. Storms. 2002. Interspecies comparisons of micronutrient requirements: Metabolic vs. absolute body size. J. Nutr. 132:2999-3000.

Schaeffer, M. C., Q. A. Rogers, and J. G. Morris. 1989. Protein in the nutrition of dogs and cats. Pp. 159-205 in Nutrition of the Dog and Cat, I. H. Burger and J. P. W. Rivers, eds. Cambridge, UK: Cambridge University Press.

附录 A 作者概况

About the Authors

Donald C. Beitz, Ph. D.，哲学博士，主席，是自1989年以来农业领域的“查尔斯·柯蒂斯(Charles F. Curtiss)杰出教授”，自1967年起一直在爱荷华州立大学(Iowa State University)动物科学系和生物化学、生物物理学与分子生物学系任教。他的专业最初主要集中在比较营养学，特别是人和家畜的营养、生物化学和分子生物学等。他的研究兴趣集中于脂质和维生素代谢。目前他正在参与研究关于口服真细菌粪(甾)醇降低动物和人类血液胆固醇，应用胰高血糖素预防和治疗牛样脂肪肝，维生素D对肉嫩度的影响，肉类和牛奶的不饱和脂肪酸组成的遗传和营养调控。他一直担任NRC动物营养委员会的委员(1990～1994年)和主席(1995～1998年)。他还担任过NRC的农业生物技术简报小组的会员(1985年)。除了众多的高校协会委员，Donald C. Beitz博士还一直担任一些专业学会的会员和官员，如：美国营养科学协会(前身是美国营养研究所)、美国动物科学协会、美国乳品科学协会、美国生物化学与分子生物学协会、比较营养学和各种美国农业部顾问委员会。Beitz在伊利诺伊大学(University of Illinois)获得农业科学学士学位(1962年)和乳品科学硕士学位(1963年)。他在密歇根州立大学(Michigan State University)获得了乳制品营养和生物化学的博士学位(1967年)。

John E. Bauer, Ph. D., D. V. M.，兽医学博士，哲学博士，是小动物内科和外科学教授，并担任美国德克萨斯A&M大学(Texas A&M University)兽医医药学院临床营养学教授之职。他是过去德克萨斯A&M大学的研究生学院营养学的上一任主席。他的专长领域是脂质生物化学、脂质代谢紊乱、比较生物医学和营养。他的研究还包括动物的脂蛋白和脂肪酸代谢以及动物模型中人类的高胆固醇血症与动脉粥样硬化。他完成了超过230篇相关论文和专著，获得了许多赠款、奖励和荣誉，并详列于“美国男性和女性科学”、“兽医科学和医学名人录”中。他已多次获得美国油化学家协会的优秀论文奖和佛罗里达大学(University of Florida)的CE科尼利厄斯(Cornelius)年轻调查员研究奖。在过去的20年间，Bauer博士已就任众多动物营养学协会的重要职位，并且是活跃会员。在伊利诺伊大学(University of Illinois)，Bauer获得兽医学博士以及营养学的硕士和博士学位。

Keith Behnke, Ph. D.，哲学博士，是堪萨斯州立大学(Kansas State University)粮食科学与工业专业的教授，自1971年以来便在学院任教。他目前协调饲料加工研究和所有饲料生产的研究。在堪萨斯州立大学任职之前，Behnke是位于Hutchison, KS的Far Mar公司食品部加工研究小组的领导者。Behnke目前是一些专业学会和协会的会员，如：美国动物科学协会、家禽科学协会、美国饲料工业协会和中国饲料协会(名誉委员)。Behnke在堪萨斯州立大学获得饲料技术学士学位(1968年)、粮食科学的硕士学位(1973年)和粮食科学的博士学位(1975年)。

David A. Dzanis, D. V. M., Ph. D.，兽医学博士，哲学博士，是Dzanis咨询和合作公司的所有者，此公司提供兽医营养和开发产品后的相关咨询服务，包括解读联邦与州法律、解答联邦与州标签问题以及处理市场索赔的执行。在1998年作为全职顾问之前，Dzanis在美国食品药品管理中心做了8年的兽医营养师。目前他是《宠物食品产业》的撰稿编辑和《兽医临床营养》的主编。他担任美国饲料官方管理协会犬猫营养专家委员协会的主席。Dzanis担任过多种职务，包括美国兽医营养学院的专业医师(1990年)、美国兽医营养科学院的成员和美国兽医医学会的会长。获得的奖项和荣誉有：美国食品药品监督管理局(FDA)团队认可奖(1998年)、美国饲料官员和管理协会的优秀服务奖(1994年)、FDA特殊贡献专家(1992年)、FDA值得称赞服务奖(1991年)和普瑞纳爱宝宠物食品/美国兽医医学会基金会的兽医营养奖学金（1984 年）。Dzanis 发表了很多专业论文。他在美国普度大学（Purdue University）获得兽医学博士，在康奈尔大学（Cornell University）获得营养学博士。

George C. Fahey, Jr., Ph. D.，哲学博士，是动物科学及营养学教授，并且是伊利诺伊大学香槟分校（University of Illinois, Urbana-Champaign）农业、消费与环境科学学院农业试验站研究办公室的助理教务长。Fahey 的专业研究领域包括伴侣动物营养，低聚糖、抗性淀粉和植物细胞壁的结构以及它们对动物和人类的营养作用。Fahey 是多种杂志的编委（《动物科学杂志》、《营养学杂志》、《乳品科学杂志》、《动物营养学报》和《动物生理学和动物营养杂志》）。Fahey 一直担任许多动物科学与营养领域协会的主席、秘书和会员。Fahey 在许多场合与 NRC 委员会一起工作；他是动物营养协会、实验动物营养协会及北美饲料信息系统建立委员会的成员。他获得的众多奖项和荣誉包括：美国动物科学协会的伴侣动物生物学奖（2003 年），西弗吉尼亚大学（West Virgina University）农业、林业和资源学院杰出校友奖（1997 年），伊利诺伊大学香槟分校农业、消费和环境科学学院的高级卓越学术奖（1996 年），农地产业杰出服务奖（1994 年），先锋高科技育成（Pioneer Hi-Bred）国际股份有限公司牧草奖，美国乳品科学协会奖（1992 年），美国饲料工业协会反刍动物营养研究奖励（1990 年）。Fahey 在西弗吉尼亚大学获得农业生物化学的硕士和动物营养学博士学位。

Richard C. Hill, VetMB, Ph. D., MRCVS，兽医学士，哲学博士，兽医学院会员，是佛罗里达大学（University of Florida）兽医学院小动物临床科学系临床营养学的副教授。他的专长在于食物对犬性能的影响。他的研究集中于运动犬的营养需求，特别是犬对能量、蛋白质和抗氧化剂的需求。Hill 研究饲料蛋白质对灰猎犬的性能和机体成分的影响。Hill 是美国兽医内科学院的专业医师，并且是兽医外科皇家学院、比较胃肠病学协会和众多兽药协会的会员。在 1997 年他获得了佛罗里达大学的临床科学教师奖。Hill 在英国剑桥大学（Cambridge University）获得学士学位和兽医硕士学位，在佛罗里达大学获得博士学位。

Francis A. Kallfelz, D. V. M., Ph. D.，兽医学博士，哲学博士，是康奈尔大学（Cornell University）纽约州兽医学院临床科学系的营养学教授。Kallfelz 获得的奖项包括：印尼政府关于农场动物矿物质代谢的 IAEA 专家顾问、FAO/IAEA 动物产品和健康分部的特别服务协议顾问、Fulbright-Hays 先进研究奖。Kallfelz 在学术界近 40 年，先后撰写发表了大量文章和专著。他还应邀在一些会议上发表演讲。Kallfelz 是许多专业组织的成员，如：美国营养科学协会、核医学协会、实验生物学和医学协会以及美国兽医营养科学院。他是美国兽医营养学院的特许专业医师，纽约州兽医医疗协会的主席，也是纽约州兽药委员会的成员之一。Kallfelz 在康奈尔大学获得兽医学博士学位。

Ellen Kienzle, Dr. med. Vet, Dr. med. Vet. habil，兽医学博士，兽医康复学博士，德国 Ludwig-Maximilians 大学的兽医学院动物生理学研究所动物营养与营养学的主席。Kienzle 毕业于汉诺威的 Tieraerztlichen Hochschule 学院，在 1982 年获得实践兽医药医师的许可证，于 1983 年获得兽药学博士学位。在 1989 年，她获得兽药康复学博士学位。Kienzle 已出版很多有关碳水化合物代谢、成年猫、成年犬和幼犬的营养需求和饲料计算机配方的文章，她现在是德国官方认证的兽医营养师，并因其研究工作获得 Zuerich 大学的奖励，即在 1997 年获得了沃尔特-弗雷奖（Walter-Frei-Prize）。Kienzle 是营养生理学协会、德国兽医协会的成员之一，还是欧洲兽医和比较营养学协会的前主席及现任委员，欧洲兽医学院和比较营养学的首任主席。Kienzle 目前是《动物生理学和动物营养杂志》的合作编辑。

James Morris, Ph. D.，哲学博士，目前已从加州大学戴维斯校区（University of California, Davis）兽医学院的分子科学系的教授职位上退休，自 1969 年他便是该学院的教员。Morris 曾担任 NRC 动物营养委员会的主席（1985～1988 年）和成员（1981～1985 年）。他还先后分别当选为猫营养协会（1983～1989 年）和犬营养协会（1980～1985 年）的会员。Morris 目前成为美国兽医学院的名誉医师（1997 年），获得美国营养科学协会的 Osborne Mendel 奖（1997 年），也是美国营养科学协会的研究员（1996 年）。他还获得了美国加州大学戴维斯校区兽医学院的学院奖（1992 年），猫营养协会的 Ralston Purina 小动物研究奖(1986 年)。此外,他是《营养学杂志》、*JAVMA*、*AJVR* 和《美国生理学杂志》的评论家。Morris 获得澳大利亚布里斯班昆士兰大学(University of Queensland)的农业科学学士学位(1952 年,1954 年-荣誉)、主修为生理学辅修为生物化学的理学学士学位(1958 年)以及农学硕士学位(动物营养学,1959 年)。Morris 在 1961 年获得美国犹他州立大学(Utah State University)营养和生物化学的博士学位。

Quinton R. Rogers, Ph. D.,哲学博士,是加州大学戴维斯校区(University of California,Davis)兽医学院的生理化学教授。Rogers 的研究确定了猫科动物对牛磺酸的需求量。他已经出版了约 300 篇文章,内容涉及蛋白质和氨基酸营养,氨基酸对控制食物摄取、代谢和对动物营养疾病的作用。Rogers 一直是《美国临床营养学杂志》的副主编,目前也是《营养生物化学杂志》、《动物生理学和动物营养杂志》编委会的成员。他还担任过 NRC 动物营养委员会的会员,并且作为猫营养需要的委员会主席(1986 年),他还是美国营养科学协会的会员(2003 年)。Rogers 获得的奖项和荣誉包括:1997 年获美国兽医营养学院名誉医师、1997 年获得美国营养科学协会的 Osborne Mendel 奖、1992 年获加州大学兽医学院的学院奖、1986 年获得猫营养协会的 Ralston Purina 小动物研究奖。Rogers 在麦迪逊威斯康星州立大学(University of Wisconsin,Madison)获得生物化学硕士和博士学位。

附录 B　首字母缩写词及解释

Acronyms and Abbreviations

AA	amino acid	氨基酸
AA, 20∶4n-6	arachidonic acid	花生四烯酸
AAFCO	Association of American Feed Control Officials	美国饲料管理协会
ACTH	adrenocorticotropic hormone	促肾上腺皮质激素
ADF	acid detergent fiber	中性洗涤纤维
ADP	adenosine diphosphate	二磷酸腺苷
AI	adequate intake	适宜采食量
ALA	α-linolenic acid	α-亚麻酸
AMP	adenosine monophosphate	一磷酸腺苷
AOAC	American Organization of Analytical Chemists	美国分析化学学会
ARAT	aryl-CoA retinol acyltransferase	视黄醇酰基转移酶
Arg	arginine	精氨酸
As	arsenic	砷
Asp	aspartic acid	天门冬氨酸
ATP	adenosine triphosphate	三磷酸腺苷
ATPase	adenosine triphosphatase	三磷酸腺苷酶
B	boron	硼
BCKAD	branched-chain α-ketoacid dehydrogenase	α-酮酸支链脱氢酶
BCS	body condition score	体况评分
BHA	butylated hydroxyanisole	叔丁基对甲酚
BHT	butylated hydroxytoluene	二叔丁基对甲酚
BMR	basal metabolic rate	基础代谢率
BNF	British Nutrition Foundation Task Force on Fatty Acids	英国脂肪酸营养基金会
BV	biological value	生物学价值
BW	body weight	体重
℃	degrees Celsius	摄氏度
Ca	calcium	钙
$CaCl_2$	calcium chloride	氯化钙
$CaCO_3$	calcium carbonate	碳酸钙
cal	calories	卡
CASPER	computer-assisted spectrum evaluation of regular polysaccharides	计算机辅助光谱多糖分析
CCK	cholecystokinin	胆囊收缩素
CCK-PZ	cholecystokinin-pancreozymin	胆囊收缩素促胰酶素

CD_4^+	cell-surface glycoprotein found on the mature helper T cells and immature thymocytes as well as on monocytes and macrophages	在成熟的辅助 T 细胞、未成熟胸腺细胞、单核细胞、巨噬细胞发现的表皮糖蛋白
CDNA	complementary DNA	互补 DNA
CE	capillary electrophoresis	毛细管电泳
CEL	cellulose	纤维素
CFU	olony forming units	菌落形成单位(微)
CFR	Code of Federal Regulations	联邦管理法规代码
Cl^-	chloride ion	氯离子
CLA	conjugated linoleic acid	共轭亚油酸
CO	cyclooxygenase	环氧合酶
CoA	coenzyme A	辅酶 A
CP	crude protein	粗蛋白质
Cr	chromium	铬
CRABP	cellular retinoic acid-binding protein	细胞视黄酸结合蛋白
CRALBP	cellular retinaldehyde-binding protein	细胞视黄醛结合蛋白
CRBP	cellular retinal-binding protein	细胞视黄醇结合蛋白
Cu	copper	铜
CVM	Center for Veterinary Medicine	兽医学中心
d	day	天
Da	Dalton	道尔顿
DBG	dried brewer's grain	干啤酒糟
DBP	vitamin D binding protein	维生素 D 结合蛋白
DCM	dilated cardiomyopathy	扩张性心肌病
DDGS	distiller's dried grains with solubles	酒糟蛋白饲料,即含有可溶固形物的干酒糟
DE	digestible energy	消化能
DF	dietary fiber	膳食纤维
DGLA, 20 : 3n-6	dihomogammalinolenic acid	双高 γ 亚麻(油)酸
DHA, 22 : 6n-3	docosahexaenoic acid	二十二碳六烯酸
dL	deciliter	分升或 1/10 公升
DM	dry matter	干物质
DMG	dimethylglycine	二甲基甘氨酸
DNA	deoxyribosnucleic acid	脱氧核糖核酸
DP	degree of polymerization	聚合度
DPA, 22 : 5n-3	docosapentaenoic acid	二十二碳五烯酸
DSHEA	Dietary Supplement Health and Education Act	食物添加剂健康和教育法令
dTMP	deoxythymidine monophosphate	脱氧胸苷一磷酸
dUMP	deoxyuridine monophosphate	脱氧尿苷一磷酸
EAP	endogenous acid production	内源酸产物
EDTA	ethylenediaminetetracetic acid	乙二胺四乙酸
EFA	essential fatty acid	必需脂肪酸
EGR	erythrocyte glutathione reductase	红细胞谷胱甘肽还原酶
EGRAC	EGR activity coefficient	红细胞谷胱甘肽还原酶活性系数
EPA, 20 : 5n-3	eicosapentaenoic acid	二十碳五烯酸

EPOC	excess post-exercise oxygen consumption	运动后氧气消耗过度
ERABP	epididymal retinoic acid-binding protein	附睾维甲酸结合蛋白
ERG	electroretinogram	视网膜电流图
E∶T	essential amino acid nitrogen to total amino acid nitrogen	必需氨基酸氮∶总氨基酸氮
ETKA	ethryocyte transketolase activity	红细胞转酮醇酶活性
°F	degrees Fahrenheit	华氏度数
FA	fatty acids	脂肪酸
FAD	flavin-adenine dinucleotide	黄素腺嘌呤二核苷酸
FCRD	feline central retinal degeneration	猫视网膜中央变性
FDA	U,S, Food and Drug Administration	美国食品药品监督管理局
Fe	iron	铁
FFA	free fatty acid	游离脂肪酸
FIGLU	formiminoglutamic acid	亚胺甲基谷氨酸
FiO_2	fractional concentration of oxygen in inspired air	吸入的氧浓度
FIRI	fasting insulin resistance index	禁食胰岛素抵抗指数
FMN	flavin mononucleotide	黄素单核苷酸
g	gram	克
GAG	*glycosaminoglycans*	黏多糖
GE	gross energy	总能
GI	gastrointestinal	胃肠的
GIP	gastric inhibitory peptide	肠抑胃肽
GLA	α-linolenic acid	α-亚油酸
GLC	gas-liquid chromatography	气液色谱法
GLP-Ⅰ	glucagon-like peptide-Ⅰ	类胰高血糖素样肽-Ⅰ
GLP-Ⅱ	glucagon-like peptide-Ⅱ	类胰高血糖素样肽-Ⅱ
Glu	glutamic acid	谷氨酸
GLUT-5	Na^+-independent glucose transporter system	钠离子依赖型葡萄糖转换系统
Gly	glycine	甘氨酸
GP	glycogen phosphorylase	糖原磷酸化酶
GRAS	generally recognized as safe	通常被认为是安全的
GRP	gastrin-releasing peptide	胃泌素释放肽
GSH-Px	glutathione peroxidase	谷胱甘肽过氧化物酶
h	hour	时
ha	hectare	公顷
HCl	hydrochloric acid	盐酸
HCM	high-cellulose mixture	高纤维混合物
HCO	hydrogenated coconut oil	氢化椰子油
HDL	high-density lipoprotein	高密度脂蛋白
Hg	mercury	汞
His	histidine	组氨酸
HPAEC	high-performance anion exchange chromatography	高效阴离子交换层析
HPLC	high-performance liquid chromatography	高效液相色谱

H_4PteGlu$_n$	tetrahydrofolate with n glutamic acid residues	带有 n 个谷氨酸残基的四氢叶酸酯
5-HT	5-hydroxytryptamine	5-羟色胺
I	iodine	碘
IF	intrinsic factor	内因子
Ig	immunoglobulin	免疫球蛋白
IL-2	interleukin-2	白细胞介素 2
Ile	isoleucine	异亮氨酸
IU	international unit	国际单位
IVF	induced viscosity fiber	致粘纤维
K	potassium	钾
kcal	kilocalories	大卡，千卡
K_d	disassociation constant	分离常数
kJ	kilojoules	千焦
K_m	Michaelis constant	米氏常数
L	liter	升
LA	linoleic acid	亚油酸
LACFR	low acid canned food regulations	弱酸性罐头食品法规
lb	pound	磅
LCAT	lecithin-cholesterol acyltransferase	卵磷脂胆固醇酰基转移酶
LCM	low-cellulose mixture	低纤维混合物
LCPUFA	long-chain polyunsaturated fatty acid	长链多不饱和脂肪酸
LD_{50}	median lethal dose	半数致死量
LDL	low-density lipoprotein	低密度脂蛋白
LES	lower esophageal sphincter	食道下端括约肌
Leu	leucine	亮氨酸
LO	lipoxygenase	脂氧合酶
LTB_4	leukotriene B_4	白细胞三烯 B_4
LTB_5	leukotriene B_5	白细胞三烯 B_5
LTQ	lysine tyrosylquinone	赖氨酸酪氨酰醌
LUTD	lower urinary tract disease	下泌尿道疾病
Lys	lysine	赖氨酸
m	meter	米
m^3	cubic meter	立方米
MCT	medium-chain triacylglycerol	中链甘油三酯
ME	metabolizable energy	代谢能
MEK	methionine enkephalin	甲硫脑啡肽
MER	maintenance energy requirement	维持能量需要量
Met	methionine	蛋氨酸
mg	milligram	毫克
Mg	magnesium	镁
MK	menaquinone	维生素 K 类
mL	milliliter	毫升
mm	millimeter	毫米
MMC	migrating motor complex	移行性复合运动
mmol	millimole	毫摩尔

Mn	manganese	锰
Mo	molybdenum	钼
MR	minimal requirement	最小需求量
n*, *N	number	样本量
Na	sodium	钠
NADH	nicotinamide-adenine dinucleotede	烟酰胺腺嘌呤二核苷酸
NAE	net urinary acid excretion	净尿液酸排泄
NAG	*N*-acetylglutamate	*N*-乙酰谷氨酸盐(酯)
NDF	neutral detergent fiber	中性洗涤纤维
NE	net energy	净能
NFE	nitrogen-free extract	无氮浸出物
Ni	nickel	镍
NMB	neuromedin	神经介素
nmol	nanomole	纳摩尔
NPU	net protein utilization	净蛋白质利用率
NRC	National Research Council	美国国家研究委员会
NSHP	nutritional secondary hyperparathyroidism	营养性继发甲状旁腺功能亢进症
NSP	non-starch polysaccharide	非淀粉多糖
OCD	osteochondritis dissecans	分离性骨软骨炎
P	phosphorus	磷
PAD	pulsed amperometric detection	脉冲电流检测法
PAI	presumed adequate intake	预测的适宜采食量
PCr	phosphocreatine	磷酸肌酸
PED	pulsed electrochemical detection	脉冲电化学探查法
PEG	polyethylene glycol	聚乙二醇
PER	protein efficiency ratio	蛋白质效率比
PGE_2	prostaglandin E_2	前列腺素 E_2
Phe	phenylalanine	苯丙氨酸
PIVKA	protein involved with vitamin K absence	与维生素 K 缺乏有关的蛋白质
PLP	pyridoxal 5′-phosphate	5′-磷酸吡哆醛
PO_4^{3-}	phosphate	磷酸根
PP	pancreatic polypeptide	胰多肽
P-P factor	pellagra-preventive factor	抗糙皮病因子
PQQ	pyrroloquinoline quinine	抗寄生虫病奎宁
PTH	parathyroid hormone	甲状旁腺激素
PUFA	polyunsaturated fatty acid	多不饱和脂肪酸
RA	recommended allowance	推荐供应量
RAR	retinoic acid receptor	视黄酸受体
RBC	red blood cell (erythrocyte)	红细胞(红血球)
RBP	retinol-binding protein	视黄醇结合蛋白
RDI	recommended dietary intake	推荐饮食摄取量
RE	retinol equivalents	视黄醇当量
RFMR	resting fed metabolic rate	静止代谢率
RNA	ribonucleic acid	核糖核酸
ROS	reactive oxygen species	活性氧

RQ	respiratory quotient	呼吸商
RS	resistant starch	抗性淀粉
RXR	retinoid X receptor	类维生素 A 的 X 受体
S	sulfur	硫
SAMe	*S*-adenosylmethionine	S-腺苷甲硫氨酸
SBF	sugar beet fiber	糖用甜菜纤维
SCFA	short-chain fatty acid	短链脂肪酸
SCN	suprachiasmatic nucleus	视交叉上核
SD	standard deviation	标准差
SDH	succinate dehydrogenase	琥珀酸脱氢酶
Se	selenium	硒
SF	soluble fiber	可溶性纤维
Si	silicon	硅
SO_4^{2-}	sulfate	硫酸盐
SUL	safe upper limit	安全上限
T_3	3,5,3′-triiodothyronine	3,5,3′-三碘甲状腺氨酸
T_4	thyroxine	甲状腺素
TAT	tyrosine aminotransferase	酪氨酸转氨酶
TBARS	thiobarbituric acid reducing substance	巴比妥酸还原物质
TBHQ	tertiary butythydroquinone	叔丁基对苯二酚
TDF	total dietary fiber	总膳食纤维
TE	tocopherol equivalent	维生素 E 等价物
Thr	threonine	苏氨酸
TMP	thiamin monophosphate	一磷酸硫胺素
TPN	total parenteral nutrition	完全肠外营养
TPP	thiamin pyrophosphate	焦磷酸硫胺素
TR	thyroid receptor	甲状腺受体
tRNA	transfer RNA	转运 RNA
Try	tryptophan	色氨酸
TTA	tryptophan tryptophylquinone	色氨酸醌
TTP	thiamin triphosphate	三磷酸硫胺素
U	unit	单位
USP	United States Pharmacopeia	美国药典
UWL	unstirred water layer	静水层
V	vanadium	钒
$V_{o_2\,max}$	maximal oxygen capacity	最大耗氧量
$V_{o_2\,rest}$	oxygen consumption at rest	静息时的耗氧量
Val	valine	缬氨酸
VDR	vitamin D receptor	维生素 D 受体
VESRD	vitamin E-selenium responsive disease	维生素 E-硒反应性疾病
VIP	vasoactive intestinal polypeptide	血管活性肠多肽
VLDL	very low density lipoprotein	极低密度脂蛋白
wt	weight	重量
y	year	年
Zn	zinc	锌

索　　引

Index

A

B

C

E

G

H

I

L

M

N

O

P

Q

R

S

T

U

V

W

X

Z